Beteiligungsmanagement und Bewertung für Praktiker

Bernd Heesen

Beteiligungsmanagement und Bewertung für Praktiker

4. Auflage

Springer Gabler

Bernd Heesen
Marktschellenberg, Deutschland

Ergänzendes Material zu diesem Buch finden Sie auf http://extras.springer.com.

ISBN 978-3-658-30791-2 ISBN 978-3-658-30792-9 (eBook)
https://doi.org/10.1007/978-3-658-30792-9

Die Deutsche Nationalbibliothek verzeichnet diese Publikation in der Deutschen Nationalbibliografie; detaillierte bibliografische Daten sind im Internet über http://dnb.d-nb.de abrufbar.

Springer Gabler

Springer Gabler ist ein Imprint der eingetragenen Gesellschaft Springer Fachmedien Wiesbaden GmbH und ist ein Teil von Springer Nature
Die Anschrift der Gesellschaft ist: Abraham-Lincoln-Str. 46, 65189 Wiesbaden, Germany

Vorwort

Liebe Leserin, lieber Leser

Beteiligung und Bewertung sind 2 große Felder in der Managementliteratur, die in den letzten Jahren eigentlich keine großen (bahnbrechenden) Neuerungen erfahren haben.

Aber was ist schon bahnbrechend in der Betriebswirtschaftslehre?

Mir ist immer wieder aufgefallen, dass betriebswirtschaftliche und finanzwirtschaftliche Zusammenhänge immer zu komplex dargestellt werden. Dies erfolgt dann meistens mit Verweis auf die wissenschaftliche Forschung oder auf Komplexität in Konzernen, die entsprechende schwierige Adaptionen notwendig machen.

Das sehe ich nicht so!

Und aus diesem Grund habe ich vor Jahren angefangen, über Finanzthemen, die alle Unternehmen betreffen, selbst zu schreiben. Dabei stand für mich immer im Vordergrund, nicht notwendige Komplexität zu vermeiden.

So sind inzwischen 14 (inkl. diesem) Bücher entstanden:

- Bilanzanalyse mit Kennzahlen,
- Bilanzplanung und Bilanzgestaltung,
- Cash- und Liquiditätsmanagement,
- Working Capital Management,
- Investitionsrechnung für Praktiker,
- Basiswissen Bilanzanalyse,
- Basiswissen Bilanzplanung,
- Basiswissen Insolvenz,
- Basiswissen Unternehmensbewertung,
- Basiswissen Bilanzanalyse in der Hotellerie,
- Basiswissen Investition und Planung in der Hotellerie.
- Basiswissen Bilanzanalyse im Krankenhaus
- Basiswissen Investition und Bilanzplanung im Krankenhaus.

Und Sie halten jetzt die Nummer sechs in der 4. Auflage in Händen.

Allen meinen Büchern ist neben der Vereinfachung von Sachverhalten eine zweite Sache gemein:

Ich arbeite immer an einem oder mehreren durchgehenden Excel basierten Beispielen, die Sie sich kostenfrei bei mir auf meiner Firmenhomepage www.ifak-bgl.com oder auf der Produktseite zum Buch auf www.springer.com herunterladen können, dafür den beigefügten QR-Code scannen und auf das Zusatzmaterial zugreifen. Alternativ kontaktieren Sie mich unter Bernd.Heesen@ifak-bgl.com oder Bernd.Heesen@abh-partner.de. Bitte nennen Sie mir dann auch die Auflage, die Sie haben. die Inhalte und Beipiele sind mit den Auflagen gewachsen.

Dieses Buch hat sechs Schwerpunkte.

- Einführungen in das Beteiligungsmanagement bzw. -controlling und in die Bewertung, auch aus wissenschaftlicher Sicht,
- Operative Analyse der Beteiligung,
- Strategische Analyse der Beteiligung,
- Planung der Beteiligung,
- Bewertung der Beteiligung,
- Aufzählungspunkt und Anwendungsbeispiele.

Alle diese Themen werden mit mehreren Excel basierten Beispielen Schritt für Schritt dargestellt, deren Schwierigkeitsgrad sich sukzessiv steigert.

Man kann dieses Buch auch als Zusammenfassung meiner früheren Werke verstehen (man sieht es ja auch am Umfang), denn Beteiligung und Bewertung umfassen einen sehr großen Bereich innerhalb der Betriebs- und Finanzwirtschaft.

Immer wieder füge ich Wiederholungen ein, damit Sie einerseits nicht wieder nachschlagen müssen und sich andererseits die Zusammenhänge und Berechnungen bei Ihnen durch wiederholtes Lesen und Tun festigen. Wiederholungen haben hier also System!

Die Beispiele selbst werden nicht „akademisch" durchgearbeitet, sondern ich erzähle Ihnen eher eine Geschichte dazu und wir analysieren gemeinsam, wie sich die Geschichte ergeben hat.

Ich wurde bei den oben genannten anderen 11 Büchern manchmal dafür kritisiert, dass die Darstellungen mit Excel basierten Berechnungen im Buch sehr bzw. zu klein sind. Das ist auch sicherlich zutreffend, aber auch aus diesem Grund haben Sie ja die Möglichkeit, sich das „Original" aus dem Internet zu beschaffen.

Leider kann ich bestimmte Berechnungen und Aussagen zu z. B. einem Bilanzposten nur mehrperiodisch deutlich machen und dann ist der Platz auf einer Buchseite im Hochformat häufig nicht ausreichend. Dies wird auch in diesem Buch so sein und damit bitte ich Sie um ein wenig Nachsicht.

Also, bitte laden Sie sich die Beispiele zunächst aus dem Internet kostenfrei herunter.

Haben sie dann bei der Lektüre oder besser beim Durch- und Mitarbeiten Fragen oder finden Sie die Excel basierten Beispiele nicht auf den Homepages, kontaktieren Sich mich ebenfalls unter den o.g. Email Adressen.

Ich versichere, dass ich mich melde und Ihnen weiterhelfe.

Dieses Buch wird nach einer Übersicht des derzeitigen wissenschaftlichen Standes zu den Themen Beteiligung und Bewertung in den ersten Kapiteln sofort gemeinsam mit Ihnen als Leser am konkreten Beispiel controllen, analysieren, bewerten und damit viel rechnen. Aber, dies geschieht immer Schritt für Schritt (mehrere aufeinander aufbauende Beispiele mit zunehmendem Umfang und Schwierigkeitsgrad) und nachvollziehbar, auch wenn manche mathematischen Formeln auf den ersten Blick eher abschreckend wirken.

Ziel ist es nicht, jede Facette von Beteiligungscontrolling und Bewertung darzustellen, sondern Sie in die Lage zu versetzen, die Themen vernünftig und auf einem ausreichenden Niveau in Ihren Betrieben umsetzen zu können. Steuerliche Detaildiskussionen, die sowieso eine Halbwertzeit in Deutschland und Österreich von häufig nur wenigen Monaten haben, werden Sie überhaupt nicht sehen. Dann müssen Sie auf weiterführende Literatur ausweichen.

Dafür liegt auch ein umfassendes Literaturverzeichnis bei, das weit mehr Nachlesemöglichkeiten anbietet, als Quellen im Buch verwendet werden. Da in den letzten Jahren keine bahnbrechenden Neuerungen eingetreten sind, verweise ich gerne auch auf ältere (Ursprungs)Literatur. Meist sind diese auch noch leichter zu lesen als die X. neue Zusammenfassung von Bestehendem.

Ich erhebe mit den betrachteten Aspekten in diesem Buch keinen Anspruch auf Vollständigkeit. Ich erhebe allerdings den Anspruch, dass meine Berechnungen und Darstellungen umsetzbar und damit praktikabel sind.

Sie müssen auch die ersten Kapitel nicht unbedingt lesen, wenn Sie sofort Hilfe für Ihre tägliche Praxis brauchen. Springen Sie sofort in die relevanten Berechnungskapitel.

„Flippen" Sie einmal die Seiten mit dem Daumen durch – dann werden Sie recht schnell anhand der vielen Zahlen und konkreten (Excel basierten) Berechnungen sehen, wo für Sie der richtige Einstieg ist.

Ich wünsche Ihnen viel Vergnügen und praktische Erkenntnisse – und melden Sie sich bei Fragen!

Bernd Heesen

Inhaltsverzeichnis

1 Sinn und Zweck des Beteiligungscontrollings

Zum Thema Controlling und Beteiligungscontrolling gibt es inzwischen wirklich Literaturberge, meist von Hochschullehrern. Dieses Buch soll nicht ein weiteres Werk in dieser Sammlung sein, zumal es eigentlich auch nichts Neues mehr gibt. Von daher werde ich in den Kap. 1, 2 und 3 versuchen, die existierende Literatur quasi auf wenigen Seiten zusammenzufassen. Dabei steht hier noch nicht unbedingt der Praxisbezug, den dieses Buch laut Titel ja hat, im Vordergrund, sondern eine möglichst breit gestreute Hinführung zu den späteren Excel basierten Analysen am Beispielfall mit entsprechendem Praxisbezug.

Für den interessierten Leser werde ich aber jeweils auch die Quellen meiner Zusammenfassungen darstellen – sei es zum Nachlesen bei Bedarf, sei es als eigene Validierung des Geschriebenen.

Sie werden aber sehen, dass diese „Quellenarbeit" sich nur in den einleitenden Kap. 1 und 2 findet – dann werden wir wirklich „praktisch" an einem Beispielfall vorgehen. Diese ersten beiden Kapitel vermeiden auch noch zu viele Detaildarstellungen, also verschone ich Sie hier auch noch mit teilweise „hässlicher" Mathematik. Allerdings werden wir dann im weiteren Verlauf des Buches nicht umhin kommen, uns bei Berechnungen auch ein wenig mit der mathematischen Herleitung zu „quälen". Ich werde dann die Details darstellen, wobei Sie als Leser natürlich immer zwei Möglichkeiten haben:

- Sie arbeiten sich durch die entsprechenden Darstellungen, weil Sie es brauchen, verstehen oder sich selbst beweisen wollen, dass Sie es können.
- Sie akzeptieren, dass gewisse Sachverhalte nach aufgezeigtem Muster berechnet werden und ignorieren die Beweisführung.

Ich gebe zu, in der Praxis findet man sehr häufig Anhänger der zweiten Alternative und ganz ehrlich, das reicht auch! Und von denjenigen, die vorgeben, die Hintergründe und Details wirklich zu kennen, haben nur maximal 50 % wirklich Ahnung – der Rest hat

B. Heesen, *Beteiligungsmanagement und Bewertung für Praktiker*,
https://doi.org/10.1007/978-3-658-30792-9_1

Formeln auswendig gelernt und versteht es, diese zum richtigen Zeitpunkt eindrucksvoll, quasi mühelos, einzubringen. Das wirkt gut, wirklich verstanden haben sie sie aber auch nicht.

Aber das muss man auch nicht immer. Sie nutzen auch Flugzeuge, ohne zu verstehen, warum diese trotz gigantischer Gewichte in die Luft kommen und sich dort sogar halten und selbst bei heftigsten Turbulenzen locker weiterfliegen. Physikalisch und mathematisch kann man den entsprechenden Nachweis führen, aber wirklich weiterbringen tut es uns dann auch nicht.

Also machen Sie sich nichts draus, wenn Sie zur zweiten Gruppe gehören – nochmals, das reicht für die Praxis eigentlich immer!

1.1 Einleitung

In einer immer enger vernetzten und globalisierten Welt ist das Kaufen und Verkaufen von Unternehmen nahezu schon ein Standard geworden. Auch bleibt der Kauf von Unternehmen oder der Erwerb von Unternehmensbeteiligungen nicht mehr nur großen Konzernen vorbehalten, auch liquide, mittelständische Unternehmen kaufen andere Unternehmen, erwerben Beteiligungen oder bilden Joint Venture. Die Gründe für den Kauf von Unternehmen oder den Erwerb von Beteiligungen sind vielschichtig. Sei es um den Gewinn zu steigern, das geforderte Wachstum zu erreichen, das Produktportfolio zu erweitern, einen raschen Markteintritt zu realisieren, Synergien oder definierte Strategien zu verwirklichen. Alle diese Aktivitäten erhöhen die Vernetzung und somit die Komplexität der wirtschaftlichen Geschäftsabläufe und der Unternehmensstrukturen.

Beteiligungen sind aus verschiedenen Perspektiven zu betrachten:

- Hat ein Unternehmen eine Beteiligung erworben oder ein anderes Unternehmen akquiriert, geht es darum, die Leistung der Neuerwerbung und somit deren Wertentwicklung zu steigern.
- Denkt es darüber nach, eine eigene Einheit zu veräußern oder Anteile daran an Dritte abzugeben, dann kommt es darauf an, die „Braut zu schmücken".
- Und hält es die Beteiligung aus strategischen oder operativen Gründen, dann sollte diese auch optimal ausgerichtet und aufgestellt sein und den Konzern/die Muttergesellschaft voranbringen.

Dem Beteiligungscontrolling kommen hier zentrale Aufgaben zu. Es hat innerhalb vorgegebener Rahmenbedingungen u. a. die operativen Ergebnisse und die Wertsteigerung zu überwachen, zu steuern, Fehlentwicklungen aufzuzeigen, die Erkenntnisse zu kommunizieren und letztendlich mit dafür Sorge zu tragen, dass die o. g. Ziele je nach Perspektive auch tatsächlich erreicht werden.

1.2 Entwicklung des Controllings in der Übersicht

Die Geschichte des Controllings reicht bis in das 15. Jahrhundert zurück. Im Zuge der wirtschaftlichen Entwicklung und der daraus resultierenden steigenden Komplexität der Unternehmensumwelten sowie der zunehmenden wirtschaftlichen Dynamik entwickelte sich auch das Controlling weiter (Jung 2007, S. 1 ff.). Eine detaillierte zeitliche Entwicklungsgeschichte will ich aber an dieser Stelle nicht aufzeigen. Vielmehr soll nur ein kurzer Überblick gegeben werden, denn der Fokus dieses Buches liegt auf der Darstellung der Aufgaben und Arbeiten in der Praxis. Tab. 1.1 zeigt daher in einer tabellarischen Darstellung, wie sich Ausrichtung, Verfahren und Funktion des Controllings im 20. Jahrhundert veränderten.

Schauen wir in diesem ersten Kapitel ein wenig in die Literatur.

Horváth beschreibt das Controlling „... als Subsystem der Führung, das Planung und Kontrolle sowie Informationsversorgung systembildend und systemkoppelnd ergebniszielorientiert koordiniert und so die Adaption und Koordination des Gesamtsystems unterstützt" (Horváth 2006, S. 67 ff.). Danach hat Controlling eine ergebniszielorientierte Koordinationsfunktion von Planung, Kontrolle und Informationsversorgung (Barth und Barth 2008, S. 29).

Reichmann definiert Controlling mit „(...) die zielbezogene Unterstützung von Führungsaufgaben, die der systemgestützten Informationsbeschaffung und Informationsverarbeitung zur Planerstellung, Koordination und Kontrolle dient, (...) es ist eine

Tab. 1.1 Die Entwicklung des Controllings. (Jung 2007, S. 3)

Controlling	Ausrichtung	Verfahren	Funktion
1. Phase Anfang der 50er- bis Anfang der 60er-Jahre	Art der Produktion	Standardkosten zur Ermittlung von Verbrauch und Preisabweichungen	Registratur
2. Phase Anfang der 60er- bis Anfang der 70er-Jahre	Auf die Probleme und das Marketing	Produkterfolgsrechnung/Profit-Center	Navigation des Unternehmens
3. Phase Anfang der 70er- bis Anfang der 80er-Jahre	Auf Kunden, Anwendergruppen und Marktsegmente	Kundendeckungsbeitragsrechnung, Gemeinkostenwertanalyse, Material Wirtschaftsentwicklung	Rentabilitätsüberwachung (Return on Investment – ROI)
4. Phase Anfang der 80er-Jahre bis heute	Operativ und strategisch im Hinblick auf eine langfristige Existenzsicherung	Verschiedene Controllingverfahren	Kontrolle, Planung und Steuerung des gesamten Unternehmens sowie zwischenbetrieblicher Prozesse

Rechnungswesen- und Vorsystem gestützte Systematik zur Verbesserung der Entscheidungsqualität auf allen Führungsstufen der Unternehmung“ (Reichmann 2006, S. 13 f.).

Der Controllingansatz von Weber beinhaltet die Rationalitätssicherung der Führung. Laut Weber treten aufgrund steigender Dynamik und Komplexität Führungsprobleme auf. Das Controlling soll deshalb die Effizienz und Effektivität der Führung sowie die Qualität der Rationalität der Führung sicherstellen (Weber und Schäffer 2006, S. 40 ff.). Die Sicherstellung der Rationalität setzt wiederum voraus, dass es zu Rationalitätsdefiziten kommt. Rationalitätsdefizite sind in anderen Controllingansätzen häufig nicht vorgesehen. Wobei der Controllingansatz, welcher Rationalitätsdefizite berücksichtigt, der Realität oftmals näher kommt, als jene, die diese Defizite nicht berücksichtigen.[1]

Laut Gerberich bedarf es im Controlling neuer Steuergrößen und einer neuen Rollenverteilung. Es wird hinterfragt, ob Controlling nicht Bestandteil der Führungsaufgabe ist. Es muss eine Schwerpunktverlagerung der Controllertätigkeiten stattfinden, die sich zu 80 % mit der Zukunftsgestaltung beschäftigt und nur zu 20 % mit Vergangenheitsdaten. „Zeitnahes und problemorientiertes Controlling wird zu einer entscheidenden Steuerungsfunktion“ (Gerberich 2005, S. 12).

Für Littkemann ist die Versorgung der Unternehmensleitung mit entscheidungsrelevanten Informationen eine zentrale Aufgabe des Controllings. Deshalb ist das Controlling selbst eine Führungsaufgabe und geht somit über das rein monetär orientierte Rechnungswesen hinaus (Littkemann 2009, S. 9). „Der (…) Controllingbegriff folgt der Auffassung, dass ‚Koordination‘ zu Zwecken der ‚Steuerung‘ erfolgt und die Planung und Kontrolle von unternehmerischen Betriebs- und Geschäftsprozessen bedeutet“ (Littkemann 2009, S. 14).

1.3 Zielerreichung

„Performance Measurement“ und Management- bzw. Controllingkonzepte stehen neben operativen und wertorientierten Steuerungsansätzen also unabhängig von der Zielsetzung im Fokus.

Und was sind das für Konzepte? Schauen wir auch hier wieder in die Literatur.

1.3.1 Performance Measurement

„Performance Measurement is a process of developing indicators that report on the accomplishment and progress of an organization“ (Tesoro und Tootson 2000, S. 6).[2]

[1] Weber o. J., Wirtschaftslexikon online.

[2] Vgl. auch Performance Measurement Definition in Deutsch, „Prozess zur Identifizierung und Quantifizierung von Leistungsindikatoren (Kennzahlen), die eine Aussage über das Maß der Zielerreichung bez. Qualität, Zeit und Kosten ermöglichen (Performance). Die Leistung ganzer Unternehmen, von Geschäftsbereichen, Abteilungen u. Ä. muss aus verschiedenen Perspektiven gemessen werden. (…)“ (Gabler o. J.).

Laut Tesoro und Tootson dient das „Performance Measurement" folgenden Zwecken (Tesoro und Tootson 2000, S. 7):

- „‚to gauge success in achieving goals',
- ‚to provide recommendations for organizational change',
- ‚to give feedback to management',
- ‚to assess internal inputs and outcomes'."

In der Literatur werden verschiedene „Performance Measurement"-Systeme und wertorientierte Steuerungskonzepte genannt. Zu den weit verbreiteten Bewertungsmodellen, die auf finanziellen Messgrößen basieren, gehören unter anderem das „Discounted Cash Flow"-Verfahren, das „Economic Value Added"®-Modell oder das „Cash Flow Return on Investment"-Verfahren (Derfuß et al. 2009, S. 462 ff.). Unter den wertorientierten Steuerungssystemen hat das „Economic Value Added"®-Verfahren in Deutschland eine starke Verbreitung (Weber und Schäffer 2000, S. 332; Derfuß et al. 2009, S. 462; Hebeler 2009, S. 497).

Wird von der Muttergesellschaft festgestellt, dass die Beteiligung nicht die geforderte (Wert-)Entwicklung vorlegt, obliegt es ihr, entsprechende Maßnahmen zur Verbesserung der operativen Ergebnisse bzw. strategischen Werthaltigkeit der Tochter bzw. Beteiligung anzustoßen. Der Beteiligungscontroller hat diesbezüglich die Aufgabe, dem Management der Mutter- und der Tochtergesellschaft entscheidungsunterstützende Informationen zu liefern und Maßnahmen vorzuschlagen. Er kann in dieser Rolle als Berater des Managements gesehen werden, um die Ergebnisverbesserungen der Tochtergesellschaft positiv zu beeinflussen.

Tauchen wir doch zu Beginn ein wenig tiefer ein. Da Beteiligungscontrolling als Teilbereich bzw. Subsystem des Controllings verstanden wird und um ein gemeinsames Grundverständnis für das Thema Beteiligungscontrolling zu entwickeln, wollen wir einleitend den Begriff Controlling und seine Entwicklung detaillierter erläutern.

1.4 Beteiligungscontrolling

Aus dem sehr umfangreichen Gebiet des Beteiligungscontrollings wurden hier nur jene Themen herausgenommen und bearbeitet, welche zum besseren Verständnis für dieses Buch relevant sind. Ziel der folgenden Zeilen ist es lediglich, kurz die Zusammenhänge und Einflüsse auf das Beteiligungscontrolling und den Beteiligungscontroller aufzuzeigen. Es geht nicht darum, eine umfassende Literaturrecherche darzustellen.

1.4.1 Begriffsdefinition und Abgrenzung

Ähnlich wie beim Controlling, so gibt es auch für das Beteiligungscontrolling unterschiedliche Erklärungsversuche. Beteiligungscontrolling beschäftigt sich mit dem Controlling ganzer Unternehmen und nicht „nur" mit dem Controlling einzelner Funktionsbereiche oder Betriebsstätten. Beteiligungscontrolling ist dadurch komplexer als das „normale" Controlling (Littkemann 2009, S. 12). Komplexitäts- und risikosteigernd erweist sich auch ein Auslandstochterunternehmen. Durch den Sitz der Beteiligung im Ausland kommen rechtliche, steuerliche, kulturelle und währungsspezifische Risiken hinzu.

Um den Begriff Beteiligungscontrolling dennoch halbwegs umfangreich darzustellen, sind in Tab. 1.2 einige der in der Literatur verwendeten Definitionen aufgelistet.

Eine Untersuchung dieser Definitionen zeigt folgende wiederkehrende Definitionsinhalte:

- funktionsübergreifende Planung,
- Steuerung,
- Koordination,
- Unterstützung des Managements,
- Kontrolle der Tochtergesellschaften von außen zur Zielerreichung.

Die Begriffe Beteiligungscontrolling und Konzerncontrolling werden nicht exakt voneinander abgegrenzt, wobei Littkemann (2009, S. 11), Botta 1994 (S. 30, zit. nach Borchers 2000, S. 54) und Horváth (1997, S. 85 zit. nach Borchers 2000, S. 54) der Ansicht sind, dass das Konzerncontrolling ein Spezialfall des Beteiligungscontrollings ist. Jedoch setzt der Begriff Konzerncontrolling voraus, dass die Unternehmensverbindung die Form eines Konzerns laut dem Aktiengesetz besitzt (Littkemann 2009, S. 11 f.).

Um eine Vergleichbarkeit zwischen den Definitionen von Beteiligungscontrolling und denen von Konzerncontrolling zu ermöglichen, werden in Tab. 1.3 einige Definitionen des Konzerncontrollings dargestellt.

Ergänzend zu den bereits dargestellten Definitionen ist auch die Definition von Schumacher für Konzerncontrolling und Beteiligungscontrolling zu erwähnen. Schumacher grenzt Konzerncontrolling im Vergleich zu den anderen Autoren eindeutig vom Beteiligungscontrolling ab. Dabei definiert Schumacher Beteiligungscontrolling als Teilbereich des Konzerncontrollings und das mit folgendem Argumentationsgang:

Voraussetzung für ein Konzerncontrolling ist eine einheitliche Leitung. Konzerncontrolling dient zur Rationalitätssicherung der Konzernführung. Somit dient das Beteiligungscontrolling ausschließlich der Rationalitätssicherung der Beteiligungsführung und ist getrennt vom Konzerncontrolling zu betrachten (Schumacher 2005, S. 102).

Die Trennung von Konzern- und Beteiligungscontrolling wird in Abb. 1.1 dargestellt.

Analysiert man die Definitionen von Beteiligungscontrolling und Konzerncontrolling, so wird festgestellt, dass in der Mehrheit der Definitionen dann doch keine eindeutige Abgrenzung zwischen Beteiligungs- und Konzerncontrolling vorgenommen wird. Der

Tab. 1.2 Definitionen Beteiligungscontrolling. (Borchers 2000, S. 51)

Autor(en)	Definitionen des Beteiligungscontrollings
Bögel (1989, S. 70)	„Das organisatorische Führungsinstrument zur konzernweiten Abstimmung ist das Beteiligungscontrolling."
Botta (1994 S. 30)	„Das Controlling, dem Gesellschaften von außen durch Anteilseigner unterzogen werden, wird Controlling von Beteiligungsgesellschaften oder Beteiligungscontrolling genannt."
Busold und Biese (1994, S. 1131)	Mit dem Begriff „Beteiligungscontrolling ist in der Praxis ein funktionsübergreifendes Informations- und Steuerungsinstrument zur Koordination und Unterstützung von Tochtergesellschaften im Hinblick auf die bestmögliche Erreichung von gesetzten Unternehmenszielen gemeint."
Dieckhaus (1993, S. 255)	Beteiligungscontrolling wird aufgefasst „als ein auf alle betrieblichen Funktionsbereiche übergreifendes Subsystem des Controllingsystems eines Konzerns (…), das die entscheidungsorientierte, zielgerichtete Erfüllung beteiligungsbezogener Führungsaufgaben auf allen Hierarchiestufen des Konzerns unterstützt."
Gebhardt (1995, S. 2225)	„Ausgehend von einem koordinationsorientierten Controllingverständnis wird die Aufgabe des Beteiligungscontrollings in der zielorientierten Koordination der die Beteiligungsgesellschaft betreffenden Führungsentscheidungen gesehen."
Horváth (1997 S. 82)	Die Aufgabe des Beteiligungscontrollings ist „die Unterstützung für das Management bei der Schaffung einer abgestimmten ergebnisorientierten Steuerung des Gesamtunternehmens und seiner Beteiligungen."
Lenhard (1996, S. 312)	„Beteiligungscontrolling unterstützt das Führen von Beteiligungen, d. h. es plant, kontrolliert und informiert, ob und wie die Gesellschaften dem Geschäftsbetrieb der Muttergesellschaft dienen und die gesetzten Ziele erreichen."
Neumann (1997, S. 143)	„Beteiligungscontrolling ist (…) eine Zusammenstellung der Methoden bzw. Instrumente, die die Wahrnehmung der Aufgaben des Beteiligungsmanagement unterstützen. Das Beteiligungscontrolling ist das zentrale, primär quantitativ geprägte Subsystem des Beteiligungsmanagement."
Paul (1997, S. 243)	Unter Beteiligungscontrolling wird „Planung und Steuerung von wirtschaftlich verbundenen Unternehmen aus einer Zentrale verstanden."
Schmidt (1989, S. 270)	„Unter Beteiligungscontrolling soll die Koordination sowie die Unterstützung und Überwachung des Managements der Tochtergesellschaften im Hinblick auf die bestmögliche Erreichung der Konzernzieleaufgefasst werden."
Steinle et al. (1998, S. 141)	Beteiligungscontrolling lässt sich „als Unterstützung des Managements der Konzernobergesellschaft bei der Führung der Beteiligungsgesellschaften aus Gesamtkonzernsichtverstehen."
Vogel (1998, S. 20)	Beteiligungscontrolling ist die „systemgestützte Koordination und zielorientierte Steuerung von Beteiligungsgesellschaften durch die Ableitung und Überwachung kongruenter strategischer und operativer Ziele aus dem Prinzip der Wertsteigerung des Eigenkapitals des Gesamtunternehmens."

Tab. 1.3 Definitionen Konzerncontrolling. (Borchers 2000, S. 54)

Autor(en)	Definitionen des Konzerncontrollings
Botta (1994, S. 30)	Es „kann das Konzerncontrolling als Spezialfall des Beteiligungscontrollings interpretiert werden. (…). Das Konzerncontrolling (…) setzt das Vorhandensein von Gesellschaften unter einheitlicher Leitung voraus.“
Dirrigl (1994, S. 379)	„Dem allgemeinen Verständnis eines Konzerns folgend, umfasst das Konzerncontrolling die Summe aller Controllingaufgaben, die in einem meist diversifizierten und international tätigen Großunternehmen zur Führungsunterstützung zu leisten sind.“
Hippe (1998, S. 31)	„Das Konzerncontrolling dient als Instrument der zukunftsorientierten Steuerung desbetrieblichen Geschehens des (…) Konzerns.“
Horváth (1997, S. 85)	„Konzerncontrolling ist nur ein Spezialfall des Beteiligungscontrollings.“
Lorson (1996, S. 435)	„Konzerncontrolling soll die zielorientierte koordinierte Erfüllung von originären Konzernführungsaufgaben aus dem Blickwinkel des Gesamtbildes Konzern bzw. aus Sicht der Konzernobergesellschaft unterstützen.“
Scheffler (1993, S. 39)	„Das Controlling auf Konzernebenen soll die Konzernleitung bei ihren Managementaufgaben unterstützen und mit dafür sorgen, dass die Konzernunternehmungen entsprechend den Zielsetzungen des Konzerns agieren.“
Schmidt (1993, S. 214)	„Das Konzerncontrolling ist eine der wichtigsten Führungs- und Führungsunterstützungsfunktionen der Konzernführung. (…) Ziel (…) ist es, der Konzernführung die Fähigkeit zur Koordination, Reaktion und Adaption zu geben, um ihr damit die Durchsetzung der übergreifenden Konzernziele zu ermöglichen.“
Theisen (1991, S. 456)	„Das nicht zu konsolidierende, sondern konzerndimensional zu spezifizierende Konzerncontrolling richtet sich an die unternehmensinternen Führungs- und Überwachungsorgane der verschiedensten Organisationsebenen und muss ziel- und plangerichtet sein, um dem immer weniger gewichtigen Kontroll-, dem wesentlichen Informations- und dem noch weiter zu entwickelnden Planungscharakter (…) Rechnung tragen zu können.“
Theopold (1993, S. 180)	„Ein zentrales Konzerncontrolling muss sich mit der wirtschaftlichen Entwicklung sowohl im Gesamtkonzern als auch in den einzelnen Konzernunternehmungen befassen.“

eigentliche Unterschied liegt in der Verwendung der Begriffe Konzern[3] und Beteiligung.[4] Deshalb wird in diesem Buch Beteiligungscontrolling auch als Synonym für Konzerncontrolling verwendet.

Dieses Werk stellt mehrere Controllingperspektiven in den Vordergrund:

- operative Analyse und Würdigung der Beteiligung,
- strategische Analyse und Würdigung der Beteiligung,
- Identifikation von Werttreibern der Beteiligung,

[3] Vgl. Anhang 1, Definition von Konzern (§ 15 österr. AktG) und Beteiligung (§ 228 österr. UGB).
[4] Vgl. Anhang 1, Definition von Konzern (§ 15 österr. AktG) und Beteiligung (§ 228 österr. UGB).

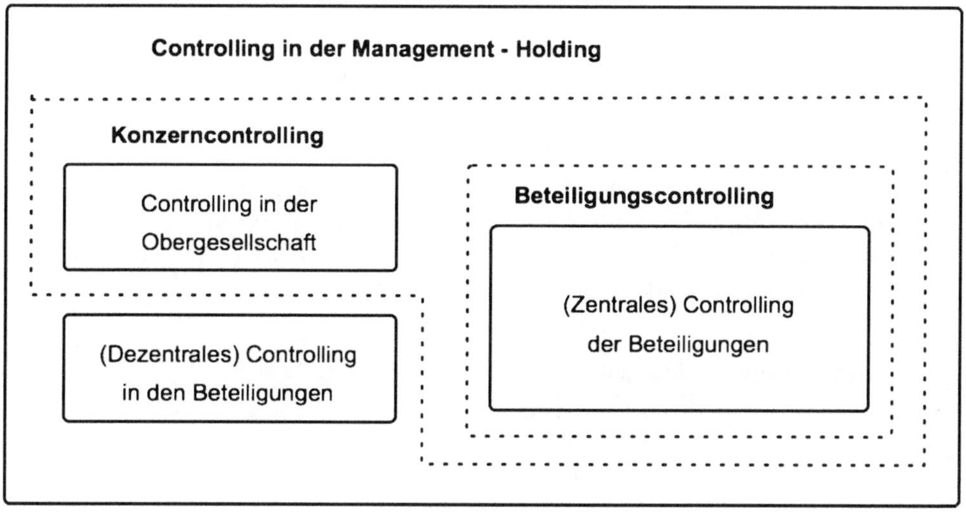

Abb. 1.1 Begriffliche Abgrenzung von Konzern- und Beteiligungscontrolling. (Schumacher 2005, S. 102)

- Gesamt(unternehmens)bewertung der Beteiligung,
- Optimierungsmöglichkeiten, Planung und Ermittlung der jeweils quantifizierten Verbesserungen innerhalb der Beteiligung.

Ein Fokus dieses Buches ist also auch die Identifikation und Quantifizierung von Werttreibern, welche die Wertentwicklung einer Beteiligung am positivsten beeinflussen. Deshalb hat das zentrale Beteiligungscontrolling in dieser Arbeit funktionsübergreifende Aufgaben. Durch die Ermittlung der Werttreiber unterstützt das Beteiligungscontrolling die Tochtergesellschaften in deren Zielerreichung. Dadurch wird auch die Zielerreichung der Muttergesellschaft positiv beeinflusst. Des Weiteren berichtet und berät der Beteiligungscontroller die Konzernführung bei zentralen strategischen Entscheidungen, welche einzelne Tochterunternehmen betreffen.

Aufgrund der bisherigen Darstellungen und bei eingehender Betrachtung der verschiedenen Definitionen von Controlling, Beteiligungscontrolling und Konzerncontrolling ist für mich die Definition von Krupp die Richtige. Dieser Meinung müssen Sie natürlich nicht folgen, es ist eine subjektive Bevorzugung.

> Beteiligungscontrolling ist ein funktionsübergreifendes Informations-, Planungs-, Koordinations- und Kontrollsystem, das die Führung im Hinblick auf Entscheidung über Beteiligungen der Unternehmensgruppe unterstützt. Es koordiniert, unterstützt, plant, kontrolliert und informiert darüber, wie die Beteiligungen zum Konzernerfolg beitragen, die gesetzten Ziele erreichen und wie die Effizienz der Teileinheiten zukünftig verbessert werden kann (Krupp 2007, S. 14).

In Zusammenhang mit dieser Definition wird der Begriff Beteiligung im Sinne dieses Buches enger gefasst und auf rechtlich selbstständige Tochtergesellschaften bezogen, an welcher die später beschriebene Muttergesellschaft eine Mehrheit hält. Sie ist also auch aus der Kapitalsicht heraus in der Lage, bei Fehlentwicklungen aktiv zu intervenieren.

Schauen wir uns einmal die Rechtslage mit Tab. 1.4 genauer an. Die in dieser Tabelle erwähnten Paragrafen basieren natürlich auf deutschem Recht. Die Darstellung ist zwar schon ein wenig älter, macht aber die unterschiedlichen Ausprägungen sehr deutlich.

Beteiligungen im weiteren Sinne sind übrigens „Joint Ventures", Gemeinschaftsunternehmen, strategische Allianzen oder kapitalmäßige Verflechtungen (Littkemann 2009, S. 12 f.).

Tab. 1.4 Beteiligungsquote und Einflusspotential. (Nach Borchers 2000, S. 22)

Bezeichnung	Beteiligungsquote (BQ)	Rechtsposition
Alleinbeteiligung	BQ = 100 %	Vollständige Beherrschung, gilt steuerlich als „Teilbetrieb" gemäß § 16 Abs. 1Nr. 1 EStG
Eingliederungs-, Squeeze-out-Beteiligung	95 % ≤ BQ < 100 %	Durchsetzung der Eingliederung (nur AG) nach § 320 AktG
Qualifizierte Mehrheitsbeteiligung (Dreiviertel-Mehrheitsbeteiligung)	75 % ≤ BQ < 95 %	Durchsetzung aller Beschlüsse von besonderer Tragweite, für die eine qualifizierte Mehrheit vorgeschrieben ist, wie z. B. Satzungsänderungen (§§ 179 Abs. 2 AktG, 53 Abs. 2 GmbHG), Kapitalerhöhung sowie Beherrschungs- und Gewinnabführungsverträge nach §§ 291 ff. AktG
Mehrheitsbeteiligung	50 % < BQ < 75 %	Durchsetzung aller gewöhnlichen Beschlüsse, insbesondere Gestaltung der personellen Besetzung des Aufsichtsrates nach § 16 AktG als verbundenes Unternehmen
Paritätische Beteiligung	BQ = 50 %	Kein positives Beschlussrecht, jeweils Einigung mit anderen Anteilseignern erforderlich
Sperrminderheitsbeteiligung (Sperrminorität)	25 % < BQ < 50 %	Verhinderung von Beschlüssen, für die eine Dreiviertelmehrheit notwendig ist; Anzeigepflicht nach § 20 AktG; gilt als wesentliche Beteiligung nach § 17 EStG
Minderheitsbeteiligung	5 % < BQ ≤ 50 %	Verhinderung der Eingliederung; bei BQ ≥ 10 % Recht auf Einberufung einer Gesellschaftsversammlung nach § 50 Abs. 1 GmbHG
Mindestbeteiligung	BQ = %	Recht auf Einberufung der Hauptversammlung gemäß § 122 Abs. 1 AktG
Kleinbeteiligung	BQ < 5 %	Lediglich anteiliges Stimmrecht

1.4.2 Aufgaben des Beteiligungscontrollings in Abhängigkeit des Beteiligungslebenszyklus

Zurückgehend auf Dieckhaus (1993, S. 168) werden in der Literatur unterschiedliche Aufgabenschwerpunkte des Beteiligungscontrollings abhängig von der Phase des Beteiligungslebenszyklus erwähnt.

In Abb. 1.2 sind die Lebenszyklusphasen einer Beteiligung[5] dargestellt.

a) Akquisitionsphase Die Akquisition eines Unternehmens erfordert ein Team von Spezialisten für die Vorbereitung und Durchführung aller Akquisitionsaktivitäten. Beginnend bei der Formulierung der strategischen Ziele einer Akquisition, der Suche nach möglichen Übernahmekandidaten, über die „Due Diligence"-Prüfung,[6] bis hin zur Integration der Neuerwerbung. Die Grenzen zwischen der Akquisitionsphase und der Nutzungsphase sind fließend. Das Beteiligungscontrolling kann in dieser Phase das Konzernmanagement z. B. in der Formulierung von Akquisitionszielen und Akquisitionsstrategien unterstützen (Krupp 2007, S. 37).

b) Nutzungsphase Die Nutzungsphase besteht aus der Integrations- und der Performancephase. Alle Übergänge der einzelnen Phasen sind auch hier fließend. In der Integrationsphase erfolgt die organisatorische Einbindung der Neuerwerbung. Es werden die Organisation, die Prozesse, das Berichtswesen und die Informationstechnologie an Abläufe und Vorgaben der Muttergesellschaft angepasst. In der Performancephase liegt der Fokus

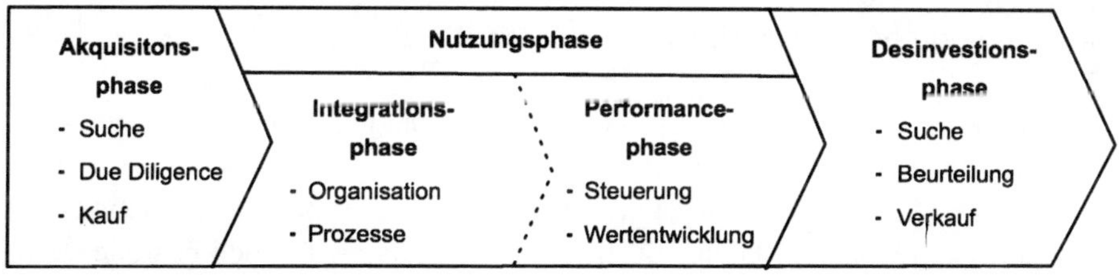

Abb. 1.2 Lebenszyklusphasen einer Beteiligung

[5] Quelle: Eigene Darstellung, in Anlehnung an Schumacher (2005, S. 102), Krupp (2007, S. 37).

[6] Due Diligence: „engl. für gebührende Sorgfalt; der Begriff Due Diligence bedeutet sorgfältige Prüfung und Analyse eines Unternehmens, insbesondere im Hinblick auf seine wirtschaftlichen, rechtlichen, steuerlichen und finanziellen Verhältnisse, die durch einen potenziellen Käufer eines Unternehmens vorgenommen wird" (Achleitner und Henselmann o. J., http://wirtschaftslexikon.gabler.de).

des Beteiligungscontrollings auf Planung, Koordination und Kontrolle der Beteiligung zur Erreichung der Unternehmensziele (Krupp 2007, S. 37). Des Weiteren wird an der Hebung von Potenzialen und Synergien sowie an der Umsetzung wertorientierter Unternehmensführungskonzepte gearbeitet (Knecht und Klemmer 2009, S. 110).

c) Desinvestitionsphase In der Desinvestitionsphase beschäftigt sich das Beteiligungscontrolling mit der Beurteilung und dem Verkauf von Desinvestitionsobjekten. Es prüft und bewertet verschiedene Desinvestitionsmöglichkeiten wie Teilverkauf, Verkauf und Stilllegung (Krupp 2007, S. 37).

Dieses Buch beschäftigt sich mit der Analyse und Optimierung einer Beteiligung, welche sich in der Performancephase befindet. Themeninhalte dieses Werkes sind somit Aufgabenbereiche des Beteiligungscontrollers in dieser Performancephase.

1.4.3 Determinanten des Beteiligungscontrollings

Das Beteiligungscontrolling wird von vielen verschiedenen externen und internen Unternehmensfaktoren beeinflusst. Somit ist für das Beteiligungscontrolling ein flexibles Konzept zu erstellen, welches auf die individuellen Konzernbedürfnisse und Gegebenheiten abzustimmen ist (Horváth 1997, S. 85 f.). Abb. 1.3 gibt einen Überblick über Determinanten, welche das Beteiligungscontrolling beeinflussen. Jedoch erhebt dieser Überblick keinen Anspruch auf Vollständigkeit – zu umfangreich sind die möglichen Einflussfaktoren.[7]

Borchers 2000 (S. 60 ff.) teilt die Determinanten in zwei Gruppen:

1. „Unternehmensinterne und unternehmensexterne Determinanten.
2. Konzernspezifische und beteiligungsspezifische Determinanten."

Jedes Unternehmen muss sich externen Umwelten und Gegebenheiten anpassen. Um diesen Anforderungen zu genügen, entwickelten sich unterschiedliche Konzernformen (vgl. Abb. 1.4). Die externen Determinanten beeinflussen die Konzerngestaltung und somit auch die Aufgabenbereiche des Beteiligungscontrollings. Bei den internen, konzernspezifischen Bestimmungsgrößen sind es vor allem Konzernform, Konzerngröße und Konzernstruktur, welche stärkeren Einfluss auf das Beteiligungscontrolling ausüben. Diese Faktoren bestimmen, in welchem Umfang operative und strategische Tätigkeiten zentral und/oder dezentral durchgeführt werden. Neben dem Dezentralisierungsgrad übt auch der Internationalisierungsgrad Einfluss auf das Beteiligungscontrolling aus.

---

[7] Weitere Controllingliteratur zu beteiligungsspezifischen Merkmalen, welche spezielle Zielsetzungen verfolgen und das Beteiligungscontrolling beeinflussen: Berens et al. (2000, S. 18 ff.), Littkeman (2004, S. 34), Hoffjan und Weide (2006, S. 389 ff.).

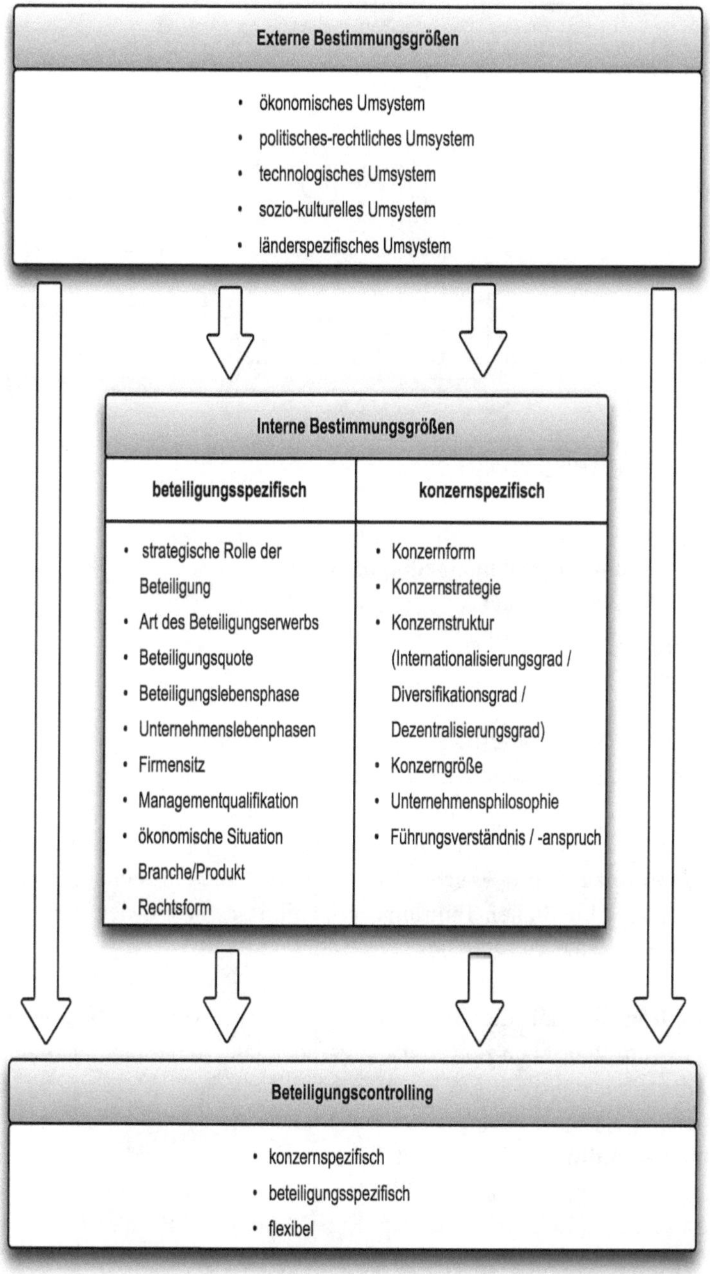

Abb. 1.3 Determinanten des Beteiligungscontrollings

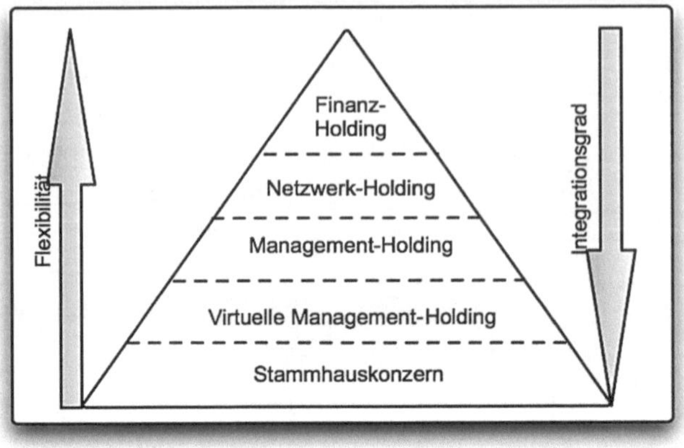

Abb. 1.4 Konzernform nach Grad der Entscheidungsdezentralität. (Borchers 2000, S. 28)

Die Internationalisierung bringt

- Wechselkursänderungen,
- divergente ökonomische Rahmenbedingungen,
- unterschiedliche Länderrisiken,
- konzerninterne Leistungsverflechtungen und
- kulturelle Unterschiede

mit sich (Borchers 2000, S. 64 ff.).

Aufgrund ihres unterschiedlichen Einflusses auf das Beteiligungscontrolling werden die von Borchers identifizierten Konzernformen explizit erwähnt. Abb. 1.4 gibt einen Überblick über verschiedene Konzernformen im Zusammenhang mit dem Grad der Entscheidungsdezentralität. Diese Konzernformen unterscheiden sich unter anderem hinsichtlich ihres unterschiedlichen Führungsverständnisses sowie der verschiedenen Entscheidungsprozesse (Lube 1997, S. 24).

a) Finanz-Holding Sie hält die Beteiligungen wie eine Vermögensverwaltung, jedoch werden Finanzierungsaufgaben zentral durchgeführt. Die Steuerung der Beteiligungen erfolgt primär über finanzielle Zielgrößen (Borchers 2000, S. 28).

b) Management-Holding Sie hat zusätzlich zur finanzwirtschaftlichen Konzernverantwortung die strategische Führung. Die Tochtergesellschaften sind innerhalb der Konzernstrategie meist autonom in ihren operativen Entscheidungen (Borchers 2000, S. 28 f.).[8]

c) Netzwerk-Holding Sie hat Ähnlichkeit mit der Management-Holding, jedoch existieren neben der eigentlichen Zentrale noch weitere dezentrale Gesellschaften mit Führungsverantwortung. Die Zuteilung der Führungsverantwortung erfolgt je nach strategischer

[8] Schewe (o. J.), Wirtschaftslexikon online.

Aufgabenstellung flexibel. Diese dezentralen Gesellschaften sind in ihren Verantwortungsbereichen der Zentrale gleichgestellt. Die zentrale Gesellschaft koordiniert die Aktivitäten der dezentralen Gesellschaften, greift jedoch nicht direkt in die dezentralen Aktivitäten ein (Borchers 2000, S. 29 f.).

d) Stammhauskonzern Es ist ein Konzerntyp, bei welchem die Obergesellschaft stark die operative Steuerung und operative Tätigkeiten ausübt. Tochtergesellschaften sind unterstützend tätig (Kutschker und Schmid 2008, S. 601 f.).

e) Virtuelle Management-Holding Sie ist eine „Konzern-Mischform" welche sich nicht eindeutig abgrenzen lässt (Vier 1996, S. 232 f.). Diese Konzern-Mischform entsteht oftmals aufgrund von „Merger & Acquisition"-Aktivitäten oder der Ausgliederungen von Geschäftsbereichen (Borchers 2000, S. 31). Kutschker spricht in diesem Zusammenhang von intra-organisationalen und inter-organisationalen Netzwerkstrukturen (Kutschker und Schmid 2008, S. 543 ff.).

1.4.4 Ziele des Beteiligungscontrollings

Einleitend zur Zielsetzung des Beteiligungscontrollings ist zu erwähnen, dass die Ziele eines Konzerns unterschiedlich und vielfältig sein können. In der Literatur wird als oberstes Konzernziel die Steigerung des Konzernwertes genannt (Schmidbauer 1998, S. 190; Albach 2001, S. 123; Copeland et al. 2002, S. 27). Um das Konzernziel zu erreichen, wird dieses auf die Ziele der Beteiligungen umgelegt. Somit ist das Ziel der Beteiligungsführung häufig, einen möglichst hohen Beteiligungswert zu erwirtschaften (Schmidbauer 1998, S. 190). Operative Vorteile aus der Beteiligung werden also eher in den Hintergrund gerückt. Hier kann es auch zu Zielkonflikten kommen (Botta 1994, S. 30 f.). So kann z. B. eine Verbundbeziehung von Tochtergesellschaften den Konzernwert steigern, ohne dass dabei einzelne Tochtergesellschaften ihren Unternehmenswert erhöhen (Littkemann 2009, S. 59). Im Umkehrschluss wäre auch eine Reduktion des Konzernwertes möglich, wenn z. B. Tochtergesellschaften in einem Marktsegment konkurrieren.

Deshalb hat das Beteiligungscontrolling auch darauf zu achten, dass sich die Beteiligungen im Rahmen der Konzerngesamtplanung auf das Gesamtziel ausrichten. Das Beteiligungscontrolling hat auch die Aufgabe, die Auswirkungen von strategischen Entscheidungen auf den Konzernwert transparent zu machen (Steinle et al. 1998, S. 149; Vogel 1998, S. 1, zit. nach Borchers 2000, S. 102).

Die strategische Zielsetzung für das Beteiligungscontrolling, die sich von der des Controllings kaum unterscheidet, ist die Unterstützung der Unternehmensleitung in der nachhaltigen Existenzsicherung des Unternehmens. Die kurzfristige Zielsetzung des Controllings ist die Sicherung des Unternehmenserfolges und der Wirtschaftlichkeit (Littkemann 2009, S. 57).

Schmidbauer und Littkemann haben in unterschiedlicher Form die gleichen Aufgaben und Ziele des Beteiligungscontrollings beschrieben (Schmidbauer 1998, S. 190 ff.; Littkemann 2009, S. 57 ff.). Littkemann (2009, S. 59) hat diese Zielsetzungen wie folgt zusammengefasst:

- Ziel- und Strategieabstimmung zwischen Mutter- und Tochtergesellschaft,
- Ziel- und Strategieabstimmung zwischen den Tochtergesellschaften,
- Unternehmenswertsteigerungen der Tochtergesellschaften,
- Sicherstellung eines konzerneinheitlichen Entscheidungsverhaltens,
- Überwachung der Zielerfüllung bei den Tochtergesellschaften,
- Ermittlung des Erfolgsbeitrages der Tochtergesellschaften sowie
- Beurteilung geplanter Beteiligungserwerbungen.

1.4.5 Aufgaben und Zusammenarbeit des Beteiligungscontrollers und des dezentralen Controllers

Wie auf den vorangegangenen Seiten bereits erwähnt, sind zentrale Aufgaben des Beteiligungscontrollers sowie auch des dezentralen Controllers die

- Informationsgewinnung,
- Informationsversorgung,
- Planung,
- Kontrolle,
- Koordination,
- sowie die Beratung und Unterstützung.

Der Controller als auch der Beteiligungscontroller sind dafür verantwortlich, dass aktuelle Informationen für die Planung und Kontrolle mit notwendiger Genauigkeit und Verdichtungsgrad am richtigen Ort und zum richtigen Zeitpunkt bereitstehen (Horváth 2006, S. 345). Der Beteiligungscontroller erhält vom Controller der lokalen Tochtergesellschaft die Daten, um steuerungsrelevante Informationen zu produzieren. Dies erreicht der Beteiligungscontroller unter anderem durch eine aktive und vertrauensvolle Zusammenarbeit mit den Controllern der Tochtergesellschaften. Eine vertrauensvolle Zusammenarbeit ist wichtig, um oftmals sensible Daten frühzeitig und realistisch auszutauschen (Schwarz et al. 2007, S. 22).

Die Zusammenarbeit zwischen zentralem Beteiligungscontroller und dezentralem Controller basiert jedoch nicht *nur* auf Vertrauen. Zur Implementierung und Durchsetzung einheitlicher und konzernweiter Controllingstandards sind hierarchische Weisungsbeziehungen in der Ablauforganisation eines Konzerns notwendig. Der Controller der dezentralen Einheit kann hierarchisch mittels der vier folgenden Möglichkeiten in die Ablauforganisation eines Konzerns eingebunden werden.

Der dezentrale Controller untersteht dann jeweils (Borchers 2000, S. 234):

- fachlich und disziplinarisch dem Leiter der dezentralen Einheit,
- fachlich und disziplinarisch dem Zentralcontroller,
- fachlich dem Zentralcontroller, disziplinarisch dem Leiter der dezentralen Einheit („Dotted-Line"-Prinzip) oder
- fachlich dem Leiter der dezentralen Einheit, disziplinarisch dem Zentralcontroller.

Im Sinne eines dezentralen Führungsverständnisses wird der Variante 1 meist der Vorzug gegeben. Dieses wird auch durch eine Umfrage bestätigt (Borchers 2000, S. 234; Borchers und Meyenburg 1999, S. 26). Variante 2 kommt nur in Ausnahmefällen in Frage. In der wirtschaftswissenschaftlichen Literatur wird die Variante 3, das „Dotted-Line"-Prinzip, dargestellt in Abb. 1.5, als empfehlenswert erachtet.

Das „Dotted-Line"-Prinzip gilt als eine mögliche Organisationsform für die geregelte Zusammenarbeit zwischen dezentralem Controller und zentralem Beteiligungscontroller. Dabei mildert es die Nachteile der beiden ersten Varianten.

Laut Borchers bietet sich das „Dotted-Line"-Prinzip vor allem für die Management-Holding an.

Die vierte und letzte Variante hat keine praktische Relevanz (Borchers 2000, S. 234 ff.).

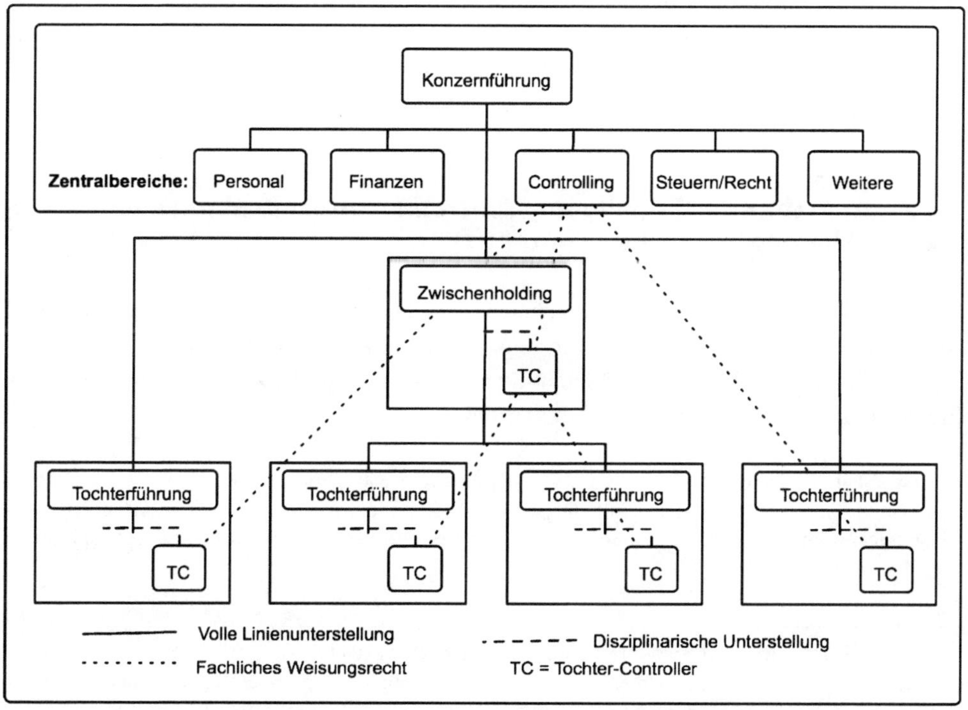

Abb. 1.5 „Dotted Line" Prinzip. (Borchers 2000, S. 236)

Obwohl laut einer empirischen Untersuchung von Lube 50 % der zentralen Controller Weisungsbefugnisse gegenüber dezentralen Controllingstellen besitzen (Lube 1997, S. 48 f.), wird das „Dotted-Line"-Prinzip nur von 22 % der Unternehmen (Untersuchung von Borchers und Meyenburg (Borchers 2000, S. 236)) bzw. nur von 8,5 % der Unternehmen (Untersuchung von Amshoff 1993, S. 329) genutzt. Diese Zahlen zeigen, wie wichtig die sozialen und fachlichen Fähigkeiten der einzelnen Controller für ein funktionierendes Controlling sind. Schwarz formulierte dies wie folgt:

> Controlling funktioniert nur als ein Netzwerk von kompetenten und vertrauenswürdigen Leuten (Schwarz et al. 2007, S. 23).

1.4.6 Die Rolle des „modernen" Controllers

Ergänzend zu den Aufgaben und der Zusammenarbeit zwischen zentralem Beteiligungscontroller und dezentralem Controller ist die Rolle des „modernen" Controllers zu erwähnen. Stetige Veränderungen im Unternehmensumfeld sowie eine immer dynamischere Wirtschaft machen die zeitnahe Bereitstellung korrekter Informationen immer wichtiger. Durch diese Schnelllebigkeit ändert sich auch die Rolle des Controllers. Der Controller hat die Aufgabe, die vorgelegten Zahlen kritisch zu hinterfragen und nicht nur vorzulegen. Der „moderne" Controller zeigt zusätzlich Konsequenzen auf und wirkt dadurch proaktiv. Der „moderne" Controller wird zum Dienstleister und „Sparring"-Partner des Top-Managements (Schwarz und Hirsch 2004, S. 9). Durch diese Tätigkeiten unterstützt der Controller die rationale Entscheidungsfindung des Managements.

1.4.7 Aufgaben des Beteiligungscontrolling im Kontext mit dem „Shareholder Value"-Konzept

Wir wollen uns jetzt den Zusammenhängen zwischen dem Beteiligungscontrolling und der wertorientierten Unternehmensführung[9] widmen. Wertorientierte Unternehmensführung im Sinne des „Shareholder Value"-Konzeptes verfolgt das Ziel, den Marktwert des Eigenkapitals zu maximieren (Rappaport 1999, S. 15).

> Das „Shareholder Value"-Konzept ist eine Unternehmensstrategie, bei der der Vorstand einer börsennotierten Aktiengesellschaft durch alle Maßnahmen, die er in seinem Unternehmen entwickelt und umsetzt, den Unternehmenswert im Sinn des Marktwertes des Eigenkapitals steigern soll […].[10]

---

[9] In diesem Buch wird wertorientierte Unternehmensführung als Oberbegriff für Konzepte verstanden, die eine Steigerung des Unternehmenswertes verfolgen. Das „Shareholder Value"-Konzept stellt eine mögliche Ausprägungsform davon dar. Vgl. Stiefl und von Westerholt 2008, S. 5 ff.

[10] Breuer und Heidt (o. J.), Wirtschaftslexikon online.

Wie bereits erwähnt, ist die erste Zielsetzung des Konzerns die Wertsteigerung des Unternehmens. Die positive Wertentwicklung der Tochtergesellschaften ist hierfür eine wichtige Voraussetzung. Die Elemente des „Shareholder Value"-Konzeptes dienen dazu, die Wertentwicklung des Unternehmens in Barwerten zu ermitteln, zu überwachen, zu steuern und zu kommunizieren.

Laut Dinter und Swoboda (2003, S. 232 f.) soll ein „Shareholder Value"-Konzept folgende Kernelemente enthalten:

- wertorientierte Strategieformulierung und Wege zu deren Umsetzung,
- Messung der Wertschaffung („Performance Measurement"),
- „Incentive System",
- interne Berichterstattung,
- externe Kommunikation.

Die wertorientierte Strategieformulierung und Umsetzung dient als Fundament für die Elemente des „Shareholder Value"-Konzeptes. „Performance Measurement", „Incentive System", interne Berichterstattung und externe Kommunikation werden in Abb. 1.6 als Säulen dargestellt.

Es ist jene Konzernstrategie zu definieren, welche die höchste Wertschaffung erwarten lässt. Innerhalb dieser Konzernstrategie definieren die einzelnen Beteiligungen ihre

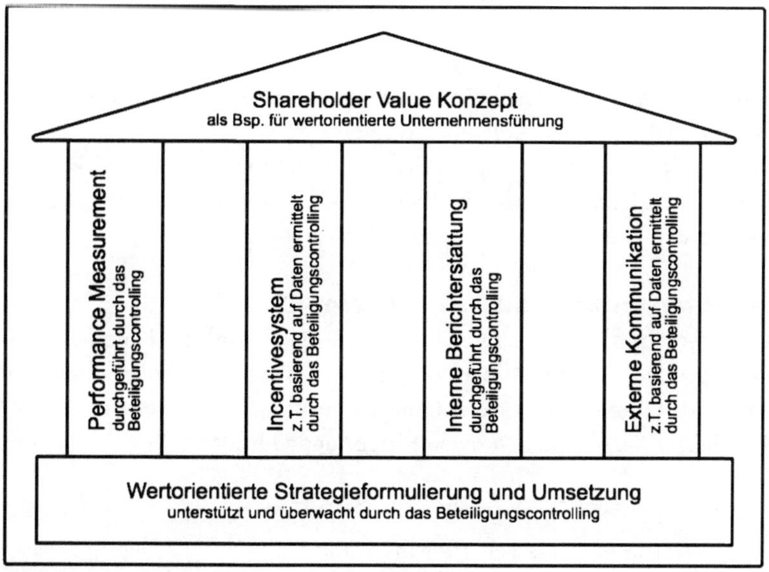

Abb. 1.6 Elemente eines „Shareholder Value"-Konzeptes. (Quelle: eigene Darstellung, in Anlehnung an Dinter und Swoboda 2003, S. 233)

wertmaximierenden Strategien (Dinter und Swoboda 2003, S. 233 f.).[11] Das Beteiligungscontrolling unterstützt einerseits die Konzernführung in der strategischen Planung und überwacht andererseits die Umsetzung der strategischen Maßnahmen in den Tochtergesellschaften (Krupp 2007, S. 112 ff.).

1.4.7.1 Performance Measurement

Bereits zu Beginn des Kapitels hatten wir uns einleitend kurz mit „Performance Measurement" beschäftigt und darauf hingewiesen, dass es verschiedene Ansätze dafür gibt.

> Performance Measurement is a process of developing indicators that report on the accomplishment and progress of an organization (Tesoro und Tootson 2000, S. 6).

„Performance Measurement" ist auch ein Element im „Shareholder Value"-Konzept (vgl. Abb. 1.6, Säule links außen), in welchem es um die Messung der Wertschaffung geht. Im Controlling allgemein werden die Messgrößen entsprechend der Messobjekte und des Analysezwecks definiert (Dinter und Swoboda 2003, S. 235 f.). Im Beteiligungscontrolling geht es um die Messung und die Steuerung von Beteiligungen.

Ein Großteil der deutschen Großunternehmen verwendet zur Messung und Steuerung der Tochtergesellschaften folgende wertorientierten Controllinginstrumente (Derfuß et al. 2009, S. 462 ff.):

- das einperiodige Performancemaß „Economic Value Added" (EVA®),
- das „Discounted Cash-Flow" (DCF)-Verfahren,
- die Übergewinnverfahren des „Cash Value Added" (CVA) und der „Cash Flow Return on Investment" (CFROI).

Wir werden uns mit zwei dieser Verfahren/Instrumente in den späteren Kapiteln noch sehr intensiv an konkreten Beispielen beschäftigen.

Der Management-Kreislauf in Abb. 1.7 zeigt, dass (erneut) der Beteiligungscontroller in der Planungs- und Kontrollphase die Wertschaffung in den Tochtergesellschaften messen muss und anschließend Abweichungsanalysen erstellt.

1.4.7.2 Berichterstattung und Berichtswesen

Das Berichtswesen ermöglicht vergleichbare Aussagen über alle Unternehmensbereiche hinweg (Paul 1997, S. 235) und bildet deshalb das wichtigste Koordinations- und Integrationsinstrument des funktionalen Beteiligungscontrollings (Kleinschnittger 1993, S. 174, zit. nach Borchers 2000, S. 142, zit. nach Burger und Ulbrich 2005, S. 331).

[11] Pape (2010) unterscheidet zwischen realwirtschaftlichen Wertsteigerungsstrategien. Borchers (2000) ordnet finanzwirtschaftliche Werttreiber wie Kapitalstruktur und Wertsteigerungsstrategien und finanzwirtschaftliche Kapitalkosten der Verantwortung der Konzernzentrale der Management-Holding zu.

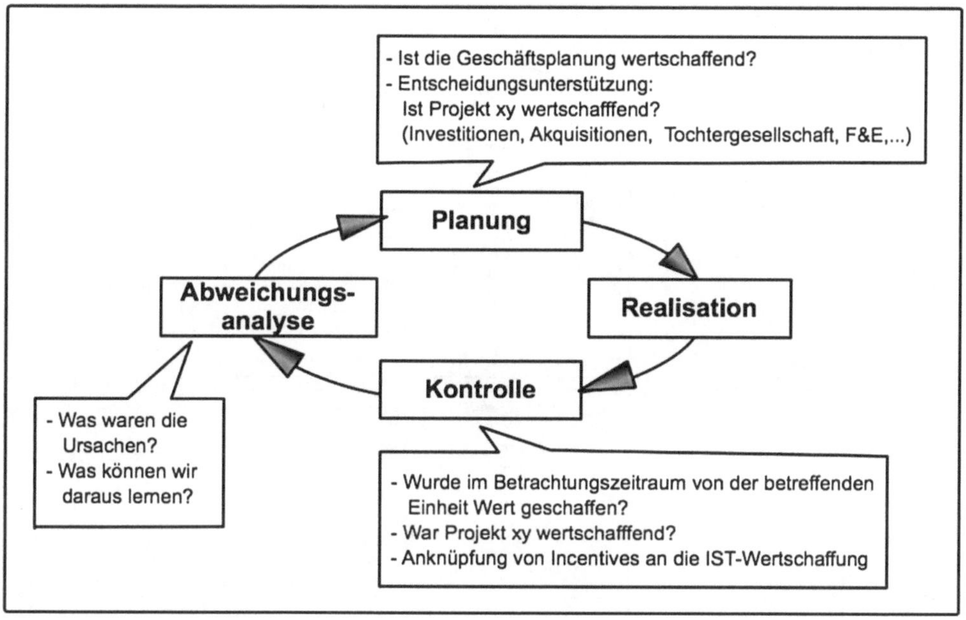

Abb. 1.7 Identifikation von Wertschaffern im Management-Kreislauf. (Dinter und Swoboda 2003, S. 236)

Zusätzlich dient das interne Berichtswesen noch als Führungs- bzw. Managementinformationssystem mit Kennzahlen und strategisch relevanten Informationen (Borchers 2000, S. 142 f.).

Im „Shareholder Value"-Konzept werden Kennzahlen und Kennzahlensysteme zur Steuerung der Beteiligungen eingesetzt,[12] welche auf Daten des operativen Rechnungswesens beruhen. Abb. 1.8 veranschaulicht, wie die unterschiedlichen Daten in einem integrierten Controlling orientierten Berichtssystem miteinander verbunden sind.

Ein integriertes Berichtssystem muss wegen der Datenharmonisierungstendenzen im Bereich der Rechnungslegung Daten des internen und externen Berichtssystems umfassen (Borchers 2000, S. 142). Diese Auffassung hat mit Einführung der Richtlinien nach den IFRS®[13] für die Rechnungslegung neue Aktualität erhalten.

Die IFRSs® haben zur Integration von internem und externem Berichtswesen maßgeblich beigetragen (Baumöl und Jung 2009, S. 555). Dabei ist allerdings darauf zu achten,

---

[12] Laut Littkemann konzentriert sich seit der Anwendung des „Shareholder Value"-Konzeptes zur Konzernsteuerung das Zentralcontrolling der Muttergesellschaft auf die strategische Planung und Kontrolle der Konzernziele und überlässt dem lokalen Controlling der Tochtergesellschaft die operativen Tätigkeiten (vgl. Littkemann 2009, S. 5 f.).

[13] IFRS®/IFRSs® bedeutet International Financial Reporting Standard(s) (IFRS®2010) und sind internationale Rechnungslegungsvorschriften (primär) für Unternehmen (vgl. auch Wengel 2007, vgl. www.iasb.org).

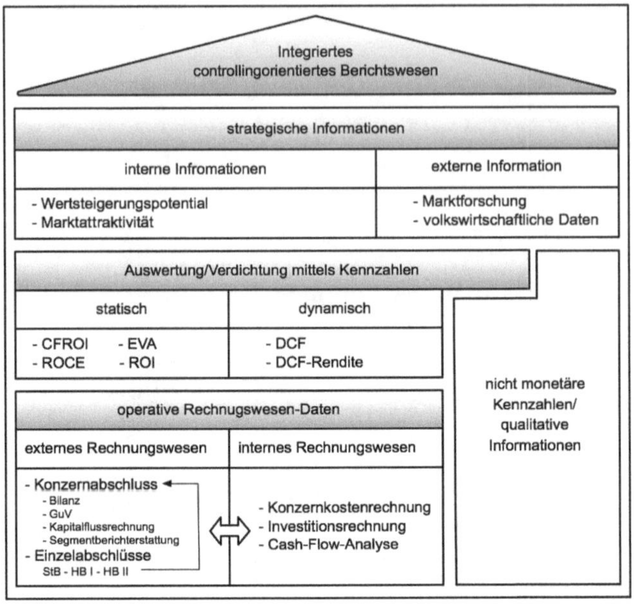

Abb. 1.8 Integriertes Controlling orientiertes Berichtsystem. (Borchers 2000, S. 143)

dass eine übermäßige Standardisierung der Daten des internen Controllingsystems nicht zu einer Fehlsteuerung führt. Dies kann dann passieren, wenn das Controllingsystem überwiegend konzernspezifische und zu wenig beteiligungsspezifische Faktoren beinhaltet (Littkemann 2009, S. 6).[14]

1.4.7.3 Incentive Systeme

„Incentive" Systeme sind ein integraler Bestandteil zur erfolgreichen Umsetzung des „Shareholder Value"-Konzeptes. Dies wird auch im Regelkreis des „Shareholder Value"-Managements von Rappaport durch die Elemente *Leistungsbewertung* und *Entlohnungsanreize* offensichtlich (Rappaport 1999, S. 193). Dabei geht es um die Vermeidung von gegenläufigen Interessen („Principal-Agent"-Konflikt) zwischen Anteilseignern eines Unternehmens und dem Management (Fackler und Schacht 2005, S. 311).

In der Holding besteht eine mehrstufige „Principal-Agent"-Problematik und zwar zwischen dem Aktionär/Eigentümer als „Principal", dem Management der Holding als „Agent" und dem Management der Holding als „Principal" mit dem Management der Tochtergesellschaften (Mehrstufiges „Principal-Agent"-Modell, vgl. Borchers 2000, S. 213 ff.).

Im Zusammenhang mit „Incentive" Systemen hat das Beteiligungscontrolling die Aufgabe, die Ziele und Strategien zwischen Mutter- und Tochtergesellschaft bzw. die Ziele für die Tochtergesellschaften aus den Konzernzielen abzuleiten (Borchers 2000, S. 214).

[14] Vgl. auch Abschn. 2.2.3 Determinanten des Beteiligungscontrollings.

1.4.7.4 Externe Kommunikation

Die externe Kommunikation ist ein äußerst wichtiges Element des „Shareholder Value"-Konzeptes. Für die externe Kommunikation gilt vor allem, dass die Finanz-, Ertrags- und Vermögenslage des Konzerns transparent, verständlich, gewissenhaft und zuverlässig entsprechend der IFRSs® dargestellt wird (IFRS®2010, S. 82 f., S. 104).

Heutzutage berichten Konzerne aufgrund der gesetzlichen Vorschriften[15] (oder auch freiwillig) nach IFRS®. Dies bedeutet aber nicht, dass die Beteiligung selbst nicht nach HGB bilanziert. Häufig wird immer noch der Abschluss in einem zweiten Schritt mittels Überleitung auf die IFRS®-Berichterstattung erarbeitet. Das Beteiligungscontrolling arbeitet mit den anderen Abteilungen (wie z. B. dem externen Rechnungswesen) zusammen, um die entsprechenden Dokumente und Informationen zeitgerecht zur Verfügung zu stellen.

1.4.8 „Performance Measurement" basierend auf harmonisierter interner und externer Rechnungssysteme

Wir haben uns soeben die vier Elemente zur Wertsteigerung („Performance Measurement", „Incentive" System, internes Berichtswesen, externe Kommunikation), welche auf einer wertorientierten Strategieformulierung und Umsetzung basieren, kurz angeschaut. Die folgenden Ausführungen zeigen auf, wie die Datenharmonisierung des internen und externen Rechnungswesens zu einem erfolgreichen, wertorientierten „Performance Measurement" beiträgt.

Die mit 1. Januar 2005 für börsennotierte Unternehmen verpflichtend anzuwendenden „International Financial Reporting Standards" (IFRSs®2010) bringen Eigentümern, Investoren, Banken und anderen „Stakeholdern"[16] nicht nur mehr Transparenz, sondern ermöglichen auch die „normierte" Vereinheitlichung des internen und externen Rechnungswesens. Für die Ermittlung von bilanziellen Wertmaßstäben oder generell dem Ausweis von Erfolg, greifen die IFRSs® stärker als die HGB-Rechnungslegung auf interne Reportingdaten zu. So setzt z. B. IAS 14[17] zur Segmentberichterstattung direkt auf das interne

---

[15] Vgl. UGB § 244, § 245, § 245a, § 246.

[16] „Stakeholders, Anspruchsgruppen sind alle internen und externen Personengruppen, die von den unternehmerischen Tätigkeiten gegenwärtig oder in Zukunft direkt oder indirekt betroffen sind. Gemäß Stakeholder-Ansatz wird ihnen zusätzlich zu den Eigentümern (Shareholders) das Recht zugesprochen, ihre Interessen gegenüber der Unternehmung geltend zu machen. (…)" (Quelle: Thommen, http://wirtschaftslexikon.gabler.de (o. J.), online, Zugriff 04.04.2013).

[17] IAS 14 Segment Reporting has been replaced 2006 by IFRS® 8 Operating Segments; „Main feature of IFRS 8"; IN4 „The IFRS specifies how an entity should report information about its operating segments in annual financial statements (…)", IN5 „The IFRS requires an entity to report financial and descriptive information about its reportable segments. (…)" IN6 „The IFRS requires an entity to report a measure of operating segment profit or loss and of segment assets. (…)", IN7 „The IFRS

Berichtswesen auf. Dies zeigt, dass der Controller unmittelbar von den IFRSs® betroffen ist (Weißenberger 2004, S. 1).

Die Harmonisierung von externen und internen Rechnungswesensystemen bringt vor allem für international agierende Konzerne wesentliche Vorteile. Beteiligungscontroller eines international tätigen Konzerns können mit dezentralen Controllern der lokalen Tochtergesellschaften effizienter zusammenarbeiten. Durch die Reduktion und Harmonisierung der Begriffsvielfalt wird die Kommunikation zwischen internationalen Unternehmenseinheiten generell effizienter und funktioniert somit fehlerfreier. Durch den Abbau redundanter Systeme besteht zusätzlich die Möglichkeit, Kosten zu reduzieren. Es ergibt sich eine konzernweite bessere Verständlichkeit und Kommunizierbarkeit von Rechnungs- und Steuergrößen. Dadurch wird auch die Ausgestaltung des „Incentive" Systems transparenter und leichter verständlich, was wiederum zu einer besseren Akzeptanz führt. Die harmonisierten Daten des externen Rechnungswesens können konzernweit zur Planung, Steuerung und Kontrolle der Beteiligungen verwendet werden (Hebeler 2003, S. 280 ff.; Hebeler 2009, S. 504 f.).

Unter anderem sind aufgrund der genannten Vorteile der Datenharmonisierung über die Handelsbilanz II viele Konzerne dazu übergegangen, die harmonisierten Daten zur Unternehmenssteuerung zu nutzen. Um der Wertorientierung des „Shareholder Value"-Konzeptes stärker gerecht zu werden, wurden auch vielfach die „Performance Measurement"-Systeme um wertorientierte Instrumente wie dem EVA®-Konzept erweitert. Das EVA®-Konzept basiert auf den Daten des externen Rechnungswesens und kann somit an die harmonisierte Konzernrechnungslegung angekoppelt werden (Hebeler 2009, S. 505).

In Abb. 1.9 wird das Harmonisierungspotenzial dargestellt, welches auch von Konzernen verwendet wird, um auf Basis der harmonisierten Handelsbilanz II[18] die Unternehmung zu steuern. Zu ergänzen ist, dass die Kosten- und Leistungsrechnung zur Steuerung auf Produkt- und Prozessebene sowie zur Produktergebnisrechnung oder als Basis für ein Kostenmanagement unverzichtbar ist (Hebeler, S. 280).

1.4.9 Abschlussanmerkungen

Soweit eine erste Hinleitung zum Thema Beteiligung. Ich weiß, dass dies alles sehr akademisch klingt, aber ich halte es für wichtig, die späteren (wirklich praxisbezogenen) Berechnungen in einen Kontext zu stellen.

---

requires an entity to report information about the revenues derived from its products or services (…)" (IFRS 2010, S. 860 f.).

[18] Handelsbilanz II: Die Aufstellung einer Handelsbilanz II ist eine vorbereitende Maßnahme zur Erstellung eines Konzernabschlusses. Handelsbilanzen II werden aus den jeweiligen in den Konzernabschluss einbezogenen Einzelabschlüssen (Handelsbilanz I) abgeleitet. Quelle: Pellens und Rüthers, http://wirtschaftslexikon.gabler.de (o. J.), online, Zugriff 06.04.2013.

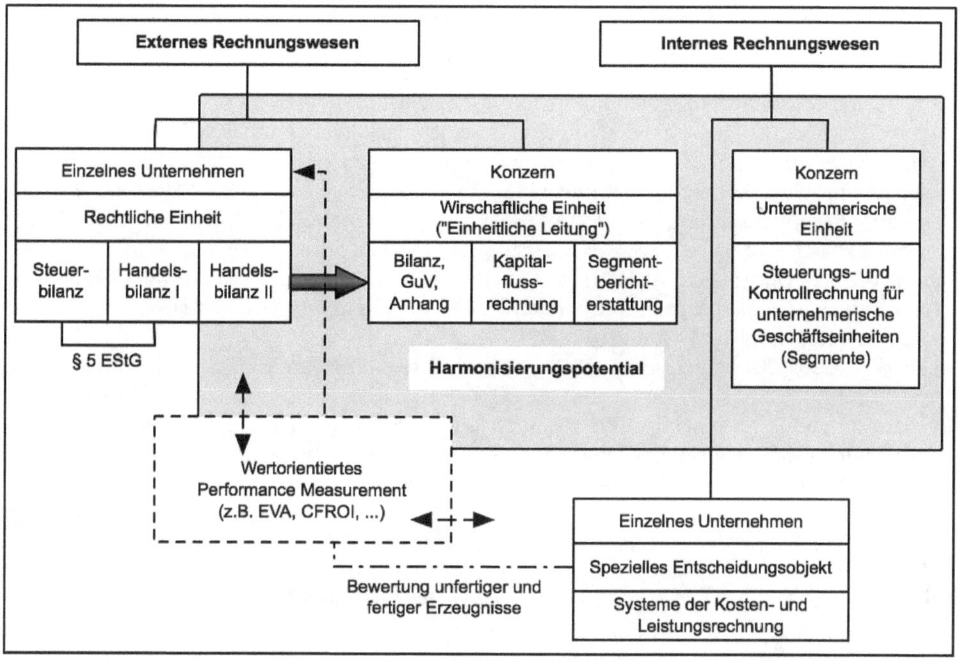

Abb. 1.9 Harmonisierungspotenzial des internen und externen Rechnungswesens im Konzern. (Hebeler 2003, S. 282)

Sie werden aber auch sehen, dass für mich dieser Kontext nicht eigentlicher Gegenstand des Buches ist. Praxisrelevanz steht eindeutig im Vordergrund!

Und damit ergibt sich auch ganz klar eine Maxime: Konzerne neigen dazu, Controlling extrem komplex zu machen. Dies wird dann damit begründet, dass ein möglichst genaues Bild der Gruppe im Controlling abgebildet wird. Daran habe ich aber meine Zweifel. Vielmehr geht es darum, den externen Leser zu verwirren, damit er nicht alles nachvollziehen kann und damit versteht. Außerdem kann man mittels Komplexität auch „retuschieren" und das wird ganz häufig gemacht. Schlechtes wird durch komplexe Berechnungen und „konzernnotwendige Anpassungen" einfach (nach außen) gutgerechnet.

Von daher werden meine Berechnungen an den gegebenen Beispielen in den späteren Kapiteln immer versuchen, diese (in meinen Augen häufig unnötige weil nur verwirrende) Komplexität außen vor zu lassen.

Also, seien Sie hier nicht entmutigt, es wird ganz sicher sehr praxisnah, wenngleich ich zunächst auch noch die Bewertung in einen wissenschaftlichen Kontext stelle.

Literatur

Achleitner, A.-K., und K. Henselmann. o. J. Due Diligence. *Gabler Wirtschaftslexikon*. http://wirtschaftslexikon.gabler.de/Definition/due-diligence.html. Zugegriffen: 12. Juni 2013.

Albach, H. 2001. *Konzernmanagement: Corporate Governance und Kapitalmarkt*. Wiesbaden.

Amshoff, B. 1993. *Controlling in deutschen Unternehmen; Realtypen, Kontext und Effizienz*, 2. Aufl. Wiesbaden.

Barth, T., und D. Barth. 2008. *Controlling*, 2. Aufl. München.

Baumöl, U., und R. Jung. 2009. Operative Unternehmensführung im Beteiligungscontrolling: Management-Holding-Gestaltung eines Entscheidungsunterstützungssystems für das Beteiligungscontrolling: Konzeption der Integration. In *Strategische und operative Unternehmensführung im Beteiligungscontrolling*, 2. Aufl. Beteiligungscontrolling: Ein Handbuch für die Unternehmens- und Beratungspraxis, Bd. II, Hrsg. J. Littkemann, 551–567. Herne.

Berens, W., S.E. Dörges, und A. Hoffjan. 2000. Fundierung eines Verständnisses des Controlling multinationaler Unternehmen. In *Controlling international tätiger Unternehmen*, Hrsg. Berens, Born und Hoffjan, 13–41. Stuttgart.

Borchers, S. 2000. *Beteiligungscontrolling in der Management-Holding: Ein integratives Konzept*. Wiesbaden.

Borchers, S., und S. Meyenburg. 1999. *Empirische Untersuchung zum Beteiligungscontrollings in der Management-Holding*. Arbeitsberichte des Institutes für Wirtschaftswissenschaften, Bd. 99/08. Braunschweig: Technische Universität Braunschweig.

Botta, V. 1994. Ausgewählte Probleme des Beteiligungscontrollings. In *Beteiligungscontrolling: Grundlagen, Strategische Allianzen und Akquisitionen, Erfahrungsberichte*, Hrsg. Schulte. Wiesbaden.

Breuer, Heidt. o. J. *Gabler Wirtschaftslexikon*. http://wirtschaftslexikon.gabler.de.

Burger, A., und R.P. Ulbrich. 2005. *Beteiligungscontrolling*. München.

Copeland, T., T. Koller, und J. Murrin. 2002. *Unternehmenswert: Methoden und Strategien für eine wertorientierte Unternehmensführung*, 3. Aufl. Frankfurt.

Derfuß, K., A. Scherer, und J. Littkemann. 2009. Operative Unternehmensführung im Beteiligungscontrolling: 2. Kapitel Operatives Beteiligungscontrolling in der Unternehmenspraxis. In *Strategische und operative Unternehmensführung im Beteiligungscontrolling*, 2. Aufl. Beteiligungscontrolling: Ein Handbuch für die Unternehmens- und Beratungspraxis, Bd. II, Hrsg. J. Littkemann, 417–474. Herne.

Dieckhaus, O.-T. 1993. Beteiligungscontrolling auf Basis des Beteiligungslebenszyklus. *Zeitschrift für Planung* 4(2):163–190.

Dinter, H.-J., und M. Swoboda. 2003. Operative Performance-Messung im „Shareholder Value"-Konzept von Henkel. In *Controlling-Konzepte: Neue Strategien und Werkzeuge für die Unternehmenspraxis*, 6. Aufl. Hrsg. C.-C. Freidank, E. Mayer. Wiesbaden.

Fackler, M., und U. Schacht. 2005. Konzept des Economic-Value-Added. In *Praxishandbuch Unternehmensbewertung: Grundlagen, Methoden, Fallbeispiele*, Hrsg. U. Schacht und M. Fackler, 293–312. Wiesbaden.

Gabler Wirtschaftslexikon. o. J. Performance Measurement. *Gabler Wirtschaftslexikon*. http://wirtschaftslexikon.gabler.de.

Gerberich, C.W. 2005. Neue Herausforderungen an das Management und das Unternehmenscontrolling. In *Praxishandbuch Controlling: Trends, Konzepte, Instrumente*. Wiesbaden.

Hebeler, C. 2003. *Harmonisierung des internen und externen Rechnungswesens, US-amerikanische Accounting-Systeme als konzeptionelle Grundlage für deutsche Unternehmen?* Wiesbaden.

Hebeler, C. 2009. Operative Unternehmensführung im Beteiligungscontrolling. Performance Measurement bei Beteiligungen – Ansätze des Accountings und Praxis in den USA. In *Strategische und operative Unternehmensführung im Beteiligungscontrolling*, 2. Aufl. Beteiligungscontrolling: Ein Handbuch für die Unternehmens- und Beratungspraxis, Bd. II, Hrsg. J. Littkemann, 493–510. Herne.

Hoffjan, A., und G. Weide. 2006. Organisation des internationalen Controlling – Im Spannungsfeld zwischen Standardisierung und Differenzierung. *Die Unternehmung* 60(6):389–406.

Horváth, P. 1997. Internationales Beteiligungscontrolling: Das Controllingthema für die kommenden Jahre. *Controller Magazin* 22(2):81–88.

Horváth, P. 2006. *Controlling*, 10. Aufl. München.

IFRS® 2010. *International Financial Reporting Standards®,IFRS®, Consolidated without early application*. London.

Jung, H. 2007. *Controlling*, 2. Aufl. München.

Knecht, T.C., und D.C. Klemmer. 2009. Strategische Unternehmensführung im Beteiligungscontrolling: Unternehmensbewertung aus Sicht des Beteiligungscontrollings. In *Strategische und operative Unternehmensführung im Beteiligungscontrolling*, 2. Aufl. Beteiligungscontrolling: Ein Handbuch für die Unternehmens- und Beratungspraxis, Bd. II, Hrsg. J. Littkemann, 417–474. Herne.

Krupp, A.D. 2007. *Beteiligungscontrolling kompakt*. Norderstedt.

Kutschker, M., und S. Schmid. 2008. *Internationales Management*, 6. Aufl. München.

Littkemann, J. 2004. Beteiligungsspezifisches Konzerncontrolling – Ergebnisse einer empirischen Untersuchung. *Zeitschrift für Controlling und Management (ZfCM)* 1:33–46.

Littkemann, J. 2009. Grundlagen des Beteiligungscontrollings: 1. Kapitel: Einführung in das Beteiligungscontrolling. In *Grundlagen sowie bilanzielle, steuerliche und sonstige rechtliche Aspekte des Beteiligungscontrollings*, 2. Aufl. Beteiligungscontrolling: Ein Handbuch für die Unternehmens- und Beratungspraxis, Bd. I, Hrsg. J. Littkemann, 1–18. Herne.

Lube, M.-M. 1997. *Strategisches Controlling in international tätigen Konzernen, Aufgaben – Instrumente – Maßnahmen*. Wiesbaden.

Pape, U. 2010. *Wertorientierte Unternehmensführung*, 4. Aufl. Sternenfels.

Paul, J. 1997. Operatives Beteiligungscontrolling in multinationalen Unternehmen. *Controller Magazin* 4:234–239.

Pellens, Rüthers. o. J. *Gabler Wirtschaftslexikon*. http://wirtschaftslexikon.gabler.de. Zugegriffen am 06.04.2013.

Rappaport, A. 1999. *Shareholder Value. Ein Handbuch für Manager und Investoren*, 2. Aufl. Stuttgart: Schäffer-Poeschl.

Reichmann, T. 2006. *Controlling mit Kennzahlen und Management-Tools: Die systemgestützte Controlling-Konzeption*, 7. Aufl. München.

Schewe. o. J. *Gabler Wirtschaftslexikon*. http://wirtschaftslexikon.gabler.de. Zugegriffen am 04.04.2013.

Schmidbauer, R. 1998. *Konzeption eines unternehmenswertorientierten Beteiligungs-controlling im Konzern*. Frankfurt a. M.

Schumacher, T. 2005. *Beteiligungscontrolling in der Management-Holding: Optimierung der Rationalitätssicherung durch Nutzung des Eigenkapitalmarktes*. Wiesbaden.

Schwarz, R., und B. Hirsch. 2004. Der Controller als Dienstleister und Sparringspartner für den Konzernvorstand. *Zeitschrift für Controlling und Management (ZfCM)* 1:9–10.

Schwarz, R., S. Willach, und B. Hirch. 2007. Ein guter Controller muss rational und sachlich sowie vertrauenswürdig und aufrecht sein. *Zeitschrift für Controlling und Management (ZfCM)* 51(1):20–23.

Steinle, C., H. Thiem, und A. Dunse. 1998. Beteiligungs-Controlling: Grundlagen, Realtypen und Gestaltungsempfehlungen. *Controlling* 3:140–149.

Stiefl, J., und K. von Westerholt. 2008. *Wertorientiertes Management: Wie der Unternehmenswert gesteigert werden kann*. München.

Tesoro, F., und J. Tootson. 2000. *Implementing Performance Measurement Systems: A Cookbook Approach*. San Francisco.

Thommen. o. J. *Gabler Wirtschaftslexikon*. http://wirtschaftslexikon.gabler.de. Zugegriffen am 04.04.2013.
Vier, C. 1996. *Unternehmenstransformation und Netzwerkorganisation*. Bern.
Weber, J., und U. Schäffer. 2000. *Balanced Scorecard & Controlling, Implementierung – Nutzen für Manager und Controller – Erfahrungen in deutschen Unternehmen*, 3. Aufl. Wiesbaden.
Weber, J., und U. Schäffer. 2006. *Einführung in das Controlling*, 11. Aufl. Stuttgart.
Weber. o. J. *Gabler Wirtschaftslexikon*. http://wirtschaftslexikon.gabler.de/.
Weißenberger, B.E. 2004. Controlling im Umbruch, Herausforderungen durch die IFRS. *Zeitschrift für Controlling und Management (ZfCM) Sonderheft* 2:1.
Wengel, T. 2007. *IFRS®kompakt*. München.

2 Wertorientierte Unternehmensführung

Wie auch in Kap. 1 gilt hier, dass zunächst nur ein Überblick gegeben wird, der auf der existierenden Literatur basiert. Details, besonders zu den Berechnungen, folgen dann später, wenn wir uns mit den Beispielunternehmen beschäftigen und mit dessen Zahlen das Beteiligungscontrolling und die Bewertung Schritt für Schritt und mit entsprechendem Tiefgang durchsprechen.

Die wertorientierte Unternehmensführung ist schon seit einigen Jahren bekannt und hatte sicherlich schon einmal einen Höhepunkt erreicht. Dann wurde aber zunehmend auch Kritik laut, dass es nicht sein kann, alles in einer Unternehmung der Wertsteigerung für den „Shareholder" zu unterwerfen, sondern es seien primär das ganze Umfeld, also die „Stakeholder" (Mitarbeiter, Kunden, Lieferanten und u. a. Anteilseigner etc.) zu berück sichtigen.

Ich persönlich bin sicherlich ein Anhänger von Wertsteigerungsmanagement, allerdings haben wir auch in der deutschen Wirtschaft (wie immer) entsprechende Übertreibungen gesehen und somit hat dieser Managementansatz derzeit leider einen negativen Beigeschmack.

Allerdings dürfen wir nicht vergessen, dass Kapital ein durchaus rares Gut ist und im Zeitalter der Informationstechnologie auf der Jagd nach Rendite in einer Sekunde einmal den Globus locker umrundet. Wir kommen nicht umhin, (Eigen-)Kapital entsprechend mit Renditen zu bedienen. Aus dieser Perspektive haben Konzerne eigentlich auch keine andere Wahl, als Wertsteigerung als eine der zentralen Zielgrößen zu benennen – man tut es halt nicht mehr so offen und direkt wie vor 10–15 Jahren. Häufig gilt: Betreibe Wertsteigerung, aber rede nicht darüber!

Um eines klarzustellen – ich halte hier kein Plädoyer für die Maximierung von Eigenkapitalrenditen. Dies kann nicht gesund sein, wie „Heuschrecken" immer wieder beweisen. Es ist halt wie so oft im Leben eine Frage eines gesunden „Mixes"!

B. Heesen, *Beteiligungsmanagement und Bewertung für Praktiker*,
https://doi.org/10.1007/978-3-658-30792-9_2

2.1 Definition und Abgrenzung

Wertorientierte Unternehmensführung, Wertsteigerungsmanagement, „Shareholder Value Management“[1] und „Value Based Management“ sind (identische) Begriffe für eine Führungsphilosophie, deren oberstes Ziel also häufig die nachhaltige Steigerung des Unternehmenswertes ist. Sämtliche Entscheidungen und Aktivitäten dienen der dauerhaften Wertsteigerung des Unternehmens und somit der Maximierung des Eigenkapitals bzw. deren Renditen.

Im Zusammenhang mit der Steigerung des Unternehmenswertes gibt es die Problematik der tatsächlich geschaffenen Werte im Unternehmen und der Bewertung des Unternehmens an der Börse. Im Idealfall decken sich diese Werte. Führungskräfte stehen dabei im Spannungsfeld zwischen den oftmals kurzfristigen Kapitalmarktinteressen und der langfristigen Wertsteigerung des Unternehmens (Losbichler 2010, S. 325 ff.).

„Incentive“ Systeme dienen dazu, die unterschiedlichen Interessen zwischen Eigentümern und Management zu vermindern und das Management für eine dauerhafte und langfristige Unternehmenswertsteigerung zu belohnen. Voraussetzung für solch ein „Incentive“ System ist jedoch, dass auch die Anleger eine *langfristige* Wertsteigerung akzeptieren (Rappaport und Ricken 2008, S. 131).

Nochmals zur Wiederholung: Wertorientierte Managementkonzepte beruhen auf folgenden Elementen (Dinter und Swoboda 2003, S. 232 f.; Weber et al. 2004, S. 14):[2]

- wertorientierte Strategieformulierung und Zielplanung,
- wertorientierte Anreizgestaltung („Incentive“ System),
- wertorientiertes Berichtswesen (interne Berichterstattung),
- wertorientierte Kapitalmarktkommunikation (externe Kommunikation),
- wertorientierte Kennzahlensysteme („Performance“-Systeme).

Wie die Auflistung zeigt, ist wertorientiertes Management kein bestimmtes Programm, sondern eine Führungsphilosophie und eine Unternehmenskultur mit einer wertorientierten Denkweise, um die Unternehmensziele (Steigerung des Unternehmenswertes und vor allem des (Markt-)Wertes des Eigenkapitals) zu erreichen.

Kern dieses Konzeptes ist somit die konsequente Ausrichtung der unternehmerischen Tätigkeit auf die positive Entwicklung des Unternehmenswertes. Entscheidend dabei ist, dass die wertorientierte Denkweise im Wertbewusstsein des Managements vorhanden ist. Das Management muss verstehen, wie Wert im Unternehmen geschaffen wird und wie der Kapitalmarkt diesen bewertet. Dies ist die Voraussetzung, um Managementprozesse auf

[1] In einem Interview 2008 erinnerte Rappaport daran, dass es beim „Shareholder Value“-Konzept um steigenden „Cash Flow“, aber auch um Langfristigkeit und Risikoabschätzung geht (vgl. Rappaport 2008, S. 130). Rappaport schreibt in seinem Buch „Diese Betonung langfristiger ‚Cash-flows‘ ist der Kern des ‚Shareholder Value‘-Ansatzes“ (vgl. Rappaport 1999, S. 8).

[2] Weber widmet jedem Element des wertorientierten Managements ein Kapitel.

Wertsteigerungsziele abzustimmen, die Wertorientierung in der Unternehmenskultur zu verankern und wertsteigernde Aktivitäten in den täglichen Arbeitsabläufen umzusetzen. Und hier kommt wieder der (Beteiligungs-)Controller ins Spiel.

In der kapitalmarktorientierten Betrachtungsweise wird nur dann Wert geschaffen, wenn Unternehmen aus der Umsatztätigkeit zusätzlich zu allen Kosten (operative Kosten, Steuern, Fremdkapitalkosten) auch die Kosten für das Eigenkapital bedienen können. Dividendenzahlungen werden nicht als Aufwand in der Gewinn- und Verlustrechnung (GuV) akzeptiert und sind somit steuerlich nicht abzugsfähig. Damit findet man sie auch nicht in der GuV. Sie sind aus dem Jahresüberschuss, unter Umständen unter Nutzung von Rücklagen, zu zahlen, wobei es auch Ausschüttungsverbote, wir sprechen von Ausschüttungssperren, gibt. Schauen wir einmal genauer hin:

2.2 Exkurs Ausschüttungssperren[3]

Unter Ausschüttungssperre versteht man im Handels- und Bilanzrecht die vertragliche oder gesetzliche Begrenzung der Gewinnausschüttungen an die Gesellschafter.

Ausschüttungssperren dienen insbesondere dem Gläubigerschutz und stellen einen Eingriff in die Ausschüttungsautonomie von Unternehmen dar. Da durch die Ausschüttung von Buchgewinnen die Substanz des Unternehmens zu Lasten der Gläubiger angegriffen wird, soll die Ausschüttung von reinen Buchgewinnen aus bestimmten Transaktionen verhindert werden. Den Gläubigern eines Unternehmens soll hierdurch die Erhaltung des haftenden Kapitals sichergestellt bleiben (Kapitalerhaltungsfunktion). Das gilt vor allem bei Kapitalgesellschaften, weil deren Gläubigern im Regelfall lediglich das bilanzielle Eigenkapital als Haftungsmasse dient. Deshalb ist der gesetzliche Anwendungsbereich der Ausschüttungssperre auf Kapitalgesellschaften beschränkt.

Kerngedanke einer Ausschüttungssperre ist, dass das einer Ausschüttungssperre unterliegende Vermögen nicht an die Gesellschafter des bilanzierenden Unternehmens ausgeschüttet werden darf. Ausschüttungssperren haben deshalb eine Gläubigerschutzfunktion, weil die der Sperre unterliegenden Gewinne der Unternehmenssubstanz und damit den Gläubigern erhalten bleiben. Durch die gesetzlich normierten Ausschüttungssperren wird der Zielkonflikt zwischen der Informationsfunktion und der Ausschüttungsregelungsfunktion des Jahresabschlusses gemindert.

Zu unterscheiden ist zwischen der vertraglichen und gesetzlichen Ausschüttungssperre. Vertragliche Ausschüttungssperren dienen eher dem freiwilligen Verzicht der Gesellschafter auf die ihnen zustehenden Gewinne, während gesetzliche Sperren die Gesellschafter zwingen, auf die gesperrten Gewinne zu verzichten. Im Gesellschaftsvertrag kann geregelt werden, dass vom Jahresüberschuss lediglich ein bestimmter Prozentsatz an die Gesellschafter auszuschütten ist und der ausschüttungsgesperrte Teil als Gewinnrücklage im

[3] Quelle: www.wikipedia.org. Zugegriffen: 06.05.2013.

Unternehmen als Gewinnthesaurierung verbleibt. Derartige vertragliche Regelungen können jederzeit durch die Gesellschafter wieder aufgehoben werden.

2.2.1 Exkurs: Gesetzliche Ausschüttungssperren

Im HGB sind Ausschüttungssperren immer dann vorgesehen, wenn bestimmte Vermögensgegenstände aktiviert werden. Deren Aktivierung hat regelmäßig eine Gewinnerhöhung (Verlustverminderung) zur Folge, die als reiner Buchgewinn nicht auf die operative Geschäftstätigkeit zurückzuführen ist. Gewinnerhöhungen aus reinen Buchgewinnen, die auf der Bilanzierung bestimmter Vermögensgegenstände beruhen, sollen in bestimmten Fällen nach dem Willen des Gesetzes nicht an die Gesellschafter ausgeschüttet werden.

Die generelle Ausschüttungsnorm des § 235 HGB a. F.,[4] wonach der ausschüttbare Gewinn eines Geschäftsjahres um Zuschreibungen, Erträge aufgrund der Auflösung von Bewertungsreserven sowie Erträge aufgrund der Auflösung von Kapitalrücklagen gekürzt werden musste, ist entfallen. Ferner ist die für § 225 Abs. 5 HGB a. F. vorgesehene Aktivierung eigener Anteile und von Anteilen an herrschenden oder mit Mehrheit beteiligten Unternehmen entfallen. Auch die in § 226 Abs. 2 HGB a. F. enthaltene Aktivierung von Aufwendungen für das Ingangsetzen und Erweitern eines Betriebes ist fortgefallen. Korrespondierend hierzu sind auch die für eigene Anteile oder Ingangsetzungskosten vorgesehenen Ausschüttungssperren weggefallen.

Lange war eine Ausschüttungssperre insbesondere für aktivierte Aufwendungen für die Ingangsetzung und Erweiterung des Geschäftsbetriebes (§ 269 HGB a. F.) sowie einen ausgewiesenen Saldo aktiver latenter Steuern (§ 274 Abs. 2 HGB a. F.) vorgesehen. Da beide Positionen in der Vergangenheit eher bedeutungslos waren, hatte die Ausschüttungssperre im deutschen Handelsrecht eine untergeordnete Bedeutung. Das hat sich durch das Bilanzmodernisierungsgesetz (BilMoG) vom Mai 2009 geändert.

Das BilMoG hat neue Ausschüttungssperren geschaffen.

Einige Bilanzierungssachverhalte sind künftig mit einer Ausschüttungssperre belegt. Eine Ausschüttungssperre gem. § 268 Abs. 8 HGB ist vorgesehen bei

- dem Wahlrecht zur Bilanzierung selbst erstellter immaterieller Vermögensgegenstände des Anlagevermögens (originärer Firmenwert; § 248 Abs. 2 und § 255 Abs. 2a HGB),
- dem Wahlrecht zur Bilanzierung aktiver latenter Steuern (§ 274 Abs. 1 Satz 2 HGB),
- der Pflicht zur Zeitwertbewertung von Vermögensgegenständen für die Altersversorgung (§ 253 Abs. 1 Satz 4 HGB) und
- der Fair-Value-Bewertung nach § 253 Abs. 1 Satz 3 HGB.

Im Hinblick auf die zunehmende Bedeutung selbst erstellter immaterieller Vermögensgegenstände des Anlagevermögens sowie der durch das BilMoG tendenziell größer

[4] a. F.: alte Fassung.

gewordenen Unterschiede zwischen Handels- und Steuerbilanz und der damit einhergehend gestiegenen Bedeutung latenter Steuern, erhöht sich die aus § 268 Abs. 8 HGB ergebende Problematik für Unternehmen.

Eine Ausschüttungssperre gilt für den Überhang aktiver latenter Steuern (§ 268 Abs. 8 Satz 2 HGB) und für den Zeitwertüberhang des Planvermögens im Zusammenhang mit Altersversorgungsverpflichtungen abzüglich der hierfür gebildeten passiven latenten Steuern (§ 268 Abs. 8 Satz 3 HGB).

Durch die Einführung der Fair-Value-Bewertung in § 253 Abs. 1 Satz 3 HGB wird das Imparitätsprinzip teilweise ausgehöhlt. Allerdings ist die Fair-Value-Bewertung nur auf zu Handelszwecken erworbene Finanzinstrumente begrenzt; eine Spekulationsabsicht ist hierbei erforderlich. Für ausgewiesene unrealisierte Gewinne besteht dann eine gesetzliche Ausschüttungssperre. Hierdurch soll verhindert werden, dass Gewinne ausgeschüttet werden, die noch gar nicht realisiert worden sind.

2.2.2 Exkurs: Handhabung laut Aktiengesetz

Eine besondere Ausschüttungssperre sieht § 150 Abs. 3 und 4 AktG vor. Sofern die gesetzliche Rücklage und die Kapitalrücklagen zusammen nicht 10 % des Grundkapitals erreichen, dürfen diese Rücklagen nur zum Ausgleich eines Verlustes oder eines Verlustvortrags genutzt werden (Abs. 3). Eine Kapitalerhöhung aus Gesellschaftsmitteln (§ 207 bis § 220 AktG) ist nach Abs. 4 möglich, wenn diese 10-%-Grenze überschritten wird und ein Jahresfehlbetrag oder Verlustvortrag nicht mehr vorhanden ist. Diese klaren Verwendungsbestimmungen verbieten – durch Nichterwähnung – eine Ausschüttung an die Aktionäre.

Mithin müssen die Rücklagen ein Niveau erreichen, das die gesetzlichen Voraussetzungen erfüllt und damit eine Gewinnausschüttung aus Rücklagen ermöglicht wird (etwa bei Dividendenkontinuität).

Nach § 58 Abs. 2a AktG kann der Vorstand mit Zustimmung des Aufsichtsrates beschließen, dass Erträge aus Zuschreibungen nicht ausgeschüttet werden, sondern in „andere Gewinnrücklagen" eingestellt werden. Dadurch wird verhindert, dass unrealisierte Buchgewinne aus Wertaufholungen an die Aktionäre ausgeschüttet werden. Dieselbe Regelung enthält § 29 Abs. 4 GmbHG für die GmbH.

2.2.3 Exkurs: Berechnung der Ausschüttungssperre

Liegen Gründe für eine Ausschüttungssperre vor, so unterliegt nicht der gesamte Jahresüberschuss einer Sperre. Das Gesetz schreibt genau vor, was nicht ausgeschüttet werden darf. Bemessungsgrundlage einer Ausschüttungssperre ist zunächst der Jahresüberschuss („Gewinn"), der nach § 275 Abs. 3 HGB zu ermitteln ist.

Im Rahmen einer vorhandenen Ausschüttungssperre sind aus den betroffenen Sachverhalten zunächst die für eine Ausschüttungssperre in Betracht kommenden Beträge

(Bemessungsbeträge) zu bestimmen. Anschließend sind die ermittelten Bemessungsbeträge mit den frei verfügbaren Rücklagen bzw. dem Jahresüberschuss zu vergleichen, um zu bestimmen, ob tatsächlich Beträge ausschüttungsgesperrt sind. Erträge aus der Aktivierung selbst geschaffener immaterieller Vermögensgegenstände des Anlagevermögens dürfen nur ausgeschüttet werden, wenn die nach der Ausschüttung verbleibenden frei verfügbaren Rücklagen abzüglich eines Verlustvortrags oder zuzüglich eines Gewinnvortrags dem aus der Aktivierung resultierenden Ertrag mindestens entsprechen. Unter Berücksichtigung der Gewinn- und Verlustvorträge muss demnach die frei verfügbare Rücklage mindestens so hoch sein wie der auf die Aktivierungsbeträge entfallende Ausschüttungsbetrag.

Nach § 268 Abs. 8 Satz 1 HGB dürfen Gewinne bei der Bilanzierung originärer Firmenwerte nur ausgeschüttet werden, wenn die nach der Ausschüttung verbleibenden frei verfügbaren Rücklagen zuzüglich eines Gewinnvortrags und abzüglich eines Verlustvortrags mindestens den insgesamt angesetzten Beträgen abzüglich der hierfür gebildeten passiven latenten Steuern entsprechen. Satz 2 dieser Bestimmung behandelt den Ausweis aktiver latenter Steuern. Dann ist die Bemessungsgrundlage aus Satz 1 auf den Betrag anzuwenden, um den die aktiven latenten Steuern die passive Gegenposition übersteigen. Satz 3 befasst sich mit den Vermögensgegenständen der Altersvorsorge. Eine Ausschüttung darf generell nicht vorgenommen werden, wenn die Bemessungsbeträge höher als die frei verfügbaren Rücklagen sind. Zur Verbesserung der Bilanzklarheit ist der Gesamtbetrag der ausschüttungsgesperrten Beträge gemäß § 285 Nr. 28 HGB im Anhang anzugeben.

2.2.4 Exkurs: Organschaftsfragen

Obige Ausschüttungssperren haben Folgen für den ausschüttbaren Jahresüberschuss, der wiederum die Grundlage bei bestehenden Ergebnisabführungsverträgen bildet. Mit Schreiben vom 14. Januar 2010 hat das BMF mitgeteilt, dass eine Anpassung der Ergebnisabführungsverträge aufgrund des geänderten § 301 AktG nicht erforderlich ist. Bei der Durchführung der Gewinnabführung ist jedoch die Neuregelung des § 301 AktG zu beachten, damit die Organschaft weiterhin steuerlich anerkannt bleibt. Da es bei Ergebnisabführungsverträgen um eine Gewinnabführung geht, spricht das Gesetz hier von einer Abführungssperre. Eine unzutreffende Berechnung der Abführungssperre könnte nämlich zur Nichtanerkennung der Organschaft führen.

Dabei ist umstritten, wie der vom Gesetz verwendete Begriff der „frei verfügbaren Rücklagen" zu verstehen ist. Als frei verfügbare Rücklagen sind zunächst aufgrund der Gesetzesbegründung sowohl Gewinnrücklagen als auch Kapitalrücklagen gemäß § 272 Abs. 2 Nr. 4 HGB zu berücksichtigen. Bei bestehenden Organschaften ist allerdings für die Ermittlung der abführungsgesperrten Beträge zwischen vororganschaftlich und während der Vertragslaufzeit gebildeten Rücklagen zu unterscheiden.

Es gibt aber auch die Auffassung, dass die Berücksichtigung vororganschaftlicher freier Rücklagen im Ergebnis zu einer schädlichen Abführung der vororganschaftlichen Rücklagen führe. Andere hingegen begründen Bedenken gegen die Einbeziehung vororganschaftlicher freier Rücklagen damit, dass sich die Ausschüttungsmöglichkeit vororganschaftlicher Rücklagen durch die Abführung von Vermögensmehrungen aus der Aktivierung ausschüttungsgesperrter Bilanzposten vermindere und dadurch in die Kompetenz der Hauptversammlung der abhängigen Gesellschaft eingegriffen werden könne.

Die vororganschaftlichen Rücklagen sind in die Ermittlung der Abführungssperre einzubeziehen, weil der Gesetzeswortlaut des § 301 Satz 1 AktG uneingeschränkt auf § 268 Abs. 8 HGB verweist, der wiederum nicht zwischen der zeitlichen Entstehung der freien Rücklagen unterscheidet. Zudem führt die Einbeziehung vororganschaftlicher Rücklagen in die Berechnung der Abführungssperre nicht zu einer Abführung der vororganschaftlichen Rücklagen, denn deren Höhe bleibt unverändert. Im Ergebnis werden sie lediglich zur Ermittlung des Betrags des Jahresüberschusses, der nicht abgeführt werden darf, herangezogen.

Der Normzweck des Gläubigerschutzes geht davon aus, dass von der Abführung nur solche Gewinne ausgeschlossen werden sollen, die auch ohne Gewinnabführungsvertrag nach § 268 Abs. 8 HGB nicht ausgeschüttet werden dürfen. Gegen die Bedenken hinsichtlich des Eingriffs in die Kompetenz der Hauptversammlung spricht, dass eine Ausschüttung vororganschaftlicher Rücklagen ohnehin nur durch Beschluss und mit Zustimmung des Organträgers erfolgen kann. Das BilMoG hat hier zu Unsicherheiten hinsichtlich der Berücksichtigung vororganschaftlicher Rücklagen bei der Ermittlung der Abführungssperre geführt.

Somit müssen Unternehmen eine höhere Kapitalrendite erwirtschaften als vergleichbare Investitionsmöglichkeiten gleichen Risikos (Losbichler 2010, S. 327). Diese Grundhaltung der Eigenkapitalgeber ergibt sich dadurch, dass Investoren Unternehmen als eine monetäre Investitionsalternative sehen und eine Mindestrendite ihres Kapitals erwarten. In der buchhalterischen Gewinnermittlung wird dieser essenzielle Zusammenhang für den langfristigen Unternehmenserfolg ignoriert (Pape 2010, S. 36).

Abb. 2.1 zeigt die Grundidee der Wertsteigerung. Es werden die traditionelle, buchhalterische Sichtweise und die wertorientierte Kapitalmarktsicht, in welcher der (Gesamt-) Kapitalkostensatz (ROI) berücksichtigt ist, gegenübergestellt.

2.3 Kritik am „Shareholder-Value"-Konzept

Die zwei Hauptkritikpunkte am „Shareholder-Value"-Konzept sind, wie bereits geschrieben, die (fast ausschließliche) Orientierung auf den „Shareholder Value" und der daraus resultierenden Vernachlässigung anderer „Stakeholder", sowie die Fokussierung des Managements auf die kurzfristige Steigerung des Aktienkurses (Heinemann und Gröniger 2005, S. 234; Losbichler 2010, S. 331).

Aus den empirischen Studien von Hoffmann (2006, S. 156) und Copeland et al. (2002, S. 39) geht hervor, dass Unternehmen, die langfristig ihren Wert steigern, auch die Anzahl der Beschäftigten steigern. Diese und ähnliche Studien werden von Befürwortern des „Shareholder-Value"-Managements dazu verwendet, um die Kritik an „ihrem Credo" zu

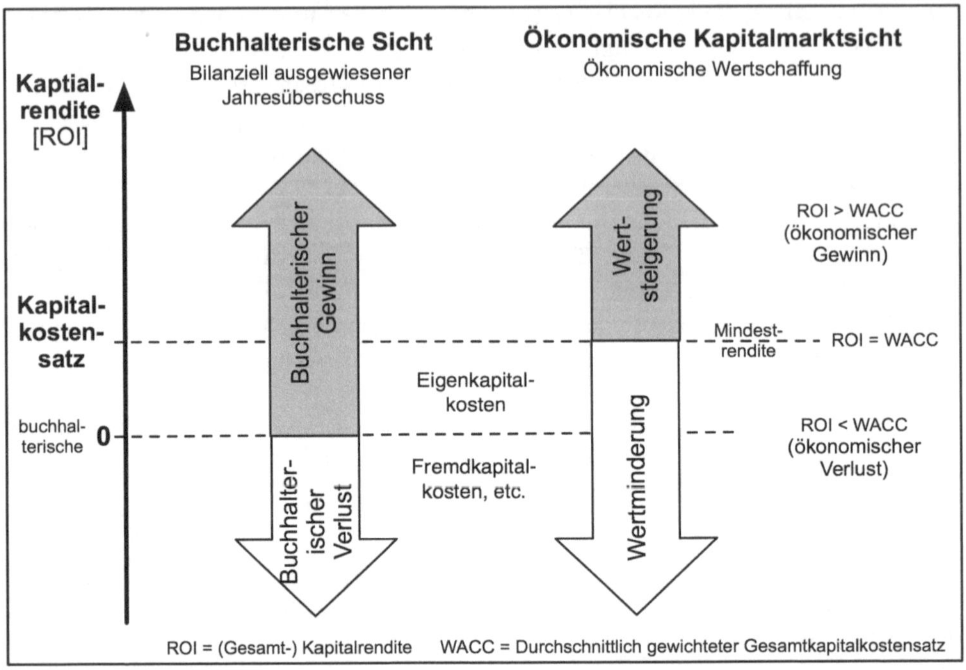

Abb. 2.1 Grundidee der Wertsteigerung. (Eigene Darstellung, in Anlehnung an Copeland et al. 2002, S. 14; Heesen 2010, S. 215; Losbichler 2010, S. 327; Pape 2010, S. 35)

entkräften (Losbichler 2010, S. 331). Der Argumentationsgang der Befürworter ist, dass Unternehmen, die langfristig und nachhaltig den „Shareholder Value" steigern, auch Wert für weitere Anspruchsgruppen, wie Kunden, Lieferanten, Arbeitnehmer, Fremdkapitalgeber und den Staat, englisch den „Stakeholdern", erzeugen (Rappaport 1999, S. 6 ff.; Heinemann und Gröniger 2005, S. 235 f.; Losbichler 2010, S. 331 ff.).

Unternehmensführungen, die versuchen, kurzfristig Gewinn zu maximieren und dies auf Kosten von Mitarbeitern, Lieferanten und anderen Anspruchsgruppen, werden langfristig nicht erfolgreich sein. Kunden werden Produkte nur wiederholt kaufen, wenn die Produktqualität dem Preis-Leistungs-Verhältnis und den Kundenerwartungen entspricht. Werden Mitarbeiterbedürfnisse zu stark vernachlässigt, wechseln gute Mitarbeiter zu anderen Arbeitgebern oder „kämpfen" für Verbesserungen.[5] Auch sind Lieferantenbedürfnisse zu beachten, ansonsten werden sie verstärkt neue Abnehmer für ihre Produkte akquirieren und entsprechend ihrer „Machtposition" die Konditionen anpassen.

Sollten Zahlungen an Fremdkapitalgeber nicht vereinbarungsgemäß geleistet werden, zeigen sich auch Banken restriktiver bei neuen Kreditvergaben (Rappaport 1999, S. 9 ff.; Heinemann und Gröniger 2005, S. 235 ff.; Losbichler 2010, S. 6 ff.). Rappaport schreibt,

[5] Vgl. Österreichischer Rundfunk (2010). http://news.orf.at/100625-52725/index.html.

dass nicht nur die Eigentümer, sondern auch alle anderen Anspruchsgruppen von nachhaltig wertschaffenden Unternehmen profitieren. Wird jedoch kein nachhaltiger Wert geschaffen, sind alle Anspruchsgruppen gefährdet (Rappaport 1999, S. 8 f.).

Diese Aussagen bestätigen die ursprüngliche Grundintention des „Shareholder-Value"-Konzeptes, welche Losbichler in folgendem Satz formuliert:

> Wirklich erfolgreiches Wertsteigerungsmanagement fokussiert auf das nachhaltige Schaffen von Werten im Unternehmen und nicht auf die kurzfristige Wertsteigerung der Börsen. (Losbichler 2010, S. 330)

Es geht hier also um Nachhaltigkeit und, was leider an den Börsen täglich und besonders quartalsweise immer wieder vergessen wird, um Langfristigkeit. Nirgendwo ist zu lesen, dass in jedem Quartal eine Wertsteigerung eintreten soll oder sogar muss. Es ist sehr häufig die Blindheit, Gier und Kurzfristorientierung Vieler (nicht nur die der Börsen, hier sind auch Arbeitnehmervertretungen zu nennen), die eigentlich gute Konzepte – dies ist zumindest meine eigene Meinung – immer wieder als kapitalistischen Übereifer, Blödsinn oder Managementfehlleistung bzw. -irrweg darstellen. Dies geschieht dann allerdings meist aus Eigennutz!

2.4 Grundlagen wertorientierter Controllinginstrumente[6]

Im Zuge der wirtschaftlichen Entwicklung und der daraus resultierenden höheren Komplexität der Unternehmenswelten entwickelte sich auch das Controlling und mit ihm die Controllinginstrumente weiter.

Wertorientierte Controllinginstrumente werden heute als Werkzeuge zur wertorientierten Steuerung von Unternehmen eingesetzt und ergänzen die traditionellen bilanzorientierten Erfolgskennzahlen (Schmeisser 2009, S. 235 ff.; Derfuß et al. 2009, S. 462 ff.).

Abb. 2.2 zeigt unterschiedliche Controllinginstrumente und stellt das unternehmenswertorientierte Controlling als Pyramide dar. Die Pyramide symbolisiert die Verdichtung der Informationen nach oben zur wertorientierten Unternehmensführung. Diese verdichtete Information basiert auf einer Vielzahl unterschiedlicher Werttreiber (Schmeisser 2009, S. 235 f.).[7]

Wie bereits im vorherigen Kapitel beschrieben, geht es bei der wertorientierten Unternehmensführung um die (möglichst) positive Entwicklung des Unternehmenswertes auf einer langfristigen Zeitschiene. Zur Ermittlung der Wertveränderung des Unternehmens werden in der jüngeren Literatur überwiegend folgende wertorientierte Rechenansätze (Timmreck 2006, S. 20; Derfuß et al. 2009, S. 462 ff.) angeführt:

[6] Der Begriff Controllinginstrumente wird in diesem Buch als Synonym für wertorientierte Steuergrößen (wie z. B. DCF, CVA/CFROI, EVA®) und deren Rechenansätze verwendet.

[7] Ein Werttreiber „stellt allgemein einen beeinflussbaren Faktor dar, der eine hohe Relevanz für das finanzielle Ergebnis eines Unternehmens bzw. einer Unternehmenseinheit besitzt." Quelle: Weber (o. J.). http://wirtschaftslexikon.gabler.de. Multiple Zugriffe in 2013.

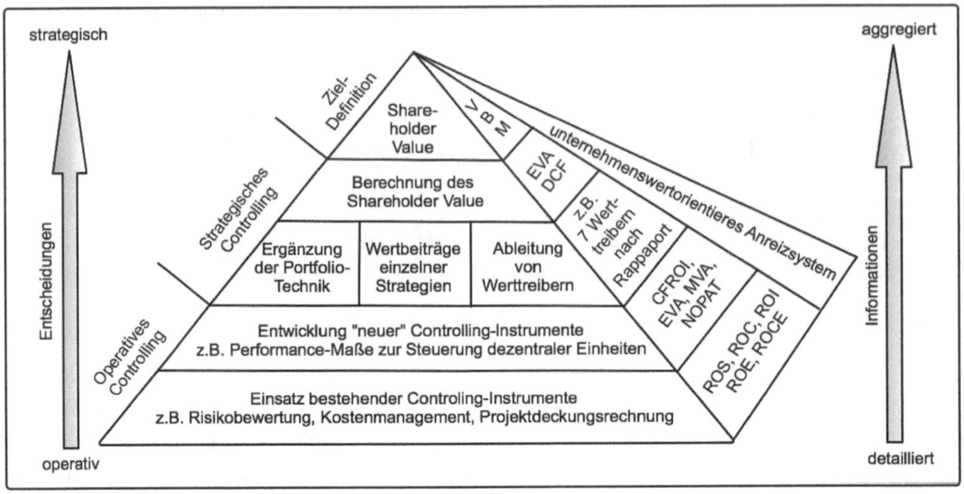

Abb. 2.2 Unternehmenswertorientierte Controlling-Pyramide. (Eigene Darstellung, in Anlehnung an Günther 1997, S. 205; Schmeisser 2009, S. 236)

- „Discounted Cash Flow",
- „Cash Value Added" basierend auf dem „Cash Flow Return on Investment – CFROI",
- „Economic Value Added"®.

Schauen wir jetzt einmal genauer hinter diese Ansätze.

2.4.1 Discounted Cash Flow (DCF)

Der „Discounted Cash Flow" (DCF) wird zur Ermittlung von gegenwärtigen Unternehmenswerten (z. B. möglichen Beteiligungen) und zur wertorientierten Unternehmensführung im Bereich der strategischen Planung eingesetzt (Nowak 2003, S. 25 f.).[8]

Dabei wird der Barwert[9] des Unternehmens bzw. der Investition durch Diskontierung von zukünftigen „Free Cash Flows" ermittelt. Für die Unternehmensbewertung wird der zur Diskontierung verwendete unternehmensspezifische Kapitalkostensatz aus verfügba-

[8] Laut Nowak befasst sich das Beteiligungscontrolling im Zuge der strategischen Planung mit der Optimierung des Segmentportfolios, durch Performancemessung der Segmente und deren Beitrag zum Unternehmenswert.

[9] Barwert: Allgemein ist der Barwert der „Gegenwartswert einer zukünftigen Geldleistung. Die Höhe des Barwerts hängt von den Berechnungsgrundlagen ab. Je höher der Zinsfuß, desto niedriger der Barwert." In der Investitionsrechnung ist der Barwert der „Wert einer Zahlungsreihe im Bezugszeitpunkt (Wert nach Diskontierung)." Quelle: Holland/Wagner (o. J.). http://wirtschaftslexikon.gabler.de. Zugegriffen: 03. Juni 2013.

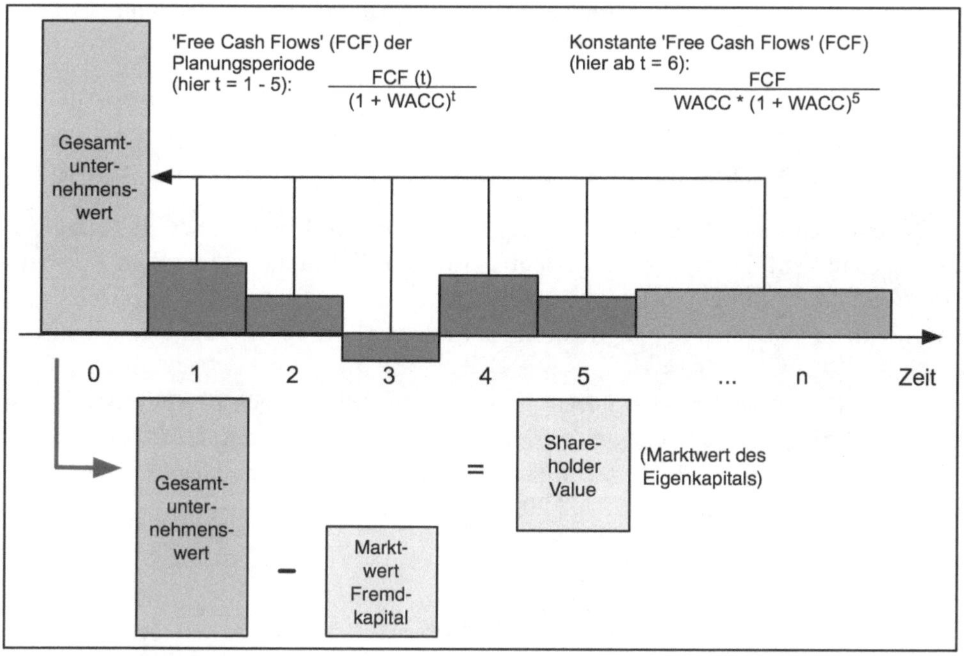

Abb. 2.3 Ermittlung „Discounted Cash Flow" und „Shareholder Value". (Zell 2008, S. 157)

ren[10] Kapitalmarktdaten abgeleitet (Schacht und Fackler 2005, S. 185 f.; Pape 2010, S. 94 ff.). Abb. 2.3 zeigt die Berechnungsformel und stellt die Vorgangsweise grafisch dar.

Für eine weitergehende Darstellung bzw. detailliertere Ausführungen der „Discounted-Cash-Flow" (DCF)-Verfahren wird folgende weiterführende Literatur empfohlen:

- Damodaran (2002): *Investment Valuation: Tools Techniques for Determining the value of Any Asset*,
- Rappaport (1999): *Shareholder Value: Ein Handbuch für Manager und Investoren.*

2.4.2 Cash Value Added (CVA) und Cash Flow Return on Investment (CFROI)

Das von der Boston Consulting Group entwickelte Konzept des „Cash Value Added" (CVA) ist ein Residualgewinnverfahren,[11] welches auf Basis des „Cash Flow Return on Investment" (CFROI) ermittelt wird. Der „Cash Flow Return on Investment" (CFROI)

[10] Aufgrund von fehlenden Kapitalmarktdaten gestaltet sich die Ermittlung des Kapitalkostensatzes für Klein- und Mittelbetriebe oftmals schwierig (vgl. Weißenberger 2007, S. 304 f.).

[11] Residualgewinn: Der Residualgewinn, auch Übergewinn genannt, ist eine vergangenheits- und periodenbezogene Erfolgsgröße in absoluten Zahlen (Gladen 2008, S. 136 f.).

wird auf Basis der internen Zinsfußmethode[12] errechnet und stellt die Gesamtrentabilität dar. Die Rechenformeln für CVA und CFROI lauten wie folgt:[13,14]

$$\text{CVA} = \left(\text{CFROI} - \text{WACC}\right) \times \text{Bruttoinvestitionsbasis}$$
$$\text{CFROI} = (\text{Brutto-„Cash-Flow“} - \text{ökonomische Abschreibung}) \,/\, \text{Bruttoinvestitionsbasis}$$
$$\text{Ökonomische Abschreibung} = (\text{WACC} \,/\, \left(1 + \text{WACC}\right)n - 1) \times \text{abschreibbare Aktiva.}$$

Die ökonomische Abschreibung ist der Betrag, der pro Periode über die Nutzungsdauer der Investitionsbasis zurückgelegt werden sollte, um die zukünftigen Ersatzinvestitionen durchführen zu können (Weber und Schäffer 2006, S. 174). Dabei wird angenommen, dass sich die angesparten Beträge in Höhe des WACC verzinsen (Zell 2008, S. 164).

Abb. 2.4 zeigt das CFROI-Konzept basierend auf dem internen Zinsfuß. Beeinflusst wird der CFROI vor allem durch den Brutto-„Cash-Flow“,[15] das investierte Kapital (Bruttoinvestitionsbasis), die Nutzungsdauer[16] und das nicht abschreibbare Anlagevermögen[17] (Weber et al. 2004, S. 72 f.; Zell 2008, S. 162 ff.).

---

[12] Interne Zinsfußmethode: „Der interne Zinsfuß ist derjenige (kritische) Zinssatz, der den Kapitalwert einer Investition genau null werden lässt. Nach diesem Entscheidungskriterium wird eine Investition durchgeführt, wenn ihr interner Zinsfuß über einer geforderten Mindestverzinsung liegt; bei mehreren zur Wahl stehenden Investitionsprojekten ist dasjenige zu wählen, das den höchsten Zinsfuß aufweist“ (Reichmann 2006, S. 309).

[13] WACC = Weighted Average Cost of Capital: „Der WACC ist ein gewichteter Gesamtkapitalkostensatz, der in der Unternehmensbewertung und im Zusammenhang mit wertorientierten Steuerungskennzahlen zur Anwendung kommt. Er setzt sich zusammen als gewichtetes, arithmetisches Mittel der Eigen- und Fremdkapitalkostensätze eines Unternehmens, wobei die Gewichte in den jeweiligen Anteilen des Eigen- bzw. Fremdkapitals am Gesamtkapital bestehen“ (Sellhorn und Rüthers (o. J.). http://wirtschaftslexikon.gabler.de<RefTarget Address=“http://wirtschaftslexikon.gabler.de“ TargetType=“URL“/>. Zugegriffen: 05. Juni 2013; Weitere Details in Kap. 4).

[14] Bruttoinvestitionsbasis: „Diese repräsentiert das im Unternehmen investierte Kapital nach Abzug nicht zinstragender Verbindlichkeiten, wobei eine Bewertung zu historischen Anschaffungs- bzw. Herstellkosten, angepasst an das aktuelle Preisniveau, vorgenommen wird. Zudem erfolgen weitere Anpassungen (z. B. Aktivierung von Miet- und Leasingobjekten)“ (Zell 2008, S. 162).

[15] Brutto-„Cash-Flow“: „Darunter wird ein operativer ‚Cash Flow‘ nach Steuern und vor Zinsen verstanden, der aus dem Jahresüberschuss abgeleitet wird, wobei Korrekturen um außerordentliche und aperiodische Effekte sowie sonstige Bereinigungen (ähnlich den beim EVA® empfohlenen ‚Conversions‘) durchgeführt werden“ (Zell 2008, S. 162).

[16] Nutzungsdauer des investierten Kapitals: „Hierbei handelt es sich um die durchschnittliche Nutzungsdauer des abschreibungspflichtigen Anlagevermögens (Investitionszyklus), die z. B. durch die Bildung eines Verhältnisses zwischen Anschaffungskosten und Abschreibung ermittelt werden kann“ (Zell 2008, S. 162).

[17] Nicht abschreibbares Anlagevermögen: „Der Wert der nicht abschreibbaren Anlagegüter am Ende eines Investitionszyklus wird als fiktive Einzahlung zum Ende der Nutzungsdauer interpretiert“ (Zell 2008, S. 163).

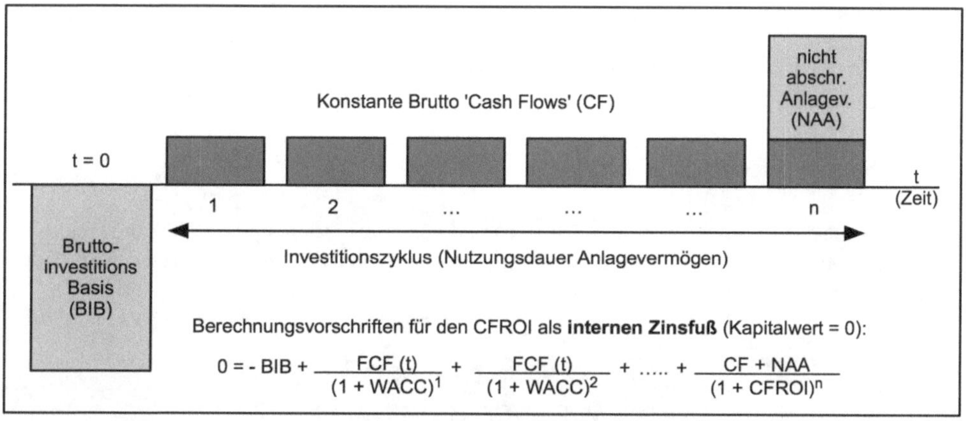

Abb. 2.4 Berechnung des CFROI auf Basis des internen Zinsfußes. (Zell 2008, S. 163)

Ich persönlich bin keine großer Anhänger des CVA- und/oder CFROI-Ansatzes, da die Bruttoinvestitionsbasis nicht frei verfügbar ist und damit dieser Analyseansatz für externe Betrachter kaum möglich ist, wenn nicht gerade detaillierte Geschäftsberichte vorliegen.

Allerdings bin ich ein „Fan" des folgenden Ansatzes.

2.4.3 Economic Value Added® (EVA®)[18]

Das „Economic Value Added"® (EVA®) ist ein Wertsteigerungskonzept basierend auf Daten des externen Rechnungswesens und wurde von Stern und Stewart entwickelt (Losbichler 2010, S. 341 ff.). Neunzehnhunderteinundneunzig wurde das Konzept mit dem Buch *The Quest for Value* publiziert (Stewart 1991). Mit dem EVA®-Konzept unternehmen Stern und Stewart den Versuch, die Wertveränderung eines Unternehmens periodenbezogen zu quantifizieren (Stern et al. 1995, S. 40). In diesem Zusammenhang ist festzuhalten, dass der absolute Wert EVA® nicht gleich der Wertschaffung bzw. der Wertsteigerung des Unternehmens dieser Periode entspricht (Weber et al. 2004, S. 116; Gladen 2008, S. 146; Stiefl und von Westerholt 2008, S. 79 ff.).

EVA® ist eine periodenbezogene Kennzahl, die sich aus dem operativen Ergebnis nach Steuern, abzüglich der Kapitalkosten für das benötigte Gesamtkapital errechnet (Losbichler 2010, S. 342; Pape 2010, S. 134).

Die Kennzahl EVA® wird mittels der „Capital-Charge"-Formel wie folgt berechnet:[19,20]

[18] EVA – Economic Value Added ist ein eingetragenes Markenzeichen von Stern Stewart & Co.

[19] NOPAT = Net operating profit after tax; in Deutsch „operatives Ergebnis nach Steuern" oder „Betriebsergebnis nach Steuern".

[20] CE = Capital Employed; in Deutsch „zinstragendes Gesamtkapital".

$$EVA = NOPAT - WACC \times CE.$$

Besser verständlich wird das EVA®-Konzept bei der Rückwandlung auf die „ursprüngliche“ „Spread“-Formel zur EVA®-Berechnung (Steward, S. 136 ff.; Losbichler 2010, S. 341).

Laut Stewart errechnet sich EVA® aus

> … the spread between the rate of return on capital *r* and the cost of capital *c** and then multiplying by the economic book value of the capital committed to the business (Stewart 1991, S. 136).[21,22,23]

$$EVA^{®} = NOPAT - WACC \times CE$$
$$EVA^{®} = NOPAT/CE \times CE - WACC \times CE$$
$$EVA^{®} = (NOPAT/CE - WACC) \times CE$$
$$EVA^{®} = (ROCE - WACC) \times CE$$

Die Rückleitung der „Capital-Charge“-Formel auf die „Spread“-Darstellung veranschaulicht, dass nur dann Wert geschaffen wird, wenn die Gesamtkapitalrendite vor Zinsen, aber nach Steuern (ROCE bzw. ROI) höher ist als die Kapitalkosten des eingesetzten Kapitals (WACC). Für eine Wertsteigerung muss der Spread somit positiv sein. Im Gegensatz zur reinen Prozentbetrachtung „Spread“, berücksichtigt EVA® als absolute Größe auch das Unternehmenswachstum (Losbichler 2010, S. 342).

Seien Sie hier bitte nicht beunruhigt wegen der Begrifflichkeiten und Formeln – das werden wir in den späteren Kapiteln anhand von Beispielen alles Schritt für Schritt aufbauen und selbst rechnen.

Die erläuterten Formeln zur Ermittlung des EVA® dienen als Grundlage für die Berechnung. Für die korrekte Ermittlung des EVA® ist es problematisch, dass der NOPAT (Betriebsergebnis nach Steuern) und das investierte zinstragende Kapital auf Zahlen des externen Rechnungswesens basieren.

Aufgrund der gesetzlichen Rechnungslegungsvorschriften wird das Rechenergebnis eventuell verzerrt und kann somit nicht zur Analyse für wertsteigernde Maßnahmen herangezogen werden.

---

[21] Stewart begann mit der Spread-Formel um EVA zu berechnen und wandelte daraus die Capital-Charge-Formel ab. Steward verwendete für capital das Kürzel *r* für die Kapitalkosten das Kürzel *c**.

[22] ROCE = Return on Capital Employed auch ROI = Return on Investment; in Deutsch „Gesamtkapitalrendite“. Interpretation in dieser Arbeit: ROCE = NOPAT/CE („economic model“) bzw. ROI = EGT/Bilanzsumme („accounting model“).

[23] In Stewarts Originalberechnung werden folgende Bezeichnungen verwendet: EVA = $(r - c^*) \times$ capital

Um dies zu vermeiden, werden die von der Rechnungslegung abhängigen Zahlen des Jahresabschlusses durch „Conversions" (Anpassungen)[24] vom „accounting model" in das „economic model" übergeführt (Hostettler 2002, S. 79; Stiefl und von Westerholt 2008, S. 59; Losbichler 2010, S. 343). Bei der Überführung der Zahlen vom „accounting model" in das „economic model" ist die Konsistenz der Anpassungen wichtig. Somit sind Anpassungen in der Bilanz und GuV in gleicher Weise vorzunehmen. Werden z. B. nicht betriebsnotwendige Vermögensgegenstände aus der Bilanz eliminiert, sind auch die entsprechenden Erträge und Aufwendungen aus dem Jahresüberschuss herauszurechnen (Weißenberger und Blome 2005, S. 5). Dies ist aber eigentlich nur logisch, oder?

Stern und Stewart nennen insgesamt bis zu 164 „Conversions" die jedoch nur ihren Kunden bzw. denen ihre Firma umfänglich zugänglich sind (Hostettler 2002, S. 39).

Hostettler unterscheidet dagegen nur vier Kategorien von „Conversions" die auf NOPAT und „Capital Employed" konsistent anzuwenden sind (Hostettler 2002, S. 98 f.):

- „Operating Conversions",
- „Funding Conversions",
- „Shareholder Conversions",
- „Tax Conversions".

Schauen wir uns diese einmal genauer an.

2.5 EVA® „Conversions" zur Ermittlung des ökonomischen NOPAT und des ökonomischen Kapitals

Wie gerade dargestellt, ist (zumindest laut Literatur) EVA® durch Anpassungen des NOPAT und des investierten zinstragenden Kapitals von bilanzbasierten Rechnungslegungsgrößen („accounting model") in ökonomische Größen („economic model") zu überführen (Hostettler 2002, S. 79; Stiefl und von Westerholt 2008, S. 59; Losbichler 2010, S. 343). Die Anzahl der möglichen „Conversions" beträgt bis zu 164 (Hostettler 2002, S. 97), jedoch sollte der Umfang der Anpassungen beschränkt bleiben. Drei bis fünf „Conversions" sind in der Praxis ausreichend (Hostettler 2003, S. 119).

Selbst Großunternehmen, welche im DAX-100 gelistet sind, verwenden nur einige wenige, für sie besonders relevante Anpassungen (Aders und Hebertinger 2003, S. 19).

Als Entscheidungskriterium für die Durchführung einer „Conversion" nennt Stewart folgende vier Fragen:

[24] „Conversions" in Englisch = „Anpassungen" in Deutsch. Beide Begriffe werden in dieser Arbeit verwendet.

- Hat die Anpassung einen wesentlichen Einfluss auf EVA®?
- Ist die durch die Anpassung betroffene Position überhaupt durch Manager beeinflussbar?
- Verstehen die Nutzer des EVA® die Anpassung?
- Wie schwer sind die zur Durchführung der Anpassung notwendigen Informationen zu beschaffen? (Steward 1994, S. 74; deutsche Übersetzung von Stiefl und von Westerholt 2008, S. 60).

2.5.1 Operating Conversions

Das EVA®-Konzept unternimmt den Versuch, die betriebliche Tätigkeit als Übergewinn auszudrücken (Hostettler 2002, S. 99 f.; Losbichler 2010, S. 344). Deshalb ist die Steuergröße EVA® durch die „Operating Conversions" auf die tatsächliche betriebliche Tätigkeit einzuschränken (Weißenberger 2007, S. 264). Dabei ist es notwendig, die buchhalterischen Gewinn- und Vermögensgrößen auf ihre betriebliche Zugehörigkeit zu überprüfen, anzupassen oder zu eliminieren. Das bedeutet, dass nicht betriebsnotwendige Vermögensgegenstände aus der Bilanz zu eliminieren sind. Nicht betriebsnotwendige Vermögensgegenstände sind z. B. Kasse, Wertpapiere etc.

Gleichzeitig ist der Jahresüberschuss um Zinsaufwendungen, Zinserträge, nicht betriebsnotwendige Beteiligungsergebnisse zu bereinigen (Hostettler 2002, S. 99 f.; Weißenberger 2007, S. 264 ff.; Losbichler 2010, S. 344).

2.5.2 Funding Conversions

Die „Funding Conversions" sollen sicherstellen, dass alle Finanzierungsmittel vollständig erfasst werden, für welche das Unternehmen Kapitalkosten erwirtschaften muss. Dabei geht es um die Anpassung von zinsfreien Finanzierungen, wie Verbindlichkeiten aus Lieferungen und Leistungen, erhaltene Anzahlungen und kurzfristige Rückstellungen. Da keine Kapitalkosten zu erwirtschaften sind, müssen sie (gemäß IFRS-Abschluss) vom Vermögen subtrahiert werden. Ein weiterer Schwerpunkt der „Funding Conversions" liegt auf verdeckten Finanzierungen, vor allem durch Leasing- und Mietgeschäfte. Aufgrund juristischer Vertragsgestaltungsmöglichkeiten sind Leasing- bzw. Mietgeschäfte korrekt als Mietobjekte in der Bilanz erfasst. Jedoch sind diese Objekte oftmals finanziertes wirtschaftliches Eigentum des Unternehmens (Finanzierungsleasing) und somit als rechtliches Eigentum für die EVA®-Berechnung zu berücksichtigen. Zu beachten ist, dass Änderungen in der Vermögensstruktur auch in der Erfolgsgröße NOPAT (angepasstes Betriebsergebnis nach Steuern) zu berücksichtigen sind (Hostettler 2002, S. 100 f.; Weißenberger 2007, S. 266 f.).

2.5.3 Shareholder Conversions

Durch „Shareholder Conversions" sollen „Equity Equivalents"[25] aufgedeckt und EVA® hinzugerechnet werden, die in der buchhalterischen Bilanz nicht dargestellt sind. „Equity Equivalents" sind nicht bilanzierungsfähige, immaterielle Vermögensgrößen, die aufgrund des Vorsichtsprinzips als Periodenaufwand dargestellt sind (Hostettler 2002, S. 103 f.). Aus Sicht des Eigenkapitalgebers handelt es sich jedoch um Investitionen. Beispiele hierfür sind Marketingaufwendungen oder F&E-Aufwendungen (F&E-Aufwendungen soweit nicht aktivierungspflichtig z. B. nach IFRS). Zu beachten ist dabei folgendes: Wenn „Equity Equivalents" eingerechnet werden, müssen Abschreibungen kalkuliert und dann (im Betriebsergebnis) subtrahiert werden (Hostettler 2002, S. 103 f.; Weißenberger 2007, S. 267).

2.5.4 Tax Conversions

Aus Investorensicht stellen zu bezahlende Steuern Ausgaben dar, die den übrigen betrieblichen Aufwendungen gleichzusetzen sind. Jedoch entsprechen die im Jahresabschluss ausgewiesenen Steuern zumeist nicht dem „economic model" und müssen angepasst werden (Hostettler 2002, S. 102). Mittels der „Tax Conversions" wird unter Berücksichtigung aller vorangegangenen „Conversions" und unter der fiktiven Annahme einer vollständigen Eigenkapitalfinanzierung der ausgewiesene Steueraufwand in eine zahlungswirksame Steuerbelastung umgewandelt (Weißenberger 2007, S. 267). Der durch diese fiktive Annahme vernachlässigte Steuervorteil der Fremdfinanzierung ist nicht weiter hinderlich. Einerseits wird das korrigierte Betriebsergebnis, also eine Größe vor Finanzierungsaufwand zur Berechnung des NOPAT herangezogen, und andererseits wird dann über die Kapitalkostenbelastung (siehe Kap. 4) das „Tax Shield" in der WACC-Berechnung berücksichtigt (Weißenberger 2009, S. 9).

Das Problem der latenten Steuern[26] wird in der Praxis durch zwei unterschiedliche Vorgangsweisen gelöst:

- Der erste Lösungsansatz berücksichtigt nur die tatsächlich anfallenden Steuerzahlungen der Betrachtungsperiode. Somit gibt es im „economic model" keine Steuerlatenzen.

[25] „Equity Equivalents" (EEs): „EEs eliminate accounting distortions by converting from accrual to cash accounting, from a pessimistic lenders' to a realistic shareholders' perspective, and from successful-efforts to full-cost accounting" (Stewart 1991, S. 91).

[26] Quelle: www.wikipedia.org/Latente_Steuern. Zugegriffen: 23.05.2013.

- Im zweiten Lösungsansatz wird der latente Steueraufwand bzw. der latente Steuerertrag unverändert aus der (IFRS-)Bilanz übernommen und durch neue Steuerlatenzen, welche aus den „Conversions" resultieren, ergänzt. Das heißt die Steuern werden an den NOPAT, unter Berücksichtigung der „Conversions" angepasst.

2.5.5 Exkurs latente Steuern

Latente Steuern (latent von lateinisch: latens = verborgen) sind verborgene Steuerlasten oder -vorteile, die sich aufgrund von Unterschieden im Ansatz und/oder in der Bewertung von Vermögensgegenständen bzw. Schulden zwischen der z. B. Steuerbilanz und Handelsbilanz ergeben haben und die sich in späteren Geschäftsjahren voraussichtlich abbauen, d. h. in der Zukunft zu Unterschieden zwischen steuerlichen und handelsbilanziellen Gewinnen führen. Aktive latente Steuern sollen zukünftige Steuervorteile (zukünftig steuerlich höheres Gewinnabzugspotenzial), passive latente Steuern zukünftige Steuerlasten (zukünftig steuerlich höheres Ertragspotenzial) abbilden.

Einführung Unterschiede im Ansatz oder in der Bewertung von Vermögensgegenständen bzw. Schulden kommen durch die unterschiedliche Zwecksetzung von steuerlicher und handelsrechtlicher Gewinnermittlung zustande. Unternehmen in Deutschland haben eine Handelsbilanz nach den Vorschriften des Handelsgesetzbuches zu erstellen. Diese dient der Bemessung der Gewinnausschüttung und der Information externer und interner Adressaten (Geschäftsführung, Anteilseigner, Gläubiger etc., also die „Stakeholder"). Die steuerliche Gewinnermittlung dient dagegen der Ermittlung der Bemessungsgrundlage für die Besteuerung. Diese wird in der Regel durch verschiedene Anpassungen aus der Handelsbilanz abgeleitet (§ 60 Abs. 2 EStDV) oder erfolgt durch Aufstellung einer eigenständigen Steuerbilanz.

Aus der unterschiedlichen Zwecksetzung ergeben sich punktuell unterschiedliche Bilanzvorschriften im Handelsrecht und im Steuerrecht.

Während handelsrechtlich für den Zweck der Bemessung einer (angemessenen) Gewinnausschüttung zum Schutze der Gläubiger vorsichtig zu bilanzieren ist oder für Zwecke der Information der Stakeholder Gewinnschwankungen (Volatilitäten), die rein bilanztechnisch begründet sind, möglichst vermieden werden sollen, sind steuerliche (Sonder-) Vorschriften regelmäßig politisch motiviert. Dies wird am Beispiel der Bewertung von Anlagegütern durch Abschreibungen deutlich: Zur Vermeidung von Volatilitäten würde man lineare Abschreibungen bevorzugen (es sei denn, die „tatsächlichen Verhältnisse" [§ 264 Abs. 2 HGB] sprechen dagegen), steuerlich dagegen wirken degressive Abschreibungen wie eine Steuerstundung (Subvention). Und temporäre degressive Abschreibungen kommen immer dann wieder ins Spiel, wenn die Wirtschaft lahmt.

Rechnerisch entstehen latente Steuern aus der Gegenüberstellung der Handelsbilanz mit der Steuerbilanz, deren Differenzen mit dem zukünftig zu erwarteten Steuersatz zu bewerten sind.

Historische Entwicklung In angelsächsischen Ländern besteht keine Verknüpfung von Handels- und Steuerbilanz in Form des deutschen Maßgeblichkeitsprinzips. Erstmals wurde deshalb in den USA ein Konzept zur Abgrenzung latenter Steuern entwickelt. Wichtige Stationen auf diesem Weg waren hierbei die vom American Institute of Certified Public Accountants (AICPA) herausgegebene Opinion No. 11 im Jahre 1967.

Auf internationaler Ebene hat das IASC im Jahre 1979 den IAS 12 mit Wirkung vom 1. Januar 1981 beschlossen. Nach mehrmaliger Überarbeitung wurde dieser Standard in etwas geänderter Fassung im Oktober 1996 erneut verabschiedet. Bis zum Jahr 2004 wurde dieser Standard noch mehrmals überarbeitet.

IAS 12 regelt bis heute die Behandlung von Ertragsteuern und somit auch die Bilanzierung und Bewertung von latenten Steuern.

In Deutschland wurde die Abgrenzung latenter Steuern durch Art. 43 Abs. 1 Nr. 11 der 4. EG-Richtlinie im Jahr 1987 eingeführt.

Im HGB bildet § 274 die Grundlage für die Bilanzierung und Bewertung von latenten Steuern. Aufgrund des BilMoG, der Aufhebung von diversen handelsrechtlichen Vorschriften und der Tendenz zu immer größeren Unterschieden zwischen Handels- und Steuerbilanz, ist die Bedeutung der Abgrenzung von latenten Steuern deutlich gestiegen. Zu beachten ist, dass die Neukonzeption der Steuerabgrenzung im Zentrum der Bilanzrechtsreform durch das BilMoG stand.

Arten der Abweichung Dabei sind vier Fälle zu unterscheiden:

(1a) Ein Aktivposten ist in der Steuerbilanz höher als in der Handelsbilanz.
(1b) Ein Aktivposten ist in der Steuerbilanz niedriger als in der Handelsbilanz.
(2a) Ein Passivposten ist in der Steuerbilanz niedriger als in der Handelsbilanz.
(2b) Ein Passivposten ist in der Steuerbilanz höher als in der Handelsbilanz.

Die Fälle 1a und 2a bergen für die Zukunft steuerlich höheres Gewinnabzugspotenzial (das in der Handelsbilanz verborgen wird), die Fälle 1b und 2b bergen steuerlich höheres Ertragspotenzial. Daher ist in den Fällen 1a und 2a grundsätzlich eine aktive latente Steuerposition zu bilden, die in den Folgejahren bei Umkehrung der Differenz (Realisierung des verborgenen Gewinnabzugspotenzials) aufzulösen ist. Seit BilMoG besteht ein Wahlrecht hinsichtlich der Aktivierung latenter Steuern. Die Auflösung der aktiven latenten Steuerposition führt grundsätzlich zu latentem Steueraufwand in der GuV. In den Fällen 1b und 2b ist entsprechend eine passive latente Steuerposition zu bilden (kein Wahlrecht). Rechtsgrundlage ist § 274 HGB.

Kleine Kapitalgesellschaften sind gemäß § 274a Nr. 5 HGB von der Bilanzierung latenter Steuern nach § 274 HGB befreit. Ob und in welchem Umfang die allgemeinen Vorschriften des § 249 Abs. 1 HGB kleine Kapitalgesellschaften verpflichten, passive latente Steuern zu bilanzieren, ist umstritten.

Solche Abweichungen ergeben sich beispielsweise beim Ansatz von Vermögensgegenständen aus Aktivierungswahlrechten nach dem HGB bzw. für die Bewertung von Vermögensgegenständen aus unterschiedlichen Abschreibungsmethoden.

Der Ausweis von latenten Steuern in der Handelsbilanz ist erforderlich, um die in § 264 Abs. 2 HGB geforderte korrekte Darstellung der Vermögens-, Finanz- und Ertragslage nach den tatsächlichen Verhältnissen zu gewährleisten (siehe auch Grundsätze ordnungsmäßiger Buchführung).

Differenzen zwischen Handelsbilanz und Steuerbilanz können temporär oder permanent sein. Von temporären Differenzen spricht man, wenn die Unterschiede in Ansatz oder Bewertung von Vermögensgegenständen bzw. Schulden (bilanzielle Differenzen) in der Zukunft abgebaut werden. Permanente Differenzen gleichen sich nicht im Zeitablauf aus wie z. B. steuerlich nicht abzugsfähige Aufwendungen oder steuerfreie Erträge. Man spricht von quasipermanenten Differenzen, wenn sie im Rahmen des gewöhnlichen Geschäftsgangs nicht in naher Zukunft abgebaut werden, sondern von der Disposition des Bilanzierenden abhängig sind (z. B. Verkauf eines Grundstücks).

Bilanzierung Für die Bilanzierung von latenten Steuern gibt es zwei Wege, um noch nicht versteuerte Aufwendungen oder Erträge festzustellen. Die eine Methode ist vergangenheits- und gewinnorientiert (Betrachtung von Unterschieden zwischen handelsrechtlichem Gewinn und steuerlicher Bemessungsgrundlage in der Vergangenheit) und die andere bilanzorientiert (Betrachtung der Unterschiede von Aktiva und Passiva – sogenannten Liability-Methode).

In Deutschland war in § 274 HGB bis 2009 die gewinnorientierte Betrachtungsweise geregelt. Mit dem Bilanzrechtsmodernisierungsgesetz (BilMoG) hat die international geläufige bilanzorientierte Betrachtungsweise in das HGB Eingang gefunden. Theoretisch führen beide Konzepte zu denselben Ergebnissen.

Liability-Methode Bei der bilanzorientierten Liability-Methode, auch als Verbindlichkeitenmethode bekannt, werden aktive latente Steuern wie Forderungen und passive latente Steuern wie Verbindlichkeiten gegenüber dem Finanzamt betrachtet. Der richtige Vermögens- und Schuldenausweis wird in den Vordergrund gestellt. Bei der Liability-Methode kommt es nicht auf den Ergebnisunterschied an, sondern auf die Unterschiede in den einzelnen Bilanzpositionen.

Die jeweilige Höhe hängt von den zukünftigen Steuersätzen ab, welche im Zeitpunkt der Umkehr der Differenzen anzuwenden sind. Daher müssen diese Steuersätze ggf. geschätzt werden. Eine spätere Änderung des Steuersatzes hat zur Folge, dass eine Anpassung der latenten Steuern erfolgen muss.

Deferral-Methode Bei der Deferral-Methode, auch als Abgrenzungsmethode bezeichnet, ist es das Ziel, den Steueraufwand zu zeigen, der sich aus der Handelsbilanz ergeben hätte. Diese Methode ist GuV-orientiert und dient dem periodengerechten Erfolgsausweis durch ihre Eigenschaft eines Rechnungsabgrenzungspostens.

Zugrunde gelegt wird der jeweils im Zeitpunkt der Abgrenzung geltende Steuersatz. Bei einer Änderung dieses Steuersatzes erfolgt keine nachträgliche Anpassung.

Aktive versus passive latente Steuer Zukünftig höhere steuerliche Gewinnabzugspotenziale (o. g. Fälle 1a und 2a) führen zu latenten Steuern auf der Aktivseite (wie ein Vermögensgegenstand), steuerlich höhere Ertragspotenziale (o. g. Fälle 1b und 2b) führen zu passiven latenten Steuern (wie eine Schuld). Handelsrechtliche Vorschrift ist § 274 HGB.

- Aktive latente Steuer:
  In der Handelsbilanz gilt für aktive latente Steuern ein Bilanzierungswahlrecht. Vor BilMoG konnte ein Rechnungsabgrenzungsposten, nach BilMoG kann ein gesonderter Posten „aktive latente Steuern" gebildet werden. Wirtschaftlich ist dieser Posten wie eine Forderung gegenüber dem Finanzamt zu verstehen. Nach der Rechtslage vor dem BilMoG konnten die aktiven latenten Steuern zwar zu einem höheren Gewinnausweis in der Handelsbilanz führen, doch war dieser Betrag bei Ermittlung des für Ausschüttungen zur Verfügung stehenden Betrags wieder abzuziehen. Durch das BilMoG ist diese Beschränkung in der aktuellen Fassung des § 274 HGB nicht mehr enthalten. Allerdings besteht nun nach § 268 Abs. 8 HGB eine Ausschüttungssperre in Höhe des aktivierten Aktivüberhangs an latenten Steuern. Soweit das Wahlrecht zur Aktivierung latenter Steuern ausgeübt wird, kann der resultierende Ertrag daher nicht an die Anteilseigner ausgeschüttet werden.
- Passive latente Steuer:
  Für passive latente Steuern war in der Handelsbilanz bis zum BilMoG eine Rückstellung zu bilden; heute muss diese Steuer als „passive latente Steuer" passiviert werden (Bilanzierungspflicht). Wirtschaftlich betrachtet handelt es sich um auf zukünftige steuerliche Mehrgewinne entstehende Verbindlichkeiten gegenüber dem Finanzamt aus Steuern.

  Bei Bilanzierung nach IAS/IFRS ist sowohl die Passivierung als auch die Aktivierung latenter Steuern, die durch zeitliche oder quasipermanente Differenzen entstehen, Pflicht (IAS 12).

Bewertung Bei Bilanzierung nach HGB durften vor BilMoG nur latente Steuern zu solchen temporären Differenzen bilanziert werden, die temporärer Art aber nicht quasipermanent sind (Timing-Konzept). Bei der Bilanzierung nach IAS/IFRS mussten immer schon auch latente Steuern auf quasipermanente Differenzen bilanziert werden (Temporary-Konzept).

Bei Anwendung der internationalen Bilanzierungsrichtlinien müssen auch bei einer Neubewertung von Sachanlagen im Rahmen des „Allowed Alternative Treatment" latente Steuern ausgewiesen werden. Da die Neubewertung erfolgsneutral über eine Neubewertungsrücklage erfolgt, die nach der Neubewertung mittels höherer Abschreibungen jedoch erfolgswirksam verbucht werden, findet kein späterer Erfolgsausgleich statt. Es handelt sich hier um permanente Differenzen, die eigentlich keine latenten Steuern darstellen.

Daher sieht IAS 12.61 vor, dass in diesem Fall ein Teil der Rücklagen (Eigenkapital) für latente Steuern reserviert wird. Der gesamte Vorgang ist erfolgsneutral.

Abweichend vom HGB unterliegen somit nach internationaler Rechnungslegung nicht nur Ergebnis-, sondern auch Eigenkapitalunterschiede dem Ausweis latenter Steuern. Latente Steuern sind daher nach internationaler Rechnungslegung von erheblich größerer Bedeutung als nach HGB. Die Bedeutung wird insbesondere vor dem Hintergrund sinkender Steuersätze im Rahmen des internationalen Wettbewerbs zwischen Staaten um Industriestandorte deutlich.

Timing-Konzept Im Timing-Konzept werden zeitlich befristete Bilanzierungs- und Bewertungsunterschiede zwischen Handels- und Steuerbilanz berücksichtigt. Notwendig dafür ist, dass diese Differenzen sich im Zeitpunkt ihrer Entstehung und im Zeitpunkt ihrer Umkehr in der Gewinn- und Verlustrechnung niederschlagen, wodurch eine Abweichung zwischen den beiden Bilanzen entsteht. Entstehen erfolgsneutrale Differenzen, z. B. aufgrund einer erfolgsneutralen Zuschreibung, so führt dies nicht zu einer Abgrenzung latenter Steuern, da sich das Ergebnis der GuV nach Handels- und Steuerrecht nicht unterscheidet.

Das Timing-Konzept berücksichtigt also nur erfolgswirksame, jedoch keine erfolgsneutralen Differenzen. Außerdem finden im Timing-Konzept zeitlich unbegrenzte sowie quasi zeitlich unbegrenzte Differenzen keinen Ansatz.

Temporary-Konzept Im Gegensatz zum Timing-Konzept berücksichtigt das Temporary-Konzept neben den erfolgswirksamen auch die erfolgsneutralen Differenzen zwischen Handels- und Steuerbilanz. Voraussetzung ist jedoch, dass sie bei ihrer Auflösung zu einem Aufwand oder Ertrag führen, bei ihrer Entstehung jedoch nicht.

Das Temporary-Konzept orientiert sich somit an der Bilanz, nicht nur an der GuV wie das Timing-Konzept. Übergeordnetes Ziel ist die korrekte Darstellung der Vermögenslage im Jahresabschluss, wobei der periodengerechte Ausweis eher in den Hintergrund tritt.

Das Timing-Konzept bildet eine Teilmenge des Temporary-Konzeptes. Neben den temporären Differenzen werden zusätzlich bestimmte quasipermanente Differenzen berücksichtigt.

Da der erste Lösungsansatz einfacher ist, hat sich dieser in der Praxis weitgehend durchgesetzt (Weißenberger 2007, S. 268 ff.; Weißenberger 2009, S. 9). Tab. 2.1 zeigt, wie die Überschussgröße NOPAT und das Vermögen (investiertes Kapital) aus dem „accounting model" in das „economic model" zur Ermittlung von EVA® übergeleitet wird.

Die dargestellten „Tax Conversions" basieren dabei auf dem ersten oben erwähnten Lösungsansatz, in welchem die Steuerlatenzen nicht berücksichtigt werden (Weißenberger 2009, S. 9).

Jetzt aber wieder in verständlichem Deutsch.

Im Fokus des EVA®-Konzeptes liegt die betriebliche Tätigkeit bzw. das Kerngeschäft des jeweiligen Unternehmens (Hostettler 2002, S. 39; Losbichler 2010, S. 343). Dement-

Tab. 2.1 IFRS-basierte Herleitung von Überschuss- (NOPAT) und Vermögensgröße (IC) zur Ermittlung des EVA®. (Weißenberger 2009, S. 10)

	Jahresergebnis lt. IFRS-GuV			Vermögen lt. IFRS-Eröffnungsbilanz
+/-	Unregelmäßige Aufwendungen/Erträge gem. IAS 1.97	‚Operating Conversions'	-	Zur Veräußerung stehende Vermögenswerte bzw. aufgegebene Geschäftsbereiche gem. IFRS 5
+/-	Verlust/Gewinn aus zur Veräußerung stehenden Vermögen bzw. aufgegebenen Geschäftsbereichen gem. IFRS 5.			
+/-	Zinsaufwendungen/-erträge		-	Nicht betriebsnotwendige Beteiligungen
+/-	Aufwendungen/Erträge aus nicht betriebsnotwendigen Beteiligungen			
+/-	Aufwand/Ertrag aus zum ‚fair value' erfolgswirksam bewerteten Finanzierungsinstrumenten		-	Zum ‚fair value' erfolgswirksam bewerten Finanzinstrumente
+	Zinsaufwand in der Zuführung zu den Pensionsrückstellungen bzw. zu anderen abgezinsten Rückstellungen			
+	Abschreibung der Periode auf nicht betriebsnotwendig Vermögenswerte		-	Sonstiges nicht betriebsnotwendiges Vermögen, z. B. Renditeimmobilien gem. IAS 40
=	**Ergebnis nach ‚Operating Conversions'**		=	**Vermögen nach ‚Operating Conversions'**
+	Miet- und Leasingaufwendugen aus verdeckten Finanzierungen	‚Funding Conversions'	+	Buchwert von verdeckt finanzierten Miet-/Leasingobjekten unter Berücksichtigung kumulierter Abschreibungen aus ‚Funding Conversions' früherer Perioden
+	Abschreibungen der Periode auf verdeckt finanzierte Miet-/Leasingobjekte		-	Unverzinsliche Schulden (z. B. aus Lieferungen und Leistungen, Anzahlungen, kurzfristige Rückstellungen)
=	**Ergebnis nach ‚Funding Conversions'**		=	**Vermögen nach ‚Funding Conversions'**
+	Aufwendungen der Periode mit Investitionscharakter (z. B. Marketing-, Forschungsaufwand)	‚Shareholderer Conversions'	+	Aktivierung von Aufwendungen früherer Perioden mit Investitionscharakter (z. B. Marketing-, Forschungsaufwand) unter Berücksichtigung kumulierter Abschreibungen
-	Abschreibungen der Periode auf in Vorperioden im Rahmen der ‚Shareholder Conversions' aktivierte Aufwendungen mit Investitionscharakter		+/-	Nicht erfolgswirksam, sondern im ‚Other Comprehensive Income' verrechnete Wertänderungen von Vermögen (z. B. Fehlerkorrekturen gem IAS 8, ‚revaluation' gem. IAS 16/38 oder Währungsumrechnungsdifferenzen gem. IAS 21)
=	**Ergebnis nach ‚Shareholder Conversions'**		=	**Vermögen nach ‚Shareholder Conversions'**
+/-	Eliminierung der Bildung aktiver bzw. passiver latenter Steuern der Periode	‚Tax Conversions'	-	Aktive latente Steuern
+/-	Steueraufwand bzw. Steuerertrag aus den bisher vorgenommenen ‚conversions'			
=	**NOPAT nach ‚Tax Conversions'**		=	**Vermögen nach ‚Tax Conversions'**

sprechend erfolgen die Anpassungen unternehmensspezifisch und sind unternehmensindividuell zu entscheiden (Stiefl und von Westerholt 2008, S. 60).

Neben den beschriebenen wertorientierten Kennzahlen, gibt es noch weitere wertorientierte Kennzahlen, wie den ROCE und den „Market Value Added" (MVA; Beck 2003, S. 204) oder den „Economic Profit" (Koller et al. 2005, S. 166 f.; Littkemann und Michalik 2009, S. 405; Pape 2010, S. 139). Jedoch haben in den letzten Jahren die drei beschriebenen wertorientierten Controllinginstrumente in der Unternehmenspraxis verstärkt Einzug gehalten (Littkemann und Michalik 2009, S. 408), sodass in diesem Buch für eine Limitierung auf die Verfahren DCF, EVA® und CVA/CFROI votiert wurde. In den späteren Berechnungen werden wir nochmals einschränken und nur den DCF- und EVA®-Ansatz betrachten.

2.5.6 Vorteile und Nachteile von DCF und EVA®

Wie immer und überall haben verschiedene Ansätze positive und negative Eigenschaften bzw. Seiten und die wollen wir uns jetzt einmal anschauen.

2.5.6.1 Vorteile und Nachteile des DCF-Ansatzes

In Bezug auf die Unternehmens- und Beteiligungsbewertung ist der größte Vorteile des „Discounted Cash Flow" die Einfachheit der Anwendung und die Zukunftsorientierung. Der Zukunftsbezug erfolgt durch die Berücksichtigung der (geplanten) zukünftigen freien „Cash Flows" und dem unendlichen Prognosezeitraum bei Bewertungen. Die Idee des „Discounted-Cash-Flow"-Ansatzes beruht darauf, dass dauerhafte Wertsteigerung nur auf Basis von Wettbewerbsvorteilen entsteht. Um diese Wettbewerbsvorteile sicherzustellen, sind Zukunftsinvestitionen notwendig (Stiefl und von Westerholt 2008, S. 69 f.). Durch diesen Investitionsbezug werden die Kosten des Eigenkapitals stärker berücksichtigt und verstärkt auf die Rentabilität der Beteiligungen geachtet.

Maßgeblich für das Halten oder das Abstoßen bzw. für die Investitionstätigkeit in eine Beteiligung sind die prognostizierten Renditeerwartungen. Decken oder übersteigen die Renditeerwartungen die Eigenkapitalkosten, wird in die Beteiligung investiert. Sind die Renditeerwartungen niedriger als die Eigenkapitalkosten, wäre die Beteiligung grundsätzlich abzustoßen (Littkemann und Michalik 2009, S. 406).

Einer der größten Nachteile des „Discounted-Cash-Flow"-Verfahrens ist die Manipulationsfähigkeit (Copeland et al. 2002, S. 89; Weber et al. 2004, S. 98). Bereits geringe Änderungen bei den prognostizierten „Cash Flows" führen zu einer signifikanten Änderung des Unternehmenswertes (Henselmann 2000, S. 153).

Im Zusammenhang mit der anteilsorientierten Unternehmenssteuerung hat der „Discounted-Cash-Flow"-Ansatz noch weitere nachfolgende Nachteile:

- Anreizproblem: Unterschiedliche Planungshorizonte von zentralen und dezentralen Entscheidungen mit unterschiedlichen Zinsfüßen führen zu unterschiedlichen Entscheidungen.

- Kommunikationsproblem: Abgezinste „Cash Flows" sind erwartungsabhängig und deshalb schwer nachprüfbar. Sie beinhalten Finanzierungsannahmen, die Anlass zu Diskussion geben.
- Kontrollproblem: Für die Managementkontrolle beim DCF-Verfahren sind Veränderungen, die durch das Management verursacht wurden, eigentlich von jenen Veränderungen zu trennen, welche ohne Zutun des Managements entstanden sind. Diese Trennung bleibt unberücksichtigt.
- Planungsintegritätsproblem: Oftmals sind die Komponenten des DCF nicht direkt mit den herkömmlichen Planungs- und Steuergrößen verbunden. Die dem DCF-Verfahren zugrunde liegenden, auszuzahlenden Renditen basieren zumeist auf Planbilanz und Plan-Gewinn- und Verlustrechnung, die nicht unmittelbar verarbeitet werden.
- Wirtschaftlichkeitsproblem: Der „Discounted Cash Flow" erfordert eigenständige Unternehmensbewertungen. Das macht die Ermittlung des DCF in periodischen Abständen sehr aufwendig (Littkemann und Michalik 2009, S. 408).

Im Beteiligungscontrolling wird der „Discounted-Cash-Flow"-Ansatz vorwiegend als „Hilfestellung zur kapitalmarktorientierten Steuerung" der Tochtergesellschaften verwendet (Littkemann und Michalik 2009, S. 406). Insgesamt kann gesagt werden, dass die DCF-Methode für die strategische Analyse (z. B. des Beteiligungsportfolios) nützlich ist, jedoch für die Bewertung des Periodenerfolges vergangener Leistungen nicht eingesetzt werden kann (Copeland et al. 2002, S. 89; Weber et al. 2004, S. 99).

2.5.6.2 Vorteile und Nachteile des CVA/CFROI-Ansatzes

Die absolute Periodengröße (Residualgewinn) CVA basiert auf der Verhältniszahl CFROI. Dadurch werden auch die meisten Vor- und Nachteile vom CFROI auf den CVA übertragen (Stiefl und von Westerholt 2008, S. 77). Einer der Vorteile des CFROI ist seine Unabhängigkeit gegenüber den Verzerrungen, welche durch Abschreibungen verursacht werden (Lewis 1994, S. 106). Obwohl der Ermittlungsweg komplex ist, bietet dies vor allem für Unternehmen mit folgenden Merkmalen Vorteile:

- „sehr langlebige Anlagen (im Durchschnitt 15 Jahre),
- ein großes Anlagevermögen im Vergleich zum ‚Working Capital',[27]
- sehr alte oder sehr neue Anlagen,
- umfangreiche gebündelte Investitionsausgaben" (Stiefl und von Westerholt 2008, S. 71).

[27] „‚Net Working Capital', Nettoumlaufvermögen; im amerik. Rechnungswesen zur Beobachtung von Veränderungen der Liquidität gebräuchliche Messzahl: Differenz zwischen Umlaufvermögen und kurzfristigen Verbindlichkeiten ..." (Sellhorn und Pellens o. J.). http://wirtschaftslexikon.gabler.de. Zugegriffen: 26.05.2013.

Der Grund für diese Zusammenhänge liegt im Vorteil des CFROI-Konzeptes, dass die Kapitalbasis zur CFROI-Berechnung auf Basis der vergangenen Anschaffungskosten ermittelt wird und nicht (wie beim EVA®) auf Grundlage bilanzieller Werte. Durch die Verwendung der historischen Anschaffungskosten bleibt die Kapitalbasis zur Berechnung des CFROI/CVA relativ konstant (Stiefl und von Westerholt 2008, S. 71).

Allerdings hat man als Externer nur selten Zugang dazu.

Als Beispiel für ein Unternehmen, welches den CVA als Spitzenkennzahl verwendet und auf welchen die o. g. Merkmale zutreffen, ist der Lufthansa-Konzern zu nennen. Zirka 60 % des Anlagevermögens stellen Flugzeuge dar, deren Anschaffung in Schüben erfolgt (Steinke und Beißel 2004, S. 119).

Für die erfolgreiche Implementierung einer wertorientierten Unternehmensführung ist vor allem die Verständlichkeit für die Mitarbeiter ein wichtiger Erfolgsfaktor (Weber et al. 2004, S. 100; Rappaport 2006, S. 36; Losbichler 2010, S. 358). Aus dieser Erkenntnis resultiert der größte Nachteil des CVA/CFROI-Konzeptes: die hohe Komplexität (Weber et al. 2004, S. 100 f.; Stiefl und von Westerholt 2008, S. 74; Losbichler 2010, S. 358).

Young und O'Byrne beschreiben die Ermittlung des CFROI wie folgt:

> If it sounds complicated, it is (Young und O'Byrne 2000, S. 383).

2.5.6.3 Vorteile und Nachteile des EVA®-Ansatzes

Oberflächlich gesehen ist einer der größten Vorteile des EVA®-Ansatzes die Einfachheit der Berechnung und die daraus resultierende Vorteilhaftigkeit für die Kommunikation (Stiefl und von Westerholt 2008, S. 78; Losbichler 2010, S. 358). Dieser Vorteil geht jedoch zu Lasten der Genauigkeit bei den „Conversions" (Losbichler 2010, S. 358). Laut Weber stellen CVA und EVA® hohe Anforderungen an den Nutzer, und die Komplexität sollte bei beiden nicht unterschätzt werden (Weber et al. 2004, S. 116).

Mittels „Conversions" wird EVA® von einer bilanziell determinierten Größe einer ökonomischen Größe angenähert. Die „Conversions" erfolgen unternehmensindividuell und dies macht EVA® zu einer effektiven Steuergröße des Unternehmens (Tochtergesellschaft) und ermöglicht eine Vergleichbarkeit mit anderen Unternehmen (Tochtergesellschaften; Stiefl und von Westerholt 2008, S. 78).

Weitere Vorteile von EVA® sind, dass bei einer Anwendung des EVA®-Ansatzes über mehrere Perioden dieser dem DCF-Ansatz entspricht (Stewart 1991, S. 175; Günther 1997, S. 236; vgl. Formel unten).

Außerdem wird durch die Herleitung des NOPAT aus buchhalterischen Daten eine Verbindung zwischen externer Sicht und wertorientierter Unternehmenssteuerung geschaffen (Hostettler 2002, S. 50).

Es gilt nämlich:

$$\sum_{n=1}^{\infty}\frac{\mathrm{DCF}_n}{(1+i)^n}=\sum_{n=1}^{n}\frac{\mathrm{EVA}_n}{(1+i)^n}+\mathrm{Investition}_{t0}$$

da

$$\sum_{n=1}^{\infty} \text{AFA}_n = \text{Investition}_{t0},$$

somit bei uns mit i = W ACC (Weighted Average Cost of Capital – siehe Kap. 4)

$$\sum_{n=1}^{\infty} \frac{\text{DCF}_n}{(1+\text{WACC})^n} = \sum_{n=1}^{\infty} \frac{\text{EVA}_n}{(1+\text{WACC})^n} + \text{Investition}_{t0},$$

weil

$$\sum_{n=1}^{\infty} \text{AFA}_n = \text{Investition}_{t0}.$$

Für CVA und EVA® wird als Nachteil die irreführende Namensgebung angeführt. Der Begriff „Value Added" suggeriert, dass die wertorientierten Kennzahlen CVA und EVA® die periodische Wertschaffung des Unternehmenswertes in absoluten Zahlen angeben, was jedoch nur unter sehr engen Prämissen korrekt ist (Weber et al. 2004, S. 116). Borchers schreibt in dem Zusammenhang, dass es sich bei CVA und EVA® aufgrund deren Bezug auf buchhalterische Daten „… eher um Mischformen als um ‚echte' Kennzahlen handelt …" (Borchers 2000, S. 192).

Gladen ergänzt, dass EVA® den Unternehmenswert trotz „Conversions" mangelhaft abbildet, da der „Goodwill" (die Differenz zwischen Unternehmenswert und buchmäßigem Vermögen) fehlt (Gladen 2008, S. 146).

Dem ist entgegenzuhalten, dass 34 % der DAX-100-Unternehmen auch den „Goodwill" anpassen (Aders et al. 2003, S. 720). Die Diskussion, ob nun EVA® die Steigerung des Unternehmenswertes bzw. Wertschaffung in absoluten Zahlen pro Periode angibt oder nicht, dauert noch an (Borchers 2000, S. 192; Gladen 2008, S. 146; Stiefl und von Westerholt 2008, S. 79 ff.; Losbichler 2010, S. 349 f.). Ungeachtet dieser Diskussion sind Residualgewinnverfahren wie CVA oder EVA® „State of the Art" und anerkannte Verfahren für das Beteiligungscontrolling und die wertorientierte Unternehmensführung (Weißenberger 2009).

Im Zusammenhang mit der Diskussion um die Höhe von EVA® sind die Schlüsselerkenntnisse von Hostettler erwähnenswert. Hostettler fasst seine Erfahrungen bei der Implementierung des EVA®-Verfahrens wie folgt zusammenfassen:

- „Wichtig ist nicht … die absolute Höhe des heutigen EVA®, sondern die Veränderung des EVA® in der Zukunft.
- Die möglichst genaue Messung des EVA® ist zweitrangig, wichtig ist das mit der Messung erzielte Managementverhalten bei der Planung und Entscheidungsfindung.
- EVA® ist nicht isoliert zu betrachten, sondern muss … Kapitaleinsatz, Leistungsmessung und Managementkompensation verbinden" (Hostettler 2003, S. 117).

2.5.6.4 Vergleich von DCF, CVA/CFROI und EVA® zur Unternehmensbewertung bzw. Periodenerfolgsmessung

Stiefl und von Westerholt (2008) vergleichen die drei Rechenansätze (DCF, CVA und EVA®) in Bezug auf deren Eignung zur Unternehmensbewertung und zur Messung des Periodenerfolges (der Wertentwicklung). Dabei wurden folgende Kernaussagen getroffen:

- Bei korrekter Anwendung (das Kongruenzprinzip[28] berücksichtigend) eignen sich grundsätzlich alle drei Controllinginstrumente (DCF, CVA und EVA®) als Werkzeuge zur Unternehmensbewertung (Stiefl und von Westerholt 2008, S. 82).
- Aufgrund der „Conversions" besteht beim EVA®-Verfahren die Gefahr, dass das Kongruenzprinzip durchbrochen wird, was seine Eignung für die Unternehmensbewertung schwächt.
- Wegen seiner Einfachheit besitzt das DCF-Verfahren die höchste Eignung zur Unternehmensbewertung (Stiefl und von Westerholt 2008, S. 82) sowie zur Bewertung von Strategien und Projekten.
- Aufgrund seiner hohen Manipulationsanfälligkeit erscheint das DCF-Verfahren jedoch ungeeignet zur Messung des Periodenerfolges.
- Hingegen besitzen das EVA®-Verfahren sowie der CVA-Ansatz sehr hohe bzw. hohe Eignung, den Periodenerfolg zu messen, was sie wiederum zum Einsatz für die wertorientierte Vergütung befähigt (Stiefl und von Westerholt 2008, S. 86 ff.).

Tab. 2.2 gibt einen Überblick über die oben getroffenen Aussagen.

Die beschriebenen Vor- und Nachteile von DCF, EVA® und CVA/CFROI für die Messung der Wertentwicklung eines Unternehmens/einer Beteiligung zeigen, dass hier das EVA®-Verfahren eine hohe/die höchste Eignung besitzt. Dies wird auch durch die ver-

Tab. 2.2 Zusammenfassung der wesentlichen Aussagen über DCF, EVA® und CVA/CFROI. (Eigene Darstellung, in Anlehnung an Stiefl und von Westerholt 2008, S. 88)

Aktivität Ansatz	Unternehmens-, Strategie-, Projektbewertung	Messung des Periodenerfolges	Wertorientierte Vergütung
DCF	+ +	–	–
EVA®	0	+ +	+
CVA/ CFROI	0	+	+

[28] Kongruenzprinzip: „Das Kongruenzprinzip besagt, dass über den betrachteten Zeitraum die Summe der Zahlungsüberschüsse den Summen der Ertragsüberschüsse (NOPATs) entspricht. Die Differenz zwischen den zu Beginn einer Periode kumulierten Zahlungsüberschüssen und Ertragsüberschüssen wird als Kapitalbindung aufgefasst, auf die kalkulatorische Zinsen erhoben werden. … Gilt das Kongruenzprinzip und wird eine entsprechende Berechnung der Kapitalbasis dem EVA zu Grunde gelegt, stimmen die Unternehmenswerte nach EVA und DCF überein" (Weber et al. 2004, S. 147).

mehrte praktische Anwendung von EVA® in deutschen Unternehmen bestätigt (Aders et al. 2003, S. 20).

Generell ist zu bemerken, dass keiner der erwähnten Ansätze, aber auch kein anderes Verfahren der wertorientierten Unternehmensführung das Prognoseproblem der Planung zu lösen vermag. Ein weiterer Kritikpunkt der wertorientierten Unternehmensführungskonzepte ist die Fokussierung auf die finanzwirtschaftliche Zielsetzung und die daraus mögliche Vernachlässigung nicht finanzieller Werttreiber. Deshalb ist darauf zu achten, dass auch nichtfinanzielle Werttreiber in der wertorientierten Unternehmensführung berücksichtigt werden, z. B. durch die Verknüpfung eines wertorientierten Controllinginstruments mit der „Balanced Scorecard".[29]

Welches wertorientierte Konzept im Unternehmen einzusetzen ist, soll genau geprüft werden und ist der Unternehmenscharakteristika entsprechend individuell zu entscheiden (Faupel et al. 2010, S. 61).

Aufgrund der in diesem Buch geführten Diskussion über das Beteiligungscontrolling und den wertorientierten Controllinginstrumenten erscheint auch mir persönlich EVA® als das geeignetste Instrument für die Simulation der Wertentwicklung einer Beteiligung. Aus diesem Grund erfolgt im Folgenden auch eine weiterführende Bearbeitung des EVA®-Ansatzes. Beim späteren Excel basierten Beispiel werde ich mich ebenfalls sehr stark auf den EVA®-Ansatz fokussieren.

2.5.7 Die DCF/EVA-Determinante „Weighted Average Cost of Capital" (WACC)

2.5.7.1 Der WACC

Der WACC („Weighted Average Cost of Capital") ist der durchschnittliche gewichtete Gesamtkapitalkostensatz[30] und drückt den Mindestverzinsungsanspruch aus, der von den Eigen und Fremdkapitalgebern für die Kapitalbereitstellung erwartet wird. Während mit Fremdkapitalgebern Zinszahlungen vertraglich vereinbart werden, sind die Renditeerwartungen der Eigenkapitalgeber (Investoren) durch Dividendenzahlungen oder Kurswertsteigerungen zu erfüllen (Zell 2008, S. 153).

Dadurch und durch die Zielsetzung, den Eigenkapitalwert des Unternehmens zu steigern, rückt der WACC stärker in den Mittelpunkt der unternehmerischen Betrachtung (Weißenberger 2007, S. 294).

[29] Balanced Scorecard: Die Balanced Scorecard ist ein Verbindungsglied zwischen Strategiefindung und -umsetzung. In ihrem Konzept werden die traditionellen finanziellen Kennzahlen durch eine Kunden-, eine interne Prozess- sowie eine Lern- und Entwicklungsperspektive ergänzt (Quelle: Weber (o. J.). http://wirtschaftslexikon.gabler.de. Zugegriffen: 26.05.2013).

[30] Vgl. Sellhorn und Rüthers (o. J.). http://wirtschaftslexikon.gabler.de. Zugegriffen: 26.05.2013.

Nahezu jede wesentliche finanzielle Entscheidung wird heutzutage durch den WACC beeinflusst.

- Der WACC wird als Beurteilungsmaßstab bei der Beurteilung der Wertsteigerung von Geschäftsfeldern, Beteiligungen und Unternehmen herangezogen.
- Der WACC beeinflusst als Diskontierungsfaktor für Unternehmensbewertungen den Kaufpreis von Unternehmenstransaktionen.
- Der WACC wird im Zuge des „Impairment"-Tests als Diskontierungsfaktor für „Recoverable Amounts" (IAS 36.18) verwendet und beeinflusst dadurch eine etwaige Auf- oder Abwertung der immateriellen Vermögenswerte („Goodwill").
- Der WACC beeinflusst die Wahl der Finanzierungsform und damit die Kapitalstruktur eines Unternehmens (Losbichler 2010, S. 300).

Berechnet wird der WACC wie folgt:

$$\begin{aligned}\text{WACC} &= \text{Eigenkapitalquote} \times \text{Eigenkapitalkostensatz}\\ &\quad + \text{Fremdkapitalquote} \times \text{Fremdkapitalkostensatz}\end{aligned}$$

In Kap. 4 beschäftigen wir uns im Detail mit der mathematischen Herleitung. Hier möchte ich zunächst nur einen einführenden Überblick geben.

Bei der Berechnung des WACC ist zu beachten, dass als Gewichtungsfaktoren von Eigen- und Fremdkapital keine Buchwerte, sondern Marktwerte anzusetzen sind. Dies ist deshalb von Bedeutung, da auch Investoren für ihre Investitionsentscheidungen Marktwerte heranziehen (Young und O'Byrne 2000, S. 162; Weißenberger 2007, S. 296). Hier ergibt sich bei nicht börsennotierten Unternehmen das Problem, dass der Eigenkapitalwert mittels Unternehmensbewertung zu errechnen ist, wofür wieder der WACC benötigt wird. Dadurch entsteht ein Zirkularitätsproblem (Nowak 2003, S. 80; Weber et al. 2004, S. 54; Weißenberger 2007, S. 296). In der Praxis wird deshalb häufig mit einer vom Unternehmen angestrebten Zielkapitalstruktur gerechnet (Günther 1997, S. 195; Nowak 2003, S. 80; Weißenberger 2007, S. 296).

Auch dies werden wir uns noch im Detail anschauen.

Ein weiterer Einflussfaktor auf den WACC sind die Ertragsteuern. In der Regel sind wertorientierte Controllingwerte wie EVA® oder CVA Nach-Steuer-Größen, da sie auf der Basis von ebenfalls Nach-Steuer-Erfolgsgrößen wie dem NOPAT errechnet werden. Bei der Ermittlung der Nach-Steuer-Erfolgsgröße NOPAT wird vom (korrigierten) Betriebsergebnis ein pauschaler Steuersatz subtrahiert. Dies geschieht unter der fiktiven Annahme eines vollständig eigenkapitalfinanzierten Unternehmens. Jedoch mindert der anfallende Zinsaufwand des Fremdkapitals die steuerliche Bemessungsgrundlage und damit die zu zahlende Ertragsteuer. Um diesen Steuervorteil in der Ermittlung von wertorientierten Controllinginstrumenten zu berücksichtigen, wird der Fremdkapitalkostensatz im Zuge der WACC-Berechnung um das sogenannte Tax Shield vermindert. Das heißt der Fremdkapitalkostensatz wird mit dem Faktor (1 – Ertragsteuersatz t) multipliziert (Weißenberger 2007, S. 296).

2.5.7.2 Ermittlung des Fremdkapitalkostensatzes

Fremdkapitalkosten werden in der Regel durch aktuelle Marktzinsen für Unternehmen bestimmt und sind aufgrund von vertraglichen Vereinbarungen prinzipiell einfacher bestimmbar als der Eigenkapitalkostensatz (Weißenberger 2007, S. 304). Dabei ist zu beachten, dass sich das zu berücksichtigende Fremdkapital aus unterschiedlichen Fremdkapitalposten zusammensetzt.

Die Summe der Marktwerte der einzelnen Fremdkapitalposten ergibt den zu ermittelnden Marktwert des Fremdkapitals. Wird Fremdkapital zu „normalen, marktüblichen" Bedingungen aufgenommen, ähneln diese Marktwerte den Buchwerten und es werden in der Praxis die Buchwerte für die Kalkulation verwendet (Weber et al. 2004, S. 50).

Wenn für das Unternehmen aufgrund der Basel-II-Regelung[31] ein Unternehmensrating vorliegt, kann der Fremdkapitalkostensatz auch als bonitätsabhängiger Zuschlag auf einen risikofreien Zinssatz ermittelt werden. Bei variablen Zinssätzen sollte ein möglicher zukünftiger Zinssatzanstieg in der Kalkulation berücksichtigt werden (Weißenberger 2007, S. 304).

2.5.7.3 Ermittlung des Eigenkapitalkostensatzes mittels dem „Capital Asset Pricing Model" (CAPM)

Die Eigenkapitalkosten sind nicht unmittelbar erkennbar und werden üblicherweise über eine Kapitalmarkttheorie wie dem „Capital Asset Pricing Model" (CAPM) hergeleitet.

Das CAPM stellt einen Zusammenhang zwischen der Renditeerwartung des Investors und dem das Investment betreffende Risiko her. Je höher das voraussichtliche Risiko, desto höher ist die Renditeerwartung der Investoren (Weißenberger 2007, S. 297; Heesen 2010, S. 124).

Die im CAPM angewendete Risikogröße entspricht dem verbleibenden Restrisiko eines (Markt-)Portfolios mit einer Vielzahl von Anlageformen, welches nicht durch die Streuung (Diversifikation) eliminiert werden konnte. Dieses verbleibende Restrisiko wird systematisches Risiko genannt (Weißenberger 2007, S. 297; Losbichler 2010, S. 306 f.).

Das systematische Risiko lässt sich nicht diversifizieren, da es im gesamten Anlageportfolio enthalten ist. So verloren z. B. nach der Bekanntgabe der Pleite von Lehmann Brothers Inc. nahezu alle Aktien an Wert (Losbichler 2010, S. 307).

Das Prinzip des CAPM ist relativ einfach. Die erwartete Rendite auf ein eingesetztes, risikobehaftetes Vermögen („risky asset") wie etwa eine Eigenkapitalinvestition ist gleich der Rendite eines risikolosen Vermögens („riskless asset") plus einer Risikoprämie („risk premium"; Young und O'Byrne 2000, S. 165).

---

[31] Der Terminus Basel II bezeichnet die Gesamtheit der Eigenkapitalvorschriften, die vom Basler Ausschuss für Bankenaufsicht in den letzten Jahren vorgeschlagen wurden. Die Regeln müssen gemäß den EU-Richtlinien (2006/48/EG) und der (2006/49/EG) seit dem 1. Januar 2007 in den Mitgliedsstaaten der Europäischen Union für alle Kredit- und Finanzdienstleistungsinstitute angewendet werden. Das Basel-II-Konzept beruht auf drei Säulen. Säule 1: die Mindestkapitalanforderungen, die eine Eigenkapitalunterlegung für Kreditrisiken, Marktrisiken und operationelle Risiken beinhalten. Säule 2: aufsichtlicher Überprüfungsprozess. Säule 3: Marktdisziplin, d. h. Erweiterung der Offenlegungspflichten der Institute. Quelle: Deutsche Bundesbank (o. V.; o. J.). www.bundesbank.de. Zugegriffen: 16. Juni 2013.

Risikofreier Zinssatz Renditen langfristiger Staatsanleihen von Ländern mit einem AAA-Rating dienen als Näherungswert für einen risikofreien Zinssatz (Weißenberger 2007, S. 300; Heesen 2010, S. 125; Losbichler 2010, S. 309). Eine völlig risikofreie Anlage gibt es jedoch nicht (Heesen 2010, S. 125).

Marktrisikoprämie Die Marktrisikoprämie ist die empirisch beobachtbare Differenz zwischen der Mindestrendite eines bestimmten Aktienindex und dem risikofreien Zinssatz. Da die zukünftige Mindestrendite des Referenzaktienindex oder einer anderen alternativen Anlageform nicht seriös berechenbar ist, werden empirisch beobachtete Vergangenheitswerte verwendet. Dabei soll beachtet werden, dass man Aktienindizes oder andere Referenzanlageformen verwendet, die relevant für das Unternehmen sind (Weißenberger 2007, S. 298 ff.; Heesen 2010, S. 125 ff.; Losbichler 2010, S. 309).

Risikoprämien können je nach Aktienindex erheblich schwanken. Studien ergaben, dass die Marktrisikoprämie zwischen 4–8 % pendelte (Losbichler 2010, S. 309).

β-Faktor Der β-Faktor ist das Maß für das systematische Risiko einer bestimmten Investition bzw. eines bestimmten Unternehmens relativ zu einem bestimmten Marktportfolio. In der Praxis wird das als Referenz dienende Marktportfolio durch einen für das Unternehmen relevanten Aktienindex ausgedrückt (Heesen 2010, S. 129). Der Referenzaktienindex hat einen β-Faktor von 1,0. Wird das Unternehmensrisiko gegenüber dem Referenzindex als höher eingestuft ist der β-Faktor des Unternehmens größer 1,0 (Aktie des Unternehmens reagiert überproportional im Verhältnis zum Markt).

Entsprechend stellt ein β-Faktor kleiner 1,0 ein geringeres Risiko dar (Aktie des Unternehmens reagiert unterproportional im Verhältnis zum Markt; vgl. Heesen 2010, S. 129 f.; Losbichler 2010, S. 310 f.). Zusätzlich zum Marktindex ist auch die Kapitalstruktur bei der Bestimmung des β-Faktors zu berücksichtigen. Je höher der Verschuldungsgrad, desto höher das Risiko für den Eigenkapitalgeber (Heesen 2010, S. 130).

Für nicht börsennotierte Unternehmen gestaltet sich die Ermittlung des β-Faktors schwieriger. Es fehlt oftmals ein relevanter Referenzaktienindex. Abhilfe schaffen Branchenindizes, Vergleichsunternehmen, oder es wird der durchschnittliche β-Faktor mehrerer Referenzunternehmen („peer group technique“) verwendet.

Es gibt auch ein Verfahren, das den β-Faktor eines vergleichbaren an einer Börse notierten Unternehmens heranzieht und darauf aufbauend durch Rückrechnungen zu einem geeigneten β-Faktor für das nicht notierte Unternehmen kommt. Auch dies werden wir uns noch im Detail anschauen.

Generell gilt auch hier, die Kapitalstruktur der Referenzunternehmen bei der Festlegung des β-Faktors zu berücksichtigen (Weißenberger 2007, S. 304 f.; Losbichler 2010, S. 316 f.).

Obwohl das CAPM vermutlich der am häufigsten verwendete Ansatz zur Ermittlung der Eigenkapitalkosten ist,[32] sieht es sich auch massiver Kritik ausgesetzt. Die Kritikpunkte betreffen (Losbichler 2010, S. 314 ff.):

---

[32] In einer Befragung von KPMG International wurden 786 Unternehmen angeschrieben. Die Rücklaufquote betrug 14,9 %. Das heißt 117 Unternehmen, vorwiegend aus Deutschland, Österreich und der Schweiz antworteten. Die Studie ergab, dass 95 % dieser Unternehmen das Standard-CAPM anwenden (KPMG 2009, S. 8 und S. 32).

- realitätsferne Prämissen, die bei der Verwendung des CAPM zu akzeptieren sind,
- mangelnde empirische Fundierung,
- Inkonsistenzen zwischen Anwendungszweck und Berechnungslogik,
- Börsenorientierung,
- verfahrenstechnische Probleme.

Hierzu ist zu erwähnen, dass das CAPM laut einem seiner Mitbegründer William F. Sharpe nicht zum Zweck der Ermittlung von Kapitalkosten konzipiert wurde, sondern zur Bildung effizienter Wertpapierportfolios (Uzik und Weiser 2003, S. 705 ff.).

2.5.8 Werttreiber

Allgemein sind Werttreiber beeinflussbare Faktoren, die eine hohe Relevanz für das finanzielle Ergebnis eines Unternehmens, einer Tochtergesellschaft oder einer Unternehmenseinheit besitzen.[33] In der Praxis werden die zur wertorientierten Unternehmungsführung verwendeten Spitzenkennzahlen wie EVA®, CVA/CFROI, DCF, ROCE etc. in operative Werttreiber heruntergebrochen.

Unabhängig von dem verwendeten Führungskonzept können vier wesentliche Werttreiber genannt werden (Losbichler 2010, S. 358):

- Umsatzsteigerung,
- Kostensenkung,
- Reduktion des gebundenen Kapitals,
- Senkung der Kapitalkosten.

Coenenberg und Salfeld (2007) nennen als grundsätzliche Werttreiberkonzepte bzw. Wertsteigerungshebel Wachstum, operative Exzellenz, Finanz-/Vermögensstruktur und Portfoliosteuerung, welche jedoch durch die Ermittlung individueller Werttreiber zu detaillieren sind (Zell 2008, S. 179).

- Wachstum erfolgt durch Erschließung neuer Märkte oder neuer Geschäftsfelder (Technologien, Produkte). Zur langfristigen Wachstumssicherung muss strategisches „Intangible Capital" (z. B. Patente, Markennamen, Kooperationsnetzwerke, Spezialwissen von Mitarbeitern) vorhanden sein.
- Operative Exzellenz erfolgt durch die kontinuierliche Verbesserung der betrieblichen Prozesse und resultiert in Leistungsoptimierung.
- Die Finanz-/Vermögensstruktur ist auf die Unternehmensbedürfnisse zu optimieren. Dadurch wird der Kapitalbedarf reduziert und die Kapitalkosten gesenkt. Betriebsnotwendiges Vermögen kann durch Reduktion der Lagerbestände oder Verkürzung der Forderungslauf-

[33] Vgl. Weber (o. J.). http://wirtschaftslexikon.gabler.de. Zugegriffen: 28.05.2013.

zeiten verbessert werden. Nachteilige Effekte durch zu hohe Unternehmensverschuldung (Liquiditätsengpässe, verminderte Handlungs-flexibilität) sind zu beachten.

- Die Portfoliosteuerung befasst sich mit dem Portfoliomanagement von Unternehmen. Das heißt es wird ermittelt, welche Geschäftseinheiten vom Unternehmen betrieben, erworben, veräußert oder ausgegliedert werden sollen/müssen. Ziel ist es, eine optimale Unternehmensstruktur bzw. Wertschöpfungskette zu erreichen (Coenenberg und Salfeld 2007, S. 101 ff.; Zell 2008, S. 178 f.).

Weber unterteilt die Werttreiber in ihre Beeinflussbarkeit durch das Unternehmen und in ihre Auswirkung durch Wissensdefizite sowie auf bestehende (bedeutet geringe Unsicherheit bzw. Wissensdefizite) und zukünftige Geschäfte (bedeutet große Unsicherheit bzw. Wissensdefizite).

Das Resultat dieser Einteilung sind operative, strategische und externe Werttreiber (vgl. zu den nachfolgenden Ausführungen Weber et al. 2004, S. 106 f.; Ze 2008, S. 179).

- Operative Werttreiber sind Werttreiber, die das bestehende Geschäft betreffen und durch das Unternehmen stark beeinflusst werden können. Die Wirkung operativer Werttreiber auf das Unternehmensziel ist gut abschätzbar. So kann z. B. der Mindestlagerbestand von Betriebsmitteln, deren Fehlen in der Vergangenheit zu Produktionsengpässen führte, positiv zur Wertentwicklung beitragen.
- Strategische Werttreiber können beeinflusst werden, jedoch ist durch das vorhandene Wissensdefizit nicht abschätzbar, welchen Einfluss die strategischen Werttreiber tatsächlich auf die Entwicklung des Unternehmens haben. Diesen Fall haben wir immer bei einer Standortverlagerung oder dem Erwerb einer Beteiligung (Zell 2008, S. 179).
- Externe Werttreiber sind durch das Unternehmensumfeld gesteuert und durch das Unternehmen, wenn überhaupt, nur gering und indirekt beeinflussbar. Durch ständige Beobachtung muss das Unternehmen die aus diesen Werttreibern entstehenden Chancen und Risiken erkennen und entsprechend reagieren. Beispiele für externe Werttreiber sind Gesetzesänderungen, neue Technologien oder verändertes Kundenverhalten durch gesellschaftliche Trends.

Durch das Zerlegen der Spitzenkennzahlen (DCF, CVA, EVA®) in Werttreiber erhält man ein hierarchisches System, eine sogenannte Werttreiberhierarchie oder Werttreiberbaum. Werttreiberhierarchien zeigen die Verknüpfungen der formal-logischen (mathematischen) und sach-logischen (Ursache-Wirkungs-Beziehungen) Funktionen von operativen Werttreibern.

Diese Aufteilung ermöglicht die Identifizierung der Einflussgrößen, welche auf die Spitzenkennzahl wirken (Weber et al. 2004, S. 107 f.). Abb. 2.5 zeigt eine mögliche Werttreiberhierarchie, ausgehend von der Spitzenkennzahl EVA®.

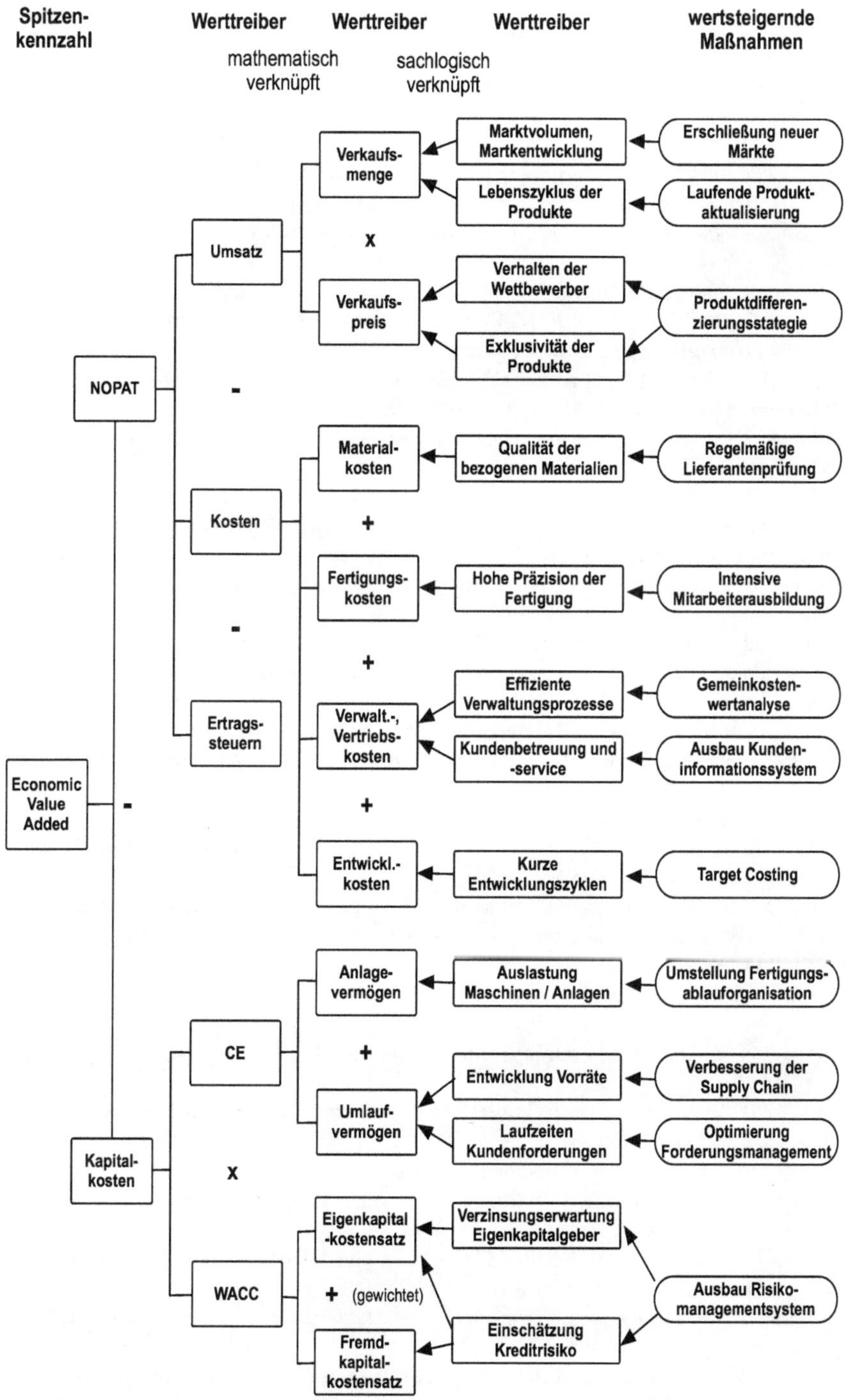

Abb. 2.5 Beispiel einer Werttreiberhierarchie anhand des EVA®. (Eigene Darstellung, in Anlehnung an Zell 2008, S. 181 f.)

Literatur

Aders, C., und M. Hebertinger. 2003. Shareholder Value-Konzepte: Umsetzung bei den DAX 100-Unternehmen. In *In Value Based Management, Hrsg*, Hrsg. Ballwieser. Wesner: KPMG.

Aders, C., M. Hebertinger, C. Schaffer, und F. Wiedemann. 2003. Shareholder Value-Konzepte: Umsetzung bei den DAX 100-Unternehmen. *Der Finanzbetrieb* 11:719–725.

Beck, R. 2003. *Erfolg durch wertorientiertes Controlling*. Schmidt.

Borchers, S. 2000. *Beteiligungscontrolling in der Management-Holding: Ein integratives Konzept*. Wiesbaden.

Bühner, R. 1993. Shareholder Value. *Die Betriebswirtschaft* 6:749–769.

Coenenberg, A.G., und R. Salfeld. 2007. *Wertorientierte Unternehmensführung: Vom Strategieentwurf zur Implementierung*, 2. Aufl. Stuttgart.

Copeland, T., T. Koller, und J. Murrin. 2002. *Unternehmenswert: Methoden und Strategien für eine wertorientierte Unternehmensführung*, 3. Aufl. Frankfurt.

Damodaran, A. 2002. *Investment valuation: Tools Techniques for Determining the value of Any Asset*. New York: University Edition.

Derfuß, K., A. Scherer, und J. Littkemann. 2009. Operative Unternehmensführung im Beteiligungscontrolling: 2. Kapitel Operatives Beteiligungscontrolling in der Unternehmenspraxis. In *Beteiligungscontrolling: Ein Handbuch für die Unternehmens- und Beratungspraxis*, 2. Aufl., Strategische und operative Unternehmensführung im Beteiligungscontrolling, Bd. II, 417–474. Herne: J. Littkemann.

Dinter, H.-J., und M. Swoboda. 2003. Operative Performance-Messung im ‚Shareholder Value'-Konzept von Henkel. In *Controlling-Konzepte: Neue Strategien und Werkzeuge für die Unternehmenspraxis*, 6. Aufl., Hrsg. C.-C. Freidank, E. Mayer. Wiesbaden.

Faupel, C., H.-J. Röpke, und O. Schümer. 2010. Vorstellung und Beurteilung verschiedener wertorientierter Steuerungsgrößen. *Zeitschrift für Controlling und Management* 54:55–61.

Gladen, G. 2008. *Performance Measurement: Controlling mit Kennzahlen*, 4. Aufl. Wiesbaden.

Günther, T. 1997. *Unternehmenswertorientiertes Controlling*. München: Vahlen.

Heesen, B. 2010. *Investitionsrechnung für Praktiker – Fallorientierte Darstellung der Verfahren und Berechnungen*. Wiesbaden: GWV.

Heinemann, B., und B. Gröniger. 2005. Shareholder Value – Warum es auf den Unternehmenswert ankommt. In *Handbuch strategisches Management*, 2. Aufl., Hrsg. H. Hungenberg und J. Meffert, 231–254. Wiesbaden.

Henselmann, C. 2000. Der Restwert in der Unternehmensbewertung – eine „Kleinigkeit"? *Finanz-Betrieb* 2:151–157.

Hoffmann, W. 2006. Leadership durch Controlling – Von der Strategie zur controllierten Umsetzung. *Controller News* (1):2–5.

Hostettler, S. 2002. *‚Economic Value Added' (EVA): Darstellung und Anwendung auf Schweizer Aktiengesellschaften*, 5. Aufl. Bern.

Hostettler, S. 2003. ‚Economic Value Added' – Lektionen aus der Praxis: Das EVA® Konzept richtig eingesetzt als Grundlage einer effektiven finanziellen Corporate Governance. *Der Schweizer Treuhänder* 3:117–122.

Koller, T., M. Goedhart, und D. Wessels. 2005. *Valuation: Measuring and managing the value of companies*, 4. Aufl. New Jersey: Wiley.

KPMG. 2009. *Kapitalkosten- und Impairment Test-Studie 2008*. Frankfurt/Berlin: KPMG International.

Lewis, T.G. 1994. *Steigerung des Unternehmenswertes: Total Value Management*. Landsberg am Lech.

Littkemann, J., und C. Michalik. 2009. Operative Unternehmensführung im Beteiligungscontrolling: 1. Kapitel: Instrumente des operativen Beteiligungscontrollings. In *Beteiligungscontrolling: Ein Handbuch für die Unternehmens- und Beratungspraxis*, 2. Aufl., Strategische und operative Unternehmensführung im Beteiligungscontrolling, Bd. II, Hrsg. J. Littkemann, 395–415. Herne.

Losbichler, H. 2010. Wertsteigerungsmanagement. In *CFO-Schlüssel-Know-how unter IFRS: Steuerung der finanziellen Performance – dargestellt anhand einer integrierten Praxis Fallstudie*, Hrsg. C. Engelbrechtsmüller, H. Losbichler, 325–364. Wien.

Nowak, K. 2003. *Marktorientierte Unternehmensbewertung, Discounted Cash Flow, Realoption, Economic Value Added*, 2. Aufl. Wiesbaden: Gabler. Edition Wissenschaft.

Pape, U. 2010. *Wertorientierte Unternehmensführung*, 4. Aufl. Sternenfels.

Rappaport, A. 1999a. *Creating Shareholder Value*, 2. Aufl. New York: The Free Press.

Rappaport, A. 1999b. *Shareholder Value. Ein Handbuch für Manager und Investoren*, 2. Aufl. Stuttgart: Schäffer-Poeschl. Aus dem Amerikanischen von Wolfgang Klien.

Rappaport, A. 2006. Die zehn Gebote des Shareholder Value. *Harvard Business Manager* 28:24–41.

Rappaport, A., und C. Ricken. 2008. Mit langem Atem: Die nächste Krise wird kommen. *manager magazin* 12:129–136.

Reichmann, T. 2006. *Controlling mit Kennzahlen und Management-Tools: Die systemgestützte Controlling-Konzeption*, 7. Aufl. München.

Schacht, U., und M. Fackler. 2005. ‚Discounted Cash-flow'-Verfahren. In *Praxishandbuch Unternehmensbewertung: Grundlagen, Methoden, Fallbeispiele*, Hrsg. U. Schacht, M. Fackler, 185–235. Wiesbaden.

Schmeisser, W. 2009. Strategische Unternehmensführung im Beteiligungscontrolling: Personalpolitik mit Anreizsystemen im Spiegel des Shareholder Value-Ansatzes. In *Beteiligungscontrolling: Ein Handbuch für die Unternehmens- und Beratungspraxis*, 2. Aufl., Strategische und operative Unternehmensführung im Beteiligungscontrolling, Bd. II, Hrsg. J. Littkemann, 219–266. Herne.

Steinke, K.-H., und J. Beißel. 2004. Der CVA als wertorientierte Spitzenkennzahl im Lufthansa-Konzern. In *Wertorientierte Unternehmenssteuerung: Konzepte – Implementierung – Praxisstatements*, Hrsg. J. Weber, U. Bramsemann, C. Heineke und B. Hirsch, 117–125. Wiesbaden.

Stern, J.M., B. Stewart, und D. Chew. 1995. The EVA® Financial Management System. *J Appl Corp Finance* 8:32–46.

Stewart, G.B. 1991. *The Quest for Value – The EVA Management Guide*. New York: Harper Collins.

Stiefl, J., und K. von Westerholt. 2008. *Wertorientiertes Management: Wie der Unternehmenswert gesteigert werden kann*. München.

Timmreck, C. 2006. *Kapitalmarktorientierte Sicherheitsäquivalente: Konzeption und Anwendung bei der Unternehmensbewertung*. Wiesbaden.

Uzik, U., und F.M. Weiser. 2003. Kapitalkostenbestimmung mittels CAPM oder MCPM. *Finanz-Betrieb* 11:705–718.

Weber, J., U. Bramsemann, C. Heineke, und B. Hirsch. 2004. *Wertorientierte Unternehmenssteuerung, Konzepte – Implementierung – Praxisstatements*. Wiesbaden: Gabler.

Weißenberger, B.E. 2007. *IFRS für Controller. Alles, was Controller über IFRS wissen müssen*. München: Haufe. Praxisratgeber.

Weißenberger, B.E. 2009. *Shareholder Value und finanzielle Zielvorgaben im Unternehmen*. Working Paper Series Controlling & Business Accounting, Bd. 2. Gießen: Justus-Liebig-Universität.

Weißenberger, B.E., und M. Blome. 2005. *Ermittlung wertorientierter Kennzahlen unter IFRS*. Arbeitspapier Industrielles Management und Controlling, Bd. 2. Gießen: Justus-Liebig-Universität.

Young, D., und S. O'Byrne. 2000. *EVA®and Value Based Management: A Practical Guide to Implementation*. New York.

Zell, M. 2008. *Kosten- und Performance Management: Grundlagen – Instrumente – Fallstudie*. Wiesbaden.

3 Unternehmensbewertung

3.1 Einleitung

Wenn Sie jetzt die nächsten Seiten lesen und auch dabei die Quellenangaben ein wenig im Auge behalten, dann wird ihnen auffallen, dass diese Quellen fast alle recht alt sind.

Die Unternehmensbewertung ist nichts Neues, auch wenn noch viele Bücher dazu erscheinen. Die „Vorarbeiten" wurden aber alle von den im folgenden Kapitel zitierten Klassikern geleistet, und die haben ihre Erkenntnisse in den 90er-Jahren des letzten Jahrhunderts schwerpunktmäßig publiziert.

Die neuen Bücher gehen aus meiner Erfahrung immer stärker in Richtung von Detailfragen wie die steuerliche Handhabung und die richtige Berechnung von Cash Flows nach Steuern aus verschiedenen Blickwinkeln. In der eigentlichen Bewertung hat sich aber nichts Neues mehr getan.

Deshalb bin ich auch einerseits eher ein „Fan" dieser Klassiker, die ich hier auch fast ausschließlich anführe. Das erachte ich nur als fair, denn die neueren Werke basieren in ihren Ausführungen auch darauf, und dann zitiere ich doch lieber das Original.

Steuerliche Detailbetrachtungen lasse ich ganz außen vor – mir geht es um den Überblick und nicht um Details. Dafür gibt es aber auch genügend aktuelle Literatur, die aber leider aufgrund des sich so schnell ändernden Steuerrechts nur begrenzte zeitliche Aktualität aufweist.

3.2 Fragestellungen

Durch den Wandel hin zur wertorientierten Unternehmensführung und aufgrund vermehrter internationaler und grenzüberschreitender Unternehmenstransaktionen, verliert das im deutschsprachigen Raum lange Zeit als *das* Unternehmensbewertungsmodell auf Basis

B. Heesen, *Beteiligungsmanagement und Bewertung für Praktiker*,
https://doi.org/10.1007/978-3-658-30792-9_3

des Nachhaltig-Erzielbaren-Ergebnisses (NEE) bewährte Ertragswertverfahren immer mehr an Beachtung. War es Mitte der 90er-Jahre noch von großer Bedeutung, so hat sich in den letzten Jahren eine Verschiebung zugunsten anderer Methoden ergeben (Peemöller et al. 1999, S. 622 f.).

Bei internationalen Transaktionen werden in der Regel die ebenfalls schon bekannten Ansätze mittels Discounted Cash Flow (auf Basis des freien Cash Flow) und/oder das Überrenditenmodell (EVA®-Verfahren) verlangt. Diese Methoden sind aber auch nicht neu, waren sie doch schon lange in der Investitions- und Finanzierungstheorie zu finden.

Es handelt sich in allen Fällen um sogenannte Zukunftserfolgsbewertungen (Coenenberg und Schultze 2002, S. 616).

Aufgrund des zunehmenden Drucks bei weltweiten Übernahmen von deutschen Gesellschaften, gewinnen die angelsächsischen Methoden immer mehr an Bedeutung (Rödl und Zinser 2000, S. 292). Dies nehmen deutsche Wirtschaftsprüfer mittlerweile nicht nur zur Kenntnis, sondern lassen diese Ansätze auch immer mehr zur Praxis werden.

Das Institut der Wirtschaftsprüfer (IDW) sagt im sogenannten S1 im Punkt 7:[1]

Der Unternehmenswert wird grundsätzlich als Zukunftserfolgswert ermittelt. In der Unternehmensbewertungspraxis haben sich als gängige Verfahren das Ertragswertverfahren (vgl. Abschn. 7.2) und die Discounted-Cash-Flow-Verfahren (vgl. Abschn. 7.3) herausgebildet.

Hierbei kann noch in drei Ausprägungsstufen unterteilt werden:

- Entity Approach,
- Equity Approach,
- Adjusted-Present-Value-Methode (APV; Mandl und Rabel 1997, S. 37 f.).

Daher wollen wir uns in diesem Kapitel mit folgenden Fragestellungen beschäftigen:

- Welche Gemeinsamkeiten, Unterschiede und Vor-/Nachteile haben die deutschen und angelsächsischen Bewertungsmethoden (im Speziellen sollen das Ertragswertverfahren sowie das Discounted-Cash-Flow-Verfahren untersucht werden)?
- Unter welchen Bedingungen kommen die Discounted-Cash-Flow-Methode (Free Cash Flow) und der Economic-Value-Added-Ansatz zum gleichen Ergebnis?

3.3 Grundlagen der Unternehmensbewertung

Bevor auf die Darstellung der verschiedenen Bewertungsverfahren näher eingegangen wird, soll hier ein Blick auf den geschichtlichen Hintergrund bzw. auf die Entwicklung der Unternehmensbewertung geworfen werden. Danach werden die Anlässe, sowie Zwecke und Funktionen der Bewertung aufgezeigt. Abschließen soll dieses Kapitel mit der Darstellung der Grundsätze ordnungsgemäßer Unternehmensbewertung.

[1] Entwurf einer Neufassung des IDW Standards: Grundsätze zur Durchführung von Unternehmensbewertungen (IDW ES 1 i. d. F. 2007).

3.3.1 Die Bedeutung von Wert und Preis

Bei ungenauer Betrachtung sind diese beiden Begriffe eng miteinander verknüpft. Wenn man jedoch eine genauere Untersuchung vornimmt, werden die Unterschiede klar. Der Wert im ökonomischen Sinn ergibt sich im Wesentlichen aus dem Tauschwert, dem Gebrauchswert oder dem Ertragswert (Peemöller 2005, S. 4).

Er ist eine Bestimmung der Ware; ohne Waren gibt es auch keinen Wert. Waren sind das Produkt menschlicher Arbeit, welche ausgetauscht bzw. zum Austausch angeboten werden. Hier spricht man vom sogenannten Tauschwert. Da diese Waren in irgendeiner Form Nutzen bieten, kommt eine neue Form des Wertes ins Spiel, der Gebrauchswert. Güter, die zur Befriedigung von menschlichen Bedürfnissen dienen, besitzen einen Gebrauchswert. Dieser kann sehr unterschiedlich sein. Dem beruflich genutzten Kraftfahrzeug wird z. B. mehr Wert beigemessen als dem für Vergnügungsfahrten.

Güter, die zur Leistungserbringung erstellt werden und damit auch fähig sind, einen Ertrag abzuwerfen, besitzen einen Ertragswert. Dieser steht aber in Abhängigkeit mit der Nutzungsdauer der Güter und der zukünftigen Entwicklung der Leistung in Bezug auf den Absatz.

Bei einer Wertung muss also vom Markt ausgegangen werden. Daraus folgt, dass für die Bewertung von Unternehmen nur der Ertragswert in Frage kommt (Peemöller 2005, S. 4).

Von dem Begriff „Wert“ zu unterscheiden ist der Begriff „Preis“. Hierbei versteht man den in Geldeinheiten ausgedrückten Tauschwert einer Ware. Dieser entsteht jedes Mal, wenn Käufer und Verkäufer über den Eigentumswechsel einer Ware verhandeln. Preise dienen in der Wirtschaft als Wertmaßstab für Güter.

Im Rahmen eines Unternehmenstransfers bekommt die Festlegung des Kaufpreises insofern Bedeutung, als Verkäufer und Käufer versuchen, ein für sich möglichst gutes Resultat zu erzielen. Der rational denkende Verkäufer eines Gutes wird einem Handel nur zustimmen, wenn er den verhandelten Kaufpreis hoher bewertet als das Eigentum an dem Gegenstand. Umgekehrt entscheidet sich der rationale Käufer nur für eine Transaktion, wenn er das Eigentum an der Sache höher oder gleich hoch bewertet als den vereinbarten Preis.

Die Praxis zeigt hierbei eine bestimmte Bandbreite zwischen Mindest- und Höchstwerten, welche bei der der Verhandlungsführung zum Tragen kommen. Der Wert ist demzufolge ein Faktor, der in die Preisbindung eingeht. Der ausverhandelte Preis ist sozusagen eine Äußerung von Entscheidungswerten beider involvierter Parteien.

3.3.2 Anforderungen an die Unternehmensbewertung

Bei der Bewertung von Unternehmen steht die Ermittlung von potenziellen Preisen für Unternehmensteile oder des ganzen Unternehmens im Vordergrund. Alle Erfolgspotenziale des Unternehmens und die darauf einwirkenden Einflüsse sind dabei miteinzubeziehen

(Peemöller 2005, S. 3). Wichtig hierbei ist auch, dass bereits nur aus der Ableitung von Tatsachen eine relative Qualität erreicht wird und dies somit zu einem plausiblen Bewertungsergebnis führt.

Es sind die wesentlichen Anforderungen erfüllt, wenn ein abgeleiteter Unternehmenswert der Zukunftsbezogenheit unterliegt bzw. alle Nutzenbeträge Berücksichtigung finden sowie Chancen und Risiken mit Blick auf den jeweiligen Bewertungszweck einbezogen werden (Schultze 2003, S. 40; Peemöller 2005, S. 3).

3.4 Entwicklungsphasen der Unternehmensbewertung

Die Bedeutung der Bewertung von Unternehmen wird durch die seit jeher zahlreich erschienenen Bücher und Beiträge dazu besonders hervorgehoben. Das Thema scheint irgendwie interessanter als andere Controllingbereiche. Dabei liest man aber nicht immer übereinstimmende Aussagen, weswegen diese Thematik auch nicht unumstritten ist. Man kann sogar sagen, dass durch die verschiedenen Meinungen aus Theorie und Praxis die Durchführung praktischer Bewertungsaufgaben erschwert wird.

Demnach werden auch Zweifel an der Solidität und Aussagekraft der erhaltenen Resultate laut. Umso wichtiger ist es, die historische Entwicklung der Bewertungslehre sowie die entscheidenden Bestrebungen näher zu beleuchten.

In Abb. 3.1 sind die drei im deutschsprachigen Raum bisher maßgebenden Werttheorien in Abfolge einzelner Entwicklungsphasen dargestellt (Mandl und Rabel 1997, S. 5 f.):

- Phase 1: objektive Unternehmensbewertung,
- Phase 2: subjektive Unternehmensbewertung,
- Phase 3: funktionale Unternehmensbewertung.

3.4.1 Objektive Unternehmensbewertung

Aus dieser Darstellung lässt sich erkennen, dass die objektive Unternehmensbewertung eine dominante Rolle bis in die 60er-Jahre des 20. Jahrhunderts spielte. Es wurde dabei von der Existenz eines objektiven Unternehmenswertes ausgegangen, der für jedermann Gültigkeit hat.

Nicht die Person des Käufers bzw. Verkäufers war hier im Vordergrund, sondern ein allgemeiner Marktteilnehmer sollte die Bezugsperson sein. Des Weiteren war die Orientierung primär von der Vergangenheit und Gegenwart geprägt, der Blick war nicht in Richtung zukünftige, zu erwartende Entwicklungen gesetzt. Aufgrund dieser statischen Betrachtungsweise wurde dem Substanzwert während dieser Ära eine bedeutende Rolle beigemessen.

Der Kern des Ansatzes war die Interessenswahrung aller Beteiligten. Durch die Gegebenheit nur eines objektiven Wertes sollte es zu keinem Konflikt zwischen Verkäufern und

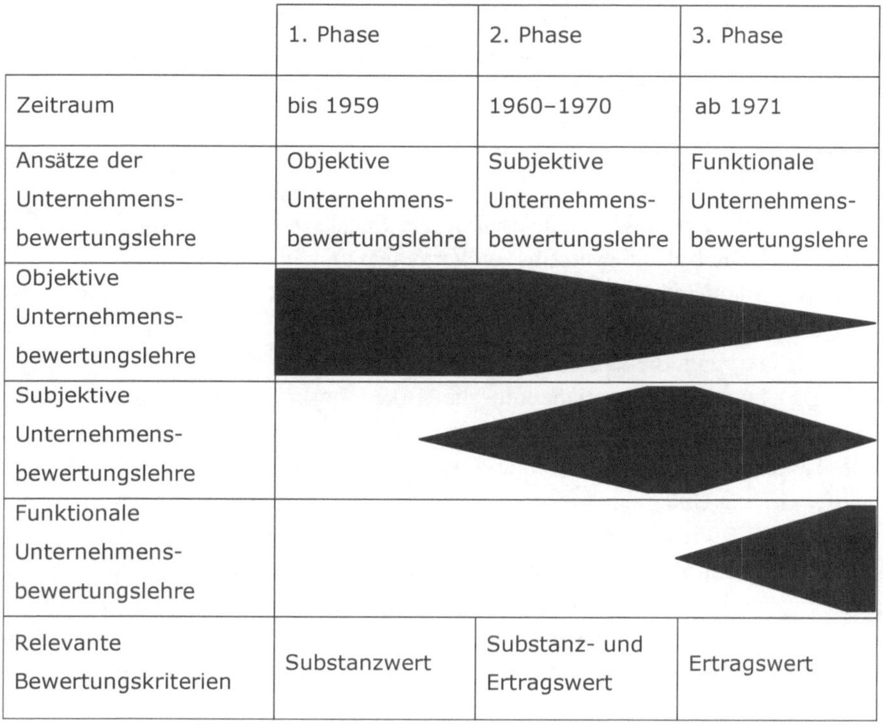

Abb. 3.1 3-Phasen-Schema der Entwicklung der Unternehmensbewertung. (Mandl und Rabel 1997, S. 6)

Käufern kommen. Die Praxis zeigte aber ein anderes Bild, weil differenzierte Ausgangspositionen mit eigenen Deutungen der beteiligten Parteien im Raum standen und so ein objektives Ergebnis nicht zuließen. Quintessenz daraus waren wiederum aufzunehmende Verhandlungen zwischen den involvierten Personen. Damit wurde gezeigt, dass der objektive Wert eines Unternehmens für jedermann nicht existieren kann, da persönliche Befinden und Urteile die Vorstellungen von Werten beeinflussen (Matschke 1979, S. 23).

3.4.2 Subjektive Unternehmensbewertung

Durch Kritik am objektiven Wert, trat eine neue Auffassung in den Fokus der wissenschaftlichen Diskussion. Ziel der subjektiven Unternehmensbewertung soll die Verbindung des Wertes eines Unternehmens mit den individuellen Erwartungen und Einschätzungen eines bestimmten Bewertungssubjektes für den Käufer bzw. Verkäufer sein. Der Unterschied zur objektiven Unternehmensbewertung liegt in der Abweichung des Wertes von einem Bewertungssubjekt zum nächsten. Somit kann es zu keiner allgemeinen Gültigkeit mehr kommen.

Die Orientierung der Lehre vom subjektiven Unternehmenswert basiert auf dem individuellen Nutzen, der mit dem Verkauf oder Kauf des Unternehmens übereinstimmt. Als Entscheidungsgrundlage für die Ermittlung des Grenzpreises vom Unternehmen diente der ermittelte subjektbezogene Wert. Mit dieser Grenze der Konzessionsbereitschaft kann dann laut Überzeugung der Autoren in Verhandlung getreten werden (Münstermann 1966, S. 25 f.).

Durch die Reform des Konzeptes wurde die Substanzwertermittlung in den Hintergrund gedrängt. Die Einzelbewertung von Vermögen und Schulden wurde von den grundlegenden Bewertungsprinzipien Gesamtbewertung, Zukunftsbezogenheit und Subjektivität abgelöst. Die Zukunftsbezogenheit der Unternehmensbewertung wurde immer wichtiger, denn es galt, die zukünftigen Erfolgsgrößen einzuschätzen und zu bewerten.

Unter Beachtung investitionstheoretischer Erkenntnisse wurde fortan der Wert eines Unternehmens dem Kapitalwert der künftigen Zahlungsströme gleichgestellt.

Unter Herleitung des Kapitalisierungszinssatzes durch die bestmögliche Veranlagungsalternative wird der Unternehmenswert als Barwert durch Diskontierung bestimmt (Münstermann 1966, S. 79 ff.).

Kritik an der subjektiven Bewertung kam bei der eingeschränkten Einsatzfähigkeit des Konzeptes sowie bei der einseitigen Betrachtungsweise dieser auf. Die Anwendbarkeit dieser Form der Bewertung hat den Nachteil, dass zwischen den involvierten Parteien (Verkäufer und Käufer) ein fairer Ausgleich der Interessen nicht möglich ist und daher auch keine Vermittlung stattfinden kann (Mandl und Rabel 1997, S. 8).

3.4.3 Funktionale Unternehmensbewertung

Ein Überwinden der Schwachpunkte der objektiven und subjektiven Unternehmensbewertung konnte erst in den 70er-Jahren des 20. Jahrhunderts gelingen. Maßgeblich daran beteiligt war die vorwiegend von der „Kölner Schule“ entwickelte Funktionenlehre (Peemöller 2005, S. 7).

War die bisherige Funktion der Unternehmensbewertung vorwiegend der Beratung, d. h. die Ermittlung von Entscheidungswerten für Verkäufer oder Käufer, zugedacht, so kam nun die Festlegung von mitunter unterschiedlichen Bewertungszwecken hinzu (Mandl und Rabel 1997, S. 9). Diese Differenzen bedeuten jeweils eine eigene Behandlung, da das Bewertungsergebnis grundsätzlich vom Zweck der Bewertung beeinflusst wird.

Als Kernaussage wird deshalb die Zweckabhängigkeit des Unternehmenswertes angeführt. Am Anfang einer Bewertung steht demnach die Festlegung von Zweck und Aufgabe (Moxter 1983, S. 6).

Im Allgemeinen wird bei den Funktionen der Unternehmensbewertung zwischen Haupt- und Nebenfunktionen differenziert (Matschke 1979, S. 17).

Die drei Hauptfunktionen der

- Beratung,
- Vermittlung (Schiedsfunktion) und
- Argumentation

stehen dabei unmittelbar mit dem Kauf oder Verkauf eines Unternehmens in Abhängigkeit (Peemöller 2005, S. 8).

Die Beratungsfunktion befasst sich mit der im Folgenden detaillierter dargestellten Bestimmung von Grenzpreisen oder Entscheidungswerten.

Durch Hinzuziehen der Vermittlungs- oder Schiedsfunktion werden die Interessen der beteiligten Parteien auf Grundlage eines unparteiischen Gutachtens berücksichtigt. Eine Einigung soll dabei mithilfe des sogenannten Arbitrium- oder Schiedsspruchwertes erzielt werden (Drukarczyk 1996, S. 132).

Die Funktion der Argumentation hat hingegen zur Aufgabe, die jeweilige Partei in Verhandlungen bezüglich des Unternehmenswertes argumentativ möglichst gut zu unterstützen.

Der Unterschied zum Entscheidungswert liegt in der Offenlegung des Argumentationswertes als Grundlage von Verhandlungen für die andere Partei (Sieben 1995).

Zu den Nebenfunktionen zählen

- die Informationsfunktion (Bilanzfunktion),
- die Steuerbemessungsfunktion sowie
- die Vertragsgestaltungsfunktion (Peemöller 2005, S. 8).

Aufgrund der spezifischen Themenstellung sollen diese Funktionen bloße Erwähnung finden.

3.4.4 Entwicklung in den USA

In den USA wurde die Bewertung von Unternehmen sehr früh als investitionstheoretisches Problem angesehen. Hier können drei grundlegende Ansätze unterschieden werden:

1. market approach/comparative company approach,
2. income approach,
3. cost approach/net asset value approach.

Der Unternehmenswert wird beim „market approach" durch Vergleichsverfahren, sogenannte Fair Market Values, gebildet. Man richtet sich entweder nach Marktpreisen (Similar Public Company Method), nach Werten für vergangene abgeschlossene Transaktionen (Recent Acquisitions Method) oder nach Preisen der erstmaligen Börsenplatzierung von vergleichbaren Unternehmen (Initial Public Offerings).

Die häufigste Methode in den USA stellt der „income approach" dar, wobei hier die „Discounted-Cash-Flow"-Methode zum Einsatz kommt. In Ausnahmefällen oder zur Ergebniskontrolle des „market approach" werden Unternehmenswerte auf Basis des „cost approach", ein dem Substanzwertverfahren ähnliches Modell, ermittelt (Mandl und Rabel 1997, S. 10).

3.5 Anlässe der Unternehmensbewertung

Die Einordnung wird meistens aufgrund von insgesamt drei problembezogenen Betrachtungsweisen vorgenommen.

Es werden die entscheidungsabhängigen von den entscheidungsunabhängigen Bewertungsanlässen differenziert. Die entscheidungsabhängigen Anlässe werden dann nach dominierten und nicht dominierten Situationen einerseits und Situationen vom Typ des Verkaufs bzw. Kaufs oder der Fusion andererseits gegliedert. Je nach Situation, in der sich der Entscheidungsträger befindet, können unterschiedliche Bewertungsmethoden zur Anwendung gelangen.

3.5.1 Entscheidungsabhängige Anlässe

Wenn der Bewertungsanlass mit einer möglichen Veränderung der Eigentumsverhältnisse verbunden ist, so spricht man von entscheidungsabhängig (Ballwieser und Leuthier 1986a, S. 546). Beispielhaft sei hier die Bewertung des geplanten Kaufs bzw. Verkaufs eines Unternehmens erwähnt sowie Bewertungen in Zusammenhang mit einer geplanten Fusion. Hierbei werden mehrere Ergebniseinheiten zu einer ökonomisch neuen Einheit zusammengefasst (Mandl und Rabel 1997, S. 13).

3.5.1.1 Nicht dominierte Anlässe

Der Regelfall der Unternehmensbewertung ist eine nicht dominierte Situation, in der alle Beteiligten bezüglich der Veränderung der Eigentumsrechte frei entscheiden können. Es herrscht sozusagen eine beidseitig offene Entscheidungssituation vor, in der keine der Parteien gegen den Willen der anderen Verhandlungsseite einen Eigentümerwechsel herbeiführen kann. Eine Einigung der Beteiligten bezüglich der Übertragung von Eigentum kann nur durch allseitige Akzeptanz der ausgehandelten Konditionen stattfinden.

3.5.1.2 Dominierte Anlässe

Von dominierten Bewertungsanlässen spricht man, wenn eine Vertragspartei die Veränderung in den Eigentumsrechten unabhängig vom Ausgang der Bewertung durchsetzt (Ballwieser und Leuthier 1986a, S. 546). Dieses Recht kann der durchführenden Partei entweder vertraglich zugesichert sein oder von gesetzlicher Seite zustehen.

3.5.2 Entscheidungsunabhängige Anlässe

Bei entscheidungsunabhängigen Bewertungsanlässen sind keine Veränderungen an den Eigentumsverhältnissen zu bemerken. Beispiele für diese Kategorie sind die Substanzbesteuerung, die Kreditwürdigkeitsprüfung oder bestimmte Fälle der Sanierung (Mandl und Rabel 1997, S. 14).

3.5.3 Die Zweckabhängigkeit des Unternehmenswertes

Ein Bewertungsanlass kann auch mit mehreren differenten Bewertungszwecken verknüpft sein. Als Beispiel sei hier der Unternehmenskauf genannt, bei dem der Bewerter einerseits mit der Entscheidungswertbestimmung beauftragt werden kann oder er andererseits einen angemessenen Einigungspreis zu ermitteln hat.

Ungeachtet dessen ist für die Wahl des richtigen Bewertungsverfahrens ausschließlich der Bewertungszweck entscheidend (Mandl und Rabel 1997, S. 23 f.).

Der nachfolgende Katalog mit Bewertungszwecken, der nicht als vollständig zu betrachten ist, entspricht der gängigen Bewertungspraxis:

- Ermittlung von Entscheidungswerten,
- Ermittlung von Marktwerten,
- Ermittlung von Schiedswerten,
- Ermittlung von Argumentationswerten,
- Ermittlung von Buch- und Bilanzwerten,
- Ermittlung von Steuerbemessungsgrundlagen.

Gehen wir noch ein wenig auf die Entscheidungswertermittlung und Marktwertermittlung näher ein.

3.5.4 Entscheidungswertermittlung

Wie bereits dargestellt, ist es das Ziel einer entscheidungswertorientierten Bewertung, den Grenzpreis des Unternehmens als Anhaltspunkt für Verhandlungen zu ermitteln. Dieser Entscheidungswert ist sozusagen als Grenze der Konzessionsbereitschaft zwischen verhandelnden Parteien zu verstehen. Einer schwerwiegenden Entscheidung ausgesetzt sind Verkäufer bzw. Käufer durch das Auftreten von möglichen Alternativen.

Die Betriebswirtschaftslehre schafft jedoch mit ihrer auf Vorschriften beruhenden Entscheidungstheorie die Basis einer rationalen Vorgangsweise.

Der Bewerter hat also die Aufgabe, bestmögliche Handlungsoptionen aus einem Zielsystem und einem entsprechenden Entscheidungsfeld abzuleiten – dies bringt ihm den viel zitierten Titel „homo oeconomicus“. Des Weiteren soll es mithilfe von Modellen gelingen, eine Handlungsempfehlung auszuarbeiten, die zu einem logischen und widerspruchsfreien Entscheiden führt, ohne Beachtung des Sachinhaltes selbst.

Um die große Anzahl von möglichen Einflussfaktoren beim Kauf bzw. Verkauf eines Unternehmens nicht als hinderlich zu erfahren, sollten solche Entscheidungsmodelle in ihrer Komplexität reduziert erarbeitet werden (Ballwieser 1990, S. 6 ff.).

3.5.5 Marktwertermittlung

Der Marktwert eines Unternehmens ist als jener Wert zu verstehen, den ein Unternehmen aus Kapitalmarktsicht hat. Wertpapiere verschiedenster Art, meist jedoch Aktien, stellen ein verbrieftes Recht gegenüber dem Investor für einen von ihm bevorzugten Anteil einer Publikumsgesellschaft dar.

Grundsätzlich entspricht der Marktwert eines Unternehmens dem Barwert der künftig zu erwartenden Zahlungsströme (Cash Flows), die mit dem Kauf dieser Wertpapiere verbunden sind. Berücksichtigung finden sollte dabei die unter kapitalmarkttheoretischen Überlegungen zu ermittelnde Renditeforderung der Investoren.

Zur Marktwertermittlung dient in erster Linie das aus dem angloamerikanischen Raum stammende Discounted-Cash-Flow-Verfahren (Mandl und Rabel 1997, S. 283 ff.).

Besonders hervorzuheben ist auch die bereits vorgestellte Ermittlung von Marktwerten mit dem Managementansatz der wertorientierten Unternehmensführung (Value-Based Management, Wertsteigerungsmanagement). Deren Bewertungskonzeption hat jedoch keinen entscheidungsabhängigen Bewertungsanlass.

Sie sehen Beteiligungscontrolling und Bewertung haben viel miteinander gemein, basieren sie doch auf den gleichen Techniken. Daher hatte ich mich auch entschieden, beide Themen in einem/diesem Buch zu bearbeiten. Man kann sie eigentlich nicht(mehr) voneinander trennen.

Im Zentrum steht die angestrebte Maximierung des Eigentümerwertes (Shareholder Value) durch Maßnahmen und Strategien des Managements. Das Konzept des Shareholder Value bietet hierfür ein analytisches Instrumentarium zur entsprechenden Quantifizierung der Wertentwicklung eines Unternehmens (Rappaport 1986, S. 1 ff.).

Ebenso wie dem fundamentalen Shareholder-Value-Ansatz nach Rappaport folgt mittlerweile eine Vielzahl gleichgerichteter Wertkennzahlen dem Residualgewinnkonzept. Von Bedeutung ist hier das bereits „grob“ betrachtete Konzept des „Economic Value Added“.

Und hier schließt sich dann der Kreis definitiv: Beteiligungscontrolling und Bewertung gehören zusammen!

3.6 Der Standard IDW S 1

In der Einleitung zu diesem Kapitel hatten wir diesen Standard bereits angesprochen. Der Hauptfachausschuss (HFA) des Instituts der Wirtschaftsprüfer (IDW) beauftragte im September 1997 den Arbeitskreis Unternehmensbewertung (AKU), die Stellungnahme des

HFA 2/1983 über die Grundsätze zur Durchführung von Unternehmensbewertungen zu überarbeiten. Am 28. Juni 2000 wurde durch den HFA in der 173. Sitzung der lange erwartete und intensiv diskutierte neue IDW-Standard: Grundsätze zur Durchführung von Unternehmensbewertungen (IDW S 1) in seiner endgültigen Fassung verabschiedet.[2] In diesem Standard werden vor dem Hintergrund der in Theorie, Praxis und Rechtsprechung entwickelten Standpunkte jene Grundsätze dargelegt, nach denen Wirtschaftsprüfer Unternehmen bewerten.[3] Darin enthalten sind Änderungen gegenüber der Stellungnahme des HFA 2/1983, die für die Berufsarbeit der Wirtschaftsprüfer, aber darüber hinaus auch für die Unternehmensbewertung insgesamt, von grundlegender Bedeutung sind (Peemöller 2005, S. 30).

3.6.1 Neuerungen gegenüber der Stellungnahme des HFA 2/1983

Der IDW S 1 enthält gegenüber der Stellungnahme HFA 2/1983 viele Neuerungen formaler und inhaltlicher Natur, wobei insbesondere folgende Punkte hervorzuheben sind:[4]

- Voranstellung verfahrensunabhängiger allgemeiner Grundsätze,
- Klarstellungen zum objektivierten Unternehmenswert,
- Betonung unterschiedlicher Vorgehensweisen bei der Ermittlung eines objektivierten Unternehmenswertes und bei der Ermittlung eines subjektiven Entscheidungswertes,
- einheitliche Risikobehandlung,
- Einbeziehung persönlicher Steuern der Unternehmenseigner schon bei der Ermittlung eines objektivierten Unternehmenswertes,
- der Unternehmenswert kann durch die Wirtschaftsprüfer nunmehr nicht nur als Zukunftserfolgswert nach dem Ertragswertverfahren, sondern auch nach den „Discounted-Cash-Flow"-Verfahren ermittelt werden,[5]
- Maßgeblichkeit von Börsenkursen,
- Maßgeblichkeit der Verhältnisse des Sitzlandes des zu bewertenden Unternehmens,
- Berücksichtigung des Steuersenkungsgesetzes.

Im September 2007 wurde dann vom Fachausschuss für Unternehmensbewertung und Betriebswirtschaft (FAUB) eine Neufassung des IDW-Standards 1 verabschiedet, dessen Neuerungen aber in ihrer Bedeutung in keiner Relation zur Neufassung von 1997 standen. Schauen Sie einfach einmal im Internet, dort finden Sie beide Fassungen sofort.

[2] Vgl. WPg (19/2000, S. 946).
[3] Vgl. WPg (17/2000, S. 826).
[4] Vgl. WPg (19/2000, S. 947).
[5] Vgl. WPg (17/2000, S. 826).

3.6.2 Grundsätze der Unternehmensbewertung

Die Grundsätze zur Durchführung von Unternehmensbewertungen wurden im Standard des IDW so abgefasst, dass sie sowohl für das DCF- als auch für das Ertragswertverfahren Geltung besitzen. Sie wurden gestrafft, systematisiert und den einzelnen Bewertungsverfahren wie folgt vorangestellt (Peemöller 2005, S. 30):

- Maßgeblichkeit des Bewertungszwecks,
- Bewertung der wirtschaftlichen Unternehmenseinheit,
- Stichtagsprinzip,
- Bewertung des betriebsnotwendigen Vermögens,
- Bewertung des nicht betriebsnotwendigen Vermögens,
- Unbeachtlichkeit des bilanziellen Vorsichtsprinzips,
- Nachvollziehbarkeit der Bewertungsansätze.

3.7 Verfahren der Unternehmensbewertung

3.7.1 Überblick

Jetzt werden wir die wichtigsten Bewertungsverfahren schemenhaft darstellen, weiterhin aber ohne in die Details abzutauchen. Dies machen wir dann beim konkreten Beispiel.

In Abb. 3.2 werden die drei grundsätzlich verschiedenen Verfahrensgruppen dargestellt. Dabei unterscheiden sich das Gesamtbewertungsverfahren, das Einzelbewertungsverfahren und das Mischverfahren in Bezug auf ihre zugrunde liegende Bewertungskonzeption (Mandl und Rabel 1997, S. 28 ff.).

3.7.2 Einzelbewertungsverfahren (Substanzwertverfahren)

Die Thematik Einzelbewertungsverfahren umfasst die Berechnung des Unternehmenswertes durch eine isolierte Bewertung der einzelnen Vermögensgegenstände und Schulden zu einem bestimmten Stichtag. Man spricht in diesem Zusammenhang auch von Substanzwertverfahren. Allgemein definiert errechnet sich der Unternehmenswert daher als Substanzwert nach folgendem Schema:

Wert der einzelnen Vermögensgegenstände
– Wert der Schulden
= Substanzwert

Bei der Anwendung dieser Verfahren ergeben sich durch die unterschiedlichen Wertmaßstäbe zur Bewertung der einzelnen Vermögens- und Schuldpositionen unterschiedliche Ausprägungen des Substanzwertverfahrens.

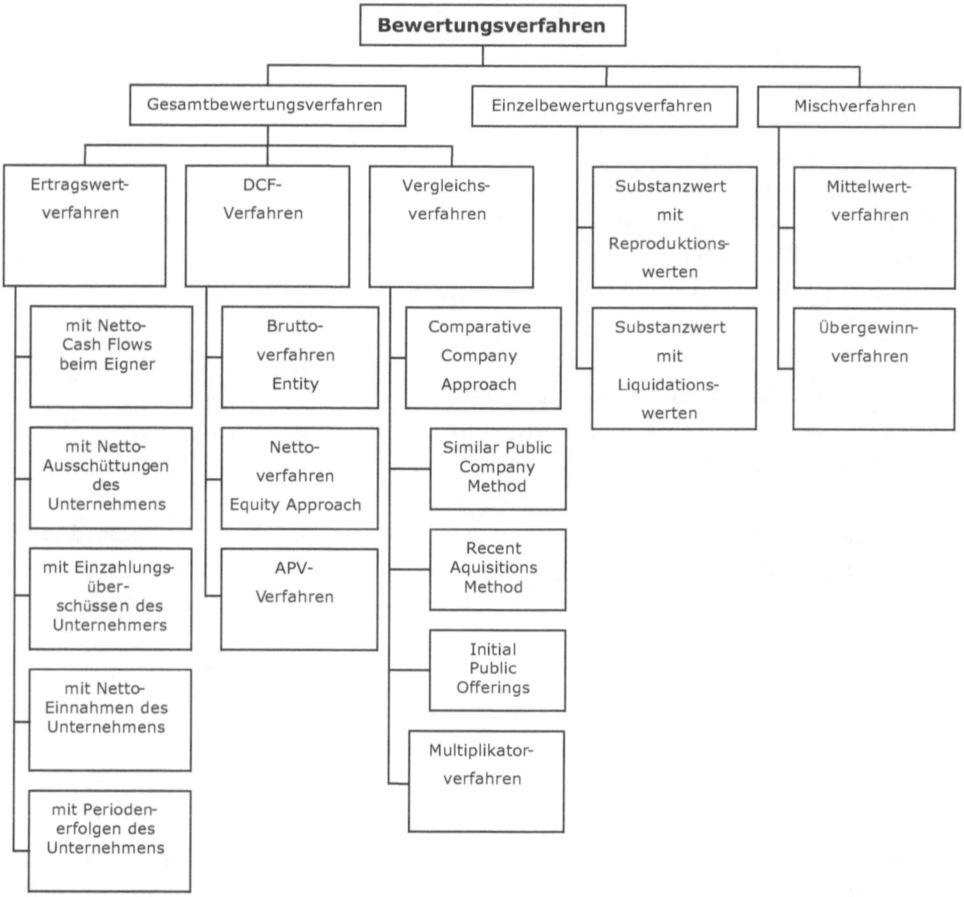

Abb. 3.2 Die Bewertungsverfahren im Überblick. (Peemöller 2005; Mandl und Rabel 1997, S. 51)

3.7.2.1 Substanzwertverfahren auf Basis von Reproduktionswerten

Dieser Ansatz basiert auf der Ermittlung des Reproduktionswertes des Unternehmens – das zu bewertende Unternehmen soll gleichermaßen reproduziert werden. Der Wert eines Unternehmens orientiert sich demnach an den Kosten, die für den gedachten Nachbau anfallen. Aufgrund der Vorstellung, den Betrieb fortzuführen, sind für die Bestimmung der Kosten Wiederbeschaffungswerte bzw. Zeitwerte anzusetzen (Moxter 1983, S. 41).

Folgendes Schema der Substanzwertermittlung nach Reproduktionswerten lässt sich daher darstellen:

Reproduktionswert des betriebsnotwendigen Vermögens
+ Liquidationswert des nicht betriebsnotwendigen Vermögens
– Schulden (bei Betriebsfortführung)
= Substanzwert auf Basis von Reproduktionswerten

Diesem Ansatz steht die Auffassung gegenüber, dass die einzelnen Bestandteile der betrieblichen Substanz zum Stichtag der Bewertung auf dem jeweiligen Beschaffungsmarkt wieder veräußert werden können.

Ein auf solchen Annahmen basierender Substanzwert entspricht nicht der Realität und ist im Gemenge geltender Marktpreise für den potenziellen Investor nicht aussagekräftig für einen zukünftigen, subjektiven Nutzen und für die Verfolgung seiner ökonomischen Ziele (Busse von Colbe und Coenenberg 1992, S. 68 f.).

Auch nach IDW S 1 hat der isolierte Substanzwert keine eigenständige Bedeutung bei der Ermittlung des Unternehmenswertes, da grundsätzlich der Bezug zu den künftigen Zahlungsüberschüssen fehlt.

3.7.2.2 Substanzwertverfahren auf Basis von Liquidationswerten

Bei der Ermittlung des Liquidationswertes steht die Überlegung im Vordergrund, das zu bewertende Unternehmen nicht fortzuführen. Deshalb werden einzelne Vermögensgegenstände mit den zu erwartenden Verwertungserlösen bewertet, während im Rahmen der Bestimmung der Schulden auch die zusätzlichen Kosten der Unternehmensauflösung selbst zu berücksichtigen sind.

Der Substanzwert auf der Basis von Liquidationswerten, in der Regel als Zerschlagungswert („Break-Up Value") bezeichnet, berechnet sich somit als:

Liquidationswert des gesamten betrieblichen Vermögens
– bei Unternehmensauflösung zu begleichende Schulden
= Substanzwert auf Basis von Liquidationswerten

Je nach Art der Auflösung (Einzel- oder Gesamtveräußerung, Auflösungsgeschwindigkeit) wird ein erzielbarer Reinerlös unterschiedlich beeinflusst. Der Liquidationswert ist für die Unternehmensbewertung dahingehend von Bedeutung, dass er vor allem bei schlechter Ergebnislage eine Wertuntergrenze bildet.[6]

3.7.3 Gesamtbewertungsverfahren

Bei den Gesamtbewertungsverfahren wird das Unternehmen als Gesamtheit betrachtet. Es wird davon ausgegangen, dass sich der Unternehmenswert aus der zukünftigen Ertragskraft des Unternehmens ableitet. Zu den Gesamtbewertungsverfahren gehört das Ertragswertverfahren, das „Discounted-Cash-Flow"-Verfahren und das Vergleichsverfahren.

[6] Vgl. IDW ES 1 n. F., S. 34.

3.8 Ertragswertverfahren

Die Ertragswertmethode, eigentlich aus dem deutschsprachigen Raum stammend, wurde traditionell von Wirtschaftsprüfern in Deutschland gefördert und angewandt. Untersuchungen aus der Mitte der 90er-Jahre zeigen, dass dieses Verfahren zu den meistverbreiteten Methoden in Deutschland zählte (Peemöller et al. 1994, S. 741 f.).

Mit diesem Verfahren wird versucht, den derzeitigen Wert einer Unternehmung durch Abzinsung zukünftiger Unternehmensüberschüsse zu ermitteln (Madrian und Schulte 2004, S. 319). Genauer gesagt bedeutet dies, dass der Unternehmenswert als Barwert (Bruttokapitalwert, abgezinst) der künftigen Erträge, unter Berücksichtigung des Barwertes der erwarteten Liquidationserlöse aus der Veräußerung des nicht betriebsnotwendigen Vermögens, bestimmt wird (Peemöller 2005; Mandl und Rabel 1997, S. 52).

Konzeptionell als entscheidungsorientiertes Verfahren betrachtet, basiert die Ertragswertmethode auf alternativen Handlungsmöglichkeiten eines Investors. Bei näherer Betrachtungsweise dieser Bewertungsmethode mit den individuellen Rahmenbedingungen und Zielvorstellungen des Investors wird der „individualistische Ansatz" deutlich. Dieser bei der Bewertung zugrunde gelegte Nettoansatz (siehe Abb. 3.3) zielt konkret auf die tatsächlichen Ausschüttungen an die Eigenkapitalgeber (Rödl und Zinser 2000, S. 293).

Durch die Vielfalt der verschiedenen Ansichten bei der Ermittlung der Unternehmenserträge haben sich in der Bewertungspraxis unterschiedliche bewertungsrelevante Zukunftserträge etabliert. Hierzu werden in der praktischen Anwendung folgende Ertragsbegriffe differenziert:

- Netto-Cash-Flow(s) beim (potenziellen) Eigner,
- Nettoausschüttungen aus dem Unternehmen,

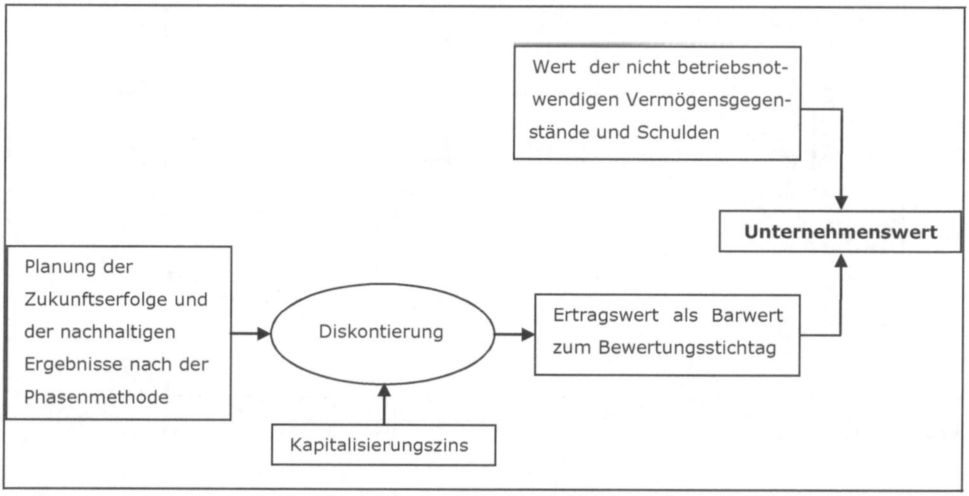

Abb. 3.3 Schematische Darstellung der Ertragswertmethode. (Rödl und Zinser 2000, S. 299)

- Einzahlungsüberschüsse des Unternehmens,
- Periodenerfolge des Unternehmens,
- Residualgewinne des Unternehmens.

Im Allgemeinen wird nach zahlungsstromorientierten (Cash-Flow-orientierten) und periodenerfolgsorientierten Ertragswerten unterschieden. In der Praxis stützen sich jedoch die Unternehmensbewerter seit ca. 20 Jahren auf die Ausrichtung an künftige Zahlungsströme (Cash Flows).

3.8.1 Netto-Cash-Flows beim (potenziellen) Eigner

Zur Ermittlung des Unternehmenswertes über die Netto-Cash-Flows ist eine umfassende Erfolgs- und Finanzplanung notwendig. Dazu sind Annahmen über die künftige Kapitalstruktur, die künftigen Ausschüttungen, Kapitalzuführungen sowie Kapitalrückzahlungen an bzw. durch den Eigner und die persönliche Steuerwirkung auf der Ebene des Eigners sowie Zu- und Abflüsse aus externen Synergien zu treffen.[7]

Die Netto-Cash-Flows definieren sich also als periodenspezifischer Saldo aller prognostizierten Zu- und Abflüsse beim (potenziellen) Eigner. Dieser Saldo entsteht durch den Erwerb oder Veräußerung des Unternehmens aus den Zahlungsströmen zwischen dem Unternehmen und dem Eigner unter Berücksichtigung der Zahlungen zwischen Unternehmen und Dritten (Serfling und Pape 1995, S. 943).

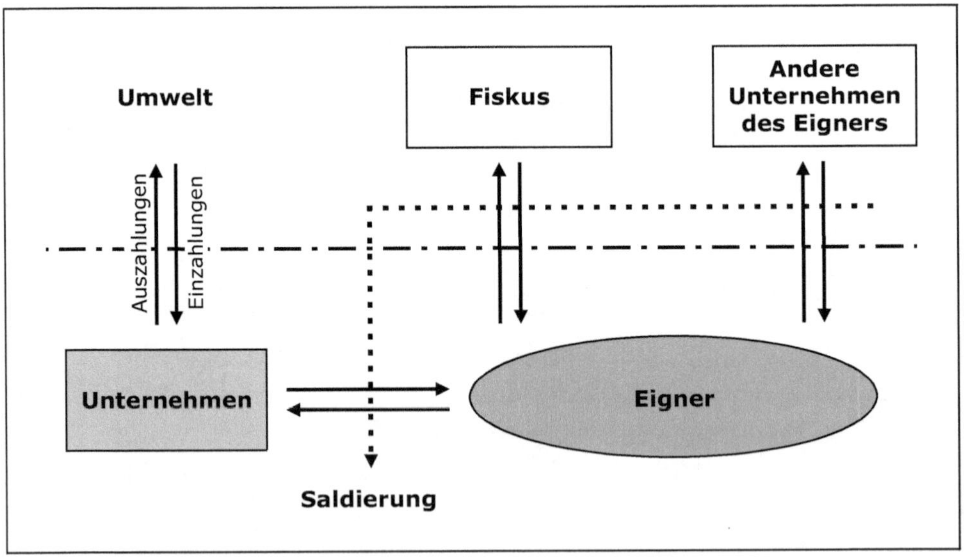

Abb. 3.4 Netto-Cash-Flow beim Eigner. (In Anlehnung an Mandl und Rabel 1997, S. 113)

[7] Vgl. WPg (17/2000), S. 828 f.

3.8.2 Nettoausschüttungen aus dem Unternehmen (freie Cash Flows)

Im Grundkonzept der Bewertung anhand der Nettoausschüttungen (siehe Abb. 3.5) aus dem Unternehmen werden nur die Zahlungen zwischen dem Unternehmen und dem Eigner als bewertungsrelevant erachtet. Synergien, die bei anderen Unternehmen des Eigners realisiert werden (externe Synergien), bleiben durch die „stand-alone"-Betrachtung ebenso unberücksichtigt wie die persönlichen Steuerwirkungen. Die Nettoausschüttungen definieren sich somit über den Saldo aus Kapitaleinzahlungen, Kapitalrückzahlungen und den Ausschüttungen (Dividenden).

Die Ermittlung der Nettoausschüttungen erfordert ebenfalls eine umfassende Erfolgs- und Finanzplanung. Die Prognose der künftigen Kapitalstruktur ist die Grundlage für die Planung der künftigen Ausschüttungen, Kapitalrückzahlungen und Kapitalzuführungen (Peemöller 2005, S. 54).

Das Konzept der entziehbaren Überschüsse (freie Cash Flows) erfolgt im Rahmen der Dividendenpolitik auf Basis der Nettoausschüttungen und wird wie folgt konkretisiert:

An die Unternehmenseigner werden grundsätzlich jene Mittel ausgeschüttet, die nicht für werterhöhende Investitionen benötigt werden. Die Anwendung des Prinzips der residualen Ausschüttung unterliegt den Restriktionen des HGB und AktG (Moxter 1983, S. 79). Über die Aufstellung von Planbilanzen ist festzustellen, ob ein ausreichendes Ausschüttungspotenzial vorhanden ist. Dieses Prinzip wird verletzt, wenn die Ausschüttungsstrategie aus steuerlichen Gründen eine Wiedereinlage von Mitteln seitens der Eigentümer vorsieht (Peemöller 2005, S. 54).

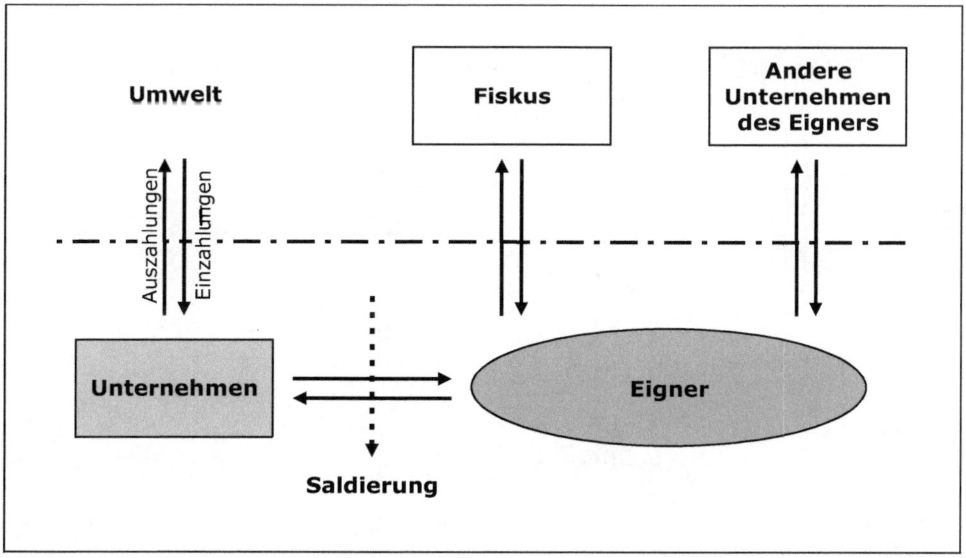

Abb. 3.5 Nettoausschüttung aus dem Unternehmen. (In Anlehnung an Mandl und Rabel, S. 114)

3.8.3 Einzahlungsüberschüsse des Unternehmens

Bei der Heranziehung der Einzahlungsüberschüsse des Unternehmens richtet sich die Konzentration des Bewerters nur auf das zu bewertende Unternehmen (siehe Abb. 3.6). Während bei der Unternehmensbewertung auf Grundlage der Netto-Cash-Flows beim Eigner und den Nettoausschüttungen aus dem Unternehmen ein wesentlicher Blick auf den (potenziellen) Eigner gerichtet war, kommen bei der Abstellung auf Einzahlungsüberschüsse aus dem Unternehmen vereinfachte Annahmen zum Tragen.

Ungeachtet von Ausschüttungspotenzialen und steuerlich günstigeren Ausschüttungsstrategien wird hier die gesamte Ausschüttung der Einzahlungsüberschüsse unterstellt. Man spricht hier von der sogenannten Vollausschüttungsfiktion. Mit dieser wird im Zuge der Bewertung der für den Eigner potenziell in jeder Periode verfügbare Cash Flow prognostiziert (Peemöller 2005, S. 54 f.).

3.8.4 Nettoeinnahmen des Unternehmens

Die Unternehmensbewertung auf Grundlage der Nettoeinnahmen basiert auf der Größe des Saldos der erwarteten Einnahmen und Ausgaben des Unternehmens (siehe Abb. 3.7). Im Unterschied zu der vorher beschriebenen Methode, führt die Verwendung von Einnahmenüberschüssen zu einer weiteren Vereinfachung, da die zeitliche Verzögerung zwischen dem Entstehen von Forderungen und Verbindlichkeiten und den damit verbundenen Zah-

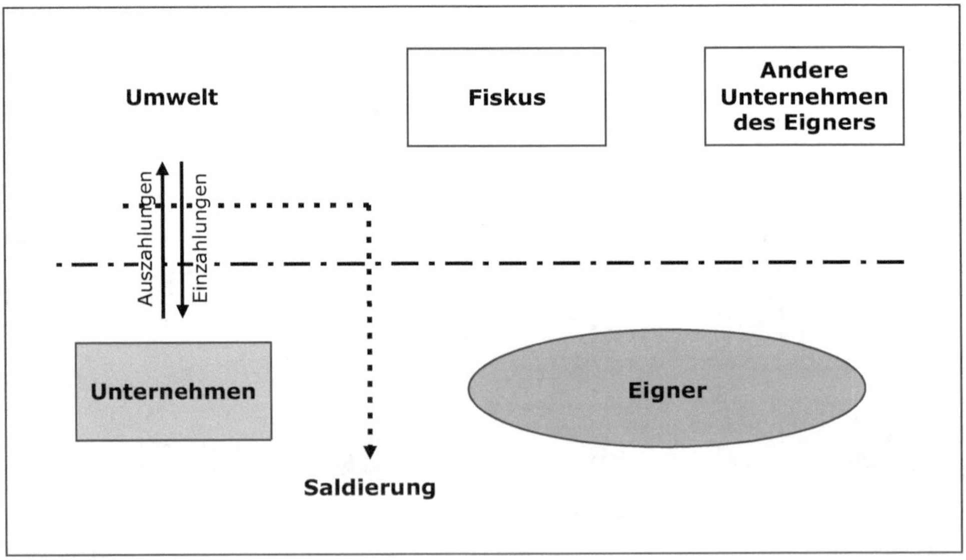

Abb. 3.6 Einzahlungsüberschüsse des Unternehmens. (In Anlehnung an Mandl und Rabel 1997, S. 122)

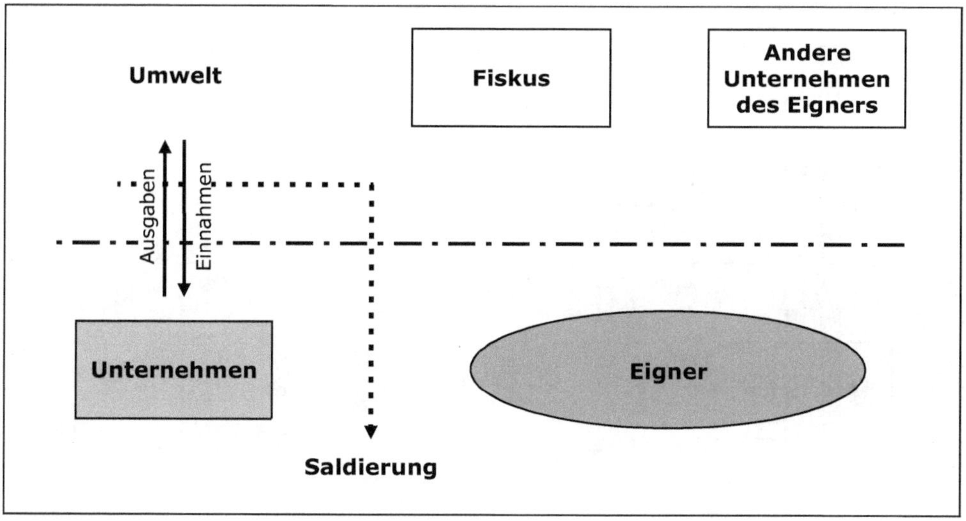

Abb. 3.7 Nettoeinnahmen des Unternehmens. (In Anlehnung an Mandl und Rabel 1997, S. 125)

lungsvorgängen im Wesentlichen unberücksichtigt bleiben (Mandl und Rabel 1997, S. 122 ff.).

In der Praxis ist die Anwendung dieses Verfahrens eher nicht üblich. Im IDW S 1 wird beispielsweise der Begriff Nettoeinnahmen verwendet, stellt aber auf den schon beschriebenen zahlungsstromorientierten Netto-Cash-Flow beim Eigner ab. Bei beiden Vorgehensweisen werden grundsätzlich identische Rechenwerke genutzt. Es ergibt sich aus den Hinweisen des IDW S 1, dass die Beachtung der GoU (Grundsätze ordnungsgemäßer Unternehmensbewertung) nur gegeben ist, wenn aufeinander abgestimmte Plan-Gewinn- und Verlustrechnungen sowie Finanzplanungen aufgestellt werden.[8]

3.8.5 Periodenerfolge des Unternehmens

Wenn die Periodenerfolge des Unternehmens als bewertungsrelevant erachtet werden, wird die Orientierung an Zahlungsströmen bzw. Cash Flows aufgegeben. Der bei dieser Erfolgsprognose ausgeübte Verzicht auf eine Finanzplanung und die Vernachlässigung der Ausschüttungspolitik beruht auf sehr vereinfachten Annahmen wie der Fortschreibung der in der Vergangenheit erzielten Periodenerfolge. Die Periodenerfolge des Unternehmens entsprechen den Gewinnen und Verlusten, welche für die zukünftigen Perioden aus der Ertrags- und Aufwandsrechnung abgeleitet werden. Eine Minimierung des Planungsaufwands wird auch hier nicht möglich sein, da der IDW S 1 zur Beachtung der GoU umfas-

[8] Vgl. WPg (17/2000), S. 829.

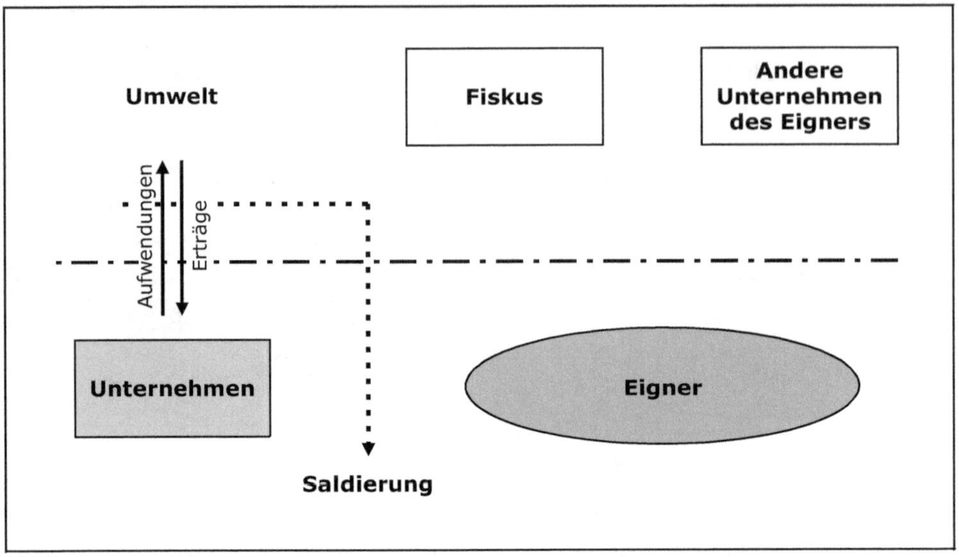

Abb. 3.8 Periodenerfolge des Unternehmens. (In Anlehnung an Mandl und Rabel 1997, S. 126)

sende Planungsrechnungen fordert, aus der wiederum zahlungsstromorientierte Bewertungen abgeleitet werden können (Peemöller 2005, S. 56).

Die Berücksichtigung des Gewinns als Grundlage für die Unternehmensbewertung kann aber auch zu Fehlern führen. Wenn Gewinne einbehalten werden, ergeben diese für die Selbstfinanzierung verwendeten Mittel neue Gewinne. Um eine damit verbundene Doppelzählung im Sinne der einbehaltenen Gewinne als auch der dadurch zukünftig erzielbaren Erträge zu vermeiden, wird wiederum die Vollausschüttung unterstellt (Serfling und Pape 1995, S. 943).

Abb. 3.8 stellt eine graphische Übersicht der beschriebenen Variante dar.

3.9 Discounted-Cash-Flow-Verfahren

Jetzt wollen wir uns mit der Discounted-Cash-Flow-Methode beschäftigen, der weltweit wohl am häufigsten genutzte Bewertungsansatz. Förderer dieser Verfahren waren schon immer anglo-amerikanische Investmentbanken und Unternehmensberatungen. In Deutschland waren diese Methoden bis vor ein paar Jahren noch eher unüblich, doch mittlerweile haben sie an Verbreitung gewonnen (Peemöller et al. 1999, S. 622 f.).

Grundsätzlich finden diese – wie auch die Ertragswertverfahren – aus der Investitionsrechnung kommenden Barwertverfahren Anwendung auf das Unternehmen als Ganzes (Steiner und Wallmeier 1999, S. 1). Sie sind sowohl zur Unternehmensbewertung als auch zur Unternehmenssteuerung geeignet (Sie sehen erneut, Beteiligungscontrolling und Bewertung gehören zusammen), wurden aus dem Shareholder-Value-Ansatz abgeleitet und

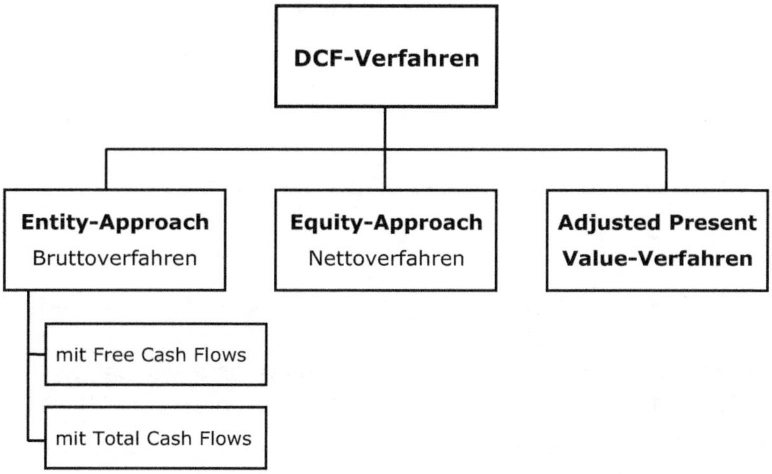

Abb. 3.9 Überblick über die DCF-Verfahren. (Mandl und Rabel 1997, S. 285)

orientieren sich sehr stark am Aktionärsvermögen. Betrachtet wird das Unternehmen aus der Sicht der Kapitalgeber, deren Erwartungen als Richtlinie erfolgreicher Unternehmenstätigkeit gelten. Nur ein Unternehmen, das einen positiven Kapitalwert aufweist, gilt als wertschaffend (Bühner 1993, S. 749).

Zahlreiche Varianten dieser Methode existieren, die sich allesamt eigentlich darin unterscheiden, wie die bewertungsrelevanten Cash Flows und die anzuwendenden Diskontierungssätze bestimmt werden. Zusätzliche Unterschiede ergeben sich durch die Art und Weise, wie die Fremdfinanzierung sowie daraus resultierende Steuerwirkungen und Auswirkungen von Kapitalstrukturveränderungen erfasst werden (Hachmeister 1996b, S. 357).

Grundsätzlich lassen sich die DCF-Methoden in drei verschiedene Ansätze unterteilen, welche in Abb. 3.9 dargestellt werden.

3.9.1 Entity Approach (Bruttoverfahren)

Das Bruttoverfahren stellt zwei Arten für die Anwendung zur Verfügung. Zum einen auf Basis von Free Cash Flows und zum anderen auf Basis von Total Cash Flows.

3.9.1.1 „Entity Approach" auf Basis von „Free Cash Flows"

Beim Bruttoverfahren Entity Approach auf Basis von Free Cash Flows (FCF) handelt es sich um die am häufigsten angewandte DCF-Methode, welche auch als WACC (Weighted Average Cost of Capital)-Ansatz bezeichnet wird.

Die Bestimmung des Wertes des Eigenkapitals geschieht indirekt, indem vom Gesamtwert der Wert des Fremdkapitals abgezogen wird (Mandl und Rabel 1997, S. 311).

Der erste Schritt umfasst die Prognose sogenannter freier Cash Flows. Diese künftigen „Free" Cash Flows sind den Eigen- und Fremdkapitalgebern zuzuordnen und beinhalten

Dividenden, Zahlungen aus Kapitalherabsetzungen und Kapitalerhöhungen, Zinsen, Kreditaufnahmen und Kredittilgungen. Diese werden mit einem Mischzinssatz in Form des gewogenen Kapitalkostensatzes (WACC) diskontiert. Der WACC entspricht den gewichteten Durchschnittskosten von Eigen- und Fremdkapital.

$$\text{WACC} = k_{\text{d}} \times (1-t) \times \frac{\text{FK}}{\text{GK}} + k_{\text{e lev}} \times \frac{\text{EK}}{\text{GK}}$$

mit:

k_{d} = cost of debt – risikoäquivalente Renditeforderung der Fremdkapitalgeber

t = tax rate – Unternehmenssteuersatz

$k_{\text{e lev}}$ = cost of equity – risikoäquivalente Renditeforderung der Eigenkapitalgeber unter Berücksichtigung der Finanzierungsstruktur (Leverage)

GK = Marktwert des Gesamtkapitals

EK = Marktwert des Eigenkapitals

FK = Marktwert des verzinslichen Fremdkapitals.

Die Herleitung des WACC werden wir uns aber in Kap. 4 im Detail anschauen und dann auch am konkreten Beispiel (selbst) berechnen. Hier gebe ich nur einen Überblick.

Der Marktwert des Gesamtkapitals ergibt sich aufgrund der Summe aus dem durch Anwendung des WACC errechneten Barwertes der Free Cash Flows (per Diskontierung) und dem Marktwert des nicht betriebsnotwendigen Vermögens, welches, wie beim traditionellen Ertragswertverfahren, gesondert zu bewerten ist. Den Shareholder Value oder Marktwert des Eigenkapitals erhält man dann durch Abzug des Marktwertes des Fremdkapitals vom Marktwert des Gesamtkapitals. Im einfachsten Fall ist der Fremdkapitalwert der Buchwert (Nominalwert) der zum Bewertungsstichtag vorhandenen verzinslichen Verbindlichkeiten. Dies erfolgt dann mit folgender Berechnung (Drukarczyk 1996, S. 143):

Barwert der Free Cash Flows
+ Marktwert des nicht betriebsnotwendigen Betriebsvermögens
= Marktwert des Gesamtkapitals
– Marktwert des Fremdkapitals
= Marktwert des Eigenkapitals (Shareholder Value)

Bei der Ermittlung des Shareholder Value auf Basis von Free Cash Flows geschieht eine Aufspaltung des Unternehmens in einen Finanzierungs- und einen Leistungsbereich, wobei nur Zahlungsströme aus dem Leistungsbereich die Höhe des Free Cash Flows bestimmen. Die Kosten, welche aus dem Finanzierungsbereich kommen, gehen erst über die gewogenen Kapitalkosten mittels Diskontierung der Free Cash Flows in die Berechnung des Shareholder Values ein. Abb. 3.10 soll dies verdeutlichen.

In Anlehnung an Copeland et al. ist der FCF (freie Cash Flow) nach folgendem Schema, welches noch von Mandl und Rabel für österreichische (und auch deutsche) Gegebenheiten um die Erhöhung bzw. Verminderung langfristiger Rückstellungen ergänzt wurde, zu berechnen:

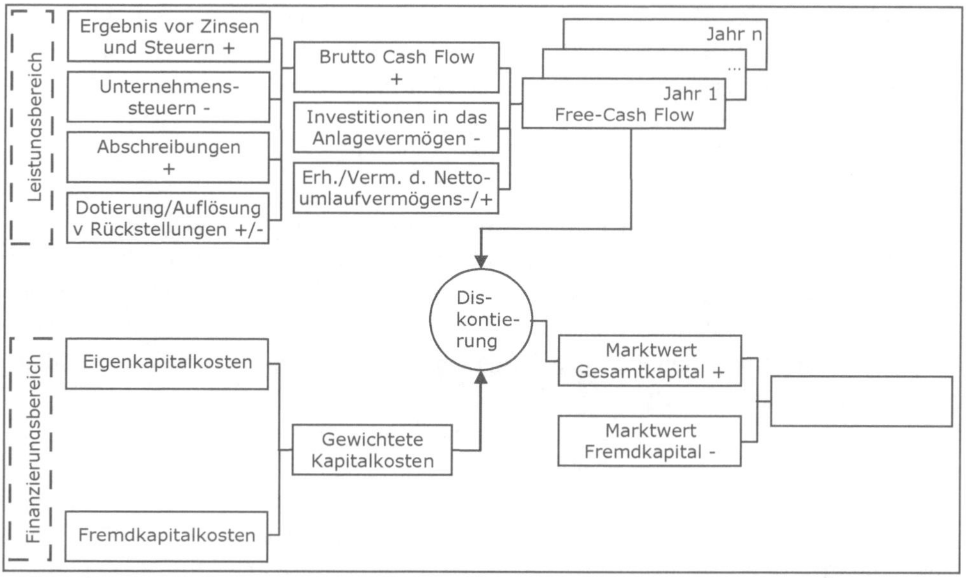

Abb. 3.10 Trennung des Leistungs- und Finanzierungsbereiches. (Mandl und Rabel 1997, S. 313)

operatives Ergebnis vor Zinsen und Steuern (EBIT[a]) – adaptierte Steuerzahlungen
= operatives Ergebnis vor Zinsen und nach Steuern (NOPAT bzw. NOPAT[b]) +/– Abschreibungen/Zuschreibungen +/– Aufwendungen/Erträge aus Anlagenabgängen +/– Erhöhung/Verminderung der langfristigen Rückstellungen
= operativer Brutto-Cash-Flow +/– Veränderungen im Working Capital –/+ Investitionen/Desinvestitionen
= operativer Free Cash Flow +/– nicht operativer Free Cash Flow
= Free Cash Flow

[a]EBIT: Earnings before Interest and Taxes, in Deutsch sprechen wir vom Betriebsergebnis.
[b]NOPAT: Net Operating Profit After Taxes, NOPLAT: Net Operating Profit Less Adjusted Taxes – in Deutsch sprechen wir vom Betriebsergebnis nach Steuern.

Durch das *zur Bedienung der Eigen- und Fremdkapitalgeber zur Verfügung stehen* wird der Cash Flow als „frei" bezeichnet. Dieser Wert entspricht jener Größe, die den Wert des Unternehmens aus Sicht sämtlicher Kapitalgeber widerspiegelt. Es wird also dadurch das Potenzial an finanziellen Mitteln einer Periode gebildet, welches für Ergänzungs- und Erweiterungsinvestitionen, für Zins- und Tilgungszahlungen auf das Fremdkapital, für Ausschüttungen auf das Eigenkapital sowie für Steuerzahlungen zur Verfügung steht (Serfling und Pape 1996, S. 60).

Den Ausgangspunkt der Free-Cash-Flow-Ermittlung bildet das operative Ergebnis vor Zinsen und Steuern (EBIT). Man kann sagen, dass es in etwa dem Betriebsergebnis gemäß der Gliederung der Gewinn- und Verlustrechnung nach § 275 HGB entspricht. Eine Korrektur dessen um Ergebniskomponenten aus dem nicht operativen Bereich ist jedoch noch durchzuführen, da der Free Cash Flow nur von Teilen des Leistungsbereiches determiniert wird (siehe Berechnung oben).

Vom EBIT sind die adaptierten Steuern abzuziehen, wobei hier jedoch nur die Unternehmenssteuern gemeint sind. Diese sind auf Basis der erwarteten steuerrechtlichen Ergebnisse unter Verwendung künftig erwarteter Steuersätze zu ermitteln. Das Ergebnis aus steuerrechtlicher Sicht darf wie das Betriebsergebnis nicht um Zinsen vermindert werden, da die steuerliche Abzugsfähigkeit der Zinsen schon/auch bei der Kapitalkostenermittlung für das Fremdkapital zur Geltung kommt.

Somit wird vermieden, dass die Fremdkapitalkosten einschließlich der steuerlichen Abzugsfähigkeit redundant eingehen.

Nach Abzug des adaptierten Steueraufwandes erhält man das operative Ergebnis nach Steuern, auch NOPAT (Net Operating Profit After Taxes) oder NOPLAT (Net Operating Profit Less Adjusted Taxes) genannt. Es folgt dann noch eine Korrektur um nicht zahlungswirksame Aufwands- und Ertragspositionen. Neben Abschreibungen und Zuschreibungen sind hier Buchgewinne und -verluste aus dem Abgang von Anlagevermögen ebenso zu berücksichtigen wie Veränderungen der langfristigen Rückstellungen.

Mit operativem Brutto-Cash-Flow wird jener Wert bezeichnet, den das Unternehmen aus der Betriebstätigkeit erwirtschaftet und der für Investitionen zur Verfügung steht. Von diesem Cash Flow werden dann die Investitionen in das Anlage- und Nettoumlaufvermögen (Working Capital) abgezogen. Im Allgemeinen spricht man von Veränderungen von Posten des Nettoumlaufvermögens, wenn Werte wie Vorräte, Forderungen aus Lieferungen und Leistungen, geleistete Anzahlungen, sonstige Forderungen, kurzfristige Rückstellungen, Verbindlichkeiten aus Lieferungen und Leistungen, erhaltene Anzahlungen, sonstige Verbindlichkeiten sowie Rechnungsabgrenzungen gemeint sind (Mandl und Rabel 1997, S. 318).

Als Konstante betrachtet wird in der Regel der Bestand an liquiden Mitteln im operativen Bereich. Ausgegrenzt bleiben auch Veränderungen kurzfristiger Verbindlichkeiten, welche aus dem Finanzierungsbereich kommen sowie Abweichungen des Bestandes nicht operativer Vermögensgegenstände. Das Ergebnis stellt dann den operativen Free Cash Flow dar.

Wird zum so ermittelten operativen Free Cash Flow der nicht operative Free Cash Flow addiert, bekommt man den gesamten Free Cash Flow einer Periode. Erfolgt jedoch keine Aufspaltung in eine operative und nicht operative Komponente, kann der Free Cash Flow in einer vereinfachten Form direkt aus der Kapitalflussrechnung gemäß folgendem Schema dargestellt werden:

Cash Flow aus der Betriebstätigkeit
+/− Cash Flow aus der Investitionstätigkeit
+ Fremdkapitalzinsen
− Unternehmenssteuerersparnis aus Fremdkapitalzinsen
= Free Cash Flow

3.9.1.2 „Entity Approach" auf Basis von „Total Cash Flows"

Bei der Anwendung des Bruttoverfahrens können anstatt der Free Cash Flows (FCF) auch sogenannte Total Cash Flows (TCF) herangezogen werden. Folgendes Schema zeigt die Berechnung:

operatives Ergebnis vor Zinsen und Steuern
− Fremdkapitalzinsen
= operatives Ergebnis vor Steuern
− Steuern auf das operative Ergebnis vor Steuern
= operatives Ergebnis nach Steuern
+ Fremdkapitalzinsen
+/− Abschreibungen/Zuschreibungen
+/− Veränderungen im Working Capital
−/+ Investitionen/Desinvestitionen
= Total Cash Flow

Im Unterschied zur Free-Cash-Flow-Methode, bei der die Steuerersparnis aus den Fremdkapitalzinsen im Diskontierungszinssatz berücksichtigt wird, ist hier bei diesem Verfahren die Steuerersparnis („Tax Shield") bereits in die Cash-Flow-Berechnung miteinbezogen. Der Total Cash Flow (TCF) ist demnach genau um die Steuerersparnis höher als der Free Cash Flow (FCF).

Somit gilt:

Free Cash Flow
+ Steuerersparnis aus Fremdkapitalzinsen
= Total Cash Flow

Der Total Cash Flow ist mit dem nachfolgend dargestellten durchschnittlichen Kapitalkostensatz zu diskontieren. Es erfolgt dabei keine Steuerentlastung der Fremdkapitalkosten mehr, da dies sonst zu einer doppelten Berücksichtigung führen würde (Mandl und Rabel 1997, S. 365).

$$k_{\mathrm{TCF}} = k_{\mathrm{d}} \times \frac{\mathrm{FK}}{\mathrm{GK}} + k_{\mathrm{e\,lev}} \times \frac{\mathrm{EK}}{\mathrm{GK}}$$

mit:

k_{d} = cost of debt – risikoäquivalente Renditeforderung der Fremdkapitalgeber,

$k_{\mathrm{e\,lev}}$ = cost of equity – risikoäquivalente Renditeforderung der Eigenkapitalgeber unter Berücksichtigung der Finanzierungsstruktur (Leverage),

GK = Marktwert des Gesamtkapitals,
EK = Marktwert des Eigenkapitals,
FK = Marktwert des verzinslichen Fremdkapitals.

Sie sehen, im Vergleich zur klassischen WACC Formel …

$$\mathrm{WACC} = k_{\mathrm{d}} \times (1 - t) \times \frac{\mathrm{FK}}{\mathrm{GK}} + k_{\mathrm{e\,lev}} \times \frac{\mathrm{EK}}{\mathrm{GK}}$$

… fehlt die Integration der steuerlichen Abzugsfähigkeit der Fremdkapitalkosten durch Multiplikation mit dem „Tax Shield", definiert als $(1 - t)$.

Der Total Cash Flow ist anders als der Free Cash Flow nicht mehr finanzierungsneutral. Durch Kreditaufnahmen bzw. Kredittilgungen mit dadurch verbundenen Steuerersparnissen bei den Zinsaufwendungen erfolgt eine Beeinflussung in der Ermittlung des Total Cash Flows.

3.9.2 Equity Approach (Nettoverfahren)

Bei der Anwendung des Nettoverfahrens, auch „Equity Approach" genannt, wird der Wert des Eigenkapitals auf direktem Wege durch Diskontierung von Cash-Flow-Größen ermittelt, von denen Zinszahlungen an die Fremdkapitalgeber bereits abgezogen wurden. Diese so resultierenden Cash Flows entsprechen den vom Unternehmen erwirtschafteten Einzahlungsüberschüssen, welche allein den Eigenkapitalgebern zur Verfügung stehen. Man bezeichnet sie als Flow-to-Equity (FTE) oder Cash Flow an die Eigner.

Die Berechnung erfolgt laut nachfolgendem Schema (Kirsch und Krause 1996, S. 794):

operatives Ergebnis vor Zinsen und Steuern
– Fremdkapitalzinsen
= operatives Ergebnis vor Steuern
– Steuern auf das operative Ergebnis vor Steuern
= operatives Ergebnis nach Steuern
+/– Abschreibungen/Zuschreibungen
+/– Veränderungen im Working Capital
–/+ Investitionen/Desinvestitionen
+ Kreditaufnahmen
– Kredittilgungen
= Flow-to-Equity

Die Unterscheidung der Flows-to-Equity zu den Free Cash Flows liegt einerseits in der Berücksichtigung der zukünftigen Fremdkapitalzinsen, einschließlich der daraus entstandenen Steuerwirkung, und andererseits in der Veränderung des Fremdkapitalbestandes, schon bei der Bestimmung der zu diskontierenden Cash Flows.

Im Vergleich zum Free Cash Flow ergeben sich damit folgende Differenzen:

Free Cash Flow
– Fremdkapitalzinsen
+ Steuerersparnis aus Fremdkapitalzinsen
+ Kreditaufnahmen
– Kredittilgungen
= Flow-to-Equity

Aufgrund der Gegebenheit, dass die Flows-to-Equity nur noch den Eigenkapitalgebern des Unternehmens zustehen, d. h. es sind Dividenden, Kapitalherabsetzungen und Kapitalerhöhungen enthalten, werden sie nur mit der Renditeforderung der Eigenkapitalgeber diskontiert.

Als Unterscheidung zum Bruttoverfahren kommt hier kein Mischzinssatz als gewogener Kapitalkostensatz zur Anwendung. Der Marktwert des Eigenkapitals bestimmt sich unmittelbar aus dem Barwert der Flows-to-Equity und dem Marktwert des nicht betriebsnotwendigen Vermögens (Kirsch und Krause 1996, S. 801):

Barwert der Flows-to-Equity
+ Marktwert des nichtbetriebsnotwendigen Vermögens
= Marktwert des Eigenkapitals (Shareholder Value)

Konzeptionell gesehen sind die Gemeinsamkeiten der Nettomethode und der Ertragswertmethode am größten.

Wenn man die Begriffe „Eigenkapitalgeber“ und „Eigner“ gleichsetzen würde und von externen Synergien absehen kann, die im Einzahlungsüberschuss des Unternehmens nicht beinhaltet, jedoch im Flow-to-Equity schon zu finden sind, dann besteht eine Gleichheit zwischen dem „Equity Approach“ und dem Ertragswertverfahren (Drukarczyk 1996, S. 177).

3.9.3 Adjusted-Present-Value-Verfahren

Beim Adjusted-Present-Value-Verfahren (APV) wird der Unternehmensgesamtwert schrittweise ermittelt, d. h. die Bestimmung erfolgt durch isoliert betrachtete Kapitalwerte.

Daher stellt sich die Berechnung des Marktwertes des Eigenkapitals wie folgt dar:

Barwert der Free Cash Flows
+ Marktwert des nichtbetriebsnotwendigen Vermögens
= Marktwert des unverschuldeten Unternehmens
+ Marktwerterhöhung durch Fremdfinanzierung („Tax Shield“)
= Marktwert des Gesamtkapitals des verschuldeten Unternehmens
– Marktwert des Fremdkapitals
= Marktwert des Eigenkapitals (Shareholder Value)

Der erste Schritt dient zur Ermittlung der zukünftigen Cash Flows unter der Annahme einer vollständigen Eigenfinanzierung des Unternehmens. Im Anschluss daran werden diese Werte mit der Renditeforderung der Eigenkapitalgeber für das unverschuldete Unternehmen diskontiert. Zur Berechnung dieser Eigenkapitalrendite wird ein bestimmter Zusammenhang zwischen der Renditeforderung der Eigenkapitalgeber und dem Verschuldungsgrad unterstellt. Die Summe aus dem so ermittelten Barwert der künftigen Free Cash Flows und dem Marktwert des nicht betriebsnotwendigen Vermögens beschreibt dann den Marktwert des unverschuldeten Unternehmens.

Die Auswirkungen einer Fremdfinanzierung des Unternehmens findet erst in einem zweiten Schritt Berücksichtigung. Dabei kommt es zu einer Erhöhung des Marktwertes des Gesamtkapitals um das Ausmaß der Steuerersparnis aufgrund der Abzugsfähigkeit der Fremdkapitalzinsen vom steuerpflichtigen Gewinn, also durch das „Tax Shield“, definiert als $(1 - t)$.

Den Marktwert des Gesamtkapitals erhält man dann durch Addition des Marktwertes des unverschuldeten Unternehmens und des Barwertes der Steuerersparnis aus den Fremdkapitalzinsen. Nach Subtraktion des Marktwertes des Fremdkapitals erhält man den Marktwert des Eigenkapitals oder auch Shareholder Value genannt.

Sollte nur betriebsnotwendiges Vermögen vorhanden sein, kann die Ermittlung des Marktwertes des Gesamtkapitals dann nach folgendem Berechnungsmodell stattfinden (Mandl und Rabel 1997, S. 373 f.):

$$\mathrm{GK} = \sum_{t=1}^{\infty} \frac{\mathrm{FCF}_t}{\left(1 + k_{\mathrm{e\,unlev}}\right)^t} + \sum_{t=1}^{\infty} \frac{t \times k_{\mathrm{d}} \times \mathrm{FK}_{t-1}}{\left(1 + k_{\mathrm{d}}\right)^t}.$$

Für die Variante konstanter Free Cash Flows (Rentenmodell) über einen unendlichen Betrachtungszeitraum hinweg, bei konstantem Fremdkapitalbestand, findet die Berechnung des Marktwertes des Gesamtkapitals nach folgender Formel statt:

$$\mathrm{GK} = \frac{\mathrm{FCF}}{k_{\mathrm{e\,unlev}}} + t \times \mathrm{FK}$$

mit:

k_{d} = cost of debt – risikoäquivalente Renditeforderung der Fremdkapitalgeber,

$k_{\mathrm{e\,unlev}}$ = cost of equity unlevered – risikoäquivalente Renditeforderung der Eigenkapitalgeber bei unverschuldetem Unternehmen (100 % Eigenkapital),

t = tax rate,

GK = Marktwert des Gesamtkapitals,

FCF = Free Cash Flow,

FK = Marktwert des verzinslichen Fremdkapitals.

Dabei wird unterstellt, dass die Fremdkapitalkosten dem risikolosen Zinssatz entsprechen.

Keine Angst; die Formeln wirken nur „hässlich", sind aber eigentlich ganz einfach, wenn man sie Schritt für Schritt rechnet. Und genau dies werden wir noch am konkreten Beispiel (mehrfach) tun!

Wir Finanzer lieben aber solche Formeln, nicht weil sie Zusammenhänge auf kurze Art und Weise richtig darstellen, sondern weil man uns dafür bewundert, dass wir solche Formeln (angeblich) verstehen und sogar anwenden können.

3.9.4 Vergleich der DCF-Verfahren

Im nun folgenden Teil soll näher auf die Unterschiede zwischen den einzelnen vorher beschriebenen DCF-Verfahren eingegangen werden. Die Bezeichnung „Discounted Cash Flow" bezieht sich auf einige Methoden, die zwar alle auf die Kapitalwertkalkulation aufbauen, aber Unterscheidungsmerkmale hinsichtlich der Cash-Flow-Größen, des Diskontierungssatzes und der Berücksichtigung von Kapitalstrukturveränderungen aufweisen.

Die jeweiligen Unterschiede der DCF-Methoden sind in Tab. 3.1 zusammengefasst und dargestellt.

Betrachtet man die Wertermittlung, so ergeben sich schon hier offensichtliche Unterschiede. Während beim Equity Approach die Berechnung des Marktwertes auf direkte Weise erfolgt, geschieht die Ermittlung des Unternehmensgesamtwertes beim Entity Approach und beim APV-Verfahren inklusive Fremdkapitalanteil.

Der Eigentümerwert wird erst in einem zweiten Bewertungsschritt durch Subtraktion des Fremdkapitals bestimmt (Hachmeister 1996a, S. 256).

Nicht nur im Bereich der Unternehmenswertermittlung sind Unterschiede zu finden, sondern auch hinsichtlich der Steuererfassung. Sowohl beim Equity als auch beim Entity Approach auf Basis von Total Cash Flows werden die tatsächlich ersparten Unternehmenssteuerzahlungen durch die Fremdfinanzierungskomponente im Zahlungsstrom erfasst.

Hingegen erfolgt beim Entity Approach auf Basis von Free Cash Flows eine Korrektur der Fremdkapitalkosten bei der Ermittlung der gewogenen durchschnittlichen Kapitalkosten.

Anders wiederum beim APV-Verfahren: Hier findet grundsätzlich eine isolierte Bewertung des „Tax Shields" (Steuerschutz) statt (Hachmeister 1996a, S. 263).

Ein weiterer bedeutsamer Unterschied ist zu finden, wenn man die Berücksichtigung von Kapitalstrukturveränderungen betrachtet. Geht man in der Praxis davon aus, dass das Unternehmen seine Kapitalstruktur annähernd konstant hält, erweist sich die Zuhilfenahme des Entity Approach auf Basis von Free Cash Flows als vorteilhaft.

Aufgrund der Tatsache, dass die Fremdfinanzierung implizit durch das in den gewogenen Kapitalkosten enthaltene Proportionalprinzip bestimmt wird, ist die Berechnung im Vergleich zu anderen Verfahren einfacher. Die Free Cash Flows können dann mit einem zeitlich konstanten, gewogenen Kapitalkostensatz diskontiert werden. Die explizite Planung der Cash Flows aus der Fremdfinanzierung kann daher entfallen (Peemöller 2005; Mandl und Rabel 1997, S. 72).

Tab. 3.1 Gegenüberstellung von DCF-Verfahren. (In Anlehnung Mandl und Rabel 1997, S. 383)

Merkmale	Entity Approach	Equity Approach	APV-Verfahren
Cash-Flow-Definitionen	Free Cash Flows (FCF) oder Total Cash Flows(TCF)	Flow-to-Equity (FTE)	Free Cash Flow (FCF)
Diskontierungssatz	Mischzinsfuß (WACC oder k_{TCF}) aus Renditeforderung der Eigenkapitalgeber für das verschuldete Unternehmen $k_{e\ lev}$ und Fremdkapitalkosten k_d	Renditeforderung der Eigenkapitalgeber für das verschuldete Unternehmen $k_{e\ lev}$	Renditeforderung der Eigenkapitalgeber für das unverschuldete Unternehmen $k_{e\ unlev}$
Ermittlung des Shareholder Value	Marktwert des Gesamtkapitals (im WACC-Ansatz) – Marktwert des zinstragenden Fremdkapitals ——— = Shareholder Value	Barwert der FTE = Shareholder Value	Marktwert des unverschuldeten Unternehmens + Barwert des „Tax Shield" aus Fremdfinanzierung ——— = Marktwert des Gesamtkapitals (APV-Ansatz) – Marktwert des zinstrag. Fremdkapitals ——— = Shareholder Value
Kapitalstruktur	Konstante Kapitalstruktur unterstellt	Kapitalstrukturunabhängige Renditeforderung der Eigenkapitalgeber wird unterstellt	Berücksichtigungen von Kapitalstrukturänderungen im Rahmen des „Tax Shield" aus der Fremdfinanzierung

Liegt eine Abweichung der tatsächlichen Finanzierung von der implizit unterstellten vor, kommt es zu einer Verzerrung bei der Ermittlung des Unternehmenswertes. Die Berechnung auf Basis von Free Cash Flows ist dann kein geeignetes Instrument, wenn sich aufgrund projizierter Unternehmensdaten keine konstante Zielkapitalstruktur finden lässt.

Formal kann man zwar mit periodenabhängigen gewogenen durchschnittlichen Kapitalkosten rechnen, die Voraussetzung dafür ist aber die Kenntnis der relevanten Kapitalstruktur für jede Periode im Planungszeitraum (Hachmeister 1996a, S. 266).

Aufgrund der Situation, dass die gewogenen Kapitalkosten von der Kapitalstruktur des Unternehmens bestimmt werden, kommt es hier zu einem Zirkularitätsproblem.[9] Dieses kann in der Praxis entweder mathematisch durch Iteration oder durch Vorgabe einer im Zeitablauf konstanten Zielkapitalstruktur gelöst werden. Der Bewerter muss dabei aber den Marktwert des Eigenkapitals – nicht den Buchwert – kennen, um die gewogenen Kapitalkosten ermitteln zu können, die wiederum dann den Wert des Unternehmens und

[9] Vgl. separate Ausführungen dazu am Ende des Buches.

abgeleitet daraus den Wert des Eigenkapitals bestimmen. Die Entwicklung des Eigenkapitals festigt sich aber erst mit der Ermittlung des Unternehmenswertes, was zur Folge hat, dass nur bei einer im Zeitablauf konstanten Zielkapitalstruktur mit gewogenen Kapitalkosten gerechnet werden kann (Hachmeister 1996a, S. 358).

Auch bei der Ermittlung des Total Cash Flows erscheint die Annahme eines konstanten Verschuldungsgrades vorteilhaft, dazu muss jedoch auch der absolute Fremdkapitalbestand bekannt sein, um dann das „Tax Shield" zu berechnen. Der Anteil an Fremdkapital wird aber vom Unternehmenswert bestimmt, d. h. dass die Bewertung bereits erfolgt sein muss, um die Fremdfinanzierung korrekt zu berücksichtigen. Deshalb unterliegt diese Bewertungsmethode einem weiteren Zirkularitätsproblem und kann daher nicht empfohlen werden.

„Der Einsatz des Equity Approach unter Verwendung eines im Zeitablauf konstanten Diskontierungssatzes ist einfach, wenn bei geplanten Fremdkapitalbeständen zukünftiger Perioden der Einfluss der erwarteten Änderungen der Kapitalstruktur auf die Renditeforderung der Eigenkapitalgeber vernachlässigbar ist" (Peemöller 2005; Mandl und Rabel 1997, S. 72).

Die Trennung von Investition und Finanzierung ist das Kernelement bei der Anwendung des Nettoverfahrens. Die Berechnung kann mit periodenkonstanten Eigenkapitalkosten erfolgen. Der Unterschied zum Entity-Verfahren liegt aber in der Forderung einer expliziten Planung der Cash Flows aus der Fremdfinanzierung. Es erscheint die Berechnung des Unternehmenswertes mit dem Equity Approach transparenter als bei Anwendung des Entity Approaches auf Basis der Free Cash Flows (Mandl und Rabel 1997, S. 382).

Sollte sich im Zeitablauf eine wesentliche Veränderung der Kapitalstruktur des zu bewertenden Unternehmens einstellen, so ist der Einsatz der APV-Methode zu empfehlen. Der Vorteil des APV-Verfahrens liegt in der sich nicht auf die Höhe des Diskontierungssatzes auswirkenden Änderung in der Kapitalstruktur des zu bewertenden Unternehmens. Diese spiegeln sich ausschließlich in der Höhe des Tax Shields wider. Strukturänderungen im Kapital können im Rahmen des Tax Shields aus der Fremdfinanzierung ermittelt werden und bleiben somit ohne Einfluss auf den Marktwert des unverschuldeten Unternehmens. Eine explizite Projizierung des Tax Shields der Fremdfinanzierung ist dann für einzelne Perioden durchzuführen (Peemöller 2005; Mandl und Rabel 1997, S. 72 f.).

Eine Anpassung des WACC bzw. der Rendite der Eigenkapitalgeber wird durch unterschiedliche Verschuldungsgrade in den einzelnen Perioden beim Brutto- und Nettoverfahren gefordert. Vermieden werden kann diese ständige Veränderung und Anpassung des Diskontierungssatzes durch die Anwendung des APV-Verfahrens, da die Berechnung des Marktwertes des Unternehmens für unterschiedliche Verschuldungsgrade unmittelbar erfolgen kann. Voraussetzung für die Anwendung des APV-Verfahrens ist allerdings die Ermittlung der Renditeforderung der Eigenkapitalgeber für das unverschuldete Unternehmen. Eine Unternehmensbewertung mit der APV-Methode ist im Unterschied zum Entity oder Equity Approach, in Hinblick auf die darstellbaren Finanzierungsformen, wesentlich flexibler (Hachmeister 1996a, S. 263 ff.).

3.10 Vergleichsverfahren

Da diese Methoden nicht Kern des vorliegenden Buches sind, da sie von den Bewertern in der Praxis als i. d. R. nicht haltbar angesehen werden, will ich sie hier auch nur in ihren Grundsätzen darstellen.

Zunächst kann festgehalten werden, dass die Orientierung an Werten vergleichbarer Unternehmen das Kernstück der Vergleichsverfahren ist. In der Praxis zählen die Multiplikatormethode, bei der die Orientierung an sogenannten Market Multiples im Vordergrund steht, sowie das „Comparative-Company-Approach"-Verfahren zu den gebräuchlichsten. Letztere Methode stellt konkret erzielte Marktpreise für vergleichbare Unternehmen gegenüber.

Die vorhin erwähnten Multiplikatoren leiten sich aus Börsenkursen vergleichbarer Unternehmen ab. Aufgrund der Situation, dass es in der Regel keine wirklich vergleichbaren Unternehmen gibt, ist die Anwendung der Vergleichsverfahren als alleiniges Instrument der Unternehmensbewertung nicht zulässig.

Weitere Gründe sind die Erschwernis internationaler Vergleiche aufgrund der unterschiedlichen Rechnungslegungsvorschriften sowie die Gegebenheit, dass Börsenbewertungen unterschiedlichen Einflussfaktoren unterliegen und zusätzliche Stimmungen, Markttrends und Zufallseinflüsse mitwirken sowie Synergieeffekte in der Bewertung nicht enthalten sind.

Nachfolgende formale Beziehung beschreibt den „Comparative Company Approach" (Mandl und Rabel 1997, S. 42 ff.):

$$\mathrm{MP_B} = V_\mathrm{B} \times \frac{\mathrm{MP_V}}{V_\mathrm{V}}$$

mit:
$\mathrm{MP_B}$ = potenzieller Marktpreis des zu bewertenden Unternehmens,
V_B = Vergleichsgröße des zu bewertenden Unternehmens,
$\mathrm{MP_V}$ = Börsenkurswert des Vergleichsunternehmens,
V_V = Vergleichsgröße des Vergleichsunternehmens.

Im Unterschied dazu lässt sich die Multiplikatormethode wie folgt darstellen:

$$\mathrm{MP_B} = U \times m_\mathrm{u} + \mathrm{SW}$$

mit:
U = bewertungsrelevanter Umsatz,
m_u = Umsatzmultiplikator (die Größe des Multiplikators hängt von der Branche und den Erfahrungswerten von bereits realisierten Preisen ab),
SW = Substanzwert des sonstigen Vermögens (z. B. Betriebsliegenschaft, Warenlager, Forderungen) nach Abzug der zum Bewertungsstichtag vorhandenen Schulden.

Eine andere Bezugsgröße wie z. B. der Cash Flow oder der Gewinn kann bei der Anwendung der Multiplikatormethode auch eingesetzt werden.

3.11 Mischverfahren

Mischverfahren entstehen aus der Kombination von Gesamt- und Einzelbewertungsverfahren. Der Unternehmenswert bildet sich in dieser Konzeption über das Mittelwertverfahren oder über das Übergewinnverfahren (Peemöller 2005; Mandl und Rabel 1997, S. 84).

3.12 Mittelwertverfahren

Beim Mittelwertverfahren basiert die Berechnung des Unternehmenswertes im einfachsten Fall auf dem arithmetischen Mittel des als Teilreproduktionswert ermittelten Substanzwertes und des Ertragswertes:

$$UW = \frac{(SW + EW)}{2}$$

mit:

UW = Unternehmenswert,
SW = Substanzwert,
EW = Ertragswert.

Weitere Varianten ergeben die unterschiedliche Gewichtung der relevanten Substanzwert- bzw. Ertragswertkomponenten. So hat beispielsweise in Österreich das „Wiener-Verfahren" mit dem arithmetischen Mittel aus Vermögens- und Ertragswert seine Begründung, während in der Schweiz die Gewichtung des Ertragswertes mit 2 und die des Substanzwertes mit 1 auffällt. Hingegen gibt es in Deutschland mit dem „Stuttgarter-Verfahren" eine Spielart, welche ein Übergewinnverfahren darstellt (Peemöller 2005; Mandl und Rabel 1997, S. 84).

3.13 Übergewinnverfahren

Das Übergewinnverfahren ermittelt den Unternehmenswert aus der Summe von Substanzwert (Teilreproduktionswert) und dem Barwert der Übergewinne (Goodwill).

Die Berechnung des Gesamtwertes erfolgt also durch einfache Addition:

Substanzwert (Teilreproduktionswert)
+ Barwert der Übergewinne (Goodwill oder „Firmenwert")
= Unternehmenswert

Unter Substanzwert wird auch der Sachwert verstanden. Mit Goodwill wird der Mehrwert der gesamten Unternehmung gegenüber den Sachwerten bezeichnet.

In Abhängigkeit steht dieser Goodwill vor allem mit dem Zukunftsertrag, dem Kapitalisierungszinssatz und der Nachhaltigkeit der Übergewinne. Die Folge ist eine Trennung der künftigen Periodengewinne in zwei Teile.

- Der erste Teil, welcher mit Normalertrag bezeichnet wird, liefert die Darstellung der „angemessenen" Verzinsung in Höhe des Kalkulationszinssatzes des Substanzwertes.
- Den verbleibenden Teil der Periodengewinne tituliert man mit Übergewinn.

Im Unterschied zum Ertragswertverfahren, bei dem als Annahme die unbegrenzte Unternehmensdauer unterstellt wird, sieht man beim Übergewinnverfahren die Nachhaltigkeit der Übergewinne nur auf bestimmte Zeit. Eine Erklärung findet sich in der Tatsache, dass jene Erfolge, welche über die Verzinsung der Substanz hinausgehen, das Ergebnis mehrerer in der Wirkung zeitlich begrenzter Faktoren sind (Peemöller 2005; Mandl und Rabel 1997, S. 85).

3.14 Economic Value Added (EVA®) nach Stern und Stewart

Und hier schließt sich auch wieder „unser" Kreis, denn den oder das EVA® haben wir schon kennengelernt.

Der Geschäftswertbeitrag oder EVA®[10], wie er nach Stern und Stewart benannt wird, ist das in der Literatur und Öffentlichkeit wohl am meisten diskutierte „Contribution"-Modell. Das Ziel von „Contribution"-Modellen ist die Ermittlung des theoretisch fairen Unternehmenswertes basierend auf Residualgewinnen.

Bei Betrachtung des Gesamtkapitals bezeichnet der Residualgewinn den Unterschiedsbetrag zwischen Kapitalkosten und Gesamtkapitalrendite. Hingegen stellt er bei der Untersuchung des Eigenkapitals die Differenz zwischen Eigenkapitalkosten und Eigenkapitalrendite dar.

Mit EVA® oder Residualgewinn wird jener Wert bezeichnet, der zusätzlich geschaffen wurde und den Kapitalgebern vor Abzug von Erweiterungsinvestitionen in das Anlage- und Umlaufvermögen zur Verfügung steht.

Es wird damit die absolute Rentabilitätsspanne ausgedrückt, die basierend auf zwei Methoden, die wir auch schon kennen, ermittelt werden kann (Stewart 1991, S. 137):

$$\text{EVA}_t = \text{Zinstragendes Kapital} \times \left(\text{ROCE}_t - \text{WACC}_t^*\right).$$

Bei der hier vorliegenden „value-spread" (multiplikativer Weg)-Formel wird der EVA® tituliert als das Ergebnis der prozentualen Rentabilitätsspanne, bestehend aus Kapitalrentabilität ROCE_t (Return on Capital Employed), abzüglich der Kapitalkosten WACC_t

[10] EVA ist ein eingetragenes Warenzeichen der New Yorker Unternehmensberatung Stern Stewart & Co.

(Weighted Average Cost of Capital – gewichtete durchschnittliche Kapitalkosten), multipliziert mit der Kapitalbasis Capital Employed$_t$ (zinstragendes Kapital).

Der zweite Weg der Berechnung sieht folgendermaßen aus. EVA® berechnet sich aus der Differenz des operativen Nettogewinns nach Steuern (oder Net Operating Profit After Taxes NOPAT) und den absoluten Kapitalkosten (WACC$_t$* × Capital Employed$_t$). Die absoluten Kapitalkosten werden auch Kapitalbelastung oder in englischer Sprache „Capital Charge" genannt.

$$\text{EVA}_t = \text{NOP}(\text{L})\text{AT}_t - \text{Capital Charge}_t$$

mit:

$$\text{Capital Charge}_t = \text{WACC}_t^* \times \text{Capital Employed}_t.$$

Die abgezogenen Kapitalkosten sind um den Steuervorteil der Fremdkapitalzinsen adjustiert (Stewart 1991, S. 93). Des Weiteren wird eine Anpassung des NOPATs um Aufwandsgrößen durchgeführt, welche einen langfristigen Wert schaffen und nicht einmalig verausgabt, sondern aktiviert und planmäßig abgeschrieben werden sollen. In diesem Zusammenhang wird hier von „Equity Equivalents" und/oder „Conversions" gesprochen, die als Zuschlag zum Kapital dienen, um eine ökonomische, statt buchhalterische Einheit darzustellen (Stewart 1991, S. 112 f.). Auch damit haben wir uns schon beschäftigt.

Die in der ersten Berechnungsvariante erwähnte Rentabilität auf das investierte Kapital (ROCE) wird mit folgender Beziehung dargestellt (Stewart 1991, S. 85):

$$\text{ROCE}_t = \frac{\text{NOPAT}_t}{\text{Capital Employed}_t}.$$

Der Vorteil der oben beschriebenen „value-spread"-Formel liegt in dem oft sichtbaren Zusammenhang zwischen Kapitalrentabilität, Kapitalkosten und Wertsteigerung. Das EVA®[11] ist immer dann größer als null, wenn die geforderte Rendite in Form von Kapitalkosten (WACC) kleiner als die erwirtschaftete Rendite in Form der Kapitalrentabilität (ROCE) ist.

Nachfolgende Übersicht soll dies anhand von Argumenten für eine Investitionsentscheidung veranschaulichen:

ROCE > WACC	EVA ist positiv	Investition ist wertsteigernd
ROCE = WACC	EVA ist null	Grenzinvestition
ROCE < WACC	EVA ist negativ	Investition ist wertmindernd

Da das EVA® ein einperiodisches Performancemaß ist, muss man zunächst einen Zwischenschritt einbauen, um den Marktwert eines Unternehmens zu erhalten. Um den be-

[11] In der deutschen Sprache sagen wir meist „der" oder „das" EVA®. Die EVA® ist eher ungewöhnlich, bedingt durch den weiblichen Vornamen Eva. Ich nutze i. d. R. den Artikel „das".

nötigten Marktwertzuwachs zu ermitteln, muss eine Diskontierung der EVA®s über die Projektlaufzeit mit dem Gesamtkapitalkostensatz (WACC) des Unternehmens durchgeführt werden (Stewart 1991, S. 174).

Folgende Formel veranschaulicht diese Beziehung:

$$MWZ = \Sigma_t \frac{EVA_t}{(1+WACC)^t}.$$

Die Verbindung zum Marktwert des Unternehmens erreicht man über diesen Marktwertzuwachs (MWZ), der den Barwert aller zukünftigen EVAs enthält und sich als periodenübergreifende Maßgröße interpretieren lässt. In der englischen Sprache sagen wir MVA – Market Value Added.

Addiert man zum Marktwertzuwachs im EVA-Konzept das im Zeitpunkt null investierte (zinstragende) Vermögen (CE_0 – Capital Employed zum 01.01. Jahr 1) hinzu, so ergibt sich im hier zugrunde gelegten „Entity"-Konzept wiederum der Marktwert des Gesamtkapitals (Stewart 1991, S. 175).

Die Ermittlung des Marktwertes (MW), auf Grundlage der beiden Definitionsgleichungen für den Marktwertzuwachs (MWZ)im Discounted-Cash-Flow-Ansatz und im Rahmen des EVA-Konzeptes, kann nämlich wie folgt beschrieben werden:

$$MW = \Sigma_t \frac{EVA_t}{(1+WACC)^t} + CE_0 = \Sigma_t \frac{FCF}{(1+WACC)^t}.$$

Dies werden wir später am konkreten Beispiel noch sehen bzw. selbst rechnen. Nochmals, haben Sie keine Angst vor diesen Summenformeln. Sie sind einfacher als Sie (derzeit) denken, wenn wir sie Schritt für Schritt angehen.

3.15 Gegenüberstellung der Ertragswert- und Discounted-Cash-Flow-Methoden

Jetzt wollen wir näher auf die Unterschiede der Ertragswert- und DCF-Methode eingehen. Vorangestellt kann werden, dass das Ertragswertverfahren in den letzten Jahren zunehmend kritisiert wurde.

Dies deshalb, weil für eine Unternehmensbewertung aus strategischer Sicht, bei der es um Unternehmensakquisitionen oder den Verkauf von Unternehmensbereichen geht, die Methode zur Ermittlung des Ertragswertes keine zufriedenstellende Entscheidungsgrundlage bietet.

In diesen Bewertungssituationen sind Verfahren nötig, die eine klare Vorteilhaftigkeitsbeurteilung von Strategiealternativen zulassen. Dies ist eine Stärke des international weit verbreiteten Discounted-Cash-Flow-Verfahrens, welches bereits Mitte der 90er-Jahre als strategisches Instrument im Rahmen des Shareholder-Value-Ansatzes diskutiert wurde (Serfling und Pape 1995, S. 946).

Auch daher kommt der Einzug in das strategische (Beteiligungs-)Controlling.

3.15.1 Gemeinsamkeiten der Bewertungsmethoden

Wenn man die in diesem Kapitel dargestellten Grundkonzeptionen vergleicht, zeigt sich die verfahrenstechnische Ähnlichkeit der beiden Bewertungsmethoden. Sowohl das Ertrags- als auch das Discounted-Cash-Flow-Verfahren haben ihre Wurzeln in der Investitionstheorie. Die Berechnung des Unternehmenswertes basiert auf derselben Bewertungsmethodik – der Kapitalwertmethode – als kumulierte Barwerte des zukünftigen Unternehmenserfolges. Das legt die Vermutung nahe, dass beide Verfahren denselben Grenzpreis ermitteln (Schmidt 1995, S. 1088).

Damit man weiß, welches Modell für die Grenzpreisbestimmung das richtige ist, muss eine umfassende Analyse der Verfahrensgrundlagen durchgeführt werden. Dazu müssen die alternativen, zu diskontierenden Größen und die entsprechenden Diskontierungsraten beider Verfahrensmethodiken bezüglich ihrer Tauglichkeit, die ökonomische Situation des zu bewertenden Unternehmens möglichst exakt zu erfassen, untersucht werden. Von besonderer Bedeutung ist die Fähigkeit der beiden Bewertungsverfahren, die Unsicherheit der künftigen Entwicklung des Unternehmens zu berücksichtigen (Schmidt 1995, S. 1088 f.).

3.15.2 Unterschiede der Bewertungsmethoden

3.15.2.1 Unterschiede im Bewertungsmodell

Die Bestimmung des Unternehmenswertes beim Ertragswertverfahren erfolgt auf direktem Wege mittels Kapitalisierung der ausschließlich an die Eigenkapitalgeber zufließenden Zielbeiträge (Jonas 1995, S. 85).

Bei Durchführung der Unternehmensbewertung auf der Basis des Equity-Ansatzes der Discounted-Cash-Flow-Methode entspricht das Vorgehen dem der Ertragswertmethode, d. h. auch in diesem Fall sind allein die den Eigenkapitalgebern zukommenden Zahlungen bewertungsrelevant (Schmidt 1995, S. 1091).

Beim Entity-Ansatz erfolgt die Ermittlung des Eigenkapitalwertes dagegen indirekt, da zunächst die Berechnung des Unternehmensgesamtwertes durch die Diskontierung der Free Cash Flows im Vordergrund steht. Die Free Cash Flows sind per Definition der Zahlungsstrom zwischen dem Unternehmen und der Umwelt, d. h. die allen Kapitalgebern zustehenden Einzahlungsüberschüsse. Ein weiterer Bewertungsschritt umfasst die Berechnung des Barwertes der den Fremdkapitalgebern zufließenden Cash Flows, welcher dann vom Gesamtunternehmenswert abgezogen werden muss, um den Wert des Eigenkapitals zu erhalten (Jonas 1995, S. 85).

Eine Prognose der künftigen Zielbeiträge ist nur über einen bestimmten Zeitraum mit hinreichender Sicherheit möglich. Aus diesem Grund wird der Planungszeitraum in mehrere Perioden unterteilt. Das Institut der Wirtschaftsprüfer (IdW) empfiehlt eine Teilung des Prognosezeitraums in drei Abschnitte:

- Detailprognosezeitraum: Jahre 1 bis 4 oder 5,
- Grobprognosezeitraum: Jahre 5 bis 6 bis 9 oder 10,
- Ewige Rente: ab dem Jahr 10 oder 11.

Planungsrechnungen sollten für die ersten beiden Phasen erstellt werden, allerdings mit unterschiedlichem Tiefgang, da eine exakte(re) Voraussage nach einigen Jahren eigentlich unmöglich ist. Nach Ablauf des gesamten Prognosezeitraumes werden konstante Ergebnisse unterstellt, die wie eine ewige Rente kapitalisiert und anschließend auf den Bewertungsstichtag abgezinst werden. Kritik an der Dreiteilung des Prognosezeitraumes wird insofern laut, als dass nicht davon auszugehen ist, dass bei der Berechnung regelmäßig nach den vorgeschlagenen Zeiträumen unterschieden werden kann.

Häufig wird inzwischen von diesem 3-Phasen-Modell abgewichen und nur noch ein Detailprognosezeitraum von 4–5 Jahren geplant und dann sofort auf die ewige Rente übergegangen. Die ist der „Unmöglichkeit" geschuldet, halbwegs haltbare Planungen für den Zeitraum $t + 5$ bis $t + 10$ zu erstellen.

3.15.2.2 Unterschiede bei der Bestimmung der zu kapitalisierenden Zielbeiträge

Während nach Meinung der Theoretiker eine ausschließliche Kapitalisierung der den Eigentümern tatsächlich zufließenden Nettoausschüttungen erfolgen soll, ist das IdW der Ansicht, dass die Überschüsse der Einnahmen über die Ausgaben die theoretisch richtige Ausgangsgröße darstellen. Da die Einnahmenüberschussrechnung jedoch praktisch nicht durchführbar ist, findet eine weitgehende Annäherung der vom Rechnungswesen stammenden Aufwands- und Ertragsrechnung an die Einnahmenüberschussrechnung statt – man spricht hier von der sogenannten modifizierten Ertragsüberschussrechnung.

Der zeitlichen Differenz von Aufwendungen und Ausgaben bzw. Erträgen und Einnahmen soll in einer gesonderten Finanzplanung Rechnung getragen werden. Da den Berechnungen der Ertragswertmethode die Annahme einer 100 %igen Fremdfinanzierung zugrunde liegt, werden zukünftig ausschüttbare Ergebnisse um die Fremdkapitalzinsen vermindert.

Beim Entity-Ansatz formt das operative Ergebnis vor Steuern und Zinsen (EBIT) den Ausgangspunkt zur Ermittlung des für die Bewertung relevanten Cash Flows.

Von diesem werden zunächst die auf der Grundlage einer 100 %igen Eigenfinanzierung ermittelten Ertragsteuern abgezogen (Schmidt 1995, S. 1094 f.). Mit dem Ergebnis nach Steuern – NOP(L)AT – werden Abschreibungen, eventuell vorhandene nicht operative

Cash Flows und die Gesamtinvestitionen wie z. B. in das Anlagevermögen, Nettoumlaufvermögen bzw. Working Capital etc. verrechnet. Als Ergebnis erhält man jene Free Cash Flows, die als Berechnungsgrundlage zur Bestimmung des Unternehmenswertes fungieren (Jonas 1995, S. 86 f.).

3.15.3 Unterschiede bei der Bestimmung des Kapitalisierungszinssatzes

Die Ertragswertmethode verwendet als Kapitalisierungszinsfuß die Alternativrendite der Eigentümer. Die beste Geldverwendungsmöglichkeit stellt jene Investition in festverzinsliche Titel am Kapitalmarkt dar, die von Schuldnern höchstmöglicher Bonität (AAA-Rating) zur Ausgabe gelangten.

Der Berechnung des Unternehmenswertes wird die Verzinsung dieser Wertpapiere – meist landesüblicher Zinssatz – zugrunde gelegt (Schmidt 1995, S. 1096).

Zweifel stehen der relativ einfachen und aus objektiver Sicht nachvollziehbaren Ermittelbarkeit des landesüblichen Zinssatzes insofern gegenüber, als dass es sich dabei nicht um die beste alternative Geldverwendungsmöglichkeit handelt. Kritik wird auch daran laut, dass der Investition in ein Unternehmen eine Finanzinvestition gegenübergestellt wird. Daher sollte aus Vergleichsgründen eher auf Sachinvestitionen zurückgegriffen werden. Zudem ist eine Erreichung des quasi sicheren langfristigen Zinssatzes als Rendite nur möglich, wenn der Anleger die Wertpapiere bis zur Endfälligkeit behält.

Im Rahmen der Discounted-Cash-Flow-Methoden stellt man sich zur Ermittlung des Kapitalisierungszinssatzes nicht die Frage, was eine Alternativinvestition an Kapitalerträgen bringt, sondern was die Investition an Kapitalkosten zu tragen hat. Die Kapitalkosten entsprechen dabei der Mindestverzinsung, welche gefordert werden muss, um die Anlage jeder weiteren Geldeinheit zu rechtfertigen. Betrachtet man den Equity-Ansatz, bei dem im Zähler ausschließlich die an die Eigenkapitalgeber zufließenden Zahlungen stehen, stellt aus Äquivalenzgründen allein die Eigenkapitalrendite den relevanten Diskontierungszinssatz dar.

Wenn man dagegen vom Entity-Ansatz ausgeht, so ergibt sich der zur Kapitalisierung herangezogene Gesamtkapitalkostensatz aus dem gewogenen Durchschnitt der Eigen- und Fremdkapitalkosten (WACC). Die von den Fremdkapitalgebern geforderten Renditen lassen sich relativ einfach aus äquivalenten Finanzierungsformen, wie z. B. Anleihen oder Bankverbindlichkeiten ableiten, deren Kosten aufgrund vertraglich festgelegter Zahlungen bekannt sind (Schmidt 1995, S. 1097 f.). Die Eigenkapitalkosten hingegen werden dagegen mithilfe des Capital Asset Pricing Models (CAPM)[12] oder der Arbitrage Pricing Theory (APT) aus Kapitalmarktdaten ermittelt.

Die Arbitrage Pricing Theory (APT) stellt ebenfalls einen Weg zur Ermittlung eines am Markt bestimmten, risikoangepassten Diskontierungssatzes vor. Im Unterschied zum

[12] Vgl. Kap. 4.

CAPM wird bei der APT das systematische Risiko nicht durch einen Risikofaktor beschrieben, sondern es kommen verschiedene ökonomische Faktoren, wie z. B. Änderung der Wachstumsrate oder Inflation, die Einfluss auf Börsenkurse haben, zum Tragen.

Aufgrund der Tatsache, dass die APT keinerlei Aussagen über Art, Gestaltung und Anzahl der relevanten Risikofaktoren macht, hat sie in der Praxis so gut wie keine Bedeutung (Jonas 1995, S. 87).

Der gewichtete Kapitalkostensatz WACC ist auch nicht frei von Kritik. So besteht z. B. die implizite Unterstellung, dass die Kapitalstruktur und die Renditeforderungen der Kapitalgeber über den gesamten Prognosezeitraum hinweg konstant bleiben. Eine Annahme dieser Art ist jedoch relativ wenig realitätsbezogen. Ein weiteres Problem ergibt sich aus der Zirkularität der Berechnung des gewichteten Kapitalkostensatzes (Schmidt 1995, S. 1099 f.).

3.15.4 Unterschiede bei der Berücksichtigung der Unsicherheit

Beim Ertragswertverfahren wird als Alternativinvestition eine risikolose Kapitalmarktanlage unterstellt. Um eine Vergleichbarkeit mit der risikobehafteten Investition in ein Unternehmen herzustellen, empfiehlt das IdW eine Erhöhung für den zugrunde gelegten Kalkulationszinsfuß um einen Risikozuschlag, welcher sowohl das allgemeine Unternehmerrisiko als auch unvorhersehbare außergewöhnliche Geschehnisse abdeckt. Diese speziellen unternehmensspezifischen Risiken finden dagegen bei der Bemessung der Zielbeiträge Beachtung (Baetge und Krause 1994, S. 434 f.).

Als problematisch erweist sich die Bestimmung eines angemessenen Risikozuschlags. Die Zuschläge können lediglich aufgrund der Identitätsforderung im Vergleich zur Sicherheitsäquivalenzmethode auf ihre Plausibilität überprüft werden. Die Sicherheitsäquivalenzmethode berücksichtigt die Unsicherheit dagegen insofern, als dass eine Diskontierung der den unsicheren zukünftigen Zahlungen gleichgesetzten Sicherheitsäquivalente mit dem landesüblichen Zinssatz durchgeführt wird. Zur Bestimmung der Sicherheitsäquivalente wird allerdings die Kenntnis der Risikonutzenfunktion vorausgesetzt, die im Normalfall nicht bekannt ist. Allen Kritiken zum Trotz ermöglicht die Kombination beider Methoden eine umfassende und realitätsnahe Berücksichtigung der Unsicherheit (Schmidt 1995, S. 1101 ff.).

Bei den DCF-Methoden findet eine Berücksichtigung der Unsicherheit künftiger Cash Flows im gewogenen Kapitalkostensatz statt. Bei den Fremdkapitalkosten handelt es sich um eine sichere Größe, die keiner Unsicherheitsberücksichtigung bedarf.

Die Zusammensetzung der Eigenkapitalkosten besteht hingegen aus dem sicheren Zinssatz und einem entsprechenden Risikozuschlag. Dieses Vorgehen ist rein verfahrenstechnisch vergleichbar mit der Risikozuschlagsmethode im Rahmen des Ertragswertverfahrens. Die Ableitung der Eigenkapitalrendite wird mithilfe des CAPM oder APT aus Kapitalmarktdaten durchgeführt. Die ermittelten Ergebnisse sind aufgrund der sehr engen

Prämissen nur bedingt auf die Realität übertragbar. Zudem erfolgt in den Kapitalmarktmodellen nur eine Erfassung des systematischen Risikos. Eine Vernachlässigung des unsystematischen Risikos begründet sich durch die Möglichkeit zur Beseitigung mittels Diversifikation (Baetge und Krause 1994, S. 438).

3.16 Vor- und Nachteile der Bewertungsmethoden

Als Vorteil der Ertragswert- und DCF-Methoden werden die direkte Ableitung der Unternehmenswerte aus der Investitionstheorie und deren Zukunftsorientierung angesehen. Von beiden Verfahren werden jedoch die damit verbundenen Probleme der Prognoserechnung und Informationsbeschaffung nicht gelöst. Im Folgenden soll auf die verfahrensspezifischen Vor- und Nachteile eingegangen werden.

3.16.1 Vor- und Nachteile der Ertragswertmethoden

Das Problem der von den Theoretikern bevorzugten Ertragswertmethode liegt in der Schwierigkeit, die an die Eigentümer tatsächlich fließenden Nettoausschüttungen zu ermitteln. Daher wird die Ausrichtung der Wirtschaftsprüfermethode an den Überschüssen der Einnahmen über die Ausgaben und die Berücksichtigung der künftigen Investitionen durch eine Finanzbedarfsrechnung als vorteilhaft beurteilt. Zudem ist eine nur eingeschränkte Manipulierbarkeit dieser Zielbeiträge durch bilanzpolitische Maßnahmen gegeben. Positiv zu bewerten ist auch deren einfachere Berechnungsweise im Gegensatz zur DCF-Methode und die korrekte Behandlung der Besonderheiten des deutschen Steuersystems.

Im Allgemeinen wird an den Ertragswertverfahren die nur einwertige Betrachtungsweise kritisiert. Im übertragenen Sinne heißt dies, dass die unterschiedlichen Wertkonstellationen nicht mithilfe von Werttreibern losgelöst dargestellt werden können. Es stehen somit dem potenziellen Käufer keine weiteren Hinweise für strategische Handlungen und deren Konsequenzen auf die Unternehmensentwicklung zur Verfügung. Weitere Schwächen begründen sich in der ungenügenden Transparenz der Berechnung, der Risikoberücksichtigung bei der unterstellten Alternativinvestition und der auch fehlenden internationalen Akzeptanz.

3.16.2 Vor- und Nachteile der DCF-Methoden

Von ihren Befürwortern werden die DCF-Methoden als die theoretisch besten und investitionsrechnerisch einzig widerspruchsfreien Bewertungsverfahren charakterisiert. Der Equity-Ansatz wählt den direkten Weg zur Berechnung des Unternehmenswertes, indem eine Abzinsung der nur an die Eigenkapitalgeber fließenden Zahlungsüberschüsse erfolgt. Die indirekte Ermittlung auf Basis des Entity-Ansatzes erscheint daher etwas komplizierter.

Als wesentliche Stärke des Entity-Ansatzes wird jedoch die Ausrichtung an den Nettozahlungen, die zur Bedienung aller Kapitalgeber zur Verfügung stehen, gewertet. Dies trägt überdies noch zur Verdeutlichung des Zusammenhangs zwischen Finanzierung und Unternehmenswert bei.

Ein weiterer Vorteil der DCF-Methoden begründet sich darin, dass sich der Bewerter sehr eingehend mit der zukünftigen Entwicklung des Unternehmens bzw. der wertbestimmenden Faktoren befassen muss. Darüber hinaus werden die Akzeptanz im internationalen Umfeld, die klare Wertorientierung im Sinne des Shareholder-Value-Ansatzes und die Transparenz der Bewertungsunterlagen durch die direkte Berücksichtigung der Bewertungsparameter sehr positiv bewertet.

Vorteilhaft für die als Zielgröße verwendeten Cash Flows ist die Tatsache, dass sie von der zukünftigen Investitionspolitik des Unternehmens relativ unbeeinflusst bleiben. Wegen der Simulationsmöglichkeiten durch die Modifikation der wertbestimmenden Faktoren eignen sich die DCF-Verfahren zudem besser zur strategischen Unternehmens- und Finanzführung als die Ertragswertmethode.

Die DCF-Methoden sind aber auch nicht frei von Kritik. Als wesentlicher Schwachpunkt wird die Bestimmung des Kapitalisierungszinssatzes gesehen. Zu Problemen führt sowohl die Wahl der Rendite einer Finanzinvestition als Vergleichsmaßstab für die Eigenkapitalkosten als auch die Zirkularität der WACC-Berechnung.

Weiterhin kritisiert werden die Festlegung der Zielkapitalstruktur und die relativ engen Bedingungen der Kapitalmarktmodelle, welche zur Bestimmung der Eigenkapitalkosten herangezogen werden. Die überdies unzureichende Berücksichtigung der Besonderheiten des deutschen Steuersystems – insbesondere in puncto Körperschaftsteuer – verfälschen zusätzlich das Ergebnis (Peemöller et al. 1994, S. 746 f.).

3.17 Überführungsmöglichkeiten

In folgendem Abschnitt wird die Möglichkeit einer Überführung der DCF-Methode in das Ertragswertverfahren dargestellt. Die Analyse des Problems erfolgt getrennt für den Fall der ewigen Rente und den Nichtrentenfall.

3.17.1 Überführung im Rentenmodell

Anhand von verschiedenen Bedingungen, welche im Folgenden angeführt sind, lässt sich zeigen, dass die Ertragswertmethode und der DCF-Entity-Ansatz bei konstanten Einzahlungsüberschüssen zu gleichen Ergebnissen kommen, da

- beiden Methoden gleiche Kosten für Eigen- und Fremdkapital zugrunde liegen,
- es sich um reale Einzahlungsüberschüsse handelt, d. h. ein Abschlag bezogen auf die Inflation wird obsolet,
- der Unterschied zwischen den Free Cash Flows und den Einzahlungsüberschüssen an die Eigenkapitalgeber nur in den Zinsen für das Fremdkapital besteht (Kirsch und Krause 1996, S. 804 f.).

Wenn diese Bedingungen erfüllt sind, dann ist der Marktwert des Eigenkapitals bei beiden Methoden gleich:[13]

$$\mathrm{EK}_{\mathrm{ERTRAGSWERT}} = \frac{\mathrm{EÜ}}{k_e} \cong \frac{\mathrm{FCF}}{k_e \times \frac{\mathrm{EK}}{\mathrm{GK}} + k_d \times (1-t) \times \frac{\mathrm{FK}}{\mathrm{GK}}} - \mathrm{FK} = \mathrm{EK}_{\mathrm{DCF}}$$

mit:

EÜ = Einzahlungsüberschuss nach Abzug der Zahlungen an die Fremdkapitalgeber,
k_e = Eigenkapitalkosten,
k_d = Fremdkapitalkosten (vor Steuer),
t = Unternehmenssteuer,
EK = Marktwert des Eigenkapitals,
FK = Marktwert des Fremdkapitals,
GK = Marktwert des Gesamtkapitals,
FCF = Free Cash Flow.

Sollten Sie Gefallen an obiger Formel finden, dann können Sie hier auch die Begründung durcharbeiten. Ansonsten springen Sie einfach zum nächsten Punkt.

Ehrlich, das muss man nicht unbedingt verstehen, um seine Firma bewerten zu können.

$$\mathrm{EK} = \frac{\mathrm{FCF}}{k_e \times \frac{\mathrm{EK}}{\mathrm{GK}} + k_d \times (1-t) \times \frac{\mathrm{FK}}{\mathrm{GK}}} - \mathrm{FK} \qquad = (\text{DCF-Methode})^{14}$$

$$\mathrm{EK} = \frac{\mathrm{EÜ} + k_d \times (1-t) \times \mathrm{FK}}{k_e \times \frac{\mathrm{EK}}{\mathrm{GK}} + k_d \times (1-t) \times \frac{\mathrm{FK}}{\mathrm{GK}}} - \mathrm{FK} \qquad \mathrm{EK} + \mathrm{FK},\ 1/1/\mathrm{GK} = \mathrm{GK}$$

$$\mathrm{EK} + \mathrm{FK} = \frac{\mathrm{GK} \times \left(\mathrm{EÜ} + k_d \times (1-t) \times \mathrm{FK}\right)}{k_e \times \mathrm{EK} + k_d \times (1-t) \times \mathrm{FK}} \qquad \mathrm{EK} + \mathrm{FK} = \mathrm{GK}$$

$$\mathrm{GK} = \frac{\mathrm{GK} \times \left(\mathrm{EÜ} + k_d \times (1-t) \times \mathrm{FK}\right)}{d_d \times \mathrm{EK} + k_e \times (1-t) \times \mathrm{FK}} \qquad \mathrm{GK}/\mathrm{GK} = 1$$

[13] Vgl. Anhang V, S. XII.

[14] Vgl. Kirsch und Krause (1996, S. 805).

$$1 = \frac{\left(\text{EÜ} + k_{\text{d}} \times (1-t) \times \text{FK}\right)}{k_{\text{e}} \times \text{EK} + k_{\text{d}} \times (1-t) \times \text{FK}} \qquad 1^* \ldots$$

$$k_{\text{e}} \times \text{EK} + k_{\text{d}} \times (1-t) \times \text{FK} = \text{EÜ} + k_{\text{d}} \times (1-t) \times \text{FK} / r_{\text{EK}}$$

$$\text{EK} = \frac{\text{EÜ}}{k_{\text{e}}} \qquad = \text{(Ertragswertmethode)}$$

3.17.2 Überführung im Nichtrentenmodell

Im Fall, dass die Einzahlungsüberschüsse sich im Zeitablauf verändern, können folgende formale Beziehungen dargestellt werden.

$$\text{EK}_{\text{ERTRAGSWERT}} = \sum_{t=1}^{\infty} \frac{\text{EÜ}_t}{(1+k_{\text{e}})^t} \neq \sum_{t=1}^{\infty} \frac{\text{FCF}}{(1+\text{WACC})^t} - \text{FK} = \text{EK}_{\text{DCF}}$$

mit

$$\text{WACC} = k_{\text{e}} \times \frac{\text{EK}}{\text{GK}} + k_{\text{d}} \times (1-t) \times \frac{\text{FK}}{\text{GK}}.$$

Hier kann man erkennen, dass die Ertragswert- und DCF-Methode im Nichtrentenmodell zu ungleichen Ergebnissen führt. Nur bei vollständiger Eigenfinanzierung und/oder einer Konstanz von Einzahlungsüberschüssen ist eine Überführung möglich.

Dies begründet sich darin, dass der angewandte DCF-Ansatz eine Umformung der Einzahlungsüberschüsse mit dem gewichteten Kapitalkostensatz in eine ewige Rente durchführt und erst dann mithilfe des Eigenkapitalkostensatzes den Barwert dieser ewigen Rente ermittelt.

Wird dann zusätzlich von der realistischen Annahme ausgegangen, dass der gewichtete Kapitalkostensatz unter den Eigenkapitalkosten liegt, so werden beim DCF-Ansatz die weiter in der Zukunft liegenden Einzahlungsüberschüsse mit einem geringeren Zinssatz, nämlich dem gewichteten Kapitalkostensatz kapitalisiert. Zahlungsreihen mit höheren Einzahlungsüberschüssen in nächster Zukunft führen bei Anwendung des DCF-Verfahrens daher zu niedrigeren Barwerten als bei der Ertragswertmethode. Das finanzmathematisch korrekte Resultat liefert jedoch die Ertragswertmethode (Kirsch und Krause 1996, S. 805 ff.).

3.18 Abschließende Betrachtung

Im Rahmen dieses Kapitels wurden einerseits die einzelnen Verfahren der Unternehmensbewertungen und andererseits deren Gemeinsamkeiten, Unterschiede und Vor-/Nachteile dargestellt. Dabei ging es mir darum, erneut einen Überblick zu geben, bevor wir dann an konkreten Beispielen in die Details gehen.

Zusammenfassend kann die Frage der Unterschiede und Gemeinsamkeiten mit deren Vor- und Nachteilen insofern beantwortet werden, als dass die Positiva der im deutschen Raum angewandten Ertragswertmethode

- erstens in der Einfachheit der Berechnungsweise im Gegensatz zur DCF-Methode,
- zweitens in der geringeren Manipulierbarkeit der Zielbeiträge durch bilanzpolitische Maßnahmen und
- drittens in der korrekten Behandlung der Besonderheiten des deutschen Steuersystems liegen.

Die Negativa begründen sich in der einwertigen Betrachtungsweise, d. h. dass keine weiteren Hinweise für strategische Handlungen und deren Konsequenzen auf die Unternehmensentwicklung zur Verfügung stehen.

Kritisiert werden auch die mangelnde Transparenz in der Berechnung, die ungenügende Berücksichtigung des Risikos und die unterstellte Alternativinvestition.

Im Gegensatz dazu ist aber auch die DCF-Methodik zur Unternehmensbewertung nicht frei von Kritik. Ein wesentlicher Schwachpunkt wird in der Bestimmung des Kapitalisierungszinssatzes gesehen.

Zu Problemen führen kann auch die Wahl der Rendite einer Finanzinvestition als Vergleichsmaßstab für die Eigenkapitalkosten.

Positiv zu vermerken ist aber z. B. der direkte Weg zur Berechnung des Unternehmenswertes sowie in einer der DCF-Methoden verwendeten Variante die Verdeutlichung des Zusammenhangs zwischen Finanzierung und Unternehmenswert. Einen weiteren Vorteil bietet die Notwendigkeit als Bewerter, sich eingehend mit der zukünftigen Entwicklung des Unternehmens bzw. der wertbestimmenden Faktoren befassen zu müssen.

Darüber hinaus werden die Akzeptanz im internationalen Umfeld und die klare Wertorientierung im Sinne des Shareholder Value Ansatzes sehr positiv bewertet.

Jetzt haben wir uns aber genug mit der Theorie beschäftigt – es wird Zeit, dass wir endlich selbst rechnen.

Das wollen wir jetzt auch tun, und zwar müssen wir mit den Kapitalkosten beginnen, denn diese benötigen wir ja immer, um Überschüsse, die immer definiert diskontieren, oder EVAs überhaupt berechnen zu können.

Literatur

Baetge, J., und C. Krause. 1994. Die Berücksichtigung des Risikos bei der Unternehmensbewertung. *Betriebswirtschaftliche Forschung und Praxis* 5.

Ballwieser, W. 1990. *Unternehmensbewertung und Komplexitätsreduktion*, 3. Aufl. Wiesbaden: Gabler.

Ballwieser, W., und R. Leuthier. 1986a. Betriebswirtschaftliche Steuerberatung: Grundprinzipien, Verfahren und Probleme der Unternehmensbewertung (Teil I). *Deutsches Steuerrecht* 6:545–551.

Ballwieser, W., und R. Leuthier. 1986b. Betriebswirtschaftliche Steuerberatung: Grundprinzipien, Verfahren und Probleme der Unternehmensbewertung (Teil II). *Deutsches Steuerrecht* 18:604–610.

Bühner, und Rolf. 1993. Shareholder Value. *Die Betriebswirtschaft* 6:749–769.

Busse von Colbe, W., und A. Coenenberg. 1992. *Unternehmensakquisition und Unternehmensbewertung*. Stuttgart: Schäffer-Poeschel.

Coenenberg, A., und W. Schultze. 2002. Unternehmensbewertung. Konzeptionen und Perspektiven. *Die Betriebswirtschaft* 62:597–621.

Copeland, T., T. Koller, und J. Murrin. 2000. *Valuation: Measuring and Managing the Value of Companies*, 3. Aufl. Canada: Wiley.

Copeland, T., T. Koller, und J. Murrin. 2002. *Unternehmenswert: Methoden und Strategien für eine wertorientierte Unternehmensführung*, 3. Aufl. Frankfurt.

Drukarczyk, J. 1996. *Unternehmensbewertung*. München: Vahlen.

Hachmeister, D. 1996a. Der Discounted Cash Flow als Unternehmenswert. *Das Wirtschaftsstudium* 4:357–366.

Hachmeister, D. 1996b. Die Abbildung der Finanzierung im Rahmen verschiedener Discounted Cash Flow-Verfahren. *Zeitschrift für betriebswirtschaftliche Forschung* 3:251–277.

Jonas, M. 1995. Zur Anwendung der Discounted-Cash Flow-Methode in Deutschland. *Betriebswirtschaftliche Forschung und Praxis* 1:83–98.

Kirsch, H.-J., und C. Krause. 1996. Kritische Überlegungen zur Discounted Cash Flow-Methode. *Zeitschrift für Betriebswirtschaft* 7:793–812.

Madrian, J., und K. Schulte. 2004. M&A-Valuation im Akquisitionsprozess. In *Beteiligungscontrolling*, Hrsg. J. Littkemann und H. Zündorf, 307–336. Berlin: Herne.

Mandl, G., und K. Rabel. 1997. *Unternehmensbewertung – Eine praxisorientierte Einführung*. Wien: Ueberreuter.

Matschke, M.J. 1979. *Funktionale Unternehmensbewertung. Der Arbitriumwert der Unternehmungen*

Moxter, A. 1983. *Grundsätze ordnungsmäßiger Unternehmensbewertung*, 2. Aufl. Wiesbaden: Gabler.

Münstermann, H. 1966. *Wert und Bewertung der Unternehmung*. Reihe A, Betriebswirtschaftslehre. Die Wirtschaftswissenschaften, Bd. 62. Wiesbaden: Gabler.

Peemöller, V. 2005. *Praxishandbuch der Unternehmensbewertung*, 3. Aufl. Neue Wirtschafts-Briefe.

Peemöller, V., P. Bömelburg, und A. Denkmann. 1994. Unternehmensbewertung in Deutschland. *Die Wirtschaftsprüfung* 47:741–749.

Peemöller, V., S. Kunowski, und J. Hillers. 1999. Ermittlung des Kapitalisierungszinssatzes für internationale Mergers und Acquisitions bei Anwendung des Discounted Cash Flow-Verfahrens (Entity-Ansatz). Eine empirische Erhebung. *Die Wirtschaftsprüfung* 52:621–630.

Rappaport, A. 1986. *Creating Shareholder Value. The New Standard for Business Performance*, 17. Aufl. New York: Free Press.

Rödl, B., und T. Zinser. 2000. *Going public – der Gang mittelständischer Unternehmen an die Börse*, 2. Aufl. Frankfurt a. M.: Frankfurter Allg. Buch Verlag.

Schmidt, J. 1995. Die Discounted Cash Flow-Methode – nur eine kleine Abwandlung der Ertragswertmethode? *Zeitschrift für betriebswirtschaftliche Forschung* 12:1088–1115.

Schultze, W. 2003. *Methoden der Unternehmensbewertung*. Bd. 2. Düsseldorf: IDW.

Serfling, K., und U. Pape. 1995. Das Ertragswertverfahren als entscheidungsorientiertes Verfahren der Unternehmensbewertung. *Das Wirtschaftsstudium* 11:940–946.

Serfling, K., und U. Pape. 1996. Strategische Unternehmensbewertung und Discounted Cash Flow-Methode. *WISU* 1:57–64.

Sieben, G. 1995. Unternehmensbewertung: Discounted Cash-flow-Verfahren und Ertragswertverfahren – Zwei völlig unterschiedliche Ansätze? In *Internationale wirtschaftsprüfung, Festschrift für H. Havermann*, Hrsg. J. Keufermann, 714–737.

Steiner, M., und M. Wallmeier. 1999. Unternehmensbewertung mit Discounted Cash Flow-Methoden und dem Economic Value Added-Konzept. *Zeitschrift für Unternehmensfinanzierung und Finanzmanagement* 5:1–10.

Stewart, G.B. 1991. *The Quest for Value – The EVA Management Guide*. New York: Harper Collins.

4 Berechnung der Kapitalkosten

4.1 Definition Kapitalkosten

Um die Berechnung der Barwerte durchführen zu können, ist ein Zins notwendig, den wir bisher immer nur „*i*" genannt haben. Ich hatte bisher offen gelassen, wie sich dieser Zinssatz im Detail zusammensetzt, und dieser Frage wollen wir jetzt im Detail nachgehen.

Wir wissen bereits aus unseren bisherigen Betrachtungen, dass zukünftige Überschüsse, egal wie definiert, bei der Bewertung auf einen bestimmten Bewertungsstichtag abgezinst werden. Damit gibt der Kapitalkostensatz bei einer EVA-Betrachtung aber auch die Untergrenze der Verzinsung an, die beim Einsatz des Kapitals erreicht werden muss. Ist die geforderte Rendite (Kapitalzins) kleiner als die erwirtschaftete Rendite (Betriebsergebnis nach Steuern – NOP(L)AT), wird eine Wertsteigerung erwirtschaftet.

Leider müssen wir jetzt mit auf den ersten Blick wieder unschönen Formeln arbeiten. Sie werden dann allerdings sehen, dass auch bei diesen Berechnungen die Formeln bei sukzessiver Abarbeitung jeden Schrecken verlieren.

Der Zins, den wir i. d. R. nutzen müssen, ist ein Mischsatz, besonders bei Bruttoansätzen (Entity Approaches) in der Bewertung. Dieser setzt sich aus den Erwartungen der Eigenkapitalgeber (Stichwort Dividenden bzw. früher haben wir gesagt „kalkulatorischer Unternehmerlohn") und den vertraglich mit den Fremdkapitalgebern, also den Banken, verhandelten Kreditzinsen zusammen. Der Mischzinssatz zeigt somit die Verzinsungsansprüche aller Kapitalgeber und beinhaltet auch – dies werden wir später mathematisch integrieren – die Quantifizierung von Risiken.

Kapitalkosten (in der englischen Sprache „Opportunity Cost of Capital") umfassen somit zunächst

- Eigenkapitalkosten (EKK) und
- Fremdkapitalkosten (FKK).

B. Heesen, *Beteiligungsmanagement und Bewertung für Praktiker*,
https://doi.org/10.1007/978-3-658-30792-9_4

Und nach Zusammenführung der beiden Größen sprechen wir von den Gesamtkapitalkosten (GKK).

Es gilt:

$$\text{EKK} + \text{FKK} = \text{GKK}.$$

Fremdkapitalkosten ergeben sich in der Regel aus klar geregelten Kreditverträgen. Sind im Unternehmen verschiedene zinstragende Fremdkapitalarten vorzufinden, so ist ein gewichteter Fremdkapitalkostensatz zu bilden.

Die gewichteten Gesamtkapitalkosten entstehen dann aus der Gewichtung der vom Eigenkapitalgeber erwarteten Rendite und den Fremdkapitalkosten. Diese (gewichteten Gesamtkapitalkosten) liegen zwischen den Eigen- und Fremdkapitalkosten, weil Eigen- viel teurer als Fremdkapital ist.

Dies ist

- einerseits auf die Steuerersparnis beim Einsatz von Fremdkapital zurückzuführen und wird auch „Steuerschutz“ oder „Tax Shield“ genannt und
- andererseits bedingt durch die Tatsache, dass in der Regel weniger Eigen- als Fremdkapital (aus o. g. Kostengründen) eingesetzt wird.

Während Fremdkapitalkosten auch in der Gewinn- und Verlustrechnung (GuV) ausgewiesen werden (§ 275 Abs. 2 HGB, Gesamtkostenverfahren, hier Posten 13, „Zinsen und ähnliche Aufwendungen“), sind Eigenkapitalkosten selbst zu bestimmen und nicht steuerlich als Aufwand akzeptiert.

Die Ermittlung der Eigenkapitalkosten ist hingegen nicht so einfach und kann nicht auf explizite Wertvorgaben zurückgreifen. Es gibt mehrere Methoden, Eigenkapitalkosten zu ermitteln, die meist allgemeine Marktdaten nutzen und auch die spezielle Risikosituation des Unternehmens integrieren. Es versteht sich von alleine, dass Eigenkapitalkosten auch vom Verschuldungsgrad abhängen müssen, da mit zunehmendem Fremdkapital auch das Risiko des Investors, unabhängig davon, dass Fremdkapitalkosten in der GuV Aufwand darstellen und damit steuerlich abzugsfähig sind, steigt.

Wir werden im Folgenden zunächst einen Ansatz betrachten, der fast immer und überall zum Einsatz kommt und der wohl auch der bekannteste ist.

Ich spreche vom klassischen „*CAPM*“-Ansatz: das „*Capital Asset Pricing Model*“.

Dieser Ansatz hat zwar auch seine einschränkenden theoretischen Grundlagen,[1] wird aber trotz dieser eigentlich unrealistischen Basisannahmen aufgrund der hohen

[1] **Capital Asset Pricing Model (CAPM):** Das CAPM basiert auf den Annahmen eines vollkommenen Kapitalmarktes (keine Informations- bzw. Transaktionskosten, Steuern oder Beschränkungen), eine homogene Erwartungshaltung der Anleger, festgelegte Anzahl der Anlagen, marktfähige und beliebig teilbare Anlagen. Es existieren risikolose Anlagen sowie unbegrenzte Geldmengen zu einem sicheren Zinssatz.

Nachvollziehbarkeit, einer Marktgerechtheit und der Objektivität fast immer in der Praxis genutzt.

Wir beschäftigen uns also zunächst jetzt mit den Eigenkapitalkosten.

4.2 Die Eigenkapitalkosten

Die Eigenkapitalkosten sind identisch mit den Erwartungen der Eigenkapitalgeber bzw. Investoren, abhängig vom zu erwartenden Risiko. Dieses Risiko bei den Eigenkapitalgebern bzw. den Investoren setzt sich aus zwei Klassen zusammen:

- *Die vom Anteilseigner erwartete Rendite für das zu tragende Geschäftsrisiko.* Dieses Risiko ergibt sich durch die Geschäftstätigkeit des Unternehmens in der jeweiligen Branche. Wie bereits geschildert, hat der Anleger/der Investor ja gewisse Erwartungen an die Rendite seines eingesetzten Kapitals, aber Renditesicherheit gibt es bei Investitionen in Unternehmen generell nicht. Gegenüber seinem Anlegerkollegen, der in risikolose Bundesanleihen (AAA-Rating) investiert, hat der Finanzier einer Investition in eine Firma (und damit ist auch jeder Firmeneigentümer gemeint) alleine schon aufgrund der entsprechenden Geschäftstätigkeit des Unternehmens, in dem eine neue Investition ansteht, ein höheres Risiko zu tragen. Dies wird als Geschäftsrisiko bezeichnet. Eine „Prämie" soll den Eigenkapitalgeber dafür entschädigen, dass er sich anstatt für eine „risikolose" Anlageform für eine Investition mit Unsicherheit entscheidet.
- *Die vom Eigenkapitalgeber erwartete Rendite für das zu tragende Finanzrisiko aus der Kapitalstruktur heraus.* Dieses Risiko ergibt sich durch die gegebene Kapitalstruktur. Die Prämie für den Eigenkapitalgeber soll zusätzlich dafür entschädigen, dass er sein Anlagekapital aufgrund der Kapitalstruktur mehr gefährdet – da ja auch in der Regel Fremdkapital in erheblichem Umfang im Einsatz ist – als sein Anlegerkollege, der in (quasi) „risikolose" Anlageformen wie z. B. Staatsanleihen (bei entsprechendem Rating) investiert.

  Vergessen wir nicht, dass Fremdkapital bei Insolvenzen immer prioritär im Vergleich zum Eigenkapital behandelt wird. Während Aktionäre nichts mehr bekommen, gehen die Banken häufiger recht gut „nach Hause".

Wie setzen sich dann diese Eigenkapitalkosten zusammen? Um dies erklären zu können, müssen wir in die Kapitalmarkttheorie einsteigen und Sie werden sehen, dass wir im Folgenden immer wieder Aktien und Aktienmärkte als alternative Anlageformen betrachten.

4.2.1 Risikofreier Satz und Risikoprämie

Zunächst benötigen wir einmal die Rendite risikofreier Anlagen – sie werden in der Regel mit „r_f" für „*risk free*" benannt!

Allerdings, die gänzlich risikofreie Anlageform gibt es nicht. Näherungsweise wird die Rendite langfristiger Staatsanleihen herangezogen. Eine „Triple A (AAA-Rating)"-Anleihe wird als „quasi risikofrei" angesehen.

Dann brauchen wir eine zusätzliche Entschädigung für das Engagement in ein unsicheres Investitionsprojekt, auch *Marktrisiko-, Risiko-* oder *Geduldsprämie* „r_p" („*Risk Premium*", bzw. auch „*Patience Premium*") genannt. Ausgedrückt im Risikodenken der Anleger kann dies auch folgendermaßen interpretiert werden:

Die Marktrisikoprämie ist die Differenz der tatsächlich angefallenen Rendite alternativer Anlagen (meist des Aktienmarktes) über einen längeren Zeitraum und dem risikolosen Zinsfuß. Das Niveau der alternativen Anlage wird als „r_m" („return of the market") bezeichnet, und die Differenz zwischen diesem Niveau r_m und der „risikofreien" Rendite r_f stellt o. g. Marktrisiko-, Risiko- oder auch Geduldsprämie r_p dar.

Klingt kompliziert, nicht wahr? Ist es aber nicht. Also stellen wir den Zusammenhang einmal grafisch dar und beschreiben r_f, r_p und r_m anhand der Darstellungen.

Im Folgenden bilden wir hier exemplarisch die langfristige Volatilität eines Aktienportfolios (Unternehmen einer Branche) im Vergleich zu sicheren langfristigen Staatsanleihen ab. Man sieht, dass die jährlichen Rückflüsse (Cash Flows) aus Investitionen in Unternehmen (Aktien) über einen langen Zeitraum

- volatiler,
- aber in der Regel auch höher sind

als diejenigen der sicheren Staatsanleihen.

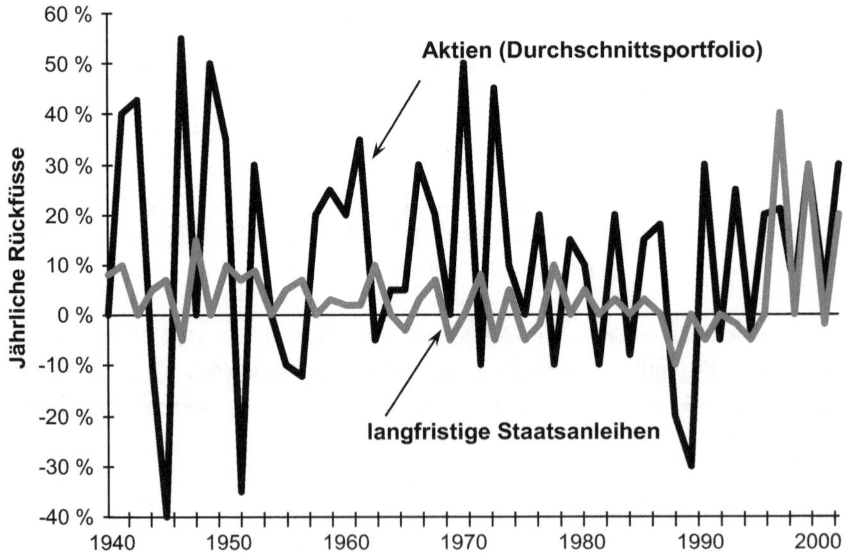

Berechnet man jetzt den Median[2], also die durchschnittliche Bandbreite der Aktienrendite für die letzten 25 Jahre, so sieht man, dass sich diese immer präziser, einem Trichter gleich, auf ein Niveau hin entwickelt.

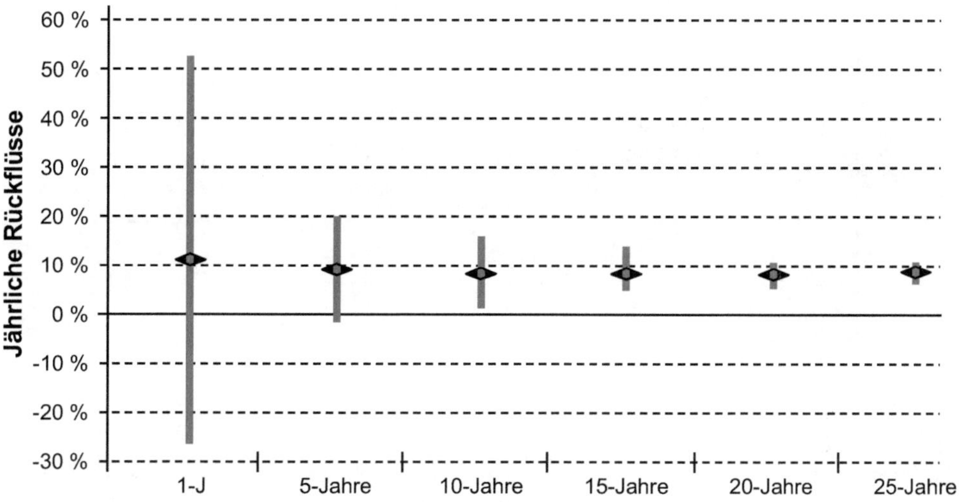

'High'	+52,3	+20,1	+16,4	+13,9	+11,6	+10,2
'Average'	+11,4	+9,3	+8,5	+8,4	+8,4	+8,9
'Low'	-26,3	-2,4	+1,2	+4,3	+6,5	+7,9

Je kürzer sich der Investitionszeitraum in Aktien/Unternehmensanteilen darstellt, desto größer die mögliche Schwankungsbreite des Risikos eines Wertpapierportfolios und somit auch die geforderte Rendite. Über einen längeren Anlagezeitraum hinweg nivelliert sich die Rendite aller Aktien dieser Branche auf eine Höhe.

Damit ergibt sich die gesuchte Marktrisiko-, Risiko- bzw. Geduldsprämie (r_p) aus der Differenz der langfristigen durchschnittlichen Rendite von Aktienportfolios (r_m) und sicheren Staatsanleihen (r_f) einfach durch Subtraktion:

$$r_p = r_m - r_f \, .$$

[2] Median (oder Zentralwert) bezeichnet eine Grenze zwischen zwei Hälften. In der *Statistik* halbiert der Median eine Verteilung. Gegenüber dem *arithmetischen Mittel*, auch Durchschnitt genannt, hat der Median den Vorteil, *robuster* gegenüber *Ausreißern* (extrem abweichenden Werten) zu sein.

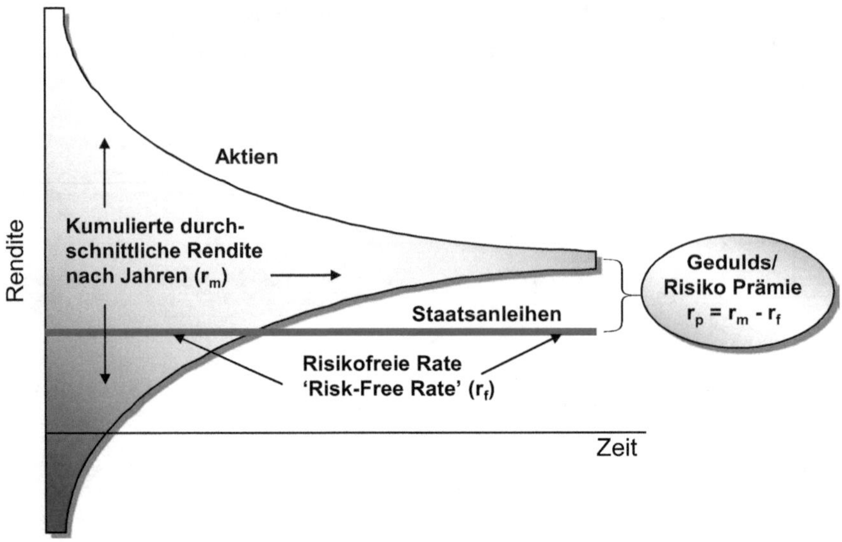

Somit kann die Risikoprämie auch als empirisch beobachtete Differenz zwischen dem Ertrag einer durchschnittlichen Rendite auf dem Aktienmarkt und der risikofreien Anlage betrachtet werden.

Damit können wir erstmals die Eigenkapitalkosten k_e ausweisen als

$$k_e = r_f + r_p \,.$$

Wenn Sie zum risikofreien Satz und zur Risikoprämie detaillierte Größen nach Land suchen, rufen Sie bitte auf

www.basiszinskurve.de

„Spielen" Sie ein wenig auf dieser Seite mit den risikofreien Sätzen nach Land und nach Zeitpunkt.

Und wenn Sie oben neben den in grün geschriebenen „Basiszinssatz gemäß IDW" auf „Markrisikoprämien" klicken, bekommen Sie auch wieder für verschiedene Länder entsprechendes Datenmaterial.

Mit dieser Seite arbeiten übrigens die meisten Bewerter in Deutschland.

Manchmal findet man auch r_{EK} als Bezeichnung für k_e.

Wir sind aber noch lange nicht am Ende.

Bei kleineren Gesellschaften, i. d. R. nicht börsennotierten Familienunternehmen, sieht man häufiger auch, dass die Risikoprämie (r_p) additiv noch durch eine zusätzliche „Illiquiditätsprämie" („Small Caps Premium" r_{sc}) erhöht wird. Dies hängt mit folgendem Sachverhalt zusammen.

Börsennotierte Aktiengesellschaften kommen per Beschluss (in der Hauptversammlung) für eine Eigenkapitalerhöhung eigentlich viel einfacher an neues Eigenkapital als nicht notierte Gesellschaften. Diesem zusätzlichen „Geldbeschaffungsrisiko“ wird per Zuschlag (r_{sc}) auf die Risikoprämie Rechnung getragen.

Jetzt müssen wir noch einen zusätzlichen individuellen Risikofaktor in die Eigenkapitalkostengleichung integrieren, denn jedes „Investment“ in Aktien/Unternehmen ist unterschiedlich hinsichtlich der Rückflüsse.

Die nächsten Zeilen werden jetzt in der Tat etwas heftiger, allerdings werden Sie später bei der Berechnung sehen, dass die mathematische Ermittlung der gesamten Kapitalkosten ganz einfach ist. Sollten Sie sich nicht für die theoretischen Hintergründe des jetzt folgenden β-Faktors interessieren, lesen Sie einfach dort weiter, wo Sie diese Formel erneut sehen.

$$k_e = r_f + \beta \times r_p .$$

4.2.2 Der β-Faktor

In Bezug auf die Volatilität der Cash Flows schwankt jede Aktie/jedes Unternehmen und damit jede Investition unterschiedlich stark, jeweils gemessen an einem vergleichenden Gesamtmarkt. Dieser Vergleichsgesamtmarkt kann als Aktiensegment, Branche, geographische Zone, Wettbewerbergruppe etc. definiert sein.

Um eine Berechnung der Eigenkapitalkosten korrekt durchführen zu können, muss daher dieser Schwankungskoeffizient, genannt der Unternehmens-Beta-Faktor (β), bekannt sein.

Beim Beta-Faktor (β) handelt es sich um ein Maß für das systematische Risiko einer Anlage. β ist das Maß der Sensitivität zwischen der erwarteten Rendite des einzelnen Wertpapiers und der erwarteten Rendite des Marktportfolios.

Hört sich auch wieder unheimlich kompliziert an. Erst einmal, der Beta-Faktor ist ein Maß für die Kurssensitivität einer Aktie (in die ich investiert habe oder in die ich investieren will) gegenüber Indexveränderungen. Der Faktor beschreibt, in welchem Ausmaß der Kurs der Aktie die Wertentwicklung des Index (z. B. DAX®) nachvollzieht.

Ist der Beta-Faktor größer (kleiner) als eins, so reagiert die Aktie im Untersuchungszeitraum überproportional (unterproportional) auf Änderungen des Index. Ist also z. B. der DAX® um 10 % gestiegen, so gibt ein Beta-Faktor von 1,2 an, dass der Wert der Aktie im selben Zeitraum um 12 % gestiegen ist. Bei einem Beta-Faktor von 0,8 wäre die Aktie nur um 8 % gestiegen.

Hohe Beta-Faktoren geben also an, welche Aktien in Zeiten eines steigenden Index überproportionale Gewinnchancen bieten. Dieselben Aktien bergen allerdings in Zeiten eines fallenden Index auch ein höheres Risiko. Der Beta-Faktor sollte außerdem stets zusammen mit dem Korrelationskoeffizienten betrachtet werden.

Der Korrelationskoeffizient ist ein Maß für die Stärke und Richtung des linearen Zusammenhangs zwischen den Verläufen zweier Zeitreihen. Auf den Wertpapiersektor übertragen heißt dies, dass der Zusammenhang zwischen dem Kursverlauf einer Aktie und dem einer Bezugsreihe – i. Allg. einem marktrepräsentativen Aktienindex – berechnet wird.

Der Korrelationskoeffizient kann Werte zwischen −1 und +1 annehmen. Hat eine Aktie einen Korrelationskoeffizienten zum Index von +1, so bedeutet das, dass die Zeitreihen einen positiv linearen Zusammenhang haben. Konkret heißt das: Der Kurs der Aktie verändert sich immer um genau denselben Prozentsatz wie der Index.

Je kleiner der Koeffizient ist, desto schwächer ist dieser Zusammenhang. Bei einem Korrelationskoeffizienten von 0 bewegt sich der Kurs der Aktie vollkommen unabhängig vom Index. Im seltenen Fall eines negativen Koeffizienten verläuft der Kurs der Aktie entgegengesetzt zum Index, womit eine Investition in diese Aktie die Möglichkeit des Risikoausgleichs bietet.

Ist die Kapitalstruktur des jeweiligen Unternehmens nicht enthalten, spricht man von einem sogenannten „β unlevered" (β ohne „Leverage"[3]-Betrachtung).

Damit unterstellt der Beta-Faktor einen Zusammenhang zwischen der Kursentwicklung am Aktienmarkt und dem Risiko eines Unternehmens, allerdings immer auf der Basis historischer Entwicklungen.

Der β-Faktor ist also das Maß für das systematische Risiko; er wird formal berechnet als Verhältnis zwischen der Kovarianz der Unternehmensrendite zur Marktrendite und der Varianz der Marktrendite

$$\beta_i = \frac{\mathrm{Cov}\left(r_{\mathrm{w}}, r_{\mathrm{m}}\right)}{\sigma_{\mathrm{m}}^2}$$

mit

$\mathrm{Cov}\left(r_{\mathrm{w}}, r_{\mathrm{m}}\right)$ = Kovarianz der erwarteten Rendite des Wertpapiers w mit der erwarteten Rendite des Marktportfolios,

σ_{m}^2 = Varianz der Rendite des Marktportfolios.

Wirtschaftlich misst β die Kursveränderung einer Aktie relativ zum Marktportfolio. Je höher das β, desto höher ist das Risiko des Anlegers und die zu fordernde Risikoprämie.

Wenn Sie sich bis hier durchgekämpft haben, können Sie sich sicherlich als Eine(n) unter den „Harten" bezeichnen, und bitte jetzt auch noch nicht erstarren: Sie müssen dies nicht selbst errechnen. Suchen Sie doch einmal im Internet unter „beta Faktor" und Sie werden schnell fündig. Wenn Sie mehr über β-Faktoren lesen möchten, dann klicken Sie doch einmal auf:

www.deutsche-boerse.com

Dann bitte oben rechts im Suchfeld „beta" eingeben, und schon werden Sie weitergeleitet und erhalten einige Auswahlseiten.

---

[3] „Leverage" ist das Verhältnis Fremd- zu Eigenkapital.

In den USA gibt eine Internetseite (leider natürlich in englischer Sprache), wo Sie generell zu „Corporate-Finance"-Themen und natürlich auch zu β-Faktoren tolle Informationen finden. Klicken Sie doch mal auf folgenden Link im Internet. Sie werden überrascht sein, was Sie dort alles finden werden. Allerdings müssen Sie ein wenig Zeit mitbringen und „surfen". Das Problem dabei ist, dass diese Seite unglaublich viel Input hat.

http://pages.stern.nyu.edu/~adamodar/

Alternativ rufen Sie auf:

www.damodaran.com

Dann klicken Sie auf „Data" und als nächstes auf „Current Data" auf dieser Seite finden Sie dann β-Faktoren nach Industrien und Geografien.

Dennoch einige weitere Anmerkungen zur Herleitung/Gewinnung eines Beta-Faktors.

Einen nicht unwesentlichen Einfluss auf den Beta-Faktor nimmt die Kapitalstruktur des Unternehmens. Je höher der Verschuldungsgrad eines Unternehmens ist, desto höher wird das Risiko und somit die Renditeforderung der Eigenkapitalgeber. Dazu werden wir aber noch Genaueres lesen, wenn es gilt, den „Leverage" zu integrieren.

Im Falle von börsennotierten Unternehmen ist der Beta-Faktor vergleichsweise einfach zu ermitteln. Bei DAX-Gesellschaften werden beispielsweise Schätzungen für Beta-Werte aufgrund von Regressionsberechnungen über Tagesrenditen täglich publiziert.

Schwieriger jedoch erweist sich die Ermittlung bei nicht börsenorientierten Unternehmen. Hier greift man z. B. auf die Verwendung eines angepassten Beta-Faktors eines vergleichbaren Unternehmens zurück.

Eine andere Möglichkeit besteht in der Hinzuziehung von berechneten Branchen-Beta-Faktoren, wie sie häufiger publiziert werden.

Letztendlich bleibt noch die Variante, Beta-Faktoren über qualitative Verfahren zu schätzen. Man kann sich verschiedener „Scoring"-Modelle bedienen. Hier geht es dann um die Zerlegung einer Gesamtentscheidung in mehrere Teilentscheidungen. Dazu kommt noch die Definition und Gewichtung bestimmter Kriterien. Danach ergibt sich durch Aufsummieren dieser ein Nutzenwert.

BASF hat in seinem Zielrenditekonzept alle Geschäftsbereiche einmal hinsichtlich drei Kriterien untersucht:

- Anlagenintensität,
- Fixkostenintensität,
- F&E-Kostenintensität.

Auf Basis dieser Intensitäten wurde dann ein „Scoring"-Modell entwickelt und konzerninterne Risikokoeffizienten ermittelt, die logisch und verständlich abgeleitet und nicht auf der Basis „Kovarianz zu Varianz“ hergeleitet waren, was sicherlich sehr zu mehr Akzeptanz beitragen kann.

Was machen wir jetzt mit diesem β?

4.3 Das CAPM – Capital Asset Pricing Model – zur Berechnung der Eigenkapitalkosten

Wir integrieren es in die bereits bekannte Formel für die Eigenkapitalkosten und zwar als Multiplikator zur Risikoprämie r_p. Somit erhalten wir dann als erweiterte Gleichung für die Eigenkapitalkosten:

$$k_e = r_f + \beta \times r_p .$$

Arbeiten wir auch mit einer Illiquiditätsprämie (r_{sc}), dann sieht die Gleichung folgendermaßen aus.

$$k_e = r_f + \beta \times \left(r_p + r_{sc} \right).$$

Diese Gleichung ist unter dem Namen „*CAPM – Capital Asset Pricing Model*“ bekannt geworden und dient in der Praxis inzwischen fast immer als Startpunkt für die Berechnung der Eigen- bzw. Gesamtkapitalkosten.

Arbeiten wir doch einmal mit folgenden Ausgangsdaten.

Vorgaben

Risk Free Rate r_f	3,6 %
β-Faktor	1,2
Risk Premium r_p	5,0 %
Small Caps Premium r_{sc}	2,0
Fremdkapital	67,9 %
Eigenkapital	32,1 %
Gesamtkapital	100 %
Steuersatz	27,3 %
Fremdkapitalkosten (v. St.)	1,8 %

Bei den geringen Fremdkapitalkosten (1,8 %) werden Sie jetzt wahrscheinlich staunen. Aber zum Zeitpunkt des Entstehens dieses Buches (Mitte 2013) war der Zinsmarkt in der Tat auf einem historischen Tiefstand und eine Finanzierung bei unter 2 % gar nicht so ungewöhnlich.

Berechnung der Eigenkapitalkosten k_e

$$k_e = r_f + \beta \times r_p .$$

Wir integrieren aber sofort die Illiquiditätsprämie, somit müssen wir rechnen

$$k_e = r_f + \beta \times (r_p + r_{sc}).$$

Also ergibt sich dann mit o. g. Werten

$$k_e = 0{,}036 + 1{,}2 \times (0{,}05 + 0{,}02)$$
$$k_e = 0{,}036 + 1{,}2 \times 0{,}07$$
$$k_e = 0{,}12,$$

also

$$k_e = 12{,}0\,\%.$$

In unserem Beispiel könnten die Eigenkapitalgeber also 12,00 % p. a. für ihr eingesetztes Kapital verlangen – dieser Betrag versteht sich nach Steuern.

4.4 Leverage-Betrachtungen und Integration

Jetzt gehen wir zum nächsten Schritt bei den Eigenkapitalkosten. Die bisher genutzte Formel hat leider nur Richtigkeit für Investitionen, bei denen ausschließlich Eigenkapital (also kein Fremdkapital) zum Einsatz kommt. Das Verhältnis Fremd- zu Eigenkapital nennen wir „Finanzierungsstruktur", ist meist aber mit dem englischen Begriff „Leverage" bezeichnet.

In unserem Fall, unter der Annahme von 100 % Eigenkapital, haben wir bisher einen Finanzierungsansatz ohne Leverage – wir sprechen daher von den Eigenkapitalkosten ohne Leverage, abgekürzt mit $k_{e\ unlev}$.

Eine Finanzierung ohne Fremdkapital ist allerdings in der Praxis sehr ungewöhnlich, und wir müssen daher in unsere Eigenkapitalkostengleichung, die ja zugleich die Mindestrenditeerwartungen der Eigenkapitalgeber widerspiegelt, das eingesetzte Fremdkapital und deren Effekte ebenfalls integrieren.

Welche Effekte treten denn auf? Positiv ist, dass Fremdkapital

- fast immer kostengünstiger ist als Eigenkapital und
- zudem in der GuV noch als Aufwand anerkannt und
- somit steuerlich abzugsfähig ist. Sie reduzieren somit die Fremdkapitalkosten um den sogenannten Steuerschutz (Tax Shield): *Steuerschutz* = (1 – *t*).

Negativ hingegen wirkt, dass

- sich das Risiko des Eigenkapitalgeber mit zunehmenden Fremdkapitalanteil zunimmt, da

- im Krisenfall, also bei Verlusten, eventuell recht schnell das Eigenkapital aufgezehrt ist und somit
- im Extremfall ein Totalverlust droht,
- Fremdkapital zwingend auch Kosten (Zinsen) nach sich zieht (die Rückzahlung über eine vertraglich vereinbarte endfällige Tilgung einmal zunächst ausgeschlossen) und
- diese Zinsen und eventuell erst später anstehende Tilgungen immer vorrangig bedient werden müssen.

Diese gegenläufigen Effekte müssen wir auch noch in die Forderungen der Eigenkapitalgeber integrieren, und hier werden immer wieder zwei Ansätze gerechnet. Beide sind anerkannt und es ist an Ihnen, sich für den einen oder anderen zu entscheiden.

Wir nutzen hauptsächlich in der Praxis die Ansätze nach

- Copeland und/oder
- Stewart.

Sie kommen allerdings nicht zu identischen Ergebnissen, es sei denn, ein Spezialfall tritt ein, den wir später noch aufzeigen werden.

Beschäftigen wir uns zunächst mit dem Ansatz nach Copeland.

4.4.1 Leverage-Integration nach Copeland

Bisher wurde ja von einer zur Gänze mit Eigenkapital finanzierten Gesellschaft ausgegangen. Copeland integriert den Fremdkapitaleinsatz über die Ermittlung des „*Leverage Factors (LF)*", der wiederum um das Tax Shield (Steuerschutz) angepasst werden muss. Der Leverage Factor errechnet sich zudem über die Berücksichtigung des Verschuldungsgrades.

$$\mathrm{LF} = 1 + (1 - t) \times \frac{\mathrm{FK}}{\mathrm{EK}}$$

mit

t = individueller Steuersatz, gemeint sind Ertrag-, Einkommen- oder Körperschaftsteuersatz,

FK = Fremdkapital,

EK = Eigenkapital.

Durch Multiplikation des Beta-Faktors β_{unlev} aus der ursprünglichen Eigenkapitalkosten-gleichung (bisher hatten wir ihn nur mit β bezeichnet, richtig wäre allerdings β_{unlev} gewesen, da wir von einer Finanzierung ohne Leverage, also mit 100 % Eigenkapital ausgegangen waren) mit dem Leverage-Faktor (LF) wird das Beta (β_{lev}) unter Berücksichtigung der Verschuldung des Unternehmens berechnet, also

$$\beta_{\text{lev}} = \beta_{\text{unlev}} \times \text{LF}.$$

Nach Berechnung des verschuldeten Beta (β_{lev}) kann die Ermittlung der um die Finanzstruktur bereinigten Eigenkapitalkosten ($k_{\text{e lev}}$) nach Copeland erfolgen. Das verschuldete Beta wird mit der Marktrisikoprämie (r_{p}) bzw. ($r_{\text{p}} + r_{\text{sc}}$) multipliziert und das Ergebnis zum risikofreien Basiszinssatz (r_{f}) addiert:

$$k_{\text{e lev}} = r_{\text{f}} + \beta_{\text{lev}} \times r_{\text{p}}.$$

In unserem Fall müssen wir rechnen:

$$k_{\text{e lev}} = r_{\text{f}} + \beta_{\text{lev}} \times \left(r_{\text{p}} + r_{\text{sc}}\right).$$

Gehen wir auch dies zunächst wieder anhand unserer Zahlen durch. Der Leverage Factor nach Copeland berechnet sich als

$$\text{LF} = 1 + \left(1 - t\right) \times \frac{\text{FK}}{\text{EK}}.$$

Somit sieht dies in unserem Fall folgendermaßen aus.

$$\text{LF} = 1 + \left(1 - 0{,}2730\right) \times \frac{0{,}679}{0{,}321},$$

also

$$\text{LF} = 1 + 0{,}727 \times 2{,}12,$$

somit

$$\begin{aligned} \text{LF} &= 1 + 1{,}54 \\ \text{LF} &= 2{,}54. \end{aligned}$$

Dabei handelt es sich um einen Faktor, wie das Wort LF – Leverage-Faktor bereits besagt.

Im nächsten Schritt ist nun das „verschuldete“ β_{lev} zu berechnen, also

$$\beta_{\text{lev}} = \beta_{\text{unlev}} \times \text{LF},$$

somit in unserem Fall

$$\beta_{\text{lev}} = 1{,}2 \times 2{,}54 = 3{,}05.$$

Und dieses β_{lev} wiederum müssen wir nun in die ursprüngliche Gleichung für die Eigenkapitalkosten integrieren. Damit erhalten wir die Eigenkapitalkosten unter Berücksichtigung des Finanzstrukturrisikos.

$$k_{\text{e lev}} = r_{\text{f}} + \beta_{\text{lev}} \times r_{\text{p}}$$

bzw. bei uns

$$k_{\text{e lev}} = r_{\text{f}} + \beta_{\text{lev}} \times \left(r_{\text{p}} + r_{\text{sc}}\right).$$

Für uns bedeutet das jetzt mit unseren Zahlen

$$k_{\text{e lev}} = 0{,}036 + 3{,}05 \times 0{,}07$$
$$k_{\text{e lev}} = 0{,}036 + 0{,}2132$$
$$k_{\text{e lev}} = 0{,}2502,$$

somit

$$k_{\text{e lev}} = 24{,}92\ \%.$$

Sollten Sie mit einem Taschenrechner arbeiten, erhalten Sie wegen Rundungsdifferenzen leicht unterschiedliche Werte.

Wir sind aber noch nicht ganz am Ziel bei den Eigenkapitalkosten. Wir haben zwar jetzt einen Satz bestimmt, allerdings darf dieser ja nur auf einen Teil des gesamten eingesetzten Kapitals bezogen werden; jenem Teil der Finanzierung, der durch Eigenkapital gestellt wird.

Dies ist auch der Grund, warum uns der gerade berechnete Zinssatz doch in Bezug auf seine Höhe erschreckt. Aber wir müssen ihn im Kontext sehen, denn er darf ja, wie bereits gesagt, nur auf den Anteil der Eigenkapitalfinanzierung, also 32,1 % bezogen werden.

4.4.2 Die gewichteten Eigenkapitalkosten nach Copeland

Wir müssen deshalb im nächsten Schritt die gewichteten Eigenkapitalkosten (gew. $k_{\text{e lev}}$) berechnen, also

$$\text{gew.}k_{\text{e lev}} = k_{\text{e lev}} \times \frac{\text{EK}}{\text{GK}}$$

mit

EK = Eigenkapital,
GK = EK + FK = Gesamtkapital.

Also

$$\text{gew.}k_{\text{e lev}} = 0{,}2492 \times \frac{0{,}321}{1}$$
$$\text{gew.}k_{\text{e lev}} = 0{,}08,$$

somit

$$gew.k_{e\,lev} = 8{,}00\,\%.$$

Diese 8,00 % besagen, dass von den späteren Gesamtkapitalkosten, also inklusive der Fremdkapitalkosten, genau diese 8,00 % an die Eigenkapitalgeber der Firma gehen.

Im Excel Tool sieht dies dann folgendermaßen aus.

Die Basisparameter:

Kapitalkostenberechnung - Vorgaben		
Risikofreier Satz	r_f	3,6%
ß Faktor	ß	1,2
Risiko Prämie	r_p	5,0%
Größen & Wachstums Zuschlag (kleine Fimen)	r_{sc}	2,0%
Risikoprämie mit "Small Cap" Zuschlag	$r_{p\,(incl.\,rsc)}$	7,0%
EK Quote	Equity	32,1%
FK Quote (Zins tragend)	Debt	67,9%
Steuer-Satz	t	27,30%
Fremdkapitalkosten	k_d	1,80%

Damit haben wir dann gerechnet und die bekannten Ergebnisse ermittelt.

Copeland		
Eigenkapitalkosten ohne Leverage	ke_{unlev}	12,00%
Leverage (FK/EK) Faktor	LF	2,54
Eigenkapitalkosten mit Leverage	$k_{e\,lev}$	24,92%
Gewichtete Eigenkapitalkosten	gew. ke_{lev}	8,00%

Während die Eigenkapitalgeber bei einer Unternehmensfinanzierung ausschließlich mit Eigenkapital lediglich 12,00 % nach Steuern verlangen dürften, gehen die Forderungen der Eigenkapitalgeber aufgrund des Fremdkapitalanteils, trotz steuerlicher Abzugsfähigkeit der Fremdkapitalkosten (Fremdkapitalzinsen), nun aufgrund des höheren Risikos um 12,92 % auf 24,92 % nach Steuern hoch. Gewichtet mit der Eigenkapitalquote errechnen sich immer noch 8,00 %.

4.5 Die Eigenkapitalkosten aus steuerlicher Sicht

Wenn Sie jetzt fragen, wieso diese Eigenkapitalkosten eine Größe nach Steuern sind, dann lassen Sie uns nochmals die Leverage-Umrechnung in der Formel betrachten.

$$LF = 1 + (1 - t) \times \frac{FK}{EK}.$$

In der Formel sehen Sie, dass der Leverage (FK/EK) mit dem Steuerschutz (1 − *t*) multipliziert wird und da liegt die Antwort auf die Frage. Wann immer Sie eine Vor-Steuer-Größe haben und bei bekanntem Steuersatz *t* die entsprechende Nach-Steuer-Größe wissen wollen, müssen Sie mit dem Steuerschutz (1 − *t*) multiplizieren.

Umgekehrt bedeutet dies, dass sich eine Nach-Steuer-Größe bei bekanntem Steuersatz *t* mittels Division durch den Steuerschutz (1 − *t*) in die entsprechende Vor-Steuer-Größe umrechnet.

Beschäftigen wir uns jetzt mit den Fremdkapitalkosten.

4.6 Die Fremdkapitalkosten

Die Fremdkapitalkosten entsprechen dem durchschnittlichen Fremdkapitalzinssatz des Unternehmens. Der Zinsaufwand auf Fremdkapital an sich ist nach den Rechnungslegungsvorschriften (noch[4]) steuerlich abzugsfähig. Die Höhe der Fremdkapitalkosten hängt von Faktoren wie der aktuellen Höhe der Zinssätze am Kapitalmarkt, dem Kreditausfallrisiko des Unternehmens oder den oben angeführten Steuervorteilen, die aus der Fremdfinanzierung resultieren, ab.

Diese Fremdkapitalkosten sind aber bei Weitem einfacher und mit weniger Aufwand zu ermitteln, denn wir müssen nur zwei Stati unterscheiden:

- Fremdkapitalkosten vor Steuern,
- Fremdkapitalkosten nach Steuern.

Gerade haben wir noch erklärt, warum es sich bei den Eigenkapitalkosten bei Leverage-Finanzierung zwingend um eine Nach-Steuer-Größe handelt. Dann erscheint es auch nur logisch, dass wir auch bei den Fremdkapitalkosten eine Nach-Steuer-Größe benötigen. Da Fremdkapitalkosten (Fremdkapitalzinsen) steuerlich abzugsfähig sind und wir daher nach Akzeptanz der GuV durch die Finanzbehörden effektiv auch nur weniger dafür be-

[4] Das stimmt so eigentlich in Deutschland auch nicht. Wir erinnern an die Diskussionen zu Beginn des Jahres 2008, als Überlegungen von Seiten der Regierungskoalition aufkamen, Zinsaufwendungen nicht mehr uneingeschränkt als Aufwand und damit steuerlich abzugsfähig zuzulassen. Übrigens, dies war eigentlich gar nicht so neu, denn bei der Ermittlung der Gewerbeertragsteuer sind Dauerschulden schon seit langer Zeit nur zur Hälfte („Freibetrag“ p. a. € 100.000) anzusetzen.

zahlen müssen, ist es aus einem zweiten Grund heraus logisch, auch hier zwingend eine Nach-Steuer-Größe zu berechnen.

4.6.1 Die Fremdkapitalkosten nach Steuern

Die Formel zur Berechnung der Fremdkapitalkosten nach Steuern:

$$k_D = k_d \times (1 - t)$$

mit

k_D Fremdkapitalkosten nach Steuern,
k_d Fremdkapitalkosten vor Steuern,
t Steuersatz.

Hier sehen wir exakt, was wir vor einigen Zeilen ausgeführt haben. Wann immer Sie eine Vor-Steuer-Größe haben und bei bekanntem Steuersatz t die entsprechende Nach-Steuer-Größe wissen wollen, müssen Sie mit dem Steuerschutz $(1 - t)$ multiplizieren.

Also setzen wir unsere Beispieldaten ein – der Fremdkapitalzins vor Steuern beträgt 1,80 %, der Steuersatz ist bereits bekannt.

$$k_D = 0{,}018 \times (1 - 0{,}273)$$
$$k_D = 0{,}018 \times 0{,}727$$
$$k_D = 0{,}0131,$$

somit

$$k_D = 1{,}31\,\%.$$

4.6.2 Die gewichteten Fremdkapitalkosten nach Steuern

Auch dieser Fremdkapitalkostensatz in Höhe von 1,31 % nach Steuern kann nur auf den Fremdkapitalanteil der Unternehmensfinanzierung bezogen werden. Also müssen wir auch in diesem Fall eine Gewichtung mit der Fremdkapitalquote rechnen.

$$\text{gew.}k_D = k_D \times \frac{\text{FK}}{\text{GK}}$$

mit

FK Fremdkapital,
GK Gesamtkapital = EK + FK,

also

$$\text{gew.}k_{\text{D}} = 0{,}0131 \times \frac{0{,}679}{1}$$
$$\text{gew.}k_{\text{D}} = 0{,}0089,$$

somit

$$\text{gew.}k_{\text{D}} = 0{,}89\ \%.$$

Die gewichteten Fremdkapitalkosten betragen somit 0,89 %.

Fassen wir auch diese Ergebnisse nochmals zusammen.

Fremdkapitalkosten vor Steuern	k_d (v. St.)	1,80%
Fremdkapitalkosten nach Steuern	k_D (n. St.)	1,31%
Gewichtete Fremdkapitalkosten	weight. k_D	0,89%

4.7 Die Gesamtkapitalkosten – WACC

Nun haben wir sowohl die Eigenkapital- als auch die Fremdkapitalkosten berechnet und können uns den Gesamtkapitalkosten widmen.

Die Gesamtkapitalkosten setzen sich aus den Eigen- und Fremdkapitalkosten zusammen und zwar jeweils gewichtet mit dem Verhältnis der Eigen- bzw. Fremdkapitalquote. Wir sprechen dann vom sogenannten *WACC – Weighted Average Cost of Capital*, den gewichteten durchschnittlichen (Gesamt-)Kapitalkosten.

Die Formel lautet:

$$\text{WACC} = k_{\text{e lev}} \times \frac{\text{EK}}{\text{GK}} + k_{\text{D}} \times \frac{\text{FK}}{\text{GK}}.$$

Was sehen wir? Die Formel besteht aus zwei Summanden, die jeweils ein Produkt darstellen.

$$k_{\text{e lev}} \times \frac{\text{EK}}{\text{GK}} \quad \text{und} \quad k_{\text{D}} \times \frac{\text{FK}}{\text{GK}}.$$

Kennen Sie diese beiden Summanden nicht schon? Setzen wir mal unsere Zahlen ein:

$$0{,}2492 \times \frac{0{,}321}{1} \quad \text{und} \quad 0{,}0131 \times \frac{0{,}679}{1}.$$

Richtig, es handelt sich dabei um die bereits berechneten gewichteten Eigen- bzw. Fremdkapitalkosten

$$gew.k_{e\,lev} = 0{,}2492 \times \frac{0{,}321}{1}$$
$$gew.k_{e\,lev} = 0{,}08\,,$$

somit

$$gew.k_{e\,lev} = 8{,}00\,\%$$

und

$$gew.k_{D} = 0{,}0131 \times \frac{0{,}679}{1}$$
$$gew.k_{D} = 0{,}0089\,.$$

Somit

$$gew.k_{D} = 0{,}89\,\%\,,$$

wobei wir wissen, dass beide jeweils Nach-Steuer-Größen darstellen. Damit können wir die WACC-Formel auch folgendermaßen darstellen:

$$WACC = gew.k_{e\,lev} + gew.k_{D}\,.$$

Wir können jetzt den eigentlichen WACC leicht errechnen, denn wir müssen die beiden bekannten gewichteten Kapitalkostengrößen ja lediglich addieren, also

$$WACC = 0{,}08 + 0{,}0089$$
$$WACC = 0{,}0889\,,$$

somit

$$WACC = 8{,}89\,\%\,.$$

Die gewichteten Kapitalkosten nach Copeland betragen also 8,89 % nach Steuern. Darauf entfallen 8,00 % auf die Eigenkapitalgeber und 0,89 % auf die Fremdkapitalgeber.

Unser Excel Tool weist natürlich auch dieses Ergebnis aus. Kopieren wir uns doch jetzt einmal die gesamte Berechnung nach Copeland aus dem Excel Tool ein.

Kapitalkosten - Berechnung

Copeland

Eigenkapitalkosten ohne Leverage	ke_{unlev}	12,00%
Leverage (FK/EK) Faktor	LF	2,54
Eigenkapitalkosten mit Leverage	$k_{e\ lev}$	24,92%
Gewichtete Eigenkapitalkosten	gew. ke_{lev}	8,00%
Fremdkapitalkosten vor Steuern	k_d (v. St.)	1,80%
Fremdkapitalkosten nach Steuern	k_D (n. St.)	1,31%
Gewichtete Fremdkapitalkosten	weight. k_D	0,89%
Gewichtete durchschnittliche Gesamtkapitalkosten	WACC	8,89%

Abschließend wollen wir alle Berechnungsformeln auch noch einmal in der Übersicht darstellen.

Dabei vernachlässigen wir einmal die Illiquiditätsprämie und stellen nur die Basisformel für das CAPM dar. Rückwirkend müssen Sie doch zugeben, dass es viel schwieriger und schlimmer aussieht, als es in Wirklichkeit ist.

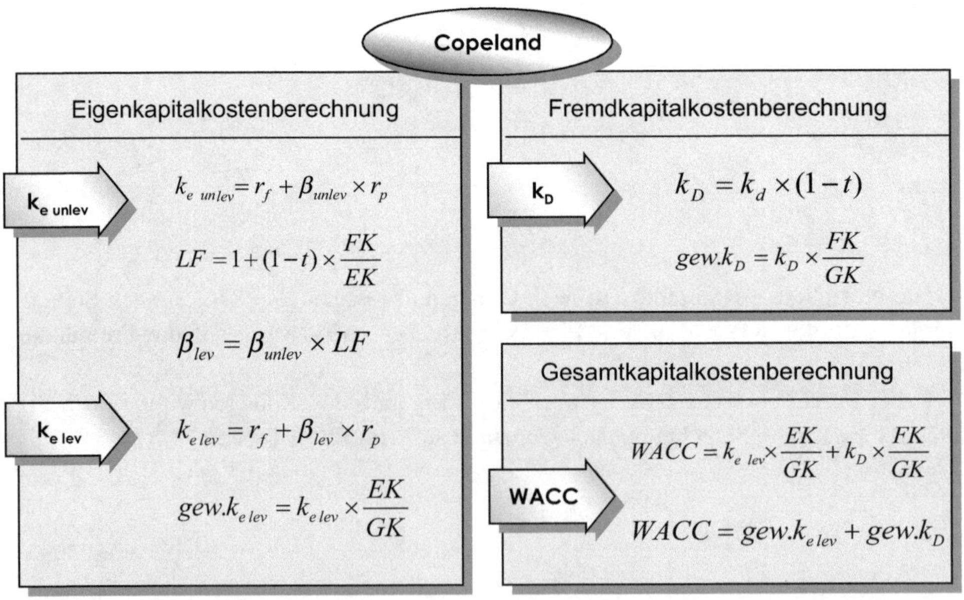

4.8 Die Leverage-Berechnung und -Integration nach Stewart

Stewart, ein anderer Professor und Autor in Kapitalmarktfragen, geht einen etwas anderen Weg als Copeland und ich muss zugeben, dass ich persönlich diesen Weg bevorzuge.

Die Berechnung nach **Stewart** berücksichtigt die Grundzüge des Modigliani-Miller-Theorems, das besagt, dass die Kapitalstruktur für den Marktwert eines Unternehmens irrelevant ist.[5] Die Kapitalkosten ändern sich erst dann, wenn das Unternehmen in eine andere Risikoklasse wechselt. Die Thesen von Modigliani und Miller sind zwar eher realitätsfremd, da das Vorhandensein eines vollkommenen Kapitalmarktes[6] nur in der Theorie möglich ist, trotzdem leisten sie einen wesentlichen Beitrag für die Grundannahmen der Finanzierungstheorien.

Im Unterschied zu Copeland wird der bereits mehrfach angesprochenen Tatsache hier explizit Rechnung getragen, dass Eigenkapital generell höhere Kosten verursacht als Fremdkapital. Dies geschieht durch direkte Einrechnung der Kostendifferenz, was wir dann in der Formel sehen werden. Zudem errechnet Stewart ein additives „*Financial Risk Premium (FRP)*" als Risikozuschlag für den Fremdkapitaleinsatz. Wir werden später noch einmal darauf zurückkommen, denn es gibt einen weiteren wesentlichen Grund, warum ich den Ansatz von Stewart bevorzuge.

4.8.1 Eigenkapitalkosten nach Stewart

Zunächst schauen wir uns dies wieder am konkreten Beispiel an. Wir beginnen erneut mit der Basisgleichung für das *Capital Asset Pricing Model (CAPM),* zunächst auch wieder unter der Annahme, dass die Firma zu 100 % mit Eigenkapital finanziert wird. Damit sehen wir wieder:

$$k_{\mathrm{e\,unlev}} = r_{\mathrm{f}} + \beta_{\mathrm{unlev}} \times r_{\mathrm{p}}$$

bzw. bei uns

$$k_{\mathrm{e\,unlev}} = r_{\mathrm{f}} + \beta_{\mathrm{unlev}} \times \left(r_{\mathrm{p}} + r_{\mathrm{sc}}\right).$$

Und wenn wir unsere Zahlen aus dem Beispiel einsetzen, erhalten wir natürlich nochmals

[5] „The market value of any firm is independent of its capital structure."

[6] Ein vollkommener Kapitalmarkt impliziert, dass alle Marktteilnehmer identische Kenntnisse über den Kapitalmarkt haben, es keine Steuern gibt, keine Transaktionskosten existieren und kein Konkursrisiko vorhanden ist.

$$k_e = 0{,}036 + 1{,}2 \times (0{,}05 + 0{,}02)$$
$$k_e = 0{,}036 + 1{,}2 \times 0{,}07$$
$$k_e = 0{,}12,$$

also

$$k_e = 12{,}0\,\%.$$

An dieser Stelle trennen sich allerdings die Wege. Stewart rechnet den Leverage (Fremdkapitaleinsatz) nicht als Faktor, sondern definiert einen Summanden, die *Financial Risk Premium (FRP)*, die wiederum aus drei Faktoren besteht. Einfach gesagt setzt sie sich zusammen aus:

$$\text{Financial Risk Premium} = \text{Tax Shield} \times \text{Leverage} \times \text{Kostendifferenz}.$$

Aber schauen wir uns die Formel im Detail an.

$$\text{FRP} = (1-t) \times \frac{\text{FK}}{\text{EK}} \times (k_{\text{e unlev}} - k_\text{d})$$

mit

$(1-t)$ Tax Shield bzw. in deutsch Steuerschutz,

$\frac{\text{FK}}{\text{EK}}$ Leverage (Fremd- zu Eigenkapital), also der Verschuldungsgrad,

$(k_{\text{e unlev}} - k_\text{d})$ Kostendifferenz (Eigenkapitalkosten für eine 100-%-Eigenkapitalfinanzierung minus Fremdkapitalkosten vor Steuern).

Und alle drei Elemente werden miteinander multipliziert.

Dann lassen Sie uns mit unseren Zahlen rechnen.

$$\text{FRP} = (1-t) \times \frac{\text{FK}}{\text{EK}} \times (k_{\text{e unlev}} - k_\text{d}),$$

also

$$\text{FRP} = (1-0{,}273) \times \frac{0{,}679}{0{,}321} \times (0{,}12 - 0{,}018),$$

somit

$$\text{FRP} = 0{,}727 \times 2{,}12 \times 0{,}102$$
$$\text{FRP} = 0{,}1569,$$

somit

$$\text{FRP} = 15{,}69\,\%.$$

Auch hier gilt wieder: Haben Sie mit dem Taschenrechner gerechnet, ergeben sich leicht davon abweichende Ergebnisse aufgrund von Rundungsdifferenzen.

Die Eigenkapitalgeber erwarten aufgrund der Fremdkapitalanteile in der Finanzierung der Firma und daher aufgrund des höheren Risikos, trotz steuerlicher Abzugsmöglichkeit der Kosten der Fremdfinanzierung, einen Zinsaufschlag auf den Basiszins von 12,00 % von weiteren 3,5 %.

Woran lässt sich erkennen, dass es sich hierbei um einen Aufschlag handelt? Weil sich die Eigenkapitalkosten bei Fremdfinanzierung jetzt im Modell nach Stewart folgendermaßen berechnen:

$$k_{\text{e lev}} = k_{\text{e unlev}} + \text{FRP},$$

also

$$k_{\text{e lev}} = 0{,}12 + 0{,}1569$$
$$k_{\text{e lev}} = 0{,}2769,$$

somit

$$k_{\text{e lev}} = 27{,}69\ \%.$$

War ja auch nicht schwer.

Jetzt geht es erst einmal wieder genauso weiter wie im Fall der Berechnung nach Copeland. Zunächst müssen wir erneut die gewichteten Eigenkapitalkosten berechnen, da sich auch diese 27,69 % nur auf die Eigenkapitalquote 32,1 % beziehen, also

$$\text{gew.}k_{\text{e lev}} = k_{\text{e lev}} \times \frac{\text{EK}}{\text{GK}},$$

also

$$\text{gew.}k_{\text{e lev}} = 0{,}2769 \times \frac{0{,}321}{1}$$
$$\text{gew.}k_{\text{e lev}} = 0{,}0889,$$

somit

$$\text{gew.}k_{\text{e lev}} = 8{,}89\ \%.$$

Schauen wir uns also nochmals die Ergebnisse aller Eigenkapitalkostengrößen nach Stewart in der Übersicht an. Wir kopieren erneut die Berechnungen zu den Eigenkapitalkosten nach Stewart direkt aus dem Excel Tool ein.

Stewart		
Eigenkapitalkosten ohne Leverage	ke_{unlev}	12,00%
Finanz Risikoprämie	FRP	15,69%
Eigenkapitalkosten mit Leverage	$k_{\text{e lev}}$	27,69%
Gewichtete Eigenkapitalkosten	gew. ke_{lev}	8,89%

Damit wissen wir wieder, dass der Anteil der Eigenkapitalkosten an den Gesamtkapitalkosten (WACC) 8,89 % lautet.

Bei den Fremdkapitalkosten können wir uns entspannen, denn diese sind in ihrer Berechnung im Ansatz von Stewart absolut identisch mit der Kalkulation nach Copeland.

4.8.2 Fremdkapitalkosten nach Stewart

Die Formel zur Berechnung der Fremdkapitalkosten nach Steuern lautet

$$k_D = k_d \times (1 - t)$$

mit

k_D Fremdkapitalkosten nach Steuern,

k_d Fremdkapitalkosten vor Steuern,

t Steuersatz.

Mit den Beispielwerten sieht dies dann wiederum so aus:

$$k_D = 0{,}018 \times (1 - 0{,}273)$$
$$k_D = 0{,}018 \times 0{,}727$$
$$k_D = 0{,}0131,$$

somit

$$k_D = 1{,}31\,\%.$$

Dieser Satz ist wieder mit der Fremdkapitalquote zu gewichten.

$$\text{gew.}k_D = k_D \times \frac{\text{FK}}{\text{GK}}$$

mit

FK Fremdkapital,

GK = EK + FK = Gesamtkapital,

also

$$\text{gew.}k_D = 0{,}0131 \times \frac{0{,}679}{1}$$
$$\text{gew.}k_D = 0{,}0089,$$

somit

$$\text{gew.}k_D = 0{,}89\,\%.$$

Die gewichteten Fremdkapitalkosten betragen somit erneut 0,89 %.

Fassen wir auch diese Ergebnisse nochmals zusammen und kopieren uns die Werte aus dem Excel-Beispiel herein:

Fremdkapitalkosten vor Steuern	k_d (v. St.)	1,80%
Fremdkapitalkosten nach Steuern	k_D (n. St.)	1,31%
Gewichtete Fremdkapitalkosten	weight. k_D	0,89%

Nun haben wir auch nach dem zweiten Ansatz (nach Stewart) sowohl die Eigenkapital- als auch die Fremdkapitalkosten berechnet und können uns den Gesamtkapitalkosten widmen.

4.9 Gesamtkapitalkosten nach Stewart

Den weiteren Berechnungsweg kennen wir auch schon.

$$\text{WACC} = k_{\text{e lev}} \times \frac{\text{EK}}{\text{GK}} + k_{\text{D}} \times \frac{\text{FK}}{\text{GK}}$$

bzw.

$$\text{WACC} = \text{gew.}k_{\text{e lev}} + \text{gew.}k_{\text{D}},$$

somit

$$\text{WACC} = 0{,}2769 \times \frac{0{,}321}{1} + 0{,}018 \times \frac{0{,}679}{1},$$

also

$$\text{WACC} = 0{,}0889 + 0{,}0089$$
$$\text{WACC} = 0{,}0978.$$

Somit

$$\text{WACC} = 9{,}78\ \%.$$

Dies zeigen auch die Berechnungen im Excel Tool:

Kapitalkosten - Berechnung

Stewart		
Eigenkapitalkosten ohne Leverage	ke_{unlev}	12,00%
Finanz Risikoprämie	FRP	15,69%
Eigenkapitalkosten mit Leverage	$k_{e\ lev}$	27,69%
Gewichtete Eigenkapitalkosten	gew. ke_{lev}	8,89%
Fremdkapitalkosten vor Steuern	k_d (v. St.)	1,80%
Fremdkapitalkosten nach Steuern	k_D (n. St.)	1,31%
Gewichtete Fremdkapitalkosten	weight. k_D	0,89%
Gewichtete durchschnittliche Gesamt-	WACC	9,78%

Jetzt kommt der dritte Grund, warum ich den Ansatz nach Stewart bevorzuge.

Hätten wir von Anfang an gesagt, dass wir die Kapitalkosten nach Stewart rechnen, dann hätten wir gar keine Leverage-Kalkulationen (Berechnung der Financial Risk Premium – FRP) machen müssen, sondern wir hätten sofort nach der Berechnung der Kosten des Eigenkapitals ohne Mischfinanzierung (also mit 100 % Eigenkapitel) zur Berechnung des Gesamtkapitalkostensatzes WACC springen können. Und dies geht nur beim Ansatz nach Stewart. Rechnen wir mit den Formeln nach Copeland, dann geht kein Weg an der Berechnung des Leverage-Faktors (LF) vorbei.

Der WACC nach Stewart lässt sich nämlich auch folgendermaßen berechnen:

$$\mathrm{WACC} = k_{\mathrm{e\ unlev}} \times \left(1 - t \times \frac{\mathrm{FK}}{\mathrm{GK}}\right),$$

also in unserem Fall

$$\mathrm{WACC} = 0{,}12 \times \left(1 - 0{,}273 \times \frac{0{,}679}{1}\right)$$

$$\mathrm{WACC} = 0{,}12 \times (1 - 0{,}1854)$$

$$\mathrm{WACC} = 0{,}12 \times 0{,}8146$$

$$\mathrm{WACC} = 0{,}0978,$$

somit

$$\mathrm{WACC} = 9{,}78\ \%.$$

Wir sehen ein identisches Ergebnis zum Weg über die explizite Berechnung der Financial Risk Premium (FRP). Da hätten wir uns recht viel Arbeit ersparen können.

Ich rechne aber trotzdem bei Stewart immer beide Wege. Damit habe ich nämlich bei identischem Ergebnis die Sicherheit, dass meine Kalkulationen auch richtig sind.

Auch hier wollen wir zum Ende der Kapitalkostenberechnungen alle Formeln nach Stewart noch einmal darstellen, wobei wir beim CAPM wiederum nur die Basisformel ohne Illiquiditätsprämie ausweisen.

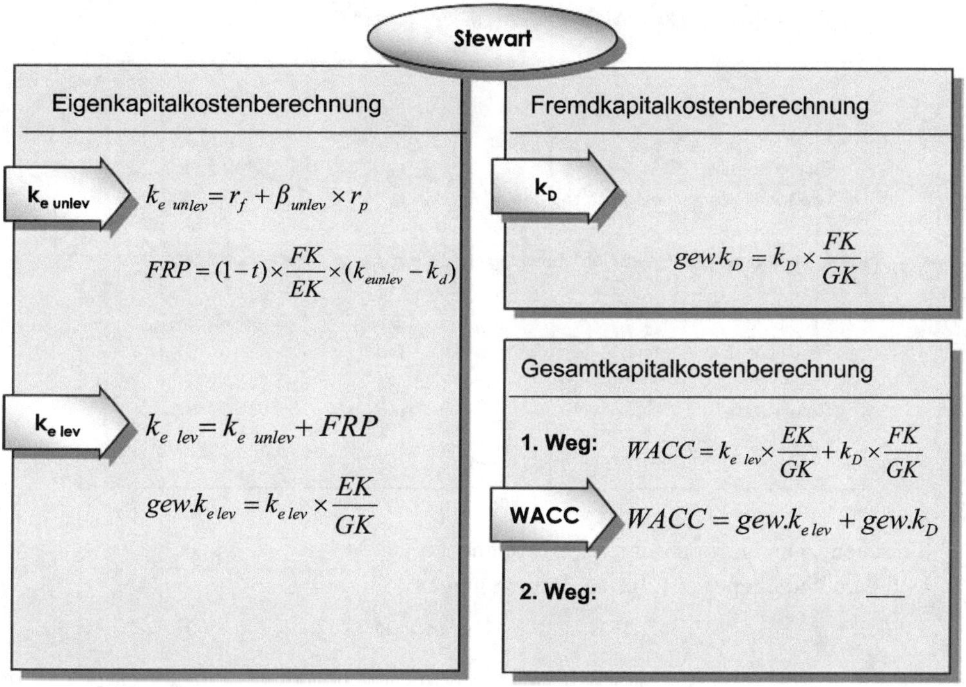

4.10 Gegenüberstellung der Ergebnisse

Die Ansätze nach Copeland und Stewart kommen zu unterschiedlichen Ergebnissen, wobei je nach Konstellation der Vorgabeparameter sowohl Copeland als auch Stewart teurer werden können.

Es gibt jedoch eine Situation, in der beide Rechenansätze zu einem identischen Gesamtkapitalkostensatz WACC kommen. Dies ist der Fall, wenn

$$r_{\mathrm{f}} = k_{\mathrm{d}} \,,$$

also wenn die Renditen von Staatsanleihen identisch mit den Kosten von Fremdkapital sind.

Wir wollen jetzt natürlich nicht jeden einzelnen Rechenschritt mit beiden Ansätzen und r_f und k_d in identischer Höhe erneut durchsprechen. Dafür haben wir doch unser Excel Tool, mit dem wir dies ganz schnell aufzeigen und die Ergebnisse entsprechend darstellen können.

Schauen wir also wieder in unsere Excel-Berechnungen und analysieren genau diesen Fall.

Die Rechenparameter lauten somit jetzt:

Kapitalkostenberechnung - Vorgaben

Risikofreier Satz	r_f	1,8%
ß Faktor	ß	1,2
Risiko Prämie	r_p	5,0%
Größen & Wachstums Zuschlag (kleine Fimen)	r_{sc}	2,0%
Risikoprämie mit "Small Cap" Zuschlag	$r_{p\ (incl.\ rsc)}$	7,0%
EK Quote	Equity	32,1%
FK Quote (Zins tragend)	Debt	67,9%
Steuer-Satz	t	27,30%
Fremdkapitalkosten	k_d	1,80%

Sie sehen, r_f und k_d sind mit je 1,80 % identisch.

Und damit ergeben sich folgende Berechnungen:

Kapitalkosten - Berechnung

Copeland

Eigenkapitalkosten ohne Leverage	ke_{unlev}	10,20%
Leverage (FK/EK) Faktor	LF	2,54
Eigenkapitalkosten mit Leverage	$k_{e\ lev}$	23,12%
Gewichtete Eigenkapitalkosten	gew. ke_{lev}	7,42%
Fremdkapitalkosten vor Steuern	k_d (v. St.)	1,80%
Fremdkapitalkosten nach Steuern	k_D (n. St.)	1,31%
Gewichtete Fremdkapitalkosten	weight. k_D	0,89%
Gewichtete durchschnittliche Gesamtkapitalkosten	WACC	8,31%

Stewart

Eigenkapitalkosten ohne Leverage	ke_{unlev}	10,20%
Finanz Risikoprämie	FRP	12,92%
Eigenkapitalkosten mit Leverage	$k_{e\ lev}$	23,12%
Gewichtete Eigenkapitalkosten	gew. ke_{lev}	7,42%
Fremdkapitalkosten vor Steuern	k_d (v. St.)	1,80%
Fremdkapitalkosten nach Steuern	k_D (n. St.)	1,31%
Gewichtete Fremdkapitalkosten	weight. k_D	0,89%
Gewichtete durchschnittliche Gesamt-	WACC	8,31%
Kapitalkosten	WACC (Check)	8,31%

Wir sehen in der Tat, dass der WACC über beide Ansätze mit 8,31 % identisch ist.

Kommt dies jetzt in der Praxis vor? Theoretisch ja, praktisch nein.

Eine Bank ist eigentlich (ziemlich) frei, Fremdkapitalzinsen für Kredite zu bestimmen. Eigentlich sollte der Wettbewerb seit Basel II in diesem Punkt ja auch höher sein.

Würde jetzt eine Bank seine Kreditzinsen auf das Niveau der Rendite von Staatsanleihen anpassen und würden wir einmal das Bankgeschäft auf die Ausgabe von Krediten und den Verkauf von Staatsanleihen reduzieren, dann liegt es nahe, dass die Bank keine Gewinne mehr erzielen würde, da sich die beiden Produkte bei den Erlösen und Aufwendungen kompensieren.

Damit träte dann aber die mangelnde *Gewinnerzielungsabsicht* ein, auf die der Fiskus Gewerbe für die steuerliche Anerkennung von Aufwendungen hin untersucht. Wird nämlich *Liebhaberei* unterstellt, kann ein Gewerbe nicht aufrecht erhalten bleiben, zumindest nicht in Bezug auf die steuerliche Anerkennung von Aufwendungen.

Und ich wage jetzt einmal zu bezweifeln, dass die Frage der Liebhaberei bei unseren Großbanken aufkommen wird und diese dann in naher Zukunft nur noch als eingetragener Verein (e. V.) agieren dürften.

Fassen wir also nochmals zusammen.

4.11 Zusammenfassung

Bei Beteiligungsanalysen und Bewertungen sind wir auf einen Abzinsungsfaktor angewiesen, da wir die Barwerte der zukünftigen Cash Flows berechnen müssen. Der Zins als Basis für diesen Abzinsungsfaktor können wir aus Veröffentlichungen übernehmen (Branchenreports, Bankenempfehlungen etc.) oder mathematisch für jede Gesellschaft einzeln analytisch herleiten. Dies ist wie immer nicht schwierig, wenn man Schritt für Schritt vorgeht.

Wählt man den Weg über den mathematisch hergeleiteten Zins (Gesamtkapitalkostensatz WACC), so bieten sich zwei Rechenwege an, wobei sich die beiden Ansätze nach Copeland und Stewart nur bei der Berechnung der Eigenkapitalkosten bei Mischfinanzierung, also nicht nur mit Eigenkapital, sondern mit Fremdkapital, unterscheiden.

Die unterschiedliche Berechnung beider Möglichkeiten lässt sich folgendermaßen erklären:

Bei Copeland wird zum einen die Abhängigkeit des Geschäftsrisikos vom Finanzstrukturrisiko, zum anderen eine alleinige Überwälzung des Risikos auf den Anteilseigner unterstellt, da der Beta-Faktor β_{unlev} um das gesamte Finanzstrukturrisiko durch Multiplikation mit dem Leverage Faktor (LF) erweitert wird.

Stewart dagegen sieht die Zinssätze für Eigen- und Fremdkapital als Ausdruck von Risikovergütung und verteilt deshalb das Finanzstrukturrisiko auf die entsprechenden Risikoanteile der Eigen- und Fremdkapitalgeber, ausgedrückt im Faktor $k_{\text{e unlev}} - k_{\text{d}}$. Demnach trägt der Anteilseigner nur das Risiko, das nicht durch den Fremdkapitalgeber getragen wird.

Der Unterschied zwischen beiden Rechenmethoden liegt lediglich in der Erfassung und Abbildung des individuellen Geschäfts- und Finanzstrukturrisikos.

Beide Ansätze sind von der „Financial Community“ anerkannt. Sie kommen jedoch nur unter einer Kondition zu einem identischen Ergebnis, wenn r_{f} identisch mit k_{d}, also wenn die Rendite risikoloser Anlagen (in z. B. Staatsanleihen) identisch mit den Vor-Steuer-Kosten für Fremdkapital sind.

Es bleibt dem Anwender aber selbst überlassen, für welchen Ansatz er sich entscheidet. Ich persönlich mag den Ansatz nach Stewart lieber und zwar aus drei Gründen:

- Während Copeland bei der Berechnung des Leverage nur die steuerliche Abzugsfähigkeit von Fremdkapitalaufwendungen berücksichtigt, werden bei Stewart neben den steuerlichen Effekten auch die Kostendifferenzen zwischen Fremd- und Eigenkapital einbezogen.
- In der Betriebswirtschaftslehre haben wir keine/kaum Gesetzmäßigkeiten. Gerade deswegen sollten aber m. E. allseits anerkannte „Sätze“ – und wir nennen sie dann „Theoreme“ – beachtet werden.

Ein solches ist das Theorem vom vollkommenen Kapitalmarkt (Modigliani-Miller-Modell), nach dem in einem vollkommenen Kapitalmarkt Fremd- und Eigenkapitalkosten identisch sind. Dies erscheint ja auch logisch. Hätte jede juristische und natürliche Person den gleichen Zugriff auf die Kapitalmärkte und jede juristische und natürliche Person das gleiche Verständnis um die Kapitalmärkte, dann wäre es unerheblich, ob mit Fremd- oder Eigenkapital finanziert wird, da beide den gleichen Kostensatz haben.

In der Umrechnung nach Copeland wird aber nur die steuerliche Abzugsfähigkeit von Fremdkapitalkosten, nicht aber die Kostendifferenz berücksichtigt, und eine Kostengleichheit im vollkommenen Kapitalmarkt würde den Leverage-Faktor (LF) nicht beeinflussen.

Schauen Sie sich die Leverage-Integration in den drei Schritten nach Copeland mittels Leverage Faktor (LF) nochmals an.

$$\mathrm{LF} = 1 + (1 - t) \times \frac{\mathrm{FK}}{\mathrm{EK}}$$

$$\beta_{\mathrm{lev}} = \beta_{\mathrm{unlev}} \times \text{Leverage Factor}(\mathrm{LF})$$

$$k_{\mathrm{e\,lev}} = r_{\mathrm{f}} + \beta_{\mathrm{lev}} \times r_{\mathrm{p}}$$

oder bei uns

$$k_{\mathrm{e\,lev}} = r_{\mathrm{f}} + \beta_{\mathrm{lev}} \times (r_{\mathrm{p}} + r_{\mathrm{sc}}).$$

Wir sehen an keiner Stelle einen Kostenvergleich von Eigen- und Fremdkapitalkosten, die im vollkommenen Kapitalmarkt identisch sein müssten. Damit kann auch unter der Annahme eines vollkommenen Kapitalmarktes keine Ergebnisveränderung beim Leverage-Faktor (LF) nach Copeland eintreten, und eine Mischfinanzierung mit Fremdkapital würde teurer als eine 100-%-Eigenkapitalfinanzierung, was wiederum dem Modigliani-Miller-Theorem widerspräche.

Nach Stewart können unter der Annahme eines vollkommenen Kapitalmarktes in der Leverage-Berechnung mittels Financial Risk Premium (FRP) die Fremdkapitalkosten (k_{d}) gleich mit den Eigenkapitalkosten ohne Leverage ($k_{\mathrm{e\,unlev}}$) gesetzt werden. Daraus folgt, dass die Financial Risk Premium (FRP) einen Wert von 0 annimmt. Die Konsequenz daraus sind identische Eigenkapitalkosten $k_{\mathrm{e\,lev}}$ und $k_{\mathrm{e\,unlev}}$ bei Mischfinanzierung und bei 100 %iger Eigenkapitalfinanzierung.

Daraus folgt zwingend, dass dann Eigen- genau so teuer wie Fremdkapital ist!

Das schauen wir uns jetzt zunächst noch einmal an.

$$\mathrm{FRP} = (1-t) \times \frac{\mathrm{FK}}{\mathrm{EK}} \times (k_{\mathrm{e\,unlev}} - k_{\mathrm{d}})$$

$$k_{\mathrm{e\,lev}} = k_{\mathrm{e\,unlev}} + \mathrm{FRP}.$$

Unter der Annahme eines vollkommenen Kapitalmarktes sind die Kosten für das Eigenkapital $k_{\mathrm{e\,unlev}}$ bei 100 %-Eigenkapitalfinanzierung identisch mit denen für das Fremdkapital k_{d}. Nehmen wir wieder die 1,8 % Fremdkapitalkosten an. Jetzt müssen (im vollkommenen Kapitalmarkt) aber auch die Eigenkapitalkosten $k_{\mathrm{e\,unlev}}$ bei 1,8 % liegen.

Dann sähe unsere Financial-Risk-Premium-Formel mit ansonsten nach wie vor gleichen Rechenparametern wie bisher folgendermaßen aus:

$$\mathrm{FRP} = (1-0{,}273) \times \frac{0{,}679}{0{,}321} \times (0{,}018 - 0{,}018).$$

Es kommt also im Produkt zu einer Multiplikation mit null und somit ist das Ergebnis auch null.

$$\mathrm{FRP} = 0{,}727 \times 2{,}12 \times 0,$$

somit

$$\mathrm{FRP} = 0.$$

Daraus folgt dann bei Berechnung der Eigenkapitalkosten $k_{\mathrm{e\,lev}}$ mit Leverage

$$k_{\mathrm{e\,lev}} = k_{\mathrm{e\,unlev}} + \mathrm{FRP}.$$

Daraus folgt wiederum

$$k_{\mathrm{e\,lev}} = k_{\mathrm{e\,unlev}},$$

weil FRP null ist.

Und dies bedeutet analog zum Modigliani-Miller-Theorem, dass die Eigenkapitalkosten bei reiner Eigenkapitalfinanzierung $k_{\mathrm{e\,unlev}}$ und bei Mischfinanzierung mit Fremdkapital $k_{\mathrm{e\,lev}}$ im Ansatz von Stewart identisch sind.

Somit wird bei der Leverage-Integration nach Stewart mittels Financial Risk Premium (FRP) eines der wenigen betriebswirtschaftlichen Theoreme vollständig berücksichtigt. Bei Copeland hingegen ist überhaupt kein Effekt bei der Leverage-Integration mittels Leverage-Faktor (LF) auf die Eigenkapitalkosten unter der Annahme des vollkommenen Kapitalmarktes zu verzeichnen.

Jetzt schulde ich Ihnen allerdings noch den dritten Grund, warum ich den Ansatz von Stewart bevorzuge. Sie kennen diesen Grund auch schon.

Stewart kann die Kurzformel zur Berechnung des WACC vorweisen, die eine Berechnung des Leverage eigentlich unnötig macht:

$$\mathrm{WACC}_{\mathrm{Stewart}} = k_{\mathrm{e\,unlev}} \times \left(1 - t \times \frac{\mathrm{FK}}{\mathrm{GK}}\right).$$

Dies ist zwar keine Kurzformel im eigentlichen Sinn, denn sie ergibt sich einfach durch Kürzungen bzw. Ausmultiplizierungen, wenn man einmal die komplette WACC-Formel mit den Eigenkapitalkostenberechnungen nach Stewart aneinanderreiht. Aber hier lassen wir die Illiquiditätsprämie nicht wieder außen vor – die Formel soll ja Eindruck machen.

Sieht echt schwierig aus, aber das haben Sie doch ganz leicht selbst gerechnet!

$$\mathrm{WACC} = \left[\left[\left[r_{\mathrm{f}} + \beta \times \left(r_{\mathrm{m}} - \left(r_{\mathrm{f}} + r_{\mathrm{sc}}\right)\right)\right] + \left[\left(1-t\right) \times \frac{\mathrm{FK}}{\mathrm{EK}} \times \left(k_{\mathrm{e\,unlev}} - k_{\mathrm{d}}\right)\right]\right] \times \frac{\mathrm{EK}}{\mathrm{EK}+\mathrm{FK}}\right] + \left[k_{\mathrm{d}} \times \left(1-t\right) \times \frac{\mathrm{FK}}{\mathrm{EK}+\mathrm{FK}}\right]$$

Die Kürzungen und Umformungen will ich Ihnen jetzt aber nicht zumuten.

Wer jetzt aber unbedingt selbst rechnen will und dann auch herausfinden möchte, warum es bei Copeland keine Kurzformel gibt, für den baue ich die komplette WACC-Formel mit Leverage-Kalkulation nach Copeland auch nochmals auf.

Alle anderen mögen einfach darüber hinwegsehen!

$$\mathrm{WACC} = \left[\left[\left[r_{\mathrm{f}} + \beta \times \left[1 + \left(1-t\right) \times \frac{\mathrm{FK}}{\mathrm{EK}}\right] \times \left(r_{\mathrm{m}} - \left(r_{\mathrm{f}} + r_{\mathrm{sc}}\right)\right)\right]\right] \times \frac{\mathrm{EK}}{\mathrm{EK}+\mathrm{FK}}\right] + \left[k_{\mathrm{d}} \times \left(1-t\right) \times \frac{\mathrm{FK}}{\mathrm{EK}+\mathrm{FK}}\right]$$

4.12 Grafische Darstellungen

Die in Excel rechenbaren Ergebnisse für Eigen-, Fremd- und Gesamtkapitalkosten sind ja praktisch, weil sie uns viel Zeit ersparen, allerdings sind diese dann auch nur schwer Dritten zu präsentieren. Wer möchte schon gerne durch einen Zahlenfriedhof mit ziemlich vielen Fremdwörtern und Abkürzungen führen oder geführt werden?

Daher müssen wir uns dafür etwas anderes überlegen.

Wir sind doch Schritt für Schritt vorgegangen. Dann muss man diese Rechenschritte auch grafisch ähnlich einer Wegbeschreibung darstellen können. Und in der Tat, dies ist gar nicht so schwierig. Ich nenne das den *Kapitalkostenbaum*.

Schauen Sie doch einmal auf die nachfolgende Darstellung, die ich übrigens ganz bewusst in englischer Sprache gehalten habe, damit Sie sich bei Bedarf auch an diese Begriffe gewöhnen können.

Cost of Capital - Kapitalkostenermittlg

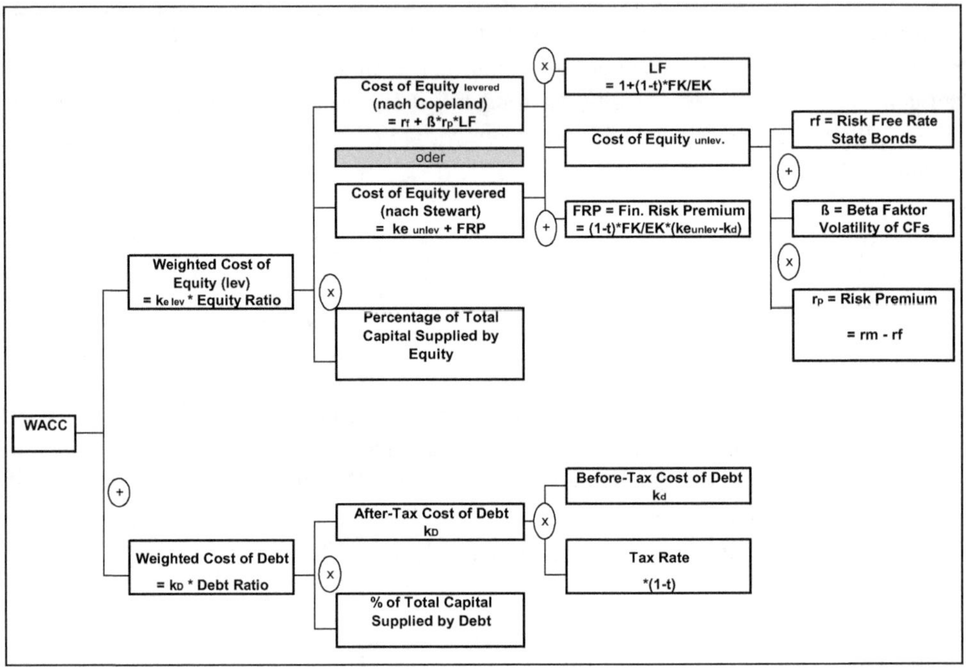

Das sieht doch richtig klasse aus, oder? Ich sage nicht, dass die Kapitalkosten(berechnungen) dadurch leichter werden. Nein, die Präsentation des Rechenweges und die der Ergebnisse werden für Dritte dadurch nachvollziehbarer!

Und dies können wir auch mit unseren Zahlen machen. Wenn wir dann noch über eine „Wenn"-Abfrage bei den gewichteten Eigenkapitalkosten $k_{e\ lev}$ den richtigen Wert je nach Rechenansatz der Eigenkapitalkosten (Copeland oder Stewart) einstellen, dann haben wir zwei sehr schöne Diagramme, wie sich die Kapitalkosten Schritt für Schritt in unserem Fall zusammensetzen.

Die Formeln in den einzelnen Zellen/Rechenschritten (wie oben) lassen wir jetzt einmal außen vor, da die Grafiken ansonsten wieder überladen und damit komplexer zu lesen und zu verstehen werden.

Schauen wir uns zunächst die Kapitalkostenberechnung nach Copeland an:

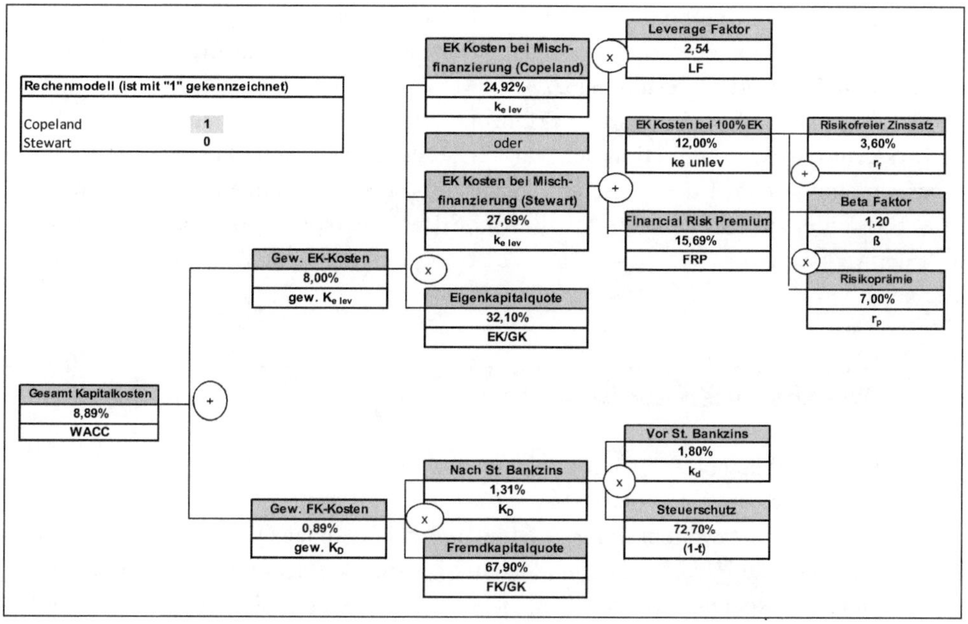

Und jetzt stellen wir die Berechnungen nach Stewart sofort dagegen.

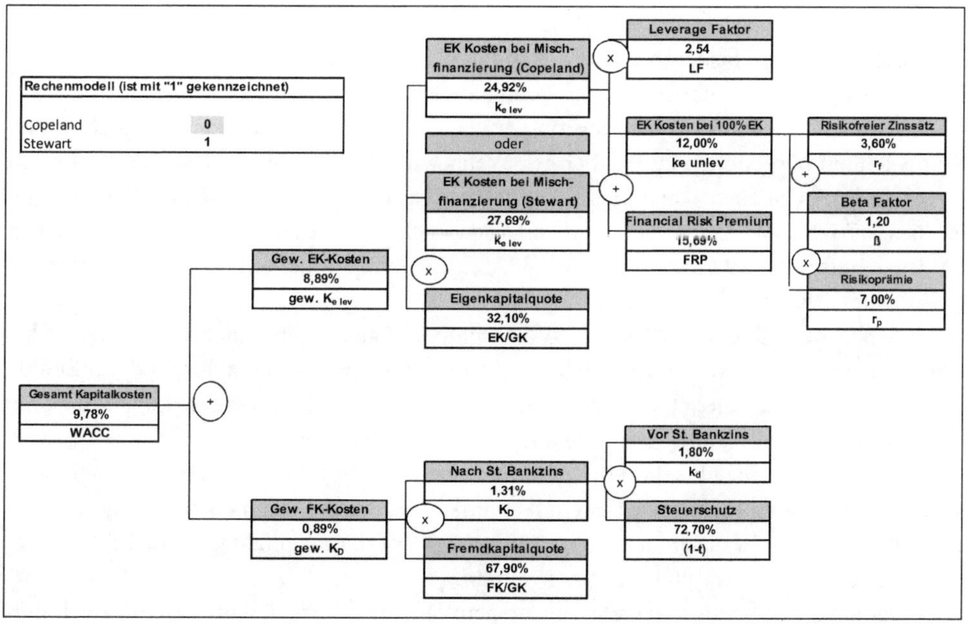

Letztendlich liegen die Abweichungen nur bei den gewichteten Eigenkapitalkosten und beim WACC, da ich in den vorhergehenden Analyseschritten jeweils die Ergebnisse nach Copeland und Stewart dargestellt habe.

Ich persönlich habe sehr positive Erfahrungen gemacht, wenn ich diese Darstellung zur Erklärung bzw. Präsentation der von mir gerechneten Kapitalkosten gezeigt habe. Flussdiagramme haben den Vorteil, dass sie das Zustandekommen eines Ergebnisses besser kommunizieren als reine tabellarische Berechnungen. Außerdem ist bekannt, dass der Mensch Bilder viel besser im Gehirn abspeichern kann als Schrift oder Zahlen alleine.

4.13 Die absoluten Kapitalkosten

Gerade bei Beteiligungen spielen die folgenden Berechnungen eine größere Rolle. Alternativ auch dann, wenn in einer Gruppe ein Cash-Pooling vorhanden ist.

Jetzt gehen wir zu unserem Leiter Liquiditäts- und Cashmanagement. In größeren Firmen spricht man häufig vom „Treasury". Haben Sie eine kleinere Firma oder arbeiten Sie dort, dann ist das Rechnungswesen oder Sie als Geschäftsführer einer Gesellschaft selbst betroffen.

Die Kapitalkosten müssen (zumindest die Fremdkapitalkosten) in der Liquiditätsrechnung und -planung berücksichtigt werden, und hier benötigt die Kollegin/der Kollege absolute Zahlen.

Diese fehlen aber bisher in unseren Kapitalkostenberechnungen bzw. in der grafischen Darstellung – wir haben bisher nur prozentuale Größen.

Das ist aber auch kein größeres Problem, da die Berechnung der benötigten absoluten Werte schnell und einfach zu machen ist. Wenn wir wissen, dass wir (bei Rechnung mit Leverage nach Copeland) einen Eigenkapitalkostensatz $k_{e\ lev}$ von 24,9 % ermittelten, dann ist diese prozentuale Größe auch auf das Eigenkapital zu beziehen, also müssen wir in unserem Beispiel 24,9 % mit T€ 1350 (32,1 % Eigenkapitalquote bei T€ 4207 gesamtes zinstragendes Kapital) multiplizieren.

Bitte beachten Sie erneut, dass ich fortan immer auf ganze Tausender runde und mit den Werten aus meinem Excel Tool rechne, das natürlich jedes Mal nicht nur 2 oder 3 Stellen hinter dem Komma mitzieht, sondern viel exakter rechnet. Parallelrechnungen mit dem Taschenrechner führen also zu gering abweichenden Ergebnissen.

Somit haben wir auch schon die gesamten Rechenschritte definiert und können auch sofort loslegen. Die berechneten Fremdkapitalkosten müssen dann entsprechend auf das Fremdkapital, also in unserem Fall T€ 2857 (67,9 % Fremdkapitalquote bei T€ 4207 gesamtes zinstragendes Kapital) bezogen werden.

Wenn Sie die folgenden Berechnungen nachvollziehen, dann könnten Sie an zwei Stellen eventuell stutzen.

- Die absoluten gewichteten Eigen- bzw. Fremdkapitalkosten

$$\text{gew.}k_{\text{e lev}} = k_{\text{e lev}} \times \frac{\text{EK}}{\text{GK}}$$

und

$$\text{gew.}k_{\text{D}} = k_{\text{D}} \times \frac{\text{FK}}{\text{GK}}$$

sind identisch mit den absoluten Werten der Eigenkapitalkosten bei Mischfinanzierung $k_{\text{e lev}}$ (T€ 374 bei Copeland und T€ 411 bei der Berechnung nach Stewart) und Fremdkapitalkosten nach Steuern k_{D} (T€ 37 – die Berechnung der Fremdkapitalkosten ist ja bei beiden Ansätzen identisch). Im Fall der absoluten gewichteten Kapitalkosten (Eigen- und Fremdkapital) habe ich den prozentualen Satz jeweils mit dem gesamten zinstragenden Kapital (T€ 4207) multipliziert, da der prozentuale Satz bereits eine Gewichtung beinhaltete.

Nehmen wir einmal die Eigenkapitalkosten $k_{\text{e lev}}$ nach Copeland in Höhe 24,92 %. Es ergibt sich dann folgender Zusammenhang:

$$k_{\text{e lev}} \times \frac{\text{EK}}{\text{GK}} = \text{gew.}k_{\text{e lev}} \times \text{GK},$$

also

$$24{,}92\ \% \times 1350\ \text{T€} = 8{,}00\ \% \times 4207\ \text{T€} = 336\ \text{T€}.$$

Rechnen Sie mit dem Taschenrechner, bekommen Sie aufgrund von Währungsdifferenzen wieder leicht abweichende Ergebnisse.

Sie sehen, die beiden absoluten Werte müssen identisch sein. Und für die Fremdkapitalkosten k_{D} und gewichteten k_{D} gilt dieser Zusammenhang natürlich auch.

- Der Wert für den β-Faktor in absoluten Zahlen lässt sich nur indirekt ermitteln, da wir nicht den β-Faktor selbst mit dem eingesetzten Eigenkapital multiplizieren können. Dies erkennen wir, wenn wir uns nochmals die Formel betrachten, in der wir das gegebene β einsetzen.

$$k_{\text{e lev}} = r_{\text{f}} + \beta_{\text{unlev}} \times r_{\text{p}}$$

bzw. bei uns

$$k_{\text{e lev}} = r_{\text{f}} + \beta_{\text{unlev}} \times \left(r_{\text{p}} + r_{\text{sc}}\right).$$

Das β ist ein Multiplikator zur Risikoprämie r_{p} und wird daher auch nicht direkt auf das eingesetzte Eigenkapital bezogen. Allerdings beziehen sich die r_{f} (risikofreier Satz), r_{p}

und r_{sc} (Risikoprämie und Illiquiditätsprämie) selbst sehr wohl direkt auch auf das Eigenkapital.

Multiplizieren wir aber zunächst r_f, r_p und r_{sc} mit dem Eigenkapital:

$$r_{f_{abs}} = r_{f_{\%}} \times EK_{abs}$$
$$r_{f_{abs}} = 0{,}0360 \times 1350$$
$$r_{f_{abs}} = 48{,}6$$

und

$$r_{psc_{abs}} = r_{sc_{\%}} \times EK_{abs}$$
$$r_{sc_{abs}} = 0{,}02 \times 1350 = 27{,}0.$$

Dann wissen wir außerdem, dass $k_{e\ unlev}$ bei einem β-Faktor = 1,2 einen absoluten Wert von 162,1 (hier einmal nicht gerundet, damit die Abweichungen bei Parallelrechnungen mit dem Taschenrechner nicht so groß werden) annehmen muss.

$$k_{e\ lev} = r_f + \beta_{unlev} \times (r_p + r_{sc})$$
$$162{,}1 = 48{,}6 + \beta_{unlev} \times (67{,}5 + 27{,}0).$$

Damit können wir auch nach β_{unlev} auflösen:

$$\beta_{unlev} = 162{,}1 - 143{,}1$$
$$\beta_{unlev} = 18{,}9$$

(mit exakten Zahlen gerechnet).

Diese Formel haben wir auch in unserem Kapitalkostenbaum zur Berechnung des absoluten β genutzt. In unserem Beispiel muss β_{unlev} = 18,9 sein, da wir den Wert als Vorgabefaktor in Höhe von 1,2 hatten. Hätten wir einen β-Faktor von 1 gewählt, dann würde sich mittels o. g. Subtraktion das richtige absolute β in Höhe von 0 ergeben.

Somit ergeben sich dann als absolute Werte in unseren Berechnungen (jeweils gerundet auf ganze T€):

Kapitalkosten - Berechnung

Copeland

Eigenkapitalkosten ohne Leverage	ke_{unlev}	162
Leverage (FK/EK) Faktor	LF	174
Eigenkapitalkosten mit Leverage	$k_{e\ lev}$	336
Gewichtete Eigenkapitalkosten	gew. ke_{lev}	336
Fremdkapitalkosten vor Steuern	k_d (v. St.)	51
Fremdkapitalkosten nach Steuern	k_D (n. St.)	37
Gewichtete Fremdkapitalkosten	weight. k_D	37
Gewichtete durchschnittliche Gesamt-kapitalkosten	WACC	374
		374

Stewart

Eigenkapitalkosten ohne Leverage	ke_{unlev}	162
Finanz Risikoprämie	FRP	212
Eigenkapitalkosten mit Leverage	$k_{e\ lev}$	374
Gewichtete Eigenkapitalkosten	gew. ke_{lev}	374
Fremdkapitalkosten vor Steuern	k_d (v. St.)	51
Fremdkapitalkosten nach Steuern	k_D (n. St.)	37
Gewichtete Fremdkapitalkosten	weight. k_D	37
Gewichtete durchschnittliche Gesamt-	WACC	411
Kapitalkosten	WACC (Check)	411

Jetzt haben wir fast das gleiche Problem wie bei den prozentualen Größen. Die obigen Berechnungsergebnisse, so schön sie sich auch darstellen, sind zwar einfacher zu präsentieren als reine prozentuale Werte, aber dieser Präsentation zuzuhören bzw. zuzuschauen macht sicherlich auch keinen Spaß.

4.14 Die absoluten Kapitalkosten im (gemeinsamen) Flussdiagramm

Also machen wir auch daraus wieder ein Flussdiagramm, wobei meine Erfahrung mich gelehrt hat, dass die Darstellung der Werte in % und absolut in einer Grafik besser ankommt als die Präsentation der Werte nacheinander, also zuerst die prozentualen Werte und dann die absoluten Werte in ihrem jeweiligen Flussdiagramm.

Schauen wir uns wieder zunächst die Berechnung im Flussdiagramm mittels Leverage nach Copeland zuerst an.

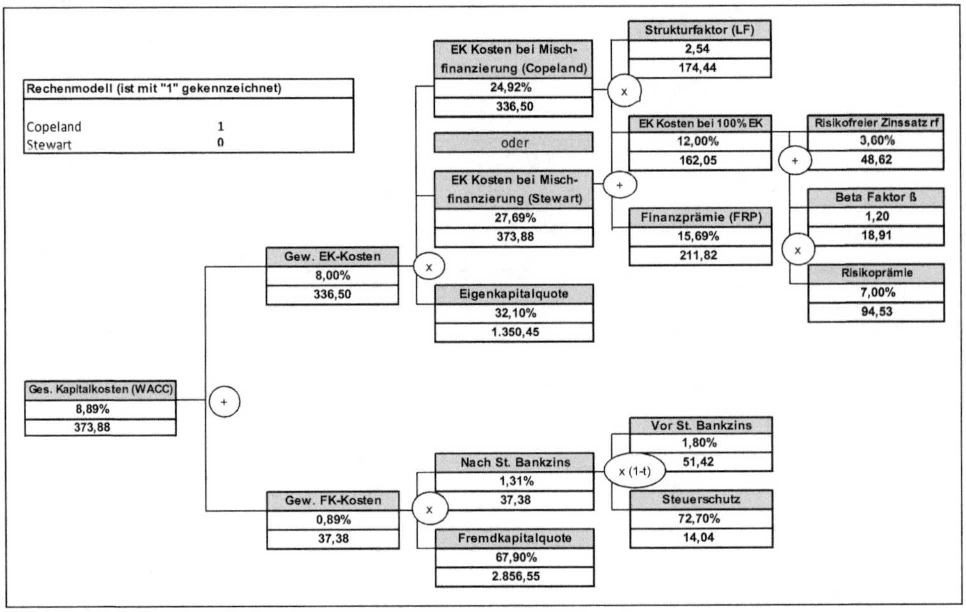

Und der Baum nach Stewart weist natürlich wieder andere gewichtete Eigenkapitalkosten und andere Gesamtkapitalkosten aus.

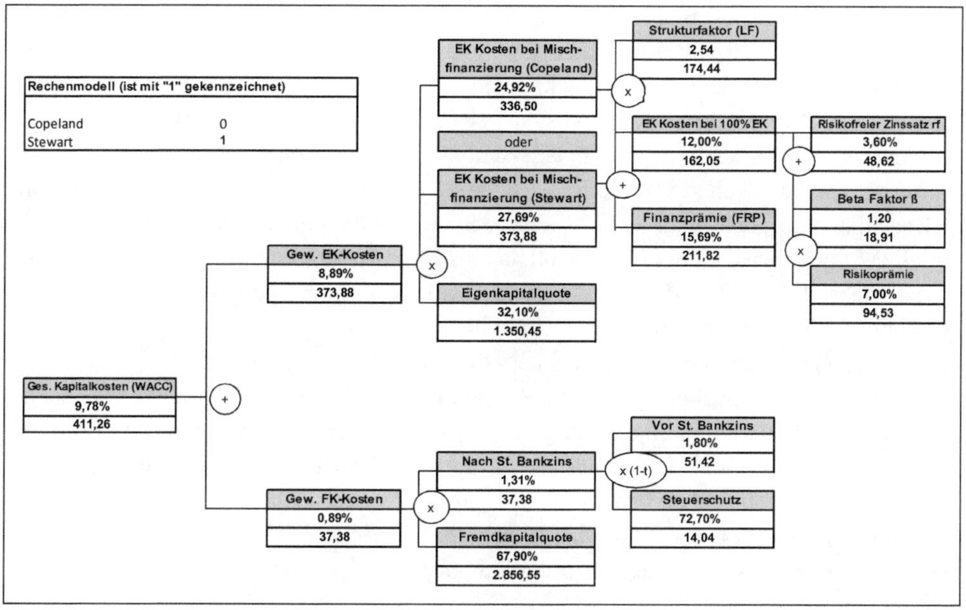

Sie sehen, alles gar nicht so schwierig und mittels obiger Darstellungen auch einfacher zu berechnen, zu erklären und zu präsentieren.

4.15 Mathematische Ableitung von β-Faktoren („De- und Relevern")

Das Internet, die Geschäftsbanken mit ihren „Research"-Abteilungen und auch Wirtschaftsprüfungsgesellschaften sind hier häufig sehr hilfreich. Wenn schon keine Einzelbetas veröffentlicht werden, findet man häufig aber Branchenbetas. Diese sind dann auch wieder β_{lev}, also Beta-Faktoren, die bereits eine (durchschnittliche) Verschuldung der Branche beinhalten.

Diese Verschuldung kann man dann mathematisch wieder zurückrechnen und somit haben wir dann einen β_{unlev}, den wir für uns (als für die Branche typischen Wert) ansetzen können.

Wie immer wollen wir auch diese Schritte exemplarisch an einem konkreten Beispiel darstellen. Dazu gehen wir einmal in eine ganz andere Branche und außerdem einige Jahre zurück.

Lassen Sie uns annehmen, dass wir eine mittelständische Großbäckerei sind, die für den Einzelhandel Gebäck für den täglichen Verzehr (Brötchen, Brote, Croissants, Gebäck und Kuchen wie verschiedene Streuselkuchen etc.) herstellt. Dieser Betrieb überlegt, eine Bewertung anzugehen, um eine Beteiligung durch einen Zulieferer (Anfrage) zu prüfen.

Die Controlling- und Finanzabteilung übernehmen gemeinsam, und man versucht zunächst einmal, die Kapitalkosten zu ermitteln. Bei den Fremdkapitalkosten ist dies leicht, da man natürlich die derzeitigen und wahrscheinlich zukünftigen Konditionen der Hausbanken kennt. Bei den Eigenkapitalkosten war man auch schon gut unterwegs und hat im Internet Werte für den risikofreien Zins r_f (Durchschnitt der Rendite von mit einem AAA-Rating belegten deutschen Staatsanleihen über die letzten 20 Jahre) und eine Risikoprämie r_p (Zuschlag dafür, dass man nicht in sichere Staatsanleihen investiert) gefunden. Eine Illiquiditätsprämie wird nicht eingebracht, da dies ja die Kapitalkosten erhöht, den Gesamtwert der Gesellschaft aber damit reduziert. Allerdings tut man sich beim β-Faktor schwer, und auch die Geschäftsleitung kann nicht helfen.

Auch im Gespräch mit Dritten wird kein direkter β-Faktor gefunden.

In einem solchen Fall gehe ich immer einen trotzdem recht einfachen Weg. Zunächst suche ich nach Unternehmen, die sich ungefähr mit unserer Firma vergleichen lassen.

Und in unserem Fall bot sich auch etwas an: die KAMPS AG, zum damaligen Zeitpunkt am „Neuen Markt" (Vorgänger vom TecDAX) notiert. Zum Analysetag konnten wir einen publizierten β-Faktor (250-Tage-Durchschnitt) von 1,07 finden. Wir erinnern nochmals daran, dass es sich bei den veröffentlichten β-Faktoren um Größen bei Mischfinanzierung handelt, daher β_{lev}.

Als wir in diesem Kapitel die Berechnung des Leverage erklärt haben, hatte ich bereits gesagt, dass die meisten Teilnehmer am Kapitalmarkt die Berechnung nach Copeland bevorzugen, weil gewisse Rückrechnungen mit dem Leverage-Formelwerk nach Stewart nicht so leicht möglich sind, ich jedoch trotzdem die Kalkulationen nach Stewart aus drei Gründen bevorzuge.

Der Leverage-Faktor nach Copeland wird berechnet als

$$\text{LF} = 1 + (1-t) \times \frac{\text{FK}}{\text{EK}},$$

und dann berechnen wir das β bei Mischfinanzierung, also β_{lev} als

$$\beta_{\text{lev}} = \beta_{\text{unlev}} \times \text{LF},$$

also

$$\beta_{\text{lev}} = \beta_{\text{unlev}} \times \left[1 + (1-t) \times \frac{\text{FK}}{\text{EK}}\right].$$

Diese Formel können wir dann bei der Herausrechnung des Leverage aus dem β_{lev} auch nutzen, indem wir bei bekanntem β_{lev} nach β_{unlev} umformen.

Wenn wir die letzte Formel nach β_{unlev} auflösen, bekommen wir

$$\beta_{\text{unlev}} = \frac{\beta_{\text{lev}}}{1 + (1-t) \times \frac{\text{FK}}{\text{EK}}}.$$

Damit können wir das β_{lev} der KAMPS AG „delevern“, also den Zuschlag auf den β_{lev}-Faktor wegen Mischfinanzierung herausrechnen, wenn wir den

- Steuersatz *t*,
- Eigenkapitalanteil $EK_{(\%)}$ und
- Fremdkapitalanteil $FK_{(\%)}$,

der KAMPS AG kennen. Und diese Daten sind ganz leicht zu bekommen.

Jedes an der Börse notierte Unternehmen muss eine GuV und Bilanz veröffentlichen.

Übrigens, heute haben Sie auch Zugriff auf die GuV und Bilanzen aller Gesellschaften, sobald sie im Handelsregister erfasst sind, denn diese müssen alle seit mehreren Jahren im Bundesanzeiger elektronisch veröffentlicht werden. Und auf den Bundesanzeiger hat jeder via Internet Zugriff (www.bundesanzeiger.de). Hier bekommen Sie die Bilanzen und GuV Ihrer Wettbewerber immer komplett und „frisch“, ohne Dritte vorschicken zu müssen.

Wir haben uns also die Geschäftsberichte der KAMPS AG beschafft, und in der GuV werden das Ergebnis vor Steuern und der Jahresüberschuss (Ergebnis nach Steuern) ausgewiesen. Aus diesen Daten ist es dann recht leicht, den Steuersatz zu berechnen. Man kann auch einen Durchschnitt über mehrere Perioden berechnen.

Wir hatten damit einen Steuersatz *t* der KAMPS AG für besagtes Jahr in Höhe von 37,89 %. Damals gab es in Deutschland noch höhere Körperschaftsteuersätze als im Vergleich zu heute und somit erklärt sich auch der aus heutiger Sicht durchaus sehr hohe Satz. Derzeit liegt man eher zwischen 27 bis 28 % (inklusive Gewerbeertragsteuer), je nach Hebesatz, nachdem der Körperschaftsteuersatz ja vor einigen Jahren von 25 auf 15 % gesenkt worden ist.

Das Eigenkapital bzw. die Eigenkapitalquote konnten wir auch leicht errechnen. Der Aktienkurs war bekannt, die Anzahl der ausgegebenen Aktien ebenfalls. Die Gesamtzahl der Aktien konnte auch ermittelt werden. Multipliziert man die Anzahl der Aktien mit dem Kurs (man kann auch hier einen Durchschnittskurs ansetzen), erhält man das Eigenkapital zum (derzeitigen) Marktwert.

Aus der Bilanz samt Anhang konnten wir dann auch das zinstragende Fremdkapital ermitteln (also alle Fremdkapitalpositionen, die mit Zinsaufwendungen behaftet waren), und zusammen mit dem ermittelten Eigenkapital (zu Marktwerten) hatten wir dann das Gesamtkapital. Auf dieser Basis waren dann die Eigen- und Fremdkapitalquote auf Basis des relevanten Capital Employed auch wieder leicht zu bestimmen.

Somit ergab sich zu einem Stichtag folgende Ausgangsposition:

β_{lev}	1,07,
Steuersatz *t*	37,89 %,
Eigenkapitalquote (zu Marktwerten)	68,87 %,
Fremdkapital	31,13 %.

Seien Sie jetzt bitte nicht überrascht, dass wir hier einen neuen Begriff ansetzen, den wir vorab noch nicht erläutert haben. Bisher haben wir für Eigen- und Fremdkapital nur die

Buchwerte angesetzt. Allerdings muss ich später noch etwas zum **Zirkularitätsproblem** der Bewertung sagen. Überträgt man die Berechnung von Kapitalkosten auf ganze Unternehmen, dann müssen die Marktwerte angesetzt werden. Ein Eigenkapitalgeber (Aktionär) hat ja einen Anteil am Unternehmen in Höhe des jeweiligen Aktienpreises und genau diesen Wert will er auch verzinst wissen. Der Buchwert steht auf der Aktie selbst, liegt aber meistens, außer in Krisen, unter dem Börsen- und jeweiligen Marktwert. Dies ist ja logisch. Deshalb mussten wir auch den Börsenwert pro Aktie, multipliziert mit der gesamten Anzahl der Aktien, also den Marktwert des Eigenkapitals, ansetzen. Damit erklärt sich auch im Fall der KAMPS AG die hohe Eigenkapitalquote von 68,87 %.

Setzen wir diese Daten nun in unsere Formel zur Berechnung des β_{unlev} bei gegebenem β_{lev} ein.

$$\beta_{\text{unlev}} = \frac{\beta_{\text{lev}}}{1+(1-t)\times\frac{\text{FK}}{\text{EK}}},$$

also

$$\beta_{\text{unlev}} = \frac{1{,}07}{1+(1-0{,}3789)\times\frac{0{,}3113}{0{,}6887}},$$

somit

$$\beta_{\text{unlev}} = \frac{1{,}07}{1+0{,}6211\times 0{,}4520}$$

$$[2mm]\beta_{\text{unlev}} = \frac{1{,}07}{1{,}2807} = 0{,}8354.$$

Jetzt hatten wir ein branchen- bzw. wettbewerberspezifisches β_{unlev} und haben damit die Kapitalkosten unserer mittelständischen Großbäckerei auf der Basis der folgenden Parameter berechnet.

Risk Free Rate	4,00 %,
β-Faktor	0,8354,
Risk Premium	4,50 %,
Fremdkapital	20 %,
Eigenkapital	80 %,
Gesamtkapital	100 %,
Steuersatz	34,00 %,
Fremdkapitalkosten (v. St.)	3,5 %.

Die 80 % Eigenkapitalquote hatten wir ebenfalls auf Basis Marktwerte berechnet. Damit ergaben sich dann folgende Ergebnisse.

a) Copeland		
Eigenkapitalkosten ohne Leverage	ke_{unlev}	7,76%
Leverage (FK/EK) Faktor	LF	1,17
Eigenkapitalkosten mit Leverage	$k_{e\ lev}$	8,38%
Gewichtete Eigenkapitalkosten	gew. ke_{lev}	6,70%
Fremdkapitalkosten vor Steuern	k_d (v. St.)	3,50%
Fremdkapitalkosten nach Steuern	k_D (n. St.)	2,31%
Gewichtete Fremdkapitalkosten	gew. k_D	0,46%
Gewichtete durchschnittliche Gesamtkapitalkosten	WACC	7,17%
b) Stewart		
Eigenkapitalkosten ohne Leverage	ke_{unlev}	7,76%
Financial Risk Premium	FRP	0,70%
Eigenkapitalkosten mit Leverage	$k_{e\ lev}$	8,46%
Gewichtete Eigenkapitalkosten	gew. ke_{lev}	6,77%
Fremdkapitalkosten vor Steuern	k_d (v. St.)	3,50%
Fremdkapitalkosten nach Steuern	k_D (n. St.)	2,31%
Gewichtete Fremdkapitalkosten	gew. k_D	0,46%
Gewichtete durchschnittliche Gesamtkapitalkosten	WACC	7,23%
	WACC (2. Weg)	7,23%

Das β_{lev} der Großbäckerei konnte somit mit 0,9733 nach Copeland berechnet werden.

Da ich hier keine Werte für das absolute Eigen- und Fremdkapital der Großbäckerei nennen kann bzw. darf, werden auch im Folgenden keine absoluten Kapitalkosten dargestellt.

Allerdings lässt sich die soeben nachvollzogene Gesamtberechnung auch wieder im Flussdiagramm präsentieren, wobei ich dieses Mal erneut die englischen Begriffe eingesetzt habe. Außerdem sind die Berechnungsformeln auch noch einmal in das Flussdiagramm integriert.

Sieht doch echt gut aus, oder? Rechts oben sehen Sie die Ausgangsdaten der KAMPS AG sowie die Berechnung des β_{unlev}. Rechts unten stehen die Werte des β_{lev} (oben bereits genannte 0,9733) und links oben finden Sie die Rahmenbedingungen für die WACC-Berechnung (über Copeland und Stewart) für unsere Großbäckerei.

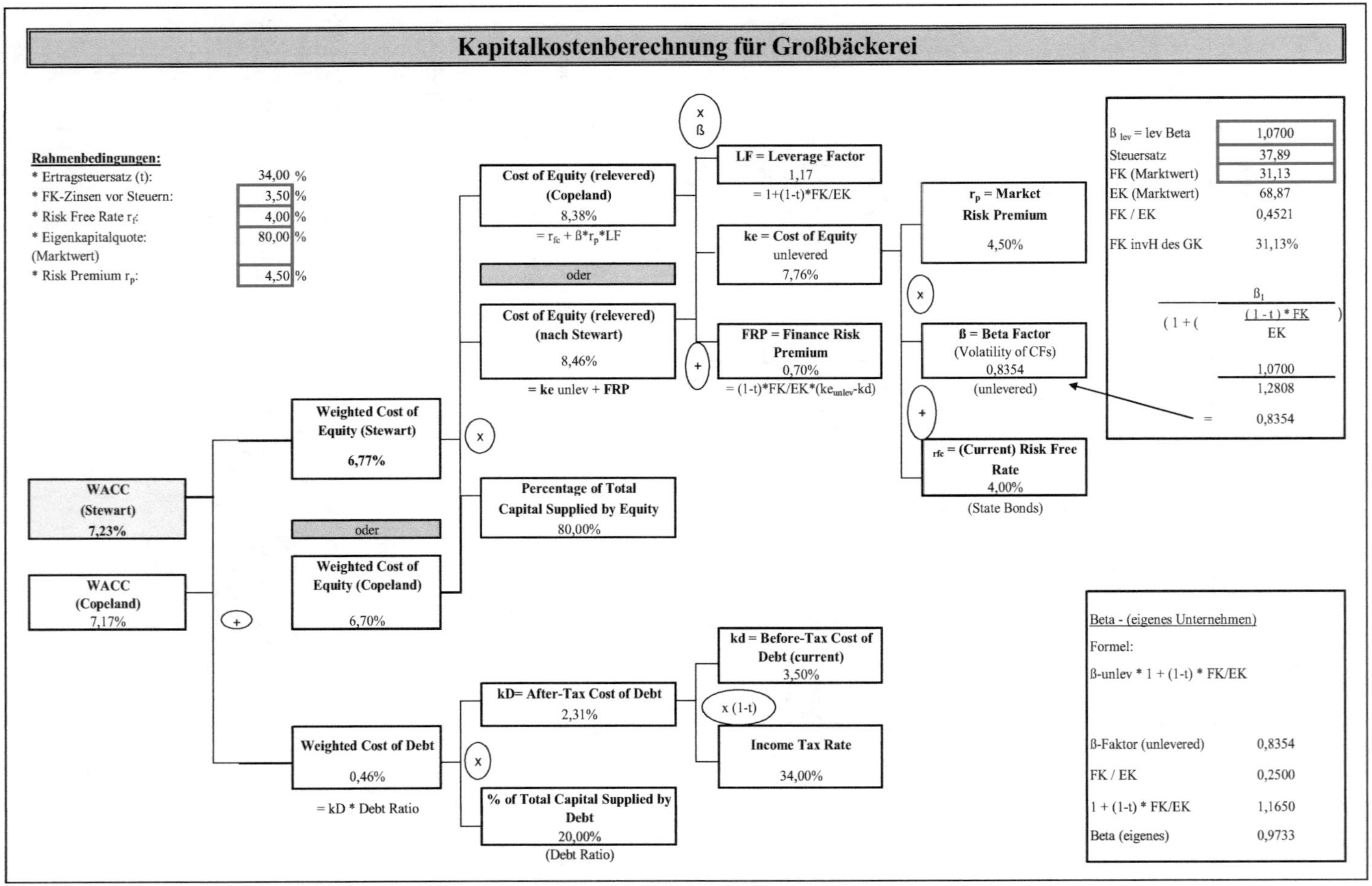
Kapitalkostenberechnung für Großbäckerei
Rahmenbedingungen:
* Ertragsteuersatz (t): 34,00 %
* FK-Zinsen vor Steuern: 3,50 %
* Risk Free Rate r_f: 4,00 %
* Eigenkapitalquote: (Marktwert) 80,00 %
* Risk Premium r_p: 4,50 %
WACC (Stewart) 7,23%
WACC (Copeland) 7,17%
+
Weighted Cost of Equity (Stewart) 6,77%
oder
Weighted Cost of Equity (Copeland) 6,70%
Weighted Cost of Debt 0,46%
= kD * Debt Ratio
x
Cost of Equity (relevered) (Copeland) 8,38%
= r_fc + ß*r_p*LF
oder
Cost of Equity (relevered) (nach Stewart) 8,46%
= ke unlev + FRP
Percentage of Total Capital Supplied by Equity 80,00%
kD= After-Tax Cost of Debt 2,31%
% of Total Capital Supplied by Debt 20,00%
(Debt Ratio)
x ß
LF = Leverage Factor 1,17
= 1+(1-t)*FK/EK
ke = Cost of Equity unlevered 7,76%
FRP = Finance Risk Premium 0,70%
= (1-t)*FK/EK*(ke_unlev-kd)
kd = Before-Tax Cost of Debt (current) 3,50%
x (1-t)
Income Tax Rate 34,00%
r_p = Market Risk Premium 4,50%
ß = Beta Factor (Volatility of CFs) 0,8354
(unlevered)
r_fc = (Current) Risk Free Rate 4,00%
(State Bonds)
ß lev = lev Beta 1,0700
Steuersatz 37,89
FK (Marktwert) 31,13
EK (Marktwert) 68,87
FK / EK 0,4521
FK invH des GK 31,13%
ß_l
(1 + ((1 - t) * FK / EK)
1,0700
1,2808
= 0,8354
Beta - (eigenes Unternehmen)
Formel:
ß-unlev * 1 + (1-t) * FK/EK
ß-Faktor (unlevered) 0,8354
FK / EK 0,2500
1 + (1-t) * FK/EK 1,1650
Beta (eigenes) 0,9733

Sie sehen, auch wenn wir keinen Beta-Faktor aus dem Internet oder aus Zeitungen und Veröffentlichungen für unser Unternehmen direkt entnehmen können, so können wir über einen einfachen mathematischen Weg dennoch einen „guten“ Wert ermitteln.

Dieser Weg ist übrigens von den Analysten, Banken und Börsianern anerkannt.

4.16 Kapitalkostenberechnung nach IdW-Empfehlung

Es gibt sicherlich auch weitere Berechnungsmöglichkeiten für die Kapitalkosten. Eine der großen Wirtschaftsprüfungen in Deutschland nutzt folgenden Ansatz und begründet dies mit der IdW-Konformität.

Zunächst müssen wir ein wenig Recherchearbeit leisten, aber das Internet ist dafür eine ideale Quelle.

Unsere Inputparameter lauten zunächst einmal:

Basis Input Parameter					
Beta unlevered	0,9	Branchenbeta Damodaran Stand Mai 2013			
Risikoloser Zinssatz	2,33%	http://www.basiszinskurve.de/basiszinssatz-gemaess-idw.html			
Marktrisikoprämie	MRP Basis	Länderrisiko	Landesspezifische Marktrisikoprämie	Umsatz-Gewichtung	Gewichtete Marktrisikoprämie
XXX Deutschland GmbH	5,00%	1,90%	6,90%	48%	7,47%
XXX International GmbH	5,00%	3,00%	8,00%	52%	
	FAUB IDW	CRP Damodaran			
Fremdkapitalkosten	4,83%				
Steuersatz	33,00%				

Nehmen wir eine Firma (mit 2 Gesellschaften) mit folgender Kapitalstruktur.

Buchwerte		%
Gesamtkapital	10.000.000	100%
Fremdkapital	7.500.000	75%
Eigenkapital	2.500.000	25%

Damit ergibt sich ein Leverage von 75/25, also 3,0.

Die Kapitalkosten berechnen sich jetzt laut diesem Ansatz wie folgt.

WACC Berechnung - Ausgangsdaten		
Beta unverschuldet		0,90
Beta verschuldet		3,60
Fremdkapitalkosten		4,83%
Zinsunterschied (Spread)		2,50%
Risikoloser Zins		2,33%
Marktrisikoprämie		7,47%
Steuersatz		33,00%
Eigenkapitalkosten nach Steuern		**29,23%**
FK/EK		**300,00%**
EK/GK (zu Marktwerten)		**25,00%**
FK/GK (zu Marktwerten)		**75,00%**
Zuschlag für Szenariorechnung/Illiquiditätspr		**1,00%**

WACC Berechnung		
Eigenkapitalkosten - ke lev		**29,23%**
gewichtete Eigenkapitalkosten - gew.EKK		**7,31%**
Fremdkapitalkosten nach Steuer - kD		**3,23%**
gewichtete Fremdkapitalkosten - gew.FKK		**2,43%**
Zusschlag Szenario/Illiquidität		**1,00%**
WACC nach Steuern		**10,73%**

Zunächst wird ein β-Faktor, allerdings unverschuldet, also unter der Annahme 100 % Eigenkapital ermittelt bzw. meist von Banken und/oder aus dem Internet übernommen. Hier habe ich mir den Wert auf der Damodaran-Homepage (http://pages.stern.nyu.edu/~adamodar/) aus einer der vielen angebotenen Tabellen geholt.

Dann wird das β als verschuldete Größe ermittelt, indem das unverschuldete β mit dem Leverage-Faktor (bitte nicht verwechseln mit dem Leverage-Faktor nach Copeland)

$$LF = 1 + \frac{FK}{EK},$$

also

$$LF = 1 + \frac{75}{25}$$
$$LF = 1 + 3$$
$$LF = 4$$

multipliziert wird.

Das verschuldete β errechnet sich also als

$$\beta_{\text{verschuldet}} = 0,9 \times 4$$
$$\beta_{\text{verschuldet}} = \beta_{\text{lev}} = 3,6\,.$$

Auch die Fremdkapitalkosten errechnen sich unterschiedlich, nämlich mittels eines Zins-Spreads zum risikofreien Satz.

Zuerst hole ich mir aus dem Internet (http://www.basiszinskurve.de/basiszinssatz-gemaess-idw.html) die Größen zum 01.01. Jahr 1 (Land Deutschland) für risikofreie Anlagen; in unserem Fall 2,33 %. Den Zins-Spread (ZS) ermittele ich durch Abzug des risikofreien Satzes von den zum Bewertungsstichtag von Banken angebotenen Kreditkonditionen (abhängig von der Bonität des von mir betrachteten Unternehmens), sagen wir 4,83 %, also

$$\text{ZS} = 0,0483 - 0,0233$$
$$\text{ZS} = 0,025\,,$$

somit

$$\text{ZS} = 2,5\,\%\,.$$

Die Risikoprämie (Marktrisikoprämie – MRP) wird ebenfalls berechnet.

Aus den Veröffentlichungen des FAUB (Fachausschuss Unternehmensbewertung) des IdW entnehme ich die Marktrisikoprämie (MRP), in unserem Fall 5,0 % für ein in Deutschland angesiedeltes Unternehmen.

Machen wir an dieser Stelle die Konstellation noch um einen Punkt komplexer: Unsere Firma besteht aus zwei Gesellschaften.

Aus o. g. Tabellen der Damodaran-Homepage habe ich mir auch die Zuschläge für Länderrisiken entnommen (1,9 % für Deutschland und 3,0 % für eine Zusammenstellung von Exportnationen), und diese Zuschläge werden zur Basis Marktrisikoprämie (bei uns ja 5,0 %) jeweils addiert und dann gewichten wir diese mit den Umsatzanteilen der beiden Gesellschaften (bei uns 48 und 52 %), sodass wir jetzt eine gewichtete Größe für die Gesamt-Marktrisikoprämie in Höhe von 7,47 % erhalten.

Der Steuersatz (33,0 %) ist uns aus den Inputparametern bekannt.

Damit sind wir wieder in der Lage, unsere Eigenkapitalkosten nach dem CAPM (Capital Asset Pricing Model) zu berechnen.

$$k_{\text{e lev}} = r_{\text{f}} + \beta_{\text{lev}} \times r_{\text{p}}\,,$$

also

$$k_{\text{e}} = 0,0233 + 0,036 \times 0,0747$$
$$k_{\text{e}} = 0,0233 + 0,036 \times 0,0747$$
$$k_{\text{e}} = 0,2923$$

somit

$$k_{\text{e lev}} = 29{,}23\,\%.$$

Die nächsten Zeilen aus obiger Tabelle/Berechnung kennen wir zunächst schon.

FK/EK	**300,00%**
EK/GK (zu Marktwerten)	**25,00%**
FK/GK (zu Marktwerten)	**75,00%**

Zuschläge für Szenariorechnungen oder in Form der uns bereits bekannten Illiquiditätsprämie (r_{sc}) werden jetzt direkt im WACC integriert.

Die oben berechneten Fremdkapitalkosten sind wie immer zunächst erst noch Vor-Steuer-Größen, die wir noch „entsteuern" müssen.

Wir müssen also (wieder) rechnen

$$k_{\text{D}} = k_{\text{d}} \times (1 - t)$$

mit

k_{D} Fremdkapitalkosten nach Steuern,

k_{d} Fremdkapitalkosten vor Steuern,

t Steuersatz.

Mit den Beispielwerten sieht dies dann wiederum so aus:

$$k_{\text{D}} = 0{,}0483 \times (1 - 0{,}33)$$
$$k_{\text{D}} = 0{,}0483 \times 0{,}67$$
$$k_{\text{D}} = 0{,}0324,$$

somit gerundet

$$k_{\text{D}} = 3{,}23\,\%.$$

Und damit können wir auch wieder den WACC berechnen, in dem wir zum Schluss additiv auch einen Szenariozuschlag oder eine Illiquiditätsprämie einrechnen.

$$\text{WACC} = k_{\text{e lev}} \times \frac{\text{EK}}{\text{GK}} + k_{\text{D}} \times \frac{\text{FK}}{\text{GK}} + r_{\text{sc}}$$

bzw.

$$\text{WACC} = \text{gew.}k_{\text{e lev}} + \text{gew.}k_{\text{D}} + r_{\text{sc}},$$

somit

$$\text{WACC} = 0{,}2923 \times \frac{0{,}25}{1} + 0{,}0323 \times \frac{0{,}75}{1} + 0{,}01,$$

also

$$\text{WACC} = 0{,}0731 + 0{,}0242 + 0{,}01$$
$$\text{WACC} = 0{,}1073,$$

damit

$$\text{WACC} = 10{,}73\,\%.$$

Bitte bedenken Sie wieder, dass die obigen Rechenergebnisse aus den Excel-Tabellen stammen und Berechnungen mit einem Taschenrechner zu geringfügigen (Rundungs-) Differenzen führen können.

Was sehen wir?

Die Formeln selbst sind identisch (bis auf die Integration des Szenariozuschlages bzw. der Illiquiditätsprämie), die Unterschiede liegen vielmehr in der Herleitung der Inputparameter.

Beiden Ansätzen liegt derzeit aber noch ein Fehler zugrunde. Dieser hängt mit dem Zirkularitätsproblem der Bewertung zusammen. Dazu kommen wir aber erst später.

Jetzt können wir wieder weiter voranschreiten.

5 Erste praktische Anwendung einer Unternehmensbewertung – die Heesen AG

5.1 Einleitung

Jetzt wollen wir mit einer einfachen Bewertung auf Basis der beiden bereits mehrfach genannten Ansätze (EVA und FCF) beginnen.

Wir werden dann noch weitere Bewertungen, ebenfalls mit Excel-Vorgaben und -Berechnungen, durchführen, wobei sich das Niveau dann jeweils steigert und auch der Umfang der Betrachtungen jedes Mal noch umfangreicher wird.

Ziel des nachfolgenden Kapitels ist es also, ein Modell zur Unternehmensbewertung aufzubauen, welches die beiden Bewertungsansätze Discounted Cash Flow auf Basis von Free Cash Flows (FCF) und Economic Value Added (EVA) beinhalten und vergleichen soll.

Angenommen werden fiktive Bilanz- sowie Gewinn- und Verlustrechnungen, welche in fünf Detailperioden, fünf Schätzperioden und eine Endwertperiode (die der letzten Schätzperiode entspricht) unterteilt sind.

Darüber hinaus wird auch der gewogene Kapitalkostensatz (WACC) mittels beider bereits betrachteter Rechenmethoden (*Copeland* und *Stewart*) dargestellt. Ebenso enthalten ist eine Veranschaulichung der zur Berechnung benötigten Kenngrößen wie z. B. Free Cash Flow (FCF), Return on Capital Employed (ROCE)[1], Economic Value Added (EVA) oder die aktivische und passivische Betrachtungsweise vom Capital Employed (CE).

Anhand von Flussdiagrammen wird der Zusammenhang und die Überführung dieser und anderer Kenngrößen zum Ergebnis der Unternehmensbewertung abgebildet werden.

Zum Abschluss machen wir dann noch eine Gegenüberstellung der beiden Verfahren DCF (FCF) und EVA und zeigen auf, unter welchen Bedingungen diese beiden Verfahren zu einem identischen Ergebnis führen.

[1] Unter „Capital Employed" wird das zinstragende Kapital verstanden. Weitere Begriffe, die man dafür findet sind „Net Assets", „Invested Capital" und „Funds Employed". In Frankreich spricht man von den „Capitaux Engagés".

B. Heesen, *Beteiligungsmanagement und Bewertung für Praktiker*,
https://doi.org/10.1007/978-3-658-30792-9_5

5.2 Aufbau der Bewertung

Um zum Ergebnis unserer ersten Unternehmensbewertung zu kommen, sind einige Vorab-Arbeiten und -Gedanken notwendig, welche in nachfolgender Abbildung dargestellt werden:

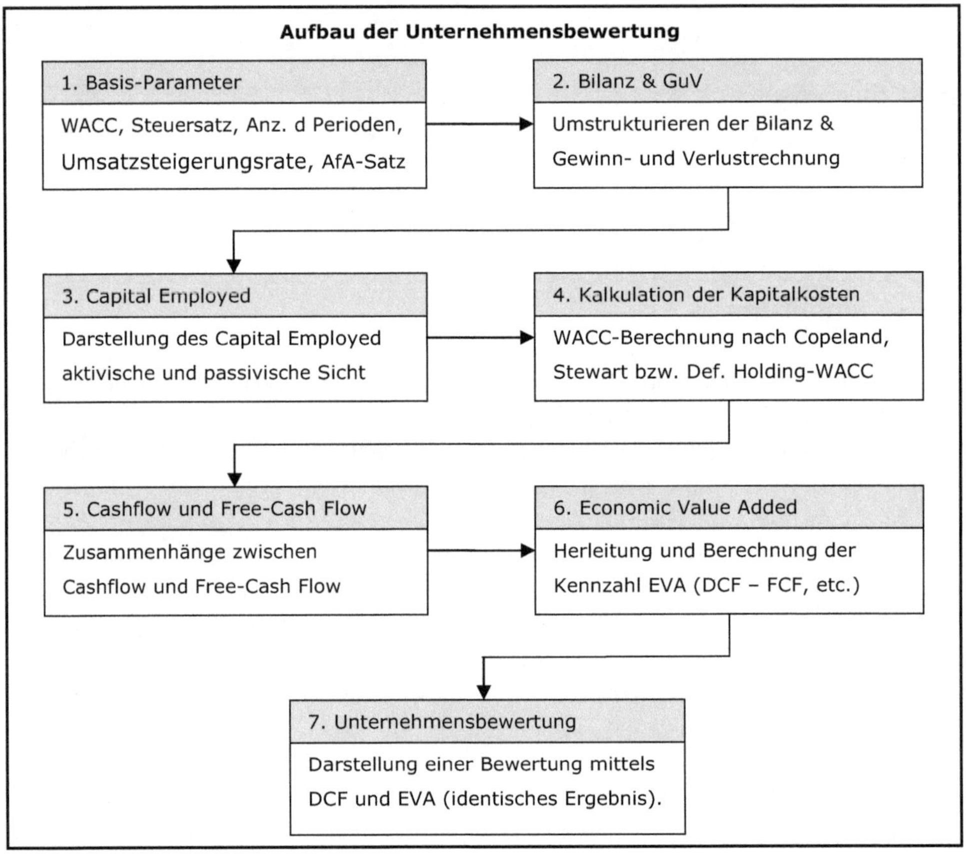

Im folgenden Teil werden die einzelnen Schritte näher beschrieben. Wie immer in meinen Büchern arbeiten wir wieder mit einem selbst entwickelten Excel Tool.

Dieses erste Beispiel (Heesen AG) ist noch recht leicht, in den weiteren Kapiteln werden wir dann die Komplexität sukzessiv steigern.

5.3 Die einzelnen Schritte

5.3.1 Schritt 1: Benennung der Basisparameter

Um eine Unternehmensbewertung durchführen zu können, müssen erst verschiedene Parameter definiert bzw. zur Konfiguration der Berechnungen eingegeben werden.

Dabei handelt es sich um

- die betrachteten Perioden/Jahre,
- die Festlegung auf die Berechnung einer ewigen Rente,
- anzusetzende Steuersätze,
- (Umsatz-)Wachstum und
- die durchschnittliche Abschreibedauer.

Der Parameter „sonstige Steigerung" gibt allgemeine Steigerungsraten an, welche sich auf Material-, Personalkosten und sonstige betriebliche Aufwände/Erträge auswirken. Von besonderer Bedeutung für alle Bewertungsverfahren ist die Berechnung bzw. Definition des gewogenen Diskontierungssatzes (WACC), welche wir ja bereits im Detail besprochen haben.

Heesen AG - Bilanzanalyse

	Detailperioden					Schätzperioden					Endperiode
Jahre	2014	2015	2016	2017	2018	2019	2020	2021	2022	2023	2024
Periode	1	2	3	4	5	6	7	8	9	10	11
Steuersatz	40%	40%	40%	40%	40%	40%	40%	40%	40%	40%	40%

heutiges Jahr	2014	SOLL Umsatzsteigerung:	5%	sonst. Steigerung:	1,5%	Abschreibung:	10%

WACC	10%	10%	10%	10%	10%	10%	10%	10%	10%	10%	10%

5.3.2 Schritt 2: Bilanz & GuV

Um eine übersichtlichere Darstellungsform zu erhalten, welche dann Basis für die weiteren Berechnungen ist, wird die Bilanzaufstellung nach HGB-Gliederungsschema in eine einheitliche Strukturbilanz transformiert. Unter anderem wird hier eine Trennung der Verbindlichkeiten in einen kurzfristigen und einen langfristigen Zeitraum durchgeführt. Dies dient der späteren Berechnung des Nettoumlaufvermögens (NUV).

Aber sicherlich erinnern Sie sich auch daran, dass diese Trennung auch bei der Kalkulation der Kapitalkosten von Bedeutung ist, da sich diese nur auf zinstragende Bestandteile des Kapitals berechnen. Die Kreditoren (Verbindlichkeiten aus Lieferungen und Leistungen) und die sonstigen kurzfristigen Verbindlichkeiten sind meist komplett herauszurechnen.

Bilanz Heesen AG											
	1	2	3	4	5	6	7	8	9	10	11
Investitionen	2.000	1.600	3.650	1.200	2.500	2.000	1.000	3.000	2.100	1.686	1.686
Sachanlagevermögen	5.740	5.430	2.585	7.535	6.035	7.655	9.163	6.620	9.032	9.906	9.906
Immaterielle und Finanzanlagen	11	13	10	10	10	10	10	10	10	10	10
Umlaufvermögen	4.591	5.975	7.695	7.695	7.695	7.695	7.695	7.695	7.695	7.695	7.695
davon Vorräte	2.900	3.632	4.656	4.656	4.656	4.656	4.656	4.656	4.656	4.656	4.656
davon Forderungen	1.617	2.265	2.913	2.913	2.913	2.913	2.913	2.913	2.913	2.913	2.913
davon Kasse und Wertpapiere	74	78	126	126	126	126	126	126	126	126	126
AKTIVA	**12.342**	**13.018**	**13.940**	**16.440**	**16.240**	**17.360**	**17.868**	**17.325**	**18.837**	**19.297**	**19.297**
Eigenkapital (inkl. Rücklagen)	5.107	7.043	4.070	6.570	6.370	7.490	7.998	7.455	8.967	9.427	9.427
Langfristige Verbindlichkeiten	4.893	3.957	7.430	7.430	7.430	7.430	7.430	7.430	7.430	7.430	7.430
Kurzfristige Verbindlichkeiten	2.342	2.018	2.440	2.440	2.440	2.440	2.440	2.440	2.440	2.440	2.440
davon Verb. a L&L	1.405	1.210	1.575	1.575	1.575	1.575	1.575	1.575	1.575	1.575	1.575
davon Sonstige kzfr. Verb.	937	808	865	865	865	865	865	865	865	865	865
PASSIVA	**12.342**	**13.018**	**13.940**	**16.440**	**16.240**	**17.360**	**17.868**	**17.325**	**18.837**	**19.297**	**19.297**

Ebenso wird die Gewinn- und Verlustrechnung (Gesamtkostenverfahren) in eine strukturierte Darstellungsform gebracht, wobei für dieses noch sehr einfache Bewertungsbeispiel eine vereinfachte und auf das Betriebsergebnis (EBIT) reduzierte Ergebnisrechnung herangezogen wird.

Gewinn- und Verlustrechnung Heesen AG											
	1	2	3	4	5	6	7	8	9	10	11
Umsatz	8.500	11.250	15.000	15.750	16.538	17.364	18.233	19.144	20.101	21.107	21.107
- Material/Fremdleistungen	5.004	6.323	8.335	8.460	8.587	8.716	8.846	8.979	9.114	9.251	9.251
DB/Rohertrag	**3.496**	**4.927**	**6.665**	**7.290**	**7.951**	**8.649**	**9.386**	**10.165**	**10.988**	**11.856**	**11.856**
- Personal	460	659	1.220	1.238	1.257	1.276	1.295	1.314	1.334	1.354	1.354
- Abschreibungen	1.000	1.100	1.150	1.400	1.380	1.492	1.543	1.489	1.640	1.686	1.686
- Sonstige betrieb. A/E	619	653	1.285	1.304	1.324	1.344	1.364	1.384	1.405	1.426	1.426
- Sonstige (z.B Holdingumlage)	0	0	0	0	0	0	0	0	0	0	0
Gesamt Operative Aufwendungen	**2.079**	**2.412**	**3.655**	**3.943**	**3.961**	**4.111**	**4.202**	**4.187**	**4.379**	**4.466**	**4.466**
Betriebsergebnis/EBIT	**1.417**	**2.515**	**3.010**	**3.347**	**3.990**	**4.537**	**5.185**	**5.978**	**6.609**	**7.390**	**7.390**

5.3.3 Schritt 3: Capital Employed (zinstragendes Kapital)

Damit man später den gewogenen Diskontierungssatz (WACC) nach beiden Rechenmethoden (*Copeland* bzw. *Stewart*) berechnen kann (die IdW-Berechnung lassen wir hier außen vor), ist vorher noch die Ermittlung des zinstragenden Kapitals (Capital Employed) notwendig. Dies kann auf zwei Arten durchgeführt werden.

Zum einen mittels einer aktivischen Betrachtungsweise, in der das eingesetzte Kapital (CE) durch das Nettoumlaufvermögen (bestehend aus Umlaufvermögen abzüglich kurzfristigen Verbindlichkeiten) zuzüglich den Investitionen sowie Sachanlagen, Immaterielle und Finanzanlagen dargestellt wird.

Zum anderen kann die Probe via passivischer Sichtweise vorgenommen werden, wobei hier die langfristigen (zinstragenden) Verbindlichkeiten zum Eigenkapitalanteil der passiven Bilanzseite hinzuaddiert werden. Anhand der in der nachfolgenden Darstellung gezeigten Kennzahl „Capital Employed zu Gesamtkapital" lässt sich der fehlende Anteil des kurzfristigen Umlaufvermögens im eingesetzten Kapitalwert (CE) sehr gut ablesen.

Capital Employed Heesen AG

		1	2	3	4	5	6	7	8	9	10	11
Aktivische Betrachtung	Netto Umlaufvermögen	2.249	3.957	5.255	5.255	5.255	5.255	5.255	5.255	5.255	5.255	5.255
Aktivische Betrachtung	Investitionen	2.000	1.600	3.650	1.200	2.500	2.000	1.000	3.000	2.100	1.686	1.686
Aktivische Betrachtung	Sachanlagevermögen	5.740	5.430	2.585	7.535	6.035	7.655	9.163	6.620	9.032	9.906	9.906
Aktivische Betrachtung	Immaterielle und Finanzanlagen	11	13	10	10	10	10	10	10	10	10	10
	= CAPITAL EMPLOYED	**10.000**	**11.000**	**11.500**	**14.000**	**13.800**	**14.920**	**15.428**	**14.885**	**16.397**	**16.857**	**16.857**
Passivische Betrachtung	Langfristige Verbindlichkeiten	4.893	3.957	7.430	7.430	7.430	7.430	7.430	7.430	7.430	7.430	7.430
Passivische Betrachtung	Eigenkapital (inkl. Rücklagen)	5.107	7.043	4.070	6.570	6.370	7.490	7.998	7.455	8.967	9.427	9.427
	Capital Employed zu Gesamtkapital	81,0%	84,5%	82,5%	85,2%	85,0%	85,9%	86,3%	85,9%	87,0%	87,4%	87,4%

5.3.4 Schritt 4: Kalkulation der Kapitalkosten

Jetzt geht es um die Berechnung des gewogenen Kapitalkosten- bzw. Diskontierungssatzes (WACC), die uns ja bereits aus der detaillierten Betrachtung im separaten Kapitel in allen Rechenschritten bekannt ist. Dieser kann ja auf mehrere Arten ermittelt werden. Einerseits durch eine Vorgabe der Eigenkapitalgeber (konstanter „Holding-WACC“) oder andererseits durch Berechnung unter Zuhilfenahme der beiden Ansätze zur Integration des Leverages nach *Copeland* bzw. *Stewart*. Um diese Ermittlung durchführen zu können, müssen daher der Eigen- bzw. Fremdkapitalanteil am Capital Employed bekannt sein.

Lassen sie uns aber, weil das Beispiel ja auch noch recht einfach ist, hier auch einen einfachen Ansatz wählen: eine Holding-Vorgabe. Das heißt wir werden mit einer Vorgabe des Holdingvorstandes in Höhe von 10,0 % arbeiten. Dieser WACC (10 %) versteht sich nach Steuern. Wir verzichten also auf die mögliche genauere Berechnung, wobei ich Sie dann in den Folgebeispielen allerdings immer exakt rechnen lassen werde.

Wie ich im Kapitel der Kapitalkosten schon gesagt habe; es ist nicht schwierig, aber man muss es einige Male gemacht haben.

Ach, Sie hätten gerne hier auch schon detailliert gerechnet? Kein Problem, versuchen Sie es und prüfen Sie dann, ob Sie zu identischen Ergebnissen gekommen sind.

Kapitalkosten - Kalkulation Heesen AG

	1	2	3	4	5	6	7	8	9	10	11
Risikofreier Satz rf (%)	8,0%	7,8%	7,5%	7,4%	7,3%	7,2%	7,3%	7,2%	7,4%	7,6%	7,6%
ß-Faktor	1,0	0,9	0,9	0,8	0,7	0,8	0,9	1,0	1,1	0,9	0,9
Risiko Prämie rp (%)	4,0%	3,8%	3,6%	3,6%	3,6%	3,6%	3,6%	3,6%	3,6%	3,6%	3,6%
Vor Steuer Fremdkapitalkostensatz (%) (kd Eingabe ist zwingend erforderlich)	8,0%	7,8%	7,5%	5,4%	5,5%	5,3%	5,4%	5,3%	5,5%	5,3%	5,3%
Steuersatz	40,0%	40,0%	40,0%	40,0%	40,0%	40,0%	40,0%	40,0%	40,0%	40,0%	40,0%
Eigenkapital	51,1%	64,0%	35,4%	46,9%	46,2%	50,2%	51,8%	50,1%	54,7%	55,9%	55,9%
Fremdkapital	48,9%	36,0%	64,6%	53,1%	53,8%	49,8%	48,2%	49,9%	45,3%	44,1%	44,1%
Capital Employed	100,0%	100,0%	100,0%	100,0%	100,0%	100,0%	100,0%	100,0%	100,0%	100,0%	100,0%

Wenn Sie an dieser Stelle aber „schade“ sagen, dann rechnen Sie halt zu Übungszwecken die Leverages herein und bestimmen die Kapitalkosten präziser.

Ich führe Sie nicht durch, dafür stelle ich Ihnen aber die Lösungen zur Verfügung. Rechnen Sie einmal selbst, wenn Sie möchten, wobei ich nochmals sage, dass wir dann mit einem WACC in Höhe von 10,0 % weiterarbeiten werden – der Holdingvorstand besteht darauf!

	1	2	3	4	5	6	7	8	9	10	11
COPELAND											
ke unlev (100% EK)	12,0%	11,3%	10,7%	10,3%	9,8%	10,1%	10,5%	10,8%	11,4%	10,8%	10,8%
LF	1,6	1,3	2,1	1,7	1,7	1,6	1,6	1,6	1,5	1,5	1,5
ke lev (Mischfinanzierung)	14,3%	12,5%	14,3%	12,2%	11,6%	11,8%	12,3%	13,0%	13,3%	12,4%	12,4%
Gew. Ek Kosten	7,3%	8,0%	5,1%	5,7%	5,3%	5,9%	6,4%	6,5%	7,3%	6,9%	
kd (v. St.)	8,0%	7,8%	7,5%	5,4%	5,5%	5,3%	5,4%	5,3%	5,5%	5,3%	5,3%
kD (n. St.)	4,8%	4,7%	4,5%	3,2%	3,3%	3,2%	3,2%	3,2%	3,3%	3,2%	3,2%
Gew. FK-Kosten	2,3%	1,7%	2,9%	1,7%	1,8%						
WACC	**9,7%**	**9,7%**	**8,0%**	**7,5%**	**7,1%**	**7,5%**	**8,0%**	**8,1%**	**8,8%**	**8,3%**	**8,3%**
STEWART											
ke unlev (100% EK)	12,0%	11,3%	10,7%	10,3%	9,8%	10,1%	10,5%	10,8%	11,4%	10,8%	10,8%
FRP	2,3%	1,2%	3,5%	3,3%	3,0%	2,8%	2,9%	3,3%	2,9%	2,6%	2,6%
ke lev (Mischfinanzierung)	14,3%	12,5%	14,3%	13,6%	12,8%	12,9%	13,4%	14,1%	14,3%	13,5%	13,5%
kd (v. St.)	8,0%	7,8%	7,5%	5,4%	5,5%	5,3%	5,4%	5,3%	5,5%	5,3%	5,3%
kD (n. St.)	4,8%	4,7%	4,5%	3,2%	3,3%	3,2%	3,2%	3,2%	3,3%	3,2%	3,2%
WACC	**9,7%**	**9,7%**	**8,0%**	**8,1%**	**7,7%**	**8,1%**	**8,5%**	**8,6%**	**9,3%**	**8,9%**	**8,9%**
WACC (Kurzform)	9,7%	9,7%	8,0%	8,1%	7,7%	8,1%	8,5%	8,6%	9,3%	8,9%	8,9%

5.3.5 Schritt 5: Cash Flow und Free Cash Flow

Im nun folgenden Abschnitt sollen die Zusammenhänge zwischen Cash Flow und Free Cash Flow nochmals erörtert und am Beispiel dargestellt werden. Die folgenden Berechnungen verdeutlichen, welche Schritte notwendig sind, um zum Wert des Free (freien) Cash Flow (FCF) zu gelangen.

Cash Flow und Free Cash Flow Heesen AG

	1	2	3	4	5	6	7	8	9	10	11
Umsatz	**8.500**	**11.250**	**15.000**	**15.750**	**16.538**	**17.364**	**18.233**	**19.144**	**20.101**	**21.107**	**21.107**
- Operative Aufwendungen	7.083	8.735	11.990	12.403	12.548	12.827	13.048	13.166	13.493	13.716	13.716
= Betriebsergebnis	**1.417**	**2.515**	**3.010**	**3.347**	**3.990**	**4.537**	**5.185**	**5.978**	**6.609**	**7.390**	**7.390**
- Steuern (abs)	567	1.006	1.204	1.339	1.596	1.815	2.074	2.391	2.644	2.956	2.956
= Betriebsergebnis (n. St.)	**850**	**1.509**	**1.806**	**2.008**	**2.394**	**2.722**	**3.111**	**3.587**	**3.965**	**4.434**	**4.434**
+ Abschreibungen	1.000	1.100	1.150	1.400	1.380	1.492	1.543	1.489	1.640	1.686	1.686
= Cash Flow	**1.850**	**2.609**	**2.956**	**3.408**	**3.774**	**4.214**	**4.654**	**5.075**	**5.605**	**6.120**	**6.120**
- Investitionen (abs)	2.000	1.600	3.650	1.200	2.500	2.000	1.000	3.000	2.100	1.686	1.686
= Freier Cash Flow	**-150**	**1.009**	**-694**	**2.208**	**1.274**	**2.214**	**3.654**	**2.075**	**3.505**	**4.434**	**4.434**

- Ausgehend vom Umsatz kommt man abzüglich der operativen Aufwendungen (Materialkosten, Personalkosten, AfA, sonstige betriebliche Aufwände/Erträge etc.) zum Betriebsergebnis (EBIT – Earnings Before Interest and Taxes).
- Von diesem Wert werden die Unternehmenssteuern abgezogen, um dann das Betriebsergebnis nach Steuern (NOPAT – Net Operating Profit After Taxes) zu erhalten. Allerdings dürfen wir nicht die absoluten Größen, wie in der GuV zwischen Ergebnis vor Steuern und Jahresüberschuss/-fehlbetrag ausgewiesen, in Abzug bringen, sondern müssen den Steuersatz, der sich aus der GuV ergibt, hier zur Anwendung bringen. Wir rechnen also „Betriebsergebnis × Steuersatz". Diese Größe (Betriebsergebnis nach Steuern) wird NOPAT genannt, das wissen wir bereits.
- Der NOPAT wird um die Abschreibungen erhöht (diese sind ja nicht auszahlungswirksam), um damit den
- Cash Flow zu erhalten. Diesen Cash-Wert (ganz einfache Berechnung), den das Unternehmen aus der Betriebstätigkeit erwirtschaftet hat, bezeichnet man auch als Brutto-Cash-Flow, welcher dann für Investitionen in das Anlage- oder Nettoumlaufvermögen zur Verfügung steht.
- Der verbleibende Teil des Überschusses wird als sogenannter Free Cash Flow bezeichnet und steht den Eigen-(Dividendenzahlung) und Fremdkapitalgebern (Kredittilgung) zur „freien" Verfügung und dient als Basis für die weitere Berechnung des Unternehmenswertes mittels Discounted-Cash-Flow-Methode.

5.3.6 Schritt 6: Economic Value Added

Im Rahmen des EVA (Economic Value Added)[2] -Ansatzes führt man die jährlichen NOPAT-Größen in EVA-Werte über, die die eigentlichen Nettoreingewinngrößen (nach Abzug aller Kapitalkosten) darstellen. Dazu muss zunächst wieder die Ausgangssubstanz (Capital Employed) bestimmt werden (siehe oben).

Die benötigte Kapitalkostenbelastung als absolute Größe – auch „Capital Charge(s)" im Englischen genannt – erhält man durch Multiplikation des WACC mit dem eingesetzten zinstragenden Kapital (CE).

Durch Abzug dieser vom Betriebsergebnis nach Steuern (NOPAT) kommt man auf die Kenngröße EVA.

Damit jetzt die Darstellung in diesem ersten Beispiel noch gut leserlich ist, stelle ich jeweils nur die ersten drei Planperioden dar, wissend, dass unsere Planung eigentlich 10 bzw. 11 Perioden umfasst.

[2] Wir verzichten jetzt auf die Kennung mit ®, da wir bereits mehrfach darauf hingewiesen haben, dass es sich um ein eingetragenes Markenzeichen handelt.

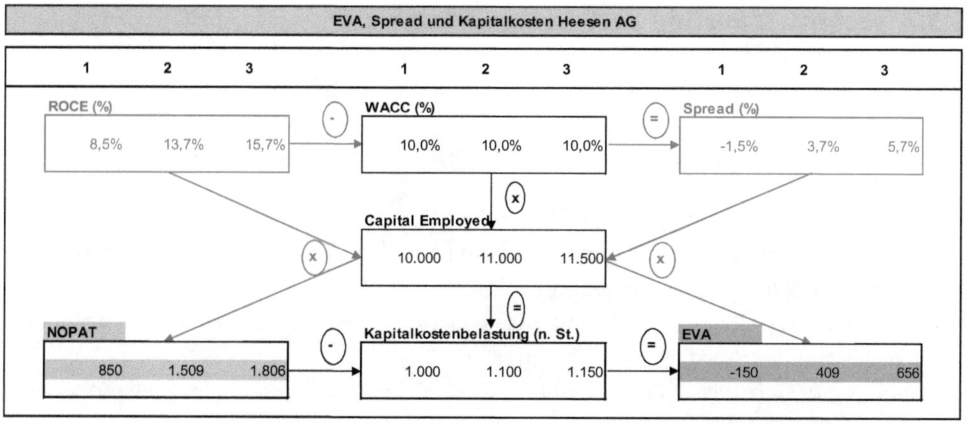

Der EVA-Ansatz ermöglicht aber auch einen Brückenschlag zu den Größen des Rechnungswesens, dabei insbesondere zum investierten (zinstragenden) Kapital. Des Weiteren lässt sich ein periodischer ROCE (Return on Capital Employed)-WACC-Vergleich anstellen, der auch zur EVA-Berechnung geeignet ist. Das ist dann der auch schon bekannte multiplikative Weg der Berechnung. Die folgende Abbildung zeigt diesen Ansatz.

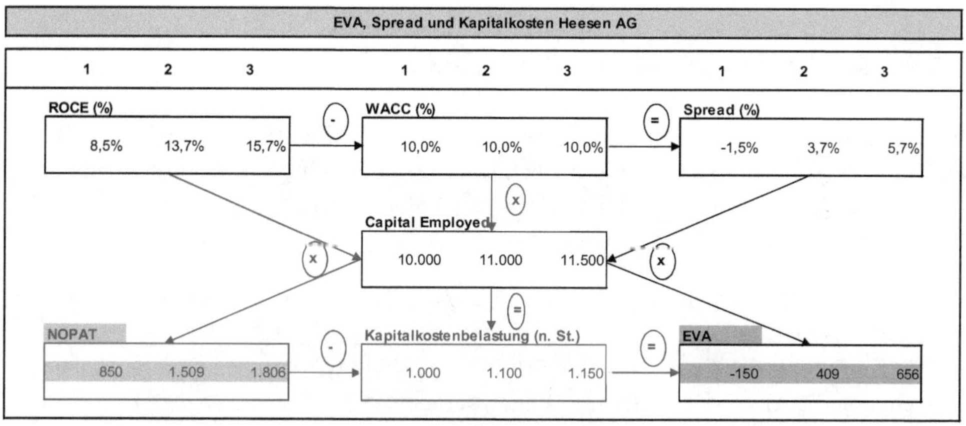

Ein wichtiges Element wird dabei sichtbar, nämlich die Gegenüberstellung der erwirtschafteten Rendite ROCE und der geforderten Rendite WACC. Dies dient auch der laufenden Überwachung der Performance verschiedener Geschäftsbereiche mit unterschiedlichem Risikocharakter.

Damit sind wir wieder beim Beteiligungscontrolling. Sie sehen erneut, Beteiligung und Bewertung hängen ganz eng miteinander zusammen.

5.3.7 Schritt 7: der Endwert – ewige Rente

Wir werden im dritten Beispiel noch sehr viel an diesem Endwert (Terminal Value), berechnet als ewige Rente, arbeiten.

Nehmen Sie noch bitte hier erst einmal Folgendes zur Kenntnis, ohne Fragen dazu zu stellen.

- In der Periode der Endwertberechnung setzen wir als FCF den NOPAT (Betriebsergebnis nach Steuern) der Vorperiode an,
- weil wir unterstellen, dass die Investitionen in der Periode der Endwertberechnung identisch mit den Abschreibungen sind.
- Damit ergibt sich, dass NOPAT und Free Cash Flow in der Periode der Endwertberechnung identisch sind.
- Außerdem wollen wir konservativ rechnen unterstellen und den Endwert nicht noch dadurch in die Höhe „schieben", dass wir in der Periode der Endwertberechnung noch eine kräftige Steigerung des NOPAT annehmen. Deshalb greifen wir auf den vorperiodischen NOPAT zu. Eventuelle doch zu realisierende weitergehende Steigerungen des operativen Ergebnisses in der Endwertperiode können wir mathematisch über einen anderen Weg einrechnen. Dazu aber mehr in einem späteren Kapitel. Der anzusetzende Wert für die Berechnung der ewigen Rente auf Basis ist somit der NOPAT der Vorperiode.

5.3.8 Schritt 8: Unternehmensbewertung

Aufgrund der bisher beschriebenen Einzelschritte gelangt man hier im siebten Schritt zur eigentlichen Ermittlung des Unternehmenswertes nach beiden Bewertungsansätzen – Discounted Cash Flow nach FCF und Economic Value Added.

Benötigt werden jene aufbereiteten Daten:

- die Struktur-GuV, um aus dem Betriebsergebnis (EBIT) und das Ergebnis nach Steuern (NOPAT) darzustellen.
- Die Ermittlung des Free Cash Flow (FCF) sieht, wie wir gesehen haben, die Hinzurechnung der Abschreibungen zum Betriebsergebnis nach Steuern (NOPAT) sowie den Abzug der Investitionen davon vor.
- Die den Kapitalgebern zur Verfügung stehenden zukünftigen Free Cash Flows, einschließlich eines Restwertes, basierend auf dem letzten explizit geschätzten (das ist nicht ganz richtig, denn für die Ermittlung gibt es Empfehlungen) Free Cash Flow der Zukunft (sogenannter Terminal Value), werden mithilfe des WACC auf den Bewertungszeitpunkt abgezinst.
- Um dann den Marktwert des Eigenkapitals zu ermitteln, wird der Marktwert des Fremdkapitals abgezogen.

Dies wird in nachstehender Abbildung (Grundlage ist die DCF-FCF-Methode) dargestellt. Jetzt arbeiten wir natürlich wieder mit allen Perioden.

Unternehmensbewertung Heesen AG mittels FCF											
	Heutiges Datum	2014									
	Detail-Analyse					Schätzung					Endwert
Jahr	1	2	3	4	5	6	7	8	9	10	11
Umsatz	8.500	11.250	15.000	15.750	16.538	17.364	18.233	19.144	20.101	21.107	21.107
Betriebsergebnis	**1.417**	**2.515**	**3.010**	**3.347**	**3.990**	**4.537**	**5.185**	**5.978**	**6.609**	**7.390**	**7.390**
Steuern	567	1.006	1.204	1.339	1.596	1.815	2.074	2.391	2.644	2.956	2.956
NOPAT	**850**	**1.509**	**1.806**	**2.008**	**2.394**	**2.722**	**3.111**	**3.587**	**3.965**	**4.434**	**4.434**
Capital Employed	10.000	11.000	11.500	14.000	13.800	14.920	15.428	14.885	16.397	16.857	16.857
Abschreibungen	1.000	1.100	1.150	1.400	1.380	1.492	1.543	1.489	1.640	1.686	1.686
Investitionen	2.000	1.600	3.650	1.200	2.500	2.000	1.000	3.000	2.100	1.686	1.686
Kapitalzunahme	1.000	500	2.500	-200	1.120	508	-543	1.511	460	0	0
FCF	**-150**	**1.009**	**-694**	**2.208**	**1.274**	**2.214**	**3.654**	**2.075**	**3.505**	**4.434**	**4.434**
ROCE	8,5%	13,7%	15,7%	14,3%	17,3%	18,2%	20,2%	24,1%	24,2%	26,3%	26,3%
Wtd. Avg. CoC (WACC)	10,0%	10,0%	10,0%	10,0%	10,0%	10,0%	10,0%	10,0%	10,0%	10,0%	10,0%
Spread	-1,5%	3,7%	5,7%	4,3%	7,3%	8,2%	10,2%	14,1%	14,2%	16,3%	16,3%
Kapitalkostenbelastung	1.000	1.100	1.150	1.400	1.380	1.492	1.543	1.489	.640	1.686	1.686
EVA	-150	409	656	608	1.014	1.230	1.568	2.098	2.326	2.748	2.748
Abzinsungsfaktor	0,91	0,83	0,75	0,68	0,62	0,56	0,51	0,47	0,42	0,39	0,35
Barwert des FCF	-136	834	-521	1.508	791	1.250	1.875	968	1.486	1.710	1.554
Barwert des EVA	-136	338	493	416	630	694	805	979	986	1.060	963
Wert (über FCF's)	-136	698	176	1.685	2.476	3.726	5.600	6.569	8.055	9.765	17.095
Wert (über EVA's)	-136	202	695	1.110	1.740	2.434	3.239	4.218	5.204	6.264	10.596

Firmenwert (FCF)	**26.860**	**Marktwert d. Eigenkapitals**	**21.967**	**Wertsteigerung d. Eigenkap.**	**16.860**
Firmenwert (EVA)	26.860				

Es errechnet sich ein Gesamtunternehmenswert in Höhe von 26.860.

Fremdkapitel (zinstragend) zum/im Bewertungsjahr 1 hatten wir in der Bilanz mit 4893 ausgewiesen …

Bilanz	**Jahr**	**1**	
Investitionen		2.000	16,2%
Sachanlagevermögen		5.740	46,5%
Immaterielle und Finanzanlagen		11	0,1%
Umlaufvermögen		4.591	37,2%
davon Vorräte		2.900	23,5%
davon Forderungen		1.617	13,1%
davon Kasse und Wertpapiere		74	0,6%
Bilanzsumme		**12.342**	**100,0%**
Eigenkapital (inkl. Rücklagen)		5.107	41,4%
Langfristige Verbindlichkeiten		***4.893***	39,6%
Kurzfristige Verbindlichkeiten		2.342	19,0%
davon Verb. a L&L		1.405	11,4%
davon Sonstige kzfr. Verb.		937	7,6%
Bilanzsumme		**12.342**	**100,0%**

…, sodass sich ein Marktwert des Eigenkapitals (Fair Value of Equity) in Höhe von 21.967 berechnet.

Somit lag die Wertsteigerung des Eigenkapitals bei 16.680. Diese Größe errechnet sich durch Abzug des Buch-Eigenkapitals zum/im Bewertungsjahr 1 in Höhe von 5107 …

Bilanz **Jahr**	**1**	
Investitionen	2.000	16,2%
Sachanlagevermögen	5.740	46,5%
Immaterielle und Finanzanlagen	11	0,1%
Umlaufvermögen	4.591	37,2%
davon Vorräte	2.900	23,5%
davon Forderungen	1.617	13,1%
davon Kasse und Wertpapiere	74	0,6%
Bilanzsumme	**12.342**	**100,0%**
Eigenkapital (inkl. Rücklagen)	***5.107***	41,4%
Langfristige Verbindlichkeiten	4.893	39,6%
Kurzfristige Verbindlichkeiten	2.342	19,0%
davon Verb. a L&L	1.405	11,4%
davon Sonstige kzfr. Verb.	937	7,6%
Bilanzsumme	**12.342**	**100,0%**

… vom Marktwert des Eigenkapitals.

Um zum gleichen Ergebnis mittels der EVA-Methode zu gelangen, ist die konstante Weiterführung des Kapitalkostensatzes WACC notwendig. Da die in Schritt 4 (Kapitalkostenkalkulation) berechneten Kapitalkosten mit Leverage-Integration nach *Copeland* und *Stewart* aufgrund der sich ändernden Kapitalstruktur in den Planperioden unterschiedliche Ergebnisse hinweg liefern, muss sich für einen dann konstant anzusetzenden Wert entschieden werden. Entweder nimmt man den Durchschnittswert (basierend auf den ermittelten WACCs über die Jahre) oder den Wert des heutigen Jahres. Und „heute" ist in den meisten Betrachtungen das Jahr „1". Nur mit einem konstanten Diskont kann man ein gleiches Resultat bei beiden Methoden (DCF und EVA) erzielen.

Wir hatten aber bei diesem ersten Beispiel gesagt, dass wir noch mit einem Vorgabe-WACC in Höhe von 10 % arbeiten.

Die Idee, welche hinter dem EVA-Ansatz steht, basiert auf der Annahme, dass eine Wertsteigerung stets in Zusammenhang mit einem über dem WACC liegenden ROCE steht. Wenn der ROCE fortwährend dem WACC entspräche, würde sich die Substanz des Unternehmens gerade zum WACC verzinsen – es würde daher keine Wertschaffung entstehen.

Der Unternehmenswert wird daher durch das anfänglich investierte Kapital (CE) zuzüglich des Barwertes aller zukünftigen EVAs repräsentiert. Diese beruhen ihrerseits wiederum auf einem positiven „Spread“[3], d. h. einer positiven Differenz (ROCE abzüglich WACC), multipliziert mit dem im entsprechenden Jahr investierten Gesamtkapital (CE). Wie die folgende Berechnung zeigt, führen DCF- und EVA-Ansatz zum selben Ergebnis, obwohl das Vorgehen hinsichtlich der Ausgangsdaten sehr unterschiedlich ist.

Unternehmensbewertung Heesen AG mittels EVA

Heutiges Datum: 2014

	Detail-Analyse					Schätzung					Endwert
Jahr	1	2	3	4	5	6	7	8	9	10	11
Umsatz	8.500	11.250	15.000	15.750	16.538	17.364	18.233	19.144	20.101	21.107	21.107
Betriebsergebnis	**1.417**	**2.515**	**3.010**	**3.347**	**3.990**	**4.537**	**5.185**	**5.978**	**6.609**	**7.390**	**7.390**
Steuem	567	1.006	1.204	1.339	1.596	1.815	2.074	2.391	2,644	2.956	2.956
NOPAT	**850**	**1.509**	**1.806**	**2.008**	**2.394**	**2.722**	**3.111**	**3.587**	**3.965**	**4.434**	**4.434**
Capital Employed	10.000	11.000	11.500	14.000	13.800	14.920	15.428	14.885	16.397	16.857	16.857
Abschreibungen	1.000	1.100	1.150	1.400	1.380	1.492	1.543	1.489	1.640	1.686	1.686
Investitionen	2.000	1.600	3.650	1.200	2.500	2.000	1.000	3.000	2.100	1.686	1.686
Kapitalzunahme	1.000	500	2.500	-200	1.120	508	-543	1.511	460	0	0
FCF	-150	1.009	-694	2.208	1.274	2.214	3.654	2.075	3.505	4.434	4.434
ROCE	8,5%	13,7%	15,7%	14,3%	17,3%	18,2%	20,2%	24,1%	24,2%	26,3%	26,3%
Wtd. Avg. CoC (WACC)	10,0%	10,0%	10,0%	10,0%	10,0%	10,0%	10,0%	10,0%	10,0%	10,0%	10,0%
Spread	-1,5%	3,7%	5,7%	4,3%	7,3%	8,2%	10,2%	14,1%	14,2%	16,3%	16,3%
Kapitalkostenbelastung	1.000	1.100	1.150	1.400	1.380	1.492	1.543	1.489	1.640	1.686	1.686
EVA	**-150**	**409**	**656**	**608**	**1.014**	**1.230**	**1.568**	**2.098**	**2.326**	**2.748**	**2.748**
Abzinsungsfaktor	0,91	0,83	0,75	0,68	0,62	0,56	0,51	0,47	0,42	0,39	0,35
Barwert des FCF	-136	834	-521	1.508	791	1.250	1.875	968	1.486	1.710	1.554
Barwert des EVA	-136	338	493	416	630	694	805	979	986	1.060	963
Wert (über FCF's)	-136	698	176	1.685	2.476	3.726	5.600	6.569	8.055	9.765	17.095
Wert (über EVA's)	**-136**	**202**	**695**	**1.110**	**1.740**	**2.434**	**3.239**	**4.218**	**5.204**	**6.264**	**10.596**

Firmenwert (FCF)	26.860	Marktwert d. Eigenkapitals	21.967	Wertsteigerung d. Eigenkap.	16.860
Firmenwert (EVA)	**26.860**				

Bei beiden Verfahren haben wir einen Gesamtunternehmenswert in Höhe von 26.860 errechnet! Auch hier berechnen sich natürlich identische Werte für

- Marktwert bzw. Fair Value des Eigenkapitals und
- Wertsteigerung des Eigenkapitals.

Abschließend kann festgehalten werden, dass die EVA-Analyse eine zumindest fallweise gewünschte Verbindung zwischen Rechnungswesen- und Unternehmenswertdaten, im speziellen zwischen investiertem Kapital (Substanzwerte) und künftiger Wertgenerierung (Ertrag) ermöglicht. Interessant dabei ist der dahinter liegende Grundgedanke, welcher beim altbekannten Übergewinnverfahren schon angewendet wurde, jedoch in den vergangenen Jahren immer seltener anzutreffen war.

[3] Man sagt auch „Überrendite“ oder „ökonomische Marge“ – da ist mir dann der englische Begriff doch lieber.

Aufgrund der vorliegenden Ergebnisse und deren vorangegangenen Rechenschritten wurde gezeigt, dass beide Methoden unter bestimmten Voraussetzungen zum gleichen Ergebnis führen.

Schauen Sie sich die Berechnungen nochmals im Vergleich an, ohne dass ich die gewissen Zeilen ausblende.

Unternehmensbewertung Heesen AG

Heutiges Datum: 2014

	Detail-Analyse					Schätzung					Endwert
Jahr	1	2	3	4	5	6	7	8	9	10	11
Umsatz	8.500	11.250	15.000	15.750	16.538	17.364	18.233	19.144	20.101	21.107	21.107
Betriebsergebnis	**1.417**	**2.515**	**3.010**	**3.347**	**3.990**	**4.537**	**5.185**	**5.978**	**6.609**	**7.390**	**7.390**
Steuern	567	1.006	1.204	1.339	1.596	1.815	2.074	2.391	2.644	2.956	2.956
NOPAT	**850**	**1.509**	**1.806**	**2.008**	**2.394**	**2.722**	**3.111**	**3.587**	**3.965**	**4.434**	**4.434**
Capital Employed	10.000	11.000	11.500	14.000	13.800	14.920	15.428	14.885	16.397	16.857	16.857
Abschreibungen	1.000	1.100	1.150	1.400	1.380	1.492	1.543	1.489	1.640	1.686	1.686
Investitionen	2.000	1.600	3.650	1.200	2.500	2.000	1.000	3.000	2.100	1.686	1.686
Kapitalzunahme	1.000	500	2.500	-200	1.120	508	-543	1.511	460	0	0
FCF	**-150**	**1.009**	**-694**	**2.208**	**1.274**	**2.214**	**3.654**	**2.075**	**3.505**	**4.434**	**4.434**
ROCE	8,5%	13,7%	15,7%	14,3%	17,3%	18,2%	20,2%	24,1%	24,2%	26,3%	26,3%
Wtd. Avg. CoC (WACC)	10,0%	10,0%	10,0%	10,0%	10,0%	10,0%	10,0%	10,0%	10,0%	10,0%	10,0%
Spread	-1,5%	3,7%	5,7%	4,3%	7,3%	8,2%	10,2%	14,1%	14,2%	16,3%	16,3%
Kapitalkostenbelastung	1.000	1.100	1.150	1.400	1.380	1.492	1.543	1.489	1.640	1.686	1.686
EVA	**-150**	**409**	**656**	**608**	**1.014**	**1.230**	**1.568**	**2.098**	**2.326**	**2.748**	**2.748**
Abzinsungsfaktor	0,91	0,83	0,75	0,68	0,62	0,56	0,51	0,47	0,42	0,39	0,35
Barwert des FCF	-136	834	-521	1.508	791	1.250	1.875	968	1.486	1.710	1.554
Barwert des EVA	-136	338	493	416	630	694	805	979	986	1.060	963
Wert (über FCF's)	-136	698	176	1.685	2.476	3.726	5.600	6.569	8.055	9.765	17.095
Wert (über EVA's)	-136	202	695	1.110	1.740	2.434	3.239	4.218	5.204	6.264	10.596

Firmenwert (FCF)	26.860
Firmenwert (EVA)	26.860
Marktwert d. Eigenkapitals	21.967
Wertsteigerung d. Eigenkap.	16.860

5.3.9 Schritt 9: Zusammenfassung

Lassen Sie uns abschließend die Ausgangs- und Bewertungsdaten intelligent und aussagekräftig zusammenfassen, denn dies gehört immer zu (komplexeren) Berechnungen, sei es im Controlling oder in der Bewertung.

Diese Darstellung kennen Sie teilweise auch schon. Auch hier sind für die periodische Berechnung der EVA und FCF wieder nur die ersten drei Perioden dargestellt – über 10 Jahre wird es einfach unübersichtlich, glauben Sie mir, ich habe es ausprobiert. Sie können ansonsten nichts mehr erkennen.

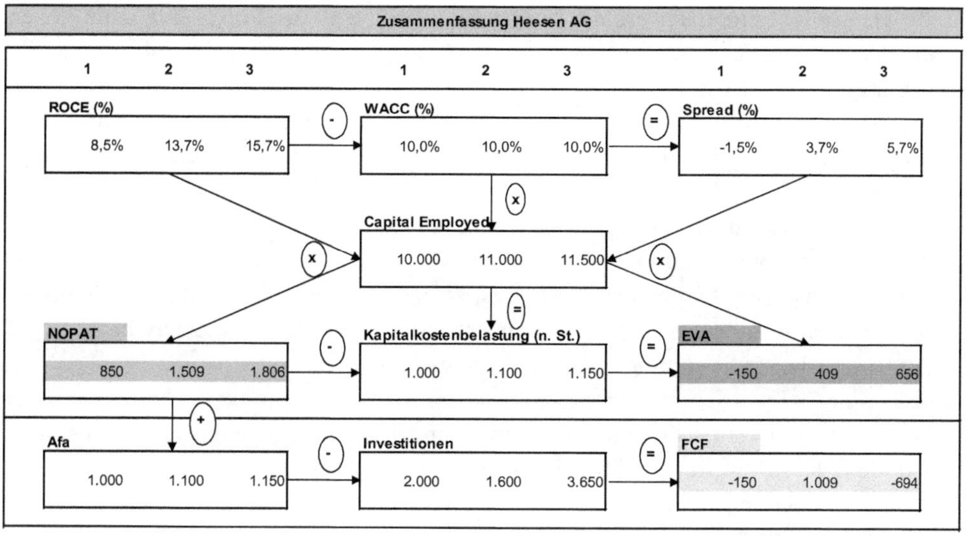

Die Gesamtbewertung habe ich dann mit Ausweis aller bereits besprochenen „Unter"ergebnisse

- Gesamtunternehmenswert,
- (Marktwert) des Fremdkapitals zum/im Bewertungsjahr,
- Marktwert bzw. Fair Value des Eigenkapitals,
- Buchwert des Eigenkapitals zum/im Bewertungsjahr,
- Wertsteigerung des Eigenkapitals

ausgewiesen.

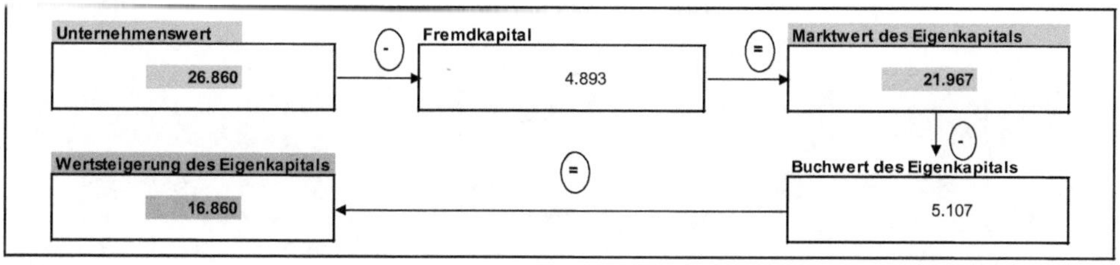

5.3.10 Abschließende Anmerkung

Wichtig ist meiner Meinung nach häufig eine Kombination der beiden Methoden, wenngleich einige zuvor beschriebene Vorteile nur auf den Einsatz der EVA-Methode deuteten. Vergessen werden darf nämlich auch nicht die Tatsache, dass finanzielle Wertgenerierung auf den zukünftigen Free Cash Flows basiert.

- Ausgangspunkt einer Bewertungsanalyse bildet heute in der Praxis fast immer eben diese FCF- und Kapitalkostenorientierung. Hiermit begründet sich auch wieder der Einsatz der DCF-Methode.
- Die EVA-Analyse bietet als Ergänzung dazu dann die Möglichkeit der Durchleuchtung und Interpretation des wertschaffenden Geldstromgeschehens, also ein Controllingansatz.
- Als Resultat kann dann auf eine umfassende Analyseplattform zurückgegriffen werden, deren Nutzung aber eine intensive und deshalb mit Zeit verbundene Auseinandersetzung voraussetzt. Discounted-Cash-Flow- und Economic-Value-Added-Methoden sollten daher weniger als alternative, sondern vielmehr als komplementäre Instrumente zur Unternehmensbewertung betrachtet werden.

In der Praxis sieht man dies allerdings nicht immer. Es muss nämlich darauf hingewiesen werden, dass Bewertungen über die beiden Verfahren in der Praxis aufgrund der Art der Planungsrechnungen (dazu später) nur selten zu einem identischen (Bewertungs-)Ergebnis führen.

Von daher baut man die EVA-Betrachtungen auch immer in das Controlling ein und rechnet den Unternehmenswert fast immer alleine über den DCF-Ansatz.

Die Integration der EVA-Berechnungen in das revolvierende Controlling hat aber auch einen Vorteil. Während der Kapitalkostensatz WACC bei der Bewertung über alle Perioden konstant zu halten ist, muss im Controlling mit periodisch unterschiedlichen Größen, die man immer wieder sauber anhand der jeweiligen Zinsentwicklungen und -märkten sowie den Leverages zum Controllingstichtag ermittelt, gearbeitet werden.

Somit lässt sich die periodisch exakte Wertveränderung des eingesetzten (zinstragenden) Kapitals komplementär ermitteln, und die Bewertung erhält Zusatzinformationen, in welchen Planjahren die Gesellschaft welche Entwicklung nimmt.

6 Unternehmensbewertung am Beispiel der Meier GmbH

Schauen wir uns ein zweites, aber erweitertes Beispiel an.

Wie bereits mehrfach erwähnt, wird der Unternehmenswert eines Bewertungsobjektes aus dem zukünftigen Nutzen für seine Eigentümer errechnet. Der Unternehmensbewertung liegt somit die Aufgabe zugrunde, den zukünftigen Nutzen der Anteilseigner zu quantifizieren und diesen in finanziellen Größen darzustellen. Daraus resultiert, dass der eigentlichen Unternehmensbewertung eine Business-, bzw. Unternehmensplanung vorgelagert ist. Dies haben wir ja bereits im ersten Beispiel gesehen – wir hatten eine Plan-GuV und -Bilanz.

6.1 Basisinformationen

In diesem Folgebeispiel werden wir genauer arbeiten und auch bereits die Planung selbst gemeinsam entwickeln. Wir benötigen aber eine Art Datengrundgerüst, um die Planungen überhaupt angehen zu können.

B. Heesen, *Beteiligungsmanagement und Bewertung für Praktiker*,
https://doi.org/10.1007/978-3-658-30792-9_6

Basisangaben		
Risikofreier Satz rf (%)		4.25%
ß-Faktor		1.13
Risiko Prämie rp (%)		5.00%
Vor Steuer Fremdkapitalkostensatz (%)		4.40%
Steuersatz		40.00%
Umsatzsteuersatz		1.19
Vorratsumschlag (Faktor)		4.50
Durchschnittl. Forderungsziel in Tagen		14.14
Wachstumsfaktoren Planperioden	1	6.00%
	2	5.00%
	3	3.00%
	4	1.00%

Der risikofreie Satz (für die spätere Berechnung der Kapitalkosten) wird mit 4,25 % angenommen (Zwirner und Reinhold 2009, S. 140). Als β-Faktor wird ein durchschnittlicher Faktor für ein in der Industrie tätiges Unternehmen herangezogen. Damit wird β hier definiert mit 1,13. Die Risikoprämie in Höhe von 5 % liegt ebenfalls in einer sehr normalen Höhe. Schlagen Sie einmal im Internet beim IdW nach.

Die Fremdkapitalkosten wurden auf der Basis der historischen Jahresabschlüsse ermittelt, wobei die Fremdkapitalaufwendungen im Finanzergebnis der GuV durch das in der Bilanz ausgewiesene Fremdkapital (vor allem Darlehen) dividiert wurden. Der Mittelwert der dadurch errechneten Prozentsätze entspricht den 4,40 %, welcher in den „Basisangaben" ersichtlich ist.

Der Steuersatz, bestehend aus Körperschaftsteuer, Solidaritätszuschlag und Gewerbeertragsteuer wurde auf durchschnittlich 40 % gerundet, wissend, dass dieser Satz eigentlich zu hoch ist.

Zur späteren Planung der Bilanz bzw. Gewinn- und Verlustrechnung werden bei diesem Modell noch zwei weitere Kennzahlen aus dem Bereich der Bilanzanalyse benötigt. Mithilfe des Vorratsumschlages werden die zukünftigen Vorräte geplant. Die Kennzahl „durchschnittliches Forderungsziel in Tagen" hingegen wird zur Planung der offenen Forderungen herangezogen.

Nach Absprache mit der Geschäftsführung der Meier GmbH und unter Berücksichtigung der konjunkturellen Gegebenheiten wird grundsätzlich von einem Wachstum in den Planperioden ausgegangen. Zusammenhang in den Planzahlen (Abb. 6.1).

6.2 Planung

Die größten Schwierigkeiten bereitet die Planung des **Umsatzes,** da diese Position am wenigsten von unternehmensinternen Entscheidern beeinflusst werden kann. Der Umsatz ist demnach stark von Außeneinflüssen wie technologischem Fortschritt, Angebot, Nach-

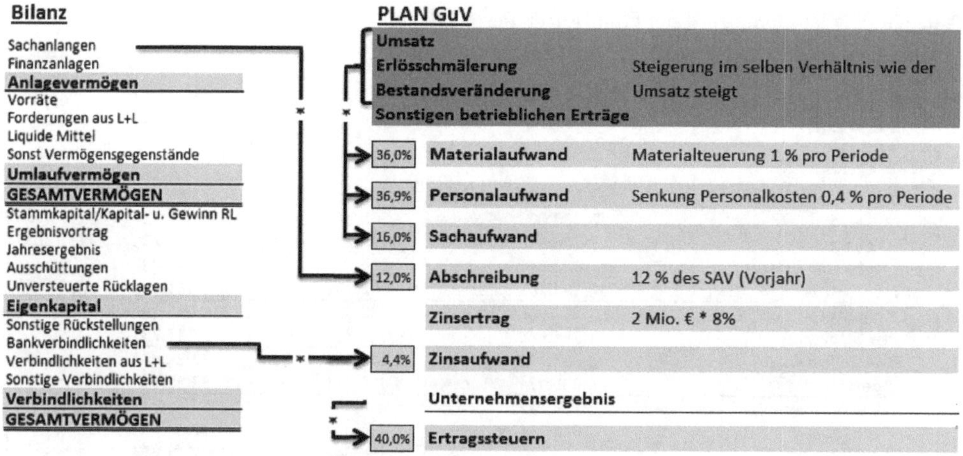

Abb. 6.1 Zusammenfassung in den Planzahlen. (Eigene Darstellung)

frage und der Konjunktur abhängig. Die Planung der Umsatzerlöse erfordert eine vergangenheitsbezogene Analyse der letzten Perioden. Aufbauend auf den erlangten Erkenntnissen über Mengen- und Preisentwicklung und unter Berücksichtigung zukünftiger Faktoren wie Marktwachstum, Wettbewerbsvorteile sowie strategische Ziele wird der Planumsatz für die folgenden Perioden errechnet.

Die Literatur unterscheidet eine Reihe von Methoden und Ansätzen zur Prognose zukünftiger Umsätze. Ballwieser (2007) zum Beispiel sieht im Konzept des Produkt- oder Marktlebenszyklus ein geeignetes Instrument zur produktspezifischen Planung der zukünftigen Umsatzerlöse (Ballwieser 1990, S. 111–127). Demnach kann ein Produkt oder Markt einer bestimmten Entwicklungsstufe (Stadium der Entwicklung) zugeordnet werden. Je nachdem welches Produktportfolio ein Unternehmen besitzt, kann daraus der Produktlebenszyklus abgeleitet und graphisch aufbereitet werden (Ballwieser 2007, S. 19).

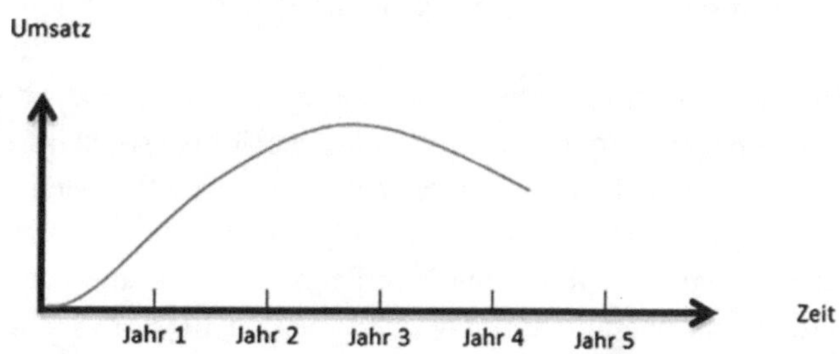

Dem Unternehmen ist es somit möglich, anhand des eigenen Teilespektrums und den dazugehörigen Produktlebenszyklen zukünftige Umsätze zu planen. Weitere in der Literatur angeführte Konzepte und Methoden der Umsatzplanung werden im Rahmen dieses Buches aber nicht behandelt.

Die Verantwortlichen der Meier GmbH gehen nach einem Umsatzeinbruch von jährlich steigenden Umsatzzahlen aus. Die genaue Umsatzsteigerung kann den „Basisangaben“ (siehe oben: Wachstumsfaktoren Planperioden) entnommen werden.

Tab. 6.1 Die Ist-GuV der Meier GmbH nach Perioden

Perioden		IST -2		IST -1		IST 0	
Einheit		T€	%	T€	%	T€	%
Inland		7.019.213	62,2%	5.460.982	66,2%	5.751.271	66,5%
Ausland		3.936.003	34,9%	2.868.222	34,7%	2.825.094	32,6%
Erlösschmälerung		-236.828	-2,1%	-178.778	-2,2%	-303.266	-3,5%
Bestandveränderung		173.314	0	-168.286	0	118.237	1,4%
Umsatzerlöse		**10.891.702**	96,5%	**7.982.141**	96,7%	**8.391.336**	97,0%
Sonst betriebliche Erträge		389.939	3,5%	272.572	3,3%	263.397	3,0%
Betriebsleistung		**11.281.640**	100,0%	**8.254.712**	100,0%	**8.654.733**	100,0%
Materialaufwand		-4.386.470	-38,9%	-2.443.551	-29,6%	-3.029.098	-35,0%
Rohgewinn		**6.895.171**	61,1%	**5.811.161**	70,4%	**5.625.635**	65,0%
Personalaufwand		-3.724.342	-33,0%	-3.248.501	-39,4%	-3.095.849	-35,8%
Sachaufwand		-1.674.341	-14,8%	-1.210.939	-14,7%	-1.407.435	-16,3%
Abschreibungen		-366.003	-3,2%	-358.642	-4,3%	-332.664	-3,8%
Betriebsergebnis		**1.130.485**	10,0%	**993.079**	12,0%	**789.687**	9,1%
Zinsertrag		248	0,0%	6.757	0,1%	160.947	1,9%
Zinsaufwand		-124.640	-1,1%	-76.298	-0,9%	-108.037	-1,2%
Finanzergebnis		**-124.392**	-1,1%	**-69.541**	-0,8%	**52.910**	0,6%
Unternehmensergebnis		**1.006.093**	8,9%	**923.538**	11,2%	**842.597**	9,7%
Ertragsteuern	25%	-419.807	-3,7%	-369.475	-4,5%	-273.679	-3,2%
Jahresüberschuss		**586.286**	**5,2%**	**554.063**	**6,7%**	**568.918**	**6,6%**

6.2.1 Methodik in der GuV-Planung

Zur Berechnung der **Material-, Personal-** und **Sachaufwendungen** wurden die IST-Perioden analysiert. Als Resultat konnten Prozentsätze ermittelt werden, welche mit dem geplanten Umsatz verrechnet wurden. Für die Position des Materialaufwandes wurde pro Periode eine Materialteuerung von 1 % angenommen. Rationalisierungsprogramme im Bereich des Personalwesens haben eine Senkung der Personalkosten von 0,4 % pro Periode zur Folge.

Zur Berechnung der **Abschreibungen** wurde der durchschnittliche Abschreibungssatz (Abschreibung/Sachanlagevermögen des Vorjahres) der 3 historischen Perioden berechnet. Dieser wurde mit dem Sachanlagevermögen der folgenden Perioden verrechnet.

Der **Zinsertrag** basiert auf der Annahme, dass zukünftig durchschnittlich € 2.000.000,00 an Unternehmen, mit denen ein Beteiligungsverhältnis besteht, ausgegeben wird. Die € 2.000.000,00 werden mit einem Zinssatz von 8 % verzinst (klasse Annahme, oder? So kann man auch Geld verdienen). Der **Zinsaufwand** errechnet sich aus den durchschnittlichen Fremdkapitalkosten vor Steuern, hier 4,40 %, multipliziert mit den Bankverbindlichkeiten.

Die **Ertragsteuern** werden mit durchschnittlich 40 % angenommen. Der Prozentsatz entstammt ebenfalls der Analyse der historischen Perioden.

Die Investitionen (relevant für die Abschreibungen) lagen dabei in folgender Höhe:

Investitionen/Desinvestitionen	**732.789,0**	**152.885**	**100.037**

6.2.2 Detailprognosehorizont und Plan-GuV

Der Zeitraum für die Detailprognose sollte so lang sein, dass die wirtschaftliche Lage des Unternehmens am Ende dieser Planungsperiode einen stabilen Zustand erreicht. Dies hört sich in der Theorie gut und einfach an, in der Praxis allerdings gibt es keinen stabilen Zustand, wie uns Krisenzeiten immer wieder zeigen. Dennoch, die Detailprognose muss somit unter anderem bedeutende Ereignisse wie Investitionsschübe oder Markterschließungen erfassen. Bei stark konjunkturabhängigen Unternehmen sollte die Detailprognose zumindest einen vollständigen Konjunkturzyklus abdecken.

Da die Zuverlässigkeit der Prognose mit zunehmendem zeitlichem Abstand abnimmt, wird in der Literatur ein Detailprognosehorizont von mehr als zehn Jahren verständlicherweise als nicht sinnvoll erachtet (Ernst et al. 2010, S. 44). Zum Vergleich geht das IdW ES 1 bei der Detailplanungsphase von durchschnittlich 3–5 Jahren aus, da dem Wirtschaftsprüfer für diesen Zeitraum hinreichend detaillierte Planungsrechnungen zur Verfügung stehen (IDW S 1 2007, S. 17). Im Zuge dieses Beispiels wurde ein Planungshorizont von vier Jahren gewählt.

Perioden **Einheit**	**PLAN 1** **T€**	**%**	**PLAN 2** **T€**	**%**	**PLAN 3** **T€**	**%**	**PLAN 4** **T€**
Inland	6.096.347	*66,5%*	6.401.164	*66,5%*	6.593.199	*66,5%*	6.659.131
Ausland	2.994.600	*32,6%*	3.144.330	*32,6%*	3.238.660	*32,6%*	3.271.047
Erlösschmälerung	-321.462	*-3,5%*	-337.536	*-3,5%*	-347.662	*-3,5%*	-351.138
Bestandveränderung	125.332	*1,4%*	131.598	*1,4%*	135.546	*1,4%*	136.902
Umsatzerlöse	**8.894.816**	*97,0%*	**9.339.557**	*97,0%*	**9.619.744**	*97,0%*	**9.715.941**
Sonst.betriebliche Erträge	279.201	*3,0%*	293.161	*3,0%*	301.956	*3,0%*	304.975
Betriebsleistung	**9.174.017**	*100,0%*	**9.632.718**	*100,0%*	**9.921.700**	*100,0%*	**10.020.917**
Materialaufwand	-3.234.155	*-35,25%*	-3.395.863	*-35,3%*	-3.497.739	*-35,3%*	-3.532.716
Rohgewinn	**5.939.862**	*64,7%*	**6.236.855**	*64,7%*	**6.423.961**	*64,7%*	**6.488.201**
Personalaufwand	-3.295.316	*-35,9%*	-3.460.082	*-35,9%*	-3.563.884	*-35,9%*	-3.599.523
Sachaufwand	-1.423.171	*-15,5%*	-1.494.329	*-15,5%*	-1.539.159	*-15,5%*	-1.554.551
Abschreibungen	-298.545	*-3,3%*	-311.445	*-3,2%*	-325.232	*-3,3%*	-338.900
Betriebsergebnis	**922.830**	*10,1%*	**971.000**	*10,1%*	**995.685**	*10,0%*	**995.227**
Zinsertrag	160.000	*1,7%*	160.000	*1,7%*	160.000	*1,6%*	160.000
Zinsaufwand	-137.061	*-1,5%*	-142.519	*-1,5%*	-144.531	*-1,5%*	-142.523
Finanzergebnis	**22.939**	*0,3%*	**17.481**	*0,2%*	**15.469**	*0,2%*	**17.477**
Unternehmensergebnis	**945.769**	*10,3%*	**988.481**	*10,3%*	**1.011.154**	*10,2%*	**1.012.704**
Ertragsteuern	-378.308	*-4,1%*	-395.392	*-4,1%*	-404.462	*-4,1%*	-405.081
Jahresüberschuss	**567.462**	*6,2%*	**593.088**	*6,2%*	**606.692**	*6,1%*	**607.622**

Die Investitionen in den Planperioden sehen folgendermaßen aus:

Investitionen/Desinvestitionen	**406.040**	**426.342**	**439.132**	**443.523**

6.2.3 Zusammenhänge der Planbilanz und -GuV

Aus der nachfolgend abgebildeten Berechnung der Planbilanz ist ersichtlich, welche Zusammenhänge zwischen den Posten der Plan-Gewinn- und Verlustrechnung sowie der Planbilanz bestehen.

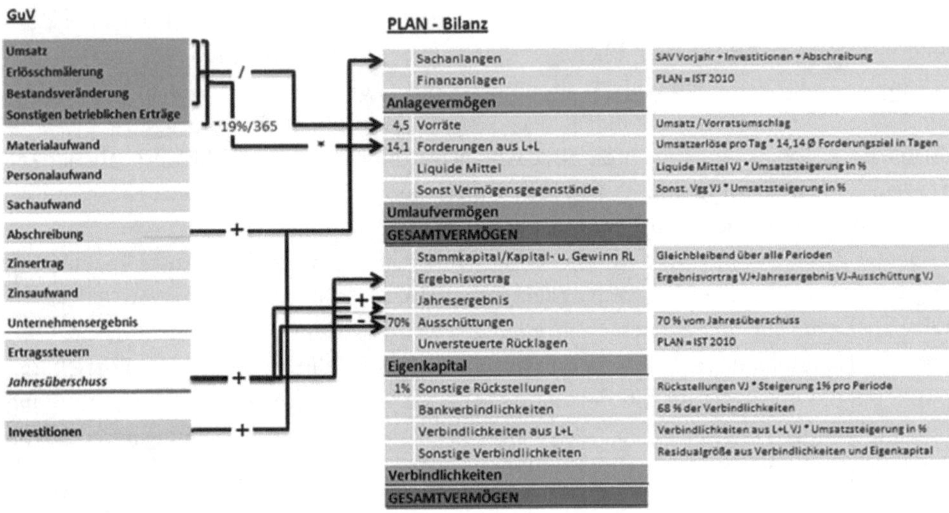

Ein besonderes Augenmerk muss bei der Planung der Bilanzposten auf die zukünftigen Investitionen gelegt werden. Um den geplanten Umsatz realisieren zu können, muss das Unternehmen in Maschinen, Betriebseinrichtung, Gebäude und in weitere Vermögensgegenstände des Anlagevermögens investieren. Hinsichtlich der Planung zukünftiger Investitionen ist weiter zu prüfen, ob ein „Investitionsstau" (unterlassene Investitionen in der Vergangenheit) vorliegt. Als Folge eines Investitionsstaus muss der Bewerter mit zukünftig höheren Reparaturkosten, Produktionsausfällen oder zusätzlichen Neuinvestitionen rechnen (Ernst et al. 2010, S. 18).

6.2.4 Methodik in der Bilanzplanung

Die Positionen der Planbilanz wurden ähnlich der Plan-Gewinn- und Verlustrechnung zum Teil mittels errechneter Prozentsätze ermittelt oder durch die Multiplikation mit Kennzahlen wie dem Vorratsumschlag berechnet.

Das **Sachanlagevermögen** errechnet sich aus dem Sachanlagevermögen zum Bilanzstichtag der Vorperiode, zuzüglich Investitionen und zuzüglich der Abschreibung jeweils aus der aktuellen Periode. Bei der Planung des **Finanzanlagevermögens** wurde unterstellt, dass der Wert aus dem letzten Ist-Jahr in den zukünftigen Perioden konstant bleibt.

Die Berechnung der geplanten **Vorräte** wurde mithilfe des Zielvorratsumschlages durchgeführt. Dieser Faktor errechnet, wie oft die Bestände auf Basis der Erlöse umgeschlagen werden.

$$\underset{\text{(Faktor)}}{\text{Vorratsumschlag}} = \frac{\text{Gesamterlöse}}{\text{Vorräte}}$$

Die Analyse der Ist-Perioden ergab einen Vorratsumschlag in Höhe von 4,5 (Faktor), welcher zur Berechnung der Planperioden dann wieder herangezogen wurde.

Die Berechnung der **Forderungen aus Lieferungen und Leistungen** wurde anhand unten abgebildeter Rechnung ermittelt. Grundsätzlich muss an dieser Stelle auf eine Gegebenheit hingewiesen werden, die im Besonderen bei der Ermittlung von Bedeutung ist. Sämtliche Posten der Gewinn- und Verlustrechnung werden netto ausgewiesen. Dieser Tatsache entsprechen auch die Posten der Bilanz, mit Ausnahme der Forderungen sowie Verbindlichkeiten aus Lieferungen und Leistungen. Der Berücksichtigung dieser Tatsache wird insofern Rechnung getragen, als dass die Betriebsleistung (GuV-Posten) durch den Mehrwertsteuersatz korrigiert wird.

$$\text{Forderungen aus L\&L} = \underset{\text{Betriebsleistung pro Tag}}{\frac{\text{Betriebsleistung} \times 1{,}19}{365}} \times \frac{\text{Forderungen (ohne sonst. VM-Gegenstände)}}{\underset{\text{Forderungsziel in Tagen}}{\text{Gesamterlöse} \times 365}}$$

Allerdings ist diese Berechnung nur für nationale Forderungen richtig. Wir ignorieren in diesem Beispiel noch Exporte, tun also so, als ob die Meier GmbH 100 % nationale Umsatzerlöse (keine Exporte) hat.

Die Berechnung der liquiden Mittel orientiert sich stark an der geplanten Wachstumssteigerung. Vereinfachend wird von einem prozentualen Anstieg ausgegangen, der dem Wachstum des gesamten Unternehmens entspricht. Gleichermaßen wird mit den Sonstigen Vermögensgegenständen als auch den Verbindlichkeiten aus Lieferungen und Leistungen verfahren. Bei den Kreditoren (Verbindlichkeiten aus Lieferungen und Leistungen) wird zudem wieder unterstellt, dass alle Beschaffungen nationaler Herkunft (keine Importe), somit zu 100 % mit Vorsteuer belastet sind.

Die Rechnungen selbst können auf Basis der Betriebsleistung oder der Umsatzerlöse gemacht werden.

Für das **Stammkapital** wird ein gleichbleibender Betrag von € 1.023.000 angenommen.

Der **Ergebnisvortrag** entspricht der Summe des Ergebnisvortrages und Jahresüberschusses aus dem Vorjahr, verringert um eventuelle Ausschüttungen.

Das **Jahresergebnis** entspricht dem Jahresüberschuss der Gewinn- und Verlustrechnung aus derselben Periode.

Ausschüttungen wurden für den Detailprognosehorizont mit 70 % des Jahresergebnisses angesetzt.

Vereinfachend wurde von gleichbleibenden **unversteuerten Rücklagen** für sämtliche Planperioden ausgegangen.[1]

Ausgehend von der letzten IST-Periode wurde für den Detailprognosehorizont eine Steigerung der **sonstigen Rückstellungen** von einem Prozent pro Periode angenommen.

Bankverbindlichkeiten wurden mit durchschnittlich 68 % der gesamten Verbindlichkeiten angesetzt.

Der Posten der **sonstigen Verbindlichkeiten** bildet die Residualgröße aus dem Gesamtvermögen abzüglich Eigenkapital und den restlichen Posten der Verbindlichkeiten.

Somit haben wir folgende Ist- und Planbilanzen

Die Ist-Perioden im Überblick:

Perioden	IST -2		IST -1		IST 0	
Einheit	T€	%	T€	%	T€	%
Sachanlagen	2.926.263	43,1%	2.720.505	40,1%	2.487.878	36,7%
Finanzanlagen	0	0,0%	1.500	0,0%	1.500	0,0%
Anlagevermögen	**2.926.263**	**43,1%**	**2.722.005**	**40,1%**	**2.489.378**	**36,7%**
Vorräte	1.917.764	28,3%	1.813.483	26,7%	1.888.036	27,8%
Forderungen aus L+L	524.491	7,7%	469.250	6,9%	362.775	5,3%
Liquide Mittel	62.441	0,9%	38.668	0,6%	23.732	0,3%
Sonst Vermögensgegenstände	97.947	1,4%	509.976	7,5%	2.018.980	29,8%
Umlaufvermögen	**2.602.643**	**38,4%**	**2.831.377**	**41,7%**	**4.293.523**	**63,3%**
GESAMTVERMÖGEN	**5.528.906**		**5.553.382**		**6.782.901**	**100,0%**
Stammkapital/Kapital- u. Gewinn RL	1.023.000	15,1%	1.023.000	15,1%	1.023.000	15,1%
Ergebnisvortrag	106.975	1,6%	586.286	8,6%	740.349	10,9%
Jahresergebnis	586.286	8,6%	554.063	8,2%	568.919	8,4%
Ausschüttungen	-106.975	-1,6%	-400.000	-5,9%		0,0%
Unversteuerte Rücklagen		0,0%		0,0%	68.191	1,0%
Eigenkapital	**1.609.286**	**29,1%**	**1.763.349**	**31,8%**	**2.400.458**	**35,4%**
Sonstige Rückstellungen	1.327.630	19,6%	1.135.456	16,7%	851.740	12,6%
Bankverbindlichkeiten	2.013.966	29,7%	2.182.372	32,2%	2.989.998	44,1%
Verbindlichkeiten aus L+L	239.246	3,5%	126.714	1,9%	199.934	2,9%
Sonstige Verbindlichkeiten	338.777	5,0%	345.491	5,1%	340.771	5,0%
Verbindlichkeiten	**3.919.620**	**70,9%**	**3.790.033**	**68,2%**	**4.382.443**	**64,6%**
GESAMTVERMÖGEN	**5.528.906**	**1**	**5.553.382**	**1**	**6.782.901**	**100,0%**

Die Planperioden im Überblick:

[1] Diese Sonderposten mit Rücklagenanteil sehen wir in deutschen Abschlüssen seit Einführung des BilMoG (Bilanzrechtsmodernisierungsgesetz) nicht mehr. Sollten Sie mit ausländischen Abschlüssen arbeiten, so stehen diese „Untaxed Reserves" weiterhin als letzter Posten des Eigenkapitals bei den Passiva und somit habe ich mich entschlossen, diese hier auch noch auszuweisen.

Perioden Einheit	PLAN 1 T€	%	PLAN 2 T€	%	PLAN 3 T€	%	PLAN 4 T€
Sachanlangen	2.595.373	36,3%	2.710.269	36,2%	2.824.169	36,4%	2.928.792
Finanzanlagen	1.500	0,0%	1.500	0,0%	1.500	0,0%	1.500
Anlagevermögen	**2.596.873**	**36,3%**	**2.711.769**	**36,2%**	**2.825.669**	**36,5%**	**2.930.292**
Vorräte	1.976.626	27,6%	2.075.457	27,7%	2.137.721	27,6%	2.159.098
Forderungen aus L+L	409.969	5,7%	430.467	5,7%	443.381	5,7%	447.815
Liquide Mittel	25.156	0,4%	26.413	0,4%	27.206	0,4%	27.478
Sonst Vermögensgegenstände	2.140.119	29,9%	2.247.125	30,0%	2.314.539	29,9%	2.337.684
Umlaufvermögen	**4.551.869**	**63,7%**	**4.779.463**	**63,8%**	**4.922.847**	**63,5%**	**4.972.075**
GESAMTVERMÖGEN	**7.148.742**	**100,0%**	**7.491.232**	**100,0%**	**7.748.516**	**100,0%**	**7.902.367**
Stammkapital/Kapital- u. Gewinn RL	1.023.000	14,3%	1.023.000	13,7%	1.023.000	13,2%	1.023.000
Ergebnisvortrag	1.309.267	18,3%	1.479.506	19,7%	1.657.432	21,4%	1.839.440
Jahresergebnis	567.462	7,9%	593.088	7,9%	606.692	7,8%	607.622
Ausschüttungen	-397.223	-5,6%	-415.162	-5,5%	-424.685	-5,5%	-425.336
Unversteuerte Rücklagen	68.191	1,0%	68.191	0,9%	68.191	0,9%	68.191
Eigenkapital	**2.570.697**	**36,0%**	**2.748.623**	**36,7%**	**2.930.631**	**37,8%**	**3.112.918**
Sonstige Rückstellungen	860.257	12,0%	868.860	11,6%	877.548	11,3%	886.324
Bankverbindlichkeiten	3.115.017	43,6%	3.239.067	43,2%	3.284.806	42,4%	3.239.159
Verbindlichkeiten aus L+L	211.930	3,0%	222.526	3,0%	229.202	3,0%	231.494
Sonstige Verbindlichkeiten	390.841	5,5%	412.156	5,5%	426.328	5,5%	432.472
Verbindlichkeiten	**4.578.045**	**64,0%**	**4.742.609**	**63,3%**	**4.817.884**	**62,2%**	**4.789.449**
GESAMTVERMÖGEN	**7.148.742**	**100,0%**	**7.491.232**	**100,0%**	**7.748.516**	**100,0%**	**7.902.367**

6.3 Marktwert des Fremdkapitals

Wie bereits bei der Erklärung der Bewertungsverfahren herausgestellt, erfolgt beim Entity-Verfahren eine Berechnung des Shareholder Value (identisch mit Fair Value bzw. Nettowert) in zwei Schritten. Ausgehend vom Marktwert des Gesamtkapitals wird der Marktwert des Fremdkapitals subtrahiert, um somit als Ergebnis den Marktwert des Eigenkapitals zu erhalten. Der Marktwert des Fremdkapitals ist aber nicht mit dem Buchwert des Fremdkapitals gleichzusetzen.

Die Berechnung des Marktwertes des Fremdkapitals zum Bewertungsstichtag erfolgt (in diesem zweiten Beispiel noch) recht einfach.

Es geht darum, einen Fremdkapitalstatus zu errechnen, der um kurzfristig aus bestehender Liquidität und aus anderen Gegenständen des Finanzanlagevermögens zu leistende Tilgungsbeträge gekürzt wurde.

Marktwert des Fremdkapitals

Aktiva	**T €**
Wertpapiere des Anlagevermögens	1.500
Liquide Mittel	23.732
Aktiva gesamt	**25.232**
Passiva	
Verbindlichkeiten gegenüber Kreditinstituten	-2.989.998
Passiva gesamt	**-2.989.998**
Marktwert des Fremdkapitals	**-2.964.766**

Dabei sind hier aber auch wieder einige Annahmen getroffen worden. Es wird unterstellt, dass die Wertpapiere des Anlagevermögens auch wirklich (kurzfristig) liquidierfähig sind und damit „quasi" Cash-Charakter haben. Beteiligungen würden hier nicht gegengerechnet.

6.4 Die Kapitalkosten der Meier GmbH

Im Folgenden wird anhand der beiden Möglichkeiten zur Leverage-Integration (siehe Kap. 4) die Berechnung des durchschnittlichen Kapitalkostensatzes WACC aus den gegebenen Parametern (nochmals) dargestellt werden.

Wie wir wissen, werden in der Literatur vor allem zwei Methoden zur Berechnung der gewichteten durchschnittlichen Gesamtkapitalkosten angeführt. Es handelt sich dabei um die Berechnung nach Copeland und die nach Stewart. Bis auf eine Annahme sind beide Methoden identisch und kommen somit zu vergleichbaren Ergebnissen. Ich gebe Ihnen nochmals eine *kurze* Zusammenfassung, damit Sie wieder „drin" sind. Außerdem muss man die Kapitalkosten mehrfach erarbeiten, um sich dann „wohl" zu fühlen.

6.4.1 Ansätze zur Leverage-Integration

Bei der Berechnung nach Copeland wird der Leverage-Faktor oder Strukturfaktor integriert. In den Leverage-Faktor fließt unter anderem auch der Verschuldungsgrad (Fremdkapital/Eigenkapital) mit ein, wodurch erst die Berechnung der Eigenkapitalkosten bei einer Mischfinanzierung möglich wird. Des Weiteren ist aus unten abgebildeter Formel ersichtlich, dass es sich bei den Eigenkapitalkosten nach Copeland (wie auch bei der Leverage-Integration nach Stewart) um Kosten nach Steuern handelt. Der Grund hierfür ist die Multiplikation mit dem bereits mehrfach angesprochenen Tax Shield oder Steuerschutz (1 – Steuersatz „*t*"). Da sowohl die Zahlungsüberschüsse z. B. aus dem Free Cash Flow Nach-Steuer-Größen darstellen, müssen die gewichteten durchschnittlichen Gesamtkapitalkosten (WACC) auch eine Nach-Steuer-Größe bilden.

$$\mathrm{LF} = 1 + (1 - t) \times \frac{\mathrm{FK}}{\mathrm{EK}}$$

LF = Leverage Faktor,
t = Steuersatz,
FK = Fremdkapital,
EK = Eigenkapital.

Bei der Berechnung nach Stewart wird die Kapitalstruktur des Unternehmens nicht über einen Leverage Factor (LF) in die Kapitalkosten integriert, sondern über die sogenannte Finanzprämie oder auch „Financial Risk Premium" (FRP). Dadurch, dass Fremdkapital in die Finanzierung einer Investition mit aufgenommen wurde, erhöht sich das Risiko für den Eigenkapitalgeber. Dieser veranschlagt, trotz der steuerlichen Abzugsfähigkeit der Fremdkapitalkosten, einen zusätzlichen Zinsaufschlag auf den Basiszins. Die Risikoprämie steht für diesen zusätzlichen Zinsaufschlag. Die Berechnung lautet wie folgt:

$$\text{FRP} = (1-t) \times \frac{\text{FK}}{\text{EK}} \times (k_{\text{e unlev}} - k_{\text{d}})$$

t = Steuersatz,
FK = Fremdkapital,
EK = Eigenkapital,
$k_{\text{e unlev}}$ = Eigenkapitalkosten bei 100 % Eigenkapitalfinanzierung,
k_{d} = Fremdkapitalkosten vor Steuer.

Die Ergebnisse beider Methoden sind in folgender Tabelle ersichtlich. Rechnen müssen Sie allerdings alleine. Aber auch zu diesem Beispiel gibt es ja ein Excel Tool und damit ist es eh einfacher.

Wie bereits angesprochen, führen beide Methoden zu ähnlichen, aber nicht identischen Ergebnissen:

Berechnung nach COPELAND	
EK Kosten bei 100 % EK	9.90%
Strukturfaktor (LF)	1.50
EK Kosten bei Mischfinanzierung	12.73%
Gewichtete EK-Kosten	6.94%
FK Kosten vor Steuer	4.40%
FK Kosten nach Steuer	2.64%
Gewichtete FK-Kosten	1.20%
Gesamtkapitalkostensatz (WACC)	8.14%

Berechnung nach STEWART	
EK Kosten bei 100 % EK	9.90%
Finanzprämie (FRP)	2.76%
EK Kosten bei Mischfinanzierung	12.66%
Gewichtete EK-Kosten	6.90%
FK Kosten vor Steuer	4.40%
FK Kosten nach Steuer	2.64%
Gewichtete FK-Kosten	1.20%
Gesamtkapitalkostensatz (WACC)	8.10%

Zu schnell und zu komprimiert für das zweite Mal der Kapitalkostenberechnung? Auch gut, also langsam.

6.4.2 Kapitalkosten nach Copeland

Eigenkapitalkosten (k_e) Die Eigenkapitalkosten spiegeln die Erwartungen der Eigenkapitalgeber in Abhängigkeit des zu erwartenden Risikos wider. Das Risiko für den Eigenkapitalgeber setzt sich zusammen

- aus der erwarteten Rendite für das zu tragende Geschäftsrisiko,
- aus der erwarteten Rendite für das zu tragende Finanzrisiko aus der Kapitalstruktur heraus.

Die Berechnung der Eigenkapitalkosten erfolgt in der Praxis meistens über das CAPM (Capital Asset Pricing Model).

$$k_e = r_f + \beta \times r_p$$

k_e = Eigenkapitalkosten,
r_f = Rendite einer risikofreien Anlage,
β = Maß für das systematische Risiko,
r_p = Risikozuschlag (risk premium).

„r_f“ steht für eine risikofreie Rendite. In der Literatur wird unter einer risikofreien Rendite die Rendite einer Anleihe ohne Ausfallrisiko und ohne jegliche Korrelation mit Renditen anderer Kapitalanlagen verstanden. In der Praxis wird vereinfachend angenommen, dass langfristige, festverzinsliche Anleihen der öffentlichen Hand mit keinem Ausfallrisiko verbunden sind. Es stellt sich aber weiter die Frage, welcher Zinssatz dieser risikofreien Anlage für die Bewertung herangezogen werden soll: der Zinssatz zum Bewertungsstichtag, der durchschnittlich in der Vergangenheit realisierte Zinssatz, oder zukünftig erwartete Zinssätze?

Da die Bewertung auf die Diskontierung zukünftiger Zahlungsströme abzielt, ist der zukünftig zu erwartende Zinssatz einer risikofreien Anleihe anzusetzen. Es ist aber zu sehen, dass dieser zukünftig zu erwartende Zinssatz natürlich sehr wohl vom aktuellen Zinssatz (zum Bewertungsstichtag) abhängt. Von daher projiziert man auch häufig historische Entwicklungen quasi 1:1 in die Zukunft. Dass dies nicht richtig ist, wissen wir alle, aber wir können auch die Zukunft nicht voraussagen, also berufen wir uns doch wieder auf bereits vorliegende Quellen und Informationen.

Der Ansatz einer Risikoprämie (r_p) im Rahmen des CAPM lässt auf risikoscheue Anleger schließen. Demnach wird einer Investition in ein Unternehmen ein höheres Risiko beigemessen als bei einem Kauf festverzinslicher risikofreier Wertpapiere. Ein Anleihegläubiger erhält feste Zinsen und Tilgungszahlungen, sofern eine unzweifelhafte Bonität des Gläubigers gegeben ist. Ein Unternehmenseigner z. B. hingegen erhält für sein Engagement schwankende, von der Ertragslage des Unternehmens abhängige Ausschüttungen. Der Begriff Risiko beschreibt die mögliche Abweichung der künftigen Cash Flows vom Erwartungswert. Eine höhere Schwankungsbreite (Volatilität) der künftigen Zahlungsströme stellt für einen Investor ein zusätzliches Risiko dar, welches mittels der Risikoprämie abgegolten wird.

Der β-Faktor steht für das systematische Risiko eines Unternehmens. Die Prämie ist davon abhängig, wie stark das Unternehmen auf gesamtmarktbezogene Risiken im Vergleich zum Marktdurchschnitt reagiert. Der β-Faktor untersucht, wie sensibel sich die Rendite eines Unternehmens im Verhältnis zur Rendite eines Marktportfolios verhält. Laut Definition hat der Markt einen β-Faktor von 1, eine risikofreie Anleihe hingegen einen β-Faktor von 0. Bei einem Wertpapier mit einem β-Faktor von 1 wird somit davon ausgegangen, dass die Renditen bei gesamtmarktbezogenen Veränderungen gleichermaßen schwanken wie die des Marktportfolios. Das Risiko eines Wertpapieres mit einem β-Faktor von 1 ist demnach gleich hoch wie das Risiko des Marktportfolios. Bei einem β-Faktor > 1 reagieren Wertpapiere sehr sensibel auf gesamtmarktbezogene Veränderungen, d. h. die Renditen schwanken stärker als die durchschnittlichen Renditen des Marktportfolios.

Ein Investor wird somit höhere Prämien für seine Investition verlangen als bei einem β von 1.

Im Gegensatz dazu bedeutet ein $\beta < 1$, dass der Investor ein kleineres Risiko im Vergleich zum Markt eingeht, da die Renditen gleichermaßen weniger stark schwanken und auf Veränderungen weniger sensibel reagieren. Demnach wird der Investor auch eine geringere Prämie für sein Engagement verlangen.

In unserem Beispiel sieht es jetzt folgendermaßen aus.

Wir berechnen zunächst (wieder) die Eigenkapitalkosten ohne Leverage, tun also im ersten Schritt so, als ob kein zinstragendes Fremdkapital im Einsatz wäre.

Die von uns zu nutzende Formel lautet

$$k_e = r_f + \beta \times r_p .$$

Mit den von mir definierten Vorgaben …

Risikofreier Satz rf (%)	4,25%
ß-Faktor	1,13
Risiko Prämie rp (%)	5,00%
Vor Steuer Fremdkapitalkostensatz (%)	4,40%

… errechnet sich ein Eigenkapitalkostensatz ohne Leverage, also unter der Annahme einer 100-%-Eigenkapitalfinanzierung, in Höhe von

$$k_e = 0,0425 + 1,13 \times 0,05$$
$$k_e = 0,0425 + 0,0565$$
$$k_e = 0,0990$$
$$k_e = 9,90\,\% .$$

Die Leverage-Integration nach Copeland Zu rechnen ist:

$$\mathrm{LF} = 1 + (1 - t) \times \frac{\mathrm{FK}}{\mathrm{EK}}$$

LF = Leverage Faktor,
t = Steuersatz,
FK = Fremdkapital,
EK = Eigenkapital.

Also

$$\mathrm{LF} = 1 + (1 - 0,4) \times \frac{0,4552}{0,5448}$$
$$\mathrm{LF} = 1 + 0,6 \times \frac{0,4552}{0,5448}$$
$$\mathrm{LF} = 1,50 .$$

Das Verhältnis Fremd- zu Eigenkapital (Leverage) habe ich natürlich auch zunächst hergeleitet.

	T €	%
Marktwert Gesamtkapital	6.513.242	100,00%
Fremdkapital	2.964.766	45,52%
Eigenkapital	3.548.476	54,48%

Und wenn Sie jetzt genau hinschauen, dann sehen Sie, dass das Eigenkapital in Höhe von € 3.548.476 nicht identisch mit dem in der Bilanz zum 01.01. Planperiode 1 ist. Nicht wundern, Sie müssen natürlich auf das Eigenkapital zum 31.12. der Ist-Periode schauen. Wir bewerten auf den 01.01. der ersten Planperiode, die Bilanz weist aber immer Werte des letzten Tages einer Periode aus. Greifen Sie nun auf den Wert der Vorperiode, dann passt der Betrachtungswinkel, solange nicht gerade am ersten Tag des neuen Jahres eine Eigenkapitalerhöhung durchgeführt wird.

Die Bilanz weist zum 31.12. der letzten Ist-Periode aber einen Wert für das Eigenkapital in Höhe von € 2.400.458 aus.

Schauen Sie noch einmal genau hin:

Perioden	**IST -2**		**IST -1**		**IST 0**	
Einheit	**T €**	%	**T €**	%	**T €**	%
Sachanlangen	2.926.263	*43,1%*	2.720.505	*40,1%*	2.487.878	*36,7%*
Finanzanlagen	0	*0,0%*	1.500	*0,0%*	1.500	*0,0%*
Anlagevermögen	**2.926.263**	***43,1%***	**2.722.005**	***40,1%***	**2.489.378**	***36,7%***
Vorräte	1.917.764	*28,3%*	1.813.483	*26,7%*	1.888.036	*27,8%*
Forderungen aus L+L	524.491	*7,7%*	469.250	*6,9%*	362.775	*5,3%*
Liquide Mittel	62.441	*0,9%*	38.668	*0,6%*	23.732	*0,3%*
Sonst Vermögensgegenstände	97.947	*1,4%*	509.976	*7,5%*	2.018.980	*29,8%*
Umlaufvermögen	**2.602.643**	***38,4%***	**2.831.377**	***41,7%***	**4.293.523**	***63,3%***
GESAMTVERMÖGEN	**5.528.906**		**5.553.382**		**6.782.901**	***100,0%***
Stammkapital/Kapital- u. Gewinn RL	1.023.000	*15,1%*	1.023.000	*15,1%*	1.023.000	*15,1%*
Ergebnisvortrag	106.975	*1,6%*	586.286	*8,6%*	740.349	*10,9%*
Jahresergebnis	586.286	*8,6%*	554.063	*8,2%*	568.919	*8,4%*
Ausschüttungen	-106.975	*-1,6%*	-400.000	*-5,9%*		*0,0%*
Unversteuerte Rücklagen		*0,0%*		*0,0%*	68.191	*1,0%*
Eigenkapital	**1.609.286**	***29,1%***	**1.763.349**	***31,8%***	**2.400.458**	***35,4%***
Sonstige Rückstellungen	1.327.630	*19,6%*	1.135.456	*16,7%*	851.740	*12,6%*
Bankverbindlichkeiten	2.013.966	*29,7%*	2.182.372	*32,2%*	2.989.998	*44,1%*
Verbindlichkeiten aus L+L	239.246	*3,5%*	126.714	*1,9%*	199.934	*2,9%*
Sonstige Verbindlichkeiten	338.777	*5,0%*	345.491	*5,1%*	340.771	*5,0%*
Verbindlichkeiten	**3.919.620**	***70,9%***	**3.790.033**	***68,2%***	**4.382.443**	***64,6%***
GESAMTVERMÖGEN	**5.528.906**	**1**	**5.553.382**	**1**	**6.782.901**	***100,0%***

Dies hängt mit dem bereits mehrfach angesprochenen sogenannten Zirkularitätsproblem der Bewertung zusammen, das ich noch erklären werde. Nehmen Sie bitte an dieser Stelle einfach den von mir angesetzten Wert in Höhe von € 3.548.476 für die Berechnung des Leverages an.

Jetzt gilt es, das Ergebnis der Leverage-Kalkulation nach Copeland in die Eigenkapitalkostengleichung zu integrieren. Dies geschieht, indem wir den β-Faktor in der bereits bekannten Gleichung für die Eigenkapitalkostenberechnung (unter der Annahme einer 100 %igen Eigenkapitalfinanzierung) mit dem gerade berechneten Leverage-Faktor multiplizieren, also

$$\beta_{\mathrm{lev}} = \beta_{\mathrm{unlev}} \times \mathrm{LF},$$

somit

$$\beta_{\mathrm{lev}} = 1{,}13 \times 1{,}50$$
$$\beta_{\mathrm{lev}} = 1{,}70.$$

Damit ergibt sich jetzt

$$k_{\mathrm{e\,lev}} = r_{\mathrm{f}} + \beta_{\mathrm{lev}} \times r_{\mathrm{p}}$$

mit

$$k_{\mathrm{e\,lev}} = 4{,}25 + 1{,}70 \times 5{,}00$$
$$k_{\mathrm{e\,lev}} = 4{,}25 + 8{,}50$$
$$k_{\mathrm{e\,lev}} = 12{,}73.$$

Rechnen Sie mit einem Taschenrechner, so erhalten Sie 12,75 %. Die Differenz entsteht daraus, dass Excel ja viel exakter mit vielen Stellen hinter dem Komma rechnet und daher die 12,73 % auch der richtige Wert sind.

Diese 12,73 % sind allerdings nur für das Eigenkapital relevant, und von daher berechnen wir jetzt die gewichteten Eigenkapitalkosten, also

$$\text{gew.}\,k_{\mathrm{e\,lev}} = k_{\mathrm{e\,lev}} \times \frac{\mathrm{EK}}{\mathrm{GK}}$$
$$\text{gew.}\,k_{\mathrm{e\,lev}} = 0{,}1273 \times 0{,}5448$$
$$\text{gew.}\,k_{\mathrm{e\,lev}} = 0{,}694$$
$$\text{gew.}\,k_{\mathrm{e\,lev}} = 6{,}94\,\%.$$

Fremdkapitalkosten Da viele Unternehmen ihren Kapitalbedarf üblicherweise durch Fremdkapital decken, kommt im Zuge der Entity-Methode auch der Berechnung der Fremdkapitalkosten eine nicht zu vernachlässigende Rolle zu. Zur Berechnung bedient man sich zweier Verfahren. Ausgehend von einer erwarteten Zusammensetzung des Fremdkapitals kann ein gewichteter Fremdkapitalkostensatz ermittelt werden, oder es werden Fremdkapitalkategorien mit den jeweiligen unterschiedlichen Zinssätzen in die WACC-Berechnung einbezogen. Für beide Berechnungsarten gilt, dass von einer zukünftig gleichbleibenden Zusammensetzung des Fremdkapitals ausgegangen wird. Dies ist eigentlich unlogisch, da die Planbilanz sehr wohl unterschiedliche Fremdkapitalhöhen in den Folgeperioden ausweist.

Im Rahmen der Berechnung von Fremdkapitalkosten wird in der Literatur – wie bereits bekannt – darauf hingewiesen, dass lediglich das zinstragende Fremdkapital in die Berechnung mit aufzunehmen ist („Capital Employed" oder „Net Asset"). Dazu gehören insbesondere Darlehen, Anleihen, kurz- und langfristige Bankverbindlichkeiten sowie Leasingfinanzierungen. Demnach sind weitere Posten mit Fremdkapitalcharakter wie Verbindlichkeiten aus Lieferungen und Leistungen oder kurzfristige Rückstellungen bei der Berechnung der Fremdkapitalkosten zu vernachlässigen.

Für unser Beispiel rechnen wir zunächst die (bekannten) Fremdkapitalkosten in Höhe von 4,40 % in eine Nach-Steuer-Größe um. Einerseits sind Fremdkapitalzinsen ja steuerlich als Aufwand abzugsfähig und andererseits sind auch die berechneten Eigenkapitalkosten eine Nach-Steuer-Größe, da wir in der Leverage-Faktor-Berechnung ja mit dem Tax Shield $(1-t)$ multipliziert haben.

Wir rechnen also:

$$k_{\mathrm{D}} = k_{\mathrm{d}} \times (1-t)$$

mit

$$\begin{aligned} k_{\mathrm{D}} &= 0{,}0440 \times (1-0{,}4) \\ k_{\mathrm{D}} &= 0{,}0440 \times 0{,}6 \\ k_{\mathrm{D}} &= 0{,}0264 \\ k_{\mathrm{D}} &= 2{,}64\,\%. \end{aligned}$$

Diesen Wert dürfen wir wieder nur auf einen Teil der Finanzierung beziehen, jetzt nur auf den Fremdkapitalanteil in Höhe von 45,52 %.

Somit müssen wir die gewichteten Fremdkapitalkosten berechnen mit

$$\text{gew.}\,k_{\mathrm{D}} = k_{\mathrm{D}} \times \frac{\mathrm{FK}}{\mathrm{GK}},$$

also

$$\text{gew.}\,k_{\mathrm{D}} = 0{,}0264 \times 0{,}4552,$$

somit

$$\begin{aligned} \text{gew.}\,k_{\mathrm{D}} &= 0{,}0120 \\ \text{gew.}\,k_{\mathrm{D}} &= 1{,}20\,\%. \end{aligned}$$

Gesamtkapitalkosten Um den Gesamtunternehmenswert berechnen zu können, werden die zukünftigen Free Cash Flows diskontiert. Bei dem Diskontierungssatz handelt es sich um die gewogenen Gesamtkapitalkosten (WACC – Weighted Average Cost of Capital), die die Ansprüche der Eigen- als auch Fremdkapitalgeber beinhalten. Die jeweiligen Kapitalkosten der Eigen- und Fremdkapitalgeber werden gemäß ihrem relativen Anteil am investierten Kapital gewichtet. Der Gewichtung der Kapitalkosten werden keine Buchwerte zugrunde gelegt, sondern Marktwerte, da nur diese den tatsächlichen ökonomischen Wert der Ansprüche widerspiegeln (Ernst et al. 2010, S. 45). Auch dies steht in direktem Zusammenhang zum „**Zirkularitätsproblem der Bewertung**", das ich noch erläutern werde.

Die Formel der Berechnung lautet bekannterweise:

$$\text{WACC} = r_{\text{EK}} \times \frac{\text{EK}}{\text{GK}} + r_{\text{FK}} \times (1-t) \times \frac{\text{FK}}{\text{GK}}$$

r_{EK}	= Renditeforderung der Eigenkapitalgeber,
$r_{\text{FK}} \times (1-t)$	= Fremdkapitalkosten des Unternehmens,
r_{FK}	= Renditeforderung der Fremdkapitalgeber,
t	= Unternehmenssteuersatz,
EK	= Marktwert des Eigenkapitals,
FK	= Marktwert des Fremdkapitals,
GK	= Marktwert des Gesamtkapitals.

Dabei sind r_{EK} und r_{FK} Synonyme für $k_{\text{e lev}}$ (Eigenkapitalkosten bei Mischfinanzierung, also mit Leverage-Integration, nach Steuern) und für k_{D} (Fremdkapitalkosten nach Steuern). Diese Bezeichnungen findet man auch häufiger in der Literatur.

Also rechnen wir (wieder mit alten Bezeichnungen)

$$\text{WACC} = k_{\text{e lev}} \times \frac{\text{EK}}{\text{GK}} + k_{\text{D}} \times \frac{\text{FK}}{\text{GK}}.$$

Die beiden Summanden in der Gleichung haben wir schon berechnet, denn dabei handelt es sich um die gewichteten Eigen- und Fremdkapitalkosten.

Somit ist die Berechnung einfachmit

$$\text{WACC} = 0{,}0694 + 0{,}0120$$
$$\text{WACC} = 0{,}0814$$
$$\text{WACC} = 8{,}14\,\%.$$

6.4.3 Kapitalkosten nach Stewart

Eigenkapitalkosten Die Berechnung der Eigenkapitalkosten beginnt wieder mit dem CAPM. Wir unterstellen also zunächst, dass keine Fremdmittel vorhanden sind, somit die Gesellschaft zu 100 % mit Eigenkapital finanziert ist.

$$k_e = r_f + \beta \times r_p.$$

Mit den von mir definierten Vorgaben …

Risikofreier Satz rf (%)	4,25%
ß-Faktor	1,13
Risiko Prämie rp (%)	5,00%
Vor Steuer Fremdkapitalkostensatz (%)	4,40%

… errechnet sich ein Eigenkapitalkostensatz in Höhe von

$$k_e = 0{,}0425 + 1{,}13 \times 0{,}05$$
$$k_e = 0{,}0425 + 0{,}0565$$
$$k_e = 0{,}0990$$
$$k_e = 9{,}90\ \%.$$

Jetzt müssen wir wieder den Leverage integrieren, also bei den Eigenkapitalkosten die anteilige Fremdkapitalfinanzierung und damit das zusätzliche Risiko der Eigenkapitalgeber berücksichtigen.

Die Leverage-Integration nach Stewart Stewart geht aber einen anderen Weg als Copeland. Bei der Berechnung nach Stewart wird nun die Kapitalstruktur des Unternehmens nicht über einen Leverage Factor integriert, sondern über die sogenannte Finanzprämie oder auch „Financial Risk Premium“. Dadurch, dass Fremdkapital in die Finanzierung einer Investition mit aufgenommen wurde, erhöht sich das Risiko für den Eigenkapitalgeber. Dieser veranschlagt, trotz der steuerlichen Abzugsfähigkeit der Fremdkapitalkosten, einen zusätzlichen Zinsaufschlag auf den Basiszins. Die Risikoprämie steht für diesen zusätzlichen Zinsaufschlag. Die Berechnung lautet wie folgt:

$$\text{FRP} = (1-t) \times \frac{\text{FK}}{\text{EK}} \times \left(k_{\text{e unlev}} - k_d\right)$$

t = Steuersatz,
FK = Fremdkapital,
EK = Eigenkapital,
$k_{\text{e unlev}}$ = Eigenkapitalkosten bei 100 % Eigenkapitalfinanzierung,
k_{d} = Fremdkapitalkosten vor Steuer.

Also rechnen wir mit unseren Zahlen:

$$\text{FRP} = (1-t) \times \frac{\text{FK}}{\text{EK}} \times (k_{\text{e unlev}} - k_{\text{d}})$$

$$\text{FRP} = (1-0{,}4) \times \frac{0{,}4552}{0{,}5448} \times (0{,}099 - 0{,}044)$$

$$\text{FRP} = 0{,}6 \times 0{,}84 \times 0{,}055$$

$$\text{FRP} = 0{,}0276$$

$$\text{FRP} = 2{,}76\,\%.$$

Diese FRP müssen wir jetzt additiv in die Eigenkapitalkostengleichung einbringen.

$$k_{\text{e lev}} = k_{\text{e unlev}} + \text{FRP}$$

$$k_{\text{e lev}} = 0{,}099 + 0{,}0276$$

$$k_{\text{e lev}} = 0{,}1266$$

$$k_{\text{e lev}} = 12{,}66\,\%.$$

Mit dem Taschenrechner gearbeitet, erhalten Sie 12,67 %, aber dies sind lediglich Rundungsdifferenzen.

Als letzten Schritt bei der Ermittlung der Eigenkapitalkosten müssen wir jetzt noch diesen Kostensatz mit der Eigenkapitalquote gewichten, also die gewichteten Eigenkapitalkosten berechnen.

$$\text{gew.}\,k_{\text{e lev}} = k_{\text{e lev}} \times \frac{\text{EK}}{\text{GK}}$$

$$\text{gew.}\,k_{\text{e lev}} = 0{,}1266 \times 0{,}5448$$

$$\text{gew.}\,k_{\text{e lev}} = 0{,}069$$

$$\text{gew.}\,k_{\text{e lev}} = 6{,}90\,\%.$$

Fremdkapitalkosten Die Berechnung der Fremdkapitalkosten erfolgt 1:1 identisch mit der bereits durchgeführten Berechnung. Sowohl beim Ansatz nach Copeland als auch beim Ansatz nach Stewart ist die Berechnung der Fremdkapitalkosten gleich.

Wir rechnen also wieder:

$$k_{\text{D}} = k_{\text{d}} \times (1-t)$$

mit

$$
\begin{aligned}
k_D &= 0{,}0440 \times (1 - 0{,}4) \\
k_D &= 0{,}0440 \times 0{,}6 \\
k_D &= 0{,}0264 \\
k_D &= 2{,}64\ \%.
\end{aligned}
$$

Diesen Wert dürfen wir wieder nur auf einen Teil der Finanzierung beziehen, jetzt nur auf den Fremdkapitalanteil in Höhe von 45,5 %.

Somit müssen wir die gewichteten Fremdkapitalkosten berechnen mit

$$\text{gew.}\,k_D = k_D \times \frac{\text{FK}}{\text{GK}},$$

also

$$\text{gew.}\,k_D = 0{,}0264 \times 0{,}4552,$$

somit

$$
\begin{aligned}
\text{gew.}\,k_D &= 0{,}0120 \\
\text{gew.}\,k_D &= 1{,}20\ \%.
\end{aligned}
$$

Gesamtkapitalkosten Abschließend werden wieder die gewichteten Gesamtkapitalkosten berechnet.

Die jeweiligen Kapitalkosten der Eigen- und Fremdkapitalgeber werden gemäß ihrem relativen Anteil am investierten Kapital gewichtet. Der Gewichtung der Kapitalkosten werden erneut keine Buchwerte zugrunde gelegt, sondern Marktwerte, da nur diese den tatsächlichen ökonomischen Wert der Ansprüche widerspiegeln (Ernst et al. 2010, S. 45). Auch dies steht in direktem Zusammenhang zum „**Zirkularitätsproblem der Bewertung**", das ich noch erläutern werde.

Die Formel der Berechnung lautet ja:

$$\text{WACC} = r_{EK} \times \frac{\text{EK}}{\text{GK}} + r_{FK} \times (1 - t) \times \frac{\text{FK}}{\text{GK}}$$

r_{EK}	= Renditeforderung der Eigenkapitalgeber,
$r_{FK} \times (1 - t)$	= Fremdkapitalkosten des Unternehmens,
r_{FK}	= Renditeforderung der Fremdkapitalgeber,
t	= Unternehmenssteuersatz,
EK	= Marktwert des Eigenkapitals,
FK	= Marktwert des Fremdkapitals,
GK	= Marktwert des Gesamtkapitals.

Ich hatte schon ausgeführt, dass dabei r_{EK} und r_{FK} Synonyme für $k_{e\,lev}$ (Eigenkapitalkosten bei Mischfinanzierung, also mit Leverage-Integration, nach Steuern) und für k_D (Fremdkapitalkosten nach Steuern) sind. Also rechnen wir (wieder mit alten Bezeichnungen):

$$WACC = k_{e\,lev} \times \frac{EK}{GK} + k_D \times \frac{FK}{GK}.$$

Die beiden Summanden in der Gleichung haben wir erneut berechnet, denn dabei handelt es sich um die gewichteten Eigen- und Fremdkapitalkosten.

Somit ist die Berechnung einfachmit

$$WACC = 0{,}069 + 0{,}0120$$
$$WACC = 0{,}081$$
$$WACC = 8{,}10\,\%.$$

Damit sind wir durch. Man muss die Berechnungen nur mehrfach machen, dann ist es wirklich recht einfach. Erst recht, wenn man sich die Kalkulationen in Excel aufbaut.

Schauen wir uns die Ergebnisse abschließend noch einmal in der Übersicht an. Die beiden Berechnungen führen zu fast identischen Werten, aber das kann auch ganz anders sein.

Berechnung nach COPELAND	
EK Kosten bei 100 % EK	9,90%
Strukturfaktor (LF)	1,50
EK Kosten bei Mischfinanzierung	12,73%
Gewichtete EK-Kosten	6,94%
FK Kosten vor Steuer	4,40%
FK Kosten nach Steuer	2,64%
Gewichtete FK-Kosten	1,20%
Gesamtkapitalkostensatz (WACC)	8,14%

Berechnung nach STEWART	
EK Kosten bei 100 % EK	9,90%
Finanzprämie (FRP)	2,76%
EK Kosten bei Mischfinanzierung	12,66%
Gewichtete EK-Kosten	6,90%
FK Kosten vor Steuer	4,40%
FK Kosten nach Steuer	2,64%
Gewichtete FK-Kosten	1,20%
Gesamtkapitalkostensatz (WACC)	8,10%

Lassen Sie uns die Ergebnisse auch noch in unseren (Fluss-)Grafiken darstellen, wie Sie sie auch schon gesehen haben.

Es ist wirklich einfacher, Dritte durch die Berechnungen zu führen, wenn man die Schritte einem Flussdiagramm gleich darstellt.

Hier zeige ich Ihnen eine etwas abgeänderte Darstellung – Sie müssen selbst entscheiden, welche Ihnen besser gefällt.

Kapitalkostenermittlung

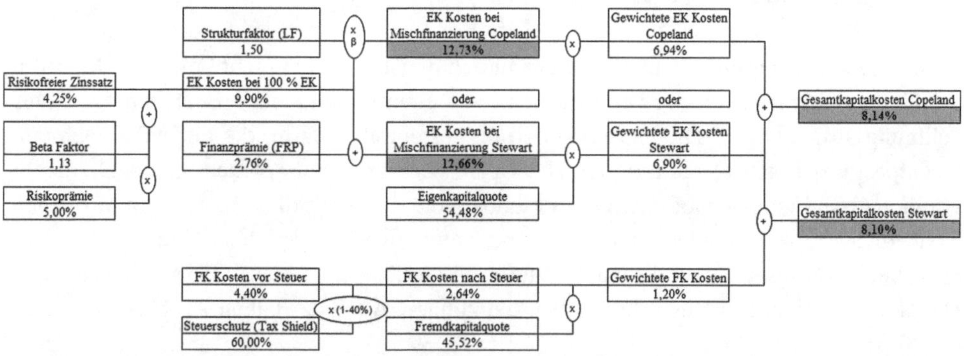

6.5 Der Free Cash Flow

Die Berechnung der Cash Flows sowie die nachfolgende Unternehmensbewertung erfolgen anhand der Bruttomethode.

Die benötigten Daten zur Berechnung für den Detailprognosehorizont wurden ja mittels der Planbilanz als auch Plan-Gewinn- und Verlustrechnung erstellt. Weil sowohl die Methodik der Free-Cash-Flow-Berechnung bereits bekannt ist und die benötigten Daten im Vorfeld ermittelt wurden, stellt die eigentliche Cash-Flow-Berechnung keine große Herausforderung dar.

Ermittlung der Free Cash Flows

Perioden		1	2	3	4
Einheit		T €	T €	T €	T €
Betriebsergebnis/EBIT		922.830	971.000	995.685	995.227
-	Steuern auf das EBIT (40%)	-369.132	-388.400	-398.274	-398.091
NOPLAT		**553.698**	**582.600**	**597.411**	**597.136**
+	Abschreibungen	298.545	311.445	325.232	338.900
-	Investitionen	-406.040	-426.342	-439.132	-443.523
- / +	**Working Capital**				
	Vorräte	-88.590	-98.831	-62.264	-21.377
	Forderungen L+L	-47.194	-20.498	-12.914	-4.434
	Sonstige Forderungen	-121.139	-107.006	-67.414	-23.145
	Verbindlichkeiten L+L	11.996	10.596	6.676	2.292
	Rückstellungen	8.517	8.603	8.689	8.775
	Sonstige Verbindlichkeiten	50.070	21.315	14.172	6.144
	Veränderung Working Capital	-186.340	-185.822	-113.055	-31.745
Free Cash Flows		**259.864**	**281.881**	**370.457**	**460.768**

6.6 Der Endwert (Terminal Value)

Da die Lebensdauer eines Unternehmens in den meisten Fällen nicht bekannt ist, wird in der Unternehmensbewertung vereinfachend von einem unendlichen Bestehen der Unternehmung ausgegangen. Die Herausforderung besteht aber darin, die Perioden nach dem Detailprognosehorizont bestmöglich zu planen, wie wir schon gesehen haben. Da die benötigten Cash Flows umso schwieriger planbar sind, je weiter diese in der Zukunft liegen, ist abzuwägen, wie viele Detailperioden überhaupt zuverlässig planbar sind. Die Literatur sieht bei 8–10 Jahren detaillierter Planung die Grenze, ab welcher keine zuverlässigen Daten mittels einer Planung erhoben werden können. Auch das haben wir bereits gelesen.

Zur Lösung dieses Problems erfolgt in der Praxis die Aufteilung der Prognosen in zwei Perioden. Der erste Zeitraum stellt die bereits beschriebenen Detailperioden dar, auf welchen eine Endwertberechnung oder Berechnung des Terminal Value folgt. Der Terminal Value wird als Barwert einer ewigen Rente berechnet, dessen Formel uns auch schon bekannt ist.

$$TV = \frac{CF_{TV}}{(i-g)}$$

CF_{TV} = NOPLAT bzw. NOPAT der letzten Detailprognoseperiode,
i = Diskontierungszinssatz,
g = erwartete Wachstumsrate des bewertungsrelevanten Cash-Flows.

Wie aus der Formel ersichtlich, kann der Terminal Value weiter um eine Wachstumsannahme in der ewigen Rente erweitert werden. Der Bewerter nimmt auf Basis vergangener Wachstumszahlen dabei an, dass das Unternehmen bis in die Unendlichkeit mit einem konstanten Prozentsatz wachsen wird. Zur Berechnung des Unternehmenswertes der Meier GmbH wurde auf diese Einflussgröße jedoch verzichtet, da auch in der Literatur die Annahme eines „ewigen Wachstums" als sehr strittig angesehen wird.

Eine unendlich existierende und dann noch wachsende Firma ist doch „starker Tobak"!

Als Basis für den Endwert müssen wir auf das Betriebsergebnis nach Steuern (NOPAT) der Vorperiode 4 (Substanzerhalt bei konservativer Planung) zugreifen, also € 995.227 × (1 – 0,4) = € 597.136,20, in der folgenden Darstellung gerundet auf € 597.136.

6.7 Der Unternehmenswert der Meier GmbH

DCF, Bruttoverfahren

Perioden	**1**	**2**	**3**	**4**	**Endwert**
Einheit	**T€**	**T€**	**T€**	**T€**	**T€**
	1	2	3	4	5
Free Cashflow/ FCF	259.864	281.881	370.457	460.768	597.136
Diskont (WACC)					8,10%
Terminal Value					7.971.510
Barwertfaktoren	*0,92509*	*0,85579*	*0,79169*	*0,73238*	*0,67752*
Barwerte	240.398	241.232	293.286	337.459	5.400.867
Unternehmenswert (brutto) / entity value	**6.513.242**				
- Marktwert des Fremdkapitals	-2.964.766				
Unternehmenswert (netto) / equity value	**3.548.476**				

Die oben abgebildete Rechenmethodik veranschaulicht nochmals die Besonderheiten der Bruttomethode, welche gleichzeitig die Abgrenzung zur Nettomethode bildet.

Die Bruttomethode baut auf den zukünftigen Free Cash Flows auf, im Gegensatz zu den Flows to Equity bei der Nettomethode. Als weitere Eigenschaft der Bruttomethode sei auf die Diskontierung mittels der gewichteten durchschnittlichen Gesamtkapitalkosten (WACC) verwiesen. Da es sich bei den Free Cash Flows um Zahlungsströme handelt, die sowohl Eigen- als auch Fremdkapitalgebern zufließen, muss die Kapitalstruktur in den Diskontierungszinssatz integriert werden. Des Weiteren verdeutlicht oben abgebildetes Schema den zweistufigen Ablauf der Unternehmenswertermittlung.

Bei der Bruttomethode wird in einem ersten Schritt der Unternehmenswert (brutto) ermittelt, wovon in einem zweiten Schritt der Marktwert des Fremdkapitals subtrahiert wird. Das daraus resultierende Ergebnis bildet den gesuchten Unternehmenswert (netto) oder „Shareholder Value".

Der Unternehmenswert der Meier GmbH beträgt, unter Berücksichtigung der getroffenen Annahmen und unter Ansatz des WACC nach Stewart € 3.548.476. Eine genauere Analyse des Unternehmenswertes ergibt folgende Zusammensetzung:

Unternehmenswert (netto)/equity value	**3.548.475,75**	100,00 %
Barwerte Detailperioden	606.032,46	17,08 %
Barwert Endwert/Terminal Value	2.942.443,29	82,92 %

Rund 82,92 % des Unternehmenswertes stammen aus dem Barwert des Terminal Value. Die Tatsache, dass der Terminal Value unter Umständen weit mehr als 50 % des Unternehmensgesamtwertes bilden kann, wird in der Literatur eingehend behandelt und stellt in der Tat ein Problem dar.

Daher wird auch immer wieder empfohlen, 8–10 Perioden vor Berechnung der ewigen Rente darzustellen, um durch einen niedrigen Abzinsungsfaktor den Anteil des Endwertes am Gesamtwert zu schmälern.

6.8 Die Meier GmbH aus Beteiligungssicht

Nachdem wir gerade aufgezeigt haben, dass sich die Meier GmbH in der Bewertung als interessantes Unternehmen zeigt, wollen wir sie jetzt zusätzlich noch aus dem Blickwinkel des (Beteiligungs-)Controllings analysieren.

6.8.1 Klassische Kennzahlenanalyse

Dies ist sicherlich immer der erste Ansatz: Dabei sollte man sicherlich nicht bis zum Ende einer Periode warten, sondern regelmäßig, also monatlich oder zumindest quartalsweise, entsprechende Auswertungen fahren.

Wie manche von Ihnen eventuell wissen, habe ich ja vier Bücher zur klassischen Kennzahlenanalyse aus verschiedenen Blickwinkeln geschrieben, und deshalb möchte ich hier jetzt auch nicht wiederholend tätig werden.

Allerdings, im letzten großen Beispiel dieses Buches werde ich nochmals tiefer in die klassische Kennzahlenanalyse einsteigen. Daher möchte ich aber an dieser Stelle darauf verzichten.

6.8.2 Wertgenerierung

Da sind wir dann aber beim zweiten zentralen Thema des Beteiligungscontrollings. Erzeugt die Beteiligung für die Mutter Wert (oberhalb der Kapitalkosten) oder vernichtet sie eventuell diesen, ohne dass es im klassischen vom Gesetzgeber verlangten Reporting (GuV und Bilanz) auffällt?

Also schauen wir genauer rein.

Es gilt zu überprüfen, ob die operativen Renditen (erwirtschaftete Renditen) oberhalb derer liegen, die von Dritten gefordert werden (Kapitalkosten = geforderte Rendite). Da die Kapitalkosten (WACC) eine Nach-Steuer-Größe sind, muss auch das operative Ergebnis fiktiv (das Betriebsergebnis ist im externen Rechnungswesen ja keine zu besteuernde Größe) um eine Steuerbelastung gekürzt werden.

Wir sprechen dann ja vom NOPAT (Net Operating Profit After Taxes) bzw. vom NOPLAT (Net Operating Profit Less Adjusted Taxes).

Dafür bauen wir uns im Excel wieder eine kleine Auswertung auf, die auf bekanntes Datenmaterial bzw. schon berechnete Größen (Kapitalkosten) zugreift. Wir arbeiten weiterhin mit den Planzahlen, machen also eine Betrachtung, ob auch in Zukunft (weiterhin) zusätzlich Wert geschaffen wird.

Ermittlung der periodischen Wertveränderung - EVA

			1	2	3	4
			T€	T€	T€	T€
Betriebsergebnis/EBIT			922.830	971.000	995.685	995.227
ab/plus:	Steuern auf das EBIT	***40%***	-369.132	-388.400	-398.274	-398.091
BE n. St.			**553.698**	**582.600**	**597.411**	**597.136**
Capital zu Periodenbeginn			6.782.901	7.148.742	7.491.232	7.748.516
ab/minus:	Verbindlichkeiten L&L		-199.934	-211.930	-222.526	-229.202
	Sonst. Verbindlichkeiten		-340.771	-390.841	-412.156	-426.328
CAPITAL EMPLOYED			**6.242.196**	**6.545.971**	**6.856.550**	**7.092.985**
BE n. St.			553.698	582.600	597.411	597.136
ab/minus:	Kapitalbelastung		-505.458	-530.056	-555.205	-574.351
GWB			**48.240**	**52.543**	**42.206**	**22.785**
ROCE			8,9%	8,9%	8,7%	8,4%
WACC			8,10%	8,10%	8,10%	8,10%
SPREAD			0,77%	0,8%	0,6%	0,3%
Capital Employed			6.242.196	6.545.971	6.856.550	7.092.985
EVA			**48.240**	**52.543**	**42.206**	**22.785**

Gehen wir es wieder Schritt für Schritt gemeinsam durch.

Wir beginnen mit dem Betriebsergebnis der Planungsrechnungen, müssen also auf die GuV zugreifen. Dieses operative Ergebnis ist jetzt um den Steuersatz der Gesellschaft zu kürzen. Die Meier GmbH hat in unserem Beispiel einen Steuersatz von 40 %.

Nach Abzug dieser Steuern erwirtschaftet die Meier GmbH in den nächsten vier Jahren jeweils einen Betrag oberhalb der T€ 550.

Betriebsergebnis/EBIT			922.830	971.000	995.685	995.227
ab/plus:	Steuern auf das EBIT	*40%*	-369.132	-388.400	-398.274	-398.091
BE n. St.			**553.698**	**582.600**	**597.411**	**597.136**

Jetzt müssen wir diesen Beträgen die Summe entgegenhalten, die die Kapitalgeber (Eigen- und Fremdkapitalgeber) fordern, also die Kapitalkosten als absolute Größe. Man spricht dann auch von der Kapitalbelastung, im Englischen „Capital Charge (s)“. Singular als auch Plural sind hier zulässig.

Die Kapitalkosten haben wir ja berechnet, und daher wissen wir, dass nach dem Ansatz nach Stewart zur Leverage-Integration ein Satz in Höhe von 8,10 % nach Steuern anzuwenden ist. Dieser ist mit dem zinstragenden Kapital (Capital Employed) zu multiplizieren, und damit haben wir unsere gesuchte Größe. Da bei EVA-Betrachtung immer das Kapital zu Betrachtungsbeginn anzusetzen ist (mit diesem wirtschaften wir dann ja das ganze Jahr) müssen wir in der Bilanz auf den jeweiligen Betrag zum Ende der Vorperiode zugreifen.

In Abzug davon zu bringen sind die nicht zinstragenden Bestandteile der Finanzierung. Dies sind im Wesentlichen (und auf dem Niveau dieser Übung auch ausreichend) die Verbindlichkeiten aus Lieferungen und Leistungen und die sonstigen kurzfristigen Verbindlichkeiten. Bankverbindlichkeiten mit einer Restlaufzeit unterhalb eines Jahres sind, falls vorhanden, hier aber nicht herauszurechnen, da ja zinstragend.

Analog zu den eingespielten Kapitalgrößen müssen wir auch wieder auf die Werte der Vorperiode zugreifen.

Somit haben wir unsere Werte zusammen:

Kapital zu Periodenbeginn		6.782.901	7.148.742	7.491.232	7.748.516
ab/minus:	Verbindlichkeiten L&L	-199.934	-211.930	-222.526	-229.202
	Sonst. Verbindlichkeiten	-340.771	-390.841	-412.156	-426.328
CAPITAL EMPLOYED		**6.242.196**	**6.545.971**	**6.856.550**	**7.092.985**

Multipliziert man diese Werte für das zinstragende Kapital jeweils zu Periodenbeginn mit dem WACC in Höhe von 8,1 %, erhält man die geforderte Rendite der Dritten als absolute Größe.

Kapitalbelastung	-505.458	-530.056	-555.205	-574.351

Da die Kapitalbelastung in Abzug zu bringen ist, habe ich sie gleich mit einem negativen Vorzeichen dargestellt.

Damit können wir auch die Frage nach der Werterzeugung sofort beantworten.

Die operative Nach-Steuer-Rendite (Betriebsergebnis nach Steuern – NOPAT) muss größer als die Forderungen Dritter sein, wir müssen also lediglich die Differenz berechnen.

BE n. St.	553.698	582.600	597.411	597.136
Kapitalbelastung	-505.458	-530.056	-555.205	-574.351
EVA/GWB	**48.240**	**52.543**	**42.206**	**22.785**

Um besser „greifen" zu können, wie hoch die jährlichen Wertsteigerungen relativ zum eingesetzten zinstragenden Kapital sind, kann man den/das EVA auch auf eine andere Weise bestimmen.

Dazu rechnen wir mit prozentualen Größen.

Wir wissen, dass das Betriebsergebnis nach Steuern größer als die absoluten Kapitalkosten sein sollte. Messen wollen wir die Wertsteigerung/die Wertvernichtung auf der Basis des eingesetzten (zinstragenden) Kapitals.

Also rechnen wir eine Betriebsergebnisrendite auf der Basis des zinstragenden Kapitals: ROCE – Return on Capital Employed. Diese muss wieder nach Steuern sein, aber das ist ja kein Problem, zumal wir ja das Betriebsergebnis nach Steuern und das zinstragende Kapital bereits ermittelt haben.

Per Division der beiden durcheinander erhalten wir die gesuchte ROCE-Größe.

Dieser müssen wir jetzt wieder die Kapitalkosten entgegen halten, was ja recht leicht ist, zumal ROCE und WACC beide prozentuale Größen sind.

Die sich daraus berechnende Differenz heißt „Spread", oder in Deutsch „Übergewinn" bzw. „ökonomische Marge". Vielleicht erinnern Sie sich ja noch an diese Begriffe.

Multipliziert man diesen Spread dann wieder mit dem zinstragenden Kapital (zu Periodenbeginn), erhält man wieder das EVA bzw. den GWB (Geschäftswertbeitrag), wie der/das EVA häufiger in die deutsche Sprache übersetzt wird.

ROCE	8,9%	8,9%	8,7%	8,4%
WACC	8,10%	8,10%	8,10%	8,10%
SPREAD	0,77%	0,8%	0,6%	0,3%
Capital Employed	6.242.196	6.545.971	6.856.550	7.092.985
EVA	**48.240**	**52.543**	**42.206**	**22.785**

Auf dieser Basis kann man jetzt auch wieder bewerten, wenngleich dieser Ansatz in Europa nur selten zum Einsatz kommt.

6.9 Bewertung mittels periodischem EVA

Die Basiswerte für die Bewertung sind jetzt in der Tat die periodischen Plan-EVA.

Die Bewertung über die EVA gehört zu den Entity-Verfahren, damit muss über die WACC diskontiert werden. Die Summe der diskontierten EVA wird auch als „MVA – Market Value Added" bezeichnet.

Dann muss noch das Kapital (zinstragend) zu Betrachtungsbeginn, also zum 01.01. Planperiode 1, addiert werden, da die periodischen EVA ja nur Wertzugewinne darstellen, das eingesetzte zinstragende Kapital zum Bewertungsstichtag aber auch einen Wert darstellt.

Abschließend wird wieder der Marktwert des Fremdkapitals in Abzug gebracht.

EVA Bewertung

		1 T€	2 T€	3 T€	4 T€	TV T€
		1	2	3	4	5
EVA		48.240	52.543	42.206	22.785	22.785
Diskont (WACC)						8,10%
Endwert						304.174
Barwertfaktoren	***8,10%***	*0,92509*	*0,85579*	*0,79169*	*0,73238*	*0,67752*
Barwerte		44.626	44.966	33.414	16.688	206.084
MVAs		**345.778**				
zu/plus: Capital Employed Per. 1 (zu Periodenbeginn)		6.242.196				
Unternehmenswert (brutto) / entity value		**6.587.974**				
ab/minus: Marktwert des Fremdkapitals		-2.964.766				
Unternehmenswert (netto)		**3.623.208**				

Wir sehen einen geringfügig höheren Unternehmenswert. Dies muss Sie jetzt nicht „schocken". Unter gewissen Konditionen (siehe Beispiel 1) kommen die verschiedenen Bewertungsansätze zu identischen Ergebnissen. Werden aber Planrechnungen nicht sauber durchgebucht (was man ja eigentlich nie tut, da man dann tagelang nur fiktive Buchungen durchführen würde), dann sind die (leicht) unterschiedlichen Ergebnisse ganz normal.

Der Trick im Beispiel 1 lag darin, dass wir eigentlich kein Working Capital geplant hatten. Schauen Sie sich doch noch einmal die Abschreibungen an. Diese betragen im Beispiel 1 immer 10 % des gesamten Kapitals. Daher muss dieses gesamte Kapital (aktivisch) auch immer das Anlagevermögen gewesen sein – das Umlaufvermögen wurde vernachlässigt.

Die Abweichung hier zum DCF ist außerdem wirklich sehr gering. Überlegen Sie einmal, wie wahrscheinlich es denn ist, dass die Planung so überhaupt aufgeht. Da ist die geringe Differenz zwischen DCF- und EVA-Bewertung wohl unser geringstes Problem.

6.10 Werttreiber und Werttreiberanalyse

Werttreiber sind als solche Faktoren zu verstehen, die kurz- oder langfristig die Leistung eines Unternehmens beeinflussen und dabei einen Mehrwert schaffen. Die Werttreiberanalyse verfolgt somit das Ziel, diejenigen Faktoren zu identifizieren, die den Unternehmenswert am meisten beeinflussen. Im Rahmen der wertorientierten Unternehmensführung unterstützt die Werttreiberanalyse unter anderem das Management bei der Entscheidungsfindung zwischen verschiedenen Handlungsalternativen. Weiter bildet die Werttreiberanalyse die Basis für eine spätere Sensitivitätsanalyse.

Eine Übersicht der möglichen Werttreiber bei den Discounted-Cash-Flow-Verfahren ist aus nachfolgender Abbildung ersichtlich (Lucks und Meckl 2002, S. 187):

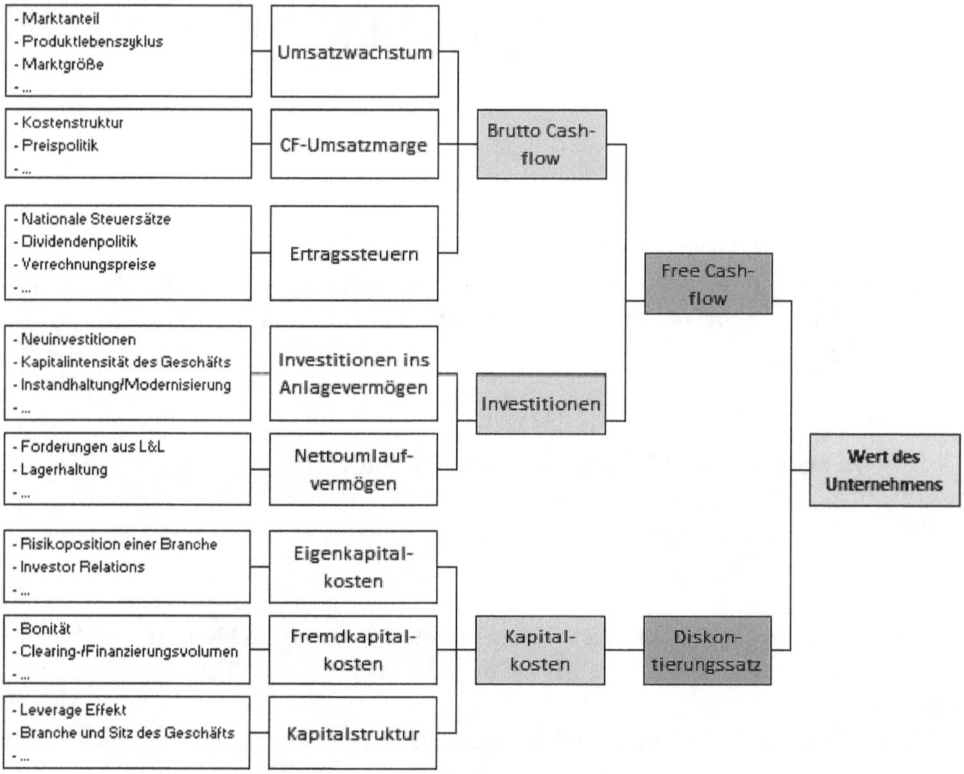

Für die EVA-Überlegungen habe ich mir einmal folgendes „Cluster" erstellt. Mir ist es dabei egal, ob die Spitzenkennzahl links oder rechts steht.

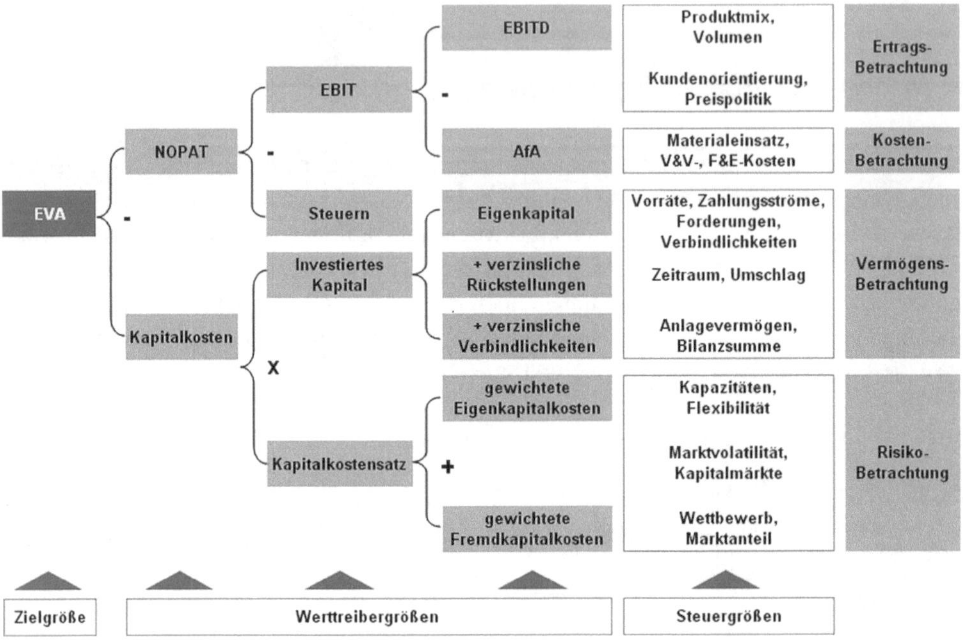

Im Folgenden sollen diejenigen Werttreiber bestimmt werden, die einen mittels der Entity-Methode errechneten Unternehmenswert beeinflussen.

Nachfolgende Formel stellt die Rechenmethodik zum „Bruttoverfahren (Entity-Ansatz)" nochmals vereinfachend dar (Ballwieser 2007, S. 145).

$$EK_{WACC} = \frac{FCF}{k^{WACC}} - FK$$

EK_{WACC} = Marktwert des Eigenkapitals nach dem WACC-Ansatz,
FCF = Free Cash-flow,
k^{WACC} = Gewichteter Kapitalkostensatz im WACC-Ansatz,
FK = Marktwert des Fremdkapitals.

Wie aus der Formel zu entnehmen, bilden sowohl der Free Cash Flow als auch der gewichtete Kapitalkostensatz Einflussgrößen, die sich unweigerlich auf den Unternehmenswert auswirken.

Bei der Berechnung des Free Cash Flow muss uns immer bewusst sein, dass dieser vom Management „künstlich" verbessert werden kann. Daraus folgt eine Steigerung des Unternehmenswertes, wobei diese Tatsache nicht die wahre Leistungsfähigkeit des Unternehmens wiedergibt.

Durch eine kurzfristige Reduktion z. B. der Forschungsaufwendungen wird der Free Cash Flow in der jeweiligen Periode erhöht, die eigentliche Leistungsfähigkeit des Unternehmens wird dadurch aber nicht abgebildet. Gleichermaßen muss ein negativer Free Cash Flow nicht zwingend ein schlechtes Signal sein, wenn z. B. durch verstärkte Investitionstätigkeiten ein zukünftig höheres Wachstum angestrebt wird.

Dies werden wir noch am letzten großen Beispiel sehen.

Der Free Cash Flow bildet in der Berechnung des Unternehmenswertes mittels des Entity-Ansatzes eine fundamentale Größe, wobei als externer „Beobachter" darauf geachtet werden muss, ob diese Größe auch der effektiven Leistungsfähigkeit des Unternehmens entspricht.

In der Literatur werden vor allem zwei Schlüsselfaktoren angeführt, die den Free Cash Flow und schlussendlich den Unternehmenswert maßgeblich beeinflussen:

Wachstumsrate: Ein Unternehmen, das schneller wächst als eine vergleichbare Gesellschaft, hat zwangsläufig einen höheren Wert.

Kapitalrendite: Ein Unternehmen, das mit dem gleichen Kapitaleinsatz mehr Gewinn erwirtschaftet, besitzt ebenso einen höheren Wert (Koller et al. 2005, S. 57).

6.11 Sensitivitätsanalyse

Ziel der Sensitivitätsanalyse ist es, zu untersuchen, wie der Zielwert auf Veränderungen bestimmter Eingangsdaten reagiert und innerhalb welcher Bandbreite sich dieser bewegen kann. Es wird folglich versucht, eine Bandbreite optimaler Lösungen zu ermitteln, die auf der Annahme unterschiedlicher Datenszenarien (i. d. R. pessimistisch, realistisch, optimistisch) basieren.

Wir wollen jetzt analysieren, wie sich eine Veränderung der durchschnittlichen Forderungsziele in Tagen (um 10 %) auf den Unternehmenswert auswirkt. Wie bei der Erstellung der Planbilanzen beschrieben, wird zur Berechnung der geplanten Forderungen aus Lieferungen und Leistungen unter anderem auf die durchschnittlichen Forderungsziele in Tagen zurückgegriffen. Der folgenden Berechnung liegt weiter zugrunde, dass die daraus gewonnene Liquidität zur Tilgung der Bankverbindlichkeiten herangezogen wird.

Die Veränderung des durchschnittlichen Forderungszieles in Tagen um 10 % nimmt in der Berechnung des Unternehmenswertes direkten Einfluss auf:

- den Leverage (Fremdkapital zu Eigenkapital),
- die Free Cash Flows und
- den Marktwert des Fremdkapitals.

Das Ergebnis dieser Annahme ist in nachstehender Abbildung ersichtlich:

Sensitivitätsanalyse

Veränderung der Forderungsziele in Tagen um 10 %

	Veränderung
Durchschnittl. Forderungsziel in Tagen	12.85
Free Cash-flows + Endwert	40.770 €
Diskontierungszinssatz WACC nach Stewart	0.03%
Unternehmenswert (brutto) / entity value	13.357 €
Marktwert des Fremdkapitals	- 37.623 €
Unternehmenswert (netto) / equity value	**50.980 €**

Bauen Sie sich diese Simulation doch einmal direkt in Ihr Excel-Tabellenblatt ein.

Durch die Verkürzung des Forderungszieles auf 12,85 Tage wird eine Erhöhung der Free Cash Flows um € 40.770 erzielt. Da die frei werdenden Free Cash Flows zur Tilgung der Bankverbindlichkeiten herangezogen werden, verringert sich das Fremdkapital, was natürlich auch eine Veränderung der Kapitalstruktur nach sich zieht. Daraus resultiert ein um 0,03 % höherer Diskontierungszinssatz.

Trotz eines höheren Diskontierungszinssatzes ist der Unternehmenswert (brutto) um € 13.357 höher als bei 14,14 Tagen als Forderungsziel. Dieser Umstand ist auf die höheren Free Cash Flows zurückzuführen. Der Marktwert des Fremdkapitals ist um die zusätzlich frei werdende Liquidität aus der ersten Planperiode gekürzt. Die hier angeführten Verbesserungen bzw. Veränderungen haben somit einen um € 50.980 höheren Unternehmenswert (netto) zur Folge.

Das Management der Meier GmbH ist somit um eine Erkenntnis reicher, und zwar entspricht die Verkürzung der Forderungsziele um 10 % einer Unternehmenswertsteigerung von € 39.519.

Es wird hierbei darauf verwiesen, dass grundsätzlich eine Veränderung jedes Bilanzpostens eine Veränderung des Unternehmenswertes nach sich zieht. Im Rahmen dieses Beispiels wurde beispielhaft aber nur der Posten der Forderungen aus Lieferungen und Leistungen verändert.

Machen Sie sich selbst ran und simulieren Sie weitere Veränderungen. Diese Übung ist wichtig.

6.12 Abschlussbemerkung

Damit wollen wir auch das zweite Rechenbeispiel beenden. Die klassische (Beteiligungs-) Analyse haben wir zwar noch ausgespart (folgt dann im dritten Beispiel), aber wir sind hier schon tiefer eingestiegen als im ersten Beispiel.

Die Kapitalkosten haben wir auch noch einmal gerechnet und auch erste Betrachtungen zur Wertsteigerung der Beteiligung Meier GmbH gemacht.

Literatur

Ballwieser, W. 1990. *Unternehmensbewertung und Komplexitätsreduktion*, 3. Aufl. Wiesbaden: Gabler.

Ballwieser, W. 2007. *Unternehmensbewertung – Prozeß, Methoden und Probleme*, 2. Aufl. Stuttgart: Schäfer-Poeschel.

Ernst, D., S. Schneider, und B. Thielen. 2010. *Unternehmensbewertungen erstellen und verstehen – Ein Praxisleitfaden*, 4. Aufl. München: Vahlen.

Koller, T., M. Goedhart, und D. Wessels. 2005. *Valuation: Measuring and managing the value of companies*, 4. Aufl. New Jersey: Wiley.

Lucks, K., und R. Meckl. 2002. *Internationale Mergers & Acquisitions – Der prozessorientierte Ansatz*. Berlin: Springer.

Zwirner, C., und A. Reinhold. 2009. Auswirkungen der Finanz(markt)krise auf die Unternehmensbewertung. *Zeitschrift für Internationale Rechnungslegung* 139–141.

Unternehmensbewertung am Beispiel der ABH GmbH

7

Schauen wir uns ein drittes, aber wiederum erweitertes Beispiel an. In diesem Folge-Beispiel werden wir noch mehr Bewertungsansätze kennen lernen. Es geht mir in diesem Beispiel noch nicht um weitere Details, sondern darum, Techniken noch einmal anzuwenden, weiteren Verfahren zu sehen und die Wissensbasis bei Bewertungen generell weiter zu vergrößern.

Richtig ins Detail gehen wir dann im 4. Beispiel (Kap. 8).

Auch hier starten wir wieder mit der Plan GuV und Bilanz. Um diese planen zu können, benötigen wir wieder einige grundsätzliche Informationen.

7.1 Basis Informationen

Manche Informationen werden aus dem vorhergehenden Beispiel schon bekannt sein.

B. Heesen, *Beteiligungsmanagement und Bewertung für Praktiker*,
https://doi.org/10.1007/978-3-658-30792-9_7

Risikofreier Satz rf (%)		4,75%	
ß-Faktor		0,92	
Risiko Prämie rp (%)		4,80%	
Vor Steuer Fremdkapitalkostensatz (%)		6,00%	
Steuersatz		27,50%	
(Marktwert des) Eigenkapitals		3.069.397	
Umsatzsteuersatz		1,19	
Durchschnittl. Vorratsreichweite in Tagen (B: Mat.)		30,00	
Durchschnittl. Forderungsziel in Tagen		41,00	
Keine Ex- und/oder Importe EU			
(Sonstige) Rückstellungen (zu Gesamtvermögen)		12,50%	
Steigerung in Folgeperioden		2,00%	
Wachstumsfaktoren Planperioden	1	13,00%	1,13
	2	-8,00%	0,92
	3	5,00%	1,05
	4	10,00%	1,10
	5	-2,00%	0,98

Der Risikofreie Satz (für die spätere Berechnung der Kapitalkosten) wird mit 4,75 % angenommen (vgl. Zwirner et al., 2009, S. 140). Als β-Faktor wird ein durchschnittlicher Faktor von 0,92 herangezogen. Die Risikoprämie in Höhe von 4,80 % liegt ebenfalls in einer sehr normalen Höhe. Die Fremdkapitalkosten belaufen sich auf 6,00 %.

Der Steuersatz, bestehend aus Körperschaftsteuer, Solidaritätszuschlag und Gewerbeertragsteuer, beträgt typisch für eine GmbH in Deutschland (bei einem durchschnittlichen Hebesatz für die Gewerbesteuer) 27,5 %.

Die Planvorratsreichweite (für alle Perioden) beträgt 30 Tage. Hier mache ich aber etwas, was man häufig auf der Verkaufsseite sieht. Die Basis für die Vorratsberechnung ist nicht der Umsatz, sondern Material und bezogene Leistungen. Dies führt zu weniger Vorrat und einer „kürzeren" Bilanz und damit besseren Bewertungsergebnissen. Man muss bei Bewertungen halt immer wissen, auf welcher Seite man steht.

Den berühmten „Fair Value" gibt es nicht. Es geht leider allzu häufig darum, sich besser zu rechnen als man ist und es ist die Aufgabe der Gegenpartei (hier Käuferseite), die kleinen Eingriffe zu Gunsten der Anderen zu erkennen. Da es sich um Planperioden handelt, wird ja auch kein IST-Abschluss gefälscht. Das wäre ja eine Straftat.

Sie können ja gerne nach der Lektüre dieses Kapitels die Vorräte nochmals richtig auf der Basis von 30 Umsatztagen planen und die Bewertungsergebnisse dann vergleichen.

Eine differenziertere Berechnung (für jede Periode ein anderes Ziel für Vorräte und Forderungen) machen wir dann im 4. Beispiel.

Das durchschnittliche Forderungsziel in Tagen ist mit 41 Tagen definiert. EU Ex- und Importe sind aus Vereinfachungsgründen nicht vorhanden. Hier kann aber nur der Umsatz die Basis sein.

Nach Absprache mit der Geschäftsführung der ABH GmbH und unter Berücksichtigung der konjunkturellen Gegebenheiten wird grundsätzlich von einem zweimal unterbrochenen (negativen) Wachstum in den Planperioden ausgegangen.

7.2 GuV und Bilanz – die Plandaten

Die GuV als auch die Bilanz wurden mathematisch geplant. Wenn Sie in die Zellen der Posten im Excel Tool klicken, werden Sie sehen, dass hier sauber gearbeitet wurde. Ich führe Sie aber nicht im Detail durch, da wir diese Übung nochmals im Zusammenhang mit Beispiel 4 machen werden. Und da gehen wir „ganz tief rein". Hier geht es mir in erster Linie nochmals um das allgemeine Bewertungswissen und die Bewertungstechnik anhand verschiedener Ansätze.

Die GuV

GuV Planung	IST Jahr 0 T€	%	PLAN Jahr 1 T€	%	PLAN Jahr 2 T€	%	PLAN Jahr 3 T€	%	PLAN Jahr 4 T€	%	PLAN Jahr 5 T€	%
Umsatzerlöse	**1.816.536**	*99,0%*	**1.841.394**	*98,9%*	**1.883.353**	*99,0%*	**1.943.265**	*99,0%*	**2.033.178**	*99,0%*	**2.164.620**	*99,1%*
Sonstige betriebliche Erträge	17.513	*1,0%*	19.790	*1,1%*	18.207	*1,0%*	19.117	*1,0%*	21.029	*1,0%*	20.608	*0,9%*
BETRIEBSLEISTUNG	**1.834.049**	*100,0%*	**1.861.184**	*100,0%*	**1.901.560**	*100,0%*	**1.962.382**	*100,0%*	**2.054.207**	*100,0%*	**2.185.228**	*100,0%*
Materialaufwand	-434.530	*-23,7%*	-436.179	*-23,4%*	-439.437	*-23,1%*	-443.710	*-22,6%*	-451.273	*-22,0%*	-463.518	*-21,2%*
Rohgewinn	**1.399.519**	*76,3%*	**1.425.005**	*76,6%*	**1.462.123**	*76,9%*	**1.518.672**	*77,4%*	**1.602.934**	*78,0%*	**1.721.710**	*78,8%*
Personalaufwand	-652.286	*-35,6%*	-665.191	*-35,7%*	-686.610	*-36,1%*	-717.483	*-36,6%*	-762.936	*-37,1%*	-828.469	*-37,9%*
Abschreibungen	-40.537	*-2,2%*	-45.807	*-2,5%*	-47.795	*-2,5%*	-49.058	*-2,5%*	-50.496	*-2,5%*	-52.426	*-2,4%*
Sachaufwand	-398.319	*-21,7%*	-399.830	*-21,5%*	-402.817	*-21,2%*	-406.734	*-20,7%*	-413.667	*-20,1%*	-424.892	*-19,4%*
Betriebsergebnis	**308.377**	*16,8%*	**314.176**	*16,9%*	**324.902**	*17,1%*	**345.397**	*17,6%*	**375.835**	*18,3%*	**415.923**	*19,0%*
Zinsertrag	1.474	*0,1%*	1.474	*0,1%*	1.474	*0,1%*	1.474	*0,1%*	1.474	*0,1%*	1.474	*0,1%*
Zinsaufwand	-27.113	*-1,5%*	-26.627	*-1,4%*	-26.857	*-1,4%*	-27.916	*-1,4%*	-28.556	*-1,4%*	-28.896	*-1,3%*
Finanzergebnis	**-25.640**	*-1,4%*	**-25.153**	*-1,4%*	**-25.383**	*-1,3%*	**-26.442**	*-1,3%*	**-27.083**	*-1,3%*	**-27.423**	*-1,3%*
Unternehmensergebnis	**282.738**	*15,4%*	**289.023**	*15,5%*	**299.519**	*15,8%*	**318.954**	*16,3%*	**348.752**	*17,0%*	**388.500**	*17,8%*
Ertragsteuern (27,5%)	-77.753	*-4,2%*	-79.481	*-4,3%*	-82.368	*-4,3%*	-87.712	*-4,5%*	-95.907	*-4,7%*	-106.838	*-4,9%*
Jahresüberschuss	**204.985**	*11,2%*	**209.542**	*11,3%*	**217.151**	*11,4%*	**231.242**	*11,8%*	**252.845**	*12,3%*	**281.663**	*12,9%*

Die geplanten Investitionen sehen dabei folgendermaßen aus:

	IST Jahr 0 €	%	PLAN Jahr 1 €	%	PLAN Jahr 2 €	%	PLAN Jahr 3 €	%	PLAN Jahr 4 €	%	PLAN Jahr 5 €	%
Investitionen	**58.123**	*3,2%*	**65.679**	*3,5%*	**60.425**	*3,2%*	**63.446**	*3,2%*	**69.790**	*3,4%*	**68.395**	*3,1%*

Die Bilanz

Bilanz Planung	IST Jahr 0 T€	%	PLAN Jahr 1 T€	%	PLAN Jahr 2 T€	%	PLAN Jahr 3 T€	%	PLAN Jahr 4 T€	%	PLAN Jahr 5 T€	%
Sachanlagen	458.074	57,9%	477.946	58,5%	490.576	58,9%	504.964	58,9%	524.258	58,8%	540.227	58,4%
Finanzanlagen	32.752	4,1%	32.752	4,0%	32.752	3,9%	32.752	3,8%	32.752	3,7%	32.752	3,5%
Anlagevermögen	**490.826**	**62,1%**	**510.698**	**62,5%**	**523.328**	**62,8%**	**537.716**	**62,7%**	**557.010**	**62,5%**	**572.979**	**61,9%**
Vorräte	35.715	4,5%	35.850	4,4%	36.118	4,3%	36.469	4,3%	37.091	4,2%	38.097	4,1%
Forderungen aus L+L	242.819	30,7%	246.141	30,1%	251.750	30,2%	259.759	30,3%	271.777	30,5%	289.347	31,3%
Liquide Mittel	17.662	2,2%	19.958	2,4%	18.361	2,2%	19.279	2,2%	21.207	2,4%	20.783	2,2%
Sonst Forderungen	3.726	0,5%	4.210	0,5%	3.874	0,5%	4.067	0,5%	4.474	0,5%	4.384	0,5%
Umlaufvermögen	**299.921**	**37,9%**	**306.160**	**37,5%**	**310.103**	**37,2%**	**319.575**	**37,3%**	**334.550**	**37,5%**	**352.613**	**38,1%**
Aktiva	**790.747**	**100,0%**	**816.858**	**100,0%**	**833.431**	**100,0%**	**857.291**	**100,0%**	**891.560**	**100,0%**	**925.592**	**100,0%**
Stammkapital/Kapital- u. Gewinn RL	100.000	12,6%	100.000	12,2%	100.000	12,0%	100.000	11,7%	100.000	11,2%	100.000	10,8%
Ergebnisvortrag	39.093	4,9%	19.078	2,3%	20.620	2,5%	24.771	2,9%	35.013	3,9%	52.858	5,7%
Jahresergebnis	204.985	25,9%	209.542	25,7%	217.151	26,1%	231.242	27,0%	252.845	28,4%	281.663	30,4%
Ausschüttungen	-225.000	-28,5%	-208.000	-25,5%	-213.000	-25,6%	-221.000	-25,8%	-235.000	-26,4%	-257.000	-27,8%
Unversteuerte Rücklagen	10.000	1,3%	10.000	1,2%	10.000	1,2%	10.000	1,2%	10.000	1,1%	10.000	1,1%
Eigenkapital	**129.078**	**16,3%**	**130.620**	**16,0%**	**134.771**	**16,2%**	**145.013**	**16,9%**	**162.858**	**18,3%**	**187.521**	**20,3%**
Sonstige Rückstellungen	98.843	12,5%	100.820	12,3%	102.837	12,3%	104.893	12,2%	106.991	12,0%	109.131	11,8%
Bankverbindlichkeiten	451.889	57,1%	435.669	53,3%	459.551	55,1%	470.991	54,9%	480.888	53,9%	482.324	52,1%
Verbindlichkeiten aus L+L	77.132	9,8%	87.159	10,7%	80.186	9,6%	84.196	9,8%	92.615	10,4%	90.763	9,8%
Sonstige Verbindlichkeiten	33.805	4,3%	62.590	7,7%	56.086	6,7%	52.198	6,1%	48.207	5,4%	55.853	6,0%
Verbindlichkeiten	**661.670**	**83,7%**	**686.238**	**84,0%**	**698.660**	**83,8%**	**712.278**	**83,1%**	**728.702**	**81,7%**	**738.071**	**79,7%**
Passiva	**790.747**	**100,0%**	**816.858**	**100,0%**	**833.431**	**100,0%**	**857.291**	**100,0%**	**891.560**	**100,0%**	**925.592**	**100,0%**

Alle farblich (im Excel Tool gelblich) markierten Zellen errechnen sich aus den Vorgaben und den gegebenen Informationen. Nochmals, das Thema intelligente und mathematisch basierte Planung werden wir noch in den folgenden Kapiteln im Detail aufgreifen. An dieser Stelle möchte ich aber darauf verzichten, mit Ihnen die Planung im Detail durchzusprechen. Die Planung dieser Bilanz ist auch nicht sehr „elegant", mir geht es hier noch um Bewertungsansätze und -technik.

Das soll Sie aber nicht abhalten, meine Planungen im Excel Tool nachzuvollziehen. Sie können sich ja in die Zellen und damit in die Formeln/Berechnungen klicken. Aber nochmals, Planungswissen und -technik werden wir noch Schritt für Schritt durchsprechen.

7.3 Marktwert des Fremdkapitals

Wie bereits beim Beispiel 2 dargestellt, erfolgt bei Entity-Verfahren eine Berechnung des Shareholder Value (identisch mit Fair Value bzw. Netto-Wert/equity value) in zwei Schritten. Ausgehend vom Marktwert des Gesamtkapitals wird der Marktwert des Fremdkapitals subtrahiert, um somit als Ergebnis den Marktwert des Eigenkapitals zu erhalten. Der Marktwert des Fremdkapitals ist aber nicht mit dem Buchwert des Fremdkapitals gleichzusetzen.

Die Berechnung des Marktwertes des Fremdkapitals zum Bewertungsstichtag erfolgt auch in diesem 3. Beispiel noch recht einfach.

Die zentrale Frage ist: Um welchen Betrag könnte man die nach der Bewertung vom Gesamtwert der Unternehmung (Bruttowert) in Abzug zu bringenden Verbindlichkeiten aus (nicht betriebsnotwendiger) vorhandener Liquidität unmittelbar kürzen.

Klassisch sind die Posten Kasse/Bank und Finanzanlagen (letztere, wenn liquidierfähig).

Bei Kasse/Bank sind aber nur die Beträge anzusetzen, die als nicht betriebsnotwendig definiert werden können. In diesem Beispiel gehen wir davon aus, dass die gesamte Kassen- und Bankliquidität als nicht betriebsnotwendig zu würdigen ist, weil die Debitoren unkritisch sind und auch die 41 Tage Ziel als sicher gelten.

Bei den Finanzanlagen sind keine Beteiligungen als Saldierungsmasse anzusetzen. Diese sind nicht kurzfristig liquidierfähig. Bei „unseren" Finanzanlagen gehen wir von einem Aktienpaket aus, das aber ohne Vorankündigung liquidierfähig ist.

Marktwert des Fremdkapitals	
Basis: Jahresabschluss Jahr 0	**T €**
Aktiva	
Wertpapiere des Anlagevermögens	32.752
Liquide Mittel	17.662
Aktiva gesamt	50.414
Passiva	
Verbindlichkeiten gegenüber Kreditinstituten	-451.889
Passiva gesamt	-451.889
Marktwert des Fremdkapitals	**-401.475**

Wichtig dabei ist, dass jeweils die Beträge zum Bewertungsstichtag angesetzt werden, in unserem Fall (weil Bewertungsstichtag 01.01. Planperiode 1) die zum 31.12. der Vorperiode (0), also der letzten IST Periode.

Dann muss auch ausgeschlossen werden, dass es zum 01.01. Planperiode 1 zu einer Eigenkapitalerhöhung und/oder einer Neuaufnahme von Verbindlichkeiten (Kreditinstitute, Anleihen, gegen verbundene Unternehmen und gegen solche, mit denen ein Beteiligungsverhältnis existiert) kommt. Ansonsten sind diese Beträge natürlich ebenfalls zusätzlich zu berücksichtigen.

7.4 Das zinstragende Kapital (Capital Employed)

Das ist jetzt neu.

Kapitalkosten werden nur auf der Basis von zinstragendem Kapital berechnet.

Während Eigenkapital generell als zinstragend definiert ist, sind klassisch beim Fremdkapital 2 Bilanzposten in Abzug zu bringen:

- die Verbindlichkeiten aus Lieferungen und Leistungen – Kreditoren und
- die sonstigen kurzfristigen Verbindlichkeiten.

Im Beispiel 4 werden wir auch zu diesem Thema weiter ins Detail gehen.

Für das zinstragende Kapital gibt es verschieden Ausdrücke.

- Capital Employed – BMW nutzt diesen Begriff,
- Net Assets – Daimler nutzt diesen Begriff,
- Invested Capital – Bertelsmann nutzt diesen Begriff,
- Funds Employed – Magna nutzt diesen Begriff,
- Capiteaux Engagés – die Franzosen nutzen diesen Begriff.

Ich persönlich arbeite meistens mit „Capital Employed". Dies möchte ich auch hier fortan tun.

Zinstragendes (Fremd)Kapital	
Kapital = Bilanzsumme	790.747
- Kreditoren	-77.132
- Sonstige kurzfristigen Verbindlichkeiten	-33.805
= Capital Employed	679.810
davon Eigenkapital	129.078
davon Fremdkapital	**550.732**

Die Berechnung weist ein zinstragendes Fremdkapital in Höhe von 550.732 aus. Auch hier ist das Kapital zum Bewertungsstichtag, also zum 01.01. Planperiode 1 relevant. Von daher wurde auch hier auf die Werte aus der Bilanz zum 31.12. der letzten IST Periode zugegriffen.

Und auch jetzt gilt:

Es muss ausgeschlossen werden, dass es zum 01.01. Planperiode 1 zu einer Eigenkapitalerhöhung und/oder einer Neuaufnahme von Verbindlichkeiten (Kreditinstitute, Anleihen, gegen verbundene Unternehmen und gegen solche, mit denen ein Beteiligungsverhältnis existiert) kommt. Ansonsten sind diese Beträge zu addieren.

7.5 Die Kapitalkosten der ABH GmbH

Da die Kapitalkosten und deren Berechnung bereits im Detail besprochen wurden, beschränke ich mich hier auf eine Kurzdarstellung.

Eigenkapitalkosten (k_e) Wie wir wissen, erfolgt die Berechnung der Eigenkapitalkosten meistens über das „CAPM-Capital Asset Pricing Model".

$$k_e = r_f + ß \times r_p$$

k_e = Eigenkapitalkosten
r_f = Rendite einer risikofreien Anlage
ß = Maß für systematische Risiko
r_p = Risikozuschlag (risk premium)

Leverage Integrationen nach Copeland und Stewart werden wie folgt gerechnet:
Copeland:

$$LF = 1+(1-t) \times \frac{FK}{EK}$$

LF = Leverege Faktor
t = Steuersatz
FK = Fremdkapital
EK = Eigenkapital

Der Leverage Faktor LF ist dann mit β in der Eigenkapitalkostengleichung zu multiplizieren.

Stewart:

$$FRP - (1-t) \times \frac{FK}{EK} \times (k_{e_{unlev}} - k_d)$$

t = Steuersatz
FK = Fremdkapital
EK = Eigenkapital
$k_{e_{unlev}}$ = Eigenkapitalkosten bei 100% Eigenkapitalfinanzierung
k_d = Fremdkapitalkosten vor Steuer

Die Financial Risk Premium FRP ist dann zu den Eigenkapitalkosten (ohne Leverage – $k_{e\,unlev}$) zu addieren.

Die Fremdkapitalkosten berechnen sich einfach als:

$$k_D = k_d \times (1-t).$$

Gesamtkapitalkosten (WACC) errechnen sich abschließend als Summe der beiden gewichteten Kapitalkostengrößen (gewichtete Eigenkapital und gewichtete Fremdkapitalkosten)

$$WACC = r_{EK} \times \frac{EK}{GK} + r_{FK} \times (1-t) \times \frac{FK}{GK}$$

r_{EK} = Renditeforderung der Eigenkapitalgeber
$r_{FK \times (1-t)}$ = Renditeforderung der Eigenkapitalgeber
r_{FK} = Renditeforderung der Fremdkapitalgeber
t = Unternehmenssteuersatz
EK = Marktwert des Eigenkapitals
FK = Marktwert des Fremdkapitals
GK = Marktwert des Gesamtkapitals

Dabei sind r_{EK} und r_{FK} Syonyme für $k_{e\,lev}$ (Eigenkapitalkosten bei Mischfinanzierung, also mit Leverage Integration, nach Steuern) und für K_D (Fremdkapitalkosten nach Steuern). Diese Bezeichnungen findet man ja auch häufiger in der Literatur.

Arbeiten wir mit den uns bekannten Bezeichnungen, sieht die WACC Gleichung folgendermaßen aus, wobei nur zinstragendes Kapital gemeint ist.

$$\text{WACC} = k_{e\,\text{lev}} \times \frac{\text{EK}}{\text{GK}} + k_{\text{D}} \times \frac{\text{FK}}{\text{GK}}.$$

Bitte schlagen Sie im Kap. 4 Kapitalkosten oder im Bewertungsbeispiel 2 nochmals nach, wenn noch Fragen zu den Kapitalkosten oder den obigen Gleichungen offen sind.

Bei unserer ABH GmbH berechnen sich die folgenden Kapitalkosten.

Ausgangsdaten: Sie erinnern sich? Der Gewichtung der Kapitalkosten werden keine Buchwerte zugrunde gelegt, sondern Marktwerte, da nur diese den tatsächlichen ökonomischen Wert der Ansprüche widerspiegeln (vgl. Ernst et al., 2010, S. 45). Dies hängt mit dem „**Zirkularitätsproblem der Bewertung**“, zusammen (wird noch später erläutert).

	T €	%
Marktwert Gesamtkapital (Summe aus u.g. Größen)	3.620.129	100,00%
Zinstragendes Fremdkapital (aus Berechnung zinstragendes FK)	550.732	15,21%
Marktwert Eigenkapital (aus Basis Info)	3.069.397	84,79%

Steuersatz	27,5%
Eigenkapital	84,8%
Fremdkapital	15,2%
Capital Employed'	100,0%

Kapitalkosten:

	Kapitalkosten Kalkulation	Jahr 1
	COPELAND	
Copeland	ke unlev (100% EK)	9,17%
	LF	1,13
	ke lev (Mischfinanzierung)	9,74%
	Gew. EK-Kosten	8,26%
	kd (v. St.)	6,00%
	kD (n. St.)	4,35%
	Gew. FK-Kosten	0,66%
	WACC	8,92%
	STEWART	
Stewart	ke unlev (100% EK)	9,17%
	FRP	0,41%
	ke lev (Mischfinanzierung)	9,58%
	Gew. EK-Kosten	8,12%
	kd (v. St.)	6,00%
	kD (n. St.)	4,35%
	Gew. FK-Kosten	0,66%
	WACC	8,78%
	WACC (Kurzform)	8,78%

Auch hier biete ich Ihnen wieder eine grafische Darstellung an.

Die Kapitalkosten nach Copeland in der grafischen Herleitung:

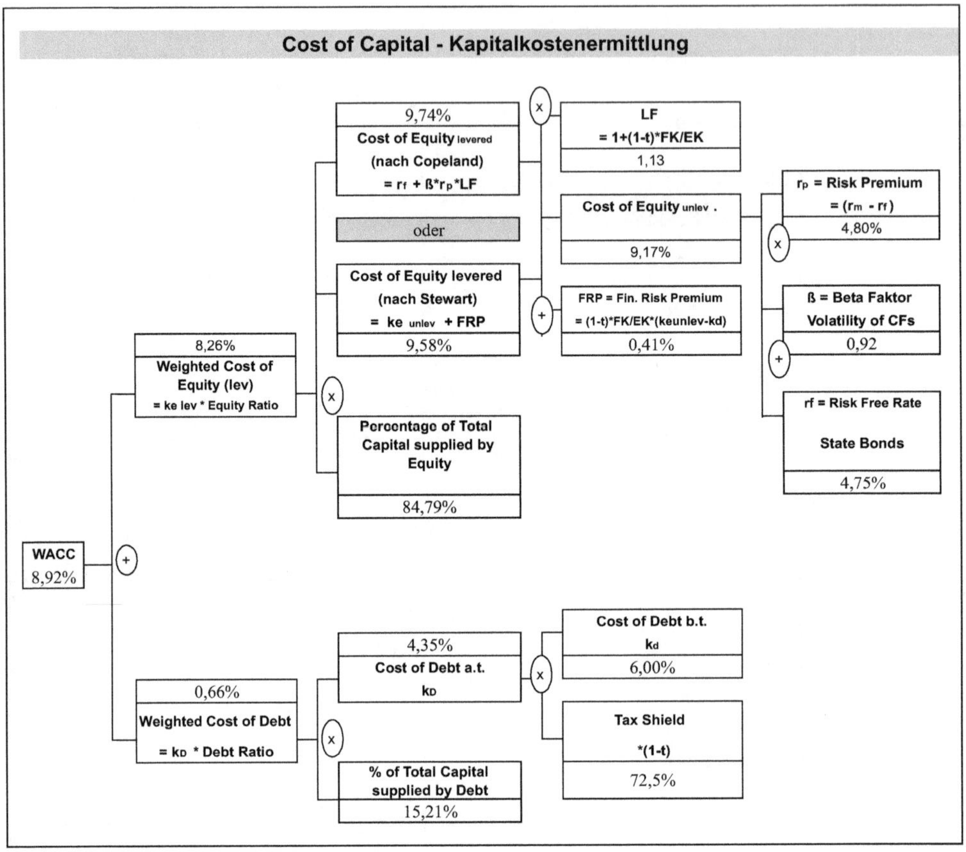

Die Kapitalkosten nach Stewart in der grafischen Herleitung:

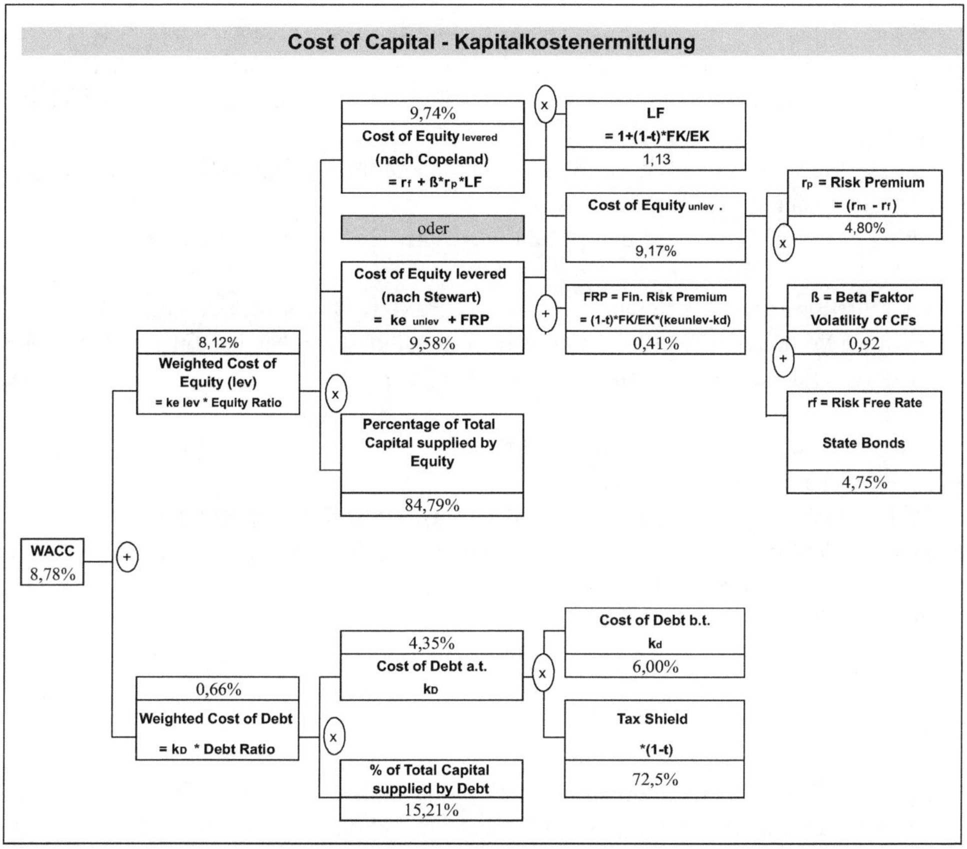

Im Folgenden werden wir 4, respektive 5 Bewertungsansätze durchsprechen.

Hätten wir die Planung unserer GuV und Bilanz buchhalterisch gemacht (mittels sauberer Buchungen), dann könnte man nachweisen, dass 4 der 5 Bewertungsansätze zu identischen Ergebnissen kommen, wenn gewisse Prämissen eingehalten werden.

Dies würde dann aber zu einer sehr „akademischen Übung" werden und daher möchte ich auch darauf verzichten.

Wichtig sind bei dieser Übung die Ansätze selbst und die Technik der Bewertung.

Und Sie werden sehen, dass trotz unserer mathematischen Planung die Bewertungsergebnisse aller nachfolgenden Ansätze ziemlich dicht beieinander liegen.

Und außerdem wissen wir doch: Es gibt keine wirklich richtige Bewertung (fair value) – wer schon einmal geplant hat, der weiß, dass die Realität immer anders aussieht als unsere Planungsrechnungen.

7.6 Bewertungen

Im Folgenden werden wir also 5 Ansätze rechnen, wobei ich zugeben muss, dass ein Rechenansatz es so nicht in die Literatur geschafft hat. Trotzdem nutze ich ihn manchmal, wenn es „quick & dirty" sein soll. Und so weit sind die Bewertungsergebnisse dann auch nicht von den anderen entfernt.

Für alle Bewertungsansätze werde ich eine Tabelle mitpflegen, die die Kernelemente des Ansatzes nochmals zusammenfasst.

In der Horizontalen stehen die Verfahren/Ansätze und der Vertikalen die Unterscheidungskriterien.

Ich führe Sie dann bei den unterschiedlichen Bewertungsansätzen durch.

Bei allen Verfahren und Ansätzen muss man sich immer die gleichen Fragen stellen, die ich in obiger Tabelle in der Vertikalen abgebildet habe.

1. Handelt es sich um ein gesamtkapitalbasiertes (Entity Ansatz) oder ein eigenkapitalbasiertes Verfahren (Equity Ansatz)?
2. Welche Größe ist die Ausgangsgröße der Bewertung? Dies hängt immer vom Ansatz (Entity oder Equity) ab. Bei Entity Ansätzen (außer EVA Ansatz) ist immer der NOPAT (Betriebsergebnis nach Steuern), bei Equity Ansätzen immer der Jahresüberschuss relevant.
3. Welche Größe ist die Basis für die Berechnung der ewigen Rente (ER)? Auch dies hängt immer vom Ansatz (Entity oder Equity) ab, folgt dann aber auch einer einfachen Logik.
4. Welcher Kapitalkostensatz ist für die Diskontierung der zukünftigen Werte relevant? Auch dies hängt immer vom Ansatz (Entity oder Equity) ab. Bei Entity Ansätzen sind immer die Gesamtkapitalkosten WACC, bei Equity Ansätzen immer die Eigenkapitalkosten mit Leverage Integration $k_{e\,lev}$ relevant.
5. Muss nach der Bewertung noch das Fremdkapital in Abzug gebracht werden? Auch dies hängt immer vom Ansatz (Entity oder Equity) ab.

Wenn man diese Fragen konsequent für jedes Verfahren durchgeht, kann man eigentlich keine Fehler machen, denn die Technik der Berechnung ist immer die gleiche.

- Zukünftige Überschussgrößen berechnen,
- Abzinsung dieser Größen mit dem relevanten Kapitalkostensatz,
- Kumulierung der abgezinsten Größen (Barwerte),
- je nach Verfahren Subtraktion des Fremdkapital (beim EVA Ansatz gibt es dann noch eine Ausnahme: Addition des zinstragenden Kapitals zum Bewertungsstichtag).

7.6.1 Der klassische Ertragswertansatz

In diesem Ansatz liegt eigentlich die deutsche/österreichische Wurzel der Bewertungsansätze. Allerdings muss ich zugeben, dass heute weltweit fast nur noch der DCF Entity Ansatz (dazu kommen wir noch) genutzt wird.

Gehen wir die o. g. Fragen dezidiert durch.

1. Es handelt sich um einen Equity Ansatz.
2. Alle Equity Ansätze starten mit dem Jahresüberschuss.
3. Die ewige Rente wird auf der Basis des Jahresüberschusses der Vorperiode gerechnet.
4. Alle Equity Ansätze diskontieren über die Eigenkapitalkosten mit Leverage Integration ($k_{e\,lev}$).
5. Bei Equity Ansätzen wird vom berechneten Wert der Unternehmung das Fremdkapital *nicht* in Abzug gebracht.

Somit errechnet sich der Wert der Gesellschaft als Equity Wert (Marktwert des Eigenkapitals, Market bzw. Fair Value of Equity) wie folgt.

Ertragswertverfahren		€	€	€	€	€	€
Periode		1	2	3	4	5	6
Jahresüberschuss		209.542	217.151	231.242	252.845	281.663	281.663
Diskont (EKK $_{lev}$)							*9,58%*
Terminal Value							3.222.434
Barwertfaktoren (nominal)	***9,58%***	*0,91259*	*0,83283*	*0,76003*	*0,69360*	*0,63297*	*0,57765*
Barwerte		191.227	180.849	175.751	175.374	178.285	1.861.433
Equity Unternehmenswert		**2.762.919**					

Die Jahresüberschüsse der Planperioden 1 bis 5 werden zunächst aus der Plan GuV herangezogen. Die Berechnung der ewigen Rente erfolgt in Periode 6.

Für diese ewige Rentenberechnung gilt als „Regel"

- Substanzerhalt und
- konservative Planungsannahme.

Wir werden im Abschn. 14.5. sehr detailliert darstellen, was damit gemeint ist.

Kurz gesagt, Substanzerhalt heißt, dass wir eine konstante Entwicklung des Kapitals für die zukünftigen Perioden unterstellen. Dies erreichen wir, indem wir die Investitionen in gleicher Höhe wie die Abschreibungen ansetzen. Dies ist notwendig, da ja die ewige Rente eine Konstante ist. Und konstant kann eine Überschussgröße nur gegen unendlich sein, wenn auch das Kapital in seiner Größe konstant ist.

Konservative Planungsannahme meint, dass wir bei der Größe zur Berechnung der ewigen Rente in dem Jahr der Rentenberechnung nicht noch „eins drauf setzen", sondern wir arbeiten mit dem relevanten Wert der Vorperiode. Wir rechnen also keine weitere Steigerung des Überschusswertes in der Periode der Endwertberechnung

In unserem Fall greifen wir also für die Endwertberechnung (ewige Rente in Periode 6) auf den Jahresüberschuss der Vorperiode 5 zu.

Die zukünftigen Überschüsse müssen wir jetzt wieder abzinsen, denn unser relevanter Bewertungsstichtag ist ja der 01.01. Periode 1. Ich rechne hier mit den Eigenkapitalkosten mit Leverage Integration nach Stewart, also $k_{e\,lev} = 9{,}58\,\%$.

Der periodische Abzinsungsfaktor ABZF berechnet sich somit als:

$$\mathrm{ABZF}_n = \frac{1}{(1+i)^n},$$

also

$$\mathrm{ABZF}_n = \frac{1}{(1+k_{e\,lev})^n}$$

damit in unserem Beispiel

$$\mathrm{ABZF}_6 = \frac{1}{(1+9{,}58\,\%)^n}.$$

Mit diesem Zins ($k_{e\,lev}$) ergibt sich dann bei uns ein periodischer Abzinsungsfaktor (Diskont):

P1: 0,91,
P2: 0,83,
P3: 0,76,

usw.

Durch Multiplikation der zukünftigen Überschüsse mit den Diskontfaktoren erhalten wir die Barwerte.

In Periode 6, der Periode, in der wir die ewige Rente berechnen, müssen wir ein wenig anders vorgehen.

Wie wir bereits wissen, berechnet sich die ewige Rente als

$$\mathrm{ER}_n = \left(\frac{\mathrm{EW}_{n-1}}{i} + \mathrm{EW}_{n-1}\right),$$

mit

ER = ewige Rente und
EW = Ertragswert.

In unserem Fall rechnen wir also in Periode 6:

$$ER_6 = \left(\frac{281.663}{0,0878} + 281.663\right)$$

$$ER_6 = 3.222.434\,.$$

Dies ist die abgezinste kumulierte ewige Rente von Beginn der Periode 6 an. Wir bewerten aber auf den 01.01. Periode 1 und damit müssen wir diese Summe auch nochmals diskontieren mit

$$ABZF_6 = \frac{1}{(1+0,0878)^6}$$

$$ABZF_6 = 0,58\,.$$

Damit ergibt sich für die Periode 6 ein Barwert in Höhe von

$$BW_6 = 0,58 \times 3.222.434$$

$$BW_6 = 1.861.433.$$

Durch Addition der Barwerte der Perioden 1 bis 6 erhalten wir dann den Gesamt (Equity)Wert der Gesellschaft in Höhe von € 2.762.919.

Da es hierbei um ein Equity Verfahren handelt, muss auch das Fremdkapital (der Marktwert des Fremdkapitals) nicht weiter berücksichtigt werden.

Unsere Tabelle weist unsere Rechnungen nochmals in der Übersicht aus.

	EW	FCF „light"	DCF	FTE	EVA
Verfahren	Equity				
Berechnungs-Basis	JÜ				
ER Basis	JÜ P_{ER-1}				
Diskont	ke_{lev}				
Fremdkapital	kein Abzug				

Verfahren:	Es handelt sich um ein Equity Verfahren.
Berechnungsbasis:	Als Überschussbasis wird der Jahresüberschuss der Planperioden herangezogen.
Basis Ewige Rente:	Maßgeblich ist der Jahresüberschuss der Vorperiode.
Diskont:	Maßgeblich sind die Eigenkapitalkosten mit Leverage Integration.
Handhabung Fremdkapital:	Kein Abzug vom Gesamtwert.

7.6.2 Discounted Cash Flow (DCF)

Bei den Discounted Cash Flow Verfahren unterscheiden wir das

- DCF Entity und das
- DCF Equity

Verfahren, die aber in weiten Teilen von den Rechnungen her vergleichbar sind.

Und jetzt sogleich eine Richtigstellung. Wir sprechen zwar immer von den „discounted Cash Flows“, meinen aber die „discounted Free Cash Flows“ – die abgezinsten **freien** Cash Flows. Man sieht aber als Abkürzung nie DFCF, sondern immer die eigentlich nicht richtige Version DCF. Fragen Sie mich bitte nicht, warum das so ist.

Wir starten mit dem DCF Entity und hier dann mit einer „Light“ Version, die es so eigentlich gar nicht in der Literatur gibt.

Dieses Buch ist aber ein Buch für Praktiker und ich als Praktiker nutze häufiger diesen Ansatz, wenn es schnell gehen muss oder wenn ich einmal überschlagsmäßig einen Wert berechnen möchte.

7.6.2.1 Der DCF „light" Ansatz (nach Heesen)

Gehen wir zunächst die o. g. Fragen (aus der Tabelle) wieder dezidiert durch:

1. Es handelt sich um einen Entity Ansatz.
2. Alle Entity Ansätze starten mit dem NOPAT – Betriebsergebnis nach Steuern.
3. Die ewige Rente wird auf der Basis des NOPAT der Vorperiode gerechnet.
4. Alle Entity Ansätze diskontieren über die Gesamtkapitalkosten mit Leverage Integration (WACC).
5. Bei Entity Ansätzen wird vom berechneten Gesamtwert der Unternehmung das Fremdkapital in Abzug gebracht.

Zunächst berechnen wir die Freien Cash Flows „light“ (FCF).

Berechnung der Free Cash Flows ("light")							
			€	€	€	€	€
			1	2	3	4	5
Betriebsergebnis/EBIT			314.176	324.902	345.397	375.835	415.923
ab/minus:	Steuern auf das EBIT	*27,5%*	-86.398	-89.348	-94.984	-103.355	-114.379
NOPAT			**227.778**	**235.554**	**250.413**	**272.480**	**301.544**
zu/plus:	Abschreibungen		45.807	47.795	49.058	50.496	52.426
ab/minus:	Investitionen		-65.679	-60.425	-63.446	-69.790	-68.395
Free Cash Flows "light"			**207.906**	**222.924**	**236.024**	**253.186**	**285.575**

Aus der Gewinn- und Verlustrechnung übertragen wir das Betriebsergebnis der Planperioden 1 bis 5. Auf diese berechnen wir dann eine (fiktive) Steuer (das Betriebsergebnis ist keine besteuerbare Größe) in Höhe von 27,5 %.

Achtung, bitte übernehmen Sie nicht die Steuern aus der GuV. Diese sind nach Berücksichtigung des Finanzergebnisses gerechnet. Sie müssen hier wirklich auf die periodischen Plan-Betriebsergebnisse eine Steuer herausrechnen.

Als Ergebnis erhalten wir das NOPAT – Betriebsergebnis nach Steuern.

Und jetzt mache ich es mir in diesem „light“ Ansatz sehr einfach. Ich rechne nur die Abschreibungen hinzu (da nicht auszahlungswirksam) und die geplanten Investitionen dagegen.

Dies nenne ich dann den Free Cash Flow „light“.

Im nächsten dritten (richtigen) DCF Entity Ansatz rechnen wir bei weitem detaillierter.

Jetzt geht es wieder in die Bewertung

- diskontieren,
- multiplizieren,
- kumulieren

und das Ergebnis sieht folgendermaßen aus.

FCF "light" Verfahren							
		€	€	€	€	€	€
		1	2	3	4	5	6
Free Cash Flows "light"		207.906	222.924	236.024	253.186	285.575	301.544
Diskont (WACC)							8,78%
Endwert							3.734.995
Barwertfaktoren	***8,78%***	*0,91927*	*0,84505*	*0,77682*	*0,71411*	*0,65645*	*0,60346*
Barwerte		191.121	188.381	183.349	180.802	187.467	2.253.902
Unternehmenswert (brutto) / Entity vvalue		**3.185.023**					
ab: Fremdkapital		-451.889					
Unternehmenswert (netto) - Equity Value		**2.733.134**					

Gehen wir die Berechnungen wieder sukzessiv durch.

Die freien Cash Flows „light" der Perioden 1 bis 5 sind klar – diese haben wir ja soeben berechnet.

Wie komme ich aber auf den Betrag von € 301.544 als Basis für die ewige Rente in Periode 6?

Erinnern Sie sich noch an die fundamentalen Prinzipien für die Berechnung der ewigen Rente?

- Substanzerhalt und
- konservative Planungsannahme!

Zum Substanzerhalt:

In der Periode 6 unterstellen wir, dass die Investitionen identisch mit den Abschreibungen sind. Damit ist der FCF identisch mit dem NOPAT, da Abschreibungen und Investitionen sich aufheben.

Zur konservativen Planungsannahme:

Wir machen in der Periode 6 keinen weiteren Sprung bei den Überschüssen, sondern greifen auf das NOPAT der Vorperiode zu. In unserem Fall greifen wir also für die Endwertberechnung (ewige Rente in Periode 6) auf das NOPAT der Periode 5 zu und dies beträgt € 301.544.

Da es hier um einen Entity Ansatz handelt, berechnet sich der periodische Abzinsungsfaktor ABZF jetzt auf der Basis des WACC:

$$\text{ABZF}_n = \frac{1}{(1+i)^n},$$

also

$$\text{ABZF}_n = \frac{1}{(1+\text{WACC})^n}$$

somit in unserem Beispiel

$$\text{ABZF}_6 = \frac{1}{(1+0{,}0878)^n}.$$

Mit diesem Zins (WACC) ergibt sich dann bei uns:

P1: 0,92,
P2: 0,85,
P3: 0,78,

usw.

Durch Multiplikation der zukünftigen Überschüsse mit den Diskontfaktoren erhalten wir wieder die Barwerte.

In Periode 6, der Periode, in der wir die ewige Rente berechnen, müssen wir erneut anders vorgehen.

Die ewige Rente berechnet sich als

$$\mathrm{ER}_n = \left(\frac{\mathrm{EW}_{n-1}}{i} + \mathrm{EW}_{n-1} \right),$$

mit
ER = ewige Rente und
EW = Ertragswert.

In unserem Fall rechnen wir jetzt in Periode 6:

$$\mathrm{ER}_6 = \left(\frac{301.544}{0{,}0878} + 301.544 \right)$$
$$\mathrm{ER}_6 = 3.734.995.$$

Dies ist die abgezinste kumulierte ewige Rente von Beginn der Periode 6 an. Wir bewerten aber auf den 01.01. Periode 1 und damit müssen wir diese Summe auch nochmals diskontieren mit

$$\mathrm{ABZF}_6 = \frac{1}{(1+0{,}0878)^6}$$
$$\mathrm{ABZF}_6 = 0{,}60.$$

Damit ergibt sich für die Periode 6 ein Barwert der ewigen Rente in Höhe von

$$\mathrm{BW}_6 = 0{,}60 \times 3.734.995$$
$$\mathrm{BW}_6 = 2.253.902.$$

Durch Addition der Barwerte der Perioden 1 bis 6 erhalten wir dann den Gesamt (Entity)Wert der Gesellschaft in Höhe von € 3.185.023.

Da es hierbei um ein Entity Verfahren handelt, muss jetzt das Fremdkapital in Abzug gebracht werden.

Normalerweise, und werden wir im nächsten richtigen DCF Ansatz sehen, ist der bereits von uns berechnete *Marktwert des Fremdkapitals* in Abzug zu bringen. Da aber dieser „light" Ansatz bei den Cash Flows auch nicht sehr exakt rechnet, subtrahiere ich hier die gesamten zinstragenden Verbindlichkeiten (gegen Kreditinstitute, aus Anleihen, gegen verbundene Unternehmen und gegen Gesellschaften, mit denen ein Beteiligungsverhältnis vorliegt, nicht jedoch Rückstellungen).

Dabei muss auf die Verbindlichkeiten zum Bewertungsstichtag zugegriffen werden und dies sind die der letzten IST Periode. Es wird wieder unterstellt/geprüft, dass zum 01.01.

Planperiode 1 keine weiteren Verbindlichkeiten und/oder frisches Eigenkapital hinzugekommen sind.

Somit errechnet sich der Nettowert (Equity Value) der Gesellschaft als

Gesamtwert (Entity Value)	€ 3.185.023,
Abzüglich Fremdkapital (s. o.)	€ –451.889,
Nettowert (Equity Value)	€ 2.733.134.

Unsere schon bekannte Tabelle weist unsere Rechnungen nochmals in der Übersicht und im Vergleich aus:

	EW	FCF „light"	DCF	FTE	EVA
Verfahren	Equity	Entity			
Berechnungs-Basis	JÜ	$FCF_{„light"}$			
ER Basis	JÜ P_{ER-1}	NOPAT P_{ER-1}			
Diskont	KE_{LEV}	WACC			
Fremdkapital	kein Abzug	Abzug (Ges. FK)			

Verfahren:	Es handelt sich um ein Entity Verfahren.
Berechnungsbasis:	Als Überschussbasis wird das Betriebsergebnis nach Steuern (NOPAT) der Planperioden herangezogen, auf dessen Basis dann der FCF „light" – Freier Cash Flow „light" berechnet wird.
Basis Ewige Rente:	Maßgeblich ist der NOPAT der Vorperiode.
Diskont:	Maßgeblich ist der WACC (mit Leverage Integration).
Handhabung Fremdkapital:	Abzug vom Gesamtwert, hier gesamte zinstragenden Verbindlichkeiten ohne Rückstellungen.

7.6.2.2 Der vollständige DCF (Entity) Ansatz

Jetzt kommen wir zum Bewertungsverfahren, das eindeutig am häufigsten weltweit zur Anwendung kommt.

Gehen wir zunächst wieder die o. g. Fragen (aus der Tabelle) Schritt für Schritt durch:

1. Es handelt sich um einen Entity Ansatz.
2. Alle Entity Ansätze starten mit dem NOPAT – Betriebsergebnis nach Steuern.

3. Die ewige Rente wird auf der Basis des NOPAT der Vorperiode gerechnet.
4. Alle Entity Ansätze diskontieren über die Gesamtkapitalkosten mit Leverage Integration (WACC).
5. Bei Entity Ansätzen wird vom berechneten Wert der Unternehmung das Fremdkapital (hier Marktwert des Fremdkapitals) in Abzug gebracht.

Zunächst berechnen wir erneut die freien Cash Flows (FCF), allerdings jetzt in einer detaillierteren Form. Wir erstellen eine Kapitalflussrechnung, wobei jedoch einige Posten der Planrechnung nicht mit eingehen.

Ermittlung der freien Cash Flows			€	€	€	€	€
Perioden			1	2	3	4	5
Betriebsergebnis			314.176	324.902	345.397	375.835	415.923
ab:	Steuern auf das Betriebsergebnis	*27,5%*	-86.398	-89.348	-94.984	-103.355	-114.379
Betriebsergebnis nach Steuern (NOPAT)			**227.778**	**235.554**	**250.413**	**272.480**	**301.544**
zu/plus:	Abschreibungen		45.807	47.795	49.058	50.496	52.426
ab/minus:	Investitionen		-65.679	-60.425	-63.446	-69.790	-68.395
zu/ab:	**"Working Capital"**						
plus/minus:	Vorräte		-136	-268	-351	-622	-1.006
	Forderungen (Lieferungen & Leistungen)		-3.323	-5.609	-8.009	-12.019	-17.570
	Sonstige Forderungen		-484	337	-194	-407	89
	Verbindlichkeiten (Lieferungen & Leistungen)		10.027	-6.973	4.009	8.420	-1.852
	Rückstellungen		1.977	2.016	2.057	2.098	2.140
	Sonstige kurzfristige Verbindlichkeiten		28.784	-6.504	-3.888	-3.991	7.646
	Veränderung "Working Capital"		**36.846**	**-17.000**	**-6.376**	**-6.520**	**-10.554**
Freie Cash Flows			**244.752**	**205.924**	**229.649**	**246.666**	**275.021**

Der erste Teil der Berechnung ist identisch mit jenem beim „light" Ansatz. Aus der Gewinn- und Verlustrechnung übertragen wir wieder das Betriebsergebnis der Planperioden 1 bis 5. Auf diese berechnen wir dann die (fiktive) Steuer in Höhe von 27,5 %. Achtung, bitte übernehmen Sie auch hier nicht die Steuern aus der GuV. Diese sind nach Berücksichtigung des Finanzergebnisses gerechnet.

Als Ergebnis erhalten wir das NOPAT – Betriebsergebnis nach Steuern.

Im nächsten Schritt werden wieder die Abschreibungen (additiv – weil nicht auszahlungswirksam) und die Investitionen (subtraktiv – weil sehr wohl auszahlungswirksam) eingerechnet.

Jetzt geht es aber weiter. Anhand von einigen Bilanzposten wird die Veränderung zum Vorjahr ermittelt, aber immer aus der Perspektive, ob in diesen Posten Mittel eingeflossen oder ob aus diesem Posten Mittel freigesetzt worden sind.

Das ist die Perspektive der Kapitalflussrechnung. Und für diese gibt es eine leichte Regel.

Für Bilanzposten, die in der Bilanz auf der linken Seite, also unter den Aktiva (Mittelverwendung) stehen, rechnen wir:

Vor – Periode minus Ist – Periode!

Aber hier gilt leider: keine Regel ohne Ausnahme.

Für den Posten Kasse/Bank (inkl. Schecks und Wertpapiere des Umlaufvermögens) gilt die Regel für alle Passivposten:

Ist – Periode minus Vor – Periode!

Allerdings werden Sie diesen Posten Kasse/Bank gar nicht in unserer Bewertungs-Kapitalflussrechnung sehen. Dies kläre ich in den nächsten Zeilen auf.

Für weitere Details und Beispiele zu dieser Regel schauen Sie bitte einmal in das Abschn. 14.4.

Welche Bilanzposten werden jetzt nicht in dieser Kapitalflussrechnung behandelt?

Es handelt sich um:

aktivisch Finanzanlagen
Kasse/Bank

und

passivisch Eigenkapital
Verbindlichkeiten (Anleihen, Kreditinstitute, gegen Verbundene, gegen Beteiligungen).

Beschäftigen wir uns zunächst mit den drei Posten Finanzanlagen, Kasse/Bank und den Verbindlichkeiten

Nach Berechnung des Gesamtwertes der Unternehmung (Bruttowert/entity value) werden wir den Marktwert des Fremdkapitals in Abzug bringen, um den Nettowert/equity value zu erhalten.

Und in diesem Marktwert des Fremdkapitals sind die o. g. Posten miteinander saldiert. Schauen Sie sich die Berechnung nochmals an.

Marktwert des Fremdkapitals

Basis: Jahresabschluss Jahr 0	**T €**
Aktiva	
Wertpapiere des Anlagevermögens	32.752
Liquide Mittel	17.662
Aktiva gesamt	50.414
Passiva	
Verbindlichkeiten gegenüber Kreditinstituten	-451.889
Passiva gesamt	-451.889
Marktwert des Fremdkapitals	**-401.475**

Wertpapiere des Anlagevermögens sind Teil der Finanzanlagen, Liquide Mittel entsprechen Kasse/Bank und außer den Verbindlichkeiten gegen Kreditinstitute sind keine vorhanden.

Wird zum Bewertungsstichtag dieser Marktwert des Fremdkapitals subtrahiert, dann dürfen in den Folgeperioden doch keine Veränderungen gerechnet werden. In der Rechnung sind diese Posten doch durch den Abzug vom Gesamtwert zum 01.01. Periode 1 nicht mehr mitzuführen.

Hätten wir allerdings unterstellt, dass nur ein Teil des Finanzanlagevermögens gegenzurechnen und/oder ein Teil der liquiden Mittel als betriebsnotwendig zu würdigen und damit nicht als potenzielle Tilgungsmasse den Verbindlichkeiten gegenüber zu stellen ist, dann müssten hier in der Berechnung der Veränderungen die „verbleibenden" Beträge mit eingerechnet bzw. berücksichtigt werden.

Eigenkapital darf nicht in die Veränderungsrechnungen einbezogen werden, da wir ja auf der Suche nach dem Nettowert der Unternehmung sind und dies ist der Marktwert des Eigenkapitals. Die Zielgröße kann nicht gleichzeitig Teil der Veränderungsrechnungen sein.

Übrigens, der Begriff „Working Capital" bei den Veränderungsrechnungen ist formal nicht ganz korrekt, da mit diesem Begriff eigentlich die Differenz der aktivischen Posten des Umlaufvermögens (Vorräte, Forderungen, Kasse/Bank) und der passivischen kurzfristigen Verbindlichkeiten (Verbindlichkeiten aus Lieferungen und Leistungen sowie die sonstigen kurzfristigen Verbindlichkeiten) definiert wird. Hier sind allerdings auch die Veränderungen bei den Rückstellungen in die Berechnungen eingegangen. Ich nutze dennoch den Begriff „Working Capital", da ich keine andere (richtige) Bezeichnung kenne bzw. habe.

Jetzt, nachdem die freien Cash Flows berechnet sind, geht es wieder in die Bewertung:

- diskontieren,
- multiplizieren,
- kumulieren.

Discounted Cash Flow Ansatz							
		€	€	€	€	€	€
Perioden		1	2	3	4	5	6
Freie Cash Flows		244.752	205.924	229.649	246.666	275.021	301.544
Diskont (WACC)							8,78%
Terminal Value/Ewige Rente							3.734.995
Barwertfaktoren	***8,78%***	*0,91927*	*0,84505*	*0,77682*	*0,71411*	*0,65645*	*0,60346*
Barwerte		224.992	174.016	178.397	176.146	180.539	2.253.902
Unternehmenswert (brutto) / entity value		**3.187.991**					
ab: Marktwert des Fremdkapitals		-401.475					
Unternehmenswert (netto) / equity value		**2.786.516**					

Gehen wir die Berechnungen wieder sukzessiv durch.

Wir übertragen die soeben berechneten freien Cash Flows der Perioden 1 bis 5.

Für die Periode 6 (Periode der Berechnung der ewigen Rente) gilt wie immer

- Substanzerhalt und
- konservative Planungsannahme.

Somit greifen wir wieder auf das Betriebsergebnis nach Steuern der Vorperiode 5 in Höhe von 301.544 zu.

Da es hier um einen Entity Ansatz handelt, berechnet sich der periodische Abzinsungsfaktor ABZF jetzt auch wieder auf der Basis des WACC:

$$\text{ABZF}_n = \frac{1}{(1+i)^n},$$

also

$$\text{ABZF}_n = \frac{1}{(1+\text{WACC})^n}$$

somit in unserem Beispiel

$$\text{ABZF}_6 = \frac{1}{(1+0{,}0878)^n}.$$

Mit diesem Zins (WACC) ergibt sich dann bei uns:

P1: 0,92,
P2: 0,85,
P3: 0,78,

usw., analog zum „light" Ansatz.

Durch Multiplikation der zukünftigen Überschüsse mit den Diskontfaktoren erhalten wir wieder die Barwerte.

In Periode 6, der Periode, in der wir die ewige Rente berechnen, müssen wir auch analog zu den bisherigen Ansätzen anders vorgehen.

Die ewige Rente berechnet sich als

$$\text{ER}_n = \left(\frac{\text{EW}_{n-1}}{i} + \text{EW}_{n-1}\right),$$

mit

ER = ewige Rente und
EW = Ertragswert.

In unserem Fall rechnen wir jetzt in Periode 6:

$$ER_6 = \left(\frac{301.544}{0,0878} + 301.544\right)$$
$$ER_6 = 3.734.995.$$

Dies ist die abgezinste kumulierte ewige Rente von Beginn der Periode 6 an. Wir bewerten aber auf den 01.01. Periode 1 und damit müssen wir diese Summe erneut diskontieren mit

$$ABZF_6 = \frac{1}{(1+0,0878)^6}$$
$$ABZF_6 = 0,60.$$

Damit ergibt sich für die Periode 6 ein Barwert in Höhe von

$$BW_6 = 0,60 \times 3.734.995$$
$$BW_6 = 2.253.902.$$

Durch Addition der Barwerte der Perioden 1 bis 6 erhalten wir dann den Gesamt-(Entity)Wert der Gesellschaft in Höhe von € 3.187.991.

Da es sich hierbei um ein Entity Verfahren handelt, muss auch hier das Fremdkapital in Abzug gebracht werden. Jetzt subtrahieren wir aber den Marktwert des Fremdkapitals.

Somit errechnet sich der Netto Wert (equity value) der Gesellschaft als

Gesamtwert (entity value)	€ 3.187.991,
Abzüglich Marktwert des Fremdkapital (s. o.)	€ –401.475,
Nettowert (equity value)	€ 2.786.516.

Unsere schon bekannte Tabelle weist unsere Rechnungen wieder in der Übersicht und im Vergleich aus:

	EW	FCF „light"	DCF	FTE	EVA
Verfahren	Equity	Entity	Entity		
Berechnungs-Basis	JÜ	$FCF_{„light"}$	$FCF_{„Detail"}$		
ER Basis	JÜ P_{ER-1}	NOPAT P_{ER-1}	NOPAT P_{ER-1}		
Diskont	ke_{lev}	WACC	WACC		
Fremdkapital	kein Abzug	Abzug (ges. FK)	Abzug (MW d. FK)		

Verfahren:	Es handelt sich um ein Entity Verfahren.
Berechnungsbasis:	Als Überschussbasis wird das Betriebsergebnis nach Steuern (NOPAT) der Planperioden herangezogen, auf dessen Basis dann der FCF – Freier Cash Flow berechnet wird.
Basis Ewige Rente:	Maßgeblich ist der NOPAT der Vorperiode.
Diskont:	Maßgeblich ist der WACC (mit Leverage Integration).
Handhabung Fremdkapital:	Abzug des Marktwertes des Fremdkapitals vom Gesamtwert.

7.6.3 Der DCF Equity Ansatz (FTE Ansatz)

Dieser Ansatz wird bei uns eigentlich kaum gerechnet. In den USA sieht man ihn manchmal, dann meist bei der Bewertung von Banken und Versicherungen.

Neben DCF Equity spricht man auch vom FTE – „Flow(s) to Equity" Ansatz. Bei den FTE kann sowohl der Singular als auch der Plural genutzt werden – ich arbeite hier jeweils im Plural, also „Flows".

Wir gehen zu Beginn unsere anfänglich aufgestellten Fragen wieder „stoisch" durch.

1. Es handelt sich um einen Equity Ansatz.
2. Alle Equity Ansätze starten mit dem Jahresüberschuss.
3. Die ewige Rente wird auf der Basis des Jahresüberschusses der Vorperiode gerechnet.
4. Alle Equity Ansätze diskontieren über die Eigenkapitalkosten mit Leverage Integration ($k_{e\ lev}$).
5. Bei Equity Ansätzen wird vom berechneten Wert der Unternehmung das Fremdkapital nicht in Abzug gebracht.

Ähnlich wie beim DCF Entity Ansatz müssen wir zunächst die „Flows to Equity" berechnen und auch die Berechnungen selbst sind sehr weit vergleichbar bzw. identisch.

Ermittlung der FTE - Flows to Equity			€	€	€	€	€
Perioden			1	2	3	4	5
Ergebnis vor Steuern			289.023	299.519	318.954	348.752	388.500
ab:	Steuern	*27,5%*	-79.481	-82.368	-87.712	-95.907	-106.838
Jahresüberschuss/-fehlbetrag			**209.542**	**217.151**	**231.242**	**252.845**	**281.663**
zu/plus:	Abschreibungen		45.807	47.795	49.058	50.496	52.426
ab/minus:	Investitionen		-65.679	-60.425	-63.446	-69.790	-68.395
zu/ab:	**"Working Capital"**						
plus/minus:	Vorräte		-136	-268	-351	-622	-1.006
	Forderungen aus Lieferungen & Leistungen		-3.323	-5.609	-8.009	-12.019	-17.570
	Sonstige Forderungen		-484	337	-194	-407	89
	Verbindlichkeiten aus Lieferungen & Leistungen		10.027	-6.973	4.009	8.420	-1.852
	Rückstellungen		1.977	2.016	2.057	2.098	2.140
	Finanzanlagen (kurzfristig liquidierbar)		0	0	0	0	0
	Kasse/Bank		2.296	-1.597	918	1.928	-424
	Sonstige kurzfristige Verbindlichkeiten		28.784	-6.504	-3.888	-3.991	7.646
	Veränderung "Working Capital"		**39.142**	**-18.596**	**-5.457**	**-4.592**	**-10.978**
zu/ab: **plus/minus:**	Kreditaufnahmen (+)/Kredittilgungen(-)		-16.220	23.882	11.440	9.897	1.436
Flows to Equity (FTE)			**212.592**	**209.807**	**222.836**	**238.856**	**256.152**

Wie bereits bekannt, ist die Basis der Bewertungsrechnungen bei Equity Verfahren der Jahresüberschuss, den wir uns im ersten Schritt aus der Plan-GuV für die Perioden 1 bis 5 übertragen. Hier kommen natürlich auch die in der GuV ausgewiesenen Steuern zum Ansatz.

Dann ist der erste Teil der Berechnung erneut identisch mit jenem beim „light" und detaillierten DCF Ansatz. Die Abschreibungen werden addiert und die Investitionen subtrahiert.

Jetzt geht auch wieder weiter mit einer Kapitalflussrechnung, allerdings sind die Veränderungen bei den drei Posten

- Finanzanlagen,
- Kasse/Bank,
- Verbindlichkeiten gegen Kreditinstitute (weitere liegen ja nicht vor)

(entgegen dem Vorgehen beim DCF Entity Verfahren) einzubeziehen, da bei den Equity Verfahren ja direkt der Nettowert des Unternehmens errechnet, mitunter also keine saldierte Größe des Fremdkapitals (Marktwert des Fremdkapitals) in Abzug gebracht wird.

Der Wert des Eigenkapitals (Marktwert bzw. Fair Value of Equity) ist wieder die Zielgröße (zum 01.01. Periode 1), daher werden auch in diesem Ansatz die (späteren) Veränderungen nicht eingerechnet.

Für die ewige Rentenberechnung gilt als „Regel" wieder

- Substanzerhalt und
- konservative Planungsannahme

und somit greifen wir in diesem Equity Ansatz auf den Jahresüberschuss der Vorperiode 5 zu.

Die zukünftigen „Flows to Equity“ müssen wir wie in jedem Verfahren jetzt wieder abzinsen, denn unser relevanter Bewertungsstichtag ist ja der 01.01. Planperiode 1. Ich rechne hier erneut mit den Eigenkapitalkosten mit Leverage Integration nach Stewart, also 9,58 %.

DCF Equity (FTE) Ansatz		€	€	€	€	€	€
Perioden		1	2	3	4	5	6
Flows to Equity (FTE)		212.592	209.807	222.836	238.856	256.152	281.663
Diskont (ke_{lev})							9,58%
Terminal Value / Ewige Rente							3.222.434
Barwertfaktoren	***9,58%***	*0,91259*	*0,83283*	*0,76003*	*0,69360*	*0,63297*	*0,57765*
Barwerte		194.010	174.733	169.363	165.670	162.137	1.861.433
Unternehmenswert (netto) / equity value		**2.727.346**					

Der periodische Abzinsungsfaktor ABZF berechnet sich somit wieder als

$$\mathrm{ABZF}_n = \frac{1}{(1+i)^n},$$

also

$$\mathrm{ABZF}_n = \frac{1}{(1+k_{\mathrm{e\,lev}})^n}$$

somit in unserem Beispiel

$$\mathrm{ABZF}_6 = \frac{1}{(1+9{,}58\,\%)^n}.$$

Mit diesem Zins ($k_{\mathrm{e\,lev}}$) ergibt sich dann bei uns:

P1: 0,91,
P2: 0,83,
P3: 0,76

usw.

Durch Multiplikation der zukünftigen Überschüsse mit den Diskontfaktoren erhalten wir die Barwerte.

In Periode 6, der Periode, in der wir die ewige Rente berechnen, müssen wir wie zuvor auch wieder ein wenig anders vorgehen.

Die ewige Rente berechnet sich als

$$\mathrm{ER}_n = \left(\frac{\mathrm{EW}_{n-1}}{i} + \mathrm{EW}_{n-1} \right),$$

mit

ER = ewige Rente und
EW = Ertragswert.

In unserem Fall rechnen wir also in Periode 6:

$$\mathrm{ER}_6 = \left(\frac{281.663}{0{,}0958} + 281.663 \right)$$
$$\mathrm{ER}_6 = 3.222.434.$$

Dies ist die abgezinste kumulierte ewige Rente von Beginn der Periode 6 an. Wir bewerten aber auf den 01.01. Periode 1 und damit müssen wir diese Summe auch nochmals diskontieren mit

$$\mathrm{ABZF}_6 = \frac{1}{(1+0{,}0958)^6}$$
$$\mathrm{ABZF}_6 = 0{,}58.$$

Damit ergibt sich für die Periode 6 ein Barwert in Höhe von

$$\mathrm{BW}_6 = 0{,}58 \times 3.222.434$$
$$\mathrm{BW}_6 = 1.861.433.$$

Durch Addition der Barwerte der Perioden 1 bis 6 erhalten wir dann den Gesamt (Equity)Wert der Gesellschaft in Höhe von € 2.727.346.

Da es hierbei um ein Equity Verfahren handelt, muss, wie bereits oben herausgestellt, das Fremdkapital (der Marktwert des Fremdkapitals) nicht weiter berücksichtigt werden. Die Bestandteile des Marktwertes des Fremdkapitals sind jetzt allerdings in die Veränderungsrechnungen eingegangen.

Unsere Tabelle zeigt unsere Rechnungen abschließend wie immer nochmals in der Übersicht und im Vergleich auf.

	EW	FCF „light"	DCF	FTE	EVA
Verfahren	Equity	Entity	Entity	Equity	
Berechnungs-Basis	JÜ	$FCF_{\text{„light"}}$	$FCF_{\text{„Detail"}}$	FTE	
ER Basis	JÜ P_{ER-1}	NOPAT P_{ER-1}	NOPAT P_{ER-1}	JÜ P_{ER-1}	
Diskont	ke_{lev}	WACC	WACC	ke_{lev}	
Fremdkapital	kein Abzug	Abzug (ges. FK)	Abzug (MW d. FK)	kein Abzug	

Verfahren:	Es handelt sich um ein Equity Verfahren.
Berechnungsbasis:	Als Überschussbasis wird der Jahresüberschuss der Planperioden herangezogen, auf dessen Basis dann der FTE – Flow to Equity berechnet wird.
Basis Ewige Rente:	Maßgeblich ist der Jahresüberschuss der Vorperiode.
Diskont:	Maßgeblich sind die Eigenkapitalkosten mit Leverage Integration.
Handhabung Fremdkapital:	Kein Abzug vom Gesamtwert.

7.6.4 Der EVA Ansatz

Den/das EVA haben wir bereits kennengelernt und wir haben darüber in den beiden ersten Beispielen auch schon bewertet. Das EVA Verfahren ist bei uns zwar noch recht wenig im Einsatz, aber man sieht es doch immer häufiger als „Zweitansatz", um das Bewertungsergebnis auf Basis des DCF Entity Ansatzes zu verproben.

Gehen wir zunächst wieder die bekannten Fragen durch:

1. Es handelt sich um einen Entity Ansatz.
2. Alle Entity Ansätze starten mit dem NOPAT – Betriebsergebnis nach Steuern.
3. Die ewige Rente wird hier aber auf der Basis des EVA der Vorperiode gerechnet.
4. Alle Entity Ansätze diskontieren über die Gesamtkapitalkosten mit Leverage Integration (WACC).
5. Bei Entity Ansätzen wird vom berechneten Wert der Unternehmung das Fremdkapital (hier erneut Marktwert des Fremdkapitals) in Abzug gebracht. Beim EVA Verfahren muss aber das Kapital zum Bewertungsstichtag dann noch addiert werden.

Die periodischen EVA berechnen wir wieder auf der Basis des subtraktiven und des multiplikativen Ansatzes.

Ermittlung der EVA - Economic Value Added		€	€	€	€	€
Perioden		1	2	3	4	5
Betriebsergebnis/EBIT		314.176	324.902	345.397	375.835	415.923
ab/plus: Steuern auf das EBIT	***27,5%***	-86.398	-89.348	-94.984	-103.355	-114.379
Betriebsergebnis nach Steuern (NOPAT)		**227.778**	**235.554**	**250.413**	**272.480**	**301.544**
Kapital zu Periodenbeginn		790.747	816.858	833.431	857.291	891.560
ab/minus: Verbindlichkeiten aus L&L		-77.132	-87.159	-80.186	-84.196	-92.615
Sonstige kurzfristige Verbindlichkeiten		-33.805	-62.590	-56.086	-52.198	-48.207
Capital Employed (zinstragendes Kapital)		**679.810**	**667.109**	**697.158**	**720.897**	**750.737**
Betriebsergebnis nach Steuern (NOPAT)		227.778	235.554	250.413	272.480	301.544
ab/minus: Kapitalbelastung		-59.705	-58.589	-61.228	-63.313	-65.934
EVA - Economic Value Added		**168.073**	**176.965**	**189.185**	**209.167**	**235.610**
ROCE		33,5%	35,3%	35,9%	37,8%	40,2%
WACC		8,78%	8,78%	8,78%	8,78%	8,78%
SPREAD		24,7%	26,5%	27,1%	29,0%	31,4%
Capital Employed (zinstragendes Kapital)		679.810	667.109	697.158	720.897	750.737
EVA - Economic Value Added		**168.073**	**176.965**	**189.185**	**209.167**	**235.610**

Wir beginnen mit dem Betriebsergebnis der Planungsrechnungen, also müssen auf die GuV zugreifen. Dieses operative Ergebnis ist jetzt zu kürzen um den Steuersatz der Gesellschaft, in unserem Fall um 27,5 %.

Als Ergebnis erhalten wir wieder das NOPAT – das Betriebsergebnis nach Steuern.

Jetzt müssen wir diesen Beträgen (entspricht der absoluten erwirtschafteten Rendite) die Summe entgegenhalten, die die Kapitalgeber (Eigen- und Fremdkapitalgeber) fordern, also die Kapitalkosten als absolute Größe. Wie wir bereits wissen, spricht man dann auch von der Kapitalbelastung, im englischen Capital Charge(s). Singular als auch Plural sind auch hier zulassig.

Als WACC (weil Entity Verfahren) nehmen wir wieder die 8,78 % (mit Leverage Integration nach Stewart). Dieser ist mit dem zinstragenden Kapital (Capital Employed) zu multiplizieren und damit haben wir unsere gesuchte Größe. Da bei EVA Betrachtungen immer das Kapital zu Periodenbeginn anzusetzen ist (mit diesem wirtschaften wir dann ja das ganze Jahr), müssen wir hier wie bereits häufiger auch wieder in der Bilanz auf den jeweiligen Betrag zum Ende der Vorperiode zugreifen.

In Abzug davon zu bringen sind die nicht zinstragenden Bestandteile der Finanzierung. Dies sind im Wesentlichen (und auf dem Niveau dieser Übung auch ausreichend, im letzten 4. Beispiel werden wir dann noch detaillierter arbeiten) die Verbindlichkeiten aus Lieferungen und Leistungen und die sonstigen kurzfristigen Verbindlichkeiten. Bankverbindlichkeiten mit einer Restlaufzeit unterhalb eines Jahres sind, falls vorhanden, hier aber nicht herauszurechnen, da ja zinstragend.

Somit errechnet sich das zinstragende Kapital wie folgt:

Perioden	1	2	3	4	5
Kapital zu Periodenbeginn	790.747	816.858	833.431	857.291	891.560
ab/minus: Verbindlichkeiten aus L&L	-77.132	-87.159	-80.186	-84.196	-92.615
Sonstige kurzfristige Verbindlichkeiten	-33.805	-62.590	-56.086	-52.198	-48.207
Capital Employed (zinstragendes Kapital)	**679.810**	**667.109**	**697.158**	**720.897**	**750.737**

Multipliziert man diese Werte für das zinstragende Kapital jeweils zu Periodenbeginn mit dem WACC in Höhe von 8,78 %, erhält man die geforderte Rendite der Dritten als absolute Größe.

Somit errechnet sich das EVA mittels subtraktivem Ansatz als Differenz aus NOPAT (erwirtschaftete Rendite absolut) und Kapitalbelastung (geforderte Rendite absolut).

Perioden	1	2	3	4	5
Betriebsergebnis nach Steuern (NOPAT)	227.778	235.554	250.413	272.480	301.544
ab/minus: Kapitalbelastung	-59.705	-58.589	-61.228	-63.313	-65.934
EVA - Economic Value Added	**168.073**	**176.965**	**189.185**	**209.167**	**235.610**

Den multiplikativen Weg der Berechnung stellen wir auch kurz nochmals dar.

Wir wissen, dass das Betriebsergebnis nach Steuern größer als die absoluten Kapitalkosten sein sollte, um eine Wertsteigerung zu erwirtschaften. Messen wollen wir diese Wertsteigerung auf der Basis des eingesetzten (zinstragenden) Kapitals.

Also rechnen wir eine Betriebsergebnisrendite auf der Basis des zinstragenden Kapitals: ROCE – Return on Capital Employed. Diese muss wieder nach Steuern sein, aber das ist ja kein Problem, zumal wir ja das Betriebsergebnis nach Steuern und das zinstragende Kapital bereits ermittelt haben.

Per Division der beiden durcheinander erhalten wir die gesuchte ROCE Größe.

Dieser müssen wir jetzt wieder die Kapitalkosten entgegen halten, was ja recht leicht ist, zumal ROCE und WACC beide prozentuale Größen sind.

Die daraus sich berechnende Differenz heißt „SPREAD", oder in deutscher Sprache Übergewinn bzw. ökonomische Marge. Vielleicht erinnern Sie sich ja noch an diese Begriffe.

Multipliziert man diesen SPREAD dann wieder mit dem zinstragenden Kapital (zu Periodenbeginn) erhält man erneut das EVA bzw. den GWB (Geschäfts-Wert-Beitrag), wie der/das EVA häufiger in die deutsche Sprache übersetzt wird.

Perioden	1	2	3	4	5
ROCE	33,5%	35,3%	35,9%	37,8%	40,2%
WACC	8,78%	8,78%	8,78%	8,78%	8,78%
SPREAD	24,7%	26,5%	27,1%	29,0%	31,4%
Capital Employed (zinstragendes Kapital)	679.810	667.109	697.158	720.897	750.737
EVA - Economic Value Added	**168.073**	**176.965**	**189.185**	**209.167**	**235.610**

Jetzt können wir wieder in die Bewertung einsteigen, dieses Mal auf Basis dieser EVA Plangrößen.

	EVA Ansatz						
		€	**€**	**€**	**€**	**€**	**€**
		1	2	3	4	5	6
EVA		168.073	176.965	189.185	209.167	235.610	235.610
Diskont (WACC)							8,78%
Endwert / Ewige Rente							2.918.324
Barwertfaktoren	***8,78%***	*0,91927*	*0,84505*	*0,77682*	*0,71411*	*0,65645*	*0,60346*
Barwerte		154.504	149.544	146.963	149.368	154.667	1.761.078
MVA - Market Value Added		**2.516.123**					
zu/plus: Capital Employed Per. 1 (zu Periodenbeginn)		679.810					
Unternehmenswert (brutto) / entity value		**3.195.933**					
ab/minus: Marktwert des Fremdkapitals		-401.475					
Unternehmenswert (netto) / equity value		**2.794.458**					

Die Bewertung über die EVA gehört zu den Entity Verfahren, damit muss über die Gesamtkapitalkosten (WACC) diskontiert werden. Die Summe der diskontierten EVA wird auch als „MVA – Market Value Added“ bezeichnet.

Dann muss aber abweichend von den anderen Verfahren noch das Kapital (zinstragend) zu Betrachtungsbeginn bzw. Bewertungsstichtag, also zum 01.01. Planperiode 1, addiert werden, da die periodischen EVA ja nur Wertzugewinne darstellen, das eingesetzte zinstragende Kapital zum Bewertungsstichtag aber auch einen Wert darstellt, der (bisher) nicht eingegangen ist. Man spricht auch von einem „incremental approach“.

Abschließend ist wieder der Marktwert des Fremdkapitals in Abzug zu bringen.

Der ewigen Rente liegen auch wieder die Grundsätze

- Substanzerhalt und
- konservative Planungsannahme

zugrunde.

In diesem Ansatz müssen wir also auf das EVA der Vorperiode 5 zugreifen. Wir unterstellen ein konstantes Kapital (Substanzerhalt) und gemeinsam mit einer Konstante als NOPAT und WACC ändert sich das EVA ab Periode 6 (bis unendlich) auch nicht mehr. Somit ist das EVA der Vorperiode in Höhe von 235.610 für uns relevant.

Da es hier um einen Entity Ansatz handelt (siehe oben), berechnet sich der periodische Abzinsungsfaktor ABZF jetzt auch wieder auf der Basis des WACC:

$$\text{ABZF}_n = \frac{1}{(1+i)^n},$$

also

$$\text{ABZF}_n = \frac{1}{(1+\text{WACC})^n}$$

somit in unserem Beispiel

$$\text{ABZF}_6 = \frac{1}{(1+0{,}0878)^n}.$$

Mit diesem Zins (WACC) ergibt sich dann bei uns:

P1: 0,92,
P2: 0,85,
P3: 0,78

usw., analog zu den DCF Ansätzen.

Durch Multiplikation der zukünftigen Überschüsse mit den Diskontfaktoren erhalten wir wieder die Barwerte.

In Periode 6, der Periode, in der wir die ewige Rente berechnen, müssen wir auch analog zu den bisherigen Ansätzen erneut anders vorgehen.

Die ewige Rente berechnet sich als

$$\text{ER}_n = \left(\frac{\text{EW}_{n-1}}{i} + \text{EW}_{n-1}\right),$$

mit

ER = ewige Rente und
EW = Ertragswert.

In unserem Fall rechnen wir jetzt in Periode 6:

$$ER_6 = \left(\frac{235.610}{0{,}0878} + 235.610\right)$$
$$ER_6 = 2.918.324.$$

Dies ist die abgezinste kumulierte ewige Rente der zukünftigen EVA von Beginn der Periode 6 an. Wir bewerten aber auf den 01.01. Periode 1 und damit müssen wir auch hier wieder diese Summe diskontieren mit

$$ABZF_6 = \frac{1}{(1+0{,}0878)^6}$$
$$ABZF_6 = 0{,}60.$$

Damit ergibt sich für die Periode 6 ein Barwert in Höhe von

$$BW_6 = 0{,}60 \times 2.918.324$$
$$BW_6 = 1.761.078.$$

Durch Addition der Barwerte der Perioden 1 bis 6 erhalten wir dann die gesamten *Wertveränderungen* der Gesellschaft in Höhe von € 2.516.123.

Weil dies „nur" die kumulierten diskontierten Wertveränderungen gegen unendlich sind, müssen wir jetzt das (zinstragende) Kapital zum Bewertungsstichtag (01.01. Planperiode 1) aber noch addieren.

Da es hierbei um ein Entity Verfahren handelt, muss aber dann auch wieder der Marktwert des Fremdkapitals in Abzug gebracht werden.

Somit errechnet sich der Netto Wert (equity value) der Gesellschaft als:

Gesamtwert der Wertveränderungen (MVA)	€ 2.516.123
+ Zinstragendes Kapital zum Bewertungsstichtag	+ € 679.810
= Gesamtwert/entity value	**€ 3.195.933**
– Marktwert des Fremdkapitals	– € 401.475
= Nettowert/equity value	**€ 2.794.458**

Unsere schon bekannte Tabelle weist die Rechnungen abschließend komplett in der Übersicht und im Vergleich aus:

	EW	FCF „light"	DCF	FTE	EVA
Verfahren	Equity	Entity	Entity	Equity	Entity
Berechnungs-Basis	JÜ	$FCF_{\text{„light"}}$	$FCF_{\text{„Detail"}}$	FTE	EVA
ER Basis	JÜ P_{ER-1}	NOPAT P_{ER-1}	NOPAT P_{ER-1}	JÜ P_{ER-1}	EVA P_{ER-1}
Diskont	ke_{lev}	WACC	WACC	ke_{lev}	WACC
Fremdkapital	kein Abzug	Abzug (ges. FK)	Abzug (MW d. FK)	kein Abzug	Abzug (MW d. FK)

Verfahren: Es handelt sich um ein Entity Verfahren.

Berechnungsbasis: Als Überschussbasis wird das Betriebsergebnis nach Steuern (NOPAT) der Planperioden herangezogen, auf dessen Basis dann der/das EVA – Economic Value Added berechnet wird.

Basis Ewige Rente: Maßgeblich ist der/das EVA der Vorperiode.

Diskont: Maßgeblich ist der WACC (mit Leverage Integration).

Handhabung Fremdkapital: Abzug des Marktwertes des Fremdkapitals vom Gesamtwert.

Handhabung Kapital zum Bewertungsstichtag: Hier muss noch das zinstragende Kapital zum 01.01. Planperiode 1 addiert werden, da die kumulierten diskontierten EVA (MVA) lediglich die Wertveränderungen umfassen.

7.7 Zusammenfassungen

Auch wenn Sie es vielleicht noch nicht gesehen haben, aber alle Bewertungsansätze kommen zu einem doch ähnlichen Ergebnis.

Zusammenfassung und Gegenüberstellung Bewertungsergebnisse	
Ertragswert	2.762.919
DCF Entity "light"	2.733.134
DCF Entity	2.786.516
DCF Equity - FTE	2.727.346
EVA	2.794.458

Hätten wir die Planrechnungen buchhalterisch sauber (per Buchungssätze) erstellt, dann könnte man auch nachweisen, dass alle Ansätze zu einem identischen Ergebnis kommen. Allerdings ist dies eine akademische Übung, das hatte ich schon ausgeführt.

Außerdem weiß jeder, der schon einmal geplant hat, dass die zukünftigen Erwartungen so nicht eintreten und von daher sind oben ausgewiesene „geringen" Abweichungen für mich kein Problem.

Der DCF Entity (detailliert) und der EVA Ansatz zeigen dabei so gut wie gar keine Abweichungen und diese beiden Verfahren hatte ich ja auch als derzeit eigentlich maßgeblich herausgestellt.

Man kann die einzelnen Rechenansätze natürlich auch noch detaillierter zusammenfassen, sodass wirklich fast alle Informationen zu den verschiedenen 5 Ansätzen auf einer Seite sauber ausgewiesen sind.

Dies muss ich allerdings im Querformat einlesen, ansonsten ist es sicherlich nicht leserlich.

Wie eingangs des Buches herausgestellt, können Sie mich bei Fragen jederzeit kontaktieren. Ich sende Ihnen auch gerne diese zusammenfassende Darstellung, sodass sie besser leserlich ist. Selbst als DIN A4 Ausdruck wird es „eng", aber ein Ausdruck auf DIN A3 macht dann „Freude".

	Equity Approach (Netto) Stakeholder View		Entity Approach Shareholder View		
	1 Ertragswertverfahren (EW)	2 DCF Nettoverfahren	3 DCF, Bruttoverfahren	4 DCF "light", Bruttoverfahren	5 EVA Bewertung (CE)
Verfahren:	Equity	Equity	Entity	Entity	Entity
Berechnungsbasis:	JÜ	FTE	FCF Detailed	FCF light	EVA
TV Basis:	JÜ Periode TV-1	JÜ Periode TV-1	NOPAT (Periode TV-1)	NOPAT (Periode TV-1)	EVA (Periode TV-1)
Diskont:	KE levered	KE levered	WACC	WACC	WACC
	Ermittlung JÜ	Ermittlung FTE	Ermittlung FCF	Ermittlung FCF "light"	Ermittlung EVA
	Jahresüberschuss	Jahresüberschuss	NOPAT	NOPAT	NOPAT
		+ Abschreibungen - Investitionen +/ Wertpapiere des AV +/- Vorräte, Ford. L&L + Sonst. +/- Kasse/Bank +/- Verbindlichkeiten L+L +/- Rückstellungen +/- Sonstige Verbindlichkeiten **+/- Kreditaufnahmen/-tilgungen**	+ Abschreibungen - Investitionen +/- Vorräte +/- Forderungen L+L +/- Sonstige Forderungen (UV ohne Fiannz) +/- Verbindlichkeiten L+L +/- Rückstellungen (FK ohne Fiannz) +/- Sonstige Verbindlichkeiten	+ Abschreibungen - Investitionen	EVA über Multiplikativen Weg **EVA = SPREAD x CE** *oder* EVA über subtraktiven Weg **EVA = CE - CC** (- NIBCLs ... Non interest bearing curr. Liab: Lieferantenverbindlichkeiten ... aus LL, oder sonstige aus LL)
	= JÜ	= FTE (Flow To Equity)	= FCF (Free Cash Flows)	= FCF light	= EVA
	$TV = \frac{JÜ_{t-1}}{(KE_{levered} - g)^{\wedge PTV}} + JÜ_{t-1}$ für TV immer JÜ des Vorjahres	$TV = \frac{JÜ_{t-1}}{(KE_{levered} - g)^{\wedge PTV}} + JÜ_{t-1}$ für TV immer JÜ des Vorjahres	$TV = \frac{NOPAT_{t-1}}{(WACC - g)^{\wedge PTV}} + NOPAT_{t-1}$ für TV immer NOPAT des Vorjahres	$TV = \frac{NOPAT_{t-1}}{(WACC - g)^{\wedge PTV}} + NOPAT_{t-1}$ für TV immer NOPAT des Vorjahres	$TV = \frac{EVA_{t-1}}{(WACC - g)^{\wedge PTV}} + EVA_{t-1}$ für TV immer EVA des Vorjahres
	abzinsen mit Ke_{lev}	abzinsen mit Ke_{lev}	abzinsen mit WACC	abzinsen mit WACC	abzinsen mit WACC
	= Σ abgezinste JÜ	= Σ abgezinste FTE	= Σ abgezinste FCF	= Σ abgezinste FCF	= Σ abgezinste EVA = MVA = Market Value Addes FVEquity = MVA + CE BS CE PB = Capital Employed zum Bewertungsstichtag, 1.1.Planperiode 1
			= Entity Value = Unternehmenswert (brutto)	= Entity Value = Unternehmenswert (brutto)	= Entity Value = Unternehmenswert (brutto)
			- Marktwert des Fremdkapitals (Market Value of Debt) Marktwert FK = Aktiva täglich verfügbar (Bank, Wertpapiere AV & UV, etc.) - Verbindlichkeiten Banken	**- Bankschulden (Verbindlichk. Bank)**	**- Marktwert des Fremdkapitals (Market Value of Debt)** Marktwert FK = Aktiva täglich verfügbar (Bank, Wertpapiere AV & UV, etc.) - Verbindlichkeiten Banken
	= Fair Value Equity = Unternehmenswert netto	= Fair Value Equity = Unternehmenswert netto	= Fair Value Equity = Unternehmenswert netto	= Fair Value Equity = Unternehmenswert netto	= Fair Value Equity = Unternehmenswert netto
	alternativ $TV = \frac{Wert_{t-1}}{(i - g)^{\wedge PTV-1}}$				

Das Executive Summary

Nachfolgende Darstellungen mag ich ganz besonders, weil sie die Ergebnisse einer Bewertung ganz einfach und vollständig darstellen.

Da der DCF Entity Ansatz der Standard bei uns ist, mache ich dies mit den Zahlen aus dieser Berechnung.

Bitte seien Sie nicht erstaunt, dass ich nun zunächst nur 5 Perioden darstelle. Die ewige Rente auf der Basis der 6. Periode bei den „FCF“ werde ich dann durch eine Erweiterung der Darstellung integrieren.

EVA, Spread und Kapitalkosten

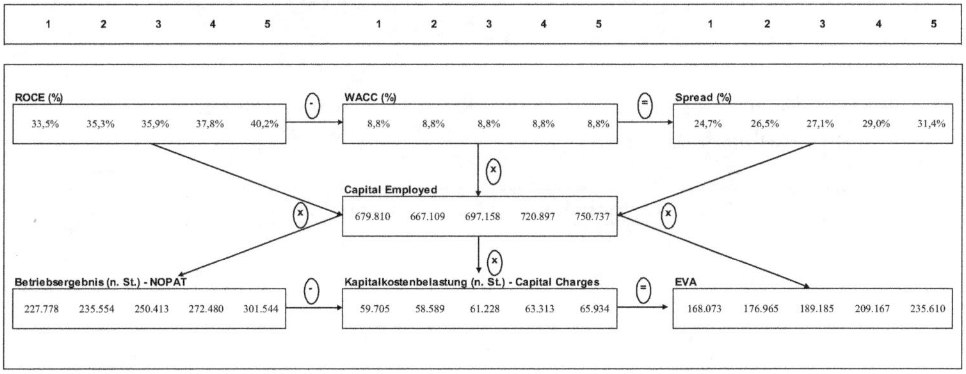

Die „EVA“ Berechnung wird über beide Wege dargestellt, dann werden darunter die Aussagen noch um die Cash Flows und die Freien Cash Flows erweitert.

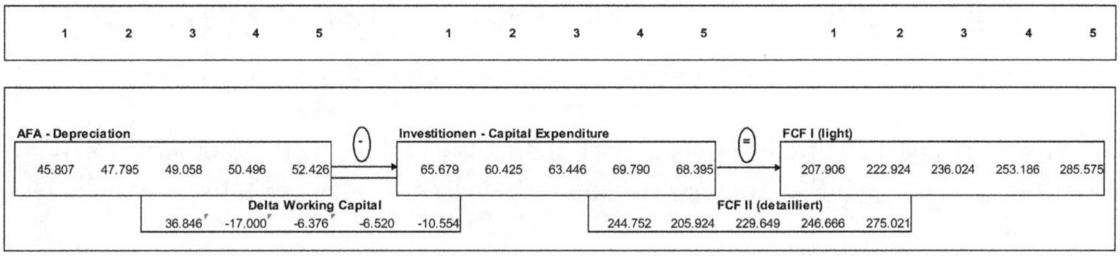

Ich führe Sie jetzt durch diesen ersten Teil meines „Executive Summary“, auch weil Sie oben ausgewiesene Werte im Buch wahrscheinlich nur schwer lesen können.

Die ABH plant in den nächsten 5 Jahren operative Ergebnisse nach Steuern in Höhe von …,

Betriebsergebnis (n. St.) - NOPAT				
227.778	235.554	250.413	272.480	301.544

… dies entspricht einer Kapitalrendite in Höhe von …,

ROCE (%)				
33,5%	35,3%	35,9%	37,8%	40,2%

jeweils basierend auf dem zinstragenden Kapital zu Periodenbeginn in Höhe von

Capital Employed				
679.810	667.109	697.158	720.897	750.737

Diesen erwirtschafteten Renditen stehen Kapitalforderungen der Kapitalgeber (Banken und Aktionäre) in Höhe von

Kapitalkostenbelastung (n. St.) - Capital Charges				
59.705	58.589	61.228	63.313	65.934

gegenüber, dies entspricht periodischen prozentualen Forderungen (WACC) von

WACC (%)				
8,8%	8,8%	8,8%	8,8%	8,8%

Als Ergebnis – Differenz aus erwirtschafteter (ROCE) und geforderter Rendite (WACC), jeweils nach Steuern, erwirtschaftet die ABH im Plan periodische Wertsteigerungen von

Spread (%)				
24,7%	26,5%	27,1%	29,0%	31,4%

das entspricht in absoluten Werten in den einzelnen Jahren einem jeweiligen „EVA" in Höhe von

EVA				
168.073	176.965	189.185	209.167	235.610

Weitere Investitionen (oberhalb der Abschreibungen – siehe direkt folgend) in den Folgeperioden sind auch geplant.

Investitionen AV - Capital Expenditure				
65.679	60.425	63.446	69.790	68.395

Somit erklären sich auch die unterschiedlichen Abschreibungsbeträge

AFA - Depreciation				
45.807	47.795	49.058	50.496	52.426

Als Ergebnis berechnen sich die FCF „light" in Höhe von

FCF I (light)				
207.906	222.924	236.024	253.186	285.575

Nach Berücksichtigung der Veränderungen im „Working Capital"

Delta Working Capital				
36.846	-17.000	-6.376	-6.520	-10.554

ergeben sich die oben bereits ausgewiesenen Werte für das zinstragende Kapital in folgender Höhe.

Capital Employed				
679.810	667.109	697.158	720.897	750.737

Damit berechnen sich die periodischen freien Cash Flows in den 5 Planjahren wie folgt:

FCF II (detailliert)				
244.752	205.924	229.649	246.666	275.021

Klasse, oder?

Was machen wir jetzt mit der ewigen Rente?

Hier machen wir noch einige Ergänzungen zum obigen ersten Teil des „*Executive Summary*".

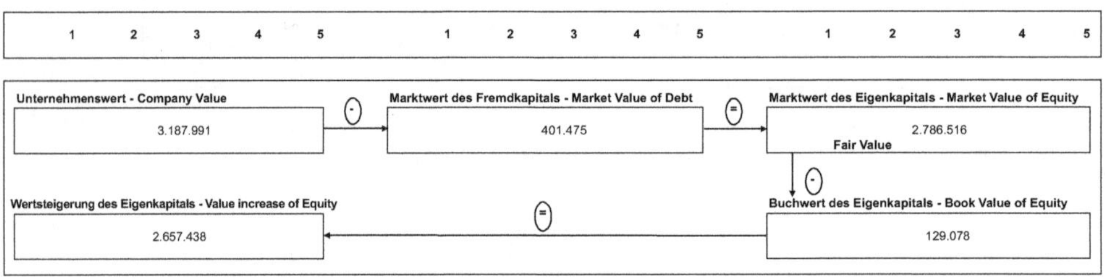

Wie gefällt Ihnen dies?

Lesen Sie bitte von oben links den Pfeilen folgend.

Der Gesamtwert der ABH aus heutiger Sicht berechnet sich somit in Höhe von

Unternehmenswert - Company Value
3.187.991

Rechnen wir aus diesem Gesamtwert den Marktwert des Fremdkapitals zu Beginn der Planungen (zum Bewertungsstichtag) heraus,

Marktwert des Fremdkapitals - Market Value of Debt
401.475

dann ergibt sich ein Marktwert des Eigenkapitals (Market Value of *Equity* oder Fair Value of Equity) in Höhe von

Marktwert des Eigenkapitals - Market/Fair Value of Equity
2.786.516

Ziehen wir außerdem noch das Eigenkapital zu Betrachtungsbeginn, also zum 01.01. Periode 1, ab,

Buchwert des Eigenkapitals - Book Value of Equity
129.078

dann erhalten wir die Wertsteigerung des Eigenkapitals über alle (unendlichen Perioden), auch MVA (Market Value Added) genannt.

Wertsteigerung des Eigenkapitals - Value increase of Equity
2.657.438

Bei diesen Berechnungen wurde *kein* weiteres Wachstum in der Endwertperiode (in der ewigen Rente) berücksichtigt. Diese Betrachtungen/Berechnungen machen wir wieder beim letzten 4. Beispiel.

Damit haben wir wieder unser Wissen um Bewertungen und Ansätze erweitert. Wir sind aber noch lange nicht am Ende. Wir werden uns weiter steigern!

Bleiben Sie dabei und geben Sie nicht auf, denn jetzt wird es richtig spannend bzw. nun gehen wir wirklich in die Tiefe.

Was wir nämlich noch nicht gemacht haben, ist die operative Auswertung des IST Zahlen und der PLAN Zahlen.

Dies ist aber im Excel Tool auch angelegt.

Allerdings werde ich diese jetzt in diesem Kapitel nicht mit Ihnen durchsprechen. Anhand des 4. Beispiels werden wir auch in diese Thematik tief einsteigen und somit wäre dies an dieser Stelle dann vorgreifend bzw. redundant.

	Kennzahlenanalyse	0	1	2	3	4	5
1.	Kapitalumschlag	2,3	2,3	2,3	2,3	2,3	2,3
2.	Anlagenintensität	62,1%	62,5%	62,8%	62,7%	62,5%	61,9%
3.	Eigenkapitalquote	16,3%	16,0%	16,2%	16,9%	18,3%	20,3%
4.	Kreditorenquote	11,7%	12,7%	11,5%	11,8%	12,7%	12,3%
5.	Liquidität II. Grades	238%	181%	201%	208%	211%	215%
6.	Liquidität III. Grades	270%	204%	228%	234%	238%	241%
7.	Cash Flow Marge	13,5%	13,9%	14,1%	14,4%	14,9%	15,4%
8.	Personalintensität	35,9%	36,1%	36,5%	36,9%	37,5%	38,3%
9.	Zinsintensität (Mieten nicht gegeben)	1,5%	1,4%	1,4%	1,4%	1,4%	1,3%
10.	ROS v. St.	15,6%	15,7%	15,9%	16,4%	17,2%	17,9%
11.	ROC v. St.	35,8%	35,4%	35,9%	37,2%	39,1%	42,0%
12.	Zinsdeckungsquote	11,4	11,8	12,1	12,4	13,2	14,4
13.	Dynamische Verschuldung	1,2	1,2	1,2	1,2	1,1	0,9
14.	Reinvestitionsquote	1,4	1,4	1,3	1,3	1,4	1,3
	Cash Cycle						
	Kredit. Ziel	54,45	61,29	55,97	58,20	62,95	60,06
	Deb. Ziel	41,00	41,00	41,00	41,00	41,00	41,00
	Saldo 1	13,45	20,29	14,97	17,20	21,95	19,06
	RW K/B	3,55	3,96	3,56	3,62	3,81	3,50
	CC	16,99	24,25	18,53	20,82	25,76	22,56
	Bestandsanalyse						
	RW Bestand	7,18	7,11	7,00	6,85	6,66	6,42
	Bestandsumschlag	50,86	51,36	52,14	53,28	54,82	56,82
	Bestand in JÜ Tagen	63,59	62,45	60,71	57,56	53,54	49,37
	Bestand in JÜ Jahren	0,17	0,17	0,17	0,16	0,15	0,14
	Cayh Conversion	-6,27	-13,18	-7,97	-10,35	-15,29	-12,64
	1,2,3 Analyse						
	Cash Flow zu AfA	6,06	5,57	5,54	5,71	6,01	6,37

Dann könnten wir eigentlich diese Bewertungen und Betrachtungen beenden.

Aber halt, da war doch noch was. Wir hatten doch in der Planung die Vorräte auf der Basis von Material- und bezogenen Leistungen angesetzt (Vorgabe 30 Tage). Rechnen Sie doch jetzt bitte die Vorräte einmal auf der Basis von 30 Umsatztagen in die Planbilanz und vergleichen Sie die Ergebnisse!

Das finale Echt-Beispiel – Die HKG

8

8.1 Der Einstieg

Nachfolgend werden wir uns mit der Tochterunternehmung einer mittelständischen bayerischen Firma beschäftigen. Die „Mutter" als auch die „Tochter" stehen zum Verkauf an, da die Eigentümerfamilie keine eigenen Kinder hat und somit dieser Schritt (leider) notwendig wurde.

Sowohl die „Mutter" als auch die hier dargestellte „Tochter" sind im Stahlbau tätig, seit Jahren erfolgreich, und daher ist auch der Veräußerungszeitpunkt recht günstig.

Zunächst ist es wie immer notwendig, das Beispielunternehmen und die (Ausgangs-) Zahlenlage kennenzulernen.

Nennen wir unsere Gesellschaft HKG – Heesen Konstruktionsbau GmbH, der (fiktive) Sitz ist Burghausen in Oberbayern.

Unter Konstruktionsbau wird in erster Linie die Planung und Produktion von Führerständen für Bagger und Kräne jeder Art verstanden, also „Käfige" auf Maß. Unterschätzen Sie bitte aber nicht die Komplexität dieser „Käfige".

Wie immer in meinen Büchern und bei den vorhergehenden Beispielen werden wir auch in diesem dritten Beispiel wieder Excel basiert arbeiten, allerdings ist dieses Mal die Datei bzw. das Excel Tool um einiges umfangreicher und komplexer.[1] Erschrecken Sie bitte nicht, wenn Sie zum ersten Mal einen Blick darauf werfen.

Diejenigen von Ihnen, die bereits andere Bücher von mir zu Bilanzthemen gelesen oder sagen wir besser durchgearbeitet haben, werden eine Art Déjà-vu-Erlebnis haben, denn

[1] Die Excel-Dateien zum Buch können Sie kostenlos aus dem Internet, entweder auf der Seite des Gabler Verlages www.gabler-steuern.de oder auf meiner Firmen-Homepage www.ifak-bgl.com, herunterladen.

B. Heesen, *Beteiligungsmanagement und Bewertung für Praktiker*,
https://doi.org/10.1007/978-3-658-30792-9_8

ich habe die aus diesen Büchern bereits bekannten Excel-Dateien um die Beteiligungs- und Bewertungsaspekte weiterentwickelt.

Aber haben Sie keine Angst, wenn Sie kein Heesen-Buch bisher gelesen haben – ich führe Sie wie immer durch.

Lassen Sie uns also sofort in die GuV und Bilanz der HKG einsteigen und die Zahlenwerke betrachten.

Insgesamt sind fünf (eigentlich sogar sechs – das werden wir später sehen) Ist-Perioden abgebildet. Das IdW empfiehlt für Bewertungen auch die Betrachtung von 4–6 historischen (Ist-)Perioden, damit entsprechende, weitaus positivere (und auf der Verkaufsseite dann meist auch unrealistische) Planungsperioden sofort auffallen.

Zunächst werden wir uns aber die historische Ist-Situation anschauen und diese kurz analytisch darstellen.

Bevor wir aber mit der GuV bzw. Bilanzanalyse beginnen, müssen wir noch einige Ausgangsparameter für die HKG erläutern, die Sie im Tabellenblatt „*Basis Informationen*“ finden.

Diese Seite ist gleichzeitig ein Eingabeblatt, wo zwingend notwendige Parameter für die Analyse definiert werden.

8.2 Allgemeine Fragen und Definitionen

Der erste Block befasst sich mit den Jahren und den Perioden. Geben Sie in alle (im Excel Tool) gelb markierten Zellen bitte die für Ihren Fall relevanten Daten ein. Wenn Sie dieses Buch am gegebenen Fall der HKG durcharbeiten, dann brauchen Sie hier jedoch nichts zu verändern. Trotzdem müssen wir kurz die definierenden Parameter besprechen. Nach den Jahren und Perioden folgen Informationen zur Umsatzsteuer, der Exportquote und der Einkaufsquote im Ausland. Diese Informationen werden wir später bei der Berechnung der debitorischen (Forderungs-) und kreditorischen (Lieferanten-)Ziele benötigen.

Im Working Capital spielen die beiden Bilanzposten neben den Beständen die größte Rolle. Wir müssen uns genau anschauen, nach wie vielen Tagen die Beteiligung in der Regel den Geldeingang des Kunden nach Rechnungsstellung verbuchen kann und wann die Gesellschaft selbst ihre Eingangsrechnungen überweist.

Die Tageszahl (eines Jahres) spielt bei diesen genannten Berechnungen ebenfalls eine Rolle. Manche Unternehmen bevorzugen 360 Tage als Kalkulationsbasis, da wir dann über vier Quartale à 90 Tage reden. Ich hingegen bevorzuge die exakte Berechnung auf Basis von 365 Tagen im Jahr. Die Unterschiede in den berechneten Ergebnissen sind zwar minimal und daher eigentlich sogar zu vernachlässigen, aber ich will hier zunächst die Basisparameter auch von der Logik kurz darstellen.

Häufiger sieht man auch, dass nicht Kalender- sondern Produktivtage angesetzt werden, also z. B. 250 Tage im Jahr (365 abzüglich 52 Wochenenden à 2 Tage und abzüglich ca. 11 zusätzliche Feiertage). Dies ist nicht falsch, aber bei der späteren Interpretation der Analyse und der damit verbundenen Planung schwieriger und somit aus meiner Sicht eher hinderlich. Von daher empfehle ich den Ansatz von Kalendertagen. Außerdem ist in unserem Gehirn das Jahr mit 365 Tagen „hinterlegt". Hören wir später in einer Auswertung, dass wir einen durchschnittlichen Zahlungseingang nach z. B. 40 Tagen haben, dann setzt unser Gehirn diese 40 Tage automatisch in Bezug auf die seit frühester Jugend „gespeicherten" 365 Tage.

Schauen Sie jetzt erst einmal in das nachfolgende Tabellenblatt „*Basis Informationen*", und versuchen Sie, sich zurechtzufinden.

BLOCK I					
Periode	1	2	3	4	5
Einheit für GuV und Bilanzdaten	T€	T€	T€	T€	T€
Umsatz bzw. Mehrwertsteuer in %	19,0%	19,0%	19,0%	19,0%	19,0%
Umsatz bzw. Mehrwertsteuerfaktor	1,19	1,19	1,19	1,19	1,19
Exportquote im Vertrieb	70,00%	78,00%	63,00%	83,00%	62,00%
also nationales Geschäft im Verkauf	30,00%	22,00%	37,00%	17,00%	38,00%
Importquote im Einkauf	10,00%	10,00%	10,00%	10,00%	10,00%
also nationales Geschäft im Einkauf	90,00%	90,00%	90,00%	90,00%	90,00%
Tage p.a. (Arbeits- oder Kalendertage)	365	365	365	365	365
(Standard) Unternehmenssteuersatz	29,2%	30,0%	30,3%	30,5%	30,2%

8.2.1 Fragen zu den Sonderposten mit Rücklageanteil (SOPOS)

Der zweite Block beschäftigt sich mit den Sonderposten mit Rücklageanteil[2]. Dieser Bilanzposten findet sich in Deutschland nur in Abschlüssen vor Eintritt des

[2] Bei dieser Bilanzposition Sonderposten mit Rücklageanteil (in Österreich unversteuerter Rücklageanteil), handelt es sich i. d. R. um zwei verschiedene Geschäftsvorfälle. Einerseits werden hier Subventionen gebucht, andererseits steuerlich bedingte sogenannte Ansparrücklagen. Der Gesetzgeber lässt es zu, dass unter gewissen Umständen Überschüsse nicht versteuert werden müssen, wenn sich das Unternehmen verpflichtet, diese binnen festgelegter Fristen wieder zu reinvestieren. Werden diese Investitionen nicht getätigt, sind diese Positionen wieder erfolgswirksam aufzulösen.

Mit Umsetzung des Bilanzrechtsmodernisierungsgesetzes (BilMoG) in 2008/09 traten hier aber entscheidende Änderungen ein. Der (alte) § 247 Abs. 3 HGB (Passivierungswahlrecht für Sonderposten mit Rücklageanteil) wurde gestrichen; es trat also ein Passivierungsverbot für Sonderposten mit Rücklageanteil ein. Dies ist eine Reaktion auf die gleichzeitige Streichung der umgekehrten Maßgeblichkeit (§ 5 Abs. 1 Satz 2 EStG). Danach sind steuerrechtliche Wahlrechte in Übereinstimmung mit der Handelsbilanz auszuüben. Steuerliche Wahlrechte können nur unter der Voraussetzung in Anspruch genommen werden, dass die entsprechenden Bilanzansätze der Steuerbilanz zuvor schon in der Handelsbilanz angesetzt wurden. Also haben wir eine Aufhebung der umgekehrten Maßgeblichkeit gesehen. Ein entsprechender Ausweis der Gewinn mindernden Rücklage in der

BilMoG[3]. In österreichischen Abschlüssen findet man ihn als „unversteuerter Rücklageanteil“, in den meisten anderen ausländischen Abschlüssen als unversteuerte Rücklagen (im Englischen: untaxed reserves) bezeichnet.

Die Sonderposten mit (unversteuertem) Rücklageanteil (in Deutschland immer mit „SOPOS“ abgekürzt) sind dem Eigenkapital zuzurechnen. Da jedoch häufiger die damit einhergehenden Verpflichtungen zu Reinvestitionen nicht eingehalten wurden/werden, gehen/gingen Banken und auch manche Analysten davon aus, dass ein gewisser Teil nicht als Teil des Eigenkapitals zu würdigen ist. Dies sieht man bei Ratings nach Basel II durch Banken häufiger.

In unserem Fall gehen wir aber von einer 100 %igen Zuordnung zum Eigenkapital aus.[4]

BLOCK II					
Sonderposten mit Rücklageanteil					
(unversteuerte Rücklagen)					
Zurechnung zu Eigenkapital mit	100%	100%	100%	100%	100%

Jetzt sind wir bereits mitten in der Bilanz, ohne sie aber gesehen zu haben.

Also stellen wir die HKG erst einmal zahlenmäßig vor.

8.3 Die Zahlen der HKG

Die Zahlenwerke GuV und Bilanz liegen uns fünfperiodisch vor. Schauen wir uns also zunächst die Bilanz an und beginnen wir mit der Mittelverwendung, also den Aktiva mit den zwei großen Blöcken

- Anlagevermögen und
- Umlaufvermögen.

Handelsbilanz ist jedoch aufgrund der Streichung des o. g. alten § 247 Abs. 3 HBG nicht mehr zulässig, so dass Rücklagen nach § 6b EStG und R 6.6 EStR im Ergebnis nicht mehr gebildet werden können. Für die zukünftige Nutzung solcher steuerlicher Wahlrechte mussten deshalb Anpassungen im Steuerrecht vorgenommen werden. Die Folge der Aufhebung der umgekehrten Maßgeblichkeit ist damit, dass vermehrt Differenzen zwischen handelsrechtlichen und steuerrechtlichen Wertansätzen auftreten, denen dann mittels Bildung latenter Steuern Rechnung getragen wird. Es gibt die Möglichkeit der ehemals „Sonderposten mit Rücklageanteil“ genannten „Ansparrücklagen“ also immer noch, aber die Abwicklung erfolgt über die o. g. latenten Steuern.

Sollten Sie dieses Excel Tool jedoch für eine Zeitreihenanalyse über die letzten Jahre nutzen, dann werden Sie im Zahlenmaterial diesen Posten in deutschen Abschlüssen als letzten Eigenkapitalposten (Zeile 78 in der Tabelle „Bilanz“) noch sehen. Bei ausländischem Zahlenmaterial finden Sie ebenfalls diese unversteuerten Rücklagen, und von daher ist ein Ausweis notwendig.

[3] Bilanzmodernisierungsgesetz.

[4] Sollte an dieser Stelle ein Wert unter 100 % eingetragen werden, wird in der Strukturbilanz der Teil unter 100 % dem Fremdkapital zugeordnet und das Eigenkapital und die Eigenkapitalquote(n) sinken dementsprechend.

Perioden	T€ 1		T€ 2		T€ 3		T€ 4		T€ 5	
Aktiva										
Ausstehende Einlagen	0,0	0%	0,0	0%	0,0	0%	0,0	0%	0,0	0%
I. Immaterielle Wirtschaftsgüter	**76,2**	**1%**	**32,0**	**1%**	**8,0**	**0%**	**12,6**	**0%**	**23,3**	**0%**
... davon Konzessionen, Schutzrechte, Lizenzen	*76,2*	*1%*	*32,0*	*1%*	*8,0*	*0%*	*12,6*	*0%*	*23,3*	*0%*
... davon Geschäfts- und Firmenwert	*0,0*	*0%*	*0,0*	*0%*	*0,0*	*0%*	*0,0*	*0%*	*0,0*	*0%*
... davon geleistete Anzahlungen	*0,0*	*0%*	*0,0*	*0%*	*0,0*	*0%*	*0,0*	*0%*	*0,0*	*0%*
II. Sachanlagen	**2.416,5**	**47%**	**2.562,6**	**52%**	**2.692,9**	**50%**	**2.792,7**	**47%**	**2.713,0**	**50%**
... davon Grundstücke und Gebäude	*1.917,5*	*37%*	*1.938,9*	*39%*	*1.910,3*	*36%*	*1.883,0*	*32%*	*1.845,8*	*34%*
... davon technische Anlagen & Maschinen	*175,5*	*3%*	*143,2*	*3%*	*292,3*	*5%*	*247,5*	*4%*	*224,3*	*4%*
... davon andere Anlage, Betriebs- Geschäftsausstattung	*219,9*	*4%*	*357,8*	*7%*	*366,2*	*7%*	*538,1*	*9%*	*518,8*	*10%*
... davon geleistete Anzahlungen und Anlagen im Bau	*103,6*	*2%*	*122,7*	*2%*	*124,1*	*2%*	*124,1*	*2%*	*124,1*	*2%*
III. Finanzanlagen	**0,0**	**0%**	**0,0**	**0%**	**0,0**	**0%**	**0,0**	**0%**	**0,0**	**0%**
... davon Anteile an verbundenen Unternehmen	*0,0*	*0%*	*0,0*	*0%*	*0,0*	*0%*	*0,0*	*0%*	*0,0*	*0%*
... davon Ausleihungen an verbundene Unternehmen	*0,0*	*0%*	*0,0*	*0%*	*0,0*	*0%*	*0,0*	*0%*	*0,0*	*0%*
... davon Beteiligungen	*0,0*	*0%*	*0,0*	*0%*	*0,0*	*0%*	*0,0*	*0%*	*0,0*	*0%*
... davon Ausleihungen an Unternehmen, mit denen ein Beteiligungsverhältnis besteht	*0,0*	*0%*	*0,0*	*0%*	*0,0*	*0%*	*0,0*	*0%*	*0,0*	*0%*
... davon Wertpapiere des Anlagevermögens	*0,0*	*0%*	*0,0*	*0%*	*0,0*	*0%*	*0,0*	*0%*	*0,0*	*0%*
... davon sonstige Ausleihungen	*0,0*	*0%*	*0,0*	*0%*	*0,0*	*0%*	*0,0*	*0%*	*0,0*	*0%*
A Summe Anlagevermögen	**2.492,7**	**48%**	**2.594,6**	**52%**	**2.700,9**	**50%**	**2.805,3**	**48%**	**2.736,3**	**50%**
I. Vorräte	**1.423,3**	**27%**	**1.520,5**	**31%**	**1.802,0**	**34%**	**1.921,8**	**33%**	**1.844,5**	**34%**
... davon Roh-, Hilfs- und Betriebsstoffe	*877,3*	*17%*	*844,2*	*17%*	*1.057,2*	*20%*	*1.203,7*	*20%*	*1.155,5*	*21%*
...davon unfertige Erzeugnisse, unfertige Leistungen	*439,0*	*8%*	*653,6*	*13%*	*744,8*	*14%*	*718,1*	*12%*	*689,0*	*13%*
... davon Waren	*107,0*	*2%*	*22,7*	*0%*	*0,0*	*0%*	*0,0*	*0%*	*0,0*	*0%*
... davon geleistete Anzahlungen	*0,0*	*0%*	*0,0*	*0%*	*0,0*	*0%*	*0,0*	*0%*	*0,0*	*0%*
... davon erhaltene Anzahlungen auf Bestellungen	*0,0*	*0%*	*0,0*	*0%*	*0,0*	*0%*	*0,0*	*0%*	*0,0*	*0%*
II. Forderungen und sonstige Vermögensgegenstände	**1.073,1**	**21%**	**813,3**	**16%**	**847,0**	**16%**	**807,2**	**14%**	**792,6**	**15%**
... davon Forderungen aus Lieferungen und Leistungen	*989,4*	*19%*	*733,1*	*15%*	*770,0*	*14%*	*776,5*	*13%*	*701,1*	*13%*
... davon Forderungen gegen verbundene Unternehmen	*0,0*	*0%*	*0,0*	*0%*	*0,0*	*0%*	*0,0*	*0%*	*0,0*	*0%*
... davon gegen Unternehmen, mit denen ein Beteiligungsverhältnis besteht	*0,0*	*0%*	*0,0*	*0%*	*0,0*	*0%*	*0,0*	*0%*	*0,0*	*0%*
... davon sonstige Vermögensgegenstände	*83,7*	*2%*	*80,2*	*2%*	*77,0*	*1%*	*30,7*	*1%*	*91,5*	*2%*
III. Wertpapiere	**0,0**	**0%**	**0,0**	**0%**	**0,0**	**0%**	**0,0**	**0%**	**0,0**	**0%**
... davon Anteile an verbundenen Unternehmen	*0,0*	*0%*	*0,0*	*0%*	*0,0*	*0%*	*0,0*	*0%*	*0,0*	*0%*
... davon eigene Anteile	*0,0*	*0%*	*0,0*	*0%*	*0,0*	*0%*	*0,0*	*0%*	*0,0*	*0%*
... davon sonstige Wertpapiere	*0,0*	*0%*	*0,0*	*0%*	*0,0*	*0%*	*0,0*	*0%*	*0,0*	*0%*
IV Kasse, Bank und Schecks	***190,5***	**4%**	***44,3***	**1%**	***21,0***	**0%**	***362,1***	**6%**	***51,6***	**1%**
B Summe Umlaufvermögen	**2.686,9**	**52%**	**2.378,1**	**48%**	**2.670,0**	**50%**	**3.091,1**	**52%**	**2.688,7**	**49%**
C Rechnungsabgrenzungsposten	**2,8**	**0%**	**0,0**	**0%**	**3,0**	**0%**	**1,0**	**0%**	**25,4**	**0%**
***D* Nicht durch Eigenkapital gedeckter Fehlbetrag**	**0,0**	**0%**	**0,0**	**0%**	**0,0**	**0%**	**0,0**	**0%**	**0,0**	**0%**
Summe Aktiva	**5.182,4**	**100%**	**4.972,7**	**100%**	**5.373,9**	**100%**	**5.897,4**	**100%**	**5.450,4**	**100%**

Sollten Sie eine längere Zeitreihe analysieren, so kann es sein, dass Sie ausstehende Einlagen als ersten Posten bei den Aktiva finden. Sie können dann im Excel Tool bei Zeile 15 diesen Posten einblenden. Seit Inkrafttreten des BilMoG sind in Deutschland die ausstehenden Einlagen aber zwingend auf der Passivseite der Bilanz auszuweisen, und zwar direkt unterhalb des gezeichneten Kapitals. Schauen Sie einmal auf die nächste Seite, dann sehen Sie diese ausstehenden Einlagen direkt vom Eigenkapital abgesetzt. Und damit sind wir auch schon bei den Passiva.

Die zweite Perspektive der Bilanz stellt die Mittelherkunft dar, wir sprechen von den Passiva. Hier wird in erster Linie zwischen Eigen- und Fremdkapital – wir sprechen beim Fremdkapital auch von den Verbindlichkeiten – differenziert.

Periode	T€ 1		T€ 2		T€ 3		T€ 4		T€ 5	
Passiva										
I. Gezeichnetes Kapital	800,0	15%	800,0	16%	800,0	15%	800,0	14%	800,0	15%
davon ausstehende Einlagen	0,0	0%	0,0	0%	0,0	0%	0,0	0%	0,0	0%
II. Vorabentnahme	0,0	0%	0,0	0%	0,0	0%	0,0	0%	0,0	0%
III. Gewinnrücklagen	0,0	0%	0,0	0%	0,0	0%	0,0	0%	0,0	0%
... davon gesetzliche Rücklage	0,0	0%	0,0	0%	0,0	0%	0,0	0%	0,0	0%
... davon Rücklage für eigene Anteile	0,0	0%	0,0	0%	0,0	0%	0,0	0%	0,0	0%
... davon satzungsgemäße Rücklagen	0,0	0%	0,0	0%	0,0	0%	0,0	0%	0,0	0%
... davon andere Gewinnrücklagen	0,0	0%	0,0	0%	0,0	0%	0,0	0%	0,0	0%
IV. Gewinnvortrag/Verlustvortrag	221,9	4%	271,3	5%	456,3	8%	509,1	9%	1.304,2	24%
V. Jahresüberschuss/Jahresfehlbetrag	249,4	5%	185,0	4%	52,8	1%	795,0	13%	753,9	14%
VI. Sonderposten mit Rücklageanteil	0,0	0%	0,0	0%	0,0	0%	0,0	0%	0,0	0%
A Eigenkapital	**1.271,3**	**25%**	**1.256,3**	**25%**	**1.309,1**	**24%**	**2.104,1**	**36%**	**2.858,1**	**52%**
I. Rückstellungen für Pensionen & ähnliche Verpflichtungen	0,0	0%	0,0	0%	0,0	0%	306,4	5%	0,0	0%
II. Steuerrückstellungen	4,5	0%	0,0	0%	0,0	0%	0,0	0%	0,0	0%
III. Sonstige Rückstellungen	349,5	7%	280,7	6%	363,8	7%	618,2	10%	456,5	8%
B Rückstellungen	**354,0**	**7%**	**280,7**	**6%**	**363,8**	**7%**	**924,6**	**16%**	**456,5**	**8%**
... davon Anleihen, davon konvertibel	0,0	0%	0,0	0%	0,0	0%	0,0	0%	0,0	0%
... davon Verbindlichkeiten gegenüber Kreditinstituten	2.382,6	46%	2.381,8	48%	2.564,8	48%	2.199,5	37%	1.348,7	25%
... davon erhaltene Anzahlungen auf Bestellungen	0,0	0%	0,0	0%	0,0	0%	0,0	0%	0,0	0%
... davon Verbindlichkeiten aus Lieferungen & Leistungen	1.019,8	20%	742,9	15%	888,1	17%	315,7	5%	458,3	8%
... davon Verbindlichkeiten aus der Annahme gezogener/ Ausstellung eigener Wechsel	0,0	0%	0,0	0%	0,0	0%	0,0	0%	0,0	0%
... davon Verbindlichkeiten gegen verbundene Unternehmen	25,1	0%	115,2	2%	19,5	0%	0,0	0%	105,3	2%
... davon Verbindlichkeiten gegenüber Gesellschaftern	0,0	0%	0,0	0%	0,0	0%	0,0	0%	0,0	0%
... davon sonstige Verbindlichkeiten	129,6	3%	195,8	4%	228,6	4%	353,5	6%	223,5	4%
a) davon aus Steuern	0,0	0%	0,0	0%	0,0	0%	0,0	0%	0,0	0%
b) davon im Rahmen der sozialen Sicherheit	0,0	0%	0,0	0%	0,0	0%	0,0	0%	0,0	0%
C Verbindlichkeiten	**3.557,1**	**69%**	**3.435,7**	**69%**	**3.701,0**	**69%**	**2.868,7**	**49%**	**2.135,8**	**39%**
D Rechnungsabgrenzungsposten	**0,0**	**0%**	**0,0**	**0%**	**0,0**	**0%**	**0,0**	**0%**	**0,0**	**0%**
Summe Passiva	**5.182,4**	**100%**	**4.972,7**	**100%**	**5.373,9**	**100%**	**5.897,4**	**100%**	**5.450,4**	**100%**

Wir haben hier die oben bereits angesprochenen Sonderposten mit Rücklageanteil offen ausgewiesen. Sie können diese Zeile aber auch „ausblenden“, indem Sie im Excel Tool in Zeile 73 auf das Minuszeichen klicken. Bitte stellen Sie vorab aber sicher, dass keine Werte in den Zellen eingetragen sind, diese müssen dann in allen Perioden eine Null ausweisen.

Rückstellungen direkt unterhalb des Eigenkapitals – wir werden noch näher darauf eingehen – sind übrigens Teil des Fremdkapitals.

Neben der Bilanz interessiert uns dann natürlich auch die Gewinn- und Verlustrechung (GuV).

Während die Bilanz immer eine Stichtagsbetrachtung ist, die darüber hinaus auch von Periode zu Periode fortgeschrieben wird, stellt die GuV eine kumulierte Betrachtung über die Zeitschiene dar. Liegen keine Besonderheiten wie z. B. Rumpfgeschäftsjahre vor, so handelt es sich um eine einjährige Betrachtung. Mit Ende des Geschäftsjahres wird die GuV dann quasi gelöscht, und mit dem ersten Tag der nächsten Periode werden alle Aufwands- und Ertragskonten wieder neu begonnen.

Dieses „Löschen“ geht mit einer einfachen Buchung. Der Jahresüberschuss (letzter Posten in der GuV) wird in die Bilanz, genau gesagt in das Eigenkapital, also oben rechts in die Kapitalherkunftsseite gebucht.

In Österreich lautet der letzte GuV-Posten häufig „Bilanzgewinn". In diesem sind dann auch Kapitalmaßnahmen erfasst. Der Jahresüberschuss bzw. Jahresfehlbetrag wird dann um folgende Tatbestände erweitert bzw. korrigiert:

- Auflösung unversteuerter Rücklagen,
- Auflösung von Kapitalrücklagen,
- Auflösung von Gewinnrücklagen,
- Zuweisung zu unversteuerten Rücklagen,
- Zuweisung zu Gewinnrücklagen,
- Gewinnvortrag/Verlustvortrag aus dem Vorjahr.

Das Ergebnis ist der Bilanzgewinn/Bilanzverlust.

Somit können wir auch sagen, dass die GuV eigentlich ein Unterkonto des Eigenkapitals ist.

Sprechen wir also von der Bilanzanalyse oder -planung, dann meinen wir somit auch immer die GuV, da diese ja „versteckt und auf den letzten Saldo reduziert" im Eigenkapital integriert ist.

Dies ist wichtig zu verstehen. Jeder Ertrag in der GuV steigert somit den Gewinn und damit das Eigenkapital, jeder Aufwand hingegen reduziert den Gewinn und damit auch das Eigenkapital.

Dann schauen wir uns jetzt auch die GuV der HKG für die fünf Perioden an.

	Perioden	T € 1		T € 2		T € 3		T € 4		T € 5	
1.	**Gesamterlöse/Umsatzerlöse**	**13.160,4**	**100%**	**11.441,6**	**100%**	**13.322,0**	**100%**	**19.697,4**	**100%**	**16.476,4**	**100%**
2.	Bestandsveränderungen (Erhöhung +; Verminderung -)	-405,9	-3%	130,3	1%	*68,4*	1%	-26,7	0%	-29,1	0%
3.	Andere aktivierte Eigenleistungen	60,5	0%	108,3	1%	*182,6*	1%	54,4	0%	0,0	0%
4.	Sonstige betriebliche Erträge	64,9	0%	89,3	1%	*122,5*	1%	155,3	1%	97,5	1%
	Betriebsleistung	**12.879,9**	**98%**	**11.769,5**	**103%**	**13.695,5**	**103%**	**19.880,4**	**101%**	**16.544,8**	**100%**
5.	Materialaufwand	7.264,2	55%	6.441,7	56%	8.019,7	60%	11.986,1	61%	8.856,0	54%
5.1	*… für Roh-, Hilfs- und Betriebsstoffe und bezogene Waren*	*6.487,4*	49%	*5.809,3*	51%	*7.125,5*	53%	*10.369,8*	53%	*7.706,6*	*47%*
5.2	*… für bezogene Leistungen*	*776,8*	6%	*632,4*	6%	*894,2*	7%	*1.616,3*	8%	*1.149,4*	*7%*
	Bruttoertrag/Rohertrag/Wertschöpfung	**5.615,7**	**43%**	**5.327,8**	**47%**	**5.675,8**	**43%**	**7.894,3**	**40%**	**7.688,8**	**47%**
6.	Personalkosten	4.094,2	31%	3.860,2	34%	4.361,6	33%	5.339,2	27%	5.347,3	32%
6.1	*… davon Geschäftsführergehalt*	*0,0*	0%	*0,0*	0%	*0,0*	0%	*0,0*	0%	*0,0*	*0%*
6.2	*… davon Löhne & Gehälter*	*3.424,1*	26%	*3.219,8*	28%	*3.635,8*	27%	*4.468,2*	23%	*4.446,8*	27%
6.3	*… davon soziale Abgaben/Aufwendungen für Alterververversorgung*	*670,1*	5%	*640,4*	6%	*725,8*	5%	*871,0*	4%	*900,5*	*5%*
7.	Abschreibungen	186,7	1%	212,6	2%	227,9	2%	191,3	1%	210,0	1%
7.1	*… davon auf Vermögensgegenstände des Anlagevermögens*	*186,7*	1%	*212,6*	2%	*227,9*	2%	*191,3*	1%	*210,0*	*1%*
7.2	*… davon auf Vermögensgegenstände des Umlaufvermögens*	*0,0*	0%	*0,0*	0%	*0,0*	0%	*0,0*	0%	*0,0*	*0%*
8.	Sonstige betriebliche Aufwendungen	901,1	5%	898,6	8%	926,1	7%	1.103,3	6%	975,9	6%
8.1	*… davon Mietaufwendungen*	*0,0*	0%	*0,0*	*0%*	*0,0*	0%	*0,0*	0%	*0,0*	*0%*
8.2	*… davon nur Leasing (Kfz und bewegl. WG)*	*0,0*	0%	*0,0*	*0%*	*0,0*	0%	*0,0*	0%	*0,0*	*0%*
8.3	*… davon Vertriebskosten/Warenabgabe*	*0,0*	0%	*0,0*	*0%*	*0,0*	0%	*0,0*	0%	*0,0*	*0%*
8.4	*… davon Werbe- und Reisekosten*	*0,0*	0%	*0,0*	*0%*	*0,0*	0%	*0,0*	0%	*0,0*	*0%*
8.4	*… davon Sonstige*	*901,1*	5%	*898,6*	*8%*	*926,1*	7%	*1.103,3*	6%	*975,9*	*6%*
	Gesamtaufwand (ohne Material und bezogene Waren/Leistungen)	**5.182,0**	**39%**	**4.971,4**	**43%**	**5.515,6**	**41%**	**6.633,8**	**34%**	**6.533,2**	**40%**
	Betriebsergebnis	**433,7**	**3%**	**356,4**	**3%**	**160,2**	**1%**	**1.260,5**	**6%**	**1.155,6**	**7%**
9.	Erträge aus Beteiligungen	0,0	0%	0,0	0%	0,0	0%	0,0	0%	0,0	0%
9.1	*…davon aus verbundenen Unternehmen*	*0,0*	0%	*0,0*	0%	*0,0*	0%	*0,0*	0%	*0,0*	*0%*
10.	Erträge aus Wertpapieren und Ausleihungen des Finanz-AV	0,0	0%	0,0	0%	0,0	0%	0,0	0%	0,0	0%
10.1	*…davon aus verbundenen Unternehmen*	*0,0*	0%	*0,0*	0%	*0,0*	0%	*0,0*	0%	*0,0*	*0%*
11.	Sonstige Zinsen und Erträge	7,7	0%	1,2	0%	*0,4*	0%	1,1	0%	1,3	0%
11.1	*…davon aus verbundenen Unternehmen*	*0,0*	0%	*0,0*	0%	*0,0*	0%	*0,0*	0%	*0,0*	*0%*
12.	Abschreibungen auf Finanzanlagen/Wertpapiere des UV	0,0	0%	0,0	0%	0,0	0%	0,0	0%	0,0	0%
13.	Zinsen und ähnliche Aufwendungen	89,3	1%	93,4	1%	*84,9*	1%	118,0	1%	77,5	0%
13.1	*…davon an verbundene Unternehmen*	*0,0*	0%	*0,0*	0%	*0,0*	0%	*0,0*	0%	*0,0*	*0%*
	Finanzergebnis	**-81,6**	**-1%**	**-92,2**	**-1%**	**-84,5**	-1%	**-116,9**	**-1%**	**-76,2**	**0%**
14.	**Ergebnis der gewöhnlichen Geschäftstätigkeit (EGT)**	**352,1**	**3%**	**264,2**	**2%**	**75,7**	**1%**	**1.143,6**	**6%**	**1.079,4**	**7%**
15.	Außerordentliche Erträge	0,0	**0%**	0,0	**0%**	*0,0*	0%	0,0	**0%**	0,0	0%
16.	Außerordentliche Aufwendungen	0,0	**0%**	0,0	**0%**	*0,0*	0%	0,0	**0%**	0,0	0%
17.	**Außerordentliche Ergebnis**	**0,0**	**0%**	**0,0**	**0%**	**0,0**	**0%**	**0,0**	**0%**	**0,0**	**0%**
	Ergebnis vor Steuern	**352,1**	**3%**	**264,2**	**2%**	**75,7**	**1%**	**1.143,6**	**6%**	**1.079,4**	**7%**
18.	Steuern vom Einkommen und Ertrag	96,8	1%	73,3	1%	*16,6*	0%	340,7	**2%**	317,6	2%
19.	Sonstige Steuern	5,9	0%	5,9	0%	*6,3*	0%	7,9	**0%**	7,9	0%
				0,0							
	Steuer gesamt	102,7	1%	79,2	1%	22,9	0%	348,6	2%	325,5	2%
	Steuersatz	29,2%		30,0%		30,3%		30,5%		30,2%	
20.	**Jahresüberschuss/Jahresfehlbetrag**	**249,4**	**2%**	**185,0**	**2%**	**52,8**	**0%**	**795,0**	**4%**	**753,9**	**5%**

Vielleicht haben Sie in der Tabelle *Basis Informationen* auch inzwischen weitere Blöcke im Excel Tool entdeckt.

Dieses Excel Tool kann noch einiges mehr, als die hier im Buch dargestellten Inhalte zu verarbeiten und zu analysieren. Dies würde aber zu weit führen, und von daher wollen wir diese Funktionen auch nicht weiter darstellen. Bitte lassen Sie alle Zellen einfach unverändert und ignorieren Sie diese ausgeblendeten Zeilen.

Also lassen Sie uns fortfahren und eine erste intensivere Betrachtung des Zahlenwerkes angehen.

8.4 Der erste Einblick - GuV[5]

Hier werden wir uns als Beteiligungsmanager bzw. Beteiligungscontroller die Bilanz- und GuV-Zahlen zuerst einmal im „Überflug" anschauen, die detaillierten Betrachtungen folgen dann bei der genauen Analyse der Beteiligung.

Schauen wir uns im Folgenden deskriptiv die Zahlenlage[6] etwas genauer an!

8.4.1 Die Gesamt- oder Umsatzerlöse und Ergebnisse

Wir sehen über den Betrachtungszeitraum eigentlich eine unstete Entwicklung.

1.	**Gesamterlöse/Umsatzerlöse**	**13.160,4**	**100%**	**11.441,6**	**100%**	**13.322,0**	**100%**	**19.697,4**	**100%**	**16.476,4**	**100%**

Sie können selbstverständlich auch die Erlöse verschiedenen Sparten zuordnen. Dafür sind fünf Sparten definiert worden, die sich dann zum Gesamtumsatz addieren. Sie müssen ja nur am linken Rand der Excel-Seite auf die „+" oder „–"-Zeichen klicken.

8.4.2 Die Gewinnsituation

Auf der Ergebnisseite sehen wir jedoch ein unterschiedlich zu würdigendes Bild. Der Gewinn konnte besonders in den letzten beiden Jahren signifikant gesteigert werden. Bei genauerem Hinsehen fällt außerdem auf, dass der Umsatzeinbruch um € 3,2 Mio. im letzten Jahr den Jahresüberschuss nur gering beeinflusst hat.

18.	Steuern von Einkommen und Ertrag	96,8	1%	73,3	1%	16,6	0%	340,7	2%	317,6	2%
19.	Sonstige Steuern	5,9	0%	5,9	0%	6,3	0%	7,9	0%	7,9	0%
20.	**Jahresüberschuss/Jahresfehlbetrag**	**249,4**	**2%**	**185,0**	**2%**	**52,8**	**0%**	**795,0**	**4%**	**753,9**	**5%**

Dies ist interessant für die Planung, die Basis der Bewertung. Glauben Dritte auf der „buy side", dass das Ergebnis auch in den Folgeperioden trotz Umsatzeinbrüche zu halten ist, der Einbruch also irgendwie kostenmäßig kompensiert werden kann?

[5] Die gelben Farbmarkierungen im MS Excel Tool bedeuten, dass dies Zellen sind, in denen manuell Eingaben gemacht werden müssen oder verändert werden können.

[6] Im Folgenden werden aus den Zahlenwerken zur Verdeutlichung nochmals einzelne Posten in den Text eingeblendet. Da sie direkt aus dem MS Excel Tool entnommen werden, erscheinen einige Zeilen in Fettschrift, andere nicht. Dies ergibt sich daraus, dass im MS Excel Tool Ergebnissaldi immer in Fettschrift dargestellt werden. Die gelben Markierungen weisen immer auf Eingabezellen hin. Hier müssen Sie selbst aktiv werden, wenn Sie mit Ihren eigenen Zahlen arbeiten.

In der Realität ist diese Frage meist leichter zu beantworten. Der Verkaufsprozess findet ja i. d. R. nach dem Abschlussdatum statt, und die Ergebnisse weiterer Monate in der neuen Periode liegen vor. Damit ist es natürlich leichter, entsprechende Rückschlüsse auf das Gesamtjahr auch bereits vor dem eigentlichen Abschlussdatum zu ziehen.

8.4.3 Die Betriebsleistung

Die Betriebsleistung zeigt eine ähnliche Entwicklung wie die Umsatzerlöse.

2.	Bestandsveränderungen (Erhöhung +; Verminderung -)	-405,9	-3%	130,3	1%	*68,4*	1%	-26,7	0%	-29,1	0%
3.	Andere aktivierte Eigenleistungen	60,5	0%	108,3	1%	*182,6*	1%	54,4	0%	0,0	0%
4.	Sonstige betriebliche Erträge	64,9	0%	89,3	1%	*122,5*	1%	155,3	1%	97,5	1%
	Betriebsleistung	**12.879,9**	**98%**	**11.769,5**	**103%**	**13.695,5**	**103%**	**19.880,4**	**101%**	**16.544,8**	**100%**

Laut HGB-Gliederungsschema[7] wird dieser Saldo zwar nicht ausgewiesen, aber ich habe mir angewöhnt, diesen immer darzustellen, und mit Excel ist diese Vorgehensweise ja besonders einfach, da wir nur eine simple Zellenaddition durchführen müssen.

Schauen wir ein wenig genauer hin. Die Betriebsleistung setzt sich wie folgt zusammen:

Umsatz
+/– Bestandsveränderungen
+ andere aktivierte Eigenleistungen
+ sonstige betriebliche Erträge
= Betriebsleistung

Hier werden nicht nur verkaufte Einheiten in entsprechender Währung dargestellt, sondern die gesamte Leistung eines Betriebes aufgezeigt. Hat das Unternehmen z. B. mit eigenem Personal eine Halle erweitert, dann ist die Leistung der Unternehmung höher als an den Verkaufszahlen (Umsatz) ersichtlich wird.

Werden die Stunden und Kosten der Hallenerweiterung aktiviert, also nicht in der GuV als Aufwand ausgewiesen, sondern „in die Bilanz geschrieben" und dann über mehrere Jahre abgeschrieben, sprechen wir von aktivierten Eigenleistungen[8].

[7] Betrifft nur das GKV (Gesamtkostenverfahren).

[8] Dabei handelt es sich um eine sogenannte Bilanzierungshilfe. Gerade jungen Unternehmungen wird häufig geraten, selbst erstellte materielle Vermögensgegenstände zu aktivieren und dann über mehrere Jahre abzuschreiben, da somit die GuV nicht so stark belastet wird. Bis zum BilMoG konnten übrigens nur selbst erstellte materielle Vermögensgegenstände aktiviert werden, jetzt ist es auch unter gewissen (strengen) Bedingungen möglich, selbst erstellte immaterielle Vermögensgegenstände zu aktivieren.

Ähnlich müssen die Bestandsveränderungen gesehen werden. Sind die Vorräte angestiegen, so werden die Veränderungen zum Vorjahr mit in die Betriebsleistung gerechnet, da ja durch den Kauf auch entsprechende Mittelabflüsse (die Waren mussten ja bezahlt werden) eingetreten sind und der Betrieb mehr geleistet hat, als aus den Umsatzzahlen ersichtlich. Allerdings – und dies ist wichtig – bei den Bestandsveränderungen werden nicht die Veränderungen aller Vorratsposten erfasst, sondern nur die der Halbfertig- und der Fertigprodukte. Der Grund dafür liegt in der eigentlichen buchhalterischen Behandlung von Vorräten in der Bilanz und Material und bezogenen Leistungen in der GuV.

Also schauen wir nochmals genau hin.

1.	**Gesamterlöse/Umsatzerlöse**	**13.160,4**	**100%**	**11.441,6**	**100%**	**13.322,0**	**100%**	**19.697,4**	**100%**	**16.476,4**	**100%**
2.	Bestandsveränderungen (Erhöhung +; Verminderung -)	-405,9	-3%	130,3	1%	*68,4*	1%	-26,7	0%	-29,1	0%
3.	Andere aktivierte Eigenleistungen	60,5	0%	108,3	1%	*182,6*	1%	54,4	0%	0,0	0%
4.	Sonstige betriebliche Erträge	64,9	0%	89,3	1%	*122,5*	1%	155,3	1%	97,5	1%
	Betriebsleistung	**12.879,9**	**98%**	**11.769,5**	**103%**	**13.695,5**	**103%**	**19.880,4**	**101%**	**16.544,8**	**100%**

Die Betriebsleistung steigt über die ausgewiesenen Perioden und im letzten Jahr macht sich hier der Umsatzeinbruch fast in identischer Höhe bemerkbar. Aktivierte Eigenleistungen sind in einigen Jahren zwar vorhanden, aber nicht in wirklich erwähnungswürdigen Größenordnungen. Die Bestände halten sich auch in Grenzen; in den letzten beiden Jahren wurde wieder ein wenig abgebaut.

Bei Überkapazitäten im Personal sieht man übrigens sehr häufig in Krisenzeiten Eigenaktivierungen, was hier aber nicht der Fall ist. Im Gegenteil, die Eigenaktivierungen sind eher rückläufig.

Halten wir generell aber nochmals fest: Positive Bestandsveränderungen bei gleichzeitigen Eigenaktivierungen können ein Zeichen dafür sein, dass einerseits Waren nicht mehr abgesetzt werden (aus Preis- und/oder Qualitätsgründen) und Mitarbeiter in der Produktion nicht mehr ausgelastet werden können (weil der Absatz fehlt). Es wird auf Lager produziert!

Können die Mitarbeiter anders eingesetzt werden, dann muss man die Frage nach dem „*Wo*" stellen.

Eigenaktivierungen haben in puncto Cash Flow in späteren Perioden sicherlich auch positive Effekte (höhere Abschreibungen, die Aufwand darstellen, aber nicht auszahlungswirksam werden), aber vergessen wir nicht, dass diesen Eigenaktivierungen in laufender Periode keine direkten Erträge, sehr wohl aber Aufwendungen für Personal und Sachkosten gegenüberstehen, also Mittelabflüsse. Sind die Ergebnisse bereits schwach, so kann durchaus bei nicht vorhandenen Reserven der mit der Eigenaktivierung verbundene zusätzliche (es müssen ja auch Materialkosten und auch Leistungen Dritter bezahlt werden) Liquiditätsabfluss zeitlich versetzt zu massiven Problemen führen.

8.4.4 Der Brutto- und/oder Rohertrag

Interessant sind sicherlich die nächsten Informationen. Die massiven Einbrüche beim Umsatz im letzten Jahr werden beim Material aufgefangen. Die Quote sinkt von 61 % auf 54 % und mit den ebenfalls um 1 % reduzierten Aufwendungen für bezogene Leistungen steigt der Brutto- oder Rohertrag sogar um 7 % im letzten Jahr an.

Hier sieht man den Grund, warum der Umsatzeinbruch nicht so im Ergebnis erscheint, wie eigentlich bei solchen Entwicklungen zu erwarten.

Dies ist sicherlich zunächst einmal positiv zu würdigen. Die HKG schafft es, beim Materialeinstand in Krisenzeiten 7 % einzusparen – toll!

5.	Materialaufwand	7.264,2	55%	6.441,7	56%	8.019,7	60%	11.986,1	61%	8.856,0	54%
5.1	*… für Roh-, Hilfs- und Betriebsstoffe und bezogene Waren*	*6.487,4*	49%	*5.809,3*	51%	*7.125,5*	53%	*10.369,8*	53%	*7.706,6*	47%
5.2	*… für bezogene Leistungen*	*776,8*	6%	*632,4*	6%	*894,2*	7%	*1.616,3*	8%	*1.149,4*	7%
	Bruttoertrag/Rohertrag/Wertschöpfung	**5.615,7**	**43%**	**5.327,8**	**47%**	**5.675,8**	**43%**	**7.894,3**	**40%**	**7.688,8**	**47%**

Nur warum hat sie dies nicht auch in den Vorperioden gemacht?

Aus potenzieller Käufersicht stellt sich zudem die Frage, ob hier jetzt überhaupt noch Verbesserungspotenzial besteht oder ob bereits in der letzten Periode alles ausgereizt wurde.

Obwohl wir eigentlich nur eine erste Grobbetrachtung des Zahlenmaterials machen wollen, sind wir schon voll drin in der operativen Analyse der Beteiligung.

Bei Übernahmen geht es ja häufig auch darum, die akquirierte Firma noch zu optimieren, um aus den dann resultierenden Verbesserungen beim Ergebnis den Kaufpreis über die Jahre zu amortisieren.

8.4.5 Personalkosten

Personalkosten setzen sich aus den eigentlichen Lohn- und Gehaltszahlungen und den Sozialabgaben zusammen. Auffällig sind hier die sogar „steigenden" Personalkosten. Das täuscht aber, denn im Vergleich zum Umsatz fallen diese bis auf das letzte Jahr.

Die HKG hat es also geschafft, das Wachstum der letzten Jahre ohne signifikante Erhöhung der Personalkosten zu realisieren.

6.	Personalkosten	4.094,2	31%	3.860,2	34%	4.361,6	33%	5.339,2	27%	5.347,3	32%
6.1	*… davon Geschäftsführergehalt*	*0,0*	0%	*0,0*	0%	*0,0*	0%	*0,0*	0%	*0,0*	0%
6.2	*… davon Löhne & Gehälter*	*3.424,1*	26%	*3.219,8*	28%	*3.635,8*	27%	*4.468,2*	23%	*4.446,8*	27%
6.3	*… davon soziale Abgaben/Aufwendungen für Altersverversorgung*	*670,1*	5%	*640,4*	6%	*725,8*	5%	*871,0*	4%	*900,5*	5%

Die Geschäftsführergehälter sind nicht ausgewiesen. In der Regel steht uns als Dritte eine Trennung zwischen Geschäftsführer- und sonstigen Personalkosten auch nicht zur Verfügung. Dennoch haben ich im Excel Tool dafür eine Zelle eingebaut, weil hohe

Geschäftsführungskosten die gesamten Personalkosten, gerade in kleinen Gesellschaften, in einem ungünstigen Licht erscheinen lassen können.

8.4.6 Abschreibungen

Bei den hier ausgewiesenen Beträgen fällt zunächst in Bezug auf die Entwicklung der Abschreibungen[9] auf, dass sie über die fünf Perioden quasi konstant sind.

7. Abschreibungen	186,7	1%	212,6	2%	227,9	2%	191,3	1%	210,0	1%
7.1 *... davon auf Vermögensgegenstände des Anlagevermögens*	*186,7*	1%	*212,6*	2%	*227,9*	2%	*191,3*	1%	*210,0*	1%
7.2 *... davon auf Vermögensgegenstände des Umlaufvermögens*	*0,0*	0%	*0,0*	0%	*0,0*	0%	*0,0*	0%	*0,0*	0%

Was sagt uns dies? Ganz einfach, die Substanz (identische Abschreibungsmöglichkeiten einmal vorausgesetzt) wurde konstant gehalten.

Konstant heißt aber auch auf der Basis der historischen Herstellungs- und Anschaffungskosten (HAK). Das ist eigentlich gar nicht so gut. Unterstellt man einmal, dass sich die Anschaffungskosten für einen Vermögensgegenstand über 10 Jahre verdoppeln (Inflation, technologischer Fortschritt), so müssten auch die Investitionen wertmäßig um 50 % über 5 Jahre steigen, um auf der Basis eines Technologieerhaltes am oberen Ende des technisch möglichen mitzuhalten.

Das sehen wir hier bei der HKG aber nicht.

Ein Blick in das Anlagevermögen bestätigt dies.

Aktiva										
I. Immaterielle Wirtschaftsgüter	**76,2**	**1%**	**32,0**	**1%**	**8,0**	**0%**	**12,6**	**0%**	**23,3**	**0%**
... davon Konzessionen, Schutzrechte, Lizenzen	*76,2*	*1%*	*32,0*	*1%*	*8,0*	*0%*	*12,6*	*0%*	*23,3*	*0%*
... davon Geschäfts- und Firmenwert	*0,0*	*0%*	*0,0*	*0%*	*0,0*	*0%*	*0,0*	*0%*	*0,0*	*0%*
... davon geleistete Anzahlungen	*0,0*	*0%*	*0,0*	*0%*	*0,0*	*0%*	*0,0*	*0%*	*0,0*	*0%*
II. Sachanlagen	**2.416,5**	**47%**	**2.562,6**	**52%**	**2.692,9**	**50%**	**2.792,7**	**47%**	**2.713,0**	**50%**
... davon Grundstücke und Gebäude	*1.917,5*	*37%*	*1.938,9*	*39%*	*1.910,3*	*36%*	*1.883,0*	*32%*	*1.845,8*	*34%*
... davon technische Anlagen & Maschinen	*175,5*	*3%*	*143,2*	*3%*	*292,3*	*5%*	*247,5*	*4%*	*224,3*	*4%*
... davon andere Anlage-, Betriebs- und Geschäftsausstattung	*219,9*	*4%*	*357,8*	*7%*	*366,2*	*7%*	*538,1*	*9%*	*518,8*	*10%*
... davon geleistete Anzahlungen und Anlagen im Bau	*103,6*	*2%*	*122,7*	*2%*	*124,1*	*2%*	*124,1*	*2%*	*124,1*	*2%*
III. Finanzanlagen	**0,0**	**0%**	**0,0**	**0%**	**0,0**	**0%**	**0,0**	**0%**	**0,0**	**0%**
... davon Anteile an verbundenen Unternehmen	*0,0*	*0%*	*0,0*	*0%*	*0,0*	*0%*	*0,0*	*0%*	*0,0*	*0%*
... davon Ausleihungen an verbundene Unternehmen	*0,0*	*0%*	*0,0*	*0%*	*0,0*	*0%*	*0,0*	*0%*	*0,0*	*0%*
... davon Beteiligungen	*0,0*	*0%*	*0,0*	*0%*	*0,0*	*0%*	*0,0*	*0%*	*0,0*	*0%*
... davon Ausleihungen an Unternehmen, mit denen ein Beteiligungsverhältnis besteht	*0,0*	*0%*	*0,0*	*0%*	*0,0*	*0%*	*0,0*	*0%*	*0,0*	*0%*
... davon Wertpapiere des Anlagevermögens	*0,0*	*0%*	*0,0*	*0%*	*0,0*	*0%*	*0,0*	*0%*	*0,0*	*0%*
... davon sonstige Ausleihungen	*0,0*	*0%*	*0,0*	*0%*	*0,0*	*0%*	*0,0*	*0%*	*0,0*	*0%*
A Summe Anlagevermögen	**2.492,7**	**48%**	**2.594,6**	**52%**	**2.700,9**	**50%**	**2.805,3**	**48%**	**2.736,3**	**50%**

[9] Bis Ende 2009 konnte gemäß § 7 Abs. 2 EStG nach einem unveränderlichen Hundertsatz vom jeweiligen Buchwert (Restwert) die AfA (Absetzung für Abnutzung) linear als auch geometrisch-degressiv vorgenommen werden, wobei der anzuwendende Hundertsatz höchstens das Zweifache der linearen AfA, max. 20 % (Regelung bis 31. Dezember 2007) bzw. das Dreifache der linearen AfA, max. 30 % (Regelung vom 1. Januar 2008 bis einschl. 31. Dezember 2009) betragen durfte. Im Rahmen der Maßnahmen im Zuge der Bekämpfung der Banken- bzw. Finanzkrise wurde dann die degressive AfA wieder temporär bis zum 31. Dezember 2010 zugelassen. Ab 1. Januar 2011 wurden die Absätze 2 und 3 ersatzlos gestrichen. Seit 2012 ist wiederum nur die lineare AfA zulässig.

Das Sachanlagevermögen hat kaum (in den letzten drei Perioden) zugenommen.

Von Investitionen in Größenordnung kann keine Rede sein.

Wir kommen später nochmals auf diesen Sachverhalt zurück (Kennzahlenanalyse).

Bei den ausgewiesenen Abschreibungsbeträgen in Höhe von 1–2 % (im Vergleich zum jeweiligen Umsatz) kann man eventuell auch Rückschlüsse auf weitere Zusammenhänge ziehen

1. Die Geschäftsausstattung könnte sogar über mehrere Jahre vernachlässigt worden sein. 1–2 % Abschreibungsintensität in Verbindung mit den bereits betrachteten Größen für das Sachanlagevermögen sind eigentlich ein klares Signal für Investitionsstau!
2. Wären die Abschreibungen auf einem höheren Niveau, wäre der Jahresüberschuss allerdings niedriger. Aber dies ist die falsche Perspektive, besonders bei der Bewertung. Wie wir in den beiden leichteren Beispielen bereits gesehen haben, ist der Cash Flow eine der zentralen Größen für die Bewertung.

   Im Cash Flow gehen die Abschreibungen aber additiv ein, weil sie nicht auszahlungswirksam sind. Die Minderung des Ergebnisses durch Abschreibungen wird also im Cash Flow wieder kompensiert.

Was heißt dies aus potenzieller Käufersicht? Ganz einfach, es besteht die Gefahr, dass durch die geringen Investitionen in den letzten Jahren ein erhöhter Bedarf besteht, und dies sollte dann bei der Kaufpreisermittlung auch berücksichtigt werden.

8.4.7 Sonstige betriebliche Aufwendungen

Dieser Posten ist eigentlich ein „Sammler", denn hier finden wir alles, was mit Verwaltung, Prüfung, Mieten und Pachten sowie Reisen und Weiterbildung zusammenhängt, also Aufwendungen, die nicht in direktem Zusammenhang mit den Produkten stehen. Daher werden sie auch nicht „oben" bei den Materialien und den bezogenen Leistungen gebucht bzw. ausgewiesen.

8.	Sonstige betriebliche Aufwendungen	901,1	5%	898,6	8%	926,1	7%	1.103,3	6%	975,9	6%
8.1	*... davon Mietaufwendungen*	*0,0*	0%	*0,0*	*0%*	*0,0*	0%	*0,0*	0%	*0,0*	*0%*
8.2	*... davon nur Leasing (Kfz und bewegl. WG)*	*0,0*	0%	*0,0*	*0%*	*0,0*	0%	*0,0*	0%	*0,0*	*0%*
8.3	*... davon Vertriebskosten/Warenabgabe*	*0,0*	0%	*0,0*	*0%*	*0,0*	0%	*0,0*	0%	*0,0*	*0%*
8.4	*... davon Werbe- und Reisekosten*	*0,0*	0%	*0,0*	*0%*	*0,0*	0%	*0,0*	0%	*0,0*	*0%*
8.4	*... davon Sonstige*	*901,1*	5%	*898,6*	8%	*926,1*	7%	*1.103,3*	6%	*975,9*	6%

In unserem Fall haben wir leider keinen Ausweis der Einzelposten. 5–7 % sind aber nicht viel. Was fällt auf? Im letzten (schwierigen) Jahr ist es gelungen, die sonstigen betrieblichen Aufwendungen prozentual konstant zu halten, absolut aber sogar zu reduzieren.

Erinnern wir uns an „Material und bezogene Leistungen". Dort haben wir ein ähnliches Bild gesehen. Und wir müssen uns daher auch die gleichen Fragen stellen. „Geht da noch was, oder ist sogar in einem Maß gespart worden, dass in den Folgeperioden wieder ein Mehraufwand notwendig sein muss?"

Alternativ kann man die Fragen auch anders stellen. „Fehlte in den Perioden bis zum Krisenjahr, wissend um das Wachstum und die Ergebnisse, die Stringenz im Management, die Beteiligung optimal zu ‚fahren'?"

8.4.8 Das Betriebsergebnis

Die Ergebnissituation haben wir bereits angesprochen, aber werfen wir trotzdem noch einmal ein Auge darauf. Beginnen wir mit dem operativen Saldo, dem Betriebsergebnis.

Dies ist ohne Zweifel eine der wichtigsten Saldi innerhalb der GuV, da hier das operative Ergebnis vor Finanzierung und vor Einmal- bzw. Sondereffekten ausgewiesen wird. Operatives Ergebnis heißt, dass Sie hier das Resultat aus dem eigentlichen Geschäftszweck der Gesellschaft erkennen können.

Betriebsergebnis	433,7	3%	356,4	3%	160,2	1%	1.260,5	6%	1.155,6	7%

Die ersten drei Jahre weisen mit 3, 3 und 1 % sicherlich zu geringe Ergebnisse aus 6 und 7 % müssen wir später noch besser analysieren und dann würdigen.

Aber was geht von diesen operativen Überschüssen noch weg?

Zinsen, außerordentliche Aufwendungen (z. B. Restrukturierungskosten) und Steuern. Unterstellen wir eine GmbH, dann wissen wir, dass in Deutschland eine Gesamtsteuerbelastung für Körperschaften von derzeit 27–28 % (abhängig vom Hebesatz zur Ermittlung der Gewerbeertragsteuer) zu Buche schlägt. Zusammen mit weiteren Steuern rechne ich überschlagsmäßig immer mit ca. 30 %. Rechnen wir vor Finanzierungskosten also 30 % aus dem Betriebsergebnis heraus, dann sehen wir vor unserem geistigen Auge Werte, die uns nicht begeistern können, erst recht nicht in den ersten drei Jahren. Die Perioden 4 und 5 zeigen dann zwar Werte in Höhe von 4–5 %, angesichts des vermuteten Investitionsstaus und ausgereiztem Potenzial bei den Einstandskosten und eventuell sogar Nachholbedarf bei den sonstigen betrieblichen Aufwendungen sagt uns unser Bauch aber auch, dass dies nicht so üppig ist, oder?

Außerordentliche Aufwendungen lassen wir einmal außen vor, aber Zinsen können wir in dieser Situation nicht vernachlässigen.

Also schauen wir direkt hin.

8.4.9 Das Finanzergebnis

Meist sind die Erträge geringer als die Aufwendungen, mit der Konsequenz, dass der Saldo negativ wird, die bisherige Ergebnissituation (das Betriebsergebnis) also noch mehr belastet wird.

9. Erträge aus Beteiligungen	0,0	0%	0,0	0%	0,0	0%	0,0	0%	0,0	0%
9.1 ...davon aus verbundenen Unternehmen	*0,0*	0%	*0,0*	0%	*0,0*	0%	*0,0*	0%	*0,0*	0%
10. Erträge aus Wertpapieren und Ausleihungen des Finanz-AV	0,0	0%	0,0	0%	0,0	0%	0,0	0%	0,0	0%
10.1 ...davon aus verbundenen Unternehmen	*0,0*	0%	*0,0*	0%	*0,0*	0%	*0,0*	0%	*0,0*	0%
11. Sonstige Zinsen und Erträge	7,7	0%	1,2	0%	0,4	0%	1,1	0%	1,3	0%
11.1 ...davon aus verbundenen Unternehmen	*0,0*	0%	*0,0*	0%	*0,0*	0%	*0,0*	0%	*0,0*	0%
12. Abschreibungen auf Finanzanlagen/Wertpapiere des UV	0,0	0%	0,0	0%	0,0	0%	0,0	0%	0,0	0%
13. Zinsen und ähnliche Aufwendungen	89,3	1%	93,4	1%	84,9	1%	118,0	1%	77,5	0%
13.1 ...davon an verbundene Unternehmen	*0,0*	0%	*0,0*	0%	*0,0*	0%	*0,0*	0%	*0,0*	0%
Finanzergebnis	**-81,6**	**-1%**	**-92,2**	**-1%**	**-84,5**	**-1%**	**-116,9**	**-1%**	**-76,2**	**0%**

Dieses Bild sehen wir auch bei der HKG. Das Betriebsergebnis wird weiter belastet, wenngleich das Finanzergebnis selbst eher positiv zu würdigen ist.

Das Finanzergebnis setzt sich laut HGB-Gliederungsschema offiziell aus fünf Posten zusammen, deren wichtigste Position sicherlich der Gliederungspunkt 13 „*Zinsen und ähnliche Aufwendungen*" ist.

Abschreibungen auf Finanzanlagen bzw. Wertpapiere des Umlaufvermögens sehen wir keine, allerdings ist dies mit Blick auf die Aktiva in der Bilanz auch nicht verwunderlich, da weder Finanzanlagevermögen noch Wertpapiere des Umlaufvermögens ausgewiesen sind.

Die Zinserträge sind vernachlässigbar, ansonsten „steht da nichts".

8.4.10 Das Ergebnis der gewöhnlichen Geschäftstätigkeit (EGT)

Das EGT ist eigentlich nichts anderes als das Betriebsergebnis nach Finanzierungsaufwendungen und/oder -erträgen. Da Zinsen und die steuerliche Handhabung[10] dieser jedoch je nach Land verschieden sind und damit bei Vergleichen Verzerrungen auftreten können,

[10] Bitte denken Sie daran, dass es bei uns in Deutschland schon die Diskussion gegeben hat, ob Fremdkapitalaufwendungen steuerlich (noch) abzugsfähig sein sollen. Und wenn Sie dann an die Gewerbesteuer denken, dann haben wir diese Einschränkung (Stichwort Dauerschulden) ja bereits, denn hier sind Zinsen nur bedingt als Ergebnis mindernd anzusetzen, und diese Situation ist sogar mit der Steuerreform 2011 noch verschärft worden. Ab 2008 werden dem Gewinn alle Entgelte für Schulden (nicht nur diejenigen für Dauerschulden) zu 25 % hinzugerechnet. Ferner werden ab 2008 auch 25 % der Finanzierungsanteile von Mieten, Pachten, Leasingraten und Lizenzen hinzugerechnet. Dies gilt auch dann, wenn die Miet- und Pachtzahlungen bereits beim Empfänger dieser Zahlungen der Gewerbesteuer unterliegen. Die Finanzierungsanteile sollen pauschal
– 20 % bei Mieten, Pachten und Leasingraten für bewegliche Anlagegüter,
– 65 % bei Mieten, Pachten und Leasingraten für unbewegliche Anlagegüter und
– 25 % bei Rechtsüberlassungen, insbesondere Konzessionen und Lizenzen (ausgenommen sogenannte Vertriebslizenzen)

betragen.

Um kleine und mittlere Unternehmen von der Ausweitung der Hinzurechnungen auszunehmen, gibt es einen Freibetrag in Höhe von € 100.000.

ist das bereits dargestellte Betriebsergebnis eigentlich der bessere Maßstab, um operative Profitabilität messen und bewerten zu können.

14. Ergebnis der gewöhnlichen Geschäftstätigkeit (EGT)	3%	352,1	264,2	2%	75,7	1%	1.143,6	6%	1.079,4	7%

8.4.11 Das außerordentliche Ergebnis (AO-Ergebnis)

Dabei handelt es sich um Aufwendungen und Erträge, die mit dem operativen Geschäft nichts zu tun haben, also Einmal- oder Sondereffekte sind. Sehr häufig sehen wir gerade hier bei operativen Verlusten entsprechende Erträge (z. B. aus Immobilienverkäufen), um die Verlustgröße „abzumildern".

Im Fall der HKG können wir die „AOs" ebenfalls vernachlässigen.

15. Außerordentliche Erträge	0,0	0%	0,0	0%	0,0	0%	0,0	0%	0,0	0%
16. Außerordentliche Aufwendungen	0,0	0%	0,0	0%	0,0	0%	0,0	0%	0,0	0%
17. **Außerordentliches Ergebnis**	**0,0**	**0%**	**0,0**	**0%**	**0,0**	**0%**	**0,0**	**0%**	**0,0**	**0%**

Zum 1.1.2016 sind in Deutschland mit dem BilRuG entscheidende Äußerungen beim außerordentlichen Ergebnis eingetreten, die wir im folgenden Exkurs kurz darstellen werden.

8.4.11.1 Exkurs: Das BilRUG – Bilanzrichtlinie Umsetzungsgesetz

Änderungen in der Gewinn- und Verlustrechnung

Die Definition der Umsatzerlöse in § 277 Abs. 1 HGB wird geändert. Zukünftig werden darunter alle Erlöse aus dem Verkauf, der Vermietung oder Verpachtung von Produkten sowie aus der Erbringung von Dienstleistungen verstanden. Die Differenzierung nach Erlösen aus der gewöhnlichen Geschäftstätigkeit und dem „typischen Leistungsangebot" entfällt. Dies spiegelt sich auch in der Änderung der Gliederung der Gewinn- und Verlustrechnung (§ 275 HGB) wieder. Das „Ergebnis der gewöhnlichen Geschäftstätigkeit" sowie „außerordentliche Erträge und Aufwendungen" werden nicht mehr gesondert ausgewiesen. Dies hat Auswirkungen auf die Vorjahresvergleiche und die Jahresabschlusskennzahlen.

Wesentliche Details (für unsere Betrachtungen) zum BilRUG

Wenn Sie Einsteiger(in) beim Thema Bilanz und Bilanzanalyse sind, dann können Sie die folgenden Darstellungen zum BilRUG gerne überspringen, denn jetzt wird es in der Tat leider sehr fachspezifisch. Für den Fortgang des Buches und für die Kennzahlenanalyse ist das dezidierte Kennen der durch das BilRUG ausgelösten Änderungen ab 2016 aber nicht von großer Bedeutung.

Am 18. Juni 2015 hat der Deutsche Bundestag also das Bilanzrichtlinienumsetzungsgesetz (BilRUG) entsprechend der Beschlussempfehlung des Ausschusses für Recht und Verbraucherschutz vom 17. Juni 2015 verabschiedet. Damit ist das BilRUG die größte HGB-Reform seit dem Bilanzrechtsmodernisierungsgesetz (BilMoG) aus dem Jahr 2009.

Neuerungen gegenüber den bisherigen HGB-Vorschriften
Wesentliche Neuerungen sind:

- die erhöhten Schwellenwerte für die Einteilung der Größenklassen (§ 267 HGB), sieh oben,
- die Neufassung der Umsatzdefinition (§ 277 HGB),
- Änderungen bei den Voraussetzungen für die Befreiung von der Aufstellungs-, Prüfungs- und Offenlegungspflicht für konzernangehörige Kapitalgesellschaften gem. § 264 Abs. 3 HGB und Personenhandelsgesellschaften gem. § 264b HGB,
- die Ausschüttungssperre für in der Gewinn- und Verlustrechnung (phasengleich) ausgewiesene Beteiligungserträge, die noch nicht als Dividende oder Gewinnanteil eingegangen sind oder auf deren Zahlung (noch) kein Anspruch besteht (§ 272 Abs. 5 HGB) und
- Änderungen der Pflichtangaben im Anhang gem. § 285 HGB sowie der entsprechenden Erleichterungen für kleine und mittelgroße Gesellschaften.

Erstanwendungszeitpunkt und Übergangsregelungen
Die Regelungen des BilRUG sind erstmals in den Geschäftsjahren anzuwenden, die nach dem 31. Dezember 2015 beginnen. Die Im Regierungsentwurf vorgesehene Möglichkeit zur vorzeitigen Anwendung für Geschäftsjahre, die nach dem 31. Dezember 2014 beginnen, wurde gestrichen. Beibehalten wurde die Möglichkeit, die angehobenen Schwellenwerte für kleine und mittelgroße Kapitalgesellschaften für Geschäftsjahre, die nach dem 31. Dezember 2013 beginnen, anzuwenden, wenn gleichzeitig die Neu-Definition der Umsatzerlöse angewandt wird.

Mit dem Wahlrecht für die vorgezogene Erstanwendung der erhöhten Schwellenwerte wird den Bilanzierenden faktisch eine zweijährige Übergangszeit eingeräumt (bei kalendergleichem Geschäftsjahr freiwillige Erstanwendung zum 31. Dezember 2014, freiwillige Erstanwendung zum 31. Dezember 2015 oder verpflichtende Anwendung zum 31. Dezember 2016). Damit sich eine günstigere Einstufung ergibt, müssen die Schwellenwerte an den Abschlussstichtagen von 2 aufeinanderfolgenden Geschäftsjahren unterschritten werden.

Laut Regierungsbegründung werden bei dieser Betrachtung die neuen Schwellenwerte rückbezogen, d. h. eine Gesellschaft ist zum Abschlussstichtag des 31. Dezembers 2014 auch dann klein, wenn sie zu diesem Stichtag und zum 31. Dezember 2013 oder zum 31. Dezember 2013 und zum 31. Dezember 2012 2 der 3 Merkmale nach Anhebung durch das BilRUG

- Bilanzsumme € 6 Mio.,
- Umsatzerlöse € 12 Mio.,
- 50 Beschäftigte im Jahresdurchschnitt

nicht überschritten hat.

Beispiel (Daten fiktiv, eigene Darstellung):

Jahr	Bilanzsumme in T€	Umsatz in T€	Arbeitnehmer
2012	5.100	11.900	70
2013	5.900	11.500	70
2014	5.700	11.950	70

Nach den alten Schwellenwerten ist diese GmbH jedenfalls in den Jahren 2013 und 2014 mittelgroßverpflichtet, einen Lagebericht aufzustellen, sich prüfen zu lassen und die Gewinn- und Verlustrechnung offenzulegen. Nutzt sie das Wahlrecht und wendet sie bereits für das Geschäftsjahr 2014 die neuen Schwellenwerte an, ist nach der Zwei-Jahres-Regelung auch das Vergleichsvorjahr 2013 nach den neuen Schwellenwerten zu beurteilen. Danach sind sowohl für 2013 als auch für 2014 die Merkmale für eine kleine Kapitalgesellschaft erfüllt, da 2 der 3 einschlägigen Kriterien (Bilanzsumme und Umsatzerlöse) nicht überschritten werden. Sie ist 2014 nicht mehr prüfungspflichtig und kann bestimmte Aufstellungs- und Offenlegungserleichterungen in Anspruch nehmen.

Anpassung der Größenklassen für Kapitalgesellschaften

Kleine und mittelgroße Kapitalgesellschaften (KapGes) und OHGs oder KGs, bei denen nicht mindestens ein persönlich haftender Gesellschafter eine natürliche Person ist (Kap-CoGes), können hinsichtlich Rechnungslegung, Prüfung und Offenlegung bestimmte Erleichterungen in Anspruch nehmen. Maßgeblich dafür sind bestimmte Schwellenwerte (Bilanzsumme, Umsatzerlöse und Mitarbeiterzahl). Gegenüber dem bisherigen Stand hat die EU-Bilanzrichtlinie die Werte für Bilanzsumme und Umsatzerlöse erhöht. Der Wert für die Mitarbeiterzahl sowie die Kriterien für die Abgrenzung von Kleinstkapitalgesellschaften blieben hingegen unverändert. Der deutsche Gesetzgeber wird voraussichtlich die Vorgaben der EU bis zur maximal zulässigen Grenze ausschöpfen.

Im Vergleich zum derzeitigen Stand ändern sich die Schwellenwerte gemäß § 267 Abs. 1 und Abs. 2 HGB-E wie folgt:

	Fassung	HGB alte Fassung	HFB neue Fassung	Differenz
		€	€	€
Kleine KapGes	Bilanzsumme	≤ 4.840.000	≤ 6.000.000	1.160.000
	Umsatzerlöse	≤ 9.680.000	≤ 12.000.000	2.320.000
Mittelgroße KapGes	Bilanzsumme	≤ 19.250.000	≤ 20.000.000	750.000
	Umsatzerlöse	≤ 38.500.000	≤ 40.000.000	1.500.000
Große KapGes	Bilanzsumme	> 19.250.000	> 20.000.000	750.000
	Umsatzerlöse	> 38.500.000	> 40.000.000	1.500.000

Die Anhebung der Schwellenwerte für kleine Kapitalgesellschaften fällt also deutlich höher aus als die für mittelgroße Kapitalgesellschaften.

Es wird nunmehr klargestellt, dass bei der Berechnung der Bilanzsumme für die Größenklassen nach § 267 Abs. 1 und Abs. 2 HGB-E die lediglich per Wahlrecht anzusetzenden aktiven latenten Steuern einzubeziehen sind, nicht aber ein auf der Aktivseite ausgewiesener „Nicht durch Eigenkapital gedeckter Fehlbetrag" i.S. des § 268 Abs. 3 HGB. Damit hat die Nutzung des Aktivierungswahlrechts auch weiterhin Einfluss auf die Bestimmung der Größenklassen. Zudem ist zu beachten, dass die Neudefinition der Umsatzerlöse (siehe Neudefinition der Umsatzerlöse) Auswirkungen auf die Bestimmung der Größenklassen haben kann.

Klarstellung im Zusammenhang mit Formwechseln

Eine Änderung der Größenklasse tritt grundsätzlich erst ein, wenn die entsprechenden Kriterien in 2 aufeinanderfolgenden Geschäftsjahren über- oder unterschritten werden. Damit soll eine gewisse Kontinuität gewahrt werden. Allerdings soll eine Kapitalgesellschaft, die durch Neugründung oder Umwandlung (Verschmelzung, Spaltung, Formwechsel) entsteht, ab dem ersten Jahr entsprechend ihrer Größenmerkmale eingruppiert werden. In Hinblick darauf wird nun klargestellt, dass in den Fällen, in denen der formwechselnde Rechtsträger bereits eine Kapitalgesellschaft oder KapCoGes ist, weiterhin die Zweijahresbetrachtung anzuwenden ist.

Umfang der Erleichterungen

Ändern wird sich durch das BilRUG auch der Umfang der Erleichterungen für kleine und mittelgroße Gesellschaften; die wesentlichen Neuerungen betreffen § 288 HGB-E und stellen sich wie folgt dar:

Kleine Kapitalgesellschaften brauchen danach die folgenden Anhangangaben nicht zu machen:

- die nach § 264c Abs. 2 Satz 9 HGB geforderte Angabe zu den im Handelsregister gem. § 172 Abs. 1 HGB eingetragenen Einlagen, soweit diese noch nicht geleistet sind;
- Erläuterungen zu geschäftszweigspezifischen Abweichungen der Gliederung nach § 265 Abs. 4 Satz 2 HGB und zu deren Erläuterung;

- Ursachen latenter Steuern und der der Bewertung zugrunde gelegte Steuersatz (§ 285 Nr. 29);
- Angabe der Steuersalden in der Bilanz und deren Entwicklung im abgelaufenen Geschäftsjahr (§ 285 Nr. 30);
- Angabe der periodenfremden Aufwendungen und Erträge, soweit die Beträge nicht von untergeordneter Bedeutung sind (§ 285 Nr. 32);
- Vorgänge von besonderer Bedeutung, die nach dem Schluss des Geschäftsjahres eingetreten sind (mit Auswirkungen auf die Finanzlage, § 285 Nr. 33);
- Vorschlag oder Beschluss der Ergebnisverwendung (§ 285 Nr. 33).

Während kleine Kapitalgesellschaften von der bisherigen Pflicht zur Erläuterung außerordentlicher GuV-Posten befreit waren (§ 276 Satz 2 HGB), gilt eine solche Befreiung nicht für die neu aufgenommene Pflicht zur Angabe und Erläuterung von Ertrags- oder Aufwandsposten von außergewöhnlicher Größenordnung oder außergewöhnlicher Bedeutung (§ 285 Nr. 31 HGB-E).

Für mittelgroße Kapitalgesellschaften gilt Folgendes:

- Es entfällt die bisherige Befreiung von bestimmten Angabepflichten zu nicht in der Bilanz enthaltenen Geschäften (§ 285 Nr. 3 HGB).
- Es bleibt die bisherige Befreiung von den Angaben zu Ursachen latenter Steuern und zu dem bei der Bewertung latenter Steuern zugrunde gelegten Steuersatz (§ 285 Nr. 29 HGB) bestehen.
- Es ist keine Befreiung von der neu eingefügten Pflicht zur Angabe der latenten Steuersalden am Ende des Geschäftsjahrs und der in den Bilanzen im Laufe des Geschäftsjahrs erfolgten Änderungen dieser Salden vorgesehen.

Änderungen in der GuV

Das Bilanzrichtlinienumsetzungsgesetz (BilRUG) sieht auch eine Änderung des Ausweises in der Gewinn- und Verlustrechnung vor. Danach werden die Umsatzerlöse neu definiert sowie außerordentliche Aufwendungen und Erträge nicht mehr separat in der Gewinn- und Verlustrechnung ausgewiesen.

Neudefinition der Umsatzerlöse

Nach der bisherigen Regelung des § 277 Abs. 1 HGB sind Erlöse aus dem Verkauf und der Vermietung oder Verpachtung von für die gewöhnliche Geschäftstätigkeit der Gesellschaft typischen Erzeugnissen und Waren sowie aus von für die gewöhnliche Geschäftstätigkeit der Gesellschaft typischen Dienstleistungen nach Abzug von Erlösschmälerungen und der Umsatzsteuer als Umsatzerlöse auszuweisen. Die Altregelung stellt bei der Abgrenzung der Umsatzerlöse somit auf typische Geschäfte im Rahmen der gewöhnlichen Geschäftstätigkeit ab. Die Neudefinition im Regierungsentwurf löst sich von dieser Abgrenzung und definiert Umsatzerlöse als Erlöse aus dem Verkauf und der Vermietung oder Verpachtung von Produkten sowie aus der Erbringung von Dienstleistungen der Gesellschaft nach Abzug der Erlösschmälerungen, der Umsatzsteuer und sonstigen direkt mit dem Umsatz verbundenen Steuern.

Der neuen Regelung folgend sind künftig sämtliche Erlöse aus Produkten und Dienstleistungen als Umsatzerlöse zu erfassen. Dies kann zu einer Umgliederung von bislang unter den sonstigen betrieblichen Erträgen ausgewiesenen Erlösen aus Nebentätigkeiten (z. B. Verwaltungskostenumlagen von Konzernunternehmen, Kantinenerlöse, Schrottverkäufe, Verleih von Arbeitskräften etc.) in die Umsatzerlöse führen.

Zu Abgrenzungsschwierigkeiten kann es bei der Definition von Produkten und Dienstleistungen kommen. Handelt es sich etwa bei der Veräußerung einer zuvor selbst erstellten und eigengenutzten Anlage um den Verkauf eines Produkts, der zu einem Ausweis als Umsatzerlös führt, oder nicht? Zudem wird die Neudefinition zu einer Verzerrung von umsatzbezogenen Kennzahlen führen. Unseres Erachtens wäre es somit konsequent und sachgerecht, auch den Posten „sonstige betriebliche Aufwendungen" entsprechend aufzulösen. Bei Anwendung des Umsatzkostenverfahrens müsste zudem eine entsprechende Anpassung der Herstellungskosten und beim Gesamtkostenverfahren eine Verschiebung in die Material- und Personalaufwendungen erfolgen.

Die Neudefinition stellt eine wesentliche Änderung gegenüber der aktuellen Regelung dar und führt zu erheblichem Umstellungsaufwand bei Unternehmen, da eine neue Kontenzuordnung sowie entsprechende Anpassungen an der Berichterstattung erfolgen müssen.

Darüber hinaus führt die Neuregelung im HGB zu Unterschieden im Vergleich zur internationalen Rechnungslegung nach IFRS und US-GAAP. Eine eingeschränkte Vergleichbarkeit ist die Folge.

Wegfall der außerordentlichen Aufwendungen und Erlöse

Die bisherige Ausweisregelung zu außerordentlichen Aufwendungen und Erträgen in § 277 Abs. 4 HGB wird durch das BilRUG ersatzlos gestrichen. Danach ist ein separater Ausweis von außerordentlichen Aufwendungen und Erträgen in der Gewinn- und Verlustrechnung nicht mehr erlaubt. Dies führt zur Angleichung an die internationale Rechnungslegung, da die IFRS einen separaten Ausweis der außerordentlichen Aufwendungen und Erträge nicht mehr kennen. Auch nach US-GAAP wurde kürzlich ein separater Ausweis abgeschafft.

Künftig sind dafür nach § 285 Nr. 31 HGB-E im Anhang für einzelne Aufwands- und Ertragsposten von außergewöhnlicher Größenordnung und Bedeutung Betrag und Art anzugeben, wenn die Beträge nicht von untergeordneter Bedeutung sind. Diese Angabe stellt jedoch kein Wiederaufleben der gestrichenen Angabe in der Gewinn- und Verlustrechnung dar, sondern bezieht sich explizit auf außergewöhnliche („exceptional") Sachverhalte. Da die Definition von „außerordentlich" und „außergewöhnlich" nicht deckungsgleich ist, werden die in der Vergangenheit in der Gewinn- und Verlustrechnung angegebenen Beträge von den zukünftigen Angaben im Anhang abweichen.

Anwendungsvorschriften

Die Neudefinition der Umsatzerlöse kann wahlweise für Geschäftsjahre, die am oder nach dem 01. Januar 2014 beginnen angewendet werden, wenn gleichzeitig die Anwendung der veränderten Schwellenwerte für die Größenklassen nach §§ 267, 267a Abs. 1, 293 HGB-E erfolgt. Ansonsten ist die Anwendung für Geschäftsjahre, die am oder nach dem 01. Januar 2016 beginnen, verpflichtend.

Und zu den Pensionsrückstellungen gibt es auch neue Regelungen. Auch wenn wir diese erst später näher betrachten, wollen wir diese Neuerungen und potenzielle Auswirkungen auch an dieser Stelle kurz darstellen.

Pensionsrückstellungen

Der Deutsche Bundestag hat am 18. Juni 2015 das Bilanzrichtlinienumsetzungsgesetz (BilRUG) verabschiedet. Dem lagen eine Beschlussempfehlung und ein Bericht des Ausschusses für Recht- und Verbraucherschutz zu Grunde (Drucksache 18/5256). Gleichzeitig hat der deutsche Bundestag im Rahmen der Verabschiedung des BilRUG auch eine Entschließung zu Pensionsrückstellungen angenommen.

Kern dieser Entschließung ist der Auftrag des Deutschen Bundestages an die Bundesregierung, sich kurzfristig mit der Frage des Diskontierungssatzes für Pensionsrückstellungen zu beschäftigen und eine angemessene Neuregelung vorzuschlagen.

Rechnungszins für Pensionsrückstellungen

Pensionsrückstellungen sind in Höhe des nach vernünftiger kaufmännischer Beurteilung notwendigen Erfüllungsbetrages anzusetzen. Sie sind grundsätzlich nach § 253 Abs. 2 Satz 1 HGB mit dem ihrer Restlaufzeit entsprechenden durchschnittlichen Marktzinssatz der vergangenen 7 Geschäftsjahre abzuzinsen (Rechnungszins). Dieser wird von der Deutschen Bundesbank monatlich entsprechend der Rückstellungsabzinsungsverordnung (RückAbzinsV) ermittelt und veröffentlicht. Dabei wird in der Praxis häufig von der Vereinfachungsregelung nach § 253 Abs. 2 Satz 2 HGB Gebrauch gemacht, nach der der Rechnungszins pauschal bei Annahme einer Restlaufzeit von 15 Jahren ermittelt wird.

Diese Regelung wurde mit der Verabschiedung des Bilanzechtsmodernisierungsgesetzes (BilMoG) im Jahr 2009 geschaffen. Zielsetzung war es u. a., den Rückstellungsausweis in den Jahresabschlüssen, bei Abkoppelung vom steuerlichen Rechnungszins von 6 %, sukzessive an den tatsächlichen Verpflichtungsumfang anzupassen. Um die daraus entstehende Effekte abzumildern, wurde einerseits die Durchschnittsbildung bei der Zinssatzermittlung über 7 Jahre vorgesehen und andererseits die Möglichkeit zur Verteilung der Erstanpassung für 15 Jahre geschaffen (Art. 67 Abs. 1 EGHGB). Mittlerweile hat sich aber gezeigt, dass aufgrund der anhaltend niedrigen Zinsen der im Rahmen der Verabschiedung der Regelung unterstellte Niedrigzinszyklus doch länger andauert. Dies führt dazu, dass sich der von der Bundesbank zum 31. Mai 2015 mit 4,26 % ermittelter Rechnungszins voraussichtlich bis 2019 auf 2 bis 2,5 % reduzieren wird.

Auswirkung des Rechnungszinses auf den Jahresabschluss
Dies ist insoweit problematisch, als das weitere Absinken des Rechnungszinses zu erheblichen Effekten in Bilanz und Gewinn- und Verlustrechnung von nach HGB bilanzierenden Unternehmen führen wird. Die Pensionsrückstellungen werden sich sukzessive erhöhen und die jährlichen Anpassungen sind ergebniswirksam in der Gewinn- und Verlustrechnung zu erfassen. Dadurch ergeben sich erhebliche Ergebnisbelastungen und strukturelle Veränderungen in der Bilanz, möglicherweise mit entsprechenden Effekten auf die Eigenkapitalquoten und ggf. damit zusammenhängende Kreditvereinbarungen. Darüber hinaus sinkt die Bereitschaft der Unternehmen, zur privaten Altersvorsorge ihrer Mitarbeiter beizutragen. Dies ist umso mehr von Bedeutung, als ein Absinken des Rechnungszinses um 1 %, abhängig von der Struktur des Bestandes an Pensionsanwärtern oder -berechtigten, zu einer Erhöhung der Pensionsverpflichtung um 10 bis 20 % führen kann.

Hinweis

In diesem Buch lassen wir die außerordentlichen Erträge und Aufwendungen und somit das außerordentliche Ergebnis aber weiter ausgewiesen.

Einerseits gibt es z. B. in Österreich weiterhin diese GuV Posten und andererseits haben wir diese ja auch in den Abschlüssen der Vorperioden.

Und außerdem werden außerordentliche Ergebnisse in der Bewertung teilweise nicht berücksichtigt. In diesem Fall kann dann direkt auf die hier ausgewiesenen Größen zugegriffen werden. ◀

8.4.12 Ergebnislage

Für eingefleischte GuV- und Bilanzleser ist der nächste Saldo „Ergebnis vor Steuern" vielleicht überraschend, denn er wird nach HGB-Gliederungsschema eigentlich nicht ausgewiesen. Wir weisen ansonsten im HGB-Gliederungsschema an verschiedenen Stellen in der GuV Zwischensaldi aus, aber hier aus unbegreiflichen Gründen leider keinen. Dies hat mir übrigens noch niemand stichhaltig erklären können.

Ich mag diesen Saldo aber, zumal er nicht durch unterschiedliche Steuerzahlungen (hier Körperschaftsteuer[11]) verwässert ist, wenn wir Firmen vergleichen.

[11] Die Körperschaftsteuer bemisst sich nach dem zu versteuernden Einkommen der Kapitalgesellschaft. Ausgangsbasis für die Ermittlung des zu versteuernden Einkommens einer Kapitalgesellschaft ist der Gewinn. Dieser wird nach den Vorschriften des Körperschaftsteuergesetzes (KStG) und des Einkommensteuergesetzes (EStG) ermittelt. Der Steuersatz für Körperschaften betrug bis einschließlich 2007 25 %, seit Beginn 2008 15 %. Kapitalgesellschaften müssen darüber hinaus auch Gewerbesteuer zahlen, wobei die Gewinnermittlung für Zwecke der KSt den Ausgangspunkt für die Ermittlung der Bemessungsgrundlage der Gewerbesteuer, den Gewerbeertrag, bildet. Die Gewerbesteuer selbst war im Gegensatz zur Körperschaftsteuer für vor dem 31. Dezember 2007 endende Erhebungszeiträume als Betriebsausgabe abziehbar. Mit der Unternehmersteuerreform 2008 ist die Gewerbesteuer generell, also sowohl bei der Gewerbesteuer

	Ergebnis vor Steuern	**352,1**	**3%**	**264,2**	**2%**	**75,7**	**1%**	**1.143,6**	**6%**	**1.079,4**	**7%**
18.	Steuern von Einkommen und Ertrag	96,8	1%	73,3	1%	16,6	0%	340,7	2%	317,6	2%
19.	Sonstige Steuern	5,9	0%	5,9	0%	6,3	0%	7,9	0%	7,9	0%
				0,0							
	Steuer gesamt	102,7	1%	79,2	1%	22,9	0%	348,6	2%	325,5	2%
	Steuersatz	29,2%		30,0%		30,3%		30,5%		30,2%	
20.	**Jahresüberschuss/Jahresfehlbetrag**	**249,4**	**2%**	**185,0**	**2%**	**52,8**	**0%**	**795,0**	**4%**	**753,9**	**5%**

Der Steuersatz selbst wird nach HGB auch nicht ausgewiesen, ist für mich aber interessant, und deshalb berechne ich ihn auch immer wieder und weise in aus.

Hier sehen wir jetzt in den letzten beiden Perioden die bereits antizipierten Größen in Höhe von 4 und 5 %.

Ohne sehr kritisch zu sein: Die ersten drei Perioden überzeugen ja wirklich nicht. Umsatzrenditen von 2 % und geringer sind auch nicht gerade Spitzenergebnisse. Die dann ausgewiesenen 4 und 5 % haben wir bereits oben als ebenfalls (wahrscheinlich) nicht ausreichend gewürdigt, was allerdings noch zu untermauern ist.

Der Jahresüberschuss ist dann das Nettoeinkommen der Periode – im negativen Fall sprechen wir vom Jahresfehlbetrag.

Dieser Betrag (in Österreich: Überleitung zunächst zum Bilanzgewinn, siehe vorne) wird dann in die Bilanz gebucht und zwar auf die (rechte) Passivseite in den Posten „Eigenkapital"; ein (positiver) Jahresüberschuss erhöht damit das Eigenkapital, ein (negativer) Jahresfehlbetrag reduziert das Eigenkapital.

8.4.13 Die GuV als Unterkonto des Eigenkapitals

Daraus können wir jetzt zwei Schlussfolgerungen ziehen:

- Mit der Umbuchung des Jahresüberschusses/-fehlbetrags in die Bilanz wird die GuV wieder auf null gestellt. Mit dem Beginn der neuen Periode beginnt auch die Addition aller Erträge und Aufwendungen wieder von neuem. Die GuV ist somit ein kumuliertes periodisches Zahlenwerk, das in jedem Jahr neu, also bei null beginnend, aufgebaut wird. Die Bilanz hingegen wird fortgeschrieben und zeigt auch keinen kumulierten Status, sondern immer Mittelverwendung (aktiv) und Mittelherkunft (passiv) zu einem Stichtag. Ähnlich einem Sparkonto ist das Vermögen zu einem bestimmten Tag ausgewiesen.

---

selbst als auch bei der Einkommen- und Körperschaftsteuer, vom Betriebsausgabenabzug ausgenommen (§ 4 Abs. 5B EStG-Neu).

Auf die festgesetzte KSt wird außerdem noch der Solidaritätszuschlag von derzeit 5,5 % erhoben.

So errechnete sich bis einschließlich 2007 eine Gesamtsteuerbelastung, abhängig vom Hebesatz bei der Berechnung der Gewerbesteuer, in Höhe von 37–39 % für eine Körperschaft in Deutschland.

- Wenn der finale Überschuss der GuV am Ende der Periode in die Bilanz, um genau zu sein in das Eigenkapital, gebucht wird, dann kann man auch folgende Argumentationskette aufbauen.
  1. Die komplette GuV einer Periode ist im Eigenkapital (versteckt bzw. verkürzt) abgebildet (nur der Jahresüberschuss/-fehlbetrag wird ausgewiesen). Daraus folgt:
  2. Die GuV ist ein Unterkonto des Eigenkapitals. Daraus folgt zusätzlich:
  3. Jeder Aufwand in der GuV reduziert, jeder Ertrag in der GuV steigert das Eigenkapital in der Bilanz. Daraus folgt (für den Kenner von Buchungssätzen):
  4. Jeder Aufwand in der GuV (und damit Eigenkapitalreduktion in der Bilanz) wird im T-Konto im *Soll*, jeder Ertrag in der GuV (und damit Eigenkapitalsteigerung in der Bilanz) wird im T-Konto im Haben gebucht.
  5. Jeder Buchungssatz lautet: *Soll* an *Haben*.

8.4.14 Zusammenfassung der HKG GuV

Bei der HKG erkennen wir zunächst eine Seitwärtsbewegung in den ersten drei dargestellten Jahren, dann ein erfreuliches Wachstum, gefolgt von einem Einbruch in Höhe von 50 % des vorperiodischen Wachstums. Die Geschäftsausstattung scheint aufgrund der geringen durchschnittlichen Abschreibungen gelitten zu haben. Auffällig ist die Entwicklung der Einstandskosten und der sonstigen betrieblichen Erträge, besonders im letzten „Krisenjahr". Dies hatte uns schon zu denken gegeben. Die Entwicklung der Personalkosten ist allerdings positiv zu würdigen, jedoch haben wir zur Höhe der Personalkosten noch nichts gesagt.

Die Ergebnisse sind mit großer Wahrscheinlichkeit zu gering, auch in den letzten beiden Jahren.

Ein Wort noch zur Höhe der Personalkosten. Überlegen wir doch einmal: Die HKG schafft es, in einem schwierigen Jahr die Einstandskosten und die sonstigen betrieblichen Aufwendungen signifikant zu senken. Allerdings ist das Ergebnis dennoch nicht zufriedenstellend.

Die Personalkosten sind in Bezug auf die Umsatzerlöse in den ausgewiesenen Jahren quasi konstant, legen absolut aber zu. Interessant ist aber die Periode 4 im Vergleich zur Periode 5. Das Management war gezwungen, das Personal nochmals um 8 Mio. aufzustocken.

Es stellt sich zudem auch die Frage, ob bei besserer technischer Ausstattung – wir wissen ja, dass das Sachanlagevermögen nicht gewachsen und insgesamt auch nicht hoch ist – die Personalstärke und damit die Personalkosten(steigerung) ab der vierten Periode gar nicht notwendig gewesen wären.

Hier muss das „Due-Diligence"-Team des potenziellen Käufers ein wenig genauer hinschauen.

8.5 Die Bilanz der HKG – die Passiva

Blenden wir uns das Zahlenwerk zunächst noch einmal ein, damit auch an dieser Stelle ein Rückblättern unnötig wird.

Da wir dann aber mit den Passiva beginnen werden, wollen wir an dieser Stelle auch zunächst nur die Passivseite abbilden.

		T€		T€		T€		T€		T€	
	Periode	1		2		3		4		5	
Passiva											
	I. Gezeichnetes Kapital	800,0	15%	800,0	16%	800,0	15%	800,0	14%	800,0	15%
	davon ausstehende Einlagen	0,0	0%	0,0	0%	0,0	0%	0,0	0%	0,0	0%
	II. Vorabentnahme	0,0	0%	0,0	0%	0,0	0%	0,0	0%	0,0	0%
	III. Gewinnrücklagen	0,0	0%	0,0	0%	0,0	0%	0,0	0%	0,0	0%
	… davon gesetzliche Rücklage	0,0	0%	0,0	0%	0,0	0%	0,0	0%	0,0	0%
	… davon Rücklage für eigene Anteile	0,0	0%	0,0	0%	0,0	0%	0,0	0%	0,0	0%
	… davon satzungsgemäße Rücklagen	0,0	0%	0,0	0%	0,0	0%	0,0	0%	0,0	0%
	… davon andere Gewinnrücklagen	0,0	0%	0,0	0%	0,0	0%	0,0	0%	0,0	0%
	IV. Gewinnvortrag/Verlustvortrag	221,9	4%	271,3	5%	456,3	8%	509,1	9%	1.304,2	24%
	V. Jahresüberschuss/Jahresfehlbetrag	249,4	5%	185,0	4%	52,8	1%	795,0	13%	753,9	14%
	VI. Sonderposten mit Rücklageanteil	0,0	0%	0,0	0%	0,0	0%	0,0	0%	0,0	0%
A	Eigenkapital	1.271,3	25%	1.256,3	25%	1.309,1	24%	2.104,1	36%	2.858,1	52%
	I. Rückstellungen für Pensionen & ähnliche Verpflichtungen	0,0	0%	0,0	0%	0,0	0%	306,4	5%	0,0	0%
	II. Steuerrückstellungen	4,5	0%	0,0	0%	0,0	0%	0,0	0%	0,0	0%
	III. Sonstige Rückstellungen	349,5	7%	280,7	6%	363,8	7%	618,2	10%	456,5	8%
B	Rückstellungen	354,0	7%	280,7	6%	363,8	7%	924,6	16%	456,5	8%
	… davon Anleihen, davon konvertibel	0,0	0%	0,0	0%	0,0	0%	0,0	0%	0,0	0%
	… davon Verbindlichkeiten gegenüber Kreditinstituten	2.382,6	46%	2.381,8	48%	2.564,8	48%	2.199,5	37%	1.348,7	25%
	… davon erhaltene Anzahlungen auf Bestellungen	0,0	0%	0,0	0%	0,0	0%	0,0	0%	0,0	0%
	… davon Verbindlichkeiten aus Lieferungen & Leistungen	1.019,8	20%	742,9	15%	888,1	17%	315,7	5%	458,3	8%
	… davon Verbindlichkeiten aus der Annahme gezogener/ Ausstellung eigener Wechsel	0,0	0%	0,0	0%	0,0	0%	0,0	0%	0,0	0%
	… davon Verbindlichkeiten gegen verbundene Unternehmen	25,1	0%	115,2	2%	19,5	0%	0,0	0%	105,3	2%
	… davon Verbindlichkeiten gegenüber Gesellschaftern	0,0	0%	0,0	0%	0,0	0%	0,0	0%	0,0	0%
	… davon sonstige Verbindlichkeiten	129,6	3%	195,8	4%	228,6	4%	353,5	6%	223,5	4%
	a) davon aus Steuern	0,0	0%	0,0	0%	0,0	0%	0,0	0%	0,0	0%
	b) davon im Rahmen der sozialen Sicherheit	0,0	0%	0,0	0%	0,0	0%	0,0	0%	0,0	0%
C	Verbindlichkeiten	3.557,1	69%	3.435,7	69%	3.701,0	69%	2.868,7	49%	2.135,8	39%
D	Rechnungsabgrenzungsposten	0,0	0%	0,0	0%	0,0	0%	0,0	0%	0,0	0%
Summe Passiva		5.182,4	100%	4.972,7	100%	5.373,9	100%	5.897,4	100%	5.450,4	100%

Wenn wir genau hinsehen, fällt auf, dass die Bilanzsumme langsamer zulegt als die bereits betrachteten Umsatzerlöse. Ist das gut? Ja, aber das werden wir uns später anschauen (Kennzahlenanalyse).

So viel vorweg – wir erkennen die schnellere Zunahme des Umsatzes an der Kennzahl „Kapitalumschlag", der von 2,5 über die fünf Jahre auf 3 wächst.

Gesamtkapitalumschlag (Faktor) (Wie häufig wird das Kapital auf Basis der Erlöse umgeschlagen?) oder (Wie hoch ist die Rotations- bzw. Reproduktionsgeschwindigkeit des eingesetzten Kapitals?)	Zähler Nominator	Gesamterlöse	13.160,40	11.441,60	13.322,00	19.697,40	16.476,40
	Nenner Denomiator	Bilanzsumme	5.182,40	4.972,70	5.373,90	5.897,40	5.450,40
	Ergebnis Result	*Division*	2,54	2,30	2,48	3,34	3,02

Wie gesagt, wir werden an späterer Stelle dazu Stellung beziehen, hier geht es zunächst darum, das Zahlenwerk grob zu verstehen.

8.5.1 Struktur der Passiva

Wie bekannt, ist die Bilanz im Gegensatz zur GuV kein kumuliertes Zahlenwerk auf den letzten Tag der Periode, sondern immer eine Stichtagsbetrachtung, die auch jeweils bei Neuperiodenanfang fortgeschrieben wird und nicht wieder bei null beginnt.

Ähnlich der Vorgehensweise bei der GuV wollen wir auch hier zunächst mit einer ersten Einschau beginnen, um ein Grobverständnis der Ausgangslage der Beteiligung HKG aufzubauen. Wir fangen wieder mit der Betrachtung nach Einzelposten und/oder Saldi an – der Start mit der Passivseite hat sich bewährt.

Schauen wir genau hin, erkennen wir neben der Gesamtsumme mehrere Saldi. Die Passivseite, also die Seite, die über die Mittelherkunft Auskunft gibt, hat ähnlich der GuV auch nach HGB eine vorgegebene Struktur.

Folgen wir den fett geschriebenen Saldi, so erkennen wir vier Unterkapitel[12]:

Die grobe Struktur besteht aus vier Gruppen:

- Eigenkapital,
- Rückstellungen,
- Verbindlichkeiten,
- Abgrenzungsposten.

Eigenkapital ist der Betrag, der dem oder den Anteilseignern gehört.

Rückstellungen sind zunächst einmal Verpflichtungen für ungewisse Verbindlichkeiten, also wirtschaftliche Verpflichtungen, die

- dem Grunde nach (*ob?*),
- des Auszahlungszeitpunktes (*wann?*),
- und/oder der Höhe nach (*wie viel?*)

noch nicht sicher sind.

Durch ihre Passivierung (Darstellung auf der Passivseite der Bilanz) wird dem Prinzip des *Gläubigerschutzes* (dabei handelt es sich um ein Vorsichtsprinzip) Rechnung getragen, da damit sichergestellt wird, dass ein Unternehmen bei Eintritt der ungewissen Verbindlichkeit über hinreichend Kapital verfügt, um der Verpflichtung nachkommen zu können. Wir sprechen daher auch von Eventualverbindlichkeiten.

Rückstellungen sind aber zum Zeitpunkt der Bilanzerstellung Verbindlichkeiten, wenngleich teilweise ungewiss und mit eigenem Namen.

Verbindlichkeiten sind die Beträge, die entweder Banken, verbundene Unternehmen, Beteiligungen und/oder Lieferanten zur Verfügung gestellt haben. Es handelt sich damit um kurz- oder langfristige Darlehen.

---

[12] Die leicht gelbe Markierung im Excel Tool bei den Rechnungsabgrenzungsposten zeigt lediglich an, dass die Details dazu in einem anderen Tabellenblatt eingegeben werden.

Passivische Rechnungsabgrenzungsposten sind zu bilden, wenn Einnahmen vor dem Abschlussstichtag anfallen, aber erst nach einem bestimmten Zeitpunkt Ertrag werden.

Gehen wir die Posten wieder im Detail durch.

8.5.2 Eigenkapital

Unter Eigenkapital[13] werden generell alle Beträge der Passivseite der Bilanz verstanden, die den Anteilseignern zuzuordnen sind. Wir haben hier die Sonderposten mit Rücklageanteil ausgewiesen, Sie können diese aber im Excel Tool auch „einklappen". Darüber hatten wir bereits gesprochen.

		T€		T€		T€		T€		T€	
	(Kalender) Jahr	**2009**		**2010**		**2011**		**2012**		**2013**	
	Periode	**1**		**2**		**3**		**4**		**5**	
Passiva											
I.	Gezeichnetes Kapital	800,0	15%	800,0	16%	800,0	15%	800,0	14%	800,0	15%
	... davon ausstehende Einlagen	*0,0*	0%	*0,0*	0%	*0,0*	0%	*0,0*	0%	0,0	0%
II.	Vorabentnahme	*0,0*	0%	*0,0*	0%	*0,0*	0%	*0,0*	0%	0,0	0%
III.	Gewinnrücklagen	*0,0*	0%	*0,0*	0%	*0,0*	0%	*0,0*	0%	0,0	0%
	... davon gesetzliche Rücklage	*0,0*	0%	*0,0*	0%	*0,0*	0%	*0,0*	0%	*0,0*	*0%*
	... davon Rücklage für eigene Anteile	*0,0*	0%	*0,0*	0%	*0,0*	0%	*0,0*	0%	*0,0*	*0%*
	... davon satzungsgemäße Rücklagen	*0,0*	0%	*0,0*	0%	*0,0*	0%	*0,0*	0%	*0,0*	*0%*
	... davon andere Gewinnrücklagen	*0,0*	0%	*0,0*	0%	*0,0*	0%	*0,0*	0%	*0,0*	*0%*
IV.	Gewinnvortrag/Verlustvortrag	221,9	4%	271,3	5%	456,3	8%	509,1	9%	1.304,2	24%
V.	Jahresüberschuss/Jahresfehlbetrag	249,4	5%	185,0	4%	52,8	1%	795,0	13%	753,9	14%
VI.	Sonderposten mit Rücklageanteil	0,0	0%	0,0	0%	0,0	0%	0,0	0%	0,0	0%
A	***Eigenkapital***	**1.271,3**	**25%**	**1.256,3**	**25%**	**1.309,1**	**24%**	**2.104,1**	**36%**	**2.858,1**	**52%**

Die HKG verfügt über ein eingezahltes bzw. erspartes Eigenkapital (erwirtschaftete und versteuerte Überschüsse – die ehemaligen Sonderposten, in Österreich unversteuerter Rücklageanteil genannt, sind getrennt davon zu sehen) in Höhe von 25 % bis zuletzt sprunghaft ansteigend auf 52 % der Bilanzsumme.

Dies ist sicherlich ein guter, ja sogar sehr guter Wert. Nach den Basel-II-Eigenkapitalvorschriften wird ab einer Eigenkapitalquote von 30 % von einer sehr guten Relation gesprochen, die in diesem Punkt zu einem AAA-Rating führt.

Wie kommt dieser Anstieg in den letzten beiden Perioden zustande?

Schauen Sie in die Details des Eigenkapitals. Dort sehen wir, dass der Jahresüberschuss thesauriert (also nicht ausgeschüttet) wurde und weil nicht in die Rücklagen gebucht als Gewinnvortrag ausgewiesen wird. Somit ist leicht erklärlich, warum das Eigenkapital auf T€ 2858 ansteigt.

Interessant ist jetzt der Blick in den Aktivposten Kasse/Bank. Findet sich der Zugewinn an Eigenkapital dort wieder?

---

[13] In meinem Buch *Bilanzanalyse mit Kennzahlen – Fallorientierte Bilanzoptimierung* (Heesen 2011) sind alle Bilanz- und damit auch Eigenkapitalunterposten im Detail beschrieben. Von daher wird auf eine erneute Detailbeschreibung verzichtet. Dies würde auch den Rahmen dieses Buches sprengen.

III. Wertpapiere	0,0	0%	0,0	0%	0,0	0%	0,0	0%	0,0	0%
... *davon Anteile an verbundenen Unternehmen*	*0,0*	*0%*	*0,0*	*0%*	*0,0*	*0%*	*0,0*	*0%*	*0,0*	*0%*
... *davon eigene Anteile*	*0,0*	*0%*	*0,0*	*0%*	*0,0*	*0%*	*0,0*	*0%*	*0,0*	*0%*
... *davon sonstige Wertpapiere*	*0,0*	*0%*	*0,0*	*0%*	*0,0*	*0%*	*0,0*	*0%*	*0,0*	*0%*
IV Kasse, Bank und Schecks	***190,5***	**4%**	***44,3***	**1%**	***21,0***	**0%**	***362,1***	**6%**	***51,6***	**1%**

Nein! Wo könnten wir dann hinschauen, um nach dem Verbleib zu forschen? Richtig, bei den Verbindlichkeiten gegenüber Kreditinstituten.

... *davon Verbindlichkeiten gegenüber Kreditinstituten*	*2.382,6*	*46%*	*2.381,8*	*48%*	*2.564,8*	*48%*	*2.199,5*	*37%*	*1.348,7*	*25%*

Und da sehen wir, dass im letzten Jahr die Verbindlichkeiten um T€ 851 reduziert, also getilgt wurden. Der Buchungssatz „Verbindlichkeiten an Bank" macht den Zusammenhang (für Eingeweihte) natürlich deutlich.

Insgesamt hat das Eigenkapital aber um € 1,6 Mio. in den fünf ausgewiesenen Perioden zugelegt. Wo ist also der Rest?

T€ 271 sind im Sachanlagevermögen zu finden, wobei die Investitionen höher lagen, denn wir müssen ja die Abschreibungen noch berücksichtigen.

Wie hoch waren denn die Investitionen? Das wollen wir ja nicht ganz im Detail wissen, also reicht eine Überschlagsrechnung, die auch ohne Zugang zum Anlagespiegel möglich ist – wir müssen nur rechnen:

Anlagevermögen Periode t
– Anlagevermögen Periode $t - 1$
+ Abschreibungen Periode t
= Bruttoinvestitionen Periode t

Investitionsquote II (%) = Bruttoinvestition	Zähler	Veränderung Anlagevermögen (Immat & SAV)	2.492,70	101,90	106,30	104,40	-69,00
(Wie viel % vom Umsatz wird wieder	Nominator	+ Abschreibungen auf Sachanlagevermögen	186,70	212,60	227,90	191,30	210,00
reinvestiert?)		= Periodische (Brutto)Investitionen	2.679,40	314,50	334,20	295,70	141,00

Da wir kein Finanzanlagevermögen haben, ist die Rechnung so richtig, ansonsten hätten wir bei Berücksichtigung von „financial assets" auch die Abschreibungen auf Finanzanlagen/Wertpapiere des Umlaufvermögens (Posten 12 des HGB-Gliederungsschemas, Teil des Finanzergebnisses) mit in die Berechnung einbeziehen müssen.

Wenn Sie jetzt im Kopf einmal die Investitionen aus obiger Rechnung um die Abschreibungen reduzieren, finden wir die noch ausstehenden T€ 300 Eigenkapitalzunahme.

Es hätte natürlich auch sein können, dass sich die fehlenden Summen im Umlaufvermögen versteckt haben, aber das ist über die letzten fünf Jahre quasi konstant geblieben, und damit konnte ich das sofort vorab ausschließen.

B	***Summe Umlaufvermögen***	**2.686,9**	**52%**	**2.378,1**	**48%**	**2.670,0**	**50%**	**3.091,1**	**52%**	**2.688,7**	**49%**

Sie sehen, es ist bei der Betrachtung von Beteiligungen oder zur Vorbereitung auf Bewertungen wichtig, sich das historische Zahlenmaterial nicht nur anzuschauen, sondern auch zu analysieren, auch im ersten Durchlauf. Und Bilanzen und GuV sind wie ein großes Blutbild bei Vorsorgeuntersuchungen – wer sich auskennt und die Werte (sehr häufig als prozentuale Berechnungen ausgewiesen) interpretieren kann, ist den anderen weit voraus.

Das ist meiner Meinung nach auch das eigentlich Wichtige bei Beteiligungen und Bewertungen. Das Zahlenwerk muss für sich sprechen, die Mathematik dahinter bei Analysen und bei der Berechnung des Unternehmenswertes ist nur Formelwerk … und dafür brauchen wir nur ein simples Excel-Programm.

Jetzt sind wir aber abgeschweift. Kommen wir zurück zu den Inhalten der Bilanz, speziell hier den Passiva.

8.5.3 Rückstellungen

Zu den Änderungen durch das BilRuG hatten wir bereits etwas gesagt. Bitte lesen Sie einfach noch einmal beim Exkurs zum BilRuG beim außerordentlichen Ergebnis (Abschn. 8.4.11.1) nach.

Die Rückstellungen setzten sich aus drei Unterposten[14] zusammen, von denen aber die Pensionsrückstellungen die bekannteste und häufig vom Volumen her auch größte Position ist, hier bei der HKG aber nicht.

Mit Ausnahme eines einzigen Ausweises in Periode 4, den wir ohne Zugang zu den Details nicht näher beleuchten können, spielen die Pensionsrückstellungen bei der HKG keine Rolle. Wir sehen nur die „sonstigen Rückstellungen“, allerdings mit 7–8 % (außer in Periode 4) zur Bilanzsumme nicht übermäßig beunruhigend.

I.	Rückstellungen für Pensionen & ähnliche Verpflichtungen	0,0	0%	0,0	0%	0,0	0%	306,4	5%	0,0	0%
II.	Steuerrückstellungen	4,5	0%	0,0	0%	0,0	0%	0,0	0%	0,0	0%
III.	Sonstige Rückstellungen	349,5	7%	280,7	6%	363,8	7%	618,2	10%	456,5	8%
B	***Rückstellungen***	**354,0**	**7%**	**280,7**	**6%**	**363,8**	**7%**	**924,6**	**16%**	**456,5**	**8%**

[14] In Österreich kommt noch eine vierte Position „Abfertigungen“ dazu. Darunter versteht man einerseits Abfindungen wie bei uns in Deutschland, andererseits gesetzlich geregelte Ansparbeträge, die Arbeitnehmer während des Erwerbslebens aufbauen und mit Beginn der Rente/Pension erhalten. Dies ist ein Beitrag zu Altersabsicherung, da die klassischen Rentenbezüge ähnlich wie in Deutschland in den meisten Fällen nicht ausreichen, den Lebensstandard auch in der Rente zumindest teilweise zu halten.

Hier muss das „Due Diligence“ sicherlich auch noch genauer hinschauen, aber mich machen die ausgewiesenen Beträge in den historischen Perioden nicht nervös.

Die steigenden Rückstellungen für Pensionen und ähnliche Verpflichtungen könnten mit dem Personalabbau (anstehende Abfindungen) zusammenhängen. Wir hatten in der GuV ja schon gesehen, dass die Personalkosten besonders im 3. Jahr signifikant sinken. Die Steuerrückstellungen gehen massiv zurück, was bei dem Verlust im 2. Jahr aber auch nicht unbedingt überraschend ist.

8.5.4 Verbindlichkeiten

Wir wissen bereits, dass die Verbindlichkeiten gegenüber Kreditinstituten rückläufig sind.

Die Kreditoren (Verbindlichkeiten aus Lieferungen und Leistungen) sind ebenfalls mehr als 50 % reduziert worden, sodass die € 1,6 Mio. Verbindlichkeitenabbau über die fünf Jahre schnell erklärt sind.

... davon Anleihen, davon konvertibel	0,0	0%	0,0	0%	0,0	0%	0,0	0%	0,0	0%
... davon Verbindlichkeiten gegenüber Kreditinstituten	2.382,6	46%	2.381,8	48%	2.564,8	48%	2.199,5	37%	1.348,7	25%
... davon erhaltene Anzahlungen auf Bestellungen	0,0	0%	0,0	0%	0,0	0%	0,0	0%	0,0	0%
... davon Verbindlichkeiten aus Lieferungen & Leistungen	1.019,8	20%	742,9	15%	888,1	17%	315,7	5%	458,3	8%
... davon Verbindlichkeiten aus der Annahme gezogener/ Ausstellung eigener Wechsel	0,0	0%	0,0	0%	0,0	0%	0,0	0%	0,0	0%
... davon Verbindlichkeiten gegen verbundene Unternehmen	25,1	0%	115,2	2%	19,5	0%	0,0	0%	105,3	2%
... davon Verbindlichkeiten gegenüber Gesellschaftern	0,0	0%	0,0	0%	0,0	0%	0,0	0%	0,0	0%
... davon sonstige Verbindlichkeiten	129,6	3%	195,8	4%	228,6	4%	353,5	6%	223,5	4%
a) davon aus Steuern	0,0	0%	0,0	0%	0,0	0%	0,0	0%	0,0	0%
b) davon im Rahmen der sozialen Sicherheit	0,0	0%	0,0	0%	0,0	0%	0,0	0%	0,0	0%
C Verbindlichkeiten	**3.557,1**	**69%**	**3.435,7**	**69%**	**3.701,0**	**69%**	**2.868,7**	**49%**	**2.135,8**	**39%**

Liquidität scheint also genutzt worden zu sein, um Fremdkapital zu reduzieren, was natürlich auch zugunsten der Eigenkapitalquote geht.

Eine Frage bleibt allerdings offen: Machte es Sinn, die Verbindlichkeiten aus Lieferungen und Leistungen ebenfalls so weit zu reduzieren? Vergessen wir nicht, dass die kreditorische Finanzierung eine kostenfreie Finanzierung ist.

Und ohne der eigentlichen Bewertung dieser Gesellschaft vorzugreifen, die ja auf Plan- und nicht auf Ist-Zahlen beruht, muss gesagt werden, dass kreditorisches Fremdkapital bei der Bewertung ja durchaus von Nutzen ist, da es später bei der Berechnung des Capital Employed (zinstragendes Kapital) außen vor bleibt, damit die Basis für die Kapitalkosten reduziert und in Folge auch die Kapitalkosten selbst absenkt.

Dazu kommen wir aber nochmals.

Außerdem müssen wir uns auch anschauen, ob in der Historie mit der Absenkung der kreditorischen Posten nicht in eine Falle getappt wurde, die hier zwar nicht existenzgefährdend war, aber häufiger doch zu Schieflagen führen kann. Ich meine, dass eventuell früher gezahlt wurde als Forderungen eingegangen sind, mitunter also eine Finanzierung Dritter eingetreten ist. Dazu aber später mehr (Kennzahlenanalyse in Kap. 9).

8.5.5 Rechnungsabgrenzungsposten

Die Rechnungsabgrenzungsposten können wir in allen drei Jahren vernachlässigen.

D	Rechnungsabgrenzungsposten	0,0	0%	0,0	0%	0,0	0%	0,0	0%	0,0	0%

8.5.6 Zusammenfassung Passivseite der Bilanz

Das Eigenkapital ist mit 25–52 % der Bilanzsumme als sehr solide zu würdigen. Daher können auch die Verbindlichkeiten nicht erschreckend sein, die außerdem auch noch rückläufig sind. Man ist also geneigt, der HKG strukturell durchaus eine gute Passivseite der Bilanz zu attestieren, zumal auch die Rückstellungen keinen Grund für Irritationen geben.

Allerdings sollte man die Passiva alleine nicht würdigen, da auch bei guter passivischer Struktur die Bilanz noch problematisch sein kann, unabhängig davon, ob die Finanzierungsstruktur (Mittelherkunft) gut ist.

Wir haben ja schon gesehen, dass das Sachanlagevermögen eher gering ist.

Also lassen Sie uns sofort weitergehen.

8.6 Die Bilanz der HKG – die Aktiva

Beschäftigen wir uns also jetzt mit der Mittelverwendung.

8.6.1 Struktur der Aktiva

Auch an dieser Stelle wollen wir zunächst noch einmal einen Blick auf die gesamten Aktiva werfen.

	Perioden	T€ 1		T€ 2		T€ 3		T€ 4		T€ 5	
Aktiva											
	Ausstehende Einlagen	0,0	0%	0,0	0%	0,0	0%	0,0	0%	0,0	0%
I.	Immaterielle Wirtschaftsgüter	**76,2**	**1%**	**32,0**	**1%**	**8,0**	**0%**	**12,6**	**0%**	**23,3**	**0%**
	... davon Konzessionen, Schutzrechte, Lizenzen	*76,2*	*1%*	*32,0*	*1%*	*8,0*	*0%*	*12,6*	*0%*	*23,3*	*0%*
	... davon Geschäfts- und Firmenwert	*0,0*	*0%*	*0,0*	*0%*	*0,0*	*0%*	*0,0*	*0%*	*0,0*	*0%*
	... davon geleistete Anzahlungen	*0,0*	*0%*	*0,0*	*0%*	*0,0*	*0%*	*0,0*	*0%*	*0,0*	*0%*
II.	Sachanlagen	**2.416,5**	**47%**	**2.562,6**	**52%**	**2.692,9**	**50%**	**2.792,7**	**47%**	**2.713,0**	**50%**
	... davon Grundstücke und Gebäude	*1.917,5*	*37%*	*1.938,9*	*39%*	*1.910,3*	*36%*	*1.883,0*	*32%*	*1.845,8*	*34%*
	... davon technische Anlagen & Maschinen	*175,5*	*3%*	*143,2*	*3%*	*292,3*	*5%*	*247,5*	*4%*	*224,3*	*4%*
	... davon andere Anlage-, Betriebs- und Geschäftsausstattung	*219,1*	*4%*	*357,8*	*7%*	*366,2*	*7%*	*538,1*	*9%*	*518,8*	*10%*
	... davon geleistete Anzahlungen und Anlagen im Bau	*103,6*	*2%*	*122,7*	*2%*	*124,1*	*2%*	*124,1*	*2%*	*124,1*	*2%*
III.	Finanzanlagen	**0,0**	**0%**	**0,0**	**0%**	**0,0**	**0%**	**0,0**	**0%**	**0,0**	**0%**
	... davon Anteile an verbundenen Unternehmen	*0,0*	*0%*	*0,0*	*0%*	*0,0*	*0%*	*0,0*	*0%*	*0,0*	*0%*
	... davon Ausleihungen an verbundene Unternehmen	*0,0*	*0%*	*0,0*	*0%*	*0,0*	*0%*	*0,0*	*0%*	*0,0*	*0%*
	... davon Beteiligungen	*0,0*	*0%*	*0,0*	*0%*	*0,0*	*0%*	*0,0*	*0%*	*0,0*	*0%*
	... davon Ausleihungen an Unternehmen, mit denen ein Beteiligungsverhältnis besteht	*0,0*	*0%*	*0,0*	*0%*	*0,0*	*0%*	*0,0*	*0%*	*0,0*	*0%*
	... davon Wertpapiere des Anlagevermögens	*0,0*	*0%*	*0,0*	*0%*	*0,0*	*0%*	*0,0*	*0%*	*0,0*	*0%*
	... davon sonstige Ausleihungen	*0,0*	*0%*	*0,0*	*0%*	*0,0*	*0%*	*0,0*	*0%*	*0,0*	*0%*
A	***Summe Anlagevermögen***	**2.492,7**	**48%**	**2.594,6**	**52%**	**2.700,9**	**50%**	**2.805,3**	**48%**	**2.736,3**	**50%**
I.	Vorräte	**1.423,3**	**27%**	**1.520,5**	**31%**	**1.802,0**	**34%**	**1.921,8**	**33%**	**1.844,5**	**34%**
	... davon Roh-, Hilfs- und Betriebsstoffe	*877,3*	*17%*	*844,2*	*17%*	*1.057,2*	*20%*	*1.203,7*	*20%*	*1.155,5*	*21%*
	....davon unfertige Erzeugnisse, unfertige Leistungen	*439,0*	*8%*	*653,6*	*13%*	*744,8*	*14%*	*718,1*	*12%*	*689,0*	*13%*
	... davon Waren	*107,0*	*2%*	*22,7*	*0%*	*0,0*	*0%*	*0,0*	*0%*	*0,0*	*0%*
	... davon geleistete Anzahlungen	*0,0*	*0%*	*0,0*	*0%*	*0,0*	*0%*	*0,0*	*0%*	*0,0*	*0%*
	... davon erhaltene Anzahlungen auf Bestellungen	*0,0*	*0%*	*0,0*	*0%*	*0,0*	*0%*	*0,0*	*0%*	*0,0*	*0%*
II.	Forderungen und sonstige Vermögensgegenstände	**1.073,1**	**21%**	**813,3**	**16%**	**847,0**	**16%**	**807,2**	**14%**	**792,6**	**15%**
	... davon Forderungen aus Lieferungen und Leistungen	*989,4*	*19%*	*733,1*	*15%*	*770,0*	*14%*	*776,5*	*13%*	*701,1*	*13%*
	... davon Forderungen gegen verbundene Unternehmen	*0,0*	*0%*	*0,0*	*0%*	*0,0*	*0%*	*0,0*	*0%*	*0,0*	*0%*
	... davon gegen Unternehmen, mit denen ein Beteiligungsverhältnis besteht	*0,0*	*0%*	*0,0*	*0%*	*0,0*	*0%*	*0,0*	*0%*	*0,0*	*0%*
	... davon sonstige Vermögensgegenstände	*83,7*	*2%*	*80,2*	*2%*	*77,0*	*1%*	*30,7*	*1%*	*91,5*	*2%*
III.	Wertpapiere	**0,0**	**0%**	**0,0**	**0%**	**0,0**	**0%**	**0,0**	**0%**	**0,0**	**0%**
	... davon Anteile an verbundenen Unternehmen	*0,0*	*0%*	*0,0*	*0%*	*0,0*	*0%*	*0,0*	*0%*	*0,0*	*0%*
	... davon eigene Anteile	*0,0*	*0%*	*0,0*	*0%*	*0,0*	*0%*	*0,0*	*0%*	*0,0*	*0%*
	... davon sonstige Wertpapiere	*0,0*	*0%*	*0,0*	*0%*	*0,0*	*0%*	*0,0*	*0%*	*0,0*	*0%*
IV	Kasse, Bank und Schecks	***190,5***	***4%***	***44,3***	***1%***	***21,0***	***0%***	***362,1***	***6%***	***51,6***	***1%***
B	***Summe Umlaufvermögen***	**2.686,9**	**52%**	**2.378,1**	**48%**	**2.670,0**	**50%**	**3.091,1**	**52%**	**2.688,7**	**49%**
C	***Rechnungsabgrenzungsposten***	**2,8**	**0%**	**0,0**	**0%**	**3,0**	**0%**	**1,0**	**0%**	**25,4**	**0%**
D	**Nicht durch Eigenkapital gedeckter Fehlbetrag**	**0,0**	**0%**	**0,0**	**0%**	**0,0**	**0%**	**0,0**	**0%**	**0,0**	**0%**
Summe Aktiva		**5.182,4**	**100%**	**4.972,7**	**100%**	**5.373,9**	**100%**	**5.897,4**	**100%**	**5.450,4**	**100%**

Im Folgenden werden wir diese Mittelverwendung wieder in einer ersten Betrachtung strukturierter betrachten.

Der erste Blick auf die durch Fettschrift markierten Begrifflichkeiten lässt uns wieder 4, wenn man genau ist 3 + 1, Saldi[15] erkennen:

[15] Wir weisen darauf hin, dass diese Strukturierung im Punkt 4 „nicht durch Eigenkapital gedeckter Fehlbetrag" nicht dem HGB-Gliederungsschema entspricht. Der Punkt 4 fehlt im HGB-Gliederungsschema komplett.

Trotzdem haben wir ihn hier ausgewiesen, da Sie mit dem MS Excel Tool ja in allen Fällen arbeiten sollen, auch wenn Sie einen Betrieb mit negativem Eigenkapital vorfinden. Dies ist übrigens ein zweiter und geläufigerer Ausdruck dafür, dass Kapital (Mittelherkunft) nicht wie üblich auf der rechten Seite, also bei den Passiva ausgewiesen wird, sondern auf der linken Seite der Bilanz, also bei den Aktiva, d. h. der Mittelverwendung aufscheint.

- Summe Anlagevermögen,
- Summe Umlaufvermögen,
- Rechnungsabgrenzungsposten,
- nicht durch Eigenkapital gedeckter Fehlbetrag.

Kumuliert ergibt sich erneut die Bilanzsumme, auch Bilanzkapital oder Summe Aktiva genannt, die natürlich identisch mit der Summe der Passiva sein muss.

Gehen wir ähnlich der Passivseite sukzessive vor.

8.6.2 Anlagevermögen (AV) und Zusammensetzung

Das Anlagevermögen, wir hatten schon einen Blick darauf geworfen, setzt sich ebenfalls aus mehreren Unterposten zusammen, die wir uns noch einzeln anschauen werden. Auffällig ist aber, dass das Anlagevermögen über alle fünf Jahre nur geringfügig ansteigt.

A	***Summe Anlagevermögen***	**2.492,7**	**48%**	**2.594,6**	**52%**	**2.700,9**	**50%**	**2.805,3**	**48%**	**2.736,3**	**50%**

Immaterielle Wirtschaftsgüter[16] (Patente, Lizenzen etc.) sind kaum vorhanden, von daher wollen wir auch sofort weitergehen.

I.	Immaterielle Wirtschaftsgüter	**76,2**	**1%**	**32,0**	**1%**	**8,0**	**0%**	**12,6**	**0%**	**23,3**	**0%**
	... davon Konzessionen, Schutzrechte, Lizenzen	*76,2*	*1%*	*32,0*	*1%*	*8,0*	*0%*	*12,6*	*0%*	*23,3*	*0%*
	... davon Geschäfts- und Firmenwert	*0,0*	*0%*	*0,0*	*0%*	*0,0*	*0%*	*0,0*	*0%*	*0,0*	*0%*
	... davon geleistete Anzahlungen	*0,0*	*0%*	*0,0*	*0%*	*0,0*	*0%*	*0,0*	*0%*	*0,0*	*0%*

Steht diese Position auf der Aktivseite in einer Bilanz, so ist das Eigenkapital bereits „verwendet" worden – wir können auch sagen, dass es aufgebraucht, also nicht mehr da ist (von Mittelherkunft kann keine Rede mehr sein).

Aber bei unserer HKG finden wir ja auch in allen drei Perioden eine Null. Wir sind also von diesem negativen Zustand nicht betroffen.

[16] Nach deutschem und österreichischem Recht waren bis zum BilMoG (deutsches Recht) nur selbst geschaffene materielle (also fassbare) Vermögensgegenstände aktivierungsfähig, es gab aber nach § 248 Abs. 2 HGB (Deutschland) ein Bilanzierungsverbot für selbst geschaffene immaterielle Vermögensgegenstände, z. B. für selbst geschaffenen Firmenwert oder selbst erstellte Software. Diese konnten nur dann aktiviert werden, wenn sie käuflich erworben wurden.

Mit Inkrafttreten des Bilanzrechtsmodernisierungsgesetzes BilMoG wurde der § 248 Abs. 2 HGB gestrichen und es ist eine Aktivierungspflicht für selbst erstellte immaterielle Vermögensgegenstände eingetreten, sofern ein (abstrakt) aktivierungsfähiger immaterieller Vermögensgegenstand gegeben ist. Dabei ist die selbständige Verwertbarkeit Grundlage für die Frage der Aktivierung. Forschungskosten sind aber gemäß § 252 Abs. 2 Satz 4 weiterhin von der Aktivierung ausgeschlossen und damit folgt das BilMoG in diesem Punkt den Regelungen nach IAS 38.54. In Österreich gilt nach wie vor, dass selbst geschaffene immaterielle (also nicht fassbare) Vermögensgegenstände nicht aktivierungsfähig sind.

Die Sachanlagen betreffen Grund und Boden sowie Gebäude, technische Anlagen und Maschinen als Betriebs- und Geschäftsausstattung und Anzahlungen bzw. Anlagen im Bau. Bei genauer Betrachtung sieht man, dass das gesamte Sachanlagevermögen nur leicht zunimmt, aber mit 47–50 % eine durchaus respektable Größe hat.

II.	**Sachanlagen**	**2.416,5**	**47%**	**2.562,6**	**52%**	**2.692,9**	**50%**	**2.792,7**	**47%**	**2.713,0**	**50%**
	... davon Grundstücke und Gebäude	*1.917,5*	*37%*	*1.938,9*	*39%*	*1.910,3*	*36%*	*1.883,0*	*32%*	*1.845,8*	*34%*
	... davon technische Anlagen & Maschinen	*175,5*	*3%*	*143,2*	*3%*	*292,3*	*5%*	*247,5*	*4%*	*224,3*	*4%*
	... davon andere Anlage-, Betriebs- und Geschäftsausstattung	*219,9*	*4%*	*357,8*	*7%*	*366,2*	*7%*	*538,1*	*9%*	*518,8*	*10%*
	... davon geleistete Anzahlungen und Anlagen im Bau	*103,6*	*2%*	*122,7*	*2%*	*124,1*	*2%*	*124,1*	*2%*	*124,1*	*2%*

Die Frage, die wir ohne technische Analyse in einer Due Diligence aber aus diesem Zahlenmaterial nicht beantworten können, ist, ob durch weitergehende Investitionen in z. B. Roboter und Automatisierung die Personalaufwendungen hätten geringer sein können.

Achtung, dies heißt nicht zwangsläufig, dass auch das Ergebnis in der GuV besser gewesen wäre, da mit erhöhten Investitionen auch erhöhte Abschreibungen einhergegangen wären, die im Ergebnis als Aufwand natürlich belastend gewirkt hätten.

Im Cash Flow – darauf hatte ich schon hingewiesen, und wir haben das auch schon in den beiden anderen Beispielen und den Beschreibungen gesehen – werden die Abschreibungen allerdings wieder addiert, da sie nicht auszahlungswirksam geworden sind. Hier hätte durchaus ein Vorteil entstehen können, wenn wirklich durch erhöhte Investitionen Aufwendungen beim Personal (wenn möglich sozialverträglich) hätten niedriger gehalten werden können.

Bei den Finanzanlagen stehen überhaupt keine Beträge, von daher gehen wir sofort weiter.

III.	**Finanzanlagen**	**0,0**	**0%**	**0,0**	**0%**	**0,0**	**0%**	**0,0**	**0%**	**0,0**	**0%**
	... davon Anteile an verbundenen Unternehmen	*0,0*	*0%*	*0,0*	*0%*	*0,0*	*0%*	*0,0*	*0%*	*0,0*	*0%*
	... davon Ausleihungen an verbundene Unternehmen	*0,0*	*0%*	*0,0*	*0%*	*0,0*	*0%*	*0,0*	*0%*	*0,0*	*0%*
	... davon Beteiligungen	*0,0*	*0%*	*0,0*	*0%*	*0,0*	*0%*	*0,0*	*0%*	*0,0*	*0%*
	... davon Ausleihungen an Unternehmen, mit denen ein Beteiligungsverhältnis besteht	*0,0*	*0%*	*0,0*	*0%*	*0,0*	*0%*	*0,0*	*0%*	*0,0*	*0%*
	... davon Wertpapiere des Anlagevermögens	*0,0*	*0%*	*0,0*	*0%*	*0,0*	*0%*	*0,0*	*0%*	*0,0*	*0%*
	... davon sonstige Ausleihungen	*0,0*	*0%*	*0,0*	*0%*	*0,0*	*0%*	*0,0*	*0%*	*0,0*	*0%*

Auch wenn das Sachanlagevermögen mit 47–50 % für einen metallverarbeitenden Betrieb hoch ist, bleiben also Fragen offen.

Die HKG hat in den letzten Jahren die Rückführung von Fremdkapital vorangetrieben – dieses Kapital könnte dann aber für weitergehende Investitionen gefehlt haben. Erinnern wir uns noch einmal an die Berechnung der Bruttoinvestitionen.

Allzu viel wurde in den letzten fünf Jahren nicht investiert.

Investitionsquote II (%) = Bruttoinvestition	Zähler	Veränderung Anlagevermögen (Immat & SAV)	2.492,70	101,90	106,30	104,40	-69,00
(Wie viel % vom Umsatz wird wieder	Nominator	+ Abschreibungen auf Sachanlagevermögen	186,70	212,60	227,90	191,30	210,00
reinvestiert?)		= Periodische (Brutto)Investitionen	2.679,40	314,50	334,20	295,70	141,00

8.6.3 Umlaufvermögen (UV) und Zusammensetzung

Der zweite große Posten auf der Aktivseite ist das Umlaufvermögen. Zum Umlaufvermögen werden Gegenstände gezählt, die umlaufen bzw. umgesetzt werden sollen. Der Bestand ändert sich also durch Zu- und Abgänge häufig. Diese Vermögensgegenstände verbleiben daher auch nur *kurzfristig* im Betrieb.

Das Umlaufvermögen ist durch seinen Zweck bestimmt. Gegenstände, welche die Betriebsprozesse der **Beschaffung**, der **Fertigung** und des **Absatzes** durchlaufen sollen, werden ihm zugeordnet. Aus beschafften Werkstoffen werden durch die Produktion fertige Erzeugnisse, die verkauften Erzeugnisse werden zu Forderungen gegenüber dem Kunden und nach Zahlung zu Geld in der Kasse oder auf dem Bankkonto.

Die Entscheidung darüber, welchen Zweck ein Gegenstand erfüllen soll und welcher Vermögensart er somit zuzurechnen ist, trifft die Unternehmensleitung. Eine selbst produzierte Maschine, die verkauft werden soll, wird zum Umlaufvermögen gerechnet. Verbleibt sie dauerhaft im Betrieb, ist sie ein Anlagegegenstand (selbst erstellte Vermögensgegenstände).

Das Umlaufvermögen selbst ist auch wieder in weitere vier Posten untergliedert:

- Vorräte,
- Forderungen,
- Wertpapiere (des Umlaufvermögens),
- Kasse, Bank und Schecks.

Hier im Umlaufvermögen liegt kurzfristige Liquidität, allerdings bei den Vorräten und Forderungen in einem anderen Aggregatzustand. Mit diesem Aggregatzustand (gebundenes Kapital) ist auch ein Risiko verbunden, weil die Mittel für längere Zeit für die „Operations" nicht zur Verfügung stehen.

Für das Umlaufvermögen gilt außerdem das strenge Niederstwertprinzip. Es muss also zwingend auf den niedrigsten Wert abgestellt werden. Damit sind bei der Vorratsbewertung und den Forderungen natürlich auch in Bezug auf die Werthaltigkeit sehr strenge Maßstäbe anzulegen.

Müssen hier Abwertungen (Wertberichtigungen) vorgenommen werden, so führt dies quasi zu einem Komplettverlust, da die damit verbundenen Abschreibungen nicht in die Kalkulation für ein Kundenprojekt/-produkt integriert werden können, wie es bei Abschreibungen auf einen Vermögensgegenstand des Anlagevermögens der Fall ist.

a) Vorräte Die Vorräte[17] in den betrachteten Jahren wachsen leicht.

---

[17] Als Bewertungsverfahren waren früher neben der Bewertung zum gewogenen Durchschnitt auch LIFO, FIFO, HIFO oder LOIFA zulässig. Mit Inkrafttreten des Bilanzrechtsmodernisierungsgesetzes (BilMoG) wurden nur noch die Bewertung zum gewogenen Durchschnitt, LIFO und FIFO zulässig. Dies beendete auch die anhaltenden Diskussionen darüber, ob die Bewertung auf Basis HIFO und LOIFA überhaupt zur Anwendung kommen durften.

Steuerlich hatte dies keine Konsequenzen, da bereits vor dem BilMoG ausschließlich die LIFO-Methode und die Bewertung zum gewogenen Durchschnitt zulässig waren.

I. Vorräte	**1.423,3**	**27%**	**1.520,5**	**31%**	**1.802,0**	**34%**	**1.921,8**	**33%**	**1.844,5**	**34%**
... davon Roh-, Hilfs- und Betriebsstoffe	*877,3*	*17%*	*844,2*	*17%*	*1.057,2*	*20%*	*1.203,7*	*20%*	*1.155,5*	*21%*
....davon unfertige Erzeugnisse, unfertige Leistungen	*439,0*	*8%*	*653,6*	*13%*	*744,8*	*14%*	*718,1*	*12%*	*689,0*	*13%*
... davon Waren	*107,0*	*2%*	*22,7*	*0%*	*0,0*	*0%*	*0,0*	*0%*	*0,0*	*0%*
... davon geleistete Anzahlungen	*0,0*	*0%*	*0,0*	*0%*	*0,0*	*0%*	*0,0*	*0%*	*0,0*	*0%*
... davon erhaltene Anzahlungen auf Bestellungen	*0,0*	*0%*	*0,0*	*0%*	*0,0*	*0%*	*0,0*	*0%*	*0,0*	*0%*

Allerdings müsste uns hier schon etwas auffallen. Wir hatten festgehalten, dass das Kapital (Bilanzsumme) langsamer als die Umsatzerlöse gewachsen (gut) und damit der Kapitalumschlag gestiegen ist. Hier sehen wir jetzt aber, dass die Bestände zur Bilanzsumme in fünf Jahren von 27 % auf 34 % angewachsen sind. Dies sollte man ein wenig genauer anschauen und das Warum „herausarbeiten"! Mit der uns derzeit zur Verfügung stehenden Zahlenlage ist dies alleine nicht möglich, hier muss erneut das Due-Diligence-Team ran.

Trotzdem sind 34 % Bestand zu Bilanzsumme immer noch gut.

Woher ich das weiß? Ganz einfach, Mathematik und Erfahrung.

Wir haben gesehen, dass der Kapitalumschlag auf über 3 angestiegen ist – gut! Bei diesem Kapitalumschlag (sagen wir 3 genau) würde ein Bestand in Höhe von 33 % zur Bilanzsumme einen Vorratsumschlag von 9 bedeuten, denn Kapitalumschlag dividiert durch Vorratsumschlag ergibt Bestände in % zur Bilanzsumme.

Ich weiß, jetzt habe ich überzogen, also ganz langsam Schritt für Schritt.

Die Vorräte in % zur Bilanzsumme errechnen sich (so sage ich zumindest) auch als:

$$\text{Vorräte}\left(\%\right)=\frac{\text{Kapitalumschlag}}{\text{Vorratsumschlag}}\times 100\,.$$

Lösen wir den Zähler und den Nenner auf, so ergibt sich

$$\text{Vorräte}\left(\%\right)=\frac{\text{Umsatz}}{\text{Bilanzsumme}}\div\frac{\text{Umsatz}}{\text{Vorräte}}\times 100\,.$$

Bei der Division durch einen Quotienten müssen wir ja mit dem Kehrwert multiplizieren, also

$$\text{Vorräte}\left(\%\right)=\frac{\text{Umsatz}}{\text{Bilanzsumme}}\times\frac{\text{Vorräte}}{\text{Umsatz}}\times 100\,.$$

Der Umsatz kürzt sich raus und es bleibt stehen:

$$\text{Vorräte}\left(\%\right)=\frac{\text{Vorräte}}{\text{Bilanzsumme}}\times 100\,.$$

Überrascht?

Ja sicherlich, denn dies bedarf einiger Jahre, in denen man sich intensiv mit Abschlüssen beschäftigt. Aber keine Angst – diese Art der Betrachtungen ist Gegenstand dieses

Buches. Diese Übungen werden wir bei der Planung unserer Beteiligung später noch häufiger machen und jedes Mal wirklich Schritt für Schritt vorgehen.

Nochmals zurück zu den historischen Zahlen.

Wir sehen 34 % Bestand zu Bilanzsumme bei einem Kapitalumschlag von 3.

Damit muss der Vorratsumschlag einen Faktor knapp unter 9 haben, die Reichweite des Bestandes also nur ca. 40 Tage, und das ist sicherlich gut für einen metallverarbeitenden Betrieb.

Gegenrechnung als Probe gefällig? Gerne!

Vorratsumschlag (Faktor) (Wie häufig werden die Bestände auf Basis der Erlöse umgeschlagen?)	Zähler Nominator	Gesamterlöse	13.160,40	11.441,60	13.322,00	19.697,40	16.476,40
	Nenner	Summe Vorräte	1.423,30	1.520,50	1.802,00	1.921,80	1.844,50
		- Geleistete Anzahlungen	0,00	0,00	0,00	0,00	0,00
	Denominator	- Erhaltene Anzahlungen	0,00	0,00	0,00	0,00	0,00
(Je höher der Bestandsumschlag, desto besser, da wenig gebundenes Kapital)			1.423,30	1.520,50	1.802,00	1.921,80	1.844,50
	Ergebnis Result	*Division*	9,25	7,52	7,39	10,25	8,93

Reichweite Bestände (Tage) zu Umsatz Berechnungsalternative 1	Zähler Nominator	Tage	365	365	365	365	365
Die Bestände reichen für wie viele Tage, gemessen an Umsatz/Kalendertagen	Nenner Denominator	Vorratsumschlag	9,25	7,52	7,39	10,25	8,93
	Ergebnis Result	*Division*	39,47	48,51	49,37	35,61	40,86

Haben Sie Geduld – wir kommen noch dazu und dies wie immer Schritt für Schritt.

b) Forderungen und sonstige Vermögensgegenstände Die Forderungen, auch Debitoren genannt, sinken ordentlich von 21 % auf 15 % der Bilanzsumme.

II. Forderungen und sonstige Vermögensgegenstände	**1.073,1**	**21%**	**813,3**	**16%**	**847,0**	**16%**	**807,2**	**14%**	**792,6**	**15%**
... davon Forderungen aus Lieferungen und Leistungen	*989,4*	*19%*	*733,1*	*15%*	*770,0*	*14%*	*776,5*	*13%*	*701,1*	*13%*
... davon Forderungen gegen verbundene Unternehmen	*0,0*	*0%*	*0,0*	*0%*	*0,0*	*0%*	*0,0*	*0%*	*0,0*	*0%*
... davon gegen Unternehmen, mit denen ein Beteiligungsverhältnis besteht	*0,0*	*0%*	*0,0*	*0%*	*0,0*	*0%*	*0,0*	*0%*	*0,0*	*0%*
... davon sonstige Vermögensgegenstände	*83,7*	*2%*	*80,2*	*2%*	*77,0*	*1%*	*30,7*	*1%*	*91,5*	*2%*

Schaut man genauer hin, sieht man, dass in den letzten vier Jahren die Forderungen absolut als auch prozentual zur Bilanzsumme eigentlich (quasi) konstant geblieben sind, der Abbau also schon vor vier Jahren erfolgte. Die Frage, die wir später untersuchen müssen, ist aber, ob auch Rechnungen schneller eingehen (besseres Forderungsmanagement der Beteiligung) und wie in diesem Zusammenhang die ebenfalls gefallenen Kreditoren zu sehen sind.

Generell sind natürlich die ausgewiesenen Werte erst einmal gut!

c) Wertpapiere Bei den hier ausgewiesenen Wertpapieren spricht man auch von den Wertpapieren des Umlaufvermögens.

III. Wertpapiere	**0,0**	**0%**	**0,0**	**0%**	**0,0**	**0%**	**0,0**	**0%**	**0,0**	**0%**
... davon Anteile an verbundenen Unternehmen	*0,0*	*0%*	*0,0*	*0%*	*0,0*	*0%*	*0,0*	*0%*	*0,0*	*0%*
... davon eigene Anteile	*0,0*	*0%*	*0,0*	*0%*	*0,0*	*0%*	*0,0*	*0%*	*0,0*	*0%*
... davon sonstige Wertpapiere	*0,0*	*0%*	*0,0*	*0%*	*0,0*	*0%*	*0,0*	*0%*	*0,0*	*0%*

Wir erinnern nochmals daran, dass es bei den Finanzanlagen auch den Posten Wertpapiere gibt.

Hier beim Umlaufvermögen finden wir die Wertpapiere, die kurzfristig liquidierfähig sind, also quasi Geldcharakter haben. Bei unserem Beispiel sehen wir allerdings keine Werte, von daher brauchen wir auch nicht in die Tiefe zu gehen.

d) Kasse, Bank, Schecks Mit Ausnahme des 1. und 4. Jahres stehen hier keine wirklich bemerkenswerten Beträge. Wir hatten zuvor auch schon herausgefunden, wohin die Liquidität aus Ergebnisthesaurierungen denn gegangen ist.

IV	Kasse, Bank und Schecks	*190,5*	*4%*	*44,3*	*1%*	*21,0*	*0%*	*362,1*	*6%*	*51,6*	*1%*

Die T€ 362 in Jahr 4 sind sicherlich eine stolze Summe, allerdings war dies auch bei Weitem das beste Jahr in der historischen Entwicklung.

e) Umlaufvermögen gesamt Das Umlaufvermögen erreicht im letzten den gleichen Wert wie im ersten Jahr.

Da die Bilanzsumme erhöht anstatt reduziert wurde, hat sich der prozentuale Satz verringert.

Auffälligkeiten sind nur wenige erkennbar.

B	*Summe Umlaufvermögen*	2.686,9	52%	2.378,1	48%	2.670,0	50%	3.091,1	52%	2.688,7	49%

f) Aktive Rechnungsabgrenzungsposten Die Rechnungsabgrenzungsposten können wir aufgrund der ausgewiesenen Höhe vernachlässigen, zumal wir ohne weitere Angaben nicht sagen können, worauf sie sich beziehen.

C	*Rechnungsabgrenzungsposten*	2,8	0%	0,0	0%	3,0	0%	1,0	0%	25,4	0%

g) Nicht durch Eigenkapital gedeckter Fehlbetrag Eigenkapital ist, wie bei der ersten Einschau der Passivseite schon gesehen, reichlich vorhanden, und von daher war auch auf der Aktivseite hier keine Überraschung zu vermuten.

D	Nicht durch Eigenkapital gedeckter Fehlbetrag	0,0	0%	0,0	0%	0,0	0%	0,0	0%	0,0	0%

8.6.4 Zusammenfassung Aktivseite der Bilanz

Wir sehen auf den ersten Blick eine recht gute Bilanz (trotz einiger Fragestellungen):

- das Anlagevermögen nimmt leicht zu,
- das Umlaufvermögen ist konstant,
- das Eigenkapital nimmt stark zu,
- die Verbindlichkeiten werden in fast identischem Ausmaß reduziert.

Das zeigen auch die folgenden grafischen Darstellungen der Aktiva und Passiva, oben jeweils absolut und unten relativ.

Die Aktiva in der grafischen Übersicht

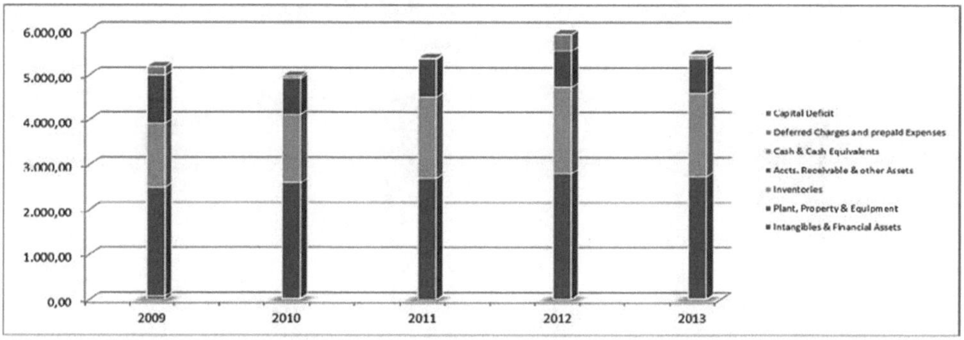

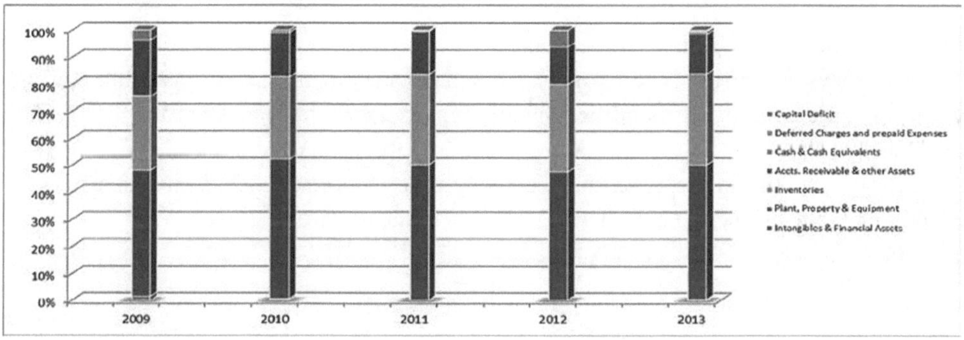

Die Passiva in der grafischen Übersicht

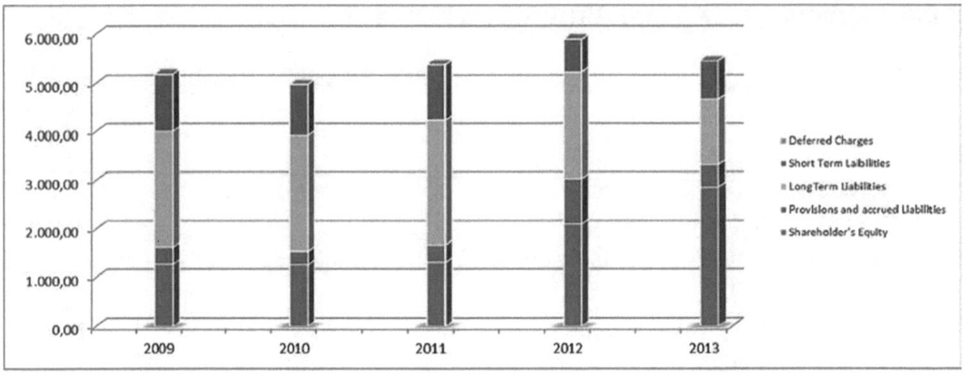

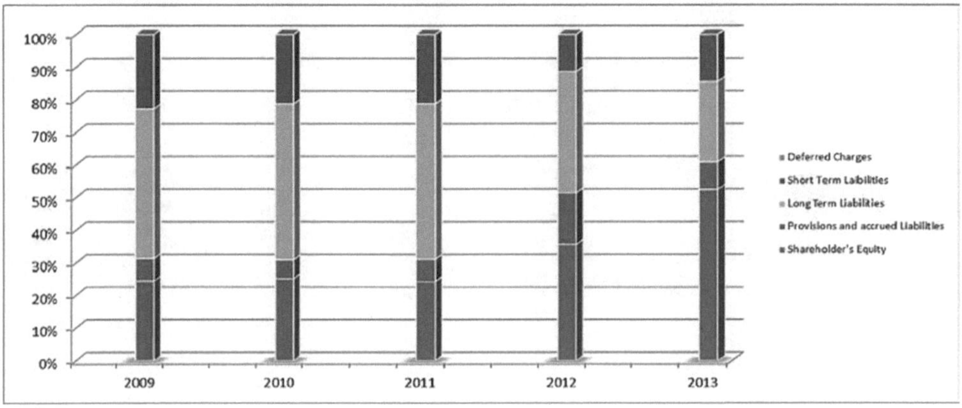

Das soll für die erste Einschau reichen.

Jetzt geht es darum, die Beteiligung historisch genauer anzuschauen, aus Fehlern, wenn vorliegend, zu lernen und dann die Planung aufzusetzen, die die Basis für die Bewertung ist.

Also steigen wir ein in die Kennzahlenanalyse der historischen Zahlen unserer HKG-Beteiligung, wie es auch in einer Due Diligence gemacht wird.

Die operative Analyse der Beteiligung HKG im Detail

9

In meinem Buch *Bilanzplanung und Gestaltung – Fallorientierte Bilanzerstellung* (Heesen 2012) habe ich anhand einer als „Trichteranalyse" bezeichneten Vorgehensweise aufgezeigt, wie man schnell und sicher ein Zahlenwerk analytisch mit wenigen Kennzahlen durchforsten kann.

Dabei werden Redundanzen ausgeschaltet und eventuelle irreführende und/oder gefährliche Kennzahlen erst gar nicht berücksichtigt. Das Motto dabei war:

> Um uns auf das Wesentliche konzentrieren zu können, müssen wir die Zusammenhänge verstehen.

Und diese Zusammenhänge wurden auch jeweils mathematisch und grafisch dargestellt. So wollen wir auch in diesem Buch wieder vorgehen.

Welche Kennzahlen[1] gehören jetzt zu diesem Ansatz?

Es sind 14, die sich aus verschiedenen Kennzahlengruppen ergeben und gemeinsam wie ein dickes Analysenetz wirken. Ich sage nicht, dass es keine anderen ebenfalls guten oder sogar besseren Ansätze gibt, aber ich persönlich komme mit den folgenden Größen „sehr weit und sehr tief".

Welche Gruppen sind jetzt betroffen bzw. von aus welchen Gruppen stammen diese Trichterkennzahlen?

1. Vermögenskennzahlen,
2. Kapital und Kapitalstrukturkennzahlen,
3. Liquiditäts-, Cash-Flow- und Investivkennzahlen,

[1] Sollten Sie Kennzahlen über die hier genannten 14 hinaus durcharbeiten wollen, dann schauen Sie in mein Buch *Bilanzanalyse mit Kennzahlen* (Heesen und Gruber 2016). Dort erkläre ich Berechnung und Bedeutung von ca. 70 Bilanzkennzahlen.

B. Heesen, *Beteiligungsmanagement und Bewertung für Praktiker*,
https://doi.org/10.1007/978-3-658-30792-9_9

4. Erfolgskennzahlen,
5. Renditekennzahlen,
6. Kennzahlen zur operativen Stärke.

Jetzt werden Sie sagen, dass dies doch die Standardgruppen bei Bilanzanalysen sind. Und damit haben Sie ja auch Recht! Aber die Beurteilung und das Controlling einer Beteiligung sind in erster Linie Standardansätze.

Die Analyse der GuV und Bilanz ist nicht schwierig, wie sollte sie es denn auch, setzen sich die meisten Kenngrößen doch nur aus Additionen, Subtraktionen, Multiplikationen und Divisionen, also den vier Grundrechenarten, zusammen. Es gibt auch nicht viel Neues in den letzten Jahren. Die Kunst ist es, aus gewissen Kennzahlen alleine oder in Verbindung mit anderen die richtigen Schlussfolgerungen für die Beteiligung herauszulesen!

9.1 Die Trichteranalyse

Wie heißen jetzt die Kennzahlen dieser „Trichteranalyse"?

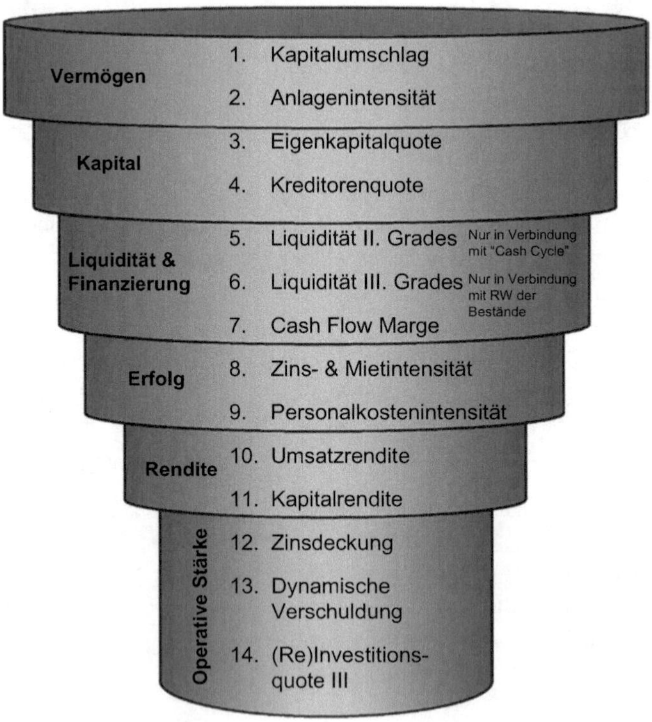

„Trichter“ steht in diesem Zusammenhang für ein Bild. Im Laufe der Analysen werden Sie sehen, dass wir einem Trichter gleich das Wissen um die Beteiligung immer enger fassen und damit kaum Raum für nicht erfasste Sachverhalte übrig bleibt.

Hat man die Mathematik einer Kenngröße vor Augen, dann lassen sich auch Schlussfolgerungen nicht nur für den gerade untersuchten Sachverhalt ableiten, sondern wir können auch andere Sachgebiete im Abschluss durch Logik einer Würdigung unterziehen.

Ist das Anlagevermögen (gemeint ist das Verhältnis „Anlagevermögen zur Bilanzsumme“, 2. Kennzahl in der Trichteranalyse) zu gering, der Kapitalumschlag (das Verhältnis „Umsatzerlöse zu Bilanzsumme“, 1. Kennzahl in der Trichteranalyse) aber auch zu niedrig, so ist es sehr wahrscheinlich, dass wir im Umlaufvermögen oder Working Capital entsprechende Probleme finden werden. Wir müssen halt logisch ableiten können.

Deshalb hat diese Vorgehensweise bei mir auch den Namen *„Trichteranalyse“*. Stellen Sie sich einen Schredder vor. „Oben“ – d. h. zu Beginn – haben wir noch große Einzelblöcke, mit Steinen vergleichbar. Je weiter wir dann vordringen, desto kleiner werden diese Steine „zermalmt“, bis zum Schluss nur noch Sand herauskommt. Sand heißt in diesem Zusammenhang, dass Klarheit besteht.

Die grafische Gestaltung der einzelnen Trichterschritte und -analysen wollen wir auch wieder einblenden.

Sicherlich, wir werden nicht immer auf Einzelpostenbasis vorgehen, aber dies ist auch nicht notwendig, denn es geht um die größeren Zusammenhänge im Verständnis unserer Beteiligung.

Dann wollen wir auch sofort loslegen. Schauen wir uns zunächst die Kennzahlen der Trichteranalyse im Überblick an.

Vermögen und Kapitalstruktur

		1	2	3	4	5
Gesamtkapitalumschlag (Wie häufig wird das Kapital auf Basis des Erlöses umgeschlagen?) oder (1 Euro Kapital generiert wie viel Euro Erlöse ?)	Gesamterlöse	13.160,40	11.441,60	13.322,00	19.697,40	16.476,40
	Bilanzsumme	5.182,40	4.972,70	5.373,90	5.897,40	5.450,40
	Division	2,54	2,30	2,48	3,34	3,02
Anlagenintensität (%) (Wie viel % der Bilanzsumme steckt im Anlagevermögen ?) (Gibt einen Hinweis auf die Investitionstätigkeit und Flexibilität)	Summe Anlagevermögen	2.492,70	2.594,60	2.700,90	2.805,30	2.736,30
	Bilanzsumme	5.182,40	4.972,70	5.373,90	5.897,40	5.450,40
	Division x 100	48,10%	52,18%	50,26%	47,57%	50,20%
Eigenkapitalquote (in %) Basis wirtschaftliches Eigenkapital (Wie viel Prozent der Bilanzsumme/ des Kapitals wird von Eigenkapital gestellt?) (Gibt Auskunft über die Solidität der Kapitalbasis - "Krisenkapital")	EK nach HGB Gliederung	1.271,30	1.256,30	1.309,10	2.104,10	2.858,10
	Bilanzsumme	5.182,40	4.972,70	5.373,90	5.897,40	5.450,40
	Division x 100	24,53%	25,26%	24,36%	35,68%	52,44%
Verb. aus L&L Quote (%) (Wie viel % des Fremdkapitals stammt von Lieferanten und Sonstigen, ist daher kurzfristig und ist damit in naher Zukunft fällig?)	Verb. aus L. & L.	1.019,80	742,90	888,10	315,70	458,30
(Achtung: bei Skontogewährung)	Rückstellungen	354,00	280,70	363,80	924,60	456,50
	+ Verbindlichkeiten	3.557,10	3.435,70	3.701,00	2.868,70	2.135,80
(Gibt Auskunft über die anstehenden Zahlungsverpflichtungen und den Liquiditätsbedarf einerseits und die kostenfreie Finanzierung über Lieferanten andererseits)	+ Passive RAP	0,00	0,00	0,00	0,00	0,00
	Gesamtes Fremdkapital	3.911,10	3.716,40	4.064,80	3.793,30	2.592,30
	Division x 100	26,07%	19,99%	21,85%	8,32%	17,68%

Liquidität und Finanzierung

Liquidität II (%) - 'weite' Betrachtung (In welcher Relation stehen prozentual Forderungen und flüssige Mittel zum kurzfristigen Fremdkapital?) (Gibt Auskunft über die Solidität der kurz- bis mittelfristigen Finanzierungsposition)	Forderungen aus L. & L. + Sonstige Vermögensgegenstände + Flüssige Mittel	989,40 83,70 190,50 1.263,60	733,10 80,20 44,30 857,60	770,00 77,00 21,00 868,00	776,50 30,70 362,10 1.169,30	701,10 91,50 51,60 844,20
	Verbindlichkeiten aus L&L + Sonstiges kurzfristiges Fremdkapital = Summe kurzfristiges Fremdkapital	1.019,80 354,00 1.373,80	742,90 280,70 1.023,60	888,10 363,80 1.251,90	315,70 618,20 933,90	458,30 456,50 914,80
	Division x 100	91,98%	83,78%	69,33%	125,21%	92,28%
Liquidität III (in %) (In welcher Relation steht prozentual das Umlaufvermögen - Bestände, Forderungen und Flüssige Mittel - zum kurzfristigen Fremdkapital? (Gibt Auskunft über die Solidität der kurz- bis mittelfristigen Finanz-) position)	Summe Umlaufvermögen	2.686,90	2.378,10	2.670,00	3.091,10	2.688,70
	Summe kurzfristiges Fremdkapital	1.373,80	1.023,60	1.251,90	933,90	914,80
	Division x 100	195,58%	232,33%	213,28%	330,99%	293,91%
Cash-Flow-Umsatzrate (in %) (misst die Liquidität /die Cash Generierung pro Umsatzeuro	Jahresüberschuss bzw. Jahresfehlbetrag + Abschreibungen + Erhöhung/ - Verminderung Rückstellungen + Einstellung/ - Auflösung Sonderposten - Entnahmen (Vorab-Ausschüttung) = Cash Flow	249,40 186,70 0,00 0,00 0,00 436,10	185,00 212,60 -73,30 0,00 0,00 324,30	52,80 227,90 83,10 0,00 0,00 363,80	795,00 191,30 560,80 0,00 0,00 1.547,10	753,90 210,00 -468,10 0,00 0,00 495,80
	Gesamterlöse	13.160,40	11.441,60	13.322,00	19.697,40	16.476,40
(Ist ein klares Indiz für die Renditestärke)	*Division x 100*	3,31%	2,83%	2,73%	7,85%	3,01%

Erfolg und Rendite

Personalkostenintensität I (in %) (Wie viel der Gesamterlöse müssen für Personalkosten aufgewendet werden?) (GF wird rausgerechnet, da eventuell kalkulatorischer Unternehmerlohn)	Personalkosten - … davon Geschäftsführergehalt	4.094,20 0,00 4.094,20	3.860,20 0,00 3.860,20	4.361,60 0,00 4.361,60	5.339,20 0,00 5.339,20	5.347,30 0,00 5.347,30
	Gesamterlöse	13.160,40	11.441,60	13.322,00	19.697,40	16.476,40
(Gibt Auskunft über die Kostenstruktur)	*Division x 100*	31,11%	33,74%	32,74%	27,11%	32,45%
Zins- und Miet-Intensität (in %) (Wie viel der Gesamterlöse müssen für Mieten, Leasing und aufgewendet werden?)	Miet- und Leasingaufwendungen + Zinsaufwendungen	0,00 89,30 89,30	0,00 93,40 93,40	0,00 84,90 84,90	0,00 118,00 118,00	0,00 77,50 77,50
	Gesamterlöse	13.160,40	11.441,60	13.322,00	19.697,40	16.476,40
(Gibt Auskunft über die Kostenstruktur und die Effizienz des Managements)	*Division x 100*	0,68%	0,82%	0,64%	0,60%	0,47%
Umsatzrentabilität (in %) (Wie viel Ergebnis v. Steuern wird pro Umsatz-Euro erzeugt?)	Ergebnis vor Steuern	352,10	264,20	75,70	1.143,60	1.079,40
(ROS - Return on Sales)	Gesamterlöse	13.160,40	11.441,60	13.322,00	19.697,40	16.476,40
(Gibt Auskunft über die Rückflüsse/ Gewinne und damit die Ertragskraft) (Fokus: Handel & Service)	*Division x 100*	2,68%	2,31%	0,57%	5,81%	6,55%
Kapitalrendite (in %) (Wieviel Ergebnis v. Steuern wird pro Kapital-Euro erzeugt?)	Ergebnis vor Steuern	352,10	264,20	75,70	1.143,60	1.079,40
(ROC - Return on Capital)	Bilanzsumme	5.182,40	4.972,70	5.373,90	5.897,40	5.450,40
(Gibt Auskunft über die Rückflüsse/ Gewinne und damit die Ertragskraft pro Investiv-Euro)	*Division x 100*	6,79%	5,31%	1,41%	19,39%	19,80%

Operative Stärke

Zinsdeckung Wie häufig deckt das Betriebsergebnis die Zinsforderungen der FK-Geber	Betriebsergebnis	433,70	356,40	160,20	1.260,50	1.155,60
	Zinsen	89,30	93,40	84,90	118,00	77,50
	Division	4,9	3,8	1,9	10,7	14,9
(Dyn. Verschuldung) Kredittilgungsdauer (Wie lange dauert es, bis aus dem CF nach Steuern die Effektiv-verschuldung getilgt werden kann?) (Dynamischer Verschuldungsgrad) (Gibt Auskunft über die Kreditwürdigkeit und Bonität)	Summe langfristiges Fremdkapital - langfristige Rückstellungen + Summe kurzfristiges Fremdkapital - Forderungen - Füssige Mittel	2.407,70 0,00 1.373,80 1.073,10 190,50 2.517,90	2.497,00 0,00 1.023,60 813,30 44,30 2.663,00	2.584,30 0,00 1.251,90 847,00 21,00 2.968,20	2.505,90 306,40 933,90 807,20 362,10 1.964,10	1.454,00 0,00 914,80 792,60 51,60 1.524,60
	Cash Flow	436,10	324,30	363,80	1.547,10	495,80
	Division	5,77	8,21	8,16	1,27	3,08
(Re)Investitionsquote III (%) (Berechnet eine Substanzsteigerung oder Substanzreduktion) (Managementkennzahl, in Verbindung mit Kapitalumschlag (Kap-U), Kapitalrendite (ROI) und Umsatzrendite (ROS)	Periodische Investitionen	2.679,40	314,50	334,20	295,70	141,00
	Abschreibungen auf AV	186,70	212,60	227,90	191,30	210,00
	Division	14,35	1,48	1,47	1,55	0,67

Also fangen wir an: Analysieren wir die HKG im Detail!

9.2 Der 1. Trichterblock: Vermögen und Kapitalstruktur

Die erste Kennzahl ist der Gesamtkapitalumschlag. Damit hatten wir uns im vorhergehenden Kapitel ja schon einmal kurz beschäftigt. Diejenigen, die bereits ein Buch von mir gelesen haben, wissen, dass ich diese Kennzahl wirklich mag!

Jetzt werden Sie eventuell sofort fragen, warum denn der Kapitalumschlag so wichtig ist, dass er als 1. Kennzahl von mir berechnet wird. Der Kapitalumschlag ist eine Brückenkennzahl – er verbindet die GuV und Bilanz miteinander.

Ist der Kapitalumschlag, gerechnet als „Umsatz zu Bilanzsumme" zu gering, dann können wir daraus zwei bis drei potenzielle Schlussfolgerungen ziehen:

1. Entweder ist der Umsatz zu gering oder
2. die Bilanz ist zu lang, also zu kapitalintensiv,
3. beides ist der Fall.

In den meisten Fällen ist der zweite Fall anzutreffen. Die Rotationsgeschwindigkeit des Kapitals (Kapitalumschlag) leidet unter der Höhe des insgesamt eingesetzten Kapitals (Bilanzsumme).

Finden wir in einer Analyse zu geringe langfristige Vermögensgegenstände (also Anlagevermögen), so können wir daraus zwingend ableiten, dass das Umlaufvermögen, also Bestände, Forderungen und liquide Mittel (Kasse, Bank), zu hoch sein muss, wenn der Kapitalumschlag ansonsten gut ist. Und obwohl wir noch keinen genauen Blick in die Posten des Umlaufvermögens geworfen haben, wissen wir schon, dass wir dort auf „Probleme" stoßen werden.

Das meine ich mit logischem Vorgehen anhand der „Trichteranalyse". Ähnlich einem Arzt, der vor der Diagnose auch das Umfeld abklärt, hilft unsere Vorgehensweise, sukzessive die Beteiligung und die Zahlenlage umfänglich zu erfassen, und dies abgesichert aus mehreren Perspektiven.

Also, dann ran.

9.2.1 Schritt I: (Gesamt-)Kapitalumschlag

Zur Vorgehensweise: Wir gehen Schritt für Schritt vor, d. h. wir werden uns die Kennzahl inklusive der Würdigung zuerst erarbeiten und dann Rückschlüsse daraus ableiten.

Gesamtkapitalumschlag (Wie häufig wird das Kapital auf Basis des Erlöses umgeschlagen?) oder (1 Euro Kapital generiert wie viel Euro Erlöse ?)	Gesamterlöse	13.160,40	11.441,60	13.322,00	19.697,40	16.476,40
	Bilanzsumme	5.182,40	4.972,70	5.373,90	5.897,40	5.450,40
	Division	2,54	2,30	2,48	3,34	3,02

Wo sollte diese Größe ungefähr liegen? Wichtig in diesem Zusammenhang ist das „Ungefähr". Bilanzgrößen sind einerseits stichtagsbezogene Zahlen – damit können sie am nächsten Tag schon anders aussehen. Außerdem können wir nicht pauschal alle Branchen und Wirtschaftszweige gleich betrachten – wir müssen differenzieren und für unterschiedliche Betriebstypen und Wirtschaftszweige auch unterschiedliche Idealkorridore benennen. „Korridore" ist hier übrigens das richtige Wort. Es geht nicht um die Zahl selbst und erst recht nicht um die exakten Stellen hinter dem Komma.

Wichtig ist, dass wir sehen, dass ein Korridor eingehalten wird, in dem die analysierte Kenngröße quasi „schwebt" und sich frei (in gewissen Dimensionen) bewegt.

Standardmäßig können wir für das produzierende Gewerbe wertungsmäßig ansetzen:

< 1,0:	Schulnote 5 – mangelhaft
1,0 < x < 1,5	Schulnote 4 – ausreichend
1,5 < x < 2,0	Schulnote 3 – befriedigend
2,0 < x < 2,5	Schulnote 2 – gut
> 2,5	Schulnote 1 – sehr gut

Für Handelsgesellschaften (keine Spezialfälle) können Sie in der Regel die oben genannten Richtgrößen mit einem Faktor 2 und mehr belegen, besonders dann, wenn eigene Order erst nach Auftragseingängen gemacht werden, also ein logistisches System existiert, das zeitnah liefern kann, sodass im Handelshaus nur geringe Bestände aufgebaut werden müssen. Somit gilt in diesen Fällen:

< 2,0	Schulnote 5 – mangelhaft
2,0 < x < 3,0	Schulnote 4 – ausreichend
3,0 < x < 4,0	Schulnote 3 – befriedigend
4,0 < x < 5,0	Schulnote 2 – gut
> 5,0	Schulnote 1 – sehr gut

Existieren eigene längere Bevorratungen und auch eigene Lagerkapazitäten, sind entsprechende Abschläge vorzunehmen.

Bei klassischen Dienstleistern (aber Achtung, nicht die deutsche Telekom AG und nicht die deutsche Lufthansa AG) können Sie in der Regel mit einem Faktor 3 und mehr operieren, also mit

< 3,0	Schulnote 5 – mangelhaft
3,0 < x < 4,5	Schulnote 4 – ausreichend
4,5 < x < 6,0	Schulnote 3 – befriedigend
6,0 < x < 7,5	Schulnote 2 – gut
> 7,5	Schulnote 1 – sehr gut

würdigen. Die Lufthansa und die „Telekoms" dieser Welt sind zwar Dienstleister, aber analytisch werden sie wie das produzierende Gewerbe, sogar mit Abschlägen nach unten, behandelt, da sie extrem kapitalintensiv sind.

Unsere Beteiligung ist ein klassischer Mittelständler im metallverarbeitenden Gewerbe, also eine produzierende Firma, und wir können mit den Standardgrößen würdigen.

< 1,0:	Schulnote 5 – mangelhaft
1,0 < x < 1,5	Schulnote 4 – ausreichend
1,5 < x < 2,0	Schulnote 3 – befriedigend
2,0 < x < 2,5	Schulnote 2 – gut
> 2,5	Schulnote 1 – sehr gut

Damit ergibt sich folgendes Bild:

Gesamtkapitalumschlag (Wie häufig wird das Kapital auf Basis des Erlöses umgeschlagen?) oder (1 Euro Kapital generiert wie viel Euro Erlöse ?)	Gesamterlöse	13.160,40	11.441,60	13.322,00	19.697,40	16.476,40
	Bilanzsumme	5.182,40	4.972,70	5.373,90	5.897,40	5.450,40
	Division	2,54 0	2,30 0	2,48 0	3,34 +	3,02 +

Der Kapitalumschlag sieht recht gut aus. 2,5 als Startwert ist schon klasse, wird aber von mir noch mit „gelb (o)" gewürdigt, weil er in den Folgeperioden nochmals abfällt. Ab Periode 4 mit Werten bei bzw. weit über 3 setzte ich ein uneingeschränktes „grün (+)". Der Umsatzeinbruch im letzten Jahr kann teilweise in der Kennzahl durch die geringere Bilanzsumme kompensiert werden. Wir können hier festhalten, dass über die letzten fünf Jahre die Rotations- und damit die Reproduktionsgeschwindigkeit des Kapitals nochmals zugenommen hat, obwohl sie schon auf einem guten Niveau war.

Ich persönlich bin der festen Überzeugung, dass die Bilanz der GuV, besonders den Umsatzerlösen „folgen" muss.

An der nachfolgenden Darstellung wird noch deutlicher, was wir gerade im ersten Schritt berechnet bzw. analysiert haben.

Der „*(Gesamt-)Kapitalumschlag*" setzt die Länge der GuV und die Länge der Bilanz ins Verhältnis.

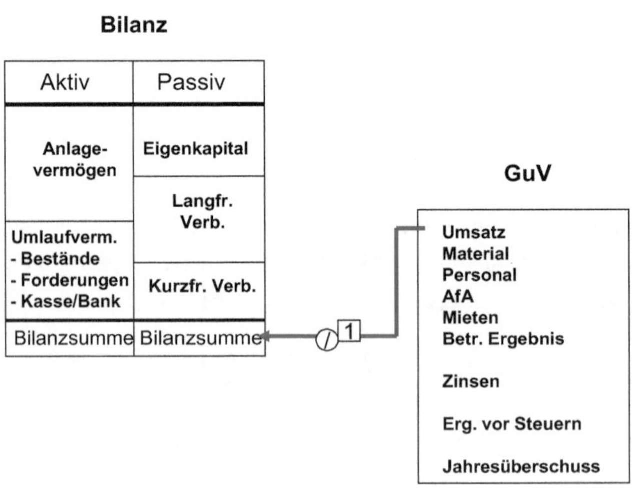

Dies hinterlässt einen guten ersten Eindruck.
Das können wir jetzt mit der zweiten Analyse verifizieren bzw. festigen.

9.2.2 Schritt II: Anlagenintensität

Die „*Anlagenintensität*“ setzt das Anlagevermögen ins Verhältnis zur gesamten Bilanzsumme.

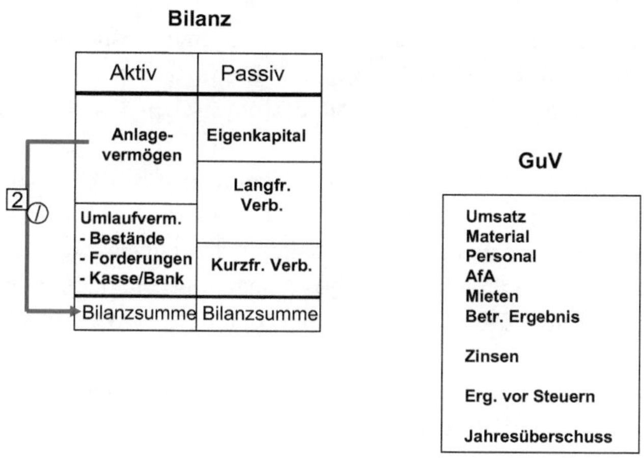

Die GuV oder eine Größe daraus tauchen nicht auf. Dann schauen wir uns sofort die Zahlen an.

Anlagenintensität (%) (Wie viel % der Bilanzsumme steckt im Anlagovormögon ?)	Summe Anlagevermögen	2.492,70	2.594,60	2.700,90	2.805,30	2.736,30
	Bilanzsumme	5.182,40	4.972,70	5.373,90	5.897,40	5.450,40
(Gibt einen Hinweis auf die Investitionstätigkeit und Flexibilität)	*Division x 100*	48,10%	52,18%	50,26%	47,57%	50,20%

Standardmäßig sehen wir beim produzierenden Gewerbe 40–60 %. Mit 48–50 % bewegen wir uns genau im mittleren Bereich. Mit Blick auf die das Ergebnis doch stark belastenden Personalkosten im letzten Jahr könnte man aber vorsichtig auch konservativer würdigen.

Unsere Beteiligung müsste eigentlich ein höheres Anlagevermögen zeigen, da es sich doch um eine Branche handelt, in der inzwischen sehr viel automatisiert werden kann. Dies hätte wahrscheinlich zu einer längeren Bilanz aufgrund von Fremdfinanzierung geführt, allerdings wäre dies bei dem ausgewiesenen Kapitalumschlag kein Problem.

Wir hatten bei der ersten Einschau unserer Beteiligung bereits gesehen, dass das Sachanlagevermögen nur moderat gestiegen ist und dazu auch einige (kritische) Fragen gestellt.

II. Sachanlagen	**2.416,5**	**47%**	**2.562,6**	**52%**	**2.692,9**	**50%**	**2.792,7**	**47%**	**2.713,0**	**50%**
... davon Grundstücke und Gebäude	*1.917,5*	*37%*	*1.938,9*	*39%*	*1.910,3*	*36%*	*1.883,0*	*32%*	*1.845,8*	*34%*
... davon technische Anlagen & Maschinen	*175,5*	*3%*	*143,2*	*3%*	*292,3*	*5%*	*247,5*	*4%*	*224,3*	*4%*
... davon andere Anlage-, Betriebs- und Geschäftsausstattung	*219,9*	*4%*	*357,8*	*7%*	*366,2*	*7%*	*538,1*	*9%*	*518,8*	*10%*
... davon geleistete Anzahlungen und Anlagen im Bau	*103,6*	*2%*	*122,7*	*2%*	*124,1*	*2%*	*124,1*	*2%*	*124,1*	*2%*

Hatten wir bei unserer Beteiligung auch Finanzanlagen in Größenordnungen ausgewiesen, dann empfehle ich, diese bei der Berechnung der Anlagenintensität herauszurechnen, um die Anlagenintensität „sauber" auf Basis der physischen Vermögensgegenstände zu rechnen.

Hier müssen jetzt in der Due Diligence Techniker ran. Auf Basis der Zahlenlage können wir zwar sagen, dass eine höhere Anlagenintensität (mehr Investitionen in Automatisierungstechnik, um Personalkosten reduzieren zu können) vielleicht Sinn gemacht hätte und dies aus Sicht der Eigenkapitalquote und des Kapitalumschlagfaktors auch problemlos gewesen wäre, aber mit Sicherheit können nur Analysen vor Ort durch „Spezialisten" diese Frage beantworten.

Trotzdem, knapp 50 % Anlagenintensität – und dies fast ausschließlich mit Sachanlagevermögen – ist ein guter Wert, und deshalb würdige ich auch folgendermaßen:

Anlagenintensität (%) (Wie viel % der Bilanzsumme steckt im Anlagevermögen ?) (Gibt einen Hinweis auf die Investitionstätigkeit und Flexibilität)	Summe Anlagevermögen	2.492,70	2.594,60	2.700,90	2.805,30	2.736,30
	Bilanzsumme	5.182,40	4.972,70	5.373,90	5.897,40	5.450,40
	Division x 100	48,10% 0	52,18% +	50,26% +	47,57% 0	50,20% +

Macht das Anlagevermögen 50 % aus, dann ist auch das Umlaufvermögen in identischer Höhe zu finden, unterstellt man einmal, dass kein negatives Eigenkapital ausgewiesen wird, was hier ja auch nicht der Fall ist.

Lassen Sie uns trotzdem noch etwas beim Anlagevermögen bleiben, allerdings als eine Art Exkurs, da für die HKG nicht zutreffend.

Was sollten Sie generell tun, wenn Sie bei Ihrer Beteiligung das Anlagevermögen (zahlenmäßig) analysieren? Sie müssen vor der Würdigung noch einige Zusatzbetrachtungen machen.

9.2.2.1 Exkurs: Würdigung Anlagevermögen

Bevor Sie zu einem Votum in Bezug auf ein zu gering erscheinendes Anlagevermögen kommen, sollten Sie immer noch folgende Betrachtungen zusätzlich machen bzw. sich folgende Fragen stellen:

1. Gibt es denn eine alternative Investitionspolitik, um das Anlagevermögen „attraktiv" zu halten?
   Ja, jedoch dann aktivieren wir nicht. Aber das macht ja nichts.
   Dann müssen wir uns einmal mit Leasing beschäftigen.
   Leasingaufwendungen finden wir bei den sonstigen betrieblichen Aufwendungen. Der Einzelposten Leasing ist aber nur selten separat in der GuV ausgewiesen. Allerdings finden wir die sonstigen betrieblichen Aufwendungen im Anhang des Abschlusses bzw. Geschäftsberichtes immer nach Kostenarten aufgeschlüsselt.
   Leasing ist ja nichts anderes als eine 100-%-Fremdfinanzierung eines Vermögensgegenstandes, wobei die Tilgung des Fremdkapitals mit in der Rate integriert ist und somit steuerlich als Aufwand durchgeht. Damit hat Leasing auch durchaus seine Reize, ist aber über die Zeit immer teurer als ein Kauf, da der Leasinggeber ja auch Geld verdienen möchte bzw. auch muss.
2. Kam eine Aktivierung mangels Liquidität nicht in Frage?
   Schauen Sie im Zusammenhang mit (zu geringem) Anlagevermögen immer kurz auf die Bilanzposten „Wertpapiere des Umlaufvermögens" und „Kasse/Bank". Diese beiden Posten zusammen kürze ich immer mit „liquide Mittel" ab.
   Wenn Sie kein Leasing sehen und auch keine liquiden Mittel vorhanden sind, dann war häufig eine aggressivere Investitionspolitik schlicht nicht möglich, besonders dann, wenn die Eigenkapitalquote schwach ist und daher die Banken natürlich in Bezug auf weitere Fremdmittel sehr restriktiv sind.
   Sollte allerdings Liquidität (Kasse/Bank und Wertpapiere des Umlaufvermögens) vorhanden sein, müssen Sie des Weiteren fragen:
3. Wie hoch ist der Zinsertrag?
   Es kann/sollte ja nicht sein, dass die Liquidität nur „brach herumliegt". Wenn schon überschüssige Liquidität, dann sollten damit zumindest Zinserträge erwirtschaftet werden.
   Außerdem sollten Sie wissen:
4. Wie hoch ist die Eigenkapitalquote?
   Daraus leitet sich in Verbindung mit dem Wissen um den Jahresüberschuss in der GuV die Bereitschaft von Banken ab, (notwendige) Investitionen zu finanzieren, bzw. von Leasinggesellschaften, ihnen über diesen Weg Anlagegüter zur Verfügung zu stellen.

Erst nach Beantwortung dieser Fragen sollten Sie die Anlagenintensität Ihrer Beteiligung definitiv würdigen.

Machen wir weiter in unseren Kennzahlenbetrachtungen sind wir bei der Kenngröße, die ich gerade schon erwähnt hatte.

9.2.3 Schritt III: Eigenkapitalquote

Die „*Eigenkapitalquote*" setzt das Eigenkapital ins Verhältnis zur gesamten Bilanzsumme.

Die hatten wir gerade schon einmal als unbedingt wissenswert herausgestellt.

Während wir mit der Kennzahl „Anlagenintensität" das Verhältnis der langfristigen Vermögensgegenstände zur Bilanzsumme in ein Verhältnis gesetzt haben, also die Aktivseite (Mittelverwendung) der Bilanz hinsichtlich langfristiger Strukturen analysiert haben, machen wir jetzt die identische Analyse auf der Passivseite. Wir spiegeln eigentlich die Anlagenintensität nur.

Allerdings differenzieren wir nicht zwischen lang- und kurz- bis mittelfristigen Posten, sondern zwischen der Struktur der Mittelherkunft, also zwischen Eigen- und Fremdkapital.

Das Eigenkapital setzen wir wieder ins Verhältnis zur gesamten Bilanzsumme.

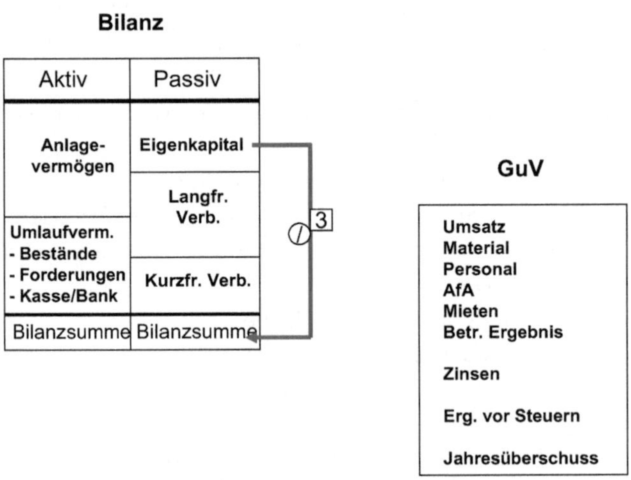

Und mit den konkreten Zahlen der HKG sieht dies dann historisch so aus.

Eigenkapitalquote (in %) Basis wirtschaftliches Eigenkapital (Wie viel Prozent der Bilanzsumme/ des Kapitals wird von Eigenkapital gestellt?) (Gibt Auskunft über die Solidität der Kapitalbasis - "Krisenkapital")	Eigenkapital nach HGB Gliederung	1.271,30	1.256,30	1.309,10	2.104,10	2.858,10
	Bilanzsumme	5.182,40	4.972,70	5.373,90	5.897,40	5.450,40
	Division x 100	24,53%	25,26%	24,36%	35,68%	52,44%

Werte jenseits der 30-%-Marke sind i. d. R. als sehr gut zu würdigen. Dies geht aus den Anforderungen von Basel II hervor. Und diese Größen werden, wie wir schon bei der ersten Einschau gesehen haben, von der HKG in den letzten beiden Perioden leicht erreicht.

Abhängig von den Renditen (dazu später) sollte die Eigenkapitalquote bei mindestens 15 % liegen. Dies ist aber die absolute Untergrenze und auch nur vertretbar, wenn die anderen Bilanzstrukturen und Kennzahlen in Ordnung sind. Oder drücken wir es anders aus: Sie sollten dann schon recht gut sein!

In Zeiten einer Finanzkrise werden 15 % von Banken aber als nicht akzeptabel betrachtet. Nach oben sind hier allerdings nie Grenzen gesetzt. Hier muss dann ein wenig auch der „Reifegrad" einer Gesellschaft betrachtet werden.

Haben Sie mit Ihrer Beteiligung allerdings eine Patronatserklärung abgeschlossen und dafür im Gegenzug das Recht auf Gewinnabführung an Sie (Muttergesellschaft), dann entspannt sich die Lage für die Beteiligung natürlich auch bei geringen Eigenkapitalquoten, die ja häufig das Ergebnis von mehrperiodischen Gewinnabführungen sind. Ist dann in Ihrer Gruppe auch noch Cash-Pooling installiert, dann sind auch eventuell geringe Liquiditätsstände zum Abschlussstichtag von geringerer Bedeutung.

Der Nachteil hoher Eigenkapitalquoten ist allerdings, dass Eigenkapitalkosten (eine Verzinsung – also Dividende – für die Eigenkapitalgeber) nicht als Aufwendungen in der GuV gelten und damit steuerlich nicht abzugsfähig sind. Wenn die Eigenkapitalgeber sich neben Gehältern (im Falle von geschäftsführenden Gesellschaftern) eine Dividende zahlen wollen, so hat dies aus den versteuerten Überschüssen zu erfolgen.

Bei der Bewertung stellen hohe Eigenkapitalquoten aufgrund der hohen Eigenkapitalkosten ebenfalls ein Problem dar. Schauen Sie nochmals in die Berechnung der Kapitalkosten und hier speziell auf die errechneten Höhen der Eigenkapitalkosten.

Bitte betrachten Sie parallel zur Eigenkapitalquote auch immer noch einmal die liquiden Mittel (Bank, Kasse und Wertpapiere des Umlaufvermögens). Darauf hatten wir bei den Zusatzfragen zur Würdigung der Anlagenintensität schon hingewiesen. Eine hohe Eigenkapitalquote gilt gemeinhin als gute Ausgangsposition für schwierige Zeiten. Aber wenn alle Eigenkapitalien auf der Aktivseite im Anlagevermögen bzw. in den Vorräten und in den Forderungen im Umlaufvermögen „verbuddelt" sind, dann ist auch der Ausweis einer hohen Eigenkapitalquote zu relativieren.

Die HKG hat zwar nicht riesige Liquiditätsbestände zu den jeweiligen Abschlussdaten – wir hatten aber auch schon aufgezeigt, dass Liquidität in den fünf Perioden genutzt wurde; einerseits Bankenverbindlichkeiten zu tilgen und andererseits Anlagevermögen zu erstehen.

Von daher ist die Eigenkapitalquote der HKG aus meiner Sicht folgendermaßen zu würdigen:

Eigenkapitalquote (in %) Basis wirtschaftliches Eigenkapital (Wie viel Prozent der Bilanzsumme/ des Kapitals wird von Eigenkapital gestellt?) (Gibt Auskunft über die Solidität der Kapitalbasis - "Krisenkapital")	Eigenkapital nach HGB Gliederung	1.271,30	1.256,30	1.309,10	2.104,10	2.858,10
	Bilanzsumme	5.182,40	4.972,70	5.373,90	5.897,40	5.450,40
	Division x 100	24,53% 0	25,26% 0	24,36% 0	35,68% +	52,44% +

Die Eigenkapitalquote ist in allen Jahren als gut bis sehr gut zu werten, besonders vor dem Hintergrund, dass auch genügend in der Kasse bzw. auf den Konten zu den Abschlussdaten liegt.

Welche Analyseschritte sind wir bisher gegangen? Fassen wir die drei berechneten Kennzahlen doch einmal grafisch zusammen.

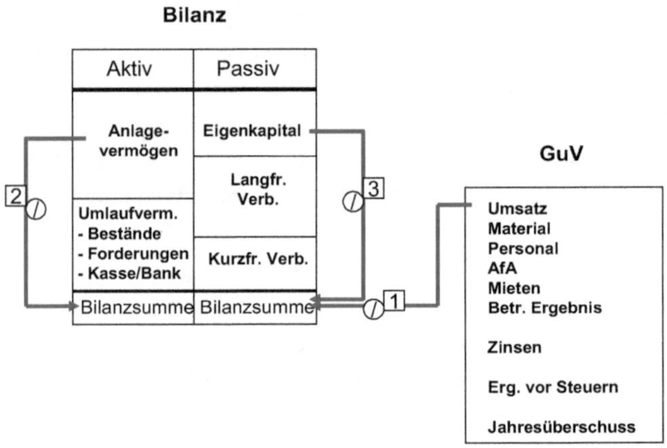

Können wir mit der Eigenkapitalquote noch mehr zur Struktur der Bilanz sagen? Ja sicherlich, denn Banken haben eine etwas andere Betrachtungsperspektive auf das Anlagevermögen Ihrer Beteiligung.

Sie ist aber nicht neu und daher nur eine Ergänzung zu unseren bisherigen Betrachtungen.

9.2.3.1 Exkurs: Anlagendeckung I

Die Anlagendeckung finden wir in den meisten Bilanzanalysen der Geschäftsbanken. Sie kennen sie eventuell auch unter einem anderen Namen: goldene Finanzierungsregel.

Langfristige Investitionsgüter – also Anlagevermögen – sollten auch zu einem großen Teil von (langfristigem) Eigenkapital gedeckt und damit abgesichert sein.

Hier finden wir in der Literatur sogar mehrere Definitionen von Anlagedeckungen.

- Anlagendeckung I,
- Anlagendeckung I – ohne Finanzanlagen,
- Anlagendeckung II.

Wir werden uns hier aber nur mit der Anlagendeckung I beschäftigen.

Bilanz

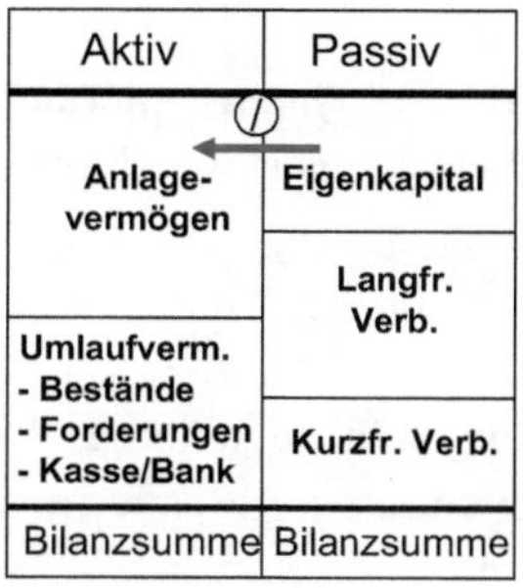

Wir berechnen hier einen Quotienten aus Eigenkapital und Anlagevermögen, also aus den beiden zuletzt betrachteten Einzelkennzahlen. Schauen wir uns dies mit den echten Zahlen unserer HKG an.

Anlagendeckung I (%) (Wie viel % der Aktiva sind mit Eigenkapital (nach HGB Definition) finanziert?) ("Goldene Finanzierungsregel") (Gibt Auskunft über die Solidität der Finanzierung und über die Anlagen-werte zu Buch)	Zähler Nominator	Eigenkapital nach HGB Definition	1.271,30	1.256,30	1.309,10	2.104,10	2.858,10
	Nenner Denominator	Summe Anlagevermögen	2.492,70	2.594,60	2.700,90	2.805,30	2.736,30
	Ergebnis Result	*Division x 100*	51,00%	48,42%	48,47%	75,00%	104,45%

Ich bevorzuge übrigens in der Regel die Berechnung des Nenners ohne das Finanzanlagevermögen, da dies auch (strategische) Beteiligungen oder Aktieninvestments sein können, die wir ohne weitere Erläuterungen nicht genau einordnen können.

Anlagendeckung I - ohne Finanzanlagen (%) (Wie viel % der Aktiva sind mit Eigenkapital (nach HGB Definition) finanziert?) ("Goldene Finanzierungsregel") (Gibt Auskunft über die Solidität der Finanzierung und über die Anlagen-werte zu Buch)	Zähler Nominator	Eigenkapital nach HGB Definition	1.271,30	1.256,30	1.309,10	2.104,10	2.858,10
	Nenner Denominator	Summe Anlagevermögen - Finanzanlagen	2.492,70 0,00 2.492,70	2.594,60 0,00 2.594,60	2.700,90 0,00 2.700,90	2.805,30 0,00 2.805,30	2.736,30 0,00 2.736,30
	Ergebnis	*Division x 100*	51,00%	48,42%	48,47%	75,00%	104,45%

Dies hat auch einen Grund in der Bewertung. Bei der Berechnung des Marktwertes des Fremdkapitals (der beim DCF-Ansatz ja noch vom Gesamtwert subtrahiert wird), werden kurzfristig liquidierfähige Finanzanlagen auch mit den Schulden verrechnet. Wir kommen aber später auch in diesem Beispiel nochmals zu diesem Sachverhalt.

Der Fokus einer Bewertung richtet sich in der Regel auf das operative Geschäft eines Übernahmekandidaten.

Finanzanlagen, also zur Not auch Beteiligungen an weiteren Gesellschaften, interessieren häufig gar nicht und werden herausgerechnet (natürlich auch die mit den Finanzanlagen erzielten Erträge). Schon aus dieser Sicht passt die zweite Sichtweise ohne Finanzanlagen im Nenner besser.

Bei der HKG wäre diese zweite Berechnung allerdings unnötig gewesen, da ja keine Finanzanlagen vorhanden sind. Also können wir (hier) auch gleich mit der klassischen Definition weiterarbeiten.

Wo sollte diese Kennzahl liegen? Früher hat man eine 1 oder 100 % als Zielgröße gesetzt, davon hat man sich aber heute entfernt. Das klassische produzierende Gewerbe sollte man mit einer Zielgröße von 50–70 % taxieren. Wir sehen Werte zunächst im definierten Korridor, dann ab dem vierten Jahr mit Anstieg der Eigenkapitalquote weit darüber.

Anlagendeckung I (%) (Wie viel % der Aktiva sind mit Eigenkapital (nach HGB Definition) finanziert?) ("Goldene Finanzierungsregel") (Gibt Auskunft über die Solidität der Finanzierung und über die Anlagen-werte zu Buch)	Zähler Nominator	Eigenkapital nach HGB Definition	1.271,30	1.256,30	1.309,10	2.104,10	2.858,10
	Nenner Denominator	Summe Anlagevermögen	2.492,70	2.594,60	2.700,90	2.805,30	2.736,30
	Ergebnis Result	*Division x 100*	51,00%	48,42%	48,47%	75,00%	104,45%

Kapitalintensivere Betriebe weisen sogar weitaus niedrigere Anlagendeckungen aus, teilweise nur 20–30 %.

Dies hat aber nachvollziehbare Gründe.

In vielen Fällen werden bei Auftragsannahme Anzahlungen geleistet, die dann beim Auftragnehmer auf der Passivseite der Bilanz sehr weit unten bei den Verbindlichkeiten ausgewiesen werden (passivierte Anzahlungen). Diese führen zu einer Verlängerung der Bilanz (Bilanzmehrung) – die Gegenbuchung sehen wir auf den Bankkonten (Buchungssatz: Bank an erhaltene Anzahlung). Die logischen Konsequenzen daraus sind:

- Der Kapitalumschlag sinkt aufgrund der höheren Bilanzsumme,
- die Anlagenintensität sinkt aufgrund der höheren Bilanzsumme,
- die Eigenkapitalquote sinkt aufgrund der höheren Bilanzsumme,

aber Liquidität ist vorhanden, um damit die Arbeiten am Auftrag beginnen bzw. Vorräte, vor allem Roh-, Hilfs- und Betriebsstoffe, anschaffen zu können. Ein typisches Beispiel dafür ist der Schiffsbau.

Denken Sie außerdem einmal an die Telekom oder einen Energielieferanten. Diese haben eine Anlagenintensität von teilweise 90 % und mehr. Allerdings ziehen sie am Monatsende i. d. R. ihre offenen Forderungen per Einzugsermächtigung ein und müssen daher auch nicht lange auf Geldeingänge warten. Außerdem können Sie anhand von Erfahrungen und der Nutzung ihrer Dienstleistungen recht genau die eingehenden Beträge quantifizieren und haben im Bereich der Debitoren und Liquidität ziemlich detaillierte und exakte Prognosemöglichkeiten. Haben Sie dann aufgrund ihrer Größe noch entsprechende „Macht"-Stellungen gegenüber den Lieferanten und können damit auch die Fristen zur Bezahlung eigener Rechnungen (Verbindlichkeiten aus Lieferungen und Leistungen) stark beeinflussen, dann ist eine sehr geringe Anlagendeckung einerseits ganz normal und andererseits ergibt sich daraus kein höheres Risiko.

Bevor wir uns an die tiefergehende Würdigung machen, lassen Sie uns einmal näher betrachten, was denn hier bei der Anlagendeckung I gerechnet wird.

$$\text{Anlagendeckung I} = \frac{\text{Eigenkapital}}{\text{Anlagevermögen}}.$$

Mit den beiden Parametern im Quotienten hatten wir uns soeben schon beschäftigt, allerdings jeweils als Quote zum Gesamtkapital (Bilanzsumme), also mit:

$$\text{Anlagenintensität} = \frac{\text{Anlagevermögen}}{\text{Bilanzsumme}}$$

und der auf der Passivseite gespiegelten Berechnung:

$$\text{Eigenkapitalquote} = \frac{\text{Eigenkapital}}{\text{Bilanzsumme}}.$$

Jetzt dividieren Sie doch einmal die Eigenkapitalquote durch die Anlagenintensität, also:

$$\frac{\frac{\text{Eigenkapital}}{\text{Bilanzsumme}}}{\frac{\text{Anlagevermögen}}{\text{Bilanzsumme}}},$$

Daraus ergibt sich:

$$\frac{\text{Eigenkapital}}{\text{Bilanzsumme}} \div \frac{\text{Anlagevermögen}}{\text{Bilanzsumme}},$$

also muss die Eigenkapitalquote mit dem Kehrwert der Anlagenintensität multipliziert werden, somit:

$$\frac{\text{Eigenkapital}}{\text{Bilanzsumme}} \times \frac{\text{Bilanzsumme}}{\text{Anlagevermögen}}.$$

Die Bilanzsumme kürzt sich heraus und stehen bleibt:

$$\frac{\text{Eigenkapital}}{\text{Anlagevermögen}}$$

und dies ist die Anlagendeckung I:

$$\text{Anlagendeckung I} = \frac{\text{Eigenkapital}}{\text{Anlagevermögen}}.$$

Stellen wir diesen Zusammenhang noch einmal grafisch dar.

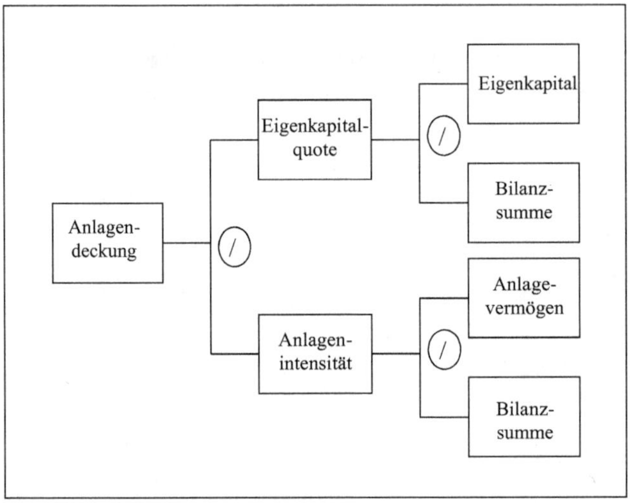

Daraus ergeben sich dann natürlich auch noch zwei weitere Relationen:

$$\text{Eigenkapitalquote} = \text{Anlagendeckung} \times \text{Anlagenintensität}$$

weil:

$$\text{Eigenkapitalquote} = \frac{\text{Eigenkapital}}{\text{Anlagevermögen}} \times \frac{\text{Anlagevermögen}}{\text{Bilanzsumme}}.$$

Das Anlagevermögen kürzt sich heraus und es bleibt:

$$\text{Eigenkapitalquote} = \frac{\text{Eigenkapital}}{\text{Bilanzsumme}}.$$

$$\text{Anlagenintensität} = \text{Eigenkapitalquote} / \text{Anlagendeckung},$$

also:

$$\text{Anlagenintensität} = \frac{\text{Eigenkapital}}{\text{Bilanzsumme}} \div \frac{\text{Eigenkapital}}{\text{Anlagevermögen}},$$

somit:

$$\text{Anlagenintensität} = \frac{\text{Eigenkapital}}{\text{Bilanzsumme}} \times \frac{\text{Anlagevemögen}}{\text{Eigenkapital}}.$$

Eigenkapital kürzt sich heraus, es bleibt stehen:

$$\text{Anlagenintensität} = \frac{\text{Anlagevermögen}}{\text{Bilanzsumme}}.$$

Spielen sie doch selbst ein wenig und nutzen Sie dafür die nachstehende Grafik:

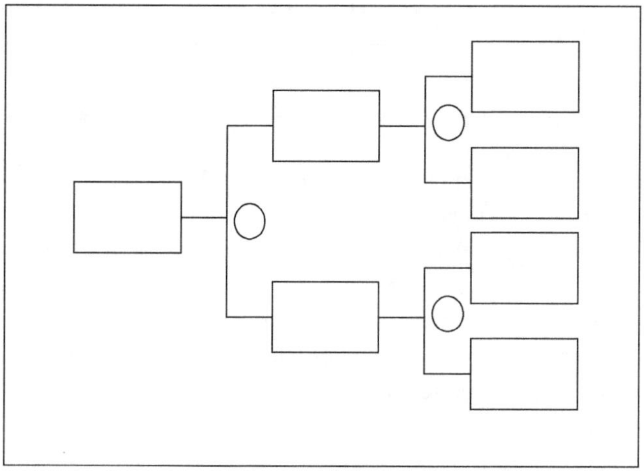

Was sagt uns dies jetzt in Bezug auf unsere Beteiligung?

Viel, denn ist das EK gut – und bei unserer Gesellschaft ist dies wie gesehen der Fall – …

Eigenkapitalquote (in %) Basis wirtschaftliches Eigenkapital (Wie viel Prozent der Bilanzsumme/ des Kapitals wird von Eigenkapital gestellt?) (Gibt Auskunft über die Solidität der Kapitalbasis - "Krisenkapital")	Eigenkapital nach HGB Gliederung	1.271,30	1.256,30	1.309,10	2.104,10	2.858,10
	Bilanzsumme	5.182,40	4.972,70	5.373,90	5.897,40	5.450,40
	Division x 100	24,53% 0	25,26% 0	24,36% 0	35,68% +	52,44% +

… und die Anlagenintensität (Finanzanlagevermögen ist immer null) mit 48–52 % ebenfalls, …

Anlagenintensität (%) (Wie viel % der Bilanzsumme steckt im Anlagevermögen ?) (Gibt einen Hinweis auf die Investitionstätigkeit und Flexibilität)	Summe Anlagevermögen	2.492,70	2.594,60	2.700,90	2.805,30	2.736,30
	Bilanzsumme	5.182,40	4.972,70	5.373,90	5.897,40	5.450,40
	Division x 100	48,10% 0	52,18% +	50,26% +	47,57% 0	50,20% +

… dann kann sich auch bei der Division der beiden durcheinander nur ein (sehr) guter Wert errechnen.

Anlagendeckung I (%) (Wie viel % der Aktiva sind mit Eigenkapital (nach HGB Definition) finanziert?) ("Goldene Finanzierungsregel") (Gibt Auskunft über die Solidität der Finanzierung und über die Anlagenwerte zu Buch)	Zähler Nominator	Eigenkapital nach HGB Definition	1.271,30	1.256,30	1.309,10	2.104,10	2.858,10
	Nenner Denominator	Summe Anlagevermögen	2.492,70	2.594,60	2.700,90	2.805,30	2.736,30
	Ergebnis Result	*Division x 100*	51,00%	48,42%	48,47%	75,00%	104,45%

Die Anlagendeckung weist dann natürlich zu hohe (aber deshalb nicht schlechte) Werte aus; genau dies sehen wir bei unserer HKG.

75 und 104 % (gerundet) in den letzten beiden Jahren sind zwar (aus Sicherheits-Bankensicht) tolle Werte, aber eigentlich zu hoch. Das liegt an der Eigenkapitalquote oder zu geringem Anlagevermögen oder sogar beides zusammen.

Wir hatten in unserer Vorgehensweise beide Rechenparameter für die Anlagendeckung separat betrachtet, was ich persönlich bevorzuge, denn die Anlagendeckung kann uns auch manchmal einen Streich spielen.

Stellen Sie sich folgendes Beispiel vor.

Eine Gesellschaft hat nur noch 7,5 % Anlagevermögen (gemessen an der Bilanzsumme), weil sie sich aufgrund der Verluste in den letzten Jahren einfach nicht mehr größere Investitionen hat leisten können.

Aufgrund der Verluste ist auch das Eigenkapital inzwischen auf 15 % (ebenfalls gemessen an der Bilanzsumme) abgesunken, und dies ist der Grund, warum die Bank gar keine weiteren Investitionen finanzieren kann.

Rechnen wir jetzt die Anlagendeckung, dann erhalten wir als Ergebnis 200 %, einen Wert, der im Kopf automatisch eine positive Assoziation weckt, weil generell alles über 100 % von unserem Gehirn i. d. R. erst einmal positiv gewürdigt wird. Beide Ausgangsparameter (Anlagenintensität und Eigenkapitalquote) sind aber miserabel.

Sie sehen, wenn Sie die beiden Größen separat einzeln betrachten, kann Ihnen die Fehldeutung nicht passieren. Aus diesem Grund entscheide ich mich bei allen meinen Analysen für die von mir aufgezeigte Vorgehensweise und lasse die Anlagendeckung ganz außen vor.

9.2.4 Schritt IV: Kreditorenquote – Verbindlichkeiten aus Lieferungen und Leistungen zum gesamten Fremdkapital

Kreditoren, also Verbindlichkeiten aus Lieferungen und Leistungen, sind ein klassischer Passivposten.

Wir untersuchen, wie das Fremdkapital unserer Beteiligung auf der Passivseite in sich strukturiert ist.

Wie groß ist der Anteil der Kreditoren zu den gesamten Verbindlichkeiten, einschließlich Rückstellungen, denn diese sind ja auch Teil des Fremdkapitals?

Die „*Kreditorenquote*“ setzt die Verbindlichkeiten aus Lieferungen und Leistungen in ein Verhältnis zum gesamten Fremdkapital, bricht also die Passiva weiter auf.

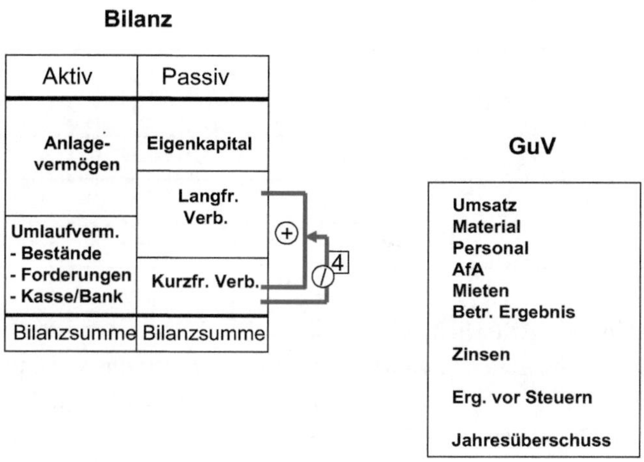

Die Gewinn- und Verlustrechnung ist erneut nicht betroffen.
Schauen wir sofort in die Zahlen:

Verb. aus L&L Quote (%) (Wie viel % des Fremdkapitals stammt von Lieferanten und Sonstigen, ist daher kurzfristig und ist damit in naher Zukunft fällig?)	Verbindlichkeiten aus L. & L.	1.019,80	742,90	888,10	315,70	458,30
(Achtung: bei Skontogewährung)	Rückstellungen	354,00	280,70	363,80	924,60	456,50
	+ Verbindlichkeiten	3.557,10	3.435,70	3.701,00	2.868,70	2.135,80
(Gibt Auskunft über die anstehenden Zahlungsverpflichtungen und den Liquiditätsbedarf einerseits und die kostenfreie Finanzierung über Lieferanten andererseits)	+ Passive RAP	0,00	0,00	0,00	0,00	0,00
	Gesamtes Fremdkapital	3.911,10	3.716,40	4.064,80	3.793,30	2.592,30
	Division x 100	26,07%	19,99%	21,85%	8,32%	17,68%

Das sieht doch ganz gut aus – die Kreditorenquote fällt auf 18 % (mit einem Abfall nach unten auf nur 8 % im vierten Jahr).

Bitte beachten Sie erneut, dass hier nur Bilanzposten abgebildet sind, es sich damit um eine reine Stichtagsbetrachtung handelt.

Halten wir auch hier wieder explizit fest: Innerhalb der Passiva stellen die Kreditoren anscheinend kein größeres Risiko dar, denn Werte von unter bis Mitte 20 % sind gut, besonders dann, wenn die Gesellschaft über ein hohes Eigenkapital verfügt.

Hohes Eigenkapital führt natürlich zu geringen Verbindlichkeiten, d. h. der Nenner in unserer Berechnung ist klein; damit hat der Quotient die Tendenz nach oben zu schießen.

Ich würdige mit

Verb. aus L&L Quote (%) (Wie viel % des Fremdkapitals stammt von Lieferanten und Sonstigen, ist daher kurzfristig und ist damit in naher Zukunft fällig?)	Verbindlichkeiten aus L. & L.	1.019,80	742,90	888,10	315,70	458,30
(Achtung: bei Skontogewährung)	Rückstellungen	354,00	280,70	363,80	924,60	456,50
	+ Verbindlichkeiten	3.557,10	3.435,70	3.701,00	2.868,70	2.135,80
(Gibt Auskunft über die anstehenden Zahlungsverpflichtungen und den	+ Passive RAP	0,00	0,00	0,00	0,00	0,00
Liquiditätsbedarf einerseits und die kostenfreie Finanzierung über Lieferanten andererseits)	Gesamtes Fremdkapital	3.911,10	3.716,40	4.064,80	3.793,30	2.592,30
	Division x 100	26,07%	19,99%	21,85%	8,32%	17,68%
		0	+	+	+	+

Kurzfristig ist immer gefährlich, weil es sich ja bei den Bilanzposten um Stichtagsbetrachtungen handelt. Theoretisch könnten daher die kurzfristigen Verbindlichkeiten auch am nächsten Tag in Gänze fällig sein. Steht dann nicht genügend Liquidität auf der Aktivseite bei Kasse und Bank, wird es heikel.

Wir wissen aber aus der logischen Betrachtungsreihenfolge bei der Würdigung der Eigenkapitalquote, dass auch von der Aktivseite keine Gefahr droht, auch wenn Kasse, Bank und Wertpapiere des Umlaufvermögens keine extrem hohen Beträge ausweisen. Wir wissen nämlich, dass diese dort eigentlich zur Verfügung stehenden Beträge in großem Maß für die Tilgung von Kreditverbindlichkeiten eingesetzt worden sind, was jetzt in dieser Kennzahl das Ergebnis aber nach oben treibt.

Schauen Sie in der Berechnung nochmals explizit den Nenner an. Er fällt von T€ 3911 auf T€ 2592 (gerundet).

Damit sind die Kreditoren (Verbindlichkeiten aus Lieferungen und Leistungen) eigentlich auf den ersten Blick optimal, denn

- die erwirtschaftete Liquidität der letzten Jahre wurde zum Abbau von Verbindlichkeiten genutzt (das ist der Grund, warum hier die Kreditorenquote „nach oben zieht"),
- der Kapitalumschlag ist in den letzten beiden Jahren sehr gut,
- die Anlagenintensität ist zumindest befriedigend (wir müssen noch das Votum der Techniker abwarten),
- und die Eigenkapitalquote klasse.

Kann man sagen, wie groß die Kreditorenquote sein sollte?

Ja, wenn ansonsten die Strukturen in der Bilanz in Ordnung sind. Ich sage immer, dass ein Optimum dann hergestellt ist, wenn

- das Eigenkapital ca. 25 % der Bilanzsumme entspricht (man muss ja nicht immer über 30 % liegen – vergessen Sie nicht, dass Eigenkapitalkosten steuerlich nicht abzugsfähig und in der Bewertung auf der „sell-side" eher kontraproduktiv sind) und
- das kurzfristige Fremdkapital maximal 33 % der gesamten Verbindlichkeiten ausmacht.

Daraus folgt dann wieder, dass

- das Eigenkapital und
- das kurzfristige Fremdkapital

je 25 % der Bilanzsumme ausmachen.

Dies ist eine Grundregel, die man je nach Branche auch adaptieren muss. Können z. B. Skonti auf Eingangsrechnungen gezogen werden, so macht es durchaus großen Sinn, die Kreditoren bewusst früh zu zahlen und damit auch eine Kreditorenquote weit unterhalb der gerade genannten 33 % im Vergleich zu den gesamten Verbindlichkeiten in Kauf zu nehmen.

Andererseits können auch Quoten oberhalb dieser 33 % Sinn machen, wenn Lieferanten dies zulassen oder weil die Einkaufsmacht einfach so groß ist (siehe z. B. Aldi bzw. Hofer in Österreich).

Diese Sachverhalte werden wir auch noch im Detail besprechen.

Schauen wir uns jetzt aber auch wieder diesen vierten Schritt „Berechnung der Keditorenquote" im Gesamtbild unserer bisherigen Schritte und Überlegungen an.

Dabei werden Sie erkennen, dass wir bis jetzt eher die „Grundarchitektur" der Beteiligung in Bezug auf das Zahlenwerk untersucht haben.

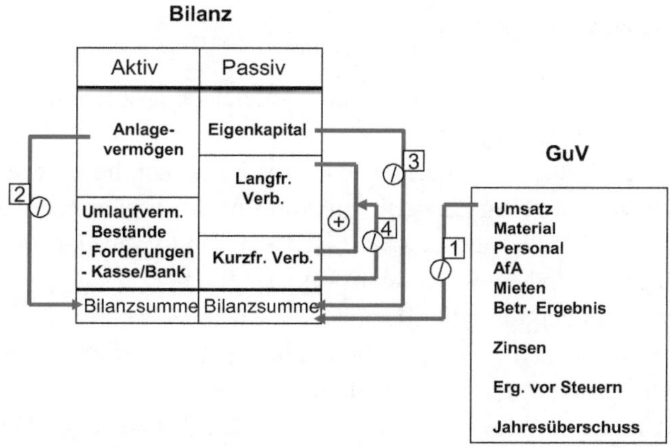

Und dennoch wissen wir schon recht viel über die HKG.

In dieser Grafik mit den ersten vier Schritten sehen wir jetzt sehr schön, wie zunächst alle wesentlichen Basisstrukturen erfasst werden.

1. GuV zu Bilanz: Umsatz zu Bilanzsumme,
2. Aktivseite: Anlagevermögen zu Bilanzsumme,
3. Passivseite: Eigenkapital zu Bilanzsumme,
4. Passivseite: Struktur des Fremdkapitals in sich – Anteil der Kreditoren.

Und es geht uns gar nicht um die Kennzahl selbst, sondern den möglichen Ableitungen für das Verständnis der Beteiligung, wenn man diese Kenngrößen miteinander in ein logisches Verhältnis setzt.

Jetzt sind wir aber an einem Punkt, an dem wir wirklich tiefer und mit Fokus auf das Working Capital eintauchen sollten.

9.3 Der 2. Trichterblock: Liquiditäten und Cash Flow

Hier geht es eigentlich nur um zwei Arten von Liquidität und zwar um die

- bilanzielle Liquidität (Bilanzbetrachtungen),
- Liquidität aus der Periode – der Cash Flow (GuV-Betrachtung).

Vom Cash Flow ist dann die Positionierung der Kasse/Bank zum Teil wiederum abhängig.

Springen wir also wieder direkt rein. Wie gehen denn Banken bei der Analyse des unteren Teils der Bilanz vor? Macht das dann auch Sinn?

9.3.1 Bilanzielle Liquiditäten

Banken und viele Externe finden immer wieder Gefallen an drei Kennzahlen und Berechnungen: der Liquidität 1.–3. Grades.

Die Liquiditäten 1., 2. und 3. Grades haben ihren Fokus auf die kurz- bis mittelfristige Finanzierung. Die zentrale Frage dabei ist, in wieweit die aktivischen und passivischen unteren Positionen im Bilanzgliederungsschema zusammenpassen, d. h. ob sie im „Gleichgewicht" zueinander und/oder zum Geschäft sind.

Generell werden bei den Liquiditätskennzahlen eine oder mehrere Aktivposten mit einem Passivposten verglichen. Wie wir schon gehört haben, beziehen sich die Analysen aber auf die untere Struktur der Bilanz und daher kommen auch alle verwendeten Parameter aus dem Umlaufvermögen (Aktiva) bzw. aus den kurzfristigen Verbindlichkeiten (Passiva). Damit sind wir im Working Capital.

In Deutschland und Österreich haben wir die Tendenz, die folgenden Liquiditätskennzahlen subtraktiv zu ermitteln. Wir subtrahieren also von einem oder von kumulierten Aktivposten die kurzfristigen Verbindlichkeiten. Damit erhalten wir eine absolute Zahl, die zwar mathematisch dann korrekt, deren Deutung aber recht schwer ist. Daher wollen wir den eigentlich angelsächsischen Weg gehen, in dem wir dividieren und damit Quotienten oder prozentuale Größen errechnen. Diese sind bei Weitem leichter zu deuten und einzuordnen.

Dabei kommt es zu großen Unterschieden in der Würdigung der Ergebnisse. Haben Banken primär aus Sicherheitsüberlegungen generell ein großes Interesse, hohe Volumina bei den Liquiditätskennzahlen zu sehen, sollte die Managementsicht jedoch von einer ganz anderen Sichtweise geprägt sein. „So viel wie nötig, so wenig wie möglich", erst recht dann, wenn eine Bewertung ansteht, in der viel Kapital immer negativ wirkt.

Wir haben bei unserer HKG schon gesehen, dass die Kassen und Bankguthaben anscheinend ordentlich dastehen, wissend, dass durch die Tilgungen der Betrag (sicherlich bewusst) reduziert wurde.

Wertpapiere des Umlaufvermögens sind keine vorhanden.

III. Wertpapiere	**0,0**	**0%**	**0,0**	**0%**	**0,0**	**0%**	**0,0**	**0%**	**0,0**	**0%**
... davon Anteile an verbundenen Unternehmen	*0,0*	*0%*	*0,0*	*0%*	*0,0*	*0%*	*0,0*	*0%*	*0,0*	*0%*
... davon eigene Anteile	*0,0*	*0%*	*0,0*	*0%*	*0,0*	*0%*	*0,0*	*0%*	*0,0*	*0%*
... davon sonstige Wertpapiere	*0,0*	*0%*	*0,0*	*0%*	*0,0*	*0%*	*0,0*	*0%*	*0,0*	*0%*
IV Kasse, Bank und Schecks	**190,5**	**4%**	**44,3**	**1%**	**21,0**	**0%**	**362,1**	**6%**	**51,6**	**1%**

Zinsen wurden zwar erwirtschaftet, allerdings in einer zu vernachlässigen Größenordnung (Cash-Pooling hier einmal nicht angenommen).

11. Sonstige Zinsen und Erträge	7,7	0%	1,2	0%	0,4	0%	1,1	0%	1,3	0%
11.1 ...davon aus verbundenen Unternehmen	*0,0*	*0%*	*0,0*	*0%*	*0,0*	*0%*	*0,0*	*0%*	*0,0*	*0%*

Selbst bei großen Liquiditätsausweisen zeigen die Zinserträge i. d. R. wenig Positives. Dies ist dann meist der zweite Grund, warum Banken gerne hohe Kassen- und Bankguthaben bei ihren Firmenkunden als „klasse" würdigen. Solange das Geld auf Girokonten liegt und/oder nur kurzfristig angelegt wird, werden nur geringe Zinszahlungen fällig.

Schauen wir uns zunächst einmal die Liquidität 1. Grades an.

9.3.2 Liquidität 1. Grades

Bei der Liquidität 1. Grades wird die Ad-hoc-Liquidität analysiert bzw. errechnet. Wie viel – in unserem Fall jetzt Prozent, da wir ja Quotienten berechnen wollen – der *gesamten* kurzfristigen Verbindlichkeiten (wir berechnen hier also die Liquiditäten aus einem „weiteren" Blickwinkel, also Kreditoren und sonstige kurzfristige Verbindlichkeiten gemeinsam im Nenner) können sofort aus aktueller (zum Bilanzstichtag verfügbarer) Liquidität (in der Regel neben Kasse/Bank Schecks, Wechsel und Wertpapiere des Umlaufvermögens) bedient werden?

Ich gebe zu, das war ein schwieriger Satz!

In der Grafik sieht das dann folgendermaßen aus.

Bilanz

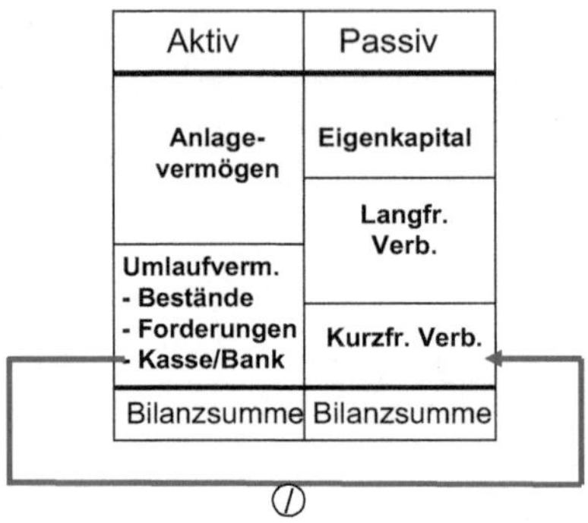

Es ist natürlich nachvollziehbar, dass ohne weitere Erläuterungen zunächst einmal keine Aussagen konkret möglich sind, denn zunächst müssen wir wissen, welche Bilanzposten den liquiden Mitteln bzw. dem kurzfristigen Fremdkapital zugerechnet wurden.

Werden Ihnen fertige Analysen präsentiert, seien Sie bitte auf der Hut, denn ohne Wissen um die jeweils eingerechneten Größen können die Ergebnisse richtig im Sinne der Mathematik, aber falsch im Sinne der Logik und der betriebswirtschaftlichen Analytik und Würdigung sein.

In unserem Fall sehen wir:

Liquidität I (%) (In welcher Relation stehen prozentual flüssige Mittel zum kurzfristigen Fremdkapital?) (Gibt Auskunft über die Ad-hoc-Zahlungsfähigkeit)	Zähler Nominator	Flüssige Mittel	190,50	44,30	21,00	362,10	51,60
	Nenner Denominator	Summe kurzfr. FK	1.373,80	1.023,60	1.251,90	933,90	914,80
	Ergebnis Result	*Division x 100*	13,87%	4,33%	1,68%	38,77%	5,64%

Den Zähler kennen wir bereits aus unseren Vorbetrachtungen.

Die flüssigen Mittel setzen sich „sauber" zusammen aus zwei Bilanzposten:

- Wertpapiere des Umlaufvermögens,
- Kasse, Bank und Schecks.

III. Wertpapiere	0,0	0%	0,0	0%	0,0	0%	0,0	0%	0,0	0%
... davon Anteile an verbundenen Unternehmen	0,0	0%	0,0	0%	0,0	0%	0,0	0%	0,0	0%
... davon eigene Anteile	0,0	0%	0,0	0%	0,0	0%	0,0	0%	0,0	0%
... davon sonstige Wertpapiere	0,0	0%	0,0	0%	0,0	0%	0,0	0%	0,0	0%
IV Kasse, Bank und Schecks	190,5	4%	44,3	1%	21,0	0%	362,1	6%	51,6	1%

Bei der Passivposition nehmen wir das gesamte kurzfristige Fremdkapital, inklusive kurzfristige Rückstellungen.

Summe kurzfristiges Fremdkapital	Kurzfristige Rückstellungen	354,00	280,70	363,80	618,20	456,50
	+ Kurzfristige Verbindlichkeiten	1.019,80	742,90	888,10	315,70	458,30
	+ Kurzfristige P-RAPS	0,00	0,00	0,00	0,00	0,00
		1.373,80	1.023,60	1.251,90	933,90	914,80

Wir sehen eine doch stark schwankende Liquidität 1. Grades von zuletzt gerundet 6 %. Das wirkt auf den ersten Blick gering. Allerdings müssen wir die Tilgungen in den letzten Jahren (zumindest im Kopf) berücksichtigen.

Und aus Managementsicht ist diese Größe doch gar nicht schlecht, oder? Eigentlich sollte es (zumindest aus Sicht der Geschäftsführung) das Ziel sein, die liquiden Mittel auf möglichst niedrigem Niveau zu halten, da es sich bei diesen Positionen häufig um i. d. R. brachliegendes, also keine oder nicht ausreichende Zinserträge (siehe oben) erwirtschaftendes Kapital handelt.

Andererseits müssen natürlich auch anstehende Verbindlichkeiten bedient werden können, sodass der Ruf nach möglichst geringen liquiden Mitteln eingeschränkt werden muss.

Bei unserer Gesellschaft können wir ad hoc im ersten Jahr nicht alle kurzfristigen Verbindlichkeiten bedienen. Dies ist aber noch kein Grund jetzt aufzuschreien, denn bei entsprechender kaufmännischer Sorgfalt werden wir normalerweise nie in die Lage kommen, ad hoc alle kurzfristigen Verbindlichkeiten bedienen zu müssen. Die Ausnahme ist natürlich ein Zustand, in dem ein Großteil der kurzfristigen Verbindlichkeiten – meist aus Lieferungen und Leistungen – schon auf Mahnstufe III–IV mit Androhung der unmittelbaren Abtretung steht. Dann allerdings ist bereits vorab etwas mächtig falsch gelaufen, meist in den Prozessen oder in falscher Liquiditätsplanung.

Damit wird auch deutlich, warum die Liquidität 1. Grades nur eine untergeordnete Bedeutung hat. „Ad hoc" ist immer mit einigen Fragezeichen versehen, die wir selbst bei Zugang zum detaillierten Zahlenwerk nicht auslöschen können. Daher kann man dieser Liquidität 1. Grades aber auch eine größere Bedeutung absprechen, obwohl sie ganz häufig, auch von Banken, berechnet wird. Und vergessen wir bitte nicht, es handelt sich um eine Stichtagsbetrachtung.

Haben Sie ein Cash-Pooling im Konzern oder sogar eine Patronatserklärung der Mutter (natürlich gegen Gewinnabführungsvertrag), dann sind auch geringe Liquiditäten zum

Abschlussstichtag kein Problem, denn die sind Teil des aufgebauten Systems. Darauf hatten wir schon hingewiesen.

Wir sehen bei der HKG eigentlich nur „Normales“ mit einem „Ausreißer“ im vierten Jahr. Allerdings verweise ich auch hier auf die Stichtagsproblematik – man muss bei der Würdigung dieser Liquiditätsstati vorsichtig sein.

Argumentieren wir die ausgewiesene Liquidität 1. Grades einmal aus verschiedenen Blickwinkeln und schließen dabei ein Cash-Pooling gedanklich aus.

a) Blickwinkel: Zinserträge Hier brauchen wir gar nicht lange nachzudenken, denn damit haben wir uns schon befasst.

11. Sonstige Zinsen und Erträge	7,7	0%	1,2	0%	0,4	0%	1,1	0%	1,3	0%
11.1 ...davon aus verbundenen Unternehmen	*0,0*	*0%*	*0,0*	*0%*	*0,0*	*0%*	*0,0*	*0%*	*0,0*	*0%*

Konzentrieren wir uns bei den Anmerkungen auf die letzten (beiden) Jahre.

Jahr 4: T€ 1,1 Zinsertrag ist bei T€ 362 Liquidität zum Bilanzstichtag sicherlich nicht gut. Allerdings wissen wir nicht, wie sich die Liquidität im Jahr aufgebaut hat und zu welchem Zeitpunkt damit Zinserträge haben generiert werden können.

Die Vermutung liegt nahe, dass erst zum Jahresende Liquidität aufgebaut wurde.

Jahr 5: T€ 1,3 Zinsertrag bei T€ 52 Liquidität ist hingegen recht gut, besonders wenn man sich die Zinssätze anschaut, die in den Jahren 2012 und 2013 gezahlt wurden. Dies deutet im Gegensatz zur Vorperiode darauf hin, dass unterjährig mehr Liquidität zur Verfügung stand und diese erst zum Ende der Periode abgebaut wurde.

b) Blickwinkel: Notwendigkeit Wir haben bereits festgehalten, dass geforderte Liquidität eine Frage der Perspektive ist. Bei der HKG hat man zumindest den Eindruck, dass die ausgewiesenen Beträge ausreichend sind, besonders mit dem Wissen um die Verwendung in den letzten Jahren.

Können wir diesen ausreichenden Status auch mit anderen Argumenten oder mathematischer Logik belegen? Auch dies ist meiner Meinung nach möglich.

Einerseits müssen wir uns dazu den „Cash Cycle“ anschauen, dazu werden wir aber erst später kommen. Also fällt diese Art der mathematischen Würdigung (zunächst noch) aus. Es gibt darüber hinaus meiner Meinung nach noch einen weiteren Weg.

Welches sind auf jeden Fall feststehende Ausgaben, die nicht geschoben werden können? Richtig, Personalzahlungen! Diese stehen regelmäßig, in der Regel am Ende eines Monats, an.

Daher habe ich mir angewöhnt, die monatlich anstehenden Personalkosten mit einem Faktor von 1,3–1,5 zu belegen und diese Summe dann als unteren oder auch idealen Kassen- und Bankbestand zu definieren.

Wir können uns ja recht leicht die jährlichen Personalkosten, gerne auch in Relation zum Umsatz, einmal abbilden. Wir sprechen dann von der Personalkostenintensität.

Personalkostenintensität (in %) (Wie viel der Gesamterlöse müssen für Personalkosten aufgewendet werden?) (Gibt Auskunft über die Kostenstruktur)	Zähler Nominator	Personalkosten	4.094,20	3.860,20	4.361,60	5.339,20	5.347,30
	Nenner Denominator	Gesamterlöse	13.160,40	11.441,60	13.322,00	19.697,40	16.476,40
	Ergebnis Result	*Division x 100*	31,11%	33,74%	32,74%	27,11%	32,45%

Und nun nutzen wir diese o. g. Forderung nach Heesen: Wir berechnen uns die Personalkosten pro Monat (als Durchschnitt) und setzen sie ins Verhältnis zu den liquiden Ad-hoc-Mitteln.

Die Frage dabei ist, um welchen Faktor die liquiden Ad-hoc-Mittel die durchschnittlichen monatlichen Personalkosten überschreiten. Somit müssen wir die liquiden Mittel durch die durchschnittlichen Personalkosten dividieren. In unserem Fall habe ich mit 12 Zahlungen pro Jahr gerechnet. Dann sind wir auf jeden Fall auf der sicheren Seite.

Personalkostenzahlfähigkeit (Faktor) (In welcher Relation stehen Kasse/Bank und Personalkosten? Berechnet wird ein Faktor) (Gibt Auskunft über die Zahlfähigkeit)	Zähler Nominator	Liquide Mittel	190,50	44,30	21,00	362,10	51,60
	Nenner Denominator	Personalkosten monatlich: Monate	341,18 12	321,68 12	363,47 12	444,93 12	445,61 12
	Ergebnis Result	*Division*	0,6	0,1	0,1	0,8	0,1

Wir sehen ansteigende Faktoren in Höhe von 0,1–0,8!

Und was sagt Ihnen jetzt Ihr Bauch?

In keinem der fünf Jahre ist die HKG ad hoc (zum Abschlussstichtag) in der Lage, den Personalaufwand zu stemmen. Sicherlich, wir haben mit 12 Monaten gerechnet, und bei 13 Monaten als Basis würde sich der Quotient verbessern.

Dann schauen wir doch direkt nach, unterstellen wir 13 Zahlungen. Allerdings müssten wir dann wahrscheinlich im Juli und im Dezember noch vorsichtiger sein, was wir hier aber einmal außen vor lassen.

Personalkostenzahlfähigkeit (Faktor) (In welcher Relation stehen Kasse/Bank und Personalkosten? Berechnet wird ein Faktor) (Gibt Auskunft über die Zahlfähigkeit)	Zähler Nominator	Liquide Mittel	190,50	44,30	21,00	362,10	51,60
	Nenner Denominator	Personalkosten monatlich: Monate	314,94 13	296,94 13	335,51 13	410,71 13	411,33 13
	Ergebnis Result	*Division*	0,6	0,1	0,1	0,9	0,1

Viel hat sich die Situation nicht verbessert, oder?

Ich selbst gehe immer mit einem Zielfaktor von 1,3–1,5 ran, in schlechten Zeiten vielleicht auch einmal mit einem Faktor in Höhe von 2. Aber unter 1 halte ich persönlich für zu wenig.

Wenn wir jetzt die durchschnittliche Dauer der Rechnungsstellung bis zum Zahlungseingang berechnen könnten, dann wäre es sogar möglich, einen genaueren Faktor zu bestimmen.

Das können wir sogar, aber dazu kommen wir erst später. Belassen wir es hier bei diesem Stand. Ich wollte Ihnen nur zeigen, wie Sie die Liquidität 1. Grades bzw. den Kassen- und Bankbestand besser fassen und dann würdigen können, zumindest aus meiner Sicht.

Fassen wir also zusammen: Die Kassen- und Bankliquidität ist einfach zu gering[2]. Das kann man auch nicht mit Sicherheit erklären, zumal die Zinserträge ja auch eine klare Sprache sprechen.

Damit kann die Würdigung aus meiner Sicht nur folgendermaßen aussehen:

Liquidität I (%) (In welcher Relation stehen prozentual flüssige Mittel zum kurzfristigen Fremdkapital?) (Gibt Auskunft über die Ad-hoc-Zahlungsfähigkeit)	Zähler Nominator	Flüssige Mittel	190,50	44,30	21,00	362,10	51,60
	Nenner Denominator	Summe kurzfr. FK	1.373,80	1.023,60	1.251,90	933,90	914,80
	Ergebnis Result	*Division x 100*	13,87% -	4,33% -	1,68% -	38,77% 0	5,64% -

Wir hatten allerdings auch schon mehrfach darauf hingewiesen, dass hohe Liquidität zu einer Bilanzmehrung führt und aus Sicht der klassischen Analyse sogar Nachteile für das Unternehmen bringt:

- der Kapitalumschlag ist schlechter,
- die Anlagenintensität ist schlechter,
- die Eigenkapitalquote ist schlechter.

In der Bewertung ist „zu viel" Kapital ebenfalls problematisch, da viel Kapital auch viel kostet (Kapitalkosten).

Eine erhöhte Liquidität (selbst fremdfinanziert) würde der HKG nicht schlecht stehen – die o. g. Kennzahlen hätten dies leicht getragen.

Jetzt wechseln wir aber nochmals die Perspektive unter dem Gesichtspunkt „Notwendigkeit".

Stehe ich auf der „sell-side" innerhalb einer Bewertung, dann finde ich diese Liquiditätsgrößen sogar klasse! Und dies genau aus o. g. Gründen. Die Kapitalkosten sind geringer, und bei der Bewertung diskontieren wir die zukünftigen Überschüsse, wie auch immer definiert, über die Kapitalkosten, wie wir ja auch schon in den beiden kleineren Beispielen gesehen haben.

In diesen Fällen schmücke ich immer in den Vorperioden die Braut, auf dass ein Quotient, wie eben berechnet, in Höhe von 0,3 bis maximal 0,5 erscheint.

[2] Achtung: gemeint ist „zum Bilanzstichtag".

Man kann den berechneten Größen auch Bewunderung entgegenbringen. Vielleicht hat die HKG ja ihre Hausaufgaben gemacht und bewusst das Gesamtkapital zu Gunsten des Kapitalumschlages, der Anlagenintensität, der Eigenkapitalquote und der Kapitalkosten gesenkt. Dann käme ich hier auch zu einem ganz anderen Votum, nämlich:

Liquidität I (%) (In welcher Relation stehen prozentual flüssige Mittel zum kurzfristigen Fremdkapital?) (Gibt Auskunft über die Ad-hoc-Zahlungsfähigkeit)	Zähler Nominator	Flüssige Mittel	190,50	44,30	21,00	362,10	51,60
	Nenner Denominator	Summe kurzfr. FK	1.373,80	1.023,60	1.251,90	933,90	914,80
	Ergebnis Result	*Division x 100*	13,87% 0	4,33% +	1,68% +	38,77% 0	5,64% +

Es ist halt wie so häufig im Leben: Vieles ist eine Frage der Perspektive!

9.3.3 Schritt V: Liquidität 2. Grades

Die „*Liquidität 2. Grades*" berechnet das Verhältnis von Ad-hoc-Liquidität (Kasse und Bank) zuzüglich in Kürze eingehender Liquidität (Forderungen) zu den kurzfristig anstehenden Zahlungsverpflichtungen (kurzfristige Verbindlichkeiten).

Diese Kennzahl ist wohl in jedem Lehrbuch im Detail und mit Nachdruck benannt, wird sie dort bzw. bei den Banken neben der Eigenkapitalquote doch als eine der wichtigsten Betrachtungen herausgestellt.

Wir werden aber noch sehen, dass dies ein großer Trugschluss sein kann, wenn man nicht komplementär weitere Betrachtungen anstellt. Sie kann dann sofort gefährlich sein, und ich sehe es immer wieder, dass die (falsche) Würdigung dieser Liquidität 2. Grades (neben Eigenkapitalquote, Zinsdeckung und dynamische Verschuldung) immer maßgeblich für Entscheidungen (besonders bei Banken) ist. Und dann ist das Jammern kurze Zeit später groß, dass Fehlentwicklungen angeblich vorab nicht absehbar waren.

Das ist in den meisten Fällen falsch. Daher kommen aber viele Bilanzbetrachter zu „abstrusen" Einschätzungen des Working Capital und dessen Strukturierung.

Also schauen wir uns die Berechnungen zunächst an.

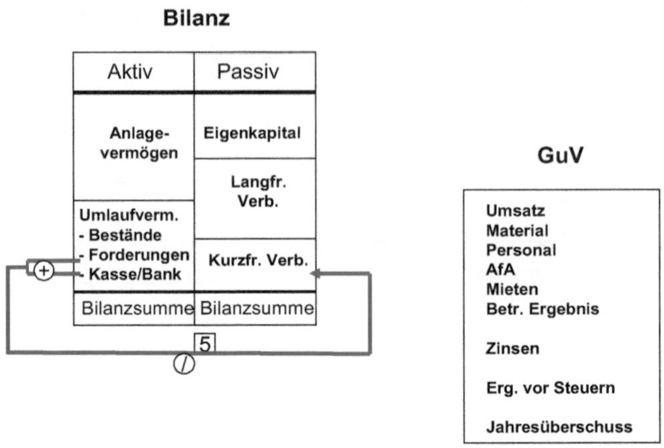

Und mit unseren Zahlen sehen wir folgendes:

Liquidität II (%) - 'weite' Betrachtung (In welcher Relation stehen prozentual Forderungen und flüssige Mittel zum kurzfristigen Fremdkapital?)	Zähler	Ford. aus L. & L.	989,40	733,10	770,00	776,50	701,10
		+ Sonstige VG	83,70	80,20	77,00	30,70	91,50
		+ Flüssige Mittel	190,50	44,30	21,00	362,10	51,60
			1.263,60	857,60	868,00	1.169,30	844,20
(Gibt Auskunft über die Solidität der kurz- bis mittelfristigen Finanzierungsposition)	Nenner	Verb. aus L&L	1.019,80	742,90	888,10	315,70	458,30
		+ Sonst. kurzfr. FK	354,00	280,70	363,80	618,20	456,50
		= Summe kurzfr. FK	1.373,80	1.023,60	1.251,90	933,90	914,80
	Ergebnis	*Division x 100*	91,98%	83,78%	69,33%	125,21%	92,28%

Sie sehen, ich habe hier beim Titel der Kennzahl einen Zusatz gemacht: „weite“ Betrachtung. Man sieht diesen Ansatz teilweise auch nur mit den Verbindlichkeiten aus Lieferungen und Leistungen im Nenner, ich nenne das dann die „enge Betrachtung“.

Die „weite Betrachtung“ gilt aber gemeinhin als der richtige Ansatz bei der Berechnung der Liquidität 2. Grades.

Übrigens, in der englischen Sprache nennt man die Liquiditäten 1., 2. und 3. Grades nicht etwa „first, second and third level“ oder „degree“, sondern:

- Cash Ratio,
- Quick Ratio, manchmal auch als „Acid Test“ bezeichnet,
- Current Ratio.

Bei den Wertungen müssen Sie wieder differenzieren zwischen Bank und Managementsicht.

Die Bankensicht Banken haben „nach oben“ keine Probleme, denn das kurzfristige Fremdkapital ist mehr als einmal durch die liquiden Mittel (Kasse und Bank) und (bald) eingehende Forderungen abgesichert. „Nach unten“ allerdings werden sie recht schnell nervös.

Als Standard können Sie ansetzen:

< 70%	Schulnote 5 – mangelhaft
70 % < x < 80 %	Schulnote 4 – ausreichend
80 % < x < 90 %	Schulnote 3 – befriedigend
90 % < x < 100 %	Schulnote 2 – gut
+/ bzw. weite > 100 %	Schulnote 1 – sehr gut

Die Managementsicht Diese sieht ein wenig anders aus. Hier gilt wieder: „So viel wie nötig, so wenig wie möglich“.

Daher sollten Sie aus dieser Perspektive mit folgenden Korridoren bei der Würdigung arbeiten:

< 70 % bzw. > 130%	Schulnote 5 – mangelhaft
70 % < x < 80 % bzw. 120 % < x < 130 %	Schulnote 4 – ausreichend
80 % < x < 90 % bzw. 110 % < x < 120 %	Schulnote 3 – befriedigend
90 % < x < 100 % bzw. 110 % < x < 130 %	Schulnote 2 – gut
> 110 %	Schulnote 1 – sehr gut

Ich bin somit zu folgender Würdigung gekommen.

Liquidität II (%) - 'weite' Betrachtung (In welcher Relation stehen prozentual Forderungen und flüssige Mittel zum kurzfristigen Fremdkapital?)	Zähler Nominator	Ford. aus L. & L.	989,40	733,10	770,00	776,50	701,10
		+ Sonstige VG	83,70	80,20	77,00	30,70	91,50
		+ Flüssige Mittel	190,50	44,30	21,00	362,10	51,60
			1.263,60	857,60	868,00	1.169,30	844,20
(Gibt Auskunft über die Solidität der kurz- bis mittelfristigen Finanzierungsposition)	Nenner Denominator	Verb. aus L&L	1.019,80	742,90	888,10	315,70	458,30
		+ Sonst. kurzfr. FK	354,00	280,70	363,80	618,20	456,50
		- Summe kurzf. FK	1.070,00	1.023,60	1.261,00	933,90	914,80
	Ergebnis Result	*Division x 100*	91,98%	83,78%	69,33%	125,21%	92,28%
			+	0	0	+	+

Wichtig in diesem Zusammenhang ist aber der Kommentar, dass die Kennzahl zwingend in Verbindung mit dem Kreditoren- und Debitorenziel gewürdigt werden muss.

Und damit wollen wir uns jetzt beschäftigen.

9.3.4 Der Cash Cycle

Jetzt erwarten Sie wahrscheinlich, dass wir uns zunächst die grafische Darstellung der neuen Kenngrößen anschauen, und genau so machen wir es auch.

Fällt Ihnen an der nachfolgenden Darstellung etwas auf?

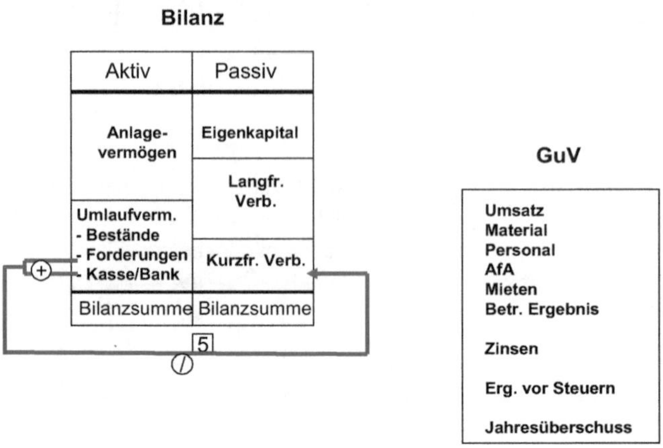

Die kennen wir schon! In der Tat, wir rechnen hier fast identische Werte wie bei der Liquidität 2. Grades.

Das ist korrekt, allerdings werden wir jetzt zwei Verfeinerungen vornehmen:

- Einerseits wollen wir die Werte dynamisiert, also auf einer Zeitachse berechnen und
- andererseits gehen wir beim kurzfristigen Fremdkapital genauer vor – wir fokussieren uns nämlich nur auf die Kreditoren (Verbindlichkeiten aus Lieferungen und Leistungen) im ersten Schritt.

Wir können die Berechnung der bereits betrachteten Liquidität 2. Grades aber auch so abändern, dass bei den Forderungen im Zähler die sonstigen Vermögensgegenstände nicht und im Nenner nur die Verbindlichkeiten aus Lieferungen und Leistungen berücksichtigt werden.

Liquidität II (%) - 'enge' Betrachtung (In welcher Relation stehen prozentual Forderungen und flüssige Mittel zu den Verbindlichkeiten aus Lieferungen und Leistungen?) (Gibt Auskunft über die Solidität der kurz- bis mittelfristigen Finanzierungsposition)	Zähler	Ford. aus L. & L. + Flüssige Mittel	989,40 354,00 1.343,40	733,10 280,70 1.013,80	770,00 363,80 1.133,80	776,50 924,60 1.701,10	701,10 456,50 1.157,60
	Nenner Denominator	Verb. aus L&L	1.019,80	742,90	888,10	315,70	458,30
	Ergebnis Result	*Division x 100*	131,73%	136,47%	127,67%	538,83%	252,59%

Genau diese drei Größenordnungen (klassische Forderungen, die Verbindlichkeiten aus Lieferungen und Leistungen und die Kasse/Bank) werden wir uns jetzt aus anderer und besserer Perspektive anschauen, nämlich dynamisiert, d. h. auf der Zeitachse.

Ziel ist es nun, Tagessaldi zu berechnen:

- Wann bezahlen wir unsere Eingangsrechnungen?
- Wann bekommen wir unsere Ausgangsrechnungen bezahlt?
- Für wie viele (Umsatz-)Tage ist unsere Liquidität gesichert?

Operative Zahlungsziele: Vergleich (Tage)	Zähler Nominator	Kreditotorisches Ziel	38,54	36,61	33,72	8,11	16,22
Wie sieht der operative Tage-Status aus Eingangs- und Ausgangsrechnungen (Debitoren- und Kreditorenziel) aus?	Nenner Denominator	Debitorisches Ziel	25,96	22,45	19,71	13,94	14,49
	Ergebnis Result	*Saldo I*	12,58	14,17	14,01	-5,83	1,73
"Kleiner" Cash Zyklus Wie sieht der Saldo erweitert um die Kassen- und Bankreichweite aus?	zuzüglich plus	Reichweite Kasse und Bank	5,28	1,41	0,58	6,71	1,14
		Saldo II	17,86	15,58	14,58	0,88	2,88

Wir müssen also die Bilanzposten

- Forderungen aus Lieferungen und Leistungen (Debitoren),
- Verbindlichkeiten aus Lieferungen und Leistungen (Kreditoren),
- Kasse/Bank (zusammengefasst aus Kasse, Bank, Wechsel, Schecks und Wertpapiere des Umlaufvermögens)

einzeln genauer unter die Lupe nehmen. Jeder Bilanzposten des Umlaufvermögens (zu den Vorräten kommen wir noch im Detail) auf der Aktivseite sollte nur so hoch wie nötig sein, um Liquidität freizusetzen und um somit die Bilanzsumme per Tilgung verkürzen zu können. Bei den Passiva gilt diese Regel nur teilweise, denn Verbindlichkeiten aus Lieferungen und Leistungen sind ja eigentlich zinsfreies Geld, das wir Dritten noch schulden und außerdem bei der Bewertung *nicht* in die Berechnung des maßgeblichen zinstragenden Kapitals (Capital Employed) eingeht.

Hier kann es manchmal durchaus sinnvoll sein, später zu zahlen und somit die kurzfristige Liquidität mit Geldern der Lieferanten aufzupolstern bzw. aus überschüssiger Liquidität Tilgungen verzinster Darlehen präferiert vorzunehmen. Aber Achtung: Das macht nur Sinn, wenn gewisse Bilanzrelationen passen, denn kurzfristige Schulden stellen auch Risiken dar, wie wir schon gesehen haben.

Damit unsere Ergebnisse (Liquidität 2. Grades im Vergleich zum „Cash Cycle") besser vergleichbar sind, werden wir das debitorische und kreditorische Ziel sowie die Reichweite der Kasse/Bank zunächst einzeln berechnen.

Was wollen wir denn jetzt analysieren?

Ganz einfach – wir wollen feststellen, ob die

- Forderungen in einem akzeptablen und unseren Zahlungsbedingungen entsprechenden Zeitraum eingehen,

- die offenen Rechnungen ebenfalls in einem einerseits als logisch und andererseits als angemessen zu würdigenden Zeitrahmen bezahlt werden,
- „Ungleichgewichte“ beim debitorischen und kreditorischen Ziel auffallen und durch die Reichweite Kasse/Bank aufgefangen werden.

Gerade die Analyse der (bilanziellen) Liquidität und des gesamten Umlaufvermögens ist aber nur vollständig, wenn wir dann in einem weiteren Schritt auch die Bestände einer eingehenden Analyse unterziehen, aber so weit sind wir noch nicht.

Beschäftigen wir uns zunächst mit dem debitorischen Ziel, also der Frage, nach wie vielen Tagen im Schnitt bei unserem Unternehmen die offenen Forderungen eingehen.

Uns muss bewusst sein, dass offene Forderungen von uns finanziert werden müssen. Die Liquidität leidet, da zwar eine Rechnung erstellt und verschickt wurde, aber der Geldbetrag noch nicht eingegangen ist. Wir müssen eventuell sogar mehr Liquidität bevorraten, als wir wollen, um zahlungsfähig zu bleiben.

Nicht eingegangene Forderungen und zusätzlich bevorratete Liquidität führen also zu einer Bilanzmehrung, also einer Verlängerung der Bilanz, was wiederum nachteilig für die Bewertung ist, wie ich schon mehrfach herausgestellt habe. Ist die Bilanz länger, also die Bilanzsumme höher, hat dies außerdem sofort Auswirkungen auf die meisten bisher betrachteten klassischen Kennzahlen. Wir wissen schon, dass dann:

- der Kapitalumschlag sinkt,
- die Anlagenintensität sinkt,
- die Eigenkapitalquote sinkt

und obwohl noch nicht betrachtet,

- die Zinsintensität (Zinsaufwand zu Umsatz) steigt,
- die Zinsdeckung (Betriebsergebnis zu Zinsaufwand) fällt.

Außerdem können (sehr) spät eingehende Forderungen umsatzsteuerlich ebenfalls massive Probleme mit sich bringen, wie wir noch sehen werden.

Betrachten wir also die Forderungen genauer:

9.3.4.1 Debitoren und debitorisches Ziel

II.	Forderungen und sonstige Vermögensgegenstände	**1.073,1**	**21%**	**813,3**	**16%**	**847,0**	**16%**	**807,2**	**14%**	**792,6**	**15%**
	... davon Forderungen aus Lieferungen und Leistungen	989,4	19%	733,1	15%	770,0	14%	776,5	13%	701,1	13%
	... davon Forderungen gegen verbundene Unternehmen	0,0	0%	0,0	0%	0,0	0%	0,0	0%	0,0	0%
	... davon gegen Unternehmen, mit denen ein Beteiligungsverhältnis besteht	0,0	0%	0,0	0%	0,0	0%	0,0	0%	0,0	0%
	... davon sonstige Vermögensgegenstände	83,7	2%	80,2	2%	77,0	1%	30,7	1%	91,5	2%

Die Forderungen, auch Debitoren genannt, weisen eine insgesamt fallende Tendenz auf (21 auf 15 %, trotz einer steigenden Bilanzsumme), was zunächst sicherlich als gut einzustufen ist.

Die Position Forderungen und sonstige Vermögensgegenstände ist auch wieder in weitere vier Unterpositionen aufgegliedert.

Forderungen aus Lieferungen und Leistungen Sind Lieferungen und Leistungen an Dritte erfolgt und Rechnung gestellt, aber der Rechnungsbetrag noch nicht eingegangen, so werden die offenen Posten (häufig hört man die Abkürzung OP – offene Posten) hier additiv aufgeführt. Aber Achtung: Die GuV weist alle Posten netto aus, also ohne Umsatzsteuer. Die Posten der Bilanz sind ebenfalls fast alle netto ausgewiesen, außer den jetzt zu analysierenden Forderungen.

Forderungen und Verbindlichkeiten aus Lieferungen und Leistungen sind in der Bilanz als einzige Posten brutto ausgewiesen, also inklusive Umsatz- bzw. Vorsteuer.

In unserem Fall sehen wir sofort, dass das „Gros“ der Forderungen aus Lieferungen und Leistungen stammt – das ist auch normal. Interessant ist hier, dass die HKG wohl nicht ganz in das Konzerngefüge passt, denn es gibt keine Forderungen gegen verbundene Unternehmen und/oder solche, mit denen ein Beteiligungsverhältnis vorliegt. Vielleicht ist dies ja auch ein Grund, warum die HKG zum Verkauf steht.

Fallende Debitoren, erst recht bei wachsenden Unternehmen, sind zunächst einmal immer gut.

Forderungen gegen verbundene Unternehmen Wir hatten gerade schon darauf hingewiesen. Es sind keine Forderungen gegen verbundene Unternehmen ausgewiesen, was gewisse Rückschlüsse (siehe oben) zulässt.

Unterstellen wir trotzdem einmal solche Forderungen bei einer Beteiligung. Besonders wenn nur kleine Gewinne ausgewiesen werden, machen mir diese Forderungen immer Kopfzerbrechen. Nur allzu häufig werden Tochterunternehmen zur Finanzierung der Mutter herangezogen, so weit, dass teilweise schon Eigenkapitalerhöhungen bei der Tochter/Beteiligung notwendig wurden.

Forderungen gegen Unternehmen, mit denen ein Beteiligungsverhältnis besteht Hier sehen wir in allen betrachteten Perioden „*Null*“, sodass auch wieder keine weiteren Analysen anstehen. Allerdings sind meine Anmerkungen zum letzten Punkt hier auch zutreffend.

Wann immer möglich, sollten Sie einmal die Konzernforderungen an Dritte und die an die Gruppe/Mutter gegenüberstellen, am besten dynamisch, wie wir jetzt den durchschnittlichen Zahlungseingang berechnen.

Sonstige Vermögensgegenstände Unter den sonstigen Vermögensgegenständen werden auch z. B. ausgelobte Boni eines Automobilkonzerns für Absatzerfolge des Händlers ausgewiesen. Beispiel: Angenommen ein Automobilhändler hätte die Verkaufsziele übertroffen und der Automobilkonzern schreibt diesem Händler einen Brief, in dem er ihm für die guten Zahlen gratuliert und gleichzeitig eine Bonusauszahlung in einem späteren Monat zusagt. Dieser Betrag wäre dann beim Händler in der Position „sonstige Vermögensgegenstände" anzusetzen. Es handelt sich um eine Art Forderung, die aber nicht aus direkten Kundengeschäften (Lieferungen und Leistungen) resultiert.

Gleiches gilt für bereits zugesagte Subventionen, deren Auszahlung aber noch nicht erfolgt ist. Alternativ könnten hier auch angekündigte Rückzahlungen vom Finanzamt gebucht sein. Ohne weitere Informationen können wir den wahren Sachverhalt aber nicht benennen.

In unserem Fall sehen wir „kleinere" Beträge, die aber auch ein wenig schmerzen. Ziel müsste es aus Working-Capital- und Bewertungssicht sein, die Forderungen, egal welche, so gering wie möglich zu halten, erst recht, wenn es dem Unternehmen ansonsten auch nicht so „toll" geht.

Gerade diesen letzten Posten der sonstigen Vermögensgegenstände rechne ich aber i. d. R. aus den Gesamtforderungen bei der Kalkulation des debitorischen Ziels heraus, da sie mitunter nicht immer wirklich beeinflussbar sind und auch in meinen Augen keine klassischen Forderungen aus Lieferungen und Leistungen sind. Darüber hinaus gibt es ein umsatzsteuerliches Problem, da z. B. Bonuszusagen des Automobilkonzerns an den Händler sicherlich keinen Umsatzsteuerausweis haben.

Wie rechnet sich nun das debitorische Ziel?

Es geht also darum, zu berechnen, nach welcher Zeit (Tage) unsere ausstehenden Forderungen durchschnittlich bezahlt werden.

An dieser Stelle müssen wir nochmals daran erinnern, dass alle Bilanzwerte bis auf zwei Positionen immer Nettowerte, also ohne Umsatzsteuer oder Vorsteuer, sind. Debitoren (Forderungen, mit der Ausnahme der sonstigen Vermögensgegenstände) und Kreditoren (Verbindlichkeiten aus Lieferungen und Leistungen) sind aber Bruttowerte, also inklusive Umsatzsteuer. Wenn wir diesen Posten jetzt mit Umsatz oder später bei den Kreditoren mit Material und bezogenen Leistungen (beides sind Nettopositionen, also ohne Umsatz- bzw. Vorsteuer) in ein Verhältnis setzen, würden wir Bruttoforderungen und Nettoumsatzerlöse bzw. Bruttoverbindlichkeiten und Nettomaterialaufwendungen ins Verhältnis setzen. Damit kommt ein Vergleich zustande, der ein wenig hinkt. Das ist, als ob wir Äpfel, die noch am Baum hängen, mit Äpfeln, die bereits am Boden liegen, vergleichen.

Also müssen wir eine der beiden Positionen um die Umsatzsteuer korrigieren. Dies macht man in der Regel mit den Nennergrößen, also beim debitorischen Ziel den Umsatzerlösen, die wir um den aktuellen Umsatzsteuersatz erhöhen müssen.

$$\frac{\text{Tage} \times \text{Forderungen}}{\text{Umsatzerlöse} + \text{Umsatzsteuer}}.$$

Wenn Sie einmal im Datenblatt „*Basis Informationen*" im MS Excel Tool nachschauen, dann sehen Sie, dass wir dort einen Umsatzsteuersatz in Prozent hinterlegen können, der sich sofort in einen Faktor umrechnet.

Wenn wir die Umsatzsteuer berücksichtigen, müssen wir allerdings auch genau hinschauen, ob die Ausgangsrechnungen auch mit Umsatzsteuer zu belegen sind. Verkäufe in EU-Staaten sind vom Umsatzsteuerausweis befreit, bzw. es kommt zu einer Übertragung der Umsatzsteuerschuld auf die Leistungsempfängerin („Reverse Charge"). Es versteht sich von alleine, dass bei Verkäufen an Privatpersonen immer Umsatzsteuer in den Rechnungen ausgewiesen werden muss.

In unserem Fall handelt es sich um eine deutsche Gesellschaft und daher sind 19 % als Umsatzsteuer anzusetzen. Jetzt unterstellen wir aber nicht weiterhin 100 % nationales Geschäft, sondern pflegen den richtigen Mix (62 bis 83 % Exporte; daraus ergeben sich 17 bis 38 % nationales Geschäft) im Datenblatt „*Basis Informationen*" im MS Excel Tool (Zeilen 15 und 16) ein.

Bei der Berechnung kalkuliere ich zunächst die komplette Umsatzsteuer auf die Gesamterlöse und gehe dann noch einen zweiten Schritt. In diesem isoliere ich die Umsatzsteuer und berechne darauf per Multiplikation den Anteil der nationalen Verkäufe. Da wir ca. 62 bis 83 % Exporte haben, …

Exportquote im Vertrieb	70,00%	78,00%	63,00%	83,00%	62,00%
also nationales Geschäft im Verkauf	30,00%	22,00%	37,00%	17,00%	38,00%

… dürfen wir auch nur für 17 bis 38 % der Erlöse die Umsatzsteuer berechnen.

Dann addiere ich wieder die Gesamterlöse ohne Umsatzsteuer, und die richtige Nennergröße ist gefunden.

Zu beachten ist, dass die sonstigen Vermögensgegenstände zunächst aus den Forderungen herauszurechnen sind, da diese nicht mit Fakturen (Rechnungen) verknüpft sind. Hier handelt es sich ja um Zahlungen wie Boni und/oder Rückzahlungen vom Finanzamt, die bereits angekündigt, aber noch nicht erfolgt sind. Rechnungen wurden über diese ausstehenden Summen aber nicht geschrieben. Außerdem handelt es sich dabei um Nettoposten, also ohne Umsatzsteuerausweis. Diesen Zusammenhang hatten wir auch schon erklärt.

Somit ergibt sich für die Berechnung der durchschnittlichen Zahlungseingänge die bereits oben folgende Zahlenlage: Das debitorische Ziel fällt sukzessive von 26 auf 14 Tage – das ist richtig klasse.

Debitorenziel (Tage) (Wie viele Tage dauert es im Schnitt, bis Forderungen eingehen?) (Gibt Auskunft über die Effizienz des Forderungsmanagements)	Zähler Nominator	Forderungen (ohne sonst. VG)	989,40	733,10	770,00	776,50	701,10
	Nenner Denominator	Gesamterlöse	13.160,40	11.441,60	13.322,00	19.697,40	16.476,40
		erhöht um Mwst.	15.660,88	13.615,50	15.853,18	23.439,91	19.606,92
		koorigiert um nat./internat. Geschäft	13.910,54	11.919,86	14.258,54	20.333,63	17.666,00
	Ergebnis Result	*Division x Tage*	25,96	22,45	19,71	13,94	14,49

Hat die HKG eventuell Skonti angeboten, damit die Zahlungen früher eingehen? Das können wir aus dem Zahlenmaterial so nicht ableiten, ist aber sicherlich eine Frage wert.

Bei den Tagen kann ich nur empfehlen, die Kalendertage 360 oder 365 einzusetzen, und dies aus zwei Gründen:

- Die Basis 360 oder 365 ist jedem bekannt und daher für jeden nachvollziehbar.
- Selbst wenn in Ihrem Unternehmen im Einschichtbetrieb und nur von Montag bis Freitag gearbeitet wird, also ca. 250 (Arbeits-)Tage im Jahr (52 Wochenenden und ca. 10 kirchliche Feiertage abgerechnet), so werden Ihre Mitarbeiter(innen) bei Erklärungen immer die 360 bzw. 365 Tage p. a. im Kopf haben, unabhängig davon, wie häufig Sie die 250 Arbeitstage als Ihre Rechenbasis erklären oder wiederholen.

Ich komme damit bei meiner Würdigung zu folgendem Votum:

Debitorenziel (Tage) (Wie viele Tage dauert es im Schnitt, bis Forderungen eingehen?) (Gibt Auskunft über die Effizienz des Forderungsmanagements)	Zähler Nominator	Forderungen (ohne sonst. VG)	989,40	733,10	770,00	776,50	701,10
	Nenner Denominator	Gesamterlöse	13.160,40	11.441,60	13.322,00	19.697,40	16.476,40
		erhöht um Mwst.	15.660,88	13.615,50	15.853,18	23.439,91	19.606,92
		koorigiert um nat./internat. Geschäft	13.910,54	11.919,86	14.258,54	20.333,63	17.666,00
	Ergebnis Result	*Division x Tage*	25,96 +	22,45 +	19,71 +	13,94 +	14,49 +

Bedenken wir aber auch an dieser Stelle die Auswirkungen.

Gehen die Forderungen früh ein, muss nicht Liquidität aus anderen Quellen vorgehalten werden.

Und jetzt fängt es wieder an. Dadurch

- steigt der Kapitalumschlag,
- steigt die Anlagenintensität,
- steigt die Eigenkapitalquote
- etc.

Ist der Zusammenhang schwierig? Nein, ganz bestimmt nicht!

Ist das Verständnis so komplex, dass man Bilanzexperte sein muss? Nein, dies auch nicht, denn mit wenig Logik und geringen mathematischen Fähigkeiten konnten wir nachweisen, dass die Beteiligung gut unterwegs ist. Sie scheint in der Tat für die Bewertung „geschmückt" worden zu sein. Sind die Zahlen versteckt, dass sie nicht erkennbar sind? Auch dies ist sicherlich nicht haltbar – sie sind sogar offen ausgewiesen!

Sie sehen, Beteiligungsanalyse und klassische Bilanzanalyse haben sehr viele Gemeinsamkeiten. Dies wird später bei der strategischen Analyse der Beteiligung so nicht mehr sein, denn die dann gewählten Analysetechniken fehlen bei der klassischen Analyse ganz.

Generell bedarf es aber keinen großartigen Fähigkeiten, sondern nur ein wenig *Passion* für die Bilanz. Das ist für mich das eigentlich Schöne.

Immer wieder höre ich: Tja, du hast es gut – du hast eine tiefgehende Ausbildung im Finanzbereich bzw. Rechnungswesen und daher siehst du diese Sachverhalte. Das ist einfach falsch. Die meisten sehen Fehlentwicklungen nicht, weil sie sich nicht für ihr eigenes Zahlenwerk interessieren. Das ist leider die traurige Wahrheit. In einer Beteiligung steckt immer viel Geld, und da sollte man als Eigentümer oder Beteiligungscontroller auch Passion für sein Investment zeigen, auch wenn dies mit ein wenig Rechnungswesen (auf niedrigem Niveau) verbunden ist.

Zurück zu unseren Ergebnissen. Generell gilt, dass debitorische Ziele nicht standardisiert werden können. Hohe Exportquoten sind fast immer auch mit längeren Zahlungszielen verbunden, manchmal werden lange Zahlungsziele auch als Verkaufsargumente genutzt. Sind bereits Anzahlungen geflossen, dann sieht man auch häufiger längere Zahlungsziele bei den Abschlussrechnungen.

Trotzdem können wir bei nationalen Geschäften Denkanstöße geben.

Dies hängt mit der Umsatzsteuervoranmeldung zusammen.

9.3.4.2 Umsatzsteuervoranmeldung

In der Regel ist die Umsatzsteuer monatlich bis zum 10.[3] des Folgemonats an das Finanzamt mittels Umsatzsteuervoranmeldung anzuzeigen und mit gleicher Frist auch an das Finanzamt zu überweisen. Die Umsatzsteuer vom Januar ist also bis zum 10. Februar im amtlichen Vordruck zu melden und zu überweisen, es sei denn, eine Dauerfristverlängerung wurde beantragt. Die Umsatzsteuervoranmeldung für Januar muss dann anstatt bis zum 10. Februar erst am 10. März erfolgt sein.

Das Finanzamt macht dies allerdings nicht umsonst. Dem Antrag auf Dauerfristverlängerung wird nur stattgegeben, wenn Sie jedes Jahr bis zum 10. Februar eine Sondervorauszahlung in Höhe von 1/11 der Vorauszahlungen für das vorangegangene Kalenderjahr anmelden und entrichten. Diese Sondervorauszahlung wird in der Regel bei der Umsatzsteuervorauszahlung für den Dezember dann wieder angerechnet.

[3] Die folgenden Ausführungen betreffen Unternehmen in Deutschland. Österreich z. B. hat andere Regelungen.

Jetzt lassen Sie uns einmal überlegen. Sie stellen eine Rechnung im Januar, sagen wir um den 30. des Monats, damit auch die Planung wieder erfüllt wird. Sie haben dann bei erteilter Dauerfristverlängerung ca. 40 Tage Zeit, bis die Umsatzsteuer (natürlich nur für nationale Fakturen) abgeführt werden muss. Die Entrichtung dieser Umsatzsteuer ist aber unabhängig davon, ob Sie bereits einen Zahlungseingang verbuchen können. Kommt der Zahlungseingang erst nach 50 Tagen (was glücklicherweise bei der HKG nicht der Fall ist), überweisen Sie die Umsatzsteuer, ohne dass Sie überhaupt über diesen Betrag verfügen!

Und denken Sie daran: Darüber hinaus haben Sie bereits 1/11 der Umsatzsteuer des vorangegangenen Kalenderjahres als „Kaufpreis" für vier Wochen mehr Zeit an das Finanzamt abgeführt, ebenfalls wieder im Voraus. Und Löhne und Gehälter werden am Monatsende auch fällig, unabhängig vom Rechnungseingang.

Letzteres können Sie aber auch mit sehr kurzen Zahlungsfristen nicht ausgleichen. Sie erkaufen sich mit der kostenpflichtigen Dauerfristverlängerung lediglich Zeit. Das Finanzamt argumentiert ein wenig anders:

Die Sondervorauszahlung soll den Zinsgewinn einer verspäteten Entrichtung der Umsatzsteuer beim Unternehmen eliminieren.

Na toll, dann rechnen wir einmal. Wie wir schon wissen, richtet sich die Höhe der Vorauszahlung nach der Summe der Umsatzsteuerzahlungen des Vorjahres und beträgt 1/11 davon.

Beispiel:

Bei einer vorjährigen Umsatzsteuerschuld von € 330.000 beträgt die Sondervorauszahlung € 30.000, also 9,1 %. Ist doch interessant, wie viel Zinsgewinn bei den Berechnungen der Finanzverwaltung einem Unternehmer bei intelligenter Veranlagung zugetraut wird. Übrigens, eine deutsche Staatsanleihe mit AAA-Rating bringt zurzeit[4] gerade einmal ca. 2,0 %.

Jetzt könnte man unter Ausnutzung der (auch) bei der Vorauszahlung durch die Finanzverwaltung angenommenen unternehmerischen Intelligenz doch gestalterisch tätig werden und Rechnungen generell immer nur zu Monatsbeginn stellen, da sich damit die Frist bis zur Abführung der Umsatzsteuer natürlich ausdehnt. Für das Finanzamt ist nur das Rechnungsdatum relevant.

Dies hat jedoch zwei Nachteile:

1. Die Finanzverwaltung mag diese Art von Intelligenz nicht, auch nicht bei kurzen Zahlungseingangsfristen! Wobei, ein wenig geht immer – eine Faktura kann in der Regel erst dann erstellt werden, wenn das Wirtschaftsgut geliefert und/oder die Dienstleistung erbracht wurde. Und der Lieferschein bzw. die Abnahme der Dienstleistung müssen ja auch noch erst wieder in das Unternehmen zurückgefunden haben. Das kann ja auch schon einmal einige Tage dauern …

[4] November 2013.

2. Wenn Sie die Rechnung später stellen, also jeweils nach dem 1. des Folgemonats, und das Forderungsmanagement nicht verbessern, haben Sie lediglich eine parallele Verschiebung erreicht. Denn hätten Sie bereits am 15. des Vormonats fakturieren können, dies aber mit Blick auf lange Zahlungseingangsfristen und Umsatzsteuervoranmeldung nach hinten geschoben, haben Sie ja bereits zwei Wochen vor Rechnungslegung verloren!

Allerdings stellt sich die Situation ein wenig anders dar, wenn das Produkt bzw. die Leistung erst am Ende des Monats fertig wird. Hier können 2–3 Tage „kundenfreundliches" Warten bis zur Rechnungserstellung dann doch Vorteile bringen, nämlich vier Wochen Liquidität in Höhe von 19 % der nationalen Monatsumsätze.

Ansonsten bleibt i. d. R. nur, unternehmerisches Handeln und das Forderungsmanagement zu intensivieren.

Damit muss aber als Standard für den Forderungseingang gelten:

Je früher, desto besser, aber auf jeden Fall vor Abführung der Umsatzsteuer.

Bevor wir aber weitergehen, wollen wir uns auch das debitorische Ziel nochmals in der grafischen Aufbereitung anschauen. Die lediglich 20–40 %ige Anrechnung der Umsatzsteuer durch die Exportquote in Höhe von 60–80 % habe ich hier in der Formel vernachlässigt.

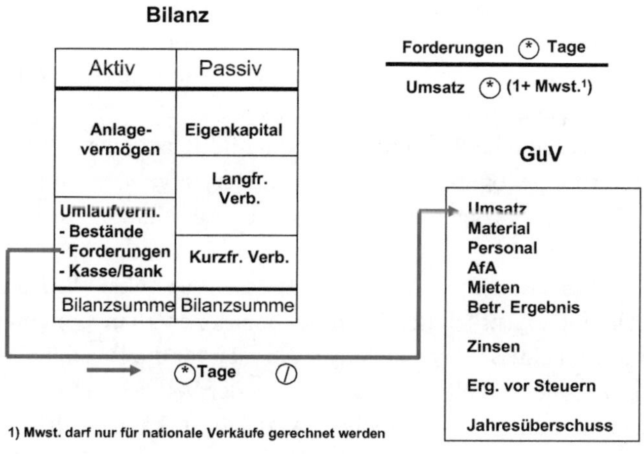

Was sind jetzt die Empfehlungen aus Management- und Beteiligungssicht, wenn wir zu lange debitorische Ziele sehen?

Die Antwort ist wenig akademisch und ganz einfach: stringenteres Forderungsmanagement – und das gilt auch gegen die eigene Mutter!

9.3.4.3 Forderungsmanagement

Jetzt werden Sie lachen und innerlich sagen: Der macht es sich aber einfach. Und ich gebe Ihnen Recht. Ich mache es mir einfach, aber das ist nun einmal der objektiv einfachste und effektivste Weg. Es muss nicht immer alles (akademisch) komplex sein.

Gut, wenn Sie in die Emirate oder nach Südamerika exportieren, dann sind Zahlungsziele bis zu 180 Tage ganz normal und durch Sie selbst auch so gut wie nicht beeinflussbar. Exportieren Sie nach Frankreich, dann hat Ihr Kunde sogar ein französisches Gesetz auf seiner Seite, das ihn berechtigt, frühestens nach 90 Tagen zu zahlen.

Allerdings gibt es auch die allgemeinen Geschäftsbedingungen oder Einzelfestlegungen im Vertrag, die eine frühere Bezahlung sogar als integralen Bestandteil der Lieferung ausweisen.

Kommen wir aber zu etwas Handfesterem, der Organisation in Bezug auf das Forderungsmanagement.

1. Verantwortung für den Forderungseingang In sehr vielen Firmen, mit denen ich in den letzten Jahren zu tun hatte, habe ich immer wieder etwas für mich nicht Nachvollziehbares gesehen. Das Rechnungswesen ist für den Forderungseingang zuständig. Ehrlich, das habe ich noch nie verstanden.

Für mich ist ein Verkaufsprozess beendet, wenn das Geld für das Produkt oder die Leistung auf meinem Konto steht. Und dies bedeutet, dass auch die Person, die den Verkauf betreut hat, darauf achten muss, dass die Zahlung vertragskonform eingeht.

Was sollen denn die Damen und Herren im Rechnungswesen dazu beitragen? Nachschauen, ob die Zahlung eingegangen ist, kann der „Vertriebler" auch. Er kann aufgrund seines Wissens aus den Verkaufsgesprächen, in denen ja die Zahlungsmodalitäten auch auf den Tisch gekommen sind, sogar viel besser in einem Telefonat oder E-Mail daran erinnern, dass in einigen Tagen die Summe zur Zahlung fällig ist, oder nachfragen, warum es denn zu Verzögerungen gekommen ist. Er ist auch derjenige, der am besten entscheiden kann, ob eine schriftliche Erinnerung oder sogar eine Mahnung auf den Weg gebracht wird – es ist ja sein Kunde!

Von all dem weiß das Rechnungswesen gar nichts – hier sehen die Damen und Herren nur, dass die Rechnung eigentlich bei Standardkonditionen zu einem gewissen Tag fällig wäre, aber mehr auch nicht. Sind spezielle Konditionen für die Bezahlung vereinbart worden, dann sieht es diese eventuell im System, wenn der Vertrieb diese hinterlegt hat, aber ohne Rücksprache mit dem verantwortlichen „Vertriebler" kann das Rechnungswesen eigentlich auch keine Erinnerung oder sogar Mahnung auf den Weg bringen.

Also, warum sollen dann die Damen und Herren im Rechnungswesen für den Zahlungseingang zuständig sein? Als Hilfsarbeiter für den Vertrieb? Dafür gibt es IT-Systeme, in denen der Vertrieb selbst nachschauen kann, und Personal für diese Hilfsaufgaben ist sicherlich bei Weitem zu teuer. Wenn wir uns solchen Luxus leisten, dann brauchen wir uns auch keine Gedanken mehr über Optimierungspotenzial (d. h. sehr häufig Bilanzkürzung und damit geringere Kapitalkosten) im Umlaufvermögen zu machen.

In allen Gesellschaften, in denen ich Verantwortung hatte, war die organisatorische Verantwortung für das Debitorenmanagement spätestens am zweiten Tag meines Daseins weg vom Rechnungswesen und da, wo es hingehört: beim Vertrieb.

Und man kann das Forderungsmanagement durchaus forcieren. Der Vertrieb erwartet ja i. d. R. Provisionen für die erfolgreichen Abschlüsse. Dann koppeln Sie doch auch die zeitgerechten Rechnungseingänge an die Provisionshöhe. Ich war da nie zimperlich, denn es war mein Geld, auf das wir nach Leistungserbringung gewartet haben. Bei mir sah die Regelung immer folgendermaßen aus. Gehen wir einmal von „30 Tage netto" als Zahlungskondition aus.

- Bis zum 25. Tag Zahlungseingang nach Rechnungsdatum habe ich einen zusätzlichen Bonus, also eine erhöhte Provision gezahlt.
- Zwischen dem 25. und 33. Tag Zahlungseingang nach Rechnungsdatum wurde die Provision in voller Höhe gezahlt, einen Zuschlag für zeitgerechte Bezahlung gab es nicht, da laut Vertrag genau diese Frist vom Kunden erwartet wurde.
- An dem 34. Tag Zahlungseingang nach Rechnungsdatum wurde die Provision um einen Zinsbetrag auf die ausstehende Forderung gekürzt und zwar anteilig erhöht um jeden weiteren ausstehenden Tag, also pro Tag: 1/365 × ausstehende Forderung × 8,0 %. Die 8 % mögen Ihnen hoch erscheinen, bedenken Sie aber, dass das Eigenkapital, das die Anteilseigner eingebracht haben, ja auch per Dividendenzahlung bedient werden muss und daher hier nicht nur die Fremdkapitalzinsen eingerechnet werden dürfen. Die 8 % sind sogar eher niedrig, da Dividenden ja aus dem versteuerten Ergebnis zu zahlen sind. Und mit den Kapitalkosten haben wir uns ja schon beschäftigt. Ich arbeite immer mit dem WACC und dann passen die 8 % recht gut.

Stellen Sie sich den „Kulturschock" einmal vor – der Heesen kommt als neuer Verantwortlicher und am zweiten Tag wird in einer Besprechung mit dem Vertrieb diese neue Regelung für alle Umsätze, beginnend mit dem nächsten Monat, angekündigt. Klasse Einstand – glauben Sie mir, die Damen und Herren sind begeistert (ich meine die im Rechnungswesen), bei den anderen im Vertrieb verlassen Sie den Raum und man wünscht Ihnen nur das „Allerbeste" für die Zukunft.

Und dann passiert aber etwas immer wieder Unglaubliches – der Vertrieb fängt an, in seinen Verhandlungen und kurz vor Ablauf der 30-Tage-Frist, die Kunden auf die interne Regelung und die Zusagen des Kunden anzusprechen – die eigene Provision vor Augen – und schon nach ca. zwei Monaten sehen Sie signifikante Verbesserungen bei den Debitoren.

Um jetzt eines klarzustellen: Ich sage hier nicht, dass alle „Vertriebler" ihren Job nicht machen. Nein, das ist nicht meine Absicht, aber die Erfahrung zeigt, dass eher unangenehme Tätigkeiten und Verantwortlichkeiten (Geldeintreibung) doch lieber auf den Innendienst und dann gleich auf das Rechnungswesen abgewälzt werden, denn „dort müssen die Eingänge ja sowieso gebucht werden".

Ich kann Ihnen nur raten: Ändern Sie die Verantwortung für den Forderungseingang, und knüpfen Sie Geldansprüche daran – es dauert nicht lange, und das Murren geht zurück, ihre Forderungen aber umso früher ein.

Schwieriger ist es im Konzern. Wenn Schwestergesellschaften oder sogar die Mutter ihre Finanzierung zinsfrei zu Lasten der Tochter „organisieren", dann hat der „Vertriebler" häufig keine Chance (die Damen und Herren im Rechnungswesen allerdings auch nicht). Es ist nun einmal so: Oben sticht Unten! Dann muss man die Konzernumsätze aus der dargestellten Regelung ausnehmen, und die GF der Beteiligung muss aktiv werden.

9.3.4.4 Prozesse im Rechnungserstellungsprozess

Jetzt sind wir bei einer erneuten Schnittstelle zwischen Vertrieb und Rechnungswesen.

Die zentralen Fragen dabei lauten:

- Wie lange dauert es von der Fertigstellung des Produktes/der Leistung bis zur Auslieferung?
- Wie lange dauert es von der Auslieferung des Produktes/der Leistung (eventuell mit zunächst verpflichtendem Rücklauf des Lieferscheins?) bis zu Erstellung der Rechnung?
- Wie lange dauert es dann noch, bis die Rechnung in der Post ist? Wie viele Augen müssen die Rechnung vor Aussendung noch gelesen haben?
- Wer kontrolliert, dass nationale Rechnungen, deren Eingang i. d. R. mehr als 40–50 Tage brauchen, nicht kurz vor Monatsende (siehe Umsatzsteuervoranmeldung) noch ausgeschickt werden? Maßgeblich ist immer das Rechnungsdatum, also zurückhalten nach Erstellung bringt nichts.

Malen Sie sich diese Kette detailliert auf und bewerten Sie die einzelnen Prozessschritte mit Zeiten.

Je größer die Firma, desto länger dauert es – das ist zumindest meine Erfahrung, weil allzu häufig Regelungen der Mutter aus z. B. „Corporate-Governance"-Regeln im Gesamtkonzern übernommen werden müssen.

Dann muss man sich aber bei den kleineren Beteiligungen auch die Frage stellen, ob dies unbedingt Sinn macht, und (für die Beteiligung) unsinnige Prozess- und/oder Arbeitsvorgaben „sichtbar" machen.

Wenn Sie dabei in Ihrer Beteiligung auf so etwas stoßen … na dann darf man sich nicht wundern. Das macht für eine kleine Firma ja auch keinen Sinn.

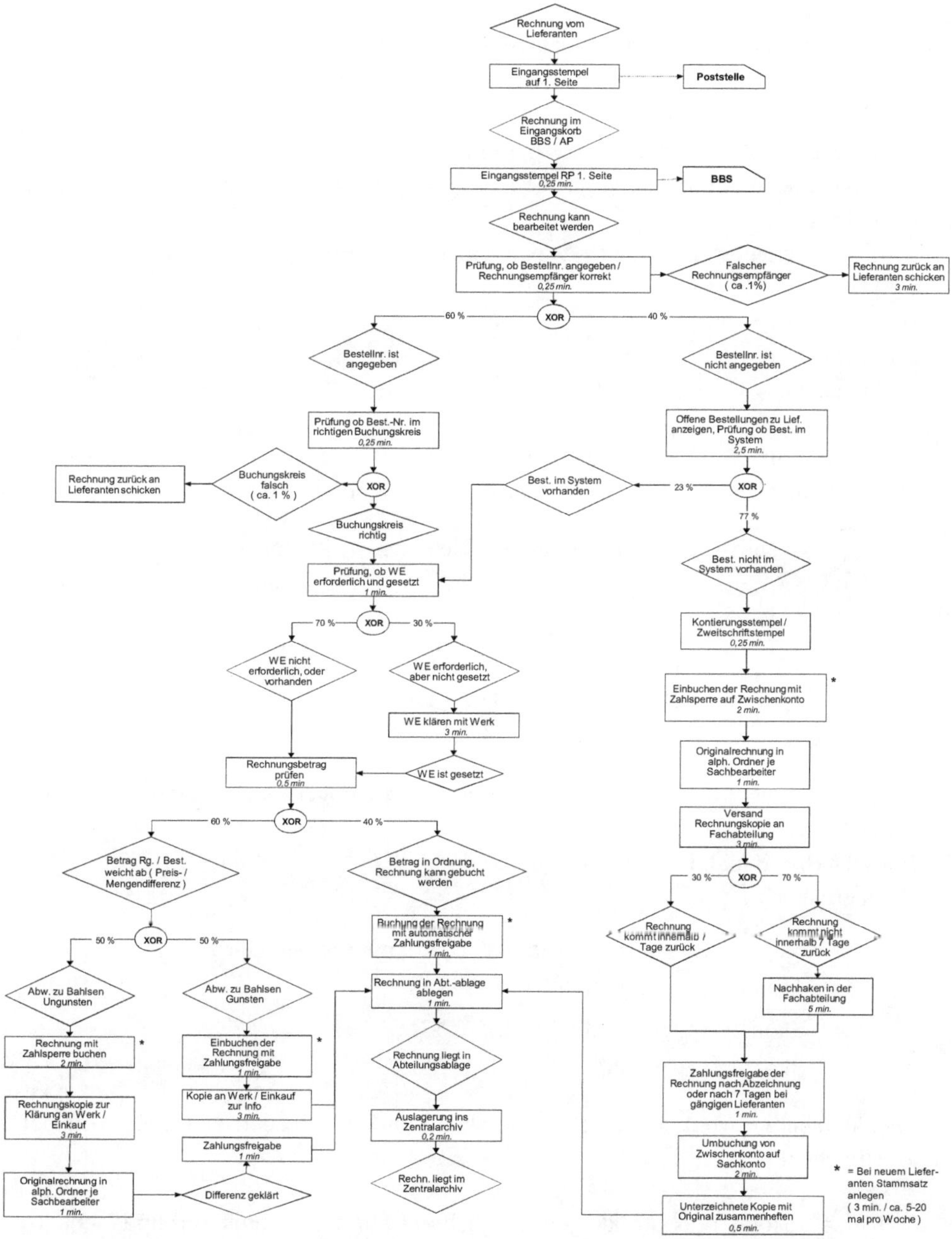

Dies ist natürlich bewusst übertrieben. Aber sehr schnell sehen Sie anhand einer grafischen Darstellung, dass etwas im Prozessfluss nicht stimmen kann, und dafür soll dies lediglich ein Beispiel sein. Eine grafische Darstellung ist übrigens in den meisten Fällen viel geeigneter Fehlentwicklungen aufzuzeigen als die „tollsten Berechnungen".

9.3.4.5 Skonti

Sehr häufig hört man, dass sich doch Skonti als Anreiz für schnellere Zahlungseingänge anbieten. Das ist richtig, aber – mit Verlaub – verflucht teuer! Und daher sollten Sie die Skonti besser exklusiv für ihre Verhandlungen mit den Lieferanten einsetzen.

Lassen Sie uns aber kurz den Jahreszins eines ganz normalen Skontoangebotes berechnen und dann noch einmal die Frage stellen, ob diese in Ihrem Vertrieb zur Anwendung kommen sollten.

Also, wie rechnet sich folgendes Skontoangebot auf einer Rechnung?

- 10 Tage,
- 2 % Skonto,
- 30 Tage netto.

Wie hoch ist der von Ihnen angebotene *Jahreszins*?

Das ist nicht sonderlich schwer, die Formel zur Berechnung lautet:

$$\text{Skontosatz}_{\text{p.a.}} = \text{Skontozins}_{\%} \div (\text{Nettotage} - \text{Skontotage}) \times 365$$

in unserem Fall also:

$$\begin{aligned}\text{Skontosatz}_{\text{p. a.}} &= 0{,}02 \div (30 - 10) \times 365 \\ \text{Skontosatz}_{\text{p. a.}} &= 0{,}02 \div 20 \times 365 \\ \text{Skontosatz}_{\text{p. a.}} &= 36{,}50\ \%\end{aligned}$$

Bei diesen Ergebnissen braucht man nicht mehr zu fragen, ob es sinnvoll ist, Skonti anzubieten, oder?

Ersetzen Sie einmal die angebotenen 2 % durch 3 %.

Dann erhalten Sie:

$$\begin{aligned}\text{Skontosatz}_{\text{p. a.}} &= \text{Skontozins}_{\%} \div (\text{Nettotage} - \text{Skontotage}) \times 365 \\ \text{Skontosatz}_{\text{p. a.}} &= 0{,}03 \div (30 - 10) \times 365 \\ \text{Skontosatz}_{\text{p. a.}} &= 0{,}03 \div 20 \times 365 \\ \text{Skontosatz}_{\text{p. a.}} &= 54{,}75\ \%.\end{aligned}$$

Hier können wir wohl die Frage, ob Sie Skonti im Vertrieb anbieten sollten, kommentarlos streichen!

▶ **Merke** Skontiangebote klingen lediglich aufgrund der damit verbundenen Tagesanzahl wenig attraktiv (z. B. 2 oder 3 % auf 10 Tage). Rechnet man dieses Angebot jedoch auf einen Zins p. a., so wird sofort die Tragweite ersichtlich.

Jetzt bleibt eigentlich nur noch eine Frage: Und wie hoch sollten die Forderungen in der Bilanz denn sein? Hier bitte ich Sie noch um ein wenig Geduld – wir werden in einem eigenen Kapitel (Kap. 12) optimierte Größen sukzessive herleiten, neu würdigen, mit den alten Werten vergleichen und uns die Konsequenzen auf die anderen Kenngrößen immer wieder vor Augen halten. Dies machen wir aber erst, nachdem wir die aktuelle Situation eingehend analysiert haben.

Wobei ganz ehrlich, bei der HKG sind Hausaufgaben gemacht worden, oder? Und 14 Tage debitorisches Ziel sind wohl nicht zu verbessern.

Nachdem wir uns lange mit den Debitoren beschäftigt haben, ist es jetzt Zeit, den „Gegenpol" intensiver zu betrachten, also die Verbindlichkeiten aus Lieferungen und Leistungen oder auch Kreditoren genannt.

9.3.5 Kreditoren und kreditorisches Ziel

Wir sind nach wie vor dabei, die Liquidität 2. Grades aus anderer Perspektive und damit viel tiefergehend zu betrachten. Sie erinnern sich noch?

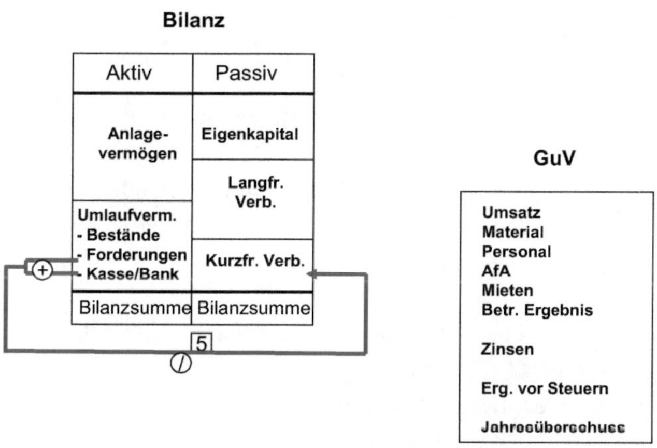

Bei den Passiva sehen wir die kurzfristigen Verbindlichkeiten, und hier steigen wir jetzt wieder analytisch ein. Dies machen wir auch wieder sukzessive, aber das Fernziel ist eine Antwort auf die Frage:

Nach wie vielen Tagen zahlen *wir* in der Regel unsere Rechnungen?

Schauen wir erst einmal wieder in unsere Bilanz.

	... davon Anleihen, davon konvertibel	0,0	0%	0,0	0%	0,0	0%	0,0	0%	0,0	0%
	... davon Verbindlichkeiten gegenüber Kreditinstituten	2.382,6	46%	2.381,8	48%	2.564,8	48%	2.199,5	37%	1.348,7	25%
	... davon erhaltene Anzahlungen auf Bestellungen	0,0	0%	0,0	0%	0,0	0%	0,0	0%	0,0	0%
	... davon Verbindlichkeiten aus Lieferungen & Leistungen	1.019,8	20%	742,9	15%	888,1	17%	315,7	5%	458,3	8%
	... davon Verbindlichkeiten aus der Annahme gezogener/ Ausstellung eigener Wechsel	0,0	0%	0,0	0%	0,0	0%	0,0	0%	0,0	0%
	... davon Verbindlichkeiten gegen verbundene Unternehmen	25,1	0%	115,2	2%	19,5	0%	0,0	0%	105,3	2%
	... davon Verbindlichkeiten gegenüber Gesellschaftern	0,0	0%	0,0	0%	0,0	0%	0,0	0%	0,0	0%
	... davon sonstige Verbindlichkeiten	129,6	3%	195,8	4%	228,6	4%	353,5	6%	223,5	4%
	a) davon aus Steuern	0,0	0%	0,0	0%	0,0	0%	0,0	0%	0,0	0%
	b) davon im Rahmen der sozialen Sicherheit	0,0	0%	0,0	0%	0,0	0%	0,0	0%	0,0	0%
C	**Verbindlichkeiten**	**3.557,1**	**69%**	**3.435,7**	**69%**	**3.701,0**	**69%**	**2.868,7**	**49%**	**2.135,8**	**39%**

Das Paket der Verbindlichkeiten ist recht umfangreich, und hier müssen wir jetzt ein wenig nach den Fristen zuordnen.

Dafür habe ich im Excel „Tool" übrigens eine eigene Tabelle „*Details FK*" aufgebaut. So wird das Sortieren ein wenig einfacher. Zusätzlich sind jedoch in unserem Beispielfall auch einige Vereinfachungen eingebaut:

- Anleihen sind keine vorhanden.
- Die Verbindlichkeiten gegenüber Kreditinstituten haben alle noch eine Restlaufzeit zwischen 1–5 Jahren.
- Erhaltene Anzahlungen auf Bestellungen sind keine vorhanden.
- Die Verbindlichkeiten aus Lieferungen und Leistungen sind alle unter 90 Tage.
- Verbindlichkeiten aus der Annahme gezogener Wechsel/Ausstellung eigener Wechsel sind keine vorhanden.
- Verbindlichkeiten gegenüber verbundenen Unternehmen sind alle mittelfristig, also mit Restlaufzeiten zwischen 1–5 Jahren.
- Verbindlichkeiten gegenüber Unternehmen, mit denen ein Beteiligungsverhältnis besteht, gibt es nur in den ersten beiden Jahren, auch hier wiederum mit Restlaufzeiten zwischen 1–5 Jahren.
- Sonstige Verbindlichkeiten sind alle kurzfristig, also unter einem Jahr.
- Rechnungsabgrenzungsposten sind lediglich mit bis zu einem Jahr und über einem Jahr gegliedert.

Was ist jetzt neben den Verbindlichkeiten alles kurzfristig? Einfache Antwort: alles erst einmal unterhalb eines Jahres. Bei der Bewertung selbst werden wir uns mit dieser Frage wieder genauer beschäftigen müssen, da hier auch die Frage nach der Zinslast gestellt werden muss.

9.3.5.1 Kreditorenquote

Wir hatten uns bei der laufenden Analyse bereits einmal mit den Kreditoren beschäftigt und zwar bei der vierten Kennzahl „Kreditorenquote".

Dort hatten wir gesagt, dass diese recht gut aussah, denn 18 % der Verbindlichkeiten waren kreditorisch.

Sie erinnern sich?

Wir hatten folgendes gerechnet:

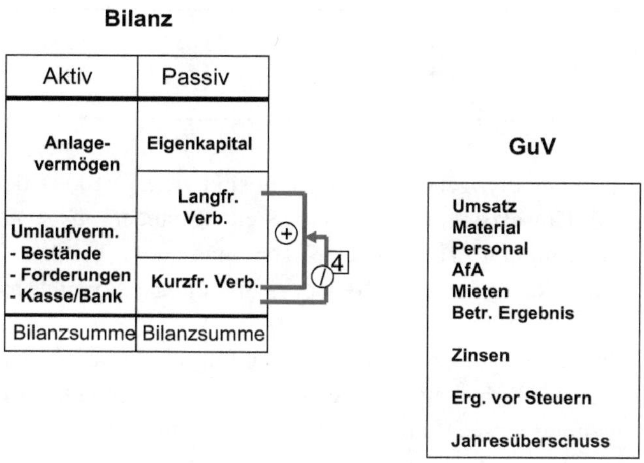

Und mit den Zahlen der HKG:

Verb. aus L&L Quote (%) (Wie viel % des Fremdkapitals stammt von Lieferanten und Sonstigen, ist daher kurzfristig und ist damit in naher Zukunft fällig?)	Verbindlichkeiten aus L. & L.	1.019,80	742,90	888,10	315,70	458,30
(Achtung: bei Skontogewährung)	Rückstellungen	354,00	280,70	363,80	924,60	456,50
(Gibt Auskunft über die anstehenden Zahlungsverpflichtungen und den Liquiditätsbedarf einerseits und die kostenfreie Finanzierung über Lieferanten andererseits)	+ Verbindlichkeiten	3.557,10	3.435,70	3.701,00	2.868,70	2.135,80
	+ Passive RAP	0,00	0,00	0,00	0,00	0,00
	Gesamtes Fremdkapital	3.911,10	3.716,40	4.064,80	3.793,30	2.592,30
	Division x 100	26,07%	19,99%	21,85%	8,32%	17,68%
		0	+	+	+	+

Innerhalb der Struktur der Passiva stellen also die Kreditoren kein größeres Risiko dar.

9.3.5.2 Kreditorisches Ziel

Kommen wir jetzt zum eigentlichen kreditorischen Ziel und überprüfen die Kreditoren aus einem anderen Winkel heraus. Nach wie vielen Tagen zahlen wir in der Regel unsere (Eingangs-)Rechnungen?

Ähnlich den Debitoren müssen wir auch bei dieser Betrachtung die Umsatzsteuer – hier bei den Verbindlichkeiten aus Lieferungen und Leistungen jetzt Vorsteuer genannt – und die Fragestellung berücksichtigen, ob wir aus dem EU-Ausland zugekauft haben, denn dieser Anteil wäre bei Lieferung ohne Umsatzsteuerausweis bzw. diese Umsatzsteuerschuld des Lieferanten wird auf uns übertragen[5].

Der Anteil international erworbener Güter und Dienstleistungen ist wieder im Datenblatt „*Basis Informationen*" im MS Excel Tool hinterlegt. Hier sehen wir

Importquote im Einkauf	10,00%	10,00%	10,00%	10,00%	10,00%
also nationales Geschäft im Einkauf	90,00%	90,00%	90,00%	90,00%	90,00%

eine Importquote von durchgehend 10 %, somit sind nicht in 100 % der Fälle die Eingangsrechnungen mit Umsatzsteuer (aus unserer Sicht Vorsteuer) ausgewiesen.

Bevor wir uns aber mit den Zahlen beschäftigen, müssen wir bei den Kreditoren noch tiefer gehen, denn der hier zu nutzende Nenner ist um einiges komplexer herzuleiten als bei den Debitoren.

Würden wir beim Kreditorenziel ebenfalls einen um die Umsatzsteuer erhöhten Umsatz als Nenner in unsere Berechnung einsetzen, lägen wir komplett falsch. Durch logisches Denken können wir dieses Problem aber wieder leicht lösen.

Zunächst müssen wir uns die Frage stellen: Für was erhalten und bezahlen wir Rechnungen, oder genauer gesagt, worauf beziehen sich unsere Verbindlichkeiten?

Wenn wir an dieser Stelle die genaue Bezeichnung dieser Position in der Bilanz ausgeschrieben hätten, wäre die Antwort bereits gegeben. Unsere Verbindlichkeiten beziehen sich auf Lieferungen und Leistungen, die wir bereits erhalten haben. Damit können aber nicht die „*Umsatzerlöse*" die richtige Größe für den Nenner sein. Vielmehr müssen wir auf die Suche gehen, wo wir die jetzt relevanten Nennerdaten finden.

Als erstes finden wir in der GuV kurz unterhalb des Umsatzes die Position, die wir auf jeden Fall brauchen:

Materialaufwand

…für Roh-, Hilfs- und Betriebsstoffe und bezogene Waren,
…für bezogene Leistungen.

Dann allerdings finden wir oberhalb des Betriebsergebnisses noch einen zweiten Posten, den wir näher beleuchten müssen.

[5] In der Umsatzsteuervoranmeldung muss diese Schuld zwar aufgeführt, kann aber direkt wieder als Vorsteuer in Abzug gebracht werden.

Sonstige betriebliche Aufwendungen

... davon Miet- und Leasingaufwendungen,
... davon Vertriebskosten,
... davon Verwaltungskosten,
... davon Sonstige.

Miet- und Leasingaufwendungen sind klar, ebenso wie die Vertriebs- (z. B. Reisekosten) und Verwaltungskosten. Aber was verbirgt sich hinter den *Sonstigen*? Hier finden wir Telekommunikation, Strom, Beratung, Weiterbildung etc., mitunter alle Aufwendungen, die nicht direkt in das Produkt oder die Leistung der Firma eingehen.

Jetzt könnte man diese sonstigen betrieblichen Aufwendungen durchaus zum Materialaufwand und zu den bezogenen Leistungen in unserer Kreditorenformel addieren, aber trotzdem tut man (oder besser ich) dies meistens nicht. Die Begründung dafür:

Mieten, Leasingraten, Strom, Telekommunikation etc. werden meist per Bankeinzug bzw. Dauerüberweisung geregelt, sodass i. d. R. hier keine offenen Posten am Abschlussdatum zu finden sind. Und Steuerberater, Wirtschaftsprüfer und Juristen werden meist auch zeitnah bezahlt, da es sonst sein könnte, dass der Steuerberater bei den nächsten *zeitkritischen* Fragen *zeitnah* keine *Zeit* hat.

Somit hat es sich durchgesetzt, dass beim Kreditorenziel aus der GuV eigentlich nur der Materialaufwand und die bezogenen Leistungen angesetzt werden. So wird es auch fast überall in der Literatur dargestellt, aber dieser Ansatz ist auch vereinfachend.

Wir haben nämlich noch einen Posten, den wir zumindest teilweise betrachten müssen: Es sind die Vorräte.

Zunächst stehen die Vorräte in der Bilanz, werden dann „in die GuV geschoben", wenn sie z. B. per Materialentnahmeschein in die Produktion gehen. Vorräte[6], hier RHBs (Roh-, Hilfs- und Betriebsstoffe – in der Bilanz), werden dann aufwandswirksam, wenn sie zu Halbfertigprodukten verarbeitet werden oder bei der Weiterverarbeitung von Halbfertigprodukten zu Fertigprodukten eingehen. In beiden Fällen ist aber noch kein Verkauf erfolgt, da die Wirtschaftsgüter ansonsten nicht mehr im Bestand wären.

Werden Halbfertigprodukte, also z. B. Metallelemente bzw. Komponenten für das Endprodukt gekauft, so ist dies zunächst auch wieder ein Aktivtausch. Erst wenn diese wiederum zu Fertigprodukten weiterverarbeitet werden, laufen diese Halbfertigprodukte in die GuV und werden zu Aufwand.[7] Also sind auch die Materialaufwendungen für die Produktion von Halb- und Fertigprodukten bereits in der GuV erfasst.

---

[6] Ein Bestandsaufbau ist zunächst einmal nur bilanzwirksam, da es sich um einen Aktivtausch handelt (Buchungssatz ohne Vorsteuerberücksichtigung: Bestände an Kasse/Bank). Die Phase der ausstehenden Rechnungsbegleichung, wo wir Verbindlichkeiten aus Lieferungen und Leistungen sehen, ist hier ausgespart. Wird die Verbindlichkeit beglichen (Buchungssatz: Verbindlichkeit aus Lieferungen und Leistungen an Bank) tritt nämlich genau der zeitlich versetzte Aktivtausch ein.

[7] Die hier angestellten Überlegungen betreffen das GuV-Gesamtkostenverfahren. Die in unserem Fall gezeigte GuV ist ein Gesamtkostenverfahren.

Handelswaren hingegen werden lediglich erworben und dann mit einem Aufschlag weiter verkauft. Somit ist bei den Beständen für die Berechnung des kreditorischen Ziels außerdem jeweils die *periodische Veränderung* der

- Roh-, Hilfs- und Betriebsstoffe und
- Handelswaren

zu beachten.

Gleichwohl müssen wir hier aber wieder eine vorsteuerliche Anpassung beim Materialaufwand und den bezogenen Leistungen bzw. Bestandsveränderungen vornehmen, da diese in der GuV netto, also ohne Vorsteuer, ausgewiesen sind. Die Verbindlichkeiten aus Lieferungen und Leistungen hingegen sind in der Bilanz inklusive Vorsteuer angesetzt. Daher erhöhen wir auch hier den Nenner um die Vorsteuer und erhalten somit

Kreditorenziel (Tage) (Wie viele Tage dauert es im Schnitt,	Zähler Nominator	Verbindlichkeiten aus L&L	1.019,80	742,90	888,10	315,70	458,30
bis Verbindlichkeiten gezahlt werden?)	Nenner Denominator	(Veränd. zu VJ) RHBs	877,30	-33,10	213,00	146,50	-48,20
		(Veränd. zu VJ) Handelswaren	107,00	-84,30	-22,70	0,00	0,00
(Gibt Auskunft über die Effizienz		Material & bezogene Leistungen	7.264,20	6.441,70	8.019,70	11.986,10	8.856,00
der Skontoziehung und der		Gesamt	8.248,50	6.324,30	8.210,00	12.132,60	8.807,80
Zahlungssaldi)		erhöht um Mwst.	9.815,72	7.525,92	9.769,90	14.437,79	10.481,28
		koorigiert um nat./intern.Geschäft	9.658,99	7.405,76	9.613,91	14.207,27	10.313,93
	Ergebnis Result	*Division x Tage*	38,54	36,61	33,72	8,11	16,22

Grafisch sieht dies folgendermaßen aus:

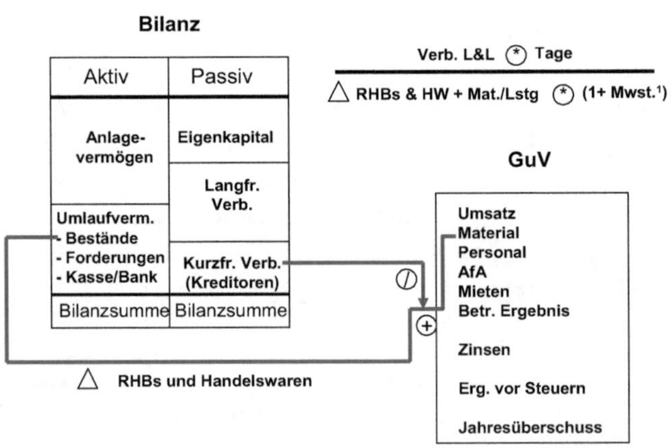

Wir sehen in der Rechnung kreditorische Ziele von (gerundet) zunächst 33–39 Tage, dann schlagartig fallend auf 8 und 16 Tage in den Jahren 4 und 5. Bei diesen Unterschieden lasse ich jetzt aber die Stichtagsproblematik als Argument nicht gelten.

Dreiunddreißig bis neununddreißig Tage sind bei Standardkonditionen (30 Tage netto) gar nicht mal so schlecht, im Gegenteil, man hat seinen Lieferanten sogar noch einige Tage mehr zinsfreie Finanzierung „abgenommen". Sie sehen, in diesem Fall freue ich mich sogar über ein lasches Forderungsmanagement, so lange es auf Seiten meiner Lieferanten ist.

Acht und sechzehn Tage hingegen sind mir einfach zu früh. Hier wird 2–3 Wochen Liquidität verschenkt.

Jetzt Achtung. Das erste Jahr ist nicht ganz „sauber", denn uns fehlen die vorperiodischen Werte der Roh-, Hilfs- und Betriebsstoffe sowie der Handelswaren, und damit können wir auch die Veränderungen nicht genau berechnen. Von daher sind die ausgewiesenen 39 Tage mit Vorsicht zu genießen.

Skonti, falls angeboten, können natürlich bei den berechneten kreditorischen Zielen nicht gezogen worden sein, zumindest nicht in den Jahren 1–3. Allerdings unterstellen wir hier auch einmal, dass die Lieferanten keine solchen Angebote machen und unser Einkauf auch nicht die Macht hat, solche durchzusetzen.

Wie würdigen wir jetzt die kreditorischen Ziele?

Das eigentliche Zahlverhalten der Jahre 1–3 könnte in der Tat den ausgehandelten Vertragskonditionen entsprechen, und von daher könnten wir zunächst einmal leicht würdigen. Lassen wir das Jahr 1 wegen o. g. Probleme – fehlende Daten – einmal außen vor.

Kreditorenziel (Tage) (Wie viele Tage dauert es im Schnitt, bis Verbindlichkeiten gezahlt werden?) (Gibt Auskunft über die Effizienz der Skontoziehung und der Zahlungssaldi)	Zähler Nominator	Verbindlichkeiten aus L&L	1.019,80	742,90	888,10	315,70	458,30
	Nenner Denominator	(Veränd. zu VJ) RHBs	877,30	-33,10	213,00	146,50	-48,20
		(Veränd. zu VJ) Handelswaren	107,00	-84,30	-22,70	0,00	0,00
		Material & bezogene Leistungen	7.264,20	6.441,70	8.019,70	11.986,10	8.856,00
		Gesamt	8.248,50	6.324,30	8.210,00	12.132,60	8.807,80
		erhöht um Mwst.	9.815,72	7.525,92	9.769,90	14.437,79	10.481,28
		koorigiert um nat./intern.Geschäft	9.658,99	7.405,76	9.613,91	14.207,27	10.313,93
	Ergebnis Result	*Division x Tage*	38,54 +	36,61 +	33,72 +	8,11 -	16,22 -

Jetzt schauen Sie bitte noch einmal das debitorische Ziel an:

Debitorenziel (Tage) (Wie viele Tage dauert es im Schnitt, bis Forderungen eingehen?) (Gibt Auskunft über die Effizienz des Forderungsmanagements)	Zähler Nominator	Forderungen (ohne sonst. VG)	989,40	733,10	770,00	776,50	701,10
	Nenner Denominator	Gesamterlöse	13.160,40	11.441,60	13.322,00	19.697,40	16.476,40
		erhöht um Mwst.	15.660,88	13.615,50	15.853,18	23.439,91	19.606,92
		koorigiert um nat./internat. Geschäft	13.910,54	11.919,86	14.258,54	20.333,63	17.666,00
	Ergebnis Result	*Division x Tage*	25,96 +	22,45 +	19,71 +	13,94 +	14,49 +

Sehen Sie es?

Die HKG gibt (bewusst oder unbewusst) ihren Vorteil aus dem Zahlungsverhalten ab dem Jahr 4 sprunghaft auf! Während man es schafft, die Debitoren früher zu bekommen, gibt man diesen Vorteil bei den Kreditoren auf, im vierten Jahre selbst ist der Zahlungssaldo sogar negativ.

Und genau mit diesem Zahlungssaldo machen wir jetzt weiter.

9.3.5.3 Cash Cycle – Stufe I

Stellen wir jetzt das kreditorische und debitorische Ziel subtraktiv gegenüber.

Da sehen Sie genau, wovon ich gesprochen habe.

Operative Zahlungsziele: Vergleich (Tage)	Zähler Nominator	Kreditotorisches Ziel	38,54	36,61	33,72	8,11	16,22
Wie sieht der operative Tage-Status aus Eingangs- und Ausgangsrechnungen (Debitoren- und Kreditorenziel) aus?	Nenner Denominator	Debitorisches Ziel	25,96	22,45	19,71	13,94	14,49
	Ergebnis Result	*Saldo I*	12,58	14,17	14,01	-5,83	1,73

Ist unsere Annahme, dass keine Skonti geboten und gezogen wurden, am Zahlenwerk ablesbar? Ja und nein, aber dann nur eingeschränkt mit weiteren Annahmen.

Skontoerträge werden entweder auf ein separates Konto gebucht, das dann in dem Konto *„sonstige betriebliche Erträge"* aufgeht, oder sofort von den Materialpositionen abgesetzt. Sollte Weg „eins" bei uns gewählt worden sein, so wäre dies eine mögliche Erklärung für die Summen in der GuV bei den *„sonstigen betrieblichen Erträgen"*.

2.	Bestandsveränderungen (Erhöhung +; Verminderung -)	-405,9	-3%	130,3	1%	68,4	1%	-26,7	0%	-29,1	0%
3.	Andere aktivierte Eigenleistungen	60,5	0%	108,3	1%	182,6	1%	54,4	0%	0,0	0%
4.	Sonstige betriebliche Erträge	64,9	0%	89,3	1%	122,5	1%	155,3	1%	97,5	1%
	Betriebsleistung	**12.879,9**	**98%**	**11.769,5**	**103%**	**13.695,5**	**103%**	**19.880,4**	**101%**	**16.544,8**	**100%**

Allerdings können sich im Sammelkonto *„sonstige betriebliche Erträge"* auch andere Positionen (Provisionen, Anlagenabgänge von zuvor operativ genutzten Wirtschaftsgütern etc.) „tummeln".

Lassen Sie uns hier nicht spekulieren, das Due-Diligence -Team soll hier ebenfalls einmal genauer analysieren. Die Damen und Herren haben ja Zugang zu allen Daten.

Die Position der HKG in Bezug auf die Debitoren und Kreditoren ist suboptimal aufgebaut, und daraus können bei fehlender Liquidität in Kasse und Bank durchaus auch massive Risiken entstehen, obwohl Auftragseingang, Umsatz und Ergebnis nach oben deuten.

9.3.5.4 Reichweite Kasse/Bank

Daher müssen wir uns jetzt die Reichweite der Kasse- und Bankposten anschauen. Insgesamt rechne ich immer die fünf Posten hier ein, die ich auch als liquide Mittel zusammengefasst habe.

- Kasse,
- Bank,
- Schecks,
- Wechsel,
- Wertpapiere des Umlaufvermögens,

also:

III. Wertpapiere	0,0	0%	0,0	0%	0,0	0%	0,0	0%	0,0	0%
... davon Anteile an verbundenen Unternehmen	0,0	0%	0,0	0%	0,0	0%	0,0	0%	0,0	0%
... davon eigene Anteile	0,0	0%	0,0	0%	0,0	0%	0,0	0%	0,0	0%
... davon sonstige Wertpapiere	0,0	0%	0,0	0%	0,0	0%	0,0	0%	0,0	0%
IV Kasse, Bank und Schecks	190,5	4%	44,3	1%	21,0	0%	362,1	6%	51,6	1%

In der Strukturbilanz sind dann die Werte auch so zusammengefasst dargestellt.

III. Kasse, Bank, Schecks und Wertpapiere	190,50	4%	44,30	1%	21,00	0%	362,10	6%	51,60	1%

Jetzt zur Reichweitenberechnung, und die ist recht leicht, da wir die notwendige Formel ja schon kennen.

$$\frac{\text{Tage} \times \text{Bilanzposten}}{\text{Umsatzerlöse}}$$

Da hier keine umsatzsteuerlichen Probleme anstehen, können wir sofort zur Berechnung übergehen.

Reichweite Liquide Mittel (Tage) (Für wie viele Tage reichen die liquiden Mittel? (Gibt Auskunft über die Zahlungsfähigkeit)	Zähler Nominator	Liquide Mittel	190,50	44,30	21,00	362,10	51,60
	Nenner Denominator	Umsatzerlöse	13.160,40	11.441,60	13.322,00	19.697,40	16.476,40
	Ergebnis Result	*Division x Tage*	5,28	1,41	0,58	6,71	1,14

In Umsatztagen schwankt die Liquidität zwischen1–7 (gerundet) Tagen.

Wichtig ist allerdings, dass der reduzierte Saldo aus kreditorischen und debitorischen Zielen durch die Reichweite Kasse/Bank zumindest im Jahr 4 aufgefangen wird, was so gerade nur gelingt. Selbstverständlich haben wir hier auch wieder die Stichtagsproblematik.

9.3.5.5 Cash Cycle – Stufe II

Diesen Saldo nennt man auch den Cash Cycle oder Cash-Zyklus.

Operative Zahlungsziele: Vergleich (Tage)	Zähler Nominator	Kreditotorisches Ziel	38,54	36,61	33,72	8,11	16,22
Wie sieht der operative Tage-Status aus Eingangs- und Ausgangsrechnungen (Debitoren- und Kreditorenziel) aus?	Nenner Denominator	Debitorisches Ziel	25,96	22,45	19,71	13,94	14,49
	Ergebnis Result	*Saldo I*	12,58	14,17	14,01	-5,83	1,73
"Kleiner" Cash Zyklus Wie sieht der Saldo erweitert um die Kassen- und Bankreichweite aus?	zuzüglich plus	Reichweite Kasse & Bank	5,28	1,41	0,58	6,71	1,14
		Saldo II	17,86	15,58	14,58	0,88	2,88

Damit sollten wir wohl auch wieder zufrieden sein, oder?

Nein, das können wir nicht, denn im Working Capital der HKG schlummert Potenzial, das nicht genutzt wird.

Wir hatten beim Vergleich der Liquidität mit den monatlichen Personalkosten auch schon moniert, dass der Faktor mit unter 1 zu gering ist. Wäre wenigstens der Saldo aus dem Zahlungsverhalten (kreditorisches minus debitorisches Ziel) in den fünf Jahren besser geworden, dann könnte man ja noch ein „Auge zudrücken".

So gefällt mir die Beteiligung aber in diesem Punkt gar nicht.[8]

Denken Sie jetzt einmal eine

- Konstanz des debitorischen Ziels bei ca. 14 Tagen und
- eine Konstanz des kreditorischen Ziels bei ca. 33–35 Tagen

an und

- kalkulieren Sie dann ebenfalls die Notwendigkeit für die Reichweite Kasse/Bank.

Damit würden wir uns bei der Liquidität Sicherheit einbauen, die uns bei der bereits monierten Personalkostendeckung entgegenkommt.

Diese „Vorher-Nachher"-Betrachtungen werden wir später im Buch anhand der HKG noch mit Zahlen simulieren – ich bitte noch um Ihre Geduld, denn wir müssen uns ja noch mit den Planperioden für die eigentliche Bewertung beschäftigen.

Mit dem Cash Cycle (Cash-Zyklus), also der um die Reichweite der Kasse/Bank korrigierte Saldo aus kreditorischen und debitorischen Zielen …

[8] Wir hatten Cash-Pooling, Patronatserklärung und Gewinnabführungsvertrag ausgeschlossen.

Operative Zahlungsziele: Vergleich (Tage)	Zähler Nominator	Kreditotorisches Ziel	38,54	36,61	33,72	8,11	16,22
Wie sieht der operative Tage-Status aus Eingangs- und Ausgangsrechnungen (Debitoren- und Kreditorenziel) aus?	Nenner Denominator	Debitorisches Ziel	25,96	22,45	19,71	13,94	14,49
	Ergebnis Result	*Saldo I*	12,58	14,17	14,01	-5,83	1,73
"Kleiner" Cash Zyklus Wie sieht der Saldo erweitert um die Kassen- und Bankreichweite aus?	zuzüglich plus	Reichweite Kasse & Bank	5,28	1,41	0,58	6,71	1,14
		Saldo II	17,86	15,58	14,58	0,88	2,88

… sind wir noch lange nicht am Ende.

9.3.6 Verhandlungserfolg Skonti

Unterstellen wir einmal, dass nach jahrelangen Verhandlungen und eventuell neuer Alternativlieferanten dem Einkauf doch plötzlich Skonti angeboten bzw. gewährt werden.

Da wir ja bereits wissen, dass

- 2 % Skonto,
- 10 Tage,
- 30 Tage netto

einen Jahreszins in Höhe von 36,50 % (bei 3 % Skonto sogar 54,75 %) bedeuten, ist uns auch klar, dass dies betriebswirtschaftlich nicht zu „toppen" ist und wir daher unbedingt alle skontierfähigen Eingangsrechnungen auch innerhalb der Skontofrist anweisen sollten.

Dadurch entsteht aber im Cash Cycle ein größeres Defizit, da ja das kreditorische Ziel weiter zurückgeht. Hier muss man dann sogar vorsichtig sein, denn der dann eventuell bei gleichbleibendem debitorischen Ziel sich vergrößernde negative Saldo (bei uns Saldo 1 genannt: kreditorisches minus debitorisches Ziel) verlangt nach einer höheren Reichweite bei Kasse und Bank. Dem zusätzlichen Ertragseffekt durch Skontierung stehen kürzere Zahlfristen gegenüber, und dies macht sich im Cash Cycle extrem negativ bemerkbar. Bei konstanten debitorischen Zielen und konstanter Reichweite Kasse/Bank können sich diese sogar bestandsgefährdend auswirken.

Betriebs- und finanzwirtschaftlich haben sie dann zwar etwas sehr Sinnvolles getan (Skonti gezogen), landen aber im Extremfall trotzdem wegen Zahlungsunfähigkeit beim Amtsgericht[9]. So kann ein Verhandlungserfolg sehr schnell zum Rückschlag werden, weil nicht zu Ende gedacht wurde. Das habe ich leider schon häufiger sehen müssen.

Sind bei Skontoziehungen die debitorischen Ziele nicht reduzierbar, muss i. d. R. die Kasse/Bank hochgefahren werden.

[9] In Österreich: Bezirksgericht.

Bei unserer Beteiligung HKG zeigt sich, dass das Working Capital nicht optimal strukturiert ist und diese Tendenz seit zwei Jahren eingetreten ist.

Hier soll das Due-Diligence -Team auch einmal nachhaken. Diese Zahlen sind nicht das Ergebnis von Zufällen, sondern die des aktiven Handelns des Managements.

Jedoch, bisher haben wir nur das Zahlungsverhalten im operativen Geschäft eingerechnet.

Wir haben aber noch andere kurzfristige Verbindlichkeiten (erneut ohne kurzfristige Rückstellungen) außer den Kreditoren. Das sind alle Verbindlichkeiten mit Restlaufzeiten unterhalb eines Jahres und diese sind auch zu bezahlen.

... davon Anleihen, davon konvertibel	0,0	0%	0,0	0%	0,0	0%	0,0	0%	0,0	0%
... davon Verbindlichkeiten gegenüber Kreditinstituten	2.382,6	46%	2.381,8	48%	2.564,8	48%	2.199,5	37%	1.348,7	25%
... davon erhaltene Anzahlungen auf Bestellungen	0,0	0%	0,0	0%	0,0	0%	0,0	0%	0,0	0%
... davon Verbindlichkeiten aus Lieferungen & Leistungen	1.019,8	20%	742,9	15%	888,1	17%	315,7	5%	458,3	8%
... davon Verbindlichkeiten aus der Annahme gezogener/ Ausstellung eigener Wechsel	0,0	0%	0,0	0%	0,0	0%	0,0	0%	0,0	0%
... davon Verbindlichkeiten gegen verbundene Unternehmen	25,1	0%	115,2	2%	19,5	0%	0,0	0%	105,3	2%
... davon Verbindlichkeiten gegenüber Gesellschaftern	0,0	0%	0,0	0%	0,0	0%	0,0	0%	0,0	0%
... davon sonstige Verbindlichkeiten	129,6	3%	195,8	4%	228,6	4%	353,5	6%	223,5	4%
a) davon aus Steuern	0,0	0%	0,0	0%	0,0	0%	0,0	0%	0,0	0%
b) davon im Rahmen der sozialen Sicherheit	0,0	0%	0,0	0%	0,0	0%	0,0	0%	0,0	0%
C Verbindlichkeiten	**3.557,1**	**69%**	**3.435,7**	**69%**	**3.701,0**	**69%**	**2.868,7**	**49%**	**2.135,8**	**39%**

Vergessen Sie diese bitte nicht, auch diese sind zu zahlen.

9.3.7 Kurzfristige Verbindlichkeiten in Tagen

Können wir diese sonstigen kurzfristigen Verbindlichkeiten auch in die Aufstellung des Cash Cycle einbringen? Nein, nicht direkt. Bisher hat uns ja das Zahlungsverhalten interessiert. Später als gezahlte Verbindlichkeiten eingehende Forderungen mussten aus diesem Grund durch Liquidität aus Kasse/Bank kompensiert werden.

Allerdings stehen beim kreditorischen Ziel die Materialaufwendungen und die Veränderungen der RHB und der Handelswaren im Nenner.

Jetzt interessiert uns, was (in Umsatztagen) zur Zahlung ansteht und wie viel wir haben bzw. noch bekommen werden, und dann sind wir wieder bei der Liquidität 2. Grades, die wir nun aber in Tagen rechnen. Also müssen wir unsere Tageaufstellung und die Berechnungen selbst umbauen, denn die Perspektive ist jetzt anders.

Jetzt muss die Frage heißen:

- Was haben wir in Umsatztagen (Kasse/Bank)?
- Was kommt in Umsatztagen noch dazu (Forderungen)?
- Wie viel müssen wir davon wieder in Abzug bringen (kurzfristige Verbindlichkeiten)?

Und dafür gibt es im Excel Tool eine ganz tolle Analyse, allerdings fehlt uns für die Vollständigkeit der Untersuchungen im Umlaufvermögen noch die Betrachtung der Bestände.

Ich zeige Ihnen die Auswertung schon einmal, denn dort habe ich alle Posten des Umlaufvermögens und die kurzfristigen Verbindlichkeiten aus verschiedenen Tagesperspektiven heraus dargestellt. Der Größe der Darstellung wegen kopiere ich sie im Querformat ein, ansonsten kann man sie sicherlich nicht mehr lesen.

Im Excel Tool selbst finden Sie diese Darstellung im Tabellenblatt *„NUV – IST Grafik"*, ein wenig weiter hinten in der Datei. „NUV" steht für „Nettoumlaufvermögen", das ist eigentlich nichts anderes als eine deutsche Übersetzung des Begriffs „Working Capital".

Sie können es hier im Buch auch nicht lesen, das ist mir schon klar. Also sehen Sie es als „Piktogramm". Da ich davon ausgehe, dass Sie sich das Excel Tool aus dem Internet heruntergeladen haben, schauen Sie bitte dort nach.

Zum Ausdruck benötigen Sie dann allerdings einen DIN-A3-Drucker.

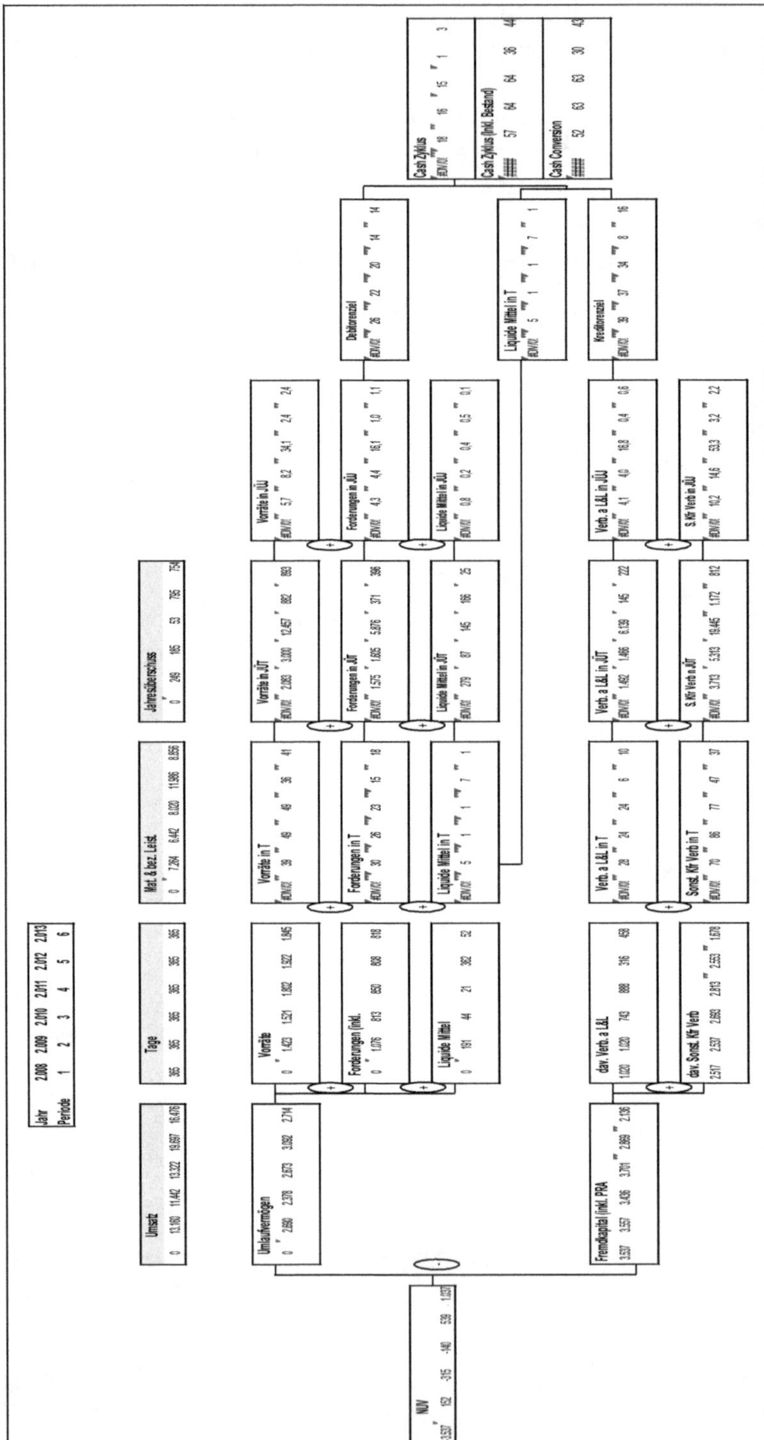
Jahr 2.008 2.009 2.010 2.011 2.012 2.013
Periode 1 2 3 4 5 6
Umsatz
0 13.160 11.442 13.322 19.697 16.476
Tage
365 365 365 365 365 365
Mat. & bez. Leist.
0 7.264 6.442 8.020 11.986 8.856
Jahresüberschuss
0 249 185 53 795 754
NUV
-3.537 152 -315 -140 539 1.037
Umlaufvermögen
0 2.690 2.378 2.673 3.092 2.714
Fremdkapital (inkl. PRA
3.537 3.557 3.436 3.701 2.869 2.136
Vorräte
0 1.423 1.521 1.802 1.922 1.845
Forderungen (inkl.
0 1.076 813 850 808 818
Liquide Mittel
0 191 44 21 362 52
dav. Verb. a L&L
1.020 1.020 743 888 316 458
dav. Sonst. Kfr Verb
2.517 2.537 2.693 2.813 2.553 1.678
Vorräte in T
#DIV/0! 39 49 49 36 41
Forderungen in T
#DIV/0! 30 26 23 15 18
Liquide Mittel in T
#DIV/0! 5 1 1 7 1
Verb. a L&L in T
#DIV/0! 28 24 24 6 10
Sonst. Kfr Verb in T
#DIV/0! 70 86 77 47 37
Vorräte in JÜT
#DIV/0! 2.083 3.000 12.457 882 893
Forderungen in JÜT
#DIV/0! 1.575 1.605 5.876 371 396
Liquide Mittel in JÜT
#DIV/0! 279 87 145 166 25
Verb. a L&L in JÜT
#DIV/0! 1.492 1.466 6.139 145 222
S. Kfr Verb n JÜT
#DIV/0! 3.713 5.313 19.445 1.172 812
Vorräte in JÜJ
#DIV/0! 5,7 8,2 34,1 2,4 2,4
Forderungen in JÜJ
#DIV/0! 4,3 4,4 16,1 1,0 1,1
Liquide Mittel in JÜJ
#DIV/0! 0,8 0,2 0,4 0,5 0,1
Verb. a L&L in JÜJ
#DIV/0! 4,1 4,0 16,8 0,4 0,6
S. Kfr Verb in JÜJ
#DIV/0! 10,2 14,6 53,3 3,2 2,2
Debitorenziel
#DIV/0! 26 22 20 14 14
Liquide Mittel in T
#DIV/0! 5 1 1 7 1
Kreditorenziel
#DIV/0! 39 37 34 8 16
Cash Zyklus
#DIV/0! 18 16 15 1 3
Cash Zyklus (inkl. Bestand)
57 64 64 36 44
Cash Conversion
52 63 63 30 43

9.3.8 Maßnahmen bei den Kreditoren

9.3.8.1 Zahlläufe

Schauen Sie sich ihre Zahlungen genau an. Ich bin immer wieder überrascht, zu sehen, wie viele Firmen ihre Rechnungen zu früh zahlen. Begründet wird dies dann mit elektronisch eingestellten Zahlläufen.

Mit Verlaub: Das ist Blödsinn. Ihre IT soll Ihr Handeln optimieren, nicht steuern!

Die Zahlläufe sind ja auch nicht voreingestellt – die hat das Management selbst definiert und umgesetzt.

Und „legen Sie noch eine Woche drauf", die meisten Lieferanten regen sich wegen einer Woche nicht auf, weil sie selbst kein gescheites Forderungsmanagement haben. Das sehe ich doch täglich an den Bilanzen, die ich mir anschaue. Überall sehe ich Debitoren, die viel zu spät eingehen.

Bei der HKG haben wir beim kreditorischen Ziel ja auch analysiert, dass (zumindest in den ersten drei Jahren) später als nach 30 Tagen (Basis: Bilanzstichtag) gezahlt wurde.

Eine Woche mehr führt in den wenigsten Fällen zu Problemen. Es sei denn, das Monatsende steht unmittelbar bevor. Umgekehrt zu den Forderungen, die bei Rechnungserstellung eingebucht werden und daher aus Umsatzsteuergründen auch einmal ein paar Tage später erst erstellt werden können, sind besonders nationale Zahlungen am Monatsende durchaus von Vorteil, da die Vorsteuer so um 4–5 Wochen früher der Umsatzsteuer entgegengerechnet wird. Hier heißt es dann, dafür Sorge zu tragen, dass die 19 % Vorsteuer recht früh angerechnet werden.

9.3.8.2 Prozesse

Wie lange dauert es bei Ihnen, bis Eingangsrechnungen geprüft und eigentlich fertig für Zahlungen sind? Werden Zahlungen automatisiert nach Rechnungseingangsdatum ausgeführt, oder macht sich jemand gezielt Gedanken, auch aus der Sicht der Umsatzsteuervoranmeldung.

9.3.8.3 Skonti

… sind ein „Muss"! 36,5 oder 54,75 % müssen Sie sich holen.

Reicht die Liquidität in der Kasse/Bank nicht, um den aufgrund der kürzeren kreditorischen Ziele fallenden Cash Cycle in den positiven Bereich zu ziehen, reden Sie mit ihren Banken.

Ein Kontokorrent von 7–11 % rechnet sich bei 36,5 bzw. 54,75 % immer. Und Banker können auch rechnen, und sie mögen es, wenn sie bei ihren Kunden Durchblick und intelligentes Handeln erkennen.

Ich habe aber auch schon Firmen gesehen, die Skonti mit folgender Begründung nicht gezogen haben.

„Herr Heesen, ich bin doch nicht ‚deppert', ich werde einen Teufel tun, 2 % Skonto bei über 2 % Jahresinflation zu ziehen"!

Denen ist einfach nicht zu helfen, und sie stellen eine Gefahr für die Mitarbeiter(innen) und deren Familien dar.

9.3.8.4 Verantwortung Debitoren und Kreditoren

Die gehört in dieselben Hände! Wie häufig habe ich schon gesehen, dass es unterschiedliche Verantwortliche gab, die nicht miteinander geredet haben, weil beide auf den bald frei werdenden Posten des (/der) Leiter(in) Rechnungswesen geäugelt haben und deren Abteilungen dann auch noch auf unterschiedlichen Fluren oder Etagen angesiedelt waren.

9.3.8.5 Verbindung zum Cash Management

Kreditoren- und Debitorenverantwortliche müssen mit dem Cash Management, in kleineren Gesellschaften zum Chef/zur Chefin einen guten Draht haben. Notwendige Umstellungen im System müssen vom Chef/von der Chefin unterstützt und getragen werden. Die Banken erwarten bei Gesprächen zur Kreditlinie ebenfalls die Chefin/den Chef persönlich.

9.3.9 Vorräte

Hier wird man fast immer fündig. Es ist einfach meist zu viel da.

Argumentiert wird immer mit „Sicherheit" aus verschiedenen Blickwinkeln:

- Produktionsleitung: Wir brauchen größere Vorräte (i. d. R. Roh-, Hilfs- und Betriebsstoffe sowie Halbfertigprodukte), um zeitnah bei Auftragseingang produzieren und dann liefern zu können. Das erwarten auch der Vertrieb und die Geschäftsführung von uns.
- Vertriebsleitung: Wir brauchen größere Vorräte (i. d. R. Fertigprodukte und Handelswaren), um zeitnah bei Auftragseingang liefern zu können. Dies haben wir auch dem Einkauf und der Produktion gesagt.
- Einkaufsleitung: Wir haben größere Vorräte (i. d. R. Roh-, Hilfs- und Betriebsstoffe sowie Halbfertigprodukte und Handelswaren), weil somit kostengünstiger Einkauf möglich ist. Außerdem müssen wir bei Auftragseingang zeitnah produzieren können, das ist eine Vorgabe vom Vertrieb, der Produktion und der Geschäftsführung.

Ist doch interessant, wie sich die Argumentation ergänzt bzw. im Kreis dreht. Nur,

Vorrat ist Liquidität in einem gebundenen Aggregatzustand, die dann meist an anderer Stelle fehlt oder zusätzlich noch in größerer Menge vorgehalten werden muss, wenn die debitorischen höher als die kreditorischen Ziele ausfallen!

Dies führt dann zu Bilanzverlängerungen mit den schon gesehenen Konsequenzen auf die Analytik bzw. Kennzahlensituation und die Bewertung.

9.3.9.1 Vorratsumschlag

Schauen wir uns unsere Vorräte zunächst in der Bilanz an:

I. Vorräte	**1.423,3**	27%	**1.520,5**	31%	**1.802,0**	34%	**1.921,8**	33%	**1.844,5**	34%
... davon Roh-, Hilfs- und Betriebsstoffe	*877,3*	17%	*844,2*	17%	*1.057,2*	20%	*1.203,7*	20%	*1.155,5*	21%
....davon unfertige Erzeugnisse, unfertige Leistungen	*439,0*	8%	*653,6*	13%	*744,8*	14%	*718,1*	12%	*689,0*	13%
... davon Waren	*107,0*	2%	*22,7*	0%	*0,0*	0%	*0,0*	0%	*0,0*	0%
... davon geleistete Anzahlungen	*0,0*	0%	*0,0*	0%	*0,0*	0%	*0,0*	0%	*0,0*	0%
... davon erhaltene Anzahlungen auf Bestellungen	*0,0*	0%	*0,0*	0%	*0,0*	0%	*0,0*	0%	*0,0*	0%

Vorratsgrößen sind als absolute Größen sehr schwierig zu interpretieren. Weil deren Größe auch entscheidend vom Umsatz abhängig ist, müssen wir sie auch wieder in Relation zum Umsatz analysieren. Deshalb berechnen wir zunächst einen Umschlag, den wir als Faktor ausweisen.

Ganz zu Beginn der Kennzahlenbetrachtungen haben wir gelernt, was der Gesamtkapitalumschlag ist und wofür er berechnet wird. Dieses Wissen übertragen wir jetzt auf die Bestände und wollen im Folgenden berechnen, wie häufig sich in einer Periode die Bestände umschlagen. Wir sprechen bei dieser Kennzahl auch vom *Bestandsumschlagsfaktor* oder einfacher *Vorratsumschlag*.

Häufig sieht man die Vorräte dann auch als prozentuale Größe zum Umsatz errechnet. Dies ist mathematisch eigentlich nichts anderes als der Kehrwert des Vorratsumschlages.

Ich persönlich bevorzuge aber den Faktor, diesen kann ich einfach besser „lesen“.

Vorratsumschlag (Faktor) (Wie häufig werden die Bestände auf Basis der Erlöse umgeschlagen?)	Zähler Nominator	Gesamterlöse	13.160,40	11.441,60	13.322,00	19.697,40	16.476,40
	Nenner	Summe Vorräte	1.423,30	1.520,50	1.802,00	1.921,80	1.844,50
		- Geleistete Anzahlungen	0,00	0,00	0,00	0,00	0,00
	Denominator	- Erhaltene Anzahlungen	0,00	0,00	0,00	0,00	0,00
			1.423,30	1.520,50	1.802,00	1.921,80	1.844,50
(Je höher der Bestandsumschlag, desto besser, da wenig gebundenes Kapital)	Ergebnis Result	*Division*	9,25	7,52	7,39	10,25	8,93
Vorräte zu Umsatz (%) (Kehrwert zum Vorratsumschlag in %)	Zähler Nominator	Summe Vorräte (o. Anzahlungen)	1.423,30	1.520,50	1.802,00	1.921,80	1.844,50
Die Vorräte machen wie viel Prozent des Umsatzes aus?	Nenner Denominator	Gesamterlöse	13.160,40	11.441,60	13.322,00	19.697,40	16.476,40
	Ergebnis Result	*Division x 100*	10,8%	13,3%	13,5%	9,8%	11,2%

Auch hier ist es leicht zu verstehen, dass ein hoher Umschlagsfaktor bzw. eine geringe prozentuale Größe eine geringere Lagerdauer zur Folge hat.

Von daher muss es das Ziel unserer Beteiligung sein, den Vorratsumschlag möglichst hoch und damit die Verweildauer der Vorräte im Unternehmen möglichst gering zu halten. Bei der Verweildauer spricht man auch von der Vorratsreichweite.

Hier liegt natürlich auch die Kunst bzw. das Problem, denn zu geringe Bestände widersprechen den Argumentationen, die wir uns gerade angehört haben.

Wie sehen die Berechnungen in der Grafik aus?

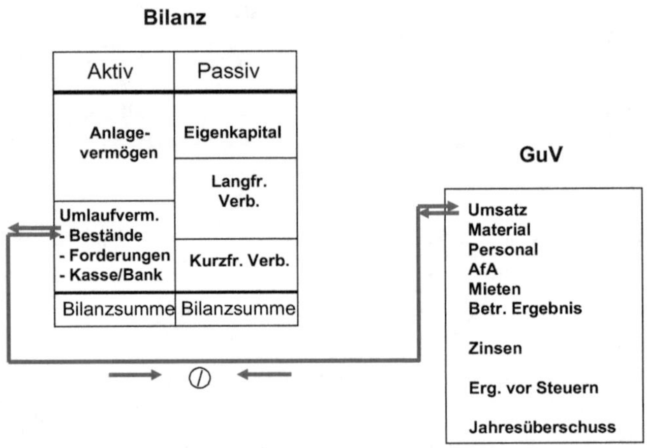

Damit gelten auch bei diesen Kennzahlen die Aussagen zur Rotationsgeschwindigkeit und Flexibilität, die wir bereits von der Kennzahl Gesamtkapitalumschlag kennen:

Je höher und schneller, desto besser (zumindest meistens).

Ähnlich wie beim Gesamtkapitalumschlag können wir auch hier eine Schulnotenbetrachtung anstellen. Bei produzierenden Unternehmen ist man i. d. R. mit folgender Skala ganz gut unterwegs. Dabei handelt es sich um Faktoren.

≤ 3	Schulnote 5 – mangelhaft
4	Schulnote 4 – ausreichend
5	Schulnote 3 – befriedigend
6	Schulnote 2 – gut
≥ 7	Schulnote 1 – sehr gut

Beim Handel müssen wir diese Skala nach oben verändern. Hier wird es allerdings schwierig. Sind Handelsgüter betroffen, die aufgrund langer Bestellzeiten und/oder komplexer Logistik frühzeitig geordert und gelagert werden müssen, dann weichen die Beurteilungen des Vorratsumschlages natürlich sehr weit von Beständen ab, die „Schnelldreher“ betreffen.

Generell gehe ich von folgenden Korridoren aus.

Handelsgesellschaft mit Langsamdrehern (Faktoren):

≤ 5	Schulnote 5 – mangelhaft
6	Schulnote 4 – ausreichend
7	Schulnote 3 – befriedigend
8	Schulnote 2 – gut
≥ 9	Schulnote 1 – sehr gut

Handelsgesellschaft mit Schnelldrehern (Faktoren):

≤ 9	Schulnote 5 – mangelhaft
10	Schulnote 4 – ausreichend
11	Schulnote 3 – befriedigend
12	Schulnote 2 – gut
≥ 13	Schulnote 1 – sehr gut

Bei Dienstleistern hingegen ist es nur im Einzelfall möglich, entsprechende Korridore zu empfehlen, denn die Bandbreite reicht vom kleinen Beratungshaus über große Ingenieur- und Projekt- und Entwicklungshäuser bis hin zu riesigen Transport-, Infrastruktur- und Telekommunikationsfirmen. Letztere Gruppe wird aber in der Regel bilanzanalytisch aufgrund der hohen Anlagenintensität wie ein produzierendes Gewerbe gewertet.

Rechnen wir die Bestände in Prozent vom Umsatz, so ist dies mathematisch nur eine Kehrwertberechnung vom Vorratsumschlag als Faktor.

Analog zu oben abgebildeter Bewertung der Umschlagsfaktoren beim produzierenden Gewerbe können wir damit festhalten:

ca. 33 % und größer	Schulnote 5 – mangelhaft
ca. 25 %	Schulnote 4 – ausreichend
ca. 20 %	Schulnote 3 – befriedigend
ca. 17 %	Schulnote 2 – gut
ca. 13 % und kleiner	Schulnote 1 – sehr gut

Bei den Handelsgesellschaften erhalten wir dann was?

Genau …

Handelsgesellschaft mit Langsamdrehern:

ca. 20 % und größer	Schulnote 5 – mangelhaft
ca. 17 %	Schulnote 4 – ausreichend
ca. 14 %	Schulnote 3 – befriedigend
ca. 13 %	Schulnote 2 – gut
ca. 11 % und kleiner	Schulnote 1 – sehr gut

Handelsgesellschaft mit Schnelldrehern:

ca. 11 % und kleiner	Schulnote 5 – mangelhaft
ca. 10 %	Schulnote 4 – ausreichend
ca. 9 %	Schulnote 3 – befriedigend
ca. 8 %	Schulnote 2 – gut
kleiner 8 %	Schulnote 1 – sehr gut

Im unserem Fall sehen wir einen für einen Metall verarbeitenden Betrieb konstant sehr hohen Umschlagsfaktor/niedrigen prozentualen Wert! Das ist erneut richtig gut.

Schauen Sie nochmals in die Berechnungen! Wir sehen in jedem Fall einen Umschlagsfaktor von (teilweise sogar weit) über 7.

Vorratsumschlag (Faktor) (Wie häufig werden die Bestände auf Basis der Erlöse umgeschlagen?)	Zähler Nominator	Gesamterlöse	13.160,40	11.441,60	13.322,00	19.697,40	16.476,40
	Nenner	Summe Vorräte	1.423,30	1.520,50	1.802,00	1.921,80	1.844,50
		- Geleistete Anzahlungen	0,00	0,00	0,00	0,00	0,00
	Denominator	- Erhaltene Anzahlungen	0,00	0,00	0,00	0,00	0,00
			1.423,30	1.520,50	1.802,00	1.921,80	1.844,50
(Je höher der Bestandsumschlag, desto besser, da wenig gebundenes Kapital)	Ergebnis Result	*Division*	9,25	7,52	7,39	10,25	8,93
Vorräte zu Umsatz (%) (Kehrwert zum Vorratsumschlag in %)	Zähler Nominator	Summe Vorräte (o. Anzahlungen)	1.423,30	1.520,50	1.802,00	1.921,80	1.844,50
Die Vorräte machen wie viel Prozent des Umsatzes aus?	Nenner Denominator	Gesamterlöse	13.160,40	11.441,60	13.322,00	19.697,40	16.476,40
	Ergebnis Result	*Division x 100*	10,8%	13,3%	13,5%	9,8%	11,2%

Viel mehr geht beim produzierenden Gewerbe (außer bei einem durchlaufenden 3-Schicht-Betrieb, z. B. Chemieunternehmen, das die produzierten Flüssigkeiten direkt in Zugwagons abfüllt) in der Regel nicht.

Schauen wir uns auch noch einmal die Zusammensetzung der Vorräte über die fünf Jahre genauer an.

I. Vorräte	**1.423,3**	**27%**	**1.520,5**	**31%**	**1.802,0**	**34%**	**1.921,8**	**33%**	**1.844,5**	**34%**
... davon Roh-, Hilfs- und Betriebsstoffe	877,3	17%	844,2	17%	1.057,2	20%	1.203,7	20%	1.155,5	21%
....davon unfertige Erzeugnisse, unfertige Leistungen	439,0	8%	653,6	13%	744,8	14%	718,1	12%	689,0	13%
... davon Waren	107,0	2%	22,7	0%	0,0	0%	0,0	0%	0,0	0%
... davon geleistete Anzahlungen	0,0	0%	0,0	0%	0,0	0%	0,0	0%	0,0	0%
... davon erhaltene Anzahlungen auf Bestellungen	0,0	0%	0,0	0%	0,0	0%	0,0	0%	0,0	0%

Der Anteil RHBs und unfertige Erzeugnisse ist konstant, und was noch schöner ist, Fertigerzeugnisse sind (zum Bilanzstichtag) immer ausgeliefert.

9.3.9.2 Vorratsreichweite

Bei der Vorratsreichweite berechnen wir, für wie viele Tage Positionen (an einem Stichtag) auf Lager liegen. Umgekehrt können wir auch fragen: Wie viele Tage müssen wir arbeiten, bevor wir den ersten Umsatzeuro erwirtschaften, der nicht parallel in den Beständen am Bilanzstichtag „gebunkert" ist?

Reichweite Bestände (Tage) zu Umsatz Berechnungsalternative 1	Zähler Nominator	Tage	365	365	365	365	365
Die Bestände reichen für wie viele Tage, gemessen an Umsatz/Kalendertagen	Nenner Denominator	Vorratsumschlag	9,25	7,52	7,39	10,25	8,93
	Ergebnis Result	*Division*	39,47	48,51	49,37	35,61	40,86
Berechnungsalternative 2:	Zähler Nominator	Tage * Summe Vorräte	519.504,50	554.982,50	657.730,00	701.457,00	673.242,50
	Nenner Denominator	Gesamterlöse	13.160,40	11.441,60	13.322,00	19.697,40	16.476,40
	Ergebnis Result	*Division*	39,47	48,51	49,37	35,61	40,86

Dies ist jetzt keine großartige Neuigkeit, denn die Reichweite hängt mathematisch natürlich mit dem Vorratsumschlag zusammen.

Auch hier sehen wir wieder zwei Berechnungsalternativen. Entweder greifen wir auf den bereits berechneten Vorratsumschlag zurück und setzen diesen im Nenner an – im Zähler stehen dann die (Kalender-)Tage – oder wir multiplizieren die (Kalender-)Tage mit der gesamten Vorratsposition und dividieren diese durch die Gesamterlöse. Damit wären wir wieder bei unserer bekannten Reichweitenformel für Posten aus dem unteren Teil der Bilanz, sowohl bei den Aktiva als auch bei den Passiva.

Unsere HKG weist Reichweiten in Kalendertagen (da unsere Basis ja 365 Tage ist) zwischen 36–49 aus, also zwischen 1,2–1,6 Monate. Da die Umschlagshäufigkeit aber sinkt, ist es nur logisch, dass die Reichweite steigt.

Wenn der Vorratsumschlag als gut und befriedigend gewertet wird, müssen auch die Reichweiten mit den gleichen Wertungen versehen werden. Damit ist folgendes Bild nur logisch:

Reichweite Bestände (Tage) zu Umsatz Berechnungsalternative 1 Die Bestände reichen für wie viele Tage, gemessen an Umsatz/Kalendertagen	Zähler Nominator	Tage	365	365	365	365	365
	Nenner Denominator	Vorratsumschlag	9,25	7,52	7,39	10,25	8,93
	Ergebnis Result	*Division*	39,47	48,51	49,37	35,61	40,86
Berechnungsalternative 2:	Zähler Nominator	Tage * Summe Vorräte	519.504,50	554.982,50	657.730,00	701.457,00	673.242,50
	Nenner Denominator	Gesamterlöse	13.160,40	11.441,60	13.322,00	19.697,40	16.476,40
	Ergebnis Result	*Division*	39,47 +	48,51 +	49,37 +	35,61 +	40,86 +

Das Management der Beteiligung hat ihre Hausaufgaben gemacht: klasse aufgestellt für die Bewertung und den Verkauf!

Damit gilt (gerundet) standardmäßig für die Vorratsreichweite in Kalendertagen bei Unternehmen des produzierenden Gewerbes (Kalendertage):

> 105	Schulnote 5 – mangelhaft
80–105	Schulnote 4 – ausreichend
65–80	Schulnote 3 – befriedigend
55–65	Schulnote 2 – gut
< 55	Schulnote 1 – sehr gut

Handelsgesellschaften mit Langsamdrehern (Kalendertage):

> 80	Schulnote 5 – mangelhaft
65–80	Schulnote 4 – ausreichend
55–65	Schulnote 3 – befriedigend
46–55	Schulnote 2 – gut
< 46	Schulnote 1 – sehr gut

Handelsgesellschaften mit Schnelldrehern (Kalendertage):

> 46	Schulnote 5 – mangelhaft
37–46	Schulnote 4 – ausreichend
33–37	Schulnote 3 – befriedigend
30–33	Schulnote 2 – gut
< 30	Schulnote 1 – sehr gut

Und wie kommt man nun an solche Wertungskorridore in Kalendertagen?

Ein einfacher Weg, der sich bewährt hat, ist die individuelle logische (dies machen wir bereits die ganze Zeit) Ermittlung von Reichweiten. Dafür müssen Sie sich mehrere Fragen stellen, und bei der Beantwortung können Sie immer auch noch einen Sicherheitskorridor einrechnen.

1. Wie lange dauert der physische Bestellprozess?
2. Wie lange ist der Vorlauf bis zur Lieferung an meine Adresse (Produktionszeit beim Lieferanten)?
3. Wie lange dauert der physische Transport zu meiner Adresse?
4. Welche Sicherheiten auf meiner Seite (Streik, etc.) wollen bzw. müssen wir einkalkulieren?

Probieren Sie es doch einfach einmal!

Grafisch dargestellt, sehen unsere letzten Berechnungen folgendermaßen aus.

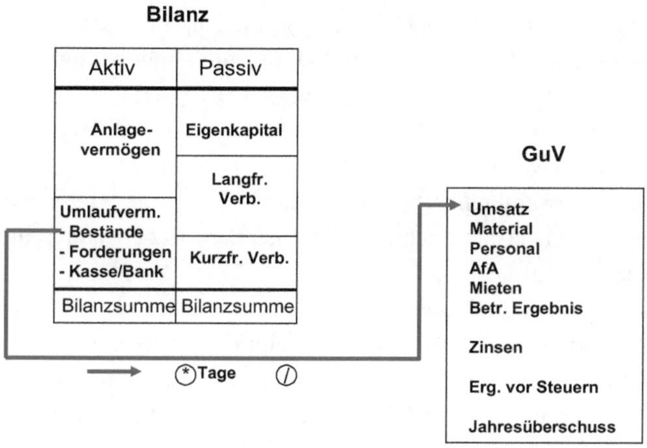

Auch hier setze *ich* i. d. R. die Tagebasis mit Kalendertagen an, also 365. Wie schon ausgeführt, sieht man auch häufig – und dies ist ebenfalls zulässig – 360 Tage, damit vier gleiche Quartale à 90 Tage als Basis der Berechnungen.

Allerdings sollten Sie nicht mit Arbeitstagen arbeiten – die habe ich ja schon begründet.

9.3.9.3 Zusammenhang Bestände und Umsatzrendite

Die vier Fragen und die genannten Wertungsempfehlungen für den Vorratsumschlag und die Vorratsreichweite gelten aber nur in Verbindung mit den Standardunternehmen. Was ist das aber?

Auf diese Frage gibt es pauschal keine Antwort außer:

Ein Unternehmen mit einer akzeptablen Umsatzrendite!

Dieser Zusammenhang ist wichtig.

Merke Je schlechter die Umsatzrendite, desto geringer müssen die Vorratsgrößen sein, unabhängig von „normalerweise" als gut zu würdigenden Faktoren und/oder Reichweiten.

Gehen wir zum besseren Verständnis dieses Zusammenhanges ein wenig tiefer.

Wir müssen uns zunächst überlegen, wie Anschaffungen auch bei Unternehmungen zu werten sind.[10] Erhält ein Unternehmen eine Lieferung, die zunächst einmal in die Vorräte geht, dann steigen in der Bilanz die Vorräte (Aktiva) und die Verbindlichkeiten aus Lieferungen und Leistungen (Passiva), es handelt sich also um eine Bilanzverlängerung – wir sagen Bilanzmehrung.

Bei Bezahlung der Rechnung senken sich die Verbindlichkeiten aus Lieferungen und Leistungen auf der Passivseite der Bilanz wieder ab, aber die Zahlung reduziert auch den Kontostand des Bankkontos oder die Barbestände der Kasse. Die Bilanz nimmt also parallel auf beiden Seiten wieder ab. Die „alte" Bilanzlänge ist wieder erreicht, allerdings mit einer Veränderung. Die aktivischen Posten *Vorräte* und *Kasse/Bank* haben sich verändert. Die Vorräte sind in demselben Umfang gestiegen, wie der Kassen- bzw. Bankbestand gefallen ist. Es handelt sich also mittelbar nur um einen Aktivtausch mit dem Umweg über die Verbindlichkeiten aus Lieferungen und Leistungen.

Hätten wir die neuen Vorräte bar bezahlt, hätten wir diesen Aktivtausch übrigens sofort erkennen können. Dies geschieht aber in der Praxis so gut wie nie.

Wichtig in diesem Zusammenhang ist aber, dass die GuV erst dann betroffen ist, wenn die neuen Vorräte per Materialentnahmeschein aus dem Lager heraus in die Produktion oder in den Verkauf gehen.

Jetzt zur steuerlichen Betrachtung:

Die o. g. neuen Vorräte sind entweder bar bezahlt oder vom Konto überwiesen worden. Es handelt sich aber zunächst um eine rein bilanzielle Transaktion. Erst wenn die neuen Vorräte (per Materialentnahmeschein) in die Produktion eingehen, werden die entsprechenden Posten GuV wirksam, also Aufwand. Und erst ab diesem Zeitpunkt kann eine Verrechnung mit ertragswirksamen Posten erfolgen. Damit wird aber auch klar, dass die neuen Vorräte zunächst aus versteuerten Geldern bezahlt werden müssen und erst dann steuermindernd wirken, wenn sie zu Aufwand werden, also buchhalterisch in die GuV wechseln.

Außerdem müssen alle Unternehmen quartalsweise Einkommen- bzw. Körperschaftsteuervorauszahlungen an das jeweilige Finanzamt leisten. Es ist ein Irrglaube, dass erst am Ende der Periode nach Erstellung der GuV eine Steuersumme berechnet und an die Finanzverwaltung abgeführt wird. Damit sind die jeweils (restlichen) liquiden Mittel für z. B. den Einkauf von Materialien und Vorräten sehr wohl als versteuerte Beträge zu verstehen.

Somit ist auch die Umsatzrendite nach Steuern für uns interessant. Wir könnten auch direkt auf den Jahresüberschuss verweisen, aber ein prozentualer Ausweis, also Umsatzrendite, ist immer leichter zu würdigen als eine absolute Zahl.

[10] Bei dieser Betrachtung vernachlässigen wir wieder die Vor- bzw. Umsatzsteuer.

Wir müssen also folgendes Verhältnis (Umsatzrendite nach Steuern) mit in unsere Würdigung integrieren.

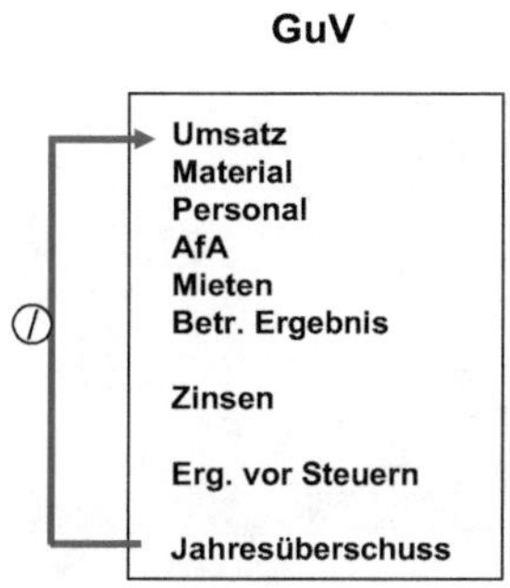

Und wie sieht die Zahlenlage bei uns aus?

Umsatzrentabilität (in %)	Ergebnis vor Steuern	352,10	264,20	75,70	1.143,60	1.079,40
(Wie viel Ergebnis v. Steuern wird pro Umsatz-Euro erzeugt?) (ROS - Return on Sales)	Gesamterlöse	13.160,40	11.441,60	13.322,00	19.697,40	16.476,40
(Gibt Auskunft über die Rückflüsse/ Gewinne und damit die Ertragskraft) (Fokus: Handel & Service)	*Division x 100*	2,68%	2,31%	0,57%	5,81%	6,55%

Wir sehen Umsatzrenditen vor Steuern von 2,7 %, fallend im dritten Jahr auf 0,6 % und dann steigend auf 5,8–6,6 %. Das sind zuerst sicherlich keine Jubelrenditen, in den Jahren 4 und 5 geht es aber zumindest aufwärts.

Wir wissen außerdem, dass die Bestandsreichweiten bzw. -umschläge zunächst in allen Jahren als sehr gut zu werten sind.

Bringen wir diese beiden Aussagen also jetzt zusammen, und lassen Sie uns untersuchen, wie viele Tage unsere Gesellschaft arbeiten muss, um aus versteuerten Geldern, also dem Jahresüberschuss, die Bestandsposten wieder aufbauen zu können.

Bitte beachten Sie, dass unsere Firma keine außerordentlichen Erträge in der GuV ausweist. Wäre dies nicht der Fall, müssten wir auf das EGT (Ergebnis der gewöhnlichen Geschäftstätigkeit), vermindert um Steuern[11], zurückgreifen, um Einmaleffekte zu eliminieren. Hier können wir aber im Nenner mit dem Jahresüberschuss arbeiten.

[11] Mathematisch wird das EGT nach Steuern folgendermaßen berechnet: EGT × (1 − Steuersatz).

Wir rechnen also jetzt folgenden Zusammenhang aus:

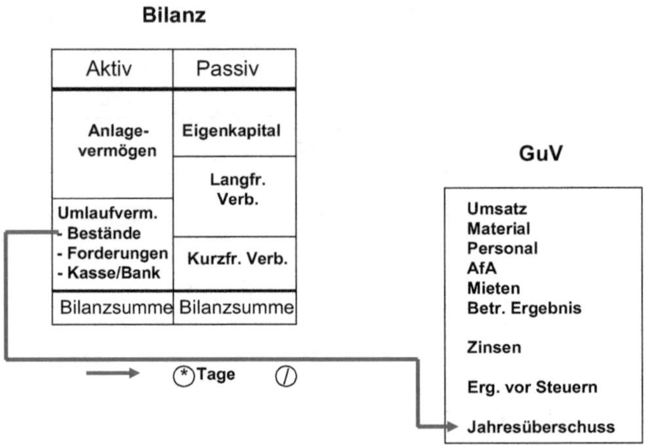

Konkret ergibt sich mit unseren Zahlen folgendes Bild.

Reichweite Bestände (Jahresüberschuss als Basis) (Tage und Jahre)	Zähler Nominator	Tage * Summe Vorräte	519.504,50	554.982,50	657.730,00	701.457,00	673.242,50
Die Bestände reichen für wie viele Tage, gemessen an Ergebnistagen nach Steuern (Jahresüberschuss)	Nenner Denominator	Jahresüberschuss	249,40	185,00	52,80	795,00	753,90
	Ergebnis Result	*Division* (Tage)	2.083,02	2.999,91	12.457,01	882,34	893,01
		Jahre	5,71	8,22	34,13	2,42	2,45
		JÜ in % der Bestände	17,5%	12,2%	2,9%	41,4%	40,9%

Unsere Beteiligung hat Bestände, für die sie (gerundet) 5,7, 8,2, 34,1, 2,4 und 2,5 Jahre arbeiten muss, um diese aus versteuertem Ergebnis (Jahresüberschuss) erneut aufzubauen. Die entsprechenden Tage sind ebenfalls aus der Berechnung zu entnehmen.

Wenn Sie jetzt die Würdigung noch nicht vor Augen sehen, stellen Sie sich einfach eine Frage:

Haben Sie zu Hause das 2,5- bzw. 8,2fache (lassen wir das Jahr 3 einmal außen vor) Ihrer jährlichen Sparquote im Kühlschrank oder in der Speisekammer als Vorrat liegen?

Die Antwort können Sie sich dann gleich auch selbst geben!

Und hier sehe ich im Geiste Ihre Fragezeichen bzw. das leichte Unbehagen in Ihren Gesichtern. Kann das sein? Ja – die Zahlen zeigen es uns doch!

Und hier wird wieder etwas klar sichtbar, was wir bereits zuvor herausgestellt hatten.

Wir sind im Bestandsmanagement im Vergleich zum Umsatz, für den wir uns aber nichts kaufen können, sehr gut unterwegs, allerdings zum versteuerten Einkommen … Die ersten Aussagen dazu waren also nicht ganz richtig, außer für die Jahre 4 und 5.

Aber nochmals – merken Sie sich für das Working Capital:

Sinkt der Umsatz und erst recht die Ergebnisse, müssen Sie sofort auch an die Bestände heran. Die sinkenden Umsatzerlöse zeigen sich i. d. R. kurze Zeit später auch im Ergebnis und aus dem versteuerten Ergebnis müssen auch Unternehmen ihre Einkäufe bestreiten, wie wir bereits dargestellt haben.

Und jetzt bedenken Sie noch das Folgende: Für alle Posten des Umlaufvermögens gilt das strenge Niederstwertprinzip, es ist also im Abschluss auf den niedrigsten Wert abzustellen. Wie hoch glauben Sie denn ist das Risiko, dass gewisse Vorräte bei den berechneten Reichweiten zwingend einer Wertberichtigung unterliegen müssten, wenn Sie nicht prüfungspflichtig sind?

Was, Ihr Steuerberater hat dies auch nicht veranlasst? Dann lesen Sie mal die erste Seite in Ihrem Abschlussbericht.

Dort steht so oder ähnlich:

Dieser Abschluss basiert auf den Aussagen und Angaben schriftlich und mündlich, die unser Mandant uns zur Verfügung gestellt hat – eine Überprüfung der Wertansätze war nicht Gegenstand unseres Auftrages.

Was glauben Sie denn, was das heißt? Da steht, nicht der Steuerberater ist verantwortlich für etwaige Wertberichtigungen, sondern der unterzeichnende Geschäftsführer, sehr häufig also Sie!

Da wird einem doch anders, oder?

Die Reichweiten und Umschläge der Bestände alleine sagen uns „sehr gut". In Verbindung mit dem Jahresüberschuss revidiert sich das Bild zumindest für die ersten drei Jahre!

Jetzt Klartext und ein wenig auch Entwarnung: Bestände von 2–3 Jahren Jahresüberschuss sind sehr gut, bis fünf Jahre sogar häufig anzutreffen. In der Schwerindustrie findet man auch schnell einmal zehn Jahre. Allerdings hat die auch fast immer Anzahlungen, mit denen sie den Bestand finanziert.

Gehen wir jetzt aber weiter. Wir müssen die Bestände nochmals würdigen, denn jetzt heißt es: „Vorwärts Jungs, wir müssen zurück!" Unsere ersten Würdigungen des Bestandes waren nicht ganz korrekt.

Vor dem Hintergrund der Jahresergebnisse müssen wir die Vorräte in einem anderen Licht erscheinen lassen und umdenken.

Ich ändere daher jetzt mit Blick auf die Jahresüberschüsse in:

Reichweite Bestände (Jahresüberschuss als Basis) (Tage und Jahre)	Zähler Nominator	Tage * Summe Vorräte	519.504,50	554.982,50	657.730,00	701.457,00	673.242,50
Die Bestände reichen für wie viele Tage, gemessen an Ergebnistagen nach Steuern (Jahresüberschuss)	Nenner Denominator	Jahresüberschuss	249,40	185,00	52,80	795,00	753,90
	Ergebnis Result	*Division* (Tage)	2.083,02	2.999,91	12.457,01	882,34	893,01
		Jahre	5,71	8,22	34,13	2,42	2,45
		JÜ in % der Bestände	17,5%	12,2%	2,9%	41,4%	40,9%
			0	-	-	+	+

Allerdings gleiche ich jetzt das Votum verbal wieder aus. Das Management der Beteiligung HKG hat in den letzten beiden Jahren das Steuer wieder rumgerissen und die Gesellschaft fit für den Verkauf gemacht!

9.3.10 Cash Conversion

Jetzt wollen wir nochmals zum Cash Cycle zurückkehren und diese abändern auf den Cash Conversion (Cycle).

Damit Sie nicht blättern müssen, kopiere ich Ihnen diesen nochmals ein.

Operative Zahlungsziele: Vergleich (Tage)	Zähler Nominator	Kreditotorisches Ziel	38,54	36,61	33,72	8,11	16,22
Wie sieht der operative Tage-Status aus Eingangs- und Ausgangsrechnungen (Debitoren- und Kreditorenziel) aus?	Nenner Denominator	Debitorisches Ziel	25,96	22,45	19,71	13,94	14,49
	Ergebnis Result	*Saldo I*	12,58	14,17	14,01	-5,83	1,73
"Kleiner" Cash Zyklus Wie sieht der Saldo erweitert um die Kassen- und Bankreichweite aus?	zuzüglich plus	Reichweite Kasse & Bank	5,28	1,41	0,58	6,71	1,14
		Saldo II	17,86	15,58	14,58	0,88	2,88

Jetzt können wir diese Aufstellung und die Reichweite der Bestände (in Umsatztagen) erweitern.

Reichweite Bestände (Tage) zu Umsatz Berechnungsalternative 1	Zähler Nominator	Tage	365	365	365	365	365
Die Bestände reichen für wie viele Tage, gemessen an Umsatz/Kalendertagen	Nenner Denominator	Vorratsumschlag	9,25	7,52	7,39	10,25	8,93
	Ergebnis Result	*Division*	39,47	48,51	49,37	35,61	40,86
Berechnungsalternative 2:	Zähler Nominator	Tage * Summe Vorräte	519.504,50	554.982,50	657.730,00	701.457,00	673.242,50
	Nenner Denominator	Gesamterlöse	13.160,40	11.441,60	13.322,00	19.697,40	16.476,40
	Ergebnis Result	*Division*	39,47	48,51	49,37	35,61	40,86

Damit erhalten wir dann den Cash Conversion (Cycle) wenn wir:

- die Kreditoren und Debitoren vertauschen und
- anstelle der reichweite der Kasse/Bank die Reichweite der Bestände addieren

Debitorisches Ziel	25,96	22,45	19,71	13,94	14,49
Kreditorisches Ziel	39,04	36,13	33,62	8,11	16,22
Saldo I	-13,08	-13,68	-13,91	5,83	-1,73
Reichweite Bestände	39,47	48,51	49,37	35,61	40,86
Cash Conversion (Cycle)	26,39	34,82	35,46	41,44	39,13

Was bedeuten diese Ergebnisse nun?

Dort steht die „operative Reisezeit Ihres Geldes". Jedes Mal, wenn Sie einen Euro aus der Bank nehmen, um damit Vorräte einzukaufen, dauert es im Schnitt 57 und dann fallend im Jahr 5 44 Tage, bis Ihnen der Euro wieder zur Verfügung steht. Dabei ist berücksichtigt, dass

- die Vorräte in die Produktion laufen und aufwandswirksam werden,
- ein verkaufbares Produkt entsteht und dann veräußert und damit umsatzwirksam wird,
- debitorische und kreditorische Ziele saldiert eingehen müssen.

Nicht berücksichtigt sind:

- der rückgekehrte Euro einige Tage in der Kasse/Bank „ausruht",
- die Dauer der reinen Fertigungszeit in der Produktion.

Toll, was man aus Zahlen im Abschluss alles herauslesen und wie viel man zum Management einer Gesellschaft/unserer Beteiligung sagen kann, oder?

Leider sehen wir bei unserer HKG aber keine Verbesserungen, die aber in den letzten beiden Jahren direkt mit den kurzen kreditorischen Zielen zusammenhängen.

Man nennt diese Betrachtung auch „Cash Conversion Cycle“ (Berechnung ohne Kasse/Bank), wobei uns bewusst sein muss, das wir hier die sonstigen kurzfristigen Verbindlichkeiten außen vor gelassen haben. Das halte ich auch für richtig, da mich vor allem die „Operations“ interessieren, also das operative Geschäft, sprich der tägliche Betrieb.

Jetzt kann man natürlich darüber streiten, ob Bankverbindlichkeiten mit einer Restlaufzeit von unter einem Jahr nicht auch zum Betrieb gehören. Diese integriere ich aber in der nächsten Perspektive.

Der Cash Conversion kann auch negativ sein und das ist dann richtig gut.

Die Aldis und Lidl dieser Welt haben negative Cash Conversion Cycle.

Der Kunde zahlt sofort und selbst bei Einsatz der Bankkarte liegt das debitorische Ziel nur bei 2 Tagen.

Kreditorisch stehen aber häufig bie zu 90 Tage an und bei eine Vorratsreichweite von nur wenigen Tagen errechnet sich dann ein negativer Cash Conversion.

Und dies bedeutet: Neben den Kunden zahlen auch die Lieferanten mein ganzes Anlagevermögen und die Überschüsse – klasse!

9.3.11 Schritt VI: Liquidität 3. Grades

Wir hatten bisher schon einen Blick auf die Liquidität 2. Grades geworfen. Jetzt erweitern wir diese Sichtweise um die Bestände (im Zähler) und erhalten als Kenngröße die Liquidität 3. Grades. Damit haben wir auf der linken Seite der Bilanz das komplette Umlaufvermögen erfasst.

Rechentechnisch ergibt sich folgendes Bild:

Liquidität III (%) (In welcher Relation steht prozentual das Umlaufvermögen - Bestände, Forderungen und flüssige Mittel - zum kurzfristigen Fremdkapital?)	Zähler Nominator	Summe UV	2.686,90	2.378,10	2.670,00	3.091,10	2.688,70
(Gibt Auskunft über die Solidität der kurz- bis mittelfristigen Finanz-) position)	Nenner Denominator	Summe kurzfr. FK	1.373,80	1.023,60	1.251,90	933,90	914,80
	Ergebnis Result	*Division x 100*	195,58%	232,33%	213,28%	330,99%	293,91%

Dies ist eine Standardauswertung aller Banken, und Sie finden sie auch in jedem „klassischen“ Lehrbuch. Größen aus der GuV sind wieder nicht dabei. Gerechnet wird damit (als grafische Darstellung):

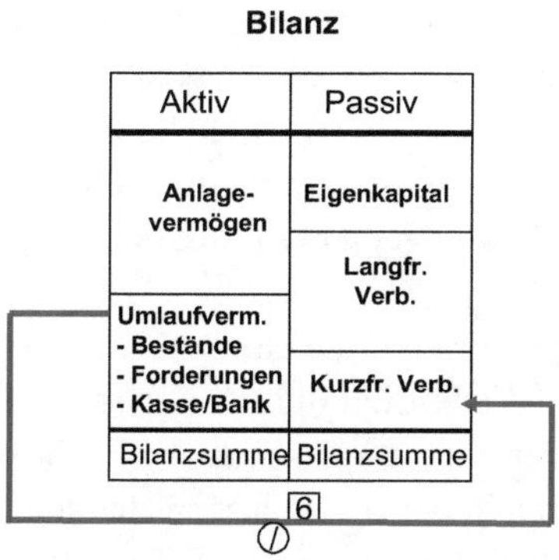

Die „*Liquidität 3. Grades*" berechnet das Verhältnis des gesamten Umlaufvermögens zu den gesamten kurzfristigen Verbindlichkeiten. Und hier haben wir jetzt auch die fehlenden passivischen Posten der kurzfristigen Verbindlichkeiten mit in die Berechnungen integriert.

Stellen Sie sich einmal die Liquidität 3. Grades als Differenz und nicht als Quotienten vor, dann haben wir hiermit das gesamte *Working Capital* erfasst.

Vorräte
+ Forderungen
+ Kasse und Bank
– Verbindlichkeiten aus Lieferungen und Leistungen
– sonstige kurzfristige Verbindlichkeiten
= Working Capital (Nettoumlaufvermögen)

Wir sehen in allen drei Jahren Werte von über 196–331 %, und dies ist laut Literatur zu hoch.

Generell sagt man, dass die Liquidität 3. Grades bei ca. 130–170 % oder maximal 190 % liegen sollte. Dies setzt aber voraus, dass bereits die Liquidität 2. Grades bei ca. 100 % liegen muss, ansonsten kann die Liquidität 3. Grades nur falsch sein.

Und damit bin ich auch bei der Kritik dieser Berechnung.

- Es wird nur statisch gerechnet – Fristen und Zahlungstage bleiben unberücksichtigt.
- Die richtige Einordnung der Liquidität 3. Grades setzt voraus, dass die Liquidität 2. Grades bei ca. 100 % liegt. Abweichungen davon nach oben und unten sind im gleichen Maß bei der Würdigung der Liquidität 3. Grades zu berücksichtigen (was fast immer unterbleibt).

- Diese Betrachtung kann irreführend sein. Die Liquidität 3. Grades kann sich über einen Zeitraum prozentual verbessern, aber dennoch steigen die Risiken massiv an. Vorräte kann man sich nur leisten, wenn Geld verdient wird. Fallen Umsätze und damit i. d. R. kurzzeitig später auch die Ergebnisse, dann müssen auch bei den Beständen Einschnitte gemacht werden. Aber genau dies zeigt die Liquidität 3. Grades nicht auf!

Aber erinnern Sie sich: Wir hatten moniert, dass die Ad-hoc-Liquidität (Kasse, Bank etc.) eventuell doch ein wenig zu gering ist. Die Liquidität 2. Grades hatten wir generell als zufriedenstellend bzw. in den letzten Perioden als gut betrachtet, allerdings hatten wir kritisiert, dass die Kreditoren und Debitoren in der dynamischen Betrachtung Schwächen zeigen, die aber der HKG nicht „existenzbedrohend" sind. Bei den Beständen hatten wir ähnlich gewürdigt. In den letzten beiden Jahren wurden vom Management der Beteiligung die Hausaufgaben gemacht.

Und jetzt kommen wir bei der Liquidität 3. Grades (wenn man der Literatur folgt) seltsamerweise zu der Würdigung, dass diese (bei Weitem) zu hoch ist. Das muss mir „mal" jemand erklären.

Wie in allen meinen Büchern stelle ich auch hier wieder heraus, dass die statische Betrachtung des „Working Capital" alleine, also in erster Linie die Berechnung der Liquiditäten 1.–3. Grades, gefährlich ist und aus der Sicht der Würdigungen auch häufig falsch.

Mit Einstieg in die diese Liquiditäten, einschließlich der dynamischen Betrachtungen, haben wir den eigentlichen Schritt in die Analyse des Umlaufvermögens und der kurzfristigen Verbindlichkeiten (Working Capital) der Beteiligung gemacht. Auch wenn wir nur kurz die Liquidität 1. Grades gestreift haben, der Schwerpunkt lag bei den Liquiditäten 2. und 3. Grades, allerdings massiv „unterstützt" durch spezielle dynamische Betrachtungen der Bilanzposten:

Zeigt man unsere ganzen Analysen grafisch auf, ist man zuerst ein wenig verwundert, denn wir haben uns in den letzten Seiten nur mit wenigen Posten in der Bilanz (aber mit hohem Analysepotenzial und Detaillierungsgrad) beschäftigt.

- Debitoren,
- Kasse/Bank,
- Vorräte,
- Kreditoren.

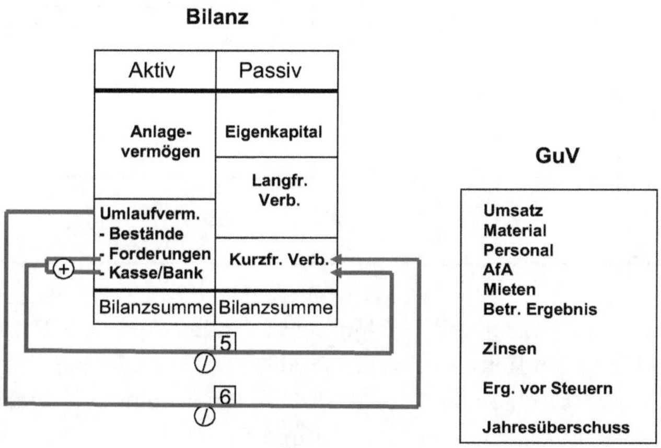

In der statischen Betrachtung sind Größen aus der GuV eigentlich gar nicht betroffen, allerdings brauchen wir sie, um allumfassend verstehen und würdigen zu können.

Lassen wir einmal die Rechenoperanden beiseite und schauen uns dann ein wenig vereinfacht grafisch die Working-Capital-Analysen dynamisch an. Und dann wird deutlich, dass eine wirklich fundierte Aussage beide Perspektiven (statisch und dynamisch) braucht, allerdings mit der Einschränkung, dass die dynamischen Berechnungen die wertvolleren sind.

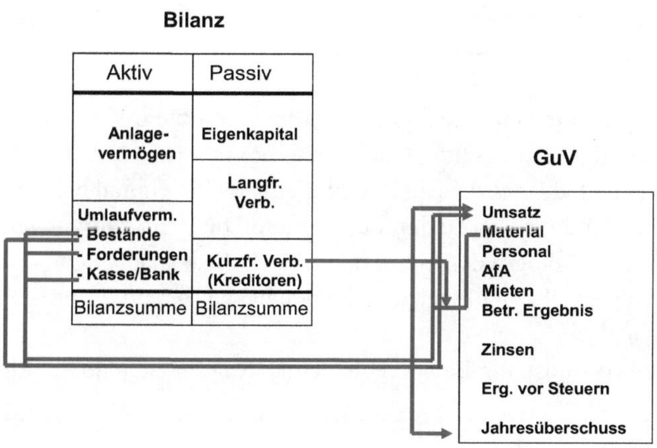

9.3.12 Das Working Capital in Tagen

Lassen Sie uns jetzt das ganze Working Capital noch weiter durchdringen, indem wir die Aktiva und die Passiva und dann beide saldiert nochmals in Reichweiten (zu Umsatztagen) darstellen.

Umschlagsdauer Umlaufvermögen (Tage)	Zähler Nominator	Summe UV	2.689,70	2.378,10	2.673,00	3.092,10	2.714,10
(Wie lange dauert es, bis das kurzfristig gebundene Kapital durch Erlöse umgeschlagen bzw. reproduziert wird?)	Nenner Denominator	Gesamterlöse	13.160,40	11.441,60	13.322,00	19.697,40	16.476,40
(Gibt Auskunft über die Kapitalrentabilität und das NUV Management)	Ergebnis Result	*Division x Tage*	74,60	75,86	73,24	57,30	60,13

In den Aktiva (Umlaufvermögen) „schlummern" zuletzt nur 57–60 Tage. Das ist für einen metallverarbeitenden Betrieb, also das produzierende Gewerbe, richtig gut.

Bei den Passiva zeigt sich ein anderes Bild – die Reichweite fällt leider zu Lasten der Liquidität ab, besonders stark in den Jahren 4 und 5. Bei der Betrachtung des kreditorischen Ziels hatten wir bereits den Haupttreiber dafür identifiziert.

Kurzfristiges Fremdkapital in Tagen (Wie viele Umsatztage sind durch kurzfristiges nicht Zins tragendes Fremdkapital abgesichert)	Zähler Nominator	kurzfristige Rückstellungen	354,00	280,70	363,80	618,20	456,50
		+ kurzfristige Verbindlichkeiten	1.019,80	742,90	888,10	315,70	458,30
		+ kurzfristige P-RAPS	0,00	0,00	0,00	0,00	0,00
		Summe kurzfristiges Fremdkapital	1.373,80	1.023,60	1.251,90	933,90	914,80
(Gibt Auskunft über ein tieferes Bilanzveständnis des Managements, Voraussetzung: Fa ist liquide)	Nenner Denominator	Umsatzerlöse	13.160,40	11.441,60	13.322,00	19.697,40	16.476,40
	Ergebnis Result	*Division x Tage*	38,10	32,65	34,30	17,31	20,27

Das Optimum wäre eine längere Passiv- als die Aktivseite im Umlaufvermögen, wobei dies bei produzierenden Unternehmen nur selten möglich ist.

Das heißt aber nicht, dass es dies nicht gibt: Schauen Sie einmal bei Aldi (in Österreich: Hofer) rein, wenn Sie denn die Zahlen bekommen. Die finanzieren sogar einen Teil des Anlagevermögens mit Geldern der Lieferanten, weil sie so spät zahlen, andererseits innerhalb von 36 h spätestens ihr Geld von den Kunden haben (Kreditkartenzahlung ist nämlich ausgeschlossen).

Schauen wir uns bei unserem Beispiel die beiden Reichweiten im direkten Vergleich an:

Rechweitenvergleich in Tagen	Zähler	Reichweite UV	74,60	75,86	73,24	57,30	60,13
	Nenner	Reichweite kfr. FK	38,10	32,65	34,30	17,31	20,27
	Ergebnis	*Differenz*	36,5	43,2	38,9	40,0	39,9

Während das Umlaufvermögen (UV) sinkt (gut), sinkt leider auch parallel das kurzfristige Fremdkapital (jeweils in Tagen), sodass die positiven Effekte aus dem guten Management des Umlaufvermögens nicht greifen können. Schade.

Hier hätte man in der Beteiligung als Betrag zum Schmücken der Braut noch mehr erreichen können. Eine bessere Handhabung der Kreditoren hätte auch die kritisierte Adhoc-Liquidität besser aussehen lassen oder alternativ die Bankverbindlichkeiten reduzieren können.

Jetzt sagen Sie: „Sie sind aber kleinlich“, und: „Jetzt vergessen Sie selbst die Stichtagsproblematik“. Nein, ich bin mir der beiden Punkte durchaus bewusst, aber die Bewertung baut auch auf den historischen Perioden auf, da man darauf die Planung (und das ist die Basis der Bewertung) argumentiert und plausibilisiert.

Und zum Stichtag: Ehrlich gesagt, es ist mir egal, was unterjährig passiert ist, da ich das Zahlenmaterial nicht sehe. Entscheidend für den Gesamtwert in der Bewertung wird zum Schluss immer sein, was zum Periodenende ausgewiesen wurde!

Bewertung als Anlass eines Unternehmensverkaufs ist ein strategischer Prozess über 4–5 historische Jahre. Allzu häufig wird viel zu kurzfristig der Entschluss für einen Verkauf gefasst. Dann sind leider die Hausaufgaben nicht gemacht.

Das Working Capital der HKG ist nicht schlecht strukturiert, oder – ich formuliere positiver – es ist „eigentlich“ sehr gut. Es verbleiben halt ein paar Schönheitsfehler.

9.3.13 Liquidität aus der Periode

Neben der „bilanziellen Liquidität“ (Liquiditäten 1., 2. und 3. Grades sowie Cash und Cash Conversion Cycle) gibt es auch noch die Liquidität aus der Periode heraus, mit der wir uns bei unserer Beteiligung beschäftigen müssen.

Damit sind wir beim Einzahlungsüberschuss, Kapitalfluss oder Cash Flow, und der ist für die Bewertung – wie wir ja in den kleineren Beispielen vorab schon gesehen haben – von besonderer Bedeutung.

9.3.13.1 Definition des Cash Flow

Jetzt wollen wir uns mit diesem Einzahlungsüberschuss beschäftigen, und Sie werden sehen, es handelt sich erstmals zunächst um eine reine GuV-Größe. Meist wird der Cash Flow als Kennzahl in Relation zum Umsatz, manchmal auch zur Bilanzsumme dargestellt.

> Der „*Cash Flow*“ berechnet, wie viel Cash-Überschuss (Einzahlungsüberschuss) pro Umsatz oder Kapitaleuro nach Steuern erzielt wird.

Die Franzosen übersetzen den Cash Flow mit *Innenfinanzierungsmasse* (Capacité d'Autofinancement). Diese Definition gefällt mir sehr gut, da man sofort weiß, was er ausdrücken soll. Wir sehen uns daher die Herleitung des Cash Flow einmal zunächst genauer an.

Dabei gibt es unheimlich viele mögliche Definitionen, von sehr einfachen bis extrem umfangreichen. Fangen wir mit der Basisdefinition an, man nennt den Cash Flow nach dieser Berechnung auch den „Bankers" Cash Flow.

JÜ	249,40	185,00	52,80	795,00	753,90
Abschreibungen	186,70	212,60	227,90	191,30	210,00
"Bankers" CF	436,10	397,60	280,70	986,30	963,90

Generell wird ein Überschuss (i. d. R. der Jahresüberschuss, es kann aber auch das Betriebsergebnis sein) genommen und alle nicht auszahlungswirksamen Aufwendungen (z. B. Abschreibungen) addiert und die nicht einzahlungswirksamen Erträge (z. B. Auflösung von Rückstellungen) subtrahiert (dies ist im obigen Bankers Cash Flow noch vernachlässigt).

Diese beiden Schritte, allerdings dann auch noch „tiefer" gehend, sieht man auch in der Empfehlung des deutschen Vereins für Finanzanalyse (DVFA).

Jahresüberschuss bzw. Jahresfehlbetrag	249,40	185,00	52,80	795,00	753,90
+ Abschreibungen	186,70	212,60	227,90	191,30	210,00
+ Erhöhung/ - Verminderung Rückstellungen	0,00	-73,30	83,10	560,80	-468,10
- Entnahmen (Vorab-Ausschüttung)	0,00	0,00	0,00	0,00	0,00
+ Einstellung/ - Auflösung Sonderposten	0,00	0,00	0,00	0,00	0,00
= Cash Flow	436,10	324,30	363,80	1.547,10	495,80

Das erste Jahr ist hier aber bitte als nicht richtig zu würdigen, da wir mangels Daten der Vorperioden die Veränderung der Rückstellungen nicht darstellen konnten.

Die maximale Steigerung finden wir in der Kapitalflussrechnung, in der Schritt für Schritt das Zahlenwerk nach „Cash-Generierung oder -Verwendung" im Vergleich zum Vorjahr durchforstet wird.

Dabei unterscheidet man die direkte und die indirekte Methode. Der Cash Flow wird dabei aus verschiedenen Perspektiven betrachtet.

9.3.13.2 Exkurs Kapitalflussrechnung

a) Cash Flow aus laufender Geschäftstätigkeit Gemäß den Empfehlungen des Deutschen Standardisierungsrats (DRS 2)[12] sind die direkte und indirekte Methode der Kapitalflussrechnung wie folgt aufgebaut:

[12] Deutscher Rechnungslegungsstandard Nr. 2, (E-DRS 2).

Gliederungsschema 1 („direkte Methode")

1.		Einzahlungen von Kunden für den Verkauf von Erzeugnissen, Waren und Dienstleistungen
2.	–	Auszahlungen an Lieferanten und Beschäftigte
3.	+	Sonstige Einzahlungen, die nicht der Investitions- oder Finanzierungstätigkeit zuzuordnen sind
4.	–	Sonstige Auszahlungen, die nicht der Investitions- oder Finanzierungstätigkeit zuzuordnen sind
5.	+/–	Ein- und Auszahlungen aus außerordentlichen Posten
6.	=	Cash Flow aus laufender Geschäftstätigkeit

Die originäre Methode der Kapitalflussrechnung (direkte Methode) hat in der Praxis wenig Bedeutung, da die Daten aus der Buchhaltung stammen und zeitaufwendig systematisiert werden müssen, um zum gewünschten Ergebnis zu führen. Laut der Kammer der Wirtschaftstreuhänder in Österreich handelt es sich um die unmittelbare/direkte Erfassung der Zahlungsströme.

Bei Anwendung der indirekten (derivativen) Methode wird ausgehend vom Jahresergebnis auf den Geldfluss aus der laufenden Geschäftstätigkeit zurückgerechnet. Das Jahresergebnis stammt allerdings aus der Ertragslage und gibt Informationen über die Rendite des Unternehmens. Deshalb ist es für die Finanzlage notwendig, dass die nicht zahlungswirksamen Aufwands- und Ertragspositionen eliminiert werden, da für diese kein Geldfluss stattgefunden hat. Hinzu kommen die Veränderungen der Forderungen, Vorräte und Verbindlichkeiten aus der Bewegungsbilanz.

Gliederungsschema 2 („indirekte Methode")

1.		Jahresergebnis (einschließlich Ergebnisanteilen von Minderheitsgesellschaftern) vor außerordentlichen Posten
2.	+/–	Abschreibungen/Zuschreibungen auf Gegenstände des Anlagevermögens
3.	+/–	Zunahme/Abnahme der Rückstellungen
4.	+/–	Sonstige zahlungsunwirksame Aufwendungen/Erträge (bspw. Abschreibung auf ein aktiviertes Disagio)
5.	–/+	Gewinn/Verlust aus dem Abgang von Gegenständen des Anlagevermögens
6.	–/+	Zunahme/Abnahme der Vorräte, der Forderungen aus Lieferungen und Leistungen sowie anderer Aktiva, die nicht der Investitions- oder Finanzierungstätigkeit zuzuordnen sind
7.	+/–	Zunahme/Abnahme der Verbindlichkeiten aus Lieferungen und Leistungen sowie anderer Passiva, die nicht der Investitions- oder Finanzierungstätigkeit zuzuordnen sind
8.	+/–	Ein- und Auszahlungen aus außerordentlichen Posten
9.	=	Cash Flow aus der laufenden Geschäftstätigkeit

Der Cash Flow aus der laufenden Geschäftstätigkeit stammt aus der auf Ertragserzielung ausgerichteten Tätigkeit des Unternehmens, soweit er nicht dem Cash Flow aus Investitions- oder Finanzierungstätigkeit zugeordnet wird. Er ermittelt den Zahlungsmittelüberschuss aus dem Betrieb („Operations") einer Periode.

Die Geldflüsse aus laufender Geschäftstätigkeit sind ein Schlüsselindikator dafür, inwieweit das Unternehmen in der Lage war, Geldmittel zur Aufrechterhaltung der laufenden Geschäftstätigkeit, für Investitionen, zur Kredittilgung und zur Dividendenzahlung ohne Inanspruchnahme von Mitteln aus dem Finanzierungsbereich zu schaffen.

Als Erfolgsindikator ist der Zahlungssaldo aus laufender Geschäftstätigkeit ungeeignet. Geldflüsse in diesem Bereich resultieren primär aus den mit der Haupttätigkeit des Unternehmens zusammenhängenden und daher letztlich in die Gewinn- und Verlustrechnung eingehenden Geschäftsvorfällen. Zu diesen Geldflüssen gehören:

- Einzahlungen aus der betrieblichen Leistungserstellung,
- Einzahlungen aus Beteiligungs-, Zins- und Wertpapiererträgen,
- sonstige Einzahlungen, die nicht der Investitions- oder Finanzierungstätigkeit zuzuordnen sind,
- Auszahlungen für die betriebliche Leistungserstellung,
- Auszahlungen für Zinsen und ähnliche Aufwendungen,
- sonstige Auszahlungen, die nicht der Investitions- oder Finanzierungstätigkeit zuzuordnen sind.

Geschäftsvorfälle, die in der Kapitalflussrechnung in Zahlungsströmen aus laufender Geschäftstätigkeit, Investitions- oder Finanzierungstätigkeit resultieren, führen auch zu Ertragsteuerzahlungsströmen. Da die zugehörigen Zahlungsströme oft nicht eindeutig identifizierbar sind, z. B. wenn sie in einer anderen Periode als der des zugrunde liegenden Geschäftsvorfalls erfolgen, werden gezahlte Ertragsteuern in der Regel der laufenden Geschäftstätigkeit zugeordnet.

Soweit Ertragsteuerzahlungen gesondert in der Kapitalflussrechnung gezeigt werden, ist der Cash Flow aus der laufenden Geschäftstätigkeit aus dem Jahresüberschuss vor Ertragsteuern und außerordentlichen Posten abzuleiten. In diesem Fall sind bei der indirekten Methode die Ertragsteuerzahlungen in einem gesonderten Posten im Cash Flow aus der laufenden Geschäftstätigkeit zu zeigen. Alternativ ist eine gesonderte Angabe der Ertragsteuerzahlungen im Anhang zulässig.

b) Cash Flow aus der Investitionstätigkeit Der Cash Flow aus der Investitionstätigkeit gibt in Zusammenhang mit dem Cash Flow aus laufender Geschäftigkeit Aufschluss über den Bedarf zusätzlicher Finanzmittel.

Die gesonderte Darstellung der Geldflüsse in diesem Bereich ist deshalb von Bedeutung, weil sie das Ausmaß jener Investitionen aufzeigt, die künftige Erträge und Einzahlungen bewirken sollen. Die Investitionstätigkeit umfasst sowohl die der Produktion von Gütern und Leistungen dienenden Investitionen (Sachanlagen, immaterielles Anlagevermögen, Aufwendungen für die Ingangsetzung und Erweiterung eines Betriebes) als auch Finanzinvestitionen, das sind Finanzanlagen und sonstige selbstständige (nicht unmittelbar mit Beschaffungs- und Absatzvorgängen verbundene) Finanzinstrumente. Zu letzteren zählen auch Gegenstände des Umlaufvermögens, die weder der laufenden Geschäftstätigkeit zuzuordnen noch Bestandteil des Finanzmittelfonds sind.

Zu den Geldflüssen aus Investitionsaktivitäten gehören:

- Auszahlungen für die Anschaffung/Herstellung von Sachanlagen und immateriellen Vermögensgegenständen (einschließlich aktivierter Eigenleistungen),
- Auszahlungen betreffend Ingangsetzung und Erweiterung eines Betriebes,
- Auszahlungen für den Erwerb von Finanzanlagen und für sonstige,
- Finanzinvestitionen (Gewährung von Finanzkrediten, Erwerb von Umlaufwertpapieren u. Ä.),
- Einzahlungen aus dem Abgang von Sachanlagen und immateriellen Vermögensgegenständen,
- Einzahlungen aus dem Abgang von Finanzanlagen und sonstigen Finanzinvestitionen (Veräußerungserlöse, Tilgungsbeträge u. Ä.).

Finanzinvestitionen in verbundene Unternehmen und Unternehmen, mit denen ein Beteiligungsverhältnis besteht, sollen gesondert dargestellt werden.

Der Cash Flow aus der Investitionstätigkeit soll mindestens wie folgt gegliedert werden:

1.		Einzahlungen aus Abgängen von Gegenständen des Sachanlagevermögens
2.	+	Einzahlungen aus Abgängen von Gegenständen des immateriellen Anlagevermögens
3.	–	Auszahlungen für Investitionen in das Sachanlagevermögen
4.	–	Auszahlungen für Investitionen in das immaterielle Anlagevermögen
5.	+	Einzahlungen aus Abgängen von Gegenständen des Finanzanlagevermögens
6.	–	Auszahlungen für Investitionen in das Finanzanlagevermögen
7.	+/–	Einzahlungen und Auszahlungen aus dem Erwerb und dem Verkauf von konsolidierten Unternehmen und sonstigen Geschäftseinheiten
8.	=	Cash Flow aus der Investitionstätigkeit

Der Cash Flow aus der Investitionstätigkeit stammt also aus Zahlungsströmen in Zusammenhang mit den Ressourcen des Unternehmens, mit denen langfristig, meist länger als ein Jahr, ertragswirksam gewirtschaftet werden soll. Er umfasst auch Zahlungsströme aus Wertpapieren, sofern diese nicht als Zahlungsmitteläquivalente behandelt oder zu Handelszwecken gehalten werden, sowie von Geldanlagen und ähnlichen Posten, die gesondert zu zeigen sind.

In Sonderfällen kann es sinnvoll sein, die Ausgaben für Forschung und Entwicklung aus dem Geldfluss der laufenden Geschäftstätigkeit auszugliedern und in den Geldfluss aus der Investitionstätigkeit einzubeziehen.

c) Cash Flow aus der Finanzierungstätigkeit Die Finanzierungstätigkeit betrifft ausschließlich Vorgänge der Außenfinanzierung, wobei sich eine Gliederung in die Teilbereiche

- Eigenfinanzierung,
- Verbundfinanzierung,
- und sonstige Fremdfinanzierung

als zweckmäßig erweist. Die gesonderte Darstellung dieser Geldflüsse ist im Hinblick auf die Auszahlungsansprüche der Kapitalgeber von Bedeutung.

Die Finanzierungstätigkeit umfasst Geldflüsse aus der

- Beschaffung und Rückzahlung von Eigenkapital,
- Bedienung des Eigenkapitals,
- Begebung und Tilgung von Anleihen,
- Aufnahme und Tilgung von sonstigen Finanzkrediten.

Der Vorschlag zur Gliederung des Cash Flow aus der Finanzierungstätigkeit sieht folgendermaßen aus.

1.	Einzahlungen aus Eigenkapitalzuführungen
2. –	Auszahlungen an Unternehmenseigner undMinderheitsgesellschafter (Dividenden, Erwerb eigener Anteile, Eigenkapitalrückzahlungen, andere Ausschüttungen)
3. +	Einzahlungen aus der Begebung von Anleihen und der Aufnahme von (Finanz-)Krediten
4. –	Auszahlungen aus der Tilgung von Anleihen und (Finanz-)Krediten
5. =	Cash Flow aus der Finanzierungstätigkeit

Der Cash Flow aus der Finanzierungstätigkeit wird erneut durch den Saldo der Zahlungsströme ermittelt. Von den Einzahlungen aus Eigen- und Fremdkapitalzuführungen werden die Ausschüttungen an Anteilseigner und Auszahlungen zur Tilgung von Verbindlichkeiten subtrahiert.

Erhaltene und gezahlte Zinsen sowie erhaltene Dividenden und andere übernommene Ergebnisse sind der laufenden Geschäftstätigkeit zuzuordnen. Gezahlte Dividenden sind hingegen der Finanzierungstätigkeit zuzuordnen und gesondert anzugeben.

Der Gesamtbetrag der während einer Periode gezahlten Zinsen ist unabhängig davon anzugeben, ob der Betrag als Aufwand erfasst oder aktiviert wird. Soweit Zinszahlungen gesondert in der Kapitalflussrechnung gezeigt werden, ist die Ausgangsgröße für den Cash

Flow aus der laufenden Geschäftstätigkeit vor Zinsaufwendungen auszuweisen. Alternativ ist eine gesonderte Angabe der Zinszahlungen im Anhang zulässig.

Finanzkredite umfassen kurz- und langfristiges Fremdkapital, soweit dieses nicht der laufenden Geschäftstätigkeit zuzuordnen ist. Dazu gehören Kredite jeder Art von Banken und sonstigen Kreditgebern.

Die Verbundfinanzierung umfasst Finanzierungsvorgänge im Bereich verbundener Unternehmen, soweit diese nicht Lieferungen und Leistungen betreffen.

Jetzt aber wiederum (leider) die Ausnahme:

Erhaltene Zinsen und Dividenden dürfen auch der Investitionstätigkeit, gezahlte Zinsen auch der Finanzierungstätigkeit zugeordnet werden, wenn dies sachlich begründet ist. Aktivierte Zinsen dürfen auch der Investitionstätigkeit zugeordnet werden.

Hier wird es aber dann sehr spezifisch und so tief wollen wir in diesem Buch gar nicht einsteigen.

Der Cash Flow aus der Investitionstätigkeit sowie der Finanzierungstätigkeit ist bei direkter bzw. indirekter Methode identisch.

Meist sieht man die Kapitalflussrechnung aber in einer durchgehenden Darstellung.

Gliederungsschema 1 („direkte Methode“)

1.		Einzahlungen von Kunden für den Verkauf von Erzeugnissen, Waren und Dienstleistungen
2.	–	Auszahlungen an Lieferanten und Beschäftigte
3.	+	Sonstige Einzahlungen, die nicht der Investitions- oder Finanzierungstätigkeit zuzuordnen sind
4.	–	Sonstige Auszahlungen, die nicht der Investitions- oder Finanzierungstätigkeit zuzuordnen sind
5.	+/–	Ein- und Auszahlungen aus außerordentlichen Posten
6.	**=**	**Cash Flow aus laufender Geschäftstätigkeit**
7.		Einzahlungen aus Abgängen von Gegenständen des Sachanlagevermögens/immateriellen Anlagevermögens
8.	–	Auszahlungen für Investitionen in das Sachanlagevermögen/immaterielle Anlagevermögen
9.	+	Einzahlungen aus Abgängen von Gegenständen des Finanzanlagevermögens
10	–	Auszahlungen für Investitionen in das Finanzanlagevermögen
11.	+/–	Einzahlungen und Auszahlungen aus dem Erwerb und dem Verkauf von konsolidierten Unternehmen und sonstigen Geschäftseinheiten
12.	**=**	**Cash Flow aus der Investitionstätigkeit**
13.		Einzahlungen aus Eigenkapitalzuführungen
14.	–	Auszahlungen an Unternehmenseigner undMinderheitsgesellschafter (Dividenden, Erwerb eigener Anteile, Eigenkapitalrückzahlungen, andere Ausschüttungen)
15.	+	Einzahlungen aus der Begebung von Anleihen und der Aufnahme von (Finanz-)Krediten
16.	–	Auszahlungen aus der Tilgung von Anleihen und (Finanz-)Krediten
17.	**=**	**Cash Flow aus der Finanzierungstätigkeit**
18.		Zahlungswirksame Veränderungen des Finanzmittelbestandes (Summe aus Ziffern 6, 12, 17)
19.	+/–	Wechselkurs-, konzernkreis- und bewertungsbedingte Änderungen des Finanzmittelbestandes
20.	+	Finanzmittelbestand am Anfang der Periode
21.	=	Finanzmittelbestand am Ende der Periode

Gliederungsschema 2 („indirekte Methode“)

1.		Jahresergebnis (einschließlich Ergebnisanteilen von Minderheitsgesellschaftern) vor außerordentlichen Posten
2.	+/–	Abschreibungen/Zuschreibungen auf Gegenstände des Anlagevermögens
3.	+/–	Zunahme/Abnahme der Rückstellungen
4.	+/–	Sonstige zahlungsunwirksame Aufwendungen/Erträge (bspw. Abschreibung auf ein aktiviertes Disagio)
5.	–/+	Gewinn/Verlust aus dem Abgang von Gegenständen des Anlagevermögens
6.	–/+	Zunahme/Abnahme der Vorräte, der Forderungen aus Lieferungen und Leistungen sowie anderer Aktiva, die nicht der Investitions- oder Finanzierungstätigkeit zuzuordnen sind
7.	+/–	Zunahme/Abnahme der Verbindlichkeiten aus Lieferungen und Leistungen sowie anderer Passiva, die nicht der Investitions- oder Finanzierungstätigkeit zuzuordnen sind
8.	+/–	Ein- und Auszahlungen aus außerordentlichen Posten
9.	=	**Cash Flow aus der laufenden Geschäftstätigkeit**
10.		Einzahlungen aus Abgängen von Gegenständen des Sachanlagevermögens/immateriellen Anlagevermögens
11.	–	Auszahlungen für Investitionen in das Sachanlagevermögen/immaterielle Anlagevermögen
12.	+	Einzahlungen aus Abgängen von Gegenständen des Finanzanlagevermögens
13.	–	Auszahlungen für Investitionen in das Finanzanlagevermögen
14.	+/–	Einzahlungen und Auszahlungen aus dem Erwerb und dem Verkauf von konsolidierten Unternehmen und sonstigen Geschäftseinheiten
15.	=	**Cash Flow aus der Investitionstätigkeit**
16.		Einzahlungen aus Eigenkapitalzuführungen
17.	–	Auszahlungen an Unternehmenseigner undMinderheitsgesellschafter (Dividenden, Erwerb eigener Anteile, Eigenkapitalrückzahlungen, andere Ausschüttungen)
18.	+	Einzahlungen aus der Begebung von Anleihen und der Aufnahme von (Finanz-)Krediten
19.	–	Auszahlungen aus der Tilgung von Anleihen und (Finanz-)Krediten
20.	=	**Cash Flow aus der Finanzierungstätigkeit**
21.		Zahlungswirksame Veränderungen des Finanzmittelbestandes (Summe aus Ziffern 9, 15, 20)
22.	+/–	Wechselkurs-, konzernkreis- und bewertungsbedingte Änderungen des Finanzmittelbestandes
23.	+	Finanzmittelbestand am Anfang der Periode
24.	=	Finanzmittelbestand am Ende der Periode

Diese Kapitalflussrechnung ist für die Belange der Bewertung eigentlich ideal, aber dann doch zu detailliert, wie Sie bei der Bewertung schon gesehen bzw. am Beispiel der HKG sehen werden. Und warum zeige ich diese dann so eingehend auf? Weil Sie an dieser Stelle schon einmal Schritt für Schritt überprüfen können, ob und wo eine Optimierung des Working Capital Einfluss auf den Cash Flow nimmt. Dies ist für mich die wahre Bedeutung dieser detaillierten Darstellung. Und nochmals: Der Cash Flow ist die Basis der Bewertung!

9.3.13.3 Cash-Flow-Analyse

Kommen wir somit zurück zu einer einfacheren, oder besser gleich zur ganz einfachen, wenngleich nicht so detaillierten, Berechnung des Cash Flow. Ich mag diesen einfachen Ansatz, wie Sie in Kürze erfahren werden.

JÜ	249,40	185,00	52,80	795,00	753,90
Abschreibungen	186,70	212,60	227,90	191,30	210,00
"Bankers" CF	436,10	397,60	280,70	986,30	963,90

Dann stellen wir diese CF in ein direktes Verhältnis zum Umsatz:

Cash Flow - Umsatzrate (%) einfache Definition (JÜ + AfA)	Zähler	JÜ	249,40	185,00	52,80	795,00	753,90
		Abschreibungen	186,70	212,60	227,90	191,30	210,00
		"Bankers" CF	436,10	397,60	280,70	986,30	963,90
	Nenner Denominator	Gesamterlöse	13.160,40	11.441,60	13.322,00	19.697,40	16.476,40
	Ergebnis Result	*Division x 100*	3,31%	3,48%	2,11%	5,01%	5,85%

Unsere Beteiligung erwirtschaftet in den fünf Perioden eine Cash-Flow-Marge von gerundet 2,1–5,9 %, wobei die beiden besten Ergebnisse in den Perioden 4 und 5 anfallen – aus Bewertungssicht wieder optimal.

Grafisch betrachtet haben wir gerade vereinfacht folgende Auswertung gemacht.

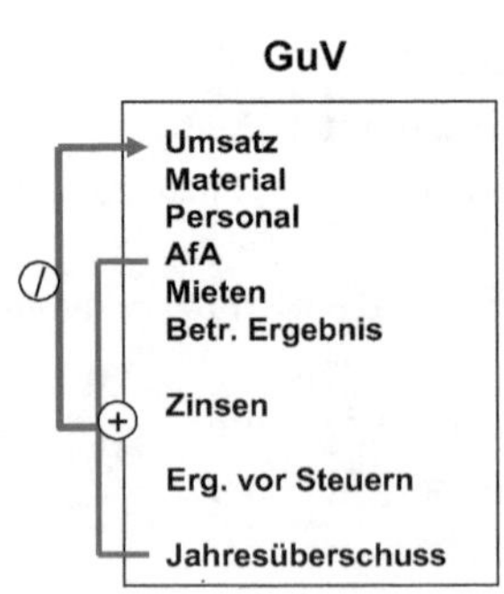

Man sieht den Cash Flow auch häufig der Bilanzsumme gegenübergestellt.

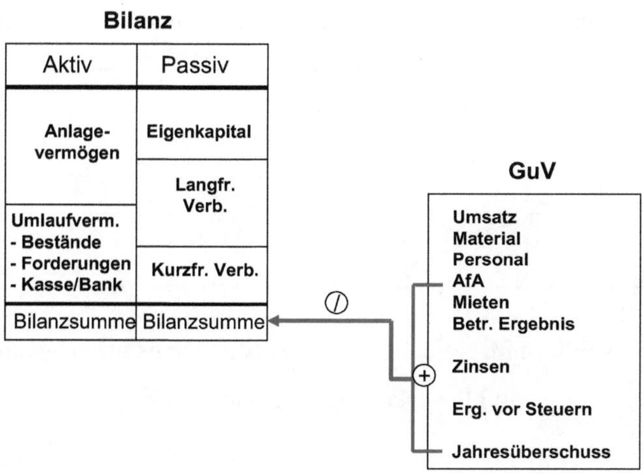

Mit unseren Zahlen sieht das dann so aus:

Cash Flow zu Bilanzsumme (%) einfache Definition (misst die Liquidität /die Cash Generierung pro Kapitaleuro) (ist ein klares Indiz für die Renditestärke)	Zähler Nominator	Cash Flow	436,10	397,60	280,70	986,30	963,90
	Nenner Denominator	Bilanzsumme	5.182,40	4.972,70	5.373,90	5.897,40	5.450,40
	Ergebnis Result	*Division x 100*	8,4%	8,0%	5,2%	16,7%	17,7%

Ist das jetzt etwas Neues oder können wir mit beiden Analysen weitere Erkenntnisse gewinnen?

Nein, denn eigentlich hätten wir die Größe Cash Flow zur Bilanzsumme schon wissen müssen, ohne sie denn zuvor (bewusst) berechnet zu haben.

Ausgangspunkt war die Cash-Flow-Umsatzmarge:

Cash Flow - Umsatzrate (%) einfache Definition (JÜ + AfA)	Zähler	JÜ	249,40	185,00	52,80	795,00	753,90
		Abschreibungen	186,70	212,60	227,90	191,30	210,00
		"Bankers" CF	436,10	397,60	280,70	986,30	963,90
	Nenner Denominator	Gesamterlöse	13.160,40	11.441,60	13.322,00	19.697,40	16.476,40
	Ergebnis Result	*Division x 100*	3,31%	3,48%	2,11%	5,01%	5,85%

Jetzt multiplizieren Sie diese Kenngröße bitte einmal mit dem Kapitalumschlag:

Gesamtkapitalumschlag (Faktor) (Wie häufig wird das Kapital auf Basis der Erlöse umgeschlagen?) oder (Wie hoch ist die Rotations- bzw. Reproduktionsgeschwindigkeit des eingesetzten Kapitals?)	Zähler Nominator	Gesamterlöse	13.160,40	11.441,60	13.322,00	19.697,40	16.476,40
	Nenner Denominator	Bilanzsumme	5.182,40	4.972,70	5.373,90	5.897,40	5.450,40
	Ergebnis Result	*Division*	2,54	2,30	2,48	3,34	3,02

Gut, das geht so einfach im Kopf nicht, also machen wir es formeltechnisch.

$$\text{Cash Flow Marge} \times \text{Kapitalumschlag} = ?$$

also

$$\frac{\text{CashFlow}}{\text{Umsatz}} \times \frac{\text{Umsatz}}{\text{Bilanzsumme}} = ?$$

Der Umsatz kürzt sich raus … und es bleibt stehen

$$\frac{\text{CashFlow}}{\text{Bilanzsumme}}$$

Und dies ist unsere zweite Cash-Flow-Analyse.
Daraus lassen sich dann die folgenden drei Relationen ableiten:

$$\text{CF Umsatzrate} \times \text{Kapitalumschlag} = \text{CF zu Bilanzsumme}$$
$$\frac{\text{CF zu Bilanzsumme}}{\text{Kapitalumschlag}} = \frac{\text{CashFlow}}{\text{Gesamterlöse}} = \text{CF Umsatzrate}$$
$$\frac{\text{CF zu Bilanzsumme}}{\text{CF Umsatzrate}} = \frac{\text{Gesamterlöse}}{\text{Bilanzsumme}} = \text{Kapitalumschlag}\,.$$

Rechnen Sie es ruhig nach … wir können die zweite Kenngröße (Cash Flow zu Bilanzsumme) würdigen, wenn wir den Kapitalumschlag bewerten können, und dies haben wir schon getan.

Merken Sie sich:

Jede Kennzahl mit Umsatz im Nenner wird zur identischen Kenngröße mit Bilanzsumme im Nenner, wenn Sie sie mit dem Kapitalumschlag multiplizieren.

Ergo:

Jede Kennzahl mit Bilanzsumme im Nenner wird zur identischen Kenngröße mit Umsatz im Nenner, wenn Sie sie durch den Kapitalumschlag dividieren.

Wird der Cash Flow unserer Beteiligung durch Optimierungen im Working Capital beeinflusst? Aber klar:

- Weniger Bestand und
- geringere debitorische Ziele bei
- optimiertem Cash Cycle, also eventuell auch erhöhte kreditorische Ziele, in Verbindung mit
- zusätzlicher durch Tilgung reduzierter Kassen-/Bankliquidität

führen zu geringerem Zinssaufwand, der wiederum den Jahresüberschuss positivbeeinflusst. Von den verbesserten Kennzahlen

- Kapitalumschlag,
- Anlagenintensität,
- Eigenkapitalquote,
- Kreditorenquote (aus Working-Capital-Sicht)

will ich erst gar nicht/nicht schon wieder reden und die Verbesserung

- der Liquidität 2. Grades,
- der Liquidität 3. Grades,
- des (erweiterten) Cash Cycle

ist ja klar.

9.3.13.4 Cash-Flow-Würdigung

Jetzt wollen wir uns aber damit beschäftigen, wie hoch der Cash Flow denn sein sollte, und dabei zeige ich Ihnen auch, warum ich diese einfache Definition des Cash Flow so sehr mag.

JÜ	249,40	185,00	52,80	795,00	753,90
Abschreibungen	186,70	212,60	227,90	191,30	210,00
"Bankers" CF	436,10	397,60	280,70	986,30	963,90

Generell bin ich häufig entsetzt, wenn ich Jahresberichte von großen Gesellschaften lese oder mich mit dem Beteiligungscontrolling dieser beschäftige und ich dort für jede Berechnung von Kennzahlen extrem komplexe Zu- und Herausrechnungen von Unterposten in die Zähler- und Nennergrößen sehe. Das bringt aus meiner Sicht nur wenig, außer dass wahre Entwicklungen (besonders wenn negativ) verschleiert werden sollen. Das werden wir auch noch bei der EVA-Berechnung im deutschen Telekomkonzern XXX sehen.

Für die Würdigung müssen wir einige Querbetrachtungen eingehen und unsere besondere Aufmerksamkeit dem Anlagevermögen und den Abschreibungen widmen.

a) Benchmarks zur Würdigung des Cash Flow Viele Lehrbücher führen jetzt den Vergleich mit anderen Firmen der gleichen Branche an und sprechen von Benchmarks.

Ich persönlich halte überhaupt nichts von Benchmarks, denn man findet eigentlich nie zwei Firmen der gleichen Branche, die sich wirklich miteinander vergleichen lassen.

Von daher lehne ich diesen Ansatz ab und möchte auch nicht viel Zeit damit verbringen (verschwenden). Ich lasse die *eigenen* Zahlen sprechen.

Können wir einen Minimalbetrag definieren, den ein Unternehmen eigentlich erreichen sollte? Ja. Und zwar ist das der Betrag der Abschreibungen.

b) 1, 2, 3-Regel Abschreibungen stellen einen Substanzverlust dar (das Anlagevermögen nimmt ab), und eine Firma sollte mindestens (im Durchschnitt) so viel Geld verdienen (Einzahlungsüberschuss), dass es den Substanzverlust mittels Investitionen wieder ausgleichen kann. Werden Investitionen in gleicher Höhe wie die Abschreibungen getätigt, dann bleibt die Substanz aus buchhalterischer Sicht konstant. Den Übertrag des Jahresüberschusses bzw. Jahresfehlbetrag in das Eigenkapital vernachlässigen wir einmal.

Also stellen wir dazu eine einfache Gleichung auf.

Substanzerhalt wird erreicht, wenn das Unternehmen einen Cash Flow in Höhe der Abschreibungen generiert, der dann auch wieder reinvestiert wird. Daraus folgt unter o. g. einfacher Definition des Cash Flow (JÜ + AfA):

Substanzerhalt ist möglich, wenn

Cash Flow = 1 × AfA; Jahresüberschuss = 0!

Der Cash Flow sollte eine Höhe von 1-mal den Abschreibungen haben, somit kann der Jahresüberschuss 0 sein.

Dies kann aber eigentlich nicht das Ziel von unternehmerischem Handeln sein, denn dies hieße, dass lediglich alte Substanz wieder aufgefüllt wird. Ein Unternehmen wird so aber nicht überleben können. Vielmehr muss i. d. R. auf hohem (höchstem) technologischem Niveau wieder reinvestiert werden. Dies ist allerdings nicht zu den historischen Herstellungs- und Anschaffungskosten möglich. Von daher muss dann auch eine Kostensteigerung berücksichtigt werden.

Ich gehe bei Unkenntnis einer Industrie immer sehr einfach daran: ich unterstelle eine 100 %ige Kostensteigerung über die Abschreibungsdauer, die ich auch bei Unkenntnis der Industrie pauschal mit 10 Jahre ansetze.

Technologieerhalt wird also dann erreicht, wenn der erwirtschaftete Cash Flow eine Investition auf höchstem technologischem Niveau zulässt, also eine Höhe erreicht, die (bei unseren Annahmen) über 10 Jahre eine Kostensteigerung von 100 % verträgt.

Bei der o. g. 100-%-Kostensteigerung über zehn Jahre bedeutet dies als Forderung:

Cash Flow = 2 × AfA; Jahresüberschuss = 1 × AfA!

Der Cash Flow sollte eine Höhe von 2-mal den Abschreibungen haben, somit kann der Jahresüberschuss in Höhe von 1-mal den Abschreibungen sein.

Rechnen Sie mit einem Reinvestitionszyklus von acht Jahren und 80 % Kostensteigerung, dann würden wir hier also 1,64 bzw. 0,64 als Multiplikatoren sehen.

Technologieerhalt bedeutet aber noch nicht, dass der Betrieb auch erweitert werden kann. Darunter verstehe ich verschiedene Möglichkeiten wie:

- Aufbau neuer Produktlinien und entsprechende Investitionen,
- Vergrößerung der Gesellschaft (Baumaßnahmen),
- Kauf von Gesellschaften (Akquisitionen).

Also müssen wir uns noch die Ausbaufähigkeit ableiten.

Ausbaufähigkeit wird in meiner Logik erreicht, wenn

Cash Flow = 3 × AfA; Jahresüberschuss = 2 × AfA!

Der Cash Flow sollte also eine Höhe von 3-mal den Abschreibungen haben, somit kann der Jahresüberschuss in Höhe von 2-mal den Abschreibungen sein.

Und jetzt die entscheidende Zusatzbemerkung:

Alle o. g. Faktoren für Substanz- und Technologieerhalt sowie Ausbaufähigkeit sind nur dann in dieser Höhe richtig, wenn die Anlagenintensität eine Größe erreicht hat, die als Zielwert definiert wurde. Ansonsten sind alle o. g. Faktoren um einen Wert von 1 zu erhöhen!

Ich nenne diese Betrachtung mangels anderer Bezeichnungen meine „1, 2, 3-Cash-Flow- bzw. Liqui-Regel“, kurz „1, 2, 3-Regel“.

Bitte suchen Sie nicht in der Literatur danach – Sie werden es kaum finden, außer in meinen anderen Büchern. Schauen wir uns jetzt diesen Zusammenhang mit unseren Zahlen an.

Die Anlagenintensität beträgt gerundet zwischen 48–52 % …

Anlagenintensität (%) (Wie viel % der Bilanzsumme steckt im Anlagevermögen ?) (Gibt einen Hinweis auf die Investitionstätigkeit und Flexibilität)	Zähler Nominator	Summe AV	2.492,70	2.594,60	2.700,90	2.805,30	2.736,30
	Nenner Denominator	Bilanzsumme	5.182,40	4.972,70	5.373,90	5.897,40	5.450,40
	Ergebnis Result	*Division x 100*	48,10%	52,18%	50,26%	47,57%	50,20%

… und wurde von uns bereits als „eigentlich“ gut eingestuft, allerdings auch aufgrund der Investitionen in den letzten Jahren die Frage gestellt, ob nicht ein weiterer Ausbau von Automatisierungstechnik gut gewesen wäre und die Personalkosten positiv beeinflusst hätte. Als Zielwert für eine gute Anlagenintensität bei unserer Beteiligung hatten wir ca. 50–70 % angesetzt. Leasing konnten wir nach einem Blick in die GuV vernachlässigen.

Jetzt sehen die Rechnungen folgendermaßen aus, und ich rechne immer mit gerundeten Zahlen. Damit es noch übersichtlich bleibt, mache ich die Berechnungen nur anhand der letzten beiden Perioden.

Es geht nicht um absolut genaue Betrachtungen, sondern um Korridore!

Bilanzsumme Ist (Tausend)	5897	5450
60 %[a] Zielanlagenintensität (Tausend)	3538	3270
AfA – Basis 10 Jahre (Tausend)	354	327
Cash Flow (einfache Berechnung) (Tausend)	986	964
Cash Flow zu kalkuliertem AfA (Faktor)	2,8	3,0

[a]Mitte zwischen 50 und 70 %.

Wir hatten gesagt:

Substanzerhalt: Cash Flow = 1 × AfA; Jahresüberschuss = 0,
Technologiererhalt: Cash Flow = 2 × AfA; Jahresüberschuss = 1 × AfA,
Ausbaufähigkeit: Cash Flow = 3 × AfA; Jahresüberschuss = 2 × AfA.

Das passt doch, oder?

Selbst wenn wir unterstellen, dass das Zielanlagevermögen nicht erreicht ist, wir also bei berechneten Faktoren um „1“ verschieben müssen, ist unsere Beteiligung noch immer gut in den letzten beiden Jahren unterwegs.

Denken Sie bitte einmal ein wenig über diese einfache „1, 2, 3-Regel“ nach.

Auch nach vielen Jahren hat mir noch niemand darstellen können, dass diese einfache Logik und Basismathematik für die Würdigung des Cash-Flow-Niveaus nicht korrekt ist.

Ich bleibe meiner Überzeugung treu, dass uns auch hier logisches Denken und die Umsetzung in kleinen Rechnungen entsprechend schnell in die Lage versetzt, intelligente Antworten zu geben, die wir auch noch fix und für jeden nachvollziehbar herleiten können.

Sicherlich, man könnte den Cash Flow detaillierter rechnen und damit auch Dividenden und Rückstellungspolitik berücksichtigen. Mir geht es aber immer darum, einfach unterwegs zu sein oder besser formuliert, mit einfachen „Werkzeugen“ einen entsprechenden Nachweis zu führen.

Außerdem erfasse ich mit dem Jahresüberschuss (die HKG hat keine AO) und den Abschreibungen meiner Meinung nach die „Operations“ am besten. Veränderungen bei den Rückstellungen können auch tollen Vorsorgepaketen geschuldet sein, die allerdings nicht viel mit Erfolg zu tun haben müssen.

Und es geht nicht um exakte Werte mit mehreren Stellen hinter dem Komma bei den Berechnungen. Bilanzdaten sind stichtagsbezogen und da sind Schwankungen einzuplanen. Wichtig sind immer „Korridore“, auch bei den anderen Kennzahlen. Solange eine Firma mit ±10–15 % in diesen definierten Korridoren schwankt, ist dies meiner Meinung nach akzeptabel. Es muss außerdem nicht immer alles „grün (+)“ sein, ja das kann es gar nicht sein.

Jeder der unternehmerisch tätig ist, geht täglich mit seinen Entscheidungen Risiken ein. Von Bedeutung ist die Fähigkeit, diese Risiken quantifiziert im Zahlenwerk würdigen zu können und dann entsprechend im gegebenen Fall mit Maßnahmen zu reagieren und gegenzusteuern, sodass der „Korridor" wieder eingehalten wird.

Jetzt kommen wir zum 3. Trichterblock in der Analyse der Beteiligung: Erfolg und Rendite.

Hier verlassen wir zunächst die Bilanzbetrachtungen und schenken unsere Aufmerksamkeit mit zwei von drei Analysen der GuV, also genau umgekehrt zu den Arbeiten im 2. Trichterblock, wo wir mit drei von vier Kennzahlen den Schwerpunkt auf die Bilanz gelegt hatten.

9.4 Der 3. Trichterblock: Erfolg und Rendite

Im folgenden 3. Trichterblock werden wir uns verstärkt mit der GuV und entsprechenden Analysen beschäftigen. Bisher waren wir in unseren Betrachtungen stark bilanzlastig.

9.4.1 Schritt VIII: Zins- und Mietintensität

Wir sind jetzt analytisch in der Gewinn- und Verlustrechnung und beschäftigen uns zunächst mit denStrukturkosten. Dort müssen wir uns zwei (Struktur-) Kostenblöcke anschauen.

- Miet- und Zinsintensität,
- Personalkostenintensität.

Die „*Miet- und Zinsintensität*" berechnet, wie viel Miet- und Zinsaufwendungen pro Umsatzeuro aufgebracht werden müssen.

Was hat das mit Bewertung zu tun? Ganz einfach – weniger Kapital, sprich Bilanzsumme, heißt auch weniger Kapitalkosten bzw. Zinsaufwand. Da Eigenkapitalkosten (Dividenden) keinen Aufwand darstellen und somit steuerlich nicht abzugsfähig sind,[13] werden diese hier gar nicht betrachtet. Es versteht sich aber von alleine, dass eine Bilanzverkürzung auch über das Eigenkapital geführt werden kann und sich dann in den Folgeperioden die Eigenkapitalkosten reduzieren, was in der Bewertung sogar einen größeren positiven Effekt als die Rückführung von Kreditverbindlichkeiten hat.

Grafisch können wir diesen Schritt auch wieder leicht darstellen – die Bilanz ist nicht betroffen, wir weisen sie trotzdem mit aus.

[13] Dividenden sind aus dem versteuerten Ergebnis, also aus dem Jahresüberschuss zu zahlen.

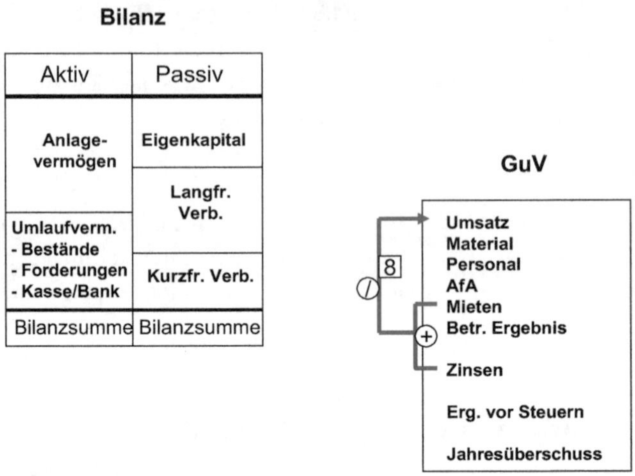

Es sind also mehrere GuV-Posten betroffen, die Mieten und Leasingaufwendungen und die Zinsen.

Alle drei weisen die Kosten von Strukturen aus. Ist „Luxus" vorhanden, der nicht mit Eigenkapital finanziert wurde, dann äußert sich dieser in diesen drei Posten.

Gehen wir sukzessive vor.

9.4.1.1 Mietaufwandsquote

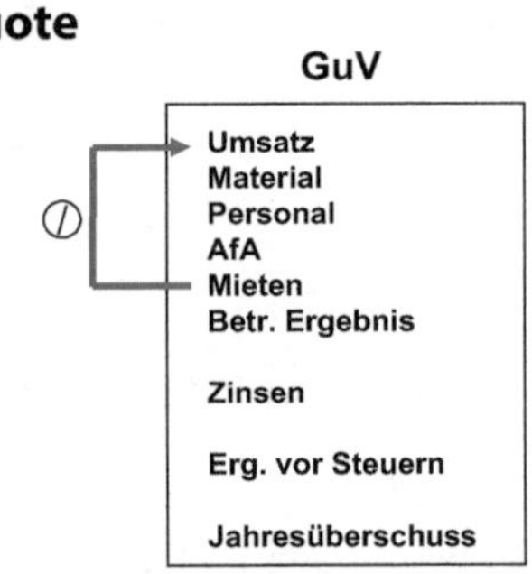

Bei unserer Beteiligung sind keine Mieten bei den sonstigen betrieblichen Aufwendungen ausgewiesen.

8.1 ... davon Mietaufwendungen	0,0	0%	0,0	0%	0,0	0%	0,0	0%	0,0	0%

Von daher erübrigt sich die Berechnung der Mietintensität.

Bei den Leasingaufwendungen sehen wir das gleiche Bild:

8.2 ... davon nur Leasing	0,0	0%	0,0	0%	0,0	0%	0,0	0%	0,0	0%

Also müssen wir hier auch nicht weiter rechnen, und eine Betrachtung der Mieten und Leasingaufwendungen zusammen (zum Umsatz) kann auch entfallen.

Als wir uns zu Beginn mit der Anlagenintensität beschäftigt hatten, haben wir die Leasingintensität auch schon einmal betrachtet.

Haben Sie Zugriff auf den separierten Leasingaufwand, dann trennen Sie bitte Mieten und Leasing. Angenommen wir haben separate Leasingaufwendungen, dann stellen Sie diese Leasingkosten den Abschreibungen gegenüber. Ich werde immer dann unruhig, wenn die Leasingaufwendungen höher als die Abschreibungen sind, erst recht, wenn die Eigenkapitalquote sehr niedrig und die Ergebnissituation weiter rückläufig ist.

Erinnern Sie sich noch? Leasing ist eine Art Fremdfinanzierung. Dieses Fremdkapital wird aber in der Bilanz nicht ausgewiesen und erhöht damit die Eigenkapitalquote.

Merke Können wir den Leasingsaufwand isoliert betrachten, sollte man unruhig werden, wenn diese Aufwendungen (um ein Vielfaches) höher als die Abschreibungen sind, besonders wenn auch ansonsten die Strukturen und Größenverhältnisse in der Bilanz und GuV nicht passen und zudem nur minimale oder fallende Ergebnisse ausgewiesen werden.

Dies hat zwar keinen unmittelbaren Einfluss auf das Working Capital der HKG, aber wenn Sie dann auch eine Kapitalisierung mit angenommener Aktivierung bei 100 % Fremdfinanzierung rechnen, ändert sich die Bilanzsumme und die Strukturen der Aktiva und Passiva und damit die meisten bisherigen Kennzahlen. Und übrigens auch die Bewertung, da durch die Kapitalisierung die Bilanz „länger" wird (wir sprechen von einer Bilanzmehrung) und dies höhere Kapitalkosten verursacht.

Mieten sollten ebenfalls nicht um ein Vielfaches höher als die Abschreibungen sein!

Bei uns können wir aber nur festhalten, dass das Vermögen (Anlage- und Umlaufvermögen) im eigenen Besitz ist, vielleicht noch mit Schulden belastet, aber dennoch im Eigentum. Dies war aber bei der Höhe der Abschreibungen auch zu vermuten. Generell halte ich dies für positiv, da auch entsprechende Substanz und Beleihungsvolumina zur Verfügung stehen.

Explizit will ich diese Miet- und Leasingintensität aber nicht würdigen, da wir ja in allen Perioden in unserer Beteiligung eine „Null" gesehen haben.

9.4.1.2 Zinsintensität

Ähnlich der Mietaufwandsquote wird hier eine Größe berechnet, die die Kosten der Struktur ausweist.

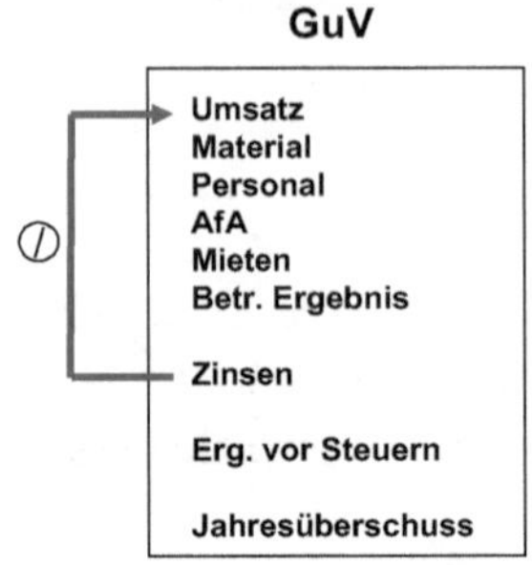

In unserem Fall sehen wir:

13. Zinsen und ähnliche Aufwendungen	89,3	1%	93,4	1%	84,9	1%	118,0	1%	77,5	0%
13.1 ...davon an verbundene Unternehmen	*0,0*	0%	*0,0*	0%	*0,0*	0%	*0,0*	0%	*0,0*	*0%*

Berechnet als Intensität ergibt sich somit:

Zinsintensität (in %) (Wie viel % der Erlöse müssen für Finanzierungskosten aufgewendet werden?) (Gibt Auskunft darüber, wie gut das Fremdkapital verhandelt wurde)	Zähler Nominator	Zinsaufwendungen	89,30	93,40	84,90	118,00	77,50
	Nenner Denominator	Gesamterlöse	13.160,40	11.441,60	13.322,00	19.697,40	16.476,40
	Ergebnis Result	*Division x 100*	0,68%	0,82%	0,64%	0,60%	0,47%

Das ist klasse. Zinsen im Verhältnis zum Umsatz von durchweg unter 1 % sind super. Dafür braucht man aber auch keine weitere Deutungsunterstützung, hier reicht der gesunde Menschenverstand.

Die Würdigung ist hier natürlich leicht und durchgehend von positiven Vorzeichen und grüner Farbe geprägt:

Zinsintensität (in %) (Wie viel % der Erlöse müssen für Finanzierungskosten aufgewendet werden?) (Gibt Auskunft darüber, wie gut das Fremdkapital verhandelt wurde)	Zähler Nominator	Zinsaufwendungen	89,30	93,40	84,90	118,00	77,50
	Nenner Denominator	Gesamterlöse	13.160,40	11.441,60	13.322,00	19.697,40	16.476,40
	Ergebnis Result	*Division x 100*	0,68% +	0,82% +	0,64% +	0,60% +	0,47% +

Jetzt ziehe ich normalerweise die Zins- und Mietintensität (inkl. Leasing) zusammen, um einen gesamten Wert für die Kosten der Strukturen zu bekommen.

Bei der HKG können wir darauf natürlich verzichten, da bei Mieten und Leasing nichts zu analysieren war.

9.4.2 Schritt IX: Personalkostenintensität

Die „*Personalkostenintensität I*" berechnet, wie hoch ein Umsatzeuro mit Personalkosten belastet ist.

Können Sie die Geschäftsführerbezüge isolieren, dann lohnt sich meiner Meinung nach der getrennte Ausweis – ich rechne diese dann häufig aus den Personalkosten heraus, da sie doch die Intensität sehr stark beeinflussen können, besonders bei kleinen Gesellschaften.

Bei der HKG sind die Gehälter für die Geschäftsführung nicht offen ausgewiesen, müssen sie ja auch nicht.

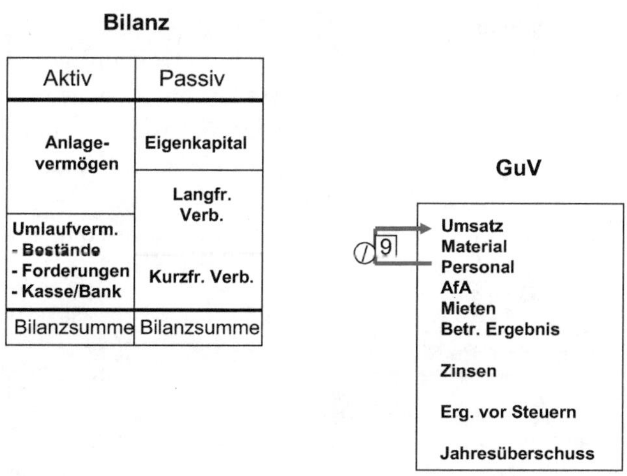

In unserem Fall sehen wir:

Personalkostenintensität I (in %) (Wie viel der Gesamterlöse müssen für Personalkosten aufgewendet werden?) (GF wird rausgerechnet, da eventuell kalkulatorischer Unternehmerlohn)	Personalkosten	4.094,20	3.860,20	4.361,60	5.339,20	5.347,30
	- ... davon GF Gehalt	0,00	0,00	0,00	0,00	0,00
		4.094,20	3.860,20	4.361,60	5.339,20	5.347,30
	Gesamterlöse	13.160,40	11.441,60	13.322,00	19.697,40	16.476,40
(Gibt Auskunft über die Kostenstruktur)	*Division x 100*	31,11%	33,74%	32,74%	27,11%	32,45%

Die Personalaufwendungen sind, abgesehen von einem kleinen Ausbruch nach oben und einer etwas größeren Bewegung nach unten, was aber dem hohem Umsatz im vierten Jahr geschuldet ist, konstant.

Mir gefällt dies von den Größenordnungen, daher würdige ich erst einmal folgendermaßen:

Personalkostenintensität I (in %)	Personalkosten	4.094,20	3.860,20	4.361,60	5.339,20	5.347,30
(Wie viel der Gesamterlöse müssen für Personalkosten aufgewendet werden?)	- ... davon GF Gehalt	0,00	0,00	0,00	0,00	0,00
		4.094,20	3.860,20	4.361,60	5.339,20	5.347,30
(GF wird rausgerechnet, da eventuell kalkulatorischer Unternehmerlohn)	Gesamterlöse	13.160,40	11.441,60	13.322,00	19.697,40	16.476,40
(Gibt Auskunft über die Kostenstruktur)	*Division x 100*	31,11%	33,74%	32,74%	27,11%	32,45%
		+	+	+	+	+

Und was heißt „erst einmal"?

Wir müssen doch noch die Analyse des technischen Due-Diligence -Teams abwarten. Sie erinnern sich? Wir hatten die Frage aufgeworfen, ob bei höheren Investitionen (in Automatisierungstechnik) in Richtung 60 % Anlagenintensität nicht doch Einsparungen bei den Personalkosten möglich gewesen wären oder sogar noch sind.

Also würdige ich hier erst einmal vorläufig.

Lassen Sie uns die letzten Kennzahlen nochmals grafisch zusammenfassen.

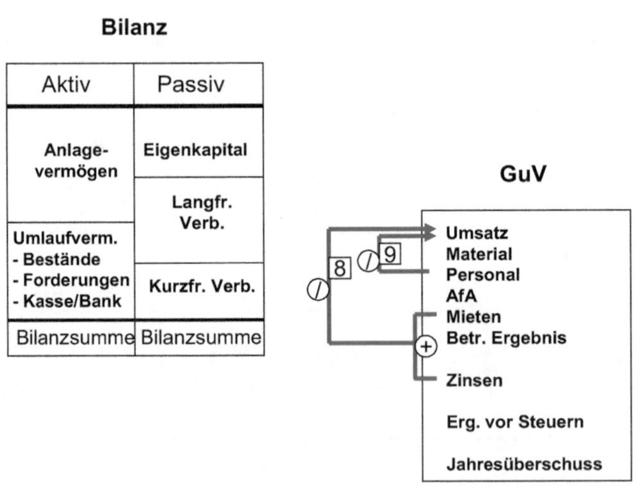

Die GuV wurde bisher im oberen Teil verstärkt betrachtet.

Auch die nächste Kennzahl wird noch einmal nur Daten aus der GuV beinhalten.

9.4.3 Schritt X: Umsatzrendite bzw. -rentabilität

Jetzt setzen wir das Ergebnis in das Verhältnis zum Umsatz. Ich arbeite meist vor Steuern, weil auf dieser Basis Vergleiche besser möglich sind, wenn die Gesellschaften in verschiedenen Ländern mit unterschiedlichen Steuersätzen liegen.

Die „*Umsatzrentabilität*" berechnet, wie viel Ergebnis (vor Steuern) pro Umsatzeuro erwirtschaftet wird!

Grafisch wird erneut sehr deutlich, dass nur die GuV betroffen ist.

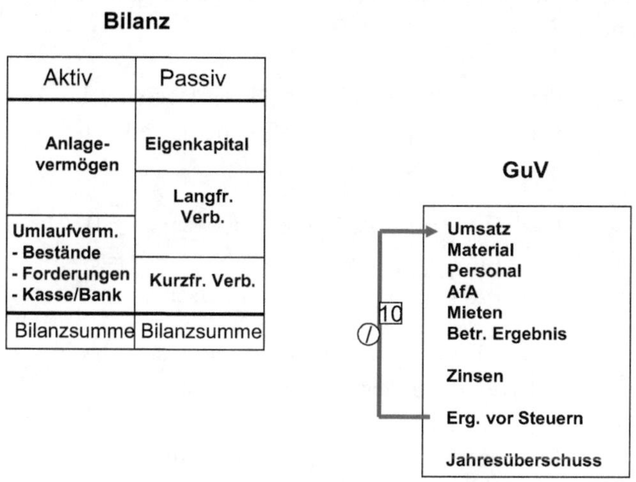

Und mit Zahlen sieht dies dann folgendermaßen aus

Umsatzrentabilität (in %) (Wie viel Ergebnis v. Steuern wird pro Umsatz-Euro erzeugt?) (ROS - Return on Sales)	Ergebnis vor Steuern	352,10	264,20	75,70	1.143,60	1.079,40
	Gesamterlöse	13.160,40	11.441,60	13.322,00	19.697,40	16.476,40
(Gibt Auskunft über die Rückflüsse/ Gewinne und damit die Ertragskraft) (Fokus: Handel & Service)	*Division x 100*	2,68%	2,31%	0,57%	5,81%	6,55%

Wie ist der ROS jetzt zu würdigen? Benchmarks lehne ich ja ab.

Gehen wir nochmals zurück zum Cash Flow und zwar in der einfachen Definition, also Jahresüberschuss zuzüglich Abschreibungen.

JÜ	249,40	185,00	52,80	795,00	753,90
Abschreibungen	186,70	212,60	227,90	191,30	210,00
"Bankers" CF	436,10	397,60	280,70	986,30	963,90

Wir hatten mit der 1, 2, 3-Regel (nach Heesen) einen (zumindest für mich ausreichenden) Nachweis geführt, dass der Cash Flow recht gut ist.

Dabei ist der Cash Flow von eigentlich geringen Abschreibungen geprägt. Wenn wir den Cash Flow in o. g. einfacher Definition und mit nur geringen Abschreibungen als gut würdigen und dies bei fast erreichter Zielanlagenintensität, dann kann auch der Jahresüberschuss nur gut sein.

Warum?

Ganz einfach – schauen Sie sich die drei Niveaus der Heesen'schen Regel noch einmal an und legen Sie Ihr Augenmerk auf den hinteren Teil der jeweiligen Ausführungen (hinter dem Semikolon):

Substanzerhalt: Cash Flow = 1 × AfA; Jahresüberschuss = 0,
Technologiererhalt: Cash Flow = 2 × AfA; Jahresüberschuss = 1 × AfA,
Ausbaufähigkeit: Cash Flow = 3 × AfA; Jahresüberschuss = 2 × AfA.

Gewiss, dort ist der Jahresüberschuss ausgewiesen und nicht das Ergebnis vor Steuern, das wir hier bei der Umsatzrendite in den Zähler gesetzt haben.

Aber das ist ja leichte Mathematik.

Jede Nach-Steuer-Größe rechnet sich mittels Division durch das Tax Shield $(1 - t)$[14] in die entsprechende Vor-Steuer-Größe um.

In den letzten beiden Jahren, in denen das Management der Beteiligung seine Hausaufgaben gemacht hat, ist (bei fast erreichter Zielanlagenintensität) bereits das Nach-Steuer-Ergebnis (Jahresüberschuss) mehr als dreimal so hoch wie die Abschreibungen.

Von daher fällt meine Würdigung wie folgt aus:

Umsatzrentabilität (in %) (Wie viel Ergebnis v. Steuern wird pro Umsatz-Euro erzeugt?) (ROS - Return on Sales)	Ergebnis vor Steuern	352,10	264,20	75,70	1.143,60	1.079,40
	Gesamterlöse	13.160,40	11.441,60	13.322,00	19.697,40	16.476,40
(Gibt Auskunft über die Rückflüsse/ Gewinne und damit die Ertragskraft) (Fokus: Handel & Service)	*Division x 100*	2,68% 0	2,31% -	0,57% -	5,81% +	6,55% +

[14] t für „taxes", also (1 – Steuersatz).

Die Gesamtübersicht der bisherigen Erfolgskennzahlen zeigt aus grafischer Sicht natürlich auch wieder nur GuV-relevante Analysen. Dies ist aber gewollt, denn mit der HKG-Bilanz haben wir uns ja schon intensiver beschäftigt.

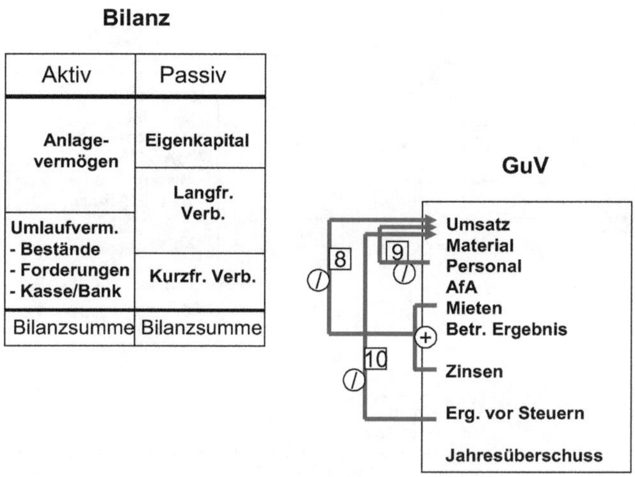

Allerdings, wenn wir mit der nächsten Kennzahl die gleiche Aussage auf der Basis der Bilanzsumme suchen, dann wird wieder eine Mischkennzahl aus GuV- und Bilanzdaten anstehen.

9.4.4 Schritt XI: Kapitalrendite bzw. -rentabilität

Jetzt wird wieder die bereits angedeutete Wechselwirkung zwischen Bilanz und GuV aufgestellt. Damit haben wir gemeinsam mit der ersten Kennzahl „Gesamtkapitalumschlag" jetzt die zweite „Mischkennzahl", die sowohl die Bilanz als auch die GuV integriert.

Die „*Kapitalrentabilität*" berechnet, wie viel Ergebnis (vor Steuern) pro Kapitaleuro erwirtschaftet wird!

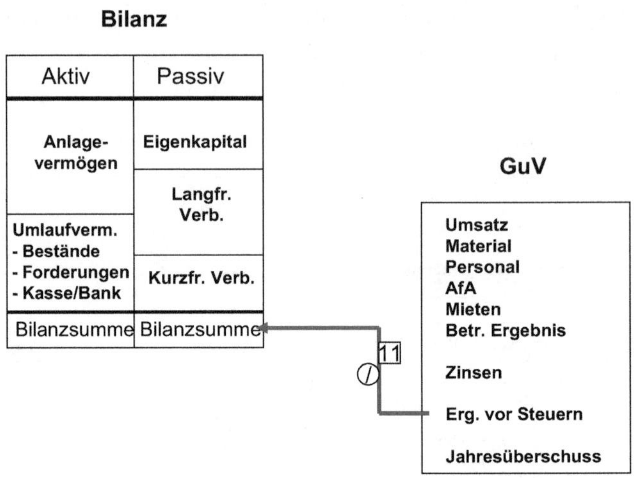

Mit unseren Zahlen sehen wir:

Kapitalrendite (in %) (Wieviel Ergebnis v. Steuern wird pro Kapital-Euro erzeugt?) (ROC - Return on Capital)	Ergebnis vor Steuern	352,10	264,20	75,70	1.143,60	1.079,40
	Bilanzsumme	5.182,40	4.972,70	5.373,90	5.897,40	5.450,40
(Gibt Auskunft über die Rückflüsse/ Gewinne und damit die Ertragskraft pro Investiv-Euro)	*Division x 100*	6,79%	5,31%	1,41%	19,39%	19,80%

Wie sind diese Kapitalrenditen jetzt zu würdigen?

Wir wissen, dass die Umsatzrenditen (zumindest in den Jahren 4 und 5) gut sind. Außerdem haben wir auch den Kapitalumschlag in den letzten Jahren als gut bis sehr gut gewürdigt.

Gesamtkapitalumschlag (Wie häufig wird das Kapital auf Basis des Erlöses umgeschlagen?) oder (1 Euro Kapital generiert wieviel Euro Erlöse ?)	Gesamterlöse	13.160,40	11.441,60	13.322,00	19.697,40	16.476,40
	Bilanzsumme	5.182,40	4.972,70	5.373,90	5.897,40	5.450,40
	Division	2,54 0	2,30 0	2,48 0	3,34 +	3,02 +

Dann kann die Kapitalrendite auch nur gut bis sehr gut sein (zumindest in den Jahren 4 und 5).

Wieso?

Die Antwort lautet erneut „ganz einfache Mathematik“!

Jede umsatzbasierte Kennzahl wird zur identischen bilanzsummenbasierten Kennzahl, wenn wir mit dem Kapitalumschlag multiplizieren.

Es gilt also:

$$\text{Umsatzrendite} \times \text{Kapitalumschlag} = \text{Kapitalrendite}$$

weil

$$\frac{\text{Ergebnis}}{\text{Umsatz}} \times \frac{\text{Umsatz}}{\text{Bilanzsumme}} = \frac{\text{Ergebnis}}{\text{Bilanzsumme}}.$$

Der Umsatz kürzt sich raus … und die Kapitalrendite (Kapitalrentabilität) bleibt stehen.

Bevor wir aber an die Zahlen gehen, überlegen Sie bitte einmal:

Eine gute Umsatzrendite multipliziert mit einem guten Kapitalumschlag (zumindest in den Jahren 4 und 5) kann nur was ergeben? Also kann die Würdigung sicherlich nicht viel „rot (–)“, erst recht nicht in den Jahren 4 und 5, zeigen.

Kapitalrendite (in %) (Wieviel Ergebnis v. Steuern wird pro Kapital-Euro erzeugt?) (ROC - Return on Capital)	Ergebnis vor Steuern	352,10	264,20	75,70	1.143,60	1.079,40
	Bilanzsumme	5.182,40	4.972,70	5.373,90	5.897,40	5.450,40
(Gibt Auskunft über die Rückflüsse/ Gewinne und damit die Ertragskraft pro Investiv-Euro)	*Division x 100*	6,79% 0	5,31% -	1,41% -	19,39% +	19,80% +

Schauen wir uns abschließend die Kennzahlen zum 3. Trichterblock „Erfolg und Rendite“ nochmals gemeinsam in einer Darstellung an. Wir werden wieder sehen, wie sukzessive Bilanz- und GuV-Größen intelligent in Relation zueinander gestellt werden.

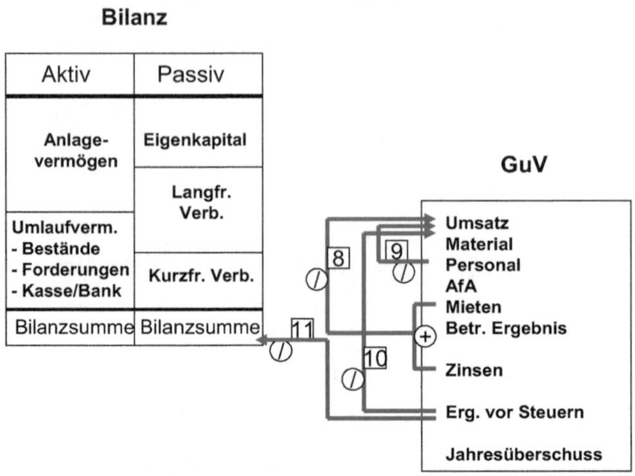

Jetzt fehlen uns nur noch die Kennzahlen zum 4. Trichterblock.

9.5 Der 4. Trichterblock: operative Stärke

Der 4. und letzte Trichterblock behandelt die Frage, ob aus Drittsicht (Banken) und aus der Sicht der „reinen Operations" und deren Kosten unternehmerische Stärke und Brillanz abgeleitet werden kann.

9.5.1 Schritt XII: Zinsdeckungsquote

Die Zinsdeckungsquote misst die Stärke des operativen Ergebnisses im Verhältnis zu den Zinszahlungen, oder anders ausgedrückt:

> Die „*Zinsdeckung(squote)*" berechnet den Faktor, um den das operative (Betriebs-)Ergebnis die Aufwendungen für die Finanzierung des operativen Geschäfts (Zinsen) übersteigt.

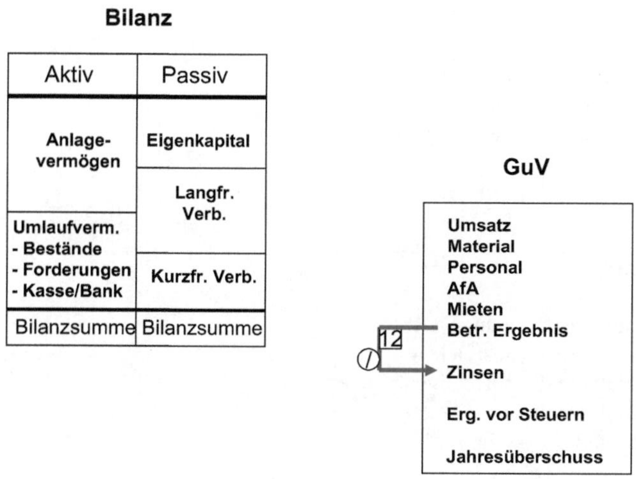

Wir sehen bei uns:

Zinsdeckung Wie häufig deckt das Betriebsergebnis die Zinsforderungen der FK-Geber	Betriebsergebnis	433,70	356,40	160,20	1.260,50	1.155,60
	Zinsen	89,30	93,40	84,90	118,00	77,50
	Division	4,9	3,8	1,9	10,7	14,9

Die Zinsdeckungsquote berechnet also, wie gut das operative Ergebnis (Betriebsergebnis) vor dem Hintergrund der Finanzierungskosten ist und damit wie sicher die Zinszahlungen an die Banken sind. Auch wenn nur geringe Zahlungen anstehen, so kann erst dann ein gutes Votum ausgestellt werden, wenn diese auch geleistet werden können.

Es versteht sich von alleine, dass Banken diese Kennzahl ganz besonders mögen, aber sie ist auch für unser Thema Beteiligungsmanagement bzw. -controlling und Bewertung von großem Interesse.

Die Zinserträge werden übrigens nicht mit den Aufwendungen saldiert. Es handelt sich also um eine Worst-Case-Szenario-Rechnung.

Die hier ausgewiesenen Werte sind zunächst (Jahre 1 bis 3) noch mittelmäßig bis schlecht, dann allerdings sehr schlagartig sehr gut. Im Allgemeinen gilt für die (gerundeten) Faktoren der Zinsdeckungsquote:

Produzierendes Gewerbe (Faktoren)

3	Schulnote 5 – mangelhaft
4	Schulnote 4 – ausreichend
5	Schulnote 3 – befriedigend
6	Schulnote 2 – gut
7	Schulnote 1 – sehr gut

Handel (Faktoren)

2	Schulnote 5 – mangelhaft
3	Schulnote 4 – ausreichend
4	Schulnote 3 – befriedigend
5	Schulnote 2 – gut
6	Schulnote 1 – sehr gut

Klassische Dienstleistung (Faktoren)

1,5	Schulnote 5 – mangelhaft
2,3	Schulnote 4 – ausreichend
3,0	Schulnote 3 – befriedigend
3,7	Schulnote 2 – gut
4,5	Schulnote 1 – sehr gut

Bei klassischen Dienstleistern (z. B. Beratungsgesellschaft – Gebäude und Einrichtung im Eigentum, technisches Equipment geleast) können durchaus auch Faktoren ausgewiesen werden, die ein Vielfaches höher als die sehr guten 4,5 sind. In diesem Fall verliert diese Kennzahl aber zunehmend an Bedeutung.

Damit ist die Würdigung auch wieder leicht:

Zinsdeckung Wie häufig deckt das Betriebsergebnis die Zinsforderungen der FK-Geber	Betriebsergebnis	433,70	356,40	160,20	1.260,50	1.155,60
	Zinsen	89,30	93,40	84,90	118,00	77,50
	Division	4,9 0	3,8 0	1,9 -	10,7 +	14,9 +

Erneut schließt sich der Kreis.

Das schlechtere Management oder die schlechteren Ergebnisse der Beteiligung in den Jahren 1 bis 3 zeigen sich auch hier deutlich.

Ein neuer Trichter-Kennzahlenblock heißt aber auch wieder neu beginnende Gesamtdarstellungen. Hier ist somit die Einzeldarstellung identisch mit der ersten Gesamtdarstellung des 4. Trichterblocks. Daher entfällt der explizite Abdruck.

9.5.2 Schritt XIII: dynamische Verschuldung

Die dynamische Verschuldung ist ebenfalls eine Perspektive, die bei Banken hoch im Kurs steht.

Während mit der Zinsdeckung (Schritt XII) abgefragt wurde, ob und mit welchen Reserven das Unternehmen in der Lage ist, periodisch Zinsaufwendungen verdienen und damit bezahlen zu können, wird hier jetzt auf die Kreditrückzahlungsfähigkeit bzw. -dauer (Tilgungsfähigkeit bzw. -dauer) abgestellt.

Die „*dynamische Verschuldung*" berechnet, wie lange es dauert (Jahre), die (Effektiv-)Verbindlichkeiten aus dem Cash Flow nach Steuern (ceteris paribus) heraus zu tilgen?

Wir kommen hier auf eine Analyse zu sprechen, die wieder einen Bezug zum Cash Flow hat.

Im Vordergrund steht nicht mehr die Frage der Bedienbarkeit von Zinsen, sondern die Tilgungsfähigkeit.

Die mit dieser Kennzahl verbundene Frage heißt: Wie viele Jahre dauert es (theoretisch), bis die Schulden aus dem periodischen Cash Flow heraus getilgt werden könnten?

Grafisch sieht dies dann vereinfacht folgendermaßen aus.

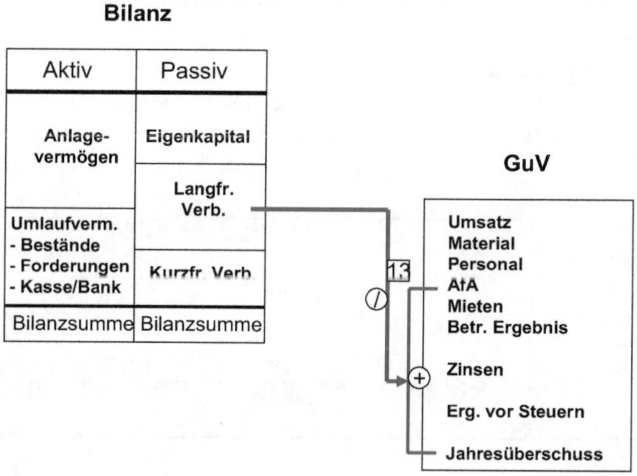

Was sehen wir bei der HKG?

(Dyn. Verschuldung) Kredittilgungsdauer (Wie lange dauert es, bis aus dem CF nach Steuern die Effektiv-verschuldung getilgt werden kann?) (Dynamischer Verschuldungsgrad) (Gibt Auskunft über die Kreditwürdigkeit und Bonität)	Summe langfr. FK	2.407,70	2.497,00	2.584,30	2.505,90	1.454,00
	- langfr. Rückstellungen	0,00	0,00	0,00	306,40	0,00
	+ Summe kurzfr. FK	1.373,80	1.023,60	1.251,90	933,90	914,80
	- Forderungen	1.073,10	813,30	847,00	807,20	792,60
	- flüssige Mittel	190,50	44,30	21,00	362,10	51,60
		2.517,90	2.663,00	2.968,20	1.964,10	1.524,60
	Cash Flow	436,10	324,30	363,80	1.547,10	495,80
	Division	5,77	8,21	8,16	1,27	3,08

Im Zähler setzen wir die Verschuldung an, allerdings sehr spezifisch, denn wir sprechen hier von bzw. berechnen die Effektivverschuldung. Man liest auch teilweise den Begriff „Nettoverschuldung“. Darunter verstehen wir eine Verschuldungsbasis, die keine langfristigen Rückstellungen umfasst, also nur das langfristige (in erster Linie von Banken) und das kurzfristige Fremdkapital (Kreditoren und sonstige kurzfristige Verbindlichkeiten). Diese Posten saldieren wir dann noch mit den liquiden Mitteln (die ja ad hoc schon für eine potenzielle Tilgung zur Verfügung stehen) und den Forderungen, also Vermögen, das (hoffentlich) bald zur Verfügung stehen wird.

Die Gegenrechnung mit der letzten Position (Forderungen) ist aber auch logisch, da wir beim Fremdkapital auch die kurzfristigen Verbindlichkeiten ansetzen, die auch erst in Kürze gezahlt werden müssen.

Im Nenner habe ich in diesem Fall den Cash Flow mit der genaueren DVFA-Empfehlung gerechnet, weil die Banken (als erster Adressat dieser Analyse/Kennzahl) diese Definition bevorzugen.

Jahresüberschuss bzw. Jahresfehlbetrag	249,40	185,00	52,80	795,00	753,90
+ Abschreibungen	186,70	212,60	227,90	191,30	210,00
+ Erhöhung/ - Verminderung Rückstellungen	0,00	-73,30	83,10	560,80	-468,10
- Entnahmen (Vorab-Ausschüttung)	0,00	0,00	0,00	0,00	0,00
+ Einstellung/ - Auflösung Sonderposten	0,00	0,00	0,00	0,00	0,00
= Cash Flow	436,10	324,30	363,80	1.547,10	495,80

Wie schon so häufig, wird sehr schön deutlich, wie sich die Beteiligung ab dem vierten Jahr „gedreht“ hat.

Wie sollten Sie ansonsten die Sachlage beurteilen bzw. in Ihren Gesellschaften planen und gestalten? Gehen wir hier auch wieder mit Schulnoten heran.

Produzierendes Gewerbe in Jahren[15]

> 6,5 Jahre	Schulnote 5 – mangelhaft
5,5 < *x* < 6,5 Jahre	Schulnote 4 – ausreichend
4,5 < *x* < 5,5 Jahre	Schulnote 3 – befriedigend
3,5 < *x* < 4,5 Jahre	Schulnote 2 – gut
< 3,5 Jahre	Schulnote 1 – sehr gut

Handel

> 5,5 Jahre	Schulnote 5 – mangelhaft
4,5 < *x* < 5,5 Jahre	Schulnote 4 – ausreichend
3,5 < *x* < 4,5 Jahre	Schulnote 3 – befriedigend
2,5 < *x* < 3,5 Jahre	Schulnote 2 – gut
< 2,5 Jahre	Schulnote 1 – sehr gut

Dienstleistung

> 3,8 Jahre	Schulnote 5 – mangelhaft
3,0 < *x* < 3,8 Jahre	Schulnote 4 – ausreichend
2,3 < *x* < 3,0 Jahre	Schulnote 3 – befriedigend
1,5 < *x* < 2,3 Jahre	Schulnote 2 – gut
< 1,5 Jahre	Schulnote 1 – sehr gut

Sind bei Dienstleistern Gebäude aktiviert und fremdfinanziert, dann sind auch höhere Korridore zulässig.

Somit würdige bei unserer Beteiligung mit:

(Dyn. Verschuldung) Kredittilgungsdauer	Summe langfr. FK	2.407,70	2.497,00	2.584,30	2.505,90	1.454,00
(Wie lange dauert es, bis aus dem	- langfr. Rückstellungen	0,00	0,00	0,00	306,40	0,00
CF nach Steuern die Effektiv-	+ Summe kurzfr. FK	1.373,80	1.023,60	1.251,90	933,90	914,80
verschuldung getilgt werden kann?)	Forderungen	1.073,10	813,30	847,00	807,20	792,60
	- flüssige Mittel	190,50	44,30	21,00	362,10	51,60
(Dynamischer Verschuldungsgrad)		2.517,90	2.663,00	2.968,20	1.964,10	1.524,60
(Gibt Auskunft über die Kreditwürdigkeit und Bonität)	Cash Flow	436,10	324,30	363,80	1.547,10	495,80
	Division	5,77	8,21	8,16	1,27	3,08
		0	-	-	+	+

Die Gesamtdarstellung zeigt wieder entsprechende Wechselwirkungen zwischen Bilanz und GuV auch beim Trichterblock „operative Stärke".

[15] Die Schwerindustrie ist hier ausgenommen. Teilweise sehen wir dort aber auch (passivierte) Anzahlungen.

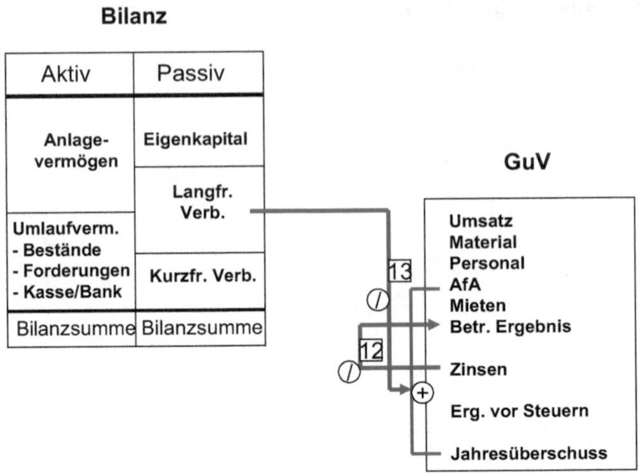

9.5.3 Schritt XIV: Reinvestitionsquote

Hier ist (im Excel Tool) die Reinvestitionsquote III gemeint, und damit hatten wir uns ganz zu Beginn der Kennzahlenanalyse bei der Anlagenintensität (zweite Berechnung) schon beschäftigt.

Die „*(Re-)Investitionsquote III*" berechnet, wie viel der durch Abschreibungen reduzierten Substanz wieder durch Neuinvestitionen aufgefüllt wird!

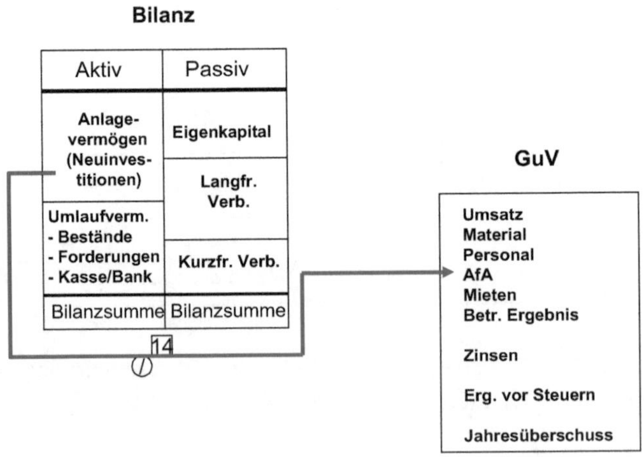

Wir sehen mit unseren HKG-Zahlen:

(Re)Investitionsquote III (%) (Berechnet eine Substanzsteigerung oder Substanzreduktion) (Managementkennzahl, in Verbindung mit Kapitalumschlag (Kap-U), Kapitalrendite (ROI) und Umsatzrendite (ROS))	Periodische Investitionen	2.679,40	314,50	334,20	295,70	141,00
	Abschreibungen auf AV	186,70	212,60	227,90	191,30	210,00
	Division	14,35	1,48	1,47	1,55	0,67

Die Bruttoinvestitionen konnten wir uns auch leicht herleiten, obwohl kein Anlagespiegel zur Verfügung steht. Sie erinnern sich? Dafür brauchen wir die Veränderungen im Anlagevermögen, also *Anlagevermögen Periode*$_t$ minus *Anlagevermögen Periode*$_{t-1}$. Da in der Bilanz die Wirtschaftsgüter nach periodischen Abschreibungen zu Periodenende dargestellt sind, müssen wir zum Saldo aus dem Anlagevermögen noch die Abschreibungen der laufenden Periode addieren. Somit erhalten wir die periodischen Bruttoinvestitionen als

Anlagevermögen$_t$
– Anlagevermögen$_{t-1}$
+ Abschreibungen$_t$
= periodische Bruttoinvestitionen

Veränderung Anlagevermögen (Immat & SAV)	2.492,70	101,90	106,30	104,40	-69,00
+ Abschreibungen auf Sachanlagevermögen	186,70	212,60	227,90	191,30	210,00
= Periodische (Brutto)Investitionen	2.679,40	314,50	334,20	295,70	141,00

Die in der Reinvestitionsquote ausgewiesenen Faktoren hatten bei uns schon Kritik hervorgerufen. Deshalb möchte ich hier auch keine Wiederholungen schreiben. Es hätte wohl etwas mehr sein können, selbst wenn diese hätten fremdfinanziert werden müssen.

Somit müssen wir diese letzte Kennzahl natürlich mit einer abwärts zeigenden Tendenz würdigen.

(Re)Investitionsquote III (%) (Berechnet eine Substanzsteigerung oder Substanzreduktion) (Managementkennzahl, in Verbindung mit Kapitalumschlag (Kap-U), Kapitalrendite (ROI) und Umsatzrendite (ROS))	Periodische Investitionen	2.679,40	314,50	334,20	295,70	141,00
	Abschreibungen auf AV	186,70	212,60	227,90	191,30	210,00
	Division	14,35 +	1,48 0	1,47 0	1,55 0	0,67 -

Auch hier werden wieder beide Zahlenwerke (Bilanz und GuV) bei der Kennzahlzusammenstellung ins Rennen geschickt. Damit haben wir erneut eine Mischkennzahl.

Schauen wir uns abschießend auch hier wieder bzw. noch die Gesamtdarstellung des vierten Analyseblocks grafisch an:

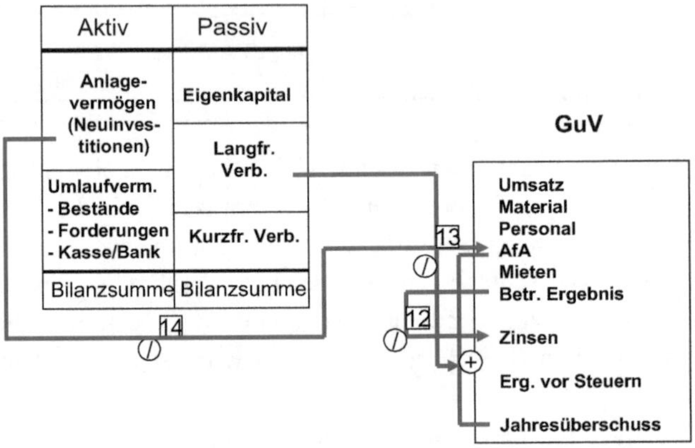

Jetzt haben wir es geschafft: Mit diesen 14 Kennzahlen analysieren wir – oder sagen wir besser „knacken wir" – (meiner Meinung nach) jede Bilanz und damit auch unsere Beteiligung aus klassischer Sicht. Umgekehrt können wir mit diesen 14 Kennzahlen auch Optimierungen planen, wenn wir die Kennzahlen rückwärts rechnen, somit Aussagen zu einer Beteiligung nach der Restrukturierung intelligent und logisch aufbauen, wenn wir die entsprechenden Wertungsgrößen und -korridore kennen.

9.6 Die 14 Analyseschritte in der Übersicht

Schauen wir uns die 14 Schritte nochmals in der Übersicht an, und gruppieren wir diese nach Zahlenwerk.

Beginnen wir mit den Kenngrößen, die nur die GuV betreffen.

9.6.1 GuV-bezogene Trichterkennzahlen

Diese Gruppe umfasst die Kennzahlen:

Trichterkennzahl 7: Cash-Flow-Umsatzrate,
Trichterkennzahl 8: Miet- und Zinsintensität,
Trichterkennzahl 9: Personalintensität,
Trichterkennzahl 10: Umsatzrentabilität,
Trichterkennzahl 12: Zinsdeckungsquote.

GuV

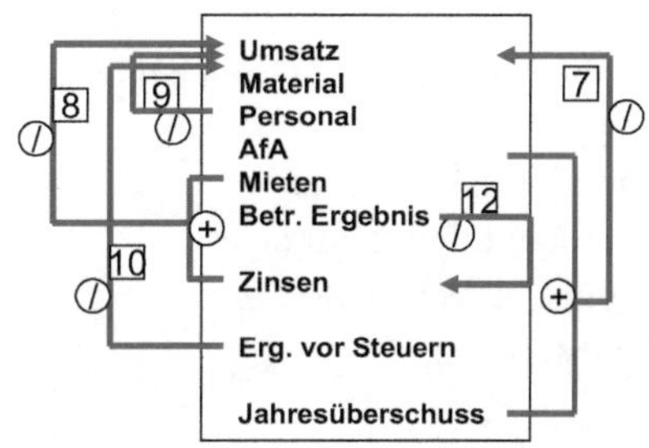

9.6.2 Bilanzbezogene Trichterkennzahlen

Diese Gruppe umfasst die Kennzahlen:

Trichterkennzahl 2: Anlagenintensität,
Trichterkennzahl 3: Eigenkapitalquote,
Trichterkennzahl 4: Kreditorenquote,
Trichterkennzahl 5: Liquidität 2. Grades (mit weiteren Referenzkennzahlen),
Trichterkennzahl 6: Liquidität 3. Grades (mit weiteren Referenzkennzahlen).

Bilanz

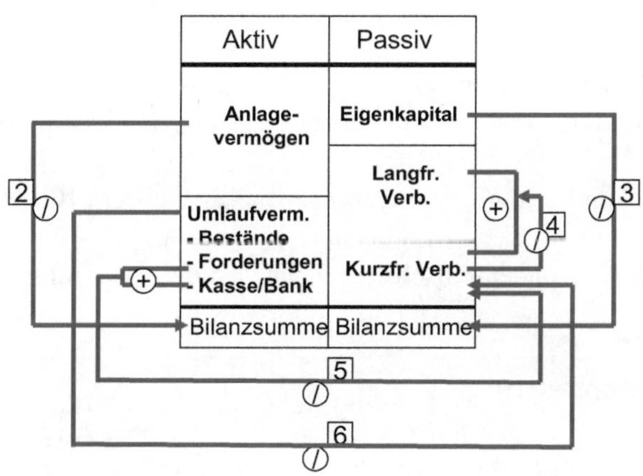

9.6.3 Misch-Trichterkennzahlen – Bilanz- und GuV-bezogene

Zur Gruppe der Mischkennzahlen (Bilanz und GuV) gehören:

Trichterkennzahl 1: Gesamtkapitalumschlag,
Trichterkennzahl 11: Gesamtkapitalrentabilität,
Trichterkennzahl 13: Dynamische Verschuldung,
Trichterkennzahl 14: Reinvestitionsquote 3.

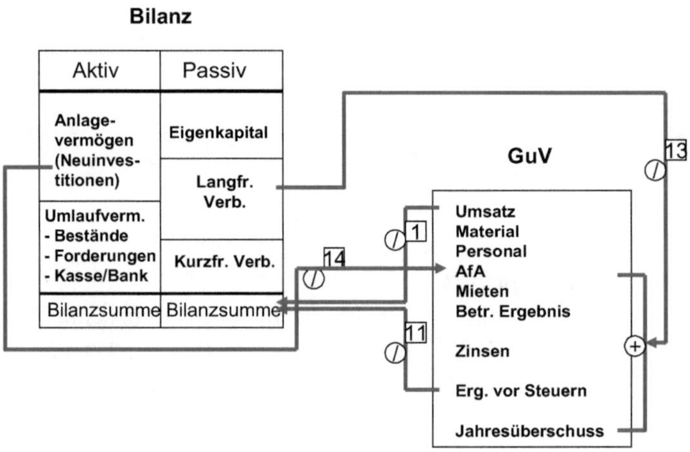

Wenn Sie mit diesen vier Blöcken bzw. drei Perspektiven ein wenig üben, werden Sie sehr schnell die Strukturen erkennen und in der Lage sein, mit wenig Aufwand

- tief und überzeugend analytisch in das gegebene Zahlenwerk Bilanz und GuV einzudringen und
- intelligente und aufeinander logisch aufbauende Analysen auszuführen.

9.7 Zusammenfassung

Dies wird besonders deutlich, wenn wir alle vier Schritte und Analysen übereinanderlegen.

Hier kommt *der finale Bauplan* für Ihre klassische Beteiligungsanalyse:

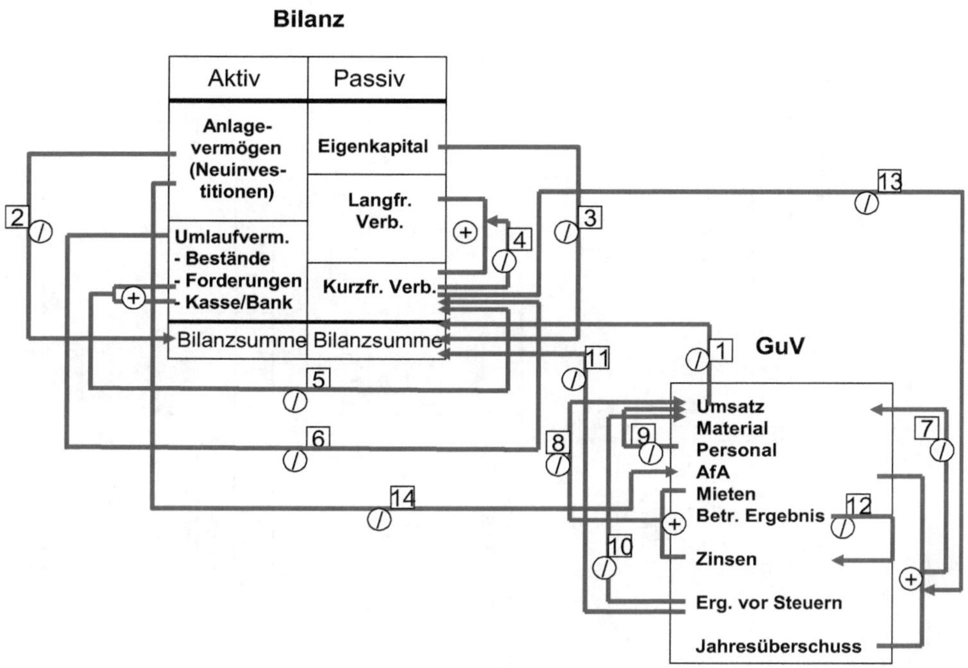

Dieses Bild muss Ihr geistiges, permanent abrufbares Analyseinstrumentarium werden, denn damit erarbeiten Sie sich nicht nur einen tiefen Zugang zum „Inneren" jeder Gesellschaft/Beteiligung, sondern auch einen optimalen Zeitpunkt zum Verkauf, mitunter also für den Beginn Ihrer Bewertung.

Diese Zusammenfassung kann man dann auch anders, also wieder mit Zahlen, in den von mir sehr geliebten Flussdiagrammen erstellen.

Damit die Darstellungen noch halbwegs leserlich sind, zeige ich Ihnen jeweils nur die letzten drei Ist-Perioden, also die Jahre 3–5, und ich stelle das Flussdiagramm außerdem wieder im Querformat auf der nächsten Seite ein.

Schauen Sie daher auf jeden Fall parallel in das Excel Tool, da finden sie diese Auswertung ja „live" und können sich diese ja auch ausdrucken.

Im ersten Flussdiagramm habe ich neben dem GuV- und Bilanzstrang recht viele Kennzahlenauswertungen eingearbeitet. Wir haben nicht alle Kennzahlen im Einzelnen besprochen, aber die meisten sind doch selbsterklärend. Alternativ schlagen Sie in meinem Buch „Bilanzanalyse mit Kennzahlen" nach, dort habe ich knapp 70 Kennzahlen im Detail an einem konkreten Beispiel und auch wieder mit Excel Tool erklärt.

Das zweite Flussdiagramm ist ein wenig anders aufgebaut. Dort werden eigentlich „nur" die Trichterkennzahlen abgebildet, dafür aber die Bilanz mit mehr „Tiefgang".

Entscheiden Sie selbst, welche Darstellung Ihnen aus Beteiligungscontrollingsicht mehr zusagt.

Auf den beiden steht aber (fast) alles drauf, was operativ in der HKG in den letzten drei Jahren passiert ist.

Die strategische Perspektive fehlt noch, aber damit beschäftigen wir uns ja jetzt im nächsten Kapitel.

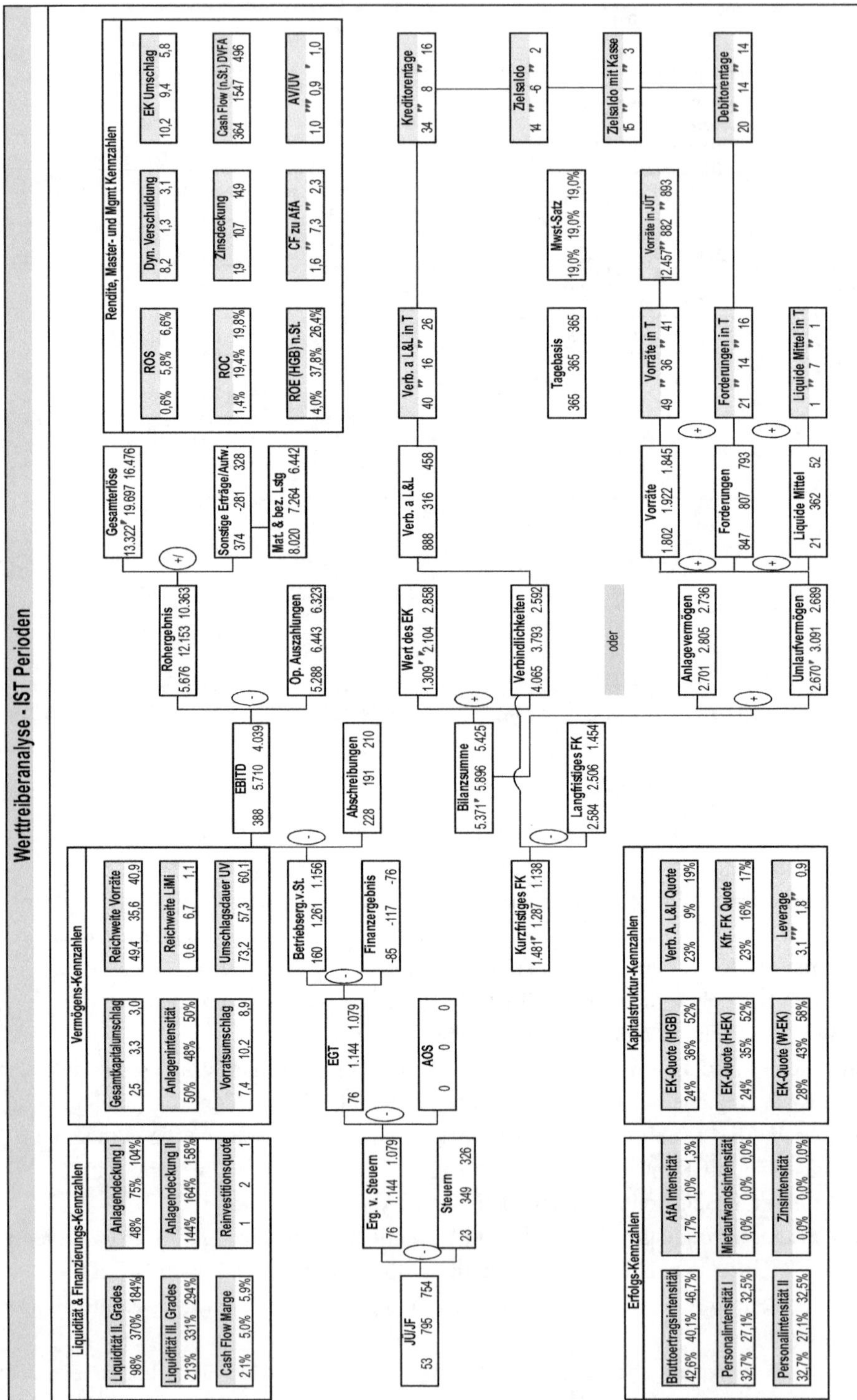
Werttreiberanalyse - IST Perioden
Liquidität & Finanzierungs-Kennzahlen
Liquidität II. Grades 98% 370% 184%
Anlagendeckung I 48% 75% 104%
Liquidität III. Grades 213% 331% 294%
Anlagendeckung II 144% 164% 158%
Cash Flow Marge 2,1% 5,0% 5,9%
Reinvestitionsquote 1 2 1
Vermögens-Kennzahlen
Gesamtkapitalumschlag 2,5 3,3 3,0
Reichweite Vorräte 49,4 35,6 40,9
Anlagenintensität 50% 48% 50%
Reichweite LiMi 0,6 6,7 1,1
Vorratsumschlag 7,4 10,2 8,9
Umschlagsdauer UV 73,2 57,3 60,1
JÜ/JF 53 795 754
Erg. v. Steuern 76 1.144 1.079
Steuern 23 349 326
EGT 76 1.144 1.079
AOS 0 0 0
Betriebserg.v.St. 160 1.261 1.156
Finanzergebnis -85 -117 -76
EBITD 388 5.710 4.039
Abschreibungen 228 191 210
Rohergebnis 5.676 12.153 10.363
Op. Auszahlungen 5.288 6.443 6.323
Gesamterlöse 13.322 19.697 16.476
Sonstige Erträge/Aufw. 374 -281 328
Mat. & bez. Lstg 8.020 7.264 6.442
Rendite, Master- und Mgmt Kennzahlen
ROS 0,6% 5,8% 6,6%
Dyn. Verschuldung 8,2 1,3 3,1
EK Umschlag 10,2 9,4 5,8
ROC 1,4% 19,4% 19,8%
Zinsdeckung 1,9 10,7 14,9
Cash Flow (n.St.) DVFA 364 1547 496
ROE (HGB) n.St. 4,0% 37,8% 26,4%
CF zu AfA 1,6 7,3 2,3
AV/UV 1,0 0,9 1,0
Bilanzsumme 5.371 5.896 5.425
Wert des EK 1.309 2.104 2.858
Verbindlichkeiten 4.065 3.793 2.592
Kurzfristiges FK 1.481 1.287 1.138
Langfristiges FK 2.584 2.506 1.454
Verb. a L&L 888 316 458
Verb. a L&L in T 40 16 26
Kreditorentage 34 8 16
Tagebasis 365 365 365
Mwst-Satz 19,0% 19,0% 19,0%
Zielsaldo 14 -6 2
Zielsaldo mit Kasse 15 1 3
oder
Anlagevermögen 2.701 2.805 2.736
Umlaufvermögen 2.670 3.091 2.689
Vorräte 1.802 1.922 1.845
Vorräte in T 49 36 41
Vorräte in JUT 12.457 882 893
Forderungen 847 807 793
Forderungen in T 21 14 16
Debitorentage 20 14 14
Liquide Mittel 21 362 52
Liquide Mittel in T 1 7 1
Kapitalstruktur-Kennzahlen
EK-Quote (HGB) 24% 36% 52%
Verb. A. L&L Quote 23% 9% 19%
EK-Quote (H-EK) 24% 35% 52%
Kfr. FK Quote 23% 16% 17%
EK-Quote (W-EK) 28% 43% 58%
Leverage 3,1 1,8 0,9
Erfolgs-Kennzahlen
Bruttoertragsintensität 42,6% 40,1% 46,7%
AfA Intensität 1,7% 1,0% 1,3%
Personalintensität I 32,7% 27,1% 32,5%
Mietaufwandsintensität 0,0% 0,0% 0,0%
Personalintensität II 32,7% 27,1% 32,5%
Zinsintensität 0,0% 0,0% 0,0%

Executive Summary (inklusiv aller Trichter-Kennzahlen) und die Einflussfaktoren: letzte 3 Ist-Perioden

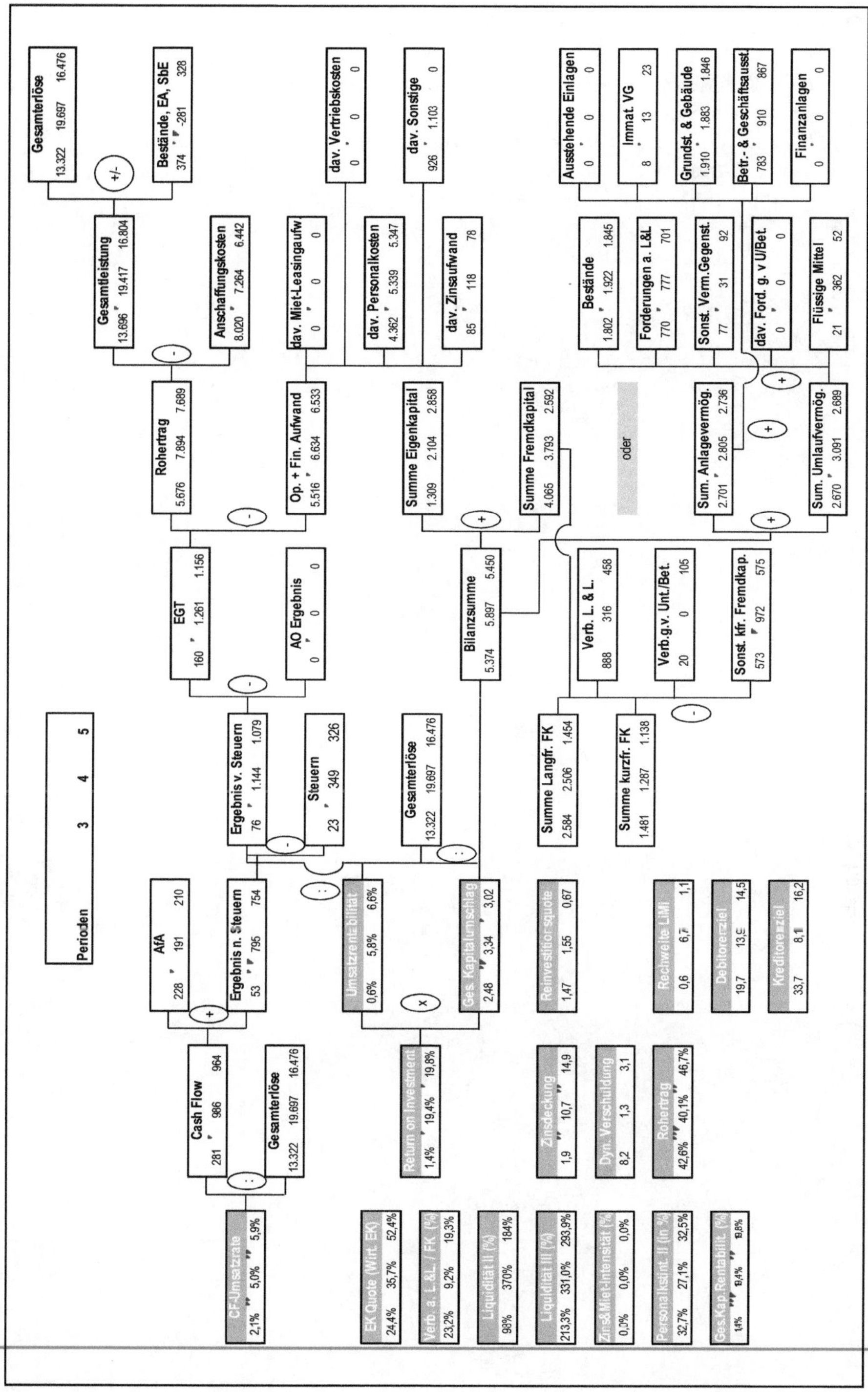

Literatur

Heesen, B. 2012. *Bilanzplanung und Bilanzgestaltung: Fallorientierte Bilanzerstellung und Beratung*. Bd. 3. Wiesbaden: GWV.

Heesen, B., und W. Gruber. 2016. *Bilanzanalyse und Kennzahlen – Fallorientierte Bilanzoptimierung*. Bd. 3, 6. Aufl. Wiesbaden: GWV.

Strategisches Beteiligungscontrolling 10

Die bisher dargestellten Analyseansätze sind die klassischen Methoden, Firmen bzw. Beteiligungen im Detail zu betrachten und werden so auch in gleicher oder ähnlicher Form sicherlich vielfach eingesetzt.

Diese Ansätze kommen ausnahmslos aus dem angelsächsischen Raum und vor allem aus den USA. Diese haben ihren Ursprung in der wertorientierten Unternehmensführung und sind damit eng mit dem Thema Bewertung verbunden.

In der Literatur gibt es inzwischen sehr viele Controllinganätze aus strategischer Sicht für Geschäftsbereiche und/oder Beteiligungen. Diese will ich hier nur auszugsweise kurz darstellen, dann aber sofort auf die mir wichtigen wertorientierten Ansätze übergeben.

10.1 Portfoliobetrachtung als Instrument des strategischen Beteiligungscontrollings bzw. der Geschäftsfeldplanung

In den 70er-Jahren führten Instrumente wie Gap-Analysen, Erfahrungskurven, Portfoliobetrachtungen und Denken in SGE (strategischen Geschäftseinheiten) zu einer einseitigen strategischen Planung mit den Schwerpunkten Markt und Wettbewerb. In den 90er-Jahren wurden weiterhin Markt und Wettbewerb fokussiert, jedoch wurde nunmehr auch das Unternehmensumfeld stärker miteinbezogen (z. B. Wettbewerbsstrategie nach Porter). Der Ansatz konzentriert sich aber fast ausschließlich auf den Produkt-Marktsegment-Bereich, d. h. die Umwelt wird weitestgehend reduziert auf Leistungsabnehmer und Konkurrenten.

Der Shareholder-Value-Ansatz, der in den 90er-Jahren dann verstärkt Einzug hielt, bezieht den Kapitalmarkt und weitere Erfolgspotenziale mit ein (Investition, Finanzierung, Restrukturierung, Steuern).

B. Heesen, *Beteiligungsmanagement und Bewertung für Praktiker*,
https://doi.org/10.1007/978-3-658-30792-9_10

10.2 Portfolioanalyse bzw. Controlling im Firmenverbund

Dabei werden das Unternehmen in eigenständig zu planende Unternehmenseinheiten/SGE bzw. Beteiligungen unterteilt, unabhängige Strategien entwickelt und in einem ganzheitlichen Unternehmensbild betrachtet. Ziel der strategischen Planung und des strategischen Beteiligungscontrollings ist es,

- das langfristige Überleben des Unternehmens und deren Beteiligungen auf hohem Niveau zu sichern,
- erfolgreiche Geschäftsbereiche bzw. Beteiligungen entsprechend hervorzuheben,
- Cash- und Wertvernichter zu identifizieren und zur Not zu veräußern und
- somit Werterzeuger zu fördern und weiter auszubauen.

Die Portfolioanalyse ist die Weiterentwicklung der Gap[1]-Betrachtung; der Grundgedanke der Gap-Analyse ist eine Extrapolation der Vergangenheitsentwicklung in die Zukunft und die Frage, welche Abweichungen ergeben sich zur Zielprojektion über mehrere Jahre hinweg.

Aufbauend auf die Gap-Analyse werden isolierte Teillösungen entwickelt, die unabhängig von der Gesamtheit des Unternehmens sind.

Der Portfolioansatz im Controlling ist dagegen keine isolierte Betrachtung, sondern das Unternehmen wird als Ganzes bewertet. Das Unternehmen wird als Summe von SGE bzw. Beteiligungen und Produktlinien mit dem Ziel betrachtet, eine ausgewogene und profitable (wie immer definiert) Zusammensetzung herzustellen. Nicht der alleinige Beitrag der einzelnen SGE zur Zielerfüllung steht im Mittelpunkt, sondern häufig die Zusammensetzung des Unternehmens. Auftretende Unausgewogenheiten dienen wie bei der Gap-Analyse als Ansatzpunkt für strategische Alternativen.

Das Portfoliokonzept betrachtet Produkt-Marktsegment-Kombinationen als einzelne Renditebringer mit eigenen Chancen und Risiken. Die einzelnen Geschäftsbereiche/Beteiligungen müssen sich aber sinnvoll in die Gesamtkonzeption des Unternehmens einfügen. Die Gemeinsamkeit der unterschiedlichen Portfoliokonzepte ist die zweidimensionale Matrix als Visualisierungsinstrument zur Beurteilung von o. g. Unausgewogenheiten.

[1] Gap (englisch): Lücke.

Bei der Gap-Analyse wird die gewünschte Entwicklung einer Zielgröße (z. B. Umsatz oder Gewinn) dem Verlauf dieser Größe gegenüber gestellt, der bei der derzeit verfolgten Strategie erwartet wird. Die Abweichung zwischen beiden Entwicklungen offenbart eine strategische Lücke und deutet auf die Notwendigkeit einer Strategieänderung/-anpassung hin (z. B. Entwicklung und Einführung neuer Produkte).

Stärken

- Die Portfoliostrategie und das -controlling sind Hilfsmittel, um in einer sehr komplexen Umwelt Entscheidungen treffen zu können.
- Sie eröffnen die Möglichkeit, differenzierte Strategien für die verschiedenen SGE und Beteiligungen zu entwickeln und zu controllen.
- Das Portfoliokonzept stellt sicher, dass funktionale Strategien mit der Gesamtstrategie im Einklang stehen und aus Controllingsicht dafür auch der Nachweis erbracht werden kann.
- Das Portfolioprinzip lässt sich auch auf einzelne Produkte/Länder anwenden, d. h. produkt- bzw. länderspezifische Strategien sind möglich.

Schwächen

- Portfoliokonzepte waren zunächst ausschließlich markt- und wettbewerbsorientiert, d. h. andere Faktoren (z. B. Organisation, Unternehmenskultur) flossen und fließen auch heute nicht ein.
- Es besteht die Gefahr, dass zu viele SGE definiert werden bzw. Beteiligungen vorhanden sind (Vermeidung durch Cluster-Bildung).
- Ein kurzfristiges, an finanziellen Ergebnissen orientiertes Management ist u. U. schädlicher als ein langfristiger Unternehmensaufbau (z. B. Forschung & Entwicklung-Projekte).
- Die Ausrichtung der Portfoliobetrachtung fußt fast ausschließlich auf bestehende SGE und Beteiligungen; für neue Aktivitäten/Gesellschaften bietet die Portfoliomatrix keinen bzw. kaum Raum.
- Die Implementierung der Planungskonzepte wird häufig vernachlässigt.
- Es besteht die Gefahr einer scheinbaren Sicherheit aus den Portfolio-Controllingdaten und -Darstellungen heraus.

Die wichtigsten Vertreter dieser Portfolioanalysen und -planungen sind hinreichend bekannt. Von daher stelle ich sie im Folgenden jeweils nur in einer kurzen Übersicht dar.

10.2.1 BCG-Ansatz: Marktanteils-Marktwachstums-Portfolio

Dies ist wohl der bekannteste „alte" Portfolioansatz.

Basis Die BCG-Matrix (auch Boston-I-Portfolio oder Marktanteils-Marktwachstums-Matrix) ist ein Portfolio für das strategische Management von Unternehmen. Sie wurde von der Boston Consulting Group (BCG) entwickelt und soll den Zusammenhang zwischen dem Produktlebenszyklus und der Kostenerfahrungskurve verdeutlichen. Sie kann in einer Matrix aufgebaut werden und wird grafisch häufig als Streu- oder Blasendiagramm dargestellt.

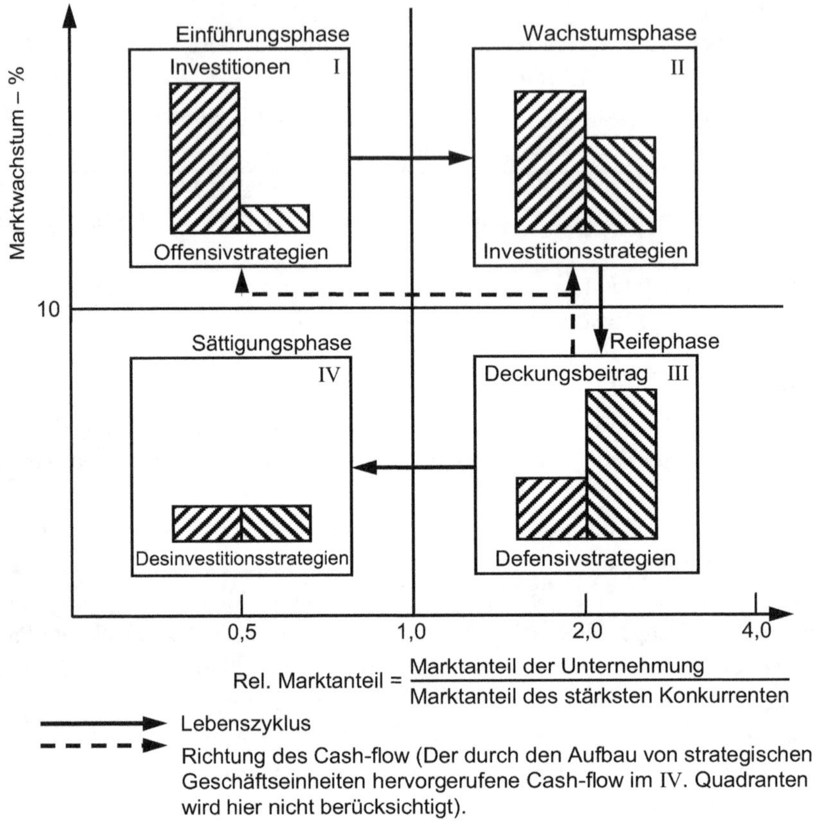

Die Benennung der vier Quadranten erfolgt meist wie folgt:

- Die „Question Marks" (auch Fragezeichen, Nachwuchsprodukte oder Babys) sind die Newcomer unter den Produkten. Sie haben ein hohes Wachstumspotenzial, allerdings nur geringe Marktanteile. Das Management steht vor der Entscheidung, ob es investieren oder das Produkt aufgeben soll. Im Falle einer Investition benötigt das Produkt sehr viele liquide Mittel, die es jedoch nicht selbst erwirtschaften kann. Eine offensive Strategie wird empfohlen. Die Strategieempfehlung lautet: Selektion.
- Die „Stars" sind die absoluten Sternchen des Unternehmens. Sie haben nicht nur einen hohen Marktanteil, sondern auch ein hohes Marktwachstum. Den enormen Investitionsbedarf, der sich aus dem hohen Marktwachstum ergibt, decken sie allerdings bereits mit hohem Cash Flow. Die Strategieempfehlung lautet: Investition.
- Die „Cash Cows" (Melkkühe) haben einen großen Marktanteil, jedoch ein geringes Marktwachstum. Sie produzieren stabile hohe Cash Flows und können ohne weitere Investitionen „gemolken" werden. Eine Abschöpfungsstrategie ist angebracht.

- Die „Poor Dogs“ sind die „Auslaufmodelle“ im Unternehmen. Sie haben ein geringes Marktwachstum, manchmal sogar einen Marktschwund sowie einen geringen Marktanteil. Zusätzlich entsteht sogar die Gefahr der Etablierung des Verlustbringers, daher sollte das Portfolio bereinigt werden (Desinvestitionsstrategie).

Werden alle strategischen Geschäftseinheiten/Beteiligungen in ein 4-Felder-Schema eingetragen, wobei auf der Abszisse (x-Achse) der relative Marktanteil und auf der Ordinate (y-Achse) das Marktwachstum angegeben sind, können je nach ihrer Einordnung in einem der vier Quadranten vier Normstrategien oder strategische Stoßrichtungen unterschieden werden:

- Defensivstrategien für die strategischen Geschäftseinheiten bzw. Beteiligungen mit hohem relativen Marktanteil und niedrigem Wachstum, da sie die größten gegenwärtigen Einnahmenüberschüsse bringen. Ein Anteil der Geschäftseinheiten am Gesamtumsatz in Höhe von 40–60 % ist eine gute Basis für eine langfristig ausgelegte Sicherung des Finanzbedarfs für die Wachstumsprodukte. Der Marktanteil muss somit gehalten, aber nicht ausgebaut werden.
- Offensivstrategien für die strategischen Geschäftseinheiten bzw. Beteiligungen mit niedrigem Marktanteil und hohen Wachstumsraten; hier müssen alle Chancen zur Marktanteilssteigerung, d. h. zu einem überdurchschnittlichen Wachstum genutzt werden. Bestehen auch durch eine Kooperation mit anderen Unternehmungen keine Aussichten auf eine Erhöhung des Marktanteils, ist es im Allgemeinen zweckmäßiger, diese strategischen Geschäftseinheiten/Beteiligungen aufzugeben.
- Investitionsstrategien für die strategischen Geschäftseinheiten bzw. Beteiligungen mit hohen relativen Marktanteilen und Wachstumsraten über 10 % erfordern in der Regel zur Sicherung der Marktanteile mehr Investitionsmittel, als sie selbst in Form von Deckungsbeiträgen kurz- bis mittelfristig hervorbringen können. Diese strategischen Geschäftseinheiten bringen den zukünftigen Cash-Flow der Unternehmung.
- Desinvestitionsstrategien für die strategischen Geschäftseinheiten bzw. Beteiligungen mit niedrigen relativen Marktanteilen und Wachstumsraten, da sie in der Regel weder gegenwärtige Gewinne bringen noch zu einer zukünftigen Wertsteigerung der Unternehmung beitragen. Zu beachten ist allerdings, dass Unternehmungen, die durch dieses Planungsschema zur Aufgabe bestimmter Produkte verurteilt wären, häufig Wirtschaftsergebnisse erzielen, die über denen der stärksten Konkurrenten liegen; dies unter der Voraussetzung, dass
  - eine Politik beschränkten Wachstums, ausgerichtet auf die Erfüllung der Bedürfnisse bestimmter Abnehmergruppen,
  - eine gezielte Innovationspolitik,
  - und eine auf die spezifischen Marktsegmente abgestimmte kostenoptimale Leistungsdifferenzierung,

  verfolgt werden.

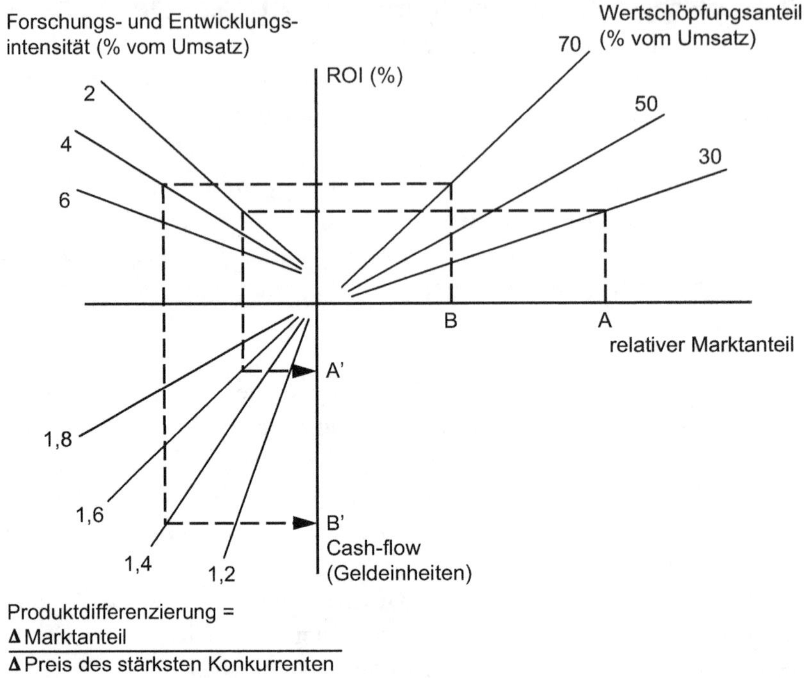

In vielen Fällen sind die beiden wichtigsten Kräfte, die eine strategische Geschäftseinheit beeinflussen, also der relative Marktanteil (in Bezug auf den stärksten Konkurrenten) und das Marktwachstum. Hohe relative Marktanteile enthalten in der Regel hohe Gewinnpotenziale, während hohe Wachstumsraten des Marktes hohe Investitionen erfordern und somit die Liquidität der Unternehmung negativ beeinflussen.

Das Marktanteils-Marktwachstums-Portfolio basiert auf der empirisch ermittelten Erfahrungskurve als ein Maß für die vorhandenen Kostensenkungspotenziale. Die Erfahrungskurve ist umfassender als die Lernkurve, die nur Kostensenkungen im Fertigungsbereich durch Lerneffekte angibt, wobei aber mit zunehmender Erfahrung (= kumulierte Produktionsmenge) alle Kosten und die Preise sinken.

Die strategische Bedeutung ergibt sich aus folgendem Zusammenhang: Um bei festem Marktpreis und einer höheren Kostendegression das Gewinnmaximum zu erreichen, ist es notwendig, schneller zu wachsen als die jeweiligen Konkurrenten. Der Zugewinn an Marktanteilen erhöht einerseits die eigene kumulierte Menge (höhere Kostensenkungspotenziale) und andererseits verlieren die Konkurrenten Marktanteile, d. h. deren Erfahrungszuwachs nimmt ab.

Der BCG-Ansatz ist also sehr Cash-Flow-orientiert und hat die Zielgrößen Wachstum, Ertrag und Finanzmittelfluss, um ein Gleichgewicht von Cash-verzehrenden Wachstumsgeschäften und reifen, ertragsstarken Märkten zu schaffen.

Das Portfoliokonzept folgt folgenden Grundsätzen:

- Sicherung von hohen Marktanteilen ist Voraussetzung für höhere Rentabilität,
- Steigerung von Marktanteilen soll vor allem in Märkten mit hohem zu erwartenden Wachstum betrieben werden,

- eine Ausgewogenheit von Mittelbedarf und Mittelherkunft der SGE/Beteiligung muss gewährleistet sein.

Die Positionierung im BCG-Portfolio erfolgt in zwei Stufen (Messung der Kriterien und Gesamtbeurteilung des Unternehmens).

Weitergehende bzw. komplementäre Darstellungsformen Es gibt insgesamt drei Darstellungsformen des BCG-Portfolios, wobei die folgend erstgenannte Marktmatrix die bekannteste ist:

Marktmatrix:	Einordnung der Geschäftsfelder entsprechend ihrer Marktwachstums- und Marktanteilswerte (klassisches BCG-Portfolio).
Wachstumsmatrix:	Die Wachstumsraten der einzelnen SGE/Beteiligungen werden mit den jeweiligen Marktwachstumsraten verglichen, um die Wachstumssituation des Unternehmens zu verdeutlichen.
Finanzmatrix:	Die einzelnen Geschäftsfelder werden in Cash-Erzeuger und Cash-Verbraucher klassifiziert. Grundlage ist der Quotient Cash-Einsatz/Cash-Freisetzung und die jährliche Wachstumsrate.

Stärken
- Die erforderlichen Daten (Markwachstum und Marktanteil) sind i. d. R. gut zu ermitteln.
- Das Portfolio ist nur ein Messraster, kein Bewegungsraster. Das heißt die Positionierung einer SGE/Beteiligung bedeutet nicht automatisch eine strategische Stoßrichtung, sondern sie stellt nur den Ausgangspunkt für die Entwicklung einer ganzheitlichen Strategie dar.

Schwächen
- stark eindimensional, fast immer in den Kriterien Marktwachstum und Marktanteil,
- subjektive Einflüsse bei der Definition der SGE wirken sich bei der BCG-Matrix stark aus,
- 4-Felder-Matrix ist eine zu starke Vereinfachung und Vergröberung,
- Wachstumsrate ist ein ungeeignetes Merkmal für die Bestimmung der Marktattraktivität,
- Marktanteil ist nicht ausreichend, um die Stellung zu den Wettbewerbern zu charakterisieren,
- die Kostensenkungspotenziale der Erfahrungskurve sind nach empirischen Analysen in der Praxis wesentlich geringer als theoretisch berechnet,
- finanzwirtschaftliche Rechengrößen gehen kaum bzw. zu wenig ein.

10.2.2 McKinsey-Ansatz: Branchenattraktivität-Geschäftsfeldstärken-Portfolio

Basis Der formale Unterschied zur BCG-Darstellung ist gering (ein 9-Felder-Portfolio anstatt der 4-Felder-Matrix). Inhaltlich unterscheiden sich die beiden Darstellungen jedoch wesentlich. Das McKinsey-Portfolio hat multidimensionale Hauptachsen, d. h. die beiden Kriterien relativer Wettbewerbsvorteil (interner Faktor) und Marktattraktivität (externer Faktor) werden durch eine Vielzahl von Parametern bestimmt. Ausgangspunkt für diesen Ansatz ist ein Stärken-Schwächen-Vergleich des eigenen Unternehmens/der eigenen Beteiligung mit dem Marktführer.

Ansatz Die Branchenattraktivität kann vom Unternehmen nicht direkt beeinflusst werden. Nach der Identifikation der Haupterfolgsfaktoren der jeweiligen SGE/Beteiligung erfolgt die Gewichtung dieser Faktoren und die Bestimmung des Ist-Portfolios. Aus den Positionierungen im Ist-Portfolio werden Standardstrategien abgeleitet und das Zielportfolio bestimmt. Ziel dieses Ansatzes ist es, durch Orientierung an strategischen Erfolgsfaktoren branchenspezifische Wettbewerbsvorteile zu erzielen; durch die Multifaktoren wird die langfristige Rentabilität des Geschäftsfeldes bestimmt. Anders als beim BCG-Portfolio fehlen dem Ansatz theoretische Bausteine (Erfahrungskurve, Lebenszyklus, Cash-Flow-Betrachtung). Die P/M-Bereiche (Produkt/Markt) werden gemäß ihrer Haupterfolgsfaktoren zusammengefasst, d. h. die Geschäftsfeldbildung wird von den Stärken/Schwächen der Hauptwettbewerber bestimmt.

Die SGE werden nach folgenden Kriterien definiert:

- eindeutiger Geschäftszweck,
- autonomer Anbieter am Markt,
- klare Zuordnung von Wettbewerbern/Kunden,
- klare Abgrenzung zu anderen Geschäftsfeldern.

Die Positionierung im McKinsey-Portfolio erfolgt über insgesamt neun Arbeitsschritte:

- Kriterienauswahl,
- Maßstabfestlegung,
- Kriterienmessung,
- Kriterienbewertung (hoch – mittel – niedrig),
- Kriteriengewichtung,
- Addition der Einzelkriterien getrennt nach Branchenattraktivität und Geschäftsfeldstärke,
- Positionierung,
- Gesamtbeurteilung des Portfolios.

Normstrategien Aus den Positionierungen werden folgende Normstrategien abgeleitet:

- Wachsen/Investieren,
- Selektieren,
- Ernten/Abbauen.

Stärken

- Das Portfolio hat höhere Aussagekraft, da mehrere Faktoren in die Positionierung der SGE/Beteiligung eingehen.

Schwächen

- Die Kriterienauswahl und -gewichtung erfolgt unter Umständen stark subjektiv (unterschiedliche Bewertungen durch verschiedene Betrachter).
- Die situationsbedingte Kriterienauswahl erschwert die Vergleichbarkeit der Positionierungen (SGE/Beteiligung mit unterschiedlichen Kriterien und Gewichtungen).
- Handhabung einer Vielzahl von Parametern unterschiedlicher Gewichtung und Abhängigkeiten.

Fazit Die Aussagefähigkeit der Darstellung ist größer, allerdings verbunden mit anfechtbaren Positionierungsergebnissen.

Darstellung[2] und Interpretation:

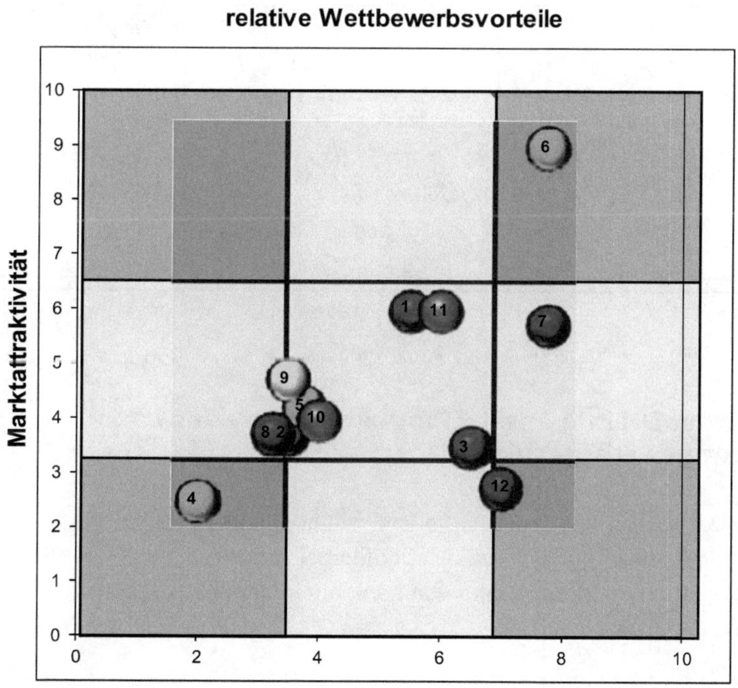

Für die neun Felder lassen sich dann Normstrategien ableiten.

[2] http://upload.wikimedia.org/wikipedia/commons/4/43/9-Felder-Portfoliomatrix.png; Zugegriffen: 23. Oktober 2013.

10.2.3 Arthur D. Little Ansatz: Produktlebenszyklus-/ Wettbewerbsposition

Basis Der Portfolioansatz basiert auf dem Produkt-Markt-Lebenszyklus; durch Nachfrageänderung und Substitutionsprodukte verändert sich das Produkt-Markt-Segment kontinuierlich, somit ist die Marktattraktivität nicht allein durch das Marktwachstum definiert wie beim BCG-Ansatz.

Das Portfolio basiert auf einem Mehrfaktorenansatz mit besonderer Berücksichtigung des Branchenlebenszyklus und des Wettbewerbsportfolios, d. h. es gibt eine starke Orientierung nach außen und Berücksichtigung des dynamischen Zeitaspektes.

Ansatz Der ADL-Ansatz bestimmt die Marktattraktivität durch die Position im Produkt-Markt-Lebenszyklus. Aus den verschiedenen Lebenszyklusphasen werden unterschiedliche Ansätze für Führung, Struktur und Länge des Planungshorizontes abgeleitet.

Grundidee zu diesem Ansatz ist das Vorhandensein einer ausreichenden Anzahl von Produkten im Unternehmen, um die kontinuierliche Entwicklung zu gewährleisten.

Ziel des Konzeptes ist es, genügend Nachwuchsprodukte zu schaffen, um das Gleichgewicht der SGE im Unternehmen zu erreichen.

Normstrategien Die Positionierung erfolgt hauptsächlich aufgrund der Meinungen/Erfahrungen des Managements im Gegensatz zur analytischen Vorgehensweise von BCG.

Die 20 Normstrategien gliedern sich in vier Kategorien:

- Aufsteigen/Wachsen,
- Selektieren,
- Rückzug,
- Stilllegung.

Stärken
- die Berücksichtigung des Zeitaspektes,
- der Ansatz ist weniger komplex als die McKinsey-Portfolio-Vorgehensweise.

Schwächen
- Der Lebenszyklus lässt sich nur schwer bestimmen.
- Eine Branchenabgrenzung ist häufig (besonders bei Beteiligungen) schwierig.

Darstellung[3]

WETTBEWERBSPOSITION	Entstehung	Wachstum	Reife	Alter
dominant	• Marktanteile hinzugewinnen oder mindestens halten	• Investieren, um Position zu verbessern • Marktanteilgewinnung	• Position halten • Wachstum mit der Branche	• Position halten
stark	• Investieren, um Position zu verbessern • Marktanteilgewinnung (intensiv)	• Investieren, um Position zu verbessern • Marktanteilgewinnung	• Position halten • Wachstum mit der Branche	• Position halten oder „Ernten“
günstig	• Selektive oder volle Marktanteilgewinnung • Selektive Verbesserung der Wettbewerbsposition	• Versuchsweise Position verbessern • Selektive Marktanteilgewinnung	• Minimale Investitionen zur Haltung	• „Ernten“ oder stufenweise Reduzierung des Engagements
haltbar	• Selektive Verbesserung der Wettbewerbsposition	• Aufsuchen und Erhaltung einer Nische	• Aufsuchen einer Nische oder stufenweise Reduzierung des Engagements	• Stufenweise Reduzierung des Engagements oder • Liquidieren
schwach	• Starke Verbesserung oder aufören	• Starke Verbesserung oder Liquidierung		

ADL Matrix LEBENSZYKLUSPHASE

10.2.4 Technologieportfolio

Basis Der Begriff „Technologie“ wurde immer mehr zum Erfolgsfaktor, nicht nur in Hightechbranchen, sondern auch in sogenannten reifen Märkten. Als Konsequenz finden technologische Überlegungen immer stärkeren Einfluss auf strategische Entscheidungen. Das Technologieportfolio als ein Instrument des Technologiemanagements soll die Bereiche Technologie und Unternehmensstrategie integrieren.

Ansatz Im Gegensatz zum Marktportfolio sind beim Technologieportfolio nicht Produkt-Markt-Beziehungen Gegenstand der Analyse, sondern Produkt- und/oder Prozesstechnologien selbst. Ausgangspunkt der Analyse ist die Identifizierung der Technologie, die Anwendungsbreite und die Bemessung der Relevanz für das Unternehmen.

[3] http://upload.wikimedia.org/wikipedia/commons/c/c6/ADL-Portfoliomatrix.png; Zugegriffen: 23. Oktober 2013.

Die Technologien werden durch zwei Kategorien beurteilt:

- Technologieattraktivität: die Bedeutung/Relevanz der Technologie und
- Ressourcenstärke: die relative Position des Unternehmens in Bezug auf diese Technologie.

Die Technologieattraktivität wird anhand folgender Kriterien gemessen:

- Weiterentwicklungspotenzial:
  In welchem Umfang ist auf diesem Gebiet eine technische Weiterentwicklung und eine damit verbundene Kostensenkung oder Leistungssteigerung möglich?
- Anwendungsbreite:
  Wie ist die Ausbreitung der möglichen technischen Weiterentwicklungen hinsichtlich der Anzahl der Einsatzbereiche und der Mengen je Einsatzbereich zu beurteilen?
- Kompatibilität:
  Ist durch die möglichen technischen Weiterentwicklungen mit positiven/negativen Auswirkungen auf andere von uns angewandte Technologien zu rechnen?

Die Ressourcenstärke hat als Definitionsebenen:

- Beherrschungsgrad:
- Wie ist unsere Lösung in technischer/wirtschaftlicher und qualitativer Hinsicht im Verhältnis zur wichtigsten Konkurrenzlösung einzuschätzen?
- Potenziale:
- Stehen finanzielle, personelle, sachliche und rechtliche Ressourcen zur Ausschöpfung der in diesem Bereich noch bestehenden Weiterentwicklungsreserven zur Verfügung?
- Reaktionsgeschwindigkeit:
- Wie schnell können wir im Vergleich zur Konkurrenz eventuelle technische Weiterentwicklungsmöglichkeiten ausschöpfen?

Darstellungsform
- Technologie-Produkt-Portfolio,
- Technologie-Prozess-Portfolio.

Schwächen Die Identifizierung und Gewichtung der verschiedenen Einzeltechnologien entsprechend ihrer strategischen Position ist schwierig.

Darstellung[4]

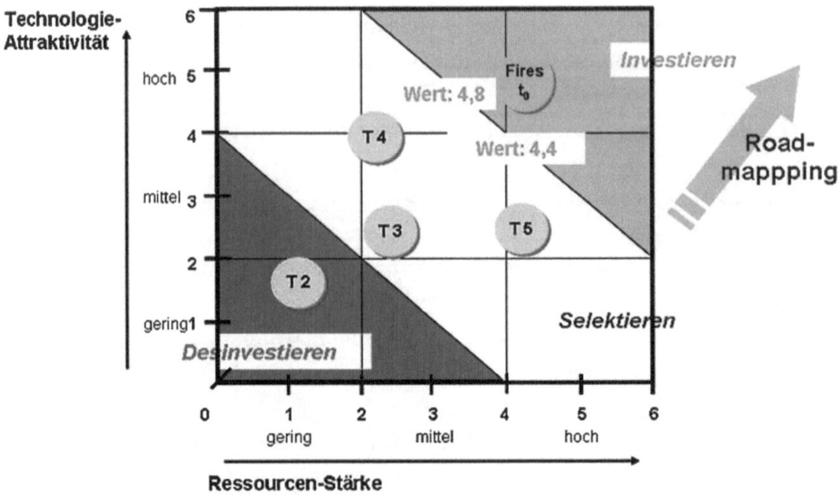

10.2.5 Portfoliobetrachtung und -controlling im Rahmen der Wettbewerbsstrategie nach Porter

Die Werke von Michael E. Porter gehören zu den einflussreichsten ihres Faches – und zugleich zu den meistdiskutierten. Mit seinen Büchern über Wettbewerbsvorteile auf Branchen- und globaler Ebene, die in den 90er-Jahren entstanden, hat er das strategische Management und Controlling bis in die heutige Zeit hinein beeinflusst. Die auf Porter zurückgehenden Modelle der fünf Wettbewerbskräfte, der Wertekette und Porters Diamant gehören zum Standard der Managementwerkzeuge.

Daher wollen wir hier den Ansatz auch ein wenig genauer darstellen.

Das von Porter eingeführte Fünf-Kräfte („five forces")-Modell ermöglicht im Kern die Analyse der Wettbewerbsposition eines Unternehmen oder einer Branche.

Die fünf identifizierten und für die Analyse relevanten Kräfte sind:

- Rivalität zwischen existierenden Unternehmen,
- Verhandlungsmacht der Zulieferer,
- Verhandlungsmacht der Kunden,
- Drohung des Markteintritts neuer Konkurrenten und
- Bedrohung durch substitutive Produkte oder Dienstleistungen.

[4] http://www.dlr.de/tm/Portaldata/43/Resources/images/road_to_market_portfolio2.jpg; Zugegriffen: 23. Oktober 2013.

Darstellung[5]

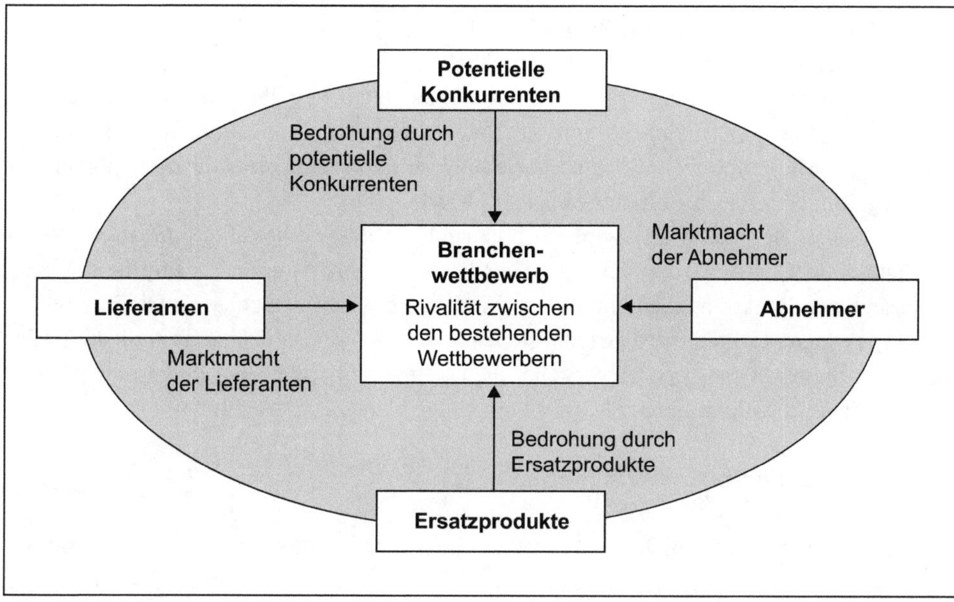

Mithilfe des Modells wird anhand der genannten Kräfte und ihrem Zusammenspiel ein aussagekräftiges Abbild der Wettbewerbssituation geschaffen. Die folgenden Ausführungen beschreiben dieses Vorgehen ausführlich und hinterfragen es kritisch.

Wettbewerbskräfte Neben der Analyse der Wettbewerbsposition ist das Modell nach der Auffassung Porters darüber hinaus geeignet, Besonderheiten, Kräfteverhältnisse, Triebkräfte etc. übersichtlich zusammenzufassen.

Austrittsbarrieren

Eintrittsbarrieren		niedrig	hoch
	niedrig	niedrige, stabile Erträge	niedrige, unsichere Erträge
	hoch	hohe, stabile Erträge	hohe, unsichere Erträge

[5] http://www.hs-emden-leer.de/fileadmin/user_upload/Projekte/Controllinglexikon/Controlling-Themen/Branchenstrukturanalyse_1.jpg; Zugegriffen: 23. Oktober 2013.

Markteintritt potenzieller Wettbewerber Der Markteintritt eines potenziellen Wettbewerbers stellt für bereits existierende Unternehmen eine Gefahr dar. Als besonders relevant sind hier der mögliche „Preisverfall" und die Gefährdung der Rentabilität sowie der mögliche Verlust von Marktanteilen hervorzuheben.

Wettbewerber können durch zahlreiche Strategien versuchen, ihre Position im Markt zu etablieren und somit Kunden an sich zu binden. Größere Innovationsfähigkeit, Brand Splitting und Markenpolarisation sind nur einige mögliche Beispiele für Maßnahmen auf dem Weg zum etablierten Anbieter auf einem Markt.

Beim Eintritt in einen Markt wird der potenzielle Wettbewerber allerdings in der Regel mit Markteintrittsbarrieren konfrontiert. Hier ist zwischen existierenden Eintrittsbarrieren und absehbaren Reaktionen der etablierten Wettbewerber zu unterscheiden. Die im Folgenden aufgezeigten Markteintrittsbarrieren stellen keinesfalls eine vollständige Auflistung aller möglichen Barrieren dar, sondern verstehen sich vielmehr als eine Auswahl besonders wirksamer und häufig vorkommender Möglichkeiten der Marktzutrittsbeschränkung.

Reaktionen existierender Wettbewerber

- Da der Eintritt eines neuen Wettbewerbers in den Markt für die bereits im Markt befindliche Unternehmen ein Risiko darstellt, ist durchaus zu erwarten, dass sich diese gegen einen potenziellen Wettbewerber zur Wehr setzen.
- Denkbar ist hier z. B. ein Preiskampf, der es dem neuen Unternehmen nicht ermöglicht, kostendeckend zu arbeiten (z. B. Dumpingpreise, Preisabsprachen). Allerdings stellt ein solcher Preiskampf auch ein Risiko für die etablierten Unternehmen dar, da Preisabsprachen verboten und mit empfindlichen Strafen belegt sind.
- Niedrigpreise stellen nicht nur für den potenziellen Wettbewerber ein Risiko dar, sondern auch für die bereits im Markt bestehenden Unternehmen, da diese durch niedrigere Preise ebenfalls Gefahr laufen, nicht mehr kostendeckend zu produzieren.
- Eine weitere Möglichkeit ist der Ausschluss von Ressourcen.
- Wenn sich der Markt jedoch nicht gegen potenzielle Konkurrenz abgrenzen lässt, stellt die möglichst schnelle Integration des Konkurrenten eine mögliche Lösung dar, um eine effiziente Steuerung des Marktes auch weiterhin zu gewährleisten.

Grad der Rivalität unter bestehenden Wettbewerbern Intensive Rivalität ist das Ergebnis einer Reihe zusammenwirkender struktureller Faktoren.

Das sind z. B.:

Zahlreiche oder gleich ausgestattete Unternehmen

- Durch eine hohe Wettbewerberdichte am Markt steigt automatisch der Wettbewerbsdruck.
- Bei relativ wenigen Unternehmen, die sich bezogen auf ihre Größe und ihre Mittelausstattung ähneln, ergibt sich meist ein instabiler Zustand am Markt. Da sich bereits

kleine Änderungen z. B. bei Preisen oder Mengen für alle Anbieter spürbar auswirken, muss die Konkurrenz verstärkt mit ins Gewinnmaximierungskalkül einbezogen werden.

Langsames Branchenwachstum

- Denkbar sind hier z. B. Märkte in späteren, reiferen Marktphasen. Durch ein zähes oder stagnierendes Wachstum verschärft sich die Konkurrenzsituation ebenfalls.
- Ein mögliches Szenario ist die Produktion der Unternehmen unter der Auslastungsgrenze, was zu Stückkostenanstieg und verstärkten Kämpfen um bestehende Absatzmärkte führen kann.

Hohe Fix- oder Lagerkosten

- Gemeint sind hier die Fixkosten im Verhältnis zur Wertschöpfung, nicht die Gesamtkosten.
- In Deutschland, als besonders lohnkostenintensiver Standort, muss den Lohn- und Lohnnebenkosten an dieser Stelle besondere Beachtung geschenkt werden.
- Ein weiterer Aspekt ist die schwere oder teure Lagerung von Gütern.

Fehlende Differenzierung oder Umstellungskosten bei den Abnehmern

- Sogenannte Commodities führen zu Preiskämpfen unter den Wettbewerbern, da eine für den Verbraucher wahrnehmbare Produktdifferenzierung fehlt.
- Der fehlende USP[6] muss dann, um die Position am Markt zu sichern oder auszubauen, über die Produktkommunikation durch einen UAP[7] ersetzt werden.
- Wenn ein Anbieterwechsel für den Verbraucher mit enormen Umstellungskosten verbunden ist, ist es sehr schwer, ihn von einem Wechsel zu überzeugen. Besonders die Informationskosten müssen hier mit ins Kalkül gezogen werden.

Große Kapazitätserweiterungen

- Gemeint sind hier sprungfixe Kosten und technologisch bedingte Mindestgrößen.

Heterogene Wettbewerber

- Darunter verstehen sich Märkte mit sachlich ungleichartigen Gütern, die miteinander konkurrieren, da sie in gewisser Weise substituierbar sind (z. B. verschiedene Automarken, Motorräder).
- Auch Besitz- und Beteiligungsverhältnisse der Unternehmen sind an dieser Stelle zu berücksichtigen.

Hohe strategische Einsätze, hohe Austrittsbarrieren

- Möglich sind hier spezialisierte Aktiva oder hohe Fixkosten des Austritts z. B. durch Sozialpläne, Umsiedlungskosten, Aufrechterhaltung von Ersatzteillagern, strategische

---

[6] **Unique Selling Proposition** oder **Unique Selling Point (USP)**: Alleinstellungsmerkmal.

[7] **UniqueAdvertising Proposition (UAP)** (deutsch etwa: einzigartige Werbebehauptung).

Wechselbeziehungen, emotionelle Barrieren, administrative und soziale Restriktionen (z. B. der Staat verbietet den Austritt aufgrund der steigenden Arbeitslosenrate).

Bedrohung durch Substitutionsprodukte Diese Art der Bedrohung kommt durch die Preiselastizität der Nachfrage nach Branchenprodukten zum Ausdruck. Also dem Verhältnis der relativen Nachfrageänderung und der sie auslösenden relativen Veränderung des Preises.

Ist es dem Abnehmer möglich, ein Produkt durch ein gleichwertiges Substitut zu ersetzen, ist die Preiselastizität der Nachfrage bei den Branchenprodukten größer „1". Das bedeutet, dass bei einer Preissteigerung der Umsatz in der Branche sinkt, da der Abnehmer auf das Substitut ausweicht.

Ein möglicher Lösungsansatz kann hier das kollektive Handeln der Branche gegenüber Substituten sein, z. B. das Erwirken von Interventionen beim Großhandel und den betreffenden Handelsketten.

Hohe Gewinne der Substitutherstellerstellen eine zusätzliche Gefahr für eine Branche dar, da das Preis-Leistungs-Verhältnis des Substituts dann erheblich gesteigert werden kann und für den Abnehmer eine attraktive Alternative darstellt.

Verhandlungsstärke der Abnehmer Die Abnehmer können eine Branche beeinflussen, indem sie z. B. die Preise drücken, höhere Qualität und/oder bessere Leistungen verlangen oder Wettbewerber gegeneinander ausspielen. Ausschlaggebend für den Durchsatz der Abnehmer ist ihre Ausgangsposition. Generell lässt sich feststellen, je unwichtiger die Branche für die Abnehmer bzw. je wichtiger die Abnehmer für die Branche, desto größer ist die Macht der Abnehmer.

Verhandlungsstärke der Lieferanten Prinzipiell wird eine Lieferantengruppe von wenigen Unternehmen beherrscht und ist stärker konzentriert als die Branche, an die sie verkauft. Auch hier lassen sich, ähnlich wie bei der Macht der Abnehmer, verschiedene Szenarien konstruieren.

Allgemein kann man sagen, je unwichtiger die Branche für den Lieferanten bzw. je wichtiger der Lieferant für die Branche, desto größer ist die Macht des Lieferanten; diese wird verstärkt, wenn das Produkt des Lieferanten nicht lagerfähig ist!

Wettbewerbsstrategien Anhand des beschriebenen Fünf-Kräfte-Modells lässt sich eine Branchenstrukturanalyse erstellen. In diesem Zusammenhang kann auch die Attraktivität einer Branche beurteilt werden. Mit den gewonnenen Erkenntnissen ist es möglich, eine effektive Wettbewerbsstrategie aufzustellen. Dazu bedarf es Überlegungen auf zwei Ebenen. Zum einen sollte das Unternehmen versuchen, einen strategischen Vorteil zu erreichen, und zum anderen muss es sich für den Käufer spürbar von der Konkurrenz abzeichnen.

Für die Unternehmung ist zu unterscheiden zwischen Preis- und Qualitätsführerschaft (+ Technologieführerschaft). Also entweder möglichst geringe Produktionskosten, die in

Form von niedrigen Preisen an die Käufer weitergereicht werden können oder die Konzentration auf hochwertige Produkte, mit ausgezeichneter Qualität bzw. Einzigartigkeit der Leistung/Technologie.

Denkbar sind natürlich auch Kombinationen, wie z. B. eine Qualitätsführerschaft bei möglichst niedrigen Produktionskosten, wodurch sich die Gewinnspanne erheblich vergrößern lässt. Des Weiteren muss das Ausmaß der Marktbearbeitung in diesem Zusammenhang festgelegt werden.

Laut Porter haben große, marktanteilsstarke und kleinere, spezialisierte Unternehmen die größten Chancen auf eine attraktive Rentabilität. Porter identifizierte verschiedene Wettbewerbsstrategien in der sogenannten Wettbewerbsmatrix[8]:

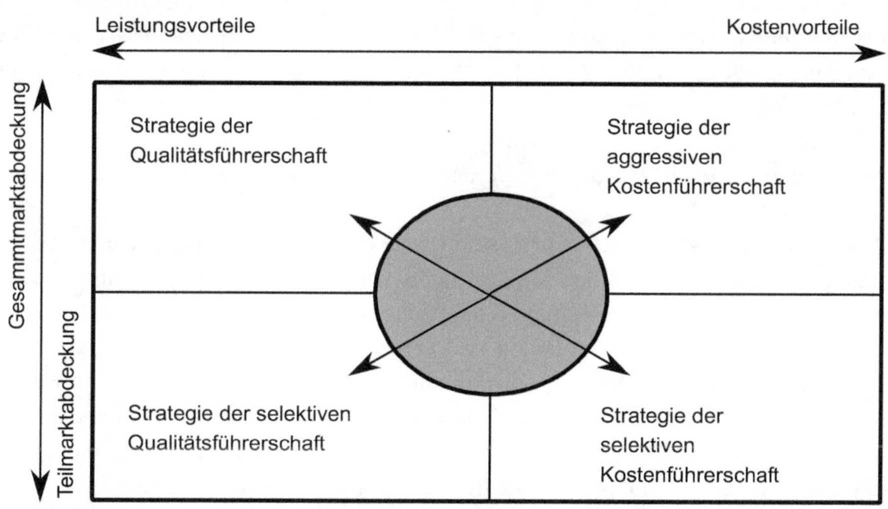

Kritik am Modell von Porter Innerhalb des letzten Jahrzehnts und beeinflusst durch die sich entwickelnde Internet-Ökonomie wurden Porters Ideen zunehmend infrage gestellt. Die Kritik führt dabei an, dass sich die wirtschaftlichen Rahmenbedingungen inzwischen grundlegend geändert haben. Der Siegeszug des Internets und der vielfältigen E-Business-Anwendungen haben die Dynamik nahezu aller Branchen stark beeinflusst.

Tatsächlich stellen Porters Theorien auf die in den 90ern vorherrschende wirtschaftliche Situation ab. Diese war gekennzeichnet durch starken Wettbewerb, zyklische Konjunkturentwicklungen und ein relativ stabiles Marktumfeld. Porters Modelle stellen hauptsächlich auf eine Betrachtung der aktuellen Situation (Kunden, Lieferanten, Wettbewerber etc.) sowie auf vorhersehbare Entwicklungen (neue Marktteilnehmer, Substitute) ab.

[8] http://de.wikipedia.org/wiki/Wettbewerbsstrategie<; Zugegriffen: 23. Oktober 2013.

Wettbewerbsvorteile ergeben sich danach aus einer dauerhaften Stärkung der eigenen Position innerhalb des Fünf-Kräfte-Systems. Damit können die Modelle nicht auf extrem dynamische Entwicklungen oder Transformationsprozesse ganzer Branchen eingehen.

Fazit Zusammenfassend lässt sich sagen, dass Porters Modelle trotz aller stattgefundenen und immer noch stattfindenden Umwälzungen in den Branchenstrukturen und Geschäftsmodellen nicht gänzlich als veraltet verworfen werden dürfen.

Die Grundaussage, dass jedes Unternehmen in einem Gefüge aus Lieferanten, Abnehmern, Substituten, Wettbewerbern und neuen Marktteilnehmern agiert, ist für jede wettbewerbsbasierte Wirtschaftsordnung gültig. Auch heute muss jedes Unternehmen, ob in Sektoren der „New" oder „Old Economy", seine Produkte bzw. Leistungen erzeugen und mittels eines herausragenden Paketes aus Preis, Leistung und ergänzenden Serviceleistungen an den Kunden bringen. Auch ein Online-Portal muss „Content" erzeugen oder einkaufen, diesen so aufbereiten, dass er die Nutzer anspricht und Abnehmer für dieses Produkt finden – seien dies nun Besucher oder Käufer von Werbeplätzen.

Damit agieren alle Unternehmen unverändert in dem Gefüge der von Porter beschriebenen fünf Kräfte.

Mehr als in den vergangenen Jahren sind Porters Theorien damit ein „Gerät" aus dem Werkzeugkasten des strategischen Managements und des strategischen Controllings von Einzelgesellschaften und Beteiligungen, das nicht einzeln benutzt werden sollte. Im Zusammenspiel mit anderen traditionellen und neuen Managementtechniken und Controllingansätzen können diese Modelle jedoch nicht pauschal als veraltet verworfen werden.

Es ist festzustellen, dass Porters Modelle in der heutigen Informationsökonomie nicht mehr die Bedeutung haben, wie zu ihrer Entstehungszeit. Es sind neue Gesetzmäßigkeiten aufgetreten, und die Märkte werden heute von anderen Triebkräften beeinflusst als damals. Das bedeutet jedoch nicht, dass Porters Theorien ungültig geworden sind. Sie müssen heute lediglich mit dem Wissen um ihre Grenzen benutzt werden und sollten durch ein möglichst breites Gerüst aus anderen Modellen, Techniken und Denkansätzen ergänzt werden.

Ein solches Vorgehen wiederum ist für die Benutzung jedes Modells – Porter oder nicht und brandneu oder nicht – in jedem wirtschaftlichen Umfeld anzuraten.

Was fällt allerdings bei all den bisherigen Ansätzen, bei Porter sogar besonders, auf?

Das Zahlenmaterial aus der GuV und Bilanz kommt dabei gar nicht vor! Und genau dies ist ja eigentlich „mein" bzw. unser Schwerpunkt in diesem Buch.

10.3 Wertorientierte Ansätze

Die Ansätze sind als Methodik zu betrachten, deren Hauptanwendungsgebiet im Bereich der Planung und des Controllings liegt, also der Managementebene zuzurechnen ist, damit dem internen Rechnungswesen. Somit sind auch Investitionsrechnungen davon erfasst.

Investitionsrechnungen sind von der Technik her generell als Keimzelle der Bewertung zu sehen. Zukünftige Überschüsse, wie immer definiert, werden

- diskontiert und
- kumuliert

und so ein auf heute abgezinster Wert berechnet.

Der große Unterschied der Bewertung im Vergleich zu Investitionsrechnungen ist, dass wir bei der Bewertung nach Betrachtung von Detailplanungsperioden gegen „unendlich" rechnen, also eine ewige Rente zum Schluss integrieren, was aber zugegeben nicht ganz ungefährlich ist, da das Ergebnis des „Endwertes" häufig bis zu 70 oder 90 % des Gesamtwertes ausmachen kann.

Das haben wir auch schon in unserem zweiten Beispiel gesehen.

Obwohl auch auf GuV-Größen zugegriffen wird, muss diese Zuordnung zum internen Rechnungswesen erfolgen, da mit den beiden von uns betrachteten Ansätzen über die sogenannten EVA und FCF (diese beiden Kenngrößen werden ja sowohl im Beteiligungscontrolling als auch in der Bewertung eingesetzt) „Kunstgrößen" berechnet werden, die es so im externen Rechnungswesen nicht gibt. Es ist aber wichtig zu verstehen, dass diese Ansätze nun eine andere Datenaufbereitung notwendig machen, die Methode selbst der Bar- und Kapitalwertberechnung kommt aber erneut auch bei diesen wertorientierten Betrachtungen zur Anwendung.

Auch mit diesem diagnostischen Instrument ist die Beurteilung von Einzelentscheidungen möglich. Im Vordergrund steht dabei die optimale Kapitalallokation, abhängig von den erzielten Eigen- und Gesamtkapitalrenditen.

10.3.1 Erstes Auftauchen wertorientierter Ansätze

Der EVA- und FCF-Ansatz sind ca. in den 90er-Jahren (des letzten Jahrhunderts – hört sich wieder gewaltig an, oder?) populär geworden.

Auch bei der Boston Consulting Group hatte man die zunehmende Bedeutung der Finanzgrößen erkannt und mit ersten entsprechenden grafischen Darstellungen ab den 70ern gearbeitet (das ist die dritte Ausprägungsform der BCG-Matrix).

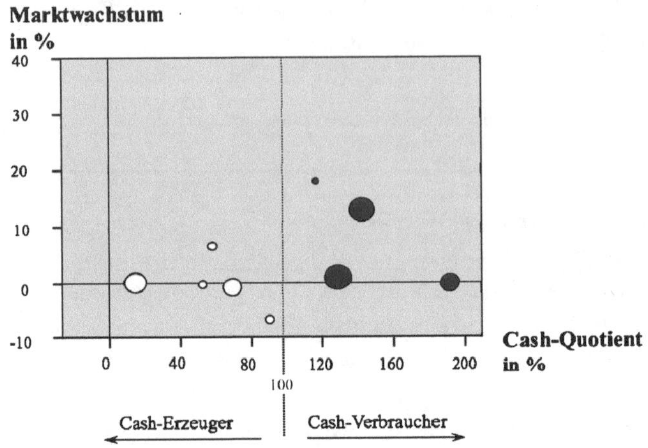

Cash-Quotient = Cash-Einsatz/Cash-Freisetzung

Die Finanzmatrix skizziert die Finanzsituation durch Klassifizierung der einzelnen Geschäftsfelder als Cash-Erzeuger oder Cash-Verbraucher entsprechend ihrem Cash-Quotienten und dem Markt-/Gewinnwachstum.

Strategische Geschäftseinheiten (SGE) bzw. Beteiligungen mit einem Finanzquotienten 1,0 sind weder Cash-Erzeuger noch -Verbraucher, sondern die finanziellen Ressourcen reichen für das Wachstum aus. Geschäftsfelder, deren Quotient < 1 ist, unterstützen mit ihren Erträgen andere SGE bzw. Beteiligungen.

Ende der 70er-Jahre habe ich außerdem in der Porzellanindustrie folgende Darstellungen gefunden, die ich aber keinem Autor zuordnen kann.

Ziel war die Darstellung der finanziellen Stabilität bzw. Manövrierfähigkeit von Beteiligungen.

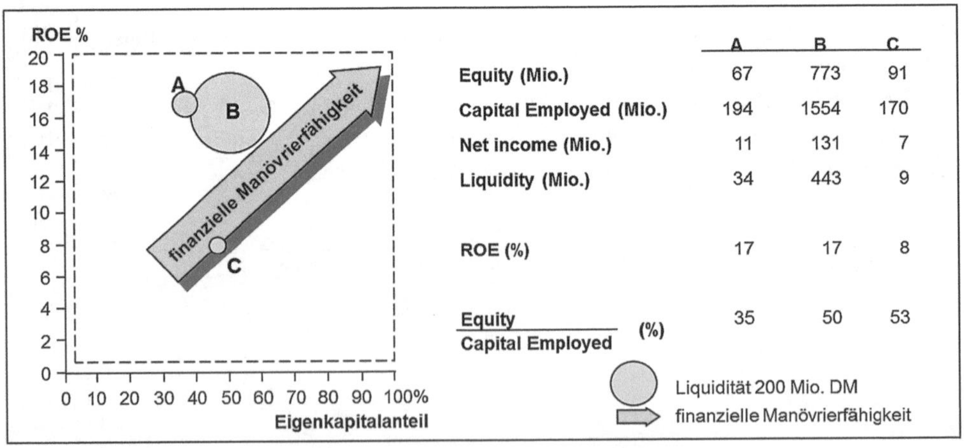

Hier wird der Wandel des Denkens in der Portfoliotheorie deutlich, und diese Entwicklung hat sich bis heute ganz stringent durchgezogen. Der Return on Capital und Return on Equity (Gesamt- und Eigenkapitalrentabilität) in verschiedenen Ausprägungen und Berechnungen haben immer mehr als primäre Perspektive an Gewicht gewonnen. Dies aber nicht als singuläre Größen, sondern immer im direkten Vergleich mit den Forderungen Dritter (Zinsforderungen der Banken und Dividendenerwartungen der Eigenkapitalgeber), also den Kapitalkosten.

10.3.2 Basis von wertorientierten Entscheidungen

Das Entscheidungskriterium des Anteilseigners stellt die jährliche Nettorendite seiner Investition, abhängig vom eingegangenen Risiko, dar. Deshalb sollte jedem Eigentümer und jedem verantwortlichen Manager einer Beteiligung daran gelegen sein, von jedem „Investment" genau zu wissen, ob das gebundene Kapital dem Risiko angemessen verzinst wird bzw. verzinst werden kann.

Und genau um diese Frage geht es bei den strategischen (Beteiligungs-)Controllingansätzen. Verdient die Beteiligung ihre Kapitalkosten? Dabei stehen allerdings die Kapitalkosten der Anteilseigner fast immer im Vordergrund. Daher hat sich auch der Ausdruck „Shareholder-Value"-Ansätze ausgeprägt.

Die hier genannte risikoadäquate Verzinsung haben wir bereits mit der Berechnung der Kapitalkosten behandelt, denn wir haben über zwei Wege investitionsspezifische Kapitalkostengrößen (WACC) berechnet und dann auch damit in den ersten beiden Beispielen abgezinst.

Vor den wertorientierten Ansätzen wurde versucht, auf die Perspektive der Anteilseigner mit bilanziellen Kennzahlen wie ROI[9], ROE[10] etc. eine Antwort zu finden. Diese Kennzahlen brachten jedoch aus Sicht des Investors unbefriedigende Ergebnisse, weil sie eine Gesamtrendite vor Kapitalkosten ausweisen.

> Das grundsätzlichste Problem traditioneller auf Daten der GuV und Bilanz basierender Ansätze liegt darin, dass bilanzielle Kennzahlen aus Buchhaltungssicht mit Daten aus dem buchhalterischen System arbeiten, die die ökonomischen Belange des Marktes aber nicht oder nur eingeschränkt berücksichtigen.

Mithilfe der wertorientierten Ansätze wird versucht, die mangelnde Aussagekraft zu beheben, indem ein Wertmessungsmaßstab gesucht wird, der Investitionsentscheidungen (und die Beteiligung ist eine Investition) des Unternehmens nach den gleichen Kriterien beurteilt, wie der rational handelnde Anteilseigner seine Investitionsentscheidungen trifft.

---

[9] ROI – Return on Investment: Investitions- oder (Gesamt-)Kapitalrendite.

[10] ROE – Return on Equity: Eigenkapitalrendite.

Die strategischen bzw. wertorientierten Ansätze betrachten daher alles unter dem Aspekt der wirtschaftlichen Wertentwicklung (Wertsteigerung oder Wertvernichtung) und nicht unter dem der buchhalterischen Tragfähigkeit. Er stellt damit die Interessen der eigentlich sensibelsten an einem Unternehmen beteiligten Gruppen (Kapitalgeber) in den Vordergrund aller betriebswirtschaftlichen Entscheidungen.

Gerade diese Priorisierung der Shareholder-Interessen wird aber auch sehr häufig bei diesen Ansätzen kritisiert.

Folgende Darstellung zeigt die Unterschiede der beiden Sichtweisen auf. Aus buchhalterischer Sicht ist dann ein Gewinn und damit eine positive Rendite erzielt, wenn der ROI (die Kapitalrendite) größer null ist (ROI > 0).

Aus ökonomischer Sicht hingegen müssen die Kapitalkosten (WACC) verdient werden – erst dann liegt eine positive Rendite vor (ROI > WACC):

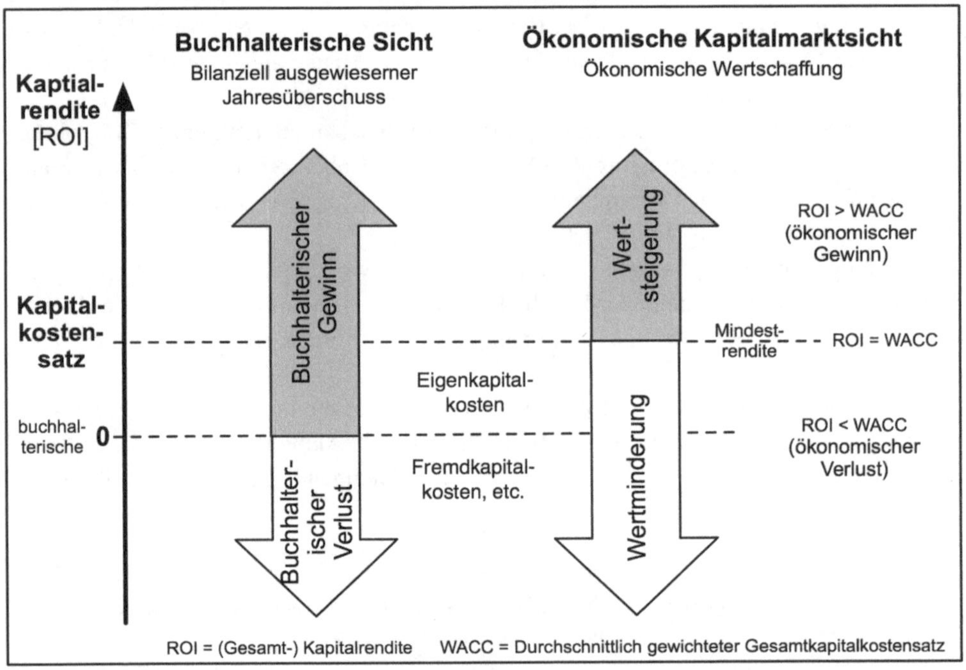

Merke

Die ökonomische Wertdefinition zeigt, dass immer dann Wert geschaffen wird, wenn der ROI (ROE) größer ist als die Gesamt(eigen)kapitalkosten.

Bei der wertorientierten Betrachtung muss also eine erwirtschaftete Rendite ermittelt werden, die den geforderten Renditen (Kapitalkosten) gegenübergestellt wird.

Das in der Gewinn- und Verlustrechnung ausgewiesene oder in der Deckungsbeitragsrechnung hergeleitete Ergebnis kann aber ohne weitere Anpassungen nicht die Basis sein.

Wertorientierte Ansätze innerhalb des (Beteiligungs-)Controllings sollen somit auf folgende Fragen eine Antwort finden:

- Welche Investitionen des Unternehmens erzeugen oder vernichten Wert (erwirtschaftete Rendite größer oder kleiner als die geforderte Rendite/als die Kapitalkosten)?
- In welche Investitionen sind freie Mittel zu lenken, um eine höchstmögliche Rendite für den Anteilseigner zu erzielen?
- Welche sind die entscheidenden Parameter, die den Unternehmenswert beeinflussen?
- Welche Rendite muss erzielt werden, um mindestens ein ausgeglichenes Verhältnis von Markt- zu Buchwert (was eine Wertsteigerung von wenigstens „null" bedeutet) zu erreichen?

Und was soll daran gegenüber den bereits bekannten Ansätzen jetzt neu sein?

Der größte Unterschied liegt darin, dass die wertorientierten Ansätze im Gegensatz zu den traditionellen Ansätzen nicht Überschuss-, sondern „Überrenditen" (EVA-Verfahren) bzw. „Cash" (FCF-Verfahren)-orientiert sind.

Jetzt werden Sie sagen: Die Investitionsrechnung ist ebenfalls eine Cash-orientierte Rechnung, also orientiert an den Zahlungsströmen. Wo soll denn da der weitere Unterschied liegen?

Als Neuerungen gegenüber bisherigen Modellen sind folgende Anforderungen zu sehen, die das Konzept an das Unternehmen/die Beteiligung stellt:

- Ansatz von Markt- statt Buchwerten (nur teilweise relevant für Investitionsrechnungen, dann wenn der β-Faktor mittels De- und Relevern hergeleitet werden muss), abgeleitet aus der Gewinn- und Verlustrechnung bzw. Bilanz, aber versehen mit Korrekturen.

  Und außerdem werden die spezifischen Kapitalkosten wieder benötigt.

- Bestimmung und Einbringung eines vom Kapitalmarkt abgeleiteten Risikofaktors (Beta-Faktor) mittels Kapitalkosten.
- Bestimmung und Einbringung des Risikofaktors, der aus der Finanzstruktur (Leverage-Risiko) resultiert.
- Berücksichtigung des unterschiedlichen Zeitwertes des Kapitals mittels Diskontierung.

Jetzt werden Sie wieder sagen, dass das auch nicht „neu" ist. Ja und nein, denn die Kenngröße zur Bestimmung der Investitionsrendite selbst beinhaltet bereits die Kapitalkosten, und diskontiert haben wir bei den klassischen Ansätzen auch.

10.3.3 Ziele und Nutzen der Wertorientierung

Das übergeordnete Ziel ist also eindeutig die verbesserte Ressourcenallokation bei alternativen Investitionsprojekten unter Rentabilitätsgesichtspunkten.

Daraus lassen sich vier wichtige Teilziele ableiten:

- Identifikation der Werterzeuger und/oder -vernichter innerhalb eines potenziellen Investitions- und/oder Beteiligungsportfolios,
- wirksamere Steuerung der Investitionstätigkeit,
- Entscheidungshilfen bei Desinvestitionen,
- Unterstützung bei der Identifikation von „Cash Traps", also Cash-Fallen.

Die Analyse hilft außerdem beim Auffinden von Kernkompetenzen, indem unprofitable Beteiligungen nicht weiter ausgebaut werden.

Die wertorientierten Ansätze müssen aber nicht nur als kurzfristiges, eigentümerorientiertes Erfolgsziel verstanden werden. Dies wird bereits dadurch vermieden, dass beim EVA- und DCF-Ansatz als Abzinsungssatz immer der *Gesamtkapital*kostenzins WACC zum Einsatz kommt und nicht der *Eigenkapital*kostenzins $k_{e\ lev}$. Dies wäre zutreffend, wenn sich das Management ausschließlich den Anteilseignern widmen würde.

Das Management hat ebenso Verantwortung gegenüber seinen Kunden, Mitarbeitern und seinem strukturellen Umfeld, also allen Stakeholdern. Dieser Verantwortung wird ein Unternehmen am ehesten gerecht, wenn auch die Ressource Kapital nach gleichen marktorientierten Kriterien eingesetzt wird wie der Faktor Arbeit, nämlich nach Renditegesichtspunkten – dann natürlich mit dem WACC als Diskont.

Der Nutzen der Wertorientierung ist vor allem in folgenden Punkten zu sehen:

- Erkenntnisse über Opportunitätskosten und somit eine Überprüfung von Planungen und den zu erwartenden Renditen auch im Sinne des Anteilseigners,
- Darstellung der zukünftigen Werterzeugung, also des Wertes, den ein Investor für das Recht, an den zukünftigen Plänen zu partizipieren, zu zahlen bereit ist,
- Ermittlung der theoretisch optimalen Finanzierungsstruktur durch die gewichteten Kapitalkosten,
- Ermittlung eines marktgerechten Preises bei Akquisition bzw. Verkauf von Geschäftsbereichen.

Das Ergebnis ist besonders zu Kommunikationszwecken nach außen geeignet, weil Informationen vermittelt werden, die sowohl für das Management als auch für den Anteilseigner griffige Größen sind.

Es wird somit möglich, zukünftige Investitionen und Strategien in einer „Sprache" zu vermitteln und zu controllen, die Shareholder, Stakeholder, die Öffentlichkeit und das Management verstehen.

10.3.4 Ansätze der Wertorientierung im Beteiligungscontrolling

Wir werden uns jetzt *im Detail* mit den zwei bereits bekannten Verfahren beschäftigen, die unterschiedliche Konzeptionen haben und auch unterschiedlich gerechnet werden. In beiden Fällen sind dies Vorstufen der Unternehmensbewertung, oder drücken wir es anders aus – die Bewertung baut direkt auf diese Controllingansätze auf.

Sie werden sehen, jetzt steigen wir aber auch tiefer ein, wobei Sie gerne auch mit den in den beiden Beispielen ausgewiesenen einfachen Berechnungen arbeiten können.

Die zwei Verfahren sind weiterhin das

- EVA- und das
- FCF-Verfahren.

> Der oder das EVA (die EVA hört man eigentlich nie) – Economic Value Added – misst die periodische Wertveränderung (Wertsteigerung oder Wertvernichtung) eines eingesetzten Kapitals.

Einige deutsche Unternehmen wollten keinen englischen Begriff nutzen und in diesen Fällen hat sich die Abkürzung GWB für Geschäftswertbeitrag teilweise eingebürgert.

> Der FCF – freier Cash Flow[11] – hingegen ist der Betrag, der theoretisch zur Auszahlung an Dritte (Banken in Form von Kreditrückzahlungen, Aktionären in Form von Dividenden) zur Verfügung stünde.

Der Konjunktiv ist hier gesetzt, weil es kein Gesetz gibt, das ein Unternehmen zwingt, den Aktionären Dividenden zu zahlen.

Die Gemeinsamkeit beider Ansätze besteht darin, dass nur **operative Größen nach Steuern und vor Fremdkapitalzinsen** (im Folgenden $_{\text{n. St./v. Z.}}$) verwendet werden. Dies bedeutet, dass ausschließlich das operative Geschäft vor Finanzierungskosten betrachtet wird, Einmaleffekte also nicht berücksichtigt werden.

[11] Im Englischen „Free Cash Flow“.

Fortsetzung drittes Beispiel – Strategische Analyse der Beteiligung

11

Wir sind wieder zurück im Zahlenmaterial der HKG.

Zur Berechnung der periodischen EVA wird als Rechnungskomponente für die Beurteilung das Betriebsergebnis (operatives Ergebnis) herangezogen. Wir starten also wieder in der GuV der Beteiligung.

Schauen Sie noch einmal in unsere GuV in der strukturierten Darstellung. Das Betriebsergebnis steht ziemlich in der Mitte, aber auf jeden Fall oberhalb der Steuern.

Somit ist das Betriebsergebnis auch eine Vor-Steuer-Größe. Die Kapitalkosten WACC, die wir beim EVA-Controllingansatz benötigen, sind hingegen bekanntlich eine Nach-Steuer-Größe.

Periode	T€ 1		T€ 2		T€ 3		T€ 4		T€ 5	
Gesamterlöse/Umsatzerlöse	**13.160,40**	100%	**11.441,60**	100%	**13.322,00**	100%	**19.697,40**	100%	**16.476,40**	100%
Betriebsleistung	*12.879,90*	98%	*11.769,50*	103%	*13.695,50*	103%	*19.880,40*	101%	*16.544,80*	100%
Bruttoertrag/Rohertrag/Wertschöpfung	**5.615,70**	40%	**5.027,00**	47%	**5.675,80**	43%	**7.894,30**	40%	**7.688,80**	47%
Gesamtaufwand (ohne Material und bezogene Waren/Leistungen)	*5.182,00*	39%	*4.971,40*	43%	*5.515,60*	41%	*6.633,80*	34%	*6.533,20*	40%
Betriebsergebnis	**433,70**	3%	**356,40**	3%	**160,20**	1%	**1.260,50**	6%	**1.155,60**	7%
Finanzergebnis	**-81,60**	-1%	**-92,20**	-1%	**-84,50**	-1%	**-116,90**	-1%	**-76,20**	0%
	352,10	3%	**264,20**	2%	**75,70**	1%	**1.143,60**	6%	**1.079,40**	7%
Außerordentliche Ergebnis	**0,00**	0%	**0,00**	0%	**0,00**	0%	**0,00**	0%	**0,00**	0%
Ergebnis vor Steuern	*352,10*	3%	*264,20*	2%	*75,70*	1%	*1.143,60*	6%	*1.079,40*	7%
Steuern	*102,70*	1%	*79,20*	1%	*22,90*	0%	*348,60*	2%	*325,50*	2%
Jahresüberschuss/Jahresfehlbetrag	**249,40**	2%	**185,00**	2%	**52,80**	0%	**795,00**	4%	**753,90**	5%

Daher müssen wir hier noch die bekannte Anpassung vornehmen.

B. Heesen, *Beteiligungsmanagement und Bewertung für Praktiker*,
https://doi.org/10.1007/978-3-658-30792-9_11

11.1 Berechnung des NOP(L)AT

Wir müssen auf das Betriebsergebnis eine hypothetische Steuer berechnen, also ein Betriebsergebnis nach Steuern kalkulieren.

Logisch wäre als englischer Begriff dafür ja *„EBIAT" (Earnings Before Interest After Taxes*[1]) gewesen. Aber dies erschien den Finanzern wohl als zu simpel und daher hat man sich für

- *„NOPAT" (Net Operating Profit After Taxes)* bzw.
- *„NOPLAT" (Net Operating Profit Less Adjusted Taxes)*

entschieden.

Klingt wohl irgendwie schwieriger bzw. umgibt uns Finanzer wohl mit mehr und größerer Bewunderungsaura.

Wenn Sie noch darüber nachdenken, warum das Betriebsergebnis und nicht das EGT (Ergebnis der gewöhnlichen Geschäftstätigkeit) herangezogen wird, dann halten wir hier kurz inne und gehen der Frage nach.

Die Kapitalkostenberechnung WACC umfasste auch die Fremdkapitalkosten, und diese gingen dann auch nach Steuern in den WACC (gewichtet mit der Fremdkapitalquote) ein.

Sie erinnern sich?

$$\text{gew.}k_{\text{D}} = k_{\text{D}} \times \frac{\text{FK}}{\text{GK}}$$

mit

$$k_{\text{D}} = k_{\text{d}} \times (1 - t).$$

Wobei

k_{D} = Fremdkapitalkosten nach Steuern,
k_{d} = Fremdkapitalkosten vor Steuern,
t = individueller Steuersatz,

bedeuten.

Von daher sind wir hier mit dem Betriebsergebnis auch richtig unterwegs. Die Fremdkapitalzinsen sind bereits im WAC, den wir im Beteiligungscontrolling als Zielrenditegröße beim EVA-Ansatz nutzen, erfasst und dürfen daher in unserer Überschussgröße nicht noch einmal, weil dann redundant, eingerechnet werden. Dies wäre aber beim EGT als Ausgangsbasis der Fall.

---

[1] Den Begriff „EBIAT" gibt es im Finanzbereich seltsamerweise überhaupt nicht, wäre er doch genau passend und leichter zu verstehen.

Und weil die Kapitalkosten nach Steuern gerechnet wurden, müssen wir auch das Betriebsergebnis entsprechend nach Steuern umrechnen.

Dies ist ja nicht weiterhin schwer, denn wir wissen ja, dass eine Berechnung der Nach-Steuer-Größe auf der Basis der Vor-Steuer-Größe recht simpel ist. Wir müssen lediglich die Vor-Steuer-Größe mit dem Steuerschutz (Tax Shield) multiplizieren, also

$$BE_{v.St.} \times (1 - \text{Steuersatz}) = BE_{n.St.}.$$

Schauen wir uns also das Betriebsergebnis nach Steuern (NOPAT[2]) der HKG für die vier Perioden an:

		2 T€	3 T€	4 T€	5 T€
Betriebsergebnis/EBIT		356,4	160,2	1.260,5	1.155,6
ab/plus:	Steuern auf das EBIT	-106,8	-48,5	-384,2	-348,5
BE n. St. (NOPAT)		**249,6**	**111,7**	**876,3**	**807,1**

Warum sind nur vier anstatt sonst fünf Perioden dargestellt?

Wir müssen die Berechnungen auf das zinstragende Kapital zu Periodenbeginn basieren. Eine Erhöhung des Eigenkapitals und des Fremdkapitals zum 01.01. einmal ausgeschlossen, ist das Kapital zum 31.12.t – 1 identisch mit dem Kapital zum 01.01.t.

Da wir keine Werte für das Jahr „0" zum 31.12. haben, können wir auch nicht das Kapital zum 01.01. Jahr 1 bestimmen und daher sehen Sie hier auch nur vier Perioden.

Bitte übernehmen Sie hier nicht die Steuern aus der GuV heraus. Wir müssen in der Tat auf das Betriebsergebnis eine hypothetische Steuer kalkulieren.

11.2 Die periodischen EVA der HKG

Jetzt zum eigentlichen Ansatz.

Die zentrale Frage dabei ist, ab wann eine Wertsteigerung mit einem eingesetzten Kapital erwirtschaftet wird. Dies ist leicht zu beantworten. Dann, wenn wir mit dem eingesetzten Kapital mehr verdienen, als die Dritten für eben dieses Kapital verlangen!

11.2.1 Die periodischen WACC der HKG

Das „Verlangen" kennen wir schon, denn dies ist der Gesamtkapitalkostensatz WACC.

[2] Ich benutze im Folgenden wieder den Begriff „NOPAT", nicht „NOPLAT".

Und diesen WACC haben wir im Detail behandelt. Zunächst hatten wir die prozentualen Größen über mehrere Schritte ermittelt, jeweils getrennt nach Eigen-, Fremd- und Gesamtkapitalkosten, und dies auch noch über zwei alternative Wege bei der Leverage (das Verhältnis Fremd- zu Eigenkapital)-Integration, zunächst nach Copeland und dann nach Stewart.

Erneut gemeinsam im Detail möchte ich hier aber nicht mit Ihnen rechnen. Das haben wir in Kap. 4 und beim zweiten Beispiel gemacht.

Aber wir müssen uns die Ergebnisse trotzdem anschauen, da wir sie beim EVA-Ansatz dann doch wieder intensiver benötigen.

	Jahre	1	2	3	4	5
Copeland						
Eigenkapitalkosten ohne Leverage	ke_{unlev}	10,20%	10,30%	10,40%	10,50%	10,60%
Leverage (FK/EK) Faktor	LF	2,44	2,47	2,47	1,93	1,41
Eigenkapitalkosten mit Leverage	$k_{e\ lev}$	18,83%	19,41%	19,83%	16,64%	13,40%
Gewichtete Eigenkapitalkosten	gew. ke_{lev}	6,21%	6,26%	6,37%	7,12%	8,43%
Fremdkapitalkosten vor Steuern	k_d(v. St.)	3,46%	3,54%	3,07%	4,19%	4,61%
Fremdkapitalkosten nach Steuern	k_D(n. St.)	2,45%	2,48%	2,14%	2,91%	3,22%
Gewichtete Fremdkapitalkosten	weight. k_D	1,64%	1,68%	1,45%	1,67%	1,19%
Gewichtete durchschnittliche Gesamtkapitalkosten	WACC	7,85%	7,94%	7,82%	8,78%	9,62%
Leverage Interation nach Stewart						
Eigenkapitalkosten ohne Leverage	ke_{unlev}	10,20%	10,30%	10,40%	10,50%	10,60%
Finanz Risikoprämie	FRP	9,70%	9,94%	10,80%	5,87%	2,46%
Eigenkapitalkosten mit Leverage	$k_{e\ lev}$	19,90%	20,24%	21,20%	16,37%	13,06%
Gewichtete Eigenkapitalkosten	gew. ke_{lev}	6,56%	6,53%	6,81%	7,00%	8,22%
Fremdkapitalkosten vor Steuern	k_d (v. St.)	3,46%	3,54%	3,07%	4,19%	4,61%
Fremdkapitalkosten nach Steuern	k_D (n. St.)	2,45%	2,48%	2,14%	2,91%	3,22%
Gewichtete Fremdkapitalkosten	weight. k_D	1,64%	1,68%	1,45%	1,67%	1,19%
Gewichtete durchschnittliche Gesamt-Kapitalkosten	WACC	8,21%	8,21%	8,26%	8,67%	9,42%
	WACC (Check)	8,21%	8,21%	8,26%	8,67%	9,42%

Als wir diese prozentualen Größen mit dem eingesetzten Gesamtkapital multipliziert haben, erhielten wir die absoluten Kapitalkosten, die wir auch „Kapitalbelastung“ bzw. in Englisch „Capital Charge(s)“ genannt haben. Diese kopiere ich Ihnen für die HKG hier jetzt auch ein, jeweils gerundet auf T€.

Dies sind genau die Beträge, die die Dritten, die Gesamtkapitalgeber, also Aktionäre und Banken, für ihr Kapital haben wollen.

		1	2	3	4	5
a) Copeland						
Eigenkapitalkosten ohne Leverage	ke_{unlev}	130	129	136	221	303
Leverage (FK/EK) Faktor	LF	110	114	123	129	80
Eigenkapitalkosten mit Leverage	$k_{e\ lev}$	239	244	260	350	383
Gewichtete Eigenkapitalkosten	gew. ke_{lev}	239	244	260	350	383
Fremdkapitalkosten vor Steuern	k_d (v. St.)	89	93	85	118	78
Fremdkapitalkosten nach Steuern	k_D (n. St.)	63	65	59	82	54
Gewichtete Fremdkapitalkosten	weight. k_D	63	65	59	82	54
Gewichtete durchschnittliche Gesamtkapitalkosten	WACC	303	309	319	432	437
Leverage Interation nach Stewart						
Eigenkapitalkosten ohne Leverage	ke_{unlev}	129,7	129,4	136,1	220,9	303,0
Financial Risk Premium	FRP	123,3	124,8	141,4	123,4	70,4
Eigenkapitalkosten mit Leverage	$k_{e\ lev}$	253,0	254,2	277,6	344,4	373,4
Gewichtete Eigenkapitalkosten	gew. ke_{lev}	253,0	254,2	277,6	344,4	373,4
Fremdkapitalkosten vor Steuern	k_d (v. St.)	89,3	93,4	84,9	118,0	77,5
Fremdkapitalkosten nach Steuern	k_D (n. St.)	63,3	65,4	59,2	82,0	54,1
Gewichtete Fremdkapitalkosten	weight. k_D	63,3	65,4	59,2	82,0	54,1
Gewichtete durchschnittliche Gesamt-	WACC	316,3	319,6	336,8	426,4	427,5
Kapitalkosten	WACC (Check)	316,3	319,6	336,8	426,4	427,5

Somit muss unser Ergebnis der Beteiligung in den einzelnen Perioden höher sein als diese Forderungen Dritter – sei es prozentual, sei es absolut. Als erwirtschaftete (operative) Rendite haben wir bereits das Betriebsergebnis in der GuV identifiziert und wir wissen auch, dass wir hier die Nach-Steuer-Größe benötigen.

Bevor wir aber jetzt definitiv die Wertveränderungen in den vier Perioden berechnen können, müssen wir uns noch mit der Kapitalbasis zur Berechnung der Kapitalbelastung (Capital Charges) beschäftigen. Es wird ja nämlich nur das zinstragende Kapital herangezogen.

Für dieses zinstragende Kapital gibt es mehrere Begriffe in englischer und französischer Sprache. Auch die hatte ich schon dargestellt, aber es macht nichts, wenn Sie sie hier weiter in Ihr Gedächtnis einmeißeln können.

- Capital Employed (CE),
- Net Assets (NA),
- Invested Capital (IC),
- Funds Employed,
- Capitaux Engagés (CE).

Dabei ist „Capital Employed" meiner Meinung nach der am häufigsten genutzte Begriff.

Schauen Sie in die gängige Literatur, dann finden Sie außerdem als wertvolle Berechnungshilfe, dass man die Bilanzsumme um die „Non Interest Bearing Current Liabilities (NIBCL)" kürzen muss. Hilft ungemein weiter, oder.

Gehen wir es also wieder langsam an.

11.2.2 Das zinstragende Kapital der HKG

Fragen wir uns zunächst, welche Posten auf der Passivseite der Bilanz (Mittelherkunft) keine Zinsforderungen Dritter beinhalten, also eine kostenfreie Finanzierung (zumindest bis zu einem gewissen Datum) darstellen.

Bei Eigenkapital brauchen wir nicht zu suchen – das gehört den Shareholdern, und die wollen Dividenden. Dies sind die Eigenkapitalkosten.

Beim Fremdkapital überspringen wir zunächst einmal die Rückstellungen und gehen in die anderen Verbindlichkeiten.

Beim ersten Überfliegen der Posten …

	... davon Anleihen, davon konvertibel	0,0	0%	0,0	0%	0,0	0%	0,0	0%	0,0	0%
	... davon Verbindlichkeiten gegenüber Kreditinstituten	2.382,6	46%	2.381,8	48%	2.564,8	48%	2.199,5	37%	1.348,7	25%
	... davon erhaltene Anzahlungen auf Bestellungen	0,0	0%	0,0	0%	0,0	0%	0,0	0%	0,0	0%
	... davon Verbindlichkeiten aus Lieferungen & Leistungen	1.019,8	20%	742,9	15%	888,1	17%	315,7	5%	458,3	8%
	... davon Verbindlichkeiten aus der Annahme gezogener/Ausstellung eigener Wechsel	0,0	0%	0,0	0%	0,0	0%	0,0	0%	0,0	0%
	... davon Verbindlichkeiten gegen verbundene Unternehmen	25,1	0%	115,2	2%	19,5	0%	0,0	0%	105,3	2%
	... davon Verbindlichkeiten gegenüber Gesellschaftern	0,0	0%	0,0	0%	0,0	0%	0,0	0%	0,0	0%
	... davon sonstige Verbindlichkeiten	129,6	3%	195,8	4%	228,6	4%	353,5	6%	223,5	4%
	a) davon aus Steuern	0,0	0%	0,0	0%	0,0	0%	0,0	0%	0,0	0%
	b) davon im Rahmen der sozialen Sicherheit	0,0	0%	0,0	0%	0,0	0%	0,0	0%	0,0	0%
C	**Verbindlichkeiten**	**3.557,1**	**69%**	**3.435,7**	**69%**	**3.701,0**	**69%**	**2.868,7**	**49%**	**2.135,8**	**39%**

… fällt mit ein wenig Überlegung sofort ein Posten auf: die Verbindlichkeiten aus Lieferungen und Leistungen, also die Kreditoren.

Erhalte ich eine Rechnung für erhaltenes Material oder eine bezogene Leistung, dann habe ich meistens 10–30 Tage Zeit, diese Rechnung zu begleichen. Selbst wenn ich erst nach Erinnerung und Mahnung nach 50 Tagen zahle, erhalte ich i. d. R.[3] keine Zinsforderung für den Zeitraum oberhalb der gewährten Frist (Zahlungsziel). Es handelt sich um eine zinsfreie Finanzierung durch Lieferanten.

Somit gehen die Finanzer davon aus, dass Kreditoren generell nicht zinstragend sind.

Verbindlichkeiten gegenüber dem Finanzamt (Teil der sonstigen kurzfristigen Verbindlichkeiten) sind in den meisten Ländern auch für einige Monate zinsfrei. Daher werden standardmäßig auch diese Verbindlichkeiten gegen die Finanzverwaltungen als nicht zinstragend gewürdigt.

Bei den anderen o. g. Posten müssen wir jeweils eine Einzelbetrachtung anstellen. Dies ist dann schwierig, wenn Sie nur mit dem veröffentlichten Zahlenmaterial arbeiten, aber keine Fragen stellen können. Dann sind Sie zunächst darauf angewiesen, entsprechende Annahmen zu treffen.

Bei den Rückstellungen muss man ebenfalls differenzieren.

Rückstellungen für Pensionen und ähnliche Verpflichtungen gelten gemeinhin als zinstragend, da auf der Basis der Sterbetafeln die durchschnittliche Lebenserwartung der Mitarbeiter ermittelt wird und darauf basierend die periodischen Aufwendungen errechnet werden, die dann noch einer jährlichen Aufzinsung unterliegen.

[3] Bei Rechnungen der öffentlichen Hand ist dies durchaus anders, wenngleich sie ihre eigenen Eingangsrechnungen nur sehr ungern und meist mit entsprechendem Verzug zahlt. Fragen Sie einmal Ihre lokalen Handwerker.

Diese Aufzinsung gilt natürlich als Zins bei den Finanzern.

Bei den Steuerrückstellungen ist die Angelegenheit auch klar – diese werden sicherlich kurzfristig zu „richtigen“ Verbindlichkeiten und dann auch zahlungswirksam. Da man ca. sechs Monate maximal unterstellt und die Finanzverwaltungen für diesen Zeitraum auch keine Zinsforderung erheben, gelten sie gemeinhin als nicht zinstragend.

Bei den sonstigen Rückstellungen müssen Sie wieder eine Einzelfallbetrachtung anstellen.

Im Fall der HKG ergibt sich nach gründlicher Analyse der Posten folgendes Bild in Bezug auf das zinstragende Kapital:

Zins tragendes Kapital nach Jahren	**1**	**2**	**3**	**4**	**5**
P-RAP	0	0	0	0	0
Sonstige Verbindlichkeiten	130	196	229	354	224
Verbindlichkeiten aus der Annahme gezogener/Ausstellung eigener Wechsel	0	0	0	0	0
Verbindlichkeiten aus Lieferungen & Leistungen	1.020	743	888	316	458
erhaltene Anzahlungen auf Bestellungen	0	0	0	0	0
Steuerrückstellungen	5	0	0	0	0
sonstige Rückstellungen (50%)	175	140	182	309	228
Nicht Zins tragendes Fremdkapital	1.329	1.079	1.299	978	910
Zins tragendes Fremdkapital	2.582	2.637	2.766	2.815	1.682

Eigenkapital	**1.271**	**1.256**	**1.309**	**2.104**	**2.858**
Zins tragendes Fremdkapital	2.582	2.637	2.766	2.815	1.682
Zins tragendes Kapital	3.854	3.894	4.075	4.919	4.540

11.2.3 Der subtraktive Weg der HKG-EVA-Berechnung

Ist das Betriebsergebnis (erwirtschaftete Rendite) nach Steuern größer als die absoluten, ebenfalls nach Steuern gerechneten Kapitalkosten (geforderte Rendite), wird mit dem eingesetzten zinstragenden Kapital (zu Periodenbeginn) eine Wertsteigerung erwirtschaftet. Im negativen Fall kommt es natürlich zu einer Wertvernichtung in der entsprechenden Periode.

Dann schauen wir uns die Entwicklung der Wertveränderung bei der HKG in den letzten vier Jahren an.

		2 **T€**	**3** **T€**	**4** **T€**	**5** **T€**
Betriebsergebnis/EBIT		356,4	160,2	1.260,5	1.155,6
ab/plus:	Steuern auf das EBIT	-106,8	-48,5	-384,2	-348,5
BE n. St. (NOPAT)		**249,6**	**111,7**	**876,3**	**807,1**

Diesem Betriebsergebnis nach Steuern (NOPAT) setzen wir jetzt die absoluten Kapitalkosten gegenüber.

Die absoluten Kapitalkosten, auch als „Capital Charge(s) (CC)“ bezeichnet, berechneten sich als

$$CC = WACC \times \text{Capital Employed}.$$

Im Folgenden habe ich das zinstragende Kapital immer als „Capital Employed“ bezeichnet. Die Berechnung hatten wir ja einige Zeilen zuvor besprochen.

CAPITAL EMPLOYED		3.853,8	3.893,7	4.075,3	4.919,1

Dieses Capital Employed ist mit dem WACC …

WACC	Copeland	7,94%	7,82%	8,78%	9,62%

… zu multiplizieren.

Somit errechnen sich unter Nutzung des subtraktiven Verfahrens EVA-Werte für die vier Perioden in Höhe von:

BE n. St.		249,6	111,7	876,3	807,1
ab/minus:	Kapitalbelastung	-306,1	-304,6	-358,0	-473,4
EVA		**-56,6**	**-192,9**	**518,3**	**333,7**

Diese Werte verstehen sich nach periodischen Forderungen Dritter, also nach Kapitalkosten der Banken und Eigenkapitalgeber und nach Steuern.

Schauen wir uns diesen subtraktiven Weg noch einmal in der Übersicht an:

		2 T€	3 T€	4 T€	5 T€
Betriebsergebnis/EBIT		356,4	160,2	1.260,5	1.155,6
ab/plus:	Steuern auf das EBIT	-106,8	-48,5	-384,2	-348,5
BE n. St. (NOPAT)		**249,6**	**111,7**	**876,3**	**807,1**
CAPITAL EMPLOYED		3.853,8	3.893,7	4.075,3	4.919,1
x WACC		7,9%	7,8%	8,8%	9,6%
= Capital Charges	**Kapitalbelastung**	**306,1**	**304,6**	**358,0**	**473,4**
BE n. St.		249,6	111,7	876,3	807,1
ab/minus:	Kapitalbelastung	-306,1	-304,6	-358,0	-473,4
EVA		**-56,6**	**-192,9**	**518,3**	**333,7**

Für die Berechnung des EVA/GWB gibt es noch einen zweiten alternativen Berechnungsweg, der aber zum identischen Ergebnis wie bei dem soeben aufgezeigten subtraktiven Weg kommt. Auch diesen Ansatz wollen wir mit den HKG-Zahlen berechnen.

11.2.4 Der multiplikative Weg HKG-EVA-Berechnung

Hier errechnet sich das EVA durch die Multiplikation der Differenz zwischen erwirtschafteter und geforderter Rendite – jeweils in Prozent (dies wird in der Fachsprache, also in Englisch, „Spread" genannt) – mit dem eingesetzten Kapital zu Beginn der entsprechenden Periode. Es entsteht ein Überschuss, ein „Value Added" pro Periode, der ausdrückt, welcher Wert für die Kapitalgeber zusätzlich geschaffen wurde.

Dieser Überschuss ist wieder ein sogenanntes Residualeinkommen der Kapitalgeber. Es steht ihnen nur „grundsätzlich" zur Verfügung, sie haben aber kein Recht auf eine Auszahlung.

Also gehen wir wieder Schritt für Schritt vor.

Was wissen wir?

Das EVA mittels multiplikativem Weg errechnet sich durch Multiplikation der Differenz aus erwirtschafteter und geforderter Rendite (Spread bzw. in Deutsch auch „ökonomische Marge", „ökonomische Spanne" oder „Übergewinn" genannt, in Prozent) mit dem eingesetzten Kapital zu Periodenbeginn.

Dann ran an die einzelnen Elemente:

Erwirtschaftete Rendite Wir kennen das Betriebsergebnis nach Steuern (NOPAT) und ebenfalls das Kapital zum jeweiligen Periodenbeginn. Das Betriebsergebnis nach Steuern entnehmen wir erneut aus der GuV mit entsprechender steuerlicher Kürzung.

		2 T€	3 T€	4 T€	5 T€
Betriebsergebnis/EBIT		356,4	160,2	1.260,5	1.155,6
ab/plus:	Steuern auf das EBIT	-106,8	-48,5	-384,2	-348,5
BE n. St. (NOPAT)		**249,6**	**111,7**	**876,3**	**807,1**

Dividieren wir jetzt dieses Betriebsergebnis nach Steuern (NOPAT) durch das jeweils eingesetzte zinstragende (Buch-)Kapital zu Periodenbeginn, das wir ja bereits kennen, …

CAPITAL EMPLOYED	3.853,8	3.893,7	4.075,3	4.919,1

… dann erhalten wir die erwirtschaftete (Kapital-)Rendite ROC (Return on Capital). Manchmal liest man auch *„ROCE" (Return on Capital Employed)*, damit ist dann gemeint, dass nur eben dieses zinstragende Kapital als eingesetztes Kapital definiert ist.

ROCE	6,48%	2,87%	21,50%	16,41%

Geforderte Rendite Die geforderte Rendite ist uns auch bestens bekannt, beträgt sie doch nach den Kapitalkostenberechnungen mit Leverage nach Copeland:[4]

WACC	Copeland	7,94%	7,82%	8,78%	9,62%

Damit können wir auch sofort mit einfacher Subtraktion die Differenz zwischen erwirtschafteter operativer Rendite nach Steuern (ROCE) und der von den Kapitalgebern geforderten Rendite nach Steuern (WACC), dem Spread berechnen.

Der Spread ist damit natürlich auch eine Größe nach Steuern.

SPREAD	-1,47%	-4,95%	12,72%	6,78%

Dies sind also die periodischen prozentualen Wertveränderungen der letzten vier Jahre. Positive Vorzeichen weisen eine Wertsteigerung aus. Negative Vorzeichen bedeuten, dass es sich um eine Wertvernichtung in dem jeweiligen Jahr handelt. Und diese prozentualen Werte (Spreads) sind jetzt mit dem zinstragenden Kapital, erneut jeweils zu Periodenbeginn (siehe oben), zu multiplizieren.

CAPITAL EMPLOYED	3.853,8	3.893,7	4.075,3	4.919,1

Es wird also ein Wertzuwachs (eine Wertvernichtung) kalkuliert, die das eingesetzte Kapital (zu Periodenbeginn) im Laufe dieser Periode generiert, und dies ist wieder das EVA.

EVA	**-56,6**	**-192,9**	**518,3**	**333,7**

[4] Im (Beteiligungs-)Controlling setzen wir periodisch unterschiedliche Kapitalkosten, je nach Rechenergebnisse in den Jahren, an. In der Bewertung hingegen werden durchgehend für alle Perioden die Kapitalkosten eingesetzt, die sich zum Bewertungsstichtag berechnen.

Schauen wir uns diese Rechnungen auch noch einmal im Überblick an.

		2 T€	3 T€	4 T€	5 T€
ROCE		6,48%	2,87%	21,50%	16,41%
WACC	Copeland	7,94%	7,82%	8,78%	9,62%
SPREAD		-1,47%	-4,95%	12,72%	6,78%
Zins tragendes Kapital - Capital Employed		3.853,8	3.893,7	4.075,3	4.919,1
EVA		**-56,6**	**-192,9**	**518,3**	**333,7**

Und wenn Sie die unterschiedlich berechneten EVA vergleichen, dann sehen Sie, dass die beiden Rechenwege in der Tat in allen Perioden zu identischen Ergebnissen führen.

Ist dies Zufall? Nein, dies ist wieder ganz einfache Mathematik. Lassen Sie uns aber noch ein wenig bei der Definition des EVA bleiben.

11.2.5 Anmerkungen zum EVA

Das „Economic Value Added" (EVA) einer Periode ergibt sich also aus der Differenz des Periodenergebnisses vor Zinsen und nach Steuern (sogenanntes Net Operating Profit After Taxes – NOPAT) und den Kapitalkosten auf das zu Periodenbeginn vorhandene (d. h. für die Erwirtschaftung des NOPAT eingesetzte) zinstragende Vermögen des Unternehmens (Capital Charge).

Das EVA erfasst daher die gesamten Kapitalkosten, indem auch die anteiligen Kosten des Eigenkapitals in das Kalkül einbezogen werden. Damit berücksichtigt das EVA als Maßzahl für den Erfolg eines Unternehmens in einer Periode die spezifische Kapital- und Risikostruktur des jeweiligen Unternehmens. Ein positives (negatives) EVA, der in diesem Zusammenhang auch als Über- bzw. Unterrendite interpretiert werden kann, ergibt sich, wenn der NOPAT über (unter) den Kapitalkosten des investierten Vermögens liegt.

Wertschaffende (wertvernichtende) Aktivitäten werden über positive (negative) EVA angezeigt, aus diesem Grund wird das EVA im Unterschied zu Rentabilitätskennzahlen auch nicht als Prozentzahl, sondern als absolute Größe berechnet. Der Spread hingegen bezeichnet die Wertveränderung als prozentuale Größe.

Mit Blick speziell auf den Kapitalmarkt ist zu bedenken, dass bei Erreichen eines positiven EVA definitionsgemäß die gesamten Kapitalkosten eines Unternehmens verdient wurden, jedoch hieraus noch nicht gefolgert werden kann, dass die Renditeerwartungen der Anteilseigner, die sich in den Aktienkursen des betreffenden Unternehmens widerspiegeln, vollständig erfüllt wurden.

Die Einflussgrößen sind also:

- ROCE: Return on Capital Employed; Rendite auf das investierte Kapital,
- WACC: Weighted Average Cost of Capital; gewichtete durchschnittliche Kapitalkosten,
- Spread: Relative Value Added; Differenz zwischen geforderter (ROCE) und erwirtschafteter Rendite (WACC),
- Capital Employed: zu Periodenbeginn eingesetztes zinstragendes Kapital eines Unternehmens,
- Capital Charge: Kapitalkosten auf das eingesetzte zinstragende Kapital zu Periodenbeginn,
- NOPAT: Net Operating Profit After Taxes; operativer Gewinn nach Steuern,
- EVA: periodische Wertveränderung (Wertsteigerung oder -vernichtung) als absolute Größe.

11.2.6 Grafische Darstellung des EVA

Diese Zusammenhänge kann man sehr schön in einem Flussdiagramm darstellen, welches wir später in komplexerer und erweiterter Form auch als Zusammenfassung der HKG-Ergebnisse nutzen.

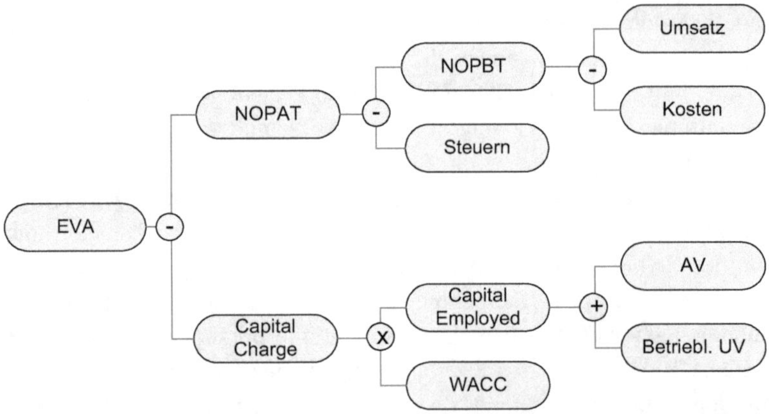

Dies können wir jetzt immer weiter aufbrechen (fiktives Beispiel):

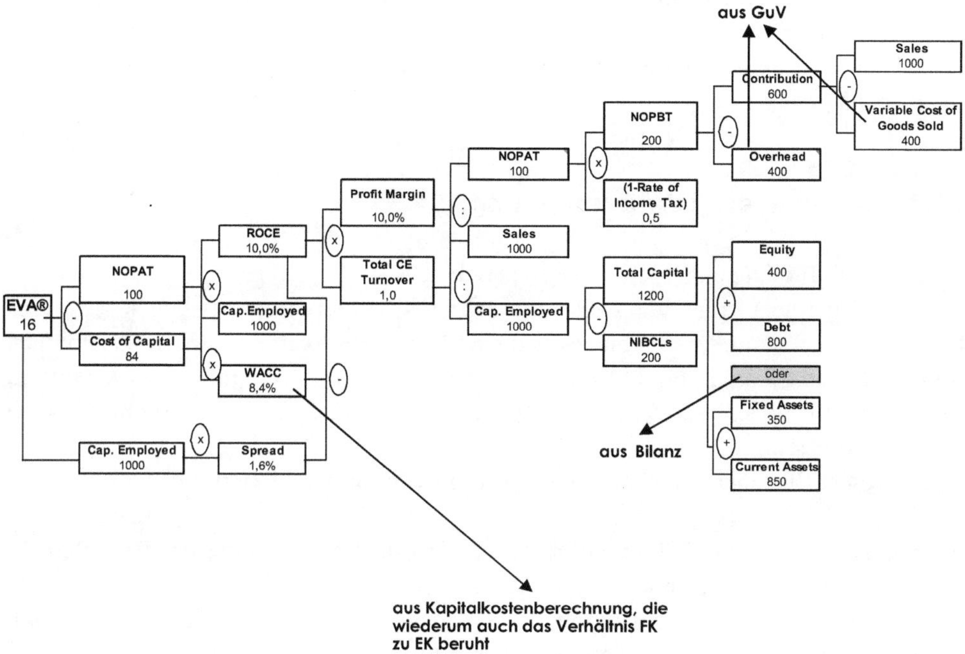

11.2.7 Handlungsableitungen

Geht man noch tiefer, können wir daraus auch ableiten, wie und wo in unserer Gesellschaft Optimierungen bei der Wertsteigerung (des eingesetzten Kapitals) möglich sind.

EVA = NOPAT - Investiertes Vermögen x WACC

Ertrag	Aufwand	Geschäftsvermögen	Kapitalkosten
• Produktmix • Volumen • Preis	• umsatzbezogene Herstellungskosten • F&E - Kosten • Vertriebskosten • Verwaltungskosten	• Optimierung der Zahlungseingänge aus Forderungen • Optimierung der Vorräte • Umschichtung liquider Mittel in höher Verzinsliche Anlagen • Verringerung nicht betriebsnotwendigen Vermögens	• Marktvolatilität • relative Wettbewerbsstärke • operative Flexibilität
↓	↓	↓	↓
Ertrags-management	**Aufwands-/Kosten-management**	**Vermögensmanagement**	**Risikomangement**

Dabei stellt sich dann als Erstes folgende Frage:

Wie wirkt sich eine Optimierung (manchmal auch eine weitergehende Verschlechterung) eines Ausgangsparameters auf die Wertentwicklung aus. Wir sprechen von einer Sensitivitätsanalyse. Und eine solche haben wir in Kurzform zum Ende des zweiten Beispiels schon gesehen.

11.3 Komplexere EVA-Berechnung

Verlassen wir für einige Seiten wieder einmal die HKG.

Jeder Firma steht es frei, die EVA-Berechnung mit weiteren „Anpassungen" zu versehen. Es handelt sich hier um Analysen, die dem internen Rechnungswesen zuzuordnen sind (auch wenn sie auf dem Betriebsergebnis aus der GuV basieren). Damit kann auch jeder Analyst bzw. jede Gesellschaft eine andere Berechnungsgrundlage für sich als die *richtige* definieren.

Interessant sind aber in meinen Augen mehrere (fast auffällige) Kriterien:

- Je größer eine Gesellschaft ist, desto eher tendiert sie dazu, ausgewiesene EVA-Berechnungen zu verkomplizieren.
- Je schlechter die Ergebnisse aus den EVA-Berechnungen auf einfacher Basis (wie von mir bisher dargestellt) sind, besonders wenn Wertvernichtungen ausgewiesen werden müssten, desto eher findet man die Tendenz, die Kalkulationen (wieder) zu verkomplizieren.
- Die Kopplung der beiden o. g. Punkte führt fast immer zu für Laien nicht mehr verständlichen Berechnungen.

11.3.1 Das akzeptable Maß aus dem Mittelstand

Bisher haben wir in der Tat die Herleitung der Rechnungsgrößen ohne große Komplexität geschafft, und ich bin auch ein großer Anhänger dieser einfachen Berechnungen. Höhere Komplexität führt nicht zu klareren oder besseren Ergebnissen, denn meist soll damit abgelenkt werden. So kann auch Schlechtes durch „notwendige Adaptionen" „gutgerechnet" werden.

Schauen wir einmal dennoch in EVA-Berechnungen mit etwas mehr Tiefgang, der in meinen Augen auch noch vertretbar ist. Ich führe Sie jetzt nur durch, wir werden aber selbst nicht rechnen, und Sie finden auch keine Excel basierte Vorlage dafür.

Sie können aber gerne hingehen und die gelieferten Excel-Vorlagen erweitern, wenn diese Berechnungen Ihnen für Ihre Gesellschaft oder aus Ihrer Überzeug heraus besser passen.

Es handelt sich um einen Mittelständler in Österreich, eine GmbH mit einem Körperschaftsteuersatz von „flat" 25 %.

Dort haben wir das NOPAT (Betriebsergebnis nach Steuern) folgendermaßen berechnet:

	Jahresergebnis lt. Basis GuV
'+	unregelmäßige Aufwendungen gem. IAS 1.97
'-	unregelmäßige Erträge gem. IAS 1.97
'+	Verlust aus veräußerten Vermögen bzw. aufgegebenen Geschäftsbereichen
'-	Gewinn aus veräußerten Vermögen bzw. aufgegebenen Geschäftsbereichen
'+	Zinsaufwendungen
'-	Zinserträge
'+	Aufwendungen aus nicht betriebsnotwendigen Beteiligungen
'-	Erträge aus nicht betriebsnotwendigen Beteiligungen
'+	Aufwendungen aus zum 'fair value' bewerteten Finanzierungsinstrumenten
'-	Erträge aus zum 'fair value' bewerteten Finanzierungsinstrumenten
'+	Zinsaufwendungen zu Pensions- od. anderen abgezinsten Rückstellungen
'+	Abschreibungen auf aktiviertes nicht betriebsnotwendiges Vermögen
=	**Ergebnis nach Operating Conversions**
'+	Miet- und Leasingaufwendungen aus verdeckten Finanzierungen
'+	Abschreibungen auf verdeckte Miet-/Leasingobjekte
=	**Ergebnis nach Funding Conversions**
'+	Aufwendungen mit Investitionscharakter
'-	Abschreibungen auf in der Vorperiode aktivierte Aufwendungen mit Investioncharakter
=	**Ergebnis nach Shareholder Conversions**
'+	Steueraufwand minus Steuerertrag aus vorgenommenen Conversions
'-	Steuererhöhung aus passiven latenten Steuern
+	Steuererhöhung aus aktiven latenten Steuern
=	**Ergebnis nach Tax Conversions = NOPAT (Economic Model)**

Sie sehen, es geht auch mit mehr Tiefgang.

Allerdings muss man sich dafür schon ein wenig mehr im Rechnungswesen auskennen und für viele (kleine) Mittelständler ist diese Herleitung aus meiner Sicht viel zu komplex bzw. nicht notwendig.

Entscheiden Sie aber selbst für sich und Ihr Unternehmen.

Das zinstragende Kapital (Capital Employed) haben wir dabei folgendermaßen berechnet:

	Aktiva (Vermögen) lt. Basis Bilanz
'-	zur Veräußerung stehendes Vermögen bzw. aufgegebene Geschäftsbereiche
'-	nicht betriebsnotwendige Beteiligungen
'-	zum Fair Value erfolgswirksam bewertete Finanzinstrumente
'-	sonstiges nicht betriebsnotwendiges Vermögen (Kasse, Wertpapiere, etc.)
=	**Vermögen nach Operating Conversions**
+	Buchwert von verdeckt finanzierten Miet-/Leasingobjekten
'-	unverzinsliche Schulden (L&L, Anzahlungen, kurzfristige Rückstellungen)
=	**Vermögen nach Operating Conversions**
+	Aktivierung von Aufwendungen früherer Perioden mit Investitionscharakter
+	nicht erfolgswirksames sondern in 'Other Comprehensive Income' verrechnetes Vermögen
	Vermögen nach Shareholder Conversions
'-	aktive latente Steuern
=	**Vermögen nach Tax Conversions = CE (Economic Model)**

Die EVA-Berechnung erfolgte dann nach bekannter Berechnung:

EVA Berechnung nach der Capital Charge Fomel (subtraktiver Weg)
EVA = NOPAT - (WACC x CE)
WACC
Capital Charge (CC) = WACC x CE
EVA
EVA Berechnung nach der Spread Fomel (multiplikativer Weg)
EVA = (ROCE - WACC) x CE
WACC
ROCE (erwirtschaftete Kapitalrendite) = NOPAT / CE
Spread (Überrendite) = ROCE - WACC
EVA

Dieser Detaillierungsgrad ist ja noch akzeptabel, aber es geht auch noch „heftiger“. Hier stelle ich mir dann die „Sinnfrage“! Es sei denn, die Gesellschaft macht es aus einem Grund: Dritte sollen die Berechnungen gar nicht nachvollziehen können!

11.3.2 Übertriebene Detailverliebtheit

Schauen wir uns jetzt einmal die Berechnung eines großen deutschen Telekommunikationskonzerns (börsennotiert) an.

Dort findet man folgende Definition der EVA-Berechnung.

Detaillierte Staffelrechnung nach GKV – Überblick Berechnungskomponenten:

Nettoumsatzerlöse
+/– Bestandsveränderungen und andere aktivierte Eigenleistungen
+ sonstige betriebliche Erträge
– Materialaufwand
– Personalaufwand
– sonstige betriebliche Aufwendungen
= EBITDA
– Abschreibungen
= operatives Ergebnis
+/– Finanzergebnis
= Ergebnis der gewöhnlichen Geschäftstätigkeit (EGT)
+/– obligatorische Anpassungen (als da wären …)
+/– Steuern
+ Zinsen und ähnliche Aufwendungen
– Steuerwirkung der Zinsen und ähnlichen Aufwendungen

=Σ Obligatorische Anpassungen des Geschäftsergebnisses
+/– branchenspezifische Anpassungen (als da wären ...)
+ Goodwill-AfA nach Steuern
+ Zinsanteil aus nicht aktivierten Leasing- und langfristigen Mietverpflichtungen
+/– Ergebniseffekt aus Anlagen im Bau nach Steuern
+/– branchenspezifische Anpassungen
+/– Ergebnis aus Anlagenabgängen nach Steuern
+/– Steuereffekt des AO-Ergebnisses
+/– Anpassung GE aus Gesamtsteuerungssicht
=Σ Spezifische Anpassungen des Geschäftsergebnisses
= EVA-Geschäftsergebnis nach Anpassungen

Dazu gibt es dann folgende Erläuterungen:

Obligatorische Anpassungen:

- Bei den obligatorischen Anpassungen handelt es sich um Anpassungsgrößen, die sich unabhängig von der betrachteten Unternehmung inhaltlich aus dem EVA-Konzept heraus ergeben.
- Bei der XXX wurden von diesen „zwingenden" Anpassungen für die EVA-Geschäftsergebnisberechnung
  - die Anpassung für die Steuern (obligatorische Steueranpassung),
  - die Anpassung für Finanzierungsaufwendungen (im Wesentlichen Fremdkapitalzinsen; obligatorische Zinsanpassung),
  - und die Anpassung der Steuerwirkung der Finanzierungsaufwendungen,

  als werthaltige Korrekturpositionen im Standardkalkulationsschema berücksichtigt.
- Die obligatorische Steueranpassung beinhaltet den Einbezug der Steuern in das EVA-Geschäftsergebnis und trägt damit dem Charakter des EVA als Nach-Steuer-Größe Rechnung.
- Die obligatorische Zinsanpassung bezweckt, das EVA-Geschäftsergebnis von Finanzierungseinflüssen zu entlasten.
- Die obligatorische Anpassung der Steuerwirkung der Zinsen ist erforderlich, um den steuerlichen Vorteil, der sich durch die steuerliche Abzugsfähigkeit der Finanzierungsaufwendungen ergibt (Tax Shield), ebenfalls aus dem EVA-Geschäftsergebnis herauszurechnen.

Alles klar?
Aber es geht noch weiter – der Konzern sorgt noch für „Klarheit".

Obligatorische Anpassungen: Anpassung der Zinsen und ähnlichen Aufwendungen Hintergrund/Konzept:

- Finanzierungskosten – im Wesentlichen ausgedrückt durch Fremdkapitalzinsen – sind generell im EGT über das darin enthaltene Finanzergebnis berücksichtigt. Damit ist das EGT insofern „verwässert", als dass eine Vermischung von operativer Performance und der zugrunde liegenden Finanzierung (FK-Anteil) vorliegt.
- Ziel ist es, das operative Ergebnis losgelöst von Finanzierungsfragen zu beurteilen. Dies entspricht einer Trennung der Investitions- von Finanzierungsfragen.
- Die Fremdfinanzierungskosten werden separat in den Gesamtkapitalkosten berücksichtigt.

Zinsanpassung bei der EVA-Geschäftsergebnisberechnung:

- Für die EVA-Geschäftsergebnisberechnung werden die Zinsaufwendungen (und ggf. sonstigen Finanzierungsaufwendungen) aus der EGT-Größe eliminiert, d. h. die Anpassung wirkt ergebniserhöhend.

Dazu erklärende Anmerkungen:

- Das EVA-Geschäftsergebnis soll möglichst frei von Finanzierungseinflüssen sein. Anmerkung: Da in der externen Rechnungslegung generell die Eigenkapitalkosten nicht explizit ausgewiesen werden, sondern diese im Gewinnanspruch der EK-Geber ihre Entsprechung finden, wird durch die synchrone Herausnahme des FK-Aufwandes für die Ermittlung des EVA-Geschäftsergebnisses eine formale Gleichstellung von Eigen- und Fremdkapitalfinanzierung erreicht. Das EVA-Geschäftsergebnis ist damit im Wesentlichen frei von Finanzierungskosten.
- Die Kapitalkosten finden vielmehr in einem separaten Schritt durch die Anwendung des Gesamtkapitalkostensatzes (WACC) auf die EVA-Geschäftsvermögensbasis Eingang in das EVA-Konzept.

Obligatorische Anpassungen: Anpassung der Steuerwirkung der Zinsen und ähnliche Aufwendungen Hintergrund/Konzept:

- Analog zu dem FK-Aufwand (vgl. oben) muss für die EVA-Geschäftsergebnisberechnung auch die diesem Aufwand entsprechende Steuerersparnis eliminiert werden.
- Anders ausgedrückt: Das EVA-Geschäftsergebnis wird um das Tax Shield der bereits zuvor eliminierten Zinsen und ähnlichen Aufwendungen reduziert.
- Die steuerliche Abzugsfähigkeit des FK-(Zins-)Aufwandes findet gleichwohl über die Anwendung des gewichteten Nachsteuerkapitalkostensatzes (Nachsteuer-WACC) auf das Gesamtkapital Eingang in die EVA-Berechnung. Insofern wird durch die Anpassung eine doppelte Berücksichtigung vermieden.
- Anpassung der Steuerwirkung der Zinsen und ähnliche Aufwendungen.

- Berechnung des Tax Shield auf den FK-Aufwand (im Wesentlichen FK-Zinsen) unter Anwendung eines pauschalen Steuersatzes: (Anpassungsbetrag für Zinsen und ähnliche Aufwendungen) × Steuersatz = Tax Shield.
- Sodann EVA-Geschäftsergebnis mindernde Berücksichtigung des ermittelten Tax Shield.

Jetzt ist aber wirklich alles klar – Danke an die Autoren (das kommt nicht von mir, gell!) für die klärenden Worte.

Auch bei der Berechnung des Capital Employed (zinstragendes Kapital) lässt Sie der Konzern nicht alleine, sondern beseitigt alle Unklarheiten in der ein wenig detaillierteren Berechnung.

Detaillierte Staffelrechnung – Überblick Berechnungskomponenten

+ immaterielle Vermögensgegenstände + Sachanlagen + Finanzanlagen
= Anlagevermögen + Vorräte + Forderungen und sonstige Vermögensgegenstände + Wertpapiere + Scheck, Kasse, Bank
= Umlaufvermögen *+/– obligatorische Anpassungen (als da wären)* + aktiver Rechnungsabgrenzungsposten = Geschäftsvermögen (Bilanzsumme) – erhaltene Anzahlungen – Verbindlichkeiten aus Lieferungen und Leistungen (gegenüber Dritten) – Verbindlichkeiten aus Gesellschafterdarlehen von verbundenen Unternehmen (zinslos) – Verbindlichkeiten aus Lieferungen und Leistungen mit verbundenen Unternehmen – Verbindlichkeiten gegenüber Beteiligungen – sonstige Verbindlichkeiten (zinslos) – Rückstellungen – passiver Rechnungsabgrenzungsposten
=Σ obligatorische Anpassungen des Geschäftsvermögens *+/– branchenspezifische Anpassungen des Geschäftsvermögens (als da wären)* + kumulierte Goodwill-AfA nach Steuern +/– branchenspezifische Anpassungen + Barwert zukünftiger Miet- und Leasingverpflichtungen +/– Anpassung für Anlagen im Bau +/– kumuliertes Ergebnis aus Anlageabgängen nach Steuern +/– kumulierte AO-Ergebnisse nach Steuern +/– Anpassung GV aus Gesamtsteuerungssicht
= Σ spezifische Anpassungen des Geschäftsvermögens = EVA-Geschäftsvermögen nach Anpassungen
= Geschäftsvermögen nach Anpassungen (natürlich zu Periodenbeginn)

Zur weiteren Klärung eventuell offener Fragen werden wie bei der Definition des Vermögens weitergehende einfache und weiterführende Erläuterungen gegeben.

Obligatorische Anpassungen

- Bei den obligatorischen Anpassungen handelt es sich um Anpassungsgrößen, die sich unabhängig von der betrachteten Unternehmung inhaltlich aus dem EVA-Konzept heraus ergeben.
- Bei der XXX wurden die folgenden Anpassungspositionen als werthaltige Größen in die EVA-Kalkulation einbezogen:
  – erhaltene Anzahlungen,
  – Verbindlichkeiten aus Lieferungen und Leistungen (gegenüber Dritten),
  – Verbindlichkeiten aus Gesellschafterdarlehen von verbundenen Unternehmen (zinslos),
  – Verbindlichkeiten aus Lieferungen und Leistungen mit verbundenen Unternehmen,
  – Verbindlichkeiten gegenüber Beteiligungen,
  – sonstige Verbindlichkeiten (zinslos),
  – Rückstellungen,
  – passiver Rechnungsabgrenzungsposten,
  = obligatorische GV-Anpassung (= Summe Abzugskapital).
- Alle Positionen der obligatorischen Geschäftsvermögensanpassungen bei der XXX sind als „Abzugskapital" definiert, d. h. sie mindern als zinsfrei zur Verfügung stehendes Kapital die zu verzinsende EVA-Geschäftsvermögensbasis.

Hintergrund/Konzept

- Bestimmte Bilanzpositionen verursachen keine Finanzierungskosten. Diese werden daher von der zu verzinsenden EVA-Geschäftsvermögensbasis abgesetzt (Beispiel: Rückstellungen).
- Für andere Bilanzpositionen – insbesondere Verbindlichkeiten aus Lieferungen und Leistungen – werden zwar explizit keine Finanzierungskosten ausgewiesen, diese sind jedoch implizit über die Faktorpreise bereits im Geschäftsergebnis enthalten. Um eine doppelte Berücksichtigung einerseits über das Geschäftsergebnis und andererseits über das Geschäftsvermögen zu vermeiden, wird das Geschäftsvermögen um die entsprechenden Beträge reduziert, womit diese Positionen von der Kapitalkostenbelastung über den WACC ausgenommen werden.
- Erhaltene Kundenanzahlungen stehen dem Unternehmen zinsfrei zur Verfügung und werden daher vom EVA-Geschäftsvermögen in Abzug gebracht.

Obligatorische Anpassungen des Geschäftsvermögens bei der XXX:

Obligatorische Anpassungen des Geschäftsvermögens bei der XXX mindern als Abzugskapital das EVA-Geschäftsvermögen. Sie werden bei der Ermittlung des EVA-Geschäftsvermögens von der Bilanzsumme abgezogen und reduzieren das EVA-Geschäftsvermögen.

Bilanzsumme
– erhaltene Anzahlungen
– Verbindlichkeiten aus Lieferungen und Leistungen (gegenüber Dritten)
– Verbindlichkeiten aus Gesellschafterdarlehen von verbundenen Unternehmen (zinslos)
– Verbindlichkeiten aus Lieferungen und Leistungen mit verbundenen Unternehmen
– Verbindlichkeiten gegenüber Beteiligungen
– sonstige Verbindlichkeiten (zinslos)
– Rückstellungen
– passiver Rechnungsabgrenzungsposten
=Σ obligatorische GV-Anpassung (Summe Abzugskapital)
= Geschäftsvermögen nach obligatorischen Anpassungen

Die branchenspezifischen Anpassungen bezeichnen für die XXX werthaltige Anpassungspositionen, die die bereits adjustierte Geschäftsergebnisgröße bzw. -vermögensgröße (obligatorische Anpassungen!) in das branchenspezifische EVA-Geschäftsergebnis bzw. EVA-Geschäftsvermögen überführen.

Überblick über die einzelnen Anpassungen
Branchenspezifische Anpassungen

Überblick/Einordnung in die EVA-Berechnungslogik

Die branchenspezifischen Anpassungen umfassen folgende Anpassungssachverhalte:

- Anpassung für Assetabgänge,
- Anpassung für Miet-/Leasingsachverhalte,
- Anpassung des außerordentlichen Ergebnisses (AO-Ergebnis),
- Anpassung der Goodwill-Abschreibungen,
- Anpassung für Anlagen im Bau,
- Anpassung aus Gesamtsteuerungssicht.

Alle spezifischen Anpassungen wirken sowohl auf das EVA-Geschäftsergebnis wie auch auf das EVA-Geschäftsvermögen.

Branchenspezifische Anpassungen
Geschäfts*ergebnis*komponente

+/–	Ergebnis aus Anlageabgängen nach Steuern
+	Zinsanteil aus nicht aktivierten Leasing- und langfristigen Mietverpflichtungen
+/–	Steuereffekt des AO-Ergebnisses
+	Goodwill-AfA nach Steuern
+/–	Ergebniseffekt aus Anlagen im Bau nach Steuern
+/–	Anpassung GE aus Gesamtsteuerungssicht

Geschäfts*vermögens*komponente

+/–	Ergebnis aus Anlageabgängen nach Steuern
+	Zinsanteil aus nicht aktivierten Leasing- und langfristigen Mietverpflichtungen
+/–	Steuereffekt des AO-Ergebnisses
+	Goodwill-AfA nach Steuern
+/–	Ergebniseffekt aus Anlagen im Bau nach Steuern
+/–	Anpassung GE aus Gesamtsteuerungssicht

Hintergrund/Konzept

- Als kurzfristige Sondereinflüsse/Einmaleffekte werden Assetabgänge nicht im EVA-Geschäftsergebnis der aktuellen Periode berücksichtigt.
- Es erfolgt eine Berücksichtigung der Anlagenabgänge auf der Kapitalseite (Geschäftsvermögen) und damit die Zurechnung der Veräußerungsergebnisse auf die verantwortliche Einheit.

  Ziele der Anpassung:

- Förderung wertschaffender Anlagenverkäufe durch Vermeidung kurzfristiger Ergebnisbelastungen.
- Förderung eines langfristig wertschaffenden Entscheidungsverhaltens ohne Verantwortlichkeiten zu verwässern durch die dauerhafte Berücksichtigung des Veräußerungsergebnisses in der Kapitalkostenbasis.

  Anpassung für Assetabgänge:

- Anpassung des Geschäftsergebnisses:
  - Das Nach-Steuer-Ergebnis aus Assetabgängen bleibt in der EVA-Geschäftsergebnisberechnung unberücksichtigt (aus EGT eliminieren).
  - Bei der Kalkulation des Nachsteuererfolges kommt der pauschale Steuersatz zur Anwendung. Dies führt dazu, dass die Höhe der absoluten Verluste und Gewinne aus Assetabgängen um den Prozentsatz des Grenzsteuersatzes reduziert werden (fiktive Steuererstattung bzw. -zahlung).
- Anpassung des Geschäftsvermögens:
  - Die ermittelten Nachsteuergewinne aus Assetabgängen werden kumuliert – d. h. unter Einbezug der Vorjahre – vom Geschäftsvermögen in Abzug gebracht (Reduktion der Verzinsungsbasis).
  - Die ermittelten Nachsteuerverluste aus Assetabgängen werden kumuliert – d. h. unter Einbezug der Vorjahre – zum Geschäftsvermögen hinzugerechnet (Erhöhung der Verzinsungsbasis).
  - Die Verringerung der Kapitalbasis bewirkt tendenziell höhere EVA in den Folgejahren und umgekehrt.

Usw., usw …

Irgendwie habe ich den Eindruck, dass die Erläuterungen der XXX sich im Kreis drehen, aber Hauptsache ist ja, dass Sie es verstanden haben, zumal sich die XXX so viel Mühe gegeben hat, Ihnen als potenziellem Aktionär ihre Berechnungen zu erklären.

Übrigens, ich halte keine Aktien dieser Gesellschaft, warum wohl?

Schauen Sie in die Geschäftsberichte, dort werden Sie auch bei anderen großen Konzernen fündig. Die Telekommunikationsbranche ist kein Einzelfall.

Es kann ja nicht jeder alles verstehen, von daher gehöre ich wohl zum kleinen Kreis von Adressaten, die nicht über den notwendigen Intellekt verfügen.

Ich freue mich aber, dass Sie nicht mit meinem Fehlwissen ausgestattet sind und den Ausführungen folgen konnten.

Jetzt aber zurück zur Frage, warum beide Ansätze der EVA-Berechnung zu einem identischen Ergebnis kommen. Klären wir die Frage mit einer weiteren Darstellung, die die Zusammenhänge aufzeigt. Ich nenne sie daher auch „Executive Summary".

Diese Zusammenhänge kennen Sie aber schon.

11.4 Executive Summary – Teil I

Spielen Sie gerne Sudoku? Ich schon, weil es uns zwingt, logisch zu denken und wir außerdem unser Gehirn trainieren. Wir wollen jetzt auch Sudoku für die Beteiligung nach angelsächsischem Rechenweg spielen.

Schauen Sie sich bitte nachfolgende Grafik an, und betrachten Sie dabei auch genau die Pfeile und die Rechenoperanden. Was muss ich in das Feld in der Mitte schreiben, damit diese Gleichung aufgeht?

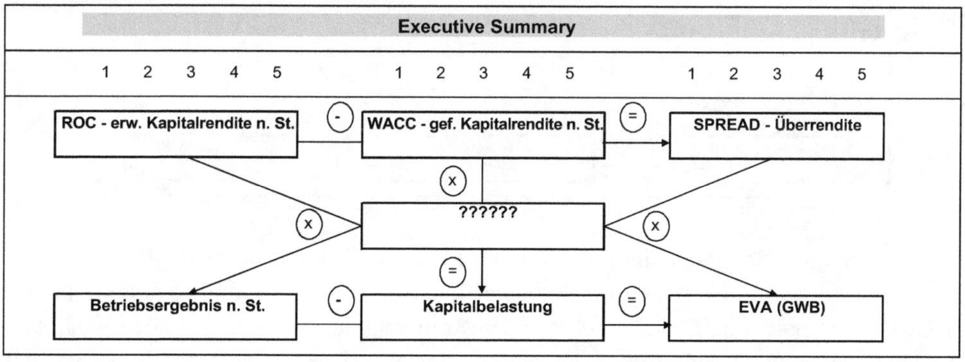

Genau, das eingesetzte zinstragende Kapital (Capital Employed) zu Periodenbeginn. Und wenn Sie jetzt genau hinschauen, dann erkennen Sie auch den subtraktiven und den multiplikativen Weg.

Außerdem erkennen Sie an der Grafik, dass die oberen drei Umrandungen prozentuale Werte beinhalten und die unteren drei Umrandungen die jeweils dazu gehörenden absoluten Werte. In der Mitte, unserem „Suchkasten" muss somit das zinstragende Kapital stehen, denn per Multiplikation (von oben nach unten) bzw. per Division (von unten nach oben) ergibt sich die jeweilige andere Größe.

Machen wir es ein wenig deutlicher; hier zunächst unten in den drei Feldern der Grafik der subtraktive Weg.

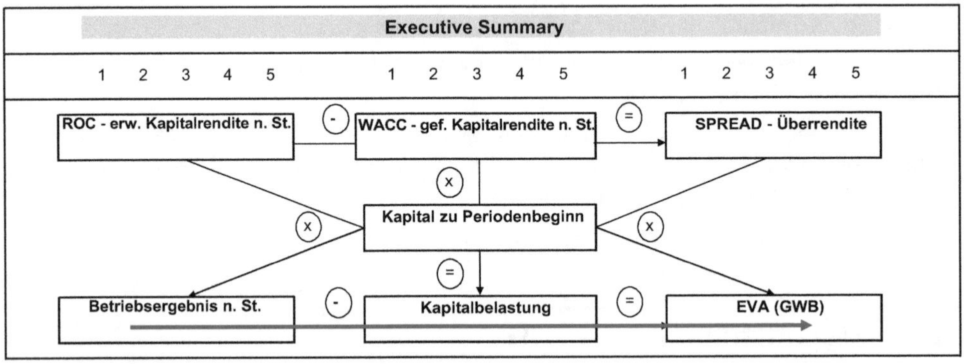

Und jetzt der multiplikative Weg.

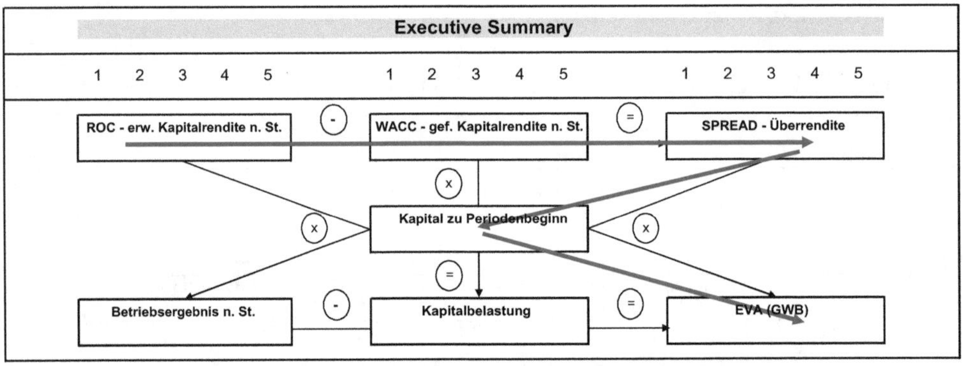

Über diesen Zusammenhang gibt es in der Literatur übrigens tausende Seiten und die meisten Autoren stellen EVA-Berechnungen leider als etwas Komplexes (siehe unsere XXX Gesellschaft) dar. Da kann ich nur den Kopf schütteln. Häufig gilt aber auch, dass der Finanzer gerne alles ein wenig schwieriger darstellt, als es in der Praxis ist. Es steigert damit seinen Marktwert!

Jedoch zunächst sind EVA-Berechnungen einmal recht einfach.

11.4.1 Executive Summary der HKG – Teil I

Zurück zur HKG.

Füllen wir jetzt unsere „Executive Summary" mit den berechneten Werten.

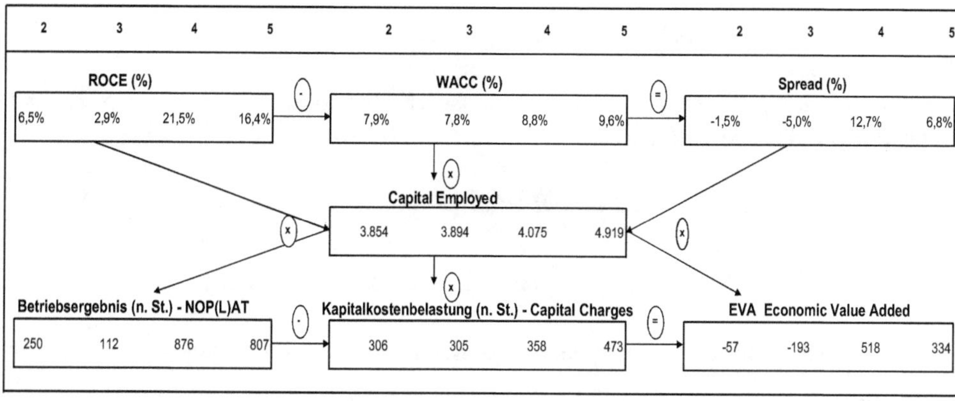

Klasse, nicht wahr?

Und warum bezeichne ich diese Darstellung als „Executive Summary Teil I"? Weil es später mit den Ergebnissen aus der Bewertung noch erweitert wird.

Ich führe Sie jetzt aber einmal durch „mein" „HKG Executive Summary I". Dafür brauche ich nicht mehr als zwei Minuten, aber dann ist alles Wesentliche zu dieser Beteiligung, zumindest in Bezug auf die periodischen Ergebnisse der letzten vier Jahre, gesagt.

Die Beteiligung weist einen zinstragenden Kapitaleinsatz in Höhe von T€ 3854 aus. Weitere Aktivierungen in den Folgeperioden sind erfolgt, da das Kapital in den Folgeperioden ansteigt.

Capital Employed

3.854	3.894	4.075	4.919

Hier wurden die jeweiligen Buchwerte (zinstragend) zu Periodenanfang dargestellt, zu denen ich aber gleich noch einmal zurückkomme.

Mit diesem Kapital werden in den vier ausgewiesenen Perioden operative Ergebnisse nach Steuern in Höhe von …

Betriebsergebnis (n. St.) - NOP(L)AT

250	112	876	807

… erwirtschaftet, dies entspricht einer Kapitalrendite (jeweils basierend auf dem o. g. zinstragenden Buchkapital zu Periodenbeginn) in Höhe von:

ROCE (%)

6,5%	2,9%	21,5%	16,4%

Diesen erwirtschafteten Renditen stehen aber Kapitalforderungen der Kapitalgeber (Banken und Aktionäre) von …

WACC (%)

7,9%	7,8%	8,8%	9,6%

… gegenüber. Dies entspricht einem absoluten Betrag (Capital Charges) in Höhe von:

Kapitalkostenbelastung (n. St.) - Capital Charges

306	305	358	473

Als Ergebnis (Differenz aus erwirtschafteter und geforderter Rendite, jeweils nach Steuern) erwirtschaftet die Beteiligung periodische Wertveränderungen (Wertvernichtungen und Wertsteigerungen) von:

Spread (%)

-1,5%	-5,0%	12,7%	6,8%

Das entspricht in absoluten Werten in den einzelnen Jahren einem jeweiligen EVA (Wertsteigerung und/oder Wertvernichtung) in Höhe von:

EVA Economic Value Added

-57	-193	518	334

Alles gesagt, oder? Schauen Sie sich die Gesamtdarstellung nochmals an – sie ist klasse und ich liebe sie!

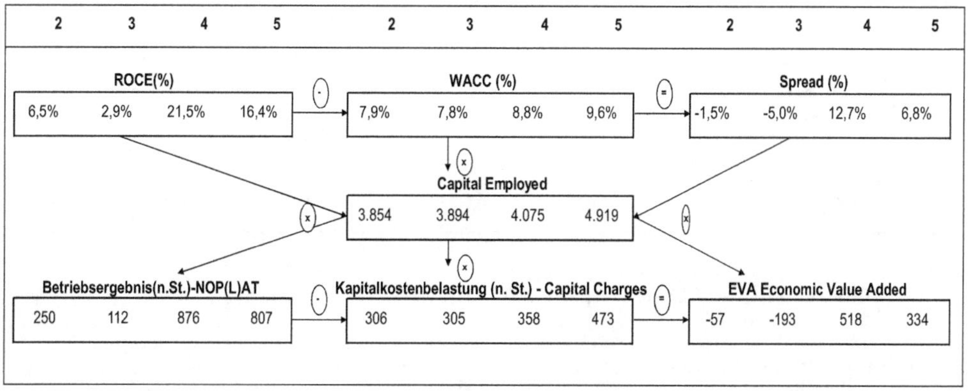

Neben dem EVA-Ansatz gibt es einen zweiten angelsächsischen Controllingansatz, der viel bekannter ist, da es der weltweite Standardansatz auch bei Unternehmensbewertungen ist. Wir haben bereits in den kleineren Beispielen damit gerechnet. Gemeint ist der FCF-Ansatz.

11.5 Der FCF-Ansatz

Der „FCF" (Free oder freier Cash Flow) ist der Betrag, der theoretisch zur Auszahlung an Dritte (Banken in Form von Kreditrückzahlungen, Aktionären in Form von Dividenden) zur Verfügung stünde.

Hier wird als Rechnungskomponente erneut das Betriebsergebnis nach Steuern (NOPAT) herangezogen. Dieses kennen wir ja bereits vom EVA-Ansatz, und von daher wollen wir auch Erklärungen, warum gerade auf diese GuV-Größe Zugriff genommen werden muss, unterlassen und auch auf die Berechnung selbst nicht wieder im Detail eingehen.

11.5.1 Berechnung des HKG-FCF

Der Vollständigkeit halber und damit wir uns wieder besser erinnern, kopieren wir uns die Herleitung des Betriebsergebnisses nach Steuern allerdings wieder ein.

		2 T€	3 T€	4 T€	5 T€
Betriebsergebnis/EBIT		356,4	160,2	1.260,5	1.155,6
ab/plus:	Steuern auf das EBIT	-106,8	-48,5	-384,2	-348,5
BE n. St. (NOPAT)		**249,6**	**111,7**	**876,3**	**807,1**

Jetzt müssen wir als nächste Schritte zunächst den

- Cash Flow und dann den
- freien Cash Flow

berechnen.

Der Cash Flow ist (eigentlich) recht einfach zu berechnen (wenn wir nicht wieder die Berechnungen von Großkonzernen zugrunde legen), da wir zum Betriebsergebnis nach Steuern (NOPAT) lediglich die Abschreibungen addieren müssen. Abschreibungen sind ja bekannterweise nicht auszahlungswirksam.

	Istperioden	2 T€	3 T€	4 T€	5 T€
Betriebsergebnis		356,4	160,2	1.260,5	1.155,6
ab:	Steuern auf das EBIT	-106,8	-48,5	-384,2	-348,5
NOP(L)AT		**250**	**112**	**876**	**807**
zu/plus:	Abschreibungen	212,6	227,9	191,3	210,0
Operativer Cash Flow		**462,2**	**339,6**	**1.067,6**	**1.017,1**

Damit haben wir den operativen Cash Flow (vor Zinsen, nach Steuern) berechnet. Zum freien Cash Flow ist es aber noch einen Schritt weiter. Wir müssen im nächsten Zug allerdings ein wenig aufpassen, da wir nicht periodenkonform auf Werte zugreifen werden.

Es gilt jetzt

- einerseits die (Des-)Investitionen in das Anlagevermögen und
- andererseits die (Des-)Investitionen in das Umlaufvermögen,

die zahlungswirksamen Charakter haben, ebenfalls/zusätzlich zu betrachten.

Es ist also eine Kapitalflussrechnung (aus welchem Posten der Bilanz ist seit letztem Jahr Kapital hinzugeflossen (z. B. Reduktion der Vorräte) bzw. in welchen Posten ist Kapital hingeflossen (z. B. Aufbau des Anlagevermögens)).

Wir haben die Ausprägungen von detaillierten Kapitalflussrechnungen bereits dargestellt, von daher gehen wir hier nicht erneut darauf ein.

Ich mag diese (über)detaillierten Darstellungen allerdings nicht und fasse die Veränderungen immer in wenigen Posten zusammen. Als Bild: In einem Schraubstock werden mehrere Unterposten miteinander per Druck zusammengepresst, und es bleiben nur noch gröbere Strukturen sichtbar.

Und das sieht dann für die vier historischen Jahre bei der HKG folgendermaßen aus.

	Istperioden	2 T €	3 T €	4 T €	5 T €
ab/minus:	Investitionen	-314,5	-334,2	-295,7	-141,0
zu/ab:	**Working Capital**				
plus/minus:	Vorräte	-97,2	-281,5	-119,8	77,3
	Forderungen inkl. Sonst. Ford.	259,8	-33,7	39,8	14,6
	Verbindlichkeiten L+L	-276,9	145,2	-572,4	142,6
	Rückstellungen	-73,3	83,1	560,8	-468,1
	Sonstige Verbindlichkeiten	155,5	120,1	-259,9	-875,5
	Veränderung Working Capital	-32,1	33,2	-351,5	-1.109,1

Hier können wir auch nur vier Perioden ausweisen, denn ein Zugriff auf die Daten der jeweiligen Vorperiode ist ebenfalls notwendig.

Somit ergibt sich dann für den freien Cash Flow (FCF):

	Freier Cash Flow - Free Cash Flow Istperioden	2 T €	3 T €	4 T €	5 T €
Betriebsergebnis		356,4	160,2	1.260,5	1.155,6
ab:	Steuern auf das EBIT	-106,8	-48,5	-384,2	-348,5
NOP(L)AT		**250**	**112**	**876**	**807**
zu/plus:	Abschreibungen	212,6	227,9	191,3	210,0
Operativer Cash Flow		**462,2**	**339,6**	**1.067,6**	**1.017,1**
ab/minus:	Investitionen	-314,5	-334,2	-295,7	-141,0
zu/ab:	**Working Capital**				
plus/minus:	Vorräte	-97,2	-281,5	-119,8	77,3
	Forderungen inkl. Sonst. Ford.	259,8	-33,7	39,8	14,6
	Verbindlichkeiten L+L	-276,9	145,2	-572,4	142,6
	Rückstellungen	-73,3	83,1	560,8	-468,1
	Sonstige Verbindlichkeiten	155,5	120,1	-259,9	-875,5
	Veränderung Working Capital	-32,1	33,2	-351,5	-1.109,1
Free (Freie) Cash Flows		**115,6**	**38,6**	**420,4**	**-233,0**

Auch hier können wir natürlich wieder mit mehr Detail arbeiten. Daher zeige ich Ihnen kurz, wie wir in dem bereits gezeigten Beispiel in Österreich gerechnet haben. Dort haben wir in der Tat eine Kapitalflussrechnung (indirekter Ansatz) erstellt.

Wenn Sie aber genau hinschauen, dann sehen Sie, dass wir sehr ähnlich vorgegangen sind.

	Betriebsergebnis (EBIT)	
-	minus Kapitalertragssteuer	25%
=	**Betriebsergebnis nach Steuer (NOPAT)**	
	plus nicht ausgabenwirksamen Aufwendungen	
+	Abschreibungen auf Gebäude, Produktionsanlagen und Betriebsmittel	
+	Abschreibungen auf immaterielles Vermögen	
=	**Cash Flow aus dem Betriebsergebnis**	
	minus Zunahme / plus Abnahme des Working Capital	
-	minus Zunahme/ plus Abnahme der Vorräte	
-	minus Zunahme / plus Abnahme der Forderungen	
+	plus Bildung / minus Auflösung kurzfristiger Rückstellungen	
+	plus Zunahme / minus Abnahme der Verbindlichkeiten L&L	
+	plus Zunahme / minus Abnahme sonstiger Verbindlichkeiten	
=	**Veränderung des Working Capital**	
=	**Cash Flow aus dem operativen Geschäft**	
-	minus Investitionen in das Sachanlagevermögen	
-	minus Investitionen in das immaterielle Anlagevermögen	
-	minus Investitionen in das Finanzanlagevermögen	
=	**Cash Flow aus der Investitionstätigkeit**	
=	**Freier (Free) Cash Flow - FCF**	

Also, wir sind mit der einfachen Herleitung meiner Meinung nach ganz gut unterwegs.

11.5.2 Grafische Darstellung der FCF-Komponenten und -Berechnung

Auch beim FCF können wir aus den Berechnungen wieder eine grafische Werttreiberanalyse entwickeln. Daraus ist ableitbar, wo Interventionsmöglichkeiten für Verbesserungen liegen.

In der Grafik ist die Bewertung über die FCF bereits mit abgebildet – es versteht sich von alleine, dass der Wert einer Gesellschaft bei höheren FCF auch entsprechend steigt. Zur Bewertung kommen wir aber noch in einem eigenen Kapitel.

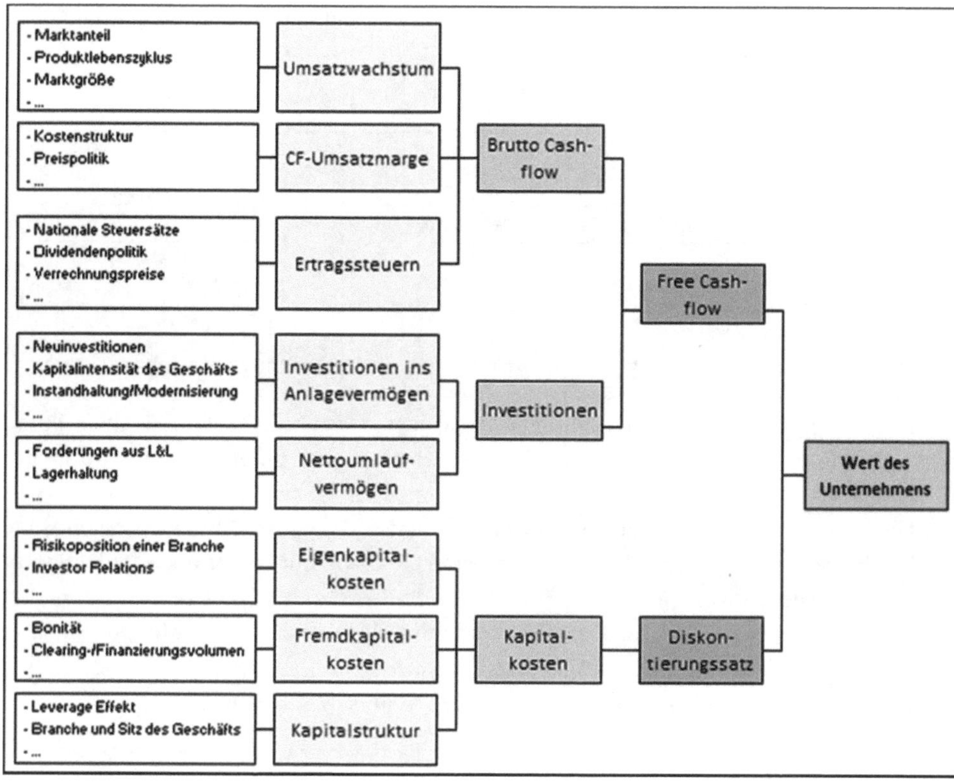

Quelle: Vgl. Lucks und Meckl (2002, S. 197)

11.6 Executive Summary – Teil II

Können wir die FCF-Ergebnisse auch wieder in Form eines Executive Summary nutzen? Ja, und sogar als Erweiterung der bestehenden EVA-basierten Zusammenfassung.

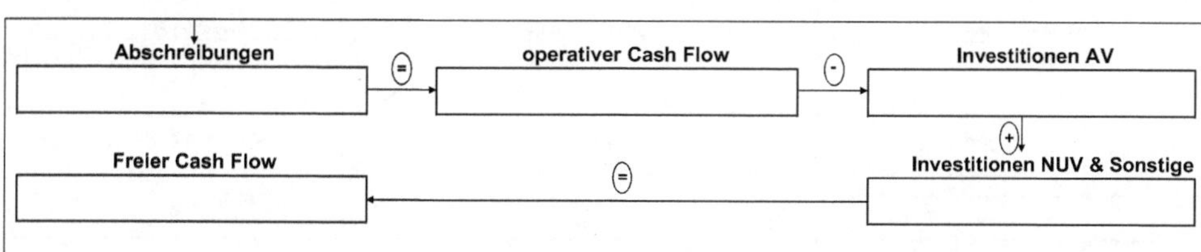

Im unteren Teil der EVA-Zusammenfassung steht das Betriebsergebnis nach Steuern (NOPAT). Wenn wir da anschließen und die Abschreibungen addieren, erhalten wir den operativen Cash Flow nach Steuern. Subtrahieren wir davon dann die sonstigen (Des-)Investitionen, errechnet sich der operative **freie** Cash Flow nach Steuern.

Mit Zahlen sieht dies dann folgendermaßen aus:

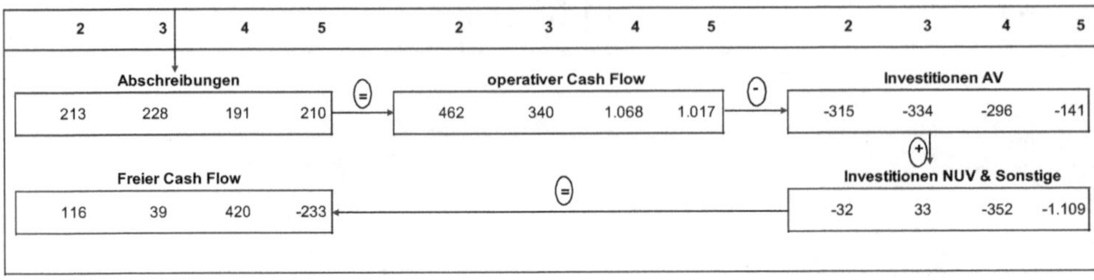

Diese Ergänzung können wir jetzt natürlich wieder in das bestehende Executive Summary integrieren, somit erhalten wir noch mehr Informationen zu unserer Investition aus angelsächsischer Sicht.

Aber schauen wir uns zunächst die Erweiterung des Executive Summary gemeinsam mit dem bisherigen Teil I an. Sie werden sehen, dass uns damit bisher noch fehlende Informationen gegeben werden.

Darüber hinaus wird uns der Cash Flow vor und nach bereits neuen Investitionen – dann freier Cash Flow genannt – aufgezeigt.

Also lassen Sie uns in das erweiterte Executive Summary schauen.

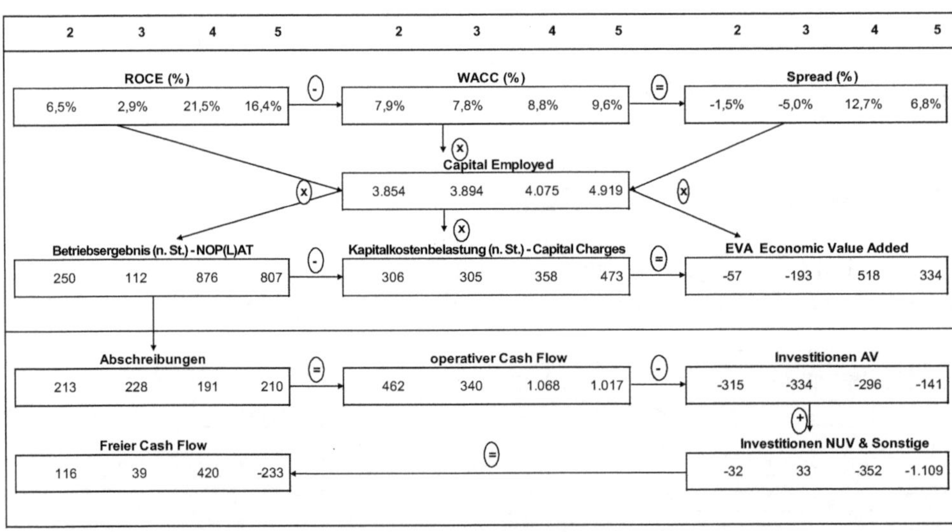

Und, gefällt es Ihnen? Ehrlich, mir gefällt es immer wieder!

Und da ist jetzt sogar noch mehr Klarheit für den Zuhörer drin. Steigen wir nochmals in unsere verbale Präsentation der Ergebnisse ein.

Die Beteiligung weist einen zinstragenden Kapitaleinsatz in Höhe von T€ 3854 aus. Weitere Aktivierungen in den Folgeperioden sind erfolgt, da das Kapital in den Folgeperioden ansteigt.

Capital Employed

3.854	3.894	4.075	4.919

Hier wurden die jeweiligen Buchwerte (zinstragend) zu Periodenanfang dargestellt, zu denen ich aber gleich noch einmal zurückkomme.

Mit diesem Kapital werden in den vier ausgewiesenen Perioden operative Ergebnisse nach Steuern in Höhe von …

Betriebsergebnis (n. St.) - NOP(L)AT

250	112	876	807

… erwirtschaftet. Dies entspricht einer Kapitalrendite (jeweils basierend auf dem o. g. zinstragenden Buchkapital zu Periodenbeginn) in Höhe von:

ROCE (%)

6,5%	2,9%	21,5%	16,4%

Diesen erwirtschafteten Renditen stehen Kapitalforderungen der Kapitalgeber (Banken und Aktionäre) von …

WACC (%)

7,9%	7,8%	8,8%	9,6%

… gegenüber. Dies entspricht einem absoluten Betrag (Capital Charges) in Höhe von:

Kapitalkostenbelastung (n. St.) - Capital Charges

306	305	358	473

Als Ergebnis (Differenz aus erwirtschafteter und geforderter Rendite, jeweils nach Steuern) erwirtschaftet die Beteiligung periodische Wertveränderungen (Wertvernichtungen und Wertsteigerungen) von:

Spread (%)

-1,5%	-5,0%	12,7%	6,8%

Das entspricht in absoluten Werten in den einzelnen Jahren einem jeweiligen EVA (Wertsteigerung und/oder Wertvernichtung) in Höhe von:

EVA Economic Value Added

-57	-193	518	334

Weitere Aktivierungen und Investitionen im Anlagevermögen wurden in der Beteiligung getätigt, was zu entsprechenden Cash-Abflüssen geführt hat.

Investitionen AV

-315	-334	-296	-141

Somit erklären sich auch die fast konstanten Abschreibungsaufwendungen:

Abschreibungen

213	228	191	210

Dem gegenüber stehen Cash-Zuflüsse aus dem Umlaufvermögen in Höhe von:

Investitionen NUV & Sonstige

-32	33	-352	-1.109

Und somit erklärt sich auch die bereits o. g. Entwicklung des eingesetzten Kapitals:

Capital Employed

3.854	3.894	4.075	4.919

Der sehr hohe und stark wachsende operative Cash Flow nach Steuern …

operativer Cash Flow

462	340	1.068	1.017

… wird somit nur wenig von den Investitionen belastet, sodass der operative freie Cash Flow in den letzten vier Jahren nach Steuern beeindruckend ist.

Freier Cash Flow

116	39	420	-233

Alles gesagt. Klasse, nicht wahr?

11.7 Grafische Darstellung der EVA/FCF-Berechnungen in klassischer Portfoliomanier

Bisher haben wir meistens gerechnet und die Ergebnisse dann anhand der dargestellten Zahlen interpretiert. Für uns, die diese Werte errechnet haben, ist dies nicht weiter schwierig, allerdings lassen sich Dritten die Ergebnisse mittels grafischer Darstellung immer leichter erklären, da das Auge auch besser aufnimmt.

Mit unseren Ergebnissen können wir (hier exemplarisch für eine Periode) das Beteiligungsportfolio sehr schön folgendermaßen darstellen.

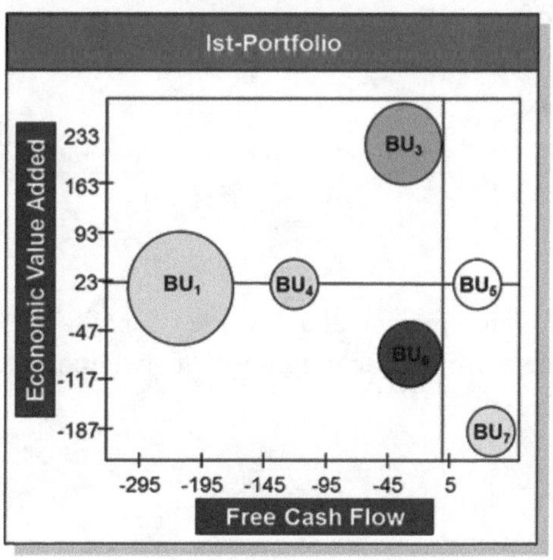

Jede Business Unit (BU) bzw. Beteiligung wird mit dem flächenproportional abgebildeten Kapitaleinsatz (Eigen- oder Gesamtkapital) hinsichtlich Werterzeugung (EVA) und Cash-Generierung (FCF) dargestellt. Das „Kreuz" im Diagramm stellt die jeweilige „null"-Skalierung dar.

Hier haben wir natürlich ein wirklich schlechtes Beispiel „erwischt". Dies hat aber folgenden Grund.

Als Management der Muttergesellschaft (Konzern) geben wir allen Beteiligungen 2–3 Jahre Zeit, ihre „Performance" aus Kapitalmarktsicht entscheidend zu verbessern. Mit der Konsequenz, dass Beteiligungen,

- die ihre Kapitalkosten nicht verdienen (negatives EVA) und
- gleichzeitig keine positiven freien Cash Flows generieren,
- besonders dann, wenn sie auch noch viel Eigen- und/oder Gesamtkapital binden,

verkauft werden.

Dies ist übrigens ein Original aus meiner Zeit bei einer der großen „Big Four" (EY, Deloitte, KPMG, PWC)-Gesellschaften.

Drei Jahre später sah das Beteiligungsportfolio folgendermaßen aus:

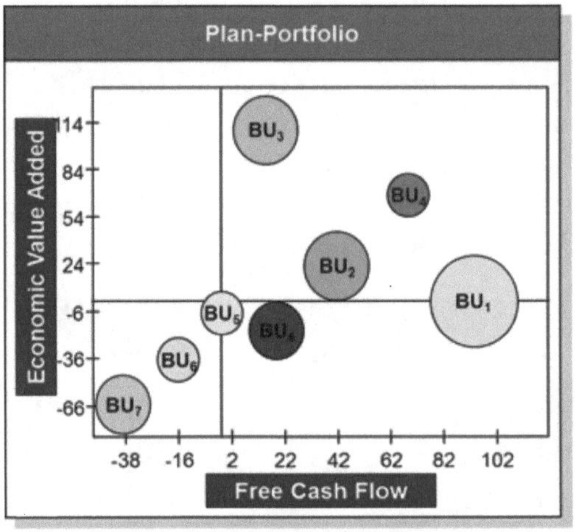

Die Business Units/Beteiligungen 6 und 7 wurden dann in der Tat verkauft!

Man kann dann für die einzelnen Beteiligungen auch durch die Planung entsprechende Entwicklungen aufzeigen.

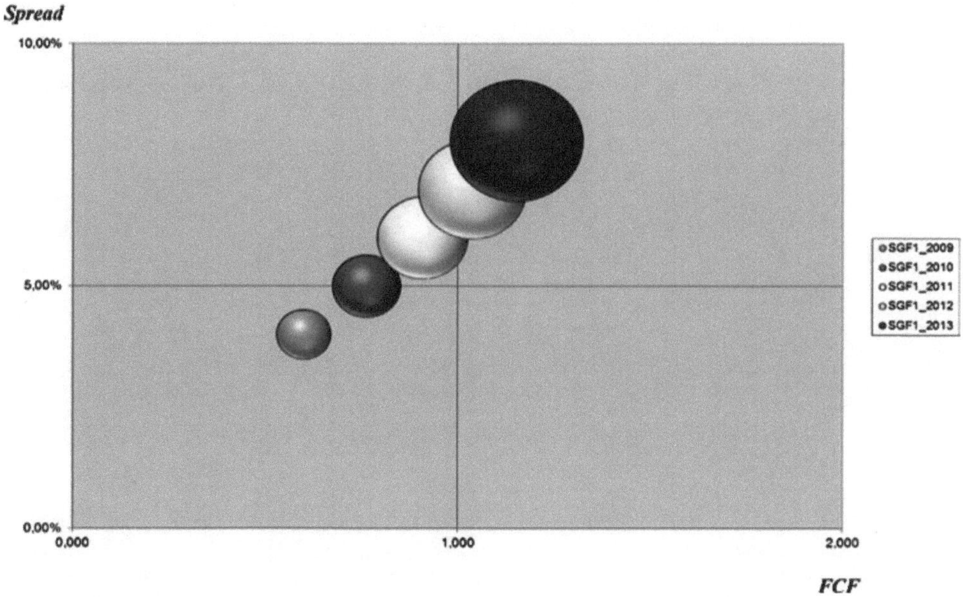

Und das erinnert doch ganz massiv wieder an die klassischen Portfoliodarstellungen, oder?

In den letzten Jahren wurden die Achsen in der Portfoliodarstellung immer finanzdatenlastiger und strategische Planungen und Stoßrichtungen sind ohne diese „neuen" Portfoliodarstellungen, besonders vor dem Hintergrund der Aktienmärkte und der Möglichkeit von gigantischen Finanztransaktionen mit einem Klick auf dem PC, nicht mehr vorstellbar.

Das Kapital geht dahin, wo mit wenig Kapitaleinsatz hohe positive Spreads und damit EVA (Werterzeugung) und ebenfalls hohe FCF erwirtschaftet werden!

11.8 Zusammenfassungen

Die gängigen periodischen quantitativen Ansätze im Beteiligungscontrolling/wertorientierten Controlling sind der EVA- und der FCF-Ansatz.

Ausgangspunkt für die angelsächsischen Verfahren war die Gewinn- und Verlustrechnung, aus der wir das Betriebsergebnis brauchten. Auf der Basis des entsprechenden Nach-Steuer-Wertes sind wir dann in die EVA- und FCF-Berechnung „gesprungen", wobei wir die Ergebnisse in Form eines gemeinsamen, sehr aussagekräftigen Executive Summary verarbeitet haben.

Auf die Darstellung des CVA/CFROI möchte ich verzichten, da es eine Abwandlung des EVA-Konzeptes ist und – die Damen und Herren der großen amerikanischen Beratungshäuser mögen mir verzeihen – in Unkenntnis der kumulierten Abschreibungen für externe Betrachter nur eingeschränkt einsetzbar ist.

Literatur

Lucks, K., und R. Meckl. 2002. *Internationale Mergers & Acquisitions – Der prozessorientierte Ansatz*. Berlin: Springer.

Bilanz- und GuV-Planung 12

Die Unternehmensbewertung basiert nicht auf historischen, sondern Plandaten. Wir brauchen also immer Planbilanzen und -GuV.

Die historische Analyse ist aber insofern wichtig, damit wir

- Verbesserungen in der Vergangenheit erkennen und damit
- weitere Optimierungsmöglichkeiten besser einschätzen,
- unrealistische Planungen auch als solche erkennen und
- argumentativ als nicht haltbar herausstellen

können.

Bei der Planung von Firmen tun sich viele Damen und Herren, auch mit vielen Berufsjahren, jedoch schwer, weil sie einerseits unsicher in der Bilanz und GuV sind und andererseits nicht genau wissen, wie man ein solche (einfach) aufbaut.

Daher möchte ich Ihnen an einem ganz anderen Beispiel zuerst aufzeigen, wie sie ganz logisch, dem HGB-Gliederungssystem der GuV und Bilanz folgend, ein tolle Planung aufbauen können, von denen Dritte, in erster Linie Vorgesetzte, potenzielle Investoren und Banken, begeistert sein werden.

Eine Planung ist damit eigentlich nichts anderes als ein „Business Case". Solche muss ich mir sehr häufig, schon von Berufswegen her, im Auftrag von Banken, die nämlich später finanzieren sollen, anschauen.

Ich habe neben meiner Akademie ja auch eine Gesellschaft, die nichts anderes tut als Abschlüsse zu analysieren (wie hier die HKG), Planungen aufzubauen und Bewertungen durchzuführen. Klicken Sie im Internet einmal auf www.abh-partner.de

Was haben fast alle Planungen, die mir vorgelegt wurden, gemein?

Ganz viel Text (80–90 %) und wenig Rechnungen und so gut wie nie eine Plan-GuV und Planbilanz.

B. Heesen, *Beteiligungsmanagement und Bewertung für Praktiker*,
https://doi.org/10.1007/978-3-658-30792-9_12

Danach gefragt, werden die Autoren dieser Planungen immer sehr ruhig. „Das kann ich nicht" kommt in den meisten Fällen als Antwort. Und: „Einen Berater kann ich mir nicht leisten" oder „der versteht mein Geschäft ja sowieso nicht".

Dabei ist es mit ein wenig „Willen" und Übung ganz einfach, was Ihnen die meisten Berater aber auch nicht sagen.

Verlassen wir einmal die HKG und machen diese Übung an einem anderen „Echtbeispiel".

12.1 Die Ausgangssituation

In der Nähe von Frankfurt stand in einem fast 50 ha großen einzigartigen Park ein tolles Landgasthaus zur „erneuten" Verpachtung an. Der vorhergehende Pächter hatte das Haus mehr schlecht als recht geführt und „runterkommen" lassen.

Das interessierte Ehepaar war bereits seit Jahren erfolgreich in der Gastronomie tätig, sah aber in diesem Landgasthaus die große weitere Chance.

Das bisher betriebene Haus (im Eigentum) sollte komplett renoviert werden und dann mit reduzierter Karte als einfaches Dorfgasthaus wieder öffnen. Es war also ein Parallelbetrieb mit unterschiedlichen Konzepten geplant.

Ein Industriekunde von mir, der mit dem Ehepaar befreundet war, fragte bei mir an, ob ich den bestehenden Business-Plan einmal lesen und aus meiner Sicht beurteilen könnte.

Was ich per Email erhielt, waren 35 Seiten Fließtext mit nicht einmal einer Seite Zahlen. Es war nur das gastronomische Konzept beschrieben, zwar gut, aber für eine Bank in keiner Weise interessant bzw. ausreichend.

Also haben wir uns zusammengesetzt und folgende betriebswirtschaftliche Planung und Analyse in wenigen Stunden gemeinsam in Excel erarbeitet. Ich muss zugeben, dass ich mich bis zu diesem Zeitpunkt auch nicht viel mit Gasthäusern, Hotels und Restaurants (außer nutzend und konsumierend) beschäftig hatte.

Bilanzen und GuV beherrsche ich sicherlich analytisch und planerisch, aber in dieser Branche … Also betrat ich hier auch teilweise Neuland.

Dann geht man halt logisch an die Sache ran:

- Schritt 1: Analyse der vorliegenden Jahresabschlüsse durchführen.
- Schritt 2: gründliche Recherche im Internet, was es denn alles als „Rechenhilfen" für solche Planungen gibt.
- Schritt 3: Gespräche mit anderen (meist befreundeten Gastronomen des Ehepaars) führen, damit man ein Gefühl für die Branche bekommt.
- Schritt 4: logische mathematische Zusammenhänge in Excel aufbauen und mit Zu- und Abschlägen, je nach Erfahrungskurve, belegen.

Somit entstand dann die folgende Planung mit drei Kapiteln.

Kapitel I: Planung RESTEU (für Restaurant neu) Jahr 1–5.
Kapitel II: Kennzahlenanalyse der Planung.
Kapitel III: Zusammenfassung.

Im Folgenden stelle ich Ihnen einfach einmal die ganze Planung vor – Sie werden sehen, wenn man es Schritt für Schritt macht, ist es selbsterklärend und wirklich „einfach", wenn man zuvor ein wenig „Hirnschmalz" investiert.

12.2 Planungsbasis RESTEU Jahr 1–5

12.2.1 Zeitschiene

Mit 1. April 20XX soll das RESTEU wieder als Landgasthof mit Biergarten bzw. Restaurant mit limitierten (einfachen) Übernachtungsmöglichkeiten betrieben werden.

Damit ist das Geschäftsjahr 20XX als Rumpfgeschäftsjahr anzusehen.

Als Abschlussdatum ist jeweils der 31.12. definiert.

Für 20XX selbst wird in den folgenden Analysen und Planungen davon ausgegangen, dass beginnend mit Februar 20XX das RESTEU sukzessive „hochgefahren" wird, damit bereits vor April 20XX Aufwendungen anfallen, der operative Betrieb aber erst zum 01. April 20XX aufgenommen wird.

12.2.2 Analyse- und Planungsumfang

Geplant werden eine GuV für die Jahre 20XX (Rumpfgeschäftsjahr) bis 20XX + 5 (im Folgenden mit 20YY bezeichnet) auf der Basis des Gesamtkostenverfahrens sowie eine Bilanz für den gleichen Zeitraum. Alle GuV und Bilanzposten werden dezidiert mit Herleitungsrechnungen untermauert, deren Ausgangsparameter konservativ (auch im Vergleich mit anderen Gastronomieobjekten) angesetzt sind.

Notwendige Erläuterungen zu den Ansätzen werden gegeben.

12.2.3 Planung der Umsatzerlöse

Das RESTEU wird in fünf Teilbereichen erlösmäßig geplant:

- Bistro (innen),
- Biergarten (außen) und „Shop-" bzw. „Kioskverkauf",
- Restaurant,
- Veranstaltungen,
- Zimmer.

Das Rumpfgeschäftsjahr 20XX wird lediglich mit 67 % (8 von 12 Monaten) berücksichtigt, da erst mit April 20XX der Neubetrieb aufgenommen werden soll.

Um weiteren

- Unsicherheiten,
- Anlaufunterauslastungen,
- einem konservativen Planungsansatz, aber auch
- zunehmendem Erfolg

gerecht zu werden, werden alle Umsatzplanungen für die Jahre 20XX–20YY nochmals mit Abschlägen für die ersten und Zuschlägen für die letzten Jahre belegt.

Diese sehen wie folgt aus:

Gesamt		1	2	3	4	5
Annahmen:						
in Jahr 1	Betrieb lediglich 8 Monate, also Faktor	0,67				
ab Jahr 1	Sicherheitsabschlag für Anlaufprobleme	30,0%	10,0%	0,0%		
ab Jahr 5	Zuschlag für Erfolg				10,0%	20,0%

Damit wird sichergestellt, dass der Zeitverlauf (Betrieb über die Jahre) und die damit verbundenen Erfahrungen der Betreiber bzw. die jetzt bereits vorhandene gute Reputation der Lokalität und der Bekanntheitsgrad sich im Zahlenwerk widerspiegeln.

12.3 Umsatzplanung

Stellen Sie von Beginn an ein Rechenmodell für Ihre Planungsansätze und die eigentliche Planung auf. Nur so können Sie dann auch später Änderungen einbringen, die sich sofort durchrechnen.

12.3.1 Planung Bistro (innen)

Für den Betrieb des Bistros sind zwei Räume vorgesehen:

- das Durchgangszimmer rechts nach Eintritt in das RESTEU,
- das Eckzimmer rechts nach Eintritt in das RESTEU.

Das Eckzimmer kann auch von hinten durch eine separate Tür (mit direktem Zugang zu den Waschgelegenheiten) erreicht werden, sodass beide Zimmer auch separat für geschlossene Gesellschaften genutzt werden können und damit die größtmögliche Raumflexibilität für beide Zimmer gegeben ist.

Ausgangsplanungsparameter

Sitzplätze:	40,
Öffnungszeiten:	11–22 Uhr,
Öffnungsstunden:	11,
Verweildauer pro Gast:	1,25 h,
Auslastung:	40 %,
Konsum pro Gast:	€ 11,50 (netto),
Öffnungstage p. a.:	330.

Daraus ergibt sich zunächst folgende Umsatzplanung:

Bistro (innen)								
1 Sitzplätze (in Stühle)	40							
2 Öffnungszeiten pro Tag (11 - 22h, in Stunden)	11,0							
3 Verweildauer (in Stunden)	1,25							
4 (Theoretisch) mögliche Gäste (1 x 2 / 3)		**352**						
5 Auslastung		20%	25%	30%	35%	40%	45%	50%
6 Gäste pro Tag im Durchschnitt (4 x 5)		**70,4**	**88**	**105,6**	**123,2**	**140,8**	**158,4**	**176**
7 Verzehr & Getränke im Durchschnitt (€)	11,5							
8 Umsatz pro Tag (in €) (6 x 7)		**810**	**1.012**	**1.214**	**1.417**	**1.619**	**1.822**	**2.024**
9 Öffnungstage pro Jahr	330							
10 Umsatz pro Jahr (in T€) (8 x 9)		**267,2**	**334,0**	**400,8**	**467,5**	**534,3**	**601,1**	**667,9**

Mit o. g. Korrekturansatz (Ab- und Zuschläge) ergibt sich für das Bistro folgende Umsatzentwicklung:

Gesamt		**1**	**2**	**3**	**4**	**5**
Annahmen:						
2014	Betrieb lediglich 8 Monate, also Faktor	0,67				
ab 2014	Sicherheitsabschlag für Anlaufprobleme	30,0%	10,0%	0,0%		
ab 2017	Zuschlag für Erfolg				10,0%	20,0%
Bistro (innen)		**249,4**	**480,9**	**534,3**	**587,8**	**641,2**

12.3.2 Planung Biergarten (außen) und „Shop" bzw. „Kiosk"

Für den Betrieb des Biergartens ist die Fläche vor dem RESTEU sowie links davon beim Brunnen vorgesehen. Für den „Shop" bzw. „Kiosk" (Selbstbedienung) sind bereits Räumlichkeiten vorhanden (im Biergartenbereich links vom Gebäude).

Ausgangsplanungsparameter

Sitzplätze:	100,
Öffnungszeiten:	11–22 Uhr,
Öffnungsstunden:	11,
Verweildauer pro Gast:	1,5 h,
Auslastung:	30 %,
Konsum pro Gast:	€ 6,50 (netto),
Öffnungstage p. a.:	212,
Shopeinkünfte pro Tag:	€ 200.

Daraus ergibt sich zunächst folgende Umsatzplanung:

Biergarten (außen) & Shopverkauf								
1 Sitzplätze (in Stühle)	100							
2 Öffnungszeiten pro Tag (11 - 22h, in Stunden)	11,0							
3 Verweildauer (in Stunden)	1,5							
4 (Theoretisch) mögliche Gäste (1 x 2 / 3)		**733,3**						
5 Auslastung		20%	25%	30%	35%	40%	45%	50%
6 **Gäste pro Tag im Durchschnitt (4 x 5)**		**70,4**	**88**	**105,6**	**123,2**	**140,8**	**158,4**	**176**
7 Verzehr & Getränke im Durchschnitt (€)	6,5							
8 **Umsatz pro Tag (in €) (6 x 7)**		**810**	**1.012**	**1.214**	**1.417**	**1.619**	**1.822**	**2.024**
9 Öffnungstage pro Jahr	212							
10 **Umsatz pro Jahr (in T€) (8 x 9)**		**267,2**	**334,0**	**400,8**	**467,5**	**534,3**	**601,1**	**667,9**
11 Shop (Eis, Süßigkeiten, Getränke "to go") (T€ pro	0,2			**42,4**				
Gesamt Biergarten und Shop				**443,2**				

Mit o. g. Korrekturansatz (Ab- und Zuschläge) ergibt sich für den Biergarten und den „Shop" folgende Umsatzentwicklung:

Gesamt		**1**	**2**	**3**	**4**	**5**
Annahmen:						
in Jahr 1	Betrieb lediglich 8 Monate, also Faktor	0,67				
ab Jahr 1	Sicherheitsabschlag für Anlaufprobleme	30,0%	10,0%	0,0%		
ab Jahr 5	Zuschlag für Erfolg				10,0%	20,0%
Biergarten und "Shop"		**206,8**	**398,8**	**443,2**	**487,5**	**531,8**

12.3.3 Planung Restaurant

Für den Betrieb des Restaurants ist der große Raum links nach Eintritt in das RESTEU eingeplant.

Ausgangsplanungsparameter

Sitzplätze:	70,
Öffnungszeiten:	18–24 Uhr,
Öffnungsstunden:	6,
Verweildauer pro Gast:	4,0 h,
Auslastung:	40 %,
Konsum pro Gast:	€ 70,00 (netto),
Öffnungstage p. a.:	40 (primär Fr.–So., plus Feiertage, ohne Events[1]).

Daraus ergibt sich zunächst folgende Umsatzplanung:

Restaurant								
1 Sitzplätze (in Stühle)	70							
2 Öffnungszeiten pro Tag (18 - 24h, in Stunden)	6,0							
3 Verweildauer (in Stunden)	4							
4 (Theoretisch) mögliche Gäste (1 x 2 / 3)		**105,0**						
5 Auslastung		20%	25%	30%	35%	40%	45%	50%
6 Gäste pro Tag im Durchschnitt (4 x 5)		**70,4**	**88**	105,6	**123,2**	**140,8**	**158,4**	**176**
7 Verzehr & Getränke im Durchschnitt (€)	70							
8 Umsatz pro Tag (in €) (6 x 7)		**810**	**1.012**	**1214,4**	**1.417**	**1.619**	**1.822**	**2.024**
9 Öffnungstage pro Jahr	40							
10 Gesamt Restaurant (in T€) (8*9)		**267,2**	**334,0**	**400,8**	**467,5**	**534,3**	**601,1**	**667,9**

Mit o. g. Korrekturansatz (Ab- und Zuschläge) ergibt sich für das Restaurant folgende Umsatzentwicklung:

Gesamt		**1**	**2**	**3**	**4**	**5**
Annahmen:						
In Jahr 1	Betrieb lediglich 0 Monate, also Faktor	0,67				
ab Jahr 1	Sicherheitsabschlag für Anlaufprobleme	30,0%	10,0%	0,0%		
ab Jahr 5	Zuschlag für Erfolg				10,0%	20,0%
Restaurant		**187,0**	**360,7**	**400,8**	**514,3**	**561,1**

12.3.4 Planung Veranstaltungen

Darunter werden die Festspieltage als auch Feiern jeder Art (Hochzeiten, Geburtstage, Seminare etc.) verstanden. Zusätzlich sind Adventsmärkte, Rodeltage, Winzerausstellungen etc. geplant.

[1] Sind bei Veranstaltungen integriert.

Ausgangsplanungsparameter – Festspiele

Tage: 5,
Besucher pro Festspieltag: 200,
Kartenpreis: € 25,
Verzehr pro Besucher: € 10.

Für die Festspiele ist die Umsatzplanung somit wie folgt:

Festspiele (inkl. Sponsoring)		
1 Tage	5	
2 Besucher pro Festspieltag	200	
3 Kartenpreis (in €)	25,0	
4 Umsatzerlöse in (T€) (1 x 2 x 3)		**25,0**
5 Verzehr (Sekt, etc) (in €)	10	
6 Umsatzerlöse Verzehr (in T€) (1 x 2 x 5)		**10,0**
Gesamt Festspiele (in T€)		**35,0**

Ausgangsplanungsparameter – andere Veranstaltungen

Veranstaltungen gesamt: 88,
Gäste durchschnittlich: siehe Tabelle,
Verzehr durchschnittlich: siehe Tabelle.

Für die weiteren o. g. Veranstaltungen wird damit mit folgenden Umsatzerlösen geplant:

Hochzeiten/Feiern/Veranstaltungen	Hochzeiten	Weihnachtsfeiern	Allg. Feiern Empfänge	Sonst. Veranst.
1 Anzahl	15	25	40	8
2 Gäste duchschnittlich	45	25	30	
3 Verzehr durchschnittlich pro Gast (in €)	100,0	80,0	100,0	
Umsatzerlöse (in T€) (1 x 2 x 3)	**67,5**	**50,0**	**120,0**	**32,5**
Gesamt Veranstaltungen (in T€)	**270,0**			

Mit o. g. Korrekturansatz (Ab- und Zuschläge) ergibt sich für das Geschäftsfeld „Veranstaltungen" (inkl. Festspiele) folgende Umsatzentwicklung (Basis T€ 305):

Gesamt		**1**	**2**	**3**	**4**	**5**
Annahmen:						
2014	Betrieb lediglich 8 Monate, also Faktor	0,67				
ab 2014	Sicherheitsabschlag für Anlaufprobleme	30,0%	10,0%	0,0%		
ab 2017	Zuschlag für Erfolg				10,0%	20,0%
Festspiele und Veranstaltungen		**142,3**	**274,5**	**305,0**	**335,5**	**366,0**

12.3.5 Planung Zimmer

Insgesamt stehen sieben eher einfache Zimmer zur Verfügung.

Ausgangsplanungsparameter
Übernachtungen p. a.: 100,
Zimmerpreis (inkl. Frühstück): € 100,

Dafür ergibt sich folgende Umsatzplanung:

Zimmer (7)	
1 Anzahl Übernachtungen p.a (ohne Pegasus Künstler)	100
2 Preis pro Nacht & Zimmer inkl. Frühstück (in €)	100,0
Umsatzerlöse (in T€) (1 x 2)	**10,0**

Mit o. g. Korrekturansatz (Ab- und Zuschläge) ergibt sich für die Übernachtungen folgende Umsatzentwicklung:

Gesamt		**1**	**2**	**3**	**4**	**5**
Annahmen:						
2014	Betrieb lediglich 8 Monate, also Faktor	0,67				
ab 2014	Sicherheitsabschlag für Anlaufprobleme	30,0%	10,0%	0,0%		
ab 2017	Zuschlag für Erfolg				10,0%	20,0%
Zimmer		**4,7**	**9,0**	**10,0**	**11,0**	**12,0**

12.3.6 Zusammenfassung Umsatzerlöse

Damit ist in den Jahren 20XX–20YY (auf konservativer Basis) mit Gesamterlösen in folgender Höhe zu planen:

Gesamt		1	2	3	4	5
Annahmen:						
2014	Betrieb lediglich 8 Monate, also Faktor	0,67				
ab 2014	Sicherheitsabschlag für Anlaufprobleme	30,0%	10,0%	0,0%		
ab 2017	Zuschlag für Erfolg				10,0%	20,0%
Bistro (innen)		249,4	480,9	534,3	587,8	641,2
Biergarten & "Shop"		206,8	398,8	443,2	487,5	531,8
Restaurant		187,0	360,7	400,8	514,3	561,1
Feiern/Veranstaltungen		142,3	274,5	305,0	335,5	366,0
Zimmer		4,7	9,0	10,0	11,0	12,0
Gesamt Umsatzerlöse		790,2	1.523,9	1.693,2	1.936,0	2.112,0

Die in den letzten beiden Planjahren errechneten Planumsatzgrößen sind gegengeprüft mit alternativen Lokalitäten (siehe vorne).

Danach wird davon ausgegangen, dass die dargestellten Planzahlen „belastbar" sind.

12.4 Material und bezogene Leistungen (Einstandskosten)

Die Einstandskosten sind umsatzabhängig. Daher werden die Umsatzerlöse als Basis für die Ermittlung der Aufwendungen herangezogen, wobei die Erlöse aus den Zimmern[2] außen vor bleiben.

Ausgangsplanungsparameter

- Die Umsatzerlöse (ohne Zimmer) setzen sich zu 67 % aus Speisen und 33 % aus Getränkekonsum zusammen (Quelle: DEHOGA, Gastronomie Befragungen, Gastronomie und Hotelleriefachschule Klesheim bei Salzburg).
- Die Einstandskosten für Speisen betragen durchschnittlich 35 %, die für Getränke 25 % (Quelle: ebenda, siehe oben).

[2] Die Aufwendungen für die Gästefrühstücke werden hier in den Berechnungen vernachlässigt.

12.4.1 Sachbezüge (RHB und bezogene Waren)

Damit ergeben sich Einstandskosten für Roh-, Hilfs- und Betriebsstoffe und bezogene Leistungen wie folgt:

Einstandskosten		1	2	3	4	5
... für Roh-, Hilfs- und Betriebsstoffe und bezogene Waren (in T€)						
Umsatzerlöse ohne Zimmer		785,5	1.514,9	1.683,2	1.925,0	2.100,0
davon Speisen	67%	526,3	1015,0	1127,8	1289,8	1407,0
davon Getränke	33%	259,2	499,9	555,5	635,3	693,0
Einstandkosten Speisen	35%	184,2	355,2	394,7	451,4	492,5
Einstandkosten Getränke	25%	64,8	125,0	138,9	158,8	173,3
RHB & bez. Waren gesamt		**249,0**	**480,2**	**533,6**	**610,2**	**665,7**

12.4.2 Bezogene Leistungen

Zusätzlich sind Einstandskosten für bezogene Leistungen zu berücksichtigen.

Ausgangsplanungsparameter

- Zu beziehende Leistungen werden generell ausgeschrieben.
- Es wird allerdings der Fokus auf das Preis-Leistungs-Paket gelegt, nicht der Günstigste ist auch der Beste.

Somit ergeben sich weitere Aufwendungen bei den Einstandskosten in folgender Höhe:

	1	2	3	4	5
... für bezogene Leistungen (in T€)					
Green Point Entertainment GmbH					
a) Marketing, Flyer, etc.	35,0	30,0	30,0	35,0	40,0
b) Provisionen	8,0	12,0	15,0	18,0	20,0
c) Technik	10,0	15,0	20,0	20,0	20,0
d) Künstlergagen	15,0	20,0	25,0	30,0	35,0
e) Divers	10,0	15,0	20,0	25,0	30,0
	78,0	**92,0**	**110,0**	**128,0**	**145,0**
Dritte	20,0	20,0	25,0	30,0	30,0
Leistungen gesamt	**98,0**	**112,0**	**135,0**	**158,0**	**175,0**

12.4.3 Zusammenfassung Einstandskosten

Somit ist mit Einstandskosten für die Jahre 20XX–20YY in folgender Höhe zu rechnen:

Einstandskosten gesamt nach Jahren	1	2	3	4	5
Material & Leistungen (in T€)	347,0	592,2	668,6	768,2	840,7

12.5 Personalaufwand

Für das RESTEU kann teilweise auf den Mitarbeiterpool des alten Restaurants (wird ja in reduziertem Maß beibehalten) zurückgegriffen werden.

Zusätzlich ist aber auch neues Personal einzustellen.

12.5.1 Stammpersonal

Ausgangsplanungsparameter (Stammpersonal)

Geschäftsführung:	2	Synergie mit altem Restaurant: Eheleute Muster
Köche:	3	dabei bei 2 Köchen Synergie mit dem alten Restaurant
Service:	2	neu einzustellen
Hilfskräfte:	2	neu einzustellen
Azubis:	2	neu einzustellen
Techniker:	1	Synergie mit Green Point Entertainment GmbH

Somit ergeben sich Personalkosten[3] inklusive Sozialaufwendungen in Höhe von:

Personalplanung und -kosten (in T€)	Gehalt inkl. NK GPE GmbH	Zurechnung Fürstenlager	1 (10 Monate)	2	3	4	5
Mitarbeiter und Kosten							
2 Geschäftsführende Gesellschafter Frau AAA Herr BBB	72,0	50%	30,0	36,0	36,0	39,6	39,6
1. Koch (eventuell in 2014 30%ige Förderung, hier aber nicht eingerechnet)	31,0	50%	12,9	17,8	19,3	19,7	20,2
2. Koch	28,0	50%	11,7	14,0	14,4	14,4	14,7
3. Koch (nur Hochsaion, 50% vom 2.Koch)	14,0	100%	11,7	14,0	14,4	14,4	14,7
2 Servicekräfte	26,0	100%	21,7	26,0	26,7	26,7	27,3
2 Hilfskräfte	14,4	50%	6,0	14,4	14,8	14,8	15,1
2 Azubis	6,0	100%	5,0	6,0	6,2	6,2	6,3
1 Techniker	28,0	50%	11,7	28,0	28,7	28,7	29,4
Zwischensumme			**110,6**	**156,2**	**160,2**	**164,3**	**167,4**

[3] Eine mögliche 30 %-Förderung des 1. Kochs ist *nicht* eingerechnet, die Personalaufwendungen für 20XX wurden auf der Basis Februar bis Dezember, also 10 Monate (konservativ) eingerechnet (Einschulungen, Probebetrieb).

12.5.2 Spitzenabdeckung und Zusatzaufwand

Für „Spitzen“ (insbesondere Veranstaltungen und Biergartenbetrieb) ist mit zusätzlichem Personalaufwand zu rechnen. Außerdem ist ein Zuschlag für Dienstbekleidung und deren Reinigung zu berücksichtigen.

Ausgangsplanungsparameter (Spitzen und Zuschläge)
Dienstbekleidung: 5 % der Personalkosten,
Spitzenabdeckung (Veranstaltungen und Biergarten): 20 % der Personalkosten[4].

Somit werden weitere Aufwendungen bei den Personalkosten in folgender Höhe eingeplant:

		1 (10 Monate)	2	3	4	5
Zuschläge						
Zuschlag I für Dienstbekleidung und deren Reinigung	5%	5,5	7,8	8,0	8,2	8,4
Zuschlag II für Spitzenabdeckung und "Puffer"	20%	22,1	31,2	32,0	32,9	33,5
Zuschläge gesamt	**25%**	**27,6**	**39,1**	**40,1**	**41,1**	**41,9**

12.5.3 Zusammenfassung Personalaufwand

Somit ist mit einem Gesamtpersonalaufwand für die Jahre 20XX[5] –20YY in folgender Höhe zu rechnen:

Personalaufwand nach Jahren	**1 (10 Monate)**	**2**	**3**	**4**	**5**
Gesamt (in T€)	**138,2**	**195,3**	**200,3**	**205,4**	**209,3**

12.6 Investitionen, Abschreibungen und Entwicklung Anlagevermögen

Größere Investitionen werden in erster Linie zu Beginn 20XX fällig – in den Folgeperioden fallen nur kleinere Beträge an.

[4] 20 % sind sicherlich als hoher Wert zu charakterisieren.

[5] 20XX: 10 Monate, obwohl Eröffnung laut Planung erst im April.

12.6.1 Investitionen (Aktivierungen)

Ausgangsplanungsparameter

- Es wird davon ausgegangen, dass die Investitionen (konservativer Blickwinkel) jeweils zu Beginn der Perioden getätigt werden, sodass
- die Liquidität zu Periodenende (Vorjahr) von größerer Bedeutung ist.
- Außerdem wird somit das Periodenergebnis stärker mit Abschreibungen in der Planung belastet.

Der Investitionsplan für die Jahre 20XX–20YY sieht folgendermaßen aus:

Investitionsplan (in T€)	**PLAN 1 T€**	**PLAN 2 T€**	**PLAN 3 T€**	**PLAN 4 T€**	**PLAN 5 T€**
Mobiliar	90	3	3	3	3
Küche	45	3	5	7	10
Installationen	1	1	1	1	1
Kleininventar	8	3	3	3	3
Dekoration	2	2	2	2	2
Kassensystem	6	0	0	0	0
Divers	3	3	3	3	3
Gesamt	**155**	**15**	**17**	**19**	**22**

20XX (Februar und März) ist somit von hohem Kapitalbedarf geprägt, in den Folgeperioden sind keine weiteren Aktivierungen in Größenordnung erkennbar und damit auch nicht geplant.

12.6.2 Abschreibungen

Da das RESTEU „neu“ beginnt, sind keine Abschreibungen aus Vorperioden zu berücksichtigen. Derzeitige (Stand heute) Sanierungen und Umbauten werden vom Eigentümer getragen und sind mit der Pacht abgegolten.

Ausgangsplanungsparameter

Abschreibungsdauer: generell 10 Jahre,
Abschreibungsart: linear, degressiv (derzeit) nicht zulässig,
20XX: Berücksichtigung der AfA mit 10/12.

Somit ergeben sich Abschreibungen für die Jahre 20XX–20YY in Höhe von:

Abschreibungen (in T€)	PLAN 1 T€	PLAN 2 T€	PLAN 3 T€	PLAN 4 T€	PLAN 5 T€
AfA aus historischen Perioden	0,0	0,0	0,0	0,0	0,0
AfA PLAN Jahr 1	12,9	15,5	15,5	15,5	15,5
AfA PLAN Jahr 2		1,5	1,5	1,5	1,5
AfA PLAN Jahr 3			1,7	1,7	1,7
AfA PLAN Jahr 4				1,9	1,9
AfA PLAN Jahr 5					2,2
AfA periodisch	**12,9**	**17,0**	**18,7**	**20,6**	**22,8**

12.6.3 Entwicklung Anlagevermögen

Ausgangsplanungsparameter

Immaterielle Vermögensgegenstände: kein Ansatz,
Finanzanlagevermögen: kein Ansatz.

Das Sachanlagevermögen hat in 20XX den höchsten Stand.

In den Folgeperioden sinkt die Größe ab, wobei es aus heutiger Sicht keine Notwendigkeit für weitergehende Investitionen in Größenordnung gibt.

Von daher ist von einem nicht negativ zu würdigenden (leichten) Substanzabbau in den ausgewiesenen Planjahren auszugehen.

AV nach Jahren	PLAN 1 T€	PLAN 2 T€	PLAN 3 T€	PLAN 4 T€	PLAN 5 T€
Entwicklung SAV (in T€)	**142,1**	**140,1**	**138,4**	**136,8**	**136,0**

12.7 Sonstige betriebliche Aufwendungen

Die sonstigen betrieblichen Aufwendungen legen in den Planperioden konstant zu, wobei dies in erster Linie den Pachtaufwendungen geschuldet ist (siehe Detailberechnungen unter Abschn. 12.7.2).

Der zweitgrößte Posten sind die „Sonstigen" – auch dafür liegt eine Detailplanung unter Abschn. 12.7.3 vor.

12.7.1 Gesamtdarstellung

Neben den Pachtaufwendungen sind keine Besonderheiten zu planen. Somit ergeben sich folgende Belastungen in den Jahren 20XX–20YY:

Sonstige betriebliche Aufwendungen	Einrechnung 1	PLAN 1 T€	PLAN 2 T€	PLAN 3 T€	PLAN 4 T€	PLAN 5 T€
Raumkosten/Pacht (s. Detailrechnung)	0/12	0,0	133,9	163,3	186,5	202,9
Reinigung	10/12	20,0	24,0	24,0	25,0	25,0
Instandh./Kleinreparaturen	12/12	3,0	3,0	3,3	3,5	3,8
Sonst.: Hzg, Wasser, Strom, Gas	10/12	20,8	25,5	26,0	26,5	27,0
Versicherungen	10/12	10,0	12,0	12,5	13,0	13,5
Kfz 50% von Kfz Grammbitter	10/12	4,2	5,0	5,0	5,0	5,0
Kfz 50% von Kfz Dewald	10/12	1,7	2,0	2,0	2,0	2,0
Werbe und Reisekosten	12/12	25,0	20,0	22,0	24,0	25,0
Sonstiges (siehe Detailaufstellung)		32,0	34,5	35,7	38,9	42,2
Gesamt (in T€)		**116,7**	**259,9**	**293,8**	**324,4**	**346,4**

12.7.2 Detaildarstellung Pacht

Der derzeitig (Stand Oktober 2013) vorliegende Vertrag sieht folgende Regelungen vor:

20XX:	pachtfrei,
ab 20XX + 1:	umsatzabhängig, allerdings zunächst Saldierung mit Einbauten,
bis T€ 400 Umsatz:	10,0 %,
> T€ 400 Umsatz:	8,5 %.

Basis für Pachtberechnung

- Speisen und Getränke, Vermietung der Räume (Hotel), „Kiosk"- und „Shop"-Verkäufe.

Nicht unter die Pacht fallen

- Künstlergagen,
- Beratungen,
- Konzepte,
- Sonderzubehör, Wäsche, Hussen, Stühle, Tische, technisches Equipment, Dekomaterial und Sonderzubehör,
- Tauben, Pferdekutsche, Limousinen-Service und alles was man sonst an Eventzubehör nicht essen kann.
- Alle Personalkosten, die über Servicepauschale auf den Rechnungen ausgewiesen werden, Eventpersonal, Blumenschmuck.

Ausgangsplanungsparameter

- Obwohl bei einem Umsatz ab T€ 400 der Pachtzins von 10 auf 8,5 % fällt, sind in den Planungen alle Pachtaufwendungen mit 10 % vom Umsatz angesetzt.
- Dies erfolgt, um etwaigen Änderungen oder in den Planungen nicht berücksichtigten Belastungen Rechnung zu tragen (konservativer Planungsansatz).

Daraus ergibt sich folgende Umsatzbasis für die Berechnung der Pacht:

Sonstige betriebliche Aufwendungen	Einrechnung 1	PLAN 1 T€	PLAN 4 T€	PLAN 5 T€	PLAN 6 T€	PLAN 7 T€
Raumkosten/Pacht (s. Detailrechnung)	0/12	0,0	133,9	163,3	186,5	202,9
Reinigung	10/12	20,0	24,0	24,0	25,0	25,0
Instandh./Kleinreparaturen	12/12	3,0	3,0	3,3	3,5	3,8
Sonst.: Hzg, Wasser, Strom, Gas	10/12	20,8	25,5	26,0	26,5	27,0
Versicherungen	10/12	10,0	12,0	12,5	13,0	13,5
Kfz 50% von Kfz Grammbitter	10/12	4,2	5,0	5,0	5,0	5,0
Kfz 50% von Kfz Dewald	10/12	1,7	2,0	2,0	2,0	2,0
Werbe und Reisekosten	12/12	25,0	20,0	22,0	24,0	25,0
Sonstiges (siehe Detailaufstellung)		32,0	34,5	35,7	38,9	42,2
Gesamt (in T€)		**116,7**	**259,9**	**293,8**	**324,4**	**346,4**

Die daraus resultierende Belastung für Pachtaufwendungen wird in folgender Höhe eingeplant:

Pachtberechnung (in T€)	PLAN 1 T€	PLAN 4 T€	PLAN 5 T€	PLAN 6 T€	PLAN 7 T€
Umsatzerlöse ohne Zimmer	785,5	1.514,9	1.683,2	1.925,0	2.100,0
./. Künstlergagen	15,0	20,0	25,0	30,0	35,0
./. Konzepte	3,0	3,0	4,0	4,0	4,0
./. Sonderzubehör	10,0	10,0	12,0	15,0	18,0
Basis für Pachtberechnung	**757,5**	**1.481,9**	**1.642,2**	**1.876,0**	**2.043,0**

		PLAN 1 T€	PLAN 4 T€	PLAN 5 T€	PLAN 6 T€	PLAN 7 T€
Pacht Jahr 1		0				
Festeinbauten in J 1(Anrechnung in J 1+1)			143,0	9,0	11,0	14,0
Pachtberechnungsbasis			1.338,9	1.633,2	1.865,0	2.029,0
Pacht vom o.g. korrigierten Umsatz	**10%**	**0**	**133,9**	**163,3**	**186,5**	**202,9**

12.7.3 Detaildarstellung „Sonstige"

Die „Sonstigen" weisen keine Besonderheiten aus:

Sonstige (Detailaufstellung)		PLAN 1 T€	PLAN 4 T€	PLAN 5 T€	PLAN 6 T€	PLAN 7 T€
EDV	12/12	2,0	2,0	2,4	3,0	3,0
Porto/Internet/Telefon	10/12	4,2	5,0	5,0	5,0	5,0
Bürobedarf	10/12	1,7	2,0	2,0	2,0	2,0
Beratung	12/12	2,0	1,5	1,5	3,0	5,0
Buchhaltung	12/12	12,0	12,0	12,5	13,0	13,5
Leasing	10/12	0,0	0,0	0,0	0,0	0,0
Technik (z.B. Beschallung etc.)	10/12	1,7	2,0	2,0	2,0	2,0
Tischwäsche ("Läufer")	12/12	1,0	1,0	1,0	1,0	1,0
Miete Kassensystem	10/12	0,8	1,0	1,0	1,2	1,2
Miete "Werkswohnung"	10/12	4,2	5,0	5,0	5,0	5,5
Sonstiges (Bewirtung, GEMA, KSK etc.)	10/12	2,5	3,0	3,3	3,7	4,0
gesamt sonstige betriebliche Aufwendungen (in T€)		**32,0**	**34,5**	**35,7**	**38,9**	**42,2**

12.8 Betriebsergebnis

Die Planungen der Jahre 20XX–20YY weisen von Beginn an positive operative Ergebnisse aus und dies in Größenordnung.

Die operative Rendite (vor Steuern) liegt bei beginnend 22 %, dann ansteigend auf 33 % (ebenfalls vor Steuern).

	PLAN 1 T€	%	PLAN 2 T€	%	PLAN 3 T€	%	PLAN 4 T€	%	PLAN 5 T€	%
Umsatzerlöse	**790,2**	*100,0%*	**1.523,9**	*100,0%*	**1.693,2**	*100,0%*	**1.936,0**	*100,0%*	**2.112,0**	*100,0%*
... davon Bistro (innen)	249,4	*31,6%*	480,9	*31,6%*	534,3	*31,6%*	587,8	*30,4%*	641,2	*30,4%*
... davon Umsatzerlöse Biergarten & Shop	206,8	*26,2%*	398,8	*26,2%*	443,2	*26,2%*	487,5	*25,2%*	531,8	*25,2%*
... davon Umsatzerlöse Restaurant	187,0	*23,7%*	360,7	*23,7%*	400,8	*23,7%*	514,3	*26,6%*	561,1	*26,6%*
... davon Umsatzerlöse Veranstaltungen	142,3	*18,0%*	274,5	*18,0%*	305,0	*18,0%*	335,5	*17,3%*	366,0	*17,3%*
... davon Umsatzerlöse Zimmer	4,7	*0,6%*	9,0	*0,6%*	10,0	*0,6%*	11,0	*0,6%*	12,0	*0,6%*
Materialaufwand	347,0	*43,9%*	592,2	*38,9%*	668,6	*39,5%*	768,2	*39,7%*	840,7	*39,8%*
... für Roh-, Hilfs- und Betriebsstoffe und bezogenen Waren	*249,0*	*31,5%*	*480,2*	*31,5%*	*533,6*	*31,5%*	*610,2*	*31,5%*	*665,7*	*31,5%*
... für bezogene Leistungen	*98,0*	*12,4%*	*112,0*	*7,3%*	*135,0*	*8,0%*	*158,0*	*8,2%*	*175,0*	*8,3%*
Rohertrag	**443,2**	*56,1%*	**931,7**	*61,1%*	**1.024,7**	*60,5%*	**1.167,8**	*60,3%*	**1.271,3**	*60,2%*
Personalaufwand	138,2	*17,5%*	195,3	*12,8%*	200,3	*11,8%*	205,4	*10,6%*	209,3	*9,9%*
Abschreibungen	12,9	*1,6%*	17,0	*1,1%*	18,7	*1,1%*	20,6	*1,1%*	22,8	*1,1%*
Sonst. betr. Aufwendungen	116,7	*14,8%*	259,9	*17,1%*	293,8	*17,4%*	324,4	*16,8%*	346,4	*16,4%*
Betriebsergebnis	**175,4**	*22,2%*	**459,5**	*30,2%*	**511,9**	*30,2%*	**617,4**	*31,9%*	**692,9**	*32,8%*

Recherchen zum Wettbewerber „Küchenprofi“ (in der Region bekannt und als Vergleich mit dem RESTEU haltbar) sowie zum „Landgasthof/Hotel Schönblick“ bestätigen Umsatzerlöse bei € 2 Mio. p. a. und entsprechende Renditen, wobei die Lage und die Möglichkeiten des RESTEU inkl. „Laufkundschaft“ (im Vergleich zum „Küchenprofi“) durch den Park bei Weitem besser gewürdigt werden müssen.

12.9 Finanzierung, Tilgung und Zinsaufwand und Zinsertrag

12.9.1 Kapitalbedarf

Ausgangsplanungsparameter Der Kapitalbedarf zu Beginn (Februar bis März 20XX) beläuft sich auf:

Details	**Finanzierungsvolumen I (in T€)**	**20XX**
	Einrichtung	90,0
	Küche - Einbauten	45,0
	Zimmer	35,0
	Divers	20,0
	Reinigung (erstmalig)	5,0
	Anlaufkosten/-sicherheit	30,0
	Wareneinkauf	20,0
	Debitoren	5,0
	Liquidität (Kasse/Bank)	25,0
	Gesamt	**275,0**

Es ist davon auszugehen, dass das Ehepaar Muster derzeit kein Eigenkapital auf- bzw. einbringen kann, da die vorhandenen Mittel für den Umbau und die Neugestaltung des alten Restaurants verplant sind.

Im Worst-Case-Szenario ist somit von einem Finanzierungsbedarf ab Februar Jahr 1 in exakt dieser Höhe auszugehen:

	Feb. Jahr 1 T€
Finanzierungsvolumen brutto	**275,0**
./. Eigenkapital	**0,0**
Finanzierungsvolumen I netto	**275,0**
Liquidität (Kasse/Bank)	**25,0**
Debitoren	**5,0**
kreditorische Verbindlichkeiten	**30,0**
Finanzierungsvolumen II (Bank) netto	**275,0**

Allerdings steht ein „weißer Ritter" zur Verfügung, der bei positivem „Business Case" zwei Alternativen überdenkt:

- Abgabe einer Bürgschaft über T€ 100,
- Einstieg als „Stiller" mit einer Einlage in Höhe von T€ 100.

Die Einlage als „Stiller" ist derzeit die wahrscheinlichere Alternative (Stand: persönliches Gespräch von Herrn Heesen am 01. Oktober 20XX–1, der „Business Case" wird als positiv betrachtet).

Somit wird (mit großer Wahrscheinlichkeit) der Kapitalbedarf um T€ 100 geringer ausfallen:

	Feb. Jahr 1 T€
Finanzierungsvolumen brutto	275,0
./. Einlage Stiller	100,0
Finanzierungsvolumen I netto	175,0
Liquidität (Kasse/Bank)	25,0
Debitoren	5,0
kreditorische Verbindlichkeiten	30,0
Finanzierungsvolumen II (Bank) netto	175,0

12.9.2 Tilgung

Aufgrund der laut Planung positiven Geschäftsentwicklung von Beginn an ist von einer sehr zeitnahen Rückführung der Verbindlichkeiten gegenüber Kreditinstituten auszugehen (siehe GuV und Bilanz auf den Folgeseiten).

12.9.3 Zinsaufwand

Ausgangsplanungsparameter

- Zinskonditionen: 3 %,
- Finanzierungsvolumen
  20XX: T€ 112,8 (Tilgung von knapp T€ 125 bereits in 20XX)
  (siehe Tabelle unten),

20XX + 1: T€ 35,3 (Tilgung weiterer T€ 30 in 20XX + 1) (siehe Tabelle unten),

- Finanzierunglaufzeit
  20XX: 10 Monate,
  20XX + 1: 12 Monate.

Der Zinsaufwand fällt gering aus:

Finanzierungskosten	20XX		20XX + 1
Zinsen Bankkredit	3,00%		3,00%
Kreditbestand Februar	175,0		50,6
Kreditbestand Dezember	50,6		20,0
Durchschnitt	112,8		35,3
Finanzierungskosten maximal	4,4	(20XX: 10 Monate)	1,5
Finanzierungskosten bei flexibler. Tilgung	2,8	(20XX: 10 Monate)	1,1
Finanzierungskosten Durchschnitt	3,6	(20XX: 10 Monate)	1,3

12.9.4 Worst-Case-Betrachtung Zinsaufwand

Ausgangsplanungsparameter

- Zinskonditionen: 5 %,
- Finanzierungsvolumen
  20XX: T€ 275 (keine Tilgung in 20XX),
  20XX + 1: T€ 275 (keine Tilgung in 20XX + 1),
- Finanzierunglaufzeit
  20XX: 10 Monate,
  20XX + 1: 12 Monate.

100% Finanzierung (ohne Tilgungen)	20XX		20XX + 1
Zinsen Bankkredit	5,00%		5,00%
Kreditbestand Februar	275,0		275,0
Kreditbestand Dezember	275,0		275,0
Durchschnitt	275,0		275,0
Finanzierungskosten maximal	11,5	(20XX: 10 Monate)	13,8

Selbst diese Zinsaufwendungen sind aus dem Betriebsergebnis heraus leicht zu tragen.

12.9.5 Zinsertrag

Obwohl laut Planung (siehe Bilanz auf den Folgeseiten) von Beginn an Liquidität vorhanden sein wird, sind in den Planungen keine Zinserträge (Zinsmarkt bzw. konservativer Blickwinkel) angesetzt worden.

12.10 Außerordentliches Ergebnis und Steuern

12.10.1 Außerordentliches Ergebnis

Kein Ansatz.

12.10.2 Steuern

In Unkenntnis der Familieneinkünfte des Ehepaares, der hohen Überschüsse und aus konservativem Blickwinkel ist der maximale Einkommensteuertarif (55 %[6]) angesetzt.

12.11 Bestand (Vorräte)

Die Vorräte werden auf der Basis von acht Umsatztagen geplant.

Somit ergeben sich folgende Größen für die Vorräte in der Bilanz in den betrachteten Jahren 20XX–20YY:

[6] Ohne Kirchensteuer.

Jahre		1	2	3	4	5
Vorräte in T€	RW in Tagen 8	17,3	33,4	37,1	42,4	46,3

12.12 Forderungen (Debitoren) und sonstige Vermögensgegenstände

Ausgangsplanungsparameter

- Bei den Debitoren wird ein Zahlungseingang nach durchschnittlich zehn Tagen für die Planungen angesetzt.
- Dies ist wiederum ein recht konservativer Blickwinkel, unterstellt man, dass, bis auf Rechnungen aus Veranstaltungen, ein Großteil der Getränke und Speisen bar oder mit Bankkarte gezahlt wird.
- Die reduzierte Umsatzsteuer in Höhe von 7 % ist hier nicht berücksichtigt, von daher ist der Bilanzposten auch in dieser Hinsicht zu hoch angesetzt.
- Das eingeforderte Kautionskonto, das jährlich mit T€ 5 (ab 2. Jahr) bis zu einem Maximalbetrag in Höhe von T€ 20 zu dotieren ist, wird als sonstiger Vermögensgegenstand ausgewiesen.

Somit ergeben sich für die Jahre 20XX–20YY folgende Forderungen:

Jahre		1	2	3	4	5
Debitoren	Ziel in Tagen 10	25,8	49,7	55,2	63,1	68,9
Sonst. VG		0,0	10,0	15,0	20,0	20,0
		25,8	59,7	70,2	83,1	88,9

12.13 Rückstellungen

Rückstellungen für Pensionen und sonstige Verpflichtungen sind mangels Versorgungszusagen nicht zu planen.

Daher erfolgt der Ansatz pauschal, wobei diese Rückstellungen in erster Linie „sonstige Rückstellungen“ für den Jahresabschluss und für die Finanzverwaltung (Steuernachzahlungen) umfassen.

Angesetzt für die Planjahre 20XX–20YY werden:

Jahre	1	2	3	4	5
Rückstellungen in T€	5,0	10,0	20,0	30,0	35,0

12.14 Verbindlichkeiten gegen Kreditinstitute

Ausgangsplanungsparameter

- 20XX: bereits Rückführung der Bankverbindlichkeiten von beginnend T€ 175 („weißer Ritter“ mit stiller Einlage in Höhe von T€ 100 wird vorausgesetzt[7]) auf T€ 50,6,
- 20XX + 1: weitere Rückführung der Bankverbindlichkeiten auf T€ 20.

Damit entwickeln sich die Verbindlichkeiten gegen Kreditinstitute wie folgt:

Jahre	1	2	3	4	5
Verbindlichkeiten gegen Kreditinstitute in T€	50,6	20,0	0,0	0,0	0,0

12.15 Kreditoren (Verbindlichkeiten aus Lieferung und Leistung)

Ausgangsplanungsparameter

- Bei den Kreditoren wird eine Zahlung nach durchschnittlich 20 Tagen für die Planungen angesetzt.
- Dies ist wiederum ein recht konservativer Blickwinkel, unterstellt man, dass in Deutschland in der Regel 30 Tage Ziel eingeräumt werden.
- Von Bedeutung ist hier aber, dass das kreditorische Ziel mit 20 Tagen doppelt so hoch wie das debitorische Ziel mit 10 Tagen ist.
- Der Ansatz in der Bilanz ist aber dennoch nicht ganz richtig, da eigentlich auch die Veränderungen zur Vorperiode bei den RHB und den Handelswaren (wurden aber nicht gesondert geplant) eingerechnet werden müssten – über eine Einrechnung, zumindest teilweise, der sonstigen betrieblichen Aufwendungen wird in der Literatur gestritten. Hier erfolgt keine anteilige Berücksichtigung dieser sonstigen betrieblichen Aufwendungen.
- Generell wird (konservativ) mit einem Vorsteuersatz in Höhe von 19 % gerechnet.

Somit ergeben sich für die Jahre 20XX–20YY folgende Kreditoren:

Jahre		1	2	3	4	5
Kreditoren	Ziel in Tagen 20	22,6	38,6	43,6	50,1	54,8

[7] Verweis auf das Gespräch von Herrn Heesen vom 01. Oktober 20XX–1 mit Herrn X (Name ist allen Beteiligten bekannt, hier aber nicht offen ausgewiesen).

12.16 Sonstige kurzfristige Verbindlichkeiten

Der Ansatz erfolgt pauschal:

Jahre	1	2	3	4	5
Sonstige kurzfristigen Verbindlichkeiten	10,0	15,0	15,0	18,0	20,0

12.17 Liquide Mittel (Kasse, Bank, Schecks, Wechsel und Wertpapiere des Umlaufvermögens)

Die liquiden Mittel in der Planung sind eine Resultante aus mehreren Annahmen:

Ausgangsplanungsparameter

- 20XX: bereits Rückführung Bankverbindlichkeiten von beginnend T€ 175 (weißer Ritter mit stiller Einlage in Höhe von T€ 100 wird vorausgesetzt[8]) auf T€ 50,6,
- 20XX + 1: weitere Rückführung der Bankverbindlichkeiten in 20XX + 1 auf T€ 20,
- 20XX + 1: Rückführung der stillen Beteiligung von T€ 100 auf 50,
- 20XX + 2: Rückführung der stillen Beteiligung von T€ 50 auf 0,
- keine weiteren Ausschüttungen über gesamte Planungsperioden 20XX–20YY an Betreiber – Überschüsse werden thesauriert,
- Debitoren wie dargestellt,
- Rückstellungen wie dargestellt,
- Kreditoren wie dargestellt,
- sonstige kurzfristige Verbindlichkeiten wie dargestellt.

Somit ergeben sich für die Jahre 20XX–20YY folgende Größen für die liquiden Mittel (Kasse, Bank, Schecks, Wechsel und Wertpapiere des Umlaufvermögens):

Jahre	1	2	3	4	5
Liquide Mittel in T€	80,3	143,9	261,7	547,5	862,2

[8] Verweis auf das Gespräch von Herrn Heesen vom 01. Oktober 20XX–1 mit Herrn X (Name ist allen Beteiligten bekannt, hier aber nicht offen ausgewiesen).

12.18 Rechnungsabgrenzungsposten

A-RAP als auch P-RAP werden keine geplant.

12.19 Gewinn und Verlustrechnung (GuV) – Gesamtdarstellung

Somit ergibt sich für die Planperioden 20XX–20YY folgende GuV:

	PLAN 1		PLAN 2		PLAN 3		PLAN 4		PLAN 5	
	T€	%	T€	%	T€	%	T€	%	T€	%
Umsatzerlöse	**790,2**	*100,0%*	**1.523,9**	*100,0%*	**1.693,2**	*100,0%*	**1.936,0**	*100,0%*	**2.112,0**	*100,0%*
… davon Bistro (innen)	249,4	*31,6%*	480,9	*31,6%*	534,3	*31,6%*	587,8	*30,4%*	641,2	*30,4%*
… davon Umsatzerlöse Biergarten & Shop	206,8	*26,2%*	398,8	*26,2%*	443,2	*26,2%*	487,5	*25,2%*	531,8	*25,2%*
… davon Umsatzerlöse Restaurant	187,0	*23,7%*	360,7	*23,7%*	400,8	*23,7%*	514,3	*26,6%*	561,1	*26,6%*
… davon Umsatzerlöse Veranstaltungen	142,3	*18,0%*	274,5	*18,0%*	305,0	*18,0%*	335,5	*17,3%*	366,0	*17,3%*
… davon Umsatzerlöse Zimmer	4,7	*0,6%*	9,0	*0,6%*	10,0	*0,6%*	11,0	*0,6%*	12,0	*0,6%*
Materialaufwand	347,0	*43,9%*	592,2	*38,9%*	668,6	*39,5%*	768,2	*39,7%*	840,7	*39,8%*
… für Roh-, Hilfs- und Betriebsstoffe und bezogenen Waren	*249,0*	*31,5%*	*480,2*	*31,5%*	*533,6*	*31,5%*	*610,2*	*31,5%*	*665,7*	*31,5%*
… für bezogene Leistungen	*98,0*	*12,4%*	*112,0*	*7,3%*	*135,0*	*8,0%*	*158,0*	*8,2%*	*175,0*	*8,3%*
Rohertrag	**443,2**	*56,1%*	**931,7**	*61,1%*	**1.024,7**	*60,5%*	**1.167,8**	*60,3%*	**1.271,3**	*60,2%*
Personalaufwand	138,2	*17,5%*	195,3	*12,8%*	200,3	*11,8%*	205,4	*10,6%*	209,3	*9,9%*
Abschreibungen	12,9	*1,6%*	17,0	*1,1%*	18,7	*1,1%*	20,6	*1,1%*	22,8	*1,1%*
Sonst. betr. Aufwendungen	116,7	*14,8%*	259,9	*17,1%*	293,8	*17,4%*	324,4	*16,8%*	346,4	*16,4%*
Betriebsergebnis	**175,4**	*22,2%*	**459,5**	*30,2%*	**511,9**	*30,2%*	**617,4**	*31,9%*	**692,9**	*32,8%*
Erträge aus Beteiligungen	0,0	*0,0%*	0,0	*0,0%*	0,0	*0,0%*	0,0	*0,0%*	0,0	*0,0%*
Sonstige Zinsen und Erträge	0,0	*0,0%*	0,0	*0,0%*	0,0	*0,0%*	0,0	*0,0%*	0,0	*0,0%*
Zinsen und ähnliche Aufwendungen	3,6	*0,5%*	1,3	*0,1%*	0,0	*0,0%*	0,0	*0,0%*	0,0	*0,0%*
Finanzergebnis	**-3,6**	*-0,5%*	**-1,3**	*-0,1%*	**0,0**	*0,0%*	**0,0**	*0,0%*	**0,0**	*0,0%*
Ergebnis der gewöhnlichen Geschäftstätigkeit	**171,8**	*21,7%*	**458,2**	*30,1%*	**511,9**	*30,2%*	**617,4**	*31,9%*	**692,9**	*32,8%*
AO Ergebnis	**0,0**	*0,0%*	**0,0**	*0,0%*	**0,0**	*0,0%*	**0,0**	*0,0%*	**0,0**	*0,0%*
Ergebnis vor Steuern	**171,8**	*21,7%*	**458,2**	*30,1%*	**511,9**	*30,2%*	**617,4**	*31,9%*	**692,9**	*32,8%*
Steuern (55%)	-94,5	*-12,0%*	-252,0	*-16,5%*	-281,5	*-16,6%*	-339,6	*-17,5%*	-381,1	*-18,0%*
Jahresüberschuss/-fehlbetrag	77,3	*9,8%*	206,2	*13,5%*	230,3	*13,6%*	277,8	*14,4%*	311,8	*14,8%*

Durchgehend positive Renditen (Jahresüberschuss nach Steuern) in Höhe von 10 % bereits in 20XX, dann steigend auf 15 % in 20YY, sind überzeugend.

Dabei muss nochmals betont werden, dass die Planungsansätze immer wieder aus einem sehr konservativen Blickwinkel heraus erfolgen.

12.20 Bilanz

	PLAN 2014 T€	%	PLAN 2015 T€	%	PLAN 2016 T€	%	PLAN 2017 T€	%	PLAN 2018 T€	%
Immaterielle Vermögensgegenstände	0,0	*0,0%*	0,0	*0,0%*	0,0	*0,0%*	0,0	*0,0%*	0,0	*0,0%*
Sachanlagen	142,1	*53,5%*	140,1	*38,2%*	138,4	*28,1%*	136,8	*17,3%*	136,0	*12,2%*
Finanzanlagen	0,0	*0,0%*	0,0	*0,0%*	0,0	*0,0%*	0,0	*0,0%*	0,0	*0,0%*
Anlagevermögen	**142,1**	***53,5%***	**140,1**	***38,2%***	**138,4**	***28,1%***	**136,8**	***17,3%***	**136,0**	***12,2%***
Vorräte	17,3	*6,5%*	33,4	*9,1%*	37,1	*7,5%*	42,4	*5,4%*	46,3	*4,2%*
Forderungen (Debitoren)	25,8	*9,7%*	49,7	*13,5%*	55,2	*11,2%*	63,1	*8,0%*	68,9	*6,2%*
Sonst. Vermögensgegenstände (hier Kaution)	0,0	*0,0%*	10,0	*2,7%*	15,0	*3,0%*	20,0	*2,5%*	20,0	*1,8%*
Kasse, Bank und Schecks un WP des UV	*80,3*	*30,2%*	*143,9*	*39,2%*	*261,7*	*53,1%*	*547,5*	*69,3%*	*862,2*	*77,4%*
Umlaufvermögen	**123,4**	***46,5%***	**227,0**	***61,8%***	**354,0**	***71,9%***	**653,1**	***82,7%***	**977,3**	***87,8%***
Rechnungsabgrenzungsposten (nicht geplant)	0,0	*0,0%*	0,0	*0,0%*	0,0	*0,0%*	0,0	*0,0%*	0,0	*0,0%*
Nicht durch Eigenkapital gedeckter Fehlbetrag	0,0	*0,0%*	0,0	*0,0%*	0,0	*0,0%*	0,0	*0,0%*	0,0	*0,0%*
Aktiva	**265,5**	***100,0%***	**367,1**	***100,0%***	**492,4**	***100,0%***	**789,8**	***100,0%***	**1.113,3**	***100,0%***
Stamm-/Grundkapital, (hier Einlage Stiller)	100,0	*37,7%*	50,0	*13,6%*	0,0	*0,0%*	0,0	*0,0%*	0,0	*0,0%*
...davon ausstehend	0,0	*0,0%*	0,0	*0,0%*	0,0	*0,0%*	0,0	*0,0%*	0,0	*0,0%*
Ergebnisvortrag/Rücklagen	0,0	*0,0%*	77,3	*21,1%*	233,5	*47,4%*	413,8	*52,4%*	691,7	*62,1%*
Jahresüberschuss /-fehlbetrag	77,3	*29,1%*	206,2	*56,2%*	230,3	*46,8%*	277,8	*35,2%*	311,8	*28,0%*
Ausschüttungen/Abführung	0,0	*0,0%*	-50,0	*-13,6%*	-50,0	*-10,2%*	0,0	*0,0%*	0,0	*0,0%*
Unversteuerte Rücklagen	0,0	*0,0%*	0,0	*0,0%*	0,0	*0,0%*	0,0	*0,0%*	0,0	*0,0%*
Eigenkapital	**177,3**	***66,8%***	**283,5**	***77,2%***	**413,8**	***84,0%***	**691,7**	***87,6%***	**1.003,5**	***90,1%***
Rückstellungen	5,0	*1,9%*	10,0	*2,7%*	20,0	*4,1%*	30,0	*3,8%*	35,0	*3,1%*
Bankverbindlichkeiten und Anleihen	50,6	*19,1%*	20,0	*5,4%*	0,0	*7,5%*	0,0	*0,0%*	0,0	*0,0%*
kurzfristige Verbindlichkeiten (Kreditoren)	22,6	*19,1%*	38,6	*7,5%*	43,6	*8,9%*	50,1	*0,0%*	54,8	*4,9%*
Sonstige kfr. Verbindlichkeiten	10,0	*3,8%*	15,0	*4,1%*	15,0	*3,0%*	18,0	*2,3%*	20,0	*1,8%*
Verbindlichkeiten	**88,2**	***33,2%***	**83,6**	***22,8%***	**78,6**	***16,0%***	**98,1**	***12,4%***	**109,8**	***9,9%***
Rechnungsabgrenzungsposten (nicht geplant)	**0,0**	*0,0%*	**0,0**	*0,0%*	**0,0**	*0,0%*	**0,0**	*0,0%*	**0,0**	*0,0%*
Passiva	**265,5**	***100,0%***	**367,1**	***100,0%***	**492,4**	***100,0%***	**789,8**	***100,0%***	**1.113,3**	***100,0%***

12.21 Die Aktiva und Passiva 20XX–20YY in der grafischen Übersicht

12.21.1 Aktiva

Es wird deutlich, dass das Umsatzwachstum sehr stark liquiditätswirksam ist.

Thesaurierung wurde als Planungsannahme definiert.

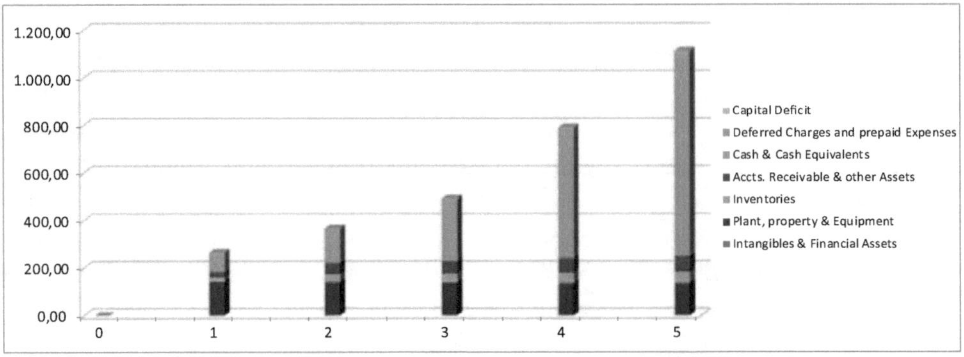

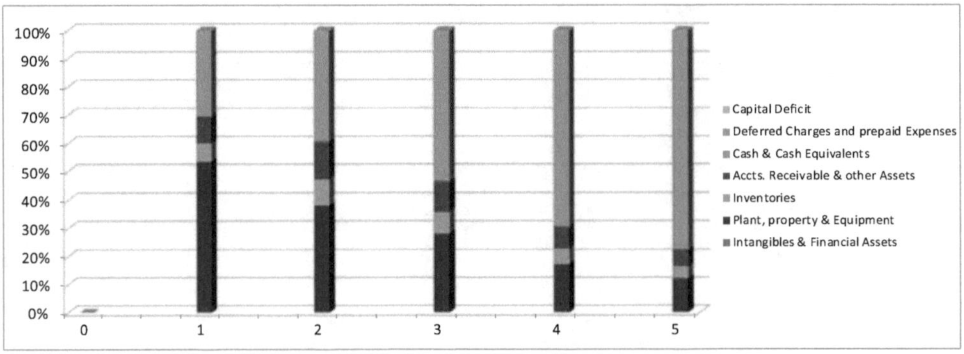

12.21.2 Passiva

Das Wachstum zeigt sich besonders in der Entwicklung des Eigenkapitals.

Thesaurierung wurde als Planungsannahme definiert.

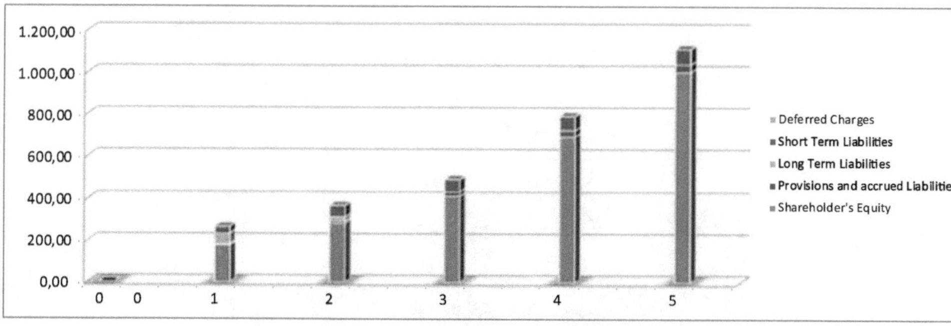

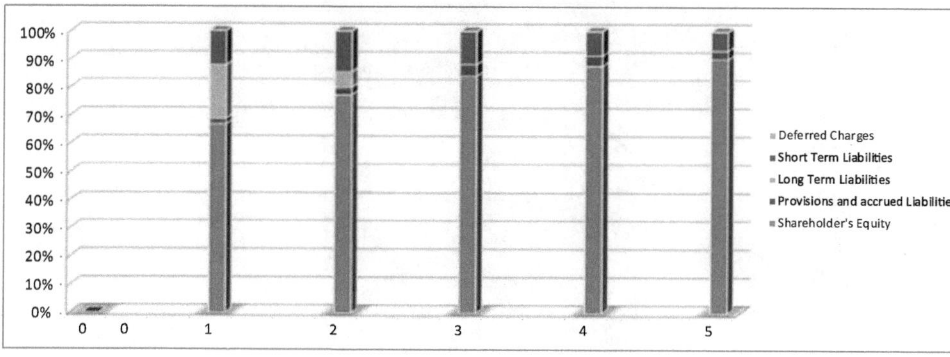

12.22 Kennzahlenanalyse der Planung

Die Kennzahlenanalyse erfolgt hier mittels 15[9] Kennzahlen.

Diese Vorgehensweise hat sich in vielen Analysen als sehr aussagekräftig erwiesen, da alle relevanten GuV- und Bilanzposten erfasst werden und die aus Bankensicht kritischen Posten mehrfach in diverse Analysen einbezogen werden.

Dabei werden folgende (Ihnen schon bekannte) Kennzahlen berechnet:

[9] Im Gegensatz zu meinem Standardansatz habe ich hier den Rohertrag zusätzlich aufgenommen, da er für die Gastronomie von entscheidender Bedeutung ist.

Diese 15 Kennzahlen erfassen alle wesentlichen GuV- und Bilanzposten eines Abschlusses …

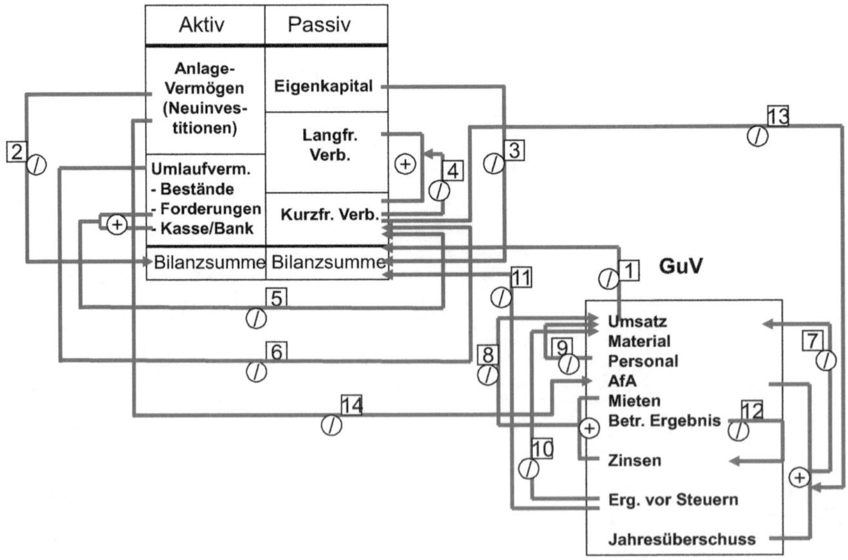

… wobei die aus Bankensicht besonders wichtigen Verbindlichkeiten aus mehreren Perspektiven analysiert werden.

12.22.1 Kapitalumschlag 20XX–20YY

Der Kapitalumschlag misst die Rotations- bzw. Reproduktionsgeschwindigkeit des eingesetzten Kapitals.

Analysiert wird das Verhältnis:

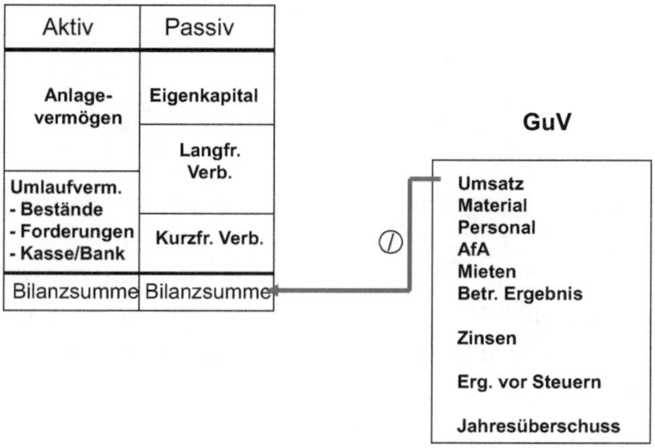

Mit den Planwerten ergibt sich:

Gesamtkapitalumschlag (Wie häufig wird das Kapital auf Basis des Erlöses umgeschlagen?) oder (1 Euro Kapital generiert wieviel Euro Erlöse?)	Zähler	Gesamterlöse	790,18	1.523,92	1.693,24	1.936,04	2.112,04
	Nenner	Bilanzsumme	265,46	367,07	492,40	789,84	1.113,33
	Ergebnis	*Division*	2,98	4,15	3,44	2,45	1,90

Ein Kapitalumschlag in 20XX + 1 in Höhe von 4,2 ist als „sehr gut“ zu würdigen. Aufgrund der Planungsprämisse „100 %ige Thesaurierung“ fällt in den Folgeperioden der Kapitalumschlag durch den Anstieg der Bilanzsumme, wobei dies der hohen Liquidität geschuldet ist.

Aus diesem Grund sind die Perioden 20XX + 2–20YY nur bedingt richtig durch den Quotienten dargestellt.

12.22.2 Anlagenintensität 20XX–20YY

Die Anlagenintensität misst das Verhältnis (hier) Sachanlagevermögen zur Bilanzsumme.

Bilanz

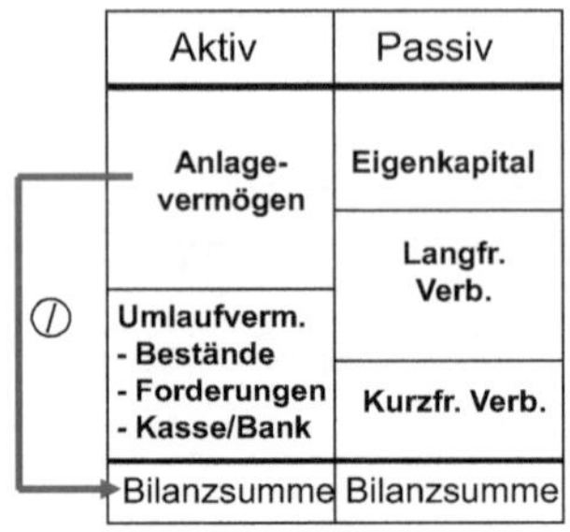

Mit den Planwerten ergibt sich:

Anlagenintensität (%) (Wie viel % der Bilanzsumme steckt im Anlagevermögen ?) (Gibt einen Hinweis auf die Investitionstätigkeit und Flexibilität)	Zähler	Summe Anlagevermögen	142,08	140,08	138,38	136,78	135,98
	Nenner	Bilanzsumme	265,46	367,07	492,40	789,84	1.113,33
	Ergebnis	*Division x 100*	53,52%	38,16%	28,10%	17,32%	12,21%

Die Anlagenintensität in 20XX liegt bei 54 % – dies ist eine Größenordnung, die normalerweise nur bei Gastro- und Hotelbetrieben im Eigentum zu sehen ist.

Unterstellt man beim Mobiliar 7–8 Jahre physische Nutzungsdauer und beim Küchenequipment 10 Jahre, so sind die geringen Größen zum Ende des Planungszeitraums (20YY) kein Problem.

Außerdem sind die Werte in den letzten Planungsperioden und der damit verbundenen Bilanzmehrung aufgrund der Thesaurierungsprämisse nur bedingt aussagekräftig.

12.22.3 Eigenkapitalquote 20XX–20YY

Die Eigenkapitalquote misst das Verhältnis Eigenkapital zur Bilanzsumme.

Bilanz

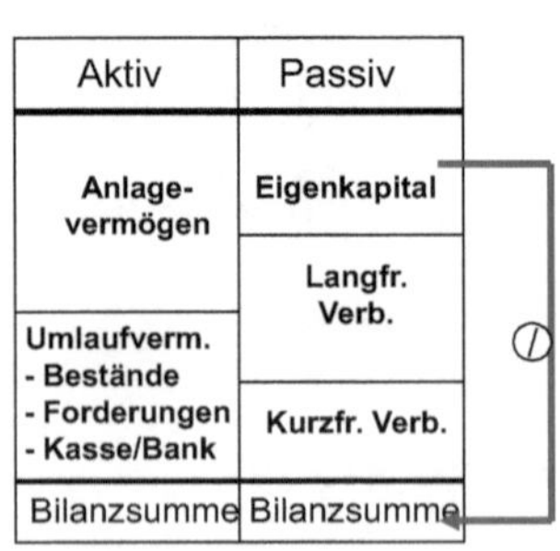

Mit den Planwerten ergibt sich:

Eigenkapitalquote (in %) Basis wirtschaftliches Eigenkapital (Wie viel Prozent der Bilanzsumme/ des Kapitals wird von Eigenkapital gestellt?) (Gibt Auskunft über die Solidität der Kapitalbasis - "Krisenkapital")	Zähler	Eigenkapital nach HGB Gliederung	177,29	283,49	413,83	691,68	1.003,46
	Nenner	Bilanzsumme	265,46	367,07	492,40	789,84	1.113,33
	Ergebnis	*Division x 100*	66,79%	77,23%	84,04%	87,57%	90,13%

Die Eigenkapitalquote steigt trotz Rückführung der stillen Einlagen in 20XX + 1 und 2016 aufgrund der Thesaurierungsprämisse der Planung rasant.

12.22.4 Quote kurzfristiges Fremdkapital 20XX–20YY (Kreditorenquote)

Die Quote kurzfristiges zu Gesamtfremdkapital ist ein Risikoindikator.

Bilanz

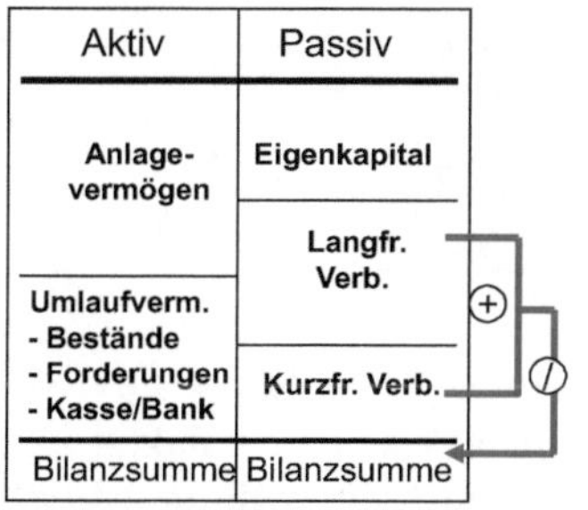

Mit den Planwerten ergibt sich:

Quote kfr. FK (%) (Wie viel % des Fremdkapitals stammt von Lieferanten und Sonstigen, ist daher kurzfristig und ist damit in naher Zukunft fällig?)	Zähler	Verbindlichkeiten aus L. & L. + Sonst. kurzfr. Verbindlichkeiten	22,63 10,00 32,63	38,62 15,00 53,62	43,60 15,00 58,60	50,09 18,00 68,09	54,82 20,00 74,82
(Achtung bei Skontogewährung) (Gibt Auskunft über die anstehenden Zahlungsverpflichtungen und den Liquiditätsbedarf einerseits und die kostenfreie Finanzierung über Lieferanten andererseits)	Nenner	Rückstellungen + Verbindlichkeiten + Passive Rechnungsabgrenzungsposten Gesamtes Fremdkapital	5,00 83,23 0,00 88,23	10,00 73,62 0,00 83,62	20,00 58,60 0,00 78,60	30,00 68,09 0,00 98,09	35,00 74,82 0,00 109,82
	Ergebnis	*Division x 100*	36,98%	64,12%	74,55%	69,42%	68,13%

Durch die Thesaurierung und die damit verbundene zeitnahe Rückführung der Verbindlichkeiten gegen Kreditinstitute steigt die Quote auf knapp 70 %. Diese Größe ist aber (erneut) irreführend und in keiner Weise bedenklich.

Der Wert in Höhe von 37 % zum Bilanzstichtag in 20XX ist als sehr gut zu würdigen, wissend, dass die Kreditoren mit 20 Tagen Ziel angesetzt wurden und damit das debitorische Ziel von zehn Tagen um zehn Tage übertroffen wird.

12.22.5 Liquidität 1. Grades 20XX–20YY

Die Liquidität 1. Grades stellt die Ad-hoc-Liquidität zum Bilanzstichtag dar.

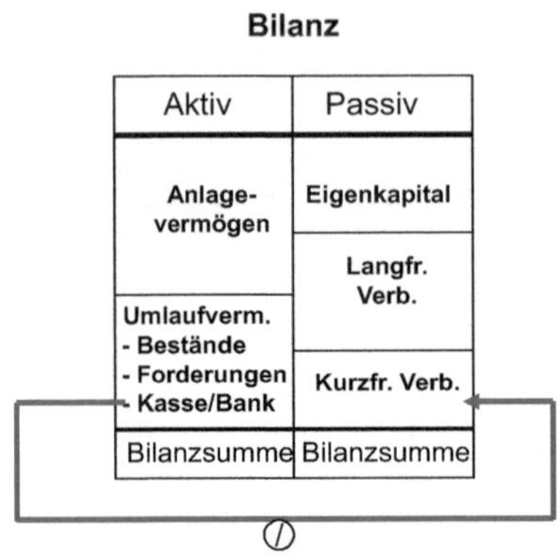

Mit den Planwerten ergibt sich:

Liquidität I (%) (In welcher Relation stehen prozentual flüssige Mittel zum kurzfristigen Fremdkapital?) (Gibt Auskunft über die Ad-hoc-Zahlungsfähigkeit)	Zähler Nominator	Flüssige Mittel	80,30	143,90	261,70	547,50	862,20
	Nenner Denominator	Summe kurzfristiges Fremdkapital	37,63	63,62	78,60	98,09	109,82
	Ergebnis Result	*Division x 100*	213,41%	226,20%	332,97%	558,14%	785,11%

Trotz Rückführung der Bankverbindlichkeiten in Höhe von T€ 125 in 20XX ist die Ad-hoc-Liquidität im Startjahr mehr als um den Faktor 2 gewährleistet.

Durch die Thesaurierung bleibt trotz Rückführung der Stillen und der Restverbindlichkeiten gegenüber Kreditinstituten in 20XX + 1 und 20XX + 2 eine (zu) hohe Liquidität.

Die Thesaurierung zu 100 % ist eigentlich nicht notwendig, wurde aber bewusst so in die Planung als Prämisse aufgenommen.

12.22.6 Liquidität 2. Grades 20XX–20YY

Die Liquidität 2. Grades stellt dar, inwieweit das Unternehmen kurzfristig „ausbalanciert" finanziert ist.

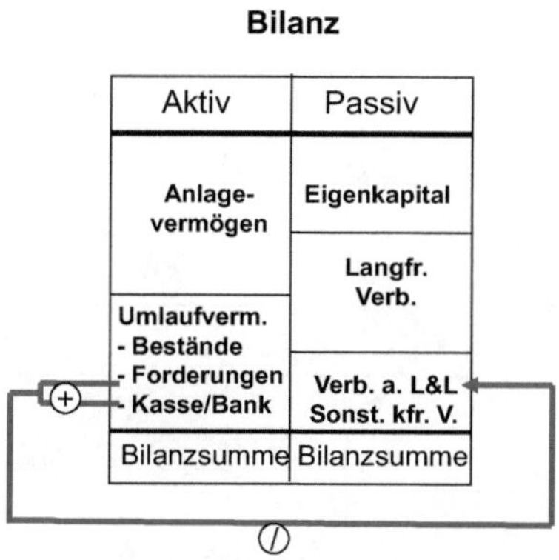

Mit den Planwerten ergibt sich:

Liquidität II (%) - 'weite' Betrachtung (In welcher Relation stehen prozentual Forderungen und flüssige Mittel zum kurzfristigen Fremdkapital?) (Gibt Auskunft über die Solidität der kurz- bis mittelfristigen Finanzierungsposition)	Zähler	Forderungen aus L. & L. inkl. abz. Sonstige Vermögensgegenstände zzgl. Flüssige Mittel	25,76 0,00 80,30 106,06	49,68 -10,00 143,90 183,58	55,20 -15,00 261,70 301,90	63,12 -20,00 547,50 590,62	68,86 -20,00 862,20 911,06
	Nenner	Verbindlichkeiten aus L&L + Sonstiges kurzfristiges Fremdkapital = Summe kurzfristiges Fremdkapital	22,63 10,00 32,63	38,62 15,00 53,62	43,60 15,00 58,60	50,09 18,00 68,09	54,82 20,00 74,82
	Ergebnis	*Division x 100*	325,08%	342,40%	515,23%	867,37%	1217,68%

Das RESTEU ist mit Liquiditäten 2. Grades trotz Rückführung von Verbindlichkeiten und Stillen von 300–1200 % sehr solide aufgestellt.

Die Thesaurierung zu 100 % ist eigentlich nicht notwendig, wurde aber bewusst so in die Planung als Prämisse aufgenommen.

12.22.7 Cash-Flow-Marge 20XX–20YY

Die Cash-Flow-Marge stellt die periodisch neu erwirtschaftete Liquidität im Verhältnis zum Umsatz dar.

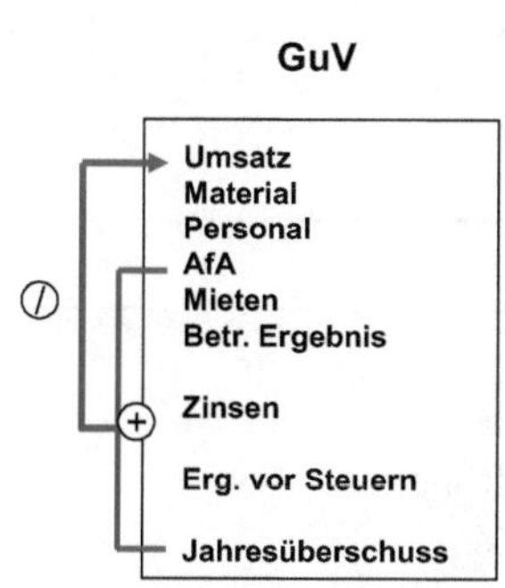

Mit den Planwerten ergibt sich:

Cash-Flow-Umsatzrate (in %) (misst die Liquidität/die Cash Generierung pro Umsatz Euro)	Zähler	Jahresüberschuss bzw Jahresfehlbetrag + Abschreibungen + Erhöhung/ -Verminderung Rückstellungen = Cash Flow	77,29 12,92 5,00 95,21	206,20 17,00 5,00 228,20	230,34 18,70 10,00 259,04	277,84 20,60 10,00 308,44	311,79 22,80 5,00 339,59
	Nenner	Gesamterlöse	790,18	1.523,92	1.693,24	1.936,04	2.112,04
(Ist ein klares Indiz für die Renditestärke)	Ergebnis	*Division x 100*	12,05%	14,97%	15,30%	15,93%	16,08%

12 % und dann konstant steigend auf 16 % Cash-Flow-Marge (nach Steuern) sind sehr hohe Werte.

Dabei kommt der Großteil des Cash Flow aus den Überschüssen, da nach den Anfangsinvestitionen nur noch geringere Werte aktiviert werden müssen.

12.22.8 Rohertrag 20XX–20YY

Der Rohertrag misst die eigene (mögliche) Wertschöpfungsspanne durch Personal- und Technikeinsatz.

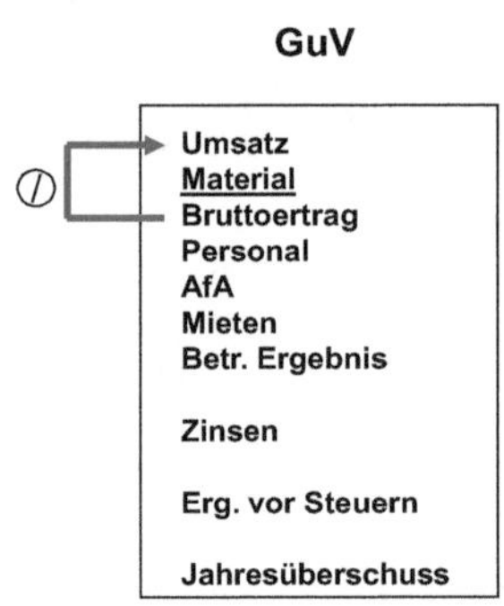

Mit den Planwerten ergibt sich:

Rohertrag (Wie viel der Gesamterlöse müssen für Material und bezogene Leistungen aufgewendet werden?) (Besonders bei geringen Renditen) von großer Bedeutung	Zähler	Rohertrag	443,17	931,69	1.024,65	1.167,80	1.271,33
	Nenner	Gesamterlöse	790,18	1.523,92	1.693,24	1.936,04	2.112,04
	Ergebnis	Division	56,08%	61,14%	60,51%	60,32%	60,19%

Der Rohertrag sollte in der Gastronomie bei mindestens 50 %, besser 55 % liegen. Das RESTEU erwirtschaftet Roherträge ab 20XX + 1 von 60 % und mehr.

12.22.9 Personalintensität 20XX–20YY

Die Personalaufwendungen sind neben den Einstandskosten generell einer der Hauptkostentreiber.

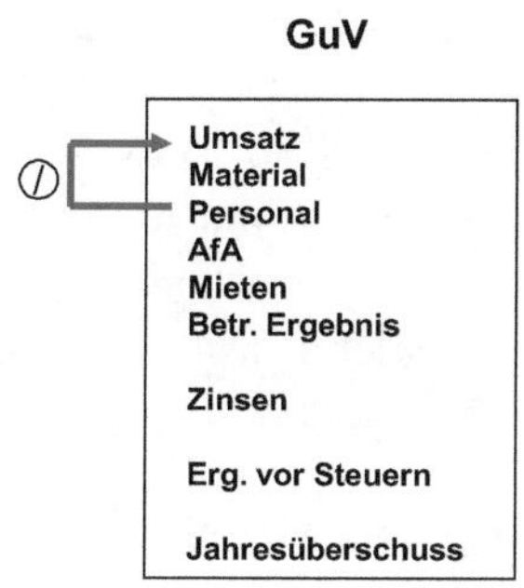

Mit den Planwerten ergibt sich:

Personalkostenintensität (in %) (Wie viel der Gesamterlöse müssen für Personalkosten aufgewendet werden?) (Gibt Auskunft über die Kosten struktur)	Zähler	Personalkosten	138,23	195,28	200,26	205,37	209,26
	Nenner	Gesamterlöse	790,18	1.523,92	1.693,24	1.936,04	2.112,04
	Ergebnis	*Division x 100*	17,49%	12,81%	11,83%	10,61%	9,91%

Die Personalintensität liegt bei zunächst 17 %, fällt dann sukzessive aufgrund der Mengendegression auf sehr gute 10 %.

12.22.10 Zins- und Mietintensität 20XX–20YY

Die Zins- und Mietintensität stellt die reinen „Strukturkosten" gemessen am Umsatz dar.

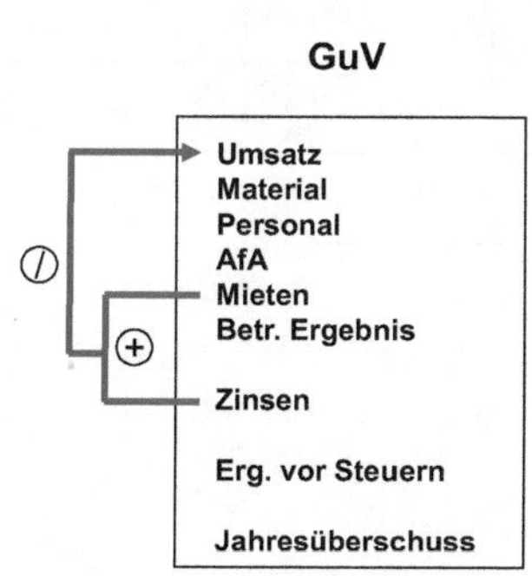

Mit den Planwerten ergibt sich:

Zins- und Miet-Intensität (in %) (Wie viel der Gesamterlöse müssen für Mieten, Leasing und aufgewendet werden?)	Zähler	Miet- und Leasingaufwendungen + Zinsaufwendungen	0,00 3,60 3,60	133,89 1,29 135,18	163,32 0,00 163,32	186,50 0,00 186,50	202,90 0,00 202,90
	Nenner	Gesamterlöse	790,18	1.523,92	1.693,24	1.936,04	2.112,04
(Gibt Auskunft über die Kostenstruktur und die Effizienz des Managements)	Ergebnis	*Division x 100*	0,46%	8,87%	9,65%	9,63%	9,61%

Zins- und Mietintensitäten von 9–10 % ab 20XX + 1 sind hoch, allerdings sind diese der umsatzabhängigen Pacht geschuldet (hier mit 10 % sogar um 1,5 % zu hoch angesetzt).

Rohertrag, Personalaufwand, AfA und sonstige betriebliche Aufwendungen sind aber niedrig genug, diese hohe Zins- und Mietintensität zu kompensieren.

12.22.11 Umsatzrentabilität 20XX–20YY

Die Umsatzrentabilität (hier vor Steuern, damit Vergleiche mit Dritten gewährleistet sind) misst die Rentabilität pro Umsatzeuro.

GuV

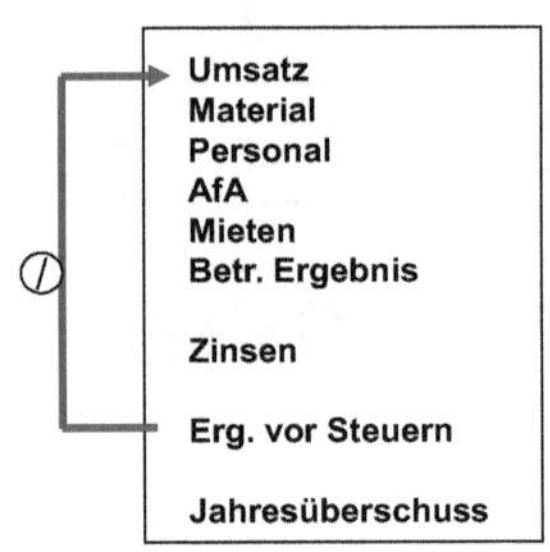

Mit den Planwerten ergibt sich:

Umsatzrentabilität (in %) (Wie viel Ergebnis v. Steuern wird pro Umsatz-Euro erzeugt?)	Zähler	Ergebnis vor Steuern	171,76	458,23	511,87	617,43	692,86
(ROS - Return on Sales)	Nenner	Gesamterlöse	790,18	1.523,92	1.693,24	1.936,04	2.112,04
(Gibt Auskunft über die Rückflüsse/ Gewinne und damit die Ertragskraft) (Fokus: Handel & Service)	Ergebnis	*Division x 100*	21,74%	30,07%	30,23%	31,89%	32,81%

22 % in 20XX (Rumpfgeschäfts- und Startjahr) und dann ab 20XX + 1 konstant über 30 % sind (natürlich) sehr gute Werte, selbst wenn die Steuern noch in Abzug gebracht werden müssen.

12.22.12 Kapitalrentabilität 20XX–20YY

Die Kapitalrentabilität (hier ebenfalls vor Steuern, damit Vergleiche mit Dritten gewährleistet sind) misst die Rentabilität pro eingesetztem Kapitaleuro.

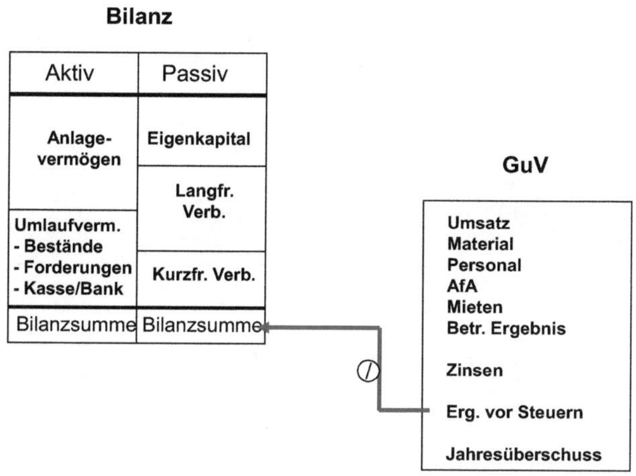

Mit den Planwerten ergibt sich:

Return on Capital (in %) (Wieviel Ergebnis v. Steuern wird pro Kapital-Euro erzeugt?) (ROC - Return on Capital)	Zähler	Ergebnis vor Steuern	171,76	458,23	511,87	617,43	692,86
	Nenner	Bilanzsumme	265,46	367,07	492,40	789,84	1.113,33
(Gibt Auskunft über die Rückflüsse/ Gewinne und damit die Ertragskraft pro Investiv-Euro)	Ergebnis	*Division x 100*	64,70%	124,83%	103,95%	78,17%	62,23%

Die ausgewiesenen Werte sind (ohne weitere Kommentierung) als sehr gut zu würdigen.

12.22.13 Zinsdeckungsquote 20XX–20YY

Die Zinsdeckungsquote misst, um welchen Faktor die Überschüsse aus dem operativen Ergebnis (Betriebsergebnis) die Zinsaufwendungen übersteigen. Zinserträge (hier generell wegen konservativer Sicht nicht geplant) werden nicht mit den Zinsaufwendungen saldiert.

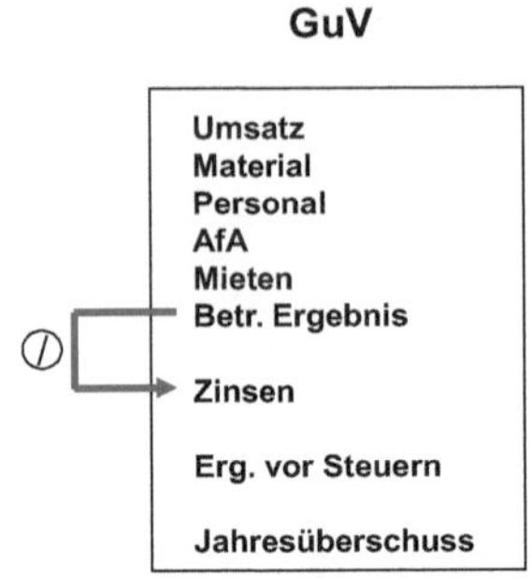

Mit den Planwerten ergibt sich:

Zinsdeckung Wie häufig deckt das Betriebsergebnis die Zinsforderungen der FK-Geber	Zähler	Betriebsergebnis	175,36	459,51	511,87	617,43	692,86
	Nenner	Zinsen	3,60	1,29	0,00	0,00	0,00
	Ergebnis	Division	48,7	356,6	#DIV/0!	#DIV/0!	#DIV/0!

Die ausgewiesenen Werte sind (ohne weitere Kommentierung) als sehr gut zu würdigen, zumal die Verbindlichkeiten nach zwei Jahren getilgt sind.

12.22.14 Dynamische Verschuldung 20XX–20YY

Die dynamische Verschuldung misst, wie lange (Jahre) es (theoretisch) dauert, bis aus dem periodischen Cash Flow (nach Steuern) die (Effekt-)Verschuldung getilgt ist.

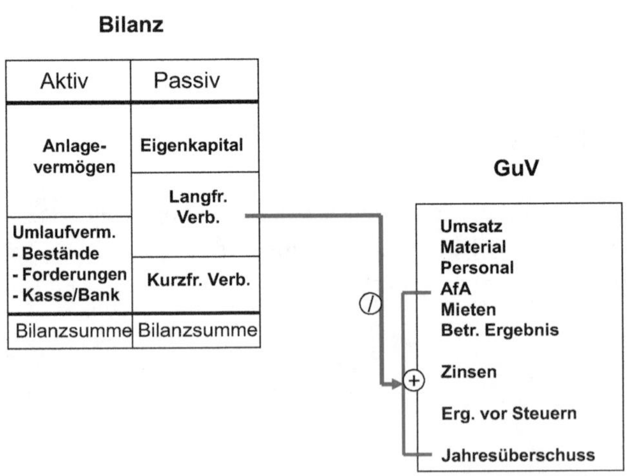

Mit den Planwerten ergibt sich:

(Dyn. Verschuldung) Kredittilgungsdauer (Wie lange dauert es, bis aus dem CF nach Steuern die Effektiv-verschuldung getilgt werden kann?) (Dynamischer Verschuldungsgrad) (Gibt Auskunft über die Kreditwürdigkeit und Bonität)	Zähler	Summe langfristiges Fremdkapital - langfristige Rückstellungen + Summe kurzfristiges Fremdkapital - Forderungen - davon liquide Mittel (inkl. Wertpapiere de UV)	50,60 0,00 32,63 25,76 80,30 57,46	20,00 0,00 53,62 49,68 143,90 23,93	0,00 0,00 58,60 55,20 261,70 3,39	0,00 0,00 68,09 63,12 547,50 4,97	0,00 0,00 74,82 68,86 862,20 5,96
	Nenner	Cash Flow	95,21	228,20	259,04	308,44	339,59
	Ergebnis	*Division*	0,60	0,10	0,01	0,02	0,02

In jeder Periode liegt die Tilgungsdauer bei (weit) unter einem Jahr.

12.22.15 Reinvestitionsquote 20XX–20YY

Die Reinvestitionsquote zeigt auf, wie die durch die Abschreibungen reduzierte Substanz periodisch durch Neuinvestitionen wieder aufgebaut wird.

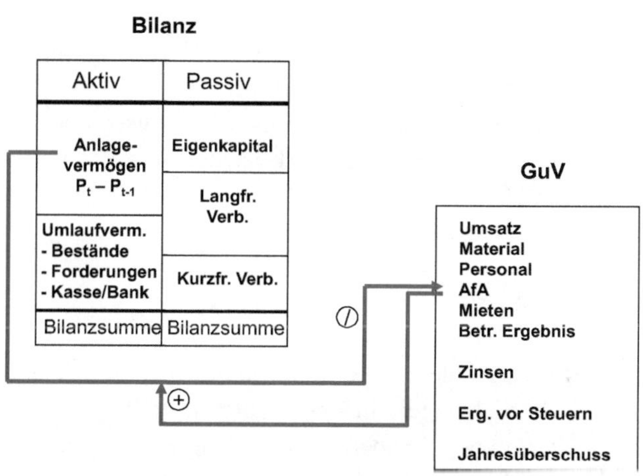

Mit den Planwerten ergibt sich:

(Re)Investitionsquote III (%) (Berechnet eine Substanzsteigerung oder Substanzreduktion) (Managementkennzahl, in Verbindung mit Kapitalumschlag (Kap-U), Kapitalrendite (ROI) und Umsatzrendite (ROS)	Zähler	Periodische Investitionen	155,0	15,0	17,0	19,0	22,0
	Nenner	Abschreibungen auf AV	12,92	17,00	18,70	20,60	22,80
	Ergebnis	Division	1200,0%	88,2%	90,9%	92,2%	96,5%

Nach den hohen Erstinvestitionen wird die Substanz in den Folgeperioden fast konstant gehalten.

Im Zeitraum nach 20YY sind mit großer Wahrscheinlichkeit Ersatzinvestitionen notwendig, die aber problemlos aus der bestehenden Liquidität, dem Cash Flow oder mittels Verbindlichkeiten (20YY: keine Verbindlichkeiten außer Kreditoren) finanziert werden können.

12.22.16 Zusammenfassung Kennzahlenanalyse 20XX–20YY

Die berechneten Kennzahlen sind alle in einem sehr guten „grünen Bereich".

Es gibt keine Auffälligkeiten – die Planungsprämissen erscheinen belastbar.

12.23 Zusammenfassung

Das RESTEU ist laut dieser (konservativen) Planung von Beginn an profitabel und wird in der Lage sein, kurzfristig

- die Bankverbindlichkeiten und
- die stille (Anfangs-)Beteiligung

zu tilgen.

Notwendige weitergehende Investitionen sind aus der bestehenden Liquidität und dem periodischen Cash Flow leicht darzustellen.

Die Risiken in der Planung des RESTEU liegen unserer Ansicht nach nicht in den Zahlen selbst, sondern in der Zusatzbelastung der Eheleute Muster durch das zeitlich sehr hohe Engagement im RESTEU.

12.24 Abschließende Bemerkung

Die Planung liest sich doch gut, oder? Dabei ist sie nur Schritt für Schritt mit einem durchgehenden Rechentool (natürlich wieder in Excel) aufgebaut. Darin liegt auch die Kunst!

Die GuV und die Bilanz in den Planperioden ergeben sich dann fast wie von selbst.

Dieses Planungsbeispiel hat natürlich auch einen weiteren Vorteil. Es gibt keine Zahlen, die aus der Vergangenheit in die Zukunft mit übernommen werden müssen. Es handelt sich um eine „greenfield"-Planung, was häufig leichter ist, als auf eine bestehende Zahlenlage aufbauen zu müssen.

Ich habe aber nicht gesagt, dass dies sehr viel schwieriger ist, und dass werde ich Ihnen jetzt anhand der HKG zeigen. Wir schreiben jetzt unsere Beteiligung logisch auf der Basis der Erkenntnisse aus der historischen Analyse fort, zumal in der Analyse ja aufgefallen war, dass im Nettoumlaufvermögen sehr wohl noch Optimierungsbedarf vorhanden ist.

Die intelligente Planung der Beteiligung HKG 13

Bisher haben wir die Ist-Zahlen unserer Beteiligung analysiert, viel erkannt und auch einiges kritisiert, denn die HKG zeigt doch auch einige Schwächen, besonders im Umlaufvermögen. Wir haben auch teilweise theoretisch gesagt, was man denn hätte tun müssen, aber die Zielzahlen haben wir weder explizit benannt, noch die dann daraus resultierenden Analyseergebnisse mit den Verbesserungen in einer Planung aufgezeigt.

Das Wort „theoretisch" bezieht sich auch noch auf einen anderen „Mangel". Wir haben nicht dargelegt, wie man denn die Zielgrößen bei der HKG für die Planung bestimmt.

Dies wollen wir aber nicht auf uns sitzen lassen und daher werden wir jetzt genau damit fortfahren! Wir wollen auch wieder mit den 15 bekannten Kennzahlen arbeiten und auch die Reihenfolge beibehalten.

B. Heesen, *Beteiligungsmanagement und Bewertung für Praktiker*,
https://doi.org/10.1007/978-3-658-30792-9_13

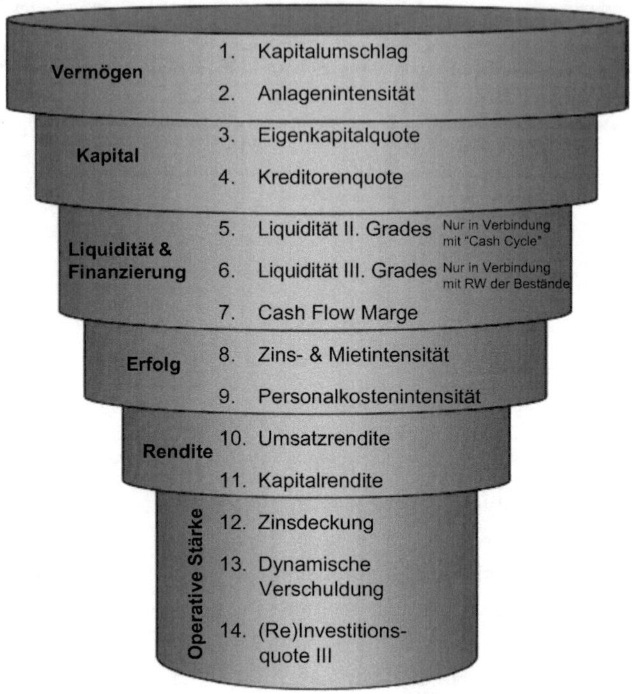

Womit beginnen wir? Mit den Umsatzerlösen, denn dies ist eine ideale Basis!

Ich kenne kein Unternehmen, das nicht mindestens die Umsatzerlöse plant. Lassen Sie uns aber konservativ an die Planung der HKG Zukunft herangehen. Wir starten im ersten Planjahr mit einem kleinen Einbruch, die Weltwirtschaft hat ja in den letzten Jahren gezeigt, dass es nicht immer „nach oben" geht.

Also lassen Sie uns mit folgenden Umsatzerlösen für die folgenden fünf Jahre planen.

13.1 Umsatzplanung

	IST 5	PLAN 1	PLAN 2	PLAN 3	PLAN 4	PLAN 5
Umsatz	16.476	15.000	17.000	19.000	21.000	23.000

Das Umsatzwachstum, jeweils im Vergleich zur Vorperiode, sieht damit wie folgt aus:

	IST 5	PLAN 1	PLAN 2	PLAN 3	PLAN 4	PLAN 5
Wachstum Umsatz	0,84	0,91	1,13	1,12	1,11	1,10

Sie sehen, dass wir davon ausgehen, dass mit dem zweiten Planjahr erneut ein positiver Trend einsetzen wird.

Der Umstand, dass wir die Erlöse nicht nach verschiedenen Sparten untergliedert haben, stört uns bei den Planungen nicht.

Steigen wir also tiefer ein.

13.2 Bilanzplanung, die „Trichterkennzahlen" als Leitlinie

13.2.1 Kapitalumschlag zur Bestimmung der Zielbilanzsumme

Der Kapitalumschlag misst die Rotations- bzw. Reproduktionsgeschwindigkeit des Kapitals bzw. der Bilanzsumme, somit das Längenmaß GuV zu Bilanz.

$$\text{Kapitalumschlag} = \frac{\text{Umsatz}}{\text{Bilanzsumme}}.$$

Darüber definieren wir jetzt das optimale Kapital in der Bilanz, also die Zielbilanzsumme.

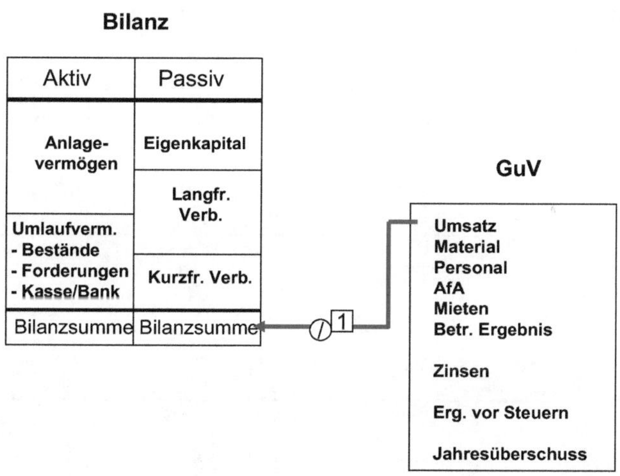

Bei der HKG hatten wir historisch gesehen und gewürdigt:

Gesamtkapitalumschlag (Wie häufig wird das Kapital auf Basis des Erlöses umgeschlagen?) oder (1 Euro Kapital generiert wieviel Euro Erlöse ?)	Gesamterlöse	13.160,40	11.441,60	13.322,00	19.697,40	16.476,40
	Bilanzsumme	5.182,40	4.972,70	5.373,90	5.897,40	5.450,40
	Division	2,54 0	2,30 0	2,48 0	3,34 +	3,02 +

Als Würdigungsgrundlage bedienten wir uns dabei der Standardkorridore für produzierende Gesellschaften:

< 1,0	Schulnote 5 – mangelhaft
1,0 < x < 1,5	Schulnote 4 –ausreichend
1,5 < x < 2,0	Schulnote 3 – befriedigend
2,0 < x < 2,5	Schulnote 2 – gut
> 2,5	Schulnote 1 – sehr gut

Die HKG ist ohne Zweifel ein produzierendes Gewerbe, allerdings ein wenig anlagenintensiver.

Das Produktspektrum fordert aber eine Einordnung bei „mittelschweren Industrien" (die HKG ist anlagenintensiver als „normale" produzierende Gewerbe) und dies heißt dann, dass wir die Zielfaktoren nicht ganz oben (2,5 und mehr) annehmen dürfen.

Von daher wollen wir bei der Zielgröße für den Kapitalumschlag die „2" „anvisieren", allerdings müssen wir berücksichtigen, dass wir zunächst noch ein Krisenjahr haben werden.

Die „3" als erneut nachhaltigen Kapitalumschlag will ich bewusst nicht als Ziel definieren, da wir in der Analyse ja herausgestellt hatten, dass das Anlagevermögen eventuell im letzten Ist-Jahr nicht optimal war (fehlende Automatisierungstechnik) und dies zu hohe Personalkosten als Folge hatte.

Außerdem muss eine Planung auch realistisch sein und „3" als Kapitalumschlag ist für ein produzierendes Unternehmen im metallverarbeitenden Gewerbe eigentlich nicht langfristig haltbar.

Also planen wir einerseits konservativ und andererseits glaubwürdig.

	IST 5	PLAN 1	PLAN 2	PLAN 3	PLAN 4	PLAN 5
Ist/Plan Kapitalumschlag	3,02	1,42	1,51	1,77	1,86	1,94

Jetzt müssen wir ein wenig rechnen – lassen Sie uns die Optimierungen generell anhand der Zahlen der ersten Planperiode aufzeigen, also auf der Basis von Umsatzerlösen in Höhe der bekannten € 15.000.

Dazu benötigen wir jetzt wieder unsere Kapitalumschlagformel und müssen lediglich ein wenig umformen.

$$\text{Kapitalumschlag} = \frac{\text{Umsatz}}{\text{Bilanzsumme}}.$$

In unserem Fall also

$$1{,}42 = \frac{15.000}{X},$$

somit

$$X = \frac{15.000}{1{,}42} = 10.563{,}38.$$

Gehen wir einmal mit einer Bilanzsumme in Höhe von T€ 10.584 in die HKG-Planung.

Ich habe mir angewöhnt, nicht den genauen berechneten Wert in die Planung anzusetzen:

Es soll ja nicht auffallen, dass ich Bilanzkennzahlen eigentlich nur rückwärts rechne und diese dann in der Planung direkt einsetze.

Ich stelle mir zunächst in einer Hilfsdatei die Bilanz und GuV mit den „rückwärts gerechneten" Posten und deren Zielgrößen dar und erstelle dann in der Hauptdatei die fertige Planung, in der sich dann die Bilanzsumme nicht über den Zielkapitalumschlag, sondern per Addition von Anlage- und Umlaufvermögen bzw. Eigen- und Fremdkapital ergibt. Dies ist einfach eleganter, wenn ein Dritter die Planungen in Excel zu Gesicht bekommt.

Schauen Sie einmal in die Excel basierte (Plan-)Bilanz (das Tabellenblatt ist mit einigen anderen rot markiert), und klicken Sie auf die Bilanzsummen (aktiv und passiv). Sie sehen diese ergeben sich durch Addition.

Somit ergeben sich Zielbilanzsummen für die HKG in den Folgeperioden in Höhe von:

Aktiva	**5.450**	*100,0%*	**10.584**	*100,0%*	**11.280**	*100,0%*	**10.751**	*100,0%*	**11.289**	*100,0%*	**10.866**	*100,0%*

Bitte beachten Sie, dass als erste Periode immer das letzte Ist-Jahr ausgewiesen wird. Das habe ich mir vor Jahren auch angewöhnt, damit ich immer auf einen Blick einen Vergleich der Planungen mit der jüngeren Historie habe.

Wenn wir jetzt die Planumsatzerlöse und -bilanzwerte als Kapitalumschlag rechnen, ergeben sich natürlich unsere Zielgrößen:

Vermögensstruktur	**in T€**		**IST 5**	**PLAN 1**	**PLAN 2**	**PLAN 3**	**PLAN 4**	**PLAN 5**
Gesamtkapitalumschlag (Faktor) (Wie häufig wird das Kapital auf Basis der Erlöse umgeschlagen?) oder (Wie hoch ist die Rotations- bzw. Reproduktionsgeschwindigkeit des eingesetzten Kapitals?)	Zähler	Gesamterlöse	16.476,40	15.000,00	17.000,00	19.000,00	21.000,00	23.000,00
	Nenner	Bilanzsumme	5.450,40	10.583,68	11.279,68	10.750,82	11.289,00	10.866,21
	Ergebnis	*Division*	3,02	1,42	1,51	1,77	1,86	2,12

Sie sind erstaunt darüber, dass ich so einfach eine Halbierung des Kapitalumschlages akzeptiere? Sie haben Recht.

Dies sind Echtzahlen einer Gesellschaft in der Nähe des Bodensees. Und mit dem ersten Planjahr wurde ein Neubau der Verwaltungs- und Produktionsgebäude in Angriff genommen, was natürlich dann bei entsprechender Fremdfinanzierung aufgrund der Bilanzmehrung zu einer massiven Reduktion des Kapitalumschlages führt.

Schauen Sie in der Planbilanz einmal in die Passiva bei den Verbindlichkeiten gegenüber Kreditinstituten. Da sehen Sie ungefähr die Kosten des Baus im Anstieg der Schulden. Die Möglichkeiten des alten Gebäudes waren absolut ausgereizt, außerdem musste Miete gezahlt werden.

Und so wollen wir jetzt fortfahren.

Wir werden die bekannten verbleibenden 14 Analysekennzahlen sukzessive auf der Basis einer mathematisch logischen Planung betrachten. Dabei rechne ich mit Ihnen gemeinsam exemplarisch mit den Zielwerten der ersten Periode die Planposten in der Bilanz und GuV vor und übertrage dann die Systematik auf die Folgeplanperioden.

Das haben Sie beim Kapitalumschlag soeben schon gesehen.

13.2.2 Anlagenintensität (%)

Die Anlagenintensität misst das Verhältnis Anlagevermögen zu Bilanzsumme.

$$\text{Anlagenintensität} = \frac{\text{Anlagevermögen}}{\text{Bilanzsumme}}.$$

Diese sollte beim produzierenden Gewerbe bei ca. 30–50 % liegen, in mittelschweren Branchen und der Schwerindustrie auch manchmal klar darüber.

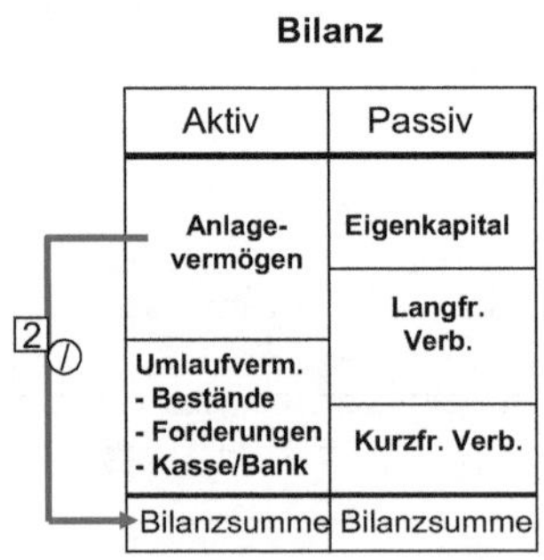

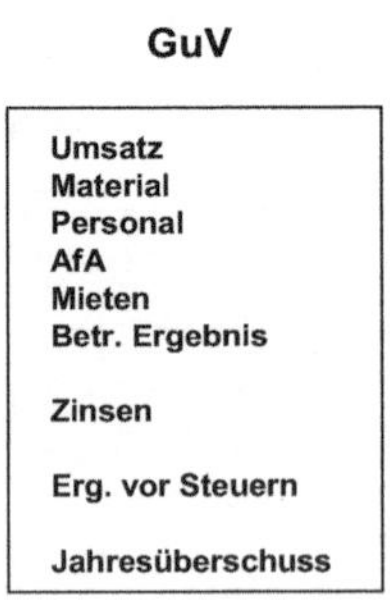

Die Bestimmung der Anlagenintensität auf der Basis der „neuen" Bilanzsumme ist natürlich jetzt recht einfach. Wenn wir das Ist-Anlagevermögen (ohne Finanzanlagen, siehe unten) ansetzen, ist auch die Anlagenintensität sofort bestimmt.

Wir wollen, auch bedingt durch den Bau, die Anlagenintensität zunächst mit 70 % planen, dann einige Jahre der leichten „Konsolidierung" einbauen, mit Ende des fünften Planjahres aber wieder die 70 % sehen.

Das geht natürlich nicht so einfach ohne detaillierteren Investitionsplan, ansonsten ist die HKG-Planung ja nicht plausibel.

Dann beschäftigen wir uns zunächst mit diesem.

	IST 5 T€	PLAN 1 T€	PLAN 2 T€	PLAN 3 T€	PLAN 4 T€	PLAN 5 T€
Immat. VG EDV		92	102	112	100	100
SAV Grund & Gebäude		3600	0	0	0	0
SAV tech. Anlagen		960	0	400	600	500
SAV Sonstiges		198	193	186	200	200
Investitionen gesamt	**141**	**4.851**	**295**	**698**	**900**	**800**

Hier sehen Sie auch noch einmal € 4,85 Mio. Planinvest für das erste Planjahr, davon € 3,6 Mio. für den Neubau und € 0,96 Mio. für technische Anlagen (in erster Linie Automatisierungstechnik).

Damit ist es jetzt natürlich leicht, die Anlagenintensität bei bekannter Bilanzsumme (im ersten Planjahr) zu bestimmen.

$$\text{Anlagenintensität} = \frac{\text{Anlagevermögen}}{\text{Bilanzsumme}}$$

$$70\,\% = \frac{X}{10.584},$$

also

$$X = 10.584 \times 0,7,$$

somit

$$X = 7408,80.$$

Setzen wir in unserer Planbilanz im ersten Jahr dann einmal 7348,70 an.

Dann ergibt sich analytisch:

Vermögensstruktur	in T€		IST 5	PLAN 1	PLAN 2	PLAN 3	PLAN 4	PLAN 5
Anlagenintensität (%) (Wie viel % der Bilanzsumme steckt im Anlagevermögen ?) (Gibt einen Hinweis auf die Investitionstätigkeit und Flexibilität)	Zähler Nominator	Summe AV	2.736,30	7.348,70	7.161,20	7.235,30	7.500,30	7.694,30
	Nenner Denominator	Bilanzsumme	5.450,40	10.583,68	11.279,68	10.750,82	11.289,00	10.866,21
	Ergebnis Result	*Division x 100*	50,20%	69,43%	63,49%	67,30%	66,44%	70,81%

Wir hätten diese Anlagenintensität aber auch über einen alternativen Weg bestimmen können, der zwar ein wenig komplexer, aber umso reizvoller ist, da wir dann auch noch Logik einsetzen müssen. Allerdings müssen wir dann anders vorgehen, da uns die beiden Parameter für den Zähler und Nenner noch fehlen.

Dies spielen wir jetzt einmal durch – wir wollen uns ja auch „fordern"!

Die Anlagenintensität kann auch folgendermaßen berechnet werden:

$$\text{Anlagenintensität} = \frac{\text{Eigenkapitalquote}}{\text{Anlagendeckung}},$$

also

$$\text{Anlagenintensität} = \frac{\text{Eigenkapital}}{\text{Bilanzsumme}} \div \frac{\text{Eigenkapital}}{\text{Anlagevermögen}},$$

somit

$$\text{Anlagenintensität} = \frac{\text{Eigenkapital}}{\text{Bilanzsumme}} \times \frac{\text{Anlagevermögen}}{\text{Eigenkapital}}.$$

Das Eigenkapital kürzt sich heraus und es bleibt stehen:

$$\text{Anlagenintensität} = \frac{\text{Anlagevermögen}}{\text{Bilanzsumme}}.$$

Gut, oder? Und so einfach, wenn man die Kennzahlen einmal in seine Bestandteile zerlegt hat.

13.2.3 Eigenkapitalquote (%)

Die Eigenkapitalquote misst das Verhältnis Eigenkapital zu Bilanzsumme.

$$\text{Eigenkapitalquote} = \frac{\text{Eigenkapital}}{\text{Bilanzsumme}}.$$

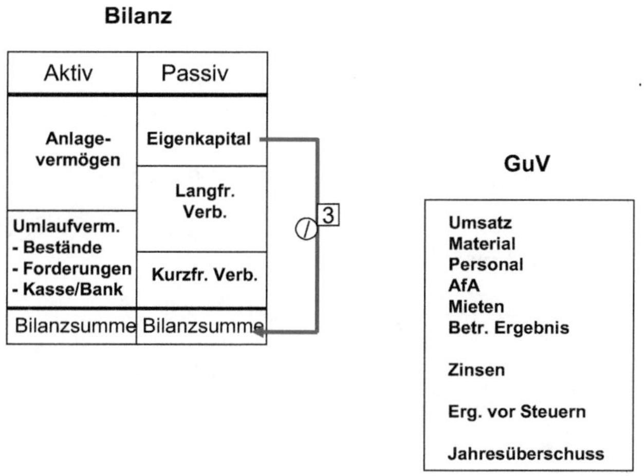

Nach den Vorgaben von Basel II sollte die Eigenkapitalquote bei ca. 25–30 % liegen. Die 30 % können auch gehalten werden, denn im letzten Ist-Jahr lag die Quote bei über 50 %. Die Fremdkapitalaufnahme zur Finanzierung des Gebäudes und der technischen Anlagen führt dazu, dass die HKG gerade noch 30 % im ersten Planjahr ausweisen kann.

Thesaurierungen der Ergebnisse in den Folgeperioden (Planungsannahme) führen dazu, dass die Eigenkapitalquote wieder kräftig steigen wird.

Hier habe ich nicht über die Zielgröße 30 % „rückwärts" gerechnet, sondern die notwendige Fremdkapitalaufnahme entsprechend berücksichtigt. Dazu hatte ich mir bereits vor den Überlegungen zum Kapitalumschlag entsprechende Überschlagsrechnungen erstellt, sonst hätte ich den notwendigen reduzierten Kapitalumschlag nicht so genau „treffen" können.

Alles geht mit den Kennzahlen auch nicht.

in T€			IST 5	PLAN 1	PLAN 2	PLAN 3	PLAN 4	PLAN 5
Eigenkapitalquote (in %) Basis wirtschaftliches Eigenkapital (Wie viel Prozent der Bilanzsumme/ des Kapitals wird von Eigenkapital gestellt?) (Gibt Auskunft über die Solidität der Kapitalbasis - "Krisenkapital")	Zähler	Eigenkapital nach HGB	2.858,10	3.210,26	3.721,26	3.976,46	4.817,36	5.953,00
	Nenner	Bilanzsumme	5.450,40	10.583,68	11.279,68	10.750,82	11.289,00	10.866,21
	Ergebnis	*Division x 100*	52,44%	30,33%	32,99%	36,99%	42,67%	54,78%

Auch hier gäbe es wieder eine alternative Berechnung. Dann müssten wir über den Eigenkapitalumschlag gehen bzw. diesen erst einmal vordefinieren.

$$\text{Eigenkapitalumschlag} = \frac{\text{Umsatz}}{\text{Eigenkapital}},$$

also

$$\text{Eigenkapital (abs)} = \frac{\text{Umsatz}}{\text{Eigenkapitalumschlag}}.$$

Rechnen wir einmal diesen Weg mit den Planzahlen der HKG für das erste Jahr:

$$\text{Eigenkapital (abs)} = \frac{\text{Umsatz}}{\text{Eigenkapitalumschlag}}$$

$$3210 = \frac{15.000}{X},$$

also

$$X = \frac{15.000}{3210},$$

somit

$$X = \text{Eigenkapitalumschlag} = 4{,}67.$$

Überprüfen wir dies auch sofort:

Rentabilität			IST 5	PLAN 1	PLAN 2	PLAN 3	PLAN 4	PLAN 5
Eigenkapitalumschlag (Faktor) (Wie häufig wird das Eigenkapital auf Basis der Erlöse umgeschlagen?) oder (Wie hoch ist die Rotations- bzw. Reproduktionsgeschwindigkeit des eingesetzten Eigenkapitals?)	Zähler Nominator	Gesamterlöse	16.476,40	15.000,00	17.000,00	19.000,00	21.000,00	23.000,00
	Nenner Denominator	Eigenkapital	2.858,10	3.210,26	3.721,26	3.976,46	4.817,36	5.953,00
	Ergebnis Result	*Division*	5,76	4,67	4,57	4,78	4,36	3,86

Passt!

Gehen wir an dieser Stelle nochmals zurück in die Anlagenintensität. Ich hatte Ihnen gezeigt, dass auch ein anderer Weg zur Berechnung des Anlagevermögens möglich gewesen wäre. Wir hatten aber nicht gerechnet, da uns die Größe für das Eigenkapital noch fehlte.

Führen wir uns diesen alternativen Weg nochmals vor Augen:

$$\text{Anlagenintesität} = \frac{\text{Eigenkapitalquote}}{\text{Anlagendeckung}},$$

weil

$$\text{Anlagenintensität} = \frac{\text{Eigenkapital}}{\text{Bilanzsumme}} \div \frac{\text{Eigenkapital}}{\text{Anlagevermögen}},$$

somit

$$\text{Anlagenintensität} = \frac{\text{Eigenkapital}}{\text{Bilanzsumme}} \times \frac{\text{Anlagevermögen}}{\text{Eigenkapital}}.$$

Das Eigenkapital kürzt sich heraus und es bleibt stehen:

$$\text{Anlagenintensität} = \frac{\text{Anlagevermögen}}{\text{Bilanzsumme}}.$$

Dann rechnen wir mit den HKG-Planzahlen:

$$\text{Anlagenintesität} = \frac{\text{Eigenkapitalquote}}{\text{Anlagendeckung}}$$

mit

$$\text{Eigenkapitalquote} = \frac{\text{Eigenkapital}}{\text{Bilanzsumme}}$$

und

$$\text{Anlagendeckung} = \frac{\text{Eigenkapital}}{\text{Anlagevermögen}}.$$

Die Eigenkapitalquote hatten wir ja gerade bereits geplant und berechnet:

in T€			IST 5	PLAN 1	PLAN 2	PLAN 3	PLAN 4	PLAN 5
Eigenkapitalquote (in %) Basis wirtschaftliches Eigenkapital (Wie viel Prozent der Bilanzsumme/ des Kapitals wird von Eigenkapital gestellt?) (Gibt Auskunft über die Solidität der Kapitalbasis - "Krisenkapital")	Zähler	Eigenkapital nach HGB	2.858,10	3.210,26	3.721,26	3.976,46	4.817,36	5.953,00
	Nenner	Bilanzsumme	5.450,40	10.583,68	11.279,68	10.750,82	11.289,00	10.866,21
	Ergebnis	*Division x 100*	52,44%	30,33%	32,99%	36,99%	42,67%	54,78%

Die Anlagendeckung können wir mit den Größen für das Eigenkapital und für das Anlagevermögen (aus der Berechnung der Anlagenintensität) bestimmen.

in T€			IST 5	PLAN 2	PLAN 3	PLAN 4	PLAN 5	PLAN 6
Anlagendeckung I (%) (Wie viel % der Aktiva sind mit Eigenkapital (nach HGB Definition) finanziert?) ("Goldene Finanzierungsregel") (Gibt Auskunft über die Solidität der Finanzierung und über die Anlagenwerte zu Buch)	Zähler Nominator	Eigenkapital	2.858,10	3.210,26	3.721,26	3.976,46	4.817,36	5.953,00
	Nenner Denominator	Summe Anlagevermögen	2.736,30	7.348,70	7.161,20	7.235,30	7.500,30	7.694,30
	Ergebnis Result	*Division x 100*	104,45%	43,68%	51,96%	54,96%	64,23%	77,37%

Ja, und jetzt nehmen Sie einmal einen Taschenrechner und dividieren:

$$\text{Anlagenintensität} = \frac{\text{Eigenkapital}}{\text{Bilanzsumme}} \div \frac{\text{Eigenkapital}}{\text{Anlagevermögen}},$$

also

$$\text{Anlagenintensität} = 30{,}33\,\% \div 43{,}68\,\%,$$

damit

$$\text{Anlagenintensität} = 69{,}44\,\%.$$

In der „normalen" Berechnung der Anlagenintensität hatten wir 69,43 % ermittelt.

Vermögensstruktur	in T€		IST 5	PLAN 1	PLAN 2	PLAN 3	PLAN 4	PLAN 5
Anlagenintensität (%) (Wie viel % der Bilanzsumme steckt im Anlagevermögen ?) (Gibt einen Hinweis auf die Investitionstätigkeit und Flexibilität)	Zähler Nominator	Summe AV	2.736,30	7.348,70	7.161,20	7.235,30	7.500,30	7.694,30
	Nenner Denominator	Bilanzsumme	5.450,40	10.583,68	11.279,68	10.750,82	11.289,00	10.866,21
	Ergebnis Result	*Division x 100*	50,20%	69,43%	63,49%	67,30%	66,44%	70,81%

Auch das passt wieder! Muss ja auch – die Mathematik lügt ja nicht.

Folgen wir weiter der dargestellten bzw. bekannten Analysereihenfolge, brauchen wir jetzt die Verbindlichkeiten aus Lieferungen und Leistungen, um die Kreditorenquote zu berechnen.

Ich würde aber gerne diese Kennzahl erst abschließend rechnen, wenn wir uns mit den Posten des Cash Cycle und des Cash Conversion beschäftigt haben, also den eigentlichen Treibern des Working Capital:

- Bestände,
- Forderungen aus Lieferungen und Leistungen (Debitoren),
- Kasse und Bank,
- Verbindlichkeiten aus Lieferungen und Leistungen.

Sie werden sehen, wir stoßen dann automatisch auf die Kreditoren und von daher möchte ich hier auch ein wenig hin und her springen und die Aktiva der Bilanz sukzessive weiter planerisch entwickeln.

Trotzdem schauen wir uns die Kenngröße kurz noch einmal in ihrer Definition an, und dann sehen wir auch, inwieweit weitere Posten des Working Capital zuerst in die Planung einbezogen werden sollten. Wir kennen zwar bereits aus der Analyse Zielkorridore, aber die wollen wir ja nicht einfach jetzt einsetzen, sondern diese sollen sich aus der Planung mathematisch ergeben.

Schauen wir uns also die Kreditorenquote nur kurz in der Definition an.

13.2.4 Kreditorenquote (%)

Die Kreditorenquote misst das Verhältnis Verbindlichkeiten aus Lieferungen und Leistungen (L&L) zum gesamten Fremdkapital:

$$\text{Kreditorenquote} = \frac{\text{Verbindlichkeiten L\&L}}{\text{Fremdkapital}}.$$

Hier gilt die „Viertel/Drittel"-Regel nach Heesen:
Was hatten wir zur idealen Größenordnung gesagt?

- Das Eigenkapital sollte ca. 1/4 der Bilanzsumme stellen,
- das Fremdkapital damit 3/4.
- Innerhalb des Fremdkapitals wiederum sollte das kurzfristige Fremdkapital 1/4 bis maximal 1/3 des gesamten Fremdkapitals ausmachen.

Und diese Zielgrößen sind nur dann richtig, wenn ansonsten die Bilanzrelationen in Ordnung sind.

Wir wissen aber auch, dass diese Kennzahl immer in Verbindung mit dem Cash Cycle (dort besonders mit dem kreditorischen Ziel) gewürdigt werden muss.

kreditorisches Ziel
– debitorisches Ziel
+ Reichweite Kasse/Bank
= Cash Cycle

Lassen Sie uns daher zunächst die wesentlichen Posten des (Net) Working Capital planen, und dann kommen wir zurück zu dieser Kreditorenquote, sie berechnet sich dann automatisch.

13.2.5 Vorräte

Beschäftigen wir uns zunächst mit dem Vorratsumschlag.

Der Vorratsumschlag misst das Verhältnis Umsatzerlöse zu Vorräten, somit die Rotations- bzw. Reproduktionsgeschwindigkeit des Bestandes.

Er ist damit definiert als:

$$\text{Vorratsumschlag} = \frac{\text{Umsatz}}{\text{Vorräte}}.$$

Die allgemeine Wertung lautet: 3 – 5 – 7, mit 3 = mangelhaft und 7 = sehr gut, allerdings nur, wenn sich die Firma den Bestand auch leisten kann, also wenn der Quotient aus Vorräten zum Jahresüberschuss in Ordnung ist.

Aus dem Vorratsumschlag können wir dann die Vorratsreichweite ableiten.

Die Vorratsreichweite misst die Reichweite der Vorräte in Umsatztagen oder den Gegenwert der Vorräte in Umsatztagen.

Berechnungsmöglichkeit 1:

$$\text{Vorratsreichweite} = \frac{\text{Tage } (365)}{\text{Vorratsumschlag}}.$$

Berechnungsmöglichkeit 2 (allgemeine Formel):

$$\text{Vorratsreichweite} = \frac{\text{Tage } (365) \times \text{Vorräte}}{\text{Umsatz}}.$$

Die Würdigung muss natürlich analog dem des Vorratsumschlages erfolgen.

Die entscheidende Größe für die Wertung ist dann die Relation „Vorräte zu Jahresüberschuss“.

Dieser Quotient misst die Reichweite der Vorräte in Jahresüberschussjahren bzw. -tagen oder den Gegenwert der Vorräte in Jahresüberschussjahren bzw. -tagen.

Als Basis für die Berechnung nehmen wir die klassische Reichweitenformel, wobei wir aber im Nenner die Umsatzerlöse durch den Jahresüberschuss ersetzen.

$$\text{Vorratsreichweite} = \frac{\text{Tage } (365) \times \text{Vorräte}}{\text{Jahresüberschuss}}.$$

Gehen wir aber wie immer sukzessive vor und fangen mit der Vorratsreichweite in Umsatztagen an.

13.2.5.1 Vorratsreichweite (in Umsatztagen)

Diese sieht in der Grafik folgendermaßen aus.

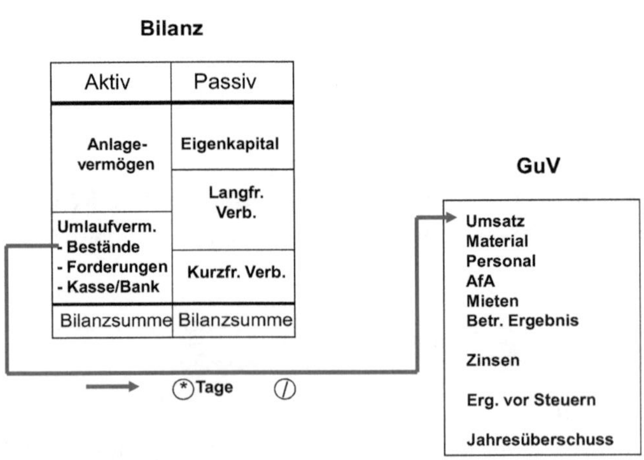

Im Ist hatten wir für die letzte Periode eine Reichweite von gerundet 41 Tagen errechnet.

Gehen wir jetzt in der Planung erst einmal mit einer Zielgröße von 45 Tagen (wegen Krisenjahr) in die Berechnung! In weiterer Folge wollen wir aber Zielgrößen von ca. 35 Umsatztagen sehen.

Also müssen wir unsere Reichweitenformel …

$$\text{Vorratsreichweite} = \frac{\text{Tage }(365) \times \text{Vorräte}}{\text{Umsatz}}$$

… mathematisch umformen, was aber kein Problem ist, und die uns bekannten Größen für die erste Planperiode einsetzen:

$$45 = \frac{365 \times \text{Vorräte}}{15.000}.$$

Wir formen so um, dass die Vorräte als gesuchte Größe alleine stehen. Daraus folgt:

$$\text{Vorräte} = \frac{15.000}{365} \times 45,$$

also

$$\text{Vorräte} = 1849,32.$$

Gehen wir also im ersten Planjahr mit einem Vorratsbestand zum Bilanzstichtag in Höhe von T€ 1844,50. Ich ändere wieder auf einen anderen, hier glatten Wert.

Machen wir die Gegenrechnung zur Probe und bestimmen auf dieser Vorratsgröße die Reichweite in Umsatztagen.

in T€			IST 5	PLAN 1	PLAN 2	PLAN 3	PLAN 4	PLAN 5
Reichweite Bestände (Tage)	Zähler Nominator	Tage * Summe Vorräte	673.242,50	673.242,50	680.000,00	722.000,00	756.000,00	805.000,00
	Nenner Denominator	Gesamterlöse	16.476,40	15.000,00	17.000,00	19.000,00	21.000,00	23.000,00
	Ergebnis Result	*Division*	40,86	44,88	40,00	38,00	36,00	35,00

Wir sehen 44,88 Tage (also gerundet unsere Zielgröße von 45) als Ergebnis der ersten Planperiode, im Jahr 5 dann die gewünschten 35 Tage. Unsere Planrechnungen stimmen also.

13.2.5.2 Vorratsumschlag

Daraus errechnet sich dann erstperiodisch in der Planung ein Zielvorratsumschlag von 8,13 im Vergleich zu 8,93 im letzten Ist-Jahr, also eine leichte Verschlechterung, die wir aber aufgrund des Krisenjahres bewusst auch eingeplant hatten.

In T€			IST 5	PLAN 1	PLAN 2	PLAN 3	PLAN 4	PLAN 5
Vorratsumschlag (Faktor) (Wie häufig werden die Bestände auf Basis der Erlöse umgeschlagen?)	Zähler	Gesamterlöse	16.476,40	15.000,00	17.000,00	19.000,00	21.000,00	23.000,00
	Nenner	Summe Vorräte	1.844,50	1.844,50	1.863,01	1.978,08	2.071,23	2.205,48
		- Geleistete Anzahlungen	0,00	0,00	0,00	0,00	0,00	0,00
(Je höher der Bestandsumschlag, desto besser, da wenig gebundenes Kapital)			1.844,50	1.844,50	1.863,01	1.978,08	2.071,23	2.205,48
	Ergebnis	*Division*	8,93	8,13	9,13	9,61	10,14	10,43

Machen wir auch hier die Gegenrechnung mit der zweiten Rechenalternative.

Der Vorratsumschlag lässt sich ja auch als

$$\text{Vorratsumschlag} = \frac{\text{Umsätze}}{\text{Vorräte}}$$

berechnen, also

$$\text{Vorratsumschlag} = \frac{15.000}{1844,50},$$

somit

$$\text{Vorratsumschlag} = 8,13.$$

Es passt wieder – unsere bisherigen Planungen und Berechnungen sind nach wie vor richtig.

Grafisch sieht die Berechnung dann so aus:

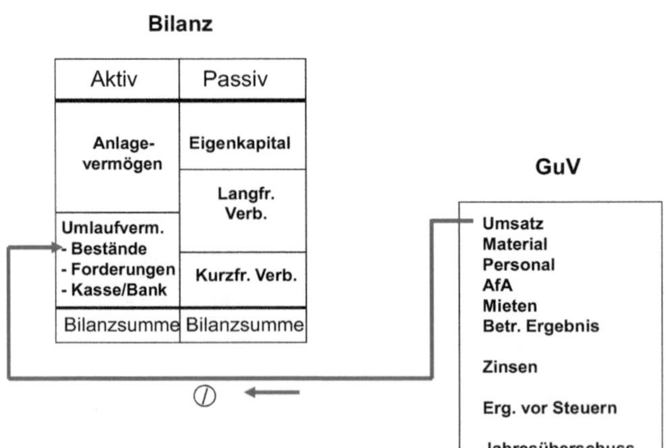

Auch hier hätte ich Ihnen wieder eine alternative Berechnung anbieten können, mit der wir einerseits unsere Rechnungen überprüfen und/oder uns noch stärker fordern könnten:

Hätten wir die „neue" Größe für die Vorräte nicht über die Reichweite bestimmt, sondern einen Zielvorratsumschlag vorgegeben, wäre es möglich gewesen, zunächst die Vorräte als prozentuale Größe zur Bilanzsumme zu bestimmen und dann mit der ja bekannten geplanten Bilanzsumme die Vorräte absolut zu bestimmen.

Schauen wir uns diesen Weg auch noch an.

Die Vorräte in % zur Bilanzsumme errechnen sich auch als:

$$\text{Vorräte}(\%) = \frac{\text{Kapitalumschlag}}{\text{Vorratsumschlag}} \times 100,$$

weil

$$\text{Vorräte}(\%) = \frac{\text{Umsatz}}{\text{Bilanzsumme}} \div \frac{\text{Umsatz}}{\text{Vorräte}} \times 100.$$

Bei der Division durch einen Quotienten müssen wir ja mit dem Kehrwert multiplizieren, also

$$\text{Vorräte}(\%) = \frac{\text{Umsatz}}{\text{Bilanzsumme}} \times \frac{\text{Vorräte}}{\text{Umsatz}} \times 100.$$

Der Umsatz kürzt sich raus, und es bleibt stehen:

$$\text{Vorräte}(\%) = \frac{\text{Vorräte}}{\text{Bilanzsumme}} \times 100.$$

Testen wir es mit unseren Planbestandswerten:

$$\text{Vorräte}(\%) = \frac{\text{Kapitalumschlag}}{\text{Vorratsumschlag}} \times 100$$

$$\text{Vorräte}(\%) = \frac{1{,}42}{8{,}13} \times 100,$$

also

$$\text{Vorräte}(\%) = 17{,}47\,\%.$$

Also müssten dann die Bestände (optimiert) in der ersten Planperiode einen absoluten Wert in Höhe von T€ 1489,02 ausweisen.

$$\text{Vorräte (abs)} = \text{Vorräte}(\%) \times \text{Bilanzsumme},$$

also

$$\text{Vorräte (abs)} = 17{,}47\,\% \times 10.584,$$

somit

$$\text{Vorräte (abs)} = 1849{,}02.$$

Und diese Größe haben wir auch schon über die Reichweitenformel berechnet.

$$\text{Vorratsreichweite} = \frac{\text{Tage }(365) \times \text{Vorräte}}{\text{Umsatz}}.$$

Daraus ergab sich bei einer Zielreichweite von 45 Tagen im ersten Planjahr:

$$45 = \frac{365 \times \text{Vorräte}}{15.000}.$$

Wir formten so um, dass die Vorräte als gesuchte Größe alleine standen. Daraus folgte:

$$\text{Vorräte} = \frac{15.000}{365} \times 45,$$

also

$$\text{Vorräte} = 1849,32.$$

Planung wieder richtig – wir sehen lediglich eine kleine Rundungsdifferenz, die uns aber nicht weh tut.

	IST JAHR 5 T€	%	PLAN JAHR 1 T€	%	PLAN JAHR 2 T€	%	PLAN JAHR 3 T€	%	PLAN JAHR 4 T€	%	PLAN JAHR 5 T€	%
Vorräte	1.845	33,8%	1.845	17,4%	1.863	16,5%	1.978	18,4%	2.071	18,3%	2.205	20,3%

Damit können wir die ermittelten Planbestandsgrößen definitiv in unsere Zielbilanz aufnehmen, und wir sind wieder einen Schritt weiter.

13.2.5.3 Vorräte zu Jahresüberschuss

Den Jahresüberschuss kennen wir noch nicht, daher müssen wir die Reichweite zum Jahresüberschuss auch zurückstellen. Das ist nicht weiter schlimm, aber es muss uns bewusst sein, dass wir derzeit in der Optimierung noch nicht überprüft haben, ob wir uns diesen (neuen) Bestand denn auch leisten können.

Wir kommen aber noch dahin – keine Angst.

Jetzt müssen wir an die Debitoren ran. Die hatten wir im Ist mit zuletzt 14 Tagen ja durchaus als gut gewürdigt.

13.2.6 Debitorisches Ziel

Was müssen wir rechnen?

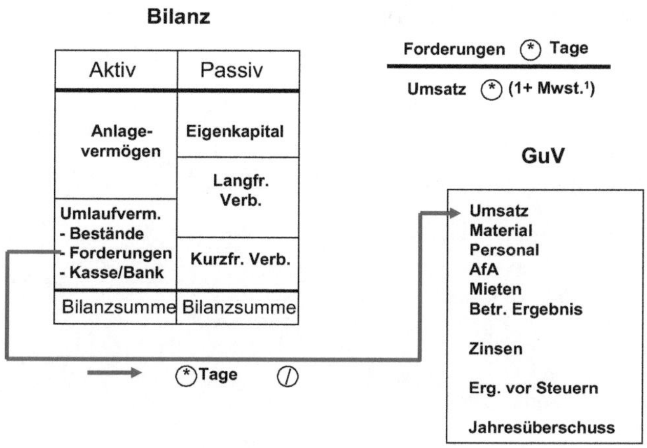

Definieren wir jetzt einmal ein debitorisches Ziel von zuerst 30 Tagen, weil das erste Planjahr einerseits ein Krisenjahr ist und die HKG andererseits aufgrund der doch stagnierenden Umsatzentwicklung keine Skonti selbst mehr anbieten will.

Auch ohne teure Skonti will man dann die 25 Tage erreichen.

Die Exportquote bleibt planerisch bei zunächst 60 %, dann soll aber die Umsatzsteigerung durch den Export kommen und daher erhöht die HKG die Exportquote sukzessive auf 70 %.

	IST 5	PLAN 1	PLAN 2	PLAN 3	PLAN 4	PLAN 5
Debitorisches Ziel	14,5	30	26	25	26	25
Exportquote	62%	60%	60%	65%	70%	70%

Als Ausgangsformel haben wir:

$$\text{Deb.Ziel} = \frac{\text{Tage } (365) \times \text{Forderungen}}{\text{Umsatz}}.$$

Wie immer müssen wir umformen, da wir die Zielgröße für das debitorische Ziel ja kennen, also

$$\text{Forderungen} = \frac{\text{Umsatz}}{\text{Tage } (365)} \times \text{Deb.Ziel}.$$

Der Umsatz im Zähler ist um die Umsatzsteuer für die nationalen Fakturen zu erhöhen. Dies ergibt bei 19 % Umsatzsteuer und 60 % Exportquote:

Gesamterlöse Planjahr 1: 15.000,00,
Erhöht um Umsatzsteuer: 17.850,00,
Korrigiert um Exportquote: 16.140,00,

also

$$\text{Forderungen} = \frac{16.140}{365} \times 30,$$

somit

$$\text{Forderungen} = 1326,58.$$

Wir setzen einmal T€ 1343,10 als Forderungen (inklusive T€ 2 sonstige Vermögensgegenstände) an.

Machen wir den Gegencheck:

in T€			IST 5	PLAN 1	PLAN 2	PLAN 3	PLAN 4	PLAN 5
Debitorenziel (Tage) (Wie viele Tage dauert es im Schnitt, bis Forderungen eingehen?)	Zähler	Forderungen (o.sonst. VG)	701,10	1.341,10	1.302,99	1.387,91	1.581,16	1.665,14
(Gibt Auskunft über die Effizienz des Forderungsmanagements)	Nenner	Gesamterlöse	16.476,40	15.000,00	17.000,00	19.000,00	21.000,00	23.000,00
		erhöht um Mwst.	19.606,92	17.850,00	20.230,00	22.610,00	24.990,00	27.370,00
		koorigiert um Exporte	17.666,00	16.140,00	18.292,00	20.263,50	22.197,00	24.311,00
	Ergebnis	*Division x Tage*	14,49	30,33	26,00	25,00	26,00	25,00

Es passt schon wieder!

Schauen wir uns sofort wieder unsere Bilanz mit den neuen Angaben (Forderungen) an:

	IST JAHR 5 T€	%	PLAN JAHR 1 T€	%	PLAN JAHR 2 T€	%	PLAN JAHR 3 T€	%	PLAN JAHR 4 T€	%	PLAN JAHR 5 T€	%
Forderungen	793	*14,5%*	1.343	*12,7%*	1.303	*11,6%*	1.388	*12,9%*	1.581	*14,0%*	1.665	*15,3%*
davon sonst. Vermögensgegenstände	92	*1,7%*	2	*0,0%*	0	*0,0%*	0	*0,0%*	0	*0,0%*	0	*0,0%*

13.2.7 Liquide Mittel (Kasse/Bank)

Jetzt haben wir auch sofort die Angabe für Kasse/Bank, denn das ist jetzt unsere fehlende Größe, und wir können diese somit per Saldierung leicht bestimmen.

13.2.7.1 Kasse/Bank (liquide Mittel) absolut

Bitte bedenken Sie, dass wir hier die Geschäftsvorfälle nicht im Detail „buchen", sondern mathematisch eine Simulation der Planung betrachten. Von daher haben Sie natürlich Recht, wenn Sie sagen, dass die Saldierung der Kasse/Bank bei bekannten Größen des Anlagevermögens, Bestandes, der Forderungen und Bilanzsumme so nicht richtig ist, aber mir geht es ja auch um *„Korridore"*, die wir durch die Mathematisierung der Plangrößen (auf der Basis von Denken und Logik) für die HKG erhalten. Diese können dann auch gerne später um einige Prozentpunkte schwanken.

	IST JAHR 5 T€	%	PLAN JAHR 1 T€	%	PLAN JAHR 2 T€	%	PLAN JAHR 3 T€	%	PLAN JAHR 4 T€	%	PLAN JAHR 5 T€	%
Kasse, Bank und Schecks	52	0,9%	27	0,3%	932	8,3%	130	1,2%	116	1,0%	264	2,2%

Mit T€ 27 Liquidität in Kasse und Bank sieht unsere Gesellschaft im ersten Planjahr nicht sehr gut aus, aber bedenken Sie bitte, dass der Bau und die technischen Investitionen entsprechende Mittel verschlingen. Auf der anderen Seite hatten wir eine „Kriegskasse" auch immer ausgeschlossen.

Die Folgeperioden lassen sich doch aber durchaus sehen.

Lassen Sie uns daher sofort die Reichweite der liquiden Mittel berechnen.

13.2.7.2 Reichweite liquide Mittel

Hier werden wir bei der ausgewiesenen Summe sicherlich schwankende Reichweiten sehen. Wir müssen dann nur noch schauen, dass wir ein kreditorisches Ziel höher als das debitorische Ziel in der Planung ausweisen können. Dann sind wir im Plan super aufgestellt und das Management des Working Capital bei der HKG ist zukünftig, zumindest in der Planung, optimal!

Aber zunächst zur Reichweite der liquiden Mittel.

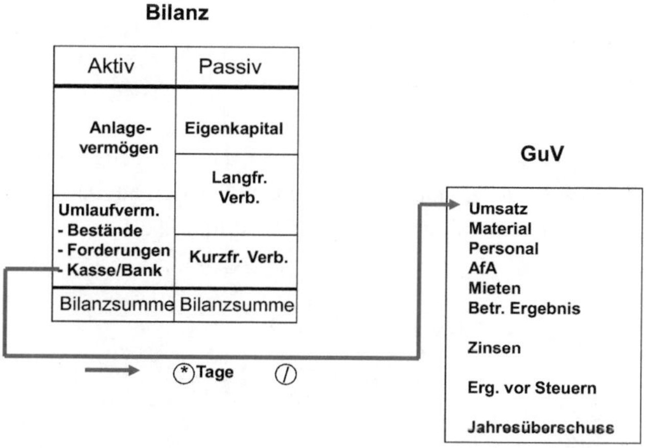

Hier haben wir keine umsatz- bzw. vorsteuerbedingte Zusatzberechnungen zu machen und können ganz einfach wieder die klassische Reichweitenformel nutzen und umformen.

RWK/B steht hier für „Reichweite Kasse/Bank“.

$$\text{RWK/B} = \frac{\text{Tage } (365) \times \text{Kasse \& Bank}}{\text{Umsatz}}.$$

Daraus folgt bei unserer Planung

$$\text{RWK/B} = \frac{\text{Tage}(365) \times 27{,}38}{15.000},$$

somit

$$\text{RWK/B} = 0{,}67.$$

Auch hier überprüfen wir unsere Berechnungen der Planwerte mit Excel:

in T€			IST 5	PLAN 1	PLAN 2	PLAN 3	PLAN 4	PLAN 5
Reichweite Liquide Mittel (Tage) (Für wie viele Tage reichen die liquiden Mittel? (Gibt Auskunft über die Zahlungs-fähigkeit)	Zähler	Liquide Mittel	51,60	27,38	932,47	129,53	116,31	263,94
	Nenner	Umsatzerlöse	16.476,40	15.000,00	17.000,00	19.000,00	21.000,00	23.000,00
	Ergebnis	*Division x Tage*	1,14	0,67	20,02	2,49	2,02	4,19

Wie bereits vorweggenommen – die Reichweiten variieren stark in den ersten zwei Jahren der Planung, pendeln sich dann bei eigentlich schwachen 2–4 Tagen ein.

Dies hat aber auch einen Grund in den Tilgungen, die wir recht früh in der Planung bereits angehen wollen, wie wir noch sehen werden.

Wir machen aber mit den Verbindlichkeiten aus Lieferungen und Leistungen, den Kreditoren, weiter.

13.2.8 Kreditorisches Ziel

Wir wissen aus der Ist-Analyse unserer Beteiligung, dass die Eingangsrechnungen besonders in den letzten beiden Ist-Perioden (aus welchen Gründen auch immer) zu früh gezahlt wurden. Schauen bzw. blättern Sie nur ruhig noch einmal nach.

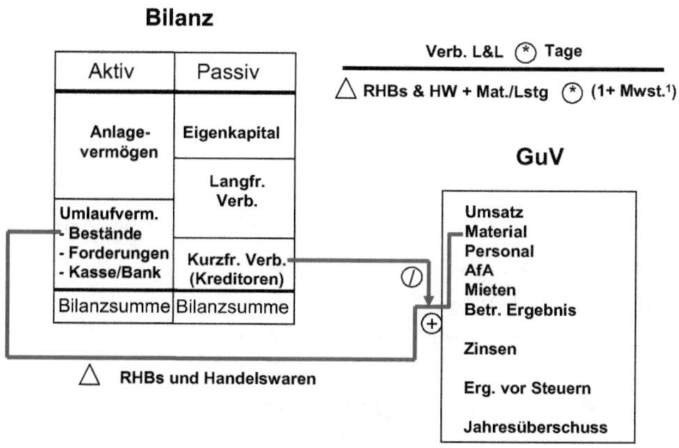

Als Folge passte daher auch der Cash Cycle nicht.

Wir werden jetzt gleich ein kleines Problem haben, da wir die Bestände bei den optimierten Zahlen nicht heruntergebrochen haben und daher auch keine Veränderungen bei den Roh-, Hilfs- und Betriebsstoffen sowie bei den Handelswaren rechnen können. Aber es geht ja gar nicht um das Detail, sondern um den Weg und die Ansätze der Planung.

Außerdem wissen wir ja, wie man das kreditorische Ziel im Nenner korrekt rechnet, und bei unseren (echten) Beteiligungen haben wir auch Zugang zum kompletten Zahlenmaterial, können also die Veränderungen zur Vorperiode bei den RHB und den Handelswaren leicht im Nenner zusätzlich integrieren.

Wir hatten bei der Analyse der Ist-Zahlen kritisiert, dass unsere Gesellschaft in den letzten beiden Perioden zu früh zahlt und einmal eine Standardlieferantenkondition von 30 Tagen netto angenommen.

Da wir auch einige Importe haben (durchgehend 10 % in der Planung), bei denen i. d. R. ein wenig später gezahlt wird, und wir bei den nationalen Lieferanten nicht „päpstlicher als der Papst selbst" sein wollen, schlage ich vor, das kreditorische Ziel auf 27 Tage zu erhöhen und dann aber sukzessive daran zu arbeiten, „gute" 30 Tage zu erreichen. Dies rechtfertigen wir auch damit, dass wir keine Skonti von den Lieferanten erhalten.

	IST 5	PLAN 1	PLAN 2	PLAN 3	PLAN 4	PLAN 5
Importquote	10,0%	10,0%	10,0%	10,0%	10,0%	10,0%
Kreditorisches Ziel	16,2	27	26	28	29	33

Dann beginnen wir wieder mit unseren Formeln. Die Ausgangsbasis (noch ohne vorsteuerliche Angleichung) lautet:

$$\text{Kred. Ziel} = \frac{\text{Tage } (365) \times \text{Verbindlichkeiten (L\&L)}}{\text{Material}}.$$

Da wir die Veränderungen zur Vorperiode der Roh-, Hilfs- und Betriebsstoffe sowie der Handelswaren vernachlässigen, kann der Nenner so stehen bleiben, allerdings ist er um die Vorsteuer auf nationale Beschaffungen zu erhöhen.

Machen wir zunächst die mathematische Umformung.

$$\text{Verbindlichkeiten (L\&L)} = \frac{\text{Material}}{\text{Tage } (365)} \times \text{kred. Ziel},$$

wobei der Zähler „Material und bezogene Leistungen“, wie gerade gesagt, um die Vorsteuer auf nationale Beschaffungen zu erhöhen ist.

Also ergibt sich für die erste Planperiode:

Veränderungen zu VJ Roh-, Hilfs- und Betriebsstoffe:	k. A.
Veränderungen zu VJ Handelswaren:	k. A
Material und bezogene Leistungen:	7350,00
Gesamt:	7350,00
erhöht um Vorsteuer (19 %):	8746,50
korrigiert um Importquote (10 %):	8606,85

Somit ergibt sich für unsere Formel bei bewusster Nichtberücksichtigung der Veränderungen bei den RHB und den Handelswaren seit letztem (Ist-)Jahr:

$$\text{Verbindlichkeiten (L\&L)} = \frac{8606{,}85}{365} \times 27,$$

also

$$\text{Verbindlichkeiten (L\&L)} = 636{,}67.$$

Machen wir auch hier sofort den Gegencheck in unserem Excel Tool. In der „endgültigen“ Planbilanz bin ich erstperiodisch mit T€ 630 für die Kreditoren gestartet. Damit ergeben sich aber gerundet die von uns antizipierten 27 Tage (gerundet).

in T€			IST 5	PLAN 1	PLAN 2	PLAN 3	PLAN 4	PLAN 5
Kreditorenziel (Tage) (Wie viele Tage dauert es im Schnitt,	Zähler	Verbindlichkeiten aus L&L	458,30	630,00	697,67	839,73	947,60	1.168,82
bis Verbindlichkeiten gezahlt werden?)	Nenner	(Veränd. zu VJ) RHB	-48,20	0,00	-1.155,50	0,00	0,00	0,00
		(Veränd. zu VJ) HW	0,00	0,00	0,00	0,00	0,00	0,00
(Gibt Auskunft über die Effizienz der Skontoziehung und der Zahlungssaldi)		Material & bez. Leistungen	8.856,00	7.350,00	8.364,00	9.348,00	10.185,00	11.040,00
		Gesamt	8.807,80	7.350,00	7.208,50	9.348,00	10.185,00	11.040,00
		erhöht um Mwst.	10.481,28	8.746,50	8.578,12	11.124,12	12.120,15	13.137,60
		korrigiert um Importquote	10.313,93	8.606,85	8.441,15	10.946,51	11.926,64	12.927,84
	Ergebnis	*Division x Tage*	16,22	26,72	30,17	28,00	29,00	33,00

Ein wenig Formelkenntnisse, ein wenig Mathematik, und schon sind wir in der Lage, auch im Planungszahlenwerk notwendige Optimierungen, die wir in der Ist-Analyse erkannt haben, im Working Capital der HKG eindeutig zu quantifizieren.

Deshalb ist ja auch die detaillierte Analyse der historischen Zahlenlage „sooooo" wichtig!

Gut, nicht wahr? Dabei gar nicht schwierig und so effizient!

Und somit können wir erneut die Bilanz anschauen, die jetzt auch die Verbindlichkeiten aus Lieferungen und Leistungen zeigt.

	IST JAHR 5 T€	%	PLAN JAHR 1 T€	%	PLAN JAHR 2 T€	%	PLAN JAHR 3 T€	%	PLAN JAHR 4 T€	%	PLAN JAHR 5 T€	%
... davon Verbindlichkeiten aus L&L	*458*	*8,4%*	*630*	*6,0%*	*698*	*6,2%*	*840*	*7,8%*	*948*	*8,4%*	*1.169*	*9,9%*

Bei den Berechnungen hätten Sie eigentlich stutzig werden müssen. Wie sind wir denn auf die Größe für Material und bezogene Leistungen in der GuV gekommen?

Die hatte die HKG schon geplant, ohne Sie darauf aufmerksam zu machen.

	IST 5	PLAN 1	PLAN 2	PLAN 3	PLAN 4	PLAN 5
Materialeinstandskosten	53,7%	49%	49%	49%	49%	48%

Das Management der HKG hatte historisch einen Rohertrag zwischen 40, 42–46 % ausgewiesen. Das war zu wenig, und von daher ist die Preisliste überarbeitet worden und zugleich sind die Lieferanten nochmals in intensiven Gesprächen zu weiterem Entgegenkommen „überzeugt" worden, allerdings zum Preis, dass keine Skonti mehr angeboten werden (wie wir ja auch gesehen und daher in unsere Planung mit kreditorischen Zielen bei zunächst 27 Tagen, dann aber über 30 Tage steigend, integriert haben).

Die Planung der Folgeperioden geht von einem Rohertrag von durchgängig über 50 % aus:

	IST 5 T€	%	PLAN 1 T€	%	PLAN 2 T€	%	PLAN 3 T€	%	PLAN 4 T€	%	PLAN 5 T€	%
Materialaufwand	8.856	53,5%	7.350	48,8%	8.364	49,0%	9.348	49,0%	10.185	48,5%	11.040	48,0%
Rohertrag	**7.689**	46,5%	**7.703**	51,2%	**8.706**	51,0%	**9.725**	51,0%	**10.815**	51,5%	**11.960**	52,0%

13.2.9 Rückstellungen

Die Rückstellungen sind nur moderat in der Planung erhöht worden, nachdem das erste Planjahr aufgrund von sinkenden Steuerzahlungen nach Halbierung des Ergebnisses (das sehen wir später) nur noch reduzierte Steuerrückstellungen ausweisen muss. Ein „begründeter Herabsetzungsantrag" (das heißt wirklich so) zur Reduktion der Steuervorauszahlungen wurde bereits beim zuständigen Finanzamt eingereicht.

Außerdem geht das Management der HKG davon aus, dass mit den Investitionen in Automatisierungstechnik auch die durch den Faktor Mensch bedingten Garantie- und Gewährleistungsfälle rückläufig sein werden, sodass auch bei den sonstigen Rückstellungen entsprechende Reduktionen möglich sein werden.

Mit erneut zunehmenden Überschüssen in den Planperioden 2–5 steigen dann auch wieder die Rückstellungen.

	IST JAHR 5 T€	%	PLAN JAHR 1 T€	%	PLAN JAHR 2 T€	%	PLAN JAHR 3 T€	%	PLAN JAHR 4 T€	%	PLAN JAHR 5 T€	%
Rückstellungen	457	8,4%	257	2,4%	305	2,7%	334	3,1%	400	3,5%	481	4,1%

Die sonstigen kurzfristigen Verbindlichkeiten in Höhe von erstperiodisch T€ 190 wurden ebenfalls mit o. g. Begründung zur (möglichen) Reduktion der Steuerrückstellungen pauschal geplant.

	IST JAHR 5 T€	%	PLAN JAHR 1 T€	%	PLAN JAHR 2 T€	%	PLAN JAHR 3 T€	%	PLAN JAHR 4 T€	%	PLAN JAHR 5 T€	%
Sonstige kfr. Verbindlichkeiten	224	4,1%	190	1,8%	211	1,9%	222	2,1%	198	1,8%	188	1,6%

Schauen wir jetzt noch einmal in die geplanten Investitionen und beschäftigen wir uns dann mit den Verbindlichkeiten gegenüber Kreditinstituten.

13.2.10 Langfristige Verbindlichkeiten

Da wir über den Kapitalumschlag die Bilanzsumme geplant haben, können wir nun in Kenntnis der Eigenkapitalentwicklung (Thesaurierungen) und der Investitionen (Bau und technische Anlagen) auch die langfristigen Verbindlichkeiten angehen.

Die Investitionsplanung kennen wir ja bereits:

	IST 5 T€	PLAN 1 T€	PLAN 2 T€	PLAN 3 T€	PLAN 4 T€	PLAN 5 T€
Immat. VG EDV		92	102	112	100	100
SAV Grund & Gebäude		3600	0	0	0	0
SAV tech. Anlagen		960	0	400	600	500
SAV Sonstiges		198	193	186	200	200
Investitionen gesamt	**141**	**4.851**	**295**	**698**	**900**	**800**

Zur Finanzierung dieser wurde erst einmal eine vollständige Thesaurierung (Einbehalt) der zukünftigen Überschüsse unterstellt.

Diese reichen natürlich nicht aus, die o. g. Investitionen zu stemmen – auch der Cash Flow nicht. Allerdings sind mit den Banken sehr flexible Regelungen besprochen. Einerseits ist basierend auf diesen Planungen bereits ein mehrjähriger Maximalrahmen vereinbart worden, und die Banken haben zusätzlich weitgehenden Sondertilgungsrechten zugestimmt.

Da keine Gewinnabführung mit der Muttergesellschaft beschlossen wurde, steht auch die Mutter für weitergehende Finanzierungen nicht zur Verfügung.

Somit ist derzeit folgende Entwicklung bei den Verbindlichkeiten gegenüber Kreditinstituten geplant.

Verbindlichkeiten (Banken)	IST JAHR 5 T€	PLAN JAHR 1 T€	PLAN JAHR 2 T€	PLAN JAHR 3 T€	PLAN JAHR 4 T€	PLAN JAHR 5 T€
Kredite zum 1.1.		1.349	6.296	6.345	5.379	4.926
Tilgungen		238	552	2.266	452	852
Neukredite		5.185	600	1.300	0	0
Kredite per 31.12.	1.349	6.296	6345	5379	4926	4.074

Und damit steht die Planbilanz für die nächsten fünf Jahre ziemlich weit, wenn Sie denn schon die GuV gesehen hätten, denn mit den Thesaurierungen der Überschüsse ergibt sich ja erst die Entwicklung des Eigenkapitals, und nur mit diesem Wissen ist auch die Rückführung der Kredite bzw. der jeweilige Kassen- und Bankbestand zum Bilanzstichtag nachvollziehbar.

13.2.11 Abgrenzungsposten

Aktivische RAP werden lediglich periodisch pauschal mit T€ 20 angesetzt, passivische Rechnungsabgrenzungen werden nicht geplant.

13.2.12 Planbilanzen

Schauen wir uns trotzdem (also obwohl wir das Jahresergebnis aus der GuV noch nicht erarbeitet bzw. gesehen haben) zunächst einmal die Planbilanzen der Folgeperioden in der gesamten Übersicht an.

Damit die Bilanz besser lesbar wird, kopiere ich sie im Querformat ein.

	IST JAHR T €	5 %	PLAN JAHR T €	1 %	PLAN JAHR T €	2 %	PLAN JAHR T €	3 %	PLAN JAHR T €	4 %	PLAN JAHR T €	5 %
Immaterielle Vermögensgegenstände	23	*0,4%*	106	*1,0%*	165	*1,5%*	209	*1,9%*	198	*1,8%*	195	*1,6%*
Sachanlagen	2.713	*49,8%*	7.243	*68,4%*	6.997	*62,0%*	7.026	*65,4%*	7.302	*64,7%*	7.499	*63,3%*
Finanzanlagen	0	*0,0%*	0	*0,0%*	0	*0,0%*	0	*0,0%*	0	*0,0%*	0	*0,0%*
Anlagevermögen	**2.736**	***50,2%***	**7.349**	***69,4%***	**7.161**	***63,5%***	**7.235**	***67,3%***	**7.500**	***66,4%***	**7.694**	***64,9%***
Vorräte	1.845	*33,8%*	1.845	*17,4%*	1.863	*16,5%*	1.978	*18,4%*	2.071	*18,3%*	2.205	*18,6%*
Forderungen	793	*14,5%*	1.343	*12,7%*	1.303	*11,6%*	1.388	*12,9%*	1.581	*14,0%*	1.665	*14,1%*
davon Sonst. Vermögensgegenstände	*92*	*1,7%*	2	*0,0%*	0	*0,0%*	0	*0,0%*	0	*0,0%*	0	*0,0%*
Kasse, Bank und Schecks	*52*	*0,9%*	*27*	*0,3%*	*932*	*8,3%*	*130*	*1,2%*	*116*	*1,0%*	*264*	*2,2%*
Umlaufvermögen	**2.689**	***49,3%***	**3.215**	***30,4%***	**4.098**	***36,3%***	**3.496**	***32,5%***	**3.769**	***33,4%***	**4.135**	***34,9%***
Rechnungsabgrenzungsposten	25	*0,5%*	20	*0,2%*	20	*0,2%*	20	*0,2%*	20	*0,2%*	20	*0,2%*
Nicht durch Eigenkapital gedeckter Fehlbetrag	0	*0,0%*	0	*0,0%*	0	*0,0%*	0	*0,0%*	0	*0,0%*	0	*0,0%*
Aktiva	**5.450**	***100,0%***	**10.534**	***100,0%***	**11.280**	***100,0%***	**10.751**	***100,0%***	**11.289**	***100,0%***	**11.849**	***100,0%***

	IST JAHR 5 T €	%	PLAN JAHR T €	1 %	PLAN JAHR T €	2 %	PLAN JAHR T €	3 %	PLAN JAHR T €	4 %	PLAN JAHR T €	5 %
Stamm-/Grundkapital	800	*14,7%*	830	*7,6%*	800	*7,1%*	800	*7,4%*	800	*7,1%*	800	*6,8%*
...davon ausstehend	0	*0,0%*	0	*0,0%*	0	*0,0%*	0	*0,0%*	0	*0,0%*	0	*0,0%*
Ergebnisvortrag/Rücklagen	1.304	*23,9%*	2.058	*19,4%*	2.410	*21,4%*	2.921	*27,2%*	3.176	*28,1%*	4.017	*33,9%*
Jahresüberschuss /-fehlbetrag	754	*13,8%*	352	*3,3%*	511	*4,5%*	255	*2,4%*	841	*7,4%*	1.120	*9,4%*
Ausschüttungen/Abführung	0	*0,0%*	0	*0,0%*	0	*0,0%*	0	*0,0%*	0	*0,0%*	0	*0,0%*
Unversteuerte Rücklagen	0	*0,0%*	0	*0,0%*	0	*0,0%*	0	*0,0%*	0	*0,0%*	0	*0,0%*
Eigenkapital	**2.858**	***52,4%***	**3.210**	***30,3%***	**3.721**	***33,0%***	**3.976**	***37,0%***	**4.817**	***42,7%***	**5.937**	***50,1%***
Rückstellungen	457	*8,4%*	257	*2,4%*	305	*2,7%*	334	*3,1%*	400	*3,5%*	481	*4,1%*
Bankverbindlichkeiten und Anleihen	1.349	*24,7%*	6.236	*59,5%*	6.345	*56,2%*	5.379	*0,0%*	4.926	*43,6%*	4.074	*34,4%*
kurzfristige Verbindlichkeiten	564	*10,3%*	630	*59,5%*	698	*59,9%*	840	*7,8%*	948	*46,5%*	1.169	*9,9%*
Sonstige kfr. Verbindlichkeiten	224	*4,1%*	130	*1,8%*	211	*1,9%*	222	*2,1%*	198	*1,8%*	188	*1,6%*
Verbindlichkeiten	**2.592**	***47,6%***	**7.117**	***67,2%***	**7.253**	***64,3%***	**6.440**	***59,9%***	**6.072**	***53,8%***	**5.431**	***45,8%***
Rechnungsabgrenzungsposten	**0**	*0,0%*	**0**	*0,0%*	**0**	*0,0%*	**0**	*0,0%*	**0**	*0,0%*	**0**	*0,0%*
Passiva	**5.450**	***100,0%***	**10.534**	***100,0%***	**11.280**	***100,0%***	**10.751**	***100,0%***	**11.289**	***100,0%***	**11.849**	***100,0%***

Also mir gefällt es – ich finde die Planbilanzen gut, weil logisch aufgebaut, auch wenn es nur eine (mathematische) Planung ist.

Wir wissen ja, wo wir anpacken müssen.

Schauen wir uns die Entwicklung laut Planung noch grafisch an.

13.2.13 Grafische Darstellung der Planbilanzen

Wir starten mit den Aktiva:

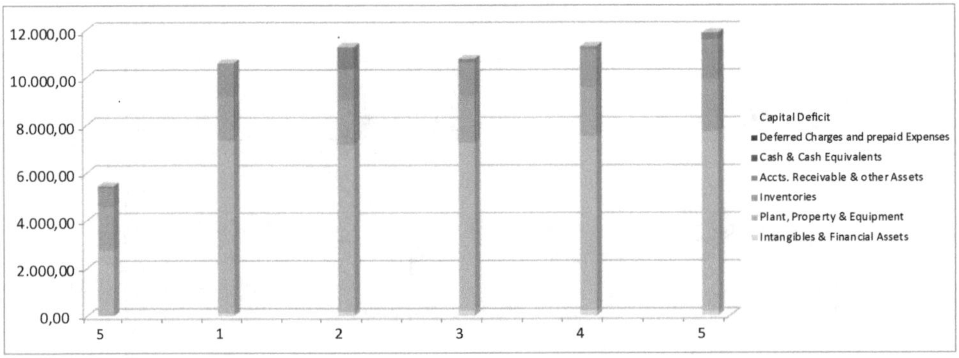

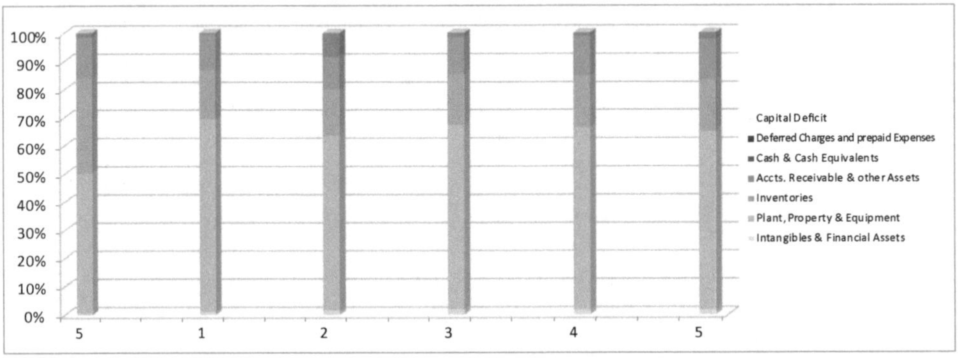

Das Anlagevermögen steht bei ca. 60–70 %, und damit ist auch das Umlaufvermögen sehr knapp und außerdem gut strukturiert.

Bei den Passiva sehen wir, wie das Eigenkapital nach dem Einbruch im ersten Planjahr, bedingt durch die massive Fremdkapitalaufnahme, sukzessive wieder die alte Quote zurückgewinnt.

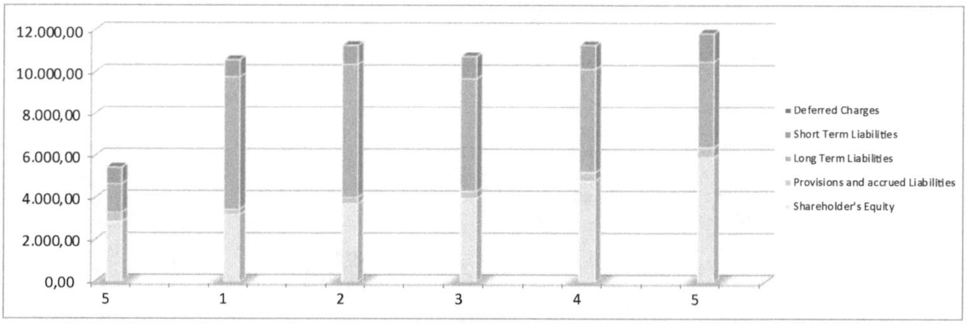

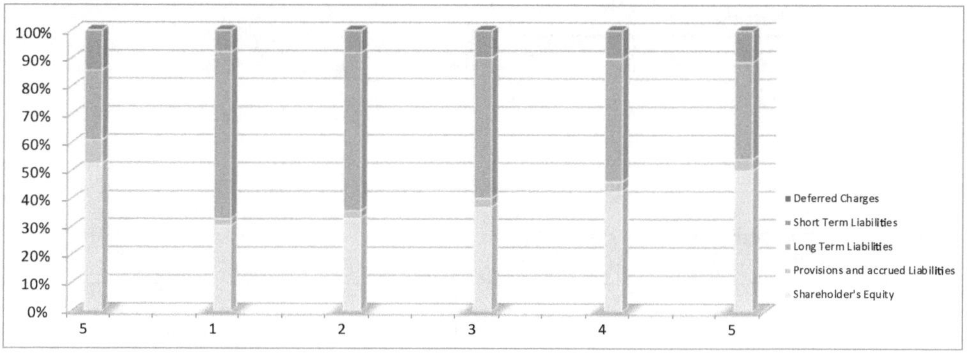

Trotz aller Bewunderung liegt noch Arbeit vor uns – also weiter.

Jetzt können wir auch unsere Kreditorenquote berechnen, die wir nach der Eigenkapitalquote ausgelassen hatten, weil uns die Bilanzwerte für das langfristige Fremdkapital da noch fehlten.

13.2.14 Kreditorenquote

Jetzt haben wir mit den Verbindlichkeiten aus Lieferungen und Leistungen auch den Bilanzposten, der uns bisher für die Berechnung der Kreditorenquote gefehlt hat. Also holen wir diese Berechnung jetzt zunächst nach.

Die „Kreditorenquote" setzt die Verbindlichkeiten aus Lieferungen und Leistungen in ein Verhältnis zum gesamten Fremdkapital, bricht also die Passiva weiter auf und zeigt weitere Risiken auf der rechten Seite der Bilanz auf.

Gerade bei geringem Eigenkapital und wenig Reserve in Kasse/Bank sind steigende Anteile kurzfristiger Finanzierung, besonders Kreditoren, sehr gefährlich. Fällt parallel auch noch der Umsatz und dann i. d. R. in Folge auch der Jahresüberschuss, dann wird es meist richtig heikel.

Beim Fremdkapital werden hier allerdings auch die Rückstellungen mit eingerechnet. Diese haben wir aber auch soeben bestimmt und von daher ist die Kalkulation kein Problem mehr.

Schauen wir zunächst kurz die Grafik an:

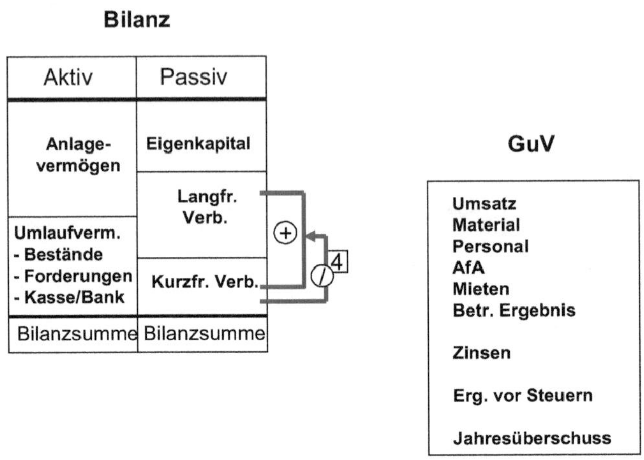

Im Zahlenmaterial sehen wir Folgendes:

in T€			IST 5	PLAN 1	PLAN 2	PLAN 3	PLAN 4	PLAN 5
Verb. aus L&L Quote (%) (Wie viel % des Fremdkapitals stammt von Lieferanten und Sonstigen, ist daher kurzfristig und ist damit in naher Zukunft fällig?)	Zähler	Verb. aus L. & L.	458,30	630,00	697,67	839,73	947,60	1.168,82
(Achtung: bei Skontogewährung)	Nenner	Rückstellungen	456,50	256,82	305,14	334,02	399,84	480,89
		+ Verbindlichkeiten	2.135,80	6.859,78	6.948,13	6.106,31	5.671,95	4.950,13
(Gibt Auskunft über die anstehenden Zahlungsverpflichtungen und den Liquiditätsbedarf einerseits und die kostenfreie Finanzierung über Lieferanten andererseits)		+ Passive RAP	0,00	0,00	0,00	0,00	0,00	0,00
		Ges.Fremdkapital	2.592,30	7.116,60	7.253,27	6.440,33	6.071,80	5.431,02
	Ergebnis	*Division x 100*	17,68%	8,85%	9,62%	13,04%	15,61%	21,52%

Bei der Detailanalyse der Ist-Perioden hatten wir festgehalten, dass die gerundeten 18 % (letztes Ist-Jahr) aus „Größensicht" zwar gut, aus Working-Capital -Sicht aber zu kritisieren sind, da die Kreditoren in den letzten beiden Jahren zu niedrig und zu früh bezahlt wurden.

Es handelt sich außerdem um ein Zinsgeschenk für unsere Lieferanten, da uns ein längeres Ziel angeboten wurde.

Im Plan haben wir Veränderungen bei den Kreditoren „durchgesetzt" (zunächst 27 Tage und dann steigend auf 33 Tage), und dies zeigt sich auch in der Kreditorenquote, wobei selbst der Wert in der letzten Planperiode (21,5 %) bei der Eigenkapitalquote und dem Kapitalumschlag der HKG absolut unproblematisch ist.

Somit wird bei dieser Kreditorenquote auch meine (persönliche) „goldene Regel" eingehalten:

Ein Optimum ist dann hergestellt, wenn bei ansonsten guten Bilanzrelationen

- das Eigenkapital ca. 25 % der Bilanzsumme entspricht (man muss ja nicht immer über 30 % liegen; vergessen Sie nicht, dass Eigenkapitalkosten steuerlich nicht abzugsfähig sind) und
- das kurzfristige Fremdkapital maximal 33 % der gesamten Verbindlichkeiten ausmacht.

Daraus folgt dann wieder, dass

- das Eigenkapital und
- das kurzfristige Fremdkapital

je 25 % der Bilanzsumme ausmachen.

Und diese Korridore sehen wir hier. Wir liegen beim Eigenkapital sogar weit höher, und damit wirkt die Kreditorenquote höher als sie in Wirklichkeit ist.

13.2.15 Cash Cycle

Jetzt haben wir die Bestandteile zusammen, um den Cash Cycle zu berechnen, also als Gleichung:

	kreditorisches Ziel
–	debitorisches Ziel
+	Reichweite Kasse/Bank

In der Ist-Analyse hatten wir festgehalten, dass hier Defizite bei

- Kreditoren (zu wenig und zu früh gezahlt, besonders in den letzten beiden Ist-Perioden),
- Debitoren klasse, besonders in den letzten beiden Ist-Perioden,
- und der Ausgestaltung der Kasse/Bank (eigentlich zuletzt ausreichend), aber dennoch kritisch aufgrund der Entwicklung des kreditorischen Ziels

zu erkennen waren.

Wie sieht der Saldo jetzt aus? Schauen wir uns zunächst nur die Differenz aus kreditorischem und debitorischem Ziel an.

in T€			IST 5	PLAN 1	PLAN 2	PLAN 3	PLAN 4	PLAN 5
Operative Zahlungsziele: Vergleich (Tage)	Zähler	Kreditorisches Ziel	16,22	26,72	30,17	28,00	29,00	33,00
Wie sieht der operative Tage-Status aus Eingangs- und Ausgangsrechnungen (Debitoren- und Kreditorenziel) aus?	Nenner	Debitorisches Ziel	14,49	30,33	26,00	25,00	26,00	25,00
	Ergebnis	*Saldo I*	1,73	-3,61	4,17	3,00	3,00	8,00

Das erste Planjahr ist problematisch, da wir aufgrund der weltwirtschaftlichen Krise das debitorische Ziel (konservativ) schlechter geplant haben.

Die Folgeperioden weisen immer einen leicht positiven Saldo aus.

Der Cash Cycle wird aber inklusive der Kassen- und Bankreichweite berechnet, und selbst bei der hohen Liquidität hatten wir im Ist immer noch einen negativen Saldo gesehen.

in T€			IST 5	PLAN 1	PLAN 2	PLAN 3	PLAN 4	PLAN 5
Operative Zahlungsziele: Vergleich (Tage)	Zähler	Kreditorisches Ziel	16,22	26,72	30,17	28,00	29,00	33,00
Wie sieht der operative Tage-Status aus Eingangs- und Ausgangsrechnungen (Debitoren- und Kreditorenziel) aus?	Nenner	Debitorisches Ziel	14,49	30,33	26,00	25,00	26,00	25,00
	Ergebnis	*Saldo I*	1,73	-3,61	4,17	3,00	3,00	8,00
Cash Zyklus Wie sieht der Saldo erweitert um die Kassen- und Bankreichweite aus?	zuzüglich plus	Reichweite Kasse & Bank	1,14	0,67	20,02	2,49	2,02	4,19
		Saldo II	2,88	-2,95	24,19	5,49	5,02	12,19

Während ab dem zweiten Planjahr die Werte (gerade) akzeptabel (Planperioden 3 und 4) bzw. gut (Planperioden 2 und 5) sind, zeigt das erste Jahr keinen zufriedenstellenden Wert. Dies mag einer übertriebenen Vorsicht beim debitorischen Ziel geschuldet sein, aber hier sollte das Management der HKG (mit Ihrer Unterstützung) nochmals „ran“.

Sie haben schon richtig gelesen – mit Ihnen, nicht mit mir!

Trotzdem besteht meiner Meinung nach hier keine Gefahr, da ja auch noch eine Muttergesellschaft im Hintergrund ist, die kurzfristig sicherlich auch einmal einspringen könnte, wenn Liquidität krisengeschuldet temporär eng werden könnte.

13.2.16 Cash Conversion Cycle

Rechnen wir jetzt

	Debitorisches Ziel
–	Kreditorisches Ziel
+	Reichweite Bestände

dann haben wir den Cash Conversion (Cycle). Dieser gibt Auskunft über die Reisezeit des Geldes im Umlaufvermögen, sobald ein Euro zum Kauf von Vorräten eingesetzt wird.

Wie lange dauert es durchschnittlich, bis dieser Euro wieder zurück in der Kasse ist, also die gekauften Vorräte (RHB)

- in die Produktion gehen und
- somit in der GuV aufwandswirksam werden,
- als Halb- und Fertigprodukt gelagert und
- verkauft wurden und somit

- Rechnung gestellt werden konnte.
- Das Kreditoren- und
- Debitorenziel ist dabei saldiert,
- die reine Produktionszeit aber im ausgewiesenen Saldo noch nicht erfasst.

Umgekehrt fragen wir uns damit auch, wie lange wir jedes Mal den für die neuen bzw. zusätzlich für RHB ausgegebenen Euros zwischenfinanzieren müssen, unterstellend, dass die Reichweite Kasse/Bank quasi für den Zahllauf Personal reserviert ist.

in T€			IST 5	PLAN 1	PLAN 2	PLAN 3	PLAN 4	PLAN 5
Cash Conversion (Cycle) (Tage) (Wie lange dauert die "Cash Bindung" im UV (ohne Kasse/Bank) für einen minus Umlauf. Die reine Fertigungszeit in der Produktion muss noch addiert werden.		Debitorisches Ziel	14,49	30,33	26,00	25,00	26,00	25,00
		Kreditorisches Ziel	16,22	26,72	30,17	28,00	29,00	33,00
		Saldo I	-1,73	3,61	-4,17	-3,00	-3,00	-8,00
	plus	Reichweite Bestände	40,86	44,88	40,00	38,00	36,00	35,00
	Ergebnis Result	*Cash Conversion*	39,13	48,49	35,83	35,00	33,00	27,00

Wir wissen, dass die Bestände gut geplant sind, und damit ist dieses Bild auch gut – ich würde einmal 50 Tage als „Korridormitte" definieren.

Im analytischen Teil hatten wir parallel zum Cash und Cash Conversion Cycle auch die Liquiditäten 2. und 3. Grades betrachtet und kritisiert, dass sie irreführend sein können.

Schauen wir uns jetzt diese Liquiditätskennzahlen, die jede Bank sehen will, auch wieder aus der Planperspektive an.

13.2.17 Liquidität 2. Grades (enge Betrachtung)

Da wir hier zunächst die „enge" Betrachtung anstellen, sind im Nenner nur die Verbindlichkeiten aus Lieferungen und Leistungen anzusetzen.

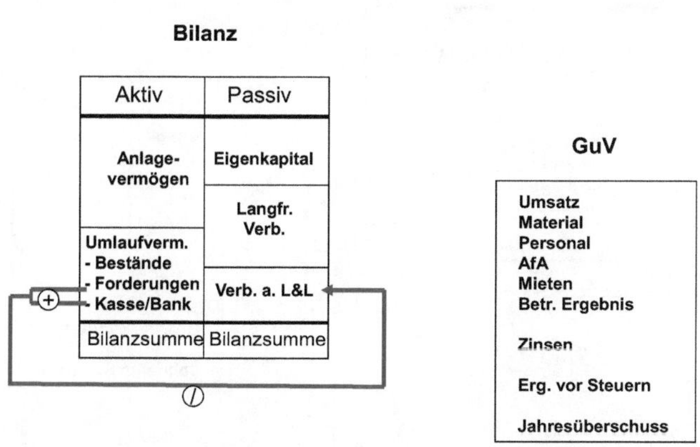

Was zeigen die Planzahlen?

in T€			IST 5	PLAN 1	PLAN 2	PLAN 3	PLAN 4	PLAN 5
Liquidität II (%) - 'enge' Betrachtung (In welcher Relation stehen prozentual Forderungen und flüssige Mittel zu den Verbindlichkeiten aus Lieferungen und Leistungen?)	Zähler	Forderungen aus L. & L. + Sonstige VG + Flüssige Mittel	792,60 91,50 51,60 935,70	1.343,10 2,00 27,38 1.372,48	1.302,99 0,00 932,47 2.235,47	1.387,91 0,00 129,53 1.517,44	1.581,16 0,00 116,31 1.697,47	1.665,14 0,00 263,94 1.929,08
(Gibt Auskunft über die Solidität der kurz- bis mittelfristigen Finanzierungsposition)	Nenner	Verbindlichkeiten aus L&L	458,30	630,00	697,67	839,73	947,60	1.168,82
	Ergebnis	*Division x 100*	204,17%	217,85%	320,42%	180,70%	179,13%	165,04%

Die Liquidität 2. Grades ist über die Jahre ein wenig hoch, wir wissen allerdings, dass der Cash Cycle bis auf die erste Planperiode (eigentlich) unproblematisch ist. Das wird hier aber nicht deutlich.

Man könnte auch der Meinung sein, dass die Liquiditätsposition hier langsam schlechter wird.

Erneut mache ich darauf aufmerksam, dass die Liquiditäten (traditionell gerechnet) in meinen Augen in ihrer Aussagekraft gefährlich sein können, wenn nicht parallel der Cash Cycle betrachtet wird.

13.2.18 Liquidität 2. Grades (weite Betrachtung)

Wir können aber jetzt auch die Liquidität 2. Grades in der „weiten" Betrachtung ausweisen, also so, wie sie die meisten Banken berechnen und wie sie in den meisten Lehrbüchern steht.

Wir müssen dazu die *gesamten* kurzfristigen Verbindlichkeiten im Nenner ansetzen.

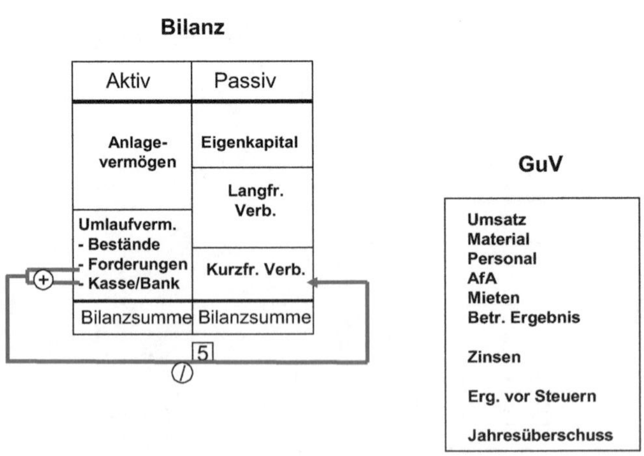

Und hier zeigt unsere Planung folgendes Bild:

in T€			IST 5	PLAN 1	PLAN 2	PLAN 3	PLAN 4	PLAN 5
Liquidität II (%) - 'weite' Betrachtung	Zähler	Forderungen aus L. & L.	792,60	1.343,10	1.302,99	1.387,91	1.581,16	1.665,14
(In welcher Relation stehen prozentual		+ Sonstige VG	91,50	2,00	0,00	0,00	0,00	0,00
Forderungen und flüssige Mittel		+ Flüssige Mittel	51,60	27,38	932,47	129,53	116,31	263,94
zum kurzfristigen Fremdkapital?)			935,70	1.372,48	2.235,47	1.517,44	1.697,47	1.929,08
(Gibt Auskunft über die Solidität der kurz- bis mittelfristigen Finanzierungsposition)	Nenner	Verbindlichkeiten aus L&L	458,30	630,00	697,67	839,73	947,60	1.168,82
		+ Sonst. kurzfr. FK	785,30	190,40	211,00	222,00	198,00	188,00
		= Summe kurzfr. FK	1.243,60	820,40	908,67	1.061,73	1.145,60	1.356,82
	Ergebnis	*Division x 100*	75,24%	167,29%	246,01%	142,92%	148,17%	142,18%

Aufgrund der Reduktion bei den sonstigen kurzfristigen Verbindlichkeiten (krisenbedingte Verringerung der Steuerverbindlichkeiten war unsere Planungsannahme) verdoppelt sich der Quotient.

Die Literatur sagt, dass die Liquidität 2. Grades in dieser Definition bei ca. 100 % liegen sollte. Damit sei man ausbalanciert finanziert im unteren Teil der Bilanz.

Jetzt überlegen Sie einmal: Nutzt Ihnen diese Betrachtung zur Beurteilung der HKG-Zukunft und dem Weitblick des Managements wirklich?

Aber Achtung, die Banken wollen sie sehen!

13.2.19 Liquidität 3. Grades

Die Liquidität 3. Grades misst die Finanzposition im kurz- bis mittelfristigen Bereich. Dazu wird das gesamte Umlaufvermögen in ein Verhältnis zu den kurzfristigen Verbindlichkeiten gesetzt, also

$$\text{Liquidität 3. Grades} = \frac{\text{Vorräte} + \text{Forderungen} + \text{Kasse/Bank}}{\text{Verb. L\&L} + \text{sonst. kfr. Verb.}}.$$

Grafisch stellt sie sich folgendermaßen vor:

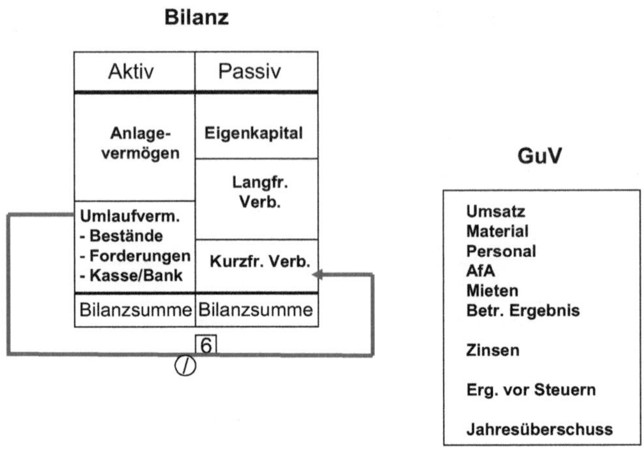

Wir schauen uns damit alle Posten des Working Capital in einer Kennzahl an.

Generell sagt man, dass die Liquidität 3. Grades bei ca. 130–170 %, maximal 190 % liegen sollte. Dies setzt aber voraus, dass bereits die Liquidität 2. Grades bei ca. 100 % liegt, ansonsten ist der Korridor für die Liquidität 3. Grades entsprechend zu verschieben.

In unserem Fall wissen wir, dass die Liquidität 2. Grades in der „weiten" Betrachtung (diese müssen wir ja hier anlegen, da aus Vergleichbarkeitsgründen im Nenner das gesamte kurzfristige Fremdkapital ausgewiesen sein muss) in Planung (fast) zu hoch ist.

Selbst bei optimalen Vorräten kann also die Liquidität 3. Grades gar nicht mehr „richtig" bei o. g. 130–170 % oder maximal 190 % liegen. Dies müssen wir dann bei unserer Würdigung durch entsprechende Verschiebungen berücksichtigen.

Wir haben die Liquidität 3. Grades in der Optimierung nochmals reduziert, und die Debitoren, Kreditoren und Bestände sind jetzt besser dimensioniert, wenngleich der Cash Cycle in der ersten Periode eine deutliche Schwäche zeigt.

Schauen wir doch einmal die Planzahlen direkt an:

in T€			IST 5	PLAN 1	PLAN 2	PLAN 3	PLAN 4	PLAN 5
Liquidität III (%) (In welcher Relation steht prozentual das Umlaufvermögen - Bestände, Forderungen und flüssige Mittel - zum kurzfristigen Fremdkapital?) (Gibt Auskunft über die Solidität der kurz- bis mittelfristigen Finanz-) position)	Zähler	Summe Umlaufvermögen	2.714,10	3.234,98	4.118,48	3.515,52	3.788,70	4.154,56
	Nenner	Summe kurzfr. FK	1.243,60	820,40	908,67	1.061,73	1.145,60	1.356,82
	Ergebnis	*Division x 100*	218,25%	394,32%	453,24%	331,11%	330,72%	306,20%

Sie sehen schon, was ich bereits mehrfach gesagt habe. Die statische Analyse der Liquiditäten ist äußerst problematisch, und bitte verlassen Sie sich nicht auf diese Perspektive.

Jetzt haben wir bis auf die Kennzahl „Vorrat zu Jahresüberschuss“ und die Cash-Flow-Würdigung alle wesentlichen Kenngrößen auch nach Optimierung des Working Capital betrachtet. Die fehlenden Analysen können wir aber nur angehen, wenn wir die GuV ebenfalls nach Optimierung darstellen.

13.3 GuV-Planung – die „Trichteranalyse" weiterhin als Leitlinie

Gehen wir also die GuV an!

Die Umsatzerlöse hatten wir ganz zu Beginn geplant, dies war ja schon die Basis für den Kapitalumschlag und damit mittelbar für Bilanzsumme, Anlagenintensität und Eigenkapital.

Schauen wir noch einmal rein:

	IST 5	PLAN 1	PLAN 2	PLAN 3	PLAN 4	PLAN 5
Umsatz	16.476	15.000	17.000	19.000	21.000	23.000

Bestandsveränderungen werden wir nicht planen – wir argumentieren, dass die entsprechenden Erträge bzw. Aufwendungen in den o. g. Umsatzgrößen bereits integriert sind. Die gleiche Begründung lassen wir auch für die sonstigen betrieblichen Erträge ab dem vierten Planjahr stehen. Für die Planjahre 1–3 sind noch Lizenzeinkünfte klar ausweisbar.

Eigenaktivierungen werden sicherlich noch in kleinerem Umfang angedacht werden, allerdings sind diese aus heutiger Sicht zu vernachlässigen.

	IST 5 T€	%	PLAN 1 T€	%	PLAN 2 T€	%	PLAN 3 T€	%	PLAN 4 T€	%	PLAN 5 T€	%
Umsatzerlöse	**16.476**	*99,6%*	**15.000**	*99,6%*	**17.000**	*99,6%*	**19.000**	*99,6%*	**21.000**	*100,0%*	**23.000**	*100,0%*
Bestandsveränderung	-29	*-0,2%*	0	*0,0%*	0	*0,0%*	0	*0,0%*	0	*0,0%*	0	*0,0%*
Eigenaktivierungen	0	*0,0%*	0	*0,0%*	0	*0,0%*	0	*0,0%*	0	*0,0%*	0	*0,0%*
Sonstige betriebliche Erträge	98	*0,6%*	53	*0,4%*	70	*0,4%*	73	*0,4%*	0	*0,0%*	0	*0,0%*
BETRIEBSLEISTUNG	**16.545**	*100,0%*	**15.053**	*100,0%*	**17.070**	*100,0%*	**19.073**	*100,0%*	**21.000**	*100,0%*	**23.000**	*100,0%*

Man muss meiner Meinung nach nicht jeden GuV- und Bilanzposten planen, zumal vieles auch nicht wirklich absehbar und damit planbar ist. Ich wiederhole, dass für mich eine gute Planung logisch sein muss, also „Fehler“ der Vergangenheit aufnimmt und korrigiert in der Planung umsetzt. Und dies tun wir ja hier mit der HKG.

Wir haben unsere Planwerte ja auch mit dem Kapitalumschlag und Reichweiten verknüpft. Damit passen sich diese Werte auch bei sich anders entwickelnden Umsatzerlösen automatisch an.

Das ist ein zusätzlicher Vorteil dieser Vorgehensweise.

Wir haben also die Basis für eine rollierende Planung umgesetzt! Und das ist für mich wichtig.

Bestandsveränderungen sind aber für die Zukunft nicht wirklich absehbar.

13.3.1 Material und bezogene Leistungen

Wir hatten schon zum Ausdruck gebracht, dass wir beim Material und den bezogenen Leistungen Verbesserungsbedarf hatten, da der Rohertrag historisch zu gering war, um wirklich gute Renditen zu erwirtschaften.

Von daher sind wir bei der Planung der Kreditoren (Verbindlichkeiten aus Lieferungen und Leistungen) „energischer“ angetreten und haben der HKG eine deutliche Verbesserung bei den Einkaufskonditionen in ihr Pflichtenheft geschrieben.

	IST 5	PLAN 1	PLAN 2	PLAN 3	PLAN 4	PLAN 5
Materialeinstandskosten	53,7%	49%	49%	49%	49%	48%

Der Rohertrag muss in den nächsten Jahren über 50 % liegen, ansonsten kann die Beteiligung ihr Investitionsprogramm auf dem geschilderten Niveau nicht in dem Umfang durchziehen.

Das HKG-Management ist aber optimistisch, diese Verbesserungen bei ihren Lieferanten gemeinsam mit leicht anziehenden Preisen im Vertrieb durchsetzen zu können, und somit geht es davon aus, dass der Rohertrag in den Folgeperioden die 50 %+ sehen wird.

	IST 5		PLAN 1		PLAN 2		PLAN 3		PLAN 4		PLAN 5	
	T€	%	T€	%	T€	%	T€	%	T€	%	T€	%
Materialaufwand	8.856	53,5%	7.350	48,8%	8.364	49,0%	9.348	49,0%	10.185	48,5%	11.040	48,0%
Rohertrag	**7.689**	46,5%	**7.703**	51,2%	**8.706**	51,0%	**9.725**	51,0%	**10.815**	51,5%	**11.960**	52,0%

13.3.2 Personalaufwand

In der Analyse der Ist-Abschlüsse hatten wir die Höhe des Personalaufwandes kritisiert, gleichzeitig aber (als Annahme) herausgestellt, dass die fehlenden Investitionen in Automatisierungstechnik diese Größenordnung notwendig machten.

Mit dem Neubau, in dem auch ein optimaler Material- und Produktionsfluss möglich ist, verbunden mit den Aktivierungen im Bereich Automatisierungstechnik, muss die HKG die Personalkosten nach „unten" bekommen. Diese Einsparungen, verbunden mit einer Steigerung des Rohertrages sind maßgebliche Pfeiler der HKG-(Ergebnis-)Planung und müssen dann entsprechend deutlich in das Beteiligungscontrolling eingehen.

Alternativ kann die Planung auch einen anderen Weg weisen. Mit dem Neubau wird die Grundlage für eine höhere Fertigungskapazität geschaffen, sodass der Personalaufwand sogar steigen wird. Die HKG will ja weiter wachsen.

Diese Argumentation finde ich charmanter, weil man nicht einfach per „haircut" Personalkosten kürzt. Wir wissen alle, dass dies alleine schon aufgrund der Gesetzgebung nicht so leicht und das Wort Personalabbau inzwischen zu einer „Plattitüde" verkommen ist.

Also entscheide ich mich (bin ja in der Mutter in hoher Verantwortung tätig) dafür, der HKG weiteres Wachstum als Ziel vorzugeben, und dies bedingt dann auch sogar mehr Personal.

Ziel soll es sein, parallel mit den Investitionen in die technischen Anlagen sofort auch die personelle Basis so zu schaffen, dass mit Fertigstellung des Baus die Beteiligung richtig durchstarten kann und das dazu notwendige Personal auch schon vorhanden und angelernt ist.

Damit planen wir jetzt die HKG (entgegen der bisherigen Vermutungen) sogar mit höherem Personalaufwand, allerdings versuchen wir dann, weitere tarifliche Lohnkostensteigerungen per natürlicher Fluktuation zu kompensieren.

Das Ziel lautet also:

	IST 5	PLAN 1	PLAN 2	PLAN 3	PLAN 4	PLAN 5
Personalintensität	32,5%	38,0%	37,0%	38,0%	37,0%	37,0%

Damit ergibt sich für die HKG-Plan-GuV:

	IST 5 T€	%	PLAN 1 T€	%	PLAN 2 T€	%	PLAN 3 T€	%	PLAN 4 T€	%	PLAN 5 T€	%
Personalaufwand	5.347	32,3%	5.700	37,9%	6.290	36,8%	7.220	37,9%	7.770	37,0%	8.510	37,0%

Die formeltechnische Berechnung zeige ich hier natürlich nicht auf, zumal ja nur die Zielintensitäten in % mit den Planumsatzerlösen multipliziert wurden.

13.3.3 Abschreibungen

Die Abschreibungen ergeben sich aus den historischen Herstellungs- und Anschaffungskosten, und da ist es ja kein Problem, aus der Buchhaltung eine Fortschreibung zu erhalten.

Die „neuen" Abschreibungen ergeben sich aus den geplanten Investitionen, die wir ja schon aufgezeigt haben.

	IST 5 T€	PLAN 1 T€	PLAN 2 T€	PLAN 3 T€	PLAN 4 T€	PLAN 5 T€
Immat. VG EDV		92	102	112	100	100
SAV Grund & Gebäude		3600	0	0	0	0
SAV tech. Anlagen		960	0	400	600	500
SAV Sonstiges		198	193	186	200	200
Investitionen gesamt	**141**	**4.851**	**295**	**698**	**900**	**800**

Somit ergeben sich folgende Planabschreibungen:

	IST 5 T€	PLAN 1 T€	PLAN 2 T€	PLAN 3 T€	PLAN 4 T€	PLAN 5 T€
AfA aus historischen Perioden	210	193	408	479	427	317
AfA PLAN I		45	45	45	45	45
AfA PLAN II			29	29	29	29
AfA PLAN III				71	71	71
AfA PLAN IV					63	63
AfA PLAN V						81
AfA periodisch	**210**	**238**	**482**	**624**	**635**	**606**

Bei den Abschreibungen gibt es im Hintergrund noch Detailrechnungen, die wir aber hier nicht weiter besprechen wollen. Bis auf den Bau werden fast alle Vermögensgegenstände über zehn Jahre linear (in dieser Planung vereinfachend) abgeschrieben.

Diese oben berechneten Abschreibungen finden wir jetzt natürlich im HKG-Planzahlenwerk (GuV) wieder:

	IST 5 T€	%	PLAN 1 T€	%	PLAN 2 T€	%	PLAN 3 T€	%	PLAN 4 T€	%	PLAN 5 T€	%
Abschreibungen	210	1,3%	238	1,6%	482	2,8%	624	3,3%	635	3,0%	606	2,6%

13.3.4 Sonstige betriebliche Aufwendungen

Hier hat die HKG (ebenfalls im Hintergrund) entsprechende Einzelaufstellungen erarbeitet, wobei man die Konten der Historie sehr genau auf Notwendigkeit und Höhe geprüft hat. Diese Detailaufstellungen wollen wir hier aber auch nicht diskutieren.

Nach eingehender Analyse und Diskussion ist das HKG-Management zu folgenden Planansätzen in der GuV gekommen:

	IST 5		PLAN 1		PLAN 2		PLAN 3		PLAN 4		PLAN 5	
	T€	%	T€	%	T€	%	T€	%	T€	%	T€	%
Sonst. betr. Aufwendungen	976	5,9%	1.169	7,8%	1.092	6,4%	1.194	6,3%	1.260	6,0%	1.334	5,8%

Sie sehen, dass im ersten Planjahr die Aufwendungen absolut nochmals steigen, zumal krisenbedingt höhere Marketing und Reisekosten bzw. Messeaufwendungen eingeplant wurden. Das Ziel der HKG ist es dann allerdings, die sonstigen betrieblichen Aufwendungen wieder unter die 6 % (Basis Umsatz) zu „drücken".

13.3.5 Betriebsergebnis

Somit errechnen sich folgende operativen Aufwendungen und Planbetriebsergebnisse bei bekanntem Umsatz:

	IST 5		PLAN 1		PLAN 2		PLAN 3		PLAN 4		PLAN 5	
	T€	%	T€	%	T€	%	T€	%	T€	%	T€	%
Umsatzerlöse	**16.476**	99,6%	**15.000**	99,6%	**17.000**	99,6%	**19.000**	99,6%	**21.000**	100,0%	**23.000**	100,0%
Bestandsveränderung	-29	-0,2%	0	0,0%	0	0,0%	0	0,0%	0	0,0%	0	0,0%
Eigenaktivierungen	0	0,0%	0	0,0%	0	0,0%	0	0,0%	0	0,0%	0	0,0%
Sonstige betriebliche Erträge	98	0,6%	53	0,4%	70	0,4%	73	0,4%	0	0,0%	0	0,0%
BETRIEBSLEISTUNG	**16.545**	100,0%	**15.053**	100,0%	**17.070**	100,0%	**19.073**	100,0%	**21.000**	100,0%	**23.000**	100,0%
Materialaufwand	8.856	53,5%	7.350	48,8%	8.364	49,0%	9.348	49,0%	10.185	48,5%	11.040	48,0%
Rohertrag	**7.689**	46,5%	**7.703**	51,2%	**8.706**	51,0%	**9.725**	51,0%	**10.815**	51,5%	**11.960**	52,0%
Personalaufwand	5.347	32,3%	5.700	37,9%	6.290	36,8%	7.220	37,9%	7.770	37,0%	8.510	37,0%
Abschreibungen	210	1,3%	238	1,6%	482	2,8%	624	3,3%	635	3,0%	606	2,6%
Sonst. betr. Aufwendungen	976	5,9%	1.169	7,8%	1.092	6,4%	1.194	6,3%	1.260	6,0%	1.334	5,8%
Betriebsergebnis	**1.156**	7,0%	**596**	4,0%	**841**	4,9%	**687**	3,6%	**1.150**	5,5%	**1.510**	6,6%

Das erste Planjahr wird sicherlich schwierig, das Management der HKG und auch die Muttergesellschaft sind sich darüber einig, dass krisenbedingt kein besserer Geschäftsverlauf zu erwarten ist. Dennoch sind die Investitionsentscheidungen gefallen, denn man ist überzeugt, dass die HKG dann wieder nachhaltig wachsen kann und wird.

13.3.6 Finanzergebnis – Zinserträge und -aufwendungen

Dann lassen Sie uns die Veränderungen beim Zinsertrag (sonstige Zinsen und Erträge) und den Zinsaufwendungen (Zinsen und ähnliche Aufwendungen) in der Planung darstellen.

Die weiteren Posten des Finanzergebnisses, also die

- Erträge aus Beteiligungen,
- Erträge aus Wertpapieren und Ausleihungen des Finanzanlagevermögens,
- Abschreibungen auf Finanzanlagen/Wertpapiere des Umlaufvermögens

lassen wir wie im Ist ohne (Planungs-)Ausweis.

13.3.6.1 Zinsaufwendungen

Auch hier müssen wir natürlich einige Annahmen treffen bzw. Erläuterungen geben:

- In der Historie (bei Aufnahme der noch ausgewiesenen Altverbindlichkeiten) war der Zinssatz um einiges höher als jetzt im Krisenjahr.
- Für die Planperioden und die darin angesetzten Neuinvestitionen wird mit entsprechend geringeren Zinssätzen gerechnet. Das weltweite Zinsniveau ist drastisch gefallen. Auch aus diesem Grund wurde vom HKG-Management entschieden, den Bau und die Investitionen in Automatisierungstechnik jetzt und gemeinsam anzugehen.
- Dabei wird angenommen, dass
  - die Fremdmittel für den Bau zur Gänze direkt zu Periodenbeginn im ersten Planjahr abgerufen werden (konservativer Blickwinkel),
  - für die Investitionen in Automatisierungstechnik im ersten Planjahr erst zum Periodenende die Kredite fließen müssen, daher wurde die zum Bilanzstichtag ausgewiesene Kreditsumme für die Berechnung der Kreditbasis um T€ 700 gekürzt,
  - in den Planperioden 2–5 die Veränderungen bei den Verbindlichkeiten linear über das Jahr verteilt sind, sodass Jahresanfangs- und Jahresendstand der Verbindlichkeiten addiert und dann durch 2 dividiert wurden (siehe nachfolgende Skizze).
  - Die Zinssätze setzen sich zusammen aus Bankzinsen und Förderprogrammen.

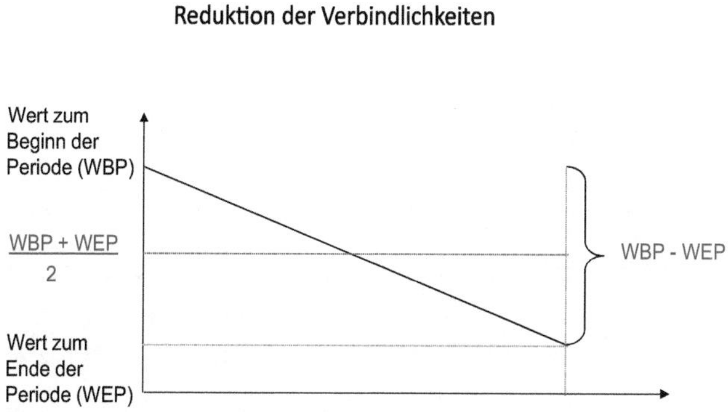

Schauen wir uns daher zunächst noch einmal die Planung der Kreditverbindlichkeiten an:

Verbindlichkeiten (Banken)	IST JAHR 5 T€	PLAN JAHR 1 T€	PLAN JAHR 2 T€	PLAN JAHR 3 T€	PLAN JAHR 4 T€	PLAN JAHR 5 T€
Kredite zum 1.1.		1.349	6.296	6.345	5.379	4.926
Tilgungen		238	552	2.266	452	852
Neukredite		5.185	600	1.300	0	0
Kredite per 31.12.	1.349	6.296	6345	5379	4926	4.074

Damit ergibt sich folgender Zinsaufwand für die Planungen:

Zinsaufwand	IST JAHR 5 T€	PLAN JAHR 1 T€	PLAN JAHR 2 T€	PLAN JAHR 3 T€	PLAN JAHR 4 T€	PLAN JAHR 5 T€
Basis Kreditsumme (T€)	1.349	5.596	6.320	5.862	5.152	4.500
Zinssatz	5,75%	2,02%	2,18%	2,24%	1,54%	1,45%
Zinsbelastung (T€)	77,5	**113,1**	**137,8**	**131,5**	**79,1**	**65,4**

13.3.6.2 Zinserträge

Bei den Zinserträgen wurde ebenfalls sehr konservativ geplant.

Das HGK-Management setzt lediglich für die Planperioden 1–3 geringe Erträge in Höhe von T€ 2 in die Planung ein:

	IST 5 T€	%	PLAN 1 T€	%	PLAN 2 T€	%	PLAN 3 T€	%	PLAN 4 T€	%	PLAN 5 T€	%
Sonstige Zinsen und Erträge	1	0,0%	2	0,0%	2	0,0%	2	0,0%	0	0,0%	0	0,0%

13.3.6.3 Finanzergebnis

Das Finanzergebnis ist damit in den Planperioden leicht negativ, allerdings halten sich die Belastungen trotz der hohen fremdfinanzierten Investitionssummen aufgrund der derzeit geringen Zinsmärkte und -konditionen im Rahmen.

	IST 5		PLAN 1		PLAN 2		PLAN 3		PLAN 4		PLAN 5	
	T€	%	T€	%	T€	%	T€	%	T€	%	T€	%
Erträge aus Beteiligungen	0	0,0%	0	0,0%	0	0,0%	0	0,0%	0	0,0%	0	0,0%
Sonstige Zinsen und Erträge	1	0,0%	2	0,0%	2	0,0%	2	0,0%	0	0,0%	0	0,0%
...davon aus verbundenen Unternehmen	*0*	0,0%	*0*	0,0%	*0*	0,0%	*0*	0,0%	*0*	0,0%	*0*	0,0%
Abschreibungen auf Finanzanlagen/ Wertpapiere des UV	0	0,0%	0	0,0%	0	0,0%	0	0,0%	0	0,0%	0	0,0%
Zinsen und ähnliche Aufwendungen	78	0,5%	113	0,8%	138	0,8%	131	0,7%	79	0,4%	65	0,3%
Finanzergebnis	**-76**	-0,5%	**-111**	-0,7%	**-136**	-0,8%	**-130**	-0,7%	**-79**	-0,4%	**-65**	-0,3%

Das sind in der Tat für die bekannten Umsatzerlöse nur geringe Finanzierungsbelastungen.

13.3.7 Ergebnis der gewöhnlichen Geschäftstätigkeit – EGT

Jetzt können wir die HKG-Plan-GuV noch weiter nach „unten" darstellen.

	IST 5		PLAN 1		PLAN 2		PLAN 3		PLAN 4		PLAN 5	
	T€	%	T€	%	T€	%	T€	%	T€	%	T€	%
Umsatzerlöse	**16.476**	99,6%	**15.000**	99,6%	**17.000**	99,6%	**19.000**	99,6%	**21.000**	100,0%	**23.000**	100,0%
Bestandsveränderung	-29	-0,2%	0	0,0%	0	0,0%	0	0,0%	0	0,0%	0	0,0%
Eigenaktivierungen	0	0,0%	0	0,0%	0	0,0%	0	0,0%	0	0,0%	0	0,0%
Sonstige betriebliche Erträge	98	0,6%	53	0,4%	70	0,4%	73	0,4%	0	0,0%	0	0,0%
BETRIEBSLEISTUNG	**16.545**	100,0%	**15.053**	100,0%	**17.070**	100,0%	**19.073**	100,0%	**21.000**	100,0%	**23.000**	100,0%
Materialaufwand	8.856	53,5%	7.350	48,8%	8.364	49,0%	9.348	49,0%	10.185	48,5%	11.040	48,0%
Rohertrag	**7.689**	46,5%	**7.703**	51,2%	**8.706**	51,0%	**9.725**	51,0%	**10.815**	51,5%	**11.960**	52,0%
Personalaufwand	5.347	32,3%	5.700	37,9%	6.290	36,8%	7.220	37,9%	7.770	37,0%	8.510	37,0%
Abschreibungen	210	1,3%	238	1,6%	482	2,8%	624	3,3%	635	3,0%	606	2,6%
Sonst. betr. Aufwendungen	976	5,9%	1.169	7,8%	1.092	6,4%	1.194	6,3%	1.260	6,0%	1.334	5,8%
Betriebsergebnis	**1.156**	7,0%	**596**	4,0%	**841**	4,9%	**687**	3,6%	**1.150**	5,5%	**1.510**	6,6%
Erträge aus Beteiligungen	0	0,0%	0	0,0%	0	0,0%	0	0,0%	0	0,0%	0	0,0%
Sonstige Zinsen und Erträge	1	0,0%	2	0,0%	2	0,0%	2	0,0%	0	0,0%	0	0,0%
...davon aus verbundenen Unternehmen	*0*	0,0%	*0*	0,0%	*0*	0,0%	*0*	0,0%	*0*	0,0%	*0*	0,0%
Abschreibungen auf Finanzanlagen/ Wertpapiere des UV	0	0,0%	0	0,0%	0	0,0%	0	0,0%	0	0,0%	0	0,0%
Zinsen und ähnliche Aufwendungen	78	0,5%	113	0,8%	138	0,8%	131	0,7%	79	0,4%	65	0,3%
Finanzergebnis	**-76**	-0,5%	**-111**	-0,7%	**-136**	-0,8%	**-130**	-0,7%	**-79**	-0,4%	**-65**	-0,3%
Erg. d.g. Geschäftstätigkeit	**1.079**	6,5%	**484**	3,2%	**705**	4,1%	**557**	2,9%	**1.071**	5,1%	**1.444**	6,3%

Sieht gut aus, oder? Und das Wachstum, von dem HKG- und Mutterkonzern-Management überzeugt sind, wird sehr deutlich!

13.3.8 AOs und Ergebnis vor Steuern

Bedingt durch das BilRuG (2016) wird das außerordentliche Ergebnis in Deutschland zwar nicht mehr ausgewiesen, aber mit Verweis aus die historischen Perioden (bessere Vergleichbarkeit) und Abschlüsse und Planungen ausländischer Gesellschaften (z. B. aus Österreich) wird im Excel Tool der Ausweis aufrecht erhalten.

Das außerordentliche Ergebnis war und bleibt bei null, und so sind das EGT (Ergebnis der gewöhnlichen Geschäftstätigkeit) und das Ergebnis vor Steuern natürlich identisch.

Mehr muss man dazu dann auch nicht sagen.

13.3.9 Steuern und Jahresüberschuss/-fehlbetrag

Den Steuersatz in Höhe von 27,3 % bzw. 27,5 % ergibt sich folgendermaßen.

Die HKG ist eine Körperschaft und für diese gilt derzeit in Deutschland, je nach Hebesatz der Kommunen, eine Gesamtsteuerbelastung von 27–28 %.

Sonstige Steuern sind in den Steuern vom Einkommen und Ertrag enthalten.

	IST 5		PLAN 1		PLAN 2		PLAN 3		PLAN 4		PLAN 5	
	T€	%	T€	%	T€	%	T€	%	T€	%	T€	%
Ergebnis vor Steuern	1.079	6,5%	484	3,2%	705	4,1%	557	2,9%	1.071	5,1%	1.444	6,3%
Steuern von Einkommen und Ertrag	318	1,9%	13	0,9%	194	1,1%	302	1,6%	0	0,0%	0	0,0%
Sonstige Steuern	8	0,0%	0	0,0%	0	0,0%	0	0,0%	0	0,0%	0	0,0%
												0,0%
Steuern	326	2,0%	132	0,9%	194	1,1%	302	1,6%	230	1,1%	325	1,4%
Steuersatz	30,2%		27,3%		27,5%		27,5%		27,5%		27,5%	
Jahresüberschuss/-fehlbetrag	1.405	8,5%	352	2,3%	511	3,0%	255	1,3%	841	4,0%	1.119	4,9%

Damit werden in allen fünf Planperioden positive und nach dem (erneuten) Einbruch im dritten Planjahr auch wieder gut wachsende Ergebnisse ausgewiesen.

13.3.10 Plan-GuV in der Gesamtübersicht

Damit steht neben den HKG-Planbilanzen auch die Plan-GuV.

	IST 5 T€	%	PLAN 1 T€	%	PLAN 2 T€	%	PLAN 3 T€	%	PLAN 4 T€	%	PLAN 5 T€	%
Umsatzerlöse	**16.476**	*99,6%*	**15.000**	*99,6%*	**17.000**	*99,6%*	**19.000**	*99,6%*	**21.000**	*100,0%*	**23.000**	*100,0%*
Bestandsveränderung	-29	*-0,2%*	0	*0,0%*	0	*0,0%*	0	*0,0%*	0	*0,0%*	0	*0,0%*
Eigenaktivierungen	0	*0,0%*	0	*0,0%*	0	*0,0%*	0	*0,0%*	0	*0,0%*	0	*0,0%*
Sonstige betriebliche Erträge	98	*0,6%*	53	*0,4%*	70	*0,4%*	73	*0,4%*	0	*0,0%*	0	*0,0%*
BETRIEBSLEISTUNG	**16.545**	*100,0%*	**15.053**	*100,0%*	**17.070**	*100,0%*	**19.073**	*100,0%*	**21.000**	*100,0%*	**23.000**	*100,0%*
Materialaufwand	8.856	*53,5%*	7.350	*48,8%*	8.364	*49,0%*	9.348	*49,0%*	10.185	*48,5%*	11.040	*48,0%*
Rohertrag	**7.689**	*46,5%*	**7.703**	*51,2%*	**8.706**	*51,0%*	**9.725**	*51,0%*	**10.815**	*51,5%*	**11.960**	*52,0%*
Personalaufwand	5.347	*32,3%*	5.700	*37,9%*	6.290	*36,8%*	7.220	*37,9%*	7.770	*37,0%*	8.510	*37,0%*
Abschreibungen	210	*1,3%*	238	*1,6%*	482	*2,8%*	624	*3,3%*	635	*3,0%*	606	*2,6%*
Sonst. betr. Aufwendungen	976	*5,9%*	1.169	*7,8%*	1.092	*6,4%*	1.194	*6,3%*	1.260	*6,0%*	1.334	*5,8%*
Betriebsergebnis	**1.156**	*7,0%*	**596**	*4,0%*	**841**	*4,9%*	**687**	*3,6%*	**1.150**	*5,5%*	**1.510**	*6,6%*
Erträge aus Beteiligungen	0	*0,0%*	0	*0,0%*	0	*0,0%*	0	*0,0%*	0	*0,0%*	0	*0,0%*
Sonstige Zinsen und Erträge	1	*0,0%*	2	*0,0%*	2	*0,0%*	2	*0,0%*	0	*0,0%*	0	*0,0%*
...davon aus verbundenen Unternehmen	*0*	*0,0%*	*0*	*0,0%*	*0*	*0,0%*	*0*	*0,0%*	*0*	*0,0%*	*0*	*0,0%*
Abschreibungen auf Finanzanlagen/ Wertpapiere des UV	0	*0,0%*	0	*0,0%*	0	*0,0%*	0	*0,0%*	0	*0,0%*	0	*0,0%*
Zinsen und ähnliche Aufwendungen	78	*0,5%*	113	*0,8%*	138	*0,8%*	131	*0,7%*	79	*0,4%*	65	*0,3%*
Finanzergebnis	**-76**	*-0,5%*	**-111**	*-0,7%*	**-136**	*-0,8%*	**-130**	*-0,7%*	**-79**	*-0,4%*	**-65**	*-0,3%*
Erg. d.g. Geschäftstätigkeit	**1.079**	*6,5%*	**484**	*3,2%*	**705**	*4,1%*	**557**	*2,9%*	**1.071**	*5,1%*	**1.444**	*6,3%*
Außerordentliche Erträge	0	*0,0%*	0	*0,0%*	0	*0,0%*	0	*0,0%*	0	*0,0%*	0	*0,0%*
Außerordentliche Aufwendungen	0	*0,0%*	0	*0,0%*	0	*0,0%*	0	*0,0%*	0	*0,0%*	0	*0,0%*
AO Ergebnis	**0**	***0,0%***	**0**	***0,0%***	**0**	***0,0%***	**0**	***0,0%***	**0**	***0,0%***	**0**	***0,0%***
Ergebnis vor Steuern	**1.079**	*6,5%*	**484**	*3,2%*	**705**	*4,1%*	**557**	*2,9%*	**1.071**	*5,1%*	**1.444**	*6,3%*
Steuern	326	*2,0%*	132	*0,9%*	194	*1,1%*	302	*1,6%*	230	*1,1%*	325	*1,4%*
Jahresüberschuss/-fehlbetrag	**1.405**	***8,5%***	**352**	***2,3%***	**511**	***3,0%***	**255**	***1,3%***	**841**	***4,0%***	**1.119**	***4,9%***

13.4 Ausstehende Betrachtungen aus der „Trichteranalyse"

Jetzt können wir auch die noch ausstehenden Kennzahlen angehen. Uns fehlt noch die Würdigung, ob wir uns die Vorräte auch leisten können, und natürlich auch die Wertung des Einzahlungsüberschusses (Cash Flow), also

- die Kennzahl „Vorräte zu Jahresüberschuss",
- Umsatz- und Kapitalrentabilität,
- der Cash Flow mit der 1, 2, 3-Regel.

Diese hatten wir in unserer konsequenten Vorgangsweise ja übersprungen, da uns die relevanten Daten aus der GuV in der Planung noch nicht vorlagen.

Hingegen

- Einstandskosten-,
- Personalkosten- und
- Zinsintensität

hatten wir jetzt bei der GuV-Planung errechnet.

13.4.1 Vorräte zu Jahresüberschuss

Hier schauen wir uns ja an, inwieweit das Unternehmen sich die derzeitigen Bestände überhaupt leisten kann.

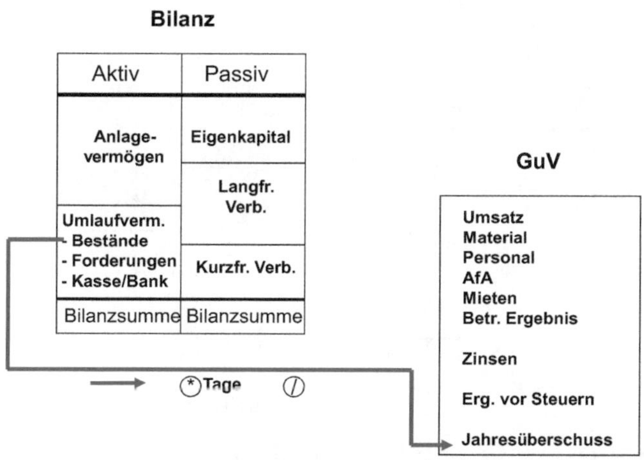

Die Reichweite gemessen an Umsatztagen und den Vorratsumschlag hatten wir ja bereits berechnet.

in T€			IST 5	PLAN 1	PLAN 2	PLAN 3	PLAN 4	PLAN 5
Reichweite Bestände (Jahresüberschuss als Basis) (Tage und Jahre)	Zähler	Tage * Summe Vorräte	673.242,50	673.242,50	680.000,00	722.000,00	756.000,00	805.000,00
Die Bestände reichen für wie viele Tage, gemessen an Ergebnistagen nach Steuern (Jahresüberschuss)	Nenner	Jahresüberschuss	1.404,90	352,16	511,02	255,22	840,71	1.119,41
	Ergebnis	*Division*	479,21 1,31 76,2%	1.911,76 5,24 19,1%	1.330,68 3,65 27,4%	2.828,88 7,75 12,9%	899,24 2,46 40,6%	719,13 1,97 50,8%

Mit zunehmender Planungsdauer und damit Wachstum der HKG werden die Quotienten besser. In Planperiode 5 liegen die Vorräte zum Jahresüberschuss unter zwei Jahren und das ist für ein produzierendes Gewerbe richtig gut.

Schauen Sie hier in der Berechnung nochmals den Zähler an – da stehen ab Planperiode 2 gerade Zahlen, obwohl die Werte per Multiplikation zustande gekommen sind.

Wir wissen zwar, dass die Vorratsplanwerte mit Logik und eine wenig Mathematik ermittelt/geplant wurden, allerdings würde ich hier aus „kosmetischen Gründen" die Zahlen durch Veränderung (eine Kommastelle) der Zielreichweiten jetzt noch ein wenig abändern – das sieht für Dritte irgendwie besser aus, wenn „krumme" Werte ausgewiesen werden. Sonst wird häufig auch „Trickserei" unterstellt.

13.4.2 Cash Flow

Der Cash Flow ist ein Einzahlungsüberschuss, der i. d. R. alleine oder als Relation zum Umsatz bzw. zur Bilanzsumme gerechnet wird, also grafisch …

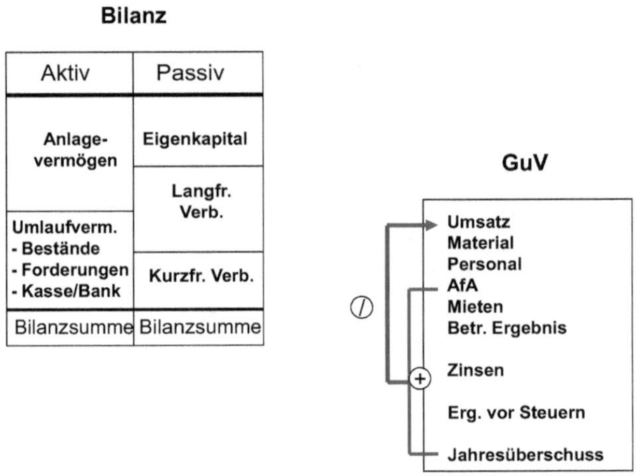

… oder

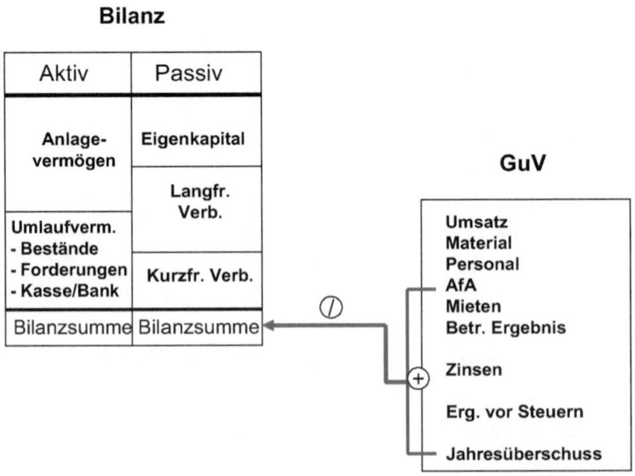

Meist sieht man ihn als Marge, also Cash Flow zu Umsatz berechnet.

Die Cash-Flow-Marge misst den Einzahlungsüberschuss pro Umsatzeuro in %, d. h. den Cash-Rückfluss pro Umsatzeuro.

Vielleicht erinnern Sie sich auch noch, dass für mich eigentlich nur der Cash Flow alleine erst einmal interessant ist. Weil die Banken aber fast immer einen Quotienten rechnen, also Cash Flow zu Umsatz oder zur Bilanzsumme, haben wir den Cash Flow dann auch als Quotienten mit den entsprechenden Größen im Nenner dargestellt.

Bei der Analyse hatten wir die ganz einfache Definition des Cash Flow herangezogen und die wollen wir jetzt natürlich auch beibehalten.

$$\text{CashFlow} = \text{Jahresüberschuss} + \text{Abschreibungen}$$

Schauen wir uns die Planung im Detail an:

in T€			IST 5	PLAN 1	PLAN 2	PLAN 3	PLAN 4	PLAN 5
Cash Flow - Umsatzrate (%) einfache Definition	Zähler	JÜ/JF	1.404,90	352,16	511,02	255,22	840,71	1.119,41
		+ Abschreibungen	210,00	238,30	482,40	623,70	635,20	606,20
		= Cash Flow	1.614,90	590,46	993,42	878,92	1.475,91	1.725,61
	Nenner	Gesamterlöse	16.476,40	15.000,00	17.000,00	19.000,00	21.000,00	23.000,00
	Ergebnis	*Division x 100*	9,80%	3,94%	5,84%	4,63%	7,03%	7,50%

Das sieht doch schon toll aus. Der (einfach gerechnete) Cash Flow steigt absolut nach dem ersten Planjahr um den Faktor 3 und weist im letzten Planjahr eine Marge in Höhe von 7,5 % bei um € 8 Mio. gesteigerten Umsatzerlösen aus. Die hohen Investitionen schlagen hier natürlich mit den (nicht auszahlungswirksamen) Aufwendungen durch.

Zugegeben, die 9,8 % des letzten Ist-Jahres werden auch nach fünf Jahren nicht wieder erreicht, aber die HKG hat bei den Personalaufwendungen auch auf weiteres Potenzial gesetzt. Nichtsdestotrotz muss man festhalten, dass die Planung zwar Umsatzwachstum zeigt, dieses Wachstum aber ergebnismäßig nicht nach „Hause gefahren" werden kann, zumindest noch nicht in den ersten fünf Jahren, wenngleich der Trend natürlich positiv zu werten ist.

Würdigen wir den Cash Flow jetzt mit der 1, 2, 3-Regel. Wir erinnern uns:

Substanzerhalt wird erreicht, wenn das Unternehmen einen Cash Flow in Höhe der Abschreibungen generiert, die dann auch wieder reinvestiert werden. Daraus folgt unter o. g. einfacher Definition des Cash Flow (JÜ + AfA):

Substanzerhalt ist möglich, wenn

Cash Flow = 1 × AfA; Jahresüberschuss = 0!

Der Cash Flow sollte eine Höhe von 1-mal den Abschreibungen haben, somit kann der Jahresüberschuss 0 sein.

Dies kann aber eigentlich nicht das Ziel von unternehmerischem Handeln sein, denn dies hieße, dass lediglich alte Substanz wieder aufgefüllt wird. Ein Unternehmen wird so aber nicht überleben können. Vielmehr muss i. d. R. auf hohem (höchstem) technologischem Niveau wieder reinvestiert werden. Dies ist allerdings nicht zu den historischen Herstellungs- und Anschaffungskosten möglich. Von daher muss dann auch eine Kostensteigerung berücksichtigt werden.

Ich gehe ja bei Unkenntnis einer Industrie immer sehr einfach daran: Ich unterstelle eine 100 %ige Kostensteigerung über die Abschreibeperioden, die ich auch in Unkenntnis der Industrie pauschal mit zehn Jahre ansetze.

Technologieerhalt wird also dann erreicht, wenn der erwirtschaftete Cash Flow eine Investition auf höchstem technologischem Niveau zulässt, also eine Höhe erreicht, die über zehn Jahre eine Kostensteigerung von 100 % verträgt.

Bei der o. g. 100-%-Kostensteigerung über zehn Jahre bedeutet dies als Forderung:

Cash Flow = 2 × AfA; Jahresüberschuss = 1 × AfA!

Der Cash Flow sollte eine Höhe von 2-mal den Abschreibungen haben, somit kann der Jahresüberschuss in Höhe von 1-mal den Abschreibungen sein.

Technologieerhalt bedeutet aber noch nicht, dass der Betrieb auch erweitert werden kann. Darunter verstehe ich verschiedene Möglichkeiten wie

- Aufbau neuer Produktlinien und entsprechende Investitionen,
- Vergrößerung der Gesellschaft (Baumaßnahmen),
- Kauf von Gesellschaften (Akquisitionen).

Also müssen wir uns noch die Ausbaufähigkeit ableiten.

Ausbaufähigkeit wird in meiner Logik erreicht, wenn

Cash Flow = 3 × AfA; Jahresüberschuss = 2 × AfA!

Der Cash Flow sollte also eine Höhe von 3-mal den Abschreibungen haben, somit kann der Jahresüberschuss in Höhe von 2-mal den Abschreibungen sein.

Und jetzt wieder die entscheidende Zusatzbemerkung:

Alle o. g. Faktoren für Substanz- und Technologieerhalt sowie Ausbaufähigkeit sind nur dann in dieser Höhe richtig, wenn die Anlagenintensität eine Größe erreicht hat, die als Zielwert definiert wurde. Ansonsten sind alle o. g. Faktoren um einen Wert von 1 zu erhöhen, da noch erhöhter Investitionsbedarf vorliegt!

Schauen wir uns jetzt diesen Zusammenhang mit unseren Zahlen an.

Die Anlagenintensität beträgt im fünften Planjahr gerundet 70 %. Wir können also davon ausgehen, dass mit Abschluss des fünften Planjahres kein Investitionsstau mehr vorliegt und die Weichen für nochmals weiteres konstantes Wachstum gestellt sind.

Das erste Planjahr eignet sich übrigens für die Überprüfung anhand meiner „1, 2, 3-Regel" nicht, da alleine € 3,6 Mio. in den Bau investiert werden und dieser natürlich keine Rendite vergleichbar mit Maschineninvestitionen abwirft.

Bitte bedenken Sie jetzt im Folgenden wieder, dass es nicht um genaue Betrachtungen, sondern um Korridore geht! Die Berechnungen sind also am fünften Planjahr orientiert, die ausgewiesenen Größen sind gerundet.

Bilanzsumme Plan (Mio.):	11,8,
Sachanlagevermögen (Mio.):	7,7,
Zielanlagenintensität (%):	70,
AfA – Basis 10 Jahre (Mio.):	0,70[1],
Plan-Cash-Flow (einfache Berechnung) (Mio.):	1,73,
Cash Flow zu kalkuliertem AfA (Faktor):	2,5.

Wir hatten gesagt:

Substanzerhalt:	Cash Flow = 1 × AfA; Jahresüberschuss = 0,
Technologiererhalt:	Cash Flow = 2 × AfA; Jahresüberschuss = 1 × AfA,
Ausbaufähigkeit:	Cash Flow = 3 × AfA; Jahresüberschuss = 2 × AfA.

Wir sind bei einem Faktor von fast 2,5!

Der Cash Flow ist also gut, besonders wenn Sie die letzte Fußnote zu den angesetzten Abschreibungen nochmals berücksichtigen. Die 3,6 Mio. Bauinvestitionen über 25 Jahre als Abschreibezeitraum angesetzt, erhöht den o. g. Faktor „Cash Flow zu kalkuliertem AfA" nochmals signifikant.

13.4.3 Zinsintensität

Die Zinsintensität misst eine Art Strukturkostenhöhe, bei der im Allgemeinen gilt:

Grün:	bis 5 %,
Gelb:	bis 5–7 %,
Rot:	ab 7–8 %.

Die Zinsintensität berechnet, wie viel Miet- und Zinsaufwendungen pro Umsatzeuro aufgebracht werden müssen.

[1] Wissend, dass Gebäude nicht über zehn Jahre, sondern über einen weitaus größeren Zeitraum abgeschrieben werden. Wir sind also wieder (sehr) konservativ unterwegs.

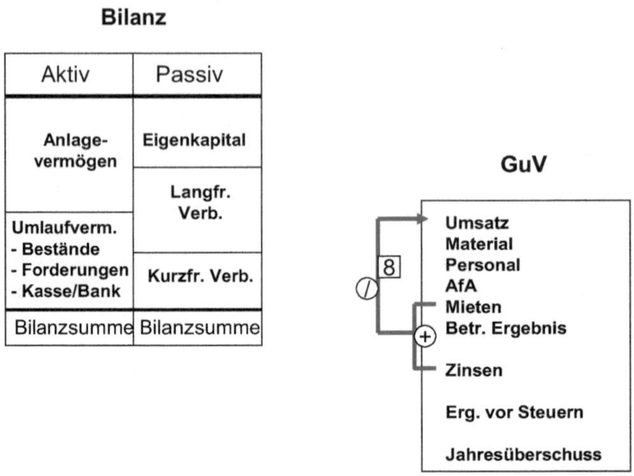

Im Fall der HKG-Planzahlen müssen die Werte aufgrund der geringen Zinssätze sicherlich gut sein.

in T€			IST 5	PLAN 1	PLAN 2	PLAN 3	PLAN 4	PLAN 5
Zinsintensität (in %) (Wie viel % der Erlöse müssen für Finanzierungskosten aufgewendet werden?)	Zähler	Zinsaufwendungen	77,50	113,10	137,78	131,48	79,09	65,39
	Nenner	Gesamterlöse	16.476,40	15.000,00	17.000,00	19.000,00	21.000,00	23.000,00
(Gibt Auskunft darüber, wie gut das Fremdkapital verhandelt wurde)	Ergebnis	*Division x 100*	0,47%	0,75%	0,81%	0,69%	0,38%	0,28%

Das sind erwartungsgemäß einfach tolle Werte.

13.4.4 Personalkostenintensität

Die Personalkostenintensität misst eine zweite Strukturkostengröße – ist aber ganz stark branchenabhängig.

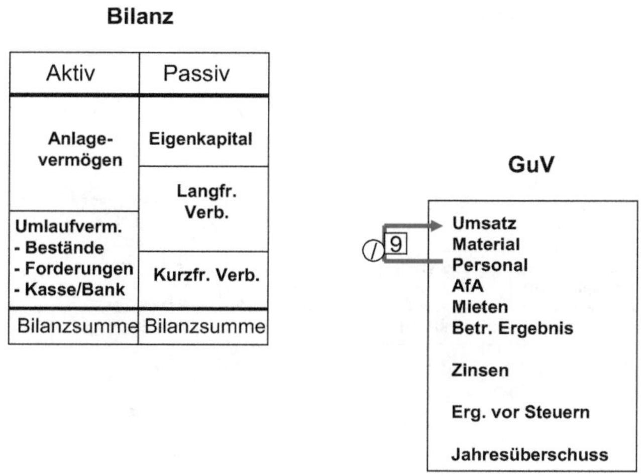

Auch diese wird nur der Vollständigkeit halber dargestellt, da wir in der Planung selbst ausführlich über die steigenden Zielintensitäten der Folgeperioden gesprochen haben.

in T€			IST 5	PLAN 1	PLAN 2	PLAN 3	PLAN 4	PLAN 5
Personalkostenintensität(in %) (Wie viel der Gesamterlöse müssen für Personalkosten aufgewendet werden?)	Zähler	Personalkosten	5.347,30	5.700,00	6.290,00	7.220,00	7.770,00	8.510,00
	Nenner	Gesamterlöse	16.476,40	15.000,00	17.000,00	19.000,00	21.000,00	23.000,00
(Gibt Auskunft über die Kosten-struktur)	Ergebnis	*Division x 100*	32,45%	38,00%	37,00%	38,00%	37,00%	37,00%

13.4.5 Umsatzrendite (Return on Sales – ROS)

Vielen ist die Kennzahl mehr durch den englischen Begriff bekannt. Dort heißt sie „Return On Sales", fast immer abgekürzt mit „ROS".

Die Umsatzrendite misst die Profitabilität pro Umsatzeuro, vor oder nach Steuern. Ich rechne meist vor Steuern, um Ungleichgewichte bei der Besteuerung

- von Gesellschaften aus verschiedenen Ländern,
- aus unterschiedlichen Rechtsformen (Personengesellschaften versus Körperschaften),
- aus Verlustvorträgen

nicht in die Rechenbasis aufzunehmen.

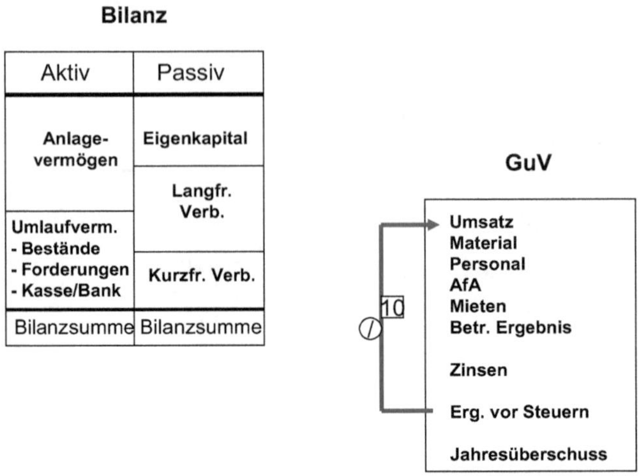

Eigentlich brauchen wir diese Kennzahl aber überhaupt nicht, da in der 1, 2, 3-Regel auch jeweils eine Zielgröße für den Jahresüberschuss genannt ist.

1. Substanzerhalt
   Cash Flow = 1 × AfA; daraus folgt *Jahresüberschuss = 0.*
2. Technologieerhalt
   Cash Flow = 2 × AfA; daraus folgt *Jahresüberschuss = 1 × AfA.*
   (Annahme: AfA durchschnittlich über zehn Jahre, bei 100 % Kostensteigerung über diese zehn Jahre)
3. Ausbaufähigkeit
   Cash Flow = 3 × AfA; daraus folgt *Jahresüberschuss = 2 × AfA.*

Da wir in unserem Fall mit dem Ergebnis vor Steuern arbeiten, ist der Jahresüberschuss zunächst durch das Tax Shield zu dividieren.

Das Tax Shield (Steuerschild bzw. -schutz) errechnet sich immer als

$$\text{taxshield} = \left(1 - \text{Steuersatz}\right).$$

Somit ergibt sich das Vorsteuerergebnis als

$$\text{Ergebnis vor Steuern} = \frac{\text{Jahresüberschuss}}{\left(1 - \text{Steuersatz}\right)}.$$

Schauen wir direkt rein in die Ergebnisse der Planung im Punkt Umsatzrendite.

in T€			IST 5	PLAN 1	PLAN 2	PLAN 3	PLAN 4	PLAN 5
Umsatzrentabilität (%) (Wie viel Ergebnis vor Steuern wird pro Umsatz-Euro erzeugt?) (ROS - Return on Sales) (Gibt Auskunft über die Rückflüsse/ Gewinne und damit die Ertragskraft)	Zähler Nominator	Ergebnis vor Steuern	1.079,40	484,40	704,85	557,12	1.070,71	1.444,41
	Nenner Denominator	Gesamterlöse	16.476,40	15.000,00	17.000,00	19.000,00	21.000,00	23.000,00
	Ergebnis Result	*Division x 100*	6,55%	3,23%	4,15%	2,93%	5,10%	6,28%

Diese Darstellung wäre aber auch nicht nötig, da der Gesetzgeber uns verpflichtet, alle absoluten Größen im Zahlenwerk auch mit einem prozentualen Ausweis zu versehen.

Die Umsatzrentabilität wächst wieder auf das historisch letzte Niveau von über 6 %. Ich erinnere daran, dass die 6,55 % im letzten Ist-Jahr die höchste aller Renditen der betrachteten Ist-Perioden war.

Schauen Sie nochmals hin in die Ist-Auswertungen:

Rentabilität			T€ 2	T€ 3	T€ 4	T€ 5	T€ 6
Umsatzrentabilität (%) (Wie viel Ergebnis vor Steuern wird pro Umsatz-Euro erzeugt?) (ROS - Return on Sales) (Gibt Auskunft über die Rückflüsse/ Gewinne und damit die Ertragskraft)	Zähler Nominator	Ergebnis vor Steuern	352,10	264,20	75,70	1.143,60	1.079,40
	Nenner Denominator	Gesamterlöse	13.160,40	11.441,60	13.322,00	19.697,40	16.476,40
	Ergebnis Result	*Division x 100*	2,68%	2,31%	0,57%	5,81%	6,55%

Begründen wir noch unsere Würdigung. Wir holen uns von der Berechnung der Cash-Flow-Marge in der fünften Planperiode wieder die Daten …

Bilanzsumme Plan (Mio.): 11,8,
Sachanlagevermögen (Mio.): 7,7,
Zielanlagenintensität (%): 70,
AfA – Basis 10 Jahre (Mio.): 0,70[2],
Plan-Cash-Flow (einfache Berechnung) (Mio.): 1,73,
Cash Flow zu kalkuliertem AfA (Faktor): 2,5

… und übertragen die Forderungen aus der 1, 2, 3-Regel auf das Ergebnis vor Steuern: Wir hatten gesagt:

[2] Wissend, dass Gebäude nicht über zehn Jahre, sondern über einen weitaus größeren Zeitraum abgeschrieben werden. Wir sind also wieder (sehr) konservativ unterwegs.

Substanzerhalt:	Cash Flow = 1 × AfA; Jahresüberschuss = 0,
Technologieerhalt:	Cash Flow = 2 × AfA; Jahresüberschuss = 1 × AfA,
Ausbaufähigkeit:	Cash Flow = 3 × AfA; Jahresüberschuss = 2 × AfA.

Also:

Plan-Jahresüberschuss (Mio.):	1,1,
Plan-JÜ zu kalkuliertem AfA (Faktor):	1,6.

Und schauen Sie hier erneut bitte wieder in die Fußnote.

13.4.6 Kapitalrendite (Return on Capital – ROC)

Die Kapitalrendite misst die Profitabilität pro Kapitaleuro, vor oder nach Steuern. Ich präferiere mit o. g. Argumenten auch hier die Vor-Steuer-Betrachtung. Wir stellen jetzt in der Grafik auch nur diese Vor-Steuer-Berechnung dar.

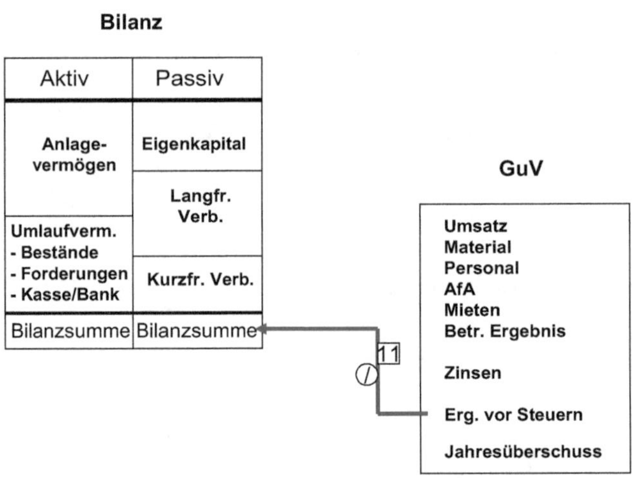

Vielleicht erinnern Sie sich noch. Diese Kennzahl müssten wir eigentlich auch nicht separat berechnen, denn sie ergibt sich aus der Multiplikation von Umsatzrendite und Kapitalumschlag.

Jede umsatzbasierte Kennzahl wird durch Multiplikation mit dem Kapitalumschlag zur identischen kapitalbasierten Kennzahl!

$$\text{Kapitalrendite} = \text{Umsatzrendite} \times \text{Kapitalumschlag}$$

$$\text{Kapitalrendite} = \frac{\text{Ergebnis}}{\text{Umsatz}} \times \frac{\text{Umsatz}}{\text{Bilanzsumme}}.$$

Der Umsatz kürzt sich heraus, es bleibt:

$$\text{Kapitalrendite} = \frac{\text{Ergebnis}}{\text{Bilanzsumme}}.$$

	in T€		IST 5	PLAN 1	PLAN 2	PLAN 3	PLAN 4	PLAN 5
Gesamtkapitalrentabilität I (%) (Wie viel Ergebnis **vor** Steuern wird pro Kapital-Euro erzeugt?)	Zähler	Ergebnis vor Steuern	1.079,40	484,40	704,85	557,12	1.070,71	1.444,41
(ROC - Return on Capital)	Nenner	Bilanzsumme	5.450,40	10.583,68	11.279,69	10.750,86	11.288,83	11.848,51
(Gibt Auskunft über die Rückflüsse/ Gewinne und damit die Ertragskraft pro Investiv-Euro)	Ergebnis	*Division x 100*	19,80%	4,58%	6,25%	5,18%	9,48%	12,19%

Die historische Kapitalrendite wird auch noch nicht erreicht, allerdings ziehen hier die Investitionen (besonders die € 3,6 Mio. für den Bau) die Bilanzsumme wegen der Fremdfinanzierung (Bilanzmehrung) hoch, wie wir zu Beginn der Planungen auch am Kapitalumschlag gesehen haben.

Vermögensstruktur	in T€		IST 5	PLAN 1	PLAN 2	PLAN 3	PLAN 4	PLAN 5
Gesamtkapitalumschlag (Faktor) (Wie häufig wird das Kapital auf Basis der Erlöse umgeschlagen?)	Zähler	Gesamterlöse	16.476,40	15.000,00	17.000,00	19.000,00	21.000,00	23.000,00
oder (Wie hoch ist die Rotations- bzw. Reproduktionsgeschwindigkeit des eingesetzten Kapitals?)	Nenner	Bilanzsumme	5.450,40	10.583,68	11.279,68	10.750,82	11.289,00	10.866,21
	Ergebnis	*Division*	3,02	1,42	1,51	1,77	1,86	2,12

Es wird sicherlich auch noch einige Jahre dauern, bis durch die Abschreibungen Bau die Bilanzsumme wieder einen Kapitalumschlag in Richtung „3“ möglich machen wird.

Das hat das HKG-Management aber bewusst in Kauf genommen.

Die Umsatzrendite ist aber auf einem guten Weg, der Kapitalumschlag ebenfalls, von daher ist auch dieser Kapitalumschlag in der Planung für mich akzeptabel.

13.4.7 Zinsdeckungsquote

Dies ist eine typische Bankenkennzahl und aus deren Perspektive ja auch nur logisch und richtig, geht es doch um die Reduktion von Risiken bei der Vergabe von Krediten.

Die Zinsdeckungsquote misst, um welchen Faktor das operative (Betriebs-)Ergebnis die Aufwendungen für die Finanzierung des operativen Geschäfts (Zinsen) übersteigt.

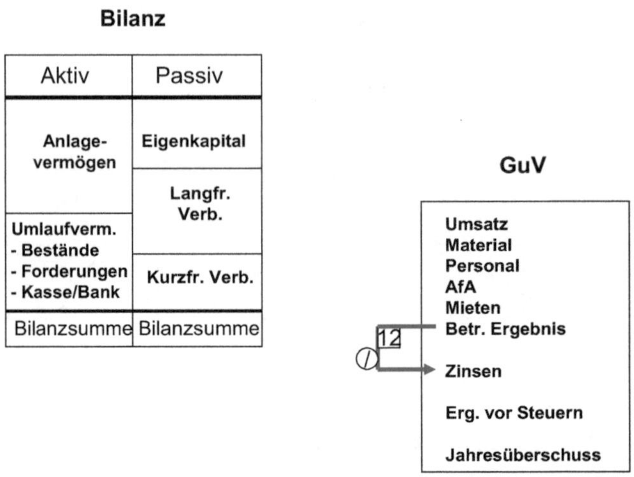

Als Würdigungskorridore und -größen hatten wir definiert:

Produzierendes Gewerbe (Faktoren)

3:	Schulnote 5 – mangelhaft
4:	Schulnote 4 –ausreichend
5:	Schulnote 3 – befriedigend
6:	Schulnote 2 – gut
7:	Schulnote 1 – sehr gut

Handel (Faktoren)

2:	Schulnote 5 – mangelhaft
3:	Schulnote 4 –ausreichend
4:	Schulnote 3 – befriedigend
5:	Schulnote 2 – gut
6:	Schulnote 1 – sehr gut

Klassische Dienstleistung (Faktoren)

1,5:	Schulnote 5 – mangelhaft
2,3:	Schulnote 4 –ausreichend
3,0:	Schulnote 3 – befriedigend
3,7:	Schulnote 2 – gut
4,5:	Schulnote 1 – sehr gut

In unserem Fall zeigt sich die zunehmende „Verdauung" der hohen Investitionen in Planperiode 1 auch hier wieder sehr deutlich!

in T€			IST 5	PLAN 1	PLAN 2	PLAN 3	PLAN 4	PLAN 5
Zinsdeckung Wie häufig deckt das Betriebsergebnis die Zinsforderungen der FK-Geber	Zähler	Betriebsergebnis	1.155,60	595,50	841,13	687,10	1.149,80	1.509,80
	Nenner	Zinsen	77,50	113,10	137,78	131,48	79,09	65,39
	Ergebnis	Division	14,9	5,3	6,1	5,2	14,5	23,1

Aber selbst ein Faktor 5 im ersten Planjahr ist ja „befriedigend" laut unserer Wertungsskala.

13.4.8 Dynamische Verschuldung

Hier handelt es sich auch wieder um eine wichtige und interessante, weil aussagefähige Kennzahl, die ähnlich der Zinsdeckung in allen Bankenauswertungen zu finden ist.

Die „dynamische Verschuldung" berechnet, wie lange es theoretisch dauert (Jahre), die (Effektiv- oder Netto-)Verbindlichkeiten aus dem Cash Flow nach Steuern (ceteris paribus) herauszutilgen.

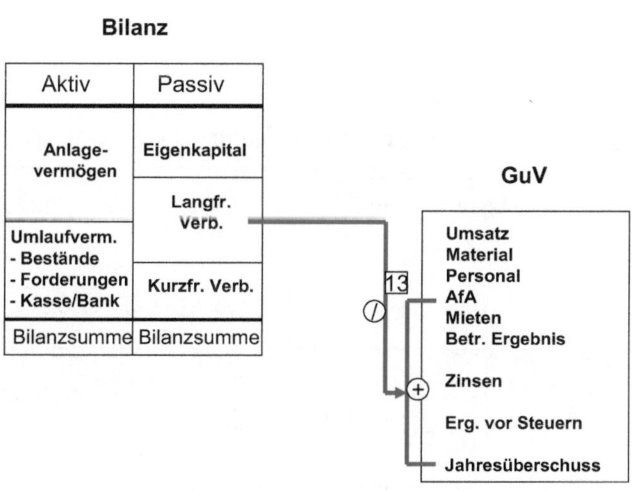

Die Würdigung der Ergebnisse ist recht einfach, da die Wertungen der Zinsdeckungsquote übernommen werden können, allerdings sind die Schulnoten genau umgekehrt einzutragen.

Produzierendes Gewerbe in Jahren[3]

> 6,5 Jahre:	Schulnote 5 – mangelhaft
$5{,}5 < x < 6{,}5$ Jahre:	Schulnote 4 –ausreichend
$4{,}5 < x < 5{,}5$ Jahre:	Schulnote 3 – befriedigend
$3{,}5 < x < 4{,}5$ Jahre:	Schulnote 2 – gut
< 3,5 Jahre:	Schulnote 1 – sehr gut

Handel

> 5,5 Jahre:	Schulnote 5 – mangelhaft
$4{,}5 < x < 5{,}5$ Jahre:	Schulnote 4 –ausreichend
$3{,}5 < x < 4{,}5$ Jahre:	Schulnote 3 – befriedigend
$2{,}5 < x < 3{,}5$ Jahre:	Schulnote 2 – gut
< 2,5 Jahre:	Schulnote 1 – sehr gut

Dienstleistung

> 3,8 Jahre:	Schulnote 5 – mangelhaft
$3{,}0 < x < 3{,}8$ Jahre:	Schulnote 4 –ausreichend
$2{,}3 < x < 3{,}0$ Jahre:	Schulnote 3 – befriedigend
$1{,}5 < x < 2{,}3$ Jahre:	Schulnote 2 – gut
< 1,5 Jahre:	Schulnote 1 – sehr gut

Sind bei Dienstleistern Gebäude aktiviert und fremdfinanziert, dann sind auch höhere Korridore zulässig.

Bei uns zeigt sich nach der Optimierung wirklich Fantastisches.

Waren die Tilgungsdauern in den Ist-Perioden von acht auf drei Jahre fallend, schon zuletzt sehr gut, sehen wir zunächst einen (normalen) Anstieg im ersten Planjahr, der dann aber sofort wieder massiv fällt und sogar dann Werte unter drei (Tilgungs-)Jahren annimmt.

in T€			IST 5	PLAN 1	PLAN 2	PLAN 3	PLAN 4	PLAN 5
(Dyn. Verschuldung) Kredittilgungsdauer	Zähler	Summe langfr. FK	1.348,70	6.296,20	6.344,60	5.378,60	4.926,20	4.074,20
(Wie lange dauert es, bis aus dem		- langfr. Rückst.	0,00	0,00	0,00	0,00	0,00	0,00
CF nach Steuern die Effektiv-		+ Summe kurzfr. FK	787,10	820,40	908,67	1.061,73	1.145,60	1.356,82
verschuldung getilgt werden kann?)		- Forderungen	792,60	1.343,10	1.302,99	1.387,91	1.581,16	1.665,14
		- davon liquide Mittel	51,60	27,38	932,49	129,57	116,35	263,99
(Dynamischer Verschuldungsgrad)			1.343,20	5.773,50	5.950,28	5.052,42	4.490,64	3.765,88
(Gibt Auskunft über die Kreditwürdigkeit und Bonität)	Nenner	Cash Flow	1.614,90	390,78	1.041,74	907,81	1.541,71	1.806,65
	Ergebnis	*Division*	0,83	14,77	5,71	5,57	2,91	2,08

[3] Die Schwerindustrie ist hier ausgenommen. Teilweise sehen wir dort aber auch (passivierte) Anzahlungen.

13.4.9 Reinvestitionsquote

Die „(Re-)Investitionsquote" berechnet, wie viel der durch Abschreibungen reduzierten Substanz wieder durch Neuinvestitionen aufgefüllt wird!

Ist kein Anlagespiegel oder Investitionsplan vorhanden, berechnen sich die periodischen Neuinvestitionen als

	Anlagevermögen_t
–	$\text{Anlagevermögen}_{t-1}$
+	Abschreibungen_t

Wir haben es hier aber leichter und können direkt auf den Investitionsplan zugreifen:

	IST 5 T€	PLAN 1 T€	PLAN 2 T€	PLAN 3 T€	PLAN 4 T€	PLAN 5 T€
Immat. VG EDV		92	102	112	100	100
SAV Grund & Gebäude		3600	0	0	0	0
SAV tech. Anlagen		960	0	400	600	500
SAV Sonstiges		198	193	186	200	200
Investitionen gesamt	**141**	**4.851**	**295**	**698**	**900**	**800**

Grafisch können wir diese Kennzahl auch wieder darstellen.

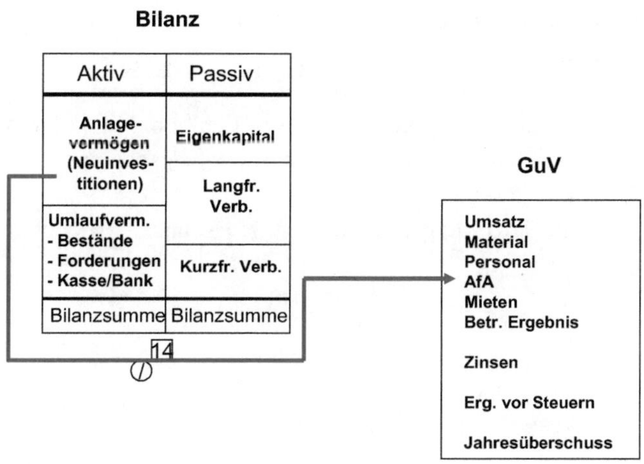

Damit lässt sich auch sofort die (Re-)Investitionsquote beziffern, und es zeigt sich analytisch natürlich besonders in der ersten Planperiode ein imposantes Ergebnis.

Aber bitte vergessen Sie nicht, dass die durch die Fremdkapitalfinanzierung bedingte Bilanzmehrung (Aktiva und Passiva werden „länger", die Bilanzsumme nimmt signifikant zu) der HKG in mehreren Kennzahlenauswertungen der Planung auch weh tut.

in T€			IST 5	PLAN 1	PLAN 2	PLAN 3	PLAN 4	PLAN 5
(Re)Investitionsquote III (%) (Berechnet eine Substanzsteigerung oder Substanzreduktion) (Managementkennzahl, in Verbindung mit Kapitalumschlag (Kap-U), Kapitalrendite (ROI) und Umsatzrendite (ROS)	Zähler	Per. Investitionen	141,00	4.850,70	294,90	697,80	900,00	800,00
	Nenner	AFA auf AV	210,00	238,30	482,40	623,70	635,20	606,20
	Ergebnis	Division	0,7	20,4	0,6	1,1	1,4	1,3

13.5 Zusammenfassungen

Die Planung zeigt, dass Verbesserungspotenzial, welches in der Analyse der Ist-Perioden erkannt wurde, sukzessive (logisch) umgesetzt wurde, und aus Bewertungssicht wurde sogar mehrfach intelligent gehandelt:

- Es wurde die Basis gelegt, dass nachhaltiges Wachstum ausgewiesen wird und dieser positive Trend dann in die ewige Rente eingeht.
- Das Jahr der ewigen Rente selbst ist von massive(re)n Kapitalbelastungen befreit.
- Das Wachstum ist stetig und damit auch in die ewige Rente übertragbar mit einem weiteren Wachstumsfaktor.

Wir kommen bei der Bewertung noch zu diesen Punkten. Hier kann man aber sagen, dass die Beteiligung ihre Hausaufgaben (aus der Bewertungsperspektive heraus) gemacht hat. Das ist richtig schön zu sehen.

Schauen wir uns die HKG-Planung mit den 15 Kennzahlen nochmals zusammenfassend an.

1. Vermögen und Kapital

in T€			IST 5	PLAN 1	PLAN 2	PLAN 3	PLAN 4	PLAN 5
Gesamtkapitalumschlag (Wie häufig wird das Kapital auf Basis des Erlöses umgeschlagen?) oder (1 Euro Kapital generiert wieviel Euro Erlöse ?)	Zähler	Gesamterlöse	16.476,40	15.000,00	17.000,00	19.000,00	21.000,00	23.000,00
	Nenner	Bilanzsumme	5.450,40	10.583,68	11.279,69	10.750,86	11.288,83	11.848,51
	Ergebnis	*Division*	3,02	1,42	1,51	1,77	1,86	1,94
Anlagenintensität (%) (Wie viel % der Bilanzsumme steckt im Anlagevermögen ?) (Gibt einen Hinweis auf die Investitionstätigkeit und Flexibilität)	Zähler	Summe AV	2.736,30	7.348,70	7.161,20	7.235,30	7.500,10	7.693,90
	Nenner	Bilanzsumme	5.450,40	10.583,68	11.279,69	10.750,86	11.288,83	11.848,51
	Ergebnis	*Division x 100*	50,20%	69,43%	63,49%	67,30%	66,44%	64,94%
Eigenkapitalquote (in %) Basis wirtschaftliches Eigenkapital (Wie viel Prozent der Bilanzsumme/ des Kapitals wird von Eigenkapital gestellt?) (Gibt Auskunft über die Solidität der Kapitalbasis - "Krisenkapital")	Zähler	Eigenkapital nach HGB	2.858,10	3.210,26	3.721,28	3.976,50	4.817,21	5.936,62
	Nenner	Bilanzsumme	5.450,40	10.583,68	11.279,69	10.750,86	11.288,83	11.848,51
	Ergebnis	*Division x 100*	52,44%	30,33%	32,99%	36,99%	42,67%	50,10%
Verb. aus L&L Quote (%) (Wie viel % des Fremdkapitals stammt von Lieferanten und Sonstigen, ist daher kurzfristig und ist damit in naher Zukunft fällig?)	Zähler	Verb. aus L. & L.	458,30	630,00	697,67	839,73	947,60	1.168,82
(Achtung: bei Skontogewährung) (Gibt Auskunft über die anstehenden Zahlungsverpflichtungen und den Liquiditätsbedarf einerseits und die kostenfreie Finanzierung über Lieferanten andererseits)	Nenner	Rückstellungen + Verbindlichkeiten + Passive RAP Ges.Fremdkapital	456,50 2.135,80 0,00 2.592,30	256,82 6.859,78 0,00 7.116,60	305,14 6.948,13 0,00 7.253,27	334,03 6.106,31 0,00 6.440,33	399,83 5.671,97 0,00 6.071,80	480,87 4.950,15 0,00 5.431,02
	Ergebnis	*Division x 100*	17,68%	8,85%	9,62%	13,04%	15,61%	21,52%

2. Das Working Capital selbst (Teil I)

T€			IST 5	PLAN 1	PLAN 2	PLAN 3	PLAN 4	PLAN 5
Vorratsumschlag (Faktor) (Wie häufig werden die Bestände auf Basis der Erlöse umgeschlagen?)	Zähler	Gesamterlöse	16.476,40	15.000,00	17.000,00	19.000,00	21.000,00	23.000,00
	Nenner	Summe Vorräte	1.844,50	1.844,50	1.863,01	1.978,08	2.071,23	2.205,48
		- Geleistete Anzahlungen	0,00	0,00	0,00	0,00	0,00	0,00
(Je höher der Bestandsumschlag, desto besser, da wenig gebundenes Kapital)			1.844,50	1.844,50	1.863,01	1.978,08	2.071,23	2.205,48
	Ergebnis	*Division*	8,93	8,13	9,13	9,61	10,14	10,43
Vorräte zu Umsatz (%) (Kehrwert zum Vorratsumschlag in %)	Zähler	Summe Vorräte (ohne geleistete Anzahlungen)	1.844,50	1.844,50	1.863,01	1.978,08	2.071,23	2.205,48
Die Vorräte machen wie viel Prozent des Umsatzes aus?	Nenner	Gesamterlöse	16.476,40	15.000,00	17.000,00	19.000,00	21.000,00	23.000,00
	Ergebnis	*Division x 100*	11,2%	12,3%	11,0%	10,4%	9,9%	9,6%
Reichweite Bestände (Tage) zu Umsatz Berechnungsalternative 1	Zähler	Tage	365	365	365	365	365	365
Die Bestände reichen für wie viele Tage, gemessen an Umsatz/Kalendertagen	Nenner	Vorratsumschlag	8,93	8,13	9,13	9,61	10,14	10,43
	Ergebnis	*Division*	40,86	44,88	40,00	38,00	36,00	35,00
Berechnungsalternative 2:	Zähler	Tage * Summe Vorräte	673.242,50	673.242,50	680.000,00	722.000,00	756.000,00	805.000,00
	Nenner	Gesamterlöse	16.476,40	15.000,00	17.000,00	19.000,00	21.000,00	23.000,00
	Ergebnis	*Division*	40,86	44,88	40,00	38,00	36,00	35,00
Reichweite Bestände (Jahresüberschuss als Basis) (Tage und Jahre)	Zähler	Tage * Summe Vorräte	673.242,50	673.242,50	680.000,00	722.000,00	756.000,00	805.000,00
Die Bestände reichen für wie viele Tage, gemessen an Ergebnistagen nach Steuern (Jahresüberschuss)	Nenner	Jahresüberschuss	1.404,90	352,16	511,02	255,22	840,71	1.119,41
	Ergebnis	*Division* (Tage)	479,21	1.911,76	1.330,68	2.828,88	899,24	719,13
		Jahre	1,31	5,24	3,65	7,75	2,46	1,97
		JÜ in % der Bestände	76,2%	19,1%	27,4%	12,9%	40,6%	50,8%

Das Working Capital selbst (Teil II)

in T€			IST 5	PLAN 1	PLAN 2	PLAN 3	PLAN 4	PLAN 5
Debitorenziel (Tage) (Wie viele Tage dauert es im Schnitt, bis Forderungen eingehen?)	Zähler	Forderungen ohne sonstige VG	701,10	1.341,10	1.302,99	1.387,91	1.581,16	1.665,14
(Gibt Auskunft über die Effizienz des Forderungsmanagements)	Nenner	Gesamterlöse	16.476,40	15.000,00	17.000,00	19.000,00	21.000,00	23.000,00
		erhöht um Mwst.	19.606,92	17.850,00	20.230,00	22.610,00	24.990,00	27.370,00
		koorigiert um Exporte	17.666,00	16.140,00	18.292,00	20.263,50	22.197,00	24.311,00
	Ergebnis	*Division x Tage*	14,49	30,33	26,00	25,00	26,00	25,00
Kreditorenziel (Tage) (Wie viele Tage dauert es im Schnitt,	Zähler	Verbindlichkeiten aus L&L	458,30	630,00	697,67	839,73	947,60	1.168,82
bis Verbindlichkeiten gezahlt werden?)	Nenner	(Veränd. zu VJ) RHB	-48,20	0,00	-1.155,50	0,00	0,00	0,00
(Gibt Auskunft über die Effizienz der Skontoziehung und der Zahlungssaldi)		(Veränd. zu VJ) HW	0,00	0,00	0,00	0,00	0,00	0,00
		Material & bez. Leistungen	8.856,00	7.350,00	8.364,00	9.348,00	10.185,00	11.040,00
		Gesamt	8.807,80	7.350,00	7.208,50	9.348,00	10.185,00	11.040,00
		erhöht um Mwst.	10.481,28	8.746,50	8.578,12	11.124,12	12.120,15	13.137,60
		koorigiert um Importquote	10.313,93	8.606,85	8.441,15	10.946,51	11.926,64	12.927,84
	Ergebnis	*Division x Tage*	16,22	26,72	30,17	28,00	29,00	33,00
Reichweite Liquide Mittel (Tage) (Für wie viele Tage reichen die liquiden Mittel?	Zähler	Liquide Mittel	51,60	27,38	932,49	129,57	116,35	263,99
(Gibt Auskunft über die Zahlungsfähigkeit)	Nenner	Umsatzerlöse	16.476,40	15.000,00	17.000,00	19.000,00	21.000,00	23.000,00
	Ergebnis	*Division x Tage*	1,14	0,67	20,02	2,49	2,02	4,19
Operative Zahlungsziele: Vergleich (Tage)	Zähler	Kreditorisches Ziel	16,22	26,72	30,17	28,00	29,00	33,00
Wie sieht der operative Tage-Status aus Eingangs- und Ausgangsrechnungen (Debitoren- und Kreditorenziel) aus?	Nenner	Debitorisches Ziel	14,49	30,33	26,00	25,00	26,00	25,00
	Ergebnis	*Saldo I*	1,73	-3,61	4,17	3,00	3,00	8,00
Kleiner Cash Zyklus Wie sieht der Saldo erweitert um die Kassen- und Bankreichweite aus?	zuzüglich plus	Reichweite Kasse & Bank	1,14	0,67	20,02	2,49	2,02	4,19
		Saldo II	2,88	-2,95	24,19	5,49	5,02	12,19
Großer Cash Zyklus Wie sieht der Saldo erweitert um die Reichweite der Bestände aus?	zuzüglich plus	Reichweite Bestände	40,86	44,88	40,00	38,00	36,00	35,00
		Saldo III	43,74	41,94	64,19	43,49	41,02	47,19
Umschlagsdauer Umlaufvermögen (Tage) (Wie lange dauert es, bis das kurzfristig gebundene Kapital durch Erlöse umgeschlagen bzw. reproduziert wird?)	Zähler Nominator	Summe Umlaufvermögen	2.714,10	3.234,98	4.118,49	3.515,56	3.788,73	4.154,61
(Gibt Auskunft über die Kapitalrentabilität und das NUV Management)	Nenner Denomiator	Gesamterlöse	16.476,40	15.000,00	17.000,00	19.000,00	21.000,00	23.000,00
	Ergebnis Result	*Division x Tage*	60,13	78,72	88,43	67,54	65,85	65,93
Cash Conversion (Cycle) (Tage) (Wie lange dauert die "Cash Bindung" im UV (ohne Kasse/Bank) für einen Umlauf.		Debitorisches Ziel	14,49	30,33	26,00	25,00	26,00	25,00
Die reine Fertigungszeit in der Produktion muss noch addiert werden.	minus	Kreditorisches Ziel	16,22	26,72	30,17	28,00	29,00	33,00
		Saldo I	-1,73	3,61	-4,17	-3,00	-3,00	-8,00
	plus	Reichweite Bestände	40,86	44,88	40,00	38,00	36,00	35,00
	Ergebnis Result	*Cash Conversion*	39,13	48,49	35,83	35,00	33,00	27,00

Das Working Capital selbst (Teil III)

in T€			IST 5	PLAN 1	PLAN 2	PLAN 3	PLAN 4	PLAN 5
Liquidität II (%) - 'weite' Betrachtung (In welcher Relation stehen prozentual Forderungen und flüssige Mittel zum kurzfristigen Fremdkapital?) (Gibt Auskunft über die Solidität der kurz- bis mittelfristigen Finanzierungsposition)	Zähler	Forderungen aus L. & L. abz. sonst. VG zzgl. flüssige Mittel	792,60 -91,50 51,60 752,70	1.343,10 -2,00 27,38 1.368,48	1.302,99 0,00 932,49 2.235,48	1.387,91 0,00 129,57 1.517,48	1.581,16 0,00 116,35 1.697,50	1.665,14 0,00 263,99 1.929,13
	Nenner	Verbindlichkeiten aus L&L + Sonstiges kurzfr. FK = Summe kurzfr. FK	458,30 328,80 787,10	630,00 190,40 820,40	697,67 211,00 908,67	839,73 222,00 1.061,73	947,60 198,00 1.145,60	1.168,82 188,00 1.356,82
	Ergebnis	*Division x 100*	95,63%	166,81%	246,02%	142,92%	148,18%	142,18%
Liquidität III (in %) (In welcher Relation steht prozentual das Umlaufvermögen - Bestände, Forderungen und flüssige Mittel - zum kurzfristigen Fremdkapital? (Gibt Auskunft über die Solidität der kurz- bis mittelfristigen Finanz-) position)	Zähler	Summe Umlaufvermögen	2.688,70	3.214,98	4.098,49	3.495,56	3.768,73	4.134,61
	Nenner	Summe kurzfr. FK	787,10	820,40	908,67	1.061,73	1.145,60	1.356,82
	Ergebnis	*Division x 100*	341,60%	391,88%	451,04%	329,23%	328,98%	304,73%
Cash-Flow-Umsatzrate (in %) (misst die Liquidität /die Cash Generierung pro Umsatz Euro)	Zähler	JÜ/JF + Abschreibungen + Erhöh./ - Vermind. Rückst. = Cash Flow	1.404,90 210,00 -468,10 1.614,90	352,16 238,30 -199,68 390,78	511,02 482,40 48,32 1.041,74	255,22 623,70 28,88 907,81	840,71 635,20 65,80 1.541,71	1.119,41 606,20 81,04 1.806,65
	Nenner	Gesamterlöse	16.476,40	15.000,00	17.000,00	19.000,00	21.000,00	23.000,00
(Ist ein klares Indiz für die Renditestärke)	Ergebnis	*Division x 100*	9,80%	2,61%	6,13%	4,78%	7,34%	7,86%

3. Erfolg und Rendite

in T€			IST 5	PLAN 1	PLAN 2	PLAN 3	PLAN 4	PLAN 5
Zins-und Miet-Intensität (in %) (Wie viel der Gesamterlöse müssen für Mieten, Leasing und aufgewendet werden?)	Zähler	Miet- und Leasing	0,00	0,00	15,00	15,00	15,00	15,00
		+ Zinsaufwendungen	77,50	113,10	137,78	131,48	79,09	65,39
			77,50	113,10	152,78	146,48	94,09	80,39
(Gibt Auskunft über die Kostenstruktur und die Effizienz des Managements)	Nenner	Gesamterlöse	16.476,40	15.000,00	17.000,00	19.000,00	21.000,00	23.000,00
	Ergebnis	*Division x 100*	0,47%	0,75%	0,90%	0,77%	0,45%	0,35%
Personalkostenintensität I (in %) (Wie viel der Gesamterlöse müssen für Personalkosten aufgewendet werden?)	Zähler	Personalkosten	5.347,30	5.700,00	6.290,00	7.220,00	7.770,00	8.510,00
		- ... davon GF (k. Ausweis)	0,00	0,00	0,00	0,00	0,00	0,00
			5.347,30	5.700,00	6.290,00	7.220,00	7.770,00	8.510,00
(GF wird rausgerechnet, da eventuell kalkulatorischer Unternehmerlohn)	Nenner	Gesamterlöse	16.476,40	15.000,00	17.000,00	19.000,00	21.000,00	23.000,00
(Gibt Auskunft über die Kostenstruktur)	Ergebnis	*Division x 100*	32,45%	38,00%	37,00%	38,00%	37,00%	37,00%
Umsatzrentabilität (in %) (Wie viel Ergebnis v. Steuern wird pro Umsatz-Euro erzeugt?)	Zähler	Ergebnis vor Steuern	1.079,40	484,40	704,85	557,12	1.070,71	1.444,41
(ROS - Return on Sales)	Nenner	Gesamterlöse	16.476,40	15.000,00	17.000,00	19.000,00	21.000,00	23.000,00
(Gibt Auskunft über die Rückflüsse/ Gewinne und damit die Ertragskraft) (Fokus: Handel & Service)	Ergebnis	*Division x 100*	6,55%	3,23%	4,15%	2,93%	5,10%	6,28%
Kapitalrendite (in %) (Wieviel Ergebnis v. Steuern wird pro Kapital-Euro erzeugt?)	Zähler	Ergebnis vor Steuern	1.079,40	484,40	704,85	557,12	1.070,71	1.444,41
(ROC - Return on Capital)	Nenner	Bilanzsumme	5.450,40	10.583,68	11.279,69	10.750,86	11.288,83	11.848,51
(Gibt Auskunft über die Rückflüsse/ Gewinne und damit die Ertragskraft pro Investiv-Euro)	Ergebnis	*Division x 100*	19,80%	4,58%	6,25%	5,18%	9,48%	12,19%

4. Operative Stärke

in T€			IST 5	PLAN 1	PLAN 2	PLAN 3	PLAN 4	PLAN 5
Zinsdeckung Wie häufig deckt das Betriebsergebnis die Zinsforderungen der FK-Geber	Zähler	Betriebsergebnis	1.155,60	595,50	841,13	687,10	1.149,80	1.509,80
	Nenner	Zinsen	77,50	113,10	137,78	131,48	79,09	65,39
	Ergebnis	Division	14,9	5,3	6,1	5,2	14,5	23,1
(Dyn. Verschuldung) Kredittilgungsdauer (Wie lange dauert es, bis aus dem CF nach Steuern die Effektivverschuldung getilgt werden kann?) (Dynamischer Verschuldungsgrad) (Gibt Auskunft über die Kreditwürdigkeit und Bonität)	Zähler	Summe langfr. FK	1.348,70	6.296,20	6.344,60	5.378,60	4.926,20	4.074,20
		- langfr. Rückst.	0,00	0,00	0,00	0,00	0,00	0,00
		+ Summe kurzfr. FK	787,10	820,40	908,67	1.061,73	1.145,60	1.356,82
		- Forderungen	792,60	1.343,10	1.302,99	1.387,91	1.581,16	1.665,14
		- davon liquide Mittel	51,60	27,38	932,49	129,57	116,35	263,99
		= Nettoverschuldung	1.343,20	5.773,50	5.950,28	5.052,42	4.490,64	3.765,88
	Nenner	Cash Flow	1.614,90	390,78	1.041,74	907,81	1.541,71	1.806,65
	Ergebnis	*Division*	0,83	14,77	5,71	5,57	2,91	2,08
(Re)Investitionsquote III (%) (Berechnet eine Substanzsteigerung oder Substanzreduktion) (Managementkennzahl, in Verbindung mit Kapitalumschlag (Kap-U), Kapitalrendite (ROI) und Umsatzrendite (ROS)	Zähler	Per. Investitionen	141,00	4.850,70	294,90	697,80	900,00	800,00
	Nenner	AFA auf AV	210,00	238,30	482,40	623,70	635,20	606,20
	Ergebnis	Division	0,7	20,4	0,6	1,1	1,4	1,3

Die meisten Kennzahlen sehen aus der Bewertungsperspektive richtig gut aus, besonders in der für die Berechnung der ewigen Rente so wichtigen Planperiode 5. Das hat richtig Charme und man muss dem Beteiligungsmanagement dafür gratulieren.

Die beherrschen ihren Job, die Braut wird sukzessive geschmückt, ohne dass man unterstellen kann, dass die Planungen nicht logisch oder plausibel sind. Nein, im Gegenteil, die Planungsrechnungen der HKG sind wirklich belastbar!

Damit können wir in die eigentliche Bewertung einsteigen.

14 Bewertung der HKG

14.1 Einleitung

Die Bewertung ist rein technisch gesehen ja eigentlich eine Art Investitionsrechnung gegen unendlich.

Während die Investitionsrechnung allerdings mit Größen des internen Rechnungswesens arbeitet und in der Regel die Ergebnisse vor Steuern berechnet (Heesen 2016), greift die Bewertung auf Werte aus dem externen Rechnungswesen (Plan-GuV und Planbilanzen) zu und ermittelt die Resultate auf einer Nach-Steuer-Basis.

Aber die Technik ist immer gleich und uns bereits sehr bekannt.

- Ein- und Auszahlungen, wie immer definiert, saldieren,
- Diskontsatz berechnen,
- Zeitwerte zu Barwerte abzinsen,
- Barwerte aufsummieren,
- zusätzliche Positionen (z. B. Stille) hinzu- und/oder herausrechnen.

Oder, wie man bei der Investitionsrechnung oder ich an der Hochschule als Regel immer sage:

- Saldieren,
- Diskontieren,
- Multiplizieren,
- Kumulieren,
- Addieren bzw. Subtrahieren.

B. Heesen, *Beteiligungsmanagement und Bewertung für Praktiker*,
https://doi.org/10.1007/978-3-658-30792-9_14

Das eindeutig meistgenutzte Verfahren bei Unternehmensbewertungen haben wir in den vorhergehenden Kapiteln bereits kennengelernt. Es handelt sich um den Ansatz mittels der freien Cash Flows (FCF), wir sprechen vom DCF (Discounted Cash Flow)-Verfahren.

Ist die Bewertung als Gutachten zu erstellen, dann orientiert sich die Auftragsdurchführung fast immer an den Grundsätzen zur Durchführung von Unternehmensbewertungen (IDW S 1)[1], verabschiedet am 02. April 2008 sowie nach der Unternehmenssteuerreform 2008.

Wie Sie in den ersten Kapiteln dieses Buches gesehen haben, gibt es darüber hinaus noch andere Verfahren, die wir aber hier bei der Bewertung der HKG alle vernachlässigen werden.

Generell wird ein Drei-Phasen-Modell für die Bewertung vorgeschlagen, wobei aber nur zwei der drei Phasen in die eigentlichen Bewertungsrechnungen eingehen.

- Analyse von 3–5 historischen Jahren – haben wir gemacht,
- Planung und Analyse von 4–5 Planjahren – haben wir gemacht,
- Berechnung des Endwertes (ewige Rente) – werden wir noch machen.

Die Bewertung baut fast immer auf Planungsrechnungen und einer ewigen Rente auf, es sei denn, Spezialfälle kommen zum Einsatz, in denen z. B. auf die sogenannte Wurzeltheorie[2] zugegriffen wird.

14.2 Berechnung der Vermögensentwicklung

Beginnen wir also mit dem Vermögen und der Entwicklung der HKG mit den weiteren Aktivierungen.

Die Planung der HKG steht ja inzwischen und von daher verfügen wir auch über die Vermögensentwicklung in den nächsten fünf Jahren.

[1] Geben Sie IDW S 1 einmal im Internet in eine Suchmaschine ein – da werden Sie regelrecht mit Informationen dazu überschüttet, von daher werde ich hier keine weiteren Exkurse dazu schreiben.

[2] Die Wurzeltheorie ist eine Methode bei der Bewertung eines Unternehmens, nach der nur solche zukünftigen Entwicklungen, die sich zum Bewertungszeitpunkt noch nicht realisiert haben, aber schon im Kern („in der Wurzel") angelegt sind, zu berücksichtigen sind. Damit sind Tatsachen von der Berücksichtigung ausgeschlossen, die ihre Wurzeln erst in einem nach dem Bewertungsstichtag liegenden Zeitpunkt haben.

Eine Ausnahme hierbei stellen allerdings notwendige Erweiterungsinvestitionen, welche sich aufgrund der Kapazitätsgrenzen eines Unternehmens ergeben, sowie reine Erhaltungs- und Erneuerungsinvestitionen dar. Solche Investitionen sind bei der Planung jedenfalls zu berücksichtigen.

	IST JAHR 5 T€	%	PLAN JAHR 1 T€	%	PLAN JAHR 2 T€	%	PLAN JAHR 3 T€	%	PLAN JAHR 4 T€	%	PLAN JAHR 5 T€	%
Immaterielle Vermögensgegenstände	23	0,4%	106	1,0%	165	1,5%	209	1,9%	198	1,8%	195	1,6%
Sachanlagen	2.713	49,8%	7.243	68,4%	6.997	62,0%	7.026	65,4%	7.302	64,7%	7.499	63,3%
Finanzanlagen	0	0,0%	0	0,0%	0	0,0%	0	0,0%	0	0,0%	0	0,0%
Anlagevermögen	**2.736**	**50,2%**	**7.349**	**69,4%**	**7.161**	**63,5%**	**7.235**	**67,3%**	**7.500**	**66,4%**	**7.694**	**64,9%**
Vorräte	1.845	33,8%	1.845	17,4%	1.863	16,5%	1.978	18,4%	2.071	18,3%	2.205	18,6%
Forderungen	793	14,5%	1.343	12,7%	1.303	11,6%	1.388	12,9%	1.581	14,0%	1.665	14,1%
davon sonst. Vermögensgegenstände	92	1,7%	2	0,0%	0	0,0%	0	0,0%	0	0,0%	0	0,0%
Kasse, Bank und Schecks	52	0,9%	27	0,3%	932	8,3%	130	1,2%	116	1,0%	264	2,2%
Umlaufvermögen	**2.689**	**49,3%**	**3.215**	**30,4%**	**4.098**	**36,3%**	**3.496**	**32,5%**	**3.769**	**33,4%**	**4.135**	**34,9%**
Rechnungsabgrenzungsposten	25	0,5%	20	0,2%	20	0,2%	20	0,2%	20	0,2%	20	0,2%
Nicht durch Eigenkapital gedeckter Fehlbetrag	0	0,0%	0	0,0%	0	0,0%	0	0,0%	0	0,0%	0	0,0%
Aktiva	**5.450**	**100,0%**	**10.584**	**100,0%**	**11.280**	**100,0%**	**10.751**	**100,0%**	**11.289**	**100,0%**	**11.849**	**100,0%**

Wir müssen hier ja sicherlich nicht wieder in die Details gehen, die haben wir bei der Planung Schritt für Schritt angeschaut. Von daher unterbleibt jetzt auch eine Art „Due Diligence" der Planung hinsichtlich Plausibilität. Wir hatten festgestellt, die ist wirklich gegeben.

Sollten Sie allerdings von Dritten Planungen für Bewertungsrechnungen vorgelegt bekommen, dann kommen Sie nicht umhin, die Ist-Perioden und die Planperioden einer gründlichen Analyse – wie gesehen – zu unterziehen.

Die HKG-Planung weist im ersten Planjahr bekannterweise krisenbedingt einen Knick (nach unten) aus. Von daher sind Unterstellungen wie „hockey-stick"-Planungen (das sind Planungen, wo entgegen den Erfahrungen aus der Historie die Planwerte immer nach „oben" zeigen), hier sicherlich nicht angebracht.

Schauen wir uns zunächst im folgenden Tabellenblatt nur noch einmal das gesamte investierte Kapital in den Planperioden an. Dies ist wichtig, da im (freien) Cash Flow natürlich das Betriebsergebnis nach Steuern und die Abschreibungen eine entscheidende Rolle spielen.

Vielleicht erinnern Sie sich. Die freien Cash Flows berechnen sich wie folgt:

Betriebsergebnis
– Steuern
= NOPAT (Betriebsergebnis nach Steuern)
+ Abschreibungen
= Cash Flow
– Investitionen (in das Anlagevermögen)
+/– Kapitalzu- bzw. -abfluss aus den anderen Bilanzposten
= freier Cash Flow

Daher sind die Investitionen und die daraus resultierenden Abschreibungen von so großer Bedeutung.

	IST 5 T€	PLAN 1 T€	PLAN 2 T€	PLAN 3 T€	PLAN 4 T€	PLAN 5 T€
Immat. VG EDV		92	102	112	100	100
SAV Grund & Gebäude		3600	0	0	0	0
SAV tech. Anlagen		960	0	400	600	500
SAV Sonstiges		198	193	186	200	200
Investitionen gesamt	**141**	**4.851**	**295**	**698**	**900**	**800**

Die Investitionen selbst sind im Cash Flow aber in der Periode der Zahlung selbstverständlich Cash Flow reduzierend. Durch die Investitionen werden in den Folgeperioden die Ergebnisse durch die Abschreibungen zusätzlich belastet.

Genau diese Abschreibungen führen aber im Cash Flow dazu, dass dieser zunimmt, da sie nicht auszahlungswirksam sind und damit additiv in die Berechnung des Cash Flow eingehen.

Damit ist auch die Planung der Abschreibungen von fundamentaler Bedeutung für die Bewertung.

	IST 5 T€	PLAN 1 T€	PLAN 2 T€	PLAN 3 T€	PLAN 4 T€	PLAN 5 T€
AfA aus historischen Perioden	210	193	408	479	427	317
AfA PLAN I		45	45	45	45	45
AfA PLAN II			29	29	29	29
AfA PLAN III				71	71	71
AfA PLAN IV					63	63
AfA PLAN V						81
AfA periodisch	**210**	**238**	**482**	**624**	**635**	**606**

Sie sehen schon an dieser (frühen) Stelle bei der Bewertung, wie wichtig eine detaillierte und sorgfältige Planung, wenn möglich mit einem verknüpften PC Tool, ist.

Das Anlagevermögen (Vermögensgegenstände) der HKG entwickelt sich somit aus buchhalterischer Sicht (zu Buchwerten) folgendermaßen:

	IST JAHR 5 T€	%	PLAN JAHR 1 T€	%	PLAN JAHR 2 T€	%	PLAN JAHR 3 T€	%	PLAN JAHR 4 T€	%	PLAN JAHR 5 T€	%
Immaterielle Vermögensgegenstände	23	0,4%	106	1,0%	165	1,5%	209	1,9%	198	1,8%	195	1,6%
Sachanlagen	2.713	49,8%	7.243	68,4%	6.997	62,0%	7.026	65,4%	7.302	64,7%	7.499	63,3%
Finanzanlagen	0	0,0%	0	0,0%	0	0,0%	0	0,0%	0	0,0%	0	0,0%
Anlagevermögen	**2.736**	**50,2%**	**7.349**	**69,4%**	**7.161**	**63,5%**	**7.235**	**67,3%**	**7.500**	**66,4%**	**7.694**	**64,9%**

(Periodische) Veränderungen beim Umlaufvermögen gehen später – wie oben gesehen – auch in die Bewertung ein, allerdings haben Anlageninvestitionen und Abschreibungen meist den größten Einfluss auf die zukünftigen (freien) Cash Flows und von daher habe ich gerade diese Posten hier noch einmal in Ihr Gedächtnis gerufen.

14.3 Berechnung der Kapitalkosten

Die Berechnung der Kapitalkosten haben wir in einem eigenständigen Kapitel bearbeitet. Von daher werden wir hier recht schnell diese anhand der Planwerte der HKG behandeln, zumal wir sie beim zweiten Beispiel dann auch noch einmal detaillierter besprochen haben.

Beide von uns durchgearbeiteten Verfahren berücksichtigen den Leverage, also das Verhältnis Fremd- zu Eigenkapital in ihren Berechnungen. Wir wissen auch, dass nur zinstragendes Kapital in die Berechnungen eingeht.

Von daher beschäftigen wir uns zunächst mit dem zinstragenden Kapital in der HKG-Planung.

Vielleicht erinnern Sie sich auch hier – wir müssen nun besonders alle Fremdkapitalposten hinsichtlich Zinsforderungen Dritter im Detail untersuchen.

Struktur der Verbindlichkeiten nach Zinslast (in T€)	**IST 5**	**PLAN 1**	**PLAN 2**	**PLAN 3**	**PLAN 4**	**PLAN 5**
Rückstellungen	0	0	0	0	0	0
...davon Rückstellungen für Pensionen & ähnliche Verpflichtungen	*0*	*0*	*0*	*0*	*0*	*0*
Bankverbindlichkeiten und Anleihen	1.349	6.296	6.345	5.379	4.926	4.074
Zinstragende Verbindlickkeiten	**1.349**	**6.296**	**6.345**	**5.379**	**4.926**	**4.074**
Rückstellungen	**457**	**0**	**0**	**0**	**0**	**0**
...davon Steuerrückstellungen	*0*	*0*	*0*	*0*	*0*	*0*
...davon sonstige Rückstellungen	*457*	*0*	*0*	*0*	*0*	*0*
Kurzfristige Verbindlichkeiten	**564**	**630**	**698**	**840**	**948**	**1.169**
... davon erhaltene Anzahlungen auf Bestellungen	*0*	*0*	*0*	*0*	*0*	*0*
... davon Verbindlichkeiten aus Lieferungen & Leistungen	*458*	*630*	*698*	*840*	*948*	*1.169*
... davon Verbindlichkeiten aus der Annahme gezogener/Ausstellung eigener Wechsel	*0*	*0*	*0*	*0*	*0*	*0*
... davon Verbindlichkeiten gegen verbundene Unternehmen	*105*	*0*	*0*	*0*	*0*	*0*
... davon Verbindlichkeiten gegenüber Unternehmen, mit denen ein Beteiligungsverhältnis besteht	*0*	*0*	*0*	*0*	*0*	*0*
Sonstige kfr. Verbindlichkeiten	**224**	**190**	**211**	**222**	**198**	**188**
a) aus Steuern	*0*	*60*	*0*	*0*	*0*	*0*
b) davon im Rahmen der sozialen Sicherheit	*0*	*130*	*211*	*222*	*198*	*188*
Nicht zinstragende Verbindlickkeiten	**1.244**	**820**	**909**	**1.062**	**1.146**	**1.357**
Gesamt Verbindlichkeiten	**2.592**	**7.117**	**7.253**	**6.440**	**6.072**	**5.431**
Überprüfung Bilanz	2.592	7.117	7.253	6.440	6.072	5.431
Differenz	0	0	0	0	0	0

Eigenkapital ist immer zinstragend. Der Aktionär will immer entsprechende Vergütungen für sein Kapital, sei es in Form von Dividenden oder Wertsteigerungen.

Somit berechnen sich folgende Leverages in der letzten Ist- und den fünf Planperioden, wobei letztendlich für die Bewertung nur das erste Planjahr – denn aus dieser Perspektive (01.01. Planjahr 1) bewerten wir – relevant ist.

Nutzen wir die Kapitalkosten, um periodische EVA zu berechnen, dann müssen wir auch jährlich unterschiedliche Leverages bei den Kapitalkosten berücksichtigen.

Hier in der Bewertung haben wir aber das Beteiligungscontrolling verlassen, und somit sind die Werte der ersten Planperiode für uns interessant.

Somit ergibt/ergeben sich folgende(r) Leverage(s):

in T€	IST 5		PLAN 1		PLAN 2		PLAN 3		PLAN 4		PLAN 5	
Eigenkapital	2.858	67,9%	3.210	33,8%	3.721	37,0%	3.977	42,5%	4.817	49,4%	5.937	59,3%
Zins tragendes Fremdkapital	1.349	32,1%	6.296	66,2%	6.345	63,0%	5.379	57,5%	4.926	50,6%	4.074	40,7%
Gesamtkapital Zins tragend	**4.207**	**100,0%**	**9.506**	**100,0%**	**10.066**	**100,0%**	**9.355**	**100,0%**	**9.743**	**100,0%**	**10.011**	**100,0%**

Gehen wir die Berechnungen nochmals im Schnelldurchlauf durch, allerdings nicht in dem Detail, wie zuvor in den Erklärungen im relevanten Kapitel bzw. im zweiten Beispiel.

Zunächst gehen wir den Weg mittels Leverage-Bestimmung nach Copeland, bei dem ein Leverage-Faktor zu berechnen war, der dann multiplikativ in einen Teil der Eigenkapitalkosten integriert wurde.

Nochmals zur Erinnerung: Leverage-Zuschläge müssen wir berechnen, um zusätzliche Risiken für den Eigenkapitalgeber aufgrund von Fremdkapitaleinsatz (wird immer prioritär bedient) quantifizieren zu können. Dabei werden dann auch die positiven Seiten des Fremdkapitaleinsatzes, die steuerliche Abzugsfähigkeit der Zinsen, eingerechnet.

Wir müssen also Folgendes rechnen:

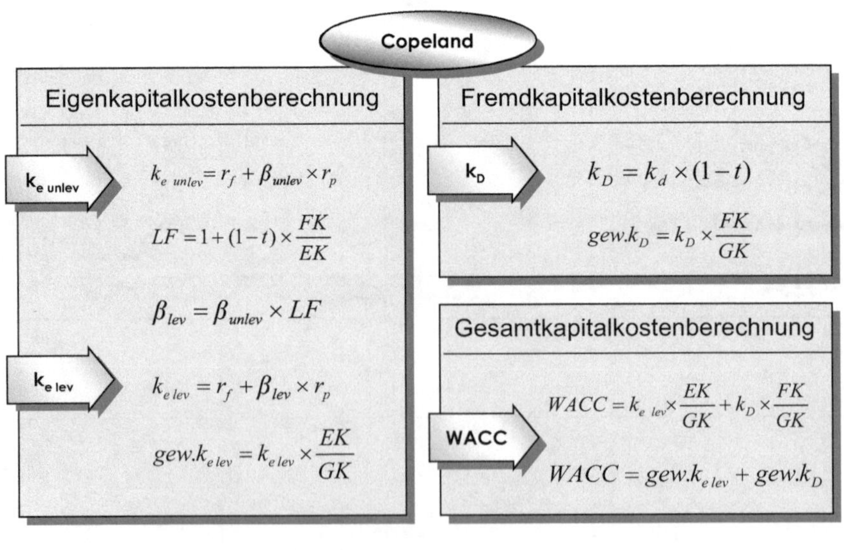

Sieht wieder kompliziert aus, ist es aber nicht, wie Sie bereits wissen – Sie haben diese schon zweimal komplett gerechnet.

Bevor wir dann direkt in die Ergebnisse gehen, schauen wir uns auch noch einmal die Berechnungen nach Stewart an.

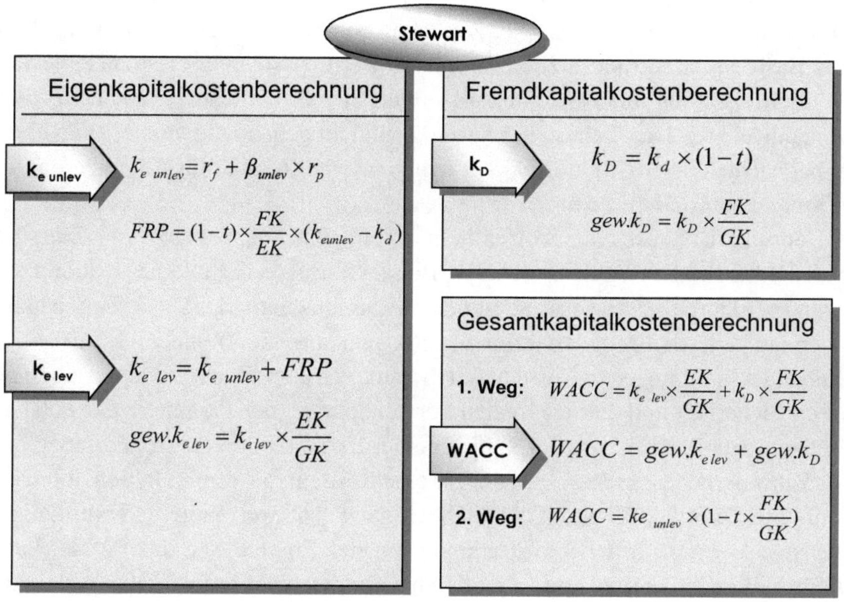

Die Kapitalkostenberechnungen nach IdW werden meist bei Bewertungsgutachten genutzt, ich halte sie aber in manchen Punkten für zumindest diskutabel. Von daher möchte bei der HKG-Bewertung den klassischen Ansatz gehen.

Gehen wir es kurz gemeinsam wieder durch. Man muss (leider) diese Kalkulationen mehrfach machen, also üben, um sich damit dann leichter zu tun.

Probieren Sie es einfach noch einmal – es wird Ihnen wirklich helfen, besser zu verstehen. Und denken Sie an die Situation an Ihrem Arbeitsplatz, wenn Sie ganz locker die Berechnungen per Formeln aufzeigen und dann selbst problemlos kalkulieren können.

- Sind Sie Chef(in), macht das Eindruck auf die Mitarbeiter(innen). „Er/Sie hat's voll drauf!".
- Sind Sie im Beteiligungscontrolling tätig, macht es Eindruck auf die Kolleg(inn)en und den/die Chef(in) – „Der/die hat's voll drauf!".

Wie auch immer – Ihre Person wird aufgewertet!

Als Datenbasis haben wir jetzt die folgenden Parameter.

14.3.1 Risikofreier Zins (Basiszins)

Der Basiszinssatz repräsentiert eine risikofreie und fristadäquate Alternativanlage zur Investition in das zu bewertende Unternehmen. Als quasisichere Anlagen erfüllen in Deutschland Anleihen der öffentlichen Hand weitestgehend die Forderung nach Risikofreiheit. Da ein Unternehmen mit einer zeitlich unbegrenzten Lebensdauer bewertet wird, wäre als Basiszinssatz grundsätzlich die am Bewertungsstichtag zu erzielende Rendite einer zeitlich ebenfalls nicht begrenzten Anleihe der öffentlichen Hand heranzuziehen (Laufzeitäquivalenz). Da solche ewigen Anleihen nicht gehandelt werden, kann alternativ aus der beobachteten Zinsstrukturkurve die theoretische Rendite für Anleihen mit unendlicher Laufzeit approximiert werden.

Die Deutsche Bundesbank veröffentlicht regelmäßig Schätzungen von Zinsstrukturkurven auf Basis der Kurse börsennotierter Bundeswertpapiere mit einer Restlaufzeit von bis zu rund 30 Jahren unter Verwendung der Svensson-Methode. Diese Zinsstrukturkurven bilden laufzeitspezifische Basiszinssätze (sogenannter Zerobond-Zinssatz) ab.

Für über 30 Jahre liegende Restlaufzeiten kann vor dem Hintergrund der allgemeinen Prognoseunsicherheit und der begrenzten Verwendbarkeit der Parameter der Schätzfunktion der Deutschen Bundesbank im Rahmen einer Extrapolation für weiter in der Zukunft liegende Zinsprognosen im Regelfall der für eine Restlaufzeit von 30 Jahren durchschnittlich ermittelte Zerobond-Zinssatz als nachhaltiger Schätzwert angesetzt werden. Dieser Vorgehensweise wurde in Übereinstimmung mit der Empfehlung des FAUB (Fachausschuss für Unternehmensbewertung und Betriebswirtschaft) gefolgt. Zur Ableitung des Basiszinssatzes wurde eine durchschnittliche Zinsstrukturkurve für die Jahre 2013 ff. über eine Zeitspanne von bis zu 30 Jahren auf Basis der täglichen Bundesbankschätzungen über die Monate Juni und Juli 2013 und unter Fortschreibung des durchschnittlichen 30-jährigen Zerobond-Zinssatzes abgeleitet. Die laufzeitspezifischen Zinssätze der so gewonnenen Zinsstrukturkurve wurden barwertäquivalent in einen für alle Planjahre einheitlichen Basiszinssatz vor Einkommensteuern von 2,33 % umgerechnet.

14.3.2 Risikoprämie

Die Marktrisikoprämie ist die marktdurchschnittliche, von Investoren geforderte Überrendite von Aktienanlagen gegenüber der Rendite risikofreier Wertpapiere. Der Aktienmarkt kann dabei durch einen breiten Aktienindex wie zum Beispiel den DAX abgebildet werden. Auf der Basis entsprechender empirischer Untersuchungen hält es der Fachausschuss Unternehmensbewertung des IDW (FAUB) für sachgerecht, bei Berechnungen unter Zugrundelegung des CAPM Marktrisikoprämien vor Steuern derzeit[3] zwischen 4,5 und 5,5 % anzusetzen. Vor dem Hintergrund der zur Zeit beobachtbaren extrem niedrigen Renditen deutscher Staatsanleihen haben wir der erhöhten Unsicherheit am Kapitalmarkt und

[3] Mitte/Ende 2013. An dieser Empfehlung hat sich bis Ende 2016 nichts geändert.

der gestiegenen Risikoaversion durch den Ansatz der Marktrisikoprämie am oberen Rand der Bandbreite von historisch gemessenen Risikoprämien Rechnung getragen. Insoweit haben wir eine Marktrisikoprämie von 5,0 % angesetzt.

Bei kleinen Mittelständlern mit nur begrenzten Möglichkeiten des Eigenkapitalzugangs rechnet man teilweise noch einen „Small-Caps"-Zuschlag hinzu, der hier aber nicht eingezogen wurde.

14.3.3 Betafaktor

Die Höhe des Betafaktors reflektiert gemäß dem Bewertungskalkül des CAPM das Ausmaß des systematischen, nicht durch Kapitalmarkttransaktionen diversifizierbaren Risikos einer Aktie. Je höher der Betafaktor ist, desto höher ist die von den Kapitalmarktteilnehmern geforderte Risikoprämie der Anleger. Er berechnet sich aus dem Zusammenhang zwischen der Renditeschwankung der konkreten Aktie und der Marktrenditeschwankung.

Da der Kapitalisierungszinssatz die Rendite einer äquivalenten Alternativinvestition reflektiert, halten wir es für sinnvoll, den Betafaktor grundsätzlich anhand des durchschnittlichen Betafaktors einer Gruppe von Vergleichsunternehmen (Peer Group) abzuleiten. Zur Ableitung des Betafaktors wurde das Branchenbeta für Maschinenbauunternehmen (Damodaran – Stand Juli 2014) verwendet. Auf Basis dieser allgemein zugänglichen, durchschnittlichen Ermittlung von Branchenbetas haben wir einen unverschuldeten Betafaktor von 1,19 angesetzt.

14.3.4 Die gesamten Ausgangsparameter zur Kapitalkostenberechnung

Jahr Periode		IST 5	PLAN 1	PLAN 2	PLAN 3	PLAN 4	PLAN 5
Risikofreier Satz	r_f	3,6%	2,3%	2,3%	2,3%	2,3%	2,3%
ß Faktor	ß	1,2	1,19	1,19	1,19	1,19	1,19
Risiko Prämie	r_p	5,0%	5,0%	5,0%	5,0%	5,0%	5,0%
Größen & Wachstums Zuschlag (kleine Fimen)	r_{sc}	0,0%	0,0%	0,0%	0,0%	0,0%	0,0%
Risikoprämie mit "Small Cap" Zuschlag	$r_{p\ (incl.\ rsc)}$	5,0%	5,0%	5,0%	5,0%	5,0%	5,0%
EK Quote	Equity	42,8%	67,9%	33,8%	37,0%	42,5%	49,4%
FK Quote (Zins tragend)	Debt	57,2%	32,1%	66,2%	63,0%	57,5%	50,6%
Steuer-Satz	t	30,16%	27,30%	27,50%	27,50%	27,50%	27,50%
Fremdkapitalkosten	k_d	5,75%	2,02%	2,18%	2,24%	1,54%	1,45%

Beim Leverage müssen wir allerdings jetzt aufpassen.

Wir bewerten auf den 01.01. der ersten Planperiode, also ist für uns das an diesem Tag vorhandene Verhältnis von zinstragendem Fremd- zu Eigenkapital maßgeblich, und dies ist der Leverage zum 31.12. der letzten Ist-Periode.

Somit sehen Sie in der folgenden Tabelle auch das Eigen- und zinstragende Fremdkapital jeweils der Vorperiode ausgewiesen.

Jahr Periode	IST 5	PLAN 1	PLAN 2	PLAN 3	PLAN 4	PLAN 5
Eigenkapital zum 31.12. Vorperiode	2.104	2.858	3.210	3.721	3.977	4.817
Fremdkapital (Zins tragend) zum 31.12. Vorperiode	2.815	1.349	6.296	6.345	5.379	4.926
	4.919	4.207	9.506	10.066	9.355	9.743

Bei der Berechnung gehen Sie bitte wieder Schritt für Schritt vor. Rechnen Sie zunächst die prozentualen Größen und dann ermitteln Sie bitte auch erneut die absoluten Werte.

14.3.5 Die HKG-Plankapitalkosten

Als Ergebnis erhalten wir:

Plan Periode		1	2	3	4	5
Copeland						
Eigenkapitalkosten ohne Leverage	ke_{unlev}	8,25%	8,25%	8,25%	8,25%	8,25%
Leverage (FK/EK) Faktor	LF	1,34	2,42	2,24	1,98	1,74
Eigenkapitalkosten mit Leverage	$k_{e\ lev}$	10,29%	16,71%	15,60%	14,08%	12,66%
Gewichtete Eigenkapitalkosten	gew. ke_{lev}	6,99%	5,64%	5,77%	5,99%	6,26%
Fremdkapitalkosten vor Steuern	k_d (v. St.)	2,02%	2,18%	2,24%	1,54%	1,45%
Fremdkapitalkosten nach Steuern	k_D (n. St.)	1,47%	1,58%	1,63%	1,11%	1,05%
Gewichtete Fremdkapitalkosten	weight. k_D	0,47%	1,05%	1,02%	0,64%	0,53%
Gewichtete durchschnittliche Gesamtkapitalkosten	WACC	7,46%	6,69%	6,79%	6,63%	6,79%
Stewart						
Eigenkapitalkosten ohne Leverage	ke_{unlev}	8,25%	8,25%	8,25%	8,25%	8,25%
Finanz Risikoprämie	FRP	2,14%	8,63%	7,43%	6,58%	5,04%
Eigenkapitalkosten mit Leverage	$k_{e\ lev}$	10,39%	16,88%	15,68%	14,83%	13,29%
Gewichtete Eigenkapitalkosten	gew. ke_{lev}	7,06%	5,70%	5,79%	6,31%	6,57%
Fremdkapitalkosten vor Steuern	k_d (v. St.)	2,02%	2,18%	2,24%	1,54%	1,45%
Fremdkapitalkosten nach Steuern	k_D (n. St.)	1,47%	1,58%	1,63%	1,11%	1,05%
Gewichtete Fremdkapitalkosten	weight. k_D	0,47%	1,05%	1,02%	0,64%	0,53%
Gewichtete durchschnittliche Gesamt-Kapitalkosten	WACC	7,53%	6,75%	6,82%	6,95%	7,10%
	WACC (Check)	7,53%	6,75%	6,82%	6,95%	7,10%

Die Perioden 2–5 sind zwar jetzt auch berechnet, allerdings werden wir nun bei der Bewertung unsere weiteren Betrachtungen und Berechnungen durchgehend immer auf die Kapitalkosten der ersten Planperiode (die Bewertung erfolgt auf die Planperiode 1 hin) basieren.

In der Regel sind dies immer die Kapitalkosten von heute, also der Periode 1. Bitte merken Sie sich:

- Wir führen in der Bewertung die Berechnungen immer über mehrere Perioden mit *einem durchgängigen* Kapitalkostensatz WACC durch.
- Dies ist in der Regel der WACC aus heutiger Sicht, und das heutige Jahr ist in fast allen Fällen als die Periode 1, erstes Planjahr definiert.
- Es ist zwar möglich, periodisch angepasste Kapitalkostensätze zu nutzen (die Berechnung mit Excel ist ja sehr leicht und über „Kopierbefehle" auch schnell gemacht), allerdings führt dies dann dazu, dass Sie den EVA- und/oder FCF-Ansatz als Controllingansatz nutzen.
- Ist die Planperiode 1 aber völlig atypisch für den Verlauf der weiteren Planungsjahre und damit auch die Höhe der Kapitalkosten in den weiteren Perioden, dann greife ich gerne auf einen Durchschnitt zurück – dies ist auch der Grund, warum ich dennoch die WACC über alle Perioden bei der HKG gerechnet habe. Außerdem habe ich so die Möglichkeiten, andere Zusammensetzungen beim Leverage (Fremd- zu Eigenkapital), Steuern, Fremdkapitalzinsen etc. zu simulieren und nach einem Optimum zu suchen.

Dann schauen wir uns jetzt die absoluten Größen an – wir sprechen dann von der(n) Capital Charge(s), in deutscher Sprache von der Kapitalbelastung.

Planperioden		1	2	3	4	5
a) Copeland						
Eigenkapitalkosten	ke_{unlev}	236	265	307	328	397
Leverage (FK/EK) Faktor	LF	58	272	274	232	213
Eigenkapitalkosten	$k_{e\ lev}$	294	536	581	560	610
Gewichtete Eigenkapitalkosten	gew. ke_{lev}	294	536	581	560	610
Fremdkapitalkosten k_d (v. St.)		27	137	142	83	72
Fremdkapitalkosten k_D (n. St.)		20	100	103	60	52
Gewichtete Fremdkapitalkosten	weight. k_D	20	100	103	60	52
Gewichtete durchschnittliche Gesamtkapitalkosten	WACC	314	636	684	620	662
b) Stewart						
Eigenkapitalkosten	ke_{unlev}	236	265	307	328	397
Financial Risk Premium	FRP	61	277	276	262	243
Eigenkapitalkosten	$k_{e\ lev}$	297	542	583	590	640
Gewichtete Eigenkapitalkosten	gew. ke_{lev}	297	542	583	590	640
Fremdkapitalkosten k_d (v. St.)		27	137	142	83	72
Fremdkapitalkosten k_D (n. St.)		20	100	103	60	52
Gewichtete Fremdkapitalkosten	weight. k_D	20	100	103	60	52
Gewichtete durchschnittliche Gesamt Kapitalkosten	WACC	317	641	686	650	692
	WACC (Check)	317	641	686	650	692

Im „Baum" bzw. Flussdiagramm sehen unsere Berechnungen (hier nur die aus Bewertungssicht für mich wirklich interessante erste Planperiode) auch wieder klasse aus.

Die folgende Abbildung enthält den WACC unter Berücksichtigung der Leverage-Kalkulation nach Copeland.

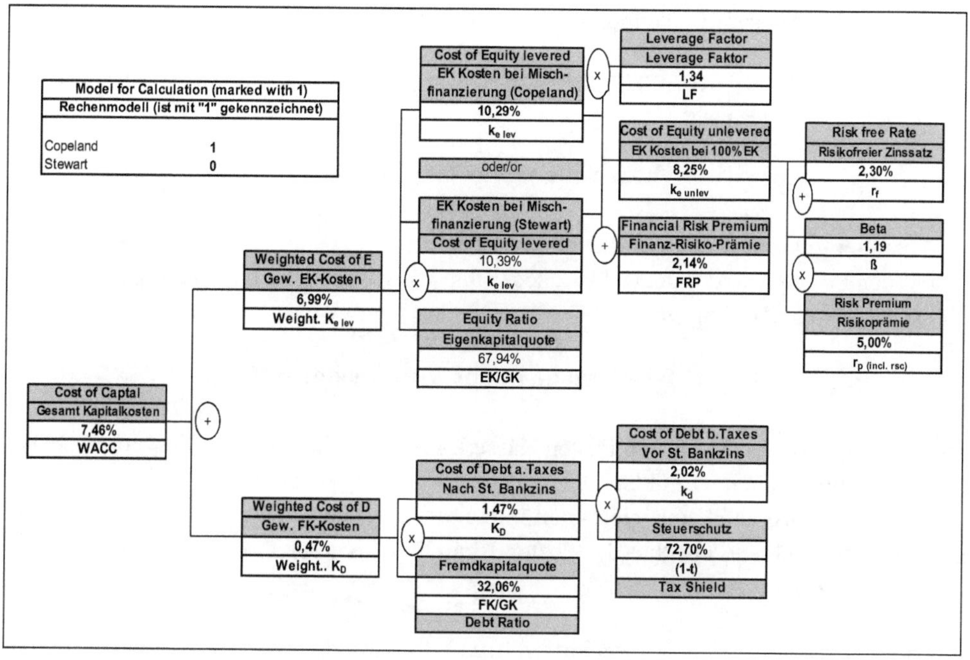

Jetzt können wir aber in die eigentliche Bewertung der HKG einsteigen.

14.4 Die Berechnung der freien Cash Flows

Das Basisberechnungsschema haben wir uns schon einmal vor einigen Seiten angeschaut.

Betriebsergebnis
– Steuern
= NOPAT (Betriebsergebnis nach Steuern)
+ Abschreibungen
= Cash Flow
– Investitionen (in das Anlagevermögen)
+/– Kapitalzu- bzw. -abfluss aus den anderen Bilanzposten
= freier Cash Flow

Dies setzen wir jetzt anhand der HKG-Planungen um. Wir bauen damit eine verkürzte Kapitalflussrechnung auf. Für diese gibt es Regeln, die gar nicht schwer sind.

Achtung, seien Sie auf der Hut. Uns interessiert gar nicht so sehr der Bilanzposten an sich, sondern wir betrachten in der Kapitalflussrechnung die Veränderungen aus der Liquiditätsposition und -perspektive heraus.

Die zentrale Frage ist immer: Ist dahin (in diesen Bilanzposten) Geld geflossen oder haben wir daraus Liquidität gewonnen?

Damit gilt für unsere Berechnungen in der Kapitalflussrechnung:

Für Bilanzposten, die in der Bilanz auf der linken Seite, also unter den Aktiva (Mittelverwendung) stehen, rechnen wir:

Vorperiode minus Ist – Periode!

Aber hier gilt leider: keine Regel ohne Ausnahme.

Für den Posten Kasse/Bank (inkl. Schecks und Wertpapiere des Umlaufvermögens) gilt die Regel für alle Passivposten:

Ist – Periode minus Vorperiode!

Allerdings werden Sie diesen Posten Kasse/Bank gar nicht in unserer Bewertungskapitalflussrechnung sehen. Dies kläre ich dann später auf.

Überlegen Sie einmal, uns interessiert immer die Veränderung der Bilanzposten aus der Liquiditätsperspektive, also hat der Posten Liquidität freigesetzt oder verschlungen. Die o. g. Rechenformel

Vorperiode minus Ist – Periode!

passt aus dieser Perspektive immer für alle Bilanzposten außer für *„Kasse/Bank“*.

Beispiel aus Liquiditätssicht:

Vorräte Vorperiode:	2000
Vorräte Ist-Periode:	2500
Veränderung:	–500

Hier wurden seit letztem Quartal Vorräte aufgebaut und damit Liquidität eingesetzt. Rechnen wir mit unserer Standardformel für aktive Bilanzposten (links in der Bilanz)

Vorperiode minus Ist – Periode!

$$\mathbf{2000 - 2500 = -500},$$

dann sind 500 (Geldeinheiten) Liquidität für den Aufbau der Vorräte genutzt worden, die uns dann aber fehlen, mitunter müssen wir aus Liquiditätssicht ein negatives Vorzeichen sehen.

Dieses Vorgehen passt mit Ausnahme der Bilanzposten Kasse/Bank für alle Posten bei den Aktiva.

Warum ist es denn anders bei diesem Aktivposten *Kasse/Bank*?

Würden wir o. g. Rechenformel dort auch anwenden, also

Vorperiode minus Ist – Periode,

wird das Ergebnis falsch.

Beispiel aus Liquiditätssicht:

Kasse/Bank Vorperiode: – Kasse/Bank Ist-Periode:	1000 500
= Veränderung: (Vorperiode minus Ist-Periode)	500

Ist denn hier ein positives Vorzeichen richtig – das hieße ja, dass wir einen Zufluss und damit mehr Liquidität hätten. Aber dies trifft nicht zu, die Cash- und Liquiditätsposition hat abgenommen und von daher sollten wir ein negatives Vorzeichen sehen.

Und dies erhalten wir, indem wir bei dieser Bilanzposition ausnahmsweise die Regel für alle Passivposten der Bilanz (also rechts in der Bilanz) anwenden.

$$\textbf{Ist} - \textbf{Periode minus Vorperiode}.$$

Probieren wir es mit dem Posten Kasse/Bank sofort aus.

Kasse/Bank Ist-Periode: – Kasse/Bank Vorperiode:	500 1000
= Veränderung: (Ist-Periode minus Vorperiode)	–500

Jetzt passt es – wir sehen das negative Vorzeichen, und daraus folgt, es hat einen Liquiditätsabbau gegeben!

Wenn dies ebenfalls die Rechenformel für alle Passivposten ist, dann wollen wir dies an einem weiteren Beispiel natürlich auch sofort überprüfen.

Beispiel aus der Liquiditätssicht für einen typischen Passivposten:

Verbindlichkeiten aus Lieferungen und Leistungen Ist-Periode: – Verbindlichkeiten aus Lieferungen und Leistungen Vorperiode:	3500 2500
= Veränderung: (Ist-Periode minus Vorperiode)	1000

Wir sehen ein positives Vorzeichen, also handelt es sich um einen Liquiditätszugang bzw. -aufbau, der aus einer Erhöhung der Lieferantenverbindlichkeiten resultiert.

Bei den Posten der rechten Seite in der Bilanz (Passiva oder Mittelherkunft genannt) fragen wir uns also immer aus der Liquiditätsperspektive:

> Haben wir zusätzliche Mittel (aus diesen Posten) erhalten, dann müssen die jeweiligen Bilanzposten gestiegen sein/in der Planung steigen. Nehmen diese ab (z. B. Verbindlichkeiten gegenüber Lieferanten), dann setzen wir Liquidität frei.

Also nochmals, merken Sie sich für die Betrachtungen von Auswirkungen effizienten Working-Capital-Managements aus der Liquiditätsperspektive:

Wir rechnen bei allen Aktivposten mit Ausnahme des Postens Kasse/Bank:

„Vorperiode minus Ist – Periode “

und bei allen Passivposten sowie dem Posten Kasse/Bank

„Ist – Periode minus Vorperiode “

Dann sind aus Liquiditätssicht die Vorzeichen immer richtig und in einer tabellarischen Aufstellung können wir die so berechneten Ergebnisse/Saldi jeweils addieren!

Dann wenden wir jetzt genau diese beiden Regeln für den unteren Bereich der Bewertungskapitalflussrechnung (unter Working Capital) an.

Der Begriff „Working Capital“ ist hier nicht ganz richtig, denn Rückstellungen sind nicht Teil des Working Capital. Mir fällt aber nichts Richtiges ein – „sonstige Bilanzposten“ gefällt mir auch nicht, und in der Literatur spricht man bei diesen Posten bei der Bewertung auch häufig vom „Working Capital“.

	Berechnung der Freien/Free Cash Flows					
	Planperioden	**1**	**2**	**3**	**4**	**5**
		T€	**T€**	**T€**	**T€**	**T€**
Betriebsergebnis		596	841	687	1.150	1.510
ab:	Steuern auf das EBIT	-163	-231	-189	-316	-415
NOP(L)AT		433	610	498	834	1.095
zu/plus:	Abschreibungen	238	482	624	635	606
ab/minus:	Investitionen	4.851	295	698	900	800
zu/ab:	**Working Capital**					
plus/minus:	Vorräte	0	-19	-115	-93	-134
	Forderungen inkl. sonst. Ford.	-551	40	-85	-193	-84
	Verbindlichkeiten L+L	66	68	142	108	221
	Rückstellungen	-200	48	29	66	81
	Sonstige Verbindlichkeiten	-33	21	11	-24	-10
	Veränderung Working Capital	-717	158	-18	-137	74
Free (Frei) Cash Flows		-4.896	956	406	432	975

Im ersten Planjahr ist der freie Cash Flow stark negativ – das ist auch richtig so, da die hohen Investitionen einen hohen Cash-Bedarf nach sich ziehen, der nur durch die Aufnahme weiterer Verbindlichkeiten gedeckt werden kann.

Wenn Sie diese jetzt allerdings in der Berechnung suchen, dann werden Sie sie nicht finden.

Schauen Sie einmal genauer hin – es fehlen noch mehrere Posten aus der (Bilanz-) Planung:

- Eigenkapital,
- Verbindlichkeiten gegenüber Kreditinstituten,
- Kasse/Bank.

Das muss ich jetzt auflösen bzw. erklären.

In der Bewertung berechnen wir ja zunächst einen Gesamtwert der Firma mit sogenannten Marktwerten. Wir werden dann die Verbindlichkeiten, saldiert um den Kassen- und Bankbestand, wieder herausrechnen und erhalten so den Marktwert des Eigenkapitals, auch Fair Value genannt. Auch das haben wir schon gesehen.

Da wir die Verbindlichkeiten, gekürzt um den Kassen- und Bankbestand zum Bewertungsstichtag später herausrechnen, dürfen wir hier in der Kapitalflussrechnung die Veränderungen nicht mitziehen.

Den Buchwert des Eigenkapitals und dessen Veränderungen in den Folgeperioden, wie in der Planung ausgewiesen, dürfen wir ebenfalls weder absolut noch als Veränderungswert einbeziehen, denn Sinn der Bewertung ist die Berechnung des „richtigen" (Markt-) Wertes des Eigenkapitals (das ist der Wert für die Eigentümer) aus heutiger Sicht, unter der Annahme, dass die Gesellschaft auch in der Zukunft Gewinne abwirft (positive Fortführungsprognose).

14.5 Die Berechnung der ewigen Rente

Wir haben die zukünftigen Perioden 1–5 detailliert geplant und analysiert, aber damit endet ja das „Leben" der HKG nicht nach weiteren fünf Jahren. Man könnte sicherlich nochmals zehn weitere Perioden planen, allerdings lässt die Planungsqualität sicherlich massiv ab. Wer kann schon 15 Jahre in die Zukunft schauen. Selbst die fünf Perioden, mit denen wir bei der HKG gearbeitet haben, sind schon „mutig".

Von daher geht man bei der Bewertung nach der vierten oder fünften (Detail-)Planungsperiode immer in die Berechnung einer ewigen Rente über. Wir können einfach nicht jede Periode einzeln darstellen, da unendlich kein Ende hat und zudem auch keine Rechenkapazitäten dafür zur Verfügung stehen.

Man greift daher wieder auf die Mathematik zu, denn wir können in der Tat gegen unendlich rechnen. Wir sprechen dann von oben bereits genannten ewigen Renten, das sind mathematisch gesehen „geometrische Reihen".

Leider wird es jetzt wieder ein wenig formellastig, aber wir gehen wieder Schritt für Schritt vor, und damit verlieren auch diese neuen Formeln wieder ihren Schrecken. Außerdem haben wir uns in diesem Buch schon mit ewigen Renten beschäftigt. Von daher handelt es sich ja wieder nur um eine Wiederholung.

Eine ewige Rente ist ein Betrag, der beginnend mit einer bekannten Periode über alle Unendlichkeiten periodisch immer wieder in identischer Höhe zur Auszahlung kommt.

Es handelt sich also um eine *permanente Einkommenshypothese* !

Dies ist auch für uns die Annahme – wir setzen nämlich bei der Berechnung des Endwertes (im Englischen spricht man vom *„Terminal Value – TV"*) voraus, dass wir ab einer bestimmten Periode immer wieder den gleichen Betrag als Überschussgröße erhalten werden.

Dies kann nur dann logisch sein, wenn wir ab der Periode der Endwertberechnung auch das Kapital konstant halten. Damit müssen wir ab dieser Periode der Endwertberechnung auch einen korrekten Substanzerhalt annehmen.

Dies ist gar nicht schwierig. Wir sagen nämlich, dass wir in allen Folgeperioden (gegen unendlich) Investitionen in gleicher Höhe wie die jeweiligen Abschreibungen tätigen.

Abschreibungen bedeuten einen Werteverzehr (*Absetzung für Abnutzung* ist der korrekte Ausdruck für die Abkürzung *AfA*). Neuinvestitionen sind genau das Gegenteil, ein Werteaufbau. Sind Werteverzehr und Werteaufbau identisch, dann ist auch das Vermögen konstant und damit haben wir den Substanzerhalt.

Das ist zwar eigentlich nur bei Vollausschüttung richtig, aber seit einigen Jahren wird vom IdW die Thesaurierungsprämisse präferiert vorgeschlagen, und dann ist der Substanzerhalt bei Investitionen in identischer Höhe mit den Abschreibungen eigentlich nur bei einem Jahresüberschuss von null gegeben. Dieser Jahresüberschuss wird ja als letzte Buchung eines Jahres in das Eigenkapital übertragen, damit die GuV wieder auf null gesetzt und die Bilanz um den periodischen Erfolg fortgeschrieben.

Und einen dritten Aspekt, den wir auch schon kennen, gilt es zu berücksichtigen. Der Endwert kann, wenn er bereits sehr früh berechnet wird, also schon nach wenigen Perioden, bis zu 80 % des Gesamtwertes einer Investition annehmen. Von daher sollte er eigentlich nicht vor der 8.–10. Periode berechnet werden. Bis dann sind die Abzinsungsfaktoren so gering, dass bei der Diskontierung eines Zukunftswertes zu einem Barwert nur noch geringere Beträge übrig bleiben.

Demgegenüber steht allerdings wieder die eingeschränkte Planungsqualität bei 8–10 Planperioden, und so hat man sich doch bei einer Berechnung der ewigen Rente häufig nach fünf Jahren „eingefunden".

Sie sehen – man kann zwar durch Mathematik der Bewertung einen wissenschaftlichen Anstrich geben, aber es bleibt dennoch viel Unwissenschaftliches.

Als Letztes sollte man in der Periode der Endwertberechnung nicht unbedingt eine weitere Steigerung des Überschusses im Vergleich zur/zu den Vorperiode(n) annehmen, da diese Steigerung dann gegen unendlich gänzlich und revolvierend in den Endwert eingeht. Wir sprechen dann wieder von den bereits erwähnten „hockey-stick"-Planungen.

Kommen Sie, die kennen Sie auch: „Dieses Jahr (1) war schwierig, aber nächstes Jahr wird's besser …!"

Ein Jahr später hören oder argumentieren wir dann: „Letztes Jahr war erneut schwierig, dieses entgegen unserer Planungen auch …, aber jetzt!"

Wieder ein Jahr später: „Letztes Jahr war wieder schwierig, dieses entgegen unserer Planungen erneut …, aber jetzt kann es nur noch nach oben gehen!"

Und so weiter und so weiter.

Das sind „hockey-stick"-Planungen, einem Hockeyschläger gleich. Und grafisch sieht dies dann so aus:

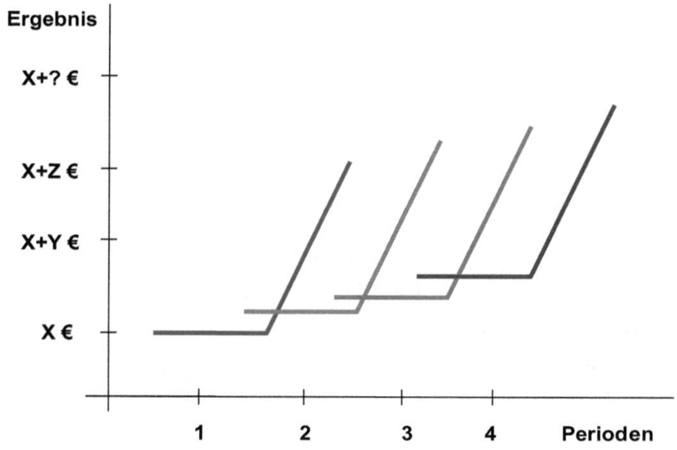

Diese Planungen wollen wir aber vermeiden, daher arbeiten wir in der Periode der Endwertberechnung (hier Periode 6) mit der Annahme „*konservative Planungsprämisse*“ des Überschusswertes.

In der Periode der Endwertberechnung sind der Überschuss (NOPAT) identisch mit dem der Vorperiode, Investitionen identisch mit den Abschreibungen und die Veränderungen des Working Capital ebenfalls „0“!

Damit ist der freie Cash Flow identisch mit dem NOPAT!

Fassen wir zusammen – bei Endwertberechnungen gilt in der bzw. für die Periode der Endwertberechnung:

- Wir rechnen eine ewige Rente,
- wenn möglich erst nach zumindest 4–5 Perioden mit
- Substanzerhalt beim Kapital
- und im Working Capital und
- auf der Basis einer konservativen Planungsprämisse.

Jetzt müssen wir uns noch mit der eigentlichen Berechnung des Endwertes beschäftigen. Die Formel zur Berechnung des Kapitalwertes bei Rechnungen gegen unendlich ist auch nicht schwierig, und wir können sie uns eigentlich aus der allgemeinen Kapitalwertformel ableiten.

Zunächst brauchen wir wieder die Annahme der konstanten Zahlungen, also die ewige Rente. Da dann unter dieser Annahme die Gesellschaft unendlich „läuft“, existiert auch zunächst einmal kein Restwert.

Die Kapitalwertformel kennen Sie vielleicht noch aus dem Studium oder der Investitionsrechnung.

$$K_0 = -A_0 + \sum_{t=1}^{n} \frac{\mathrm{CF}_t}{(1+i)^t}$$

mit

$$\mathrm{CF}_t = (e_t - a_t)$$

e_t = Einzahlungen in Periode t,
a_t = Auszahlungen in Periode t,
$-A$ = Anfangsinvestition in Periode 0.

Schauen wir uns nun einmal den Diskontierungssummenfaktor (DSF) an

$$\mathrm{DSF} = \sum_{t=1}^{n} \frac{\mathrm{CF}_t}{(1+i)^t}.$$

Diesen können wir auch folgendermaßen darstellen (die Details will ich Ihnen nicht zumuten):

$$\mathrm{DSF} = \frac{(1+i)^t - 1}{i \times (1+i)^t}.$$

Diese Formel können wir dann wieder umformen zu

$$\mathrm{DSF} = \frac{1 - \frac{1}{(1+i)^t}}{i}.$$

Da der Grenzwert des Zählers bei Annahme der unendlichen Nutzungsdauer gegen null läuft, ergibt sich

$$\lim_{t \to \infty} \frac{1}{(1+\mathrm{i})^{\mathrm{t}}} = 0.$$

Somit bleibt

$$\mathrm{DSF} = \frac{1}{i}.$$

Damit lautet die Kapitalwertformel bei unbegrenzter (gegen unendlich laufender) Nutzungsdauer

$$K_0 = -A_0 + \text{CF} \times \frac{1}{i}$$

bzw.

$$K_0 = -A_0 + \frac{\text{CF}}{i}.$$

Jetzt können wir Cash Flow (CF) ersetzen durch „ewige" Rente (ER):

$$K_0 = -A_0 + \frac{\text{ER}}{i}$$

bzw.

$$K_0 = -A_0 + \text{EW}$$

mit EW = Endwert.

Diese Formel hat jetzt einen Nachteil: Sie berechnet einen Endwert für alle Perioden nach dem betrachteten Jahr – das laufende Jahr fehlt aber. Deshalb müssen wir die Formel für den Endwert EW noch ein wenig anpassen bzw. erweitern und das laufende Jahr (im hinteren Teil der Klammer) integrieren.

$$\text{EW} = \left(\frac{\text{ER}_{\text{PerEW}}}{i} + \text{ER}_{\text{PerEW}} \right)$$

mit

Per = Periode,
EW = Endwert und
$\text{ER}_{\text{Per EW}}$ = ewige Rente in der Periode der Endwertberechnung,
i = Zins, hier also der WACC.

Übertragen wir diese Berechnungen jetzt auf unser Beispiel.

Wir rechnen die ewige Rente in der sechsten Periode, damit müssen wir auf der Grundlage der konservativen Planungsprämisse das Betriebsergebnis nach Steuern (NOPAT) der Vorperiode, also aus dem Jahr 5, als Basis für die Berechnung der ewigen Rente heranziehen.

Also können wir ableiten

$$\mathrm{EW}_n = \left(\frac{\mathrm{NOPAT}_{n-1}}{i} + \mathrm{NOPAT}_{n-1} \right).$$

Der NOPAT der Periode 5 beträgt in unserem Beispiel T€ 1095.

	Berechnung der Freien/Free Cash Flows Planperioden	1 T€	2 T€	3 T€	4 T€	5 T€
Betriebsergebnis		596	841	687	1.150	1.510
ab:	Steuern auf das EBIT	-163	-231	-189	-316	-415
NOP(L)AT		433	610	498	834	1.095
zu/plus:	Abschreibungen	238	482	624	635	606
ab/minus:	Investitionen	4.851	295	698	900	800
zu/ab:	**Working Capital**					
plus/minus:	Vorräte	0	-19	-115	-93	-134
	Forderungen inkl. sonst. Ford.	-551	40	-85	-193	-84
	Verbindlichkeiten L+L	66	68	142	108	221
	Rückstellungen	-200	48	29	66	81
	Sonstige Verbindlichkeiten	-33	21	11	-24	-10
	Veränderung Working Capital	-717	158	-18	-137	74
Free (Frei) Cash Flows		-4.896	956	406	432	975

Diese T€ 1095 setzen wir jetzt als freien Cash Flow in der sechsten Periode (Jahr der Endwertberechnung) an.

Planperioden	1 T€	2 T€	3 T€	4 T€	5 T€	Ewige Rente 6 T€
Free (Freier) Cash Flow - FCF	**-4.896**	**956**	**406**	**432**	**975**	**1.095**

Damit ergibt sich als Basis der ewigen Rente ER bzw. Endwert EW bei uns (mit dem Taschenrechner gerechnet):

$$\mathrm{EW}_6 = \frac{\mathrm{ER}_6}{i} + \mathrm{ER}_6 = \frac{\mathrm{NOPAT}_5}{i} + \mathrm{NOPAT}_5$$

mit $\mathrm{NOPAT}_5 = 1095$ und i = WACC in Höhe von 7,46 % nach Copeland, somit

$$\mathrm{EW}_6 = \frac{\mathrm{NOPAT}_5}{\mathrm{WACC}} + \mathrm{NOPAT}_5,$$

also

$$EW_6 = \frac{1095}{0,0746} + 1095$$
$$EW = 14678,28 + 1095$$
$$EW = 15.773,28.$$

Mit exakten Werten (nicht mit Taschenrechner) im Excel-Berechnungstool ergibt sich ein Endwert (Barwert der ewigen Rente aus Sicht der Planperiode 6) in Höhe von T€ 15.762.

Planperioden	1 T€	2 T€	3 T€	4 T€	5 T€	Ewige Rente 6 T€
Free (Freier) Cash Flow - FCF	**-4.896**	**956**	**406**	**432**	**975**	**1.095**
Diskont (WACC)						7,46%
Terminal Value						**15.762**

Jetzt sind wir aber noch nicht am Ende, denn wir müssen uns eine weitere Frage stellen.

Wann erhalten wir diesen Betrag? Oder präziser: Was stellt dieser Endwert (ewige Rente) dar?

Genau, es handelt sich um die kumulierten Cash Flows der Perioden 6 bis unendlich aus Sicht der Periode 6. Wir benötigen aber Barwerte aus heutiger Sicht, also aus der Perspektive der Planperiode 1.

Das heißt, um diesen Betrag aus heutiger Sicht würdigen zu können, müssen wir ihn erneut abzinsen, und zwar wiederum mit dem WACC in Höhe von 7,46.

Für die sechste Periode ergibt sich ein Abzinsungsfaktor ABZF in Höhe von

$$ABZF_n = \frac{1}{(1+i)^n},$$

also

$$ABZF_n = \frac{1}{(1+\text{WACC})^n},$$

somit in unserem Beispiel

$$ABZF_6 = \frac{1}{(1+7,46\,\%)^6}$$
$$ABZF_6 = \frac{1}{1,0746} = 0,65 \text{ gerundet}.$$

Mit unseren Zahlen ergibt sich dann

$$EW_{\text{Per EW}} = 15.762 \times 0{,}65 = 10.236.$$

Die exakten Berechnungen in Excel weisen T€ 10.234 aus.

Planperioden	1 T€	2 T€	3 T€	4 T€	5 T€	Ewige Rente 6 T€
Free (Freier) Cash Flow - FCF	**-4.896**	**956**	**406**	**432**	**975**	**1.095**
Diskont (WACC)						7,46%
Terminal Value						**15.762**
Abzinsungsfaktor						*0,64930*
						10.234

Wollen Sie Eindruck schinden? Dann zeigen Sie ihren Gesprächspartnern doch diese Formel. Das haben Sie gerade gerechnet.

$$EW_6 = \left(\frac{NOPAT_5}{WACC} + NOPAT_5 \right) \times (1 + WACC)^{-6}.$$

Dies rechnet sich nämlich auch als

$$EW_6 = \left(\frac{NOPAT_5}{WACC} + NOPAT_5 \right) \times \frac{1}{(1 + WACC)^6}.$$

Klasse, nicht wahr? Ich sage es immer wieder: Mathematik wird durch Formeln erst wirklich schwierig!

Die freien Cash Flows der Planperioden 1–5 müssen wir natürlich auch noch über den

$$\text{Diskont} = \frac{1}{(1 + WACC)^n},$$

also im Fall der HKG

$$\text{Diskont} = \frac{1}{(1{,}0746)^n}$$

diskontieren.

Planperioden		1 T€	2 T€	3 T€	4 T€	5 T€	Ewige Rente 6 T€
Free (Freier) Cash Flow - FCF		**-4.896**	**956**	**406**	**432**	**975**	**1.095**
Barwertfaktoren	***7,46%***	*0,93055*	*0,86593*	*0,80579*	*0,74984*	*0,69776*	
Barwerte		-4.556	827	327	324	680	
Barwerte kumuliert		-4.556	-3.729	-3.402	-3.078	**-2.398**	

Zusätzlich zu den kumulierten Barwerten der Perioden 1–5 in Höhe von T€ −2398 erhalten wir aus den Perioden 6 bis unendlich nochmals T€ 10.234, somit haben wir einen Gesamtwert (aus Sicht des 01.01. Planperiode 1) der HKG gegen unendlich in Höhe von T€ 7837.

Planperioden		1 T€	2 T€	3 T€	4 T€	5 T€	Ewige Rente 6 T€
Free (Freier) Cash Flow - FCF		**-4.896**	**956**	**406**	**432**	**975**	**1.095**
Diskont (WACC)							7,46%
Terminal Value							**15.762**
Barwertfaktoren	***7,46%***	*0,93055*	*0,86593*	*0,80579*	*0,74984*	*0,69776*	
Barwerte		-4.556	827	327	324	680	
Barwerte kumuliert		-4.556	-3.729	-3.402	-3.078	**-2.398**	
Abzinsungsfaktor für ewige Rente							*0,64930*
Barwert der ewigen Rente Perspektive Jahr 1 (01.01.)							**10.234**
Unternehmenswert (brutto) / entity value		**7.837**					

Formeltechnisch sieht die gesamte gerade durchgeführte Endwertberechnung (Barwert BW der ewigen Rente ER) zusammenfassend folgendermaßen aus. Sie hatten sie Ihren Freunden eventuell ja schon gezeigt:

$$\mathrm{BW}_{\mathrm{ER}n} = \frac{\left(\frac{\mathrm{NOPAT}_{n-1}}{i} + \mathrm{NOPAT}_{n-1}\right)}{(1+i)^n}$$

mit $i =$ WACC, also

$$\mathrm{BW}_{\mathrm{ER}n} = \frac{\left(\frac{\mathrm{NOPAT}_{n-1}}{\mathrm{WACC}} + \mathrm{NOPAT}_{n-1}\right)}{(1+\mathrm{WACC})^n}.$$

Umformuliert ergibt sich

$$BW_{ERn} = \left(\frac{NOPAT_{n-1}}{WACC} + NOPAT_{n-1} \right) \times (1 + WACC)^{-n},$$

also

$$BW_{ERn} = \left(\frac{NOPAT_{n-1}}{WACC} + NOPAT_{n-1} \right) \times \frac{1}{(1 + WACC)^{n}},$$

für unseren konkreten Fall somit

$$BW_{ER6} = \left(\frac{NOPAT_{5}}{WACC} + NOPAT_{5} \right) \times \frac{1}{(1 + WACC)^{6}}.$$

Mit dem NOPAT der Periode 5 als Basis für die ewige Rente in Höhe von 1095 und dem WACC vor Steuern von 7,46 % ergibt sich

$$BW_{ER6} = \left(\frac{1095}{0{,}0746} + 1095 \right) \times \frac{1}{(1 + 0{,}0746)^{6}}$$
$$EW_{PerEW} = 10.234.$$

Da ist die ewige Rente aus heutiger Sicht wieder.

Erneut Klasse, nicht wahr?

Wenn Sie jetzt eventuell BWL studiert oder in anderen Büchern nachgeschlagen haben, als Sie ewige Renten berechnen mussten, dann kann es sein, dass Sie eine andere Formel für die Endwertberechnung gefunden haben.

Wir hatten gerade den Barwert der ewigen Rente so berechnet:

$$BW_{ERn} = \frac{\left(\frac{NOPAT_{n-1}}{i} + NOPAT_{n-1} \right)}{(1 + i)^{n}},$$

also

$$BW_{ERn} = \left(\frac{NOPAT_{n-1}}{i} + NOPAT_{n-1} \right) \times \frac{1}{(1 + i)^{n}}.$$

In der Literatur sehen Sie aber häufig:

$$BW_{ERn} = \frac{\frac{NOPAT_{n-1}}{i}}{(1+i)^{n-1}},$$

somit

$$BW_{ERn} = \left(\frac{NOPAT_{n-1}}{i}\right) \times \frac{1}{(1+i)^{n-1}}.$$

Es wird also wie bisher auch der NOPAT der Vorperiode als Größe für die ewige Rente angesetzt, dann aber

- der Cash Flow nicht noch einmal für die laufende Periode addiert,
- dafür aber mit dem *Diskontfaktor der Vorperiode* abgezinst.

Was ist jetzt richtig?

Die Antwort heißt „derzeit beides", denn beide Rechnungen kommen derzeit zu einem identischen Ergebnis. Das „derzeit" werde ich später auflösen.

Rechnen wir auch die zweite Formel.

Ausgangsbasis ist dann:

$$BW_{ERn} = \left(\frac{NOPAT_{n-1}}{i}\right) \times \frac{1}{(1+i)^{n-1}}.$$

Setzen wir unsere Zahlen ein. Der Cash Flow der Periode 5 lautet 1095 und beim WACC von 7,46 % errechnet für die Periode 5 ein Abzinsungsfaktor von gerundet 0,70. Damit ergibt sich

$$BW_{ERn} = \left(\frac{1095}{0{,}0746}\right) \times \frac{1}{(1+0{,}0746)^5},$$

also

$$BW_{ERn} = \left(\frac{1095}{0{,}0746}\right) \times \frac{1}{1{,}0746^5},$$

somit mit dem Taschenrechner gerechnet

$$BW_{ERn} = 14.678{,}28 \times 0{,}75 = 10.274{,}80.$$

Es errechnet sich im Excel Tool der identische Barwert der ewigen Rente wie beim anderen Rechenansatz. Schauen Sie bitte einmal rechts der bekannten Tabelle bei „TV alternativ“:

Endwert:	14.667,
Diskont (Sicht Periode 1):	0,69776,
Barwert aus Sicht 01.01. Planperiode 1:	10.234.

Planperioden		1 T€	2 T€	3 T€	4 T€	5 T€	Ewige Rente 6 T€		
Free (Freier) Cash Flow - FCF		**-4.896**	**956**	**406**	**432**	**975**	**1.095**		
Diskont (WACC)							7,46%		
Wachstum ab P_{TV}							0,00%		
Terminal Value							**15.762**	TV alternativ	14.667
Barwertfaktoren	***7,46%***	*0,93055*	*0,86593*	*0,80579*	*0,74984*	*0,69776*			*0,69776*
Barwerte		-4.556	827	327	324	680			10.234
Barwerte kumuliert		-4.556	-3.729	-3.402	-3.078	**-2.398**			
Abzinsungsfaktor für ewige Rente							*0,64930*		
Barwert der ewigen Rente Perspektive Jahr 1 (01.01.)							**10.234**		
Unternehmenswert (brutto) / entity value		**7.837**							

Dies ist eigentlich logisch. Im ersten Fall haben wir den Wert der Periode 6 (NOPAT der Vorperiode in Höhe von T€ 1095 wegen konservativer Planungsannahme und Substanzerhalt) noch einmal mit in die ewige Rentenberechnung gezogen und dann mit einem Abzinsungsfaktor 0,65 der sechsten Periode abgezinst.

Im zweiten Ansatz fehlte in der ewigen Rentenformel der (additive) freie Cash Flow der sechsten Periode (NOPAT der Vorperiode), wir haben aber auch mit dem Abzinsungsfaktor der fünften Periode diskontiert. Kurz gesagt, es fehlte hier bei der ewigen Rente einmal der periodische freie Cash Flow T€ 1095, aber wir haben auch beim Diskontieren eine Periode nicht berücksichtigt (wir haben mit dem Abzinsungsfaktor der fünften Periode 0,70 gerundet gearbeitet).

Somit haben wir aber die fehlenden T€ 1095 wieder ausgeglichen!

14.6 Integration eines Wachstums in die ewige Rente

Wozu aber zwei Ansätze? Weil beide Ansätze mit oben dargestellter Logik zu einem identischen Ergebnis kommen, solange in die ewige Rente kein weiteres Wachstum angenommen und integriert wird.

Frei nach dem Motto:

In der Vergangenheit haben wir es immer geschafft, zu wachsen, zumindest haben wir die Inflation über die Verkaufspreise weitergeben können. Dies wird uns auch in der Zukunft gelingen.

In der Detailplanungsphase (Planperioden 1–5) wird ein etwaiges Wachstum der Unternehmensergebnisse für die einzelnen Perioden in der Planungsrechnung erfasst. Der Wertbeitrag der unternehmerischen Zahlungsüberschüsse, die zeitlich nach der Detailplanungsphase ab dem Jahr 5 ff. anfallen, wird im Rahmen der Bewertung ja vereinfachend über den Barwert einer ewigen Rente erfasst. In der ewigen Rente ist in der Ertragswertformel zunächst das erwartungsgemäß nachhaltig erzielbare Ergebnis anzusetzen.

Ausgangspunkt für eine nachhaltige Ergebnisentwicklung ist die Feststellung, dass nominelle Planungsgrößen langfristig einer realen und einer inflationsbedingten Veränderung unterliegen können.

Auf Basis fundamentaler Prognosen halten wir eine langfristige Inflationserwartung für Deutschland und die EU in Höhe von 1,2–2,0 % für realistisch (Quellen: International Monetary Fund, „World Economic Outlook", April 2013). Auch an dieser Einschätzung hat sich bis Ende 2016 nichts geändert.

Neben der erwarteten nominalen Geldentwertung können auch reale Entwicklungen das Ergebniswachstum beeinflussen. Die HKG ist in Märkten tätig, die auch langfristig wachsen werden. Außerdem liegen die Hauptabsatzgebiete der Beteiligung überwiegend im nicht deutschsprachigen Raum, deren Wachstumsaussichten um einiges größer sind.

Vor diesem Hintergrund halten wir den Ansatz einer Wachstumsrate geringfügig oberhalb der erwarteten Inflationsrate für begründet. Wir nehmen deshalb für die HKG eine Wachstumsrate von 2,0 % an.

Mathematisch gesehen haben wir jetzt eine geometrische Reihe mit Wachstum. Dies stellt man formeltechnisch so dar:

$$EW_g = \frac{ER}{i - g}$$

mit

EW_g = Endwert bei Wachstum g,
ER = Ewige Rente,
i = Zins in %, hier WACC,
g = Wachstumsrate (% p. a.).

Rechnen wir zunächst ein Beispiel:

Wir haben eine ewige Rente in Höhe von 610 bei einem Zinssatz (= Inflationsrate) von 10 %, aber die ewige Rente wächst periodisch mit 5 % p. a.

Daraus ergibt sich dann:

$$\mathrm{EW}_g = \frac{\mathrm{ER}}{i-g},$$

also

$$\mathrm{EW}_g = \frac{610}{0{,}10-0{,}05},$$

somit

$$\mathrm{EW}_g = \frac{610}{0{,}05} = 12.200{,}00.$$

Ohne Wachstum wären es nur 6100,00 gewesen.

$$\mathrm{EW} = \frac{\mathrm{ER}}{i}$$

$$\mathrm{EW} = \frac{610}{0{,}10} = 6100{,}00$$

Jetzt wollen wir dieses Wachstum auch bei der HKG einmal integrieren.
Dann ergibt sich im ersten Rechenansatz als Barwert (BW) der ewigen Rente (ER):

$$\mathrm{BW}_{\mathrm{ER}n_g} = \frac{\left(\frac{\mathrm{CF}_{n-1}}{i-g} + \mathrm{CF}_{n-1}\right)}{(1+i)^n},$$

also

$$\mathrm{BW}_{\mathrm{ER}n_g} = \left(\frac{\mathrm{CF}_{n-1}}{i-g} + \mathrm{CF}_{n-1}\right) \times \frac{1}{(1+i)^n}$$

mit in unserem Fall

- T€ 1095 als Cash Flow der Periode 6 (= NOPAT der Vorperiode, weil konservative Planungsprämisse und Substanzerhalt),
- WACC 7,46 %, damit ein Abzinsungsfaktor von gerundet 0,65 in Periode 6,
- Wachstumsfaktor $g = 2{,}0$ % p. a.,

somit

$$BW_{ER6_g} = \left(\frac{CF_6}{WACC - g} + CF_6 \right) \times \frac{1}{(1 + WACC)^6},$$

also

$$BW_{ER6_g} = \left(\frac{NOPAT_5}{WACC - g} + NOPAT_5 \right) \times \frac{1}{(1 + WACC)^6}.$$

Mit HKG-Zahlen ergibt sich

$$BW_{ER6_g} = \left(\frac{1095}{0{,}0746 - 0{,}02} + 1095 \right) \times \frac{1}{(1 + 0{,}0746)^6},$$

damit errechnet sich

$$BW_{ER6_g} = \left(\frac{1095}{0{,}0546} + 1095 \right) \times 0{,}65,$$

d. h. bei Rechnung mit Taschenrechner

$$BW_{ER6_g} - 21.149{,}95 \times 0{,}65 = 13.747{,}46.$$

Das schauen wir uns auch in unseren Excel-Berechnungen konkret an. Bisher hatte ich dieses Wachstum mit „0" angesetzt.

Die genaue Rechnung kommt zu einem Barwert der ewigen Rente zum Bewertungsstichtag (01.01. Planperiode 1) in Höhe von T€ 13.721.

Planperioden		1 T€	2 T€	3 T€	4 T€	5 T€	Ewige Rente 6 T€
Free (Freier) Cash Flow - FCF		**-4.896**	**956**	**406**	**432**	**975**	**1.095**
Diskont (WACC)							7,46%
Wachstum ab P $_{TV}$							2,00%
Terminal Value							**21.132**
Barwertfaktoren	***7,46%***	*0,93055*	*0,86593*	*0,80579*	*0,74984*	*0,69776*	
Barwerte		-4.556	827	327	324	680	
Barwerte kumuliert		-4.556	-3.729	-3.402	-3.078	**-2.398**	
Abzinsungsfaktor für ewige Rente							*0,64930*
Barwert der ewigen Rente Perspektive Jahr 1 (01.01.)							**13.721**
Unternehmenswert (brutto) / entity value		**11.323**					

Gemeinsam mit den Barwerten der freien Cash Flows der Perioden 1–5 in Höhe von o. g. T€ −2398, die von der Wachstumsannahme in der ewigen Rente ja unberührt bleiben, errechnet sich jetzt ein Gesamtwert der HKG von T€ 11.323.

Jetzt machen wir die gleiche Rechnung auch noch mit dem zweiten Ansatz zur Endwertberechnung, also mit

$$\mathrm{BW}_{\mathrm{ER}\,n_g} = \frac{\dfrac{\mathrm{CF}_{n-1}}{i-g}}{(1+i)^n},$$

somit

$$\mathrm{BW}_{\mathrm{ER}\,ng} = \left(\frac{CF_{n-1}}{i-g}\right) \times \frac{1}{(1+i)^{n-1}},$$

also

$$\mathrm{BW}_{\mathrm{ER}\,ng} = \left(\frac{\mathrm{NOPAT}_{n-1}}{i-g}\right) \times \frac{1}{(1+i)^{n-1}}.$$

Dann sehen wir erneut mit unseren HKG-Zahlen:

- T€ 1095 als Cash Flow der Periode 6,
- WACC 7,46 %, damit Abzinsungsfaktor gerundet 0,70 in Periode 5,
- Wachstumsfaktor $g = 2{,}0\ \%$ p. a.

Damit errechnet sich:

$$BW_{ER6g} = \left(\frac{NOPAT_5}{WACC - g}\right) \times \frac{1}{(1+WACC)^5}$$

$$BW_{ER6g} = \left(\frac{1095}{0{,}0746 - 0{,}02}\right) \times \frac{1}{(1+0{,}0746)^5},$$

also

$$BW_{ER6g} = \left(\frac{1095}{0{,}0546}\right) \times 0{,}70,$$

somit bei Rechnung mit Taschenrechner

$$BW_{ER6g} = 20.054{,}95 \times 0{,}70 = 14.038{,}46.$$

Und damit ergibt sich jetzt bei diesem zweiten Rechensatz ein anderes Ergebnis für den Barwert der ewigen Rente, nämlich – im Excel Tool genau gerechnet – in Höhe von T€ 13.981 (siehe rechts von der „Haupttabelle" unter TV – Terminal Value – alternativ)

Planperioden		1 T€	2 T€	3 T€	4 T€	5 T€	Ewige Rente 6 T€		
Free (Freier) Cash Flow - FCF		**-4.896**	**956**	**406**	**432**	**975**	**1.095**		
Diskont (WACC)							7,46%		
Wachstum ab P $_{TV}$							2,00%		
Terminal Value							**21.132**	TV alternativ	20.037
Barwertfaktoren	***7,46%***	*0,93055*	*0,86593*	*0,80579*	*0,74984*	*0,69776*			*0,69776*
Barwerte		-4.556	827	327	324	680			13.981
Barwerte kumuliert		-4.556	-3.729	-3.402	-3.078	**-2.398**			-2.398
Abzinsungsfaktor für ewige Rente							*0,64930*		
Barwert der ewigen Rente Perspektive Jahr 1 (01.01.)							**13.721**		
Unternehmenswert (brutto) / entity value		**11.323**							**11.584**

Es errechnet sich ein um T€ 261 höherer Unternehmenswert.

- Ewige Rente auf Basis CF 1095 bei einem WACC von 7,46 % und einem Wachstum von 2,0 % in Planperiode 6: T€ 20.037,
- Diskontfaktor Periode 5: 0,70,

- Barwert der ewigen Rente zum Bewertungsstichtag, also auf den 01.01. Planperiode 1: T€ 13.981,
- Gesamtwert der Barwerte der feien Cash Flows aus den Planperioden 1–5: T€ –2398,
- Gesamtwert der HKG zum Bewertungsstichtag 01.01 Planperiode 1: T€ 11.584,
- Differenz zum ersten Rechenansatz (ewige Rente mit Wachstum): T€ 261.

Aber bitte, lassen Sie uns diesen zweiten Weg nicht länger verfolgen – **er ist nämlich (teilweise) falsch!**

Bitte merken Sie sich:

Werden ewige Renten berechnet, gibt es zwei Formeln zur Berechnung des Barwertes BW.

$$BW_{ERn_g} = \left(\frac{NOPAT_{n-1}}{i-g} + NOPAT_{n-1} \right) \times \frac{1}{(1+i)^n}$$

und alternativ

$$BW_{ERng} = \left(\frac{NOPAT_{n-1}}{i-g} \right) \times \frac{1}{(1+i)^{n-1}}.$$

Solange wir keine weiteren Wachstumsannahmen treffen, kommen beide Rechenforme ln zu einem identischen Ergebnis. Werden allerdings Wachstumsraten in die ewige Rente eingestellt, dann ist nur der erste Weg, also

$$BW_{ERn_g} = \left(\frac{NOPAT_{n-1}}{i-g} + NOPAT_{n-1} \right) \times \frac{1}{(1+i)^n}$$

richtig!

Warum habe ich Ihnen dann den zweiten (falschen) Weg (bei Wachstumsannahme in der ewigen Rente) überhaupt gezeigt? Weil man die Berechnung so häufiger sieht und ich Sie somit darauf hinweisen – elegant sagt man wohl „sensibilisieren" – kann.

Generell muss man aus meiner Sicht zu dem Wachstumsfaktor noch etwas sagen. Ich halte ihn generell für falsch. Alleine die Annahme, dass eine Investition gegen unendlich läuft, ist ja schon gewagt. Dann aber auch noch ein weiteres Wachstum in die ewige Rente einzurechnen, ist schon echt („über")theoretisch.

Allerdings werde ich Ihnen später in diesem Kapital noch etwas dazu zeigen. Bei Unternehmensbewertungen sieht man das Wachstum sehr häufig auf der Verkäuferseite in die Kalkulationen des Gesamtwertes (nicht sichtbar wie bei uns mit offenem Ausweis der 2,0 %) integriert, und dann ist auch noch mit dem falschen Rechenansatz der Endwert berechnet. Dies steigert den Wert sofort doppelt, wenn auch logisch eigentlich nicht haltbar und mathematisch falsch.

Ich stelle jetzt den Wachstumsfaktor im Excel Tool wieder auf null, weil ich es als unlogisch betrachte.

Nur weil es mathematisch möglich ist, heißt das nicht, dass es auch sinnvoll ist. Und mit einer „Null" als Wachstumsannahme in der ewigen Rente, sind auch beide Berechnungen wieder im Ergebnis identisch und richtig.

14.7 Marktwert des Fremdkapitals

Als wir zur Berechnung der freien Cash Flows die Kapitalflussrechnung angegangen sind, habe ich darauf hingewiesen, dass gewisse Bilanzposten nicht erfasst werden.

- Eigenkapital,
- Verbindlichkeiten gegenüber Kreditinstituten,
- Kasse/Bank.

Was machen wir mit den Verbindlichkeiten gegenüber Kreditinstituten und der Kasse/Bank.

Vielleicht haben Sie bei Gesprächen über Firmenwerte bzw. bei Kaufpreisen schon einmal den Begriff „Cash and Debt free" gehört.

Wir hatten ja gerade den Gesamtwert der HKG berechnet (T€ 7837 ohne Wachstum in der ewigen Rente). Dieser berechnete Firmenwert ist jetzt allerdings um Schulden der HKG noch zu kürzen.

Wir bringen den sogenannten Marktwert des Fremdkapitals in Abzug, und hier kommen die bisher in der Kapitalflussrechnung u. a. nicht berücksichtigten Posten

- Verbindlichkeiten gegenüber Kreditinstituten,
- Kasse/Bank,

ins Spiel.

Wir bewerten zum 01.01. Planperiode 1. Zu diesem Tag ist laut unseren Berechnungen die HKG insgesamt T€ 7837 wert.

Demgegenüber stehen aber die Schulden zu diesem Tag. Diese finden wir im Abschluss der letzten Ist-Periode, unterstellend, dass weitere Fremdmittel zur Finanzierung der Investitionen nicht gerade in der ersten Sekunde des neuen Jahres zu Verfügung gestellt werden.

Wir müssen uns also die Verbindlichkeiten der Vorperiode per Bilanzstichtag ein wenig genauer anschauen. Im gleichen Schritt fragen wir uns auch, welche Posten bei den Aktiva quasi Liquiditätsstatus haben, oder umgekehrt, welche Vermögensgegenstände außer

Kasse/Bank sehr kurzfristig zu Liquidität gemacht werden können, die dann (theoretisch) zur Rückführung von Verbindlichkeiten zu nutzen sind.

Das sind neben der Kasse und Bank selbst auch Schecks und Wechsel. Und außerdem müssen wir einen Blick auf die

- Finanzanlagen und
- Wertpapiere des Umlaufvermögens

werfen.

Fangen wir mit den Passiva an.

Rückstellungen:

- Pensionsrückstellungen sind Verbindlichkeiten, die auf die Gesellschaft mit größter Wahrscheinlichkeit zukommen, da deren Ansatz und Höhe häufig auch auf finanzmathematischen Gutachten basieren. Von daher sind diese aus meiner Sicht als Schulden zu würdigen, auch wenn deren Ansatz in der GuV als Aufwand erfasst wurde. Bei der HKG stehen aber keine Pensionsrückstellungen im relevanten Jahr in der Bilanz. Von daher tun wir uns hier leicht.
- Steuerrückstellungen haben eher kurzfristigen Charakter und sind nicht als tilgungspflichtige Schulden zu definieren.
- Bei den sonstigen Rückstellungen ist eine Einzelpostenprüfung notwendig. Was verbirgt sich hinter diesen Eventualverbindlichkeiten. Garantieverpflichtungen, schwebende Verfahren etc. müssen jeweils im Detail (in der Due Diligence) geprüft werden. Ich gehe bei der HKG davon aus, dass der Posten in Höhe von T€ 457 keinen direkten Schuldencharakter hat und somit nicht anzusetzen ist.

Verbindlichkeiten

… *davon Anleihen, davon konvertibel,*
… *davon Verbindlichkeiten gegenüber Kreditinstituten,*
… *davon erhaltene Anzahlungen auf Bestellungen,*
… *davon Verbindlichkeiten aus Lieferungen & Leistungen,*
… *davon Verbindlichkeiten aus der Annahme gezogener/Ausstellung eigener Wechsel,*
… *davon Verbindlichkeiten gegen verbundene Unternehmen,*
… *davon Verbindlichkeiten gegenüber Gesellschaftern,*
… *davon sonstige Verbindlichkeiten,*
a) *davon aus Steuern,*
b) *davon im Rahmen der sozialen Sicherheit.*

Auch hier ist eine Einzelpostenprüfung notwendig.

Welche Verbindlichkeiten sind als rückzahlungspflichtige Schulden zu charakterisieren?

- Anleihen sind keine vorhanden,
- Bankverbindlichkeiten sind sicherlich rückzahlungspflichtig,
- Kreditoren sind in der Kapitalflussrechnung erfasst,
- Wechsel sind keine vorhanden,
- Schulden gegen verbundene Gesellschaften sind rückzahlungspflichtig,
- Schulden gegen Gesellschafter sind keine vorhanden, wären aber sicherlich auch rückzahlungspflichtig,
- sonstige kurzfristige Verbindlichkeiten müssen im Detail betrachtet werden – im Fall der HKG werden sie als rückzahlungspflichtig definiert.

Damit ergibt sich bei den Verbindlichkeiten folgendes Bild für die Gegenrechnung mit dem Gesamtwert.

Langfristige Rückstellungen	0
Verbindlichkeiten gegenüber Kreditinstituten	1.349
Verbindlichkeiten gegenüber verbundene Unternehmen	105
Sonstige kurzfristige Verbindlichkeiten	224
Verbindlichkeiten gesamt	1.678

Bei den Aktiva müssen wir uns fragen, welche Mittel zeitnah für die Rückführung o. g. Verbindlichkeiten gegengerechnet werden können.

- Finanzanlagen, dann, wenn es sich z. B. um frei handelbare Aktienpakete handelt. Bei der HKG sind aber im letzten Ist-Jahr keine Finanzanalagen bilanziert.
- Wertpapiere des Umlaufvermögens, so vorhanden, können fast immer als Summe zur Reduktion o. g. rückzahlungspflichtiger Schulden herangezogen werden. Bei der HKG sind aber im letzten Ist-Jahr auch keine ausgewiesen.
- Kassen- und Bankguthaben – die sind ohne weitere Prüfung anzusetzen.

Damit ergibt sich bei den Aktiva folgendes Bild:

Wertpapiere des Anlagevermögens	0
Wertpapiere des Umlaufvermögens	0
Liquide Mittel	-52
Gesamt	-52

Das negative Vorzeichen darf Sie nicht schrecken – da der Betrag die Verbindlichkeiten kürzt, habe ich ihn mit einem negativen Vorzeichen angesetzt. Dann muss ich später nur addieren.

„Debt and Cash free" heißt jetzt, dass die rückzahlungspflichtigen Verbindlichkeiten, saldiert mit den quasiliquiden Mitteln, dem Gesamtwert der HKG gegengerechnet wird, in unserem Fall also in Höhe von T€ 1626:

Marktwert des Fremdkapitals	
Basis: Jahresabschluss letzte IST Periode	**T €**
Aktiva	
Wertpapiere des Anlagevermögens	0
Wertpapiere des Umlaufvermögens	0
Liquide Mittel	-52
Gesamt	-52
Passiva	
Langfristige Rückstellungen	0
Verbindlichkeiten gegenüber Kreditinstituten	1.349
Verbindlichkeiten gegenüber verbundenen Unternehmen	105
Sonstige kurzfristige Verbindlichkeiten	224
Verbindlichkeiten gesamt	1.678
Marktwert des Fremdkapitals	**1.626**

„Markt"wert des Fremdkapitals ist – und da gebe ich Ihnen recht – als Begriff ein wenig verwirrend.

Damit errechnet sich aber der um Schulden und Liquidität „korrigierte" Unternehmenswert:

Planperioden		1 T€	2 T€	3 T€	4 T€	5 T€	Ewige Rente 6 T€
Free (Freier) Cash Flow - FCF		**-4.896**	**956**	**406**	**432**	**975**	**1.095**
Diskont (WACC)							7,46%
Wachstum ab P $_{TV}$							0,00%
Terminal Value							15.762
Barwertfaktoren	***7,46%***	*0,93055*	*0,86593*	*0,80579*	*0,74984*	*0,69776*	
Barwerte		-4.556	827	327	324	680	
Barwerte kumuliert		-4.556	-3.729	-3.402	-3.078	**-2.398**	
Abzinsungsfaktor für ewige Rente							*0,64930*
Barwert der ewigen Rente Perspektive Jahr 1 (01.01.)							**10.234**
Unternehmenswert (brutto) / entity value		**7.837**					
ab: Marktwert des Fremdkapitals		-1.626					
Unternehmenswert (netto)		**6.211**					

Dieser hier berechnete Unternehmenswert (netto) bezeichnet man als „Marktwert“ des Eigenkapitals bzw. als „Fair Value of Equity“.

Sind jetzt noch weitere Posten korrigierend zu betrachten? Ja, wenn vorhanden.

- Bei der Bewertung wird in der Regel nur *betriebsnotwendiges Vermögen* einbezogen. Ist das nicht betriebsnotwendige Vermögen nicht Gegenstand eines (Ver-)Kaufs, dann ist dieser Ansatz ja auch genau richtig.
- Wird hingegen alles zum (Ver-)Kauf gestellt, dann ist hier jetzt noch der Substanzwert des zusätzlichen Vermögens zu Markt bzw. Verkehrswerten einzubeziehen – damit werden auch „Stille“ gehoben.

Auch wenn bei der HKG weder nicht betriebsnotwendiges Vermögen noch Stille einzubeziehen sind, so muss daran gedacht werden.

Damit ist das „Bewertungsbild“ dann komplett.

Planperioden		1 T€	2 T€	3 T€	4 T€	5 T€	Ewige Rente 6 T€
Free (Freier) Cash Flow - FCF		**-4.896**	**956**	**406**	**432**	**975**	**1.095**
Diskont (WACC)							7,46%
Wachstum ab P_{TV}							0,00%
Terminal Value							**15.762**
Barwertfaktoren	***7,46%***	*0,93055*	*0,86593*	*0,80579*	*0,74984*	*0,69776*	
Barwerte		-4.556	827	327	324	680	
Barwerte kumuliert		-4.556	-3.729	-3.402	-3.078	**-2.398**	
Abzinsungsfaktor für ewige Rente							*0,64930*
Barwert der ewigen Rente Perspektive Jahr 1 (01.01.)							**10.234**
Unternehmenswert (brutto) / entity value		**7.837**					
ab: Marktwert des Fremdkapitals		-1.626					
Unternehmenswert (netto)		**6.211**					
Stille		0					
Gesamtwert zum 31.12. 2012		**6.211**					

Oder doch nicht?

14.8 Das Zirkularitätsproblem in der Bewertung

Diesen Begriff hatten wir bereits mehrfach genutzt, dann aber immer auf spätere Ausführungen verwiesen. Dann lassen Sie uns jetzt Klarheit schaffen.

Bei der praktischen Umsetzung des WACC-Ansatzes stößt man durch die Zirkularitätsproblematik bei der Kapitalkostenberechnung auf eine konzeptionelle Schwierigkeit.

Die Kenntnis des Marktwertes des Eigenkapitals wird bei der Berechnung der gewogenen durchschnittlichen Kapitalkosten vorausgesetzt, doch dieser soll erst mithilfe der gewogenen durchschnittlichen Kapitalkosten ermittelt werden (Peemöller 2005; Baetge et al. 2005, S. 275). Und genau liegt das Problem. „Wir drehen uns im Kreis!"

Nachfolgende Darstellung soll den Zusammenhang verdeutlichen:

$$M_{\mathrm{EK}} = \sum_{t=1}^{\infty} \frac{\mathrm{FCF}_t}{(1+\mathrm{WACC})^t} - M_{\mathrm{FK}}$$

$$\mathrm{WACC} = ke_{\mathrm{lev}} * \frac{M_{\mathrm{EK}}}{M_{\mathrm{GK}}} + k_{\mathrm{d}} * (1-t) * \frac{M_{\mathrm{FK}}}{M_{\mathrm{GK}}}$$

mit

M_{EK} = Marktwert des Eigenkapitals,
M_{FK} = Marktwert des Fremdkapitals,
M_{GK} = Marktwert des Gesamtkapitals.

Alle anderen Parameter sind bekannt.

In der Literatur werden verschiedene Lösungsansätze zur Auflösung dieser Problematik vorgeschlagen. Eine davon ist der Gebrauch der Zielkapitalstruktur, die auch als unternehmenswertorientierte Finanzierungsstrategie bezeichnet wird (Peemöller 2005; Baetge et al. 2005, S. 311).

Die Berechnung erfolgt hier nur noch mit Eigen- und Fremdkapitalbeziehungen. Eine Kenntnis der absoluten Größe von Eigen- oder Fremdkapital ist nicht mehr Voraussetzung. Bedingung dafür ist aber die konstante Beibehaltung der zu Beginn festgelegten Kapitalstruktur während des gesamten Planungszeitraumes. Zur Ermittlung der Zielkapitalstruktur ist zunächst eine Analyse der gegenwärtigen Kapitalstruktur des zu bewertenden Unternehmens vorzunehmen, der Vergleich mit branchengleichen Unternehmen anzustellen und eventuelle Auswirkungen der aktuellen und künftigen Finanzierungspolitik des Unternehmens abzuschätzen.

Die Einhaltung einer Zielkapitalstruktur erscheint jedoch in der Praxis recht fragwürdig, da diese z. B. eine Einhaltung der vorgegebenen Zielkapitalstruktur bei der Finanzierung neuer Investitionen verlangt. Ebenso müssten die Unternehmen bei kleinen Investitionen neben Fremdkapital auch Eigenkapital aufnehmen, um so die Struktur nicht zu verändern. Da aber Eigenkapitalerhöhungen nur bei großen Volumina als sinnvoll erachtet werden, wird es zunächst zur vollständigen Fremdfinanzierung kommen und erst zu einem späteren Zeitpunkt zur Anpassung der Kapitalstruktur durch Eigenkapitalaufnahme.

Des Weiteren kann es durch Marktwertänderungen von Kapitalanteilen oder andere Strategien in der Finanzierungspolitik dazu kommen, dass eine Korrektur der Kapitalstruktur im Zeitablauf notwendig werden wird (Ballwieser 1998, S. 85).

Aus diesem Grund wird es in der Bewertungspraxis nur selten Übereinstimmungen zwischen realer Kapitalstruktur und Zielkapitalstruktur geben. Dadurch kommt es zu Verzerrungen beim Ergebnis, womit die Zielkapitalstruktur als Lösung des Zirkularitätsproblems nicht empfohlen werden kann.

Aufgrund dieser und anderer Schwächen wird in der Literatur auch noch eine weitere Methode zur Lösung des Zirkularitätsproblems diskutiert und als das theoretisch richtige Verfahren bezeichnet. Hierbei wird das mathematische Iterationsverfahren angeführt.

Beginnend mit einem geschätzten Unternehmenswert werden noch relativ ungenaue Kapitalkosten ermittelt, die dann wiederum als Grundlage für eine erneute Ermittlung des Unternehmenswertes dienen. Die Wiederholung dieses Vorganges dauert so lange, bis die festzustellende Veränderung der Parameter einer vorgegebenen Toleranzschwelle nicht mehr überschritten wird und man den richtigen Unternehmenswert erhält. Es geschieht also nur eine recht langsame Annäherung an den korrekten Unternehmenswert (Jonas 1995, S. 95).

14.9 Das Executive Summary

Jetzt können wir wieder meine Lieblingsdarstellung mit Zahlen und Leben füllen.

Bitte seien Sie nicht erstaunt, dass ich nun (zunächst) nur wieder fünf Perioden darstellen werde. Die ewige Rente auf der Basis der sechsten Periode bei den FCF werde ich dann durch eine Erweiterung der Darstellung integrieren.

EVA, Spread und Kapitalkosten

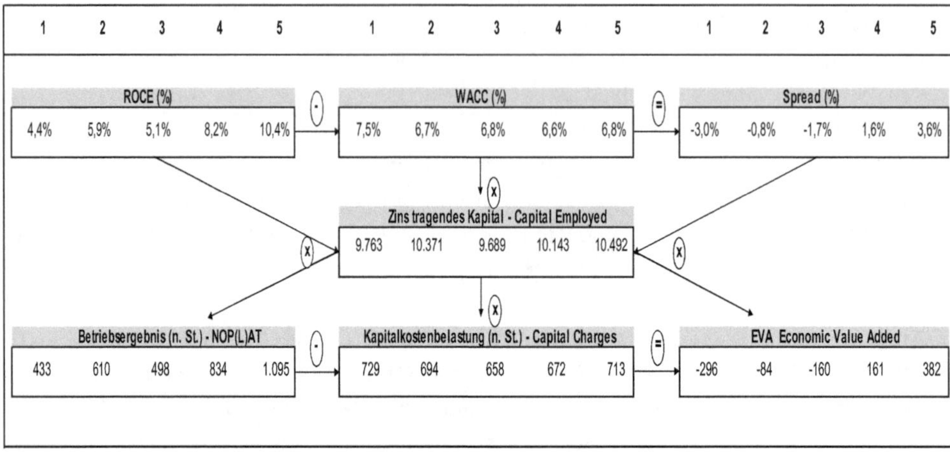

Die EVA-Berechnung wird über beide Wege dargestellt, dann werden darunter die Aussagen noch um die Cash Flows und die freien Cash Flows erweitert.

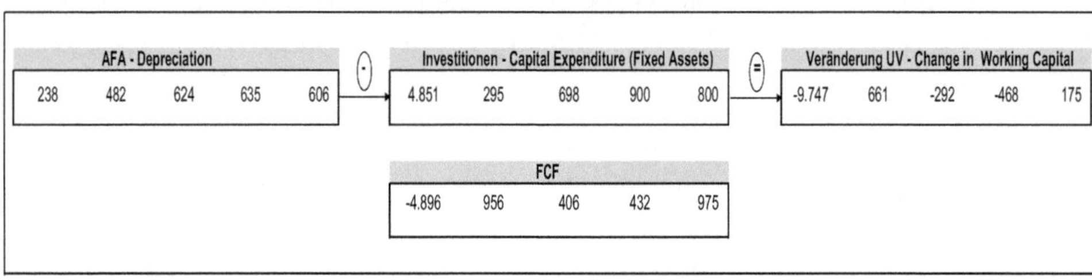

Ich führe Sie jetzt wieder durch den ersten Teil meines Executive Summary, auch weil Sie die oben ausgewiesenen Werte wahrscheinlich nur schwer lesen können.

Die HKG plant in den nächsten fünf Jahren operative Ergebnisse nach Steuern in Höhe von:

Betriebsergebnis (n. St.) - NOP(L)AT				
433	610	498	834	1.095

Dies entspricht einer Kapitalrendite von …

ROCE (%)				
4,4%	5,9%	5,1%	8,2%	10,4%

… jeweils basierend auf dem zinstragenden Buchkapital zu Periodenbeginn in Höhe von

Zins tragendes Kapital - Capital Employed				
9.763	10.371	9.689	10.143	10.492

Diesen erwirtschafteten Renditen stehen Kapitalforderungen der Kapitalgeber (Banken und Aktionäre) in Höhe von …

Kapitalkostenbelastung (n. St.) - Capital Charges				
729	694	658	672	713

… gegenüber, dies entspricht periodischen prozentualen Forderungen (WACC) von:

WACC (%)				
7,5%	6,7%	6,8%	6,6%	6,8%

Als Ergebnis-Differenz aus erwirtschafteter (ROCE) und geforderter Rendite (WACC, jeweils nach Steuern) erwirtschaftet die HGK im Plan periodische Wertsteigerungen von:

Spread (%)				
-3,0%	-0,8%	-1,7%	1,6%	3,6%

Das entspricht in absoluten Werten in den einzelnen Jahren einem jeweiligen EVA in Höhe von:

EVA Economic Value Added				
-296	-84	-160	161	382

Weitere Investitionen in den Folgeperioden sind auch geplant.

Investitionen - Capital Expenditure (Fixed Assets)				
4.851	295	698	900	800

Somit erklären sich auch die unterschiedlichen Abschreibungsbeträge.

AFA - Depreciation				
238	482	624	635	606

Gemeinsam mit den Veränderungen im Working Capital …

Veränderung UV - Change in Working Capital				
-717 ►	158 ►	-18 ►	-137 ►	74

… ergeben sich die oben bereits ausgewiesenen Buchwerte für das zinstragende Kapital in folgender Höhe.

Zins tragendes Kapital - Capital Employed				
9.763	10.371	9.689	10.143	10.492

Damit berechnet sich der periodische freie Cash Flow in den fünf Planjahren wie folgt:

FCF - Freier (Free) Cash Flow				
-4.896	956	406	432	975

Ich mag diese Darstellung. Sie ist übrigens wirklich von mir und nicht irgendwo aus der Literatur kopiert! Und darauf bin ich richtig stolz.

Ist Ihnen eigentlich bei den Kapitalkosten etwas aufgefallen?

Ich habe dort, weil es ja in den fünf Planperioden bei dieser Betrachtung wieder eine Controllingsicht ist, nicht mit einem durchgehend identischen WACC gearbeitet (das machen wir nur und zwingend bei der Diskontierung bei der Bewertung), sondern habe die abhängig vom Zinsmarkt und Leverage sich jährlich ändernden Werte aus der Kapitalkostenberechnung hier eingearbeitet.

Was machen wir jetzt mit der ewigen Rente?

Hier machen wir noch einige Ergänzungen zum obigen *Executive Summary*.

Wie gefällt Ihnen dies?

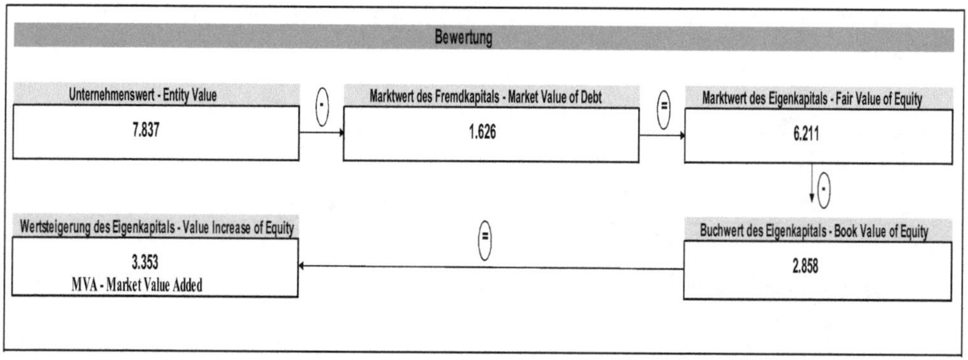

Lesen Sie bitte von oben links den Pfeilen folgend.
Der Gesamtwert der HKG aus heutiger Sicht berechnet sich somit in Höhe von:

Unternehmenswert - Company Value incl. Cash & Cash Equivalent
6.211

Rechnen wir aus diesem Gesamtwert den Marktwert des Fremdkapitals zu Beginn der Planungen (zu Periodenbeginn) heraus …

Marktwert des Fremdkapitals - Market Value of Debt
1.626

… dann ergibt sich ein Marktwert des Eigenkapitals (Market Value of Equity oder Fair Value of Equity) von:

Marktwert des Eigenkapitals - Fair Value of Equity
6.211

Ziehen wir außerdem noch das Eigenkapital zu Betrachtungsbeginn, also zum 01.01. Jahr 1 ab, …

Buchwert des Eigenkapitals - Book Value of Equity
2.858

… dann erhalten wir die Wertsteigerung des Eigenkapitals über alle (unendlichen Perioden).

Wertsteigerung des Eigenkapitals - Value increase of Equity
3.353 **MVA - Market Value Added**

Bei diesen Berechnungen wurde *kein* weiteres Wachstum in der Endwertperiode (in der ewigen Rente) berücksichtigt.

14.10 Q-Ratios

Darüber hinaus machen wir jetzt noch einige Zusatzauswertungen. Die Frage dabei ist, um welchen Faktor die Marktwerte die jeweiligen Buchwerte überschreiten. Wir nennen das die „Q-Ratios".

14.10.1 Definition der Q-Ratios

Schlagen Sie einmal bei www.wikipedia.de nach. Dort finden Sie eine sehr gute Definition[4]:

„**Tobin's Q**" (deutsch: Tobins Quotient) ist eine Kennzahl zur Unternehmensbewertung. Der (dimensionslose) Quotient ist benannt nach James Tobin, Träger des Nobelpreises für Wirtschaftswissenschaften im Jahr 1981, der diese Kennzahl ab 1968 propagierte. Ein gebräuchliches deutsches Synonym ist *Marktwert-Buchwert-Verhältnis*, obwohl es sich tatsächlich um ein Marktwert-Substanzwert-Verhältnis oder *Kurs-Substanzwert-Verhältnis* handelt.

Das Tobin's Q wird ermittelt, indem man den Marktwert eines Unternehmens (Aktienkapitalisierung plus Verbindlichkeiten, also Gesamtwert bzw. Entity Value) durch die Wiederbeschaffungskosten aller Vermögensgegenstände teilt (nicht zu verwechseln mit den steuer- oder handelsrechtlichen Buchwerten).

Anmerkung des Autors: Für die Bewertung wird der Nenner im Allgemeinen abgewandelt in Kapital zu Betrachtungs- (hier also Planungs-)Beginn. Damit ist das zinstragende Kapital zum 01.01. Jahr 1 gemeint. Ende der Anmerkung.

Wenn diese Kennzahl größer als 1 ist, bedeutet dies, dass das Unternehmen an der Börse teurer gehandelt wird als die Summe seines Vermögens ausmacht. Dieser Mehrwert kann dadurch erreicht werden, dass ein Unternehmen größere Erträge erwirtschaftet, als auf Grund der Vermögenswerte erwartet werden konnte. Ein weiterer Grund für einen

[4] Zugegriffen: 23. Oktober 2013.

überproportionalen Marktwert liegt in positiven Erwartungen auf künftige Erträge, die den Börsenkurs eines Unternehmens in die Höhe treiben.

Ein Q kleiner als 1 würde dagegen bedeuten, dass die Vermögensgegenstände größere Wiederanschaffungskosten haben als das Gesamtunternehmen derzeit wert ist. Das Unternehmen wird also „unter Wert“ gehandelt, was es zu einem Kandidaten für eine Übernahme oder einer fremdfinanzierten Übernahme macht, da das ganze Unternehmen weniger kostet als seine Teile. Tobin’s Q kann daher auch für Anleger als (statische) Kennzahl zur Unternehmensbewertung dienen.

Schauen wir uns den Zusammenhang aber zunächst einmal in einer Grafik an:

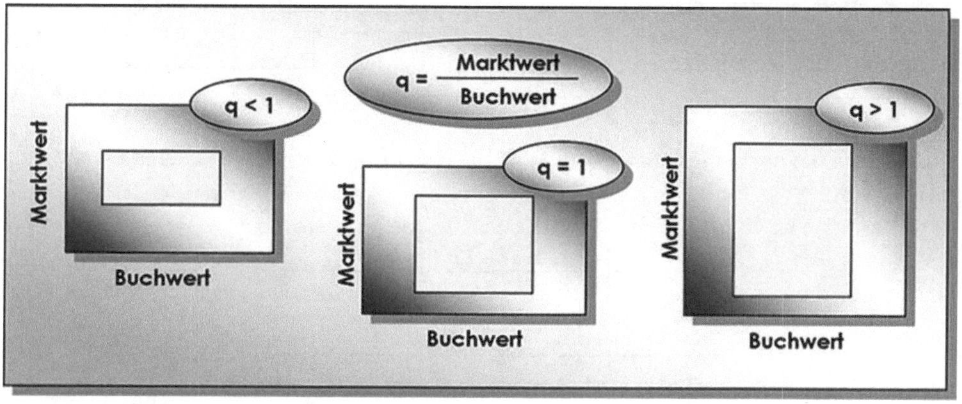

Es geht also darum, in unserer Gesellschaft/Beteiligung ein $q > 1$ darstellen zu können.

Dieser Zusammenhang ist jetzt auch leicht auf die Bewertungsergebnisse der HKG übertragbar.

14.10.2 Berechnung der Q-Ratios

Ersetzen Sie die o. g. Begriffe Börsenwert und Aktienkapitalisierung einfach durch Marktwert des Eigenkapitals. Ich werde dies noch aufklären.

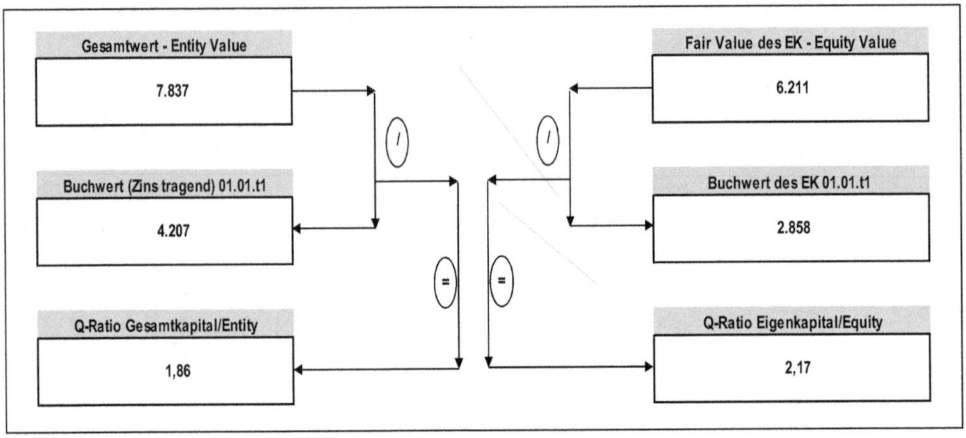

Die HKG hat einen Gesamtwert (auf der Basis der im Detail besprochenen Planungen) in Höhe von:

Gesamtwert - Entity Value
7.837

Dividiert durch das am 01.01. Jahr 1 der Planungen eingesetzte zinstragende Kapital …

Buchwert (Zins tragend) 01.01.t1
4.207

… errechnet sich ein „Earnings Multiple *Q-Entity*“ in Höhe von:

Q-Ratio Gesamtkapital/Entity
1,86

Aus Sicht der Eigenkapitalgeber (Shareholder = Muttergesellschaft der HKG) ergibt sich ein etwas anderes Bild:

Die HKG hat einen Fair Value (of Equity) bzw. Marktwert des Eigenkapitals (auf der Basis der im Detail besprochenen Planungen) in Höhe von:

Fair Value des EK - Equity Value
6.211

Dividiert durch das am 01.01. Jahr 1 der Planungen eingesetzte Eigenkapital (Buch, Stille sind ja nicht vorhanden) …

Buchwert des EK 01.01.t1
2.858

… errechnet sich ein „Earnings Multiple *Q-Equity*" in Höhe von:

Q-Ratio Eigenkapital/Equity
2,17

14.10.3 Würdigung der Q-Ratios

Die ausgewiesenen „Earnings Multiple Q" sind beide nicht sehr gut! Dies hängt damit zusammen, dass die großen Investitionen (leider) in die erste Planperiode fallen, damit der freie Cash Flow in dieser Periode stark negativ ist und somit bei einer Gewichtung mit 0,93 (Diskont im ersten Planjahr) sehr stark in die Bewertung eingeht.

Was heißt das für einen potenziellen Verkauf?

Ja richtig, es ist auf jeden Fall noch ein Jahr zu früh, trotz guter und plausibler Planungen und Wachstum!

Jetzt können Sie gerne auch noch die 15 Trichterkennzahlen in Ihr Executive Summary setzen. Ich verzichte hier allerdings darauf.

14.11 Grafische Darstellungen der Bewertungen

14.11.1 Der Leaning Brick-Pile

Haben Sie unter einer Mutter mehrere Beteiligungen und bewerten diese, dann können Sie die Bewertungsergebnisse des Beteiligungsportfolios sehr schön grafisch darstellen.

Eine Darstellungsmöglichkeit, neben den klassischen Portfoliodarstellungen und Managementansätzen der neueren Zeit, kennen wir ja schon: das EVA/FCF-Chart, dazu aber später.

Wir wollen uns hier zunächst mit einer grafischen Aneinanderreihung der Q-Ratios (sei es Q-Entity oder Q-Equity) beschäftigen: der „Leaning Brick-Pile"; in die deutsche Sprache wohl am ehesten mit dem „anlehnenden Ziegelberg oder -turm" zu übersetzen.

Hierbei werden die Marktwerte der einzelnen Geschäftseinheiten/Beteiligungen des Konzerns, gemessen an deren Wertbeiträgen, den ihnen entsprechenden Buchwerten gegenübergestellt.

Als eingesetzter Buchwert kann alternativ das Gesamtvermögen (zinstragend) oder das Eigenkapital der Geschäftseinheit/Beteiligung gewählt werden.

Diese Gegenüberstellungen werden danach in ein zweidimensionales Diagramm eingefügt, welches dieser Methode zu ihrer Bezeichnung verholfen hat, da dieses Diagramm eine Ähnlichkeit mit einem schiefen Ziegelturm aufweist.

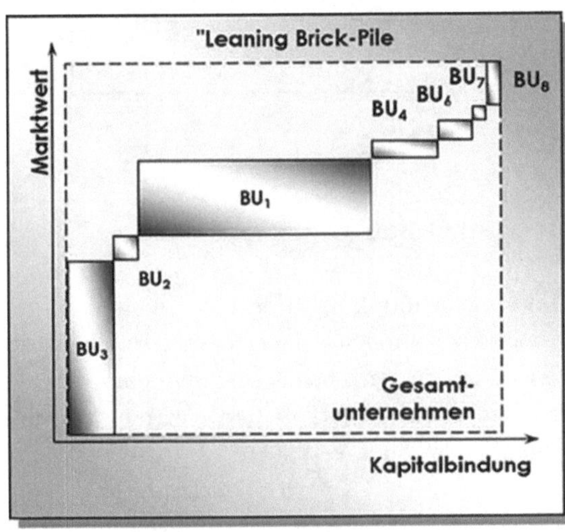

Die Buch- und Marktwerte der einzelnen Geschäftsbereiche/Beteiligungen können zu einem Leaning Brick-Pile zusammengestellt werden.

Der Q-Wert als auch der absolute Wert des Gesamtunternehmens zu Buch und zu Markt ergibt sich als Summe der Werte der Geschäftsbereiche/Beteiligungen und wird durch die helle (innere) Fläche abgebildet.

Der Leaning Brick-Pile stellt eine Möglichkeit dar, das Gesamtportfolio eines Unternehmens aus dem Gesamtkapital und/oder Shareholder-Value-Blickwinkel als Ganzes und mit seinen einzelnen Beteiligungen wertmäßig zu betrachten und zu analysieren.

Anhand dieses Verfahrens können die *Wertvernichter* bzw. die *Werterzeuger* im Beteiligungsportfolio auf einfache Art und Weise klar dargestellt werden.

14.11.2 Ableitungen aus dem Leaning Brick-Pile

Besprechen wir zum Leaning Brick-Pile noch ein weiteres Beispiel.

Es wird ein Unternehmen mit sechs strategischen Geschäftseinheiten/Beteiligungen betrachtet. Dabei werden die Marktwerte (nach Einzelbewertungen) und die entsprechenden Buchwerte der einzelnen Geschäftseinheiten/Beteiligungen in eine Tabelle eingetragen und deren Markt/Buch (M/B)-Verhältnis (Marktwert dividiert durch Buchwert, Q-Ratio) ausgerechnet.

Strategische Geschäftseinheit	Marktwert	Buchwert	M/B-Verhältnis	Rang nach M/B-Verhältnis
SGE A	230 Mio. €	100 Mio. €	2,30	1
SGE B	80 Mio. €	60 Mio. €	1,33	2
SGE C	80 Mio. €	80 Mio. €	1,00	3
SGE D	80 Mio. €	120 Mio. €	0,67	4
SGE E	−50 Mio. €	60 Mio. €	−0,83	5
SGE F	−60 Mio. €	50 Mio. €	−1,20	6

Nach diesem Markt/Buch-Verhältnis erfolgt danach die Reihung beginnend mit jener Geschäftseinheit mit dem höchsten M/B-Ratio.

Die strategischen Geschäftseinheiten werden nun entsprechend der mit dem M/B-Verhältnis ermittelten Rangfolge, beginnend bei jener Geschäftseinheit mit der höchsten Rangfolge, kumulativ in das Leaning-Brick-Pile-Diagramm eingetragen.

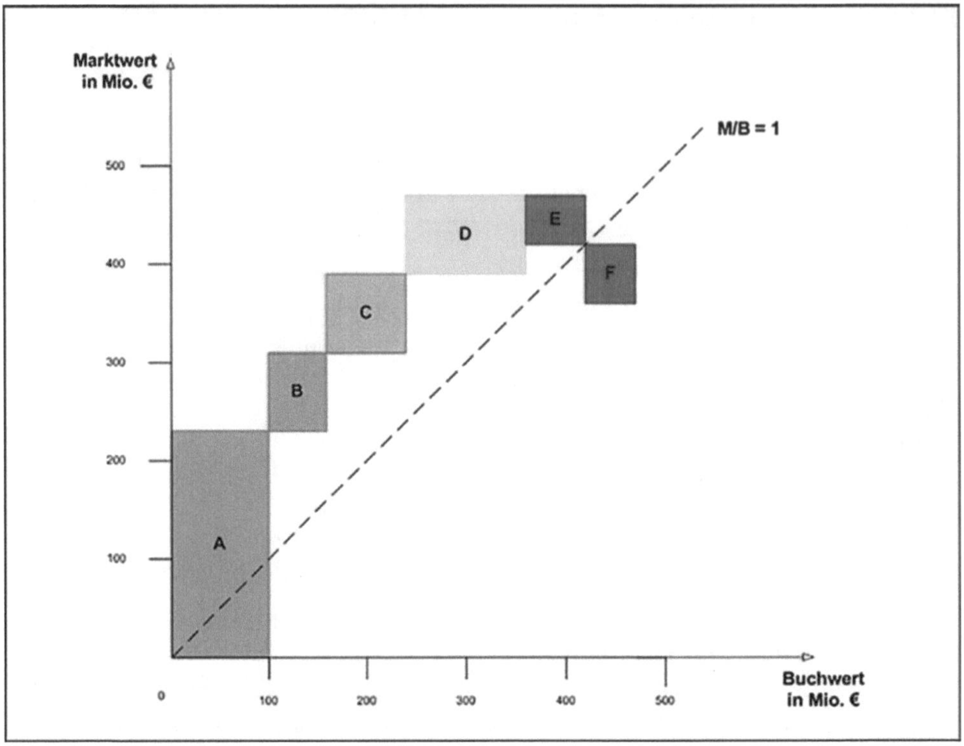

Wie man nun im Diagramm erkennen kann, erzielen die Geschäftseinheiten/Beteiligungen A und B jeweils Wertbeiträge, die über dem investierten Kapital liegen, da M/B > 1. Diese beiden Geschäftseinheiten sind weiter zu fördern, da hier wachstumsbedingte Investitionen zur weiteren Steigerung des Unternehmenswertes beitragen.

Bei der Geschäftseinheit/Beteiligung C ist zu erkennen, dass sie gerade in der Lage ist, das eingesetzte Kapital zu verzinsen (Wertbeitrag = investiertes Kapital bzw. M/B = 1).

Die Geschäftseinheit/Beteiligung D trägt zwar noch mit einem positiven Wertbeitrag von € 80 Mio. zum Unternehmenswert bei, ist aber selbst nicht mehr in der Lage, ihre Kapitalkosten zu verdienen, da das investierte Kapital den Wertbeitrag mit € 40 Mio. übersteigt (M/B < 1).

Daher sollte bei den beiden Geschäftseinheiten/Beteiligungen C und D geprüft werden, ob rentabilitätssteigernde Maßnahmen den Wertbeitrag erhöhen können. Eventuell können auch unattraktive Teile veräußert und so das investierte Kapital verringert werden. Letztendlich kann auch geprüft werden, ob ein eventueller Liquidationswert den Wertbeitrag übersteigt.

Die Geschäftseinheiten/Beteiligungen E und F können aufgrund ihres negativen Wertbeitrages nicht einmal eine positive Kapitalrendite verdienen und vernichten daher Unternehmenswert. Hier ist zu prüfen, ob desinvestiert werden sollte, falls kein Turnaround mehr möglich ist.

Der Leaning Brick-Pile macht deutlich, dass der Wert des Gesamtkapitals als Summe der Wertbeiträge der einzelnen strategischen Geschäftseinheiten derzeit € 360 Mio. beträgt. Da das investierte Gesamtvermögen jedoch € 470 Mio. beträgt, weist das Gesamtunternehmen ein M/B-Ratio von 0,77 (< 1) auf und wäre damit insgesamt als Wertvernichter einzustufen.

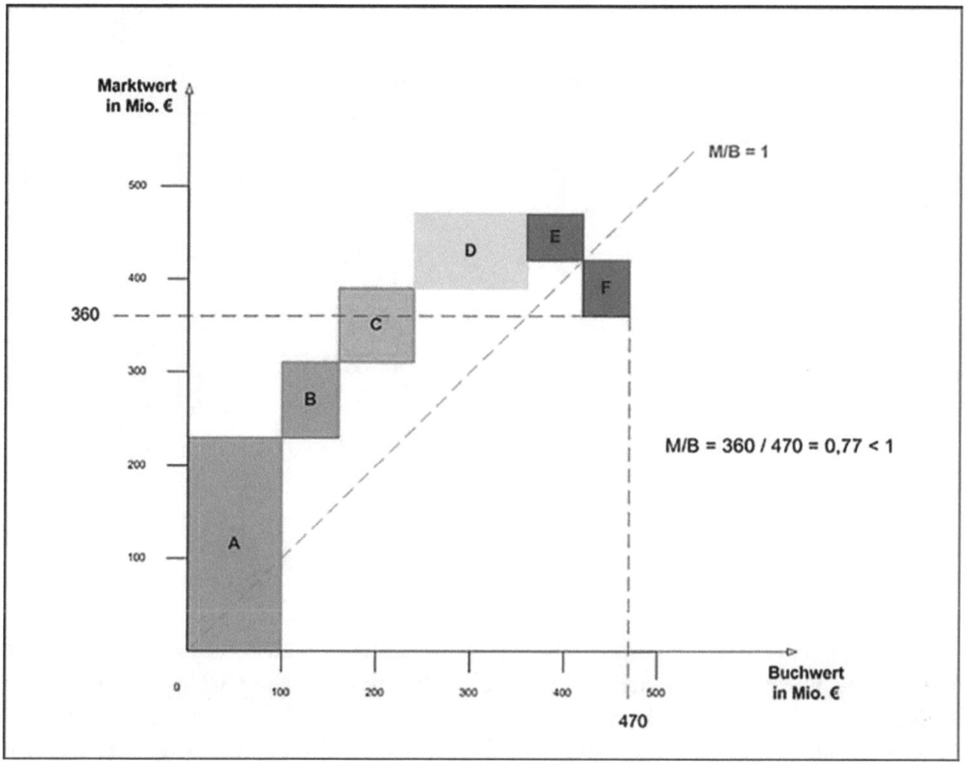

Der Leaning Brick-Pile zeigt aber auch auf, dass das Unternehmen ohne die Geschäftsbereiche/Beteiligungen E und F einen Wert des Gesamtkapitals von € 470 Mio. bei einem Gesamtbuchvermögen von € 360 Mio. aufweisen und mit einem M/B-Ratio von 1,31 als wertschaffendes Unternehmen angesehen werden könnte.

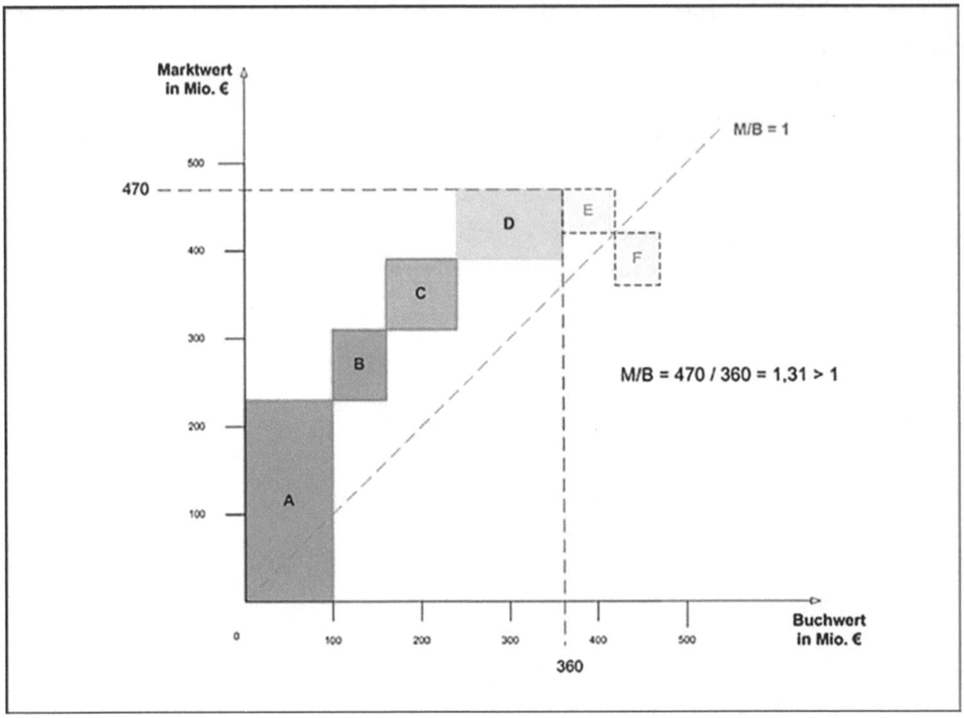

Voraussetzung für diese Wertsteigerung wäre jedoch, dass die Geschäftseinheiten E und F ohne zusätzliche Belastung desinvestiert werden können.

Solange der Barwert der Stilllegungs- oder Desinvestitionskosten kleiner als der der ersparten negativen Wertbeiträge ist, lohnt sich die Stilllegung oder die Desinvestition. Die Preisuntergrenze ist hierbei der negative Wertbeitrag von € 50 bzw. 60 Mio., d. h. es wäre (sogar) wertsteigernd, die Geschäftseinheiten zu verschenken und dem Übernehmer noch eine Mitgift von maximal € 50 bzw. 60 Mio. zu geben, um langfristig die negativen freien Cash Flows zu sparen.

Da auch die strategische Geschäftseinheit D ihre Kapitalkosten nicht verdient, würde zumindest das M/B-Ratio bei einem Verkauf der Geschäftseinheit zum erwarteten Wertbeitrag (ohne Wertminderung für das Unternehmen) von 1,31 auf 1,63 (€ 390 Mio./240 Mio.) steigen.

Das Unternehmen/der Konzern wäre dann zwar nur noch halb so groß, jedoch aus Sicht der Eigentümer wertschaffend anstatt wertvernichtend und mit einem Q-Ratio von 1,63 im Vergleich zu 0,77 vor Desinvestitionsmaßnahmen 210 % wertvoller.

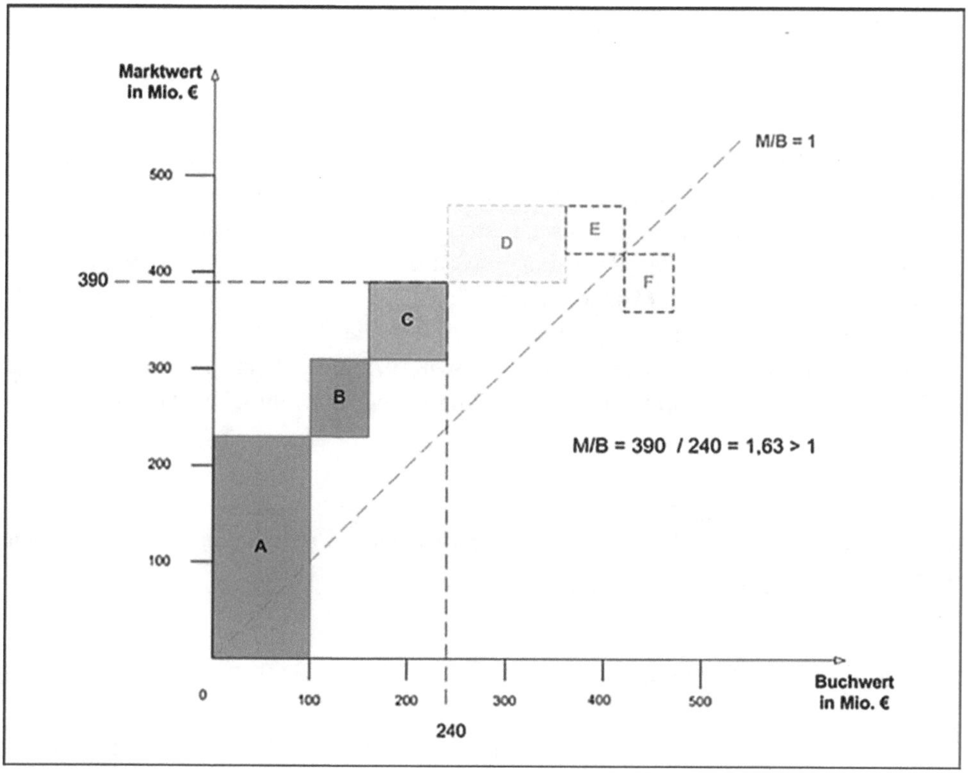

Derartige Restrukturierungen sind in den letzten Jahren bei führenden multinationalen Unternehmen mehrfach durchgeführt worden und haben erheblich zur Steigerung des Unternehmenswertes beigetragen.

14.11.3 Leaning Brick-Pile mit NOPAT (Betriebsergebnis nach Steuern)

Auch mit externen Daten aus der Segmentberichterstattung eines Unternehmens kann ein „modifizierter Leaning Brick-Pile" erstellt werden, indem dem operativen Ergebnis (nach Steuern) NOPAT die absoluten Kapitalkosten (Capital Charge) gegenübergestellt werden.

Das EVA der Einzelperiode kann grafisch ebenfalls dargestellt werden.

Hierdurch werden zwar nur Zahlen eines Jahres zugrunde gelegt, dennoch ist eine einfache Aussage möglich, ob der NOPAT die Kapitalkosten übersteigt und damit netto ein Übergewinn geschaffen wurde.

14.11.4 Zusammenfassung Leaning Brick-Pile!

Ich mag diese Darstellung bzw. dieses Diagramm!

- Der Leaning Brick-Pile zieht im Gegensatz zu anderen Überlegungen neue Aspekte in Betracht, da Rückschlüsse von strategischen Entscheidungen für einzelne Geschäftseinheiten/Beteiligungen auf die Gesamtunternehmenssituation möglich sind.
- Ebenso erlaubt der Leaning Brick-Pile, die Dimensionierung des Unternehmens hinsichtlich Wertschaffung im Unternehmen zu prüfen.
- Der Leaning Brick-Pile ist jedoch nicht in der Lage, die hinter dem Wertbeitrag stehenden wesentlichen Werttreiber darzustellen, wie dies z. B. durch das Wachstum, die Rentabilität oder die Marktanteilsentwicklung bei der Portfolio-„Profitability-Matrix“ möglich ist.

Negativ muss herausgestellt werden, dass durch die Aufsummierung der Einzelwerte keine Synergien zwischen den einzelnen Geschäftseinheiten/Beteiligungen erfasst werden und somit die Ergebnisse auch einer weiteren Korrektur bedürfen.

14.11.5 EVA/FCF-Matrix

Diese Darstellung hatten wir im Kapitel zum eigentlichen Beteiligungscontrolling schon in Kap. 11 kennengelernt.

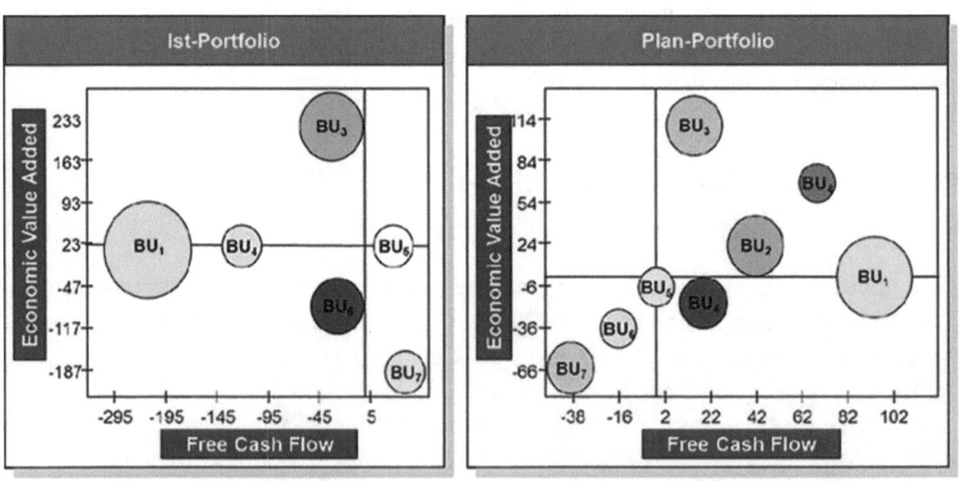

Projekt/BU vor ABC Maßnahme **Ergebnisse durch ABC Maßnahme**

Während wir aus Controllingsicht den Fokus auf die periodischen Veränderungen gelegt haben, stehen jetzt die berechneten Unternehmenswerte im Vordergrund.

Die Achsen bleiben identisch, d. h.

- auf der horizontalen Achse tragen wir die zukünftigen kumulierten und diskontierten freien Cash Flows auf und
- auf der vertikalen Achse die zukünftigen kumulierten und diskontierten EVA, also den MVA (Market Value Added).

Den so definierten Punkt auf den beiden o. g Achsen illustrieren wir zusätzlich durch

- den Gesamtwert,
- den Marktwert (Fair Value) des Eigenkapitals,
- die flächenproportionale Kapitalbindung zu Buch (hier in oben stehender Abbildung),
- die Investitionen, die fortan in der Beteiligung notwendig sind, das Niveau zu halten,
- etc.

14.12 Zusammenfassung Bewertung

Ist doch klasse, was man aus Bewertungen, dem *Executive Summary* und einfachen grafischen Zusammenfassungen alles herauslesen und darstellen kann.

Sicher, zunächst muss man die Zusammenfassung selbst, die Inhalte und die Berechnungen verstehen, aber dies ist eine Frage der Übung. Ich hatte Ihnen bereits gesagt, dass ich auch lange Zeit gebraucht habe, die Zusammenhänge (auch in der Tiefe mit den mathematischen Verknüpfungen und Formeln) zu verstehen, aber dadurch darf man sich nicht entmutigen lassen.

Außerdem erwartet niemand von Ihnen, dass Sie immer alles frei präsentieren. In Ihrem Unternehmen wird man auch so „große Augen" machen, wenn Sie eine solche Zusammenfassung mithilfe von Handzetteln machen. Ihre Kolleg(inn)en werden Sie trotzdem bewundern und beneiden, der (die) Chef(in) wird ebenfalls ganz begeistert sein.

Literatur

Baetge, J., K. Niemeyer, und J. Kümmel. 2005. Darstellung der Discounted-Cashflow-Verfahren (DCF-Verfahren) mit Beispiel. In *Praxishandbuch der Unternehmensbewertung*, Hrsg. V. Peemöller. Berlin.

Ballwieser, W. 1998. Unternehmensbewertung mit Discounted Cash Flow-Verfahren. *Die Wirtschaftsprüfung* 3:81–92.

Copeland, T., T. Koller, und J. Murrin. 2000. *Valuation: Measuring and Managing the Value of Companies*, 3. Aufl. Canada: Wiley.

Copeland, T., T. Koller, und J. Murrin. 2002. *Unternehmenswert: Methoden und Strategien für eine wertorientierte Unternehmensführung*, 3. Aufl. Frankfurt: Campus.

Heesen, B. 2016. *Investitionsrechnung für Praktiker*, 3. Aufl. Wiesbaden: Springer Gabler.

International Monetary Fund. 2013. *World Economic Outlook* April 2013.

Jonas, M. 1995. Zur Anwendung der Discounted-Cash Flow-Methode in Deutschland. *Betriebswirtschaftliche Forschung und Praxis* 1:83–98.

Peemöller, V. 2005. *Praxishandbuch der Unternehmensbewertung*, 3. Aufl. Berlin: Neue Wirtschafts-Briefe.

15 Weitere Anwendungen im strategischen Controlling und in der strategischen Planung

Abschließend wollen wir uns jetzt noch vier weitere Kurzbeispiele anschauen, in denen die bisher behandelten Themen in komprimierter Form von Bedeutung sind.

Dabei können wir sowohl das strategische Controlling als auch die strategische Planung als Basis für diese Beispiele sehen, mitunter also auch das Beteiligungscontrolling bzw. -management.

In allen Fällen sind aber EVA- und FCF-Betrachtungen sowie Bewertungen relevant.

15.1 Der Alternativen- und Planungsworkshop

In wie vielen Workshops haben Sie bereits gesessen, in denen es um die strategische Ausrichtung einer Gesellschaft/Beteiligung ging und in denen (eigentlich) auch die Auswirkungen der Planungen zumindest in einer ersten „Hochrechnung" gerechnet bzw. „controlled" werden sollten?

Während die Ideen in diesen Workshops häufig leichter und schneller auf den Tisch kommen, ist es i. d. R. bei der Quantifizierung dieser strategischen Stoßrichtungen eher ruhiger.

Einerseits zieren sich viele Diskussionsteilnehmer, halbwegs konkrete Zahlen zu nennen, andererseits findet sich auch niemand, der die Ideen in ein übersichtliches Zahlen- und Ergebnisformat bringt.

Schon bei der Frage nach der Protokollführung gehen ja alle Köpfe nach unten, die Frage nach der Berechnung der Auswirkungen wird meist zunächst gar nicht gestellt.

B. Heesen, *Beteiligungsmanagement und Bewertung für Praktiker*,
https://doi.org/10.1007/978-3-658-30792-9_15

Dabei ist dies aber gar nicht schwierig, wenn man

1. vor Beginn des Workshops nur einmal 1 Stunde investiert,
2. während des Workshops konstant ein wenig die Diskussion aktiv (nachfragend) begleitet und bei quantitativen Größen ein wenig nachhakt,
3. die „Erkenntnisse" sofort während der Diskussionen in ein kleines Excel Tool eingibt.

Und das wollen wir uns jetzt wieder Schritt für Schritt anschauen.

Wir stellen uns einmal folgende Situation vor.

Die Burghausen AG ist aufgerufen, die Stoßrichtung für die nächsten Jahre zu formulieren und zu quantifizieren.

Die Ergebnisse des Geschäftsjahres sind bekannt (GuV und Bilanzdaten) und liegen vor.

Die Holding fordert die Tochter auf, folgende Szenarien/Möglichkeiten separat durchzuplanen und zu quantifizieren …

I Produktivitätssteigerung,
II neue (wertsteigernde) Investition,
III bessere Asset-Nutzung,
IV Kapitalkostenreduktion,

… und dann einen gemeinsam getragenen Vorschlag zu unterbreiten.

Die Holding hat dabei nach Rücksprache mit einem Beratungshaus bereits Minimalanforderungen festgesetzt, auf deren Basis die einzelnen Szenarien/Möglichkeiten durchzuarbeiten sind (siehe Rohdaten der Szenarien). Es steht den Damen und Herren der Burghausen AG frei, mit „besseren" Rohdaten in den einzelnen Szenarien und Möglichkeiten zu arbeiten; diese sind dann zu begründen.

Die Projektmitarbeiter(innen) der Burghausen AG müssen einen gemeinsamen Vorschlag unterbreiten. Die Holding möchte für die Einzelszenarien zunächst nur die Ergebnisse einmal grob gerechnet sehen. Der gemeinsam getragene Vorschlag sollte allerdings Simulationen zulassen und auch die Wertentwicklung (Steigerung des Unternehmens- und Gesamtwertes) der Burghausen AG bei Umsetzung der Planung ausweisen.

15.1.1 Vorbereitung

Zunächst erstellen wir uns im Excel einmal folgende (zunächst einperiodische) „Maske" und tragen auch die bekannten Größen aus der Bilanz und GuV der letzten Ist-Periode ein.

Sie können natürlich auch gleich drei oder fünf Perioden anlegen, ich allerdings zeige hier die Workshopbegleitung einperiodisch auf.

Ausgangssituation (aus GuV und Bilanz)

Steuersatz (Ist)	27,50%

	Ausgangs-situation
Umsatz	2.000
Herstellungskosten	1.750
Betriebsergebnis	
Steuern	
Betriebsergebnis. St. (NOPAT)	
Eigenkapital	300
Fremdkapital	700
Gesamtkapital	
Kapitalkosten in %	10,0%
Kapitalbelastung abs.	
ROS (NOPAT/Umsatz) in %	
Kapitalumschlag (Umsatz/Kapital)	
ROCE (Kapitalrendite) in %	
EVA	
EVA Marge	
Spread (%)	
Marktwert (NOPAT/Kapitalkosten)	
Wertsteigerung (abs)	
Wertsteigerung (%)	

Die Größen für das Eigen- und Fremdkapital sind die Werte zum 01.01. der Ist-Periode, nicht die zum 31.12.

Die Kapitalkosten für die Burghausen AG sind im Ist mit 10,0 % berechnet (Ansatz nach Copeland).

Ausgangssituation		Copeland		Stewart	
rf - risikofreier Satz	5,50%	ke unlev	11,70%	ke unlev	11,70%
ß - Faktor	1,00	Lev. Factor	2,69	FRP	8,64%
rp - Risikoprämie	6,20%	ke lev	22,19%	ke lev	20,34%
		gew. EK-Kosten	6,66%	gew. EK-Kosten	6,10%
Steuersatz	27,50%				
		kd v. St.	6,59%	kd v. St.	6,59%
Eigenkapital	30,0%	KD n. St.	4,78%	KD n. St.	4,78%
Fremdkapital	70,0%	gew. FK-Kosten	3,34%	gew. FK-Kosten	3,34%
Leverage	2,33				
		WACC	10,00%	WACC	9,45%
kd - Fremdkapitalkosten v. St.	6,59%			WACC Check	9,45%

Die Berechnung möchte ich allerdings nicht wieder im Detail durchgehen. Sie können das auch ohne mich.

Dann kalkulieren wir auch sofort die Ergebnisse der fehlenden Felder. Wir gehen dabei von einem typischen Körperschaftsteuersatz in Höhe von 27,5 % aus.

Bei absoluten Größen rechnen wir ohne Kommastellen, die Währung ist hier im Beispiel irrelevant.

Ausgangssituation (aus GuV und Bilanz)

Steuersatz (Ist)	27,50%

	Ausgangs-situation
Umsatz	2.000
Herstellungskosten	1.750
Betriebsergebnis	250
Steuern	69
Betriebsergebnis. St. (NOPAT)	181
Eigenkapital	300
Fremdkapital	700
Gesamtkapital	1.000
Kapitalkosten in %	10,0%
Kapitalbelastung abs.	100
ROS (NOPAT/Umsatz) in %	9,1%
Kapitalumschlag (Umsatz/Kapital)	2,0
ROCE (Kapitalrendite) in %	18,1%
EVA	81
EVA Marge	4,1%
Spread (%)	8,1%
Marktwert (NOPAT/Kapitalkosten)	1.812
Wertsteigerung (abs)	812
Wertsteigerung (%)	81,2%

Gehen wir die Berechnungen kurz durch.

Das Betriebsergebnis errechnet sich aus der Differenz von Umsatzerlösen und Herstellungskosten. Die Zinsaufwendungen vernachlässigen wir an dieser Stelle, da wir später den/das EVA berechnen und dort mittels WACC auch die Fremdfinanzierungskosten eingehen.

Bei 27,50 % Körperschaftsteuer sind 69 Steuern in Abzug zu bringen, sodass das NOPAT (Betriebsergebnis nach Steuern) 181 beträgt.

Das Anlagevermögen beträgt im Ist 300, das Umlaufvermögen 700. Damit ist das Anlagevermögen zu 100 % durch Eigenkapital, das Umlaufvermögen zu 100 % mit Fremdkapital finanziert.

Entweder Sie vernachlässigen an dieser Stelle das nicht zinstragende Fremdkapital (dies ist hier mein Ansatz), oder Sie reduzieren das Gesamtkapital nochmals um die nicht zinstragenden Bestandteile, also in einem einfachen Ansatz um die Kreditoren und die sonstigen kurzfristigen Verbindlichkeiten.

Kapitalkosten Bei einem WACC in Höhe von 10,0 % errechnet sich auf der Basis eines zinstragenden Gesamtkapitals von 1000 eine Capital Charge (Kapitalbelastung) von 100.

Operations Die operative Rendite (Betriebsergebnis nach Steuern/Umsatzerlöse) beträgt 9,1 %, der Kapitalumschlag (Umsatzerlöse/Gesamtkapital) 2 und die Kapitalrendite ROC (hier ROCE, weil gerechnet auf das zinstragende Gesamtkapital) 18,1 % (Betriebsergebnis nach Steuern/Gesamtkapital).

EVA, Spread und EVA-Marge Aus Wertsicht ergibt sich folgende Ausgangssituation.

- Der/das EVA beträgt 81 (subtraktiver Ansatz: NOPAT – Capital Charge),
- die EVA-Marge (EVA/Umsatzerlöse) 4,1 % und
- Spread (EVA/Gesamtkapital ROCE – WACC) 4,1 %.

Bewertung und Wertsteigerung Der Gesamtwert errechnet sich mit 1812. Da wir nur eine Periode zur Verfügung haben, müssen wir den Endwert (ewige Rente) auf dieser Basis berechnen.

$$EW_1 = \left(\frac{NOPAT_1}{WACC} + NOPAT_1 \right) \times (1 + WACC)^{-1},$$

also

$$EW_1 = \left(\frac{NOPAT_1}{WACC} + NOPAT_1 \right) \times \frac{1}{(1 + WACC)^1},$$

somit

$$EW_1 = \left(\frac{181}{0{,}10} + 181 \right) \times 0{,}91,$$

damit

$$EW_1 = 1991 \times 0{,}91.$$

Ergebnis

$$EW_1 = 1812 \text{ (gerundet)}.$$

Alternativ hätten wir rechnen können:

$$EW_1 = \frac{\text{NOPAT}}{\text{WACC}} \times (1 + \text{WACC})^{-0},$$

also

$$EW_1 = \frac{\text{NOPAT}}{\text{WACC}} \times \frac{1}{(1 + \text{WACC})^0},$$

somit

$$EW_1 = \frac{\text{NOPAT}}{\text{WACC}} \times \frac{1}{1},$$

damit

$$EW_1 = \frac{181}{0{,}10}.$$

Ergebnis

$$EW_1 = 1812 \text{ (gerundet)}.$$

Damit berechnet sich bei einem Gesamtkapital zum 01.01. in Höhe von 1000 eine Wertsteigerung von 812 oder 81,2 %.

Damit haben wir unser Grundgerüst für den Workshop.

15.1.2 Begleitung des Workshops

Nach kurzer Zeit liegen die ersten Vorschläge auf dem Tisch. Workshopteilnehmer aus dem Vertrieb und der Produktion sind überzeugt, dass die Produktivität noch gesteigert werden kann. Beim Umsatz sieht man nach mehrfachen Rückfragen und Aufforderungen zur Quantifizierung durch Sie ad hoc 5 %, also eine Steigerung um 100. Die Produktionsleitung glaubt, die Umsatzerlöse von dann 2100 mit Herstellungskosten in Höhe von 1825 erstellen zu können.

Weitere Investitionen sind dafür nicht notwendig und daher sind auch die Kapitalkosten nicht betroffen.

Alternative 1 - Rohdaten: Produktivitätssteigerung

Steuersatz (Plan)	27,50%

	Ausgangssituation	Alt 1: Produktivitätssteigerung
Umsatz	2.000	2.100
Herstellungskosten	1.750	1.825
Betriebsergebnis	250	
Steuern	69	
Betriebsergebnis. St. (NOPAT)	181	
Eigenkapital	300	300
Fremdkapital	700	700
Gesamtkapital	1.000	1.000
Kapitalkosten in %	10,0%	10,0%
Kapitalbelastung abs.	100	
ROS (NOPAT/Umsatz) in %	9,1%	
Kapitalumschlag (Umsatz/Kapital)	2,0	
ROCE (Kapitalrendite) in %	18,1%	
EVA	81	
EVA Marge	4,1%	
Spread (%)	8,1%	
Marktwert (NOPAT/Kapitalkosten)	1.812	
Wertsteigerung (abs)	812	
Wertsteigerung (%)	81%	

Während noch diskutiert wird, haben Sie bereits (Excel) rechnen lassen und kennen die Ergebnisse. Dabei ist natürlich logisch, dass bei ansonsten konstanten Ausgangsgrößen mit einer Produktivitätsverbesserung eine Optimierung eintritt.

Sie könnten jetzt aber ad hoc Ergebnisse der Maßnahmen aus mehreren Perspektiven liefern, aber ich rate Ihnen, halten Sie sich noch zurück.

Schauen Sie sich die Berechnungsergebnisse nur für sich an – Ihr großer Moment kommt dann noch.

Die Berechnungen selbst werde ich aber nicht wieder mit Ihnen durchgehen. Wir haben dies bei der Ausgangssituation gemeinsam gemacht, jetzt müssen Sie alleine „laufen".

Alternative 1 - Ergebnis: Produktivitätssteigerung

Steuersatz (Plan)	27,50%

	Ausgangssituation	Alternative 1 Produktivitätssteigerung
Umsatz	2.000	2.100
Herstellungskosten	1.750	1.825
Betriebsergebnis	250	275
Steuern	69	76
Betriebsergebnis. St. (NOPAT)	181	199
Eigenkapital	300	300
Fremdkapital	700	700
Gesamtkapital	1.000	1.000
Kapitalkosten in %	10,0%	10,0%
Kapitalbelastung abs.	100	100
ROS (NOPAT/Umsatz) in %	9,1%	9,5%
Kapitalumschlag (Umsatz/Kapital)	2,0	2,1
ROCE (Kapitalrendite) in %	18,1%	19,9%
EVA	81	99
EVA Marge	4,1%	4,7%
Spread (%)	8,1%	9,9%
Marktwert (NOPAT/Kapitalkosten)	1.812	1.994
Wertsteigerung (abs)	812	994
Wertsteigerung (%)	81,2%	99,4%

Wie immer sind natürlich nicht alle einverstanden. Außerdem ist das ja eigentlich keine (neue) strategische Stoßrichtung.

Von daher wird auch argumentiert, dass man eine Produktivitätssteigerung auf jeden Fall „mitnehmen" soll, aber darüber hinaus auch „Neuland" betreten soll bzw. muss.

Somit kommt recht schnell der Ruf nach neuem technischem Gerät auf, um mit diesem in neue Produktschienen eintreten zu können. Alternativ wäre auch der Kauf einer Gesellschaft eine Möglichkeit, aber derzeit steht nach Aussage einiger Workshopteilnehmer nichts wirklich Gutes zum Verkauf. Und über einen „unfriendly take over" möchte man ohne Konzernzusagen erst einmal nicht nachdenken.

Die technische Leitung wie auch Marketing und Vertrieb sehen aber in einem bisher nicht bedienten Markt entsprechende Möglichkeiten und votieren vehement dafür, kräftig Geld (500 neues Fremdkapital, die Summe kam natürlich auch erst nach Ihren Nachfragen auf den Tisch) für Investitionen in die Hand zu nehmen. Die Finanzer sind sich sicher, dass mit dem bisherigen Zinssatz auf jeden Fall gerechnet werden kann, wahrscheinlich sogar mit einem leicht geringeren Satz. Es werden aber Stimmen laut, die eine konservative

Planung sehen wollen und damit nicht bereit sind, geringere Zinssätze als derzeit möglich für die Planung zu akzeptieren.

Marketing und Vertrieb sind der Meinung, dass mit diesem Investment das Doppelte als Umsatzerlöse (also 1000) zeitnah generiert werden könnte und die Produktionsleitung glaubt, den Zuwachs beim Umsatz mit zusätzlichen Herstellungskosten von 800 fertigen zu können.

Andere Workshopteilnehmer werfen aber ein, dass die besprochene Produktivitätssteigerung aber auf jeden Fall ebenfalls angegangen, also integriert werden muss.

Sie hören interessiert zu und verarbeiten Zahlen, stellen immer wieder bohrende Fragen und beruhigen den Teilnehmerkreis, dass Sie alle Daten aufnehmen, damit nachher auch Berechnungen angestellt werden können.

Damit sieht Ihr zweites Szenario folgendermaßen aus – die angesprochenen Produktivitätssteigerungen sind darin auch enthalten:

Alternative 2 - Ergebnis: Wertsteigernde Investition inkl. Produktivitätssteigerung

Steuersatz (Plan)	27,50%

	Ausgangssituation	Alternative 2 Wertsteigernde Investitionen
Umsatz	2.000	3.100
Herstellungskosten	1.750	2.625
Betriebsergebnis	250	
Steuern	69	
Betriebsergebnis. St. (NOPAT)	181	
Eigenkapital	300	300
Fremdkapital	700	1.200
Gesamtkapital	1.000	
Kapitalkosten in %	10,0%	
Kapitalbelastung abs.	100	
ROS (NOPAT/Umsatz) in %	9,1%	
Kapitalumschlag (Umsatz/Kapital)	2,0	
ROCE (Kapitalrendite) in %	18,1%	
EVA	81	
EVA Marge	4,1%	
Spread (%)	8,1%	
Marktwert (NOPAT/Kapitalkosten)	1.812	
Wertsteigerung (abs)	812	
Wertsteigerung (%)	81,2%	

Das sich daraus berechnende Ergebnis ist natürlich klasse, aber Sie schweigen weiterhin.

Es ist übrigens für diese Berechnungen egal, ob Ihr Team Maschineninvestitionen oder einen Unternehmenskauf diskutiert. Sie müssen nur die Daten beim Umsatz, den Herstellungskosten, Eigen- und Fremdkapital und den Kapitalkosten ändern.

Dies müssen Sie aber für jedes Szenario generell durchdenken und gegebenenfalls adaptieren.

Was sehen Sie jetzt?

Auch hier lasse ich Sie wieder alleine mit den Berechnungen – das müssen Sie jetzt alleine schaffen. Ansonsten schauen Sie im Excel nach.

Die Kapitalkosten verändern sich natürlich aufgrund des Leverages. Die Berechnungen nach Copeland weisen jetzt einen WACC in Höhe von 9,76 % aus.

Weitere Investitionen		**Copeland**		**Stewart**	
rf - risikofreier Satz	5,50%	ke unlev	11,70%	ke unlev	11,70%
ß - Faktor	1,00	Lev.Factor	3,90	FRP	14,82%
rp - Risikoprämie	6,20%	ke lev	29,68%	ke lev	26,52%
		gew. EK-Kosten	5,94%	gew. EK-Kosten	5,30%
Steuersatz	27,50%				
		kd v. St.	6,59%	kd v. St.	6,59%
Eigenkapital	20,0%	KD n. St.	4,78%	KD n. St.	4,78%
Fremdkapital	80,0%	gew. FK-Kosten	3,82%	gew. FK-Kosten	3,82%
Leverage	4,00				
		WACC	9,76%	WACC	9,13%
kd - Fremdkapitalkosten v. St.	6,59%			WACC Check	9,13%

Somit ergibt sich folgendes Bild für das Szenario 2:

Alternative 2 - Ergebnis: Wertsteigernde Investition inkl. Produktivitätssteigerung

Steuersatz (Plan)	27,50%

	Ausgangs-situation	Alternative 2 Wertsteigernde Investitionen
Umsatz	2.000	3.100
Herstellungskosten	1.750	2.625
Betriebsergebnis	250	475
Steuern	69	131
Betriebsergebnis. St. (NOPAT)	181	344
Eigenkapital	300	300
Fremdkapital	700	1.200
Gesamtkapital	1.000	1.500
Kapitalkosten in %	10,0%	9,8%
Kapitalbelastung abs.	100	146
ROS (NOPAT/Umsatz) in %	9,1%	11,1%
Kapitalumschlag (Umsatz/Kapital)	2,0	2,1
ROCE (Kapitalrendite) in %	18,1%	23,0%
EVA	81,2	198,0
EVA Marge	4,1%	6,4%
Spread (%)	8,1%	13,2%
Marktwert (NOPAT/Kapitalkosten)	1.812	3.529
Wertsteigerung (abs)	812	2.029
Wertsteigerung (%)	81%	135%

Das sieht doch richtig gut aus, oder?

Jetzt geht es richtig rund. Das Controlling gerät unter Druck!

Beklagt wird, dass einige Maschinen seit geraumer Zeit nur noch „rumstehen", somit gar nicht mehr genutzt werden und die Vorräte zu hoch bzw. das Forderungsmanagement zu schwach seien.

Es muss doch möglich sein, nicht notwendige Maschinen (Anlagevermögen) zu verkaufen und Vorräte generell niedriger zu halten, dafür aber den Zahlungseingang durch ein besseres Debitorenmanagement zu beschleunigen.

Auch hier wird wieder betont, dass dies begleitende Optimierungen sein müssen, die Effekte aus Produktivitätssteigerung und (gerne auch) aus weiteren Investitionen, wenn sie sich denn rechnen, unberührt bleiben.

Somit wird gefordert, dass das derzeitige Ist-Anlagevermögen um 100 zu kürzen sein muss und im Umlaufvermögen Verbesserungen von mindestens 50 (nach Steuern, wenn Bestände nicht nachgeordert oder sogar veräußert werden) mit einigem Nachdruck möglich sein müssten.

Dieses Szenario wird allgemein verbal als „bessere Asset-Nutzung“ definiert.

Dabei wird gefordert, dass die Erträge aus Veräußerung des nicht notwendigen Betriebsvermögens und die Kassenwirksamkeit einer Bestandsreduktion und einer Intensivierung des Forderungsmanagements direkt in eine Rückführung von Verbindlichkeiten in Höhe von 150, also von 1200 auf 1050 (inkl. neue Investitionsfinanzierung) münden müssen, was angesichts der weiteren bereits diskutierten und fremdkapitalfinanzierten Investitionen auch entsprechend geboten ist und somit doppelt Wirkung in den Ergebnissen zeigen müsste.

Das Szenario 3 präsentiert sich somit wie folgt:

Alternative 3 - Rohdaten: Bessere Asset Nutzung (inkl. Alterantiven 1 und 2)

Steuersatz (Plan)	27,50%

	Ausgangs-situation	Alternative 3 Bessere Asset Nutzung
Umsatz	2.000	3.100
Herstellungskosten	1.750	2.625
Betriebsergebnis	250	
Steuern	69	
Betriebsergebnis. St. (NOPAT)	181	
Eigenkapital	300	300
Fremdkpapital	700	1.050
Gesamtkapital	1.000	
Kapitalkosten in %	10,0%	
Kapitalbelastung abs.	100	
ROS (NOPAT/Umsatz) in %	9,1%	
Kapitalumschlag (Umsatz/Kapital)	2,0	
ROCE (Kapitalrendite) in %	18,1%	
EVA	81	
EVA Marge	4,1%	
Spread (%)	8,1%	
Marktwert (NOPAT/Kapitalkosten)	1.812	
Wertsteigerung (abs)	812	
Wertsteigerung (%)	81,2%	

Mit den Fremdkapitalrückführungen ändert sich erneut der Leverage.

Bessere Asset Nutzung		Copeland		Stewart	
rf - risikofreier Satz	5,50%	ke unlev	11,70%	ke unlev	11,70%
ß - Faktor	1,00	Lev. Factor	3,54	FRP	12,97%
rp - Risikoprämie	6,20%	ke lev	27,43%	ke lev	24,67%
		gew. EK-Kosten	6,10%	gew. EK-Kosten	5,48%
Steuersatz	27,50%				
		kd v. St.	6,59%	kd v. St.	6,59%
Eigenkapital	22,2%	KD n. St.	4,78%	KD n. St.	4,78%
Fremdkapital	77,8%	gew. FK-Kosten	3,72%	gew. FK-Kosten	3,72%
Leverage	3,50				
		WACC	9,81%	WACC	9,20%
kd - Fremdkapitalkosten v.St.	6,59%			WACC Check	9,20%

Die WACC-Berechnung nach Copeland weist jetzt einen Wert in Höhe von 9,81 % aus. Er ist also leicht angestiegen, was aufgrund des geringeren Fremdkapitalanteils und der steuerlichen Abzugsfähigkeit der Zinsaufwendungen aber auch nachvollziehbar ist.

Damit berechnet sich das Szenario wie folgt …

Alternative 3 - Ergebnis: Bessere Asset Nutzung (inkl. Alternativen 1 und 2)

Steuersatz (Plan)	27,50%

	Ausgangssituation	Alternative 3 Bessere Asset Nutzung
Umsatz	2.000	3.100
Herstellungskosten	1.750	2.625
Betriebsergebnis	250	475
Steuern	69	131
Betriebsergebnis. St. (NOPAT)	181	344
Eigenkapital	300	300
Fremdkpapital	700	1.050
Gesamtkapital	1.000	1.350
Kapitalkosten in %	10,0%	9,8%
Kapitalbelastung abs.	100	132
ROS (NOPAT/Umsatz) in %	9,1%	11,1%
Kapitalumschlag (Umsatz/Kapital)	2,0	2,3
ROCE (Kapitalrendite) in %	18,1%	25,5%
EVA	81	211,911125
EVA Marge	4,1%	6,8%
Spread (%)	8,1%	15,7%
Marktwert (NOPAT/Kapitalkosten)	1.812	3.510
Wertsteigerung (abs)	812	2.160
Wertsteigerung (%)	81,2%	160%

… und es wird immer besser. Aber Sie schweigen noch immer.

Die Diskussionen sind aber noch nicht am Ende. Während bisher Marketing, Vertrieb und Produktion die Diskussion getrieben haben, das Controlling jetzt auch mit Aufgaben belegt wurde, fordern die Workshopteilnehmer(innen) jetzt die Finanzer auf, auch einmal über Wege und Möglichkeiten zur Reduktion der Kapitalkosten nachzudenken.

„Wir" Finanzer lassen uns natürlich nicht „lumpen" und werfen eine mögliche Reduktion des Fremdkapitalzinssatzes von realistisch 0,5 % in die Runde, wenn man seine Bank nur einmal richtig unter Druck setzt und auch mit „alternativen Instituten" droht. Allerdings sind diese 0,5 % Einsparung sicherlich erst mit geraumen Zeitverzug erreichbar und daher plädieren die Finanzen dafür, erst in den Detailplanungen ab Periode 3–4 diese auch als erreicht einzureichen.

Außerdem wird angeregt, auf die Mutter einzuwirken, ihre Forderungen an Eigenkapitalkosten auch ein wenig abzumildern. Mindestens 3 %, im Idealfall 5 % bei den Eigenkapitalkosten ($k_{e\ lev}$) müsste die Mutter nachlassen. Die Finanzer erhalten einen Auftrag, mit 4 % als Zielvorgabe, Gespräche mit der Mutter zu führen. Außerdem hatte ja die Mutter selbst diese Überlegungen initiiert, und somit darf sie sich nicht wundern, wenn auch von ihr ein gewisses Entgegenkommen verlangt wird.

Was die anderen im Raum (noch) nicht wissen, ist, dass die Mutter und damit der Konzern insgesamt durch die bisher diskutierten Schritte und Stoßrichtungen enorm profitieren werden.

Unter der Annahme, dass o. g. Kapitalkostenreduktionen erreicht werden können, ergibt sich folgendes Bild, wobei alle drei zuvor genannten Marschrichtungen nach wie vor Bestandteil des vierten Szenarios sind.

Der WACC nach Copeland sinkt auf 8,64 %, die Fremdkapitalkostenreduktion ist hier noch nicht eingerechnet.

Optimierung Kapitalkosten		**Copeland**		**Stewart**	
Reduktion ke lev	**4,00%**				
Reduktion kd	**0,50%**				
rf - risikofreier Satz	5,50%				
ß - Faktor	1,00				
rp - Risikoprämie	6,20%	ke lev	23,43%	ke lev	22,52%
		gew. EK-Kosten	5,21%	gew. EK-Kosten	5,00%
Steuersatz	27,50%				
		kd v. St.	6,09%	kd v. St.	6,09%
Eigenkapital	22,2%	KD n. St.	4,42%	KD n. St.	4,42%
Fremdkapital	77,8%	gew. FK-Kosten	3,43%	gew. FK-Kosten	3,43%
Leverage	3,50				
		WACC	8,64%	WACC	8,44%
kd - Fremdkapitalkosten v. St.	6,59%				

Damit ergibt sich mit adaptierten Kapitalkosten (WACC) jetzt folgende Ausgangssituation.

Alternative 4 - Rohdaten: Reduktion der Kapitalkosten (inkl. Alternativen 1 bis 3)

Steuersatz (Plan)	27,50%

	Ausgangs-situation	Alternative 4 Reduktion der Kapitalkosten
Umsatz	2.000	3.100
Herstellungskosten	1.750	2.625
Betriebsergebnis	250	
Steuern	69	
Betriebsergebnis. St. (NOPAT)	181	
Anlagevermögen	300	300
Umlaufvermögen	700	1.050
Gesamtkapital	1.000	
Kapitalkosten in %	10,0%	8,6%
Kapitalbelastung abs.	100	
ROS (NOPAT/Umsatz) in %	9,1%	
Kapitalumschlag (Umsatz/Kapital)	2,0	
ROCE (Kapitalrendite) in %	18,1%	
EVA	81	
EVA Marge	4,1%	
Spread (%)	8,1%	
Marktwert (NOPAT/Kapitalkosten)	1.812	
Wertsteigerung (abs)	812	
Wertsteigerung (%)	81,2%	

Auch hier müssen Sie sich „natürlich" wieder selbst durcharbeiten. Allerdings stelle ich Ihnen wie immer die Ergebnisse der Berechnungen dar.

Alternative 4 - Ergebnis: Reduktion der Kapitalkosten (inkl. Alternativen 1 bis 3)

Steuersatz (Plan)	27,50%

	Ausgangs-situation	Alternative 4 Reduktion der Kapitalkosten
Umsatz	2.000	3.100
Herstellungskosten	1.750	2.625
Betriebsergebnis	250	475
Steuern	69	131
Betriebsergebnis. St. (NOPAT)	181	344
Anlagevermögen	300	300
Umlaufvermögen	700	1.050
Gesamtkapital	1.000	1.350
Kapitalkosten in %	10,0%	8,6%
Kapitalbelastung abs.	100	117
ROS (NOPAT/Umsatz) in %	9,1%	11,1%
Kapitalumschlag (Umsatz/Kapital)	2,0	2,3
ROCE (Kapitalrendite) in %	18,1%	25,5%
EVA	81	228
EVA Marge	4,1%	7,3%
Spread (%)	8,1%	16,9%
Marktwert (NOPAT/Kapitalkosten)	1.812	3.985
Wertsteigerung (abs)	812	2.635
Wertsteigerung (%)	81,2%	195,2%

Imposant, oder?

Und jetzt kommt allmählich Ihr großer Auftritt, denn eine mögliche Gesamtverbesserung wie durch die bisher ausgewiesen Szenarien muss kommuniziert werden, besonders dann, wenn derzeit noch kein Kollege bzw. keine Kollegin weiß, dass Sie

- alle auf den Tisch gebrachten (ersten) Szenarien und Zahlen erfasst und
- hinsichtlich Auswirkungen analysiert haben und
- mittels diverser Kennzahlen bereits darstellen können.

15.1.3 Zusammenfassung (des Workshops)

Dann sollten Sie jetzt einmal um Aufmerksamkeit bitten. Es macht sich übrigens recht gut, wenn Sie zunächst nochmals um Nachsicht bitten, dass Sie während des Workshops immer wieder Zahlen und Sachverhalte nachgefragt haben, sich selbst aber (eventuell) nur wenig bei den Lösungsvorschlägen konstruktiv eingebracht haben. Sie hatten halt entschieden, dass Sie den Part des quantifizierten Protokolls übernehmen sollten und Sie während der Diskussion doch mit den Analysen der Wortbeiträge, der Quantifizierung und den Berechnungen beschäftigt waren.

Ich würde ja nicht offen legen, dass ich gewisse Vorarbeiten gemacht hatte.

Bitten Sie dann um das Recht, Ihre „Mitschrift" kurz mittels Beamer präsentieren zu dürfen.

Nachdem ihre Vorbereitungen technischer Art abgeschlossen sind, führen Sie nochmals verbal und mit den Tabellen kurz durch die letzten Stunden und legen die vier Szenarien und ihre Rohdaten nochmals auf. Dabei versichern Sie sich, dass Ihre Kolleginnen und Kollegen Ihrem Zahlenmaterial nochmals zustimmen. Sollte dies nicht der Fall sein, dann ändern Sie einfach Ihre Werte in den Szenarien – Excel rechnet sofort, wenn Sie alles sauber verknüpft haben, wovon ich allerdings fest ausgehe.

Und dann leiten Sie ein:

Auf Basis unserer Diskussionen ergibt sich somit folgendes Gesamtbild, wobei in allen Szenarien das jeweils vorhergehende mit integriert wurde, wie auch in den Beratungen immer wieder gefordert.

Damit diese Übersicht jetzt auch entsprechend gelesen und gewürdigt werden kann, stelle ich sie wie bei wichtigen Darstellungen üblich im Querformat ein.

Wetten, dass es in Ihrem Raum ruhig wird, wenn Sie folgende Seiten per Beamer präsentieren!

Steuersatz (Plan)	27,50%

Planungs- und Arbeitsergebnisse

	Ausgangs-situation	Alt 1: Produktivitätssteigerung	Alt 2: Wertsteigernde Investition	Alt 3: Bessere Asset Nutzuung	Alt 4: Reduktion Kapitalkosten
Umsatz	2.000	2.100	3.100	3.100	3.100
Herstellungskosten	1.750	1.825	2.625	2.625	2.625
Betriebsergebnis	250	275	475	475	475
Steuern (Ist)	69	76	131	131	131
Betriebsergebnis. St. (NOPAT)	181	199	344	344	344
Anlagevermögen	300	300	300	300	300
Umlaufvermögen	700	700	1.200	1.050	1.050
Gesamtkapital	1.000	1.000	1.500	1.350	1.350
Kapitalkosten in %	10,0%	10,0%	9,8%	9,8%	8,6%
Kapitalbelastung abs.	100	100	146	132	117
ROS (NOPAT/Umsatz) in %	9,1%	9,5%	11,1%	11,1%	11,1%
Kapitalumschlag (Umsatz/Kapital)	2,0	2,1	2,1	2,3	2,3
ROCE (Kapitalrendite) in %	18,1%	19,9%	23,0%	25,5%	25,5%
EVA	81,24075	99	198	212	228
EVA Marge	4,1%	4,7%	6,4%	6,8%	7,3%
Spread (%)	8,1%	9,9%	13,2%	15,7%	16,9%
Marktwert (NOPAT/Kapitalkosten)	1.812	1.994	3.529	3.510	3.985
Wertsteigerung (abs)	812	994	2.029	2.160	2.635
Wertsteigerung (%)	81,2%	99,4%	135,3%	160,0%	195,2%

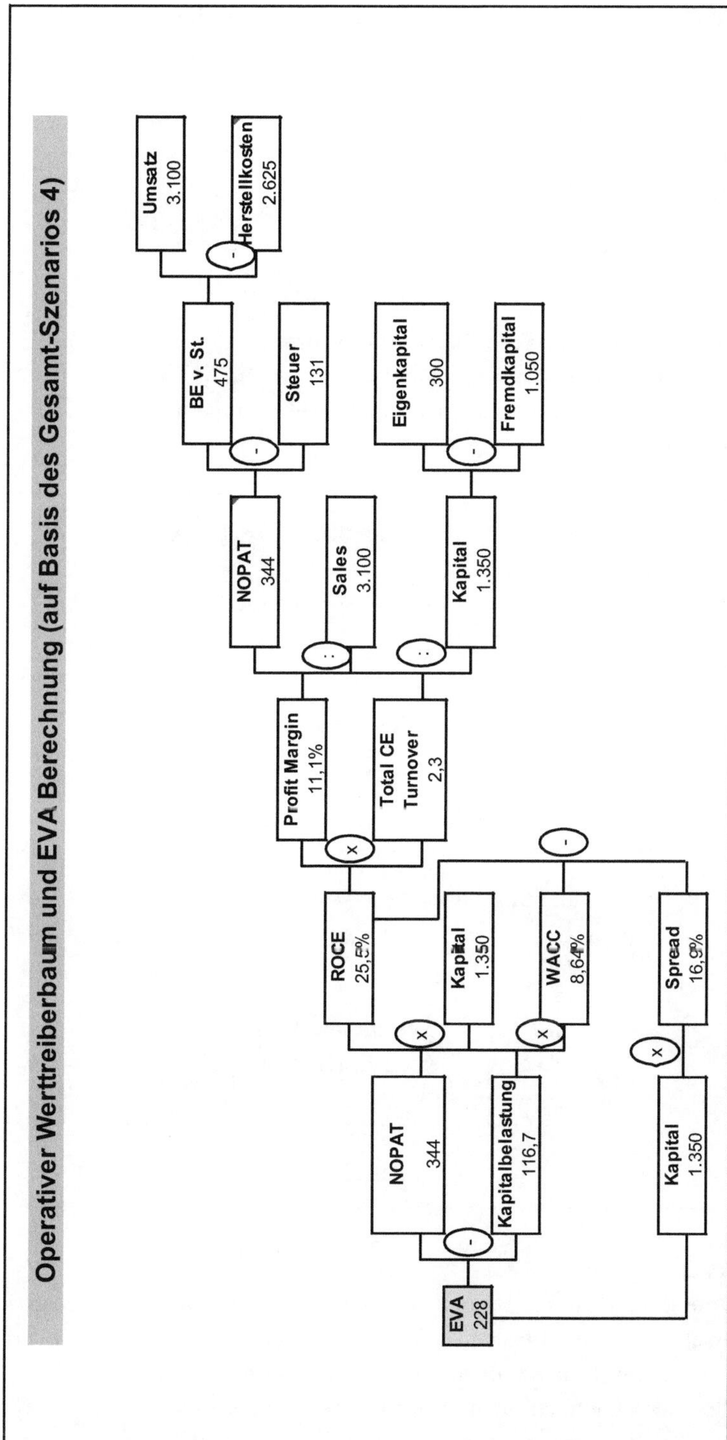

Operativer Werttreiberbaum und EVA Berechnung (auf Basis des Gesamt-Szenarios 4)
EVA 228
NOPAT 344
Kapitalbelastung 116,7
Kapital 1.350
ROCE 25,5%
Kapital 1.350
WACC 8,64%
Spread 16,9%
Profit Margin 11,1%
Total CE Turnover 2,3
NOPAT 344
Sales 3.100
Kapital 1.350
BE v. St. 475
Steuer 131
Eigenkapital 300
Fremdkapital 1.050
Umsatz 3.100
Herstellkosten 2.625

Aus Sicht des strategischen Controllings weist das kumulierte Gesamtszenario vier Teilstrategien aus. Wir wollen jetzt die mögliche Gesamtbewertung auch nochmals in einer separaten Übersicht darstellen.

Da nur eine Periode berechnet wurde, ist diese gleichzeitig die Periode der Berechnungen für die ewige Rente.

Und für diese Periode gilt:

- konservative Planungsannahme,
- bei Substanzerhalt.

Substanzerhalt bedeutet, dass die (Neu-)Investitionen in der Endwertperiode identisch mit den Abschreibungen sind, damit das Delta Invest „0" ist.

Wenn Sie sich an diesen Zusammenhang nicht mehr erinnern, schlagen Sie nochmals vorne im Buch nach.

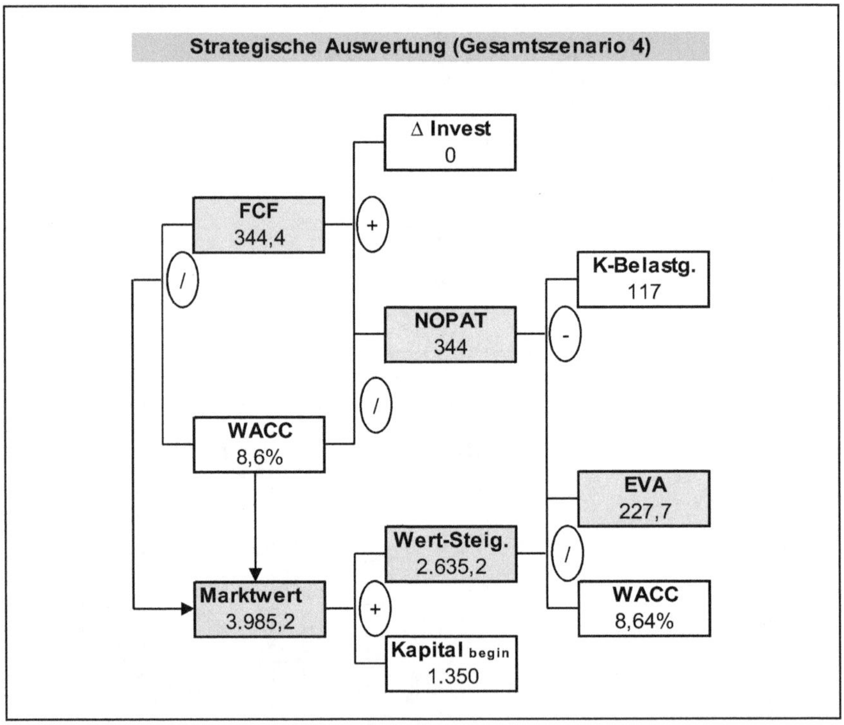

Imposant, oder?

Wenn Sie Ihre Berechnung jetzt noch erweitern wollen, können Sie noch zwischen einem Ist-Steuersatz und einem Plansteuersatz differenzieren. Damit könnten Sie dann auch leicht Verlagerungen der Konzerntochter in ein anderes Land simulieren.

Und um Ihre Berechnungen dann zu krönen, können Sie auch noch mehrperiodisch rechnen.

Aber glauben Sie mir. Dies kommt nach dieser Vorstellung und Präsentation eh auf Sie zu.

Schön wäre es natürlich, wenn bei Ihren Darstellungen die Chefin und/oder der Chef im Raum sind. Dann können Sie sichergehen, dass Sie recht schnell im Ansehen massiv gestiegen sind. Dies wird aber einhergehen mit mehr Arbeit, die jetzt im Zusammenhang mit der strategischen Neuausrichtung und dem Controlling dieser auf Sie sicherlich zukommen werden … bei den Fähigkeiten.

Die mehrperiodischen Berechnungen mit sogar alternativen Steuersätzen können bzw. müssen Sie sich aber jetzt selbst aufbauen!

Wie immer wünsche ich viel Spaß!

Nachbemerkungen Mir ist natürlich bewusst, dass der exemplarisch dargestellte Workshop sehr „einfach" bzw. „überzogen" dargestellt wurde, aber es geht mir um die Anwendungsmöglichkeiten.

Mit wenigen Zahlen sind wir in der Lage, Veränderungen aus mehreren Perspektiven heraus darzustellen, auch wenn wir zunächst nur einperiodisch arbeiten.

Ich begleite Diskussionen und Workshops in einem frühen Zeitstadium häufig in dieser Art und gehe dann erst in die Tiefe und die einzelnen Perioden, wenn auf einer Zeitschiene die Reihenfolge der Maßnahmen und Veränderungen definiert wurde. Zunächst geht es darum, die Ideen aufzunehmen und alle Teilnehmer(innen) einer Veranstaltung mitzunehmen, aber nicht mit aufgeschriebenen Sätzen, sondern mit quantifizierten Auswirkungen bei potenzieller Umsetzung.

Und jetzt frage ich Sie noch etwas ganz Wesentliches!

Warum habe ich gerade diese vier Szenarien gewählt?

Ganz einfach, weil alle erdenklichen Entwicklungsrichtungen einer Gesellschaft in eine dieser vier Alternativen passen.

Überlegen Sie gerne einmal etwas länger – es wird Ihnen keine Entwicklungsrichtung Ihrer Firma einfallen, die nicht in dieses Format mit vier Szenarien passt.

Selbst ein Verkauf einer Aktivität/Einheit passt rein – dann haben Sie halt ein Desinvestment und arbeiten Alternative zwei ein wenig um.

Sollten Sie dennoch eine Stoßrichtung finden, die nicht in diesem 4er-Ansatz abzubilden ist, lassen Sie es mich bitte wissen.

15.2 Heesen Engineering Corp. (HEC)

Bleiben wir mit den Zusatzbeispielen noch in der einperiodischen Welt, damit Sie noch sicherer in der Handhabung der Rechnungen werden.

Folgende Aufgabe wird Ihnen gestellt, bzw. Sie werden mit folgender Situation konfrontiert.

15.2.1 Die Ausgangssituation

Die Firma Heesen Engineering Corp. (HEC) produziert Teile für Flugzeuge in der kommerziellen Luftfahrt, in erster Linie aus Aluminium. HEC ist sehr gut am Markt positioniert, und die Auftragslage ist ausgezeichnet, sodass über weiteres Wachstum intensiv nachgedacht wird.

Für die weitere Entwicklung bzw. für weitere Investitionen braucht die HEC weiteres frisches Eigen- und Fremdkapital.

Die Aufgabe Ein Projektteam wurde ernannt, das Banken- und Investorengespräche vorbereiten soll. Die Finanzlage soll in einem Investoren-Memorandum dokumentiert werden. Darin sollen Kapitalstruktur, Kapitalkosten und Wertsteigerung nachvollziehbar dargestellt werden.

Der Vorstand unter Führung von Herrn Heesen selbst, der neben seiner Sprecherrolle auch für Finanzen und Controlling zuständig ist, mag grafische Darstellungen, um die derzeitige Situation darzustellen, besonders wenn es um Kapitalkosten und Wertveränderungen geht, die präsentiert werden sollen.

Kapitalkosten Die Wirtschaftsprüfer haben schon einmal einige Vorleistungen eingebracht. Darin wurden folgende Ausgangsparameter für die Kapitalkosten definiert:

Risikofreier Satz	8,0%
Beta	1,0
Risiko Prämie	4,0%
Fremdkapitalkosten v. St.	6,0%
Steuersatz	50%

Gewinn und Verlust Die Plan-GuV und -Bilanzen der Folgeperioden sind noch nicht fertig, der Abschluss der letzten Periode auch noch nicht. Es liegen aber folgende vorläufigen Zahlen vor:

Umsatz	1000
Herstellungskosten	400
Rohertrag	600
Allgemeine Verwaltung	100
Verkauf & Marketing	300
Betriebsergebnis	200
Zinsaufwendungen	36
Ergebnis vor Steuern	164
Steuern	82
Jahresüberschuss	82

Bilanz Die Wirtschaftsprüfer haben hier vorläufig folgende Aufstellungen geliefert:

Eigenkapital	
Gezeichnetes Kapital	100
Rücklagen	218
Jahresüberschuss	82
Gesamt	400

Verbindlichkeiten	
Rückstellungen (langfristig)	150
Verbindlichkeiten gegen Banken	350
Sonstige langfristigen Verbindlichkeiten	100
Verbindlichkeiten aus L&L	150
Sonstige kurzfristige Verbindlichkeiten	50
Gesamt	800

Nicht zinstragendes Kapital Herr Heesen hat in seiner Funktion als CFO bestätigt, dass lediglich folgende Posten als nicht zinstragend gewürdigt werden können:

Nicht Zins tragende Verbindlichkeiten	
Verbindlichkeiten aus L&L	150
Sonstige kurzfristige Verbindlichkeiten	50
Gesamt	200

Struktur der Aktiva Das Projektteam wurde informiert, dass nach jetzigem vorläufigen Abschluss die Bilanz folgendermaßen aussieht:

Anlagevermögen: 30 %,
Umlaufvermögen: 70 %.

Das Anlagevermögen wird fast wie durch einen Zufall durchgehend über zehn Jahre abgeschrieben.

Die kurzfristig eingetretene Situation Ein Investor auf dem Flug von Asien via London in die USA möchte sich morgen mit dem Vorstand kurz treffen und eine kurze Analyse der HEC sehen. Er möchte über einen zeitnahen Einstieg nachdenken und hat sich selbst auch schon einige Gedanken gemacht, wie die HEC anteilig und strategisch in seinen Konzern passt. Von daher liegt sein Fokus auf eine Darstellung des noch nicht fertigen Abschlusses und Ableitungen daraus, wie die HEC zu werten ist unter der Annahme, dass das potenzielle Ergebnis der letzten Periode nachhaltig auch in die Zukunft vorgetragen werden kann.

Herr Heesen als Sprecher des Vorstandes bittet Sie, bis morgen (!) eine entsprechende Tisch- und Diskussionsvorlage zu erstellen. Herr Heesen betont dabei, dass es um das große Ganze und nicht um Details geht.

15.2.2 Ihre Analyse und Präsentation

Zunächst fassen Sie die Ihnen zur Verfügung stehenden Bestandteile erst einmal zusammen, natürlich in einem Excel Sheet.

Da der Investor natürlich kein Deutsch spricht, bauen Sie die Präsentation von Beginn an in beiden Sprachen auf.

Capital & Structures - Kapital & Strukturen			
Total Capital	Gesamtkapital		1.200
thereof non Interest Bearing	davon nicht Zins tragend		200
			1.000
thereof Equity interest bearing	davon Eigenkapital Zins tragend	40%	400
thereof Debt interest bearing	davon Fremdkapital Zins tragend	60%	600
			1.000
Tax Rate (%)	Steuersatz		50,00%
Cost of Debt	Fremdkapitalkosten (v. St.)		6,00%
Sales	Umsatzerlöse		1.000
EBIT	Betriebsergebnis		200
Fixed Assest	Anlagevermögen	30%	360
Current Assets	Umlaufvermögen	70%	840
Total Assets/Capital	Bilanzsumme		1.200
Depreciation	Abschreibungen	linear	
		Years/Jahre	10

Damit erstellen Sie zunächst einmal eine rudimentäre Bilanz:

Assets - Aktiva			Capital - Passiva		
Fixed Assets Anlagevermögen	360	30,0%	Equity Eigenkapital	400	33,3%
Current Assets Umlaufvermögen	840	70,0%	Liabilities Verbindlichkeiten	800	66,7%
Total Assets/Bilanzsumme	**1200**	**100,0%**	**Total Capital/Bilanzsumme**	**1200**	**100,0%**

Auf dieser Basis beginnen Sie, das Kapital, das für die Kapitalkostenberechnung relevant ist, also nur das zinstragende Kapital, entsprechend darzustellen.

Interest Bearing Capital - zinstragendes Kapital	
Non Interest Bearing Current Liabilities - nicht zinstragendes kurzfristiges Femdkapital	200
Capital Employed - zinstragendes Kapital	**1.000**

Außerdem stellen Sie den Leverage, also das Verhältnis von Fremd- zu Eigenkapital (zinstragend) dar.

thereof Equity - davon Eigenkapital	40,0%
therof Debt - davon Fremdkapital	60,0%
Leverage	**1,50**

Als Nächstes präsentieren Sie die GuV, allerdings nur mit den Hauptposten und -saldi. Einen einfachen Cash Flow auf der Basis des Jahresüberschusses zuzüglich Abschreibungen weisen Sie ebenfalls aus.

P&L - GuV		
Sales	Umsatzerlöse	1.000
COGS	Material, Personal Sonstige	764
Depreciation	Abchreibungen	36
EBIT	Betriebsergebnis	200
Interest Expenses	Zinsen	36
Income from ordinary Operations	EGT	164
Extraordinary Result	Außerordentliches Ergebnis	0
Income before Taxes	Erg. v. St.	164
Taxes	Steuern	82
Net Income/Net Loss	Jahresüberschuss/-fehlbetrag	82

Cash Flow (Basis Net Income)	Cash Flow (Basis JÜ)	118

Die Kapitalkostenberechnung erstellen Sie zunächst nur in deutscher Sprache, da Sie die Ergebnisse der Berechnungen ja in einer grafischen Darstellung anschließend aufbereiten werden. In diesem „Flussdiagramm“ werden Sie dann mit englischen Termini arbeiten.

Die Vorgaben zu den Kapitalkosten kennen Sie ja schon:

Kapitalkostenberechnung		
Vorgaben:		
Risk Free Rate rf	Risikofreier Satz rf	8,00%
ß Coefficient	Risikoindex ß	1,00
Risk Premium rp	Risikozuschlag rp	4,00%
Tax Rate	Steuer (t)	50,00%
Cost of Debt b.t.	FKK (v. St.)	6,00%
Equity Ratio	EK Quote	40,00%
Debt Ratio	FK Quote	60,00%

Jetzt folgt allerdings die eigentliche Berechnung:

1. Copeland		**2. Stewart**	
EKK 100% EK (ke unlev)	12,00%	EKK 100% EK (ke unlev)	12,00%
LF Lev. Factor	1,75	FRP-Fin. Risk Premium	4,50%
EKK bei Mischfinanzierung (ke lev)	15,00%	EKK bei Mischfinanzierung (ke lev)	16,50%
Gewichtete EKK	6,00%	Gewichtete EKK	6,60%
FKK nach St.	3,00%	FKK nach St.	3,00%
Gewichtete FKK n. St	1,80%	Gewichtete FKK n. St	1,80%
WACC Gesamtkapitalkosten	7,80%	WACC Gesamtkapitalkosten	8,40%
		WACC Kurzberechnung (Probe)	8,40%

Haben Sie die prozentualen Größen, können Sie auch sofort die absoluten Werte benennen.

1. Copeland		**2. Stewart**	
EKK 100% EK (ke unlev)	48,00	EKK 100% EK (ke unlev)	48,00
LF Lev. Factor	12,00	FRP-Fin. Risk Premium	18,00
EKK bei Mischfinanzierung (ke lev)	60,00	EKK bei Mischfinanzierung (ke lev)	66,00
Gewichtete EKK	60,00	Gewichtete EKK	66,00
FKK nach St.	18,00	FKK nach St.	18,00
Gewichtete FKK n. St	18,00	Gewichtete FKK n. St	18,00
WACC Gesamtkapitalkosten	78,00	WACC Gesamtkapitalkosten	84,00
		WACC Kurzberechnung (Probe)	84,00

Hier sind Sie sich in den Berechnungen sicherlich schon so sicher, dass wir keine weiteren Erläuterungen geben müssen. Die Kapitalkosten haben Sie schon so häufig berechnet.

Die oben gezeigten Berechnungen selbst sind zwar richtig und schön anzusehen, aber leider Dritten nur schwer zu präsentieren. Daher hatte Herr Heesen bereits darauf hingewiesen, dass Sie die Kapitalkostenkalkulation am besten mit einer grafischen Unterlegung darstellen.

Von daher haben Sie auch basierend auf den Berechnungen folgendes „Flussdiagramm“ vorbereitet.

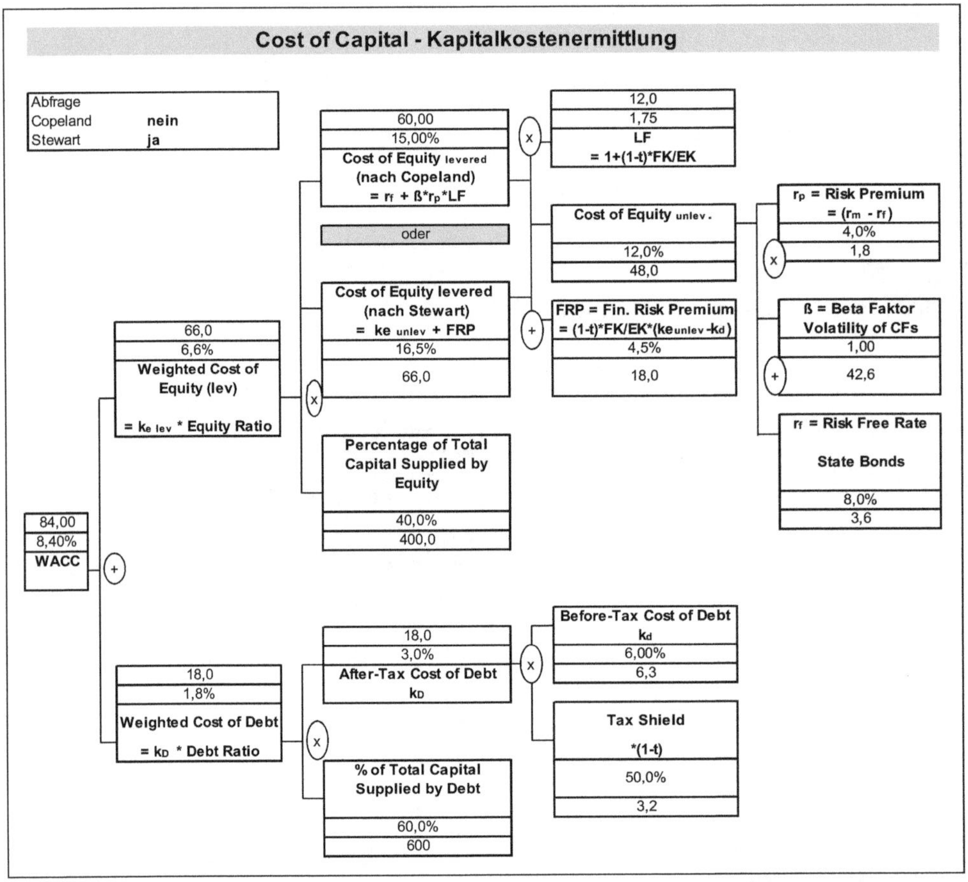

Gewünscht wird (dieses Mal) die Berechnung nach Stewart, also haben Sie am Anfang Ihrer Ausarbeitungen in Excel eine Abfragemöglichkeit integriert, …

Abfrage	
Copeland	nein
Stewart	ja

… deren Ergebnisse Sie in das Flussdiagramm oben links einkopiert haben. Ansonsten weisen Sie jeweils den prozentualen und den absoluten Wert aus, das alles natürlich in englischer Sprache. Zusätzlich haben Sie sich noch die komplexeren Formeln einkopiert, damit auch der Rechenweg einfacher nachvollzogen werden kann.

Damit leiten Sie über zu den EVA-Berechnungen auf Basis des vorläufigen Ist-Abschlusses über beide Ansätze/Wege.

EVA® Calculation - EVA® Berechnung

Approach - Ansatz 1		1
EBIT	Betriebsergebnis	200
Taxes	Steuern	100
NOPAT	BE n. St.	100
Capital Charge	Kapitalbelastung	84
EVA®/GWB		16,00

Approach - Ansatz 2		1
ROC a.t.	Kapitalrendite	10,0%
WACC	Kapitalforderung	8,40%
Spread	ök. Überrendite	1,60%
Capital	Kapital	€ 1.000
EVA®/GWB		16,00

Bei beiden Ansätzen errechnet sich ein EVA in Höhe von 16.

Auf dieser Basis erstellen Sie dann eine Bewertung. Die Annahme ist also, dass die HEC fortan über alle weiteren Perioden jeweils ein EVA von 16 erwirtschaften wird.

Damit ist der derzeitige Gesamtwert der HEC sofort bestimmt.

Entity Value	**Gesamtwert**	
MVA = Terminal Value	Ewige Rente	190
Kapital zu Beginn	Kapital zu Beginn	1.000
		1.190

Dabei legen Sie sich schon einmal ein Blatt zurecht, auf dem Sie die Berechnung der ewigen Rente skizziert haben und bei der Präsentation dann am Flip Chart entsprechend „glänzen“ können.

Die ewige Rente (ER) berechnet sich wie folgt:

$$ER_1 = \left(\frac{EVA_1}{WACC} + EVA_1\right) \times (1 + WACC)^{-1}.$$

Also

$$ER_1 = \left(\frac{EVA_1}{WACC} + EVA_1\right) \times \frac{1}{(1 + WACC)^1},$$

somit

$$ER_1 = \left(\frac{16}{0{,}084} + 16\right) \times 0{,}92,$$

damit

$$ER_1 = 206{,}48 \times 0{,}92.$$

Ergebnis:

$$ER_1 = 190 \text{ (gerundet)}.$$

Alternativ können wir auch rechnen, solange kein Wachstum integriert wird:

$$ER_1 = \frac{EVA}{WACC} \times (1 + WACC)^{-0},$$

also

$$ER_1 = \frac{16}{0{,}084} \times \frac{1}{(1 + 0{,}084)^0},$$

somit

$$ER_1 = \frac{16}{0{,}084} \times \frac{1}{1},$$

damit

$$ER_1 = \frac{16}{0{,}084}.$$

Ergebnis erneut:

$$ER_1 = 190 \text{ (gerundet)}.$$

Bei EVA basierten Bewertungen muss außerdem ja das zinstragende Kapital (hier 1000) zu Beginn einmal additiv mitgezogen werden, und so errechnet sich der Bruttogesamtwert in Höhe von 1190.

Danach leiten Sie zur FCF -Betrachtung über und schließen auch hier sofort eine Bewertung an.

FCF Calculation - Berechnung

		1
NOPAT	Betriebsergebnis n. St	100
+ Depreciation	+ Abschreibungen	36
= Cash Flow	= Cash Flow	136
- Investitionen	- Investitionen	36
= Free Cash Flow	= Freier Cash Flow	100
Entity Value	**Gesamtwert**	**1.190**

Auch hier sind Sie auf die Rückfrage vorbereitet, warum sich erneut 1190 als Gesamtwert errechnet.

In der Periode der Endwertberechnung wissen wir, dass der NOPAT identisch mit dem freien Cash Flow ist (Substanzerhalt: Investitionen = Abschreibungen, hier auch in der Tabelle schön zu sehen). Somit berechnet sich die ewige Rente (ER) auf Basis des FCF wie folgt.

$$ER_1 = \left(\frac{NOPAT_1}{WACC} + NOPAT_1\right) \times (1 + WACC)^{-1}.$$

Also

$$ER_1 = \left(\frac{NOPAT_1}{WACC} + NOPAT_1\right) \times \frac{1}{(1 + WACC)^1},$$

somit

$$ER_1 = \left(\frac{100}{0{,}084} + 100\right) \times 0{,}92,$$

damit

$$EW_1 = 1290{,}49 \times 0{,}92.$$

Ergebnis:

$$EW_1 = 1190 \text{ (gerundet)}.$$

Alternativ können wir auch rechnen, solange kein Wachstum integriert wird:

$$ER_1 = \frac{NOPAT}{WACC} \times (1 + WACC)^{-0},$$

also

$$ER_1 = \frac{100}{0{,}084} \times \frac{1}{(1+0{,}084)^0},$$

somit

$$ER_1 = \frac{100}{0{,}084} \times \frac{1}{1},$$

damit

$$ER_1 = \frac{100}{0{,}084}.$$

Ergebnis:

$$ER_1 = 1190 \text{ (gerundet)}.$$

Über beide Wege hat sich also der identische Gesamtwert berechnet. Allerdings müssen jetzt noch Adaptionen vorgenommen werden, um den Nettowert bzw. Fair Value of Equity auszuweisen.

Zieht man vom Entity Value (Gesamtwert) das Fremdkapital ab, so errechnet sich der Market oder Fair Value of Equity. Subtrahiert man davon wieder den Buchwert des Eigenkapitals, so weisen wir erneut die Wertsteigerung des Eigenkapitals (EVA bzw. bei mehreren Perioden MVA – Market Value Added) aus, da ja das gesamte Kapital bei Betrachtungsbeginn zu Buchwerten in Abzug gebracht wurde.

Und die 190 Wertsteigerung hatten wir bei den EVA-Berechnungen ja bereits gesehen!

Entity Value	Gesamtwert:	1.190
(Market Value of) Debt	Fremdkapital	600
Market or Fair Value of Equity	Marktwert des Eigenkapitals	590
Book Value of Equity	Buchwert des Eigenkapitals	400
Equity Value	Wertsteigerung des EK	190

Damit nähern Sie sich dem Ende Ihrer Präsentation mit einer ersten Zusammenfassung. Auch diese halten Sie nur in englischer Sprache.

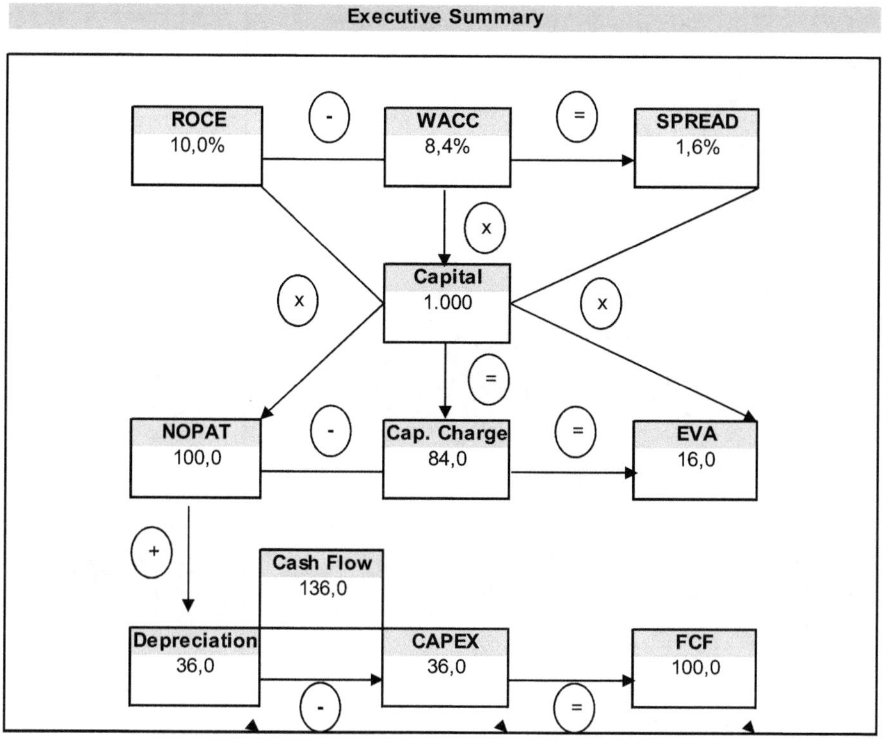

Sie wollen zunächst auch die Q-Ratios ausweisen …

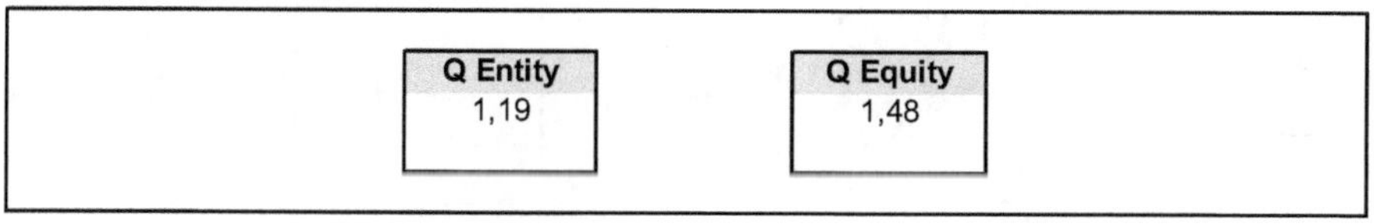

… entscheiden sich dann aber dagegen, da ein Q-Equity von 1,48 nicht gerade hoch ist. Dies liegt aber an der einperiodischen Betrachtung ohne Annahme weiteren Wachstums – glauben Sie zumindest. Dazu aber später.

Abschließend wollen Sie nochmals auftrumpfen. Die HEC und ihr Wert auf einer Seite!

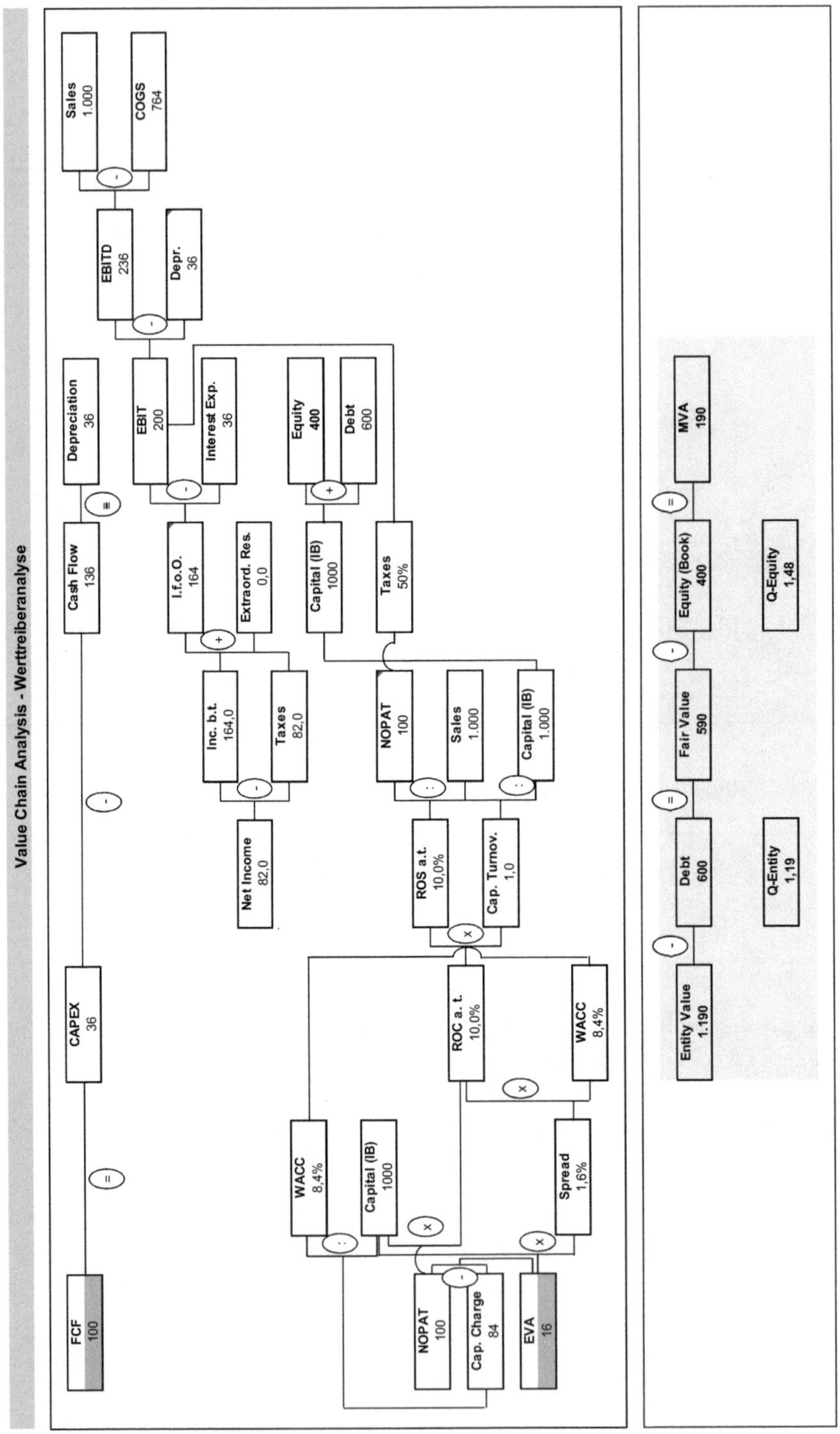
Value Chain Analysis - Werttreiberanalyse
Sales 1.000
COGS 764
EBITD 236
Depr. 36
Depreciation 36
EBIT 200
Interest Exp. 36
Equity 400
Debt 600
Cash Flow 136
I.f.o.O. 164
Extraord. Res. 0,0
Capital (IB) 1000
Taxes 50%
Inc. b.t. 164,0
Taxes 82,0
NOPAT 100
Sales 1.000
Capital (IB) 1.000
Net Income 82,0
ROS a.t. 10,0%
Cap. Turnov. 1,0
CAPEX 36
ROC a. t. 10,0%
WACC 8,4%
WACC 8,4%
Capital (IB) 1000
Spread 1,6%
FCF 100
NOPAT 100
Cap. Charge 84
EVA 16
MVA 190
Equity (Book) 400
Fair Value 590
Debt 600
Entity Value 1.190
Q-Equity 1,48
Q-Entity 1,19

Und was halten Sie davon? Gefällt Ihnen dies auch?

15.2.3 Abschließende Bemerkungen und Restrukturierungsergebnisse

Ich finde die Ausarbeitungen angesichts der wenigen Ausgangsdaten wirklich gut und die Darstellungen auch. Und dies zeigt, dass man auch mit wenigen Daten interessante Analysen erstellen kann.

Aber warum waren die beiden Q-Ratios so gering?

Q Entity	Q Entity
1,19	1,48

Und hier zeigt sich, dass neben strategischen Auswertungen – und genau die haben wir hier gemacht – die operativen Betrachtungen nicht fehlen sollten.

- Das Management der HEC arbeitet mit einem Kapitalumschlag (Umsatz 1000 durch Bilanzsumme 1200) von 0,83. Das ist mit Schulnoten gesprochen eine glatte „5“.
- Viel zinstragendes Kapital zieht auch hohe Capital Charges nach sich.
- Damit wird das EVA (NOPAT minus Capital Charges) massiv belastet. In unserem Fall ist es mit 16 sehr gering, denn zum Umsatz und zum zinstragenden Kapital macht dies lediglich 1,6 % aus. Das ist in der Tat nicht viel!
- Das Management hat seine Hausaufgaben nicht gemacht. Wenn man auf der Suche nach neuem Kapital ist, besonders wenn Investoren frisches Eigenkapital einbringen sollen, dann sollte man die „Braut“ vorher schmücken. Und dies ist hier sicherlich nicht erfolgt. Das Umlaufvermögen von 70 % der Bilanzsumme ist bei einem produzierenden Gewerbe sicherlich viel zu hoch.
- Der CFO Heesen sollte selbst einmal Hand anlegen und seinen Laden nicht nur schön reden (lassen), sondern durch Restrukturierungen zahlenmäßig auch schön darstellen.

Jetzt können Sie natürlich wieder simulieren. Tun Sie es. Unterstellen Sie, dass Sie beim (Netto-)Umlaufvermögen „Cash“ wirksam 400 einsparen können und Sie diese sofort zur Tilgung von Fremdkapital einsetzen.

Und Ihrem Investor erzählen Sie, dass das derzeitig laufende Programm den Kapitalumschlag um 51 % verbessert. Der Kapitalumschlag ist mit 1,25 (Umsatz 1000 durch Bilanzsumme 800) immer noch schwach. Aber man kann ja intelligent formulieren, denn eine Verbesserung von 0,83 auf 1,25 macht tolle 51 %.

Dieses Programm benötigt aber noch einige Monate bis zur vollständigen Umsetzung, aber ist mit Ende der nächsten Periode voll dauerhaft wirksam.

Da Sie konservativ überzeugen wollen, zeigen Sie die Auswirkungen des laufenden Optimierungsprogramms mit ansonsten bekannten Ergebniszahlen der laufenden Periode.

Ich kommentiere hier jetzt aber weder die Rechenschritte noch die Ergebnisse – das müssen Sie selbst präsentieren können!

Ausgangssituation

Capital & Structures - Kapital & Strukturen			
Total Capital	Gesamtkapital		800
thereof non interest bearing	davon nicht Zins tragend		200
			600
thereof Equity interest bearing	davon Eigenkapital Zins tragend	60%	360
thereof Debt interest bearing	davon Fremdkapital Zins tragend	40%	240
			600
Tax Rate (%)	Steuersatz		50,00%
Cost of Debt	Fremdkapitalkosten (v. St.)		6,00%
Sales	Umsatzerlöse		1.000
EBIT	Betriebsergebnis		200
Fixed Assets	Anlagevermögen	45%	360
Current Assets	Umlaufvermögen	55%	440
Total Assets/Capital	Bilanzsumme		800
Depreciation	Abschreibungen	linear	
		Years/Jahre	10

Bilanz

Assets - Aktiva			Capital - Passiva		
Fixed Assets Anlagevermögen	360	45,0%	Equity Eigenkapital	360	45,0%
Current Assets Umlaufvermögen	440	55,0%	Liabilities Verbindlichkeiten	440	55,0%
Total Assets/Bilanzsumme	**800**	**100,0%**	**Total Capital/Bilanzsumme**	**800**	**100,0%**

Zinstragendes Kapital

Interest Bearing Capital - zinstragendes Kapital	
Non Interest Bearing Current Liabilities - nicht zinstragendes kurzfristiges Femdkapital	200
Capital Employed - zinstragendes Kapital	**600**

Leverage

thereof Equity - davon Eigenkapital	60,0%
therof Debt - davon Fremdkapital	40,0%
Leverage	**0,67**

GuV (unverändert)

P&L - GuV		
Sales	Umsatzerlöse	1.000
COGS	Material, Personal Sonstige	764
Depreciation	Abchreibungen	36
EBIT	Betriebsergebnis	200
Interest Expenses	Zinsen	14
Income from ordinary Operations	EGT	186
Extraordinary Result	Außerordentliches Ergebnis	0
Income before Taxes	Erg. v. St.	186
Taxes	Steuern	93
Net Income/Net Loss	Jahresüberschuss/-fehlbetrag	93

Cash Flow (Basis Net Income)	Cash Flow (Basis JÜ)	129

Kapitalkosten

Kapitalkostenberechnung		
Vorgaben:		
Risk Free Rate rf	Risikofreier Satz rf	8,00%
ß Coefficient	Risikoindex ß	1,00
Risk Premium rp	Risikozuschlag rp	4,00%
Tax Rate	Steuer (t)	50,00%
Cost of Debt b.t.	FKK (v. St.)	6,00%
Equity Ratio	EK Quote	60,00%
Debt Ratio	FK Quote	40,00%

Prozentuale Größen

1. Copeland		**2. Stewart**	
EKK 100% EK (ke unlev)	12,00%	EKK 100% EK (ke unlev)	12,00%
LF Lev. Factor	1,33	FRP-Fin. Risk Premium	2,00%
EKK bei Mischfinanzierung (ke lev)	13,33%	EKK bei Mischfinanzierung (ke lev)	14,00%
Gewichtete EKK	8,00%	Gewichtete EKK	8,40%
FKK nach St.	3,00%	FKK nach St.	3,00%
Gewichtete FKK n. St	1,20%	Gewichtete FKK n. St	1,20%
WACC Gesamtkapitalkosten	9,20%	WACC Gesamtkapitalkosten	9,60%
		WACC Kurzberechnung (Probe)	9,60%

Absolute Größen

1. Copeland		**2. Stewart**	
EKK 100% EK (ke unlev)	43,20	EKK 100% EK (ke unlev)	43,20
LF Lev. Factor	4,80	FRP-Fin. Risk Premium	7,20
EKK bei Mischfinanzierung (ke lev)	48,00	EKK bei Mischfinanzierung (ke lev)	50,40
Gewichtete EKK	48,00	Gewichtete EKK	50,40
FKK nach St.	7,20	FKK nach St.	7,20
Gewichtete FKK n. St	7,20	Gewichtete FKK n. St	7,20
WACC Gesamtkapitalkosten	55,20	WACC Gesamtkapitalkosten	57,60
		WACC Kurzberechnung (Probe)	57,60

Kapitalkosten im Flussdiagramm

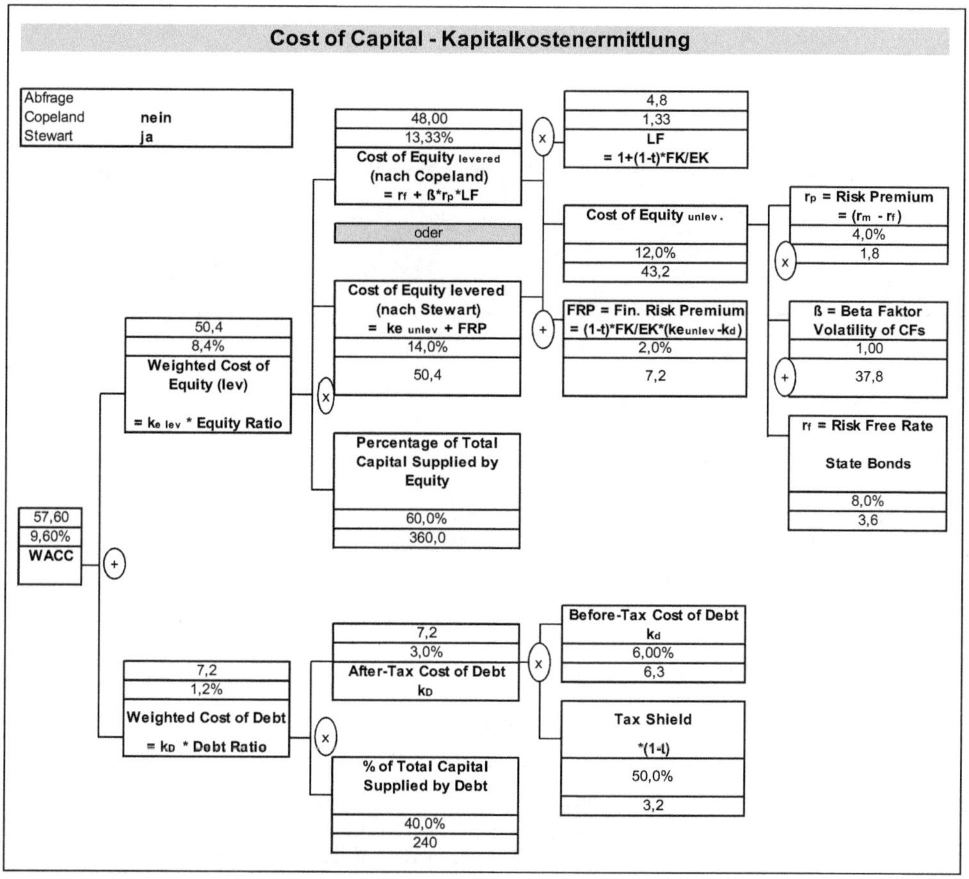

EVA-Berechnungen

EVA® Calculation - EVA® Berechnung

Approach - Ansatz 1		1
EBIT	Betriebsergebnis	200
Taxes	Steuern	100
NOPAT	BE n. St.	100
Capital Charge	Kapitalbelastung	58
EVA®/GWB		42,40

Approach - Ansatz 2		
		1
ROC a.t.	Kapitalrendite	16,7%
WACC	Kapitalforderung	9,60%
Spread	ök. Überrendite	7,07%
Capital	Kapital	€ 600
EVA®/GWB		42,40

Bewertung mittels EVA

Entity Value	Gesamtwert	
MVA = Terminal Value	Ewige Rente	442
Kapital zu Beginn	Kapital zu Beginn	600
		1.042

Bewertung mittels FCF

FCF Calculation - Berechnung		
		1
NOPAT	Betriebsergebnis n. St	100
+ Depreciation	+ Abschreibungen	36
= Cash Flow	= Cash Flow	136
- Investitionen	- Investitionen	36
= Free Cash Flow	= Freier Cash Flow	100
Entitiy Value	**Gesamtwert**	**1.042**

Fair Value und Bestätigung Wertsteigerung

Entity Value	Gesamtwert:	1.042
(Market Value of) Debt	Fremdkapital	240
Market or Fair Value of Equity	Marktwert des Eigenkapitals	802
Book Value of Equity	Buchwert des Eigenkapitals	360
Equity Value	Wertsteigerung des EK	442

Executive Summary und Q-Ratios

Executive Summary

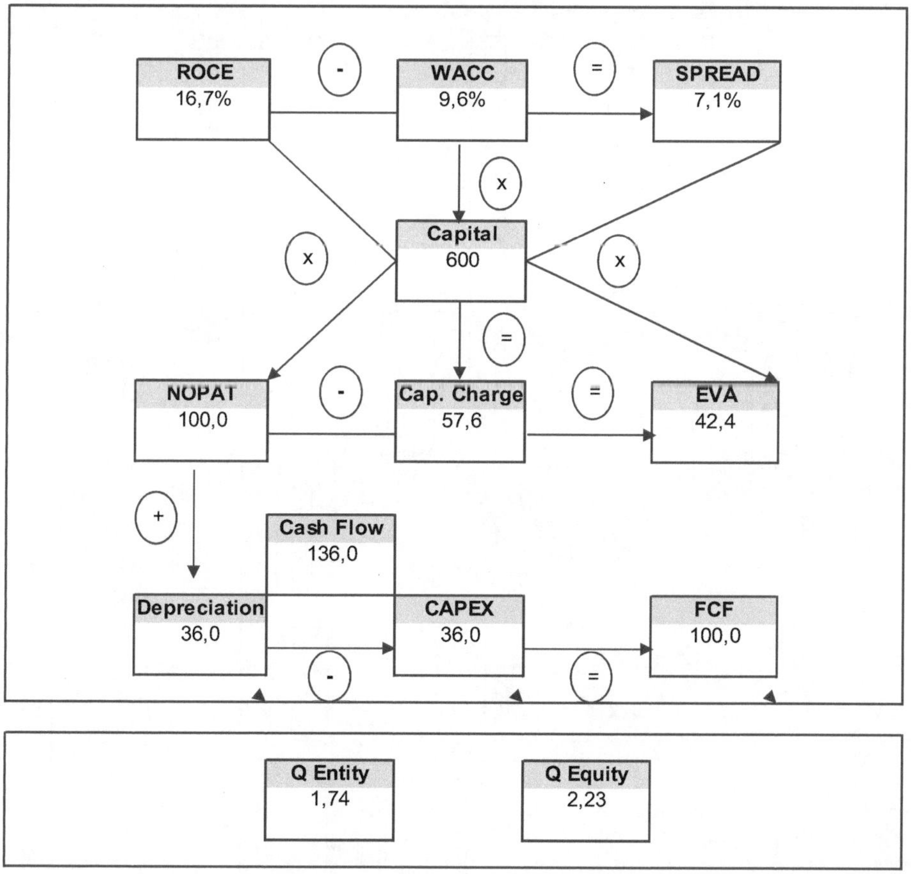

Werttreiberdarstellung

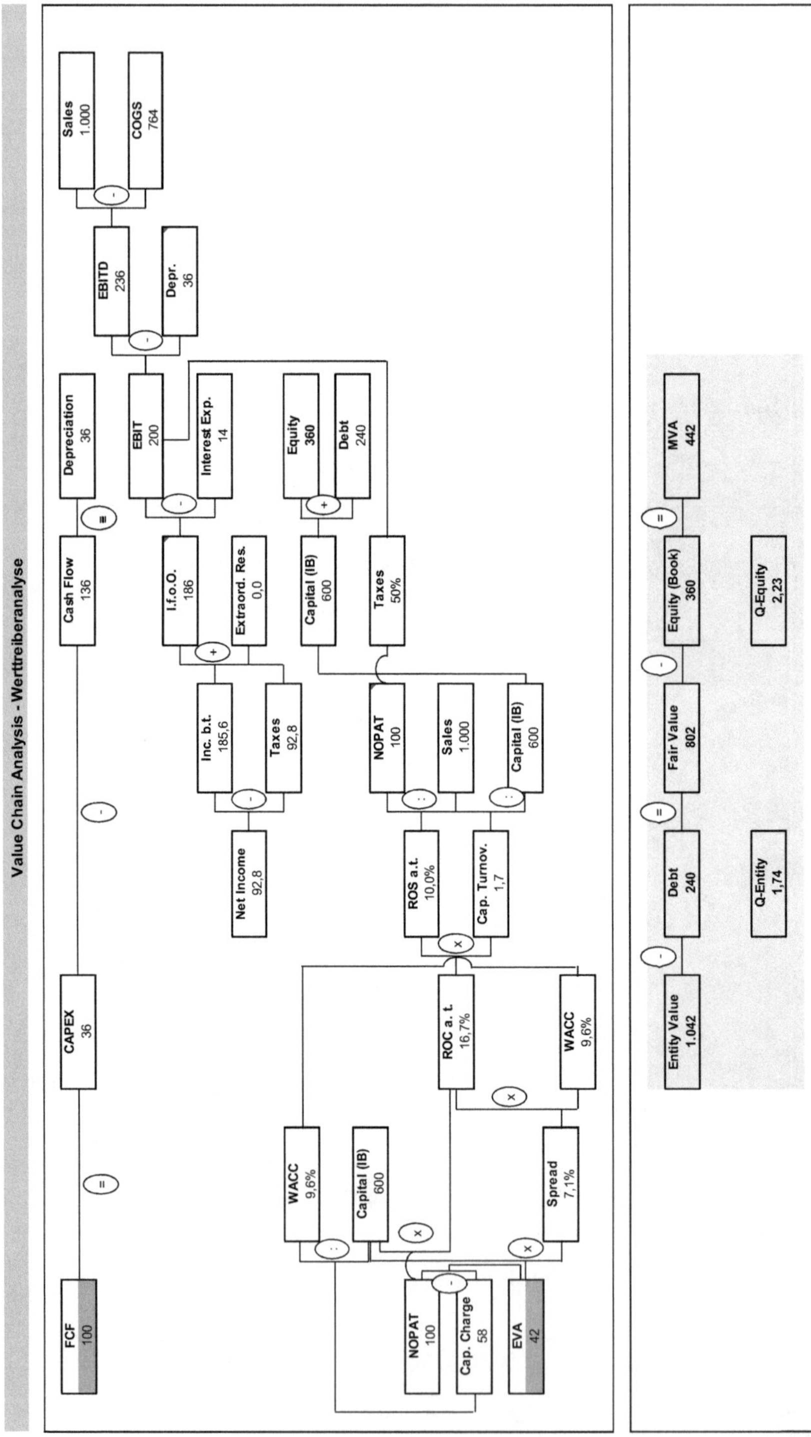

Es ist zwar wirklich besser geworden, aber immer noch nicht berauschend. Der Kapitalumschlag mit 1,25 ist noch zu gering. Er müsste sich in Richtung 2 verbessern, um eine wirklich gute Ausgangsbasis für Verhandlungen zu haben.

Aber da Sie mit Excel ja so schnell sind, können Sie Ihrem Chef ja noch vorschlagen, dass Sie in Nachtarbeit die vier Alternativen (aus dem ersten Beispiel in diesem Kapitel) nochmals angehen und systematisch quantifizieren.

Sie würden sicherlich massiv Eindruck hinterlassen, besonders beim Investor. Und sollte dieser wirklich einsteigen und sich vom CFO Heesen dann einmal trennen, dann weiß er sicherlich auch schon, wer intern das Potenzial hat, dem Heesen als CFO zu folgen.

Na dann, schöne gute und arbeitsreiche Nacht!!

15.3 Die mehrperiodische Kurzdarstellung einer Gesellschaft aus Wertsicht

Unterstellen wir, dass Sie sich mit einer zum Kauf stehenden Gesellschaft, der Europe Industries Ltd., beschäftigen müssen. Macht es Sinn, tiefer in die Zahlenwelt einzutauchen und einen tiefgehenden Due-Diligence-Prozess anzustoßen.

Erste Zahlen zur Historie und Planzahlen der verkaufenden Gesellschafter (die ja meistens dann doch zu positiv sind) liegen vor, und Sie sollen mit wenig Vorlauf eine quantifizierte Beurteilung in einem knappen Papier abgeben.

Vom Datum her befinden wir uns im November Planperiode 1, das Kalenderjahr ist gleichzeitig Ihr Bilanzjahr und damit ist diese Periode 1 Ihr erstes Planjahr. Die Bewertung wird somit (rückwirkend) auf den 1. Januar Planperiode 1 erfolgen.

Dieses weitere Kurzbeispiel soll Ihnen auch aufzeigen, warum manchmal eine parallele EVA-Bewertung – auch wenn man sich einig ist, dass FCF der geeignete Bewertungsansatz ist – von Nutzen ist.

15.3.1 Die Ausgangszahlen der Europe Industries

Folgende Daten liegen Ihnen vor.

Wichtig an dieser Stelle ist jetzt noch eine Zusatzinformation: Sie sitzen auf der Käuferseite bzw. vertreten diese.

Verkäufer und Sie/Ihr Kunde haben sich in den letzten Wochen auf das Zahlenwerk (Ist- und Planzahlen) geeinigt.

Europe Industries Ltd									
		heute: November Periode 1, historische Analyse bis einschließlich Periode 0 Berechnung der ewigen Rente: im Jahr 4							
Period	Periode	-4	-3	-2	-1	0	1	2	3
Sales	Umsatz	100	108	118	125	130	143	157	173
EBIT	Betriebsergebnis	5	6	8	7	10	12	14	16
Tax Rate	Steuernsatz	0,4	0,4	0,4	0,4	0,4	0,4	0,4	0,4
NOPAT	Betriebsergebnis a.St.	3	3,6	4,8	4,2	6	7,2	8,4	9,6
Ending Capital	Gesamkapital zum 31.12.	40	41	48	50	53	58	64	70
WACC	WACC	10,5%	10,0%	9,5%	10,0%	10,0%	10,0%	10,0%	10,0%
Beginning Capital	Kapital zum 1.1.	37							

Das ist sicherlich nicht viel, aber daraus können wir mit unserem Wissen „viel" machen.

Außerdem betont der Verkäufer, dass die Werte, besonders die Planwerte der Perioden 1–3 so haltbar sind. Darüber hinaus wollte er keine verlässlichen Planzahlen geben, da ihm dies nicht seriös erscheint. Die Berechnung der Kapitalkosten für alle Perioden (Ist und Plan) ist Ihnen auch übermittelt worden, und nach einer Überprüfung der Kalkulationen erachten Sie diese als belastbar und richtig.

Weitere Eigenkapitalerhöhungen sind laut erhaltenen Auskünften nicht geplant.

Dann überlegen wir uns doch zunächst einmal, welche Berechnungen wir zusätzlich brauchen und wie unser Kurz-Executive-Summary aussehen könnte. In die Tiefe können und wollen wir ja nicht gehen.

Da die Kapitalkosten auf Basis des Leverage (FK zu EK) bereits als belastbar von Ihnen gewürdigt wurden, können wir in einem zusammenfassenden Blatt auf die Einzelheiten dazu verzichten, was bereits einige Zeilen einspart.

Somit einigen wir uns nach geraumer Zeit auf folgende Berechnungsposten und erstellen uns dieses Tableau in Excel.

Europe Industries Ltd									
		heute: November Periode 1, historische Analyse bis einschießlich Periode 0 Berechnung der ewigen Rente: im Jahr 4							
Period	Periode	-4	-3	-2	-1	0	1	2	3
Sales	Umsatz	100	108	118	125	130	143	157	173
EBIT	Betriebsergebnis	5	6	8	7	10	12	14	16
Tax Rate	Steuersatz	0,4	0,4	0,4	0,4	0,4	0,4	0,4	0,4
NOPAT	Betriebsergebnis a.St.	3	3,6	4,8	4,2	6	7,2	8,4	9,6
Ending Capital	Gesamkapital zum 31.12.	40	41	48	50	53	58	64	70
Change in Capital	Kapitalveränderung								
FCF	Freier Cash Flow								
ROCE	Kapitalrendite								
WACC	WACC	10,5%	10,0%	9,5%	10,0%	10,0%	10,0%	10,0%	10,0%
Beginning Capital	Kapital zum 1.1.	37							
Capital Charge	Kapitalbelastung								
EVA	EVA								
PV Factors	Abzinsungsfaktoren								
PV FCF	Barwert der FCF								
PV EVA	Barwert der EVA								
Terminal Value FCF	Ewige Rente mit FCF								
Terminal Value EVA	Ewige Rente mit EVA								
Value (über FCF's)	***Wert - gerechnet mit FCF***								
Value (über EVA's)	***Wert - gerechnet mit EVA***								

Dann fangen wir an.

Bevor Sie jetzt hier weiterlesen, könnten Sie eigentlich einmal selbst die fehlenden Werte berechnen und sich damit natürlich wieder überprüfen.

Ich fange auch schon einmal an.

15.3.2 Die Berechnungen bei der Europe Industries – Käuferseite

Wissend, dass bei Beginn der Betrachtungen das Kapital zum 01.01. bei 37 lag, die Bilanz zum Stichtag 31.12. der gleichen Periode (hier −4) 40 auswies, muss ein Kapitalaufbau (Investitionen saldiert mit Abschreibungen und Abgängen) in Höhe von 3 erfolgt sein.

Damit ist 40 auch der Wert des Kapitals zum 01.01. Periode −3. Weitere Kapitalmaßnahmen wurden ja bereits ausgeschlossen.

Diese Reihen können wir jetzt analog durchziehen:

Period	Periode	-4	-3	-2	-1	0	1	2	3
Change in Capital	Kapitalveränderung	3	1	7	2	3	5	6	6
Beginning Capital	Kapital zum 1.1.	37	40	41	48	50	53	58	64

Damit können wir auch den freien Cash Flow und die Kapitalrendite bestimmen.

Wir kennen die Kapitalveränderung und wissen, dass der freie Cash Flow sich (einfach) berechnet als:

	NOPAT
+	Abschreibungen
=	Cash Flow
-	Investitionen
=	Freier Cash Flow

Weist in den Berechnungen die Kapitalveränderung (Change in Capital) ein positives Vorzeichen aus, müssen die Investitionen größer als die Abschreibungen und Anlagenabgänge gewesen sein und zwar um den ausgewiesenen Wert.

Period	Periode	-4	-3	-2	-1	0	1	2	3
Change in Capital	Kapitalveränderung	3	1	7	2	3	5	6	6

Daraus folgt, dass wir zur Berechnung des freien Cash Flow diese Kapitalveränderung vom NOPAT subtrahieren müssen.

Mit dem NOPAT und dem jeweils zum Periodenbeginn vorhandenen Kapital können wir auch die Kapitalrendite ROCE leicht per Division berechnen.

Somit errechnen sich folgende Werte für FCF und ROCE:

Period	Periode	-4	-3	-2	-1	0	1	2	3
FCF	Freier Cash Flow	0	2,6	-2,2	2,2	3	2,2	2,4	3,6
ROCE	Kapitalrendite	8,1%	9,0%	11,7%	8,8%	12,0%	13,6%	14,5%	15,0%

Da die Berechnung des WACC von Ihnen bereits für alle Perioden geprüft und für richtig erachtet wurde, können wir jetzt auch leicht Spread, Capital Charge und EVA bestimmen.

Der Spread berechnet sich als Differenz von ROCE und WACC und die Capital Charge als Produkt aus dem Kapital zu Periodenbeginn und dem WACC.

Für die Berechnung des EVA gibt es (wie Ihnen bekannt) zwei Wege:
subtraktiver Ansatz: NOPAT minus Capital Charge,
multiplikativer Ansatz: Spread multipliziert mit Kapital zu Periodenbeginn.

Damit stehen drei weitere Zeilen:

Period	Periode	-4	-3	-2	-1	0	1	2	3
SPREAD	Übergewinn	-2,4%	-1,0%	2,2%	-1,3%	2,0%	3,6%	4,5%	5,0%
Capital Charge	Kapitalbelastung	3,89	4,00	3,90	4,80	5,00	5,30	5,80	6,40
EVA	EVA	-0,89	-0,40	0,91	-0,60	1,00	1,90	2,60	3,20

Mit dem vorliegenden von Ihnen geprüften WACC ist eine Bestimmung der Abzinsungsfaktoren auch leicht. Für die Bewertung muss der WACC für alle Bewertungsperioden konstant gehalten werden und damit ist der Verkäufer auch einverstanden.

Damit stehen auch die Abzinsungsfaktoren …

Period	Periode	-4	-3	-2	-1	0	1	2	3
WACC	WACC	10,5%	10,0%	9,5%	10,0%	10,0%	10,0%	10,0%	10,0%
PV Factors	Abzinsungsfaktoren	1,49	1,33	1,20	1,10	1,00	0,91	0,83	0,75

… und die Barwerte der FCF und EVA:

Period	Periode	-4	-3	-2	-1	0	1	2	3
PV FCF	Barwert der FCF	0,00	3,46	-2,64	2,42	3,00	2,00	1,98	2,70
PV EVA	Barwert der EVA	-1,32	-0,53	1,09	-0,66	1,00	1,73	2,15	2,40

Recht einfach, oder?

Dann schauen wir uns jetzt das gesamte Arbeitsblatt ohne ewige Renten und Gesamtwerte komplett an.

Europe Industries Ltd									
		heute: November Periode 1, historische Analyse bis einschießlich Periode 0 Berechnung der ewigen Rente: im Jahr 4							
Period	Periode	-4	-3	-2	-1	0	1	2	3
Sales	Umsatz	100	108	118	125	130	143	157	173
EBIT	Betriebsergebnis	5	6	8	7	10	12	14	16
Tax Rate	Steuernsatz	0,4	0,4	0,4	0,4	0,4	0,4	0,4	0,4
NOPAT	Betriebsergebnis a.St.	3	3,6	4,8	4,2	6	7,2	8,4	9,6
Ending Capital	Gesamkapital zum 31.12.	40	41	48	50	53	58	64	70
Change in Capital	Kapitalveränderung	3	1	7	2	3	5	6	6
FCF	Freier Cash Flow	0	2,6	-2,2	2,2	3	2,2	2,4	3,6
ROCE	Kapitalrendite	8,1%	9,0%	11,7%	8,8%	12,0%	13,6%	14,5%	15,0%
WACC	WACC	10,5%	10,0%	9,5%	10,0%	10,0%	10,0%	10,0%	10,0%
SPREAD	Übergewinn	-2,4%	-1,0%	2,2%	-1,3%	2,0%	3,6%	4,5%	5,0%
Beginning Capital	Kapital zum 1.1.	37	40	41	48	50	53	58	64
Capital Charge	Kapitalbelastung	3,89	4,00	3,90	4,80	5,00	5,30	5,80	6,40
EVA	EVA	-0,89	-0,40	0,91	-0,60	1,00	1,90	2,60	3,20
PV Factors	Abzinsungsfaktoren	1,49	1,33	1,20	1,10	1,00	0,91	0,83	0,75
PV FCF	Barwert der FCF	0,00	3,46	-2,64	2,42	3,00	2,00	1,98	2,70
PV EVA	Barwert der EVA	-1,32	-0,53	1,09	-0,66	1,00	1,73	2,15	2,40

Bitte bedenken Sie, dass historische Werte quasi aufgezinst werden und somit die ausgewiesenen Abzinsungsfaktoren über 1 (hier sind es dann Aufzinsungsfaktoren) für die historischen Perioden auch richtig sind.

Wenn Sie ganz sukzessive die erste Planperiode mit „1“ ausweisen und dann bei den historischen Jahren periodisch jeweils um 1 reduzieren, dann können Sie auch die Diskontformel ganz normal anwenden.

Die Diskontformel (Abzinsungsfaktor – AZF) lautet:

$$\text{AZF} = \frac{1}{(1+\text{WACC})^n}.$$

Arbeiten wir einmal mit der Periode −4 und mit dem ausgewiesenen WACC in Höhe von 10,5 %.

Dann ergibt sich:

$$\text{AZF}_{-4} = \frac{1}{(1+0{,}105)^{-4}},$$

also

$$AZF_{-4} = 1 \div \frac{1}{(1+0{,}105)^4},$$

somit

$$AZF_{-4} = 1 \div \frac{1}{1{,}49}$$

bzw.

$$AZF_{-4} = 1 \div 0{,}67.$$

Ergebnis also:

$$AZF_{-4} = 1{,}49!$$

Das war doch alles wieder einmal gar nicht so schwierig.

Kommen wir jetzt zu den ewigen Renten.

Für die Periode der ewigen Rentenberechnung gibt es zwei „fundamentale" Prinzipien, die wir auch schon mehrfach betrachtet und angewendet haben.

- Substanzerhalte bei
- konservativer Planungsannahme.

Substanzerhalt bedeutet, dass eine Annahme getroffen wird, dass das Kapital ab (in unserem Fall) Periode 4 konstant ist, somit Investitionen identisch mit den periodischen Abschreibungen sein müssen. Dies beinhaltet dann auch, dass keine Anlagenabgänge geplant werden.

Somit ist in allen Perioden 4 bis unendlich das Kapital zu Periodenbeginn und -ende jeweils mit 70 anzusetzen, da der ausgewiesene Wert für das Gesamtkapital am Ende der Periode 3 eben 70 war.

Wenn die Investitionen immer konstant mit den Abschreibungen angesetzt werden, ist nach der Definition …

	NOPAT
+	Abschreibungen
=	Cash Flow
-	Investitionen
=	Freier Cash Flow

… der FCF in der Periode der ewigen Rente wertmäßig identisch mit NOPAT.

Und jetzt greift „konservative Planungsannahme" als zweite fundamentale Regel. Wir beziehen uns auf das NOPAT der Vorperiode 3.

Damit lauten für die Perioden 4 bis unendlich

FCF = NOPAT: 7,
Kapital: 70,
ROCE: 10 %.

Und damit können wir jetzt arbeiten.

Aber bevor wir damit anfangen, muss ich Ihnen eine Frage stellen.

Was schießt Ihnen in den Kopf, wenn Sie ein nachhaltiges ROCE in Höhe von 10 % für die Perioden der Endwertberechnung sehen?

Nichts? Gut, dann erweitere ich die Frage.

Was schießt Ihnen in den Kopf, wenn Sie ein nachhaltiges ROCE in Höhe von 10 % für die Perioden der Endwertberechnung bei einem WACC *in identischer Höhe* sehen?

Ah, jetzt schließen sich die Synopsen zusammen:

- der Spread wird „0“,
- damit das EVA auch und
- somit die ewige Rente auf Basis des EVA ebenfalls!

Dies bedeutet in unserem Fall, dass ab der Periode 4 keine weiteren Wertveränderungen mehr eintreten, die Europe Industries also nur in den nächsten drei Perioden (einschließlich dem laufenden Jahr, und es ist laut Vorgaben schon November) noch an Wert zunimmt.

Rechnen wir trotzdem wie immer Schritt für Schritt.

Das gesamte Bild der Zahlen sieht jetzt so aus:

Europe Industries Ltd											
		heute: November Periode 1, historische Analyse bis einschießlich Periode 0 Berechnung der ewigen Rente: im Jahr 4									
Period	Periode	-4	-3	-2	-1	0	1	2	3	4	5
Sales	Umsatz	100	108	118	125	130	143	157	173		
EBIT	Betriebsergebnis	5	6	8	7	10	12	14	16		
Tax Rate	Steuernsatz	0,4	0,4	0,4	0,4	0,4	0,4	0,4	0,4		
NOPAT	Betriebsergebnis a.St.	3	3,6	4,8	4,2	6	7,2	8,4	9,6	7	7
Ending Capital	Gesamkapital zum 31.12.	40	41	48	50	53	58	64	70		
Change in Capital	Kapitalveränderung	3	1	7	2	3	5	6	6		
FCF	Freier Cash Flow	0	2,6	-2,2	2,2	3	2,2	2,4	3,6		
ROCE	Kapitalrendite	0,08	0,09	0,12	0,09	0,12	0,14	0,14	0,15	10,0%	10,0%konstant
WACC	WACC	10,5%	10,0%	9,5%	10,0%	10,0%	10,0%	10,0%	10,0%	10,0%	10,0%
SPREAD	Übergewinn	-2,4%	-1,0%	2,2%	-1,3%	2,0%	3,6%	4,5%	5,0%	0,0%	0,0%
Beginning Capital	Kapital zum 1.1.	37	40	41	48	50	53	58	64	70	70
Capital Charge	Kapitalbelastung	3,89	4,00	3,90	4,80	5,00	5,30	5,80	6,40		
EVA	EVA	-0,89	-0,40	0,91	-0,60	1,00	1,90	2,60	3,20	0,00	10,0%
PV Factors	Abzinsungsfaktoren	1,49	1,33	1,20	1,10	1,00	0,91	0,83	0,75	0,68	0,62
PV FCF	Barwert der FCF	0,00	3,46	-2,64	2,42	3,00	2,00	1,98	2,70	52,59	52,59
PV EVA	Barwert der EVA	-1,32	-0,53	1,09	-0,66	1,00	1,73	2,15	2,40	0,00	0,00
Terminal Value FCF	Ewige Rente mit FCF										
Terminal Value EVA	Ewige Rente mit EVA										

Dann machen wir uns mal an die Berechnung der ewigen Renten. Wir fangen mit dem FCF als Basis an.

Rufen wir uns wieder die Formel für die ewige Rente (ER) ins Gedächtnis. Wir ersetzen dabei sofort FCF durch NOPAT (bei Substanzerhalt, also Investitionen und Abschreibungen in identischer Höhe, sind FCF und NOPAT identisch).

Wir erarbeiten die ewige Rente in der vierten Periode.

$$\mathrm{ER} = \left(\frac{\mathrm{NOPAT}_4}{\mathrm{WACC}} + \mathrm{NOPAT}_4\right) \times \frac{1}{(1+\mathrm{WACC})^4}.$$

In unserem Fall müssen wir wegen „konservativer Planungsannahme“ auf das NOPAT der Vorperiode zugreifen, also

$$\mathrm{ER} = \left(\frac{\mathrm{NOPAT}_3}{\mathrm{WACC}} + \mathrm{NOPAT}_3\right) \times \frac{1}{(1+\mathrm{WACC})^4},$$

somit

$$\mathrm{ER} = \left(\frac{7}{0{,}10} + 7\right) \times \frac{1}{1{,}1^4},$$

damit

$$ER = 77 \times 0{,}68.$$

Die ewige Rente lautet

$$ER = 52{,}59.$$

Das identische Ergebnis erhalten wir auch mit der etwas kürzeren Formel (solange kein weiteres Wachstum integriert wird):

$$ER = \frac{NOPAT_4}{WACC} \times \frac{1}{(1+WACC)^3}.$$

In unserem Fall müssen wir wegen „konservativer Planungsannahme" wieder auf das NOPAT der Vorperiode zugreifen, also

$$ER = \frac{NOPAT_3}{WACC} \times \frac{1}{(1+WACC)^3}.$$

Mit Zahlen ergibt sich:

$$ER = \frac{7}{0{,}1} \times \frac{1}{1{,}1^3},$$

also

$$ER = 70 \times 0{,}75 \text{ (gerundet)}.$$

Ergebnis somit:

$$ER = 52{,}59.$$

Die Berechnung der ewigen Renten der EVA kann aufgrund des Spread und EVA (in Höhe von 0) ab Periode 4 bis unendlich ja entfallen. Ansonsten hätten wir hier die gleichen Formeln nutzen müssen.

Damit können wir auch den Gesamtwert der Europe Industries ermitteln.

- Bei den Berechnungen über die FCF müssen wir die Barwerte der FCF der Perioden 1–3 und den Endwert addieren, also 2,00 + 1,98 + 2,70 + 52,59 = 59,28.
- Bei den Berechnungen über die EVA müssen wir die Barwerte der Perioden 1 bis 3 und das Anfangskapital zum 01.01. der Periode 1 addieren. Die ewige Rente gehört natürlich auch noch additiv dazu, kann aber in unserem Fall eigentlich vernachlässigt werden, weil „0".
  Somit ergibt sich: 53,00 + 1,73 + 2,15 + 2,4 + 0 = 59,28.

Sie sehen, es ergeben sich wieder identische Ergebnisse.

Schauen wir uns jetzt die Seite mit den Berechnungen komplett an:

					Europe Industries Ltd						
					heute: November Periode 1, historische Analyse bis einschießlich Periode 0 Berechnung der ewigen Rente: im Jahr 4						
Period	Periode	-4	-3	-2	-1	0	1	2	3	4	5
Sales	Umsatz	100	108	118	125	130	143	157	173		
EBIT	Betriebsergebnis	5	6	8	7	10	12	14	16		
Tax Rate	Steuernsatz	0,4	0,4	0,4	0,4	0,4	0,4	0,4	0,4		
NOPAT	Betriebsergebnis a.St.	3	3,6	4,8	4,2	6	7,2	8,4	9,6	7	7
Ending Capital	Gesamkapital zum 31.12.	40	41	48	50	53	58	64	70		
Change in Capital	Kapitalveränderung	3	1	7	2	3	5	6	6		
FCF	Freier Cash Flow	0	2,6	-2,2	2,2	3	2,2	2,4	3,6		
ROCE	Kapitalrendite	0,08	0,09	0,12	0,09	0,12	0,14	0,14	0,15	10,0%	10,0%konstant
WACC	WACC	10,5%	10,0%	9,5%	10,0%	10,0%	10,0%	10,0%	10,0%	10,0%	10,0%
SPREAD	Übergewinn	-2,4%	-1,0%	2,2%	-1,3%	2,0%	3,6%	4,5%	5,0%	0,0%	0,0%
Beginning Capital	Kapital zum 1.1.	37	40	41	48	50	53	58	64	70	70
Capital Charge	Kapitalbelastung	3,89	4,00	3,90	4,80	5,00	5,30	5,80	6,40		
EVA	EVA	-0,89	-0,40	0,91	-0,60	1,00	1,90	2,60	3,20	0,00	10,0%
PV Factors	Abzinsungsfaktoren	1,49	1,33	1,20	1,10	1,00	0,91	0,83	0,75	0,68	0,62
PV FCF	Barwert der FCF	0,00	3,46	-2,64	2,42	3,00	2,00	1,98	2,70	52,59	52,59
PV EVA	Barwert der EVA	-1,32	-0,53	1,09	-0,66	1,00	1,73	2,15	2,40	0,00	0,00
Terminal Value FCF	Ewige Rente mit FCF										
Terminal Value EVA	Ewige Rente mit EVA										
Value (über FCF's)	***Wert - gerechnet mit FCF***						***59,28***				
Value (über EVA's)	***Wert - gerechnet mit EVA***						***59,28***				

Im Excel-Tableau habe ich übrigens die ewige Rente doppelt berechnet, je einmal mit den o. g. unterschiedlichen Formeln. Daher steht der Wert in Höhe von 52,59 sowohl in Periode 4 also auch in Periode 5.

Über EVAs gerechnet, müssen wir für die Planperioden 1 bis 3 1,73, 2,15, 2,40 und 53,0 zu Beginn der Periode 1 addieren und erhalten ebenfalls einen Gesamtwert in Höhe von 59,28.

Wir hatten schon festgehalten, dass eine ewige Rente aufgrund der Tatsache, dass Spread und EVA durchgehend „0 %" bzw. „0" ab Periode 4 werden, nicht zu berechnen ist.

15.3.3 Abschließende Betrachtung

Zum 01.01. Periode 1 hat die Europe Industries Ltd. einen Gesamtwert (Entity Value) von 59,28!

Allerdings kommt dieser Wert nur aus dem zum 01.01. Periode 1 verfügbaren Kapital und den Wertzuwächsen der Perioden 1–3. Ab Periode 4 tritt keine weitere Wertveränderung (Wertsteigerung und/oder -vernichtung) mehr ein, da Spread und EVA jeweils „0" sind.

Diese eingeschränkte Entwicklung kommt so nur aus den EVA-Berechnungen heraus, und aus diesem Grund plädiere ich auch immer für zumindest im Hintergrund parallel mitgezogene EVA-Rechnungen.

Aus der FCF basierten Bewertung kann ich dies nicht ablesen!

Bei genauerer Betrachtung kann ich natürlich sehen, dass bei einem Anfangskapital zum 01.01. Periode 1 von 53 lediglich ein Wertzuwachs bis unendlich von 6,28 eintritt. Allerdings kann ich nur mit der EVA-Berechnung eine Zuordnung dieses Wertzuwachses zu einzelnen Jahren oder Zeitabschnitten machen und nachweisen, dass ab der Periode 4 „nichts mehr kommt".

Und jetzt zeige ich Ihnen, wie wichtig es ist, genau hinzuschauen und die „Regeln" bei der Bewertung zu kennen.

Die bisherigen Analysen und Berechnungen zu diesem Anwendungsbeispiel habe ich aus der Perspektive der „Buy Side", der kaufenden Seite, gemacht. Diese hat natürlich ein Interesse daran, dass der Kaufpreis gering ausfällt.

Die verkaufende Seite hingegen möchte natürlich einen möglichst hohen Unternehmenswert berechnet haben. Und die vertreten Sie jetzt.

Wie eingangs zu diesem Beispiel gesagt, haben sich Verkäufer und Käufer auf die Ist- und Planzahlen geeinigt. Das heißt aber nicht, dass „da jetzt nichts mehr geht"!

Die ewige Rente und die für diese herangezogenen Prämissen sind relevant.

15.3.4 Die Ausgangszahlen der Europe Industries – Verkäuferseite

Folgende Daten liegen Ihnen nach wie vor. Es hat sich weder an diesen Ausgangsdaten noch an den Kapitalkosten etwas geändert.

Europe Industries Ltd									
		heute: November Periode 1, historische Analyse bis einschießlich Periode 0 Berechnung der ewigen Rente: im Jahr 4							
Period	Periode	-4	-3	-2	-1	0	1	2	3
Sales	Umsatz	100	108	118	125	130	143	157	173
EBIT	Betriebsergebnis	5	6	8	7	10	12	14	16
Tax Rate	Steuernsatz	0,4	0,4	0,4	0,4	0,4	0,4	0,4	0,4
NOPAT	Betriebsergebnis a.St.	3	3,6	4,8	4,2	6	7,2	8,4	9,6
Ending Capital	Gesamkapital zum 31.12.	40	41	48	50	53	58	64	70
WACC	WACC	10,5%	10,0%	9,5%	10,0%	10,0%	10,0%	10,0%	10,0%
Beginning Capital	Kapital zum 1.1.	37							

Also ergibt sich wieder folgendes Gesamtbild vor Berechnung der ewigen Rente.

Europe Industries Ltd									
		heute: November Periode 1, historische Analyse bis einschießlich Periode 0 Berechnung der ewigen Rente: im Jahr 4							
Period	Periode	-4	-3	-2	-1	0	1	2	3
Sales	Umsatz	100	108	118	125	130	143	157	173
EBIT	Betriebsergebnis	5	6	8	7	10	12	14	16
Tax Rate	Steuernsatz	0,4	0,4	0,4	0,4	0,4	0,4	0,4	0,4
NOPAT	Betriebsergebnis a.St.	3	3,6	4,8	4,2	6	7,2	8,4	9,6
Ending Capital	Gesamkapital zum 31.12.	40	41	48	50	53	58	64	70
Change in Capital	Kapitalveränderung	3	1	7	2	3	5	6	6
FCF	Freier Cash Flow	0	2,6	-2,2	2,2	3	2,2	2,4	3,6
ROCE	Kapitalrendite	8,1%	9,0%	11,7%	8,8%	12,0%	13,6%	14,5%	15,0%
WACC	WACC	10,5%	10,0%	9,5%	10,0%	10,0%	10,0%	10,0%	10,0%
SPREAD	Übergewinn	-2,4%	-1,0%	2,2%	-1,3%	2,0%	3,6%	4,5%	5,0%
Beginning Capital	Kapital zum 1.1.	37	40	41	48	50	53	58	64
Capital Charge	Kapitalbelastung	3,89	4,00	3,90	4,80	5,00	5,30	5,80	6,40
EVA	EVA	-0,89	-0,40	0,91	-0,60	1,00	1,90	2,60	3,20
PV Factors	Abzinsungsfaktoren	1,49	1,33	1,20	1,10	1,00	0,91	0,83	0,75
PV FCF	Barwert der FCF	0,00	3,46	-2,64	2,42	3,00	2,00	1,98	2,70
PV EVA	Barwert der EVA	-1,32	-0,53	1,09	-0,66	1,00	1,73	2,15	2,40

Kommen wir jetzt wieder zu den ewigen Renten.

Für die Periode der ewigen Rentenberechnung gibt es 2 „fundamentale“ Prinzipien, die wir auch schon mehrfach betrachtet und angewendet haben.

- Substanzerhalt bei
- konservativer Planungsannahme.

Substanzerhalt bedeutet, dass eine Annahme getroffen wird, dass das Kapital ab (in unserem Fall) Periode 4 konstant ist, somit Investitionen identisch mit den periodischen Abschreibungen sein müssen. Dies beinhaltet dann auch, dass keine Anlagenabgänge geplant werden.

Somit ist in allen Perioden 4 bis unendlich das Kapital zu Periodenbeginn und -ende jeweils mit 70 anzusetzen, da der ausgewiesene Wert für das Gesamtkapital am Ende der Periode 3 eben 70 war.

Das haben wir auf der Käuferseite auch so gemacht.

Wenn die Investitionen immer konstant mit den Abschreibungen angesetzt werden, ist nach der Definition …

	NOPAT
+	Abschreibungen
=	Cash Flow
-	Investitionen
=	Freier Cash Flow

… der FCF in der Periode der ewigen Rente wertmäßig identisch mit NOPAT.

Und jetzt greift „konservative Planungsannahme" als zweite fundamentale Regel. Wir beziehen uns auf das NOPAT zuvor, also das der Vorperiode 3.

Und genau das habe ich nicht auf der Käuferseite getan. Ich bin abgewichen vom Grundsatz der „konservativen Planungsannahme", habe es aber durch andere Vorgaben in den Perioden 4 und 5, die logisch dann ein NOPAT in der Höhe von 7 ergeben, verschleiert.

Das NOPAT der Vorperiode lautet aber 9,6.

Sie haben sich durch meine Vorgaben

- Kapital: 70,
- ROCE: 10 %

täuschen lassen. Mit diesen Vorgaben wäre der NOPAT der Perioden 4 bis unendlich in der Tat jeweils 7 gewesen.

Mit NOPAT 9,6 haben wir jetzt aber eine viel höhere Basis für die Berechnung der ewigen Rente. Und diese Verkäuferperspektive ist die Richtige. Käuferseitig habe ich versucht, tief zu stapeln. Und geben Sie es zu – es ist Ihnen nicht aufgefallen.

Und mit dem NOPAT in Höhe von 9,6 müssen wir jetzt wieder arbeiten.

Jetzt haben wir auch ein nachhaltiges ROCE in Höhe von 13,7 % für die Periode der Endwertberechnung bei einem WACC *in Höhe von 10,0 %.*

Ah, jetzt schließen sich die Synopsen richtig zusammen:

- der Spread wird nicht mehr 0 %, sondern 3,7 %,
- damit ist das EVA positiv auch und
- es gibt jetzt auch eine ewige Rente auf Basis des EVA!

Rechnen wir trotzdem wie immer Schritt für Schritt.

Das gesamte Bild der Zahlen sieht jetzt so aus:

Europe Industries Ltd											
heute: November Periode 1, historische Analyse bis einschließlich Periode 0 Berechnung der ewigen Rente: im Jahr 4											
Period	Periode	-4	-3	-2	-1	0	1	2	3	4	5
Sales	Umsatz	100	108	118	125	130	143	157	173		
EBIT	Betriebsergebnis	5	6	8	7	10	12	14	16		
Tax Rate	Steuersatz	0,4	0,4	0,4	0,4	0,4	0,4	0,4	0,4		
NOPAT	Betriebsergebnis a.St.	3	3,6	4,8	4,2	6	7,2	8,4	9,6	9,6	9,6
Ending Capital	Gesamkapital zum 31.12.	40	41	48	50	53	58	64	70		
Change in Capital	Kapitalveränderung	3	1	7	2	3	5	6	6		
FCF	Freier Cash Flow	0	2,6	-2,2	2,2	3	2,2	2,4	3,6	9,6	9,6
ROCE	Kapitalrendite	8,1%	9,0%	11,7%	8,8%	12,0%	13,6%	14,5%	15,0%	13,7%	13,7%
WACC	WACC	10,5%	10,0%	9,5%	10,0%	10,0%	10,0%	10,0%	10,0%	10,0%	10,0%
SPREAD	Übergewinn	-2,4%	-1,0%	2,2%	-1,3%	2,0%	3,6%	4,5%	5,0%	3,7%	3,7%
Beginning Capital	Kapital zum 1.1.	37	40	41	48	50	53	58	64	70	70
Capital Charge	Kapitalbelastung	3,89	4,00	3,90	4,80	5,00	5,30	5,80	6,40	7	7
EVA	EVA	-0,89	-0,40	0,91	-0,60	1,00	1,90	2,60	3,20	2,60	2,60
PV Factors	Abzinsungsfaktoren	1,49	1,33	1,20	1,10	1,00	0,91	0,83	0,75	0,68	0,62
PV FCF	Barwert der FCF	0,00	3,46	-2,64	2,42	3,00	2,00	1,98	2,70	72,13	
PV EVA	Barwert der EVA	-1,32	-0,53	1,09	-0,66	1,00	1,73	2,15	2,40	19,53	
Terminal Value FCF	Ewige Rente mit FCF										
Terminal Value EVA	Ewige Rente mit EVA										

Dann machen wir uns mal an die Berechnung der ewigen Renten. Wir fangen mit dem FCF als Basis an.

Rufen wir uns wieder die Formel für die ewige Rente (ER) ins Gedächtnis. Wir ersetzen dabei sofort FCF durch NOPAT (bei Substanzerhalt, also Investitionen und Abschreibungen in identischer Höhe, sind FCF und NOPAT identisch).

Wir erarbeiten die ewige Rente in der 4. Periode.

$$ER = \left(\frac{NOPAT_4}{WACC} + NOPAT_4 \right) \times \frac{1}{(1 + WACC)^4}$$

In unserem Fall müssen wir wegen „konservativer Planungsannahme“ auf das NOPAT der Vorperiode zugreifen, also

$$ER = \left(\frac{NOPAT_3}{WACC} + NOPAT_3 \right) \times \frac{1}{(1 + WACC)^4}$$

somit

$$ER = \left(\frac{9{,}6}{0{,}10} + 9{,}6 \right) \times \frac{1}{1{,}1^4}$$

damit

$$ER = 105{,}6 \times 0{,}68\,.$$

Die ewige Rente lautet

$$ER = 72{,}13$$

Das identische Ergebnis erhalten wir auch mit der etwas kürzeren Formel (solange kein weiteres Wachstum integriert wird):

$$ER = \frac{NOPAT_4}{WACC} \times \frac{1}{(1+WACC)^3}$$

In unserem Fall müssen wir wegen „konservativer Planungsannahme" wieder auf das NOPAT der Vorperiode zugreifen, also

$$ER = \frac{NOPAT_3}{WACC} \times \frac{1}{(1+WACC)^3}$$

Mit Zahlen ergibt sich:

$$ER = \frac{9{,}6}{0{,}1} \times \frac{1}{1{,}1^3}$$

also

$ER = 96 \times 0{,}75$ (gerundet).

Ergebnis somit:

$$ER = 72{,}13$$

Die Berechnung der ewigen Renten der EVA ist aufgrund des positiven Spread (3,7 %) und des natürlich ebenfalls positiven EVA (2,6) ab Periode 4 jetzt auch möglich.

Damit können wir auch den Gesamtwert der Europe Industries ermitteln.

- Bei den Berechnungen über die FCF müssen wir die Barwerte der FCF der Perioden 1 bis 3 und den Endwert addieren, also 2,00 + 1,98 + 2,70 + 72,13 = 78,81.
- Bei den Berechnungen über die EVA müssen wir die Barwerte der Perioden 1 bis 3 und das Anfangskapital zum 01.01. der Periode 1 sowie die ewige Rente addieren.
- Somit ergibt sich: 53,00 + 1,73 + 2,15 + 2,4 + 19,53 = 78,81.

Sie sehen, es ergeben sich wieder identische Ergebnisse, aber jetzt sind sie um einiges höher, also attraktiver für die Verkäuferseite.

Schauen wir uns jetzt die Seite mit den Berechnungen wieder komplett an:

Europe Industries Ltd

heute: November Periode 1, historische Analyse bis einschließlich Periode 0
Berechnung der ewigen Rente: im Jahr 4

Period	Periode	-4	-3	-2	-1	0	1	2	3	4	5
Sales	Umsatz	100	108	118	125	130	143	157	173		
EBIT	Betriebsergebnis	5	6	8	7	10	12	14	16		
Tax Rate	Steuernsatz	0,4	0,4	0,4	0,4	0,4	0,4	0,4	0,4		
NOPAT	Betriebsergebnis a.St.	3	3,6	4,8	4,2	6	7,2	8,4	9,6	9,6	9,6
Ending Capital	Gesamkapital zum 31.12.	40	41	48	50	53	58	64	70		
Change in Capital	Kapitalveränderung	3	1	7	2	3	5	6	6		
FCF	Freier Cash Flow	0	2,6	-2,2	2,2	3	2,2	2,4	3,6	9,6	9,6
ROCE	Kapitalrendite	8,1%	9,0%	11,7%	8,8%	12,0%	13,6%	14,5%	15,0%	13,7%	13,7%
WACC	WACC	10,5%	10,0%	9,5%	10,0%	10,0%	10,0%	10,0%	10,0%	10,0%	10,0%
SPREAD	Übergewinn	-2,4%	-1,0%	2,2%	-1,3%	2,0%	3,6%	4,5%	5,0%	3,7%	3,7%
Beginning Capital	Kapital zum 1.1.	37	40	41	48	50	53	58	64	70	70
Capital Charge	Kapitalbelastung	3,89	4,00	3,90	4,80	5,00	5,30	5,80	6,40	7	7
EVA	EVA	-0,89	-0,40	0,91	-0,60	1,00	1,90	2,60	3,20	2,60	2,60
PV Factors	Abzinsungsfaktoren	1,49	1,33	1,20	1,10	1,00	0,91	0,83	0,75	0,68	0,62
PV FCF	Barwert der FCF	0,00	3,46	-2,64	2,42	3,00	2,00	1,98	2,70	72,13	72,13
PV EVA	Barwert der EVA	-1,32	-0,53	1,09	-0,66	1,00	1,73	2,15	2,40	19,53	19,53
Terminal Value FCF	Ewige Rente mit FCF										
Terminal Value EVA	Ewige Rente mit EVA										
Value (über FCF's)	*Wert - gerechnet mit FCF*						*78,81*				
Value (über EVA's)	*Wert - gerechnet mit EVA*						*78,81*				

Im Excel Tableau habe ich übrigens die ewige Rente erneut doppelt berechnet, je einmal mit den o. g. unterschiedlichen Formeln. Daher steht der Wert für die ewige Rente in Höhe von 72,13 (FCF) und 19,53 (EVA) sowohl in Periode 4 also auch in Periode 5.

Die Differenz zwischen beiden Berechnungen beträgt 19,53, mitunter also gerundet 33 % mehr als beim ersten Bewertungsdurchgang.

Mehr muss ich wohl nicht mehr sagen.

Es gibt keine *richtige* Bewertung. Wichtig ist, dass man weiß, auf welcher Seite man/frau steht und welche Tricks die Gegenseite anwenden könnte, obwohl man sich bei den Planwerten und den Kapitalkosten vorab geeinigt hat.

Und jetzt überlegen oder rechnen Sie einmal, wie sich der Wert erhöhen würde, wenn man auf Seite des Verkäufers auch noch ein Wachstum in die ewige Rente integrieren würde.

15.4 Verlagerungsrechnungen

Sie sind Leiter Finanzen und Controlling bei einem österreichischen Mittelständler. Ihr geschäftsführender Gesellschafter überlegt schon seit einiger Zeit, eine Tochtergesellschaft (Meisterfisch GmbH), die in der Fischverarbeitung aktiv ist, in die Baltischen Staaten zu verlagern.

Daher bittet er Sie um Folgendes:

Berechnen Sie mir doch bitte einmal den Unterschied, der sich aus heutiger Sicht beim Unternehmenswert durch eine potenzielle Verlagerung der Gesellschaft von Österreich (25 % Körperschaftsteuer) in die Baltischen Staaten (15 % Körperschaftsteuer) bei gleichzeitiger Einsparung der Personalkosten in angegebener Höhe ergeben würde! Das genaue Land wird erst später definitiv benannt, aber Sie mögen bitte mit den genannten 15 % KSt rechnen.

Da die frei werdenden Mitarbeiter in Österreich in anderen Firmen der Gruppe ortsnah unterkommen könnten, müssen keine Kosten für Sozialplan und Abfindungen eingerechnet werden. Die eigentlichen Verlagerungskosten (physischer Transport der Maschinen etc.) sollen zunächst auch ausgeklammert werden.

Entsprechende Einsparungen beim Einkauf sollen daher zu diesem Zeitpunkt auch noch nicht eingerechnet werden.

15.4.1 Ausgangssituation

Wie immer bilden wir uns zunächst in Excel die Rahmendaten ab.

Angaben zum Unternehmen		
Name:		Meisterfisch GmbH
Branche:		Fischverarbeitung
Köst	Österreich	25,00%
	Baltische Staaten	15,00%
Abschreibedauer (Jahre):		10

Die Kapitalkosten sollen für beide Länder mit der Ausnahme des Steuersatzes mit den gleichen Ausgangsparametern berechnet werden, da eine Finanzierung aus dem Mutterhaus heraus (Österreich) angedacht ist.

Vorgaben - Kapitalkosten	
rf	4,50%
ß	0,95
rp	3,20%
kd	3,80%

Die Planung für die Meisterfisch GmbH sieht derzeit folgendermaßen aus. Sie soll auch für die Baltischen Staaten mit Ausnahme der Personalkosten gelten.

Jahre	1	2	3	4	5
Planergebnisse in Österreich					
Umsatz	15.000	15.500	16.000	16.500	17.000
Einzahlungsüberschuss	12,00%	11,80%	12,50%	12,80%	13,50%
Betriebsergebnis	10,00%	10,50%	11,00%	11,50%	12,00%
Zinsen	2,00%	1,80%	1,90%	1,80%	2,00%
EGT	8,00%	8,70%	9,10%	9,70%	10,00%
AOs	0,00%	0,00%	0,00%	0,00%	0,00%
Ergebnis vor Steuern	8,00%	8,70%	9,10%	9,70%	10,00%

Die zu erreichenden Personalkosteneinsparungen in den Baltischen Staaten liegen nach derzeitigem Stand bei:

Personalkosteneinsparung (Baltische Staaten - Angaben beziehen sich auf Umsatz)	23%	21%	19%	17%	15%

Leider hat Ihr Chef vergessen, Ihnen die absoluten Einsparungen nach Jahren zu nennen, aber das schaffen wir schon. Wir, das sind Sie als Chef und ich als Ihr bester Mitarbeiter.

Aus der Bilanz kennen wir auch einige Zahlen, auch in Bezug auf die geplante Kapitalentwicklung:

Jahre	1	2	3	4	5	6
Anlagevermögen	9.000	10.000	11.000	12.000	13.000	13.000
Eigenkapital	2.700					
Fremdkapital	6.300					
davon nicht Zins tragend	0					

Das Umlaufvermögen soll in den Baltischen Staaten „neu“ aufgebaut werden. Daher argumentiert der „große“ Chef nur mit dem Anlagevermögen.

Seine Sichtweise ist: Was hier noch an Forderungen eingeht bzw. an Verbindlichkeiten zu zahlen ist, „bleibt“ auch in Österreich. Die hier dann frei werdenden Mittel werden in den Baltischen Staaten wieder eingebracht. Aber das ist „linke Tasche, rechte Tasche“, also neutral (!?). Daher erfolgt nur eine Betrachtung auf Basis des Anlagevermögens.

Da *Sie* als mein direkter Chef natürlich auch noch andere wichtige Sachen zu erledigen haben, delegieren Sie die „einfachen" Berechnungen an mich weiter, wissend, dass ich über ein profundes Wissen zu Beteiligungen und Bewertungen verfüge.

15.4.2 Meine Analysen

Der erste Schritt ist die Berechnung des zinstragenden Kapitals, damit die Kapitalkosten mit dem richtigen Leverage sauber ermittelt werden können.

Ich weiß, dass die gesamten 6300 Fremdkapital zinstragend sind, daher sind sie auch in dieser Höhe bei der Kapitalkostenberechnung anzusetzen.

Auf dieser Basis baue ich mir wie immer in Excel eine Vorlage für beide Länder auf. Ich spreche bei den Baltischen Staaten im Folgenden immer von „einem" Land, wissend, dass hier natürliche mehrere Länder zusammengefasst sind.

Basis Kapitalkosten

Zins trag. FK	6.300	EK	2.700
	Österreich		Baltische Staaten
t	25,00%		15,00%
rf	4,50%		4,50%
ß	0,95		0,95
rp	3,20%		3,20%
kd	3,80%		3,80%
FK	70,00%	FK	70,00%
EK	30,00%	EK	30,00%

Auf dieser Basis berechne ich mir auch sofort die entsprechenden Kapitalkosten. Da die Namen für Copeland und Stewart (Ansätze) nicht in meine Zellen passen, kürze ich Sie mit „CO" und „ST" ab.

Und ab hier soll ich außerdem die Ergebnisse in englischer Sprache darstellen, denn der „Big Boss" möchte die Baltischen Staaten mit den Ergebnissen noch untereinander ausspielen. Personalkosten und Steuern sind in den Ländern vergleichbar, aber ihm geht es außerdem um Grund und Boden bzw. weitergehende Zugeständnisse bei einer Gewerbeansiedlung.

	CO	ST	CO	ST
Ke unlev	7,54%	7,54%	7,54%	7,54%
LF/FRP	2,75	6,55%	2,98	7,42%
Ke lev	12,86%	14,09%	13,57%	14,96%
WCE	3,86%	4,23%	4,07%	4,49%
Kd	3,80%	3,80%	3,80%	3,80%
KD	2,85%	2,85%	3,23%	3,23%
WCD	2,00%	2,00%	2,26%	2,26%
WACC	5,85%	6,22%	6,33%	6,75%
WACC check		6,22%		6,75%

Jetzt berechne ich mir erst einmal den Wert der Meisterfisch GmbH in Österreich auf der Basis von 25 % Körperschaftsteuer mit o. g. Planwerten und den berechneten Kapitalkosten.

Da beim Ansatz nach Copeland ein WACC von 5,85 % berechnet wurde, der 0,37 % unter dem Rechenergebnis nach Stewart liegt, entscheide ich mich für den Ansatz nach Copeland, damit „unsere" Tochter auch besser in der Bewertung dasteht.

Dann berechne ich mir zunächst einmal das Betriebsergebnis und das Betriebsergebnis nach Steuern (NOPAT) in Österreich in den Planjahren.

NOPAT Calculations

Years	**1**	**2**	**3**	**4**	**5**
Austria			Tax Rate for Caculations 25,00%		
Sales	15.000	15.500	16.000	16.500	17.000
EBIT (%)	10,0%	10,5%	11,0%	11,5%	12,0%
EBIT	**1.500**	**1.628**	**1.760**	**1.898**	**2.040**
Tax Rate	25%	25%	25%	25%	25%
Taxes	**375**	**407**	**440**	**474**	**510**
NOPAT	**1.125**	**1.221**	**1.320**	**1.423**	**1.530**

Bei den Bewertungen fange ich mit dem Ansatz über die EVA an. Dafür muss ich mir diese aber erst einmal berechnen. Aber mit dem bekannten NOPAT ist es ja einfach.

EVA Valuation

Years	*1*	*2*	*3*	*4*	*5*	*6 to infinity*

Copeland	1	WACC	5,85%	WACC for Calculation
Stewart	0		6,22%	5,85%

NOPAT	1.125,0	1.220,6	1.320,0	1.423,1	1.530,0	1.530,0
- Capital Charge	526,8	585,3	643,8	702,4	760,9	760,9
= EVA	**598,2**	**635,3**	**676,2**	**720,8**	**769,1**	**769,1**

Alternativ hätte ich das EVA auch folgendermaßen berechnen können:

$$\text{ROCE} = \frac{\text{NOPAT}}{\text{Capital}}$$

$$\text{WACC} = \text{bekannt}$$

$$\text{Spread} = \text{ROCE} - \text{WACC}$$

$$\text{Capital} = \text{bekannt}$$

$$\text{EVA} = \text{Spread} \times \text{Capital}.$$

ROCE	12,5%	12,2%	12,0%	11,9%	11,8%	11,8%
WACC	5,85%	5,85%	5,85%	5,85%	5,85%	5,85%
Spread	6,65%	6,35%	6,15%	6,01%	5,92%	5,92%
Capital	9.000,0	10.000,0	11.000,0	12.000,0	13.000,0	13.000,0
EVA	598,2	635,3	676,2	720,8	769,1	769,1

Dann kann ich auch gleich in die Bewertung gehen:

EVA	**598,2**	**635,3**	**676,2**	**720,8**	**769,1**	**769,1**
PV Factor	0,94	0,89	0,84	0,80	0,75	0,71
PV of EVA	565,2	567,0	570,1	574,1	578,7	
Cum. PV of EVA	565,2	1.132,2	1.702,3	2.276,3	2.855,1	
Cum. PV of EVA	**2.855,1**	**13,1%**				
+ Terminal Value	**9.887,7**	**45,5%**				
+ Capital Employed	**9.000,0**	**41,4%**				
= Value of the Company	**21.742,7**	**100,0%**				

Dabei steht „PV“ für „Present Value“ oder „Barwert“.

Beschäftigen wir uns erneut noch einmal detailliert mit der ewigen Rente (ER), da diese immer wieder Schwierigkeiten bereitet.

Es gilt:

$$ER = \left(\frac{EVA_6}{WACC} + EVA_6\right) \times \frac{1}{(1+WACC)^6}.$$

In unserem Fall müssen wir wegen „Substanzerhalt “ und „konservativer Planungsannahme “ auf das EVA der Vorperiode zugreifen, also setzen wir auch in Periode 6 ein EVA in Höhe von 769,1 an.

Damit berechnet sich die ewige Rente als

$$ER = \left(\frac{769{,}1}{0{,}0585} + 769{,}1\right) \times \frac{1}{(1+0{,}0585)^6},$$

somit

$$ER = 13.916{,}11 \times 0{,}71.$$

Die ewige Rente lautet:

$$ER = 9887{,}7 \text{ (exakt gerechnet)}.$$

Das identische Ergebnis erhalten wir auch mit der etwas kürzeren Formel:

$$ER = \frac{EVA_6}{WACC} \times \frac{1}{(1+WACC)^5}$$

$$ER = \frac{769{,}1}{0{,}0585} \times \frac{1}{(1+0{,}0585)^5}.$$

In unserem Fall müssen wir wegen „konservativer Planungsannahme“ wieder auf das NOPAT der Vorperiode zugreifen, also

$$ER = 13.147{,}0 \times 0{,}75.$$

Ergebnis somit:

$$ER = 9887{,}7 \text{ (erneut exakt gerechnet)}.$$

Zum Ausweis des Gesamtwertes muss ich dann noch das Kapital zu Beginn der Berechnungen (9000) einmal addieren, und wir haben einen Entity Value in Höhe von 21.742,7 ermittelt.

Dann wollen wir die Bewertung mit den FCF-Berechnungen gegenprüfen.

Zunächst berechnen wir uns einmal die FCF und dies ist ein wenig „tricky“ bei den wenigen Angaben, die ich erhalten habe.

Wir wissen, dass das Kapital sich folgendermaßen entwickeln soll.

Anlagevermögen	9.000	10.000	11.000	12.000	13.000	13.000

Bei Abschreibungen über zehn Jahre können wir die periodischen Werte leicht ermitteln und von den o. g. Anfangswerten für das Kapital in Abzug bringen. Die Differenz zum Kapital zum Beginn der nächsten Periode muss dann zwingend die Größe für die Investitionen sein.

Die Summe aus negativen Abschreibungen und positiven Investitionen ist dann der „Increase in Capital“. Dieser Wert muss wieder den periodischen Veränderungen des vorgegebenen Kapitals entsprechen.

Zu komplex?

Dann wieder Schritt für Schritt in der exakten Berechnung:

Years	**1**	**2**	**3**	**4**	**5**	**6**
Capital due to Planning	9.000	10.000	11.000	12.000	13.000	13.000
Depreciation (10Years)	10,0%	10,0%	10,0%	10,0%	10,0%	
Depreciation	**900**	**1.000**	**1.100**	**1.200**	**1.300**	
Capital after Depreciation	8.100	9.000	9.900	10.800	11.700	
Investments (CAPEX)	**1.900**	**2.000**	**2.100**	**2.200**	**1.300**	

In Periode 1 berechnen sich bei einem Kapital von 9000 zu Periodenbeginn Abschreibungen in Höhe von 900 (Vorgabe war: lineare Abschreibung über zehn Jahre).

Damit würde das Anlagevermögen ohne weitere Investitionen zum Ende der Periode 1 und damit auch zum Beginn der Folgeperiode 2 einen Wert von 8100 ausweisen. Die Planung sagt aber 10.000. Also muss die Differenz durch Investitionen in Höhe von 1900 in Periode 1 definiert sein.

Bei der Berechnung der freien Cash Flows sind dann die Vorzeichen bei Abschreibungen und Investitionen allerdings umzukehren.

FCF Valuation

Years	1	2	3	4	5
NOPAT	1.125,0	1.220,6	1.320,0	1.423,1	1.530,0
+ Depreciation	900,0	1.000,0	1.100,0	1.200,0	1.300,0
- Investment	1.900,0	2.000,0	2.100,0	2.200,0	1.300,0
= Increase in Capital	1.000,0	1.000,0	1.000,0	1.000,0	0,0
Free Cash Flow (FCF)	**125,0**	**220,6**	**320,0**	**423,1**	**1.530,0**

Der ausgewiesene „Increase in Capital" passt mit der Entwicklung des Kapitals ebenfalls überein.

Dann können wir wieder in die Bewertung gehen.

FCF Valuation

Years	1	2	3	4	5	6 to infinity
Copeland	1	WACC		5,85%	WACC for Caculation	
Stewart	0			6,22%	5,85%	
Free Cash Flow (FCF)	**125,0**	**220,6**	**320,0**	**423,1**	**1.530,0**	**1.530,0**
PV Factor	0,94	0,89	0,84	0,80	0,75	0,71
PV of FCF	118,1	196,9	269,8	337,0	1.151,3	1.087,6
Cum. PV of FCF	118,1	315,0	584,8	921,8	2.073,1	
Cum. PV of FCF	**2.073,1**	**9,5%**				
+ Terminal Value	**19.669,7**	**90,5%**				
= Value of the Company	**21.742,7**	**100,0%**				

Es berechnet sich mit 21.742,7 der identische Wert wie bei der Bewertung über die EVA.

Ein letztes Mal zeige ich Ihnen hier noch die Berechnung der ewigen Rente.

Weil Investitionen und Abschreibungen in der Periode der Endwertberechnung identisch sein müssen („Substanzerhalt") sind auch FCF und NOPAT identisch.

Wegen „konservativer Planungsannahme" greifen wir somit auf den vorperiodischen NOPAT in Höhe von 1530,0 als Wert für die Berechnung der ewigen Rente zu.

Somit rechnen wir

$$ER = \left(\frac{NOPAT_6}{WACC} + NOPAT_6\right) \times \frac{1}{(1+WACC)^6}.$$

In unserem Fall müssen wir wegen „Substanzerhalt" und „konservativer Planungsannahme" auf den NOPAT der Vorperiode zugreifen, also setzen wir auch in Periode 6 einen NOPAT in Höhe von 769,1 an.

Damit berechnet sich die ewige Rente als

$$ER = \left(\frac{1530}{0{,}0585} + 1530\right) \times \frac{1}{(1+0{,}0585)^6},$$

somit

$$ER = 27.683{,}85 \times 0{,}71.$$

Die ewige Rente lautet:

$$ER = 19.669{,}7 \text{ (exakt gerechnet)}.$$

Das identische Ergebnis erhalten wir auch mit der etwas kürzeren Formel (solange kein Wachstum integriert wird): also

$$ER = 26.153{,}85 \times 0{,}75.$$

Ergebnis somit:

$$ER = 19.669{,}7 \text{ (exakt gerechnet)}.$$

Nun müssen wir die identischen Berechnungen für die Baltischen Staaten machen. Ich werde allerdings jetzt auf die detaillierten Erklärungen verzichten, denn das kennen wir ja schon alles.

Lediglich bei der Berechnung des Betriebsergebnisses müssen wir ein wenig aufpassen, denn da fließen ja die Personalkosteneinsparungen ein. Außerdem müssen wir berücksichtigen, dass hier nur ein Steuersatz in Höhe von 15 % anzusetzen ist.

Somit ergibt sich folgende Berechnung:

Sales	15.000	15.500	16.000	16.500	17.000
EBIT in Austria	10,0%	10,5%	11,0%	11,5%	12,0%
Cost Savings Labour	23,0%	21,0%	19,0%	17,0%	15,0%
EBIT (%)	33,0%	31,5%	30,0%	28,5%	27,0%
EBIT (abs)	**4.950**	**4.883**	**4.800**	**4.703**	**4.590**
Tax Rate	15,0%	15,0%	15,0%	15,0%	15,0%
Taxes (abs)	742,5	732,375	720	705,375	688,5
NOPAT	**4.207,5**	**4.150,1**	**4.080,0**	**3.997,1**	**3.901,5**

Die vorgegebenen Personalkosteneinsparungen haben als Basis den Umsatz. Somit können wir hier das Betriebsergebnis um genau diese Größen erhöhen. In der ersten Periode hatten wir in Österreich ein Betriebsergebnis von 10 %. Weitere umsatzbasierte Einsparungen bei den Personalkosten in den Baltischen Staaten von 23 % (in Periode 1) erhöhen das Betriebsergebnis dort auf 33 %.

Davon sind hier aber nur 15 % Körperschaftsteuer in Abzug zu bringen, sodass das NOPAT der Periode 1 einen Wert von 4207,5 ausweist.

Diese Berechnungen habe ich analog auch für die Folgeperioden gemacht.

Damit können wir auch sofort wieder in die EVA-Berechnungen und -Bewertung gehen.

Achtung, wir müssen hier natürlich auch mit dem WACC für die Baltischen Staaten in Höhe von 6,33 % arbeiten. Es versteht sich von alleine, dass wir konstant mit dem Ansatz nach Copeland arbeiten.

EVA Valuation

Years	1	2	3	4	5	6 to infinity
Copeland	1					
Stewart	0					

WACC		WACC for Caculation
	6,33%	6,33%
	6,75%	

	1	2	3	4	5	6 to infinity
NOPAT	4.207,5	4.150,1	4.080,0	3.997,1	3.901,5	3.901,5
- Cost of Capital (WACC)	569,9	633,2	696,5	759,8	823,1	823,1
= EVA	3.637,6	3.516,9	3.383,5	3.237,3	3.078,4	3.078,4
PV Factor	0,94	0,88	0,83	0,78	0,74	0,69
PV of EVA	3.421,0	3.110,6	2.814,3	2.532,4	2.264,7	2.129,8
Cum. PV of EVA	3.421,0	6.531,6	9.345,9	11.878,3	14.143,0	
Cum. PV of EVA	14.143,0	24,0%				
+ Terminal Value	35.766,6	60,7%				
+ Capital Employed	9.000,0	15,3%				
= Value of the Company	58.909,6	100,0%				

Dies ist eine gewaltige Erhöhung des Unternehmenswertes. Wow, es berechnet sich jetzt ein Bruttowert von 58.909,6!

Das EVA hätte ich auch alternativ berechnen können:

Years	1	2	3	4	5	6 to infinity
ROCE	46,8%	41,5%	37,1%	33,3%	30,0%	30,0%
WACC	6,33%	6,33%	6,33%	6,33%	6,33%	6,33%
Spread	40,42%	35,17%	30,76%	26,98%	23,68%	23,68%
Capital	9.000,0	10.000,0	11.000,0	12.000,0	13.000,0	13.000,0
EVA	3.637,6	3.516,9	3.383,5	3.237,3	3.078,4	3.078,4

Dann schauen wir uns abschließend auch die Bewertung über die FCF an:

DCF Valuation

Years	1	2	3	4	5	6 to infinity

Copeland	1	WACC	6,33%	WACC for Caculation	
Stewart	0		6,75%	6,33%	

NOPAT	4.207,5	4.150,1	4.080,0	3.997,1	3.901,5	3.901,5
+ Depreciation	900,0	1.000,0	1.100,0	1.200,0	1.300,0	1.300,0
- Investment	1.900,0	2.000,0	2.100,0	2.200,0	1.300,0	1.300,0
= Increase in Capital	1.000,0	1.000,0	1.000,0	1.000,0	0,0	0,0
Free Cash Flow (FCF)	**3.207,5**	**3.150,1**	**3.080,0**	**2.997,1**	**3.901,5**	**3.901,5**
PV Factor	0,94	0,88	0,83	0,78	0,74	0,69
PV of FCF	3.016,5	2.786,1	2.561,9	2.344,5	2.870,2	2.699,3
Cum. PV of FCF	3.016,5	5.802,6	8.364,5	10.709,0	13.579,3	
Cum. PV of FCF	13.579,3	23,1%				
+ Terminal Value	45.330,3	76,9%				
= Value of the Company	58.909,6	100,0%				

Es berechnet sich (natürlich) auch hier ein Unternehmenswert in Höhe von 58.909,6!

Damit können wir auch doppelt abgesichert unseren beiden Chefs die geforderte Antwort geben:

Der Wertunterschied mit Kapitalkosten nach Copeland beträgt 37.166,8!

Kapitalkosten nach Copeland	EVA Bewertung	FCF Bewertung
Österreich	21.742,7	21.742,7
Baltische Staaten	58.909,6	58.909,6
Unterschied	37.166,8	37.166,8

15.4.3 Abschließende Anmerkungen

Sie sehen, wenn man mal „drin" ist im Thema, dann sind die Berechnungen nicht schwierig.

Diese Übung ist übrigens recht vielseitig erweiterbar und einsetzbar.

Außerdem habe ich Ihnen mit diesem letzten Beispiel aufgezeigt, wie man die Szenariorechnungen aus dem ersten der vier Beispiele in diesem Kapitel „Alternativen und Planungsworkshop" (Abschn. 15.1) auf mehrere Perioden erweitern kann. Ich habe hier eigentlich die Produktivitätssteigerung (Szenario 1) für Sie mehrperiodisch gerechnet (Personalkostenreduktion), wobei ich das Szenario noch weiter um „Steuern" ausgedehnt habe.

Sie müssen sich nur „ran" machen!

15.5 EVA Berechnungen im Projekt

Das nächste Beispiel beschäftigt sich schwerpunktmäßig mit der erwirtschafteten Wertsteigerung, also SPREAD und EVA.
Dabei möchte ich Ihnen auch zeigen, dass man entsprechende Analysen, sogar mehrperiodisch, auch ganz schnell, ohne größere Komplexität und sehr komprimiert erstellen kann. Wir brauchen dafür einschließlich der Vorgaben nur 2 Seiten.

Im Folgenden werden Berechnungen zur HAVAG – Heesen Aircraft Venture AG betrachtet.

15.5.1 Die Ausgangssituation

Wie immer brauchen wir einige Basisdaten:

1. Angaben für Kapitalkostenberechnung		
rf	1,10%	Risikofreier Satz
beta	1,00	CF Schwankungskoeffizient ß
rp (MRP) (r_m - rf)	6,90%	Riskoprämie
kd	1,10%	Fremdkapitalkosten
t	28,00%	Steuersatz

Dann fehlen uns noch Bilanz- und GuV Daten. Wie Sie sehen, beschränke ich mich auf wenige Größen.

2. Bilanz und Planbilanzen der folgenden drei Jahre (in Mio. €)

	heute	Jahr 1	Jahr 2	Jahr 3
Anlagevermögen	**40**	**75**	**89,5**	**96**
Sachanlagen	**30**	**65**	**79,5**	**86**
Grundstücke	2,0	12,0	8,0	8,0
Gebäude	8,0	8,0	30,5	28,0
Maschinen	10,0	15,0	21,0	27,0
Anlagen	10,0	15,0	20,0	23,0
Anlagen in Bau	0,0	15,0	0,0	0,0
Finanzanlagen	**10,0**	**10,0**	**10,0**	**10,0**
Beteiligungen	10,0	10,0	10,0	10,0
Immaterielle Wirtschaftsgüter	**0,0**	**0,0**	**0,0**	**0,0**
Lizenzen	0,0	0,0	0,0	0,0
Umlaufvermögen	**181,0**	**204,0**	**221,5**	**280,0**
Vorräte	**105,0**	**108,0**	**113,0**	**119,0**
Roh- hilfs- und Betriebsstoffe	50,0	50,0	50,0	50,0
Fertigwaren	55,0	58,0	63,0	69,0
Debitoren (Forderungen) aus L&L	**66,0**	**78,5**	**100,0**	**150,0**
Kundenforderungen	66,0	78,5	100,0	150,0
Liquide Mittel	**10,0**	**17,5**	**8,5**	**11,0**
Kasse, Bank, Schecks, Wechsel, Wertpapiere des UV	10,0	17,5	8,5	0,0
Gesamt Aktiva	221,0	279,0	311,0	376,0

	heute	Jahr 1	Jahr 2	Jahr 3
Eigenkapital	**33,0**	**58,0**	**93,0**	**145,0**
gezeichnetes Kapital	25,0	25,0	25,0	25,0
Rücklagen	5,0	8,0	33,0	68,0
Jahresüberschuss/-fehlbetrag	3,0	25,0	35,0	52,0
Fremdkapital	**188,0**	**221,0**	**218,0**	**231,0**
Langfristiges Fremdkapital	**30,0**	**53,0**	**53,0**	**53,0**
(Zinstragende) Verb. (Bank, Gesellschafter, Beteil., etc.)	30,0	53,0	53,0	53,0
(Zinstragende) Pensionsrückstellungen	0,0	0,0	0,0	0,0
Kurzfristiges Fremdkapital	**158,0**	**168,0**	**165,0**	**178,0**
Bankverbindlichkeiten & sonst. zinstragende Verb.	98,0	98,0	98,0	98,0
Kreditoren (Verbindlichkeiten aus L&L)	55,0	64,0	60,0	72,0
Sonstige kurzfristige Verbindlichkeiten	5,0	6,0	7,0	8,0
Gesamt Passiva	221,0	279,0	311,0	376,0

3. Planergebnisse der folgenden drei Jahre (in Mio. €)

	heute	Jahr 1	Jahr 2	Jahr 3
Daten der GuV				
Jahresüberschuss/-fehlbetrag		25,0	35,0	52,0

Lösung

15.5.2 NOPAT (Betriebsergebnis nach Steuern)

Meist haben wir in den Beispielen zuvor das Betriebsergebnis aus der GuV entnommen und dann nach Berechnung der (fiktiven) Steuern den entsprechenden Wert nach Steuern, das NOP(L)AT, berechnet.

Hier werden wir erstmals vom Jahresüberschuss startend ‚bottom – up', also von unten nach oben rechnen.

Die einzelnen Rechenschritte werde ich allerdings nicht mehr Schritt für Schritt darstellen – inzwischen haben wir alle notwendigen mathematischen Abfolgen mehrfach gerechnet.

Aus dem Jahresüberschuss wird die Steuer (laut Vorgabe 28,0 % für alle 3 Planperioden) herausgerechnet und man erhält das Ergebnis vor Steuern. Sollten Sie ‚Einmaleffekte' (also nicht wiederkehrende und dem operativen Geschäft nicht zurechenbare Posten) haben, so können diese dann hier ‚bottom-up' eliminiert werden.

Die Zinsaufwendungen sind dann ebenfalls herauszurechnen (da bereits im späteren WACC enthalten) und somit errechnet sich das Betriebsergebnis.

Auf dieses ist dann wieder eine fiktive Steuer zu berechnen und in Abzug zu bringen und damit ist das NOPATBI (Net Operating Profit After Taxes, Before Interest – Betriebsergebnis nach Steuern, aber vor Fremdkapitalzinsen) berechnet.

Berechnenung NOPAT

Jahresüberschuss	25,0	35,0	52,0
+ Steuern	9,7	13,6	20,2
= Ergebnis vor Steuern	34,7	48,6	72,2
+ Fremdkapitalaufwand	1,7	1,7	1,7
= Betriebsergebnis	36,4	50,3	73,9
- Steuern	10,2	14,1	20,7
= NOPAT	**26,2**	**36,2**	**53,2**

15.5.3 Das zinstragende Kapital – Capital Employed (CE)

Das zinstragende Kapital ist mit den o. g. (strukturierten) Bilanzdaten schnell ermittelt. Die sonstigen kurzfristigen Verbindlichkeiten werden alle als nicht zinstragend gewürdigt. Dazu werden auch die Steuer- und sonstigen Rückstellungen sowie die passivischen Rechnungsabgrenzungsposten gezählt.

Bitte beachten Sie (erneut), dass uns das zinstragende Kapital jeweils zu Periodenbeginn interessiert, wir müssen also auf die vorperiodischen Bilanzwerte zugreifen.

Berechnung zinstragendes Kapital

Bilanzsumme	221,0	279,0	311,0	376,0
abz. Sons. kfr Verb	5,0	6,0	7,0	8,0
abz. Kreditoren	55,0	64,0	60,0	72,0
CE	**161,0**	**209,0**	**244,0**	**296,0**
davon EK (abs)	33,0	58,0	93,0	145,0
davon FK (abs)	128,0	151,0	151,0	151,0
davon EK (%)	20,5%	27,8%	38,1%	49,0%
davon FK (%)	79,5%	72,2%	61,9%	51,0%
Leverage	3,9	2,6	1,6	1,0

15.5.4 Kapitalkosten

Kapitalkosten werden wie immer nach Copeland und Stewart gerechnet.
Außerdem erlaube ich mir an dieser Stelle eine eigene kleine Hilfe.

Da ich in den Vorgaben den risikofreien Satz rf und die Fremdkapitalkosten vor Steuern kd in identischer Höhe angesetzt habe, weiß ich, dass die Berechnungen des WACC nach den o. g. beiden Ansätzen zu identischen Ergebnissen führen müssen.

Somit habe ich auch direkt wieder überprüft, dass meine Berechnungen richtig sind.

Wir beurteilen die Gesellschaft aus heutiger Sicht (Jahr 1) und daher halten wir die Eigenkapitalkosten ohne Leverage (ke unlev) und die Fremdkapitalkosten vor Steuern (kd) in den beiden Folgeperioden auch konstant. Die sich dann (in diesen Folgeperioden) ändernden Finanzierungsstrukturen (Leverage) berücksichtige ich allerdings sehr wohl in der Berechnung der Gesamtkapitalkosten (WACC).

Also, wie bereits in diesem Buch schon herausgestellt, im Controlling arbeiten wir mit periodisch sich ändernden Kapitalkosten, in der Bewertung bleibt der WACC konstant.

Hier arbeiten wir als Controller.

Berechnung Kapitalkosten				
Copeland	ke unlev	8,00%	8,00%	8,00%
	LF	3,79	2,87	2,17
	Ke lev	27,27%	20,93%	16,07%
	GEK	5,59%	5,81%	6,12%
	kd	1,10%	1,10%	1,10%
	kD	0,79%	0,79%	0,79%
	GFK	0,63%	0,57%	0,49%
	WACC	**6,22%**	**6,38%**	**6,61%**
Stewart	ke unlev	8,00%	8,00%	8,00%
	FRP	19,27%	12,93%	8,07%
	Ke lev	27,27%	20,93%	16,07%
	GEK	5,59%	5,81%	6,12%
	kd	1,10%	1,10%	1,10%
	kD	0,79%	0,79%	0,79%
	GFK	0,63%	0,57%	0,49%
	WACC	**6,22%**	**6,38%**	**6,61%**
	Check (ST)	**6,22%**	**6,38%**	**6,61%**

15.5.5 SPREAD und EVA

Abschließend sind nur noch ROCE sowie die periodischen Wertsteigerungen in % (Spread) und absolut (EVA) sowie die kumulierte Größe zu berechnen.

Berechnung EVA

NOPAT	26,2	36,2	53,2
- CC	10,0	13,3	16,1
= EVA	**16,2**	**22,9**	**37,1**
ROCE	16,3%	17,3%	21,8%
WACC	6,22%	6,38%	6,61%
SPREAD	10,1%	10,9%	15,2%
CE	161,0	209,0	244,0
EVA	**16,2**	**22,9**	**37,1**
EVA kumuliert	**16,2**	**39,0**	**76,1**

15.5.6 Abschließende Anmerkungen

So leicht kann es sein und schnell kann es gehen, aussagekräftige Analysen zu Beteiligungen zu erstellen. Wenn Sie die Berechnungen ausdrucken, laufen gerade einmal 2 Seiten aus dem Drucker.
Erstellen Sie sich dann noch daneben eine Seite mit klassischen operativen Kennzahlen und Sie haben einen tollen ‚Kurzbericht', sei es auf Basis von Monats-, Quartals- und/oder Jahreszahlen.

Die dargestellten Perioden können historische genauso wie Planperioden sein.

Man muss es nicht verkomplizieren, dann werden Berichte auch mit Freude und Spannung erwartet und gelesen.

15.6 Heesen Aircraft Ventures AG (HAVAG)

Dieses Beispiel baut direkt auf das vorhergehende (15.5.) auf. Wir unterstellen jetzt aber, dass es sich bei HAVAG um eine börsennotierte Gesellschaft handelt.

Wir beschäftigen uns erneut schwerpunktmäßig mit der erwirtschafteten Wertsteigerung, also SPREAD und EVA.

Das Format kennen Sie schon, aber wir werden doch ein wenig anders vorgehen und in diesem Fall ändere ich auch die Darstellungen ein wenig. Ich versuche hier, den Leser eines Reports durch direkte mathematische Operanden in den Berechnungen (noch) besser zu führen.

Das führt dann im Excel zu einigen Zusatzzeilen und der Bericht benötigt dann 3 Seiten im Ausdruck.

Im Folgenden werden Berechnungen zur HAVAG – Heesen Aircraft Venture AG, einer börsennotierten Gesellschaft, betrachtet.

15.6.1 Die Ausgangssituation

Wie immer brauchen wir die Basisdaten:

Vorgaben	
Steuersatz:	28,00%
Fremdkapitalkosten	1,10%
rf	1,10%
ß	1,00
rp (rm - rf)	6,90%

Dann benötigen wir wieder die Bilanz- und GuV Daten. Die Zahlen kennen Sie schon.

1. Bilanz und Planbilanzen der folgenden drei Jahre (in Mio. €)

	heute	1 jahr	2 jahr	3 jahr
Anlagevermögen	**40**	**75**	**89,5**	**96**
Sachanlagen	**30**	**65**	**79,5**	**86**
Grundstücke	2,0	12,0	8,0	8,0
Gebäude	8,0	8,0	30,5	28,0
Maschinen	10,0	15,0	21,0	27,0
Anlagen	10,0	15,0	20,0	23,0
Anlagen in Bau	0,0	15,0	0,0	0,0
Finanzanlagen	**10,0**	**10,0**	**10,0**	**10,0**
Beteiligungen	10,0	10,0	10,0	10,0
Immaterielle Wirtschaftsgüter	**0,0**	**0,0**	**0,0**	**0,0**
Lizenzen	0,0	0,0	0,0	0,0
Umlaufvermögen	**181,0**	**204,0**	**221,5**	**269,0**
Vorräte	**105,0**	**108,0**	**113,0**	**119,0**
Roh- hilfs- und Betriebsstoffe	50,0	50,0	50,0	50,0
Fertigwaren	55,0	58,0	63,0	69,0
Debitoren (Forderungen) aus L&L	**66,0**	**78,5**	**100,0**	**150,0**
Kundenforderungen	66,0	78,5	100,0	150,0
Liquide Mittel	**10,0**	**17,5**	**8,5**	**0,0**
Kasse, Bank, Schecks, Wechsel, Wertpapiere des UV	10,0	17,5	8,5	0,0
Gesamt Aktiva	**221,0**	**279,0**	**311,0**	**365,0**

Eigenkapital	**33,0**	**58,0**	**93,0**	**145,0**
gezeichnetes Kapital	25,0	25,0	25,0	25,0
Rücklagen	5,0	8,0	33,0	68,0
Jahresüberschuss/-fehlbetrag	3,0	25,0	35,0	52,0
Fremdkapital	**188,0**	**221,0**	**218,0**	**220,0**
Langfristiges Fremdkapital	**30,0**	**53,0**	**53,0**	**53,0**
(Zinstragende) Verb. (Bank, Gesellschafter, Beteil., etc.)	30,0	53,0	53,0	53,0
Pensionsrückstellungen	0,0	0,0	0,0	0,0
Kurzfristiges Fremdkapital	**158,0**	**168,0**	**165,0**	**167,0**
Bankverbindlichkeiten & sonst. zinstragende Verb.	98,0	98,0	98,0	87,0
Kreditoren (Verbindlichkeiten aus L&L)	55,0	64,0	60,0	72,0
Sonstige kurzfristige Verbindlichkeiten	5,0	6,0	7,0	8,0
Gesamt Passiva	**221,0**	**279,0**	**311,0**	**365,0**

15.6.2 NOPAT (Betriebsergebnis nach Steuern)

Wir berechnen das Betriebsergebnis erneut ‚bottom-up', also beginnen beim Jahresüberschuss.

2. NOPAT

Jahresüberschuss/-fehlbetrag		25,0	35,0	52,0
Steuern (Steuersatz laut Vorgabe)	+	9,72	13,61	20,22
Ergebnis vor Steuern	=	34,7	48,6	72,2
Einmaleffekte (AO Ergebnis, falls ausgewiesen)	+	0	0	0
Ergebnis der gewöhnlichen Geschäftstätigkeit	=	34,7	48,6	72,2
Fremdkapitalzinsen	+	8,0	8,0	10,0
EBIT (Earnings Before Interest and Taxes)	=	**42,7**	**56,6**	**82,2**
(Fiktive) Steuern	-	12,0	15,9	23,0
NOPAT$_{BI}$ (Net Operating Profit After Tax, Before Interest)	=	**30,8**	**40,8**	**59,2**

Die einzelnen Rechenschritte werde ich allerdings nicht mehr Schritt für Schritt darstellen.

15.6.3 Kapitalkosten

Kapitalkosten werden auch hier wieder nach Copeland und Stewart (bei Letzterem nur mit der Kurzformel) gerechnet, allerdings stelle ich diese Berechnungen dieses Mal ein wenig anders dar. Anhand der Berechnung im Excel Berechnungsblatt können Sie sehen, dass die bereits bekannten Rechenwege (natürlich) wieder zur Anwendung kommen.

Außerdem erlaube ich mir an dieser Stelle erneut eine eigene kleine Hilfe.

In den Vorgaben habe ich den risikofreien Satz rf und die Fremdkapitalkosten kd wieder in identischer Höhe angesetzt. Daher müssen die Berechnungen des WACC nach den o.g. beiden Ansätzen zu identischen Ergebnissen führen müssen.

Somit habe ich auch direkt wieder überprüft, dass meine Berechnungen richtig sind.

Sie müssen bei Ihren Gesellschaften/Analysen selbst entscheiden, welchen Ansatz Sie bevorzugen. Ich plädiere meist für einen Mittelwert. Die Berechnungen des Spread und EVA greifen in diesem Beispiel auch auf den Mittelwert zu (Im Excel Zeile 126). Ich habe das Excel entsprechend gestaltet.

Hier arbeiten wir als Controller und wir beurteilen erneut die Gesellschaft aus heutiger Sicht (Jahr 1) und daher halten wir die Eigenkapitalkosten ohne Leverage (ke unlev) und die Fremdkapitalkosten vor Steuern (kd) in den beiden Folgeperioden auch konstant.

Die sich dann (in diesen Folgeperioden) ändernden Finanzierungsstrukturen (Leverage) berücksichtige ich allerdings sehr wohl in der Berechnung der Gesamtkapitalkosten (WACC).

3. WACC (Weighted Average Cost of Capital)

a) Kosten des Eigenkapitals:

$r_{EK\ unlev}$	rf	1,1%	Risikofreier Satz
	+	+	
	beta	1,00	CF Schwankungskoeffizient ß der HAVAG
	x	x	
	rp (MRP) (r_m - rf)	6,9%	Riskoprämie
		8,0%	

Leverage Faktor (LF) bzw. Financial Risk Premium (FRP)

LF Copeland	2,55	2,07	1,60
FRP Stewart	10,72%	7,35%	4,14%
$r_{EK\ lev}$			
mit LF Copeland	18,7%	15,4%	12,1%
mit FRP Stewart	18,7%	15,4%	12,1%

b) Kosten des Fremdkapitals (laut Vorgabe, hier noch vor Steuern):

r_{FK}	1,1%

c) Marktwert des Aktienkapitals/Eigenkapitals:

		1. Jahr		2. Jahr		3. Jahr	
	Eigenkapital (Buchwert des Eigenkapitals)		58,0		93,0		145,0
	Eigenkapital zu Marktwerten (nach Iterationen bzw. Börsenwert)		70,0		102,0		168,0
	davon Rücklagen bzw. Gewinnvorträge		8,0		33,0		68,0
	davon Jahresüberschuss/-fehlbetrag		25,0		35,0		52,0
Eigenkapital	zu Marktwert	**31,7%**	70,0	**40,3%**	102,0	**54,5%**	168,0
Fremdkapital	zu Marktwert	**68,3%**	151,0	**59,7%**	151,0	**45,5%**	140,0

d) WACC:

WACC =	r_{KF}	→ Kosten des Fremdkapital	1,1%	1,1%	1,1%
	x		x	x	x
	(1-t)	→ Steuerschild	0,72	0,72	0,72
	x		x	x	x
	FK Quote	→ Fremdkapital zu Marktwert Eigenkapital	68,3%	59,7%	45,5%
	+		+	+	+
	$r_{EK\ lev}$	→ Eigenkapitalkosten (mit Leverage)	18,7%	15,4%	12,1%
	x		x	x	x
	EK Quote	→ Eigenkapitalquote zu Marktwert	31,7%	40,3%	54,5%
WACC (Weighted Average Cost of Capital) in %			6,47%	6,66%	6,98%
Überprüfung 'mit Kurzformel' nach Stewart			6,47%	6,66%	6,98%

15.6.4 Capital Employed (CE)

Das zinstragende Kapital ist mit den o. g. (strukturierten) Bilanzdaten schnell ermittelt. Die sonstigen kurzfristigen Verbindlichkeiten werden auch wieder alle als nicht zinstragend gewürdigt. Dazu werden auch die Steuer- und sonstigen Rückstellungen sowie die passivischen Rechnungsabgrenzungsposten gezählt.

Beim Eigenkapital greifen wir nicht auf die Buchwerte aus der Bilanz zu. Die HAVAG ist eine börsennotierte Gesellschaft und somit hat man zu jedem Zeitpunkt den Marktwert des Eigenkapitals (Anzahl der Aktien x Aktienkurs, Annahme: 100 % der Firmenaktien sind an der Börse).

4. Capital Employed	1. Jahr	2. Jahr	3. Jahr
Eigenkapital (zu Marktwerten)	70,0	102,0	168,0
+	+	+	+
Fremdkapital	279,0	311,0	365,0
-	-	-	-
Kreditoren (Verbindlichkeiten aus L&L)	64,0	60,0	72,0
-	-	-	-
Sonstige kurzfristige Verbindlichkeiten	6,0	7,0	8,0
		=	
Capital Employed	279,0	346,0	453,0

15.6.5 ROCE

Ebenso schnell und einfach ist die Kapitalrendite (auf Basis des zinstragenden Kapitals) ermittelt. ROCE steigt von 13,9 % auf 19,2 %.

5. ROCE (Return On Capital Employed)	1. Jahr	2. Jahr	3. Jahr
NOPATBI (Net Operating Profit After Taxes, Before Interest)	30,8	40,8	59,2
:	:	:	:
Capital Employed	279,0	346,0	453,0
ROCE (Return On Capital Employed)	11,0%	11,8%	13,1%

15.6.6 SPREAD und EVA

Abschließend sind nur noch die periodischen Wertsteigerungen in % und absolut sowie die kumulierte Größe zu berechnen.

6. SPREAD und EVA (Economic Value Added)

6a) SPREAD

	1. Jahr	2. Jahr	3. Jahr
ROCE (Return on Capital Employed)	11,0%	11,8%	13,1%
-	-	-	-
WACC (Weighted Average Cost of Capital)	6,5%	6,7%	7,0%
SPREAD	4,6%	5,1%	6,1%

6b) EVA

NOPAT (Net Operating Profit After Tax)	30,76	40,76	59,2
-	-	-	-
Capital Employed	279,0	346,0	453,0
x	x	x	x
WACC	6,5%	6,7%	7,0%
Capital Charge	18,0	23,1	31,6
EVA (Economic Value Added)	12,7	17,7	27,6

Überprüfung

Spread	4,6%	5,1%	6,1%
x	x	x	x
Capital Employed	279,0	346,0	453,0
EVA (Economic Value Added)	12,7	17,7	27,6
Kumulierte EVA (über die 3 Jahre)	12,7	30,4	58,0

15.6.7 Abschließende Anmerkungen

Erneut, so leicht kann es sein und schnell kann es gehen, aussagekräftige Analysen zu Beteiligungen zu erstellen, selbst wenn Sie den Leser mittels mathematischer Operanden bei der Lektüre ‚führen'. Wenn Sie die Berechnungen ausdrucken, laufen jetzt gerade einmal 3 Seiten aus dem Drucker.

Erstellen Sie sich dann noch daneben eine Seite mit klassischen operativen Kennzahlen und Sie haben einen tollen ‚Kurzbericht', sei es auf Basis von Monats-, Quartals- und/oder Jahreszahlen.

15.7 Die Heesen Präzisionsteile AG (HEPAG)

Das letzte Beispiel wird noch einmal umfassend. Hier möchte ich eigentlich alle bisher dargestellten Analysen zu einer Beteiligung verkürzt, aber dennoch aussagekräftig, darstellen:

- Operative Analyse
- Kapitalkosten
- Wertsteigerung/Wertvernichtung (auch aus neuen Perspektiven)
- Cash Flow und Freier Cash Flow
- Bewertung

Dabei werde ich versuchen, die Analysen und Betrachtungen ein wenig in Grafik verpackt aufzubereiten, damit dem Leser nicht eine typische ‚SAP oder Oracle Auswertungsseite' vorgelegt wird. Sie werden mir sicherlich zustimmen, dass diese Auswertungen nicht gerade optischen Charme versprühen.

Wie auch bereits im vorhergehenden Beispiel werde ich aber ebenfalls nicht alle Rechenschritte wieder im Detail erklären. Sie werden sehen, das haben wir schon mehrfach gemacht und somit sind es bis auf wenige Darstellungen Wiederholungen. Bei den ‚neuen' Berechnungen und Darstellungen werde ich allerdings auch wieder detaillierter erklären.

15.7.1 Ausgangslage

Wir beschäftigen uns jetzt mit der Heesen Präzisionsteile AG, kurz HEPAG genannt.

Die HEPAG ist eine Beteiligung der Heesen Beteiligungsholding (Heesen Ventures AG) und muss ihre Planung für die Folgeperioden berichten. Dabei wird vom Holdingvorstand verlangt, dass alle o.g. Analyseperspektiven abgebildet sind.

Der Abschluss (GuV und Bilanz) der letzten Periode liegt in einem natürlich höheren Detaillierungsgrad vor und ist geprüft. Die laufende Periode soll auf identischem Niveau, die beiden weiteren Planperioden auf niedrigerem Niveau geplant werden.

Da die Finanzierung durch ein zentrales Cash Management (Pooling) erfolgt, müssen die GuVs der Planjahre 2 und 3 auch nur bis zum Betriebsergebnis aufgebaut werden. Der Vorstand der Holding weiß um Planungsunsicherheiten und erwartet daher ein pragmatisches Reporting.

EU Exporte und EU Importe werden aus diesem Grund außen vor gelassen. Die Berechnungen mit Integration von ‚reverse charge' (Übertragung der Umsatzsteuerschuld auf die Leistungsempfängerin) bei den debitorischen und kreditorischen Zielen kennen Sie aber bereits, für Ihre eigenen Anwendungen können Sie das Excel weiterentwickeln, zumal es sich wie immer um Tabellenkalkulation (kein Makro) handelt.

Dann schauen wir einmal ‚rein' und fangen an.
Folgende Basisinformationen sind gegeben

HEPAG - Heesen Präzisionsteile AG			
Periode	1	2	3
Steuersatz	40,0%	40,0%	40,0%
Mwst-Satz	19,0%	19,0%	19,0%
Mwst. Faktor	1,19	1,19	1,19
WACC	10,0%	10,0%	10,0%
Tage p.a.	365	365	365

Die HEPAG rechnet mit 40,0 % Steuersatz (liegt in einem Hochsteuerland), die Umsatzsteuer beträgt 19,0 % und der Holdingvorstand lässt erst einmal mit einem WACC in Höhe von 10,0 % rechnen.

Die spezifischen Kapitalkosten der HEPAG sind aber dennoch zu ermitteln und es kann dann eine zusätzliche Ent- bzw. Belastung erfolgen.

15.7.2 Ist und Plan GuVs und Bilanzen der HEPAG

Werfen wir einen ersten Blick in die GuV des letzten Jahres und die Planung dieser für die laufende Periode.

Sie sehen natürlich sofort, dass nicht das maximale Gliederungsverfahren zum Einsatz kommt, sondern eine pragmatische kürzere, aber eigentlich nicht minder aussagekräftige Gliederung.

AO Erträge und Aufwendungen sind bewusst wieder dargestellt, auch wenn sie in Deutschland (wie auch in Österreich) seit 2016 nicht mehr ausgewiesen werden. In beiden Jahren werden auch AO Erträge generiert. Die HEPAG ist in einem (Drittland) zuhause (40,0 % Körperschaftsteuer).

	Periode	Planjahr TEUR 1		Vorjahr TEUR 0		Veränderung TEUR
+	1. **Umsatzerlöse**	**8.496**	**100%**	**9.246**	**100%**	**-750**
±	2. Bestandsveränderungen	0	0%	0	0%	0
+	3. Andere aktivierte Eigenleistungen	0	0%	0	0%	0
+	4. Sonstige betriebliche Erträge	4	0%	15	0%	-11
-	5. Materialaufwand	-5.004	59%	-3.149	34%	-1.855
-	6. Personalaufwand	-460	5%	-2.729	30%	2.269
-	7. Abschreibungen	-1.000	12%	-407	4%	-593
-	8. Sonstige betriebliche Aufwendungen	-619	7%	-955	10%	336
=	**Betriebsergebnis (EBIT)**	**1.417**	**17%**	**2.021**	**22%**	**-604**
+	9. Erträge aus Beteiligungen	0	0%	0	0%	0
+	10. Ert. A. Wertpapieren u. Ausleihungen des Finanz-AV	0	0%	0	0%	0
+	11. Zinsen und ähnliche Erträge	76	1%	35	0%	41
-	12. Abschreib. a. Finanzanlagen u. a. Wertpapiere des UV	0	0%	0	0%	0
-	13. Zinsen und ähnliche Aufwendnungen	-301	4%	-312	3%	11
=	**Finanzergebnis**	**-225**	**-3%**	**-277**	**-3%**	**52**
=	**14. Erg. d. gewöhnl. Geschäftstätigkeit (EdgG)**	**1.192**	**14%**	**1.744**	**19%**	**-552**
						0
+	15. Außerordentliche Erträge	419	5%	404	4%	15
-	16. Außerordentliche Aufwendungen	-3	0%	0	0%	-3
=	**17. Außerordentliches Ergebnis**	**416**	**5%**	**404**	**4%**	**12**
-	18. Steuern vom Einkommen und vom Ertrag	-643	8%	-119	1%	-524
	Steuersatz (in 2018 Verlustvorträge)	40,0%		5,5%		
-	19. Sonstige Steuern	0	0%	0	0%	0
=	**20. Jahresüberschuss / Jahresfehlbetrag**	**965**	**11%**	**2.029**	**22%**	**-1.064**
+	Abschreibungen (Position 7)	1.000	12%	407	4%	593
±	Veränderung Pensionsrückstellungen	61	1%			
=	**Cash Flow (praxisnahe Berechnung)**	**2.026**	**24%**			

Die HEPAG ist profitabel, allerdings sinkt der Jahresüberschuss im laufenden Plan-/ Berichtsjahr deutlich. In der Vorperiode waren noch steuerliche Verlustvorträge vorhanden, denn der Steuersatz betrug nur 5,5 %.

Wie schon herausgestellt, werden für die weiteren beiden Perioden die Planungen nur verkürzt d. h. bis zum Betriebsergebnis erwartet. Bestandsveränderungen, Eigenaktivierungen und sonstige betriebliche Erträge müssen nicht ausgewiesen werden.

Für das Planjahr 1 wurden die o. g. Posten in der nachfolgenden Struktur-GuV in die Umsatzerlöse eingerechnet. Letztendlich wird damit die Betriebsleistung dargestellt.

GuV Periode	1	%	2	%	3	%
Umsatz	8.500	100,0%	11.250	100,0%	15.000	100,0%
Material/Fremdleistungen	5.004	58,9%	6.323	56,2%	8.335	55,6%
DB/Rohertrag	**3.496**	**41,1%**	**4.927**	**43,8%**	**6.665**	**44,4%**
Personal	460	5,4%	659	5,9%	1.220	8,1%
Abschreibungen	1.000	11,8%	1.100	9,8%	1.150	7,7%
Sonstige betrieb. A/E	619	7,3%	653	5,8%	1.285	8,6%
Sonstige (z.B Skonti)	0	0,0%	0	0,0%	0	0,0%
Gesamt Operative Aufwendungen	2.079	24,5%	2.412	21,4%	3.655	24,4%
Betriebsergebnis/EBIT	**1.417**	**16,7%**	**2.515**	**22,4%**	**3.010**	**20,1%**

Das Betriebsergebnis nach Steuern (bei genannten 40,0 % Steuersatz) wird auch sofort berechnet.

GuV Periode	1	%	2	%	3	%
Betriebsergebnis nach St.	**850**	**10,0%**	**1.509**	**13,4%**	**1.806**	**12,0%**

Bei den Bilanzen gilt auch: Für die laufende Periode (= 1. Planjahr) und die Vorperiode werden genauere Zahlen abgebildet, für die Planperioden 2 und 3 dann wieder strukturierte Daten.

Perioden	Berichtsjahr TEUR 1		Vorjahr TEUR 0		Veränderung TEUR
Aktiva					
A Anlagevermögen	**7.751**	**63%**	**7.914**	**76%**	**-163**
I. Immaterielle Vermögensgegenstände	11	0%	201	2%	-190
II. Sachanlagen	7.740	63%	5.302	51%	2.438
III Finanzanlagen	0	0%	2.411	23%	-2.411
B Umlaufvermögen	**4.591**	**37%**	**2.542**	**24%**	**2.049**
I. Vorräte	2.900	23%	755	7%	2.145
II. Forderungen	1.617	13%	1.226	12%	391
- davon kurzfristig ≤ 1 Jahr)	1.271	10%	977	9%	294
- davon mittel- bis langfristig (> 1 Jahr)	346	3%	249	2%	97
sonstige Vermögensgegenstände	0	0%	18	0%	-18
III. Wertpapiere	25	0%	205	2%	-180
IV. Kasse, Guthaben bei Banken, Schecks	49	0%	338	3%	-289
C Rechnungsabgrenzungsposten	**0**	**0%**	**0**	**0%**	**0**
Summe Aktiva	**12.342**	**100%**	**10.456**	**100%**	**1.886**

Perioden	Berichtsjahr TEUR 1		Vorjahr TEUR 0		Veränderung TEUR
Passiva					
A Eigenkapital	**5.107**	**41%**	**4.750**	**45%**	**357**
I. Gezeichnetes Kapital	2.029	16%	2.029	19%	0
II. Kapitalrücklagen	189	2%	189	2%	0
III. Gewinnrücklagen	117	1%	117	1%	0
IV. Gewinnvortrag / Verlustvortrag	2.320	19%	291	3%	2.029
V. Jahresüberschuss / Jahresfehlbetrag	965	8%	2.029	19%	-1.064
VI. Entnahme	613	5%	0	0%	613
VII Sonderposten mit Rücklageanteil	100	1%	95	1%	5
B Rückstellungen	**1.000**	**8%**	**963**	**9%**	**37**
1. f. Pensionen u. ähnliche Verpflichtungen	948	8%	887	8%	61
2. Steuerrückstellungen	0	0%	0	0%	0
3. Sonstige Rückstellungen	52	0%	76	1%	-24
C Verbindlichkeiten	**6.235**	**51%**	**4.743**	**45%**	**1.492**
- davon kurzfristig (≤ 1 Jahr)	1.405	11%	456	4%	949
- davon mittelfristig (1 bis 5 Jahre)	937	8%	612	6%	325
- davon langfristig (> 5 Jahre)	3.893	32%	3.675	35%	218
D Rechnungsabgrenzungsposten	**0**	**0%**	**0**	**0%**	0
Summe Passiva	**12.342**	**100%**	**10.456**	**100%**	**1.886**

Außerdem liegen Informationen zu den Investitionen vor.

Perioden	Berichtsjahr TEUR 1	Vorjahr TEUR 0	Veränderung TEUR
Investitionen (Anlagevermögen)	**3.438**		

Die Bilanzplanung der weiteren Perioden sieht dann folgendermaßen aus. Periode 1 ist das aktuelle Jahr, welches wir bereits oben mit höherem Detaillierungsgrad gesehen haben.

Bilanz	1	%	2	%	3	%
Investitionen	3.438	27,9%	1.600	12,3%	3.650	26,2%
Sachanlagevermögen	4.302	34,9%	5.430	41,7%	2.585	18,5%
Immaterielle und Finanzanlagen	11	0,1%	13	0,1%	10	0,1%
Umlaufvermögen	4.591	37,2%	5.975	45,9%	7.695	55,2%
davon Vorräte	2.900	23,5%	3.632	27,9%	4.656	33,4%
davon Forderungen	1.617	13,1%	2.265	17,4%	2.913	20,9%
davon Kasse und Wertpapiere	74	0,6%	78	0,6%	126	0,9%
Bilanzsumme	**12.342**	**100,0%**	**13.018**	**100,0%**	**13.940**	**100,0%**
Eigenkapital (inkl. Rücklagen)	5.107	41,4%	7.043	54,1%	4.070	29,2%
Langfristige Verbindlichkeiten	4.893	39,6%	3.957	30,4%	7.430	53,3%
Kurzfristige Verbindlichkeiten	2.342	19,0%	2.018	15,5%	2.440	17,5%
davon Verb. a L&L	1.405	11,4%	1.210	9,3%	1.575	11,3%
davon Sonstige kzfr. Verb.	937	7,6%	808	6,2%	865	6,2%
Bilanzsumme	**12.342**	**100,0%**	**13.018**	**100,0%**	**13.940**	**100,0%**

Auffällig dabei ist bei den Aktiva der Ausweis der (neuen) Investitionen in das Anlagevermögen.

Dieser erfolgt bewusst, damit die Holding sofort die geplanten Investitionen sehen kann, nicht nachschlagen muss und damit später direkt auf Investitionen der Periode in den Berechnungen zugegriffen werden kann.

Bei den Passiva erkennt man im Eigenkapital geplante Entnahmen (Dividenden) im 3. Jahr. Darauf soll aber nicht weiter eingegangen werden. Gehen Sie davon aus, dass die Holding für die Töchter eine 30 %-ige Eigenkapitalquote vorgegeben hat, wenn nicht gerade „Turbulenzen" ausgestanden sind bzw. erwartet werden.

15.7.3 Operative Kennzahlenanalyse und NUV (Netto-Umlaufvermögen) Auswertungen

Diese ist bei der HEPAG zweigeteilt.

Zunächst werden die klassischen Analysen erarbeitet (mit Fokus durchaus auch in Richtung Banken) und dann wird das Nettoumlaufvermögen eingehender betrachtet.

Die klassischen Analysen werde ich nicht weiter im Detail durchsprechen, da diese bereits in den Vorkapiteln dargestellt wurden. Außerdem erfolgt keine Auswertung mit Ampelfarben, das überlasse ich Ihnen, auch mit dem Verweis auf frühere Kapitel.

Die Cash Flow- und Renditekennzahlen werden immer auf Basis des Betriebsergebnisses gerechnet, da der Holdingvorstand auf eine weitergehende Planung bis zum Jahresüberschuss /-fehlbetrag aus o. g. Gründen verzichtet.

Finanzierung & Vermögen				1	2	3
EK Quote (%) (zu Bilanzsumme)	EK	./.	Bilanzsumme	41,4%	54,1%	29,2%
EK Quote (%) (zu Capital Employed)			Capital Employed	51,1%	64,0%	35,4%
Anlagendeckung A (%)	EK	./.	Anlagevermögen	65,9%	100,0%	65,2%
Anlagendeckung B (%)	EK + (lgfr..) Verb.	./.	Anlagevermögen	129,0%	156,2%	184,1%

Cash Flow & Liquidität				1	2	3
Cash Ratio, Liquidität 1. Grades	Kasse u. WP d. UV	./.	Kfr. Verbindlichkeiten	3,2%	3,9%	5,2%
Quick Ratio - Liquidität 2. Grades	Kasse+WP+ Ford.	./.	Kfr. Verbindlichkeiten	72,2%	116,1%	124,5%
Current Ratio - Liquidität 3. Grades	Umlaufvermögen	./.	Kfr. Verbindlichkeiten	196,0%	296,1%	315,4%
Cash Flow Marge (Basis BE v. St.)	Cash Flow	./.	Umsatz	28,4%	32,1%	27,7%
Cash Flow Margin (Basis BE n. St.)	Cash Flow	./.	Umsatz	21,8%	23,2%	19,7%

Rendite & Schuldenstruktur				1	2	3
Zinsdeckungsquote	EBIT	./.	Zinsaufwand	470,8%	1155,6%	764,4%
Return on Capital - ROC (v. St.)	EBIT	./.	Bilanzsumme	11,5%	19,3%	21,6%
Return on Capital - ROC (n. St.)	BE (n. St.)	./.	Bilanzsumme	6,9%	11,6%	13,0%
Return on Capital Employed- ROCE (v. St.)	EBIT	./.	Capital Employed	14,2%	22,9%	26,2%
Return on Capital Employed - ROCE (n. St.)	BE (n. St.)	./.	Capital Employed	8,5%	13,7%	15,7%
Umsatzrendite - ROS (v. St.)	EBIT	./.	Umsatz	16,7%	22,4%	20,1%
Umsatzrendite - ROS (n. St.)	BE (n. St.)	./.	Umsatz	10,0%	13,4%	12,0%
Dynamischer Verschuldungsgrad (in Jahren)	Effektivverschuldung	./.	Cash Flow	1,7	0,6	1,5
Kapitalumschlag	Umsatz	./.	Capital Employed	0,9	1,0	1,3
			Bilansumme	0,7	0,9	1,1

Cost & CAPEX				1	2	3
Rohertrag	Rohertrag	./.	Umsatz	41,1%	43,8%	44,4%
Aufwendungs-Intensität	Operative Aufw.	./.	Umsatz	24,5%	21,4%	24,4%
Investitionsquote	Investitionen	./.	Abschreibungen	3,4	1,5	3,2

Bei den jetzt folgenden Analysen zum Netto-Umlaufvermögen muss ich allerdings ein wenig unterstützen.

Schauen wir erst einmal hinein. Hier habe ich nur einen Ausschnitt (aus dem Excel Tabellenblatt ‚NUV-Analyse') einkopiert.

Perioden	1	2	3
Vorräte	**2.900**	**3.632**	**4.656**
Vorratsumschlag	2,9	3,1	3,2
Vorratsreichweite in Umsatztagen	124,5	117,8	113,3
Vorratsreichweite in NOPAT Tagen	1.245	879	941
Forderungen (Debitoren)	**1.617**	**2.265**	**2.913**
Debitorenreichweite	69,4	73,5	70,9
Debitorisches Ziel	58,3	61,8	59,6
Liquide Mittel	**74**	**78**	**126**
Liquide Mittel in Umsatztagen	3,2	2,5	3,1
Verb. L&L (Kreditoren)	**1.405**	**1.210**	**1.575**
Kreditorenreichweite	60,3	39,3	38,3
Kreditorisches Ziel	86,1	58,7	58,0
Sonstige. Kfr. Verbindlichkeiten	**937**	**808**	**865**
Sonstige Verb. in Umsatztagen	40,2	26,2	21,0

NUV in Umsatztagen

96,6	128,4	127,9

NUV zu Umsatz

96,6	128,4	127,9
365,0	365,0	365,0
26,5%	35,2%	35,0%

Das Nettoumlaufvermögen besteht aus:

Vorräte
+ Forderungen (Debitoren)
+ Liquide Mittel (Kasse, Banks, Schecks, Wechsel und Wertpapiere des Umlaufvermögens)
– Verbindlichkeiten aus Lieferungen und Leistungen (Kreditoren)
– Sonstige (kurzfristige) Verbindlichkeiten

Wie Sie wissen, rechne ich diese Bilanzposten immer in Reichweiten und Ziele um und genau dies erfolgt hier auch. Normalerweise nehme ich dann zusätzlich auch den Jahresüberschuss als Vergleichsbasis – hier erfolgen die Rechnungen aber auf der Basis des Betriebsergebnisses nach Steuern (NOPAT), da in diesem Fall von der Holding nur eine GuV Planung bis zum Betriebsergebnis gefordert wird.

Was sehen wir hier?

Die Vorräte sind viel zu hoch (Das haben Sie doch sofort gesehen, oder) die Forderungen ebenfalls und kommen zu spät herein.

Das kreditorische Ziel fällt in den Planjahren 2 und 3 unter das debitorische Ziel, was – wie Sie ebenfalls wissen – nicht passieren dürfte, es sei denn, Sie haben einen großen Exportanteil in die z. B. (spät zahlenden) Emirate oder nach Südamerika oder können entsprechende Skonti auf Lieferantenseite ziehen.

Skonti dürften bei den sich berechnenden kreditorischen Ziele aber wohl auszuschließen sein.

Das gesamte Netto-Umlaufvermögen in Umsatztagen, also

Vorräte
+ Forderungen (Debitoren)
+ Liquide Mittel (Kasse, Banks, Schecks, Wechsel und Wertpapiere des Umlaufvermögens)
- Verbindlichkeiten aus Lieferungen und Leistungen (Kreditoren)
- Sonstige (kurzfristige) Verbindlichkeiten

beträgt gerundet 97 bzw. 128 Tage (das ist zu hoch) und damit 27 % bzw. 35 % der Umsatzerlöse (hier Betriebsleistung).

Bei einem von der Holding vorgegebenen WACC von 10,0 % nach Steuern (daraus errechnet sich bei 40,0 % Steuersatz dann ein Gesamtkapitalkostensatz vor Steuern in Höhe von 16,7 %), betragen die Finanzierungskosten (Kapitalkostenbelastung) des Netto-Umlaufvermögens, gemessen am Umsatz (hier Betriebsleistung), 4,4 %, 5,9 % bzw. 5,8 %.

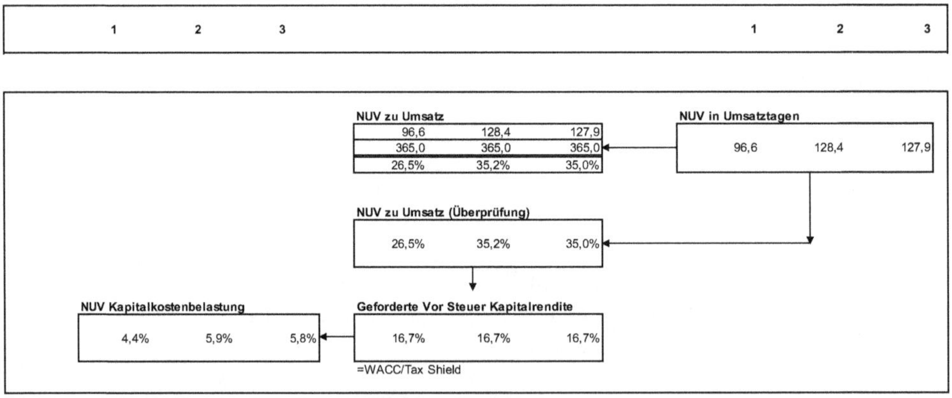

Cash Cycle und Cash Conversion Cycle sind damit noch stark verbesserbar!

	1	2	3
Kreditorisches Ziel	86,1	58,7	58,0
- Debitorisches Ziel	58,3	61,8	59,6
+ Liquide Mittel in Umsatztagen	3,2	2,5	3,1
= Cash Cycle	**30,9**	**-0,5**	**1,5**
Debitorisches Ziel	58,3	61,8	59,6
- Kreditorisches Ziel	86,1	58,7	58,0
+ Vorratsreichweite in Umsatztagen	124,5	117,8	113,3
= Cash Conversion Cycle	**96,8**	**120,9**	**114,9**

Damit müsste der Holdingvorstand diese Planung aus meiner Sicht eigentlich erheblich hinterfragen bzw. kritisieren oder sogar zurückweisen.

Wenn wir später die Bewertung betrachten, erhärtet sich diese Sicht, da die ‚Q-Ratios' in der Tat schwach ausfallen.

Die gesamten Auswertungen zum Netto Umlaufvermögen sehen in der Übersicht wie folgt aus.

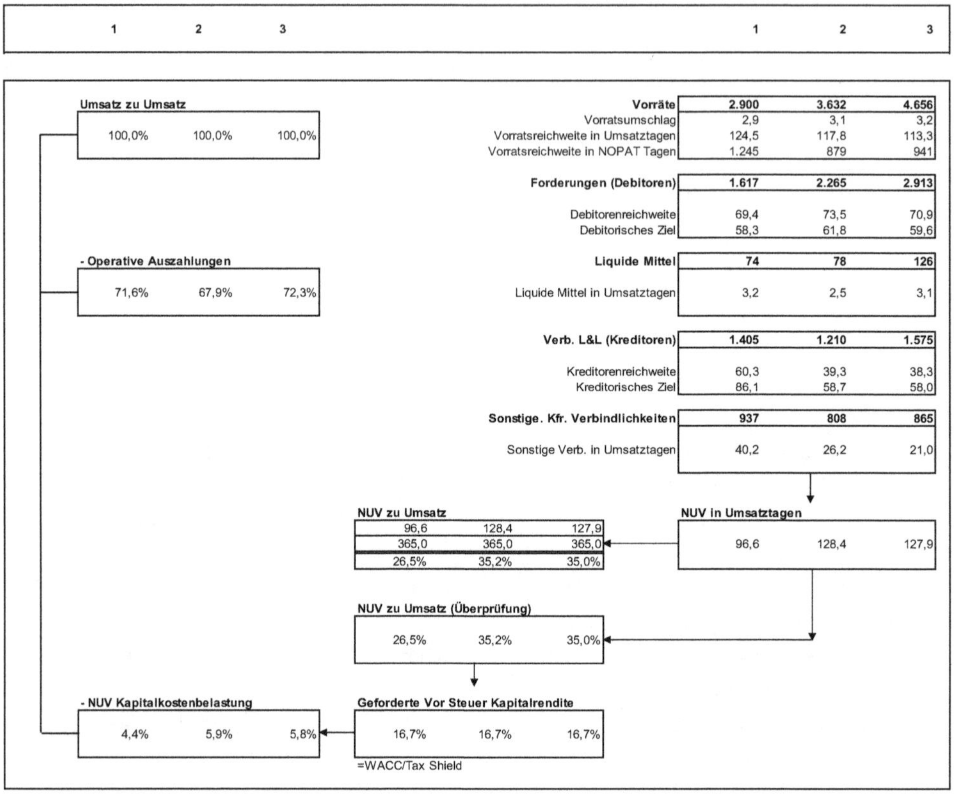

Kreditorisches Ziel	86,1	58,7	58,0
- Debitorisches Ziel	58,3	61,8	59,6
+ Liquide Mittel in Umsatztagen	3,2	2,5	3,1
= Cash Cycle	**30,9**	**-0,5**	**1,5**

Debitorisches Ziel	58,3	61,8	59,6
- Kreditorisches Ziel	86,1	58,7	58,0
+ Vorratsreichweite in Umsatztagen	124,5	117,8	113,3
= Cash Conversion Cycle	**96,8**	**120,9**	**114,9**

15.7.4 Das zinstragende Kapital (Capital Employed)

Steigen wir jetzt in strategische Betrachtungen ein.

Das zinstragende (Gesamt)Kapital kann ja aktivisch (dann sprechen wir meist von Net Assets – NA) oder passivisch (dann sprechen wir vom Capital Employed – CE) berechnet werden. Beide Wege sind, besonders bei Vorlage unserer Strukturbilanz, einfach zu gehen.

Aktivische Berechnung

Aktivische Betrachtung

	1	2	3	1	2	3
Netto Umlaufvermögen	22,5%	36,0%	45,7%	2.249,0	3.957,0	5.255,0
Investitionen	34,4%	14,5%	31,7%	3.438,0	1.600,0	3.650,0
Sachanlagevermögen	43,0%	49,4%	22,5%	4.302,0	5.430,0	2.585,0
Immaterielle und Finanzanlagen	0,1%	0,1%	0,1%	11,0	13,0	10,0
Summe zusätzlicher Werte	0,0%	0,0%	0,0%	0,0	0,0	0,0
= NET ASSETS	100,0%	100,0%	100,0%	10.000,0	11.000,0	11.500,0

Passivische Berechnung

Passivische Betrachtung

	1	2	3	1	2	3
Langfristige Verbindlichkeiten	4.893,0	3.957,0	7.430,0	48,9%	36,0%	64,6%
Buchwert / Marktwert des Eigenkapitals	5.107,0	7.043,0	4.070,0	51,1%	64,0%	35,4%
= CAPITAL EMPLOYED	10.000,0	11.000,0	11.500,0	100,0%	100,0%	100,0%

Damit beträgt das zinstragende Kapital (Net Assets oder Capital Employed) in den drei Plan-Perioden 81,0 %, 84,5 % und 82,5 % der Bilanzsumme.

15.7.5 Kapitalkosten

Mit passivisch ausgewiesenem Verhältnis von zinstragendem Eigen- und Fremdkapital ist auch der Leverage (Verhältnis Fremd- zu Eigenkapital, jeweils zinstragend) für die Berechnung bestimmt.

Also berechnen wir diese im nächsten Schritt. Wir wissen zwar, dass der Holdingvorstand 10,0 % als Rechen-WACC vorgegeben hat, aber sollten die ‚eigentlichen mathematisch berechneten' Größen kleiner als die Vorgabe sein, dann müsste die HEPAG bzw. deren Management eigentlich an anderer Stelle entlastet werden.

Schauen wir uns die Vorgaben zu den Kapitalkosten an.

Perioden	1	2	3
Risikofreier Satz rf (%)	8,0%	7,8%	7,5%
ß-Faktor	1,0	0,9	0,9
Risiko Prämie rp (%)	4,0%	3,8%	3,6%
Vor Steuer Fremdkapitalkostensatz (%) (kd Eingabe ist zwingend erforderlich)	6,2%	5,5%	5,3%
Steuersatz	40,0%	40,0%	40,0%
Eigenkapital	51,1%	64,0%	35,4%
Fremdkapital	48,9%	36,0%	64,6%
Capital Employed'	100,0%	100,0%	100,0%

Auf dieser Basis berechnen sich die Kapitalkosten nach Ansatz ‚Copeland' wie folgt. Die Berechnungen haben wir schon einige Male erstellt – von daher entfällt auch hier eine detailliertere Beschreibung der Schritte.

Neben den periodischen prozentualen Werten werden auch immer sofort die absoluten Größen (in T€) auf Basis des zinstragenden Eigen- und Fremdkapitals berechnet.

Perioden	1		2		3	
COPELAND						
ke unlev (100% EK)	12,0%	613	11,3%	798	10,7%	437
LF	1,6	117	1,3	84	2,1	144
ke lev (Mischfinanzierung)	14,3%	730	12,5%	882	14,3%	582
Gew. Eigenkapitalkosten	7,3%	730	8,0%	882	5,1%	582
kd (v. St.)	6,2%	301	5,5%	218	5,3%	394
kD (n. St.)	3,7%	181	3,3%	131	3,2%	236
Gew. Fremdkapitalkosten	1,8%	181	1,2%	131	2,1%	236
WACC	0,1%	011	0,2%	1.010	7,1%	010

Nutzt man den Ansatz nach Stewart, errechnen sich folgende Werte.

Perioden	1		2		3	
STEWART						
ke unlev (100% EK)	12,0%	613	11,3%	798	10,7%	437
FRP	3,4%	172	2,0%	139	6,0%	243
ke lev (Mischfinanzierung)	15,4%	785	13,3%	937	16,7%	680
Gew. Eigenkapitalkosten	7,8%	785	8,5%	937	5,9%	680
kd (v. St.)	6,2%	301	5,5%	218	5,3%	394
kD (n. St.)	3,7%	181	3,3%	131	3,2%	236
Gew. Fremdkapitalkosten	1,8%	181	1,2%	131	2,1%	236
WACC	9,7%	965	9,7%	1.067	8,0%	916
WACC (Kurzform)	9,7%	965	9,7%	1.067	8,0%	916

Damit ergibt sich folgendes Gesamtbild der Kapitalkosten

Perioden		1	2	3
Holding WACC Satz		10,0%	10,0%	10,0%
Exakte WACC Berechnung	a) nach Copeland	9,1%	9,2%	7,1%
	b) nach Stewart	9,7%	9,7%	8,0%

In diesem Tabellenblatt ‚KK Definition' können Sie jetzt einstellen, mit welchem WACC im Excel alle Berechnungen in diesem Bericht erstellt werden.

Wählen wir einmal folgende Einstellungen (bitte händisch im Excel Tabellenblatt ‚KK Definition' eingeben).

Perioden		1	2	3
Holding WACC Satz		0	0	0
WACC Berechnung	nach Copeland	1	1	1
	nach Stewart	0	0	0

Ich definiere ‚meine Wenn-Abfragen' im Excel immer mit „1" (aktiv) und „0" (nicht aktiv). Es darf pro Periode nur einmal die „1" stehen. Excel rechnet dann mit dem entsprechenden WACC, in diesem Fall also in allen 3 Perioden mit dem WACC mittels Leverage Integration nach Copeland.

Dies (der relevante Kapitalkostensatz WACC) wird unten auf diesem Excel Tabellenblatt auch noch einmal ausgewiesen.

Perioden	1	2	3
Benutzter WACC Satz (Überprüfung)	9,1%	9,2%	7,1%

Das wollen wir kurz einmal überprüfen bzw. beweisen.

Bei der tiefergehenden Netto-Umlaufvermögen Analyse hatten wir herausgestellt, dass bei einem Vorgabe WACC der Holding von 10,0 % nach Steuern, entsprechend 16,7 % vor Steuern bei 40,0 % Steuersatz, die Finanzierungskosten (Kapitalkostenbelastung) des

Netto-Umlaufvermögens, gemessen am Umsatz (hier Betriebsleistung), 4,4 %, 5,9 % bzw. 5,8 % betragen.

Jetzt arbeitet Excel mit den o.g. 9,1 %, 9,2 % bzw. 7,1 %, vor Steuern bei 40 % Steuersatz, also 15,2 %, 15,3 % bzw. 11,9 %, und die Finanzierungskosten (Kapitalkostenbelastung) des Netto-Umlaufvermögens, gemessen am Umsatz (hier Betriebsleistung), belaufen sich jetzt auf 4,0 %, 5,4 % bzw. 4,2 %.

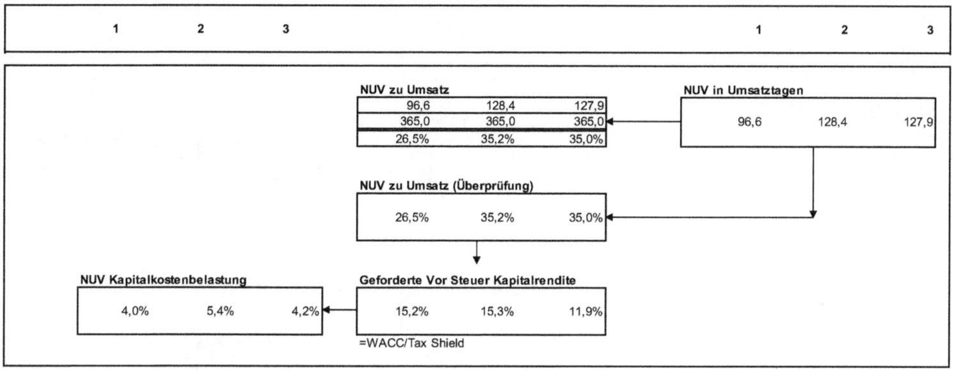

Wir werden jetzt auch mit diesen berechneten WACC (mit Leverage Integration nach Copeland) fortfahren.

Die berechneten Kapitalkosten WACC wollen wir uns aber zunächst noch in der Grafik anschauen.

Hier werden jetzt nur die prozentualen Werte dargestellt.

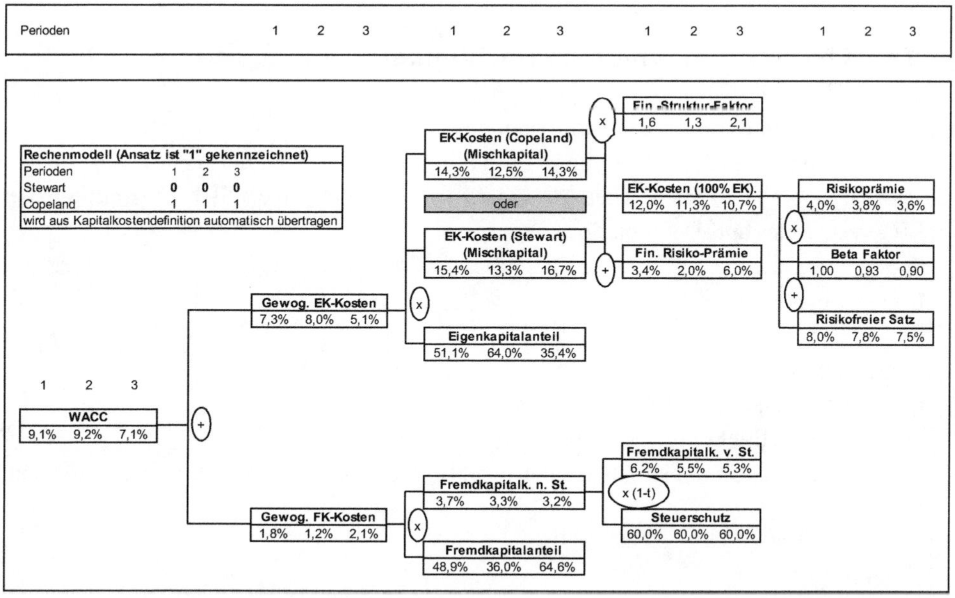

Wie auch schon in früheren Kapiteln dargestellt, halte ich eine solche Darstellung auch immer mit einem gemeinsamen Ausweise der prozentualen und absoluten Kapitalkosten bereit.

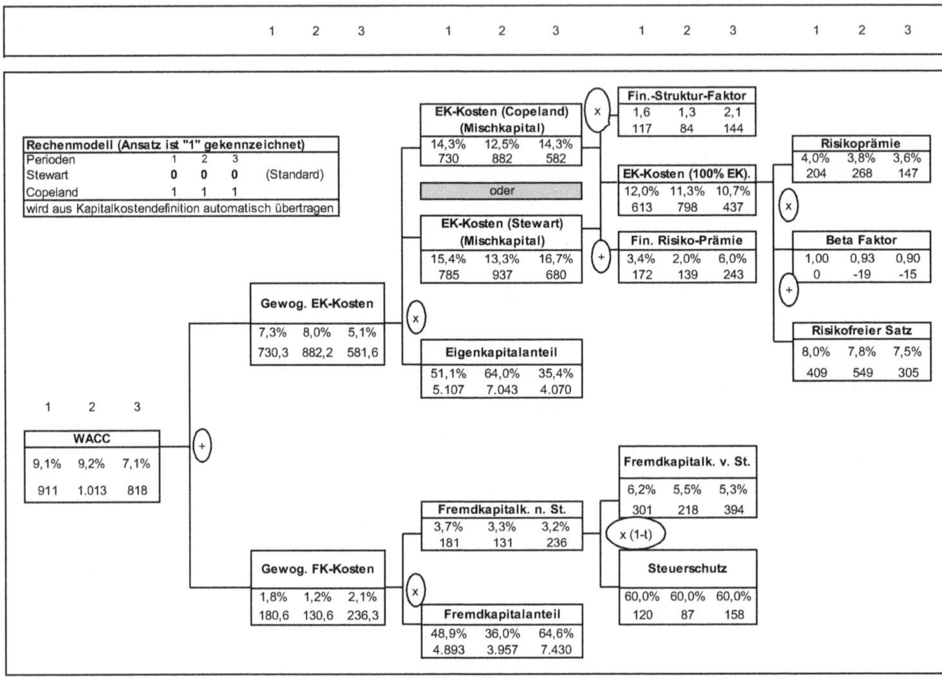

15.7.6 Erste wertorientierte Betrachtungen

Jetzt steigen wir in die EVA Betrachtungen ein.

Ich berechne für die HEPAG zunächst einmal den operativen Cash Flow vor Steuern (Betriebsergebnis vor Zinsen, Steuern und Abschreibungen) auch EBITD (Earnings before Interest, Taxes and Depreciation) genannt.

Dies ist recht einfach, da ich nur die GuV ‚abwärts' gehen muss.

Umsatz (hier Betriebsleistung)

- Material und bezogene Leistungen
- Personalaufwand
- Sonstige betriebliche Aufwendungen
- Sonstige (diese kommen auch aus der Struktur GuV – dort ist ein ‚Simulationsposten' eingepflegt)

ergibt das EBITD.

Es ist also identisch mit dem Betriebsergebnis, dem die Abschreibungen aufaddiert werden (Aufwärtskalkulation) und dies ist der operative Cash Flow vor Steuern.

Links sind in der nachfolgenden Darstellung jeweils die prozentualen Werte (Basis ist immer der Umsatz – hier Betriebsleistung), rechts die absoluten Werte dargestellt.

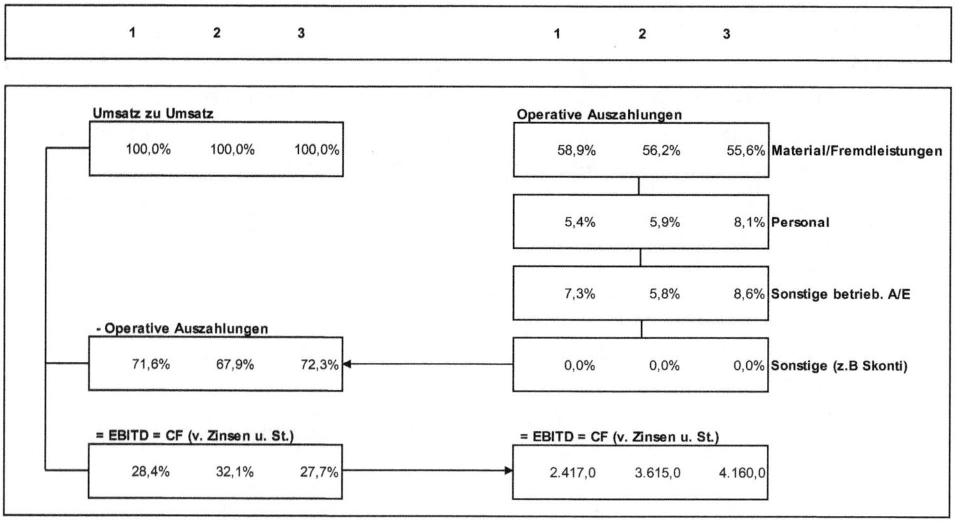

Jetzt wird es ein wenig komplex.

Wir arbeiten mit den Kapitalkosten nach Copeland, also:

Perioden	1	2	3
Benutzter WACC Satz (Überprüfung)	9,1%	9,2%	7,1%

Dies sind Nach-Steuer Größen, die wir hier in eine Vor-Steuer Sätze umrechnen müssen. Dies erfolgt, indem wir die Nach-Steuer Größen durch das ‚Tax Shield' (1-t) dividieren.

Als Ergebnis erhalten wir:

Perioden	1	2	3
Vor Steuer WACC damit	15,2%	15,3%	11,9%

Diese Vor-Steuer Kapitalkostensätze stellen eine geforderte Vor-Steuer Kapitalrendite (ROCE v. St.) dar. Multipliziert man diese periodischen Kapitalforderungen (= geforderte Kapitalrenditen) mit dem zinstragenden Kapital in den einzelnen Perioden und dividiert das Produkt durch die Umsatzerlöse (hier Betriebsergebnis) der 3 Jahre, erhält man die geforderte ***Ziel Umsatzrendite vor Steuern (ROS v. St.)*** der HEPAG (17,9 %, 15,0 % und 9,1 %), um die berechneten Kapitalkosten tragen zu können.

Letztendlich dividiert man durch den Kapitalumschlag, wobei das Kapital hier nicht die Bilanzsumme, sondern das zinstragende Kapital (Capital Employed) ist.

Die dazu passenden absoluten Größen (erneute Multiplikation mit den Umsatzerlösen, hier Betriebsleistung) lauten gerundet 1518, 1688 und 1361

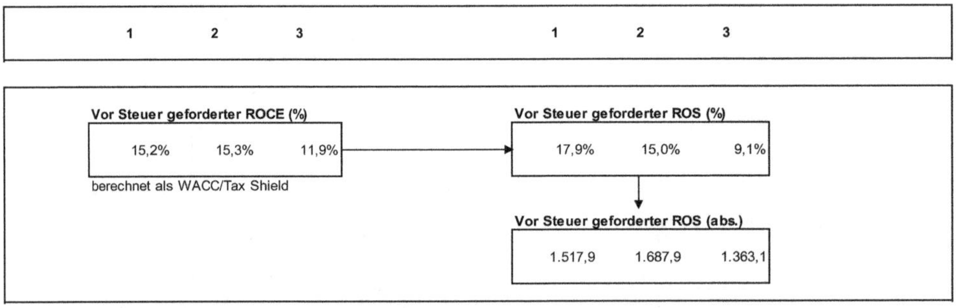

Wenn Sie jetzt bei mir im Excel die Berechnung der geforderten Vor-Steuer Umsatzrenditen (ROS) in der Zelle prüfen, dann werden Sie sehen, dass ich die 17,9 %, 15,0 % und 9,1 % aus einem anderen Excel Tabellenblatt (‚Kapitalkostenbelastung v. St.') beziehe. Dazu komme ich zu einem späteren Zeitpunkt.

Subtrahieren Sie vom EBITD (% oder absolut) die hier gerade ermittelten Vor-Steuer Ziel Umsatzrenditen (ebenfalls % oder absolut), so erhalten Sie die Cash (Flow) Profitabilität nach Kapitalkosten, vor Steuern.

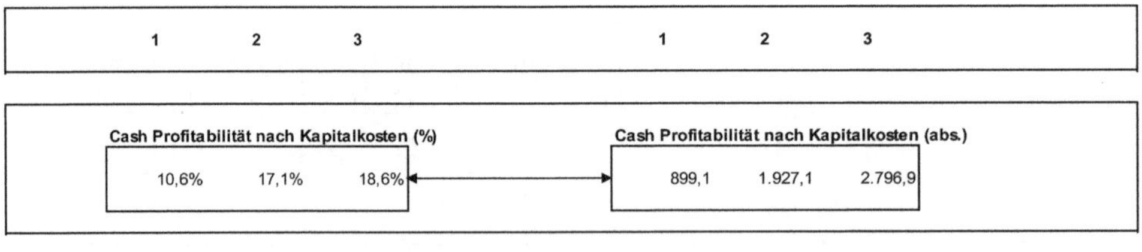

Ein weiterer Abzug der Abschreibungen führt uns dann zur periodischen Wertveränderungen (Wertsteigerung oder Wertvernichtung), ebenfalls vor Steuern. Und dies kennen wir unter dem Namen EVA – Economic Value Added.

	1	2	3		1	2	3
Cash Profitabilität nach Kapitalkosten (%)	10,6%	17,1%	18,6%	Cash Profitabilität nach Kapitalkosten (abs.)	899,1	1.927,1	2.796,9
AFA zum Umsatz (hier Betriebsleistung)	11,8%	9,8%	7,7%	AFA absolut	1.000,0	1.100,0	1.150,0
EVA v. St. zum Umsatz (hier Betriebsleistung)	-1,2%	7,4%	11,0%	Wertveränderung v. St. (EVA v. St.)	-100,9	827,1	1.646,9

Normalerweise wird EVA nach Steuern berechnet, hier sehen wir erstmals eine Vor-Steuer Darstellung.

Die Richtigkeit der Berechnungen werde ich später noch nachweisen.

Jetzt zurück zu den geforderten Vor-Steuer Ziel Umsatzrenditen 17,9 %, 15,0 % und 9,1 %, die ich aus dem Excel Tabellenblatt (‚Kapitalkostenbelastung v. St.') beziehe.

15.7.7 Kapitalbelastungen (Capital Charges)

Wir wissen, dass wir einen WACC nach Steuern in Höhe von 9,1 %, 9,2 % bzw. 7,1 % nutzen (mit Leverage Integration nach Copeland).

Perioden	1	2	3
Benutzter WACC Satz (Überprüfung)	9,1%	9,2%	7,1%

Vor Steuern (hier 40,0 % in allen Perioden) errechnen sich:

Perioden	1	2	3
Vor Steuer WACC damit	15,2%	15,3%	11,9%

Dabei handelt es sich um geforderte Vor-Steuer Ziel Kapitalrenditen (geforderte ROCE v. St.)

Diese Vor-Steuer Ziel Kapitalrenditen nutze ich nun, um jedem (hier gruppierten) aktiven Bilanzposten eine Kapitalforderung (vor Steuern) zuzuweisen (im Excel Tabellenblatt ‚Kapitalkostenbelastung v. St.').

1	2	3	
Vor Steuer geforderte Kapitalrendite (%)			
15,2%	15,3%	11,9%	
= WACC/Tax Shield			
Vor Steuer Kapitalkosten			
341	607	623	**Netto Umlaufvermögen**
522	246	433	**Investitionen**
653	833	306	**Sachanlagevermögen**
2	2	1	**Immaterielle und Finanzanlagen**
0	0	0	**Summe zusätzlicher Werte**
1.518	**1.688**	**1.363**	**Gesamt Kapitalkosten**

Der Posten ‚Summe zusätzliche Werte' kommt aus der späteren Bewertung. Sollten z. B. stille Reserven oder ‚good will' (derivativer Firmenwert) vorhanden sein, dann wird dieser hier auch einer Kapitalkostenforderung unterzogen.

Mittels Division dieser o. g. Werte (Vor-Steuer Ziel Kapitalrenditen) durch die periodischen Plan Umsätze (hier Betriebsleistungen) erhalte ich jetzt die Vor-Steuer Ziel Umsatzrenditen nach (gruppierten) aktivischen Bilanzposten.

1	2	3	
Kapitalkosten in % vom Umsatz			
4,0%	5,4%	4,2%	**Netto Umlaufvermögen**
6,1%	2,2%	2,9%	**Investitionen**
7,7%	7,4%	2,0%	**Sachanlagevermögen**
0,0%	0,0%	0,0%	**Immaterielle und Finanzanlagen**
0,0%	0,0%	0,0%	**Summe zusätzlicher Werte**

Die Summe dieser oben dargestellten Vor-Steuer Ziel Umsatzrenditen ergibt 17,9 %, 15,0 % bzw. 9,1 % und dies (gemeinsam mit den absoluten Werten darüber) sind exakt die

Größen, die wir schon oben/vorher im Excel Tabellenblatt ‚Profitabilitäten' als prozentuale und absolute Größen gesehen haben.

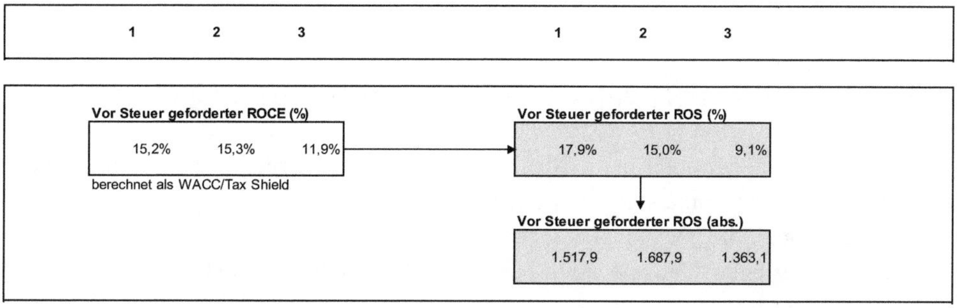

Hier schließt sich der Kreis und gleichzeitig wird der Beweis angetreten, dass die Berechnungen hier korrekt sind.

Wir haben damit ermittelt, welche Kapitalkostenbelastung (WACC) prozentual und absolut jeder (hier gruppierter) Bilanzposten erwirtschaften bzw. tragen muss, bzw. wie hoch der Anteil dieser Finanzierungskosten (pro gruppiertem Bilanzposten) gerechnet zum Umsatz ist.

In der Übersicht (Excel Tabellenblatt ‚Kapitalkostenbelastung v. St.') gestaltet sich diese Analyse wie folgt.

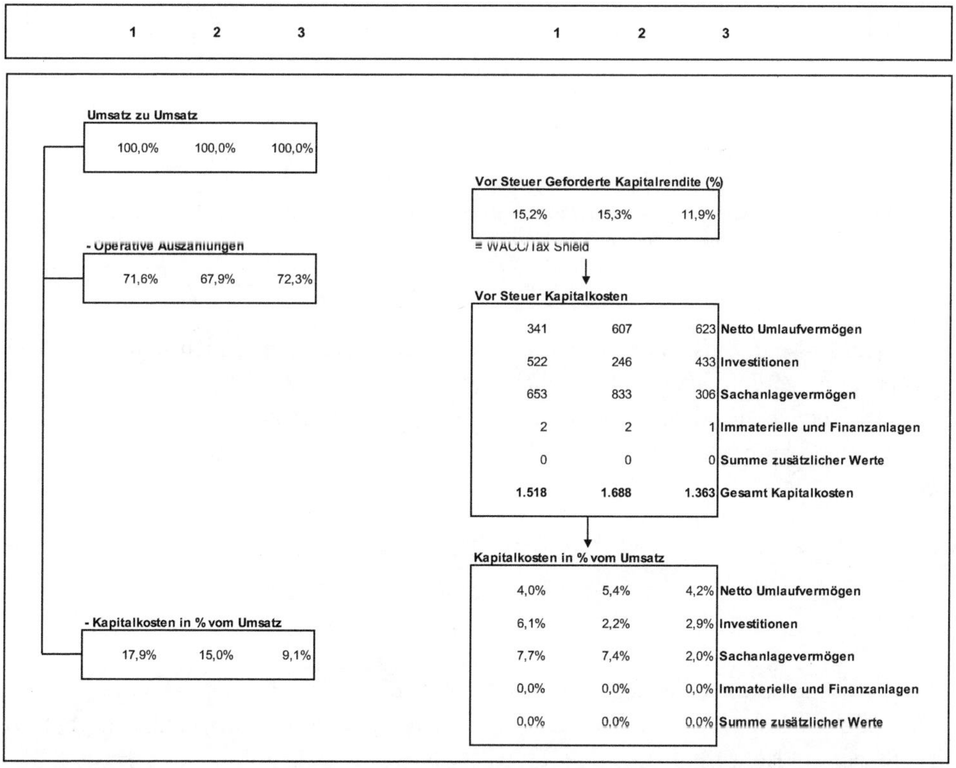

Man könnte jetzt jederzeit diese Analyse erweitern und anstatt gruppierten aktivischen Bilanzposten jeden einzelnen Posten laut HGB/IFRS/US GAAP Gliederungsschema so bewerten.

15.7.8 EVA – Economic Value Added (klassische Darstellung)

Jetzt steigen wir wieder tiefer in die periodischen Wertveränderungen ein und Sie werden sofort eine bereits bekannte Darstellung sehen.

Wir werden jetzt die EVA nach Steuern berechnen.

Alle Ausgangsdaten dazu haben wir bereits für die jeweils 3 Perioden.

- Betriebsergebnis nach Steuern (NOPAT)
- WACC (% und absolut)
- Zinstragendes Kapital (Capital Employed)

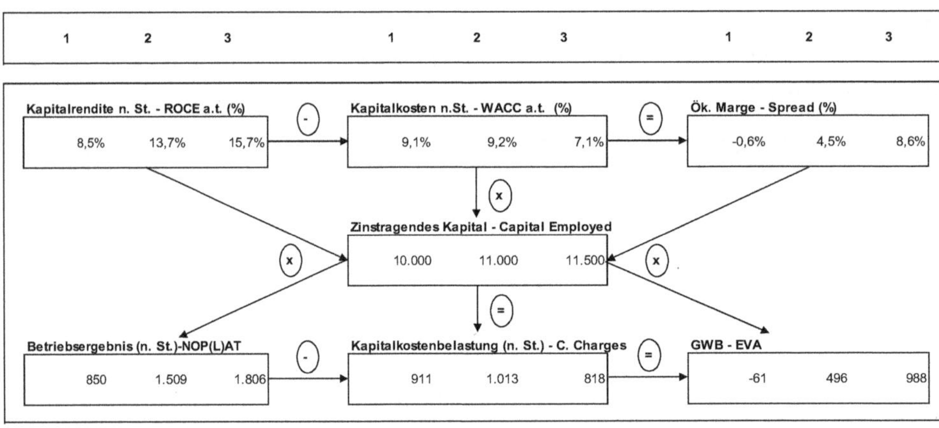

Auf die folgende ‚Präsentation' aus den ersten drei Auflagen bin ich schon mehrfach angesprochen worden. Sie gefällt anscheinend.

Also werde ich auch hier die Ergebnisse entsprechend präsentieren.

Die Beteiligung weist in den drei Perioden ein zinstragendes Kapital in folgender Höhe aus.

Zinstr. Kapital - Capital Employed		
10.000	11.000	11.500

Weitere Aktivierungen in den Planperioden sind erfolgt, da das Kapital ansteigt.

Mit diesem Kapital werden in den 3 ausgewiesenen Perioden operative Ergebnisse nach Steuern in Höhe von

Betriebsergebnis (n.St.) - NOP(L)AT		
850	1.509	1.806

erwirtschaftet, dies entspricht einer Kapitalrendite (jeweils basierend auf dem o. g. zinstragenden Kapital, ‚Spread' genannt) von

Kapitalrendite n.St. - ROCE a.t. (%)		
8,5%	13,7%	15,7%

Diesen erwirtschafteten Renditen stehen Kapitalforderungen (nach Steuern) der Kapitalgeber (Banken und Aktionäre) von

Kapitalkosten n.St. - WACC a.t. (%)		
9,1%	9,2%	7,1%

gegenüber, dies entspricht einer absoluten Kapitalkostenbelastung (Capital Charge(s)) in Höhe von:

Kap. Kostenbel. (n.St.) - C. Charges		
911	1.013	818

.

Als Ergebnis (Differenz aus erwirtschafteter und geforderter Rendite, jeweils nach Steuern) erwirtschaftet die Beteiligung periodische prozentuale Wertveränderungen (Wertvernichtungen und Wertsteigerungen, ‚Spread' genannt) von

Ökonomische Marge - Spread (%)		
-0,6%	4,5%	8,6%

,

das entspricht in absoluten Werten in den einzelnen Jahren einem jeweiligen ‚EVA' (Wertsteigerung und/oder Wertvernichtung) in Höhe von:

GWB - EVA		
-61	496	988

.

Der Begriff GWB steht für **G**eschäfts-**W**ert-**B**eitrag, einem von SIEMENS geprägten deutschen Synonym für EVA.

15.7.9 EVA – Economic Value Added (Darstellung im Handel und bei Dienstleistern)

Wenn Sie sich oben noch einmal die Darstellung der Spread bzw. EVA Berechnung anschauen, dann sehen Sie, dass (ganz) in der Mitte das zinstragende Kapital steht.

Dienstleister und Handelsgesellschaften haben aber häufig gar keine starke Kapitalbasis. Ergo macht eigentlich eine Darstellung wie oben (mit mittig zinstragendes Kapital) weniger bzw. keinen Sinn.

Dienstleister und Händler sind meist am Umsatz orientiert, da Kapital mangels Anlagevermögen nicht im Fokus steht.

Im Beteiligungskreis der Heesen Ventures AG gibt es auch einige Dienstleister und Händler und somit hat sich der CFO eine andere Darstellung ausgedacht. Allerdings wird wieder nachgewiesen, dass die bisherigen Berechnungen auch korrekt sind.

Es wird immer versucht, auf mindestens zwei unterschiedlichen Berechnungswegen Aussagen zu erzielen, um damit immer eine Überprüfung der bisherigen Betrachtungen möglich zu machen. Damit wird ein solcher ‚Report' mathematisch nicht angreifbar.

Schauen wir uns diese alternative Berechnung/Darstellung also an.

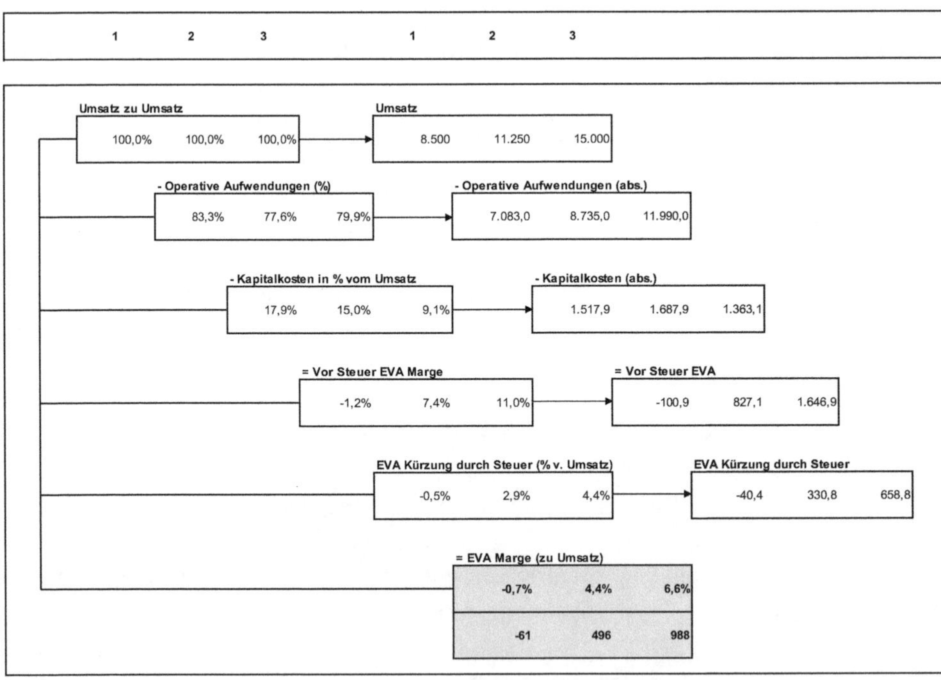

Von den Umsatzerlösen werden (jeweils prozentual als auch absolut) die operativen Aufwendungen

- Material & bezogene Leistungen
- Personal
- Abschreibungen
- Sonstige betrieblichen Aufwendungen
- Sonstige

in Abzug gebracht.

Damit wird das Betriebsergebnis dargestellt, hier aber nicht ausgewiesen.

Dann werden die Kapitalkosten vor Steuern subtrahiert und man erhält das Ergebnis vor Steuern.

Im nächsten Schritt werden die Steuern abgezogen. Das Betriebsergebnis bzw. das EVA ist eigentlich keine (be)steuerbare Größe. Solange sich in der GuV ein positives Ergebnis vor Steuern errechnet und damit auch Steuern anzusetzen sind, müssen auch hier Steuern (bei der HEPAG 40,0 %) gerechnet und subtraktiv berücksichtigt werden.

Damit berechnet sich prozentual eine EVA Marge und absolut (durch Multiplikation der EVA Marge mit den Umsatzerlösen, hier Betriebsleistungen) das EVA/die periodischen EVA.

-0,7%	4,4%	6,6%
-61	496	988

Diese absoluten Größen haben wir auch in der klassischen Darstellung gesehen.

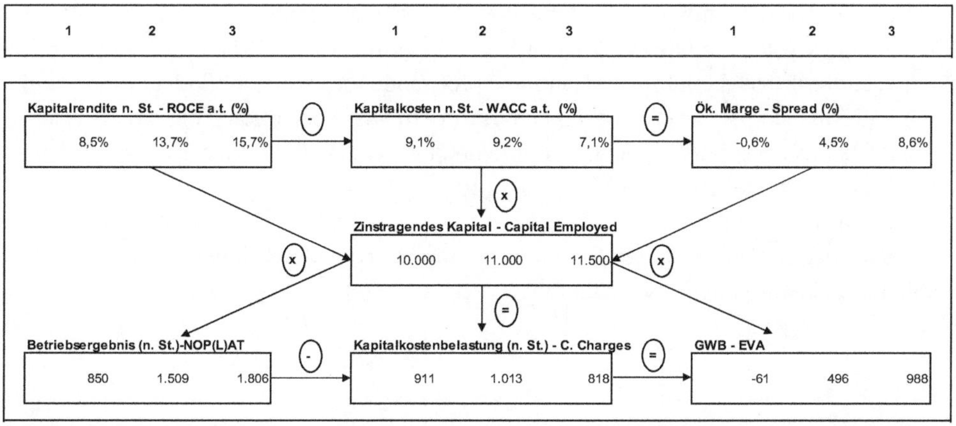

Unten rechts errechnet sich ein identisches absolutes EVA (nach Steuern) in Höhe von:

GWB - EVA		
-61	496	988

Auch hier ist damit wieder der Analysekreis geschlossen.

Somit errechnet sich eine Wertveränderung der HEPAG in den 3 Planperioden pro Kapital- bzw. Umsatz Euro in Cents von:

	1	2	3	1	2	3
	Kapital-Euro			Umsatz-Euro		
Vor Steuern	-1,01	7,52	14,32	-1,19	7,35	10,98
Nach Steuern	-0,61	4,51	8,59	-0,71	4,41	6,59

Entlastung bei zwingendem Ansatz des vorgegebenen Holding WACC

Und was ist, wenn die Holding darauf besteht, dass aus Gründen der Gleichheit im Konzern alle Gesellschaften mit dem identischen, von der Holding vorgegebenen WACC (hier 10,0 % n. St.) rechnen soll?

Für diese Situation ist im (Excel) Bericht der HEPAG eine Analyse aufgenommen, die eine Besserstellung (Entlastung) beim EVA, bedingt durch die eigentlich geringeren (mathematisch ermittelten) Kapitalkosten, aufzeigt.

Diese finden Sie im Excel Tabellenblatt ‚EVA Korrektur bei Holding WACC'.

Im Vergleich zu den nach Copeland berechneten Kapitalkosten ist die HEPAG, bzw. dessen Management, mit dem Vorgabe WACC von durchgehend 10,0 % eindeutig im Nachteil. Diesen Nachteil kann man aber leicht quantifizieren und somit zumindest in den Gesprächen mit dem Holding Vorstand entsprechende (rechnerisch eindeutig nachweisbare) Entlastungen ins Gespräch bringen (zu fordern wäre sicherlich nicht opportun).

Gleichzeitig kann man so dem Holdingvorstand recht schnell klarmachen, dass man selbst ‚tief im Thema' ist,

Schauen wir einmal rein.

Um das nachzuweisen stellen Sie bitte die Kapitalkostendefinitionen (im Excel Tabellenblatt ‚KK Definitionen') wie folgt ein:

Perioden		1	2	3
Holding WACC Satz		1	1	1
WACC Berechnung	nach Copeland	0	0	0
	nach Stewart	0	0	0

Die in allen Berechnungen nun genutzten Kapitalkosten lauten durchgehend für alle 3 Plan-Perioden 10,0 % nach Steuern, ergo bei 40,0 % Steuersatz 16,7 % vor Steuern.

Perioden	1	2	3
Benutzter WACC Satz (Überprüfung)	10,0%	10,0%	10,0%
Vor Steuer WACC damit	16,7%	16,7%	16,7%

Wir sehen jetzt im unteren Teil der nachfolgenden Betrachtungen (Excel Tabellenblatt ‚EVA Korrektur bei Holding WACC') die Schlechterstellung der HEPAG durch den Holding WACC (‚Differenz zu Holding WACC').

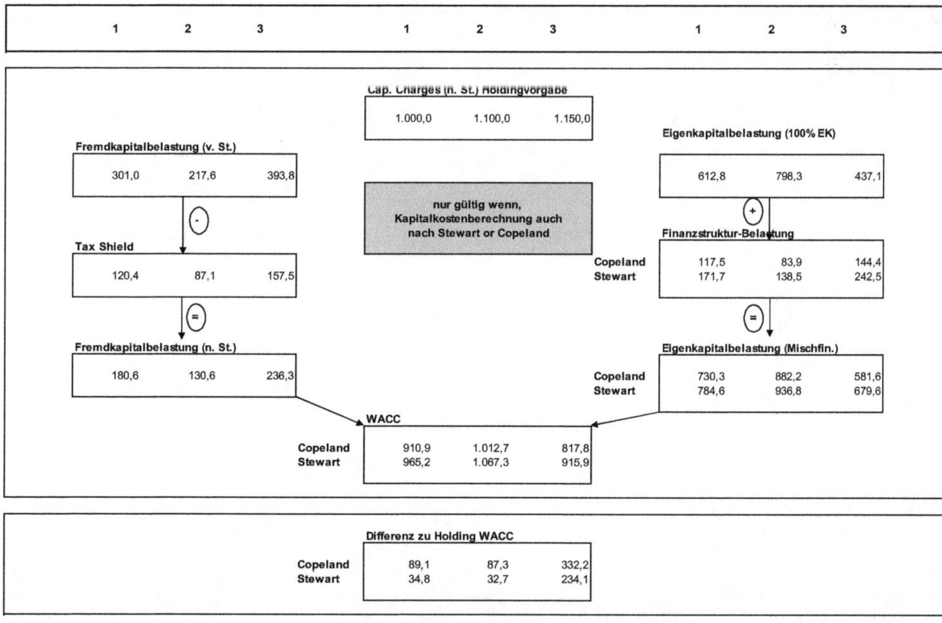

Könnte die HEPAG die mathematisch ermittelten Kapitalkosten ansetzen (hier mit Leverage Integration nach Copeland), dann wären die periodischen EVA um 89,1, 87,3 bzw. 332,2 (jeweils T€) höher und damit besser.

Hätte man Kapitalkosten mit Leverage Integration nach Stewart angesetzt, wären es 34,8, 32,7 bzw. 234,1 (ebenfalls T€).

Differenz zu Holding WACC

Copeland	89,1	87,3	332,2
Stewart	34,8	32,7	234,1

Und genau diese Differenzen werden (im Excel) direkt darunter den auf der Basis des Holding WACC berechneten periodischen EVA additiv zugerechnet.

Ergebnis und Korrektur

EVA (vor Korrektur)	-150	409	656
EVA (nach Korrektur)			
Copeland	-60,6	496,3	988,2
Stewart	-114,8	441,7	890,1

Klar, diese Addition hätte man auch im Kopf machen können. Aber wer weiß, ob man schnell genug rechnen kann, wenn der Vorstand persönlich vor einem steht und Emotionen im Spiel sind?

15.7.10 Cash Flow (FC) und Freier Cash Flow (FCF)

Auch diese Berechnung/Betrachtung ist wieder einfach und pragmatisch gehalten. Im Fokus steht ein operativer Cash Flow und operativer Freier Cash Flow und von daher wird bewusst von der Holding auf weitergehende ‚Anpassungen jeder Art‘ verzichtet.

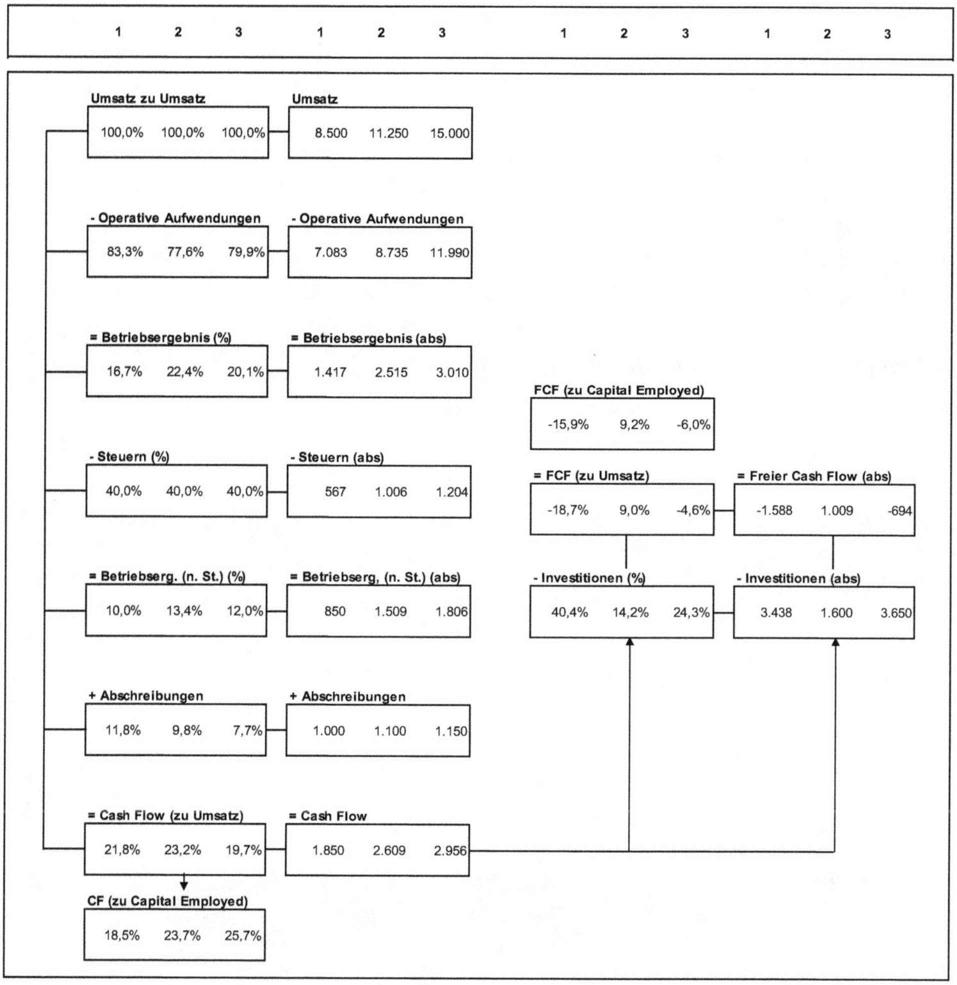

Vom Umsatz werden (ähnlich wie bei der EVA Marge) die operative Aufwendungen, also erneut

- Material & bezogene Leistungen
- Personal
- Abschreibungen
- Sonstige betrieblichen Aufwendungen
- Sonstige

abgezogen. Es berechnet sich das Betriebsergebnis (EBIT).

Auf dieses Betriebsergebnis werden (fiktive) Steuern (bei der HEPAG 40,0 % für alle Perioden) in Abzug gebracht, es errechnet sich das Betriebsergebnis nach Steuern (NOP(L)AT).

Jetzt werden die Abschreibungen, da nicht auszahlungswirksam, addiert. Das Ergebnis ist der (operative) Cash Flow auf der Basis des Betriebsergebnisses nach Steuern. Im Folgeschritt werden die Investitionen subtrahiert und es errechnet sich der periodische Freie Cash Flow.

Das ist nicht neu, hier wird nur der Versuch unternommen, auch diese Berechnung in eine besser lesbare ‚grafische' Darstellung zu bringen. Es liest sich i.d.T. einfach leichter.

Cash Flow (CF) und Freier Cash Flow (FCF) werden jeweils noch in Bezug zum zinstragenden Kapital (Capital Employed) gesetzt und damit errechnen sich periodische (Freie) Cash Flow Renditen auf Basis des zinstragenden Kapitals.

Die Cash Flow und Freien Cash Flow Daten können natürlich jetzt auch wieder gemeinsam mit den EVA Ergebnissen dargestellt werden.

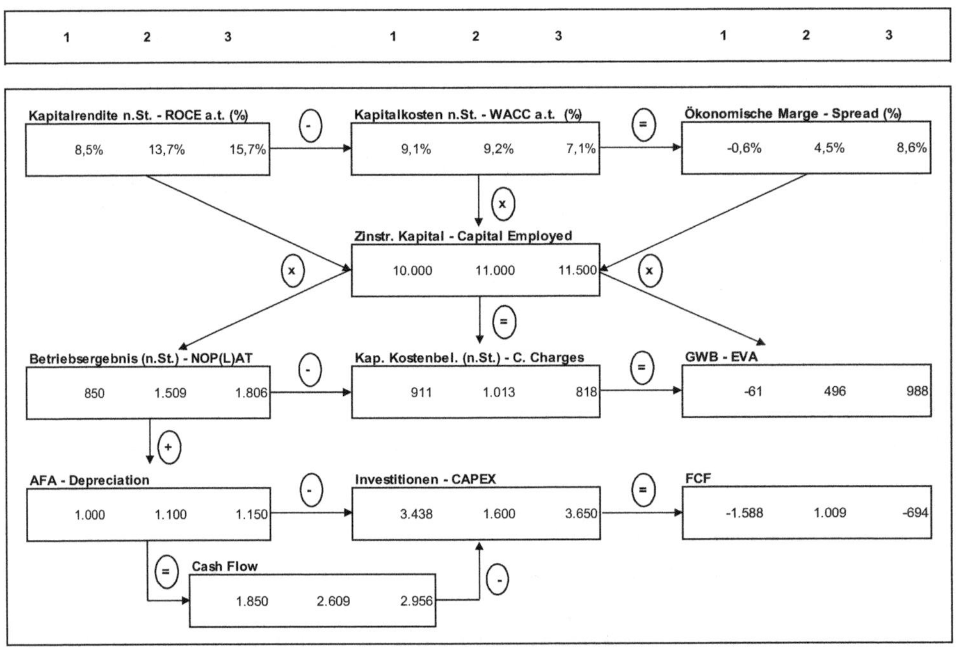

Damit kann auch die bereits begonnene ‚Präsentation' fortgesetzt werden.

Stehen geblieben war ich bei:

... das entspricht in absoluten Werten in den einzelnen Jahren einem jeweiligen periodischen ‚EVA' (Wertsteigerung und/oder Wertvernichtung) in Höhe von:

GWB - EVA

-61	496	988

Weitere Investitionen (wurde bereits angesprochen) fließen in das Anlagevermögen der Beteiligung ein,

Investitionen

3.438	1.600	3.650

was zu entsprechenden Cash Abflüssen führt.
Somit erklären sich auch die steigenden Abschreibungen

AFA - Depreciation

1.000	1.100	1.150

Addiert man diese Abschreibungen zum Betriebsergebnis, erhält man den operativen Cash Flow (Basis Betriebsergebnis nach Steuern) in Höhe von

Cash Flow

1.850	2.609	2.956

Die o. g. Investitionen reduzieren dann die Freien Cash Flow auf:

FCF

-1.588	1.009	-694

15.7.11 Bewertung

Als Vorgaben für die Bewertung wurden von der Holding definiert:

- Grob-Planung für 2 weitere Perioden, also 4 und 5
- Berechnung der ewigen Rente in Plan-Periode 6

Es gilt für die Periode der ewigen Renten Berechnung (ebenfalls Holdingvorgabe):

- Substanzerhalt
- bei konservativer Planungsannahme

Somit sieht die Gesamtplanung der HEPAG für die nächsten 6 Perioden wie folgt aus.

Die Detail Plan-Perioden 1 bis 3 und die Grob Plan-Perioden 4 bis 6 werden nochmals gesondert betrachtet.

Das Berechnungs- und Darstellungsformat selbst habe ich Ihnen schon in Abschn. 15.3 (Europe Industries) vorgestellt. Wir verfolgen hier die Betrachtung aus Verkäuferseite.

	Detail-Planung			Grob Planung		Ewige Rente
Perioden	1	2	3	4	5	6
Umsatz	8.500	11.250	15.000	15.000	17.000	17.000
Betriebsergebnis	1.417	2.515	3.010	2.750	2.833	2.833
Steuern	567	1.006	1.204	40% 1.100	40% 1.133	40% 1.133
Betriebsergebnis (n.St.)	850	1.509	1.806	1.650	1.700	1.700
EK Marktwerte				0	0	0
+ (Buch) Capital Employed				14.000	15.000	15.000
Capital Employed	10.000	11.000	11.500	14.000	15.000	15.000
Abschreibungen	1.000	1.100	1.150	1.400	1.500	1.500
Investitionen	3.438	1.600	3.650	2.400	1.500	1.500
Kapitalzunahme	2.438	500	2.500	1.000	0	0
FCF	-1.588	1.009	-694	650	1.700	1.700
ROCE	8,5%	13,7%	15,7%	11,8%	11,3%	11,3%
Wtd. Avg. CoC (WACC)	9,1%	9,1%	9,1%	9,1%	9,1%	9,1%
Spread	-0,6%	4,6%	6,6%	2,7%	2,2%	2,2%
Kapitalkostenbelastung	911	1.002	1.048	1.275	1.366	1.366
EVA	-61	507	758	375	333	333
Abzinsungsfaktor	0,92	0,84	0,77	0,71	0,65	0,59
Barwert des FCF	-1.455	848	-534	459	1.099	
Barwert des EVA	-56	426	584	264	216	
Wert kum. (über FCF's)	-1.455	-608	-1.142	-683	416	12.067
Wert kum.(über EVA's)	-56	370	954	1.219	1.434	2367

Firmenwert (FCF)	**12.483**	**Marktwert des EK**	**9.191**
Firmenwert (EVA)	**12.483**		

Wertsteigerung des EK gesamt	**4.441**

Schauen wir die uns Detail Plan-Perioden und die Grob Plan-Perioden getrennt an.

Detail Planung

Diese Zahlen kennen Sie schon alle aus den vorhergehenden Schilderungen des HEPAG Reportings.

		Detail-Planung	
Perioden	1	2	3
Umsatz	8.500	11.250	15.000
Betriebsergebnis	1.417	2.515	3.010
Steuern	567	1.006	1.204
Betriebsergebnis (n.St.)	850	1.509	1.806
EK Marktwerte + (Buch) Capital Employed Capital Employed	10.000	11.000	11.500
Abschreibungen	1.000	1.100	1.150
Investitionen	3.438	1.600	3.650
Kapitalzunahme	2.438	500	2.500
FCF	-1.588	1.009	-694
ROCE	8,5%	13,7%	15,7%
Wtd. Avg. CoC (WACC)	9,1%	9,1%	9,1%
Spread	-0,6%	4,6%	6,6%
Kapitalkostenbelastung	911	1.002	1.048
EVA	-61	507	758
Abzinsungsfaktor	0,92	0,84	0,77
Barwert des FCF	-1.455	848	-534
Barwert des EVA	-56	426	584
Wert kum. (über FCF's)	-1.455	-608	-1.142
Wert kum.(über EVA's)	-56	370	954

Weiterführende ‚Grob' Planung

Die Grob Plan-Perioden einschließlich Periode 6, in der die ewige Rente zu rechnen ist, wurden folgendermaßen angesetzt.

Der Steuersatz (hier 40,0 %) wird beibehalten, es wird weiter investiert und in Periode 6 sind i. d. T. Substanzerhalt und konservative Planungsannahme umgesetzt (in Periode 5 sind die Investitionen auch schon identisch mit den Abschreibungen. Dies ist aber Zufall).

		Grob Planung				Ewige Rente
Perioden		4		5		6
Umsatz		15.000		17.000		17.000
Betriebsergebnis		2.750		2.833		2.833
Steuern	40%	1.100	40%	1.133	40%	1.133
Betriebsergebnis (n.St.)		1.650		1.700		1.700
EK Marktwerte		0		0		0
+ (Buch) Capital Employed		14.000		15.000		15.000
Capital Employed		14.000		15.000		15.000
Abschreibungen		1.400		1.500		1.500
Investitionen		2.400		1.500		1.500
Kapitalzunahme		1.000		0		0
FCF		650		1.700		1.700
ROCE		11,8%		11,3%		11,3%
Wtd. Avg. CoC (WACC)		9,1%		9,1%		9,1%
Spread		2,7%		2,2%		2,2%
Kapitalkostenbelastung		1.275		1.366		1.366
EVA		375		333		333
Abzinsungsfaktor		0,71		0,65		0,59
Barwert des FCF		459		1.099		
Barwert des EVA		264		216		Ewige Rente zum 1. 1. P1
Wert kum. (über FCF's)		-683		416		12.067
Wert kum.(über EVA's)		1.219		1.434		2.367

Hier werde ich Ihnen bei der Berechnung der ewigen Rente auch nicht helfen, denn nach so vielen Beispielen müssten Sie dies selbst rechnen können. Sie können aber natürlich jederzeit im Excel nachschauen bzw. kontrollieren, ob Sie genau wie ich rechnen wollten. Alternativ schauen Sie in den Excel zum Abschn. 15.3 (Beispiel Europe Industries) nach.

Sowohl über die EVA als auch über die FCF berechnet sich der identische Unternehmenswert.

Firmenwert (FCF)	**12.483**	**Marktwert des FK**	**3.744**
Firmenwert (EVA)	**12.483**	**Marktwert des EK**	**8.739**

Wertsteigerung des EK gesamt	**3.989**

15.7.12 Die HEPAG Planung auf einem Blick

Diese Darstellung muss ich erneut ‚quer' einlegen, da sie ansonsten ebenfalls nicht mehr lesbar ist.

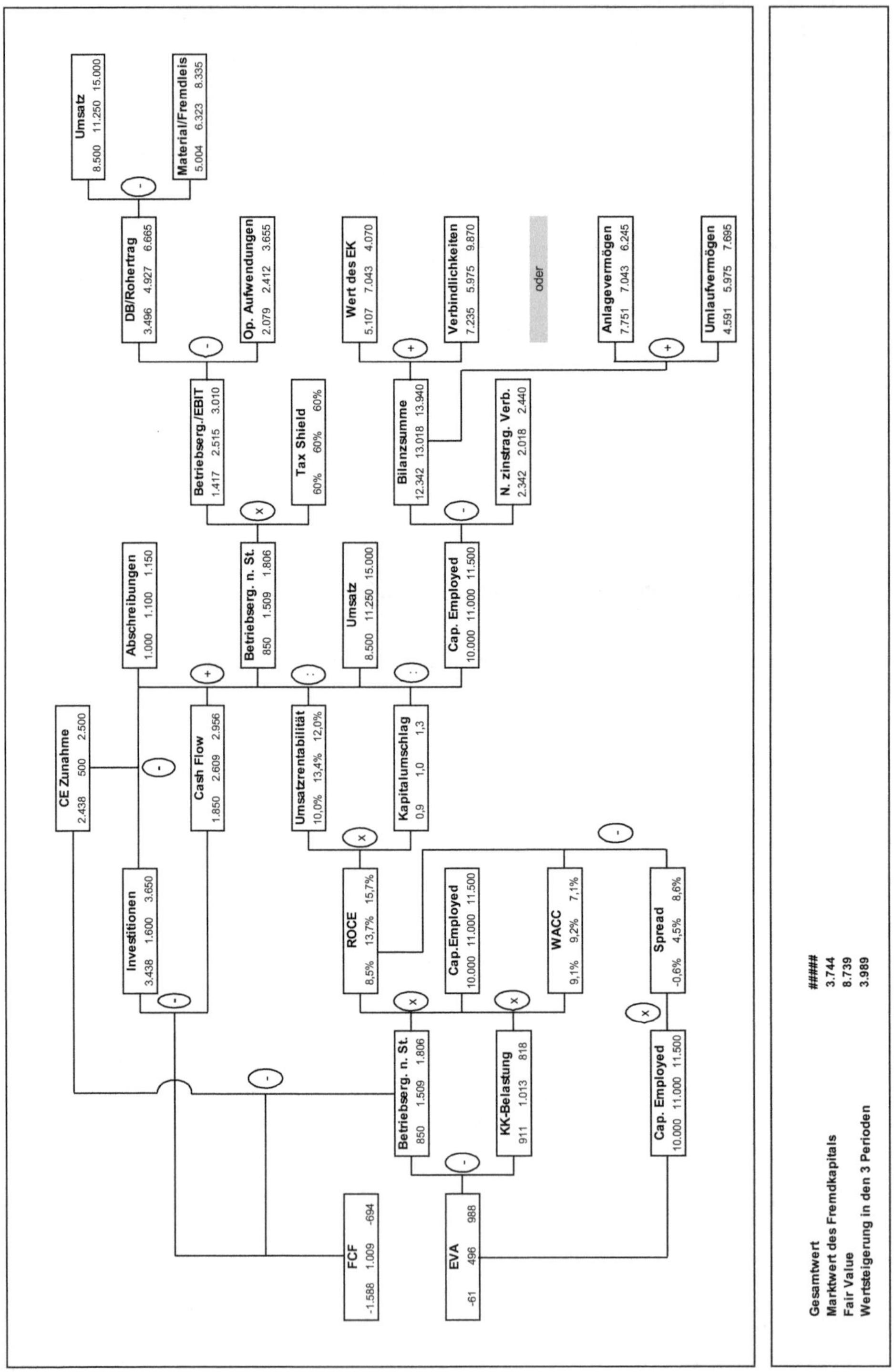
Umsatz 8.500 11.250 15.000
Material/Fremdleis 5.004 6.323 8.335
DB/Rohertrag 3.496 4.927 6.665
Op. Aufwendungen 2.079 2.412 3.655
Wert des EK 5.107 7.043 4.070
Verbindlichkeiten 7.235 5.975 9.870
oder
Anlagevermögen 7.751 7.043 6.245
Umlaufvermögen 4.591 5.975 7.695
Betriebserg./EBIT 1.417 2.515 3.010
Tax Shield 60% 60% 60%
Bilanzsumme 12.342 13.018 13.940
N. zinstrag. Verb. 2.342 2.018 2.440
Abschreibungen 1.000 1.100 1.150
Betriebserg. n. St. 850 1.509 1.806
Umsatz 8.500 11.250 15.000
Cap. Employed 10.000 11.000 11.500
CE Zunahme 2.438 500 2.500
Cash Flow 1.850 2.609 2.956
Umsatzrentabilität 10,0% 13,4% 12,0%
Kapitalumschlag 0,9 1,0 1,3
Investitionen 3.438 1.600 3.650
ROCE 8,5% 13,7% 15,7%
Cap.Employed 10.000 11.000 11.500
WACC 9,1% 9,2% 7,1%
Spread -0,6% 4,5% 8,6%
Betriebserg. n. St. 850 1.509 1.806
KK-Belastung 911 1.013 818
Cap. Employed 10.000 11.000 11.500
FCF -1.588 1.009 -694
EVA -61 496 988
Gesamtwert #####
Marktwert des Fremdkapitals 3.744
Fair Value 8.739
Wertsteigerung in den 3 Perioden 3.989

15.7.13 Das strategische Executive Summary

Komponenten davon haben wir schon gesehen. Hier wird es jetzt komplettiert.

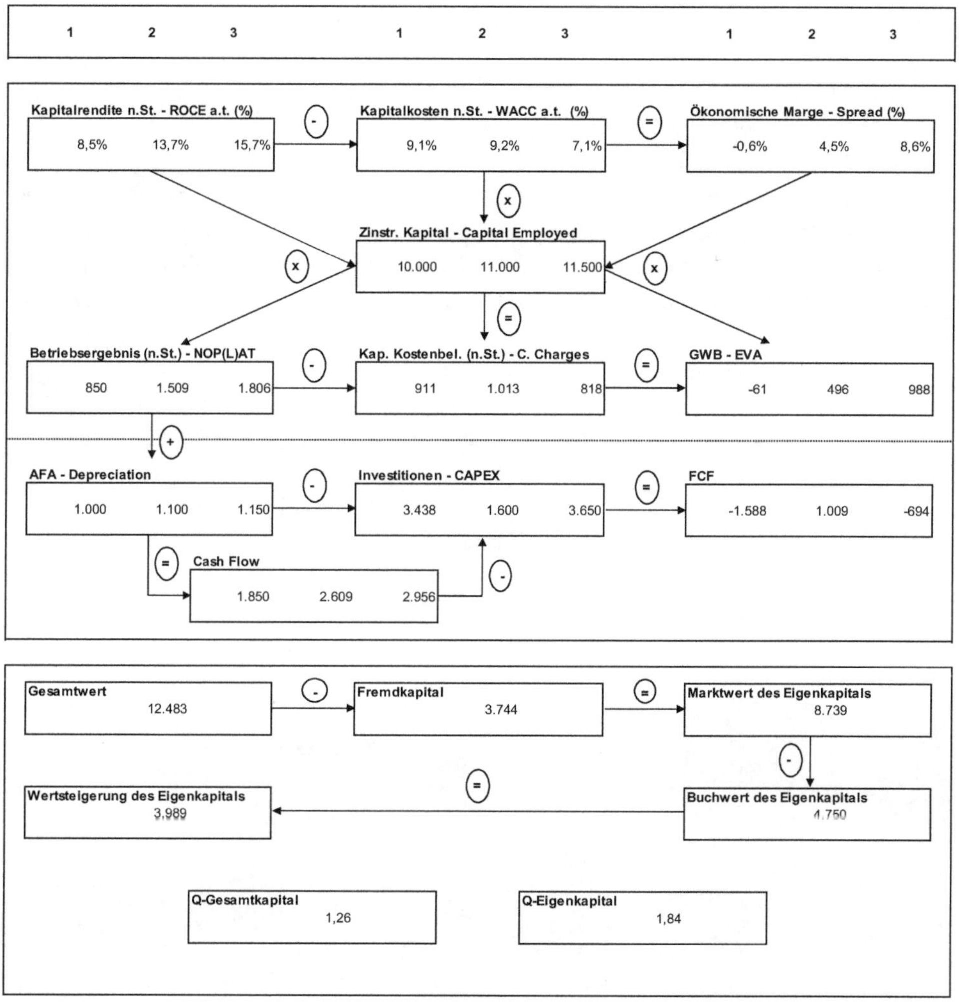

Anhand der Q-Ratios wird jetzt nochmals deutlich, dass die HEPAG in den nächsten 3 Jahren aus strategischer, Cash und wertorientierter Sicht nicht gerade ein ‚tolles' Unternehmen ist.

Wir hatten ja schon bei den EVA und den Freien Cash Flow mehrfach negative Vorzeichen gesehen. Allerdings hatte ich diese nicht kommentiert. Auch bei den Beständen und Forderungen hatte ich angemerkt, dass die Heesen Ventures AG (Holding) die HEPAG Planung in dieser Form eigentlich kritisieren bzw. nicht durchgehen lassen dürfte.

Wie eingangs gesagt, bei diesem letzten Anwendungs- und Übungsbeispiel lasse ich Sie schwerpunktmäßig alleine. Ich habe zwar hier und da Rechnungsschritte aufgezeigt, aber den Bericht/‚Report' würdigen müssen Sie jetzt alleine.

Was könnten Sie als Holdingmitarbeiter denn dem Vorstand der HEPAG auf den Weg geben (Vorräte Forderungen, Kapitalumschlag, etc…)?

15.8 Die letzten Worte

Ja, und damit sind wir dann am Ende unseres langen gemeinsamen Weges. Ich bleibe hier stehen. Sie sollten allerdings diese Tour jetzt nochmals auf einem anderen Weg oder anhand vieler anderer Beispiele bestreiten, soll heißen, mit anderen Zahlen und mit einer anderen Beteiligungsanalyse, Planung und Bewertung, egal auf welchem der aufgezeigten Niveaus.

Ich wünsche Ihnen viel Spaß und Begeisterung beim Controllen, Optimieren, Planen und Bewerten.

Und bei Rückfragen zu den Themen und/oder Fragen zu den Excel Tools, kontaktieren Sie mich:

Bernd.Heesen@ifak-bgl.com oder alternativ *Bernd.Heesen@abh-partner.de*

Ich freue mich auf die Gespräche mit Ihnen.

Weiterführende Literatur

Auer, K. V. 2002. *Buchhaltung – Bilanzierung – Analyse. Schritt für Schritt zur Bilanz, GuV und Kapitalflussrechnung*, 2. Aufl. Wien: Linde.

Baetge, J., H.-J. Kirsch, und S. Thiele. 2002. *Bilanzen*, 6. Aufl. Düsseldorf: IDW.

Baetge, J., K. Niemeyer, und J. Kümmel. 2001. Darstellung der Discounted-Cashflow-Verfahren (DCF-Verfahren) mit Beispiel. In *Praxishandbuch der Unternehmensbewertung*, 3. Aufl., Hrsg. V.H. Peemöller Berlin: Neue Wirtschafts-Briefe.

Ballwieser, W., und KPMG. 2003. *Shareholder-Value-Konzepte. Eine Untersuchung der DAX 100-Unternehmen*. Frankfurt a. M.

Bellinger, B., und G. Vahl. 1992. *Unternehmensbewertung in Theorie und Praxis*. Wiesbaden: Gabler.

Bertl, R., E. Deutsch-Goldoni, und K. Hirschler. 2004. *Buchhaltungs- und Bilanzierungshandbuch*, 4. Aufl. Wien: LexisNexis ARD Orac.

Bestmann, U. 1997. *Finanz- und Börselexikon. Über 3000 Begriffe für Studium und Praxis*, 3. Aufl. München: dtv.

Bhalla, V. K. 2004. *Creating wealth corporate financial strategy and decision making*. Ebsco.

Booz, Allen, und Hamilton. 2002. *Strategic Corporate Finance – Unternehmenswertsteigerung durch profitables Wachstum*. Frankfurt: Ueberreuter.

Booz, Allen, und Hamilton. 2005. *The Activist CFO – Alignment with strategy, not just with the business*

Born, K. 2003. *Unternehmensanalyse und Unternehmensbewertung*, 2. Aufl. Stuttgart: Schäffer-Poeschel.

Bragg, S. 2007. *The new CFO Financial Leadership Manual*, 2. Aufl. New Jersey: Wiley.

Brealey, R. A., und S. C. Myers. 2008. *Principles of Corporate Finance*, 9. Aufl. New York: McGraw-Hill.

CapGemini, und Ernst. 2002. *Driving finance transformation for the 21st century*

Coenenberg, A. G. 1996. *Einheitlichkeit oder Differenz von internem und externem Rechnungswesen*, 137–161. Schmalenbach.

Coenenberg, A.G. 2003. *Jahresabschluss und Jahresabschlussanalyse: Betriebswirtschaftliche, handelsrechtliche, steuerrechtliche und internationale Grundlagen – HGB, IAS/IFRS, US-GAAP, DRS*, 19. Aufl. Stuttgart: Schäffer-Poeschel.

Damodaran, A. http://pages.stern.nyu.edu/~%20adamodar/. Multiple Zugriffe

Day, G.S. 1986. *Analysis of Strategic Marketing Decisions*. St. Paul, Minnesota.

Deloitte 2006. *Different Paths to one truth: Finance brings value discipline to strategy execution*.

Denk, C., B. Feldbauer-Durstmüller, C. Mitter, und H. Wolfsgruber. 2007. *Externe Unternehmensrechnung: Handbuch für Studium und Bilanzierungspraxis*, 3. Aufl. Wien.

B. Heesen, *Beteiligungsmanagement und Bewertung für Praktiker*,
https://doi.org/10.1007/978-3-658-30792-9

Dirrigl, H. 2006. Beteiligungscontrolling. In *Wirtschafts-Lexikon: Das Wissen der Betriebswirtschaftslehre*, Bd. 2, Hrsg. Handelsblatt, 774–783. Stuttgart.

Drukarczyk, J., und D. Ernst. 2007. *Branchenorientierte Unternehmensbewertung*, 2. Aufl. München: Vahlen.

Drukarczyk, J., und A. Schüler. 2007. *Unternehmensbewertung*, 5. Aufl. München: Vahlen.

Dück-Rath, M. 2005. *Unternehmensbewertung mit Hilfe von DCF-Methoden und ausgewählten Realoptionsansätzen*. Frankfurt a. M.: Europäischer Verlag der Wissenschaften.

Dürr, May 2002. *Shareholder Value versus Stakeholder Value* Flügelstift, Bd. 2. Winkler.

Eberhardt, S. 1998. *Wertorientierte Unternehmensführung: Der modifizierte Stakeholder-Value-Ansatz*. Wiesbaden: GWV.

Ehrbar, und Stern. 1998. *EVA® the Real Key to Creating Wealth, Foreword*. Canada: Wiley.

Eidel, U. 2000. *Moderne Verfahren der Unternehmensbewertung und Performance-Messung – Kombinierte Analysemethoden auf der Basis von US-GAAP-, IAS- und HGB-Abschlüssen*, 2. Aufl. Berlin: Neue Wirtschafts-Briefe.

Ernst, H.-J., und M. Hanikaz. 2004. Modulgesteuerte Businessplanung als Instrument der Unternehmensbewertung. In *Praxishandbuch der Unternehmensbewertung*, 3. Aufl., Hrsg. V.H. Peemöller, 211–232. Berlin: Neue Wirtschafts-Briefe.

Ferguson, Rentzler, und Yu. 2006. Trading Strategy on EVA®and MVA: Are They Reliable Indicators of Future Stock Performance. *The Journal of Investing* 88–93.

Flanagan, B. 2005. Managing Working Capital. *Business Credit* 107: 26–29.

Franke, G., und H. Hax. 1994. *Finanzwirtschaft des Unternehmens und Kapitalmarkt*, 3. Aufl. Berlin: Springer.

Gabriel, T. 2007. Erfolgreiche Strategieumsetzung – Praxisbewährte Instrumente für eine bessere Performance. *CFO aktuell* 2: 27–30.

Gleißner, W. 2004. *Future Value – 12 Module für eine strategische wertorientierte Unternehmensführung*. Wiesbaden: Gabler.

Göseke, C. 2008. *ZfCM Zeitschrift für Controlling & Management* 52(6): 13.

Götze, M. 1999. *Strategisches Management*. Chemnitz: GUC.

Gräfer, H. 2001. *Bilanzanalyse. Mit Aufgaben, Lösungen und einer ausführlichen Fallstudie*, 8. Aufl. Herne: Neue Wirtschafts-Briefe.

Grant, R. M. 2002. *Contemporary Strategy Analysis. Concepts, Techniques, Applications*, 4. Aufl. Malden/Massachusetts: Blackwell.

Groll, K. H. 2003. *Kennzahlen für das wertorientierte Management*. München: Hanser.

Hachmeister, D. 2000. *Der Discounted Cash Flow als Maß der Unternehmenswertsteigerung*, 4. Aufl. Frankfurt a. M.: Europäischer Verlag der Wissenschaften.

Haeseler, H. R., und F. W. Kros. 2002. *Unternehmensbewertung. Grundlagen der Bewertung von Unternehmen und Beteiligungen*. Wien: LexisNexis ARD Orac.

Harris, A. 2005. Working Capital Management. Difficult, but Rewarding. *Financial Executive* 21: 52–53.

Haufe Finance Office Professional 2008. *Shareholder Value Konzept: Werttreiber als Bindeglied zwischen strategischer und operativer Planung*

Heesen, B., und W. Gruber. 2009. *Bilanzanalyse und Kennzahlen – Fallorientierte Bilanzoptimierung*, 2. Aufl. Wiesbaden: GWV.

Heidorn, T. 2002. *Finanzmathematik in der Bankpraxis. Vom Zins zur Option*, 4. Aufl. Wiesbaden: Gabler.

Heintzen, M., und L. Kruschwitz. 2002. *Unternehmen bewerten. Ringvorlesung des Fachbereichs Rechts- und Wirtschaftswissenschaft der Freien Universität Berlin im Sommersemester 2002*. Berlin: Duncker & Humblot.

Hering, T., und M. Olbrich. 2005. *Unternehmensnachfolge*. München: Oldenbourg.

Hoffmann, W. 2006. *Leadership durch Controlling – Von der Strategie zur controllierten Umsetzung* Controller News, Bd. 1/2006, 2–5. Lexis Nexis Verlag.

Höfner, K., und A. Pohl. 1994. *Wertsteigerungs-Management*. Frankfurt: Campus Verlag.

Holzhammer, R. 1998. *Allgemeines Handelsrecht und Wertpapierrecht*, 8. Aufl. Wien/New York: Springer.

Hope, J. 2006. *Reinventing the CFO – How financial Managers can transform their roles and add greater value*. Boston: Harvard Business School Press.

Hopfenbeck, W. 2000. *Allgemeine Betriebswirtschafts- und Managementlehre. Das Unternehmen im Spannungsfeld zwischen ökonomischen, sozialen und ökologischen Interessen*, 13. Aufl. Landsberg/Lech: Moderne Industrie.

Van Horne, J. C. 1986. *Fundamentals of Financial Management. International Edition*, 6. Aufl. Englewood Cliffs: Prentice-Hall.

Van Horne, J. C., und J. M. Wachowicz Jr. 2001. *Fundamentals of Financial Management*, 11. Aufl. Upper Saddle River: Prentice-Hall.

Hostettler, S. 2007. *Das Value Cockpit: Sieben Schritte zur wertorientierten Führung für Entscheidungsträger*, 2. Aufl. Weinheim: Wiley-Vch.

Hungenberg, H. 2008. *Strategisches Management in Unternehmen, Ziele, Prozesse, Verfahren*, 5. Aufl. Wiesbaden: Gabler Verlag.

Institut der Wirtschaftsprüfer 2001. *Standard: Grundsätze zur Durchführung von Unternehmensbewertungen*, 1. Düsseldorf: IDW.

Institut der Wirtschaftsprüfer 2005. *IDW, Arbeitskreis Unternehmensbewertung (AKU): 84. Sitzung des AKU, Eckdaten zur Bestimmung des Kapitalisierungszinssatzes im Rahmen der Unternehmensbewertung*FN-IDW (Fachnachrichten des IDW)., 70–71.

Kaplan, R. S., und D. P. Norton. 1997. *Balanced Scorecard. Strategien erfolgreich umsetzen*. Stuttgart: Schäffer-Poeschel.

Karel, D., E. Handler, R. Abt, W. Krauland, und B. Pfeiffer. 2005. *Bilanzbuchhalter Jahrbuch 2006. Für den Jahresabschluss 2005*. St. Georgen: Grundner.

Kerth, K., und H. Asum. 2008. *Die besten Strategietools in der Praxis: Welche Werkzeuge brauche ich wann? Wie wende ich sie an? Wo liegen die Grenzen?* 3. Aufl. München.

Kleinschnittger, U. 1993. *Beteiligungscontrolling*. München.

Koch, R. 1998. *Das 80/20 Prinzip. Mehr Erfolg mit weniger Aufwand*. Frankfurt/New York: Campus.

Kotler, P., und F. Bliemel. 2001. *Marketing-Management: Analyse, Planung und Verwirklichung*, 10. Aufl. Stuttgart.

KPMG. 2006. *Being the best – Insights from leading finance functions*

Kralicek, P. 1996. *MBA Pocket-Guide. Praktische Betriebswirtschaft immer dabei. Fälle, Checklisten*. Wien: Überreuter.

Kreis, R. 1994. *Integriertes Finanzmanagement. Finanzinnovationen und Kapitaltheorie*. München/ Wien: Oldenbourg.

Kreuz, W., und V. Schürmann. 2004. Mit aggressivem Working Capital Management die Liquidität nachhaltig erhöhen. In *Handbuch Finanzmanagement in der Praxis*, Hrsg. Richard Guserl, Helmut Pernsteiner, 427–452. Wiesbaden: Gabler.

Kuhner, C., und H. Maltry. 2006. *Unternehmensbewertung*. Berlin: Springer-Verlag.

Küting, K., und C. Weber. 2004. *Die Bilanzanalyse*. Stuttgart: Schäffer-Poeschel.

La Rue, T. H. 1982. *Strategic Management*. New York.

Lafeldt, M., und J. Nikolay. 2004. *Cash vs. Accruals – Unternehmensbewertung mit dem Residualeinkommensmodell*. Düsseldorf: VDM Verlag Dr. Müller.

Lechner, K. 2006. *Einführung in die Allgemeine Betriebswirtschaftslehre*, 23. Aufl. Wien.

Leffson, U. 1977. *Bilanzanalyse*, 2. Aufl. Stuttgart: Poeschel.

Littkemann, J. 2006. Konzeption des Controlling. In *Unternehmenscontrolling – Konzepte, Instrumente, praktische Anwendungen mit durchgängiger Fallstudie*, Hrsg. J. Littkemann, 1–128. Berlin: Herne.

Littkemann, J. 2009b. Grundlagen des Beteiligungscontrollings: 3. Kapitel: Managementorientierte Ausrichtung des Beteiligungscontrollings. In *Beteiligungscontrolling: Ein Handbuch für die Unternehmens- und Beratungspraxis, Band I: Grundlagen sowie bilanzielle, steuerliche und sonstige rechtliche Aspekte des Beteiligungscontrollings*, 2. Aufl., Hrsg. J. Littkemann, 53–107. Herne.

Littkemann, J., und H. Zündorf. 2004. *Beteiligungscontrolling*. Herne/Berlin: Verlag Neue Wirtschafts-Briefe.

Maier, D. 2001. Der Betafaktor in der Unternehmensbewertung. *Finanz Betrieb* 5:298–302

Malik, F. 2001. Wofür Wertsteigerung? http://www.manager-magazin.de/unternehmen/karriere/0,2828,166128,00.html.

Matschke, M. J. 2008. Unternehmensbewertung: Wertarten nach der Art ihrer Ermittlung. In*Lexikon der Betriebswirtschaftslehre*, 5. Aufl., 855–861. München: Oldenbourg Wissenschaftsverlag GmbH.

Matzler, K., H. Pechlaner, und B. Renzl. 2003. *Werte schaffen, Perspektiven einer stakeholderorientierten Unternehmensführung*. Wiesbaden: Gabler Verlag.

Mayer, L. 1950. *Bilanzanalyse*. Wiesbaden: Gabler.

Mensch, G. 2008. *Finanz-Controlling – Finanzplanung und -kontrolle*, 2. Aufl. München: Oldenbourg Wissenschaftsverlag GmbH.

Müller, H. 2001. Operative Unternehmenssteuerung global agierender Unternehmen: Konzernkostenrechnung als globale Wertschöpfungsrechnung. In *Entwicklungsperspektiven des Controllings* krp – Sonderheft, Bd. 3/2001, Hrsg. W. Männel, 9–13.

Müller-Stewens, G. o. J. Gabler Wirtschaftslexikon. Sensitivitätsanalyse. http://wirtschaftslexikon.gabler.de/Definition/sensitivitaetsanalyse.html.

Munkert, M. J. 2005. *Der Kapitalisierungszinssatz in der Unternehmensbewertung – Theorie, Gutachtenpraxis und Rechtssprechung in Spruchverfahren*. Wiesbaden: GWV Fachverlage GmbH.

Neubauer, F.-F. 1989. *Portfolio-Management*. Neuwied: Hermann Luchterhand Verlag.

Nicklas, M. 1998. *Unternehmungswertorientiertes Controlling im internationalen Industriekonzern*. IUP – Institut für Unternehmensplanung.

Niedermayer-Kruse, R., und T. Pfneissl. 2007. *Der CFO von heute – Herausforderungen zwischen Compliance, Performance und Stratgie* CFO aktuell., 36. 2/2007: Linde Verlag.

Obermeier, T., und R. Gasper. 2008. *Investitionsrechnung und Unternehmensbewertung*. München: Oldenburg Wissenschaftsverlage GmbH.

Palli, M. 2004. *Wertorientierte Unternehmensführung*. Gabler Verlag.

Perridon, L., und M. Steiner. 2004.*Finanzwirtschaft der Unternehmung*, 13. Aufl. München: Vahlen.

Porter, M. E. 1984. *Wettbewerbsstrategie: Methoden zur Analyse von Branchen und Konkurrenten*. Frankfurt: Campus Verlag.

Porter, M. E. 1998.*Competitive Advantage: Creating and Sustaining Superior Performance*. New York.

Pössl, W. 1991. *Controlling und externe Beratung*. München: Verlag Franz Vahlen.

Prätsch, J., U. Schikorra, und E. Ludwig. 2001. *Finanz-Management*. München/Wien: Carl Hanser.

Preissler, P.R. 1990. *Intensivkurs Controlling*. Landsberg/Lech: Verlag Moderne Industrie.

Prümer, M. 2005. *Cash Flow Management – Wie Unternhemen langfristig Liquidität und Rentabilität sichern*. Wiesbaden: Gabler Verlag.

Reason, T. 2004. Scrubbing the Numbers. *CFO Magazine* 20(3): 50–61. 3/04.

Reason, T. 2005. Capital Ideas: The 2005 Working Capital Survey. *CFO Magazine* 21(12): 88–92. 9/05.

Ross, S. A., R. W. Westerfield, und J. Jaffe. 2005. *Corporate Finance. International Edition*, 7. Aufl. New York: McGraw-Hill/Irwin.
Roventa, P. 1981. *Portfolio-Analyse und strategisches Management*. München. Hrsg. Prof. Dr. Werner Kirsch
Savarese, C. 2000. *Economic Value Added, The Practitioner's Guide to a Measurement and Management Framework*. Allen & Unwin.
Schmeisser, W. 2010. *Corporate Finance und Risk Management*. München: Oldenbourg Wissenschaftsverlag GmbH.
Schult, E. 1991. *Bilanzanalyse. Möglichkeiten und Grenzen externer Unternehmensbeurteilung*, 8. Aufl. Freiburg im Breisgau: Haufe.
Sieben, G. 1995. Unternehmensbewertung: Discounted Cash-flow-Verfahren und Ertragswertverfahren – Zwei völlig unterschiedliche Ansätze? In *Internationale Wirtschaftsprüfung, Festschrift für H. Havermann*, Hrsg. J. Keufermann, 714–737.
Simons, R. 1995. *Levers of Control: How Managers Use Innovative Control, Systems to Drive Strategic Renewal*. Boston, Massachusetts: Harvard Business School Press.
Spremann, K. 1991. *Investition und Finanzierung*, 4. Aufl. München.
Stenzel, C., und F. Stenzel. 2004. *CFO Survival Guide –Plotting the course to Financial Leadership*. New York: John Wiley & Sons.
Stern Stewart 1994. EVA®-Roundtable. *Journal of Applied Corporate Finance* 7:46–70.
Stern, J. M., und J. S. Shiely. 2001.*The EVA®Challenge. Implementing Value-Added Change in an Organization*. USA.
Stern, J. M., B. Stewart, und D. Chew. 1996. EVA®: An integrated financial management system. *European Financial Management*2(2): 223–245.
Steward, B. G. 1994. EVA®: Fact and Fantasy. *Journal of Applied Corporate Finance* 7(2): 71–84.
Süchting, J. 1995. *Finanzmanagement. Theorie und Politik der Unternehmensfinanzierung*, 6. Aufl. Wiesbaden: Gabler.
Sutcliff, D. 2006. *CFO Insights – Delivering High Performance*. West Sussex: John Wiley & Sons.
Taub, S. 2005. *Closing the Strategy to Performance Gap*. CFO Publishing Corporation.
Tichy Geiserich, E. 1990. *Unternehmensbewertung. Grundlagen, Methoden, Praxis*. Wien: Linde.
Töpfer, A., und H. Afheld. 1983. *Praxis der strategischen Unternehmensplanung*. Frankfurt: Alfred Metzner Verlag.
Trasury 2007. Finance Chiefs Tackle, 2007 Financial Leadership Survey, Wicks Business. *Information* 10.
Vogel, J. 1998. *Marktwertorientiertes Beteiligungscontrolling: Shareholder Value als Maß der Konzernsteuerung*. Wiesbaden.
Voigt, C., J. F. Voigt, R. Voigt, und J. Voigt. 2005. *Unternehmensbewertung – Erfolgsfaktoren von Unternehmen professionell analysieren und bewerten*. Wiesbaden: Gabler Verlag.
Volkart, R. 2003. *Corporate Finance*. Zürich: Versus Verlag.
Vollmuth, H. J. 1999. *Unternehmenssteuerung mit Kennzahlen. Konzeptionen, Techniken und Instrumente für kleine und mittlere Unternehmen*. München: Vahlen.
Wagenhofer, A. 2000. *Bilanzierung und Bilanzanalyse. Eine Einführung für Manager*, 6. Aufl. Wien: Linde.
Waniczek, M. 2008. *Unternehmensplanung neu – Vom teuren Managementprozess zum wirkungsvollen Steuerungsinstrument* Contrast Management Consulting, ÖCI Controlling Panel 2008.
Wedenig, F. 2003. *Jahresabschluss*, 3. Aufl. Wien: Manz.
Welge, Al.-L. 2008. *Strategisches Management*, 5. Aufl. Wiesbaden: Gabler Verlag.
Wünsche, M. 2008. *Prüfungsvorbereitung Bilanzbuchhalter – Gezielt das lernen, was in der IHK-Prüfung verlangt wird*. Wiesbaden: Gabler Verlag.
Zischg, K. 2013. *Praxishandbuch Investition*, 2. Aufl. Linde Verlag.

Stichwortverzeichnis

B. Heesen, *Beteiligungsmanagement und Bewertung für Praktiker*,
https://doi.org/10.1007/978-3-658-30792-9